AF90
AF903067

TECHNOLOGIE DER TEXTILFASERN

HERAUSGEGEBEN VON

DR. R. O. HERZOG
PROFESSOR, DIREKTOR DES KAISER-WILHELM-INSTITUTS FÜR FASERSTOFFCHEMIE
BERLIN-DAHLEM

VIII. BAND, 1. TEIL

WOLLKUNDE

BEARBEITET VON

GUSTAV FRÖLICH, WALTER SPÖTTEL
ERNST TÄNZER

BERLIN
VERLAG VON JULIUS SPRINGER
1929

WOLLKUNDE

BILDUNG UND EIGENSCHAFTEN DER WOLLE

BEARBEITET VON

DR. GUSTAV FRÖLICH
PROFESSOR AN DER UNIVERSITÄT HALLE A. S., DIREKTOR
DES INSTITUTS FÜR TIERZUCHT UND MOLKEREIWESEN

DR. WALTER SPÖTTEL
PRIVATDOZENT AN DER UNIVERSITÄT
HALLE A. S.

DR. ERNST TÄNZER
PRIVATDOZENT AN DER UNIVERSITÄT
HALLE A. S.

MIT 172 TEXTABBILDUNGEN UND
2 FARBIGEN TAFELN

BERLIN
VERLAG VON JULIUS SPRINGER
1929

ISBN-13: 978-3-642-98661-1 e-ISBN-13: 978-3-642-99476-0
DOI: 10.1007/978-3-642-99476-0
ALLE RECHTE, INSBESONDERE DAS DER ÜBERSETZUNG
IN FREMDE SPRACHEN, VORBEHALTEN.

COPYRIGHT 1929 BY JULIUS SPRINGER IN BERLIN.
Softcover reprint of hardcover 1st edition 1929

Vorwort.

Für die Bearbeitung einer Wollkunde im Rahmen einer Technologie der Textilfasern sind zwei Gesichtspunkte von ausschlaggebender Bedeutung: die Betrachtung vom züchterisch-biologischen Standpunkt und die vom Standpunkte des Wolleverarbeiters. Die zweckmäßige Kombination ergibt sich daraus, daß die Wolle als Ausgangsmaterial technischer Verarbeitung ein tierisches Produkt ist, dessen Eigenschaften eng mit der Organisation des tierischen Organismus verknüpft sind. Schon aus diesem Grunde haben wir eine enge Vereinigung der beiden Betrachtungsweisen gebracht, zumal auch der züchterisch-biologische Standpunkt bisher mehr oder weniger vernachlässigt worden ist.

Die Forschungen über Wolle standen in Mitte des vorigen Jahrhunderts in Deutschland im Mittelpunkt wissenschaftlicher Betrachtungen, speziell von biologisch-tierzüchterischer Seite, doch auch zum Teil in Fühlungnahme mit der Textilindustrie. Späterhin ging dieses Interesse zurück und erfuhr erst wieder zu Beginn dieses Jahrhunderts eine etwas größere Belebung. Maßgebend hierfür waren die Rohstoffnot im Kriege und später das Rationalisierungsbestreben der Industrie, sowie der Wunsch nach einwandfreien Methoden zur Kontrolle des Verarbeitungsganges und des Ausgangsmaterials.

Bei der Darstellung der Wolle vom züchterisch-biologischen Standpunkte mußte eine Beschränkung auf die Histologie und Physiologie von Haut und Haar des Schafes eintreten und nur, wo es vergleichende Betrachtungen zur Erklärung der Ursachen erforderten oder Spezialuntersuchungen beim Schaf fehlten, wie z. B. beim Verhornungsprozeß der Haut, war ein Heranziehen von Studien an anderen Haussäugetieren bzw. am Menschen erforderlich. Dies und die Rücksicht auf den Umfang des vorliegenden Bandes führten zu einer Einschränkung der zitierten Literatur auf die erwähnten Spezialarbeiten.

Halle a. S., im Juli 1929.

Die Verfasser.

Inhaltsverzeichnis.

I. Die Haut.

II. Die Histologie und Morphologie der Haare.

I. Die Haut[1]).

A. Die Histologie der Haut.

1. Einleitung.

Die Erkenntnis, daß die Untersuchung des Ackerbodens durch die Gewinnung von Anhaltspunkten über seine Bildung und Zusammensetzung sowie die ihn beeinflussenden Faktoren für die Erzielung einer in Menge und Güte hohen Ernte unerläßlich ist, hat sich auf dem Gebiete des Ackerbaues in weitestem Maße durchgesetzt. Die Anschauung, daß dem Boden, auf dem man Wolle ernten will, der Haut und ihren Elementen, stärkste Beachtung zu schenken ist, hat sich in der Tierzucht und Wollkunde nur zögernd Geltung verschafft. Die mannigfaltigen Haarformen sind aber nur zu verstehen, wenn ihre Bildungsstätte, die Haut, in allen Einzelheiten genau bekannt ist. Deshalb muß zunächst eine Beschreibung der Haut und eine Schilderung der in ihr stattfindenden Vorgänge gegeben werden.

2. Die allgemeine und spezielle Histologie der Schafhaut.

Die äußere Haut besteht in ihrer Hauptmasse aus Bindegewebe, das jedoch überall mit einem epithelialen Überzuge versehen ist. Dieser wird als Oberhaut (Epidermis) bezeichnet, im Unterschied zu dem bindegewebigen Anteil der Haut, der Lederhaut (Corium). Unter letzterer liegt dann das Unterhautbindegewebe, welches das Corium mehr oder weniger lose mit dem Körper, den darunter liegenden Muskeln verbindet.

Die Epidermis.

Die Angabe von Bohm[2]), der zufolge die Epidermis der Schafhaut aus einer Reihe von histologisch differenzierten Zellschichten bestehen soll, wie sie für die typischen Beispiele der Hauthistologie charakteristisch sind, hat sich bis in die neueste Literatur erhalten. Nach unseren Untersuchungen[3]) kann jedoch von einer so deutlichen Scheidung in der Epidermis der behaarten Haut des erwach-

---

1) Vergleiche auch Biedermann, W.: Vergleichende Physiologie des Integuments der Wirbeltiere. Ergebnisse der Biologie. 4. Bd. 1928.

2) Bohm, J.: Die Schafzucht nach ihrem jetzigen rationellen Standpunkt. Erster Teil: Die Wollkunde. Berlin 1873. — Zweiter Teil: Spezielle Züchtungskunde. — Weiterhin cit.: B. (S. 1, Anm. 2).

3) Spöttel, W. und E. Tänzer: Rassenanalytische Untersuchungen an Schafen unter besonderer Berücksichtigung von Haut und Haar. Arch. für Naturgeschichte Jg. 89, H. 6, S. 92. Berlin 1923. — Weiterhin cit.: Sp. u. T. (S. 1, Anm. 3).

senen Schafes nicht die Rede sein. Vielmehr findet man in der Regel nur wenige Zellagen (etwa 5) übereinander, welche von der noch am deutlichsten ausgeprägten Malpighischen Schicht aus allmählich verhornen (Abb. 1 bis 2). Die Kerne des „Stratum Malpighii" liegen mehr oder weniger parallel zur Hautoberfläche. Die verhornenden Zellen der Oberhaut platten sich stark ab und werden abgestoßen. Diese abschilfernden und abgestorbenen Hornschüppchen könnte man vielleicht als „Stratum mortificatum" bezeichnen. Ihre Mächtigkeit ist bei den einzelnen Tieren und an den einzelnen Körperstellen etwas verschieden.

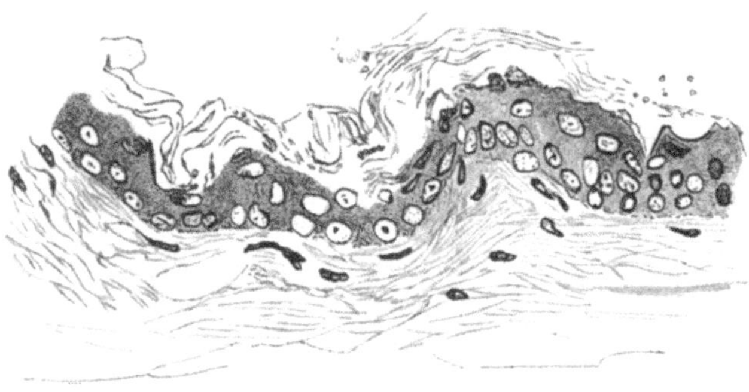

Abb. 1. Epidermis vom Merinotuchwollschaf (vom Blatt).

Auch Duerden und Ritchie[1]) unterscheiden nur Malpighische Schicht und Stratum corneum.

Unterschiede in der spezifischen Ausbildung der Epidermis, die auf Rassenunterschiede deuten könnten, können wir[2]) nicht feststellen, jedoch bestehen starke individuelle Schwankungen. Auch die Annahme von Sticker[3]), daß ein gewisser Unterschied zwischen Fleisch- und Wollschafen bezüglich der Ausbildung des Stratum lucidum bestehe, kann nicht bestätigt werden. Von einer Beziehung zwischen der Dicke der Hornhaut (Stratum corneum) und der Sonderung der Epidermisschichten kann nach unseren Feststellungen[4]) beim Schaf nicht gesprochen werden, da trotz der mächtigeren Ausbildung der Hornschichten, z. B. an der wenig behaarten Schenkelinnenseite beim Karakul, eine spezifische Gliederung der Oberhaut fehlt (Abb. 3).

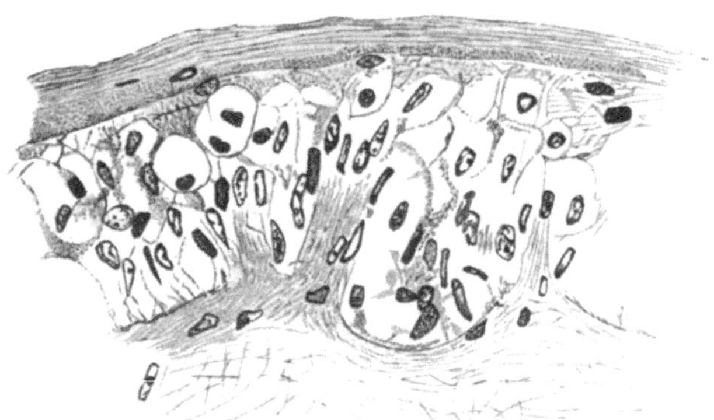

Abb. 2. Epidermis vom Rhönschaf (von der Schwanzwurzel).

Der Grund für die meistens geringe Ausbildung und Differenzierung der Epidermis beim Schaf ist wohl z. T. in der starken Behaarung zu suchen, welche ihrerseits den Schutz der Haut übernimmt. Nur bei dem fein- und reichwolligen Negrettischaf, das sich vor allem durch seinen Hautreichtum auszeichnet, ist die Epidermis nach Spöttel ziemlich kräftig entwickelt und schilfert stark ab. Unter Umständen hängt die starke Ausbildung der

---

[1]) Duerden, J. E. und M. Ritchie: Development of the Merino Wool Fibre. Johannesburg 1924.

[2]) Sp. u. T. (S. 1, Anm. 3) S. 92.

[3]) Sticker, A.: Über die Entwicklung und den Bau des Wollhaares beim Schafe nebst einem Anhang über das Wollfett. Inaug.-Diss. Berlin 1887.

[4]) Sp. u. T. (S. 1, Anm. 3) S. 93.

Epidermis, speziell der Hornschichten an der Schenkelinnenseite und ihre spezifische Gestaltung von mechanischen Einflüssen ab. Schon Bonnet[1]) hat

Abb. 3. Epidermis vom Karakulschaf (von der Schenkelinnenseite).

darauf hingewiesen, daß durch Reibung eine Verstärkung der Hornschichten der Haut eintritt.

Das Corium.

An die Epidermis schließt sich das Corium (die Lederhaut) an; beide sind getrennt durch die Basalmembran.

Nach Bohm erheben sich auf der oberen Fläche der Lederhaut kegelförmige Wärzchen, die Papillen, nach denen die „Papillenschicht" (Stratum papillare) ihren Namen trägt. Doch schon Bonnet[1]) u. a. haben hervorgehoben, daß diese Papillen nicht allgemein in der Haut sämtlicher Säugetiere zu finden sind, sondern daß ihre Ausbildung einer bestimmten Korrelation unterliegt, dergestalt, daß die Hautpartien um so papillenärmer sind, je dichter der Haarstand ist. Nach seiner Ansicht „sind gewissermaßen an solchen Stellen alle Papillen in die Tiefe gerückt und als Haarpapillen verbraucht, während die haarlosen Stellen sehr entwickelte Papillen tragen". Marcks[2]) ist jedoch der Ansicht, daß sich die Ausbildung des Papillarkörpers nicht nach der Haardichte richte, sondern allein nach dem Maße der künftigen Hornproduktion, da er den Papillarkörper an den Übergangsstellen zu den stark hornigen Anhängen der Haut (Huf, Horn, Krone) gefunden hat.

Nach unseren Untersuchungen[3]) kann von einem Papillarkörper beim Schaf weder in der Haut des Blattes, noch in der der Schwanzwurzel, noch auch der der Schenkelinnenseite die Rede sein. Speziell beim Blatt findet sich eine mehr oder weniger gerade oder nur leicht gewellte Oberfläche der Lederhaut, der die Epi-

[1]) Bonnet, R.: „Haut" in Ellenbergers vergleichender Histologie der Haussäugetiere. Berlin 1887. Bonnet, R.: Grundriß der Entwicklungsgeschichte der Haussäugetiere. Berlin 1890.

[2]) Marcks, P.: Untersuchungen über die Entwicklung der Haut, insbesondere der Haare und Drüsenanlagen bei den Haussäugetieren. Diss. inaug. Gießen 1895.

[3]) Sp. u. T. (S. 1, Anm. 3) S. 97.

dermis vollkommen parallel folgt, ohne daß die Lederhaut irgendwelche Papillen in diese hineintreibt (Abb. 4). Man muß also mit Bonnet[1]) eine Beziehung zwischen

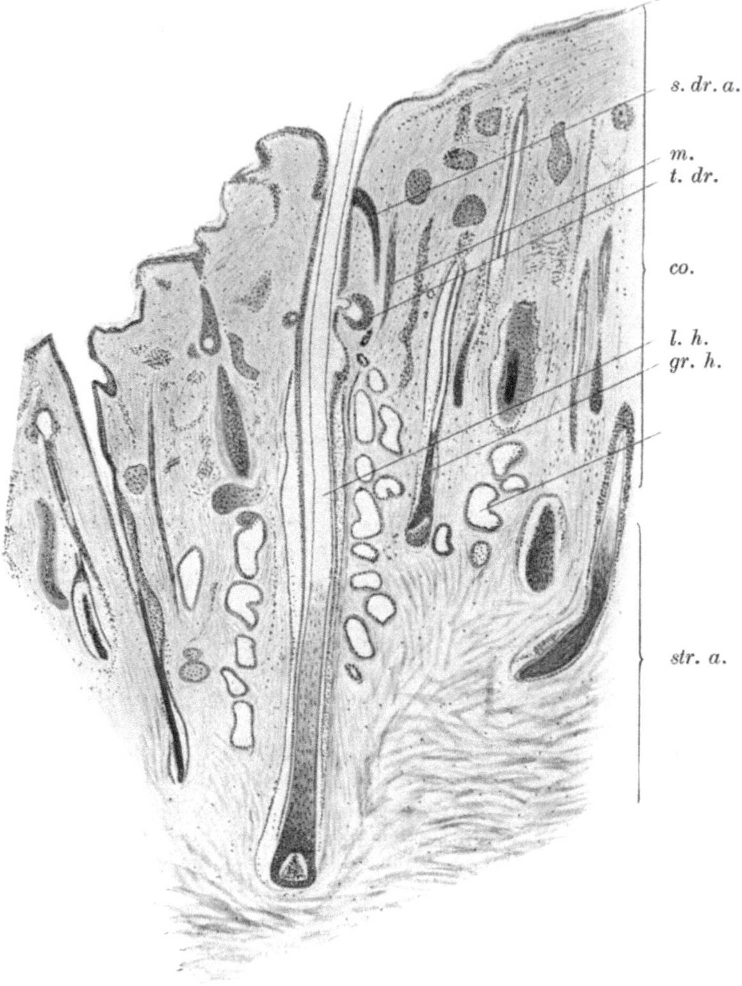

Abb. 4. Hautsenkrechtschnitt vom Karakulschaf (vom Blatt).

Alle Hautsenkrechtschnitte sind in der gleichen Vergrößerung gezeichnet. Für die Hautschnitte gilt die folgende Figurenerklärung.

äu. W. = äußere Wurzelscheide.
b. = Binder.
b. gl. = Bindegewebige Glashaut.
c. = Blutgefäße u. Kapillaren.
co. = Corium.
e. = Epidermis.
e. gl. = Epitheliale Glashaut.
g. f. = gemeinsamer Follikel.
gl. = Glashaut.
gr. = Gruppe.
gr. h. = Gruppenhaar.
gr. h. a. = Gruppenhaaranlage.
h. = Henlesche Schicht (hier noch kernhaltig).
h. c. = Haarcuticula.
h. x. = Huxleysche Schicht.
l. f. = Längsfaserlage.
l. h. = Leithaar.
l. h. n. = Längshautnähte.
m. = Muskel.
ma. = Markkanal.
p. = Papille.
p. a. = Papillenanlage.
r. = Rindensubstanz.
r. f. = Ringfas rlage.
r. h. l. = rudimentäres Leithaar.
r. g. h. = rudimentäres Gruppenhaar.
sc. B. = subcutanes Bindegewebe.
s. dr. = Schweißdrüse.
s. dr. a. = Schweißdrüsenausmündung
str. a. = Stratum adiposum.
str. c. = Stratum corneum.
str. p. = Stratum papillare.
str. r. = Stratum reticulare.
S. R. = Sekretraum.
t. dr. = Talgdrüse.
t. dr. a. = Talgdrüsenanlage.
v. f. = Verwachsener Follikel.

[1]) Bonnet, R.: „Haut" in Ellenbergers vergleichender Histologie der Haussäugetiere. Berlin 1887. Bonnet, R.: Grundriß d. Entwicklungsgeschichte d. Haussäugetiere. Berlin 1890.

der Papillenausbildung und der Haardichte annehmen. Da Marcks[1]) für die Entstehung der Papillen die durch eine große Dicke der Oberhaut verursachte erschwerte Ernährung verantwortlich macht, ist es verständlich, daß bei der ge-

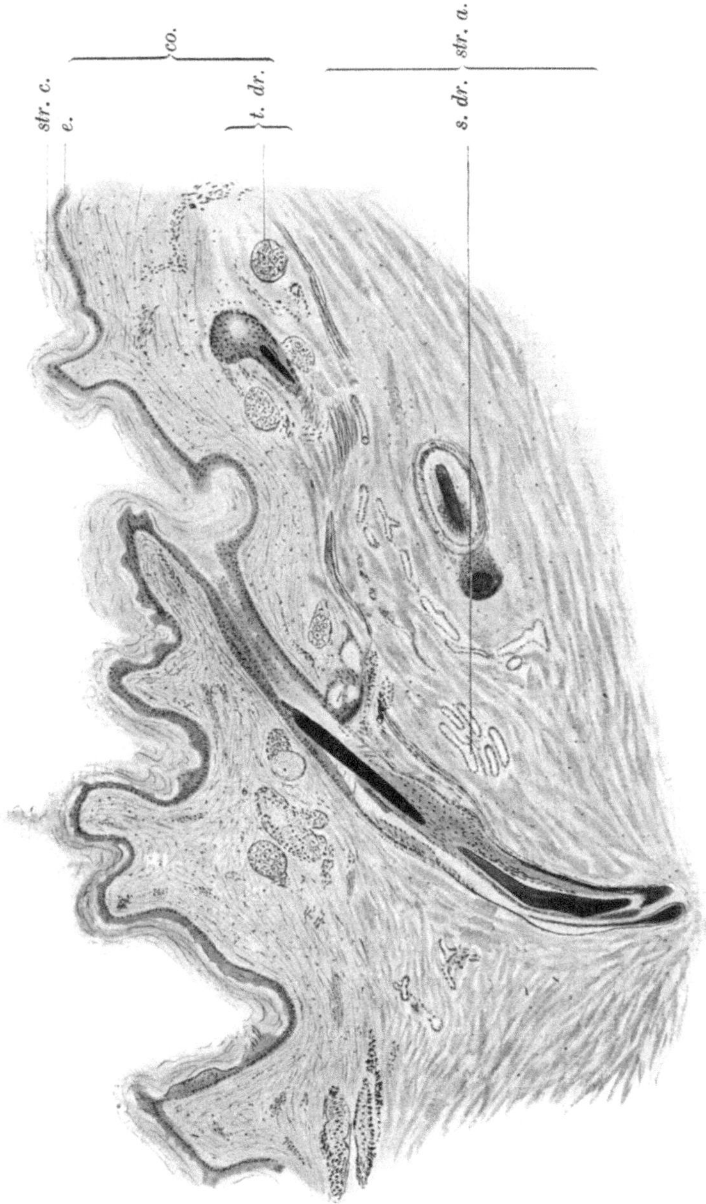

Abb. 5. Hautsenkrechtschnitt vom Karakulschaf (Schenkelinnenseite) (nach Spöttel und Tänzer).

ringen Dicke der Oberhaut beim Schaf die Ernährung ohne Papillen möglich ist. Bei starker Produktion von Hornsubstanz, z. B. in der Nähe der Hörner, ist eine besonders intensive Ernährung der Haut notwendig, und infolgedessen muß eine

[1]) Marcks, P.: Untersuchungen über die Entwicklung der Haut, insbesondere der Haare und Drüsenanlagen bei den Haussäugetieren. Diss. inaug. Gießen 1895.

Vergrößerung der Cutis durch Papillen erfolgen. Die durch die Oberflächenstruktur hervorgerufene Wellung der Cutis bezeichnet man nach Jess[2]) und Bonnet[1]) als Pseudopapillen, die z. B. an der Schenkelinnenseite infolge der starken Fältelung der Haut stark ausgeprägt sind (Abb. 5).

Das Corium wird von Bindegewebsbündeln und elastischen Fasern gebildet, „die strohmattenartig verflochten sind". Besonders intensiv ist die Verflechtung in den sich an die Oberhaut nach innen anschließenden, zunächst dieser parallelen Schichten (Stratum papillare), während sie sich in den tieferen Schichten der Lederhaut („Stratum reticulare") allmählich ohne scharfe Grenze auflockert (Abb. 19); ihr Verlauf ist dort durch die eingelagerten Haare, Muskeln und Drüsen vielfach beeinflußt.

Eine geringe Hautdicke kann durch eine dichte Lagerung der Elemente des Coriums ausgeglichen werden, wie dies vor allem deutlich an der Haut der Schenkelinnenseite hervortritt (Abb. 5).

Die Dichtigkeit und gröbere oder feinere Ausbildung der Fibrillen im Corium läßt sich nach unseren Feststellungen[3]) keineswegs zur Rassenanalyse verwerten. So zeigt sich bei dem einen Vertreter derselben Rasse in verschiedenen Typen eine sehr dichte, bei dem anderen eine weniger dichte Lagerung der Bindegewebselemente des Coriums.

Das Unterhautbindegewebe.

Das Corium geht allmählich in das Unterhautbindegewebe (Stratum subcutaneum) über, welches sich aus 2 scharf getrennten Schichten zusammensetzt: der Fettschicht (Stratum adiposum oder Paniculus adiposus) und der oberflächlichen Hautbinde, der Fascia superficialis.

Erstere folgt unmittelbar auf die eigentliche Lederhaut, besteht aus Fettzellen, welche trauben- oder läppchenförmig eingelagert sind, und wird vom Bindegewebe eingeschlossen. Im Gegensatz zum Corium lösen sich hier die Bindegewebszüge in lockere Faserzüge auf. Die Dehnbarkeit, Länge und Dicke dieser Faserbündel bewirkt nach Bonnet[1]) die Faltbarkeit und Verschiebbarkeit der Haut an den betreffenden Körperstellen. Gemeinsam mit elastischen Fasern durchkreuzen sich die Bindegewebsfibrillen und bilden Maschenräume, in welche Fett eingelagert ist.

Die Unterschiede in der Fettschicht (*str. a.*) sind wesentlich bedingt durch Rasse, Konstitution und Kondition (H. v. Nathusius[4])); doch hat wohl von allen Schichten der Haut die Fettschicht die geringste Bedeutung für die Rassenanalyse. Wenn auch H. v. Nathusius erwähnt, daß sich Southdown und Merino durch verschiedenen Bau der Fettschicht unterscheiden, was schon durch den Griff fühlbar sei, so fügt er hinzu, daß sich durch besondere äußere Verhältnisse diese Unterschiede verwischen können.

Die Fascia superficialis besteht zumeist aus elastischem Gewebe mit mehr oder weniger eingelagertem Bindegewebe.

Die Haut wird von Blut- und Lymphgefäßen resp. Blut- und Lymphkapillaren (*c*) und von Nerven mit ihren Endorganen durchzogen; erstere sind nur auf die Cutis beschränkt.

---

[1]) Bonnet, R.: „Haut" in Ellenbergers vergleichender Histologie der Haussäugetiere. Berlin 1887. — Grundriß der Entwicklungsgeschichte der Haussäugetiere. Berlin 1890.

[2]) Jess: Beiträge zur vergleichenden Anatomie der Haut der Haussäugetiere. Diss. inaug. Leipzig 1896. — Vergleichend anatomische Untersuchungen über die Haut der Haussäugetiere. Internat. Monatsschrift f. Anatomie und Physiologie Bd. 13.

[3]) Sp. u. T. (S. 1, Anm. 3) S. 97.

[4]) Nathusius, H. v.: Vorträge über Schafzucht Bd. 2. Berlin 1880. Weiterhin cit.: N. (S. 6, Anm. 4).

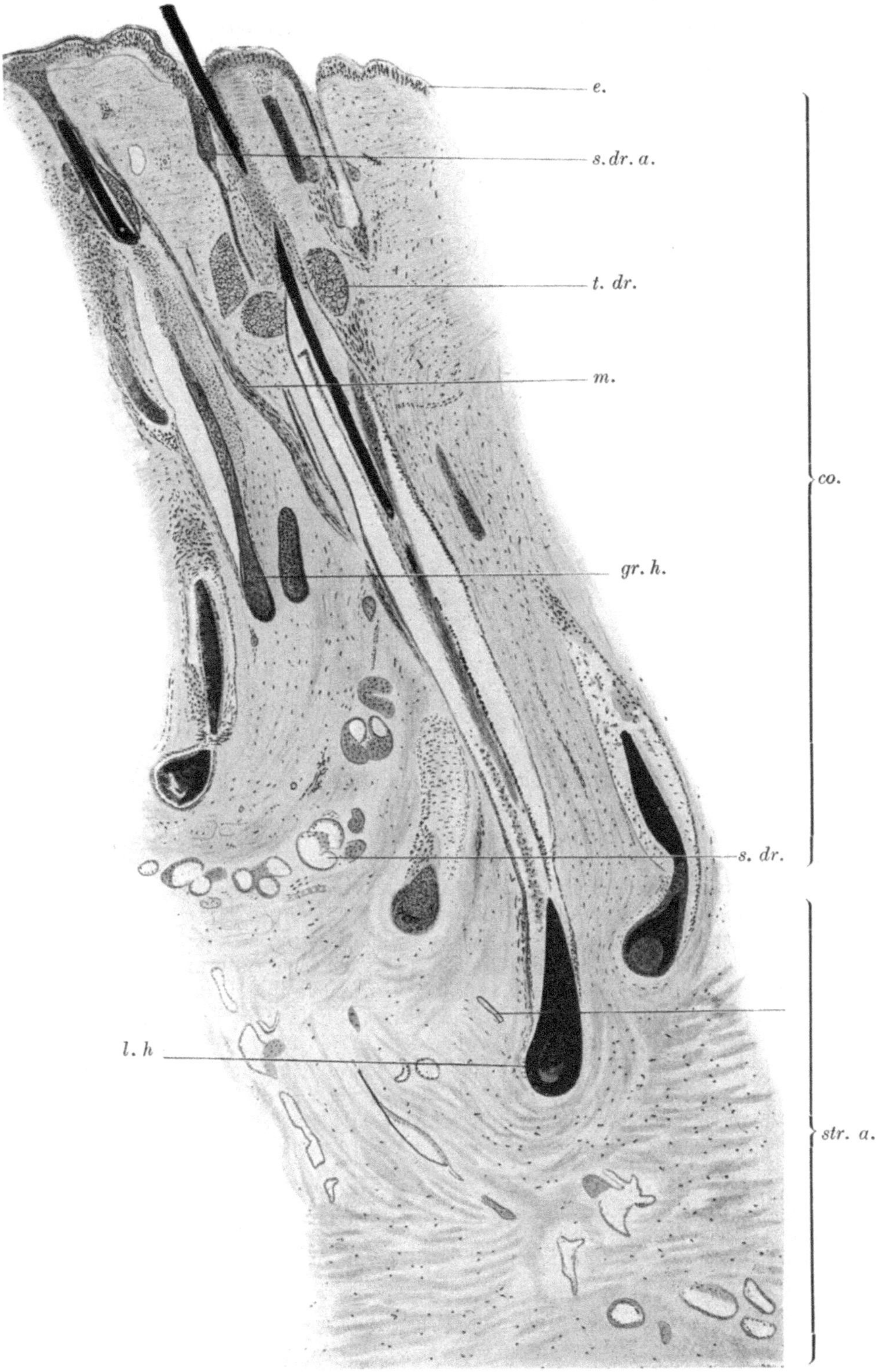

Abb. 6. Hautsenkrechtschnitt vom pommerschen Landschaf (vom Blatt).

3. Die Faktoren, die die Hautgestaltung beeinflussen.

Auf die Ausbildung der Haut haben sowohl innere wie äußere Faktoren Einfluß. Am dicksten ist die Haut nach Bohm[1]) und Sticker[2]) auf dem Rücken der Schafe, nach den Seiten zu, ebenso am Genick und dem oberen Teile des Halses; weiter hinunter an den Seiten und nach dem Bauche zu wird sie allmählich dünner, und am dünnsten ist sie an der Innenseite der Oberschenkel und dem benachbarten Bauch, sowie in der Nähe des Afters, an der inneren Seite des Oberarms und der dementsprechenden Stelle des Brustbeins. Die zuletzt erwähnten Stellen sind auch nur ganz spärlich mit Haaren bedeckt. Ellenberger[3]) gibt die Hautdicke mit $^1/_2$—3 mm an; nach ihm ist sie am dicksten am Genick und am Rücken,

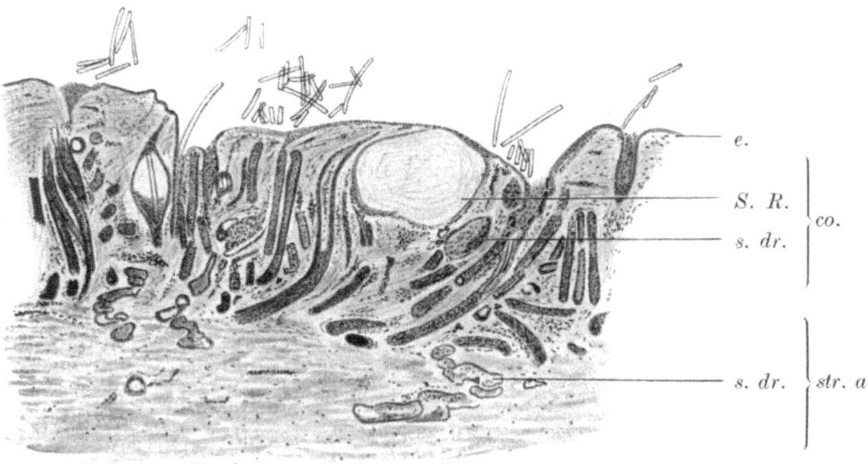

Abb. 7. Hautsenkrechtschnitt vom Merinotuchwollschaf (Blatt) (nach Spöttel und Tänzer).

am dünnsten am Ellenbogen, am Knie, in der Umgebung des Euters und des Hodensacks.

Die genaueren Messungen Tänzers[4]) lassen erkennen, daß die mischwolligen Schafe die dickste, Merinos und Haarschafe dagegen eine verhältnismäßig dünne Haut haben (vgl. Abb. 6 und 7). Als größte Hautdicke (gemessen ist dabei der senkrechte Abstand von der Oberhaut bis zu den unteren Enden der Haarwurzeln) ist 3640 μ gemessen. Diese Untersuchungen bestätigen die Dünnhäutigkeit der Merinos (senkrechter Abstand von der Oberhaut bis zu den unteren Enden der Haarwurzeln = Hautdicke: 1120—1190 μ, wobei sich allerdings keine Unterschiede der Schläge ermitteln lassen[5])). Die großen Unterschiede in der Hautdicke, selbst bei demselben Tier zu verschiedenen Zeiten, legen den Gedanken nahe, daß diese nicht ausschließlich als rassenbedingt anzusehen sind, daß vielmehr noch andere Einflüsse modifizierend und gestaltend eine Rolle

---

[1]) B. (S. 1, Anm. 2).

[2]) Sticker, A.: Über die Entwicklung und den Bau des Wollhaares beim Schafe nebst einem Anhang über das Wollfett. Diss. inaug. 1887.

[3]) Ellenberger und Günther: Grundriß der vergleichenden Histologie der Haussäugetiere. 1901.

[4]) Tänzer, E.: Haut und Haar beim Karakul im rassenanalytischen Vergleich. Kühn-Archiv 18. Bd. Halle 1928. Weiterhin cit.: T. (S. 8, Anm. 4).

[5]) Sp. u. T. (S. 1, Anm. 3).

spielen müssen. Daher lassen sich für die misch-schlichtwolligen sowie stichelhaarigen Schafe keine bestimmten Grenzen angeben. Von großer Bedeutung für die Haut ist der Einfluß des Alters. Beim Karakul tritt nach Tänzer[1]) mit zunehmendem Alter eine Verdickung der Haut ein, vielleicht im Zusammenhang mit der Öffnung der Jugendlocke. Es wird also die allgemeine Erfahrung, wonach die Haut der jugendlichen Tiere dünner und weicher ist, die Bindegewebsfibrillen nicht so festgefügt sind als in der Haut erwachsener, einwandfrei bestätigt.

Nach H. v. Nathusius[2]) und unseren Feststellungen ist die Haut überbildeter Tiere um das vielfache dünner als die normal entwickelter Tiere; dabei zeichnet sich die Lederhaut durch geringe Tiefe aus (Abb. 8). Nach Sturm fühlt sich die Haut dort, wo Zwirn wächst, dünner und kraftloser an als an Stellen, die ein normal gekräuseltes Haar tragen. Die geringere Hautdicke von Tieren, die den Woll-

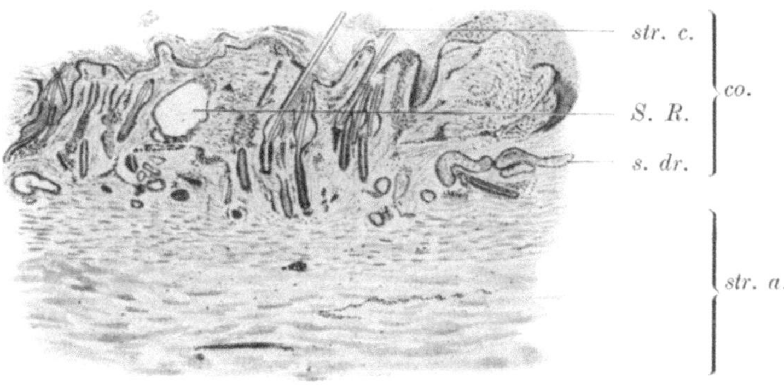

Abb. 8. Hautsenkrechtschnitt vom Merinofleischschaf (vom Bauch) im Haarwechsel.

fehler „Zwirn" aufweisen, hat Sturm[3]) auch an Hautschnitten bestätigt. Selbst bei demselben Tier tritt unter Umständen eine Umgestaltung der einzelnen Hautschichten ein; so können Spöttel und Tänzer bei einem Oxfordshiredown-Schaf z. B. ein zunächst mächtig entwickeltes Unterhautbindegewebe feststellen, das bei einer späteren Nachuntersuchung fehlt (Abb. 9 und 10). Auch in der Lagerung und Dichte der Coriumelemente finden sich individuelle Schwankungen, die jedoch nicht zur Rassenanalyse herangezogen werden können, so daß sich, wie schon erwähnt, die von H. v. Nathusius angenommenen Rassenbeziehungen nicht bestätigen.

Von inneren physiologischen Faktoren, die gestaltend auf die Haut wirken, sei das Geschlecht genannt. Die Haut der Böcke ist gewöhnlich dicker und fester gefügt als bei den Müttern und Hammeln. Im engsten Zusammenhang steht der Einfluß durch die Geschlechtstätigkeit. Schon H. v. Nathusius[2]) hebt hervor, daß die Haut eines säugenden Schafes andere Beschaffenheit habe als die des trockenstehenden.

Daß von den außerhalb des Körpers liegenden Faktoren vor allem die Ernährung eine starke Bedeutung hat, ist bereits gestreift. Bei eintretender Futterknappheit werden zunächst die eingelagerten Reservestoffe des Körpers, vor

---

[1]) T. (S. 8, Anm. 4).
[2]) N. (S. 6, Anm. 4).
[3]) Sturm, A.: Der Wollfehler Zwirn, seine Formen und Ursachen. Diss. inaug. Hohenheim 1925.

allem das Fett der verschiedensten Gewebe, darunter auch das der Haut, abgebaut. Bei noch weitergehender Reduzierung der Ernährung werden gewisse Organe in Mitleidenschaft gezogen, die für den Körper eine untergeordnete Be-

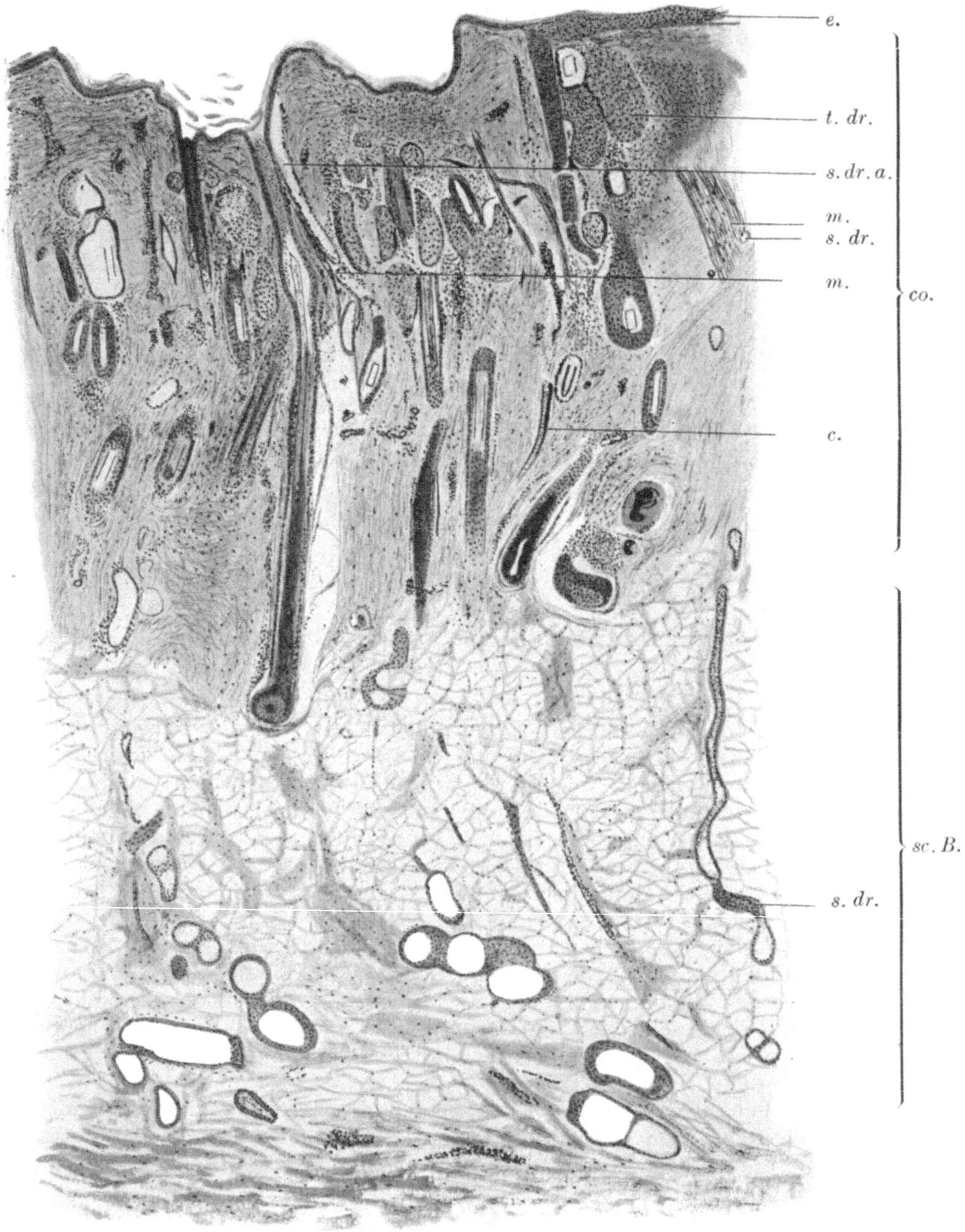

Abb. 9. Hautsenkrechtschnitt vom Oxfordshiredown-Schaf von Abbenburg; 1920 (Blatt) (nach Spöttel und Tänzer).
(*sc. B.* = Subcutanes Bindegewebe.)

deutung haben. Hierzu gehören besonders auch die in die Haut eingeschlossenen Gewebselemente, wie z. B. Haare, Talg- und Schweißdrüsen. Unter normalen Verhältnissen ist die Haut weich und geschmeidig und läßt sich an den Stellen, wo lockeres Bindegewebe untergelagert ist, leicht abheben und gut falten. Die Falten verschwinden beim Auslassen sofort wieder. Fortgesetzte mangelhafte Ernährung der Tiere macht die Haut derb, trocken und unelastisch, auch das Unterhautbindegewebe schrumpft, wird straff und derb. Die Folge ist, daß eine Faltenbildung nur schwer vollziehbar ist, und es vergeht ferner nach dem Los-

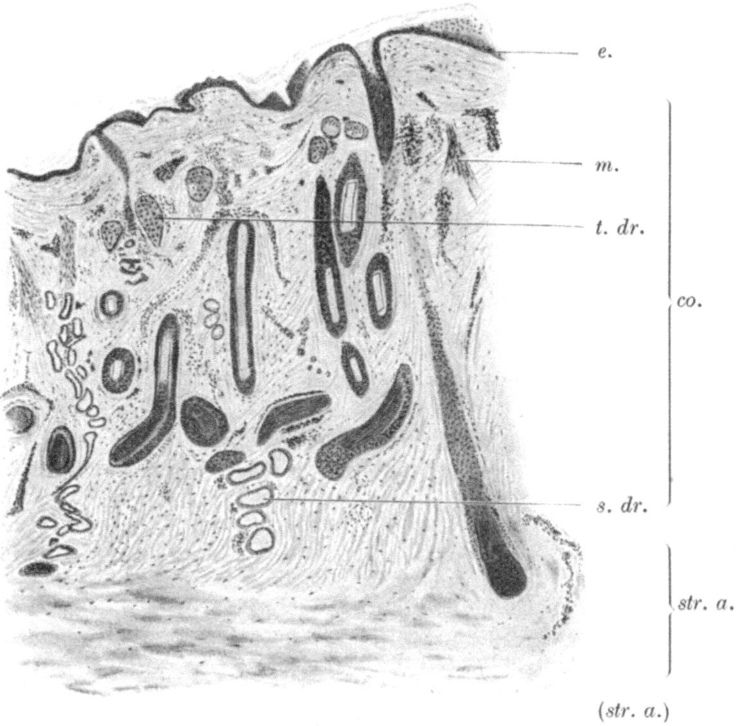

Abb. 10. Hautsenkrechtschnitt vom Oxfordshiredown-Schaf von Abbenburg; 1922 (Blatt) (nach Spöttel und Tänzer).

lassen der Falte infolge der mangelnden Elastizität der Haut eine verhältnismäßig lange Zeit, bis sie sich wieder verstreicht. Reichliche Ernährung wirkt gewöhnlich in entgegengesetztem Sinne wie die oben charakterisierte knappe Ernährung. Daß durch erhöhte Fütterung eine Zunahme der Sekretion der Hautdrüsen eintritt, ist in der Schafzucht allgemein bekannt und soll später ausführlicher behandelt werden.

Daß durch die Haltung eine Beeinflussung auf die Haut erfolgen kann, ist schon aus der Zunahme der Fettschweißproduktion in dumpfen Ställen zu vermuten.

Das Klima wirkt nach Zorn[1]) durch Vermittlung der Hautnerven auf den gesamten Stoffwechsel der Tiere ein, und zwar verursachen die Kälte ebenso wie stark wechselnde Wärmeverhältnisse eine stärkere Haut als die Wärme. Die

[1]) Zorn, W.: Haut und Haar als Rassen- und Leistungsmerkmal in der landwirtschaftschaftlichen Tierzucht. 48. Flugschrift der deutschen Gesellschaft für Züchtungskunde. 1919.

Dickenzunahme der Haut kann durch ein auf stärkere Durchblutung zurückgeführtes Wachstum der Ober- und Lederhaut und durch eine Zunahme des Fettgewebes bedingt werden, unter Voraussetzung normaler Ernährung.

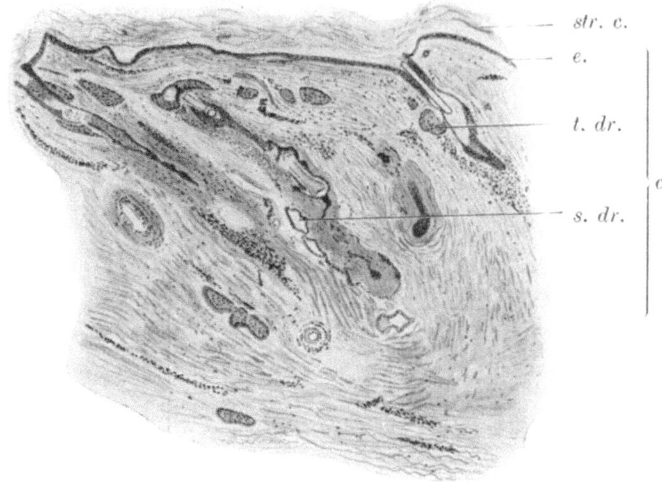

Abb. 11. Hautsenkrechtschnitt vom Leicesterschaf (Blatt).

Einen ähnlichen Einfluß wie kaltes soll auch feuchtes, nicht zu warmes Klima und die Aufzucht und Haltung der Tiere in kalten Ställen haben. Das subcutane Gewebe und die Lederhaut nehmen hierbei an Dicke zu, während die Hauttätigkeit zurückgeht, so daß infolgedessen die Haut eine härtere Beschaffenheit erhält

Nach den Untersuchungen von Tänzer[1]) scheint auch die Hautausbildung von der Jahreszeit abhängig zu sein, und speziell läßt sich während des Haarwechsels eine erhebliche Kontraktion und Verdichtung der Coriumschichten nachweisen.

Daß Krankheit durch die damit verbundenen Ernährungsstörungen die Haut beeinflußt, darf aus den später zu behandelnden Wollveränderungen angenommen werden. Beim Menschen, wo diese Verhältnisse bisher am besten untersucht sind, sind zystische Entartungen der Hautdrüsen, Haarbalgverschmelzungen, Bindegewebsveränderungen beobachtet worden. Diese sind von uns auch beim Schaf festgestellt (Abb. 11).

4. Die Beziehungen zwischen Haut und Haar.

Von Pérault de Jotemps, Fabry und Girod[2]) ist der Satz aufgestellt worden, daß der Grad der Feinheit des Wollhaares sich genau nach der Stärke der Haut richten müsse. Thaer[3]) und später May[4]) haben darauf aufmerksam gemacht, daß die Haut und die Haare aufs engste mit der Gesamtorganisation des Schafes nach Rasse und Individualität zusammenhängen. May meint, daß fast regelmäßig aus einer stärkeren Haut stärkere Haare kommen als aus einer feinen. Dies darf aber nach seiner Ansicht nicht so aufgefaßt werden, als ob die gröbere oder feinere Wolle absolut nur aus der stärkeren oder feineren Haut hervorkommen könnten, unbekümmert um den Gesamtorganismus. Er weist auf die Unterschiede der Hautdicke bei Tieren derselben Rasse hin und glaubt, daß Tiere mit dickerer Haut sich durch kräftigere Konstitution auszeichnen. Aus

[1]) T. (S. 8, Anm. 4).

[2]) Pérault de Jotemps, Fabry und Girod: Über Wolle und Schafzucht, bearbeitet von A. Thaer. Berlin 1825. — Neueste Ansichten über Wolle und Schafzucht von Vicomte Pérault de Jotemps, Fabry, F. Girod; übersetzt von C. C. André. Prag 1825.

[3]) Thaer, A.: Handbuch der feinwolligen Schafzucht. Berlin 1811.

[4]) May, G.: Das Schaf. Breslau 1868. — Die Wolle und Rassen des Schafes. Breslau 1868.

seinen Darlegungen ergibt sich, daß er teils individuelle, teils Rassenunterschiede, wie auch Unterschiede, die von der Konstitution bedingt sind, in der Ausbildung der Haut feststellen konnte. Nach Bohm[1]) entspricht der stärkeren Haut auch der dichtere und robustere Haarwuchs, und zwar bedingt durch ernährungsphysiologische Ursachen: einer schwammigen, lockeren Haut fehle es an der nötigen Ernährung, sie könne daher auch keine ausreichende Menge von Stoffen für das Haar und die Haarbildung liefern und umgekehrt. Aus der Geschichte der Merinozucht kann man Anhaltspunkte für die Abhängigkeit des Haares von der Hauttextur entnehmen: durch das Erstreben eines möglichst großen Wollfeldes in wulstigen Hautfalten wurde die Haut bei den Negrettis dicker, behielt dabei aber nicht mehr das frühere feste Gefüge, sondern wurde schwammig, und es trat eine Auflockerung des Gewebes ein. Gleichzeitig wurde das Haar mürbe und büßte seine frühere Elastizität ein; ferner wurden die Haare auf den Falten durchweg viel gröber als auf den zwischen diesen gelegenen Hautpartien.

Nach unseren Feststellungen läßt sich keine vollkommene Parallele zwischen Hautfeinheit und Haarfeinheit aufstellen.

B. Die Haarwurzel und der Haarbalg.

1. Allgemeiner Überblick.

In der Haut finden wir Haarwurzeln, Haarbälge, Talgdrüsen, Schweißdrüsen und Muskeln, über deren histologischen Bau wir im folgenden zunächst einen kurzen Überblick geben. Als Haarwurzel (Radix pili) bezeichnet man den in die Haut eingesenkten Teil des Haares, während der frei über die Haut hervorragende Teil derselben Haarschaft (Scapus) genannt wird. Erstere endigt basalwärts in einem hohlen Knopf, der Haarzwiebel (Bulbus pili), die die bindegewebige Haarpapille umfaßt.

Während die Haarwurzel selbst ein Produkt der Epidermis ist, beteiligen sich diese und das Corium bei dem Aufbau des Haarbalges, der als modifiziertes Hautsäckchen anzusehen ist, und zwar sind die Wurzelscheiden des Haares epidermalen und die übrigen Teile des Haarbalges bindegewebigen Ursprungs. Die Ausbildung des Coriumanteils am Aufbau des Balges ist variabel und kann bei feineren Haaren sehr stark reduziert sein.

An einem starken Haar besteht der bindegewebige Teil des Haarbalges aus einer äußeren Längsfaserlage von lockeren Bindegewebsbündeln mit zahlreichen Gefäßen und Nerven sowie einer Ringfaserlage feiner Bindegewebsbündel, der sich nach innen die sog. Glashaut, eine glashelle Membran, anschließt (Abb. 12).

Dieser bindegewebige Teil des Haarbalges, der in voller Ausbildung nur im unteren Teil desselben vorhanden ist, umschließt die Wurzelscheiden. Die äußere Wurzelscheide stellt die Einsenkung der Keimschicht der Epidermis in die Haut hinein dar und besteht aus geschichtetem Pflasterepithel. Die innere Wurzelscheide ist im unteren Teil des Haarbalges in zwei Schichten differenziert; der äußeren Henleschen und der inneren Huxleyschen Schicht. Die erstere besteht meist aus einer einfachen Lage glasheller Epithelzellen mit atrophischen Kernen und die Huxleysche Schicht aus mehreren Lagen Zellen mit normalen Kernen. Die Innenfläche dieser Schicht wird von einem dünnen Häutchen, der Scheidencuticula, überzogen. In Richtung auf die Haarzwiebel verschmälert sich die äußere Wurzelscheide und ist am Hals der Papille von dem embryonalen

[1]) B. (S. 1, Anm. 2).

Gewebe nicht mehr zu unterscheiden. Die innere Wurzelscheide, deren Zellstrukturen basalwärts deutlicher hervortreten, läßt erst nahe am Hals der Papille eine Differenzierung vermissen. Beim Haar des Menschen sind diese Zellen von denen des Bulbus pili durch das Fehlen der den letzteren zukommenden Pigmentierung zu unterscheiden.

Schon in der Höhe der Papille treten in den Zellen der Henleschen Schicht und etwas weiter oben auch in denen der Huxleyschen Schicht Keratohyalinkörner auf, die bald darauf wieder verschwinden. Schließlich verhornen weiter aufwärts die Zellen der inneren Wurzelscheide und schilfern ab.

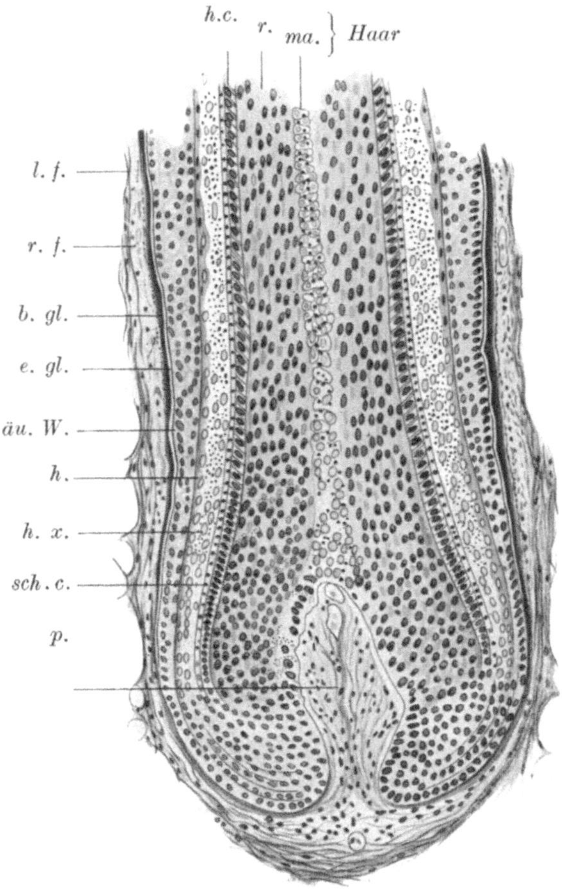

Abb. 12. Längsschnitt des untersten Abschnittes einer Haarwurzel (aus einem senkrechten Schnitte der menschlichen Kopfhaut) (nach Stöhr: Lehrb. der Histologie, 18. Aufl. Jena 1919).

b. gl. = Bindegewebige Glashaut.
e. gl. = Epithelische Glashaut
h. = Henlesche Schicht (hier noch kernhaltig).
h. c. = Haarcuticula.
h. x. = Huxleysche Schicht.
l. f. = Längsfaserlage.
sch. c. = Scheidencuticula.
r. = Rindensubstanz.
r. f. = Ringfaserlage.

Die Haarpapille besteht aus blutgefäßreichem Bindegewebe und wird von einer dünnen Glashaut überzogen. Die Papille hat für die Ernährung des Haares ausschlaggebende Bedeutung.

Die Haarbalgdrüsen oder Talgdrüsen (Glandulae sebaceae) sind alveoläre Drüsen, die in den oberflächlichen Schichten des Corium, im Stratum papillare, gelegen sind und in den Haarbalg einmünden. Sofern sich ein kurzer Ausführungsgang erkennen läßt, wird dieser von einer Fortsetzung der äußeren Wurzelscheide, von Plattenepithel ausgekleidet, das in das Drüsenepithel übergeht. Dieses besteht aus kubischen Zellen, die nach innen zu rundlich werden und in Verfettung übergehen. Dabei geht der Kern zugrunde.

Die Talgdrüsen und auch die schlauchförmigen Schweißdrüsen sind wie das Haar epidermalen Ursprungs. Der Ausführungsgang der Schweißdrüsen, der in den Haarbalg etwas oberhalb von der Einmündung der Talgdrüsen mündet, hat eine aus mehreren Schichten kubischer mit Cuticula versehener Zellen bestehende Wandung. Diese Zellen werden von einer feinen Membrana propria und längsverlaufenden Bindegewebsbündeln überzogen. In dem eigentlichen Drüsenteil ist eine einfache Lage von Drüsenzellen vorhanden, die nach dem Grade ihrer Sekretfüllung niedrig kubisch bis hoch zylindrisch sind. Eine Zerstörung der Zellen im Laufe des Sekretionsprozesses findet hier nicht statt. Die Drüsenzellen weisen eine stärkere Membrana propria und zum Teil glatte Muskelfasern auf.

Nur vereinzelte Muskelbündel verlaufen frei in der Haut (an verschiedenen Stellen des Geschlechtsapparates, der Brustwarzen und in der Augengegend). Wie schon Bohm[1]) festgestellt hat, handelt es sich um glatte Muskelfasern, während sich quergestreifte nur an den Tasthaaren finden.

Die Haarbalgmuskeln (Mm. arrectores pili) sind schräg von der Coriumoberfläche herabziehende Bündel glatter Muskelfasern, die sich unterhalb einer Talg drüse an den bindegewebigen Haarbalg ansetzen. Die Insertionsstelle dieser Fasern findet sich stets an der gegen die Tiefe des Corium gekehrten Seite, so daß ihre Kontraktion die Aufrichtung von Haarbalg und Haar zur Folge hat.

Legt man einen horizontalen Schnitt durch Haarbalg und -wurzel, so wird die Ausbildung der einzelnen Gewebselemente je nach der Höhenlage des Schnittes sehr verschieden sein. Ein Schnitt oberhalb der Talgdrüsen trifft die äußere Wurzelscheide, die nach außen von dünnen Coriumzellagen umgeben wird, während sie nach innen verhornte Zellen abstößt, die dem Stratum corneum entsprechen. Im Innern findet sich dann das fertig ausgebildete Haar.

Liegt der Schnitt auf der Höhe der Talgdrüsen, so sind außer diesen der Schweißdrüsengang und Haarbalgmuskel angeschnitten, ferner Coriumbelag, äußere und innere Wurzelscheiden nebst dem Haar.

Im unteren Drittel des Haarbalgs sind auf dem Querschnitt Längs- und Ringfaserschicht sowie Glashaut zu erkennen, außerdem die jetzt weniger mächtig entwickelte äußere Wurzelscheide, die Henlesche und Huyleyschen Schichten mit der Scheidencuticula und das noch in Ausbildung begriffene Haar. Liegt der Schnitt in der Basis der Papille, so läßt sich weder eine Differenzierung des bindegewebigen noch epidermalen Haarbalges erkennen.

2. Der Haarbalgmuskel.

Nur an den Haarbälgen, in die Schweißdrüsen einmünden („Leithaare"), finden wir Haarbalgmuskeln[2]). Bei den schmalen, langen Muskeln der stichelhaarigen und mischwolligen Schafe findet sich die Insertionsstelle des Muskels in der Regel weit in der unteren Haarbalghälfte, bei den übrigen Schafen etwa in halber Höhe des Haarfollikels. Letzterer wird dabei zum Teil zangenförmig umfaßt. Zur Hautoberfläche ist der Muskel teils steiler, teils flacher gerichtet (Abb. 13 *m*). In seinem Verlauf wird er von dem Ausführungsgang der Schweißdrüse durchbohrt, wie dies schon Bonnet[3]) festgestellt hat. Gegen die Hautoberfläche zu breitet sich der Muskel fächerförmig aus, zieht an den Talgdrüsen dicht vorüber oder lehnt sich direkt an diese an und umfaßt sie teilweise halbmondförmig, um schließlich in mehreren Zipfeln frei im Stratum papillare zu enden. Zuweilen setzen die auslaufenden Bündel des Muskels sogar noch an dem Stratum Malpighii an. Im Gegensatz zu Bonnet[3]) können wir beim Schaf keine Abzweigung des Haarbalgmuskels zu benachbarten Haaren und deren Drüsen feststellen.

Wenn auch scharfe Rassenunterschiede in der Ausbildung der Muskeln beim Schaf nach unseren Untersuchungen[2]) nicht hervortreten, so kann man doch

---

[1]) B. (S. 1, Anm. 2).

[2]) Sp. u. T. (S. 1, Anm. 3) S. 102.

[3]) Bonnet, R.: „Haut" in Ellenbergers vergleichender Histologie der Haussäugetiere. Berlin 1887. — Grundriß der Entwicklungsgeschichte der Haussäugetiere. Berlin 1890. — Über die Muskulatur der Haut und der Knäueldrüsen. Bayr. ärztl. Intelligenzblatt 1885.

so viel sagen, daß im allgemeinen den Schafen mit Stichel- und Grannenhaaren längere, aber schmale Muskeln, den feinwolligen dagegen nur sehr kleine, dafür vielfach etwas dickere Muskeln in wechselnder Ausbildung eigentümlich sind. Die schlichtwolligen Rassen stehen in ihrer Ausbildung etwa in der Mitte. Doch selbst bei demselben Individuum und derselben Rasse wechselt die Ausbildung der Muskeln. Im wesentlichen bestätigt sich der von Bohm[1]) aufgestellte Satz, daß die Länge der Muskeln direkt proportional der Länge des Haarbalgs ist; es ist daher vielleicht eine korrelative Abhängigkeit zwischen Haarwurzellänge und Ausbildung der Arrectores pilorum anzunehmen. Die von Bonnet behaupteten

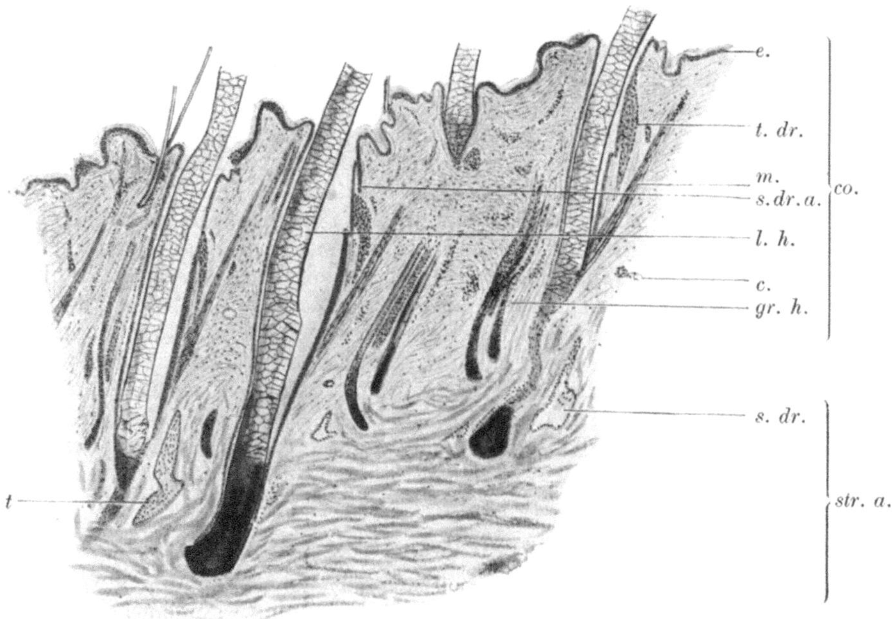

Abb. 13. Hautsenkrechtschnitt vom Mufflon (Blatt) (nach Spöttel und Tänzer).

Beziehungen zwischen Muskelausbildung und Hautdrüsengestalt können nicht bestätigt werden[2]).

In der Anheftung der Haarbalgmuskeln zu den Leithaaren, d. h. Haare, die durch den Besitz einer Schweißdrüse gekennzeichnet sind, die ferner auf Hautflächenschnitten in Höhe der Talgdrüsen eine charakteristische Lagerung zu Talg- und Schweißdrüsen erkennen lassen und sich außerdem durch frühzeitige Entwicklung auszeichnen (vgl. später), kommen nach Spöttel und Tänzer gewisse phylogenetische Beziehungen zu Vorfahren zum Ausdruck, die die Haare sträuben konnten. Bezüglich der Wirkungsweise des Muskels muß man sich Bonnet[3]) anschließen: Bei Kontraktion, die man sich vielleicht rhythmisch vorzustellen hat, wirkt der Muskel auf den Ausführungsgang der Schweißdrüse und fördert so das Vorwärtsschieben des Drüsensekrets und ferner auch auf die Entleerung der Talgdrüse entweder dadurch, daß er bei halbmondförmiger Um-

[1]) B. (S. 1, Anm. 2).
[2]) Sp. u. T. (S. 1, Anm. 3).
[3]) Bonnet, R.: „Haut" in Ellenbergers vergleichender Histologie der Haussäugetiere. Berlin 1887. — Grundriß der Entwicklungsgeschichte der Haussäugetiere. Berlin 1890.

spannung derselben einen Druck auf diese ausübt oder aber bei Kontraktion infolge der dabei resultierenden Gewebsspannung die Entleerung begünstigt. Das letztere kann vielleicht auch für die Schweißdrüse zutreffen. Mit dieser Einwirkung des Muskels auf die Hautdrüsen ist ferner nach Bonnet eine Verkürzung des Dickendurchmessers der Haut verbunden; dadurch wird regulatorisch auf die Blut- und Lymphzirkulation und weiter auf die Hautperspiration und Wärmeökonomie eingewirkt.

3. Die Schweißdrüsen.

Von allen Autoren, die sich eingehender mit der Histologie der Schafhaut befaßt haben, wird übereinstimmend eine Gliederung der Schweißdrüse in den eigentlichen, mehr oder weniger geknäulten Drüsenteil (*s. dr.*) und den graden Ausführgang (*s. dr. a.*) angegeben. Im allgemeinen wird die teils scharfe, teils allmähliche Grenze zwischen beiden gegeben durch den etwa zwischen Stratum reticulare und Stratum papillare ansetzenden Haarbalgmuskel; doch kommt es nach unseren Untersuchungen[1]) nicht selten vor, daß der Drüsenteil noch den Muskel distat durchbricht. Die Länge von Drüsenteil und Ausführgang steht also in gewisser, allerdings nicht ausnahmsloser Korrelation zur Ansatzhöhe des Arrector pili. Dabei ist allerdings zu berücksichtigen, daß der Drüsenteil sich auch noch an der proximalen Seite des Muskels entlang distat erstrecken kann.

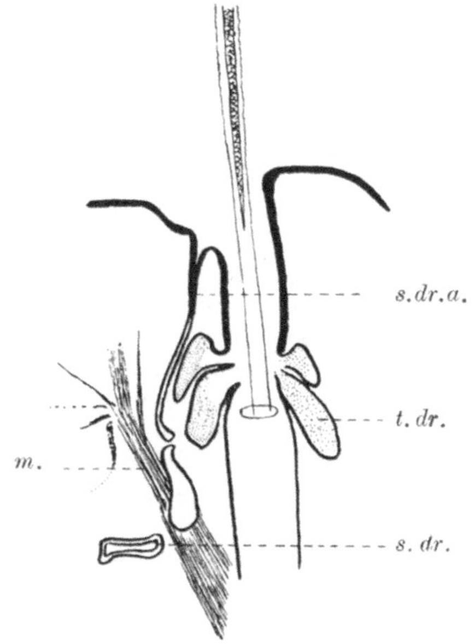

Abb. 14. Schräger Follikelanschnitt eines Leithaares vom Bentheimer Landschaf (Schwanzwurzel).

Das Lumen des Ausführgangs ist oft vollkommen kontrahiert, so daß vielleicht hieraus erklärlich wird, daß W. v. Nathusius[2]) denselben auf Querschnitten nicht finden konnte. Die Spannungszustände der Haut ebenso wie die umliegenden Gewebsteile werden Einfluß auf das Lumen des Ausführungsganges haben, vor allem die diesen seitlich umfassenden Arrectores pili, wie bereits oben angedeutet.

Entgegen Körte[3]), Gurlt[4]) und May[5]), denen zufolge die Schweißdrüsen des Schafes trichterförmig an der freien Oberfläche der Haut münden, haben

[1]) Sp. u. T. (S. 1. Anm. 3) S. 106.

[2]) Nathusius, W. v.: Das Wollhaar des Schafes in histologischer und technischer Beziehung mit vergleichender Berücksichtigung anderer Haare und der Haut. Berlin 1866. — Mitteilung über die bei ferneren Untersuchungen des Haars der Schafe und anderer Haustiere erlangten Resultate. Z. d. landw. Central-Vereins der Provinz Sachsen Jg. 32. S. 1.

[3]) Körte, A.: Das deutsche Merinoschaf. Breslau 1862. — Das Wollschaf, seine Wollzüchtung, Ernährung und Wartung. Breslau 1880.

[4]) Gurlt: Vergleichende Untersuchungen über die Haut des Menschen und der Haussäugetiere, besonders in bezug auf die Absonderungsorgane des Hauttalges und des Schweißes. Berlin 1835 u. 1844. — Handbuch der vergleichenden Anatomie der Haussäugetiere. Berlin 1873.

[5]) May, S.: Das Schaf. Breslau 1868. — Die Wolle und Rassen des Schafes. Breslau 1868.

wir[1]) keinen Anhalt dafür gefunden, vielmehr erfolgt die trichterförmige Einmündung der Schweißdrüse stets etwas oberhalb der Talgdrüse dicht unter der Hautoberfläche in den distalen Teil des Haarbalgs[2]) (Abb. 14 *s. dr. a*). Bei den stichelhaarigen bzw. mischwolligen Schafen münden die Schweißdrüsen nur in den Haarbalg der Stichel- und Grannenhaare; bei schlicht- und feinwolligen Rassen auch in den Haarbalg feinerer Haare, die hier die sog. Leithaare darstellen. Gelegentlich wurden auch Fälle beobachtet, in denen Schweißdrüsen in einen Follikel münden, der zwar noch Talgdrüsen, aber kein Haar mehr aufweist. Hier handelt es sich um verkümmerte oder in Haarwechsel begriffene Haare.

Auf Hautparallelschnitten in Höhe der Talgdrüsen findet man für gewöhnlich den Ausführungsgang der Schweißdrüse zwischen den meist in Zweizahl vorhandenen Talgdrüsen, dicht benachbart zum Haar (Abb. 28). Gelegentlich ist der Ausführungsgang der Schweißdrüse von dem Haar ziemlich weit entfernt (vermutlich durch die dazwischen liegenden Talgdrüsen abgedrängt.) In der Ausbildung der Schweißdrüsen finden sich bezüglich Breite, Länge und spezifischer Ausbildung große Unterschiede, namentlich in der Ausbildung des Drüsenteils, wie dies schon Tereg[3]), Chodakowsky[4]), Gurlt, Bonnet, Jess und andere allgemein für Haussäugetiere angegeben haben und H. v. Nathusius[5]) beim Schafe feststellte. Bohm gibt an, daß die kleineren Schweißdrüsen sich namentlich an der nicht mit Haaren bedeckten Haut finden.

Die Vielgestaltigkeit der Schweißdrüsen beim Schaf macht die unterschiedlichen Literaturangaben verständlich, wonach schwach geschlängelte, gewundene oder geknäulte Schweißdrüsen vorkommen. Vermutlich beziehen sich diese verschiedenen Angaben auf verschiedene Rassen oder lassen sich durch einen verschiedenartigen physiologischen Zustand erklären.

Während Gurlt[6]) und Sticker[7]) Unterschiede der Schweißdrüsenentwicklung auf verschiedenen Körperstellen leugnen, besteht in Übereinstimmung mit anderen Autoren nach unseren Feststellungen eine gewisse Differenz in der Ausbildung der Schweißdrüsen in der Schenkel- und Blatthaut, insofern die Drüse in der Schenkelhaut im allgemeinen stärker geknäult ist (Abb. 5 *s. dr.*) als am Blatt (Abb. 4); hier ist sie länger und mehr gerade gestreckt. Man findet daher die Drüse in größerer Ausdehnung auf einigen wenigen Schnitten, während die Schweißdrüsen der Schenkelhaut sich stark in der Haut ausbreiten und infolgedessen erst durch die Verfolgung von Serienschnitten in ihrer ganzen Ausdehnung ermittelt werden können. Die von v. Nathusius aufgestellte Behauptung, daß die Schweißdrüsen an bewollten Stellen am kürzesten und schwächsten sind, läßt sich in dieser Allgemeinheit nicht aufrechterhalten, ebensowenig wie die, daß die Unterschiede in der Drüsenausbildung auf verschieden bewollten Körperstellen von der gröberen oder feineren Behaarung bedingt werden.

---

[1]) Sp. u. T. (S. 1, Anm. 3) S. 114.

[2]) Neuerdings von Duerden und Ritchie bestätigt: Development of the Merino Wool Fibre. Johannesburg 1924.

[3]) Tereg: Jahresberichte der Tierarzneischule in Hannover 1884.

[4]) Chodakowsky: Anatomische Untersuchungen über die Hautdrüsen einiger Säuger. Diss. inaug. Dorpat 1871.

[5]) N. (S. 6, Anm. 4).

[6]) Gurlt: Vergleichende Untersuchungen über die Haut des Menschen und das Haussäugetiere, besonders in bezug auf die Absonderungsorgane des Hauttalges und des Schweißes. Berlin 1835 u. 1844. — Handbuch der vergleichenden Anatomie der Haussäugetiere. Berlin 1873.

[7]) Sticker, A.: Über die Entwicklung und den Bau des Wollhaares beim Schafe nebst einem Anhang über das Wollfett. Diss. inaug. 1887.

Während W. v. Nathusius[1]) Rassen- oder individuelle Unterschiede beim Schaf nicht beobachten konnte, stellen wir[2]) bei den stichelhaarigen und

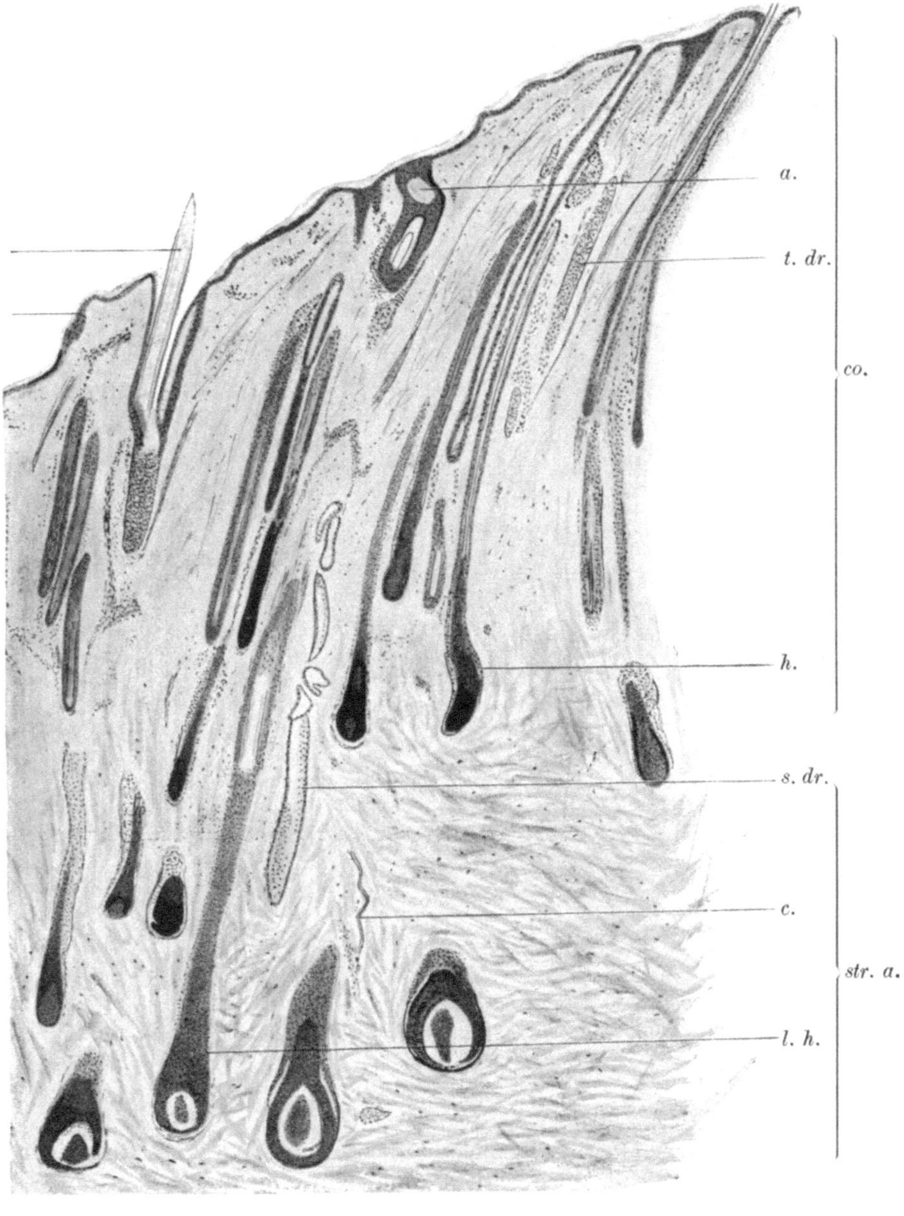

Abb. 15. Hautsenkrechtschnitt von der Heidschnucke (Blatt) (nach Spöttel und Tänzer).

[1]) Nathusius, W. v.: Das Wollhaar des Schafes in histologischer und technischer Beziehung mit vergleichender Berücksichtigung anderer Haare und der Haut. Berlin 1866. — Mitteilung über die bei ferneren Untersuchungen des Haars der Schafe und anderer Haustiere erlangten Resultate. Z. d. landw. Central-Vereins der Provinz Sachsen Jg. 32, S. 1.

[2]) Sp. u. T. (S. 1, Anm. 3) S. 112.

mischwolligen Schafen (Abb. 15) vorwiegend lange, verhältnismäßig dünne, wenig gekrümmte Schweißdrüsen fest und finden bei den Merinos der verschiedensten Typen außerordentlich stark geknäulte Schweißdrüsen, die sich unterhalb der Haarwurzeln zwischen Fettschicht und Stratum reticulare zusammendrängen (Abb. 16 *s. dr.*). Die schlichtwolligen Schafe stehen in ihrer Ausbildung in der Mitte.

In der Tiefenerstreckung der Schweißdrüsen liegen Unterschiede, die in gewisser Beziehung zu den Rassen stehen: bei den stichelhaarigen und misch-

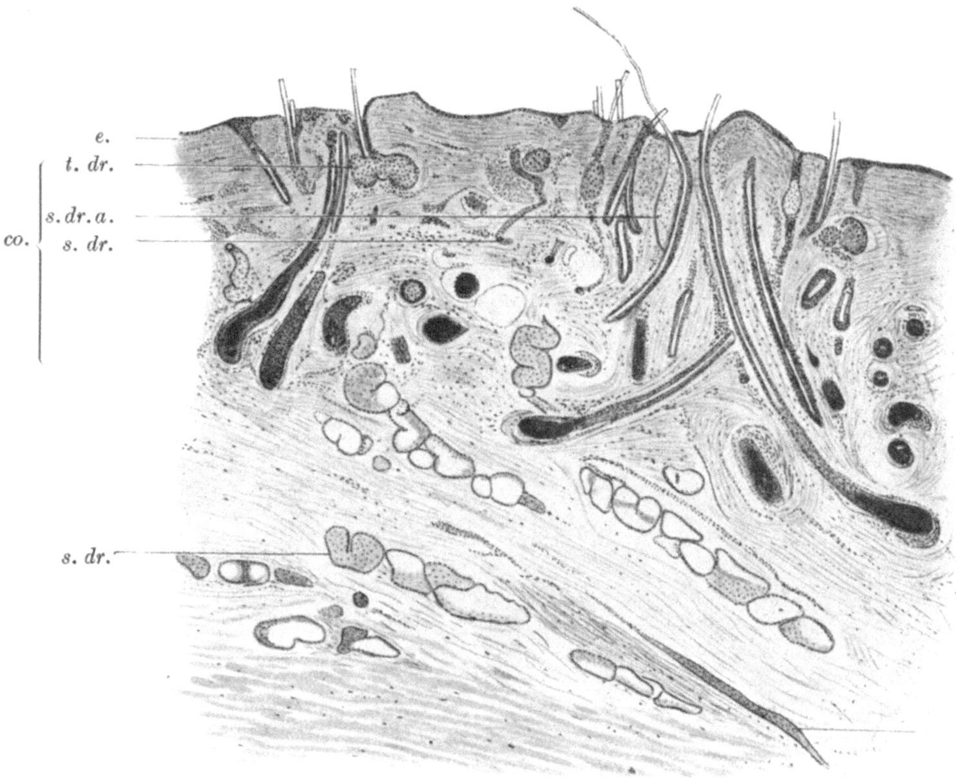

Abb. 16. Hautsenkrechtschnitt vom Merinotuchwollschaf (Blatt).

wolligen Schafen überragt im allgemeinen das untere Ende der Drüse nicht das der Haarwurzeln, wohl aber bei schlicht- und feinwolligen.

Vielleicht hat man nach Spöttel und Tänzer in der im allgemeinen einfacheren Ausbildung bei mischwolligen und Haarschafen ontogenetische und phylogenetische Beziehungen zu vermuten, insofern die einfacheren Verhältnisse eines während der embryonalen Periode durch Ausstülpung entstandenen Drüsenschlauches erhalten bleiben. Für die Richtigkeit dieser Auffassung spricht die geringe Ausbildung der Schweißdrüse der Lämmer bei im wesentlichen gerade gestrecktem Verlauf.

Tänzer[1]) verfolgt beim Karakulschaf die Gestaltung der Schweißdrüse während des individuellen Lebens. Beim eben geborenen Lamm finden sich einfach schlauchförmige, im Querschnitt gewöhnlich sehr dünnlumige Drüsen, deren Drüsenteil gleich proximal von der Durchbrechung des Arrector pili beginnt und sich nur kurz nach den Haarzwiebeln zu erstreckt, so daß deren unterstes Ende die Drüse in ihrer Hauttiefeneinpflanzung in der Regel nicht einmal erreicht und nicht bis zur Fettschicht sich ausdehnt. Mit fortschreitender Entwicklung im ersten Jahr wächst der Drüsenschlauch, dehnt sich weiter gegen die Fettschicht aus und kann sich dicht geknäult tief in letztere erstrecken.

Es handelt sich bei der Gestaltung der Schweißdrüse um eine schwankende Ausbildung selbst bei demselben Individuum (Abb. 9 und 10), vielleicht im Zusammenhang mit dem physiologischen Zustand. Eine spezielle Unterscheidung der Schweißdrüsen nach den Rassen ist daher unmöglich.

Bezüglich der Zahl pro Flächeneinheit und der Mächtigkeit der Ausbildung der Schweißdrüsen könnten vielleicht gewisse Beziehungen zu der Dichte des Haarstandes angenommen werden. Diese kommen jedoch nur in der Zahl der Leithaare pro Flächeneinheit zum sinnfälligen Ausdruck. Denn allein den Leithaaren kommt, wie schon mehrfach angedeutet, stets eine Schweißdrüse zu. Bestimmte Rassebeziehungen der Zahl der Schweißdrüsen pro Flächeneinheit lassen sich nur in Parallele zur Zahl der Leithaare pro Flächeneinheit annehmen (vgl. S. 49).

Nun könnte man an eine gewisse Beziehung der Schweißdrüsenzahl pro Flächeneinheit zu der Gesamthaardichte denken, derart, daß, je dichter der Haarstand ist, desto zahlreicher die Schweißdrüsen auftreten. Diese Parallele trifft aber nicht ausnahmslos zu. Zwar findet man bei den Haarschafen und Merinos, die sich durch den dichtesten Haarstand auszeichnen, die größte Schweißdrüsenzahl; jedoch sind unter den Merinos Tiere anzutreffen, die sich zwar durch große Unterschiede in der Haardichte auszeichnen, deren Anzahl von Schweißdrüsen pro Flächeneinheit jedoch nur gering ist.

Da sich eine feste Beziehung zwischen Schweißdrüsenzahl und Haardichte nicht feststellen läßt, die Schweißdrüsen jedoch, wie schon oben erwähnt, in fester Beziehung zur Leithaarzahl stehen, liegt die Möglichkeit vor, daß in der Zahl der Schweißdrüsen pro Flächeneinheit die hautarchitektonischen Verhältnisse zum Ausdruck kommen.

Den Beziehungen zwischen Haardichte und Schweißdrüsen entspricht nun keineswegs die übrige Ausbildung der Schweißdrüse derart, daß eine geringe Dichte durch mächtigere Entwicklung kompensiert würde. Es stimmen also die Vermutungen von Marcks und Jess nicht absolut, daß, je weiter der Abstand und je kleiner der Haardurchmesser, desto umfangreicher die Hautdrüsen ausgebildet werden; auch die von Bonnet vermutete Abhängigkeit zwischen Dichte des Haarstandes und Gestalt der Schweißdrüse bestätigt sich nach unseren Untersuchungen[2]) nicht.

Inwieweit nun Dichte der Schweißdrüsen pro Flächeneinheit, Größe und Gestalt derselben die Sekretproduktion beeinflussen, entzieht sich vorläufig der Beurteilung.

Eine Beziehung der Ausbildung der Schweißdrüsen zu den Talgdrüsen derart, daß großen Talgdrüsen kleine Schweißdrüsen entsprechen, be-

[1]) T. (S. 8, Anm. 4).

[2]) Sp. u. T. (S. 1, Anm. 3) S. 116.

ziehungsweise umgekehrt, ist nicht aufzustellen, da wir[1]) zum Teil stärkere, zum Teil schwächere Ausbildung beider Drüsenarten nebeneinander beobachten können. Eine konstante Beziehung kann schon aus dem Grunde nicht angenommen werden, weil sowohl bei den verschiedenen Vertretern derselben Rasse wie auch während des individuellen Lebens größere Umgestaltungen der Hautdrüsen vorkommen können.

4. Die Talgdrüsen.

Die Talgdrüse hat nach unseren Untersuchungen[2]) eine außerordentliche Variabilität der Gestalt, Größe und sonstigen Ausbildung und Anordnung ergeben, wie dies schon Tereg hervorgehoben hat. Bisweilen sind die Drüsenkörper stark vakuolisiert. In den weitaus meisten Fällen stehen die Talgdrüsen mit Haaren in Verbindung, und nur vereinzelt ist eine Einmündung in haarlose, rudimentäre Follikel oder in tiefe, kugelige oder becherförmige Einsenkungen der Haut beobachtet worden, die als zystisch entartete Follikel zu deuten und wohl als Sekreträume aufzufassen sind. Tänzer[3]) stellt bei einem Elektoralschaf und einem Merinotuchwollschaf fest, daß die Talgdrüsen auch an den gemeinsamen Endabschnitt der Gruppenhaarfollikel treten, was die von de Meijère[4]) verlangte Ausbildung bei echten Bündeln bestätigt (vgl. S. 37).

Entgegen den Angaben, denen zufolge die Talgdrüsen an behaarten Stellen, insbesondere bei sehr feinen Haaren (Zorn[5]) an der Oberfläche münden, können wir eine Ausmündung der Talgdrüsen direkt nach der Oberfläche nirgends feststellen.

Im allgemeinen unterscheidet man an der Talgdrüse den eigentlichen Drüsenteil und einen Ausführungsgang; beide sind von einem Balge der Lederhaut umschlossen. Demgegenüber stellen wir[6]) fest daß die Talgdrüsen an den Haarfollikel entweder direkt in verschiedener Breite ansetzen, ohne daß ein besonderer Ausführgang vorhanden ist (Haarschafe), oder aber daß sich das an den Haarbalg mit Lumen einmündende mehr oder minder große Endstück der Talgdrüse gegenüber dem Drüsenkörper etwas absetzt und so eine Art Ausführgang zustande kommt (vor allem bei den mischwolligen Rassen). Diese Ausbildung findet sich in geringerem oder stärkerem Grade insbesondere bei zusammengesetzten Drüsen.

Über den Verlauf des Ausführungsganges berichtet Bohm[7]) folgendes: „Letzterer mündet in der Regel in der inneren Wurzelscheide des Haares und wird dadurch gebildet, daß die innere Wurzelscheide sich ein kleines Ende in das Innere des Ausführungsganges einstülpt. Auf diese Weise ist es dem Exkrete der Talgdrüsen möglich, direkt an das junge Haar heranzutreten und solches zu umhüllen."

Die Einmündungsstellen der Talgdrüsen in den Haarfollikel liegen meist auf

---

[1]) Sp. u. T. (S. 1, Anm. 3) S. 116.

[2]) Sp. u. T. (S. 1, Anm. 3) S. 117.

[3]) T. (S. 8, Anm. 4).

[4]) de Meyère, J. Ch. H.: Über die Haare der Säugetiere, besonders über ihre Anordnung. Morphol. Jahrbücher Bd. 21. 1894.

[5]) Zorn, W.: Haut und Haar als Rassen- und Leistungsmerkmal in der landwirtschaftlichen Tierzucht. 48. Flugschrift der deutschen Gesellschaft für Züchtungskunde. 1919.

[6]) Sp. u. T. (S. 1, Anm. 3) S. 121.

[7]) B. (S. 1, Anm. 2).

annähernd gleicher Höhe, gelegentlich jedoch auch übereinander. In der Regel liegen die Talgdrüsen und deren Mündungen bei den Leithaaren weiter proximal als die der Gruppenhaare[1]). Die Talgdrüsen der am Rande stehenden Gruppenhaare, zumal der gröberen, können etwas tiefer liegen als die der anderen Gruppenhaare, so daß sich der Unterschied zwischen Gruppen- und Leithaaren diesbezüglich verwischt. Je mehr sich allgemein die zunächst beträchtlichen Unterschiede zwischen Gruppen- und Leithaaren (vgl. S. 38) ausgleichen, desto mehr treten auch diese Unterschiede zurück. Das zeigt sich vor allem bei den Schnittserien parallel zur Hautoberfläche. Während bei den Haarschafen und den Mischwolligen auf den oberflächlichen Schnitten zunächst nur die Talgdrüsen der Gruppenhaare anzutreffen sind und sich erst auf den tieferen Schnitten die Leithaardrüsen einstellen, kann man bei den schlicht- und feinwolligen Schafen auf demselben Hautparallelschnitt schon die Drüsen beider Haarkategorien zusammenfinden, wenn auch hier immerhin noch die Talgdrüsen der Leithaare etwas tiefer beginnen als die der anderen Haare.

Es variiert also die Ansatzhöhe bei demselben Tier schon nach der Haarart. Im allgemeinen liegt nach Spöttel und Tänzer die Einmündung der Talgdrüsen an der Grenze des ersten und zweiten Fünftels (nach Bohm ungefähr an der Stelle der Haarwurzel, die den vierten Teil ihrer Länge von der Oberhaut ab, nach unten zu gerechnet, beträgt); doch finden sie auch größere oder geringere Abweichungen, so da, wo die Talgdrüse in den gemeinsamen Endfollikel mehrerer Haare mündet. Jedenfalls erfolgt die Einmündung der Talgdrüsen stets fast unmittelbar oberhalb der Stelle, wo die Differenzierung der Wurzelscheide distalwärts aufhört.

Gewöhnlich überragt das distale Ende der Drüse den Ausführungsgang sehr wenig, es kommen jedoch auch in dieser Beziehung Abweichungen vor, so daß die Einmündungsstelle in der Mitte der Drüsen zu liegen kommt, ja bei einem Leineschaf ist festgestellt, daß die Einmündung am proximalen Ende der Talgdrüse liegt. Rassenunterschiede in der Mündungsart der Talgdrüsen lassen sich nicht nachweisen. Es kann zu einer Trennung der Talgdrüse in zwei übereinander mündende Abschnitte, von denen der distale proximal und der andere umgekehrt mündet, führen.

In der Literatur wird auf die Verschiedengestaltigkeit der Talgdrüsen hingewiesen. Was die Form anbelangt, so finden wir[2]) neben vollkommen ungelappten solche mit vielen Drüsenlappen, die außerdem ihrerseits noch Ausstülpungen und Fortsätze aufweisen. Vereinzelt stellen wir eine Teilung einer Drüse in zwei Lappen, die proximal wieder verschmelzen, fest (Karakul). Die Drüsengestalt ist bald rundlich oder oval, bald mehr gestreckt, schlauchförmig, bald säckchen- und bohnenförmig; manchmal infolge mächtiger Lappung auch ganz unregelmäßig, was auch schon W. v. Nathusius, Bohm und Zorn erwähnen. Die Talgdrüse ist in besonders hohem Maße durch innere und äußere Faktoren beeinflußbar, wie die verschiedene Ausbildung der Talgdrüsen an demselben Tier zu verschiedenen Zeiten beweist. Außerdem können die physiologischen Bedingungen während des individuellen Lebens wechseln.

Im allgemeinen finden sich die größten und unregelmäßigsten viellappigen Talgdrüsen bei den Tieren, die die geringste Haardichte aufweisen; so speziell bei der Haut der Schenkelinnenseite[3]) (Abb. 17). Entsprechend dem größeren zur Verfügung stehenden Raume können sich die Talgdrüsen bei dünnem Haarstande mehr entfalten, so daß diese Entwicklung mechanisch verständlich wird.

---

[1]) Sp. u. T. (S. 1, Anm. 3) S. 124.
[2]) Sp. u. T. (S. 1, Anm. 3) S. 125.
[3]) Sp. u. T. (S. 1, Anm. 3) S. 124.

Andererseits sind auch physiologische Gesichtspunkte heranzuziehen; zur Produktion des erforderlichen Drüsensekretes muß bei den Schafen mit dünnem Haarstande der Drüsenkörper vergrößert werden, während bei dichtwolligen Rassen das notwendige Drüsenareal entsprechend der größeren Haarzahl auch durch eine größere Talgdrüsenzahl erreicht wird. Doch handelt es sich hier um keine absolut festen Korrelationen. Schon Jess[1]) hat die starke Entwicklung der Talgdrüsen in der unbehaarten Haut damit erklärt, daß diese Stellen häufig mechanischen Reibungen ausgesetzt sind, infolgedessen eine erhöhte Fettproduktion zur Herabminderung derselben erzeugt werden muß. Auch an den Grenz-

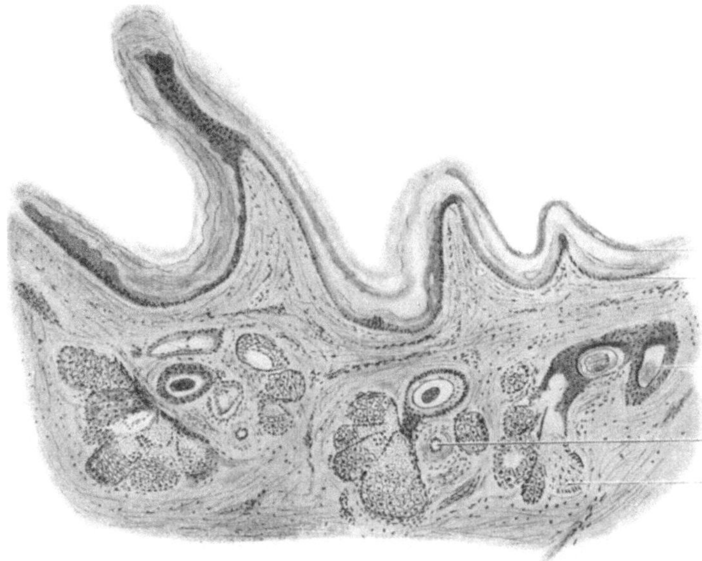

Abb. 17. Hautparallelschnitt vom Karakul (Schenkelinnenseite).

gebieten der unbehaarten Haut sind die Talgdrüsen nach Bonnet stark entwickelt.

Nach Bonnet[2]) steht die Größe der Talgdrüse in umgekehrtem Verhältnis zur Stärke des zugehörigen Haares, so daß also die Drüsen der stärkeren Haare verhältnismäßig klein, und die feinen Flaumhaare unter Umständen einen Umfang aufweisen, der das Haar nur als Anhängsel der Drüsen erscheinen läßt. Die Richtigkeit dieses Satzes wird in neuerer Zeit z. T. bestritten, so z. B. von Hoffmann[3]). Nach unseren Feststellungen spielen wohl die vorhandenen Raumverhältnisse und insbesondere physiologische Anforderungen für die Ausbildung der Talgdrüsen eine wichtige Rolle.

Was die Abhängigkeit der Talgdrüse von der Körperstelle anbelangt, so zeigen sich zwischen Blatt und Schwanzwurzel geringe Unterschiede, wenn auch in einigen Fällen die Talgdrüsen der Schwanzwurzel die komplizierteren Verhältnisse darbieten.

---

[1]) Jess: Beiträge zur vergleichenden Anatomie der Haut der Haussäugetiere. Diss. inaug. Leipzig 1896.

[2]) Bonnet, R.: „Haut“ in Ellenbergers vergleichender Histologie der Haussäugetiere. Berlin 1887.

[3]) Hoffmann: Über Talg- und Schweißdrüsen. Inaug.-Diss. Tübingen 1898.

Alters- oder Geschlechtsunterschiede in der Ausbildung der Talgdrüsen scheinen nach Spöttel und Tänzer nicht zu bestehen, was auch letzterer bei seinen Untersuchungen am Karakul während des individuellen Lebens bestätigt.

Wie in der Gestalt, so finden sich auch in der Größe der Drüsen weitgehende Unterschiede, und zwar auch nicht nur von Tier zu Tier, sondern auch von Haar zu Haar. Die größten Talgdrüsen haben wegen ihrer freieren Lage gewöhnlich die Leithaare, wenn auch die an der Peripherie stehenden Gruppenhaare zuweilen in ihrer Größe den erwähnten Drüsen nicht nachstehen. Gelegentlich sind aber auch innerhalb der Gruppen größere Talgdrüsen anzutreffen.

H. v. Nathusius[1]) wirft die Frage auf, ob nicht in der Zahl und Ausbildung der Talgdrüsen Unterschiede vorhanden sind, meint jedoch, daß solche anatomischen Verschiedenheiten bisher bei den Schafrassen noch nicht nachgewiesen werden konnten und nimmt an, daß die Unterschiede in der Sekretquantität und -qualität durch stärkere oder schwächere Tätigkeit der Drüsen bedingt werden. Auch W. v. Nathusius[2]) schließt sich dieser Ansicht an, da er in der Wolle tragenden Haut der Schafe keine Unterschiede an Größe und Zahl der Drüsen bei verschiedenen Rassen gefunden hat.

Zunächst sei nur auf die Leithaartalgdrüsen eingegangen. Wir[3]) haben gezeigt, daß die Talgdrüsen in noch geringerem Maße Rasseabhängigkeit zeigen als die Schweißdrüsen. Die Haarschafe haben einfach säckchenförmige, schmale Drüsen mit geringer Tiefenerstreckung (Abb. 13). Bei den übrigen Rassen finden sich bald einfachere schlauchförmige, bald breitere, stark gelappte und gegliederte Talgdrüsen in geringeren oder größeren Ausmaßen; die kompliziertesten Verhältnisse liegen im allgemeinen bei den Mischwollschafen vor, insofern die Leithaartalgdrüsen mächtig entwickelt und gegliedert sein können. Rundliche Drüsen mit rundlichem Querschnitt sind vor allem bei den schlicht- und feinwolligen Rassen festgestellt. Die geringere Größe wird entsprechend der größeren Haardichte durch eine größere Drüsenzahl ausgeglichen. Die Zahl der Talgdrüsen der Leithaare schwankt nach unseren Ermittelungen[3]) außerordentlich: oft finden sich zwei, die ganz charakteristisch zu dem Leithaar und der dieses stets begleitenden Schweißdrüse angeordnet sind. Die beiden Talgdrüsen umgreifen dann je nach Größe halbmondförmig das Haar, und zwischen beiden liegt der Schweißdrüsengang zum Haar opponiert. Bei dieser oft sehr charakteristisch ausgeprägten Anordnung sind im allgemeinen die Talgdrüsen gleich groß, der Raum zwischen diesen wird durch den Arrector pili abgeschlossen, der hier noch einheitlich ist. Mit großer Regelmäßigkeit haben die untersuchten Haarschafe zwei Talgdrüsen, während bei allen anderen Schafrassen doch größere Abweichungen beobachtet werden.

Die erwähnte regelmäßige Anordnung von Leithaar, Talg- und Schweißdrüse kann durch verschiedene Verhältnisse (starke Bindegewebszüge, starke Ausbildung der Talgdrüsen, benachbarte Haare) eine Verschiebung erfahren. Kommen zu den zwei Talgdrüsen noch eine dritte oder noch mehrere, so kann die ursprünglich regelmäßige Anordnung mehr oder weniger gestört werden. Eine dritte Talgdrüse liegt der Schweißdrüse in der Regel opponiert. Ist die Zahl der Talgdrüsen gestiegen, so erfolgt des öfteren ihre Einmündung nicht wie sonst auf

---

[1]) N. (S. 6, Anm. 4).

[2]) Nathusius, W. v.: Das Wollhaar des Schafes in histologischer und technischer Beziehung mit vergleichender Berücksichtigung anderer Haare und der Haut. Berlin 1866. — Mitteilung über die bei ferneren Untersuchungen des Haares der Schafe und anderer Haustiere erlangten Resultate. Z. d. landw. Central-Vereins d. Prov. Sachsen Jg. 32, S. 1.

[3]) Sp. u. T. (S. 1, Anm. 3) S. 121.

annähernd gleicher Höhe, sondern es können dann bis zu drei Drüsen übereinander gelagert münden (Abb. 14).

Bezüglich der übrigen Lagebeziehungen der Leithaartalgdrüsen zum Haar lassen sich wegen der großen Mannigfaltigkeit derselben nach Zahl, Anordnung und Größe bestimmte Angaben nicht machen; immerhin erstrecken sich im allgemeinen die einfach säckchenförmigen Drüsen parallel zum Haar (vor allem Haar- und mischwollige Schafe), während bei den rundlichen Drüsen, vor allem, wenn sie eine beträchtliche Größe erreichen, sich keine bestimmten Lagebeziehungen zur Haarrichtung mehr nachweisen läßt, schon deshalb, weil auch die Haare der Tiere mit größeren Talgdrüsen keine gerade Erstreckung mehr haben (Schlicht- und zum Teil Feinwollige).

Gegenüber der Vielgestaltigkeit der Talgdrüsen der Leithaare haben die Talgdrüsen der Gruppenhaare bedeutend einfachere Gestalt. Wie schon oben angedeutet, sind sie in ihrer Form und Ausbildung stark abhängig von der Lagebeziehung innerhalb der Gruppe. Bei sehr dichter Lage können die Talgdrüsen die bestehenden Zwischenräume zwischen den Haaren vollkommen ausfüllen (so vor allem bei den Merinos). Somit besteht, wie es Bonnet und Jess festgestellt haben, eine gewisse Abhängigkeit der Form der Drüse von der Haardichte. Gewöhnlich kommen jedem Gruppenhaar ein oder zwei Talgdrüsen zu.

Bezüglich der Bezeichnung der Schweiß- und Talgdrüsen hat man verschiedentlich Abänderungsvorschläge gemacht. Da nach Jess[1]) die Form der Hautdrüsen sehr variabel und die angegebene Scheidung für die vergleichende Anatomie unbrauchbar ist, stellt er sich auf den histogenetischen Standpunkt und bezeichnet die eigentlichen Schweißdrüsen als primäre, die Talgdrüsen als sekundäre Hautdrüsen, da erstere direkt von der Epidermis eingesenkt und die letzteren von den Follikeln gebildet werden sollen. Hiergegen ist einzuwenden, daß der angegebene Bildungsprozeß der Hautdrüsen keineswegs den Tatsachen entspricht, da nach den eigenen Untersuchungen beim Schaf beide Drüsenarten durch Einstülpung und Differenzierung der Zellen der Follikel entstehen[2]) (vgl. später).

Graff[3]) schlägt vor, die Drüsen nach ihrer Form zu nennen. Die Bezeichnung tubulöse und azinöse Hautdrüsen würde den tatsächlichen Verhältnissen noch am ehesten Rechnung tragen, sofern man nicht die alten Bezeichnungen beibehalten will. Doch müssen über die physiologische Bedeutung der Hautdrüsen des Schafes noch nähere Untersuchungen Aufschluß geben.

Bezüglich der physiologischen Wirkungsweise hat man bei Schafen zunächst feststellen können, daß die Ausscheidung der Talg- und Schweißdrüsen verschiedener Rassen sehr verschiedenartig ist. Nach Bohm gehen die Exkrete von Talg- und Schweißdrüsen bei ihrem Zusammenkommen eine chemische Verbindung ein. Nach H. v. Nathusius[4]) und Bohm[5]) ist die Menge des Talgdrüsensekretes außer von Alter, Geschlecht, Individuum und Ernährung noch von den Rassen und typischen Zuchtformen bedingt. Nach letzterem ist auch die Beschaffenheit des Fettschweißes von denselben Faktoren abhängig. H. v. Nathusius führt an, daß Unterschiede in der Sekretquantität und -qualität durch größere Tätigkeit

---

[1]) Jess: Beiträge zur vergleichenden Anatomie der Haut der Haussäugetiere. Diss. inaug. Leipzig 1896.

[2]) Sp. u. T. (S. 1, Anm. 3) S. 131.

[3]) Graff: Vergleichende anatomische Untersuchungen der Hautdrüsen der Haussäugetiere und des Menschen. Pflüg. Vorträge f. Tierärzte. II. Serie, H. 2.

[4]) N. (S. 6, Anm. 4).

[5]) B. (S. 1, Anm. 2).

der Drüsen bedingt werden, da er ebensowenig wie W. v. Nathusius[1]) Unterschiede der Drüsen nach Zahl und Größe bei verschiedenen Rassen nachweisen kann. Daß eine solche Behauptung nicht ganz den Tatsachen entspricht, ist oben ausgeführt.

Über die spezifisch chemisch-physiologische Wirkungsweise der Talgdrüse wie Schweißdrüse des Schafes ist man im übrigen noch wenig unterrichtet. Nach Bohm[2]) ist das Schweißdrüsenexkret gasförmig, das der Talgdrüsen ist in Fett umgewandelter Zellsaft. Nach ihm soll die Tätigkeit der Talgdrüsen beim Schaf und namentlich bei dem „Wollschaf par excellence", dem Merinoschaf, sehr bedeutend sein, dazu kommt das Exkret der Schweißdrüsen und das Ammoniak der Stalluft, die zusammen eine chemische Verbindung eingehen sollen (vgl. das Kapitel Fettschweiß S. 335).

Aus den peripher gelagerten kubischen Keimzellen gehen in der Talgdrüse die Drüsenzellen hervor, die gegen das Zentrum der Drüsenalveolen einen fortschreitenden fettigen Zerfall bis zur Auflösung des Zellcharakters verfolgen lassen. In den peripheren Zellen wiesen Rosenstadt[3]) und Tempel[4]) Keratohyalin und ein feines Netz einer hornähnlichen Substanz nach. Beide verschwinden aber bald mit dem Auftreten zahlreicher angeblicher Fettropfen im Zelleib. Die Zellen vergrößern sich bedeutend und erscheinen als scharfbegrenzte Polygone. Die Kerne degenerieren und lösen sich ganz auf. Nach Unna[5]) und vor ihm noch Krause[6]), Kölliker[7]), Meißner und Henle[8]) sollen auch die Schweißdrüsen fettige Substanzen abscheiden, was jedoch für das Schaf als fraglich erscheint.

Schon Tereg[9]) hat auf die geringe Schweißmenge bei Mufflon und Heidschnucke hingewiesen. Die schwache Entwicklung der Schweiß- und Talgdrüsen bei Mufflon und Heidschnucke würde nach unseren Feststellungen die trockene Beschaffenheit des Haarkleides morphologisch bestätigen. Tänzer[10]) untersucht die Zusammenhänge zwischen Rendement[11]) (auf Grund der Untersuchungen von Bobbert[12])) und der Ausbildung der Hautdrüsen (auf Grund eigener histologischer Feststellungen) beim Karakulschaf während des individuellen Lebens:

„Will man von dem Bau und der Größe der Hautdrüsen auf deren funktionelle Leistung schließen — sofern ein solcher Vorgang berechtigt ist —, so darf

---

[1]) Nathusius, W. v.: Das Wollhaar des Schafes in histologischer und technischer Beziehung mit vergleichender Berücksichtigung anderer Haare und der Haut. Berlin 1866. — Mitteilung über die bei ferneren Untersuchungen des Haares der Schafe und anderer Haustiere erlangten Resultate. Z. d. landw. Central-Vereins d. Prov. Sachsen Jg. 32, S. 1.

[2]) B. (S. 1, Anm. 2).

[3]) Rosenstadt: Über Verhornung. Verh. Ges. dtsch. Naturforsch. Teil 2. Karlsbad 1902.

[4]) Tempel: Vergleichend anatomische physiologische Untersuchungen über die Drüsen der Zwischenklauenhaut der Paarzeher. Inaug.-Diss. Leipzig 1896.

[5]) Unna: Über die Funktion der Knäueldrüsen und die Durchsetzung der Haut mit Fett. Verh. anat. Ges. XII und Dtsch. Medizinalzg. Bd. 43. Mschr. Dermat. Bd. 26.

[6]) Krause: S. Wagners Handbuch der Physiologie.

[7]) Kölliker, A.: Handbuch der Gewebelehre Bd. 1.

[8]) Henle: Allgemeine Anatomie. Leipzig 1841. — Über die Struktur und Bildung der menschlichen Haare. Frorieps neue Notizen Bd. 14. 1840.

[9]) Tereg: Jahresberichte der Tierarzneischule in Hannover 1884.

[10]) T. (S. 8, Anm. 4).

[11]) Siehe Kapitel über Fettschweiß und Rendement.

[12]) Bobbert, W.: Rendementsbestimmung an Karakulschafen des Tierzuchtinstituts der Universität Halle-Wittenberg. Inaug. Diss. Halle 1925.

zunächst darauf hingewiesen werden, daß das trockene Lammvlies des eben geborenen Karakullammes in seinem Fettschweißgehalt als minimal eingeschweißt beurteilt werden muß, worauf vermutlich die Eigenschaften des Pelzwerks mitberuhen. In Gegenüberstellung zu der Drüsengestalt sei wiederholt, daß bei der Geburt die Schweißdrüsen in der Regel kurz, einfach schlauchförmig und englumig sind. Bei Tieren mit guter Lockenqualität finden sich vorwiegend Talgdrüsen von keineswegs übermäßiger Entwicklung. Rendementsuntersuchungen am Karakul liegen nur erst vom 1. bis zum 6. Lebensjahr fortschreitend vor: Bobbert konnte bis zum 6. Lebensjahr eine Rendementserhöhung feststellen. Den Ausschlag für die Fettschweiß- und Rendementsabänderungen von dem trockenen Lammvlies zu dem bisweilen stark eingeschweißten, fettigen Haarpelz des Jährlings dürfte die mächtigere Entwicklung der Schweißdrüse beim Karakul nach ½ Jahr den Ausschlag geben. Die dann eintretende Knäuelbildung dürfte zu einer starken sekretorischen Tätigkeit führen. Da nunmehr die Schweißdrüsen keine Veränderung in der Gestalt erleiden und eine merkliche Verkleinerung der Talgdrüse erst spät (nach 5 Jahren) erfolgt, so könnte man annehmen, daß die sekretorische Tätigkeit parallel der Rendementserhöhung mit zunehmendem Alter eingeschränkt wird. Als weiterer Gesichtspunkt muß die entsprechend der zur Hautoberflächenvergrößerung einhergehende Verminderung der Schweißdrüsendichte (die ja parallel der Leithaardichte geht) Berücksichtigung finden. Die Untersuchungen zeigten, daß die Leithaardichte nach einem Monat stark reduziert wird, um sich dann auf annähernd gleicher Höhe zu erhalten.

Die starke Zunahme der Talgdrüsen der Gruppenhaare mit fortschreitender Differenzierung der Haaranlagen im ersten Jahre (vgl. später) könnte die starke Einschweißung der Jährlingswolle funktionell verständlich machen, nicht dagegen — ebensowenig wie die Schweißdrüsenzahl — die Zunahme des Rendements mit zunehmendem Alter bei etwa gleichbleibender Drüsengestalt, es sei denn, daß man ein Nachlassen der Funktion der Drüsen annehmen will."

Den feinwolligen Schafen, vor allem den Merinos, kommt im allgemeinen ein geringes Rendement zu, wenn sich auch nach Quantität und Qualität des Fettschweißes größere Unterschiede finden. Die erhöhte Fettschweißproduktion bei den Merinos wäre vielleicht morphologisch zu erklären durch das infolge größerer Anzahl größere Talgdrüsenvolumen und die stärkere Entwicklung der Schweißdrüsen.

Da jedoch nicht immer eine gleiche Richtung in der Ausbildung der Hautdrüsen und in der Menge des Fettschweißes besteht, müssen für die Abscheidung der Hautdrüsen noch physiologische und nervöse Reize mitwirkend angenommen werden.

5. Die Stellung und die Gestalt der Haarwurzeln.

Untersuchungen über die Gestalt und die Einpflanzung der Haarwurzeln zur Oberfläche sind namentlich bei der menschlichen Kopfhaut und beim Schaf ausgeführt.

Bohm[1]) und v. Nathusius[2]) haben auf die verschiedenartige Ausbildung der Follikelrichtung bei Stichel-, Grannen- und Wollhaaren des Schafes hingewiesen und auf Grund dieser Angaben ist zu schließen, daß je nach dem

---

[1]) B. (S. 1, Anm. 2).

[2]) Nathusius, W. v.: Das Wollhaar des Schafes in histologischer und technischer Beziehung mit vergleichender Berücksichtigung anderer Haare und der Haut. Berlin 1866. — Mitteilung über die bei ferneren Untersuchungen des Haares der Schafe und anderer Haustiere erlangten Resultate. Z. d. landw. Central-Vereins d. Prov. Sachsen Jg. 32, S. 1.

Überwiegen des einen oder anderen Haares in der Wolle, auch Unterschiede in der Gestalt der Haarrichtung bei verschiedenen Rassen vorhanden sind.

Nach Spöttel und Tänzer[1]) die als erste eingehendere vergleichende Rassenuntersuchungen über die Richtung der Follikel zur Haut auf Grund von Serienschnitten parallel zum Haar ausführten, sind die Stichelhaare stets gerade und gleichmäßig schräg in der Haut eingepflanzt, wie dies schon Bohm angegeben hatte (Abb. 13). Auch bei den Mischwolligen sind Ober- und Unterhaare noch ziemlich parallel gerichtet. Die Grannenhaare der Mischwolligen sind meist etwas schräg zur Hautoberfläche gerichtet, doch zeigen sie auch schon vielfach

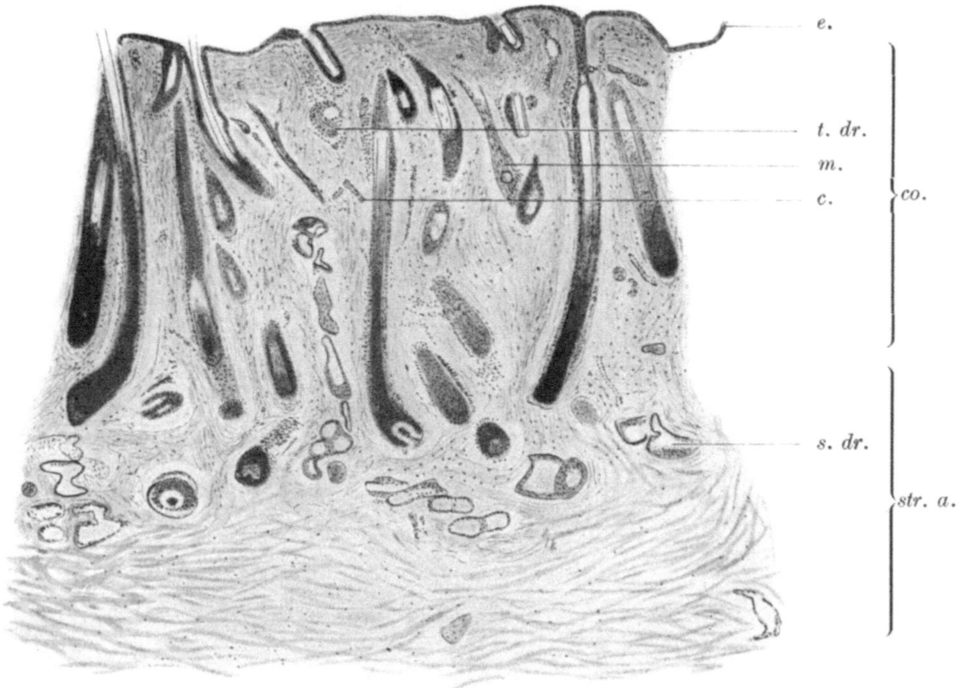

Abb. 18. Hautsenkrechtschnitt vom Leineschaf (Blatt) (nach Spöttel und Tänzer).

Übergänge zu einer mehr senkrechten Einpflanzung (Abb. 6 und 15). Während die Stichelhaar- und groben Grannenhaarwurzeln sich oft außerordentlich tief bis ins Fettgewebe erstrecken, reichen die Wurzeln der Flaumhaare nur bis an das proximale Ende des Stratum reticulare. Bei den Schlichtwolligen (Abb. 9, 10, 18, 19) weichen mehr und mehr die Follikel von der geraden Richtung ab, sind säbelförmig geschwungen oder schon spiralig gekrümmt. Dickenunterschiede zwischen den gröbsten und feinsten Haaren, wie sie bei den stichelhaarigen und bei den mischwolligen Rassen sich finden, treten hier kaum noch auf; die Haare reichen nicht mehr so weit in das Fettgewebe, vielmehr liegen die Haarzwiebeln zum größten Teil im Stratum reticulare; sie können sogar in dem oberen Teil des Stratum reticulare gelagert sein.

Die Richtung, in welcher die Haarfollikel von der Papille aus verlaufen, ist außerordentlich variabel, zum Teil sind Zwiebeln vorhanden, die nicht nur

---

[1]) Sp. u. T. (S. 1, Anm. 3) S. 132.

schräg oder gerade nach oben, sondern sogar zunächst direkt proximalwärts gerichtet sind, um erst allmählich gegen die Hautoberfläche umzubiegen. Bei den Schlicht- und mehr noch bei den Feinwolligen läßt sich kaum noch eine bestimmte Angabe über den Einpflanzungswinkel sämtlicher Haare machen, da die Haarfollikel von der Hautoberfläche in verschiedenster Krümmungsrichtung divergieren.

Nach der Oberfläche erfolgt in einzelnen Gruppen eine gewisse Konvergenz der Haarfollikel (Abb. 21), so daß die Haare aus der Haut nicht immer parallel

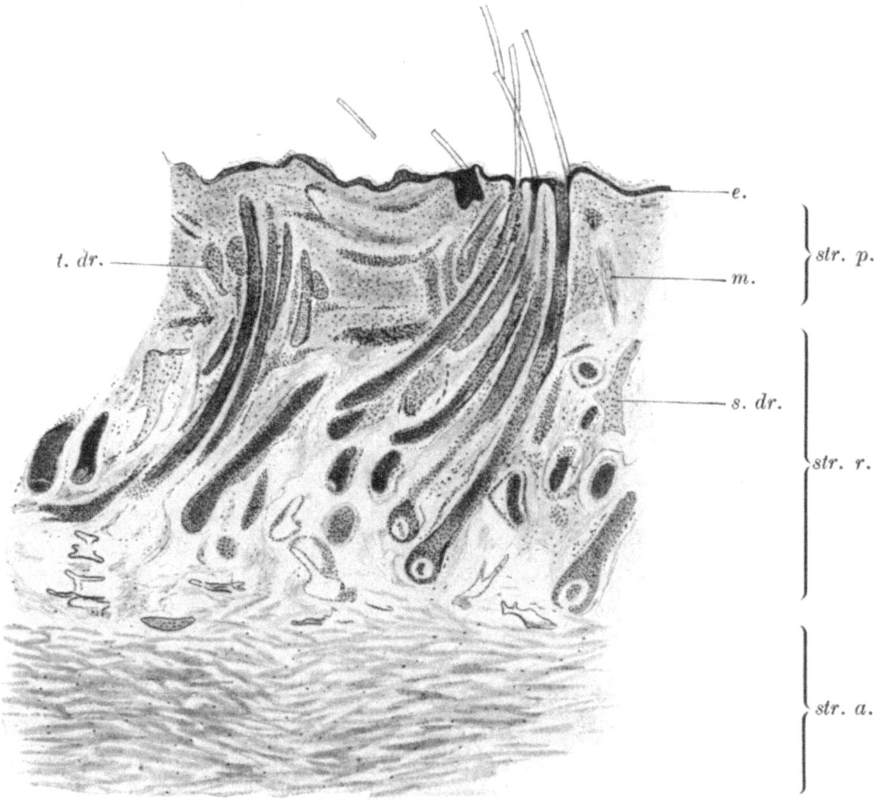

Abb. 19. Hautsenkrechtschnitt vom Hampshiredownschaf (Blatt).

austreten. Zwischen den einzelnen Gruppen findet man Bindehaare. Infolgedessen sind auf einem Längsschnitt nur noch ganz vereinzelt Haarfollikel in ihrer ganzen Längserstreckung angeschnitten, vielmehr findet man meist die verschiedensten Längs- und Querschnittsbilder von Haarwurzeln.

Beim Württemberger Schaf (Abb. 20) und Merino (Abb. 7, 16, 21) sind gegenüber allen anderen Schafrassen die Haarfollikel am meisten gekrümmt bzw. zeigen sie spiralige Windungen, so daß man auf Längsschnitten kaum einen Haarfollikel in ganzer Ausdehnung trifft. Nur ganz vereinzelt sind gröbere Haare vorhanden, die dann mit ihrem Bulbus etwas tiefer in die Haut hineinragen. Im allgemeinen liegen die Haarzwiebeln in annähernd gleicher Höhe an der Grenze zwischen Stratum reticulare und Stratum adiposum und zum Teil schon in ersterem. Bei den beiden Rassen findet sich ein starkes gruppenweises Zusammendrängen und Konvergieren der so verschiedenartig gebogenen und gewundenen Follikel nach der Oberfläche der Haut zu.

Im einzelnen schwankt die Ausbildung des Follikels bei dem einzelnen Individuum, wie innerhalb der verschiedenen Schläge. Verschiedentlich findet man Unregelmäßigkeiten in der Ausbildung der Follikelgestalt, Abknickungen und sonstige Anomalien.

Sturm[1]), der die oben gemachten Angaben über Proben normaler Haut vom Württembergischen Landschaf und Merino bestätigt, stellt bei Tieren mit dem sog. Wollfehler „Zwirn“ in der Haut fest, daß die Haarbälge mit wenig Aus-

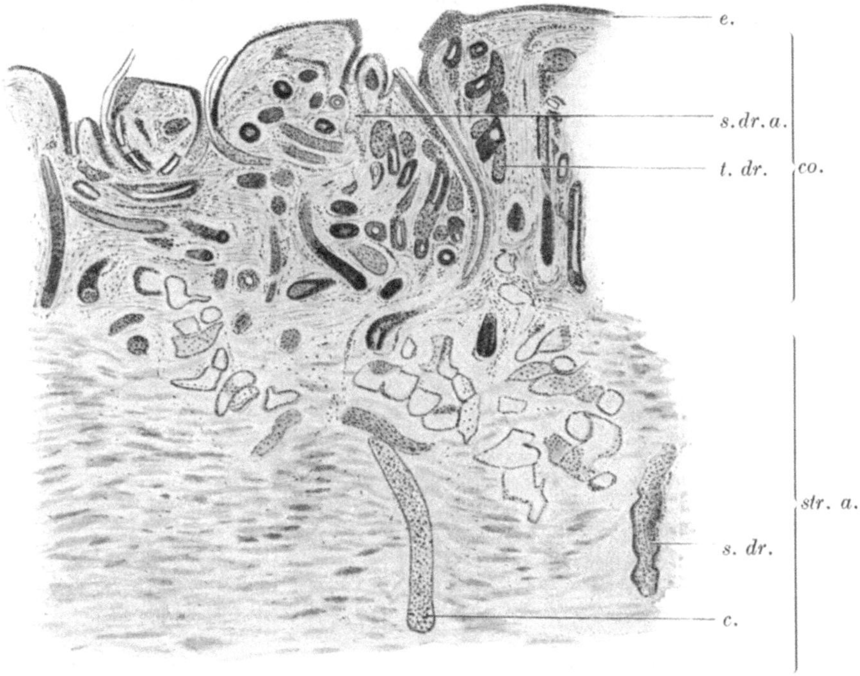

Abb. 20. Hautsenkrechtschnitt vom Württemberger Landschaf (Blatt).

nahmen in einer Ebene liegen; es gelingt daher dem genannten Autor zufolge leicht, bei einer bestimmten Schnittrichtung ganze Bündel von etwa gleich langen Haarbälgen beim Schnitt zu erfassen. Diese scheinen eine gemeinsame Einpflanzungsrichtung zu besitzen.

Die Untersuchungen von Tänzer[2]) beim Karakulschaf lassen erkennen, daß auch während der fetalen und postfetalen Entwicklung charakteristische Veränderungen der Follikelgestalt auftreten können. Zunächst ist der Follikel leicht S-förmig gekrümmt; dann gelangt vermutlich der typisch säbelförmige Follikel zur Ausbildung, der die Karakullocke in der Haut vorbereitet (vgl. später). Kurz vor der Geburt beginnen die Follikel sich wieder zu verlängern und kehren zur geraden Erstreckung zurück. Später erfolgt eine weitere Verlängerung der Follikel parallel der Hautdickenzunahme. Die Leithaarfollikel sind auch weiterhin im wesentlichen gerade, teils senkrecht, teils ein wenig geneigt in die Haut eingepflanzt; die Gruppenhaarfollikel neigen dagegen bei weitem mehr zur welligen Krümmung.

---

[1]) Sturm, A.: Der Wollfehler Zwirn, seine Formen und Ursachen. Diss. inaug. Hohenheim 1925.

[2]) T. (S. 8, Anm. 4).

Bei den untersuchten Lämmern anderer Rassen findet Tänzer im wesentlichen die gleichen Verhältnisse wie bei den erwachsenen Tieren, nur bei dem Württembergischen Landschaf sowie einem Bastard Württemberger × Leine stellt er kurz vor oder nach der Geburt noch ziemlich gerade oder wenig gewellte Follikel fest. Im übrigen „werden schon in gewissem Maße beim Lamm die Verhältnisse, wie sie das erwachsene Schaf kennzeichnen, angetroffen, was für das Verständnis der Karakullocke nicht außer acht gelassen werden darf".

Aus den vorstehenden Ausführungen ist ersichtlich, daß man nicht für jede einzelne Rasse eine für dieselbe absolut charakteristische Follikelgestalt und einen Einpflanzungswinkel angeben kann, vielmehr führt eine kontinuierliche Reihe von den stichelhaarigen bis zu den feinwolligen; in dieser kann man bestimmte

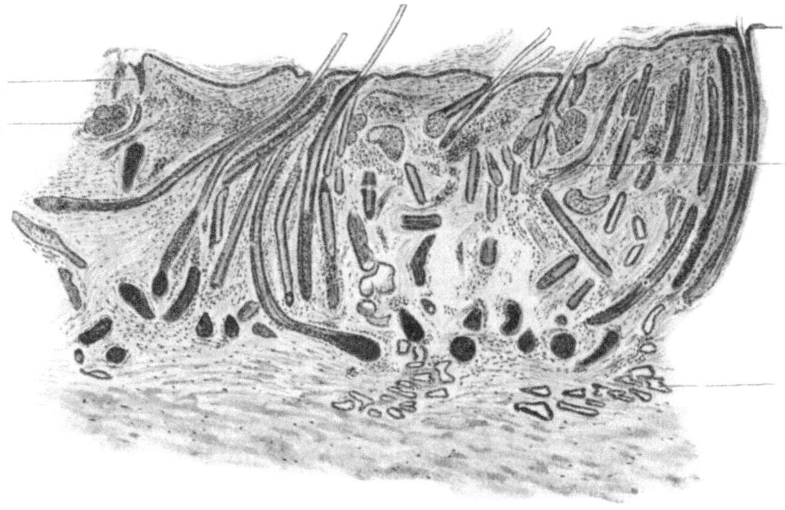

Abb. 21. Hautsenkrechtschnitt vom Merinofleischschaf (Blatt). 3 Haargruppen (nach Spöttel und Tänzer).

Rassengruppen, und zwar je nach dem Überwiegen der einen oder anderen Art zusammenfassen[1]).

Nach Bohm[2]) sind die Tasthaare mit ihren geraden Wurzeln ziemlich senkrecht in die Haut eingepflanzt und reichen mit ihren Papillen bis in das Stratum adiposum hinein. Die kurzen, groben, straffen Stichelhaare z. B. am Vorderbein bei Merinolämmern haben eine gleichmäßig schräge Lage und sind nicht gekrümmt (W. v. Nathusius[3]) und Bohm).

Spöttel und Tänzer weisen auf gewisse Unregelmäßigkeiten in der Follikelgestaltung hin, die sich mehr oder weniger bei allen Rassen vorfinden. Unterhalb der Einmündungsstelle der Talgdrüsen ist dann die Follikelintima sägeartig gezackt oder aber die Wurzelscheide springt von dem Haar zurück, und auf diese Weise entsteht ein größerer oder kleinerer rundlicher Hohlraum, den das

---

[1]) Sp. u. T. (S. 1, Anm. 3).

[2]) B. (S. 1, Anm. 3).

[3]) Nathusius, W. v.: Das Wollhaar des Schafes in histologischer und technischer Beziehung mit vergleichender Berücksichtigung anderer Haare und der Haut. Berlin 1866. — Mitteilung über die bei ferneren Untersuchungen des Haares der Schafe und anderer Haustiere erlangten Resultate. Z. d. landw. Central-Vereins d. Prov. Sachsen Jg. 32, S. 1.

Haar durchläuft. In anderen Fällen springt diese Stelle als rundliche Verdickung des Follikels gegen das Bindegewebe der Haut vor. Dann ist dieser Hohlraum oft schon erfüllt von einem rinnselig sich darstellenden Produkt, und die Zellen der Wurzelscheide sind nach dem Lumen in Zerfall begriffen, bzw. sind in ihm unregelmäßige Hornlamellen vorhanden.

Als das Endprodukt dieser Ausgestaltung hat man wohl die gewaltigen Hohlräume (Abb. 7, 24) aufzufassen, die als rudimentäre Haarfollikel anzusprechen sind (zystisch entartet ?). Ob man diese als einen in der Gestaltungsgeschichte des Haares normalen oder mehr pathologischen Vorgang aufzufassen hat, oder ob gewisse Beziehungen zu physiologischen Zuständen bestehen, steht dahin.

Bisweilen zeigt der Haarfollikel an seiner äußeren Peripherie starke unregelmäßige Einschnürung. Ob hier die kontraktile Wirkung des Haarbalges mitspielt, muß unentschieden bleiben. Möglicherweise handelt es sich hier lediglich um aberrante Bildungen von gewissen Auftreibungen des Follikels, die in geringerer Ausdehnung allenthalben vorkommen. Bisweilen finden sich auch Abknickungen am Bulbushalse und zwar gelegentlich bei allen untersuchten Rassen.

Die absolute Länge der Haarfollikel in der Haut ist nach unseren Untersuchungen[1]) davon abhängig, ob diese gerade, gebogen oder gekrümmt sind. Die genannten Autoren vermuten eine Beziehung zwischen Follikellänge und Haarlänge. Das Haarkleid der Stichelhaarigen ist nur verhältnismäßig kurz im Gegensatz zu dem langzottigen der mischwolligen Schafe. Die feinste Merinowolle wiederum ist im Vergleich zu diesem sehr kurz. Dem würde entsprechen, daß die Stichelhaare (Abb. 13), wie auch die Merinowollhaare (Abb. 21) kurze, die Grannenhaare (Abb. 6, 15) dagegen längere Follikel haben. Man kann sich vielleicht vorstellen, daß für die Ausbildung des Haares die Tiefeneinpflanzung und der Follikelquerschnitt mitbestimmend sind, denn je tiefer das Haar in die Haut eingepflanzt ist, desto intensiver kann es auch ernährt werden. Je länger also der Follikel ist, desto länger kann das Haar werden; je dicker der Querschnitt, desto intensiver müßte die Hornabscheidung sein, wenn es sich um Haare handelte, die keinen oder nur einen mäßigen Markkanal haben. Bei den Stichelhaaren ist jedoch ein fast den ganzen Querschnitt füllender voluminöser Markkanal vorhanden. Die Hornabscheidung kann also nur derart gering sein, daß sie zur Bildung eines stark vakuolisierten Markhaares ausreicht. Die geringe Hornabscheidung bringt es dann vielleicht auch mit sich, daß es nur zur Bildung eines kurzen Haares kommt. Es ist also eine Beziehung zwischen Menge der abgeschiedenen Hornsubstanz und Follikellänge anzunehmen. Über den Einfluß der Papillengestalt soll später noch eingegangen werden.

6. Die Entstehung der Follikelgestalt.

Die Ursachen der verschiedenartigen Ausgestaltung der Haarfollikel wie auch des Verlaufs derselben hat man in der Anthropologie verschiedentlich zu deuten gesucht, weshalb hier etwas ausführlicher darauf eingegangen sei.

Fritsch[2]) führt aus: „An erster Stelle wird die kräftige Ausbildung der Kopfschwarte, wie sie den Rassen mit spiralig gedrehten Haaren eigen zu sein pflegt,

[1]) Sp. u. T. (S. 1, Anm. 3) S. 138.

[2]) Fritsch, G.: Das Haupthaar und seine Bildungsstätte bei den Rassen des Menschen. Berlin 1912. — Über die Entstehung der Rassenmerkmale des menschlichen Kopfhaares. Korresp.bl. dtsch. Ges. Anthrop. Jg. 28. 1897; Bd. 6. 1898.

begünstigend auf das Verhalten der gestreckten Anlage wirken, indem die schnelle Zellvermehrung nicht nur der Haarelemente selbst, sondern auch die entsprechend mächtige Ausbildung der anderen Bestandteile der Haut, zumal der Talgdrüse, Schweißdrüse und der Arrectores pili eine Masse weicher bildungsfähiger Zellgruppen schafft, welche sich gegenseitig bedrängen und zum einseitigen Ausweichen je nach Lage der Verhältnisse zwingen.“ Insofern das Haar und die Wurzelscheiden aus weichen, wuchernden Zellen auf einer festeren bindegewebigen Unterlage bestehen, ist die Vorstellung gegeben, daß die Unterlage einen bestimmenden Einfluß auf die Gestalt der entstehenden Gebilde ausübt. Die Ursache der Krümmung der Haarwurzeln ist also mechanisch verständlich und die hakenförmige Umbiegung der unteren Wurzelenden ist nach Fritsch das Resultat der Stauchung der in die Tiefe gegen die widerstandsfähige Galea (Kopfschwarte) geschobenen Haarwurzeln.

Neben der Unterlage spielen auch die verschiedenen Spannungsverhältnisse eine Rolle für den Verlauf der Haarfollikel. Die säbelförmige Gestalt der Kopfhaarfollikel der Sudanesen erklärt Fritsch durch ungleiche Spannungsverhältnisse in verschiedenen Achsen des sich bildenden Haares, welche das seitliche Ausweichen und spiralige Drehen desselben veranlassen. Je stärker diese Ungleichheit wird, um so enger wird die spiralige Drehung des Haares. Die Plastizität der Haarfollikel erhellt schon daraus, daß sich unregelmäßige Gestalt und Auswüchse der Wurzelscheiden besonders an den Ansatzstellen des Arrector pili finden (Fritsch).

Inwieweit die für die Haarausgestaltung beim Menschen als wirksam angegebenen Momente auch für die Schafhaare geltend sind, ist von Spöttel und Tänzer[1]) erörtert. Die groben Haare bei stichelhaarigen und mischwolligen Rassen reichen mehr oder weniger weit in das Fettgewebe und nehmen einen fast geraden Verlauf (Abb. 6, 13, 15). Eine Wellung oder Krümmung der Haarfollikel tritt dagegen bei den Gruppen- und Flaumhaaren der genannten Rassen und in steigendem Maße bei denjenigen Schafrassen auf, welchen eine geringere Haardicke und eine größere Ausgeglichenheit bezüglich der Haardicke und Länge zukommt. Hier reichen, wie schon oben ausgeführt, die Haarfollikel kaum noch in das Fettgewebe, enden vielmehr an der Grenze desselben mit dem Stratum reticulare (Abb. 9, 10, 16, 18 bis 21).

Man kann sich nun vorstellen, daß die Follikel der gröberen Haare infolge ihres großen Querschnittes bei einsetzendem Wachstum die Fettschicht durchdringen und in dieser ohne Richtungsänderung weiterwachsen können, während bei denen der feinen Wollhaare die Widerstandskraft nicht derartig groß ist, daß sie die gegenliegenden dichten Fettschichten durchdringen können. Infolgedessen erfolgt leicht bei einsetzendem Wachstum und dadurch bedingter Verlängerung des Follikels ein schlängelndes Ausweichen innerhalb des Coriums selbst, vor allem in der untersten Schicht desselben. Als Stütze für ihre Ansicht führen die genannten Verfasser die Entwicklung der Haare bei Merino-Embryonen an: die Haaranlagen verlaufen dort so lange gerade, als sie in dem Corium wachsen. Sobald sie jedoch die Fettschicht erreicht haben, beginnt die Krümmung, vor allem des unteren Teils des Follikels bzw. zunächst eine hakenförmige Abbiegung desselben, als Wirkung der Stauchung, ähnlich wie es Fritsch bei Haarfollikeln der menschlichen Kopfhaut annimmt.

Die Beobachtung von letzterem, daß auf der Höhe des Haarmuskelansatzes infolge des weichen plastischen Materials der Wurzelscheide gewisse Auswüchse

[1]) Sp. u. T. (S. 1, Anm. 3) S. 144.

vorkommen, ist zuweilen auch bei den Haarfollikeln der Kopfhaut des Schafes festzustellen. Doch kann entgegen Fritsch nicht das hauptsächliche Wirkungsmoment im Muskel erblickt werden, da damit nur die Verhältnisse der Leithaarfollikel erklärt wären, nicht aber die der übrigen Haare, die ja in der Regel keine Muskeln haben; auch ist gerade die Hautmuskulatur bei den Merinos, bei denen sich die stärkste Follikelkrümmung findet, am schwächsten ausgebildet.

Neben den charakterisierten mechanischen Faktoren nehmen wir[1]) auch noch Spannungsverhältnisse der Haut sowie Wachstumsdifferenzen innerhalb der Follikel als gestaltend auf den Verlauf derselben an. „Auch werden für die Gestaltung der Haarfollikel noch gewisse phänogenetisch begründete Verhältnisse mitsprechen, die in der Anordnung der Haare in der Haut, in Beziehung zu anderen Haaren sowie in der ursprünglichen Einpflanzungsrichtung der Haare in der Haut bei der embryonalen Anlage derselben zum Ausdruck gelangen".

Der von Tänzer beim Karakulschaf festgestellte Gestaltwechsel der Haarfollikel von der ersten Anlage der Haare an macht die Vorstellung nötig, daß sich hier die Ursachen der Follikelgestalt, seien diese nun rein mechanisch oder aber auf Spannungsverhältnisse und sonstige Ursachen zurückzuführen, verändert haben müssen.

7. Die Haarpapille.

Bezüglich der Gestalt der Papille der Schafhaare stehen sich die Angaben von Reissner[2]) und v. Nathusius[3]) einerseits und die von Kölliker[4]) andererseits gegenüber. Letzterer gibt für jüngere und ältere Haare eine kugelförmige Papille an, während Reissner bemerkt, daß die Papille eine zwiebelförmige Gestalt hat und nach oben keineswegs abgerundet ist. W. v. Nathusius gibt zu, daß bei ungünstiger Lage der Papille diese eine kugelige Form zu haben scheint, bei näherer Untersuchung hat er jedoch an dünnen Haaren eine zwiebelförmige Papille festgestellt, die in einen dünnen Fortsatz ausläuft, der am Ende wie abgerissen erscheint. Sticker[5]) spricht von kegelförmigen Papillen, die am unteren Ende eine Verschmälerung aufweisen, und Jess[6]) gibt die Gestalt als lanzettförmig an. Während v. Nathusius anfangs in den Bälgen der eigentlichen Wollhaare des Schafes keine Papillen wahrnehmen kann, findet er später ziemlich deutlich scharf nach oben abgegrenzte Papillen besonders in gröberen Wollhaaren; in feineren dagegen sollen sie nur schwer feststellbar sein.

Wir halten es angesichts der Schwierigkeit, die Papillen in Wollhaaren nachzuweisen, für nicht ganz ausgeschlossen, daß es auch papillenfreie Wollhaare

---

[1]) Sp. u. T. (S. 1, Anm. 3) S. 146.

[2]) Reissner, E.: Beiträge zur Kenntnis der Haare des Menschen und der Säugetiere. Breslau 1854.

[3]) Nathusius, W. v.: Das Wollhaar des Schafes in histologischer und technischer Beziehung mit vergleichender Berücksichtigung anderer Haare und der Haut. Berlin 1866. — Mitteilung über die bei ferneren Untersuchungen des Haares der Schafe und anderer Haustiere erlangten Resultate. Z. d. landw. Central-Vereins d. Prov. Sachsen Jg. 32, S. 1.

[4]) Kölliker, A.: Handbuch der Gewebelehre Bd. 1.

[5]) Sticker, A.: Über die Entwicklung und den Bau des Wollhaares beim Schafe nebst einem Anhang über das Wollfett. Diss. inaug. 1887.

[6]) Jess: Beiträge zur vergleichenden Anatomie der Haut der Haussäugetiere. Diss. inaug. Leipzig 1896. — Vergleichende anatomische Untersuchungen über die Haut der Haussäugetiere. Internat. Monatsschrift f. Anatomie u. Physiologie Bd. 13.

gibt, wie solche z. B. auch von Sticker abgebildet werden. Bei derartigen Erscheinungen fragt es sich jedoch, wieweit ein Haarwechsel, der beim Schaf als kontinuierlich verlaufend anzusehen ist, eine Umbildung der Papille bedingt hat.

Die Papillen der feinsten Merinohaare, wie sie sich bei einem Tuchwollschaf finden, haben nach unseren Feststellungen[1]) eine lange, schmale, lanzettförmige Gestalt, einen schmalen Stiel (die starke Verschmälerung der Papille an dem Austritt aus der Haarzwiebel wird durch die stark vorspringenden Bulbuszapfen bedingt) und sind im Verhältnis zum Bulbus sehr klein und schmal. Daneben finden sich auch noch etwas kompaktere Formen. Schon bei den gröberen Wollhaaren des Merinofleischschafes und Württemberger Landschafes sind die Papillen etwas größer, haben teils lanzettlich schmale, kegelförmige oder etwas breitere Gestalt, und auch ihr Papillenstiel ist etwas weiter. Eine ähnliche Ausbildung findet sich überwiegend auch noch bei den Haaren des Frankenschafes, während bei denen des Hampshire-, Rhön-, Oxfordshire- und Butjadinger Marschschafes schon eine größere Verschiedenheit in der Ausbildung der Papille hervortritt, insofern hier neben den schmal lanzettförmigen Papillen bei feineren Haaren auch mehr oder weniger breit kegelförmige und zum Teil in den gröbsten Haaren auch breite, große Papillen zu finden sind. Beim Leineschaf (Abb. 18) und den Mischwolligen finden die genannten Autoren diese Ausbildung in gesteigertem Maße (Abb. 15). Hier sind in den gröbsten Haaren breit kegelförmige, häufig distal spitz auslaufende Papillen vorhanden, neben mancherlei Übergängen zu den oben bei feinwolligen Schafen geschilderten Formen. Die Papillen der Stichelhaare der Haarschafe haben ähnliche Gestalt wie die der gröbsten Grannenhaare der mischwolligen Rassen. Der Papillenstiel der Stichel- und Grannenhaare besitzt eine verschiedene Weite: bald ist er schmal, bald tritt die Papille in größerer Weite aus dem Haar.

Die feinen Flaumhaare der Haar- und Mischwollschafe ähneln in der Ausbildung der Papillen der bei Feinwolligen.

Bei unregelmäßig in der Haut verlaufenden Haarfollikeln zeigen sich Asymmetrien in der Ausbildung der Papille und der diese umfassenden Haarzapfen.

Die von Steinlein, Eylandt und W. v. Nathusius geäußerte Ansicht, daß sich die Papille des markhaltigen Haares in die Marksubstanz des Haares fortsetzt, lehnt Sticker für die Schafhaare ab, indem er auf das verschiedene mikrochemische Verhalten beider Substanzen hinweist. Die Feststellung Köllikers, daß beim menschlichen Haar die Papille nach oben scharf begrenzt ist, bestätigt Sticker für sämtliche Haararten des Schafes. Dieser Ansicht schließen wir uns an.

Unseren Untersuchungen zufolge ist der Papillenquerschnitt im allgemeinen rundlich; doch finden sich bei den Rassen, die einen hauptsächlich ovalen Haarquerschnitt haben, auch ovale resp. länglich gestreckte Papillen- und Follikelquerschnitte, so daß hier etwa der Haarquerschnitt dem Papillenquerschnitt entspricht.

Der Gestalt und Ausbildung der Papille entspricht gewöhnlich auch die Gestalt des Haarbulbus. Bei den feineren Haaren aller Rassen hat die Haarzwiebel eine schlanke Gestalt und setzt sich kaum in ihrer Breite gegenüber dem übrigen Haarfollikel ab. Bei den groben Grannenhaaren ist der Bulbus stark zwiebelförmig verdickt, wenn auch bei den Stichelhaaren diese Verdickung weniger stark hervortritt. Bei den Übergangsformen der schlichtwolligen Schafe findet man dann eine Reihe von Zwischenformen.

---

[1]) Sp. u. T. (S. 1, Anm. 3) S. 142.

8. Die Anordnung der Haarfollikel in der Haut

(Abb. 21 bis 28).

Die Anordnung der Haare in der Haut ist bei verschiedenen Säugetieren einschließlich des Menschen und auch bei Rassen der Haussäugetiere Gegenstand der Untersuchung gewesen. Man hat gefunden, daß die Haare nach gewissen Gesetzmäßigkeiten angeordnet sind. Schon H. v. Nathusius[1]) hat die gegenseitige Stellung einzelner Haare in der Haut zueinander und ihre gruppenweise Anordnung untersucht und die Auffassung der älteren Autoren, die die Stellung der Haare in der Haut vom Schaf „wie den Stand der Bäume in einem natürlich erwachsenen Walde, also ohne Regelmäßigkeit" schildern, zurückgewiesen. Eine große Zahl von Autoren haben in der Folgezeit Gruppenbildung der Haare bei Säugetieren und dem Menschen nachgewiesen. Feiertag[2]), Gurlt[3]), Goette[4]), W. v. Nathusius[5]) und andere haben auch beim Schaf eine Vereinigung von Einzelhaaren zu Gruppen festgestellt. Letzterer berichtet über die Anordnung der Haare in der Schafhaut folgendes: „Horizontale Schnitte der behaarten Haut zeigen, daß in allen Fällen mächtigere Züge von Bindegewebe, indem sie sich in mehr oder weniger schräger Richtung schneiden, Zwischenräume bilden, die durch Gruppen von Haarbälgen ausgefüllt sind. Die einzelnen Haarbälge dieser Gruppen werden nur durch schwache, oft gar nicht deutlich nachzuweisende Schichten von Bindegewebe voneinander getrennt."

Mit der Gruppenbildung der Säugetierhaare haben sich insbesondere de Meijère[6]) und Toldt[7]) eingehend beschäftigt und die Grundbegriffe für die Hautarchitektonik geprägt.

In der Darstellung der Anordnung der Haare in der Haut und deren rassenanalytischen Bedeutung sei im wesentlichen den Ausführungen von Spöttel und Tänzer gefolgt[8]).

Die Angaben von W. v. Nathusius und Zorn[9]), wonach gewöhnlich ein stärkeres Haar von einer größeren oder geringeren Zahl feiner Haare umgeben wird, wird dahin vervollständigt, daß ein Leithaar und mehrere Gruppenhaare zu einer Gruppe vereinigt sind, welche von der benachbarten durch Hautbrücken getrennt

---

[1]) N. (S. 6, Anm. 4).

[2]) Feiertag, J.: Über die Bildung der Haare. Diss. inaug. Dorpat 1875.

[3]) Gurlt: Vergleichende Untersuchungen über die Haut des Menschen und der Haussäugetiere, besonders in bezug auf die Absonderungsorgane des Hauttalges und des Schweißes. Berlin 1835 u. 1844. — Handbuch der vergleichenden Anatomie der Haussäugetiere. Berlin 1873.

[4]) Goette: Über das Haar des Buschweibes im Vergleich mit anderen Haarformen. Diss. inaug. Tübingen 1862. — Zur Morphologie der Haare. Arch. mikrosk. Anat. Bd. 4. 1868.

[5]) Nathusius, W. v.: Das Wollhaar des Schafes in histologischer und technischer Beziehung mit vergleichender Berücksichtigung anderer Haare und der Haut. Berlin 1866. — Mitteilung über die bei ferneren Untersuchungen des Haares der Schafe und anderer Haustiere erlangten Resultate. Z. d. landw. Central-Vereins d. Prov. Sachsen Jg. 32, S. 1.

[6]) de Meijère, J. C. H.: Über die Haare der Säugetiere, besonders über ihre Anordnung. Morphol. Jahrbücher Bd. 21. 1894.

[7]) Toldt, K.: Beiträge zur Kenntnis der Behaarung der Säugetiere. Zool. Jahrb. Bd. 33, 1912. — Über Hautzeichnung bei dichtbehaarten Säugetieren, insbesondere bei Primaten. Zool. Jb., Abt. Systematik. Bd. 33. — Über eine beachtenswerte Haarsorte und über das Haarformsystem der Säugetiere. Ann. naturhist. Hofmuseum Wien Bd. 22. 1907/08; Bd. 24. 1910.

[8]) Sp. u. T. (S. 1, Anm. 3) S. 146.

[9]) Zorn, W.: Haut und Haar als Rassen- und Leistungsmerkmal in der landwirtschaftlichen Tierzucht. 48. Flugschrift der deutschen Gesellschaft für Züchtungskunde. 1919.

ist. Die Anordnung der Gruppen selbst erfolgt in horizontalen Reihen, die durch größere Hautbrücken voneinander getrennt sind. Trotz der Verschiedenheiten im einzelnen ist eine andere Anordnung der Haare in der Haut als die genannte nicht nachzuweisen, wogegen de Meijère beim Mufflon am Hinterfuß eine ganz bestimmte Anordnung annehmen will: zwischen zwei dickeren Haaren steht meist ein Trüppchen von 3 bis 5 feinen Wollhaaren. In tieferen Hautschnitten sind die gröberen Haare noch deutlich in Gruppen von z. B. 4 Stück angeordnet. Nach seiner Ansicht bilden diese 4 Stichelhaare mit den 3 dazwischen gelegenen Trüppchen feiner Haare eine Haargruppe. Auch am Rücken will er beide Haararten in ähnlicher Anordnung gefunden haben, nur soll hier die Reihenbildung der markhaltigen Haare undeutlich sein.

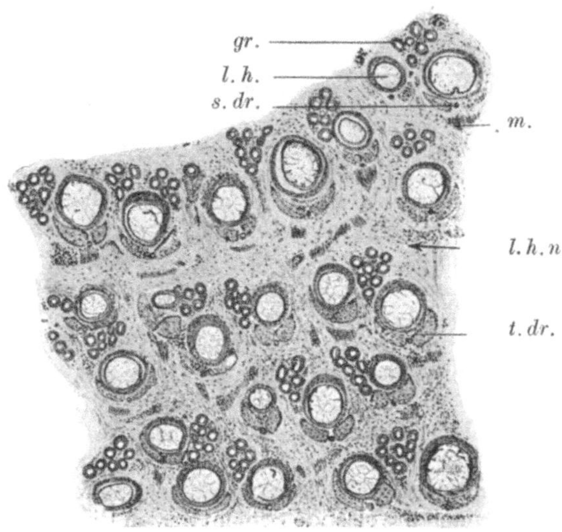

Abb. 22. Hautflächenschnitt vom Mufflon (Blatt) (nach Spöttel und Tänzer). (Alle Hautflächenschnitte sind in der gleichen Vergrößerung gezeichnet.)

Die einzelnen Haare, die bald dicht gedrängt, bald weit getrennt stehen, werden innerhalb der Gruppen durch dünne Bindegewebszüge voneinander getrennt, welche die Haarbälge und deren Talgdrüsen zunächst ringförmig umlagern. In den Hautnähten erstrecken sich Blutgefäße, die sich als Kapillaren verzweigen und aufknäulen können.

Auch beim Karakulschaf findet Tänzer außer der reihenweisen Gruppierung in Gruppen zu je einem Leithaar keine andere Anordnung der Haare in größeren Gruppen mit breiteren Hautnähten, etwa der Größe einer Locke entsprechend.

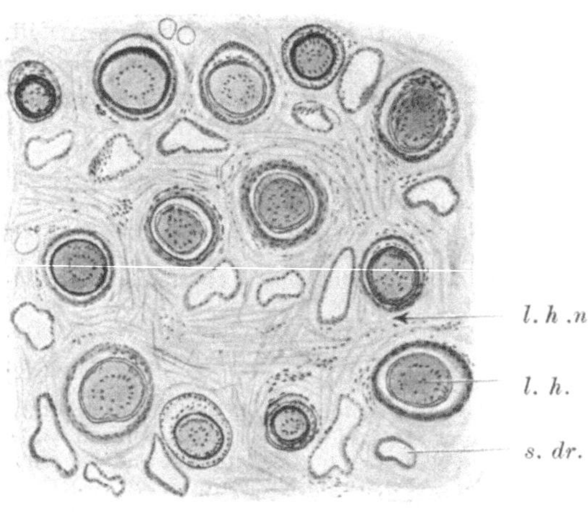

Abb. 23. Hautflächenschnitt vom Somalischaf (Blatt) in Höhe der Leithaarpapillen.

Die mehr oder weniger isoliert von der zugehörigen Gruppe stehenden „Leithaare", die je nach der Beschaffenheit des Klimas — in Rassenbeziehung — entweder Stichel-, Grannen- oder Wollhaar sein können, sind nicht nur durch ihre Stellung, sondern auch durch ihre morphologische Struktur gegenüber den Gruppenhaaren ausgezeichnet. Die Bezeichnung „Leithaar" erfolgt in Anschluß an Toldt; dieser versteht unter Leithaaren eine relativ spärliche Haarsorte, welche zwar denselben Bau wie Grannen- oder Wollhaare haben, sich aber doch von diesen charakteristisch unterscheiden, und zwar sind sie stärker als die entsprechenden Grannen- oder Wollhaare des betreffenden Felles; ferner werden diese Haare embryonal sehr frühzeitig angelegt und zeigen auch in ihrer Entwicklung eine größere Mächtigkeit als die übrigen Haare.

Die Leithaare der Schafe stimmen mit denen Toldts insofern überein, als die embryonale Anlage derselben sehr frühzeitig erfolgt (vgl. später). Während aber Toldt die größere Dicke der Leithaare als wesentliches Merkmal derselben betont, ist dieses beim Schaf nicht als spezifisches Merkmal der Leithaare anzusehen, da es auch solche mit sehr geringem Durchmesser gibt.

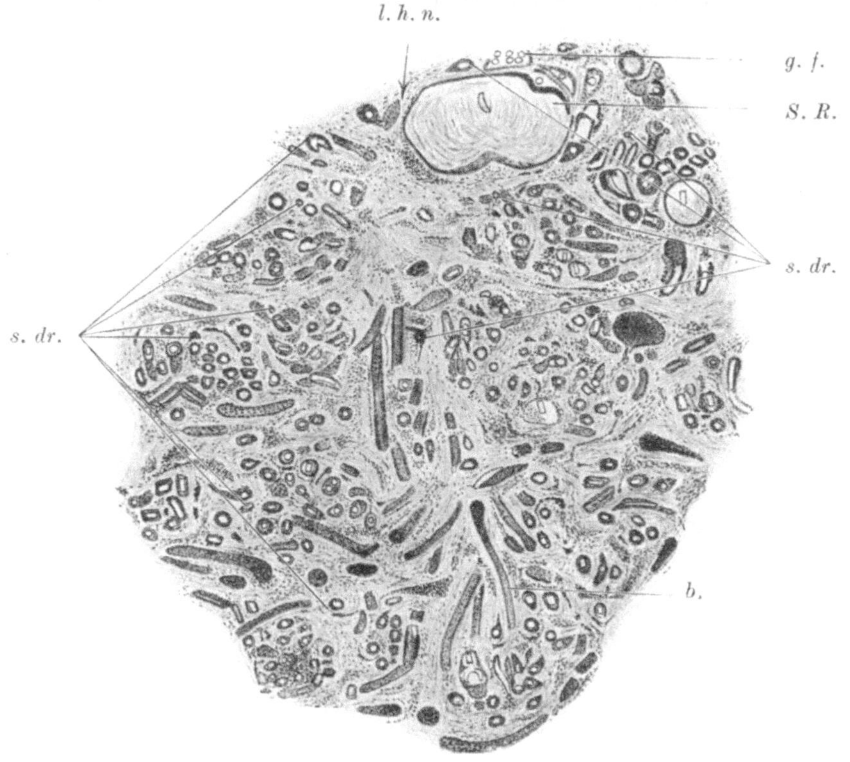

Abb. 24. Hautflächenschnitt vom Merinotuchwollschaf (Blatt) (nach Spöttel und Tänzer).

In allen Fällen ist das Leithaar nach unseren Ermittlungen durch die Einmündung der Schweißdrüse vor allen anderen Haaren der Schafhaut ausgezeichnet. Auch sind, wie schon oben ausgeführt, die Talgdrüsen der Leithaare gewöhnlich die größten und münden im allgemeinen tiefer in den Haarbalg als die Talgdrüsen der Gruppenhaare. In der Haut nimmt das Leithaar zwischen den Schweiß- und Talgdrüsen eine ganz bestimmte charakteristische Lage ein, und zwar finden wir die Anordnung derart, daß das Haar gegenüber dem Schweißdrüsengang liegt; mehr oder weniger senkrecht regelmäßig zu Seiten des letzteren erstrecken sich dann die Talgdrüsen. Dem Leithaar gegenüber an der Schweißdrüsenseite liegt der Arrector pili. In bezug auf die Reihenanordnung liegt die Schweißdrüse ventral des Leithaares, ebenso auch der Muskel.

Die Lagebeziehungen zwischen Leithaar-, Talg- und Schweißdrüse und Muskel sind bei Mufflon und Somali (Abb. 22 und 23) am typischsten. Auch ist diese

Anordnung noch in den Schnitten aus den tieferen Schichten der Haut zu erkennen (Abb. 23).

Je mächtiger und unregelmäßiger die Talgdrüse des Leithaares sich entwickelt, um so mehr wird auch die typische Lagebeziehung der genannten Hautorgane gestört; daß es sich um mechanische Verhältnisse handelt, die also nicht rassebedingt sind, geht schon daraus hervor, daß bei demselben Tier innerhalb der gleichen Hautprobe diese Lagerung wechseln kann und daß bei demselben Tier zu verschiedener Zeit sich diese Anordnung dadurch ändert, daß durch die oben als gleichfalls nicht rassebedingte, sondern entsprechend physiologischen

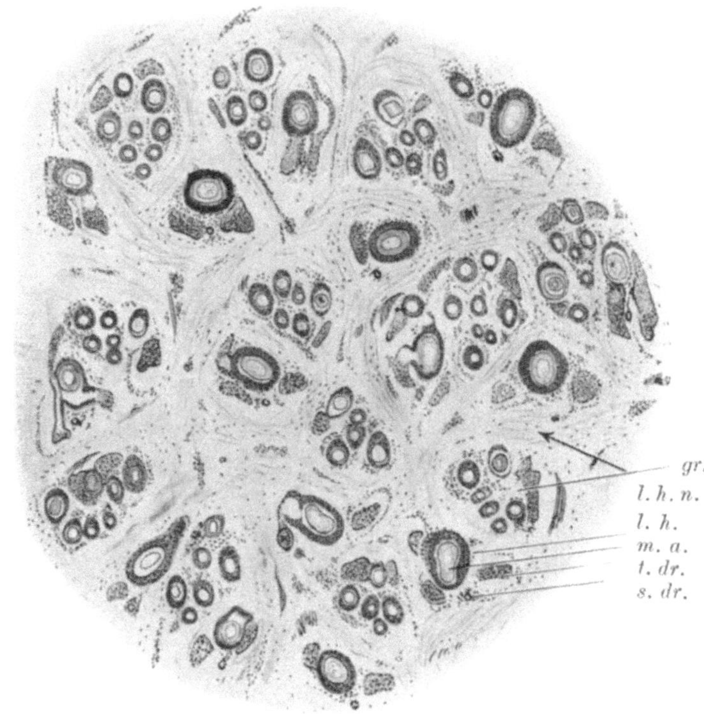

Abb. 25. Hautflächenschnitt von der Heidschnucke (Blatt) (nach Spöttel und Tänzer).

Zuständen wechselnde Größenausbildung der Talgdrüsen eine Abänderung der oben charakterisierten Lagebeziehung erfolgt. Bei sehr großer Entfaltung, resp. Vielgestaltigkeit der Talgdrüsen, spielt dann noch die ganze Hautarchitektur bestimmend mit, derart, daß infolge mechanischer Verhältnisse eine Zusammendrängung bzw. eine Lageverschiebung eintritt. Bei sehr dichtem Haarstand kann eine größere Unregelmäßigkeit der Lagebeziehung der Hautelemente, namentlich der Talgdrüsen, eintreten. Mit der unregelmäßigen Gestaltung der Elemente des Leithaares erfährt auch die Reihenanordnung der Leithaare mitsamt der zugehörigen Gruppe eine Störung, wenn auch hier noch andere Momente mitspielen, wie Lageverschiebung der Leithaare oder der zugehörigen Gruppe bzw. Einschaltung von Zwischengruppen. Neben den Leithaaren, denen regelmäßig eine Gruppe beigesellt ist, kommen auch, namentlich bei den Haarschafen, solche vor, die keine Gruppen haben.

Die Gestalt der Gruppe ist außerordentlich variabel und wird mitbedingt von den Raumverhältnissen in der Haut und dem mehr oder weniger dichten

Stand der Haare in der Gruppe. Rundliche Gruppen kommen bei fast allen Rassen vor. Gelegentlich sind die Gruppenhaare reihenförmig angeordnet, und zwar derart, daß die Reihe ziemlich senkrecht zu den durch die Leithaare charakterisierten Längsreihen stehen. Die Gruppen liegen entweder dorsal oder zu beiden Seiten der Leithaare.

Die Zahl der innerhalb der Gruppe stehenden Haare schwankt von Gruppe zu Gruppe bei demselben Individuum und ist auch bei den einzelnen Individuen einer Rasse verschieden.

Die Untersuchungen Tänzers[1]) beim Karakulschaf haben gezeigt, daß sich in der Entwicklung des Schafes die Gruppenhaarzahl je Gruppe in ganz gesetz-

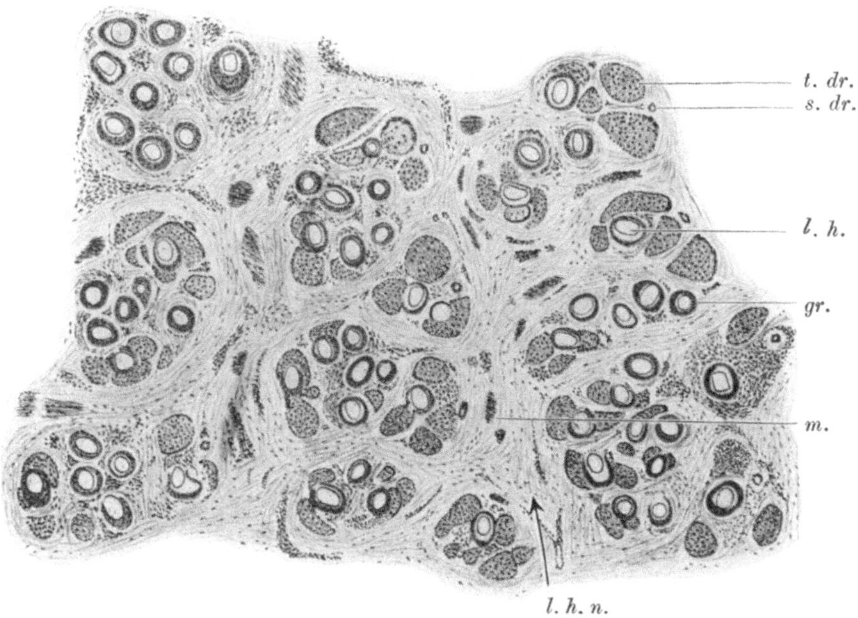

Abb. 26. Hautflächenschnitt vom Rhönschaf (Blatt).

mäßiger Weise ändert. Es hängt das mit der allmählichen Differenzierung der Gruppenhaare aus ihrer anfangs noch embryonalen Anlage zusammen (vgl. später). Unter gewissem Vorbehalt führt der genannte Autor aus, daß bis zum Ende des ersten Jahres die Gruppenhaarzahl je Gruppe ständig erhöht wird, daß dann aber wieder eine Verminderung eintritt.

Eine verhältnismäßig große Zahl von Haaren innerhalb einer Gruppe bei erwachsenen Schafen haben nach unseren Untersuchungen[2]) im allgemeinen die feinwolligen. Wegen der großen Haardichte, wie auch der starken Zusammendrängung der Gruppen untereinander, ist oft die Feststellung, wieviel Haare auf eine Gruppe kommen, erschwert. Die Gruppen umfassen etwa 5 bis 12 Haare (und mehr); es überwiegen aber die haarreichen Gruppen, die wie die Haare selbst meist dicht zusammengedrängt sind (Abb. 24). Es können benachbarte Gruppen zu einer haarreicheren größeren zusammenfließen. Beim Württemberger Landschaf haben wir ähnliche Verhältnisse wie beim Merino. Die Zahl

---

[1]) T. (S. 8, Anm. 4).
[2]) Sp. u. T (S. 1, Anm. 3) S. 170.

der einer Gruppe zugehörigen Haare schwankt zwischen 5 und 10, auch hier überwiegen noch die höheren Zahlen. Im allgemeinen kommen auch den Haarschafen Gruppen mit einer größeren Zahl von zugehörigen Haaren (2 bis 11) (Abb. 22) zu. Im übrigen sind die Schwankungen zu beträchtlich, als daß sich für bestimmte Rassen bestimmte Zahlenverhältnisse angeben lassen.

Die Anordnung der Leithaare mitsamt ihren Gruppen zu den oben erwähnten Längsreihen ist bald regelmäßig, bald unregelmäßiger. Letzteres kommt vor allem dadurch zustande, daß einzelne Gruppen etwas in die Hauptlängsnähte verlagert

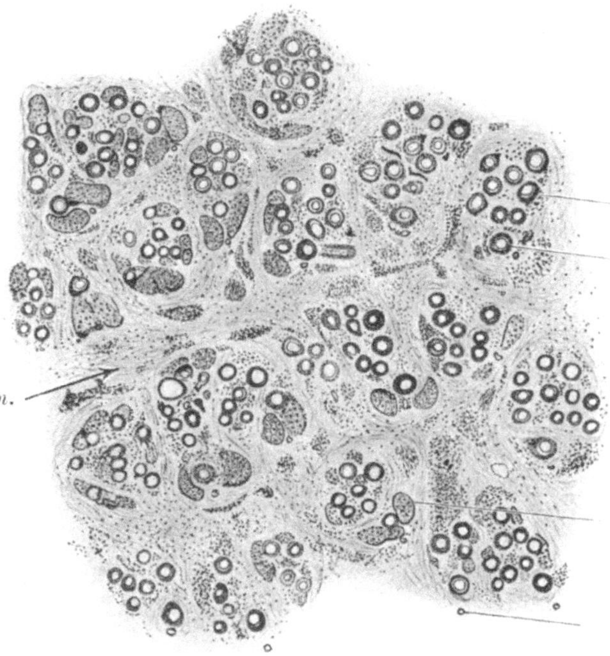

Abb. 27. Hautflächenschnitt von Hampshiredownschaf (Blatt).

werden, so daß hier der Haarstand mehr diffus erscheint. In den Fällen, wo die Reihenanordnung der Gruppen infolge der genannten Verschiebungen undeutlich ist, können die Leithaare durch die charakteristische Lagebeziehung der zugehörigen Drüsen und Muskeln noch die typische Reihenlage aufweisen. Bei den Merinos ist infolge des dichten Haarstandes und zahlreicher zwischen den einzelnen Gruppen verlaufenden Binder die Reihenanordnung verwischt (Abb. 24).

Auf Grund seiner Untersuchungen stellt Tänzer fest, daß sowohl beim Karakulschaf wie bei anderen Rassen die Reihenanordnung am deutlichsten bei den Lämmern hervortritt.

Die Anordnung der Haare in der Haut, wie sie bis jetzt beschrieben ist, gilt für die Schnittebene in Höhe der Talgdrüsen der Leithaare parallel zur Oberfläche. Auf Schnittflächen proximal oder distal der angegebenen Ebene finden sich nun andere Verhältnisse, und zwar erfolgt durch Konvergenz der Haare nach der Hautoberfläche zu ein stärkeres Zusammendrängen der Gruppenhaare distal von der genannten Schnittfläche und ein Divergieren der Gruppenhaare proximal dieser Ebene. In dem Grade dieser Ausbildung sind bei den verschiedenen Rassen gewisse Unterschiede vorhanden.

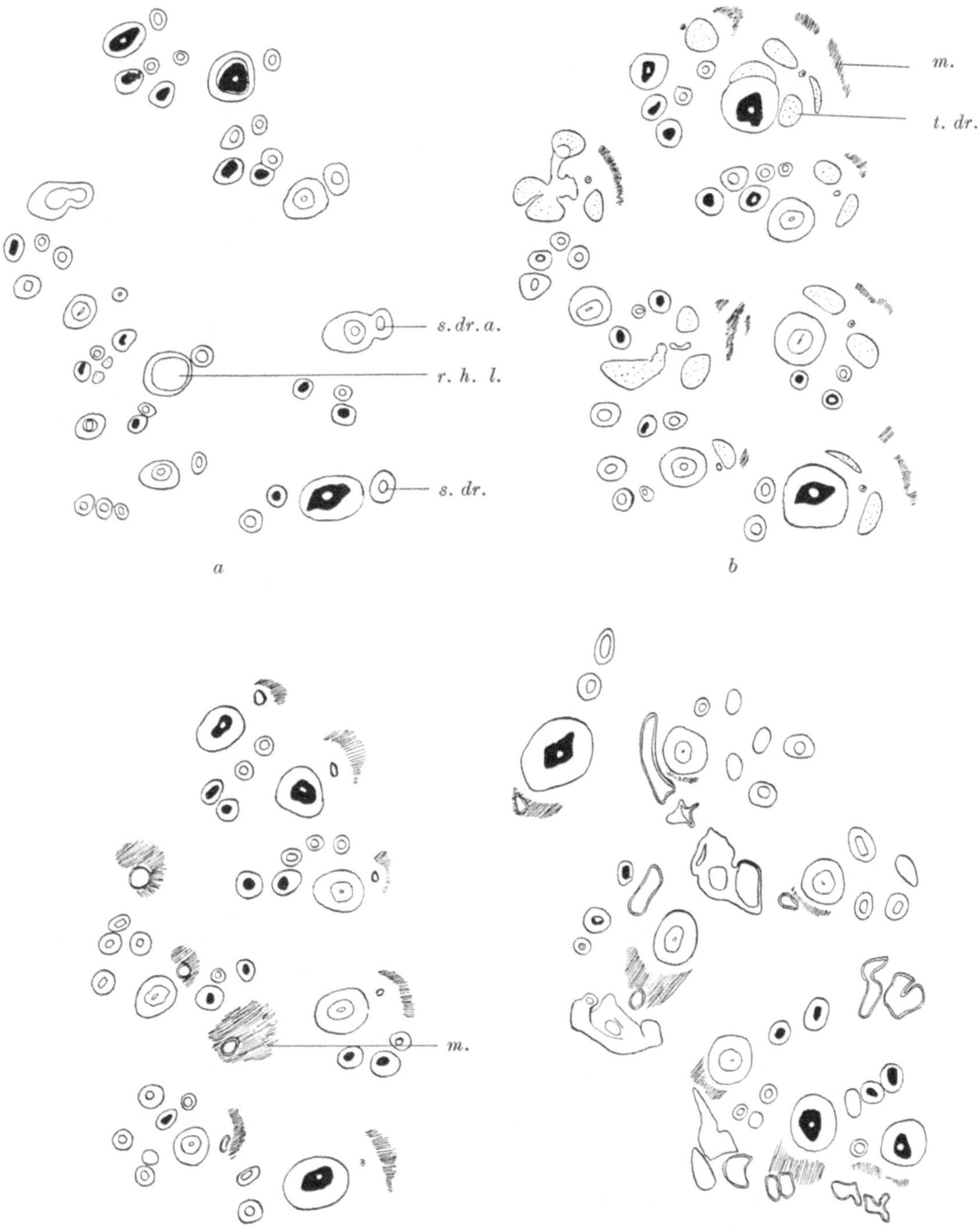

Abb. 28 a bis d. Zackelschaf (Blatt). Hautflächenschnitte; dieselbe Stelle in 4 verschiedenen Höhen.
a nahe der Oberfläche, *b* in Talgdrüsenhöhe, *d* nahe der Fettschicht, *c* zwischen *b* und *d*.

Wie Leydig[1]), Ebele[2]), W. v. Nathusius, Bohm u. a., so können auch wir „verzweigte Follikel" bei den verschiedensten Rassen feststellen, und zwar derart, daß zwei oder mehr Haare in einen gemeinsamen Endfollikel ausmünden und daß letzterer in Hauteinstülpungen führen kann.

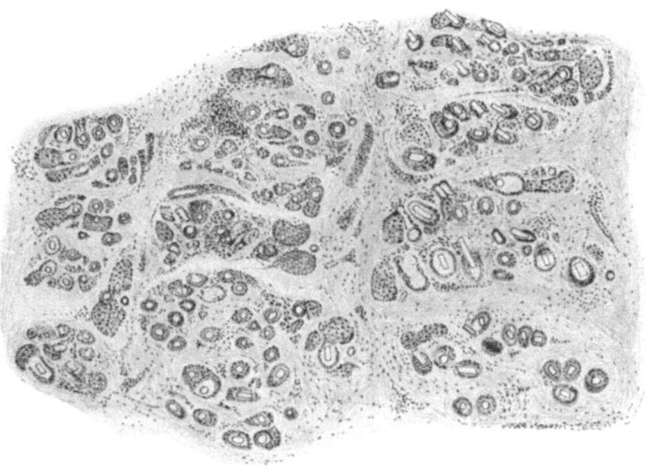

a

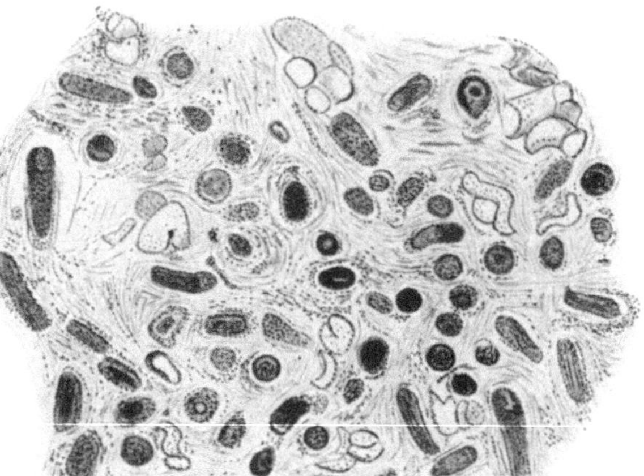

b

Abb. 29a und b. Hautflächenschnitte vom Merinowollschaf (Blatt). *a* in Talgdrüsenhöhe, *b* in Höhe der Haarpapillen (nach Spöttel und Tänzer).

Verzweigte Follikel treten bei den Haarschafen und den Mischwolligen noch am wenigsten in die Erscheinung. Die Gruppenbildung ist hier eine sehr gleichmäßige in fast allen Schichten der Haut (Abb. 25, 28), wenn auch bei einzelnen mischwolligen Schafen schon eine stärkere Zusammendrängung der Follikel nahe der Hautoberfläche und nach der Tiefe eine geringe Divergenz festgestellt werden kann.

Von den stichelhaarigen nach den feinwolligen Rassen nimmt die Verschmelzungstendenz der Haarfollikel mehr und mehr zu, auch die Zahl der einem Follikel zugehörenden Haare wird größer. Bei den schlichtwolligen Rassen (Abb. 26 und 27) finden sich mehr oder minder häufig „verzweigte Follikel" in wechselnder Ausbildung. Bei dem Württemberger Landschaf und noch mehr beim Merino ist die Tendenz zur Verwachsung und Ausbildung gemeinsamer Follikel von allen Rassen in stärkstem Maße ausgebildet. Die gemeinsamen Follikel umfassen 2 bis 6, nicht selten noch mehr Haare und können zum Teil bis zu den Talg-

[1]) Leydig, F.: Über die äußere Bedeckung der Säugetiere. Arch. Anat. u. Physiol. 1859. — Untersuchungen zur Anatomie und Physiologie der Haare. 1858. — Lehrbuch der Histologie. Frankfurt a. M. 1857.

[2]) Ebele: Die Lehre von den Haaren in der gesamten organischen Natur. Wien 1831.

drüsen hinabreichen. Es findet hier also eine außerordentlich starke Zusammendrängung der Haare nach der Hautoberfläche zu statt (Abb. 21), die sich auch noch durch Ausmündung mehrerer gemeinsamer Follikel in größere oder kleinere Einsenkungen der Oberhaut äußert. In diese Einsenkungen, die sich auch schon bei den schlichtwolligen Schafen finden können, können bis zu 20 Haare einmünden.

Infolge der starken Zusammendrängung der Haare nach der Oberfläche und der Divergenz nach der Fettschicht zu ist die Gruppenanordnung nur noch scharf auf der Höhe der Talgdrüsen ausgeprägt (Abb. 29), während distal und proximal von dieser eine Auflösung derselben erfolgt. Wie schon oben angedeutet, ist selbst in der Talgdrüsenhöhe bei einigen Vertretern der Merinos die charakterisierte Gruppenanordnung nicht mehr erkenntlich (Abb. 24), wenngleich sie bei einigen Merinos in der Talgdrüsenhöhe noch deutlich ist (Abb. 29a).

9. Histologischer Unterschied der Leit- und Gruppenhaare.

In den folgenden Ausführungen soll die histologische Ausbildung der Leithaare im Vergleich zu den Gruppenhaaren behandelt werden.

Bei den stichelhaarigen Schafen sind alle Leithaare markhaltig, und umgekehrt auch alle Stichelhaare Leithaare (Abb. 22). Die stichelhaarigen Leithaare sind durch ihren überwiegenden Anteil an Marksubstanz ausgezeichnet und von den marklosen Gruppenhaaren sowohl bezüglich Dicke wie morphologischer Beschaffenheit scharf geschieden.

Bei den mischwolligen Rassen, bei welchen die Haare zum Teil markhaltig sind, enthalten die Leithaare einen Markkanal, oder es kann dieser zuweilen fehlen (Abb. 25). Jedoch sind hier nicht alle markhaltigen Haare Leithaare, vielmehr können diese auch den Gruppen angehören, so daß bezüglich des Markgehaltes kein scharfer Unterschied mehr zwischen Leithaaren und Gruppenhaaren besteht.

Bei den mischwolligen Rassen ist der Markkanal viel weniger mächtig als bei den Haarschafen, verliert mehr und mehr an Ausdehnung, je mehr sich die Mischwolligen den Schlichtwollschafen nähern, bis er bei diesen sich nur noch in spärlichen Resten vorfinden kann. Ob hier sexuelle Unterschiede bestehen, derart daß den männlichen Tieren vorwiegend markhaltige Leithaare zukommen, bedarf noch weiterer Klärung.

Bei den Schlicht- und Feinwolligen sind in der Regel Leit- und Gruppenhaare marklos, wie schon eben angedeutet (Abb. 24, 26, 27, 29). Scharfe Unterschiede bei den verschiedenen Rassen in Richtung einer Rassendifferenzierung lassen sich nirgends nachweisen.

In der Ausbildung der Follikel der Leit- und Gruppenhaare treten noch weniger deutliche Unterschiede bei den verschiedenen Rassen hervor als bezüglich der Haarhistologie. Die Follikel der Leithaare sind keineswegs immer stärker ausgebildet als die der Gruppenhaare. Den Leithaaren der stichelhaarigen Schafe kommt im allgemeinen ein verhältnismäßig dünner Follikel zu (Abb. 22); bei den mischwolligen Schafen (Abb. 25, 28) haben die Leithaare in der Regel im Vergleich zu den Gruppenhaaren die größte Follikeldicke; jedoch kommen auch Abweichungen vor. Bei den schlichtwolligen Rassen sind die Unterschiede in der Follikelausbildung noch stärker verwischt, bei den feinwolligen und den Rassen endlich, welche diesen nahestehen, kann man von Unterschieden überhaupt nicht mehr sprechen. Die vergleichende Hauthistologie führt zu dem Ergebnis, daß außer der Aufstellung der Begriffe Leithaar und Gruppenhaar keine andere Unterscheidung von Zwischen- oder Mittelhaar berechtigt ist. Auch eine weitergehende Differenzierung der Grannen- und Flaumhaare in 8 verschiedene Typen (Wiswesser[1]) hat keine morphogenetische Unterlage. „Da für die Absonderung eines solchen Zwischenhaares die morphologisch-histologische Grundlage fehlt, so ist die Einführung eines neuen Begriffes neben den wohldefinierten Typen Leithaar und Gruppenhaar abzulehnen.“ (Tänzer).

10. Die Beziehung der Haaranordnung in der Haut zu der Haarrichtung.

In folgendem soll der Zusammenhang zwischen Haaranordnung in der Haut und Haarrichtung untersucht werden. Letztere ist in Beziehung gebracht zu der Dehnungsrichtung der ganzen Haut (Voigt[2]) 1857), zu den Spannungslinien der Haut (Friedenthal[3])), zu der Bewegungsrichtung (Kidd[4])), zu Muskelzug (Duerst[5])) zu der Follikelgestalt (u. a. Tänzer[6])) und zu Wachstum und physiologischen Faktoren (Schwalbe[7])).

Das Haarkleid der stichelhaarigen Schafe erhält durch die dachziegelige Lagerung der Haare übereinander, wobei die Spitzen derselben nach unten gerichtet sind, ein ganz charakteristisches Aussehen. In der Rückenmittellinie scheitelt sich das Haar und fällt nach beiden Seiten in Richtung zum Bauch ab. Auf die Bildung von Wirbeln, die beim Schaf spärlich ausgebildet sind und an den Körperseiten fehlen, soll hier nicht eingegangen werden. Die Strichrichtungen der Haare stimmen bei den verschiedenartigen Wildschafen nicht völlig überein, die Haare können mehr schräg von vorn nach hinten verlaufen ähnlich wie beim Pferd oder mehr quer zur Körperlängsrichtung wie beim Mufflon und Somali. Durch seine Anordnung erhält das Haarkleid seine Bedeutung als Schutz gegen die Atmosphärilien, insbesondere gegen den Regen.

Die dachziegelige Überlagerung der Haare wird morphologisch durch die schräge Einpflanzung der Haare in die Haut, wie sie oben geschildert ist, bedingt. Da nun die Haarrichtung der Follikelrichtung entspricht bzw. umgekehrt, so muß der Follikel auch in schräger Richtung derart in der Haut liegen, daß sein distales Ende ventral gerichtet ist. Daraufhin angestellte Ermittlungen haben die Richtigkeit dieser Vermutung ergeben. Der Habitus des Haarkleides wird in dieser Beziehung nicht von der horizontalen Reihenanordnung, sondern von der Einpflanzungsrichtung der Deck- oder Stichelhaare bedingt, die dem Haarkleid ihren Stempel aufdrücken.

Nicht viel anders liegen die Verhältnisse bei den Mischwolligen, wo die lang abgewachsene Wolle in groben Zotten an der Körperseite bauchwärts gerichtet ist. Von Interesse ist die Feststellung Tänzers, daß bei einem Karakulfetus von 110 Tage Tragzeit (Scheitelsteißlänge 33 cm) eine Strichrichtung ähnlich

---

[1]) Wiswesser, L.: Aufbau und Entwicklung des Heidschnuckenvlieses. Diss. Hohenheim 1923.

[2]) Voigt, Ch.: Abhandlung über die Richtung der Haare am menschlichen Körper. Denkschr. der Wiener Akad. Bd. 13. 1856.

[3]) Friedenthal, H.: Beiträge zur Naturgeschichte des Menschen. Jena 1908. — Zur Physiologie der menschlichen Behaarung. Sitzber. Ges. naturforsch. Freunde 1907.

[4]) Kidd, W.: The significance of the hair slope in certain mamals. Proc. of the Zoological Soc. of London. Bd. 3. 1900. — Certain habits of animals traced in the arrangement of their hair. Proc. of the Zoological Soc. of London. 1902.

[5]) Duerst, U.: Die Beurteilung des Pferdes. Stuttgart 1922.

[6]) T. (S. 8, Anm. 4).

[7]) Schwalbe, G.: Über die Richtung der Haare bei den Affen-Embryonen, nebst allgemeinen Erörterungen über die Ursachen der Haarrichtungen, Menschenaffen. II. Von E. Selenka. 1911.

der der Wildschafe nebst einem deutlichen Flankenwirbel (oberhalb des Nabels) vorkommt. Daneben findet sich noch ein Fahnenwirbel am Ansatz des Hinterschenkels. Auf diesem Stadium sind die Haare noch ganz kurz, und in der hinteren Dorsalpartie sind die Haaranlagen noch undifferenziert (vgl. später). Von der moiréeartigen Zeichnung des Breitschwanzes und der Lockengestalt der Persianer ist zu dieser Zeit noch nichts zu bemerken. Diese Feststellungen sind von Bedeutung für die rassenanalytische Stellung des Karakulschafes, wie für die Frage der Stapelbildung des Haarkleides beim Schaf allgemein.

Bei schlicht- und feinwolligen Schafen entspricht die Klüftungsrichtung im Vlies der Strichrichtung der Haarschafe. Die Stapel lassen sich an den Körperseiten in der Klüftungsrichtung, nämlich annähernd in der Körperquerrichtung leicht scheiteln, während dieses in der Körperlängsrichtung nicht so gut gelingt. Auf dem Rücken folgen die Klüftungslinien der Körperachse, und infolgedessen ist auch in dieser Richtung die Teilbarkeit des Vlieses größer. Die Vermutung, daß diese Erscheinung mit dem auf der Follikelrichtung begründeten Haarstrich im Zusammenhang steht, ist nicht stichhaltig, da bei den schlicht- und feinwolligen Rassen die Follikel nicht mehr grade stehen; ferner stimmen auch die Winkel, die die Haare mit der Haut bilden, nicht mehr untereinander überein. Man hat die Klüftungslinien hier also nicht auf die erwähnte Reihenanordnung zurückzuführen, sondern vielmehr mechanische Gesichtspunkte dafür heranzuziehen. Vielleicht spielen innere Wachstumsvorgänge der Haare eine Rolle, die durch mechanische Beanspruchung bei Bewegung des Tieres modifiziert werden können, so daß darin eine Anpassung an diese erfolgt. Die Lagebeziehung der Haare ist bei allen Rassen in der Hautarchitektonik nachzuweisen, wenn auch äußerlich eine Strichrichtung bei den feinwolligen Rassen nicht mehr hervortritt.

11. Die Haardichte.

Über die Haardichte liegen eine Reihe älterer Untersuchungen vor, auf die hier genauer einzugehen zu weit führen würde. Nach v. Nathusius und Bohm ist der Stand der Haare auf der Haut um so dichter, je schmaler die Hautnähte sind, welche die Gruppen trennen, und je dichter die Haare in der Gruppe zusammenstehen. Ersterer schreibt: „Die wirkliche Dichtigkeit des Haarwuchses aber resultiert nicht bloß aus der Zahl, sondern auch aus der Stärke der Haare und wird durch das Verhältnis des Gesamtquerschnittes der auf einer bestimmten Hautfläche befindlichen Haare zu letzteren ausgedrückt. Um also die Dichtigkeit des Haarwuchses festzustellen, ist es erforderlich, nicht nur die Zahl der Haare, sondern zugleich ihre Dicke zu ermitteln.“ Bei Berücksichtigung der Dicke und der Zahl der Haare pro Flächeneinheit würde man zu der Masse der Haarsubstanz kommen, die pro Flächeneinheit produziert ist, und diese kann natürlich bei dicken Haaren und dünnerem Haarstand größer sein als bei dichtem Haarstand dünnerer Haare.

Spöttel und Tänzer stellen auf Grund ihrer Untersuchungen[1]) fest, daß innerhalb derselben Rasse weitgehende Unterschiede vorhanden sind. Innerhalb jeder Rasse sind dicht- und loswollige Tiere zu unterscheiden. Die Unterschiede, die innerhalb derselben Rasse vorhanden sind, können bedingt sein durch innere Veranlagung wie durch äußere Faktoren (z. B. Jahreszeit, Haltung, Fütterung, Geschlechtstätigkeit, Trächtigkeit, Alter). Es kann eine Verschiebung des

[1]) Diesen liegt die Auszählung auf Hautparallelschnitten mit Hilfe des Mikroskops zugrunde. Siehe Sp. u. T. (S. 1, Anm. 3) S. 167.

Hautgefüges bzw. eine Zusammendrängung oder Auseinanderschiebung der Gruppen, vielleicht im Zusammenhang mit physiologischen Momenten zu Änderungen der Haardichte führen.

Für das Schaf wie für alle Haustiere herrscht die Meinung, daß das Winterhaar sich durch eine größere Dichtigkeit gegenüber dem Sommerhaar auszeichne, d. h. daß die Anzahl der Haare im Winter eine größere sei. Diese Ansicht ist schon von Schwalbe widerlegt worden, der die scheinbar größere Dichtigkeit nicht durch eine größere Anzahl von Haaren, sondern durch größere Länge und hauptsächlich Dicke nachgewiesen hat. Maßgebend ist also nicht bloß die Feinheit und Dicke des Haares, damit der Haarwuchs ein besser oder schlechter wärmeleitendes Kleid bildet, sondern die Haarmasse im ganzen, sowie der feinere Bau der Haare. Wenn auch auf einer Hautfläche von bestimmter Größe mehr feine als grobe Haare stehen können, so können die letzteren im ganzen mehr Haarsubstanz enthalten und dadurch, besonders wenn sie markhaltig sind, einen besser isolierenden Mantel bilden. Die luftführenden markhaltigen Haare isolieren nämlich wahrscheinlich besser als markfreie Wollhaare. Rinder, Pferde, Ziegen haben einen undichteren Haarwuchs als feine Wollschafe; da er aber markhaltig ist, bildet er trotzdem im Winter eine vielleicht bessere Wärmedecke als die der Wollschafe.

Durch ungünstige Haltung, mangelhafte Fütterung, starke Geschlechtstätigkeit und Trächtigkeit kann eine Herabminderung der Haardichte eintreten. Auch im Laufe des individuellen Lebens erfolgt eine Änderung der Haardichte und vor allem im höheren Alter wird der Haarstand schütterer.

Nach unseren Untersuchungen kommt die verschieden dichte Behaarung der einzelnen Schafrassen und Individuen durch die verschiedenartige Ausbildung folgender Elemente in Betracht: Zahl der Gruppen pro Flächeneinheit, Verteilung der Haare in der Gruppe und Zahl der Leit- und Gruppenhaare.

Was die Abhängigkeit der Gruppenzahl von der Körperstelle anbetrifft, so ist festzustellen, daß auf Blatt und Schwanzwurzel — soweit Untersuchungen vorliegen — teils gewisse Unterschiede vorhanden sind, teils jedoch auch fehlen können. Eine absolute Gleichmäßigkeit diesbezüglich scheint nicht zu bestehen. Eine ganz anders geartete Ausbildung findet man bei der Haut der Schenkelinnenseite insofern, als hier eine Gruppenausbildung nicht mehr vorhanden ist und nur noch die Leithaare ausgebildet sind (Abb. 17). Tänzer[1]) stellt mit fortschreitender Entwicklung beim Karakul entsprechend der Volumenvergrößerung der Haut eine ziemlich regelmäßige Verminderung der Gruppen- (resp. Leithaar-) Zahl auf die Flächeneinheit fest, während die einer Gruppe zugehörige Haarzahl ständig zunimmt. Jedenfalls kann die Reduktion des Haarbestandes pro mm^2 im Laufe der Entwicklung bis auf ca. 50% und mehr gehen.

Bezüglich der Abhängigkeit der Haardichte von der Rasse hat Topinard[2]) angegeben, daß bei den niederen Menschenrassen die Haare weniger dicht als bei den höheren stehen.

Von den von uns untersuchten Schafrassen stehen bezüglich der Haardichte die Merinos an der Spitze (höchster Wert nach Tänzer 132 Haare pro mm^2 bei einem Elektoralschaf). Diesen Werten am nächsten stehen nach Spöttel und Tänzer Mufflon[3]) und mit 60 bis 100 das Württemberger Landschaf, dessen größere

[1]) T. (S. 8, Anm. 4).

[2]) Topinard, P.: Sur l'insertion en touffe des cheveux des nègres. Bull. Soc. anthropol. Paris. 1878.

[3]) Möglicherweise auf das noch jugendliche Alter des untersuchten Tieres (ein Jahr) zurückzuführen.

oder geringere Haardichte wahrscheinlich durch den größeren oder geringeren Anteil an Merinoblut bedingt wird. Die übrigen Rassen folgen dann. Wenn Tänzer ausführt, daß die früher von den beiden genannten Autoren für das Karakul aufgeführten Grenzen (33 bis 27 pro mm²) zu eng gesteckt sind und daß das Karakul bezüglich der Haardichte an die untere Grenze (62 pro qmm) der Merinos heranreicht, resp. noch über diese hinausgehen kann, vor allem auf jugendlichem Stadium, so geht daraus nur hervor, daß sich bezüglich der Dichte des Haarstandes keine bestimmte Reihenfolge der Rassen aufstellen läßt, daß die Variationsgrenzen der einzelnen Rassen ineinander übergreifen.

Unseren Angaben sollen die von Burns[1]) gegenübergestellt werden; letzterer berechnet die Wolldichte auf ¼ Quadratzoll. Mit Hilfe eines Tasterzirkels wird die genaue Fläche festgestellt; die Haare werden herausgeschnitten und insgesamt gewogen. Dann werden 100 Haare ausgezählt und gleichfalls gewogen. Aus den Gewichten der 100 Haare und der Gesamtprobe wird dann die Haardichte ermittelt. Diese beträgt auf der Schulter nach Burns je Quadratzoll bei den Hampshires 8892 bis 24584, bei den Rambouillets 17604 bis 55936 und den Kreuzungen 12208 bis 33576[2]). Die Werte lassen ebenfalls die große Variabilität erkennen und stimmen im großen und ganzen mit den von uns ermittelten Werten überein.

Auch bezüglich der Anzahl der Gruppen pro qmm finden sich große Schwankungen. Daß die Haardichte der Leithaare auf die Flächeneinheit in Beziehung zur Entwicklung und zum Alter steht, hat Tänzer für das Karakul nachgewiesen. Die höchsten Werte finden sich im wesentlichen in den ersten Lebenstagen und -Wochen (Maximalwert 40 pro mm²)[3]). Bereits nach einem Monat ist die Leithaardichte stark reduziert, wird aber noch im Verlaufe des ersten Jahres weiter vermindert, um sich dann auf annähernd gleicher Höhe zu erhalten.

Wir finden die größte Leithaardichte pro Flächeneinheit bei den Haarschafen (Mufflon 15, Somali Blatt 13, Schwanzwurzel 12). Nächst diesen haben Merino, Württemberger und Hampshire die größten Gruppenzahlen (7 bis 10). Unterschiede in den Zuchtformen treten hier bei Merinos und Württemberger Landschafen zutage. Die übrigen Rassen schließen sich an.

Nach Tänzer[4]) ist vermutlich beim Merino schon bei der Geburt die Zahl der Leithaare pro Flächeneinheit geringer als beim gleichaltrigen Karakul, vielleicht im Zusammenhang mit einem andersartigen Wachstumsrhythmus der Haut, da die Zahl der Leithaare bei den Feten in beiden Fällen etwa gleich hoch ist. Man müßte demnach auf eine raschere Entwicklung und Hautflächenvergrößerung beim Merino schließen. Vermutlich liegt in dem Verteilungsverhältnis der Gruppen das Rassencharakteristische für Merino und Karakul.

Die feinwolligen Schafe sind im allgemeinen gegenüber den schlicht- und mischwolligen nicht nur durch eine größere Zahl der in der Gruppe stehenden Haare, sondern auch durch eine größere Anzahl der auf einer Flächeneinheit vorhandenen Gruppen ausgezeichnet (Abb. 22 bis 29).

Nach unseren Feststellungen besteht zwischen Haardichte und Leithaarzahl kein direktes Abhängigkeitsverhältnis derart, daß eine große Haardichte unbedingt mit einer großen Leithaarzahl verbunden sein muß. Die Haardichte ist

---

[1]) Burns, R. H.: Diameter studies from different parts of the body for consecutive years. Some wool studies at Whoming wool Laboratory. — Nordby, J. E.: The Idaho wool caliper and its application in making density determinations. Univ. Idaho, Agric. Exp. Stat. Circ Bd. 52., 1928.

[2]) Pro mm² umgerechnet: Hampshires: 14 bis 38, Rambouillets: 26 bis 87, Kreuzungen: 19 bis 52 Haare.

[3]) Bei einem Karakul-Somalibastard.

[4]) T. (S. 8, Anm. 4).

eben nicht nur abhängig von der Zahl der Gruppen, sondern auch von der Zahl der in den Gruppen vorhandenen Haaren. Nach Tänzer besteht beim Karakullamm keine Gesetzmäßigkeit derart, daß der größeren Oberfläche eine größere Haardichte entspricht, resp. umgekehrt, auch nicht unter Heranziehung der durch die Leithaarverteilung pro Flächeneinheit auszudrückenden Gruppendichte. Bei Berechnung der Oberflächenvergrößerung[1]) ergibt sich beim Karakul, daß die Leithaarzahl sich nicht im gleichen Sinn vermindert, wie die Oberfläche sich vergrößert, wofür zur Zeit noch eine exakte Begründung fehlt. Der relative Gruppenstand ist also bei dem erwachsenen Karakulschaf zu dicht, da nichts dafür spricht, daß in so nennenswertem Maße eine Haarvermehrung erfolgt ist, um diese in der in der Gruppenzahl erfaßten Haarüberzahl verständlich zu machen.

Bei Berechnung der Gesamthaarzahl auf den ganzen Körper, die naturgemäß vorläufig recht schematisch[2]) erfolgen kann, spiegeln sich die rassenspezifischen Differenzen. Tänzer berechnet beim Karakullamm bei Schätzung der Hautoberfläche auf 0,229 m^2 (im Mittel) und bei Annahme von 43,3 Haare pro mm^2 die Gesamthaarzahl auf 13327800, beim erwachsenen Schaf unter Zugrundelegung von 48,25 kg Lebendgewicht und einer Oberfläche von 1,325 m^2 auf 57372500. Bei einem Merinolamm werden 20328000 Haare geschätzt, bei einem erwachsenen Merino 125624000[3]).

C. Haarneubildungen und Haarwechsel.

1. Haarneubildungen während des postembryonalen Lebens.

Die Frage, ob beim Menschen während des postembryonalen Lebens Neubildungen vorkommen, ist bald bejaht, bald verneint worden. Goette[4]) hat am ungeschorenen Balge eines Landschafes keine Spur von jungen Haaranlagen oder überhaupt von noch nicht aus der Haut hervorgebrochenen Haaren entdecken können. Bei Untersuchung eines Hautstückes eines Schafes, bei dem einige Wochen vor dem Schlachten am Bauche eine talergroße Stelle rasiert war, hat dagegen der genannte Verfasser Haaranlagen nachgewiesen, und zwar als mit einer Papille versehene Fortsätze der Oberhaut.

Wenn auch Haaranlagen leicht mit Haarwechselstadien verwechselt werden können, so will Tänzer doch in einigen Fällen (bei einem Elektoralschaf und einem Karakulschaf) zweifelsfreie Haarneuanlagen gefunden haben. Die Neubildung vollzieht sich von den Follikeln bereits vorhandener Haare aus als Knospe dicht unterhalb der Haut, in gleicher Weise wie die fetalen Gruppenhaarbildungen (vgl. später). Ob beim erwachsenen Schaf eine Neubildung von der zunächst einheitlichen Anlage aus (nach Art der Vegetationskegel der Pflanzen) möglich ist (etwa im Sinne eines Reserveidioplassons nach Roux als embryonaler Regenerationsherd), kann noch nicht mit Sicherheit entschieden werden.

---

[1]) Die Oberflächenberechnung in qm erfolgte durch Berechnung der Kubikwurzel aus dem Gewicht der Tiere; die gefundene Zahl wird quadriert und das Endresultat durch 10 geteilt.

[2]) Unter der Voraussetzung einer dem Blatt als der untersuchten Körperstelle analogen Haardichte.

[3]) Die Vergrößerung der Oberfläche ist hier das 6⅓fache, die Verringerung der Gruppen nur das 4½fache; auch hier ist der Haarstand beim Erwachsenen zu dicht.

[4]) Goette: Über das Haar des Buschweibes im Vergleich mit anderen Haarformen. Diss. naug. Tübingen 1862. — Zur Morphologie der Haare. Arch. mikrosk. Anat. Bd. 4. 1868.

2. Der Haarwechsel.

Abgesehen von der Umgestaltung des Haarkleides während des embryonalen Lebens und bald nach der Geburt, versteht man für gewöhnlich unter Haarwechsel die Änderung des Haarkleides durch Ausfall oder Nachwachsen bei dem erwachsenen Tier, vornehmlich im Frühjahr oder Herbst. Bei den verschiedenen Tieren kann dieser ein totaler oder partieller und periodischer oder unregelmäßiger sein. Das Ausfallen und Wiederwachsen von Haaren bei Krankheit fällt hierbei nicht unter den Begriff des normalen Haarwechsels.

Einem mehr regelmäßigen fast totalen oder partiellen Haarwechsel sind alle Tiere ausgesetzt, die dem Einfluß der Witterung unterliegen. Im Sommer sind diese Tiere mit kurzen straffen glatt anliegenden Haaren (Sommerhaar) bedeckt. Mit dem Eintritt der rauheren Jahreszeit tritt weiches, meist markfreies Unterhaar hinzu. Das früher glatt anliegende grobere Haar wird dadurch gehoben, erscheint rauher und wächst zum Teil auch länger ab. Im Frühjahr wird das Haarkleid allmählich ganz oder partiell abgeworfen und das kurze Sommerhaar gebildet.

Bei Haustieren mit guter Stallpflege wird dieser Haarwechsel kaum bemerkt oder findet nur partiell statt.

Einzelne Haararten, wie z. B. Schweif und Mähne der Pferde usw. sind dem periodischen Wechsel nicht unterworfen.

Die Form des periodischen Haarwechsels gehört nach Zorn[1]) zu jenen Erscheinungen, welche als Vererbung zu entsprechenden Lebensperioden erklärt werden können. Diese erbliche Eigenschaft des Haarwechsels beweisen Untersuchungen von v. Nathusius an Maultieren, bei denen hinsichtlich Zeit und Art des Haarwechsels eine Verschiebung festzustellen ist. Auch ein verschiedenes typisches Auftreten des Haarwechsels ist bei verschiedenen Eselrassen festgestellt worden. Die besondere Art des Haarwechsels unterliegt jedoch ebenfalls Variationen, wie von verschiedenen Autoren erwähnt wird. So kann der periodische Wechsel des Haares im Frühjahr durch veränderte Lebensbedingungen, nämlich durch absolute Stallhaltung, ferner auch bei Trächtigkeit oft mehr oder weniger unterdrückt werden. W. v. Nathusius[2]) leugnet jedoch den Einfluß der Haltung auf den Haarwechsel. Nach Zorn bilden trächtige Stuten unter Umständen kein Winterhaar. Es bestehen eben offenbar sehr enge Beziehungen zwischen dem Gesamtorganismus und dem Haarwachstum bzw. Haarwechsel. Das ist auch erkenntlich aus nervösen Störungen, die sich nach Zorn gelegentlich des Haarwechsels bei Pferden unter Beeinträchtigung ihrer Leistungsfähigkeit ergeben. Daß auch Klima, Wärme und Kälte in näherer Beziehung zu dem Haarwechsel stehen und die Beschaffenheit des Haarwuchses sehr beeinflussen, steht ebenfalls im allgemeinen fest, wenn auch W. v. Nathusius[2]) aus gleichartigem Haarwechsel von norddeutschen Steineseln und ägyptischen Eseln folgerte, daß keine wesentliche Beeinflussung durch das Klima stattfinde. Bezüglich des Einflusses der Ernährung gilt nach Zorn, daß das Verdrängen der Winterhaare durch junge Sommerhaare zweifellos begünstigt wird durch die im Frühjahr gesteigerte Ernährung, die das Blut in vermehrter Menge zur äußeren Haut führt. Ein in der Praxis bei einzelnen Tieren häufig beobachteter, langsam bis in den Sommer hinein verlaufender Prozeß des Haarwechsels läßt somit unter sonst annähernd normalen Bedingungen in den betreffenden Tieren in der Mehrzahl der Fälle schlechte Futterverwerter oder unterernährte Tiere vermuten.

---

[1]) Zorn, W.: Haut und Haar als Rassen- und Leistungsmerkmal in der landwirtschaftlichen Tierzucht. 48. Flugschrift der deutschen Gesellschaft für Züchtungskunde. 1919.

[2]) Nathusius, W. v.: Über Haarformen und -Farben von Equiden als Kriterien der Vererbung, namentlich bei Bastarden. Landw. Jb. 1897.

Den Untersuchungen von Kölliker[1]), Waldeyer[2]), Auburtin[3]), Stöhr[4]) und anderen ist zu entnehmen, daß der Haarwechsel beim Kopfhaar des Menschen und manchen Konturhaaren der Säugetiere ungefähr in folgender Weise stattfindet.

Dieser Prozeß beginnt mit einer Verdickung der Glashaut und der Ringfaserschicht, während die Matrixzellen die Produktion des Markkanals, dann der inneren Wurzelscheide und der Cuticula des Haares einstellen. Der hohle Bulbus verhornt und wird zu einem soliden Kolben, aus der Hohlwurzel ist damit eine Vollwurzel, aus dem Bulbushaar ein „Kolbenhaar" geworden.

Die Matrixzellen vermehren sich, ohne zu Haar- oder Scheidenelementen zu werden, innere Wurzelscheide und Kolbenhaar bilden sich von unten nach oben immer mehr zurück bis zur Höhe unter der Mündung der Talgdrüsen: an dieser Stelle, dem Haarbeet, bleibt das nun gänzlich verhornte Kolbenhaar längere Zeit stehen und fällt später aus. Die durch das Zugrundegehen des Haares leer gewordene äußere Wurzelscheide, der „Epithelstrang" hat sich dabei verkürzt und zieht gleichsam die atrophisch gewordene, in ihrer Gestalt veränderte Haarpapille mit in die Höhe, während die Schichten des bindegewebigen Haarbalges zurückbleiben und den „Haarstengel" bilden. Nach einiger Zeit folgt eine von den Zylinderzellen des Haarbeetes ausgehende Regeneration der Elemente des Epithelstranges, die sich bis auf die alte Papille herab erstreckt. Auf dieser produzieren neue Matrixzellen nach dem später für die erste Haarentwicklung zu beschreibenden Modus ein junges Haar, das allmählich zur Ausbildung der alten Papillenform in die ursprüngliche Tiefe rückt, mit seiner Spitze aber sich neben dem Kolbenhaar, das später samt den ihm anliegenden Zellen des Haarbeetes ausfällt, in die Höhe schiebt. Das Herausschieben des losgetrennten Haares wird dadurch beschleunigt, daß sich an der verbleibenden Papille wieder ein neues Haar bildet, wie das bei normalem Haarwechsel. Dieses neue Haar bildet sich auch zuweilen so schnell, daß es neben dem alten Haar vorbei wächst, und so zwei Haare in einen Balg zu stehen kommen. Bei kurzhaarigen Tieren fallen abgestorbene Haare bald ab — werden weggeputzt —, bleiben oft auch eine Zeitlang hängen. Anders ist es bei den Tieren, insbesondere Schafen, bei denen kein periodischer, sondern nur ein träger, partieller Wechsel stattfindet. Hier wird das ausgestoßene Haar zwischen dem Stapel förmlich festgehalten — umsponnen — und verbleibt bis zur Schur (tote Haare oder falsche Binder).

Was nun speziell den Haarwechsel beim Schaf anbetrifft, so findet sich ein periodischer Haarwechsel nach H. v. Nathusius[5]) namentlich bei solchen Schafen statt, deren Behaarung aus zwei verschiedenen Arten von Haaren besteht (kurzen dünnen Flaumhaaren und langen starken Grannenhaaren). Der weitaus größte Teil der Flaumhaare und ein geringerer Teil der stärkeren Haare fallen namentlich im Frühjahr aus. An Stelle der ausgefallenen Haare wachsen neue gleichartige, in der Weise, daß im Winter wieder der volle Bestand hergestellt wird. Nach H. v. Nathusius unterliegt der Flaum nur einem einmaligen Wechsel, und zwar verschwindet er im Frühjahr und sproßt im Herbst

[1]) Kölliker, A.: Handbuch der Gewebelehre des Menschen Bd. 1. Leipzig 1889. — Mikroskopische Anatomie oder Gewebelehre des Menschen. Leipzig 1852.

[2]) Waldeyer, W.: Untersuchungen über die Histogenese der Horngebilde, insbesondere der Haare und Federn. Beitr. Anat. u. Embr. Bonn 1882.

[3]) Auburtin, G.: Das Vorkommen von Kolbenhaaren und die Veränderung derselben bei Haarwiederersatz. Arch. mikrosk. Anat. Bd. 57. 1896. — Stieda: Über den Haarwechsel. Biol. Zbl. Bd. 7. 1887.

[4]) Stöhr, Ph.: Lehrbuch der Histologie. Jena 1919.

[5]) N. (S. 6, Anm. 4).

hervor. Auch bei diesen Schafen ist der Haarwechsel nicht ein vollkommen gleichzeitiger. An Stelle der abgelösten Haare sind schon neue Haare hervorgebrochen und „bilden bereits eine Decke der Oberhaut, während die anderen Haare ist nach und nach jenem Prozeß unterliegen".

Nach H. v. Nathusius und Bohm[1]) dürfte das Schaf im wilden Zustand einen vollständigen periodischen Haarwechsel gehabt haben. Nach letzterem ist es auch heute, wenn es im wilden Zustand gehalten wird, einem regelmäßigen Haarwechsel unterworfen und auch nach W. v. Nathusius[2]) haben viele Formen, selbst im gezähmten und weniger gepflegten Zustand, einen ziemlich regelmäßigen Haarwechsel. Schon der in alten Zeiten übliche Brauch, die Wolle zu raufen, deutet darauf hin.

Nach Zorn[3]) ist ein periodischer Haarwechsel bei Wildschafen und kurzschwänzigen Schafen, früher angeblich auch bei deutschen Landschafen, vorhanden gewesen; Körte[4]) ist dagegen der Ansicht, daß im

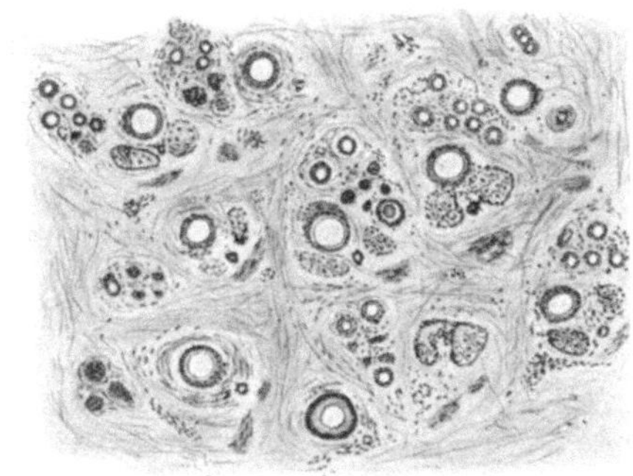

Abb. 30. Somali-Schaf (Frühjahr, zur Zeit des Haarwechsels). Haut vom Blatt parallel zur Oberfläche, in Höhe der Talgdrüsen der Leithaare.

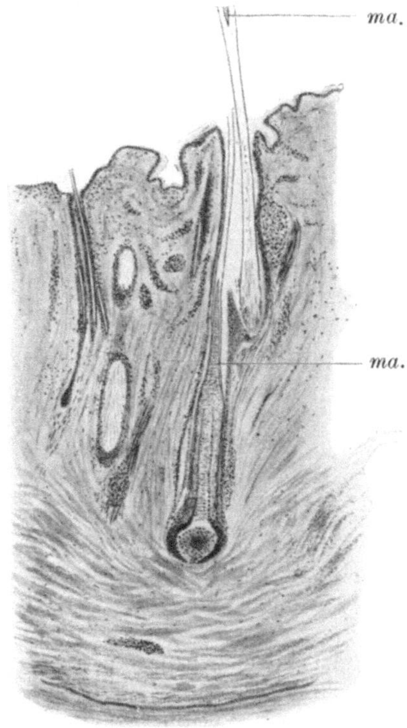

Abb. 31. Hautsenkrechtschnitt vom Somalischaf, während des Haarwechsels (Blatt) (nach Spöttel und Tänzer).

Unterschied zu den stichelhaarigen Wildschafen das wollige Unterhaar nicht mehr periodisch verschwindet.

Bei den Haarschafen ist nach unseren Untersuchungen[5]) das Hautquerschnittsbild ein wesentlich anderes, ob es während des deutlich periodischen Haar-

[1]) B. (S. 1, Anm. 2).

[2]) Nathusius, W. v.: Das Wollhaar des Schafesi n histologischer und technischer Beziehung mit vergleichender Berücksichtigung anderer Haare und der Haut. Berlin 1866. — Mitteilung über die bei ferneren Untersuchungen des Haares der Schafe und anderer Haustiere erlangten Resultate. Z. d. landw. Central-Vereins d. Prov. Sachsen Jg. 32, S. 1.

[3]) Zorn, W.: Haut und Haar als Rassen- und Leistungsmerkmal in der landwirtschaftlichen Tierzucht. 48. Flugschrift der deutschen Gesellschaft für Züchtungskunde 1919.

[4]) Körte, A.: Das deutsche Merinoschaf. Breslau 1862. — Das Wollschaf, seine Wollzüchtung, Ernährung und Wartung. Breslau 1880.

[5]) Sp. u. T. (S. 1, Anm. 3) S. 199.

wechsels oder aber in der Zwischenzeit gewonnen ist. In letzterem Falle reicht ja, wie oben auseinandergesetzt, der Markkanal bis zur Haarzwiebel, während zur Zeit des Haarwechsels das alte Haar in seinem unteren Abschnitt markfrei ist (Abb. 30). Das Haar hat sich unterhalb des markhaltigen Abschnittes beträchtlich verdünnt und endet mit einem besenförmigen, verhornten basalen Ende, bedeutend oberhalb der sonstigen Lage der Haarzwiebeln. Es ist also in dem Follikel weit hinaufgerückt (Abb. 31), resp. von dem die Richtung des alten Follikels fortsetzenden Zapfen des neuen Haares beiseite gedrückt; jedoch sind nicht alle Besenhaare soweit hochgeschoben. In demselben Follikel, oder vielmehr in der Richtung des alten, diesen fortsetzend, liegt, in normaler Weise eingepflanzt, mit rundlicher zwiebelförmiger Papille das neue Stichelhaar, welches schon eine verhornte Naturspitze aufweist (Abb. 31), während oberhalb der Papille der Markkanal in normaler Weise ausgebildet ist. Die Naturspitze setzt sich von dem verhältnismäßig dicken Haar ziemlich scharf ab, das letzte Ende der Haarspitze ist markfrei. Während des Haarwechsels hat der noch in der Haut befindliche Teil des später ausfallenden Haares gegenüber dem markhaltigen Stichelhaar einen beträchtlich verminderten Querschnitt, ebenso wie auch der Follikel eine beträchtliche Verkleinerung des Durchmessers zeigt (Abb. 30). Auch die Gruppenhaare haben Haarwechsel, über dessen Verlauf im einzelnen jedoch noch Unterlagen fehlen.

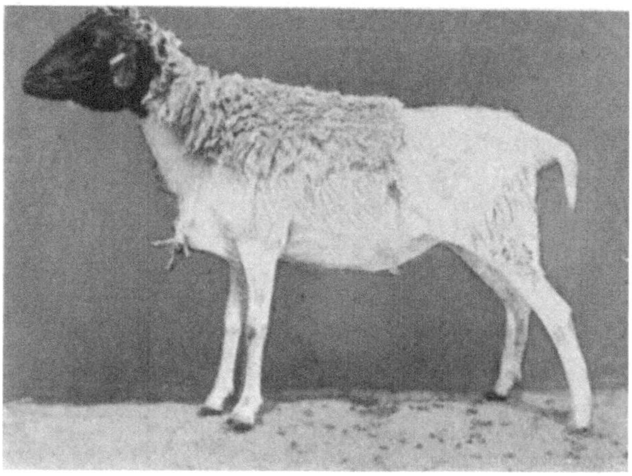

Abb. 32. Somalischaf im Haarwechsel (aus dem Haustiergarten Halle) phot. 20. VII. 20.

Bei den mischwolligen Schafen tritt nach unseren Feststellungen eine gewisse Periodizität des Haarwechsels noch am deutlichsten in die Erscheinung. Diese kommt z. B. schon darin zum Ausdruck, daß die Zusammensetzung der Winter- und Sommerwolle eine verschiedenartige ist (vgl. später), wenn sich auch der Haarwechsel zeitlich nicht mehr so zusammendrängt. Die Erkennung des Haarwechsels ist nach Tänzer nicht immer leicht, da vor allem die im Haarwechsel befindlichen Gruppenhaare einen fast vollkommen geschrumpften Follikel haben können (Abb. 33b). Die im Haarwechsel begriffenen Haare zeigen meist auf einem ganz bestimmten Bezirk der äußersten Zellschicht der äußeren Wurzelscheide eine Pigmenteinlagerung. Die Leithaarfollikel sind oft in ihrem Umfang reduziert, und der Raum für das Haar kann völlig geschwunden sein; auf der anderen Seite ist dieses Lumen sehr erweitert und mit Haar- oder Pigmentbrocken erfüllt.

Die Haarneuanlagen, die von dem alten Follikel ausgehen, haben sehr oft einen geschlängelten oder unregelmäßigen Verlauf (Abb. 34). Das Besenhaar ist sehr oft weit hinaufgerückt.

Tänzer[1]) untersucht beim Karakul die alters- und jahreszeitlichen Beziehungen

[1]) T. (S. 8, Anm. 4).

des Haarwechsels. Dieser wird zu jeder Jahreszeit und in jedem Alter gefunden, doch vorwiegend im Winter (besonders Dezember bis März); dabei sind immer nur relativ wenig Haare im Wechsel begriffen und meist Leithaare und Gruppenhaare nicht völlig gleichzeitig. Während sich die Ergänzung und Neubildung der Leithaare über das ganze Jahr erstreckt, ist der Haarwechsel der Gruppenhaare fast ausschließlich auf die Wintermonate (vom Dezember anfangend, hier noch spärlich, Januar bis Februar, höchstens März) beschränkt. Doch finden sich davon auch Ausnahmen, so vor allem bei den älteren Tieren, wo vielleicht die Aufhebung der zeitlichen Beschränkung des Haarwechsels als Alterserscheinung aufgefaßt werden darf. Bei den eben geborenen Karakullämmern ist der Haarwechsel in der Regel nur an einzelnen, wenn nicht vereinzelten Haaren anzutreffen, und dann nur an Leithaaren. In dem auf die Geburt folgenden Winter vollzieht sich der Haarwechsel normal. Nach Tänzer spielt bei dem Haarwechsel nicht so sehr das Alter als die Jahreszeit eine Rolle; denn es zeigt sich, daß bei den Lämmern, die aus der früher im Haustiergarten üblichen Sommerlammung stammen, der Haarwechsel bereits mit 4½ Monaten eingeleitet wird, einem Alter, wo sonst bei Lämmern aus der jetzt üblichen Winterlammung nur einige Haare sporadisch erneuert werden.

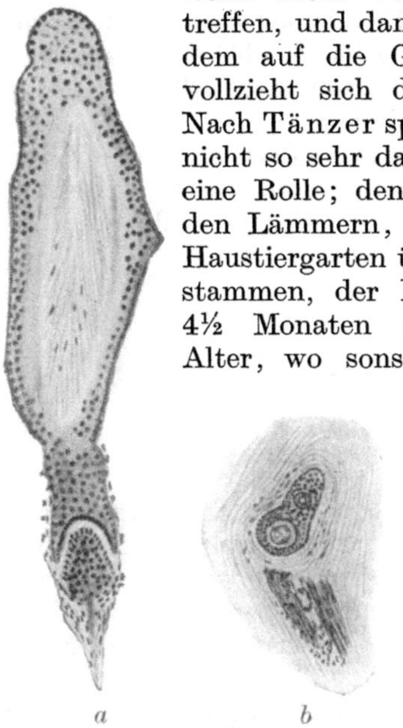

Abb. 33. Haarwechsel eines Leithaares vom Bentheimer Landschaf (Schwanzwurzel). a senkrecht, b parallel zum Haar.

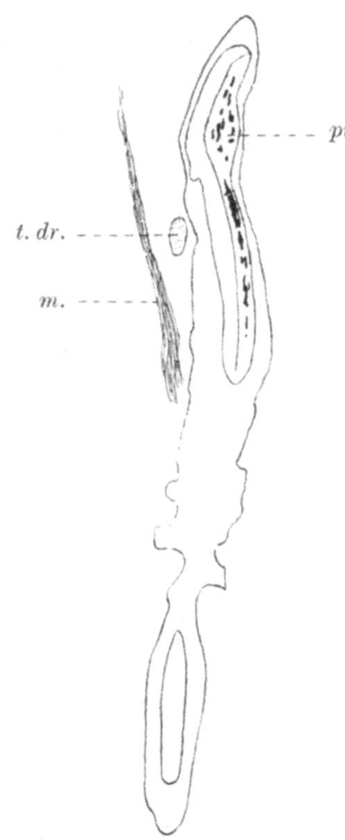

Abb. 34. Leithaar vom Karakulschaf im Haarwechsel. *pi* = Pigmentkörner.

Die Umänderung des Lammvlieses in das des erwachsenen Schafes erfolgt beim Karakul ohne regelrechten Haarwechsel lediglich durch Haarwachstum, Haardifferenzierung und Dichteverschiebung. Der Ausfall der Gruppenhaare im Frühjahr führt — vielleicht neben einer Vergröberung der Haare — zu einer Vergröberung in der Haarzusammensetzung, wie schon oben angedeutet.

Nach Bohm ist es noch nicht entschieden, ob beim Kulturschaf ein Haarwechsel stattfindet. Sicherlich ist dieser nur ganz partiell und außerordentlich träger Natur, wenn er überhaupt eintritt. In den Strähnchen einer Wollprobe von zehnjährigem Wuchs hat er weder Haare mit Naturspitze, noch mit besen- oder kolbenförmigen Basalenden gefunden. Nach H. und W. von Nathusius, Zorn, Lehmann[1]), Goette[2]), Wagner[3]), Spöttel und Tänzer findet bei dem

[1]) Lehmann, C.: Gesammelte Schriften Bd. 2. Berlin 1920. — Bedeutung und Hauptgrundlinien der Wollkunde. Berlin 1920.

[2]) Goette: Über das Haar des Buschweibes im Vergleich mit anderen Haarformen. Diss. inaug. Tübingen 1862. — Zur Morphologie der Haare. Arch. mikrosk. Anat. Bd. 4. 1868.

[3]) Wagner, J. Ph.: Beiträge zur Kenntnis und Behandlung der Wolle und Schafe. Berlin 1820.

Kulturschaf kein periodischer Haarwechsel mehr statt, vielmehr geht letzterer sehr langsam und partiell von sich. Nach Ellenberger[1]) ist beim Haarwechsel der edlen Wollschafe die zackige Vollwurzel mit den Zellen der Wurzelscheide innig verzahnt, was einen langen Bestand des Beethaares vermuten läßt.

Bei den schlicht- und feinwolligen Rassen ist der Nachweis des Haarwechsels schon aus dem Grunde erschwert, weil es infolge der Knäuelung der Follikel schwer fällt, geeignete Bilder zu finden. Bei Melewollen hat Terho[2]) nur „Andeutungen“ von einem Haarwechsel finden können.

Nach W. v. Nathusius findet man beim Merino und Southdown in Wollen von Jahresschur teils Haare mit Naturspitze, teils solche ohne Naturspitze, aber mit Haarbulbus und schließlich solche mit Naturspitze und Haarbulbus. In den beiden letzten Fällen handelt es sich um abgestoßene Haare und bei denjenigen mit Naturspitze um solche, die erst nachgewachsen sind.

Beim Haarwechsel hört die Neubildung von Zellen an der Papille auf, es kann daher kein Nachschub neuer Zellen erfolgen. Das Haar erscheint in Form eines stumpfen Strauchbesens. Der Haarbalg zieht sich zusammen. Durch Kontraktion des Haarsackes wird das Haar in die Höhe gehoben.

Beim Haarwechsel erfahren nicht nur das Haar, sondern auch die Wurzelscheiden eine tiefgreifende Veränderung und Degeneration, wie Duerden und Ritchie[3]) ausführen. In dem von dem alten Follikel sich vorstülpenden Zellzapfen erfolgt die Neubildung des Haares.

D. Die Haarentwicklung.

1. Die embryonalen Anlagen.

Aus den obigen Ausführungen geht hervor, daß zwischen den verschiedenen Schafrassen in bezug auf Haarausbildung und Hautarchitektur gewisse Unterschiede vorhanden sind, die durch kontinuierliche Übergänge verbunden werden. Über die phänogenetische Entstehungsweise kann nur die Entwicklungsgeschichte Aufschluß geben, welche vielleicht auch gewisse Rückschlüsse auf phylogenetische Beziehungen erlaubt.

Zunächst soll allgemein auf die Entwicklung der Haare eingegangen und dann die Entwicklung der Gruppierung der Haare beim Schaf dargelegt werden. Sticker[4]) nimmt im embryonalen Leben der Schafe 2 Perioden der Haarentwicklung an, die eine tritt vor der 14. Woche auf (nach Bohm in der 10.), die andere setzt mit der 14. Woche ein. Die ersten Anlagen findet er in der 13. Woche in der Ober- und Unterlippe, am unteren Augenlid und an den Augenbrauen[5]). Duerden und Ritchie[3]) stellen beim Merino die ersten Haaranlagen am Ende des zweiten Monats fest, und zwar am Vorderkopf.

Tänzer beschreibt einen Karakulfetus von 110 Tagen Tragzeit (33 cm Scheitelsteißlänge). Am weitesten ist die Haarbildung in der vorderen Körper-

---

[1]) Ellenberger und Günther: Grundriß der vergleichenden Histologie der Haussäugetiere. 1901.

[2]) Terho, T.: Zur Vererbung einiger Wollcharaktere beim Meleschaf. Z. indukt. Abstammungslehre Bd. 32. 1923.

[3]) Duerden, J. E. und M. Ritchie: Development of the Merino Wool Fibre. Johannesburg 1924.

[4]) Sticker, A.: Über die Entwicklung und den Bau des Wollhaares beim Schafe nebst einem Anhang über das Wollfett. Diss. inaug. 1887.

[5]) Vgl. auch nach Ellenberger Knitls Arbeiten.

hälfte und an den Extremitäten gediehen. Von der Rückenmitte an bis zum Fettpolster des Schwanzes sind die Haare noch nicht über die blaugrau erscheinende Haut getreten, zeigen sich vielmehr als punktförmige Haaranlagen. Am längsten sind schon die Tasthaare an den Lippen und die Haare an der Klauenbasis. Das Ohr ist kahl bis auf einige Haare am Ansatz auf der Außenseite und einige auf der Unterseite. Kurz behaart ist wieder das freie Ende des schon

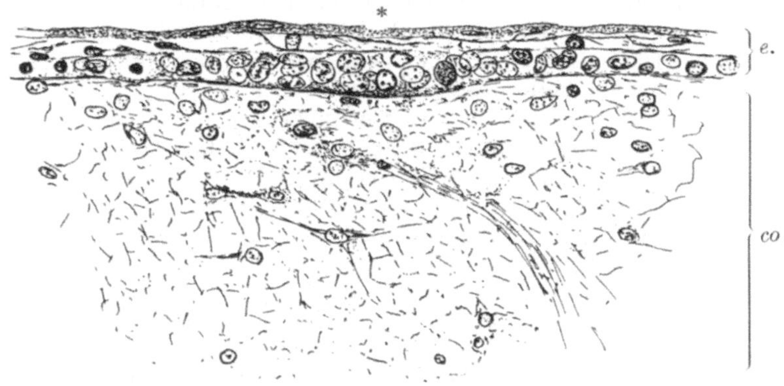

Abb. 35. Erste Haaranlage (*) von einem Merinofetus (Scheitelsteißlänge 8,5 cm); Blatt senkrecht zur Oberfläche (nach Spöttel und Tänzer).

hier S-förmig geknickten Schwanzes. Länger sind die Haare an der Spitze des Glöckchens. Bauch und Hoden sind nur spärlich behaart.

Bei 16 bis 17 Wochen alten Schafembryonen findet Sticker schon eine vollständige Behaarung, die am stärksten ausgeprägt ist am Kopf, hinterer Fläche des Tarsus und Metatarsus und vorderer Fläche des Metacarpus. Bei 18 Wochen alten Feten sind nach Sticker 2 Haararten nebeneinander vorhanden. Die älteren sind mit doppelter Scheide und haben sich von ihrer Matrix losgelöst. Dieser Prozeß hat schon in der 16. bis 17. Woche begonnen. Bei der zweiten Haarart fehlt die Henlesche Schicht. Der Hals vom Genick bis zum Schultergelenk ist mit feingekräuselter Wolle besetzt, deren Länge 2,5 cm beträgt. Es sind meist 8 bis 10 Haare miteinander vereinigt. Die anderen Körperstellen zeigen mehr oder weniger straffes Haar. Geringe Wellung ist an den Haaren der Schulter und äußeren Fläche des Oberschenkels vorhanden.

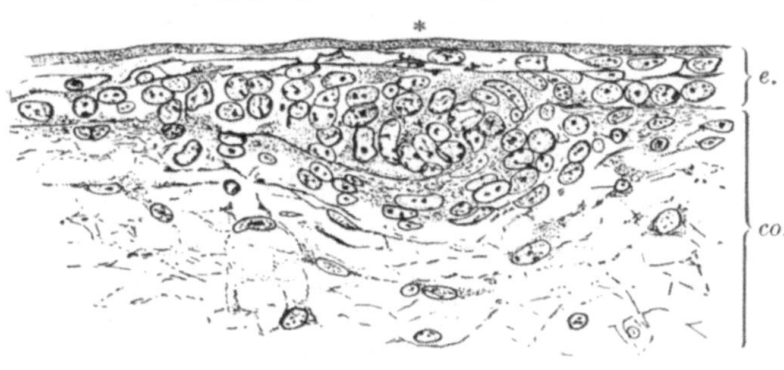

Abb. 36. Nächstes Stadium der Haarbildung (*) Blatt; Scheitelsteißlänge 9,6 cm (nach Spöttel und Tänzer).

Ein 20 Wochen alter Fetus zeigt nach Sticker gekräuselte Wolle am Halse, den Backen und Seitenflächen des Rumpfes. Auf Kopf und Beinen finden sich zum Teil schwarze Haare, mit 21 Wochen erscheint fast das ganze Wollhaar gekräuselt.

Nach unseren Untersuchungen sind bei einem Merinofetus kurz vor der Geburt die Leit- und vereinzelte Gruppenhaare (vgl. später) schon vollkommen entwickelt und bedecken den Körper als kleine, aufrechtstehende spiralig gedrehte Löckchen in ziemlich schütterem Stande, zwischen denen noch freie Härchen stehen.

Nach Duerden und Ritchie ist die Haut der kurz vor der Geburt stehenden Merinofeten bedeckt mit feinen, in gekräuselten Büscheln stehenden Wollhaaren und langen groben Haaren, die spärlich verteilt sind.

Bei den Karakulfeten wird ein Haarentwicklungsstadium durchlaufen, das wegen seiner Verwendbarkeit als Pelz („Breitschwanz") allgemeiner bekannt ist. Das kurze, seidenweiche, glänzende Haar liegt der Haut dicht an und ist durch eine moiréartige Fellmusterung gekennzeichnet.

Während, wie oben ausgeführt, beim erwachsenen Schaf von einer Sonderung der Epidermis nach unseren Ermittelungen nicht die Rede sein kann, ist eine solche beim Embryo noch vorhanden, wie dies vermutlich schon Sticker gefunden hat. Hier kann man zwischen einem Stratum Malpighii, Stratum lucidum, Stratum corneum und Stratum mortificatum unterscheiden. Mit der Abschilferung der Hornlamellen kurz vor der Geburt geht die spezifische Sonderung der Epidermis verloren.

Nach den Untersuchungen von Spöttel und Tänzer[1]), Duerden und Ritchie vollzieht sich die Entwicklung des Haares beim Schaf in ähnlicher Weise, wie es Stöhr[2]) eingehend beim menschlichen Wollhaar festgestellt hat, und wie es mehr oder weniger genau schon Kölliker[3]), Sticker und Marcks[4]) angegeben haben. Der Bildungsmodus, wonach zunächst eine Vorwölbung der Oberhaut nach oben infolge einer Coriumwucherung und erst später infolge der Festigkeit des Stratum lucidum eine Einwucherung in das Corium erfolgt (Reissner[5]), Reichert[6]), Goette[7]), Lehmann[8])) muß als irrig angesprochen werden. Vielmehr beginnt die Bildung der Haaranlage mit einer Zellvermehrung an einigen Stellen des Stratum Malphigii (Abb. 35). Zu dieser Zeit ist das Fettgewebe noch nicht ausgebildet, wohl aber ist unterhalb der Papillen das Bindegewebe dichter gelagert. Diese Zellhaufen werden nach dem Inneren zu vorgebeult und wuchern allmählich in das Corium hinein, um so den Haarkeim zu bilden. Letzterer verlängert sich mehr und mehr (Abb. 36) und bildet zunächst einen soliden Haarzapfen, an dessen unterem Ende eine dichtere Anhäufung von Bindegewebszellen, die Anlage der Haarpapille auftritt (Abb. 37, 39). Diese wird schließlich von dem unteren Ende des Haarzapfens umwachsen. Dann beginnt die histologische Sonderung der Wurzelscheiden und des Haarkegels und zugleich die Anlage von Talg- und Schweißdrüse (Abb. 38). Die Differenzierung der Wurzelscheiden ist vor allem von Duerden und Ritchie eingehend behandelt. Die Talgdrüsen entstehen den beiden letztgenannten Autoren zufolge im dritten Fetalmonat als Verdickung des Haarzapfens, die

---

[1]) Sp. u. T. (S. 1, Anm. 3) S. 204.

[2]) Stöhr, Ph.: Lehrbuch der Histologie. Jena 1919.

[3]) Kölliker, A.: Zur Entwicklungsgeschichte der äußeren Haut. Z. Zool. 1850; Arch. mikrosk. Anat. 1846. — Unna, P. G.: Beiträge zur Histologie und Entwicklungsgeschichte der Haut und ihrer Anhangsorgane. Arch. mikrosk. Anat. Bd. 12. 1876.

[4]) Marcks, P.: Untersuchungen über die Entwicklung der Haut, insbesondere der Haare und Drüsenanlagen bei den Haussäugetieren. Diss. inaug. Gießen 1895.

[5]) Reissner, F.: Beiträge zur Kenntnis der Haare des Menschen und der Säugetiere. 1854.

[6]) Reichert: Über Struktur, Textur, Bildung und Wachstum der Haare. Grünzburgs Z. klin. Med. Bd. 6. 1855.

[7]) Goette: Über das Haar des Buschweibes im Vergleich mit anderen Haarformen. Diss. inaug. Tübingen 1862. — Zur Morphologie der Haare. Arch. mikrosk. Anat. Bd. 4. 1868.

[8]) Lehmann, C.: Gesammelte Schriften Bd. 2. Berlin 1920. — Bedeutung und Hauptgrundlinien der Wollkunde. Berlin 1920.

sich in zwei dicke, solide Massen teilt. Die Schweißdrüsen gehen als zunächst solider Zellstrang mit etwa 2½ Monat aus dem Haarzapfen hervor (Duerden und Ritchie).

Die Bildung des Haarkanals erfolgt nicht von dem sich allmählich von dem Bulbus aus differenzierenden Haar, sondern wie schon Marcks richtig festgestellt hat, infolge der Tätigkeit der Talgdrüsen, durch die ein Zerfall der Zellen nach der Hautoberfläche zu erfolgt.

Nach Duerden und Ritchie wird das Vordringen des Haares im Follikel durch Auflösung von Zellen in diesem ermöglicht. Doch scheint den Abbildungen zufolge diese Auflösung auch mit der Talgdrüse im Zusammenhang zu stehen.

Mit de Meijère[1]) stimmen wir darin überein, daß selbst die kompliziertesten Gruppen der Haare in der Schafhaut in ihrer Entwicklung sich auf einfache Verhältnisse zurückführen lassen. Allerdings kann von der typischen Dreihaarstellung, wie sie de Meijère und auch Stroh[2]) bei der Gemse annimmt, weder bei dem Embryo, noch bei dem Erwachsenen die Rede sein. Die vereinzelt festzustellende Dreiergruppe ist nur als Durchgangsstadium anzusehen. Zuerst werden die Leithaare angelegt (Abb. 40), dann erfolgt allmählich die Ausgestaltung der Gruppenhaare, die auch bei dem fertig ausgetragenen Lamm noch nicht vollendet ist und zum Teil auch noch bei dem Lamm erfolgt (Abb. 41 bis 42).

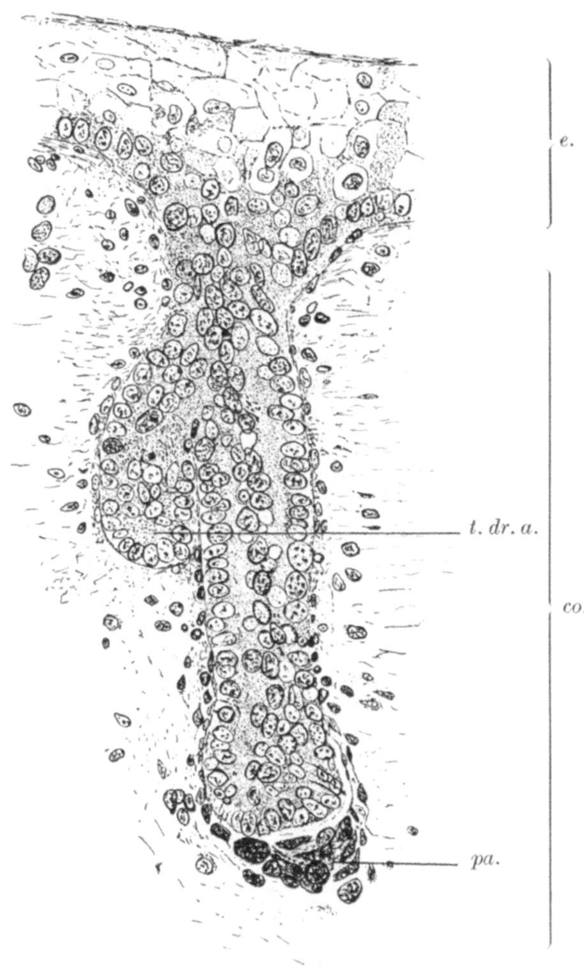

Abb. 37. Papillenanlage (Scheitelsteißlänge 10 cm), Rücken (nach Spöttel und Tänzer).

Spöttel und Tänzer stellen fest, daß den zuerst angelegten Haaren sämtlich eine Schweißdrüse zukommt; die zunächst fast nur paarweise vorhandenen Talgdrüsen weisen mitsamt der als Wucherung des Follikels oberhalb der Talgdrüsen entstehenden Schweißdrüse die oben für die Leithaare beschriebene charakteristische Lagebeziehung zum Haar auf. Auch eine Reihenanordnung

[1]) de Meijère, J. Ch. H.: Über die Haare der Säugetiere, besonders über ihre Anordnung. Morphol. Jahrbücher Bd. 21. 1894. — Ist die Gruppenstellung der Säugetierhaare eine Stütze für die Maurersche Hypothese von der Ableitung des Haares von Hautsinnesorganen der Vertebraten. Anat. Anz. Bd. 16. 1889.

[2]) Stroh: Das Haarkleid und der Haarwechsel der Gemse. Jb. f. Jagdkd. 1921.

der ersten Haaranlagen ist zu erkennen, allerdings wohl erst nach Anlage der Schweiß- und Talgdrüsen, da vorher die ersten Haaranlagen noch ziemlich gleichmäßig verteilt sind. Etwas später erfolgt die Anlage des Arrector pili in der dem Haar opponierten Stellung jenseits von Schweiß- und Talgdrüse. Das oben angeführte Charakteristikum der Leithaare, nämlich ihre frühzeitige Entwicklung, wird durch diese Feststellung erwiesen. Die Bildung der Gruppenhaare erfolgt, wie Tänzer gezeigt hat, nach und nach durch Abzweigung einer zunächst einheitlichen Anlage, die unter Umständen, vor allem bei dem gruppenhaarreichen Merino, in den letzten Embryonalstadien längere Zeit sehr umfangreich sein kann. Auf Hauptparallelschnitten ist nachzuweisen, daß in den Fällen, wo schon eine Abzweigung der einzelnen Gruppenhaaranlagen in den tieferen papillären Schichten der Cutis erfolgt ist, die Embryonalzapfen nach oben noch zusammenfließen. Man hat daher die Gruppenhaare einer Gruppe als echte Bündel (de Meijère), durch Sprossung (resp. durch Zergliederung der vorher einheitlichen Anlage) entstanden, anzusprechen, wenn auch das Charakteristikum de Meijères für

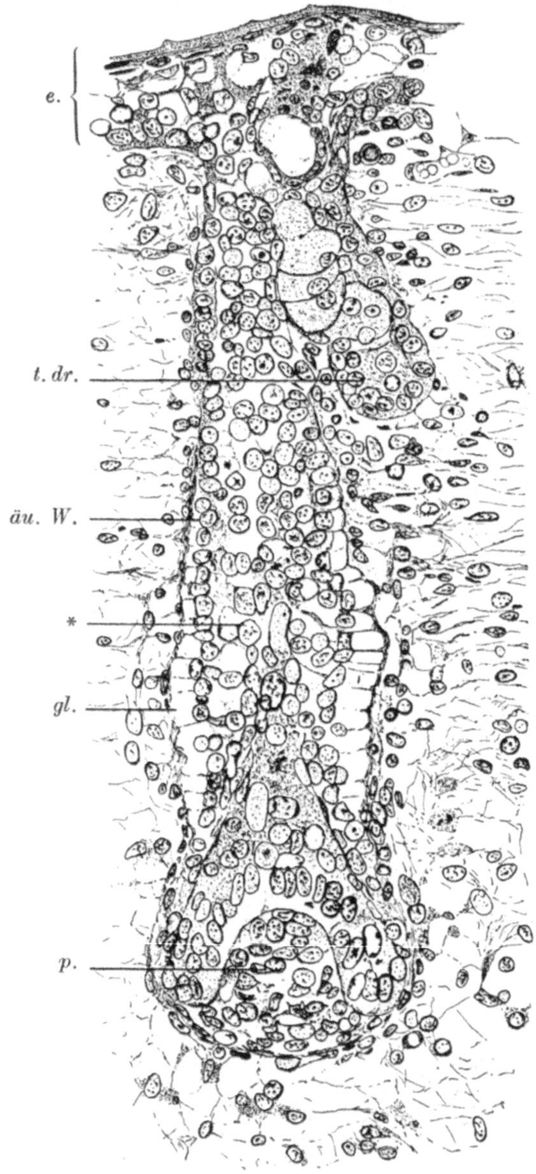

Abb. 38. Papillen- und Haardifferenzierung, Rücken (Scheitelsteißlänge 23 cm). Bei * Haarkegelspitze (nach Spöttel und Tänzer).

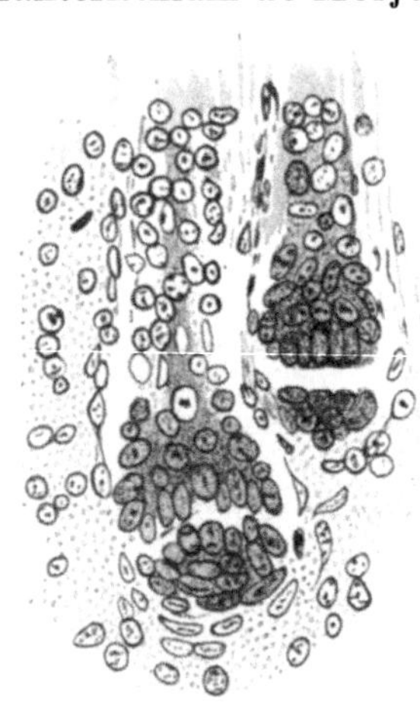

Abb. 39. Merino-Embryo: Papillenanlage der Wollhaare (Gruppenhaare).

echte Bündel: die tiefe, bis unter die Talgdrüsen sich erstreckende Ausbildung des gemeinsamen Follikels beim Schaf nicht zutrifft (nur vereinzelt mündet die Talgdrüse gemeinsamen Endabschnitt der Gruppenhaare).

Sticker[1]) hat gemeinsame Follikel bei 16 bis 17 Wochen alten Schaffeten feststellen können, ohne jedoch die Entstehung der gemeinsamen oder verzweigten Follikel zu prüfen.

Die gemeinsame Abzweigung der Gruppenhaare einer Gruppe von einer ursprünglich embryonal einheitlichen Anlage macht es verständlich, daß auch später die Gruppenhaare derselben Gruppe die Tendenz zeigen, aus gemeinsamem Endabschnitt der nach der Oberfläche konvergierenden Follikel die Haut zu verlassen. Darauf gerichtete Untersuchungen von Tänzer[2]) legen die Wahrscheinlichkeit nahe, daß es sich hier um eine für das Schaf allgemein gültige Entwicklung handelt.

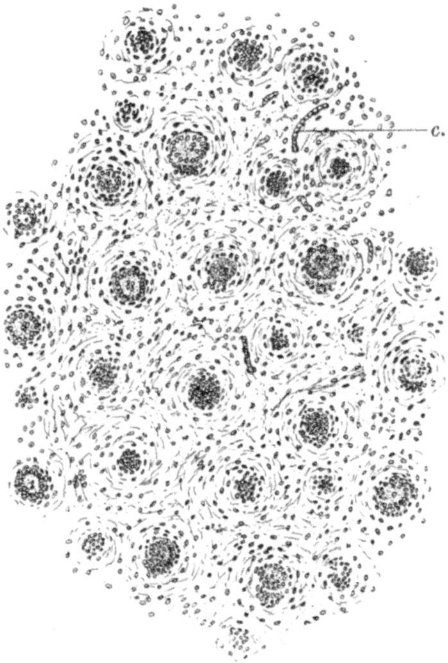

Abb. 40. Leithaaranlagen von der Keule eines Merinofetus (Scheitelsteißlänge 10 cm) (nach Spöttel und Tänzer.)

Die Gruppenhaare, resp. deren Anlagen, liegen entweder dorsal oder lateral von den Leithaaren. Leit- und Gruppenhaare sind stets getrennt. Bezüglich der histologischen Sonderung der Papillen beider Haararten führen Spöttel und Tänzer aus, daß es sich bei der ersten Anlage der Leithaare um eine ziemlich lockere Lagerung großer Zellen, bei der der Gruppenhaare dagegen um eine sehr dichte Lagerung absolut ziemlich kleiner, mit Beziehung auf den Zwiebeldurchmesser aber großer Zellen handelt. Auch das Plasma hat im letzteren Falle eine dichtere Beschaffenheit als das der Leithaare. Mit weiterschreitender Entwicklung erfolgt die Haarbildung zuerst natürlich in den Leithaaren, dann nach und nach in den Gruppenhaaren; hier können immer mehr Gruppenhaare schon vollkommen ausgebildet sein, während andere noch im besten Stadium der Entwicklung stehen. Man kann gewissermaßen aus dem Verhältnis von Leithaar zu Gruppenhaar, resp. deren Anlagen, das Stadium der physiologischen Entwicklung ermitteln.

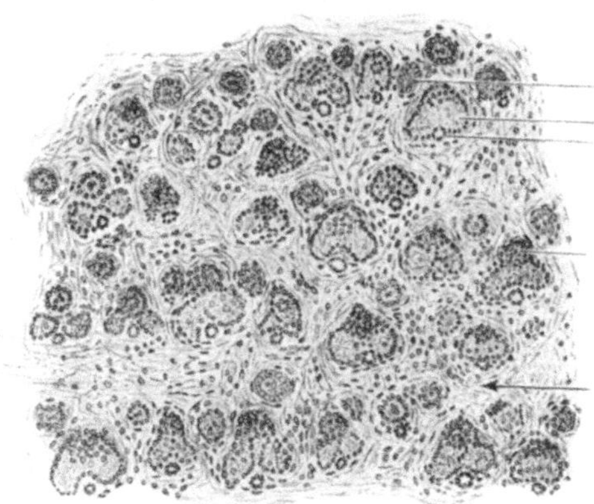

Abb. 41. Hautflächenschnitt vom Blatt eines Merinofetus (Scheitelsteißläuge 23 cm) (nach Spöttel und Tänzer).

Bei dem Merino bestehen embryonal erhebliche Dickenunterschiede zwischen Leit- und Gruppenhaaren, die auf der verschiedenen Ent-

[1]) Sticker, A.: Über die Entwicklung und den Bau des Wollhaares beim Schafe nebst einem Anhang über das Wollfett. Diss. inaug. 1887.

[2]) T. (S. 8, Anm. 4).

wicklungsdauer derselben beruhen. Bei gleichmäßiger Längen- und Dickenzunahme aller Elemente müßte man bei der Geburt ein Vlies erhalten, welches sich aus gröberen und feineren Haaren zusammensetzt. Dies würde tatsächlich für Merinolämmer zutreffen, die mit Überhaar oder Stichelhaar geboren werden (vgl. später). Man kann sich den weiteren Bildungsmodus, der aber bereits schon embryonal abgeschlossen sein kann, vielleicht derartig vorstellen, daß die Gruppenhaare die anfängliche Dicke der Leithaare erreichen und daß dadurch die Ausgeglichenheit erreicht wird, die für die erwachsenen Tiere charakteristisch ist[1]). Worauf dieses Zurückbleiben in der weiteren Dickenentwicklung zurückzuführen ist, ist noch nicht festgestellt worden. Möglicherweise wird die anfängliche Dickenüberlegenheit des Leithaares durch Haarwechsel

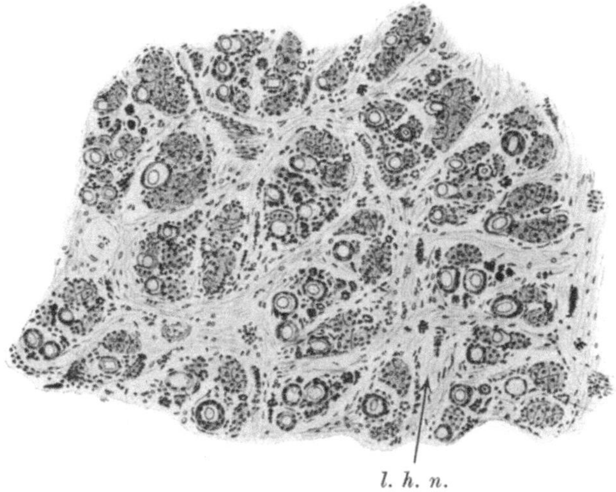

Abb. 42. Ältester Merino-Embryo. Haut vom Blatt parallel.

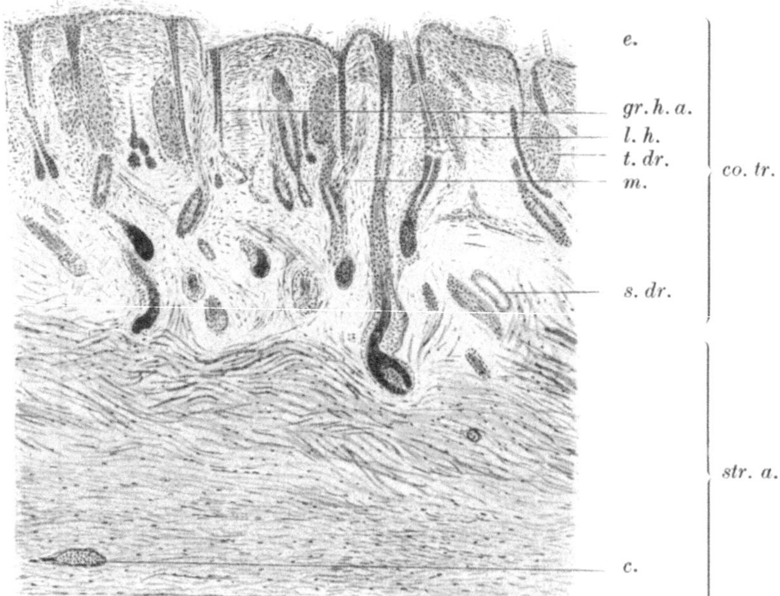

Abb. 43. Hautsenkrechtschnitt eines fast ausgetragenen Fetus (Rücken) (nach Spöttel und Tänzer).

[1]) Sp. u. T. (S. 1, Anm. 3) S. 217.

gehemmt[1]), während bei den mischwolligen Rassen die Gegensätze, wie sie in der ersten Anlage zwischen Leit-und Gruppenhaaren bestehen, erhalten bleiben.

Die Haarfollikel sind zunächst gerade gestreckt (Abb. 35 bis 38). Beim Merinofetus beginnt in der 7. Burdachschen Periode, wenn die Sonderung in Haar- und Wurzelscheiden schon deutlich ist und die längsten Haarwurzeln die Grenze der nunmehr deutlichen Fettschicht erreicht haben, eine leichte Umbiegung des unteren Haarbalgendes, die bald in eine wellenförmige Krümmung mit stärkerer Abknickung des proximalen Endes übergeht. Während die stärksten Haare ihre gerade Wachstumsrichtung beibehalten, krümmen sich die schwächeren leicht S-förmig. Später werden die Krümmungsbögen noch stärker ausgeprägt und liegen nicht mehr in einer Ebene, sondern verlaufen spiralig (Abb. 43). Außerdem wird allmählich der ganze Follikel aus seiner ursprünglichen Wachstumsrichtung gedrängt. Nach Tänzer ist anzunehmen, daß beim Karakulfetus der Haarkeim zunächst gerade, aber zur Oberfläche geneigt in die Cutis wuchert. Mit dem Fetalalter von 110 Tagen sind die Follikel in der Haut zunächst leicht S-förmig gekrümmt. Dann gelangt der typisch säbelförmige Follikel zur Ausbildung, der die Karakullocke in der Haut vorbereitet. Kurz vor der Geburt beginnen die Follikel sich wieder zu verlängern und kehren zur geraden Erstreckung zurück, wodurch die Öffnung der Locke in die Wege geleitet wird.

Über die definitive Ausgestaltung des Vlieses beim eben geborenen Lamm äußert sich Tänzer (angesichts des noch spärlichen Materials mit Vorsicht) dahin, daß bei den Lämmern die Verhältnisse sich vorfinden, die die Erwachsenen rassenanalytisch kennzeichnen. Es finden sich immerhin Hinweise auf Charaktere, die das Karakullamm rassenspezifisch herausheben. Typisch und die Karakullocke bedingend, ist nämlich die Haardifferenzierung. Die Leithaare werden nach ihrer Anlage rasch differenziert und bestimmen durch die Follikelgestalt, Anordnung der Haare in der Haut und Haardichte die Entstehung der Karakullocke, während die feinen Haare (Gruppenhaare) bei der Geburt noch spärlich vorhanden sind. Demgegenüber sind die feineren Haare bereits bei den Lämmern der anderen Mischwolligen, Schlichtwolligen und Feinwolligen kurz nach der Geburt zahlreich vertreten, so daß eine weitere Vermehrung der feinen Haare nur in mäßigen Grenzen sich vollzieht, vielmehr durch Dickenzunahme eine Vergröberung erfolgt. Durch Gradestreckung des Follikels und Differenzierung weiterer Gruppenhaare erfolgt die Auflösung der Karakuljugendlocke (Abb. 44); das Endresultat ist ein mischwolliges Vlies, das sich nun nicht mehr typisch von dem andern mischwolliger Rassen unterscheidet.

Beim Heidschnuckenlamm unterscheidet Wiswesser[2]) 4 Grannen- und 4 Flaumhaartypen, die durch Haarlänge, Dicke sowie vor allem durch die Spitzenbildung charakterisiert werden und eine verschiedene Wachstumsintensität zeigen, wodurch eine Öffnung der anfangs geschlossenen Jugendlocke zustande kommt. Im Verlaufe der ersten Entwicklung des Lammvlieses fallen nach Wiswesser die Grannenhaare aller Typen aus.

Über die definitive Ausgestaltung des Wollvlieses der Merinos (Abb. 45) finden sich dahingehende Angaben, daß zunächst im Lammvlies grobe und feine Haare nebeneinander vorhanden sind, daß speziell für die Merinolämmer meist ein Überhaar charakteristisch ist. Nach H. v. Nathusius, Tereg, W. v. Nathu-

[1]) An der Schwierigkeit der Beschaffung von umfangreichem Material mag es liegen, daß ein embryonaler Haarwechsel nur vereinzelt festgestellt würde (bei einem englischen Schwarzkopfschaf von Spöttel und Tänzer). Duerden und Ritchie beschreiben den Haarwechsel von eben geborenen Merinolämmern auf Hautsenkrechtschnitten.

[2]) Wiswesser, L.: Aufbau und Entwicklung des Heidschneckenvlieses. Diss. Hohenheim 1923.

sius, Bohm u. a. fällt von denjenigen Haaren, welche das Lamm mit auf die Welt bringt, der größte Teil nach der Geburt aus. Bei halbjährigen Merinolämmern sind dann nur Wollhaare vorhanden. Andere Lämmer werden nach

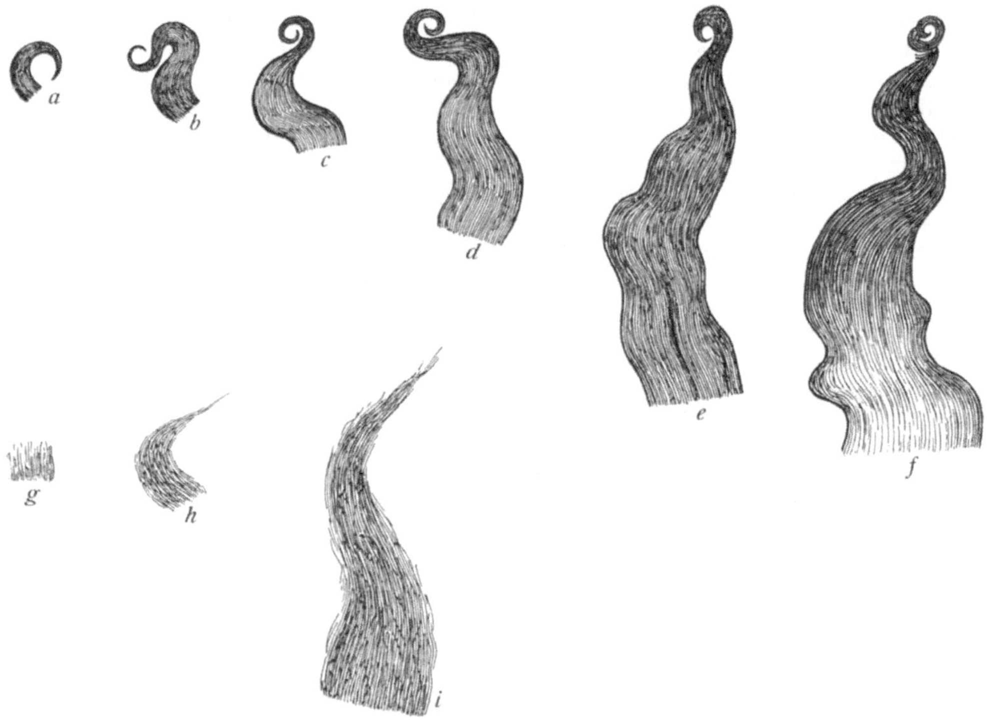

Abb. 44. Entwicklung des Karakulvlieses (nach Tänzer).
a 2 Tage nach der Geburt, b 1 Monat alt, c 2 Monate alt, d 3 Monate alt, e 5 Monate alt, f 6 Monate alt, g nach der 1. Schur, h 1 Monat nach der 1. Schur, i 5 Monate nach der 1. Schur.

Bohm zwar noch mit diesem Überhaar geboren, darunter befindet sich aber schon das feine gekräuselte Haar, vielfach in Gestalt kleiner Löckchen, oder

Abb. 45. Entwicklung des Merinoschafvlieses.
a 21 Tage alt, b 1½ Monate alt, c 2 Monate alt, d 3½ Monate alt, e 4½ Monate alt, f 5 Monate alt, g Grannenhaar mit markhaltiger Granne.

einzelne Körperteile können schon allein das gekräuselte Haar aufweisen. Noch andere Lämmer, und zwar nach W. v. Nathusius nur schwächliche, überzarte Individuen, zeigen schon bei der Geburt das normale entwickelte Wollkleid und keine Spur des Überhaares mehr.

Nach Wagner[1]) können von denselben Eltern Lämmer mit verschiedenartigem Vliescharakter fallen, während andere Autoren (Ph. Wagner, Schmalz[2]) und Utieschil[3]) glauben, in der Ausbildung des Lammvlieses Rassenunterschiede feststellen zu können. Tänzer stellt auf Grund seiner Untersuchungen an Lämmern provinzialsächsischer Merinofleischschafe fest, daß sich selbst bei Zwillingen ein verschiedenes Verhalten ergibt. Die Ontogonie gestattet nun gewisse Hinweise auf die Stammesgeschichte, sowie die Entwicklung des Wollkleides. Nach unseren Untersuchungen[4]) hat man sich die Entwicklung als eine Reihe größerer oder kleinerer Mutationen vorzustellen, die aus dem Haarkleid der Stammformen die mischwolligen, schlichtwolligen und feinwolligen Rassen hervorgehen ließen. Die Entstehung der mischwolligen Schafe aus den Stammrassen hat man sich wohl durch Abnahme des Querdurchmessers der Leithaare und teilweiser Vergrößerung des Querdurchmessers der Gruppenhaare vorzustellen. Möglicherweise sind auch Veränderungen in der Haardichte erfolgt.

Die Entwicklung mag nun wohl in der Weise weitergegangen sein, daß ein allmählicher Ausgleich der Leit- und Gruppenhaare bezüglich Dicke und sonstiger Unterschiede stattgefunden hat. Die Merinos müssen wohl in der Weise aus den mischwolligen und schlichtwolligen Rassen hervorgegangen sein, daß eine zunehmende Erhöhung der Haarzahl auf die Flächeneinheit erfolgte und der Haarquerschnitt sich verringerte.

Dafür, daß die Entwicklung der Merinos in dieser Weise vor sich gegangen ist, spricht, daß bei den Merinos der früheren Jahrhunderte die Haardichte eine wesentlich geringere gewesen ist, wie Körte[5]) erwähnt.

Aus dem Lammvlies der Merinos hat schon Waldeyer[6]) auf die phylogenetische Entwicklung des feinwolligen Vlieses geschlossen. Nach ihm ist letzteres aus den ursprünglichen Formen in der Weise durch Zuchtwahl hervorgegangen, daß das Grannenhaar allmählich zum Verschwinden gebracht wurde und das Flaumhaar die alleinige Körperbedeckung bildete. Dieselbe Anschauung vertritt auch Fritsch, welcher noch erwähnt, daß bei Schafen, die zur Mast gezüchtet werden, unter rauherem Klima und bei dem Fehlen der Zuchtwahl das Konturhaar in Gestalt von straffen Haaren wieder erscheint.

Für die Berechtigung der Ableitung der Merinos von mischwolligen Schafen und die nahe Beziehung des Wollcharakters beider spricht auch das Auftreten der falschen oder Glanzhaare im Merinovlies.

Die embryologischen und vergleichenden Untersuchungen von Haut und Haar verschiedener Rassen haben zusammen mit den eben angeführten Tatsachen die Berechtigung zur Ableitung der Wollschafe von mischwolligen erwiesen.

Tänzer[7]) versucht, ausgehend vom Karakul, eine Faktorenanalyse des Haarkleides des Schafes. Die Berechtigung ergibt sich daraus, daß man Leit- und Gruppenhaare, sowie die Gruppenbildung und Reihenanordnung als autonome

---

[1]) Wagner, J. Ph.: Beiträge zur Kenntnis und Behandlung der Wolle und Schafe. Berlin 1820.

[2]) Schmalz, Fr.: Anleitung zur Zucht und Wartung edler und veredelter Schafe. Königsberg 1833.

[3]) Utieschil, Fr.: Vollständige Schafzuchtschule. Prag 1853.

[4]) Sp. u. T. (S. 1, Anm. 3).

[5]) Körte, A.: Das deutsche Merinoschaf. Breslau 1862. — Das Wollschaf, seine Wollzüchtung, Ernährung und Wartung. Breslau 1880.

[6]) Waldeyer, W.: Untersuchungen über die Histogenese der Horngebilde, insbesondere der Haare und Federn. Beitr. z. Anat. u. Embr. Bonn 1882.

[7]) T. (S. 8, Anm. 4).

Bildungen anzusehen hat, die ihren Ausgang von bestimmten Anlagen nehmen. Ein Grundfaktor für Haargestaltung wird spezifisch determiniert durch einen Umbildungsfaktor als stichelhaarig, mischwollig, schlichtwollig und feinwollig. Mit dem Umbildungsfaktor befinden sich das Längenwachstum, Haardicke, Kräuselung, die Follikelgestalt, sowie die Haardichte in Korrelation (vielleicht auch die histologische Differenzierung des Haares).

Es erscheint nicht ausgeschlossen, den das Ausbildungsverhältnis von Leithaar zu Gruppenhaar im Sinne von stichelhaarig, misch-, schlicht- und feinwollig regulierenden Faktor mit einem den Entwicklungsrhythmus determinierenden Faktor zu identifizieren. Die Annahme der obigen physiologisch wirksam zu denkenden Faktoren macht die Voraussetzung der Polymerie einer großen Zahl von Erbanlagen unnötig. Ähnliche Anschauungen hat Spöttel[1]) vertreten.

Frölich[2]) versucht unter Zugrundelegung der Resultate von Spöttel und Tänzer folgende Einteilung der Schafrassen in Typen; er unterscheidet 5, wovon die beiden ersten zusammengehören:

1. Typus: Wildschaf: Reihenbildung der Haare sehr deutlich; Dickenunterschiede zwischen Leit-(Stichel-) und Gruppen-(Flaum-)Haar sehr groß; Haardichte groß; Haarwechsel periodisch, jahreszeitlich bedingt; Follikel ziemlich grade, schräg eingepflanzt.

2. Typus: Haarschaf: Reihenbildung sehr deutlich; Dickenunterschiede zwischen Leit- und Gruppenhaar sehr groß; Haardichte mittel; Haarwechsel periodisch, jahreszeitlich bedingt; Follikel ziemlich grade, schräg eingepflanzt.

3. Typus: Mischwollschafe: Reihenbildung noch deutlich; Dickenunterschiede zwischen Leit- und Gruppenhaar gegenüber 1. und 2. schon vermindert; Haardichte gering; Haarwechsel noch jahreszeitlich bedingt, jedoch nicht so scharf zeitlich begrenzt wie bei 1. und 2.; Follikel ziemlich grade, noch schräg eingepflanzt.

4. Typus: Schlichtwollschafe: Reihenausbildung noch mehr oder weniger deutlich; Dickenunterschiede zwischen Leit- und Gruppenhaar noch mehr verwischt; Haardichte schwankend; Haarwechsel verlangsamt und kontinuierlich; Follikel unregelmäßiger, teilweise konvergierend.

5. Typus: Feinwollschafe: Reihenbildung infolge großer Haardichte und durch Binderhaare in den Hautnähten bisweilen vollkommen verwischt; Dickenunterschiede zwischen Leit- und Gruppenhaaren nicht mehr festzustellen; Haardichte groß; Haarwechsel stark verlangsamt und kontinuierlich; Follikel unregelmäßig-spiralig, vielfach konvergierend.

2. Die histologischen Ursachen der Kräuselung.

In den vorstehenden Ausführungen ist verschiedentlich auf die Beziehungen des äußeren Haarkleides und der Hautarchitektonik hingewiesen. Die Ansichten über die Ursachen der Kräuselung gehen in der Literatur auseinander. Nach Elsner[3]) (1827) kann die Merinowolle infolge ihrer Sanftheit und Zartheit nicht vollkommen senkrecht in die Höhe wachsen, sondern sie biegen sich mehr oder weniger zur Seite und finden dann aneinander Widerstand, wachsen schließlich wieder in die Höhe, biegen um usw., so daß eine regelmäßige Kräuselung ent-

---

[1]) Spöttel, W.: Über Variabilität, korrelative Beziehungen und Vererbung der Haarfeinheit bei Schafen. Bibliotheca Genetica Bd. 7. Leipzig 1925.

[2]) Frölich, G.: Über die Typen der Haarbildung beim Schaf. Edler-Festschrift 1926.

[3]) Elsner, J. G.: Meine Erfahrungen in der höheren Schafzucht. Stuttgart und Tübingen 1827. — Die vaterländische Schafzucht, 2. Aufl. Leipzig 1859. — Übersicht der europäischen veredelten Schafzucht Bd. 1 u. 2. Prag 1828.

steht. Steht die Wolle schütter, so kann sie sich weiter nach der Seite biegen, infolgedessen wird ihre Krümmung höher und größer.

Nach Jeppe[1]) stehen die Kräuselungen des Wollhaares „mit dem Durchmesser desselben in genauer Verbindung und sind in der Regel um so größer, je dicker das Haar ist, und um so kleiner und zahlreicher in gleicher Höhe, je feiner dasselbe ist.“

Browne[2]) sucht nachzuweisen, daß der ovale Querschnitt des Wollhaares die Bedingung der Kräuselung sei und behauptet, daß runde Haare starr seien, eine Ansicht, die W. v. Nathusius[3]) ablehnt. Letzterer weist auch die Behauptung, daß die Marklosigkeit des Wollhaares für die Kräuselung verantwortlich gemacht werden kann, unter Hinweis auf die leicht spiralig gekräuselten, markhaltigen Oberhaare des Mufflons zurück, während auf der anderen Seite viele marklose Haare ohne alle Kräuselung vorkommen.

Über die Ursachen der Kräuselung äußert sich W. v. Nathusius wie folgt: „Ich glaube also nachgewiesen zu haben, daß wirklich der Haarbalg das Bestimmende für die gekrümmte oder gerade Richtung ist, in der das Haar wächst. Es ist gewissermaßen die Matrix, welche dem Haar diese Form aufprägt.“ Über die Kräuselung im Wollstapel, die der Kräuselung des Einzelhaares nicht entspricht, führt der genannte Autor folgendes aus: „Die einzelnen Haare treten in Gruppen, die aber nicht immer ganz streng gesondert sind, mit der ihnen durch den Haarbalg aufgeprägten spiraligen Tendenz hervor. Ihre Spitzen sind aber durch das abgesonderte Wollfett so vereinigt und verklebt, daß sie die kreisförmige Drehung, die die Entwicklung der Spirale verlangt, nicht vollführen können. Das Haar erleidet also eine Rückdrehung in einer der ursprünglichen Spirale entgegengesetzten Richtung. Diese Wirkung und Gegenwirkung heben sich aber schon deshalb nicht einfach auf, weil der Querschnitt des Haares ein ziemlich veränderlicher ist, es verlangt vielmehr bald die eine, bald die andere die Oberhand; denn wenn wir ein fertiges Wollhaar strecken, so können wir, da sein Querschnitt der Regel nach ein abgeplatteter ist, verfolgen, wie es eine spiralige Drehung, aber nicht eine regelmäßig in einer Richtung fortschreitende, sondern bald nach links, bald nach rechts hin und her schwankende besitzt ... Durch diese Rückdrehung wird selbstverständlich die typische Spirale des Haares mehr oder weniger aufgehoben, nicht aber die Krümmungen desselben, und es entsteht so die Kräuselung, die wir im Vließ beobachten. Wie es zusammenhängt, daß dieselbe eine so bestimmte regelmäßige Form annehmen kann, habe ich mir nicht ganz zur Klarheit bringen können. Es dürfte aber dafür entscheidend sein, daß die einzelnen Haare nicht selbständig dastehen, sondern in Strähnchen innig verbunden sind, und daß auch die Strähnchen untereinander in engen Beziehungen stehen, teils durch einzelne Haare, die von einem zum anderen überzugehen scheinen, teils schon durch den seitlichen Druck, den sie gegeneinander ausüben.“ Für die Richtigkeit seiner Anschauungen führt v. Nathusius an, daß der Kräuselungsgrad der Haare mit der gekrümmten Form der Bälge übereinstimmt. Auch Witt[4]) ist der Ansicht, daß die Richtung der Haarbälge die Stapelbildung verursache.

[1]) Jeppe, C. F. W.: Terminologie der Schafzucht und Wollkunde. Rostock 1847.

[2]) Browne, P. A.: Trichologia mammalium or a treatise in the organization, propecties and uses of hair and wool; together with an essay upon the raising and treeding of sheep. Philadelphia 1850.

[3]) Nathusius, W. v.: Das Wollhaar des Schafes in histologischer und technischer Beziehung mit vergleichender Berücksichtigung anderer Haare und der Haut. Berlin 1866. — Mitteilung über die bei ferneren Untersuchungen des Haares der Schafe und anderer Haustiere erlangten Resultate. Z. d. landw. Central-Vereins d. Prov. Sachsen Jg. 32, S. 1.

[4]) Witt, O. N. und L. Lehmann: Chemische Technologie der Gespinstfaser. 1910.

Sticker[1]) wendet sich gegen v. Nathusius: „Man erwäge, daß die feinsten, in ihrer Kräuselung kompliziertesten Haare einer dünnen Haut entstammen, daß für das Vorhandensein einer Form, aus welcher das Haar gegossen hervorgehe, wenig Platz vorhanden ist.“ Sticker will den Haarbalg in der Schafhaut nie spiralig gedreht gefunden haben[2]). Nach dem genannten Verfasser entwickelt sich das edle marklose Wollhaar aus wenigen großen Zellen in der Haarzwiebel, das markhaltige straffe aus zahlreichen kleinen Zellen. Während bei ersterem sämtliche Zellen verhornen, können bei letzterem einzelne Zellen ihre Gestalt und Beschaffenheit im Innern des Haares beibehalten, indem sie durch einen dichten Mantel verhornter Zellen vor Druckwirkung und Austrocknung geschützt werden. Weiterhin zeigen dem genannten Autor zufolge die Huxleyschen und Henleschen Zellen noch später genau die Form, welche sie als frühere Segmente der Oberfläche einer Kugel annehmen mußten. Ihre eine Fläche ist konkav, ihre andere konvex, der obere und untere Pol ist zugespitzt, ihr Dickendurchmesser ist fast überall gleich. Dadurch nun, daß bei den großen Haaren die Zellen der Haarzwiebel in großer Zahl vorhanden sind und sehr geringe Dimensionen besitzen, können sie wie eine viel- und kleingliedrige Kette leicht jede Anordnung befolgen, also auch in den Wurzelscheiden sich zu gradem Stamm zusammenfügen. Bei den Wollhaaren dagegen sind die Glieder der Kette groß und gering an Zahl. Von dem Äquator der Haarzwiebel können die Zellen der Haarscheide nicht weiter nach dem oberen Pole rücken, ohne gleichzeitig einen spiraligen Weg dabei zu verfolgen. Während nämlich vor dem Äquator die Zellen in einem immer größeren Parallelkreis senkrecht aufsteigen und dementsprechend größere Formen annehmen können, erleiden sie über dem Äquator je weiter nach oben einen desto stärkeren seitlichen Druck. Letzterer veranlaßt fürs erste eine Abnahme des Breiten- und eine Zunahme des Längendurchmessers der Zellen. Gleichzeitig aber geraten die Zellen einer Generation, die bis jetzt in einem Parallelkreis sich nach oben bewegten, unter verschiedene Druckverhältnisse. Die Haarbalgknickung bewirkt nämlich schon in der Haarzwiebel eine Raumerweiterung durch konkave Ausbuchtung und eine Raumverengerung, welche ersterer diametral liegt. Der seitliche Druck über dem Äquator wird also bald eine Bewegungsrichtung einnehmen, und zwar von den Stellen höheren Drucks nach denen niederen Drucks. Aus der senkrechten Bewegung der Zellen nach oben und der seitlichen Bewegung nach der konkaven Seite hin resultiert eine schiefe, um die Achse des Haares spiralig sich drehende Vorwärtsbewegung der Haarscheide. Diese Spirale wird um so enger sein, je mehr sich die Haarzwiebel der Kugelgestalt nähert, d. h. je stärker die Einschnürung und die Knickung des Haarbalges ist. Indem nun das Haar mit seinem Mantel, der Haarscheide, sich spiralig nach oben bewegt, wird dasselbe an 2 diametral gegenüberliegenden Linien abwechselnd an der Knickung des Haarbalges bald einen stärkeren, bald einen schwächeren Druck erleiden. Eine Folge hiervon ist die regelmäßig wellige Krümmung des Haares. Fehlt die spiralige Drehung des Haares, so entsteht durch die Haarbalgknickung keine wellige, sondern aufgerollte Kräuselung des Haares, d. i. Löckchenbildung. Dies ist bei solchen Haaren der Fall, wo der untere Teil des Haarbalges nicht kugelförmig, sondern zylindrisch gestreckt erscheint.

Nach unseren Untersuchungen[3]) entfernt sich die Merinohaarpapille am weite-

[1]) Sticker, A.: Über die Entwicklung und den Bau des Wollhaares beim Schafe nebst einem Anhang über das Wollfett. Diss. inaug. 1887.

[2]) Diesen Einwurf weist v. Nathusius selbst zurück unter Hinweis auf Duclert, dessen Untersuchungen die Resultate von v. Nathusius bestätigen.

[3]) Sp. u. T. (S. 1, Anm. 3) S. 142.

sten von der Kugelgestalt, die eine Grundvoraussetzung für Sticker ist, so daß man also diese Erklärung als nicht stichhaltig ansehen darf.

Bohm[1]), dem zufolge bisher noch keine genügende Erklärung für die Entstehung der Kräuselung gefunden sei, weist darauf hin, daß für die Kräuselung vielleicht auch noch andere Momente mitspielen, worauf z. B. gewisse Eigenschaften der gekräuselten Wolle, wie die Krimpkraft, schließen lassen.

Wie Reissner[2]), so betont auch Waldeyer[3]) die enge Beziehung zwischen Form und Wechsel des Querschnittes auf der einen und Kräuselung auf der anderen Seite. Lehmann[4]) schließt die Einflüsse des Haarwachstums und des Fettschweißes in den Kreis der Betrachtungen ein. Ausgehend von der Wachstumsdifferenz der einzelnen Strähnchenhaare folgert er, daß, falls die längeren Haare sehr weit ausbiegen müssen, die Bögen leicht kleiner werden, es entstehen dann mehr Bögen pro cm. Zäher Fettschweiß läßt durch seinen Widerstand das länger wachsende Haar schneller umbiegen, erzeugt also einen kürzeren Bogen. Große Unregelmäßigkeiten in der Kräuselung des Strähnchens entstehen, wenn die Fettschweißsekretion so gering und seine Art so wenig klebend ist, daß ein fester Zusammenhalt aller Strähnchenhaare nicht eintritt. Lehmann unterscheidet zwischen primärer Kräuselung als dem Produkt der Windungen des Haarhalses und sekundärer Kräuselung, entstanden durch außerhalb der Haut wirkende Faktoren.

Völtz[5]) untersucht im Anschluß an W. v. Nathusius die Frage der Beziehungen zwischen der Feinheit der Wollhaare und dem Durchmesser ihrer Kräuselungsbögen. Nach ihm dürften für die Großbogigkeit bzw. Flachbogigkeit sehr feiner Flaumhaare hauptsächlich folgende Ursachen in Betracht kommen: 1. Die Spiralform der Wurzelscheiden kann gestreckter sein. 2. Feine Wollhaare mit grober Kräuselung kommen nach ihm vorwiegend bei fettschweißarmen Wollen vor. Die Wollhaare haben unter solchen Bedingungen im Strähnchen geringere Widerstände zu überwinden, was in größeren Kräuselungsbögen zum Ausdruck kommt. 3. Ein oder mehrere gröbere und schlichtere Haare im Strähnchen strecken die an ihnen haftenden feinen Flaumhaare. 4. Eine geringere Elastizität der Flaumhaare.

Nach unseren Untersuchungen kommen für die Gestaltung des einzelnen Haares wie des äußeren Vliesbildes in Betracht: Die durch die Follikelgestalt bedingte Beeinflussung, die durch die Haaranordnung gegebenen Verhältnisse, innere Wachstums- und Spannungsschwankungen und ferner außerhalb der Haut wirkende Kräfte.

Aus dem Vergleich der Hautschnitte (vgl. Abb. 4, 6 bis 10, 13, 15, 16, 18 bis 21) geht hervor, daß bei den Rassen, die ein nur wenig gekräuseltes oder flach gewelltes Haar besitzen (Haar- und Mischwollschafe) auch der Follikel annähernd grade gestreckt ist, während bei den Rassen mit stärker gewelltem oder gekräuseltem Haar auch die Follikel einen stärker gewellten oder gekräuselten Verlauf nehmen, wie dies schon W. v. Nathusius angegeben hat. Die extremste Ausbildung dieser Art finden wir beim Merino insofern, als hier das Haar die stärkste

[1]) B. (S. 1, Anm. 2).

[2]) Reissner, F.: Beiträge zur Kenntnis der Haare des Menschen und der Säugetiere. 1854.

[3]) Waldeyer, W.: Untersuchungen über die Histogenese der Horngebilde, insbesondere der Haare und Federn. Beitr. z. Anat. u. Embr. Bonn 1882.

[4]) Lehmann, C.: Gesammelte Schriften Bd. 2. Berlin 1920. — Bedeutung und Hauptgrundlinien der Wollkunde. Berlin 1920.

[5]) Völtz, W.: Über Schafzucht und Wollkunde. Z. Schafzucht. 1921. — Über die Eigenschaften und die Vererbung der Schafwolle bei Reinzucht und Kreuzung mit besonderer Berücksichtigung der Merinos. Arb. d. D. L. G. 315. Berlin 1922.

Kräuselung zeigt und auch die Follikelgestalt mehr oder weniger spiralig gewunden ist. Man kann aus dieser Parallele eine gewisse Beziehung zwischen äußerer Haargestalt und Follikelausbildung annehmen; in gewisser Weise muß der Follikel auf das Haar wirken. Man kann feststellen, daß die Follikelkrümmungen untereinander keineswegs übereinstimmen; dem würde im äußeren Haarbilde entsprechen, daß die Haare außerhalb der Haut ihrerseits eine unter sich verschiedene Kräuselung aufweisen, was ja den tatsächlichen Verhältnissen entspricht. Es ergibt sich eine deutliche Übereinstimmung zwischen der äußeren Haargestalt und der Follikelgestalt. Es dürfte deshalb der Schluß berechtigt sein, hier ursächliche Zusammenhänge anzunehmen.

Tänzers[1]) Untersuchungen über die Ursachen der Kräuselung der Karakullocke haben zu der Folgerung geführt, daß in der Haut die Verhältnisse vorbereitet werden, die einige Zeit später außerhalb der Haut in die Erscheinung treten. Wie oben schon angedeutet, muß man die typisch nach unten eingerollte Karakullocke als Folge des gekrümmten Follikelverlaufs[2]) in den letzten Embryonalstadien (im Alter von 3 Monaten 20 Tagen bei einer Hautdicke von ca. 1,0 mm, zu welcher Zeit nur die Leithaare differenziert waren). Die nicht völlige Parallelität der säbelförmigen Follikel innerhalb des untersuchten Hautstückes läßt vermuten, daß in der Haut bereits die für das Persianerpelzwerk so charakteristische Musterung vorbereitet wird. Die Gradestreckung und das Längenwachstum der Follikel von der Geburt an hat die Öffnung der Locke zur Folge. Wenn man aus der Hautentwicklung beim Karakulschaf und aus der Follikelgestaltung bei den rassenanalytischen Untersuchungen beim Schaf schließen muß, daß der Follikel in seiner Gestalt mehr oder weniger der Kräuselung entspricht, resp. umgekehrt, so darf man die Wurzelscheiden in der Haut nicht als in seiner Richtung unabänderlich annehmen; denn auch die Elemente der Haut, wie Schweiß- und Talgdrüsen, Unterhautbindegewebe, Haaranordnung und -dicke sowie Haardichte sind entsprechend den physiologischen Zuständen zu verschiedenen Zeiten Umgestaltungen unterworfen, die im Falle der Kräuselung periodisch sein müßten. Daß die Haarwurzelteile plastisch sind und stark durch Spannungsverhältnisse beeinflußt werden können, geht nach Fritsch daraus hervor, daß sich unregelmäßige Gestalt und Auswüchse der Wurzelscheiden besonders an den Ansatzstellen des Arrector pili finden. Doch nach unseren Feststellungen kann in der Muskelwirkung nicht das hauptsächlichste Wirkungsmoment für die Kräuselung erblickt werden, da dadurch nur die Krümmung der Leithaare, nicht aber die der muskelfreien Gruppenhaare erklärt werden könnte. Hohe Plastizität ist wohl auch bei dem im Haarwechsel befindlichen Follikel anzunehmen (bei der oft großen Abweichung der Wurzelscheide von dem normalen Verlauf, vgl. oben). Im Anschluß an Riddle[3]) haben schon Spöttel und Tänzer mit Bezug auf die Gleichmäßigkeit der Kräuselung vermutet, daß innere rhythmische Schwankungen die Abscheidung der Hornsubstanz beeinflussen. Daß innere, das ganze Vlies gleichmäßig beeinflussende physiologische Faktoren gestaltend auf die Kräuselung einwirken, geht schon daraus hervor, daß durch Krankheit eine Änderung der Kräuselungsform im ganzen Vlies gleichzeitig und gleichmäßig in Erscheinung treten kann. In der Haarbildung besteht durch den Haarwechsel eine gesetzmäßige Periodizität. Tänzer diskutiert die Möglichkeit, die Kräuselung in Beziehung zu einer gewissen rhythmischen Lebensentwicklung zu bringen.

---

[1]) T. (S. 8, Anm. 4).

[2]) Die Frage darf hier gestreift werden, ob die Follikelgestalt das primär Richtung gebende ist, oder erst das Produkt des von der Papille infolge eigenartiger Lageverhältnisse gekrümmten Haares ist und erst sekundär dessen Wellungen entspricht.

[3]) Riddle, O.: The genesis of fault-bars. Biol. Bull. V. 14. 1908.

Haecker[1]) nimmt im Anschluß an die Zeichnung bei Säugern ein ausgesprochen rhythmisches Wachstum flächenhafter Organe, verbunden mit rhythmischer Differenzierung, speziell einen Wachstums- und Teilungsrhythmus der Haut an. Daß dem flächenhaften Rhythmus auch ein Tiefenrhythmus bei der Gestaltung eines gekräuselten Stapels entspricht, erscheint nicht ausgeschlossen.

Wenn dem Haar durch Follikelgestalt, Hautarchitektonik und Wachstumsrhythmus eine bestimmte Gestalt aufgeprägt wird (primäre Kräuselung), so können an der weiteren Ausgestaltung der Kräuselung noch äußere Faktoren mitwirken (sekundäre Kräuselung nach Lehmann[2]); deren Wirkungsweise dürfte heute aber noch der Klärung bedürfen.

II. Die Histologie und Morphologie der Haare.

Die Haare stellen, wie oben ausgeführt, ein Produkt der Haut dar. Das Haarkleid der Tiere hat die Aufgabe des Wärmeschutzes. Die Haare selbst sind schlechte Wärmeleiter und verhindern infolgedessen einen starken Wärmeverlust. Außerdem wird die Luft zwischen ihnen gleichförmig erwärmt; diese trägt einerseits mit als Wärmeschutz bei und verhindert insbesondere eine plötzliche Temperaturabnahme der Hautoberfläche bei plötzlichem Wechsel der Außentemperatur[3]). Ferner dienen die Haare als Schutz gegen chemische und mechanische Einwirkungen, besonders als Schutz gegen atmosphärische Einflüsse. Endlich wirken sie als Tasthaare, soweit sie mit nervösen Endapparaten in Verbindung stehen.

A. Die Histologie der Haare[4]).

Man unterscheidet, wie schon oben ausgeführt, am Haar den Haarschaft und die Haarwurzel, ohne daß ein prinzipieller Unterschied zwischen beiden festzustellen wäre. Der Haarschaft ist der über die Hautoberfläche hervorragende Teil des Haares, in dem die Verhornung der Zellen eine vollkommene ist.

Die ersten, die sich mit der Histologie der Haare beschäftigten, waren Cuvier[5]) Eble[6]) und Erdl[7]). Schon letzterer unterscheidet Epithel-Rindenzellen und Mark.

---

[1]) Haecker, V.: Entwicklungsgeschichtliche Eigenschaftsanalyse. (Phänogenetik). Jena 1918.

[2]) Lehmann, C.: Gesammelte Schriften Bd. 2. Berlin 1920. — Bedeutung und Hauptgrundlinien der Wollkunde. Berlin 1920.

[3]) Da die Hautwärme in hohem Grade von der Qualität und Quantität des Haarkleides abhängt, so beobachtet man nach Rath[8]) vor allem an den dichtbewolltesten Körperstellen des Schafes nach der Schur die größeren Wärmeverluste. Dem genannten Verfasser zufolge beträgt die mittlere Hautwärme des gut bewollten Schafes in einem stets gleichmäßig temperierten Raum von etwa 6° C 36,1° C, die des vollständig geschorenen 34,2° C.

[4]) Siehe auch Bowman: The structure of the wool fibre. Manchester 1885. — Structure of the Wool Fibre. Macmillan & Co. 1908. — Garner, W.: Mikroskopische Untersuchung der Textilfasern. J. Soc. Dyers u. Colorists. 1926. — McMurtie, W.: Report on an Examination of Wools and other animal fibres. Washington 1886. — Pichler, Fr.: Mikroskopische und mikrochemische Faser-Untersuchung. Leipz. Mitt. f. Text.-Industrie. 1926. — Pietsch, M.: Die Wolle. Leipzig 1920.

[5]) Cuvier: Vorlesungen über vergleichende Anatomie, Teil 2, S. 582. 1809.

[6]) Eble: Die Lehre von den Haaren in der gesamten organischen Natur Bd. 1 u. 2. 1831.

[7]) Erdl: Vergleichende Darstellung des inneren Baues der Haare. Abh. der Math. Physik. Klasse der kgl. bayr. Akademie der Wissenschaften Bd. 3. 1843.

[8]) Rath, H.: Der Einfluß der Winterschur auf die Hauttemperatur des Schafes. Diss. Gießen 1920.

Man kann an den Schäften ganz grober Haare meist drei Schichten unterscheiden: Markzellen, Rindensubstanz und Oberhäutchen. Diese drei Zellschichten bestehen aus Hornsubstanz, deren Gefüge und chemische Zusammensetzung verschiedenartig ist.

1. Die Haarcuticula.

a) Die Untersuchungsmethodik.

Einige Bemerkungen über die Untersuchungstechnik seien vorausgeschickt.

Wenige Haare sind so rein, daß sie sich ohne weiteres zur mikroskopischen Untersuchung eignen. Meist sind die Haare infolge ihres stärkeren oder geringeren Überzuges mit den Absonderungsprodukten der Hautdrüsen mit Schwefeläther zu entfetten. Man übergießt die Haare auf Löschpapier mit Schwefeläther und tupft sie dann wiederholt ab. Wenn eine stärkere Verschmutzung vorliegt, muß eine Behandlung mit destilliertem Wasser und darauffolgendem Trocknen der Ätherbehandlung vorausgehen.

Unter Umständen kann man von der Entfettung absehen und bettet dann das Haar in Mohnöl, Rizinusöl, nach v. Nathusius auch in Baumwollöl ein.

Die Beobachtung des gereinigten Haares in Luft genügt für die meisten Untersuchungen nicht, da das durchscheinende Haar meist wegen seines Luftgehaltes selbst die Oberflächenstruktur nur undeutlich erkennen läßt. Vielfach erscheint das Haar silbrighell mit dunklen Streifen. Je stärker der Luftgehalt der einzelnen Haarzellschichten ist, desto undeutlicher treten die Konturen bei der Beobachtung in Luft hervor. Ferner liegt das Haar zwischen zwei Gläsern ohne irgendwelche Flüssigkeit sehr schlecht fest, und man muß die Ecken des Deckgläschens mit Wachs befestigen. Da der Licht-Brechungsexponent der Hornsubstanz verhältnismäßig hoch ist (vgl. S. 286), muß das Einbettungsmedium tunlichst einen niedrigeren Brechungsexponenten aufweisen. Als Einbettungsmedien kommen vor allem Wasser und Glyzerin in Betracht. Bei einer Beobachtung in Wasser ist jedoch zu berücksichtigen, daß das Haar erweicht wird und aufquillt, so daß dementsprechend die Struktur verändert werden kann. In Glyzerin tritt keine Aufquellung im Verlaufe von 4 Stunden ein, aber das Haar wird wesentlich stärker aufgehellt als im Wasser. In Kanadabalsam ist dieses noch mehr der Fall, da der Brechungsexponent dieses Mediums annähernd mit dem der Hornsubstanz zusammenfällt. Unter Umständen tritt eine solche starke Aufhellung ein, daß die Konturen der Oberhautschuppen ganz undeutlich werden. Im allgemeinen empfiehlt sich Glyzerin als Einbettungsmedium.

Unna[1]) hat für dunkle Haare das Bleichen mit Wasserstoffsuperoxyd vorgeschlagen.

Besonders sichtbar macht nach Zorn[2]) die Schuppenzeichnung die Anwendung der Dunkelfeldbeleuchtung. Auch schiefe Beleuchtung und Beleuchtung mit auffallendem Licht können manchmal, wenn die anderen Verfahren versagen, sehr gute Dienste leisten. Die mikroskopische Technik spielt ja gerade beim Studium des Oberhäutchens eine sehr wichtige Rolle. Wenn das Mikroskop so eingestellt wird, daß man gerade die Oberfläche des Haares deutlich sieht, so erkennt man hier die Umrisse der Schuppen deutlich. Bei Einstellung auf die optische Achse des Haares treten die Seitenränder des Haares im Profil besonders hervor. Die Zähnelung ist dabei um so deutlicher, je größer die Ober-

---

[1]) Unna, P. G.: Das Haar als Rassemerkmal und über das Negerhaar insbesondere. Deutsche Medizinal-Zeitung 1896.

[2]) Zorn, W.: Haut und Haar als Rassen- und Leistungsmerkmal in der landwirtschaftlichen Tierzucht. 48. Flugschrift der deutschen Gesellschaft für Züchtungskunde. 1919.

hautzellen sind. Je dünner die Rindensubstanz ist, desto weniger gut ist im allgemeinen die Schuppung zu sehen[1]).

Zur Untersuchung der Haarcuticula von weißen Haaren färbt diese Lodemann[2]) mit Gentianaviolett. Das Herausfärben der Ränder gelingt am besten im zweiten Drittel des Haares. Auch die Behandlung der Haare in 1proz. Silbernitratlösung (½ Stunde) und nachherige Belichtung im direkten Sonnenlicht bringt die Schuppengrenzen deutlich zur Anschauung.

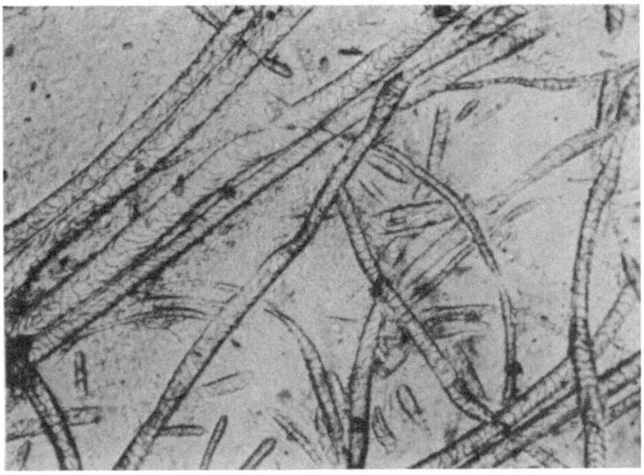

Abb. 46a.

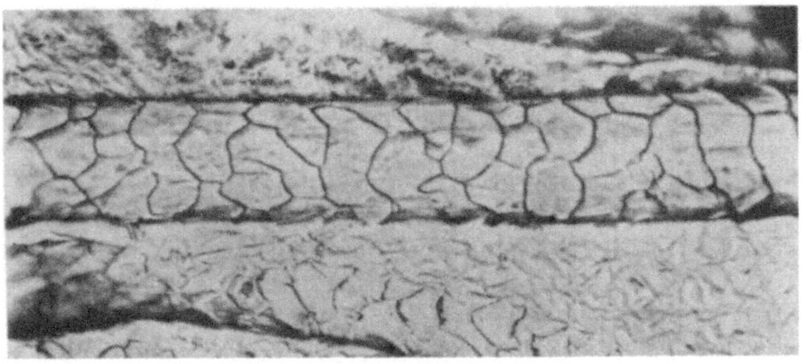

Abb. 46b.

Abb. 46a und b. Abdrücke von Wollhaaren in Harz (nach A. Herzog).

Für die Untersuchung der Oberhautzellen der Haare erweist sich die von Saxinger[3]) angegebene Negativuntersuchungsmethode als sehr zweckmäßig. Es wird ein Negativ durch Abdruck auf einem zunächst plastischen Material angefertigt und dieses untersucht. Man breitet nach Art der Herstellung von Blut-

---

[1]) Friedenthal, H.: Zur Technik der Untersuchung des Haarkleides und der Haare der Säugetiere. Z. Morph. u. Anthrop. Bd. 14. 1912. — Fritsch, G.: Bemerkungen zur anthropologischen Haaruntersuchung. Z. f. Ethnologie Bd. 20. 1888.

[2]) Lodemann, G.: Das Pferdehaar. Untersuchungen über Struktur und Pigment des Pferdehaares, sowie das Pferdehaar als Rassenmerkmal. Z. f. Tierzüchtg. u. Züchtungsbiologie Bd. 9. Berlin 1927.

[3]) Saxinger, G.: Eine neue Methode zur Untersuchung des Haarepithels (Oberhäutchens). Z. f. Tierzüchtg. u. Züchtungsbiologie Bd. 5. Berlin 1926.

ausstrichen am Ende eines Objektträgers einen etwa markstückgroßen Tropfen 15proz. gefärbter Zelluloidlösung (30 g Zelluloid, 170 g Azeton, 0,5 g Farbbase B, Höchst a. M.) aus, daß ein zweiter Objektträger, der im Winkel zum ersten angelegt wird, mit dem Berührungsende ganz von der Lösung bedeckt wird. Dann drückt man beide Objektträger sacht gegeneinander und zieht sie hierauf in ihrer Längsrichtung auseinander. Auf diese Weise wird der untere Objektträger mit einer ¾ bis 1 mm dicken blaugefärbten Zelluloidschicht überzogen, auf die man vorsichtig das vorher entfettete Haar bringt, welches zu ⅓ bis ½ seines Durchmessers einsinkt. Über den halben Durchmesser hinaus sollen die Haare nicht einsinken. Nach dem Eintrocknen und der Entfernung des Haares hat man den Abguß erhalten, der dann zu untersuchen ist.

Auch Lodemann verwendet das Abdruckverfahren von Saxinger nur in der Abänderung, daß er anstatt des Zelluloides Gelatine benutzte, die mit Methylenblau angefärbt ist. Die Präparate sollen haltbarer und sauberer werden und das Trocknen der Präparate erfolgt langsamer.

A. Herzog[1]) benutzt zu dem Abdruckverfahren den Krönigschen Deckglaskitt (Abb. 146).

b) Die Haarcuticula.

Das Oberhäutchen (Cuticula pili) ist von Herrmann von Meyer[2]) zuerst beschrieben worden und wurde speziell von Reissner[3]), Krause[4]), Henle, Günther[5]), Kölliker[6]) u. a. eingehend untersucht. Es bildet einen vollständigen, sehr dünnen Überzug über die Rindensubstanz.

Zur Mazeration der Oberhautzellen wird Schwefelsäure, besser Alkalilösung, und von v. Nathusius[7]) kaustisches Ammoniak benutzt. Nach kurzer Mazeration mit Ammoniak kann man schon durch die Friktion des Deckgläschens oder durch Schaben des Haares die Schuppen in ziemlicher Menge isolieren oder sie lösen sich allmählich einzeln oder zusammenhängend ab. Sie zeigen stets ein zerfressenes Aussehen, keine glatten, scharfen Ränder. Bei Behandlung mit Schwefelsäure rollen sie sich leicht zusammen.

Durch Schwefelsäure und noch besser durch Alkalilösung können die Oberhautzellen in zusammenhängenden Fetzen und teilweise isoliert gewonnen werden. Die Dauer der Einwirkung und die Höhe der Konzentration ist bei verschiedenen Arten und anscheinend auch Rassen verschieden. Nach den eingehenden Untersuchungen von Reissner lassen sich die einzelnen Plättchen um so leichter isolieren, je größer die sich einander deckenden Teile desselben sind. Bei schwierigem Loslösen der Plättchen decken sie sich nur zu einem sehr geringen Teile und liegen mit ihrer größten Fläche der Rindensubstanz unmittelbar an. Gewisse Unterschiede bestehen auch in dieser Richtung bei verschiedenen Teilen desselben Haares.

---

[1]) Herzog, A.: Abdrücke tierischer Wollen und Haare in Harz. Melliands Textilberichte 1927.

[2]) Meyer, G. H.: Untersuchungen über die Bildung des menschl. Haares, mitgeteilt von Froriep. Neue Notizen aus dem Gebiete der Natur- und Heilkunde. 1840.

[3]) Reissner, E.: Beiträge zur Kenntnis der Haare des Menschen und der Säugetiere. Breslau 1854.

[4]) Krause: Physiologie der Haut. (Aus R. Wagners Handwörterbuch der Physiologie.) Berlin 1844.

[5]) Günther, B. v.: Haarknopf und innere Wurzelscheide. Diss. Berlin 1895.

[6]) Kölliker, A.: Handbuch der Gewebelehre des Menschen Bd. 1. Leipzig 1889.

[7]) Nathusius, W. v.: Das Wollhaar des Schafes in histologischer und technischer Beziehung mit vergleichender Berücksichtigung anderer Haare und der Haut. Berlin 1866. — Mitteilung über die bei ferneren Untersuchungen des Haares der Schafe und anderer Haustiere erlangten Resultate. Z. d. landw. Central-Vereins d. Prov. Sachsen Jg. 32, S. 1.

Was die verschiedenartigen Erfolge der Einwirkung von Chemikalien nach Zeit und Grad bezüglich der Loslösung der Schuppen anbetrifft, so kann eine Klassifikation nach folgendem Muster, das wir Zorn[1]) entnehmen, in Anlehnung an Reissner und Waldeyer durchgeführt werden.

A. Durch Behandeln mit konzentrierter Kalilauge (35proz.):

a) das Oberhäutchen zerfällt sehr rasch, schon nach einer Stunde beim Zusetzen von Wasser;

b) oder zerfällt erst durch Druck.

B. Verwendung von konzentrierter Schwefelsäure:

a) Veränderung des Oberhäutchens durch kalte Schwefelsäure sehr bald und leicht bemerkbar;

b) Einwirkung der konzentrierten kalten Schwefelsäure weniger leicht bemerkbar, nur hin und wieder Veränderungen, erst stärkere Veränderung durch Auftröpfeln von heißer konzentrierter Schwefelsäure;

c) konzentrierte kalte Schwefelsäure erzeugt nur feine Zacken an einzelnen Stellen, erst durch Kochen löst sich das Oberhäutchen in Zacken von der Rinde und nur selten erscheinen völlig losgelöste Fetzen, die dieselbe Zeichnung besitzen wie das unverletzte Oberhäutchen. Setzt man das Kochen länger fort, so löst sich die Rindensubstanz mit dem Oberhäutchen gänzlich. Vereinzelt erhalten sich die Plättchen des Oberhäutchens auch dann noch, wenn die Rinde völlig gelöst ist;

d) kochende Schwefelsäure löst das Oberhäutchen gleichzeitig mit Rinde oder das Oberhäutchen bleibt auch nach der Auflösung der Rinde ungelöst. Bei größerem Abstande der Schuppenränder scheint eine längere Zeit der Einwirkung von Schwefelsäure notwendig zu sein, um ein Ablösen der Blättchen zu bewirken.

C. Einwirkung von verdünnter Kalilösung (10 : 90); sie bewirkt nach einiger Zeit, gewöhnlich in einer Stunde, im allgemeinen immer Aufquellen.

a) die Schuppen lösen sich beim Aufquellen durch Druck;

b) das Oberhäutchen löst sich von der Rinde, zerfällt aber nicht in einzelne Plättchen;

c) die Schuppen lösen sich erst durch mehrmaliges Aufkochen und nachträgliches Verschieben des Deckgläschens;

d) erst nach 24stündiger Mazeration bemerkt man, daß die Plättchen sich loslösen.

c) Die Entwicklung der Oberhautzellen.

Die Oberhautzellen stammen von dem Hals der Papillen, wo sie an die Keimzellen der Haarscheiden grenzen. Sie stellen anfänglich horizontal gelagerte Zylinderzellen dar mit kleinem kugeligem Kern und glashellem Protoplasma. Über dem Papillenäquator nehmen sie eine Schräglage nach oben und außen an. Am Haar weiter aufwärts rücken die Kerne immer weiter auseinander und beginnen im Längsschnitt länglich zu werden. Die Abplattung der Kerne wird immer vollständiger, und es werden im Querschnitt immer weniger Kerne der Cuticula getroffen. Gleichzeitig geht auch eine Abplattung und beginnende Verhornung der ganzen Cuticulazellen einher, „welche sich jetzt dichter an die Rindenschicht anschmiegen, ihre ursprüngliche Schräglage der Haarachse mehr und mehr mit einer fast parallelen vertauschen und einander sowohl in der Längsrichtung des Haares als auch in der Querrichtung zu überlagern beginnen, da

---

[1]) Zorn, W.: Haut und Haar als Rassen- und Leistungsmerkmal in der landwirtschaftlichen Tierzucht. 48. Flugschrift der deutschen Gesellschaft für Züchtungskunde. 1919.

die platten Zellen jetzt verhältnismäßig große Flächen bilden“ (Lodemann[1])). Mit zunehmender Verhornung verschwinden die letzten Spuren der Kerne; schon längst, ehe das Haar die Körperoberfläche erreicht hat, lassen sich an der Cuticula keine Kerne mehr nachweisen. Nach unseren Feststellungen treten jedoch vereinzelt Kernspuren auch in dem völlig verhornten Haar auf.

d) Die Ausbildung der Oberhautzellen.

Die Umrisse der Oberhautzellen erscheinen in der Aufsicht als ein System feiner, dunkler, netzförmig verbundener, auch unregelmäßig zackiger Linien, die in Schraubenkonturen das Haar umziehen.

Was die Dicke des Oberhäutchens anbetrifft, so läßt sich nach Lodemann[1]) schätzungsweise annehmen, daß die Epithellage am Querschnitt des Pferdehaares eine Dicke von 0,5 μ hat, was unter Berücksichtigung der zwischen den Zellen liegenden Bindesubstanzen für die einzelnen Zellen wohl kaum eine Dicke von 0,1 bis 0,2 μ ergeben würde. Teodoreanu[2]) gibt für die Dicke der Oberhautzellen der Schweineborsten wesentlich höhere Werte, meint jedoch, daß sie 3 μ nicht übersteigt. Kölliker[3]) gibt die Dicke der einzelnen Zellen der Oberhautschicht beim Menschenhaar mit 1,1 μ an und Welcker[4]) beim dreizehigen Faultier mit 0,4 bis 0,5 μ. Nathusius[5]) hat sie bei edler schlesischer Wolle auf 1,4 μ und beim Ziegenhaar auf 1,7 μ geschätzt.

Die Form der Oberhautzellen ist meist unregelmäßig, bisweilen fast gleichseitig viereckig oder rundlich, vielfach gezackt. Auf 100 μ kommen nach Hanauseck bei Schafwollen 8 bis 12, bei Ziegenwollen 5 bis 7 Zellen. Mit der Schuppenform, Größe und Anordnung hängt die Zähnelung beim Oberhäutchen zusammen.

Die Oberhäutchenzeichnung ist in der Längsrichtung der Haare so angeordnet, daß der untere, also der Wurzel zugerichtete Rand einer jeden Zelle von der nach der Wurzel hin benachbarten Zelle mehr oder weniger bedeckt wird. Die oberen nach der Spitze zu gerichteten Ränder der Oberhautzellen sind also immer sichtbar. Bei der seitlichen Deckung der Schuppen werden von Hoffmann[6]) drei verschiedene Deckungsarten angegeben:

1. Ein Zellenrand wird von einer benachbarten Zelle bedeckt.
2. Beide seitlichen Ränder einer Schuppe decken die Nachbarzelle.
3. Die Zellen grenzen nur aneinander oder decken sich nur so wenig, daß die seitlichen Konturen kaum zu erkennen sind.

Die letzterwähnte Deckungsart findet sich bei Wollhaaren aller Stärken und Rassen, vor allem bei feinen Haaren, und erweckt den Eindruck, als ob immer nur eine Zelle das Haar zylinderartig umfaßt.

Bezüglich der Ausbildung der Oberhautzellen teilt Reissner[7]) dieselben ein:

---

[1]) Lodemann, G.: Das Pferdehaar. Untersuchungen über Struktur und Pigment des Pferdehaares, sowie das Pferdehaar als Rassenmerkmal. Z. f. Tierzüchtg. u. Züchtungsbiologie Bd. 9. Berlin 1927.

[2]) Teodoreanu: Die Schweineborsten als Rassemerkmal. Inaug.-Diss. Hannover 1922.

[3]) Kölliker, A.: Handbuch der Gewebelehre des Menschen Bd. 1. Leipzig 1889.

[4]) Welcker: Über die Entwicklung und den Bau der Haare bei Bradypus. Verh. d. naturf. Ges. Halle 1864.

[5]) Nathusius, W. v.: Das Wollhaar des Schafes in histologischer und technischer Beziehung mit vergleichender Berücksichtigung anderer Haare und der Haut. Berlin 1866. — Mitteilung über die bei ferneren Untersuchungen des Haares der Schafe und anderer Haustiere erlangten Resultate. Z. d. landw. Central-Vereins d. Prov. Sachsen Jg. 32, S. 1.

[6]) Hoffmann: Untersuchungen der Cuticula pili bei verschiedenen Schafrassen als Rassemerkmal. Landw. Jahrbuch Bd. 61, H. 5. 1925.

[7]) Reissner, E.: Beiträge zur Kenntnis der Haare des Menschen und der Säugetiere. Breslau 1854.

1. in solche, bei denen die freiliegenden Teile der Schuppen in der Längsrichtung des Haares geringere Dimensionen zeigen als in der Querrichtung. Bei diesen Haaren verlaufen die Konturen der Oberhautzellen wellenförmig ungefähr rechtwinklig zur Achse;

2. in solche, die am oberen Teile des Schaftes wohl auch diese Bildung zeigen, bei denen aber weiter unten die ebenfalls dachziegelförmig übereinander liegenden Blättchen eine größere freie Fläche darbieten, nach oben mehr oder weniger zugespitzt und im allgemeinen ziemlich regelmäßig geformt und angeordnet sind.

Zur ersten Abteilung sollen die Haare des Rindes, Schweines, die Schweifhaare des Pferdes und die Schafhaare gehören. Es sind jedoch ziemlich unsichere Unterschiede und ziemlich willkürliche Abgrenzungen. Hausman[1]) (Abb. 47) unterscheidet beim Säugetierhaar zwei Hauptarten der Cuticula-Gestaltung: Die dachziegelige und die kronenförmige. Bei ersterer teilt der genannte Verfasser ein in oval, zugespitzt, länglich, gekerbt, abgeplattet, bei letzterer in einfach, gesägt und gezähnt.

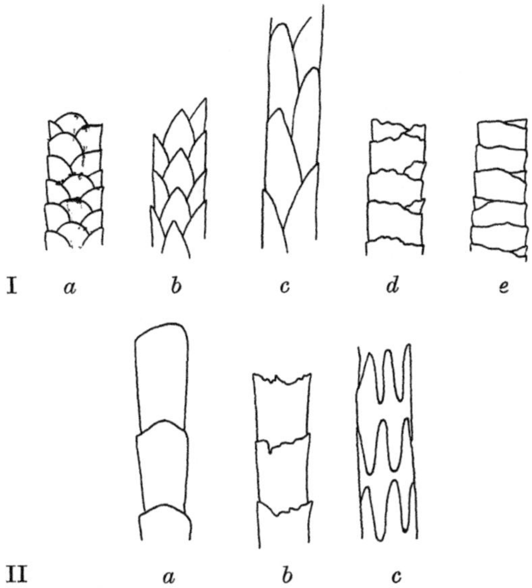

Abb. 47. Typen der Haarcuticula (nach Hausman).
I Dachziegelige Form: *a* oval, *b* zugespitzt, *c* länglich, *d* gekerbt, *e* abgeplattet.
II Kronenförmige Form: *a* einfach, *b* gesägt, *c* gezähnt.

Reissner war derjenige, welcher zuerst ganz speziell auf die Beschaffenheit der Oberhautzellen eingegangen ist. Er hat nachgewiesen, daß die sichtbaren Schuppenränder stets an der Spitze näher zusammen und dicht über der Haarwurzel weiter auseinander gerückt sind, als im mittleren, dem Hauptteile des Schaftes.

Die Oberhauztellen fehlen zuweilen an einzelnen Stellen des Haarschaftes; auch am unteren Haarende älterer Haare vor dem Ausfallen und am untersten Teile des Haarkolbens fehlt das Oberhäutchen nicht selten Gerlach[2]) Zorn[3]).

e) Unterschiede der Oberhautausbildung in verschiedenen Teilen des Haares.

Unterschiede in der Ausbildung der Cuticula sind von den verschiedensten Autoren, so schon von Nathusius, Bohm, Erdl[4]) u. a. angegeben worden. Von dem Pferdehaar erwähnt Enneker[5]), daß die von den Oberhautzellen gebil-

[1]) Hausman, L. A.: Further studies of relationships of the structural characters of mammalion hair. The American Naturalist Bd. 58, Nr. 659. 1924. — A Micrological Investigation of the Hair Structure of the Monotremata. Amer. J. Anat. 1920, S. 27.

[2]) Gerlach: Handbuch der allgemeinen und speziellen Gewebelehre des menschl. Körpers. Mainz 1848.

[3]) Zorn, W.: Haut und Haar als Rassen- und Leistungsmerkmal in der landwirtschaftlichen Tierzucht. 48. Flugschrift der deutschen Gesellschaft für Züchtungskunde. 1919.

[4]) Erdl: Vergleichende Darstellung des inneren Baues der Haare. Abh. der Math. Physik. Klasse der kgl. bayr. Akademie der Wissenschaften Bd. 3. 1843.

[5]) Enneker: Vergleichende mikroskopische Untersuchungen der Haare von Pferd, Rind, Hund und Katze. Inaug.-Diss. Hannover 1919.

deten Linien in der Nähe der Haarwurzeln in flachen Wellen, am übrigen Haarschaft in größeren oder kleineren Zacken verlaufen. Auch nach Lodemann[1]) ziehen, mehr oder weniger senkrecht zur Haarachse, in meist regelmäßigen Linien ohne Zacken, die der Haarspitze zugekehrten freien Ränder der Cuticulazellen über die Haaroberfläche. Gegen die Haarspitze zu werden die Linien immer unregelmäßiger gezackt und gedehnt und sind schließlich in einem Wirrwarr von Formen überhaupt kaum noch zu erkennen. Nur im ersten Drittel von der Wurzel aus ist die Zeichnung nach W. v. Nathusius[2]), Lodemann und Zorn[3]) konstant.

Bezüglich der Entstehung der bizarren Formen der Cuticularschuppenränder bzw. des Fehlens der Oberhautzellen am oberen Haarschaft, im Unterschied zu dem regelmäßigen Liniensystem am basalen Ende, meinen W. v. Nathusius und Lodemann, daß es sich im letzteren Falle um unverletzte Zellen, im ersteren dagegen um verletzte und abgestoßene Zellen handelt. Auch daß diese Unregelmäßigkeit bei feinen Wollhaaren nicht aufzutreten pflegt, spricht nach ihrer Ansicht für diese Annahme, denn es werden die feinen von dem Fettschweiß überzogenen Haare im Wollstapel vor verletzenden Einflüssen in viel höherem Maße geschützt als die freistehenden Haare, deren Fettschweiß zum Teil ausgewaschen ist. Lodemann meint jedoch ferner, daß auch durch irgendwelche Einflüsse während der Entwicklung Formenveränderungen hervorgerufen werden können, denen nach unserer Meinung wohl größere Bedeutung für die Entstehung der mannigfachen Zeichnungsunterschiede des Oberhäutchens an verschiedenen Teilen desselben Haares zukommt, als den mechanischen Verletzungen. Nach der Verhornung hält Lodemann mit Recht Veränderungen, die durch den Lebensvorgang bedingt werden, für ganz unwahrscheinlich.

Spöttel[4]) glaubt eine Abhängigkeit der Oberhautstruktur von der Kräuselung und der Form des Querschnittes des Haares festzustellen. Auf der konvexen und konkaven Wölbung der Kräuselungsbogen ist die Ausbildung verschieden und die Zellen verlaufen z. T. in Form einer offenen Spirale um das Haar herum; nach bestimmter Strecke kehren z. T. die gleichen Zeichnungselemente wieder.

An dem oberen Teil der Haarwurzel entspricht der Bau des Oberhäutchens dem am Haarschaft; am unteren Teil derselben kommen nach Kölliker[5]), soweit die innere Wurzelscheide reicht, konstant zwei Lagen des Oberhäutchens vor. Die äußere Schicht tritt besonders bei Zusatz von Kali- und Natronlauge hervor und zieht sich bei Druck häufig zugleich mit der inneren Wurzelscheide vom Haare ab, während die innere Lage, wellenförmig sich biegend, auf der Rindensubstanz liegen bleibt und dann sowohl in der Profil- als in der Flächenansicht leicht zu studieren ist. An ausgerissenen Haaren findet sich diese Schicht nur dann, wenn dieselben noch von der inneren Wurzelscheide überzogen sind, sonst bleibt sie im Haarbalg zurück. Ihre Elemente sind ebenfalls kernlose, dachziegelförmig

---

[1]) Lodemann, G.: Das Pferdehaar. Untersuchungen über Struktur und Pigment des Pferdehaares, sowie das Pferdehaar als Rassenmerkmal. Z. f. Tierzüchtg. u. Züchtungsbiologie Bd. 9. Berlin 1927.

[2]) Nathusius, W. v.: Das Wollhaar des Schafes in histologischer und technischer Beziehung mit vergleichender Berücksichtigung anderer Haare und der Haut. Berlin 1866. — Mitteilung über die bei ferneren Untersuchungen des Haares der Schafe und anderer Haustiere erlangten Resultate. Z.d. landw. Central-Vereins d. Prov. Sachsen Jg. 32, S. 1.

[3]) Zorn, W.: Haut und Haar als Rassen- und Leistungsmerkmal in der landwirtschaftlichen Tierzucht. 48. Flugschrift der deutschen Gesellschaft für Züchtungskunde. 1919.

[4]) Die hier und im folgenden zu erwähnenden histologischen Untersuchungen von Spöttel sind noch nicht veröffentlicht.

[5]) Kölliker, A.: Handbuch der Gewebelehre des Menschen Bd. 1. Leipzig 1889.

sich deckende, breite, in Alkalien nie aufquellende und sehr schwer lösliche Zellen, die jedoch dicker sind als die der anderen Lage und in der Richtung des Längendurchmessers des Haares nur 0,002 bis 0,004 mm messen (Kölliker).

Die Schüppchen der Wurzelcuticula decken sich ähnlich wie die der Haarcuticula, nur mit dem Unterschiede, daß dort die oberen den größeren Teil der tiefer gelegenen decken, bzw. der freie, unbedeckte Rand der Schüppchen der Haarcuticula steht nach oben, der der Wurzelscheide dagegen nach unten. Diese zwei Cuticulaschichten greifen fest ineinander und folgen beim Abreißen eines Haares gewöhnlich samt der inneren Wurzelscheide.

f) Die Ausbildung der Oberhautzellen bei verschiedenen Geschlechtern.

Nach Lingk[1]) besteht bei Ziegen und -böcken der Unterschied, daß bei letzteren die Cuticularränder, besonders an den Barthaaren und an der Stirnmitte dichter aneinander liegen und der Verlauf der Linien geschlängelter und gezackter ist, während sie bei den Ziegen mehr gerade verlaufen und weiter auseinander liegen. Ferner greifen die Cuticularschuppen bei den Böcken weiter auseinander als bei den Ziegen.

Spöttel kann die Geschlechtsunterschiede in der Ausbildung der Oberhäutchen bei Ziegenhaaren nicht bestätigen und findet auch bei Schafhaaren weitgehende Übereinstimmung bei männlichen und weiblichen Tieren.

g) Die Haarcuticula als Gattungs-, Art- und Rassemerkmal.

Das Oberhäutchen, das aus Zellen der Haarwurzel gebildet wird, bietet an Haaren verschiedener Tiere, verschiedenen Haaren desselben Tieres, ja auch teilweise an verschiedenen Teilen desselben Haares ein sehr verschiedenes Aussehen dar, so verschieden, wie sich Reissner[2]) ausdrückt, „daß es nicht leicht gelingen mag, die Abweichungen kurz zusammenzustellen“. Trotzdem versucht er die verschiedenen Variationen in verschiedenen Gruppen nach der Übereinstimmung der Cuticula mit der der Menschenhaare für folgende Arten von Tieren zusammenzustellen, wobei jedoch hier nicht alle Arten aufgezählt sind. Die Abweichungen beziehen sich dabei fast nur auf die größeren und geringeren Abstände, in denen die oberen freien Ränder der Plättchen aufeinanderfolgen und welche im allgemeinen in der Längsrichtung der Haare kürzer sind als in der Querrichtung. Starke Übereinstimmung mit Menschenhaaren zeigen nach seinen Untersuchungen: Seehund, Rind, Pferd, Wildschwein, Schaf, Reh, die stärkeren Haare des Elentieres und der Bisamratte, von Flughund, Fledermaus, Igel, Wickelbär, Beutelratte, Stinktier, Wanderratte, Kaninchen, Feldhase, Walroß, Kletterstachelschwein, Schnabeltier usw.

In anderen aufgestellten Gruppen stimmt das Oberhäutchen nur an den oberen Teilen des Schaftes mit dem der Haare des Menschen überein, während es an dem unteren Teil zwar auch aus dachziegelförmig übereinander liegenden Plättchen besteht, die aber eine größere freie Fläche darstellen, nach oben mehr oder weniger zugespitzt und im allgemeinen ziemlich regelmäßig geformt und angeordnet sind. Die hierher zu zählenden Haare hat Reissner wieder in zwei Unterabteilungen eingeteilt, je nachdem die freien Teile der Plättchen ungefähr so lang als breit oder nach der Länge der Haare wenigstens noch einmal so lang als in der Quere sind.

---

[1]) Lingk: Das Ziegenhaar als Rassemerkmal. Inaug.-Diss. Hannover 1922.

[2]) Reissner, E.: Beiträge zur Kenntnis der Haare des Menschen und der Säugetiere. Breslau 1854.

Gegen den Haarkolben hin pflegt das Oberhäutchen bei allen Haaren dieser Abteilung dem Oberhäutchen des oberen Teiles des Haarschaftes ähnlich zu werden. Es muß noch erwähnt werden, daß die verschiedenen Formen des Oberhäutchens an den genannten Teilen nicht plötzlich auftreten, sondern allmählich ineinander übergehen. Zur ersten Unterabteilung rechnet Reissner die oben nicht angeführten Haare von Wickelbär, Bisamratte, Wanderratte, Beutelratte, Stinktier, Feldhase, Kaninchen, Flug- (Palmen-) Hund, Fledermaus und Schnabeltier.

So bieten die Oberhautschuppen des Haares nach Auffassung älterer Histologen bereits auf jeden Fall wertvolle diagnostische Merkmale zur Unterscheidung von Tier- und Menschenhaaren sowie verschiedener Tierarten. Gurlt[1]) weist auf die Unterschiede in Form und Verlauf der durch die freien Ränder der Epithelzellen gebildeten Linien am Haar verschiedener Tiergattungen hin, und nach Waldeyer[2]) ist diese Ausbildung ein wichtiges Unterscheidungsmerkmal der verschiedenen Tierspezies. Neuerdings versuchen Litterscheid und Lambardt[3]) einen Bestimmungsschlüssel für tierische Haare auf Grund der Haarcuticula neben anderen Haarmerkmalen zu geben.

Zu den hier in Betracht kommenden Verschiedenheiten gehören als wichtigstes Unterscheidungsmerkmal für die Haare der einzelnen Spezies also zunächst die Schuppenzeichnung (breite, feine Schuppen usw.), die Schuppengröße (breite, feine Schuppung usw.), die Schuppenform und die Schuppenanordnung, ihre Stellung, Anliegen oder Abstehen von Haar.

So finden wir nach Reissner:

Die Schuppen deutlich und groß (schon bei schwacher Vergrößerung erkenntlich) = bei den Lemuren,

die Schuppen groß, von länglicher Form = bei der Otter,

groß, von länglicher Form, weit abstehend = beim Wiesel,

deutliche Spiralen, stark vorspringend an den oberen Rändern und dadurch eigentümlich gezackt = bei der Fledermaus,

ähnlich wie bei der Fledermaus, aber steiler gewunden = beim Maulwurf,

starke, schmale Schuppen = beim Iltis.

Besonders bei den Haustieren sind nach Reissner, Zorn u. a. folgende Unterschiede in der Ausbildung der Haarcuticula festzustellen: Stark ausgeprägte sägezahnartige Schuppenzeichnung ist beim Hasen- und Kaninchenhaar vorhanden. Das grobe Ziegenhaar hat große, wenig sich deckende Schuppen. Beim groben Rinder- und Pferdehaar sind die Schuppen eng anliegend und breit. Die Oberhautzellen der Schweif- und Schopfhaare des Pferdes sind ähnlich denen der Barthaare des Menschen. Bei den Schweineborsten ist eine äußerst feine Schuppenzeichnung vorhanden.

Während von Reissner, Zorn u. a. der Versuch gemacht worden ist, die Ausgestaltung der Oberhautzellen als Artmerkmale zu verwerten, wird von anderen Autoren wie besonders v. Nathusius auf die gleichartige Ausbildung bei verschiedenen Arten hingewiesen, so sagt z. B. letzterer, daß die Oberhäutchen namentlich bei Rindern, Schafen und Ziegen die gleiche Ausbildung zeigen.

---

[1]) Gurlt: Vergleichende Untersuchungen über die Haut des Menschen und der Haussäugetiere, besonders in bezug auf die Absonderungsorgane des Hauttalges und des Schweißes. Berlin 1835 u. 1844. — Handbuch der vergleichenden Anatomie der Haussäugetiere. Berlin 1873.

[2]) Waldeyer: Atlas des menschlichen und des tierischen Haare. 1884.

[3]) Litterscheid, F. und H. Lambardt: Die Erkennung der Haare unserer Haussäugetiere und einiger Wildarten. Hamm 1921. — Lambhardt, H.: Ein Beitrag zur Erkennung der Haare unserer Haussäugetiere und verschiedener Wildarten. Diss. Unna 1921.

Über die Größe der Oberhautschuppen liegen zahlreiche Angaben von älteren Autoren wie Rohde[1]), Nathusius, Bohm[2]), Macalik[3]) u. a. vor. Im allgemeinen ist die Ansicht vertreten, daß die Größe der Schuppen in gewisser Beziehung zu der Dicke der Haare steht, und daß gewisse Rasseneigentümlichkeiten vorhanden sind.

Nach Harms[4]) besteht das Oberhäutchen der Schweineborste aus unregelmäßigen, länglich viereckigen Blättchen. Und nach Waldyer sind die Borsten mit enganliegenden feinen Schuppen bedeckt. Nach Kränzle[5]) ist die Cuticula bei einer 250 μ starken Schweineborste 6 bis 8 μ stark und in 8 bis 10facher Schicht dachziegelartig übereinander angeordnet. Die Zellen sind nach Kränzle 36 μ, nach Zorn 20 bis 30 μ hoch.

Je größer die Entfernung zwischen zwei benachbarten Cuticularrändern ist, desto kleiner ist bei den Schweineborsten nach Teodoreanu[6]) die eigentliche Höhe des Schüppchens. Das Oberhäutchen weist bei starken Borsten eine größere Anzahl Schichten auf als bei den mittelstarken und feinen.

Nach Teodoreanu ist die Cuticula bei den unveredelten Landschweinrassen verhältnismäßig stärker als bei den Kulturrassen. Bei den veredelten Landschweinen ist der Ränderabstand der Cuticulazellen schmaler als beim Edelschwein. Bei letzterem ist die Höhe der Schüppchen kleiner und die Dicke des Oberhäutchens geringer als beim veredelten Landschwein. Bei dem hannöversch-braunschweigischen Landschwein liegen die Ränder des Oberhäutchens näher zusammen als beim veredelten Landschwein. Die eigentliche Höhe des Schüppchens ist größer als bei allen anderen Rassen mit Ausnahme des unveredelten roten bayrischen Landschweins. Von allen untersuchten Rassen liegen beim bayrischen Landschwein die Ränder des Oberhäutchens am engsten aneinander, während beim Mangalitzaschwein der größte Ränderabstand vorhanden ist. Die eigentliche Höhe des Schüppchens ist hier die kleinste. Die Oberhäutchen sind beim Berkshire weiter voneinander entfernt als beim chinesischen Maskenschwein und näher aneinander gelagert als beim Mangalitza- und Edelschwein. Beim chinesischen Maskenschwein liegen die Ränder des Oberhäutchens näher zusammen als bei allen anderen Rassen mit Ausnahme des halbveredelten roten bayrischen Landschweins.

Auch Lodemann[7]) glaubt beim Pferd Rassenunterschiede in der Enge der Cuticularschuppenränder feststellen zu können. Die Anzahl der auf die Strecke von 134,4 μ entfallenden Schuppenränder beträgt im Mittel bei 3000 Haaren:

beim rheinisch-belgischen Kaltblut . . .	13,25 ± 1,78
beim Noriker	13,93 ± 2,06
beim Oldenburger	14,51 ± 1,97
beim englischen Vollblut	14,77 ± 1,97
bei dem Araber	14,90 ± 1,94

Da der Abstand der Schuppenränder nur die scheinbare Höhe darstellt und sich die Cuticulazellen in Wirklichkeit zu einem beträchtlichen Teil über-

[1]) Rohde: Beiträge zur Kenntnis des Wollhaares. Eldenaer Archiv 1856 u. 1857.

[2]) Bohm, J.: Die Schafzucht nach ihrem jetzigen rationellen Standpunkt. Erster Teil: Die Wollkunde. Berlin 1873.

[3]) Macalik, B.: Morphologisch-mikroskopisches Studium der Schafwolle als Hilfsmittel zur Beurteilung der Rassenreinheit der Schafe. Jahrb. f. Tierzucht 1910.

[4]) Harms: Die histologischen Verhältnisse der Schweinehaare. Jahresber. der Kgl. Tierärztl. Hochschule Hannover S. 44. 1869.

[5]) Kränzle: Untersuchungen über die Haut des Schweines. Inaug.-Diss. München 1922.

[6]) Teodoreanu: Die Schweineborsten als Rassemerkmal. Inaug.-Diss. Hannover 1922.

[7]) Lodemann, G.: Das Pferdehaar. Untersuchungen über Struktur und Pigment des Pferdehaares, sowie das Pferdehaar als Rassenmerkmal. Z. f. Tierzüchtg. u. Züchtungsbiologie Bd. 9. Berlin 1927.

decken, so weist dieser, aus der vorhergehenden Tabelle ermittelt, folgende Werte auf:

Rhein.-belg. Kaltblut	scheinbare	Höhe	der	Oberhautzellen	10,14
Noriker	„	„	„	„	9,65
Oldenburger	„	„	„	„	9,26
Englisches Vollblut	„	„	„	„	9,09
Araber	„	„	„	„	9,00

Bei Ziegen glaubt Lingk[1]) in der Ausbildung der Cuticula scharfe Differenzen feststellen zu können, insofern, als die freien Ränder der Cuticula bei der Harzer Ziegenrasse dichter aneinander liegen und geschlängelter und gezackter verlaufen als bei der Saanenziegenrasse.

Im Gegensatz zu den bisher erwähnten Autoren konnte bei Rinderhaaren die Anordnung und Beschaffenheit der Cuticularschuppen und der Abstand ihrer freien Ränder als Rassemerkmal nicht verwendet werden, da nach Gareis[2]) und Büter[3]) die individuellen Schwankungen groß sind.

Was nun den Verlauf der Ränder am Haar, die Cuticula Zeichnung bei verschiedenen Rassen anbetrifft, so ist Lodemann[4]) der Meinung, daß rassencharakteristische Unterschiede bei Pferden nur am Schwanz- und Mähnenhaar vorhanden sind, daß bei den übrigen Haaren nennenswerte Unterschiede anscheinend nicht vorliegen. Daß aber die erwähnten Unterschiede sehr unbestimmt sind, geht schon daraus hervor, daß Lodemann selbst darauf hinweist, wie wenig sich Belgier, Noriker und Oldenburger hierin unterscheiden. Das feine glatte Haar der Engländer zeigt nach Lodemann regelmäßige viel enger verlaufende Linien, während beim Araber die Schuppen fast wie die eines Tannenzapfens übereinander liegen. Aber auch zu dieser Form gibt es die verschiedensten Übergänge.

Speziell beim Schaf hat von den älteren Autoren W. v. Nathusius[5]) die Ausbildung der Haarcuticula am eingehendsten untersucht und ist zu Anschauungen gelangt, die auch noch heute Gültigkeit haben.

Nach W. v. Nathusius besteht der Unterschied der feinsten Merinowolle und der groben englischen Wolle darin, daß bei ersterer je eine Schuppe ziemlich das ganze Haar umfaßt und daß sich die Schuppen in der Achsenrichtung des Haares so decken, daß nur ihre kleine Hälfte frei ist. Bei den englischen Wollen decken sich die Schuppen nur wenig und an manchen Stellen ist weniger von einem dachziegelförmigen Übereinandergreifen als von einer wulstartigen Erhebung der mehr gegeneinander stoßenden Ränder die Rede. Die Schuppen liegen mehr pflasterförmig. Bei der Southdownwolle ist das Verhältnis in bezug auf das Übergreifen in der Längsrichtung des Haares ganz so wie bei der feinen Merinowolle. Da aber der Umfang des Haares beträchtlicher ist, können sie dasselbe weniger umfassen und deshalb sieht man in der Längsrichtung mehr freie Schuppenränder. Beim groben Landschaf kommen diese Verhältnisse in mehrfachen Übergängen vor.

---

[1]) Lingk: Das Ziegenhaar als Rassemerkmal. Inaug.-Diss. Hannover 1922.

[2]) Gareis: Das Rinderhaar als Rassemerkmal. Inaug.-Diss. Hannover 1922.

[3]) Büter: Das Rinderhaar als Rassemerkmal. Inaug.-Diss. Hannover 1922.

[4]) Lodemann, G.: Das Pferdehaar. Untersuchungen über Struktur und Pigment des Pferdehaares, sowie das Pferdehaar als Rassenmerkmal. Z. f. Tierzüchtg. u. Züchtungsbiologie Bd. 9. Berlin 1927.

[5]) Nathusius, W. v.: Das Wollhaar des Schafes in histologischer und technischer Beziehung mit vergleichender Berücksichtigung anderer Haare und der Haut. Berlin 1866. — Mitteilung über die bei ferneren Untersuchungen des Haares der Schafe und anderer Haustiree erlangten Resultate. Z. d. landw. Central-Vereins d. Prov. Sachsen Jg. 32, S. 1.

Nach Vornekahl[1]) greifen die Schüppchen des sehr fest mit der Rindenschicht verbundenen Oberhäutchens beim Leicesterhaar nicht in ganzer Ausbildung um das Haar herum, sondern sind plattenförmig mehr oder weniger mit ihren Rändern übereinandergreifend gelagert. Die Form der isolierten Schüppchen, deren Rand fein gezähnt ist, ist unregelmäßig.

Die Oberhaut von Cotswoldhaaren besteht nach Becker aus Zellen, deren Ränder in unregelmäßigen wellenförmigen Linien, meist senkrecht, teils unter einem mehr oder weniger spitzen Winkel zur Längsachse über die Breite des Haares verlaufen. Je zwei aufeinander folgende Schuppenränder überdecken sich nur wenig.

In neuerer Zeit haben Petroff[2]) und insbesondere Hoffmann[3]) Untersuchungen über die Ausbildung der Oberhautzellen der Haare verschiedener Schafrassen angestellt. Petroff glaubt bei bulgarischen Landschafen Rassenunterschiede in der Größe und Form der Oberhautzellen feststellen zu können. Auf die ausführlicheren Angaben von Hoffmann wollen wir im folgenden etwas näher eingehen.

Die Lage der Schuppen läßt sich bei manchen Rassen an dem nicht mazerierten Haar nicht ohne weiteres erkennen. Sie wurde daher durch Vergleich der Form der freien Schuppenränder mit der Konturform der mazerierten Schuppen festgestellt.

Der längste Durchmesser wird als Breite und der kürzeste als Höhe der Schuppe bezeichnet.

	Eskurial	Französ. Merino	Leicester	Hampshire	Southdown	Leine
Durchschnittsbreite in μ .	35,64	37,63	35,56	36,81	36,08	36,79
Durchschnittslänge in μ .	28,44	27,05	27,92	28,5	28,54	28,65
Durchschnittsverhältnis .	1,25	1,39	1,27	1,29	1,26	1,29
Variationsbreite der Breite	24,3 bis 48,6	25,5 bis 56,1	20,4 bis 56,1	22,95 bis 51	25,5 bis 51	25,5 bis 53,55
Variationsbreite der Länge	16,7 bis 45,9	15,3 bis 45,35	15,3 bis 48,45	15,3 bis 45,9	17,85 bis 40,8	17,85 bis 38,25

Die Tabelle zeigt, daß die Durchschnittsmaße für Breite und Länge der Schuppen mit fast mathematischer Genauigkeit dieselben sind. Auch die Variationsbreite der Breite und Länge der Schuppen sind dieselben. Bei keiner Rasse bestehen Beziehungen zwischen Schuppengröße und Haarstärke. Die Dicke der Oberhautzellen wird mit 0,5 bis 1,7 μ angegeben.

Die isolierten Schuppen der Schafhaare zeigen eine gewisse Einheitlichkeit ihrer Form. Die Gestalt ist kreis- bis länglichrund, zuweilen polyedrisch. Die längliche Form ist die häufigere, auch sind die verschiedensten Zwischenformen festzustellen. Setzt man die Breite der Schuppen in ein Verhältnis zu ihrer Länge, so gibt uns die Verhältniszahl ein Bild von der Schuppenform. Wie aus obiger Tabelle ersichtlich ist, schwankt die Zahl zwischen 1,25 und 1,39. Auch zwischen Schuppenform und Haarstärke besteht keine Beziehung[4]). Die Größe

[1]) Vornekahl: Beiträge zur Kenntnis der Wolle des Leicesterschafes. Inaug.-Diss. Hannover 1922.

[2]) Petroff, A.: Rassendifferenzierungen bei verschiedenen Landschafen Bulgariens auf Grund der Cuticula pili. Sofia 1927.

[3]) Hoffmann: Untersuchungen der Cuticula pili bei verschiedenen Schafrassen als Rassemerkmal. Landw. Jahrbuch Bd. 61, H. 5. 1925.

[4]) Hausman bezeichnet das Verhältnis von proximalem-distalem Durchmesser der Cuticalaschuppen (F) zu dem Haardurchmesser (D) als Skalenindex (S) $S = \frac{D}{F}$. — Further

der Schwankung der Verhältniszahlen innerhalb der einzelnen Rassen gibt uns Aufschluß über die vorkommenden verschiedenen Formen.

Die Verhältniszahl schwankt nach Hoffmann bei:

Leicester	von 1—1,9	Eskurial	von 1—2
Merino	„ 1—2,5	Southdown	„ 1—1,88
Hampshire	„ 1—2,2	Leine	„ 1—1,82

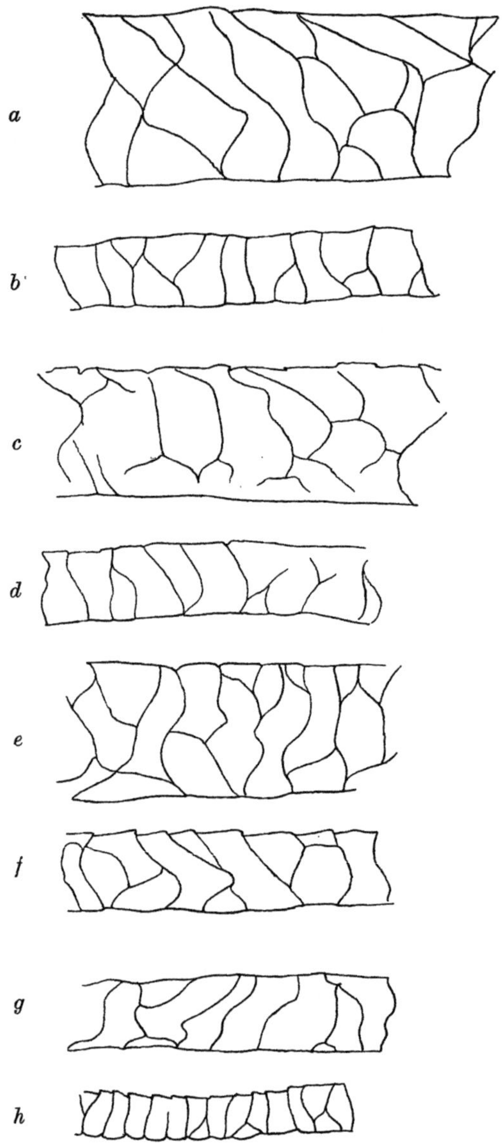

Abb. 48. Cuticulaausbildung.
Haare *a* bis *b* vom Geestschaf, *c* bis *d* vom Zaupelschaf, *e* bis *f* vom Southdownschaf, *g* bis *h* vom Merinoschaf, *g* Quartahaar, *h* Supersuperelectahaar.

Wenn man berücksichtigt, daß diese Zahlen nur Extreme bedeuten und die Verhältniszahlen der meisten Schuppen zwischen 1 und 1,5 liegen, daß ferner keine Beziehungen zwischen Stärke des Haares oder der Rasse einerseits und der Form der Schuppen andererseits bestehen, so ist es wohl klar, daß das Charakteristikum der Zeichnung nicht durch die Schüppchenform bedingt wird.

Die verschiedene Oberhäutchenzeichnung (Abb. 48) kann nur durch die Anordnung der Cuticulazellen bedingt sein. Nach Hoffmann sind unter Anordnung der Schuppen im engeren Sinne die Deckungsverhältnisse der Schuppen in der Längs- und Querrichtung des Haares zu verstehen, und unter Anordnung der Schuppen im weiteren Sinne die mehr oder weniger große Schräglage der Schuppen, d. h. des längsten Durchmessers zur Achsenrichtung. Der Winkel, den der längste Durchmesser der Schuppe mit der Längsachse des Haares bildet, ist teils kleiner, meist jedoch größer als 45 Grad. Die Schräglage der Schuppen ist nicht eine bestimmte Rasseneigentümlichkeit, sondern mehr oder weniger bei allen Rassen vorhanden.

Das Deckungsverhältnis der Schuppen, d. h. ihre Anordnung im engeren Sinne ist für jede Rasse ein bestimmtes.

Der Grad der Deckung der Cuticulazellen, d. h. der Abstand der freien sichtbaren Ränder ist bestimmend für

studies of relationships of the structural characters of mammalion hair. The American Naturalist Bd. 58, Nr. 659. 1924. — A Micrological Investigation of the Hair Structure of the Monotremata. Amer. J. Anat. 1920, S. 27.

die Zeichnung des Oberhäutchens. Der Abstand ist nach Hoffmann für jede Schafrasse ein ganz bestimmter und daher auch die Cuticulazeichnung eine ganz charakteristische, während von Friedenthal[1]) die vollkommene Übereinstimmung bei Haaren verschiedener Menschenrassen angegeben wird.

Es ist aber unmöglich, den Durchschnittsabstand der feinen Schuppenränder in der Längs- und Querrichtung des Haares zu messen, da ihr Verlauf zu unregelmäßig ist, und daher das Anlegen eines Maßstabes nicht gestattet. Nur bei den Eskurials und französischen Merinos ist nach Hoffmann der Abstand der freien Ränder in der Längsrichtung des Haares meßbar, weil dieselben bei diesen beiden Rassen senkrecht oder in einem sich ziemlich gleichbleibenden Winkel zur Längsachse verlaufen. Zahlenmäßig kann für diese Rassen festgestellt werden, daß Beziehungen zwischen Stärke des Haares und Abstand der freien Ränder in der Längsrichtung nicht bestehen. Der durchschnittliche Abstand ist für alle Haare gleich.

Den gleichen Beweis für die anderen Rassen versucht Hoffmann aus den oben erwähnten Gründen auf anderen Wegen zu erbringen.

Der Deckungsgrad der Schuppen ist bei den einzelnen Rassen verschieden. Es muß daher auch bei den verschiedenen Rassen die Zahl der Schuppen verschieden sein, die zur Deckung einer bestimmten Fläche notwendig sind. Die Ermittlung der Zahl der Schuppen pro Flächeneinheit ist nach Hoffmann gleichbedeutend einer Beantwortung der Frage nach den vorhandenen Deckungsverhältnissen. Es wird deshalb die Zahl der Schuppen, die ein Stück Haar von bestimmter Länge umgeben, festgestellt und die von ihr bedeckte Fläche ermittelt. Bei der Berechnung wird das Haar als kreisförmiger Zylinder angesehen. In folgender Tabelle sind die Hauptergebnisse von Hoffmann zusammengestellt:

Rasse	Durchschnittliche Deckungsfläche einer Schuppe (in μ^2)	Auf 1000000 μ^2 Fläche entfallen
Leicester	662,2914	1510 Schuppen
Southdown.	478,507	2090 „
Eskurial	379,2838	2637 „
Französische Merino.	376,7819	2654 „
Rhön	339,1568	2948 „
Hampshire	275,9905	3623 „

Aus dieser Tabelle geht hervor, daß das Leicesterschaf mit einer Schuppe die größte, das Hampshireschaf die kleinste Fläche deckt. Eskurials und französische Merinos verhalten sich gleich, alle übrigen Rassen weisen mehr oder weniger große Unterschiede auf. Die Zahl der Schuppen, die auf die Einheitsfläche von 100000 μ^2 entfallen, ist für jede Rasse verschieden. Die Folge hiervon ist, daß auch bei jeder Rasse die Deckungsverhältnisse der Oberhautschüppchen verschieden sein müssen und dieses in einer für jede Rasse ganz charakteristischen Zeichnung zum Ausdruck kommt.

„Das Charakteristikum der Oberhäutchenzeichnung ist also zurückzuführen auf ein ganz bestimmtes Verhältnis zwischen Zahl der Schuppen einerseits und Längen- und Dickenwachstum des Haares andererseits.“ (Hoffmann.) — Zu ähnlichen Anschauungen war schon W. v. Nathusius[2]) gelangt. Größe und Beschaffenheit der Zellen des

[1]) Friedenthal, H.: Über die Behaarung der Menschenrassen und Menschenaffen. Z. Ethnol. Bd. 43. 1911. — Tierhaaratlas. Jena 1911.

[2]) Nathusius, W. v.: Das Wollhaar des Schafes in histologischer und technischer Beziehung mit vergleichender Berücksichtigung anderer Haare und der Haut. Berlin 1866. — Mitteilung über die bei ferneren Untersuchungen des Haares der Schafe und anderer Haus tiere erlangten Resultate. Z. d. landw. Central-Vereins d. Prov. Sachsen Jg. 32, S. 1.

Deckungsverhältnisse der Oberhautschüppchen bei den einzelnen Rassen.

Rasse	Durchmesser μ	Deckungsfläche einer Schuppe μ^2
Leicester	25,76	661,29
„	49,53	653,2016
Southdown	25,5	483,13
„	38,25	475,56
Eskurial	24,85	375,591
„	27,13	382,5432
Französische Merino	24,83	375,2889
„ „	32,37	377,3245
Rhön	24,25	327,51
„	49,85	341,43
Hampshire	24,26	276,0911
„	49,68	277,9881

Oberhäutchens sind nach W. v. Nathusius bei den Hohlhörnern und speziell bei den verschiedenen Wollformen des Schafes dieselben. „Das verschiedene Bild, das das Oberhäutchen gewährt, wird nur dadurch bedingt, daß die Zahl seiner neu gebildeten Zellen in verschiedenem Verhältnis zu dem Umfang des Haarschaftes und zu der Schnelligkeit, mit welcher derselbe sich verlängert, steht. Je nach dem größeren oder geringeren Umfang werden ihn die einzelnen Schuppen mehr oder weniger vollständig umfassen und je nach dem Verhältnis der Zahl der Schuppen, die sie bilden, zu dem Maß seines Wachstums, werden sich die ersteren mehr oder weniger decken." (W. v. Nathusius.)

Das Verhältnis zwischen Zahl der Schuppen einerseits und Längen- und Dickenwachstum des Haares andererseits hat sich nach Hoffmann aber für jede Rasse infolge der längeren Reinzucht zu einer gewissen Konstanz, d. h. dauernden Erblichkeit, herausgebildet und ist somit Rassenmerkmal geworden.

Nach den Feststellungen von Spöttel kann man jedoch in der Ausbildung der Oberhautzellen kein absolutes Rassemerkmal sehen, denn es gelingt kaum, gewisse Rassegruppen wie Merino und Württemberger gegenüber Schlichtwollen, Lüsterwollen und den Wollen verschiedener Landschafgruppen scharf zu unterscheiden. Immer findet ein weitgehendes Transkredieren statt und neben bestimmten Wachstumsrhythmen spielen die Formverhältnisse der Haare wie Form des Querschnittes und die Kräuselung nebst der Feinheit eine wichtige Rolle.

Was nun speziell die Ausbildung der Oberhautstruktur bei Merinohaaren anbetrifft, so ist von Bohm und besonders den älteren Autoren folgende Ansicht vertreten worden, die auch heute noch in Abhandlungen aus der Textilindustrie und der Schafzucht zu finden ist.

In der Anordnung der Oberhautschüppchen unterscheidet sich das Merinohaar spezifisch von allen übrigen Haararten, ja auch von den anderen ihm verwandten Wollhaaren. Während bei allen übrigen noch so feinen Woll- und Unterhaaren die einzelnen Oberhautzellen nicht um die ganze Oberfläche des Haares herumreichen, sondern immer mehrere dazu erforderlich sind, umschließt ein und dasselbe Oberhäutchen das Merinohaar in seinem ganzen Umfange und bildet eine Art Ring. Dieser Ring schließt sich auf der einen Seite hart an die Rindensubstanz an, drückt sich oberflächlich sogar in diese ein, während er auf der anderen, der Spitze des Haares zugewendeten Seite einen etwas größeren Durchmesser hat und den über ihn stehenden an seinem unteren Ende umfaßt,

„dieser daher sozusagen becherförmig in ihm steckt". Der obere weitere Rand dieses becherförmigen Oberhautschüppchens ist unregelmäßig ausgeschweift (Abb. 49 *a*). Elsner[1]), Bohm[2]), Zorn[3]), Völtz[4]).

Die Wolle des Negrettischafes soll hohe Schuppen mit schiefen Auszackungen, diejenige des Elektoralschafes niedrige Schuppen mit gleichscharfen Auszackungen haben. Löhner[5]), Settegast[6]), Korte u. a. Bei einer gröberen Landschafwolle nehmen die Schuppen nicht mehr den ganzen Umfang der Haare ein. Der Rand erscheint aber noch etwas sägeförmig gezähnelt.

Während also nach der Ansicht der älteren Autoren bei der Merinowolle jede Oberhautzelle trichter- und tütenförmig das ganze Haar umfaßte, ist als anormale Ausbildung von Bohm angegeben, daß bei gleich feinen Merinohaaren die Oberhautstruktur sich derart ändert, daß mehrere Zellen nötig sind, um die Haarperipherie zu umfassen, so daß Bildungen entstehen, wie sie bei Wollhaaren anderer Rassen zu finden sind. Man glaubte sogar, daß bei einer derartigen Wolle auch andere physiologische Eigenschaften gelitten hätten und sie infolgedessen nur einen ganz geringen Wert für den Fabrikanten habe.

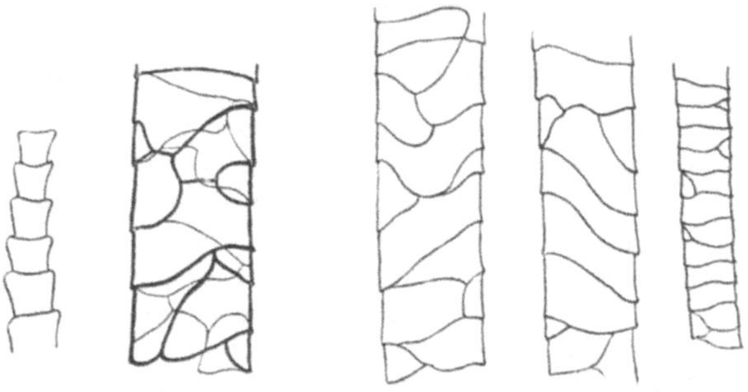

Abb. 49. *a* Merinohaar nach Bohm, *b* Sekundahaar im ganzen Umfang durch verschiedene Einstellung mittels der Mikrometerschraube dargestellt (die starken Konturen geben die Oberseite, die schwachen die Unterseite wieder), *c* Southdownhaar, *d* Quartahaar, *e* Supersuperelectahaar, *b* bis *e* mittels Zeichenapparat gezeichnet; *b* stärker vergrößert als die übrigen (nach Spöttel und Tänzer).

Bezüglich der Zähnelung, d. h. der Zacken und Spitzen an den freien Rändern der Oberhautschuppen, die für die Merinowolle charakteristisch sein soll, ist festzustellen, daß schon v. Nathusius[7]) darauf hingewiesen hat, daß diese beim Flaumhaar der Ziege, des Mufflon, des Rindes und der Schweine mindestens ebenso deutlich, wenn nicht noch stärker ausgeprägt ist als beim Merino. Diese Zähnelung ist ebensogut bei feinen Haaren anderer Schafrassen, wie Leine-, Rhön-, Frankenschaf, sowie der Heidschnucke und in feineren Grannenhaaren festzustellen. Als Rassemerkmal kann diese Ausbildung nicht angesehen werden. Das gilt auch für die zylinderförmige Gestaltung der Oberhautschuppen.

---

[1]) Elsner, M. v. Gronow: Mikroskopische Untersuchungen über die Verschiedenheiten der Wollen fast aller Schafrassen Europas. Landw. Centralbl. f. Deutschland Jg. 12. Berlin 1864.

[2]) B. (S. 1, Anm. 2).

[3]) Zorn, W.: Haut und Haar als Rassen- und Leistungsmerkmal in der landwirtschaftlichen Tierzucht. 48. Flugschrift der deutschen Gesellschaft für Züchtungskunde. 1919.

[4]) Völtz, W.: Über die Eigenschaften und die Vererbung der Schafwolle bei Reinzucht und Kreuzung mit besonderer Berücksichtigung der Merinos. Berlin 1922.

[5]) Löhner, D.: Anleitung zur Kenntnis und Beurteilung der Wolle und zur Veredelung der Schafherden. Prag 1928.

[6]) Settegast, H.: Bildliche Darstellung des Baues und der Eigenschaften der Merinowolle. Berlin 1869.

[7]) Nathusius, W. v.: Das Wollhaar des Schafes in histologischer und technischer Beziehung mit vergleichender Berücksichtigung anderer Haare und der Haut. Berlin 1866. — Mitteilung über die bei ferneren Untersuchungen des Haares der Schafe und anderer Haustiere erlangten Resultate. Z. d. landw. Central-Vereins d. Prov. Sachsen Jg. 32, S. 1.

Da die älteren Autoren diese Beobachtung nur bei den feinen Merinohaaren gemacht haben, so hielten sie die zylinderförmige, tütchenartige Anordnung der Oberhautzellen für ein Charakteristikum der Merinowolle (Abb. 49 a). Wie wir [1]) bei stärkerer Vergrößerung dargetan haben, zeigt eine große Zahl der becherförmigen Zellen eine deutliche Naht, die mehr oder weniger in der Längsrichtung des Haares verläuft und nichts anderes ist als eine seitliche Begrenzung der Cuticulazellen. Die meisten Zellen sind nicht imstande, das Haar vollständig zu umfassen (Abb. 49 *b*).

Also auch in dieser Ausbildung kann kein Rassenmerkmal gesehen werden; wohl aber kann man sagen, daß wenigstens bei den Schafen im großen und ganzen mit zunehmender Verfeinerung der Haare die Zahl der Oberhautzellen, die nebeneinander gelagert die Peripherie des Haares umfassen, abnimmt.

h) Die technische Bedeutung des Oberhäutchens.

Bezüglich der Frage, ob die verschiedenartige Gestaltung des Oberhäutchens eine technische Bedeutung hat, ist folgendes zu bemerken.

Youatt[2]) war der erste mit einer Theorie, die die Oberhautstruktur in Beziehung zum Verfilzen brachte, und in neuerer Zeit gibt Witt[3]) eine schematische Zeichnung, aus der die mechanische Bedeutung der Oberhautzellen für das Verfilzen hervorgehen soll. Wenn die Oberhautzellen am Rande sägezahnartig struktuiert sind, und demnach die Oberfläche des Haares rauh ist, sollen diese Zähnchen benachbarter Haare kammartig ineinander greifen und für das Verfilzen der Haare von Bedeutung sein.

Die mikroskopische Untersuchung zeigt jedoch, daß eine derartige Wirkung nicht vorliegt, worauf Becke und Brauckmeyer[4]) hingewiesen haben. Selbst wenn zwei Haare mit entgegengesetzter Spitzenrichtung aneinander längs gleiten, konnte kein gegenseitiges Verhaken festgestellt werden.

Auch nach Bowmann und Matthews[5]) ist das Filzvermögen in erster Linie abhängig von der Oberflächenbeschaffenheit der Haare, und zwar sollen solche mit abstehenden Oberhautzellen sich leichter verfilzen lassen. Dann soll ferner auch eine Wolle mit feiner Kräuselung geeigneter zur Verfilzung sein als eine solche mit grober. Die natürliche Kräuselung soll dem Prozeß des gegenseitigen Verankerns der Oberhautzellen im weitesten Maß Vorschub leisten. Durch Wärme, Feuchtigkeit und chemische Agenzien, durch welche die Schuppen sich vom Haar mehr abheben, wird der Filzprozeß noch beschleunigt.

Haare, deren Oberhautzellen fest anliegen, lassen sich nach Matthews nur dann verfilzen, wenn es gelingt, die Oberhautzellen etwas von der Rindenschicht abzuheben und dem Haar eine etwas schleimige Beschaffenheit zu geben.

Burgeß ist auf Grund der Untersuchung russischer Wollen zu der Ansicht gekommen, daß für die Verfilzung die Kräuselung eine wichtigere Rolle als die Oberflächenbeschaffenheit der Faser spielt, denn die von ihm untersuchten russischen Wollen haben stark abstehende Deckschuppen, während die Filzfähigkeit fehlt.

---

[1]) Spöttel, W. und E. Tänzer: Über die Eigenschaften und die Vererbung der Wolle bei Leicester-Merinokreuzungen. Dtsch. Landw. Tierzucht. 1922.

[2]) Youatt: Das Schaf. Übersetzung von Duttenhofer. Stuttgart 1845.

[3]) Witt, O. N. und L. Lehmann: Chemische Technologie der Gespinstfaser. 1910.

[4]) Brauckmeyer in Mark, H.: Beiträge zur Kenntnis der Wolle und ihrer Bearbeitung. Einzelsdartellungen aus dem Kaiser-Wilhelm-Institut für Faserstoffchemie. Berlin 1925.

[5]) Matthews, M.: Die Textilfasern. Berlin 1928.

Daß jedoch nach Bohm den Oberhautzellen nicht jede Bedeutung abzusprechen ist, geht schon aus dem kleinen Versuch hervor, ein Haar in der Längsrichtung zwischen den Fingern zu reiben. Das Haar bewegt sich stets nach der Richtung der Wurzel vorwärts, weil die zarten Widerhäkchen, die durch die Ränder der Schuppen gebildet werden, die entgegengesetzte Bewegung verhindern. Diese Wirkung ist sogar so fein, daß sie eintritt, wenn man das Haar zwischen zwei Glasplatten reibt. Es ist also nicht anzunehmen, daß bei inniger Berührung mehrerer Haare diese Zähnchen ganz ohne Wirkung bleiben sollen.

Späterhin scheint man, insbesondere Jeppe, den Oberhautzellen jede derartige Bedeutung abgesprochen zu haben, und nahm an, daß die Art der Lagerung der Oberhautzellen in Beziehung stehe zur Haltbarkeit des Haares derart, daß die Schuppen auf dem feineren Haar, das sie immer umfassen, fester liegen sollen als auf dem gröberen, wo sie nur platt liegen.

Im allgemeinen hat Reissner gefunden, daß diejenigen Oberhautzellen, die sich stark decken, durch Einwirkung der Schwefelsäure sogar leichter losgelöst werden als diejenigen, die mit dem größeren Teile ihrer Fläche auf der Hornschicht aufliegen (gröbere Haare der Landschafe). Daraus könnte man also schließen, daß im letzteren Falle der Zusammenhang an den Berührungsstellen von Oberhäutchen und Hornschicht ein innigerer ist als zwischen den einzelnen Oberhautzellen. Bei den schlichten Wollen wäre also die Oberhaut fester verankert als bei den feinen Wollen.

Jede chemische Bedeutung kann man den Oberhautzellen beim Walkprozeß wohl nicht absprechen, insofern als die alkalihaltigen Flüssigkeiten bei Wollen, deren Oberhautzellen zahnartig abstehen, leichter eindringen und die Umwandlungen vornehmen, die zu dem eigenartigen Gelzustande führt, wie ihn Ganswindt[1]) nennt, der das Verkleben der Fasern bedingt.

Die Oberhautzellen schließen nach außen das Haar ab, bedingen also einen Schutz der die Hauptmasse des Haares bildenden Rindensubstanz. Wenn sie also fehlen oder mangelhaft ausgebildet sind, so kann man entweder vermuten, daß auch der übrige Teil des Haares Bildungsstörungen aufweist und dementsprechend ungünstige physikalische Eigenschaften zeigt, oder daß wenigstens durch den mangelhaften Schutz, von außen wirkende Schädigungen leichter das Haar beeinflussen können.

2. Die Rindenschicht des Haares.

Nach dem Inneren des Haares zu schließt sich die Rindenschicht an, die vielfach die Hauptmasse des Haares ausmacht. Allerdings variiert auch die Stärke der Rindenschicht insofern, daß einerseits dicke Haare vorkommen mit außerordentlich mächtiger Rindenschicht und andererseits solche, bei denen sie sehr stark zurücktritt, so daß man fast den Eindruck hat, daß sie ganz fehlt.

Von der Stärke und Struktur der Rindenschicht hängt teils die Widerstandsfähigkeit, Dehnbarkeit und Elastizität des Haares ab.

a) Die Untersuchungsmethodik.

Um über die Form, Gestaltung und Größe der Rindenzellen Aufschluß zu erhalten, ist eine Mazeration mit konzentrierter Schwefelsäure erforderlich. Die gereinigten Haare werden bald kürzere, bald längere Zeit auf dem Objektträger mit konzentrierter Schwefelsäure behandelt und zerfallen bei leisem Druck auf das Deckglas und Hin- und Herschieben desselben in die einzelnen Spindelzellen.

---

[1]) Ganswindt, A.: Die Wolle und ihre Verarbeitung. Wien und Leipzig 1919.

Erhöhte Temperatur beschleunigt den Zerfall der Haare. Das Reiben des Deckglases muß jedoch vorsichtig geschehen, um zu verhindern, daß nur Bruchstücke erhalten werden.

Die verschiedenen Haararten verhalten sich gegenüber der Zerlegung durch Schwefelsäure verschieden, besonders die gröberen Haare von mischwolligen Schafen, wie z. B. die gröberen Haare der Heidschnucke und des Karakuls, ebenso wie die Haare von Lincoln und Leicester, sind schwer zum Zerfall zu bringen und die Schwefelsäure muß längere Zeit auf das Haar einwirken.

Von Gruhler wird als zuverlässigste Mazeration der Rindenzellen die Pepsin-Salzsäureverdauung (3% Pepsin + 0,04% Salzsäure) im Brutschrank angegeben.

b) Die Entwicklung der Rindenzellen.

Was die Entwicklung der Rindenzellen anbetrifft, so ist festzustellen, daß sie in der Haarwurzel allmählich in nicht verhornte, plasmatische Zellen übergehen; statt der Luft findet sich Feuchtigkeit zwischen den Zellen.

Die an den Seitenflächen der Papillen von den basalen Zylinderzellen erzeugten Zellen sind anfangs zylindrisch und haben große kugelige Kerne. Allmählich tritt eine Abplattung der Zellen und Streckung der Kerne ein. Letztere werden ellipsoid, deren größte Achse mit der Haarachse parallel läuft. Mit zunehmender Entfernung von der Matrix strecken sich die Zellen und Kerne immer mehr und werden spindelförmig. Die Kerne können zu strichförimgen Andeutungen schrumpfen. Ihr Schrumpfen geht mit der fortschreitenden Verhornung einher.

Die am Kern sich abspielenden Vorgänge bestehen darin, daß das Chromatin der gleich den Zellen schmal und lang werdenden Kerne zu kleinen Kugeln zusammenfließt, die schließlich konfluieren, ohne ihre Färbbarkeit zu verlieren. Die atrophischen Kerne sind im Bereich der Wurzel und noch darüber hinaus als homogene färbbare Stoffe nachzuweisen.

c) Die Ausbildung der Rindenzellen.

Die Rindenschicht des Haarschaftes setzt sich aus langgestreckten, spindelförmigen, selten mit Zacken und Spalten versehenen Zellen zusammen, die dicht gelagert sind (Abb. 50).

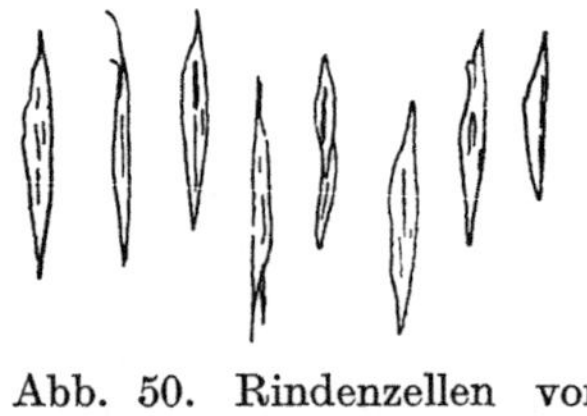

Abb. 50. Rindenzellen von einem Southdownbock (mit Schwefelsäure isoliert) nach W. v. Nathusius.

In ihnen erkennt man einen länglichen Kern, der sich bei fortgesetztem Behandeln der Zellen mit Schwefelsäure oder Kochen mit Natronlauge durch Reiben isolieren läßt; er erscheint dann als linienförmiges, hin und wieder spindelförmiges Gebilde.

Durch Kommissurfäden sind die Rindenzellen in der Längsrichtung viel inniger miteinander verbunden als quer, weshalb das Haar dem Spalten viel weniger Widerstand entgegensetzt als dem Abreißen und bei einer Mazeration immer zunächst eine Zerlegung in noch in Verbindung stehende Längsreihen von Rindenzellen erfolgt.

Infolge der Längsanordnung der Spindelzellen erscheint das Haar, besonders bei einer Betrachtung im Wasser, bei tiefer Einstellung des Mikroskops längsgestreift.

Was die Größenverhältnisse der Rindenzellen anbetrifft, so werden im Durchschnitt angegeben bei Menschenhaaren 0,024 bis 0,033 mm, bei Pferdeschweifhaaren 0,075, bei Schafhaaren 0,08 bis 0,011 mm lang, 0,002 bis 0,005 mm breit und 0,0012 bis 0,0016 mm dick.

Die Kerne sind 0,01 bis 0,016 mm lang und 0,0005 bis 0,0012 mm breit, spindel- oder stabförmig, gerade oder geschlängelt.

Nach Lodemann[1]) zeigen sich kleine strichförmige Gebilde in der Rinde, die ungefähr konzentrisch um die Haarmitte verlaufen. Durch Färben mit Eosin werden diese Gebilde deutlicher. Hier handelt es sich um ehemalige Kernhöhlen, die nach der Haarwurzel zu in normale Kerne übergehen.

d) Die Rindenzellen als Geschlechtsmerkmal.

Eingehende Untersuchungen über die Rindenzellen von Schafhaaren hat vor allem Walther[2]) angestellt.

Nach Walther ist die Länge der Rindenzellen der Haare von Böcken und Schafen derselben Rasse bei beiden Geschlechtern gleich. Auf keinen Fall haben die Böcke, die eine längere und stärkere Wolle als die Mutterschafe besitzen, längere Rindenzellen. Aus den von Walther gegebenen Zahlen geht hervor, daß die Böcke sogar kleinere Rindenzellen als die Mutterschafe haben, wie z. B. beim Oxfordshire-, Leineschaf, Württemberger Schaf, Heidschnucke (Grannen- und Flaumhaare). Nur die verschiedenen feinwolligen Merinos zeigen das umgekehrte Verhältnis.

In der Länge der Rindenzellen besteht ferner kein Unterschied zwischen verschiedenen Altersstufen.

Die auf ein und demselben Tier wachsenden Grannen- und Flaumhaare unterscheiden sich nur wenig in der Länge der Rindenzellen; die Flaumhaare zeigen etwas geringere Werte.

e) Die Rindenzellen als Gattungs-, Art- und Rassenmerkmal.

Bei verschiedenen Tierarten findet man auffallende Wucherungen oder in das Mark hineinragende Leisten der Rindenschicht, so z. B. bei Igelstacheln (Abb. 51). Auch bei Eselrassen, z. B. den weißen Mekka-Eseln, fand v. Nathusius[3]) derartige Leisten als Rassenmerkmale.

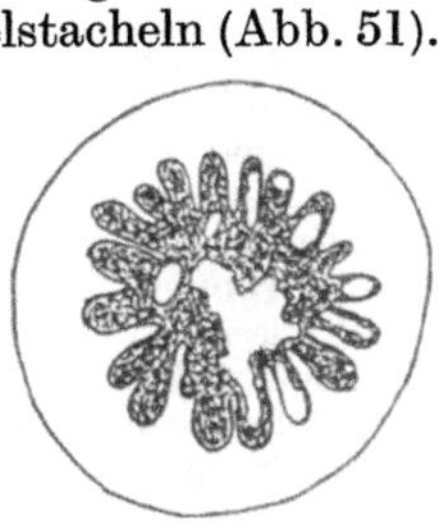

Abb. 51. Querschnitt fast aus der Mitte des Igelstachels (nach W. v. Nathusius).

Was nun die Unterschiede in der Ausbildung der Rindenzellen bei verschiedenen Schafrassen anbetrifft, so scheinen nach W. v. Nathusius[3]) die Rindenzellen der Cotswoldwolle etwas größer als die der Merinowolle zu sein; auch die der Southdownwolle sind breiter oder platter. Die Rindenzellen der Schweinehaare sollen sich durch geringere Länge auszeichnen. Die Größenunterschiede der Rindenzellen verschiedener Wollhaare sind jedoch unbedeutend, so daß es unmöglich ist, auf Grund dieses Merkmals verschiedene Merinowollen zu unterscheiden.

Es läßt sich der verschiedene Wollcharakter nach Nathusius keineswegs auf eine durch verschiedene Größe der Elementarzellen bedingte verschiedene Struktur der Rindenschicht zurückführen. „Es ist die größere Zahl der Horn-

[1]) Lodemann, G.: Das Pferdehaar. Untersuchungen über Struktur und Pigment des Pferdehaares, sowie das Pferdehaar als Rassenmerkmal. Z. f. Tierzüchtg. u. Züchtungsbiologie Bd. 9. Berlin 1927.

[2]) Walther, Ad. R.: Untersuchungen über die Größe der Wollhaarzellen als Rassekennzeichen beim Schafe. Landwirtschaftl. Jahrbücher Bd. 55. 1921.

[3]) Nathusius, W. v.: Das Wollhaar des Schafes in histologischer und technischer Beziehung mit vergleichender Berücksichtigung anderer Haare und der Haut. Berlin 1866. — Mitteilung über die bei ferneren Untersuchungen des Haares der Schafe und anderer Haustiere erlangten Resultate. Z. d. landw. Central-Vereins d. Prov. Sachsen Jg. 32, S. 1.

zellen, die für die Mächtigkeit das entscheidende ist und die Größe der einzelnen Zellen ist ein verhältnismäßig verschwindendes Element."

Zorn[1]) ist der Meinung, daß Menge und Struktur der Rindensubstanz wahrscheinlich Rasseneigenschaften sind, während Enneker[2]) ihr keine Bedeutung zuspricht. Das Verhältnis von Rinden- und Marksubstanz sei Arteigentümlichkeit.

Auf Grund der Untersuchungen der Wollen verschiedener Schafrassen hat Walther[3]) folgendes festgestellt:

Der niedrigste Wert ist bei den feinwolligen Merinos mit 88 und der höchste beim ostfriesischen Milchschaf mit 116 gefunden. Aus den Untersuchungen von Walther geht hervor, daß feinwollige Merinos, Württemberger Schafe und Mauchamps in der Länge der Rindenzellen sehr nahe stehen, daß Mele-, Dishley-Merino, Oxford- und Leineschaf eine weitere Gruppe bilden, der sich die beiden mischwolligen Rassen anschließen, und daß schließlich das ostfriesische Milchschaf in eine andere Gruppe mit besonders großen Rindenzellen gehört. Im folgenden geben wir die Tabelle aus den Waltherschen Untersuchungen wieder:

	Anzahl der gemessenen Tiere	Durchmesser des Wollhaares μ	Länge der Wollhaarzellen μ	Streuung	Variationskoeffizient	Tiefe des Stapels cm	Länge des gerade gelegten Haares cm
Feinwollige Merinos	16	20	88	8,4	9,5	6	10
Mauchamp	2	23	96	9,1	9,5	14	18
Württemberger	6	32	93	9,6	10,3	9	14
Mele	2	32	107	10,6	10,0	11	15
Dishley Merinos	2	39	106	10,0	9,5	9	13
Oxfordshire	4	45	107	11,5	10,7	16	23
Leineschaf	4	41	106	10,4	9,8	10	15
Ostfriesen	6	34	116	10,7	9,2	15	19
Bentheimer	7	—	—	—	—	—	—
a) Grannen	—	88	103	10,7	10,4	16	20
b) Flaum	—	28	103	10,7	10,4		18
Heidschnucken	6	—	—	—	—	—	—
a) Schwarze Grannen	—	66	107	10,1	9,4	20	24
b) Flaum	—	22	102	9,8	9,6		13

Was das Flaumhaar des mischwolligen Schafes im Vergleich zum Wollhaar der Merinos anbetrifft, so steht das erstere in der Länge der Rindenzellen dem Grannenhaar wesentlich näher als dem Merinowollhaar. Es zeigt in der Ausbildung der Rindenzellen also eine größere Ähnlichkeit mit dem auf der gleichen Haut wachsenden Grannenhaar als mit dem feinwolligen Haar der Merinos.

In der sonstigen Ausbildung der Rindenzellen sind zwar bei verschiedenen Rassen gewisse Unterschiede vorhanden, die aber durch kontinuierliche Übergänge miteinander verbunden sind. So ist vor allem zu erwähnen, daß die Zellen der gröberen, speziell der Grannenhaare, verhältnismäßig breit im Vergleich zur Länge sind, und daß sie vor allem nur kurze, zuweilen gar keine Spitzen an den

[1]) Zorn, W.: Haut und Haar als Rassen- und Leistungsmerkmal in der landwirtschaftlichen Tierzucht. 48. Flugschrift der deutschen Gesellschaft für Züchtungskunde. 1919.

[2]) Enneker: Vergleichende mikroskopische Untersuchungen der Haare von Pferd, Rind, Hund und Katze. Inaug.-Diss. Hannover 1919.

[3]) Walther, Ad. R.: Untersuchungen über die Größe der Wollhaarzellen als Rassekennzeichen beim Schafe. Landwirtschaftl. Jahrbücher Bd. 55. 1921.

Enden aufweisen. Ferner sind in den beiden zueinander senkrecht stehenden Querdurchmessern besonders starke Unterschiede vorhanden, so daß die Zellen nach einer Richtung abgeplattet erscheinen.

Aus den variationsstatistischen Untersuchungen von Walther ist zu ersehen, daß die Variationskoeffizienten annähernd bei allen Rassen die gleichen sind, daß meist also die Variabilität bei Berücksichtigung der Größe bei allen Rassen übereinstimmt.

f) Lufthaltige Einschlüsse der Rindensubstanz.

Bei Untersuchung gut entfetteter Wollen sind nach Brunswik (aus Mark[1])) zahlreiche feine Poren in der Faserschicht zu beobachten (Abb. 52). Ein Querschnitt soll eine gleichmäßige Verteilung dieser dunkel erscheinenden Hohlräume über die ganze Faserschicht zeigen. Diese Löcher sollen für total entfettete Wolle charakteristisch sein, aber nicht erst durch die Extraktion entstehen, sondern schon in der rohen Wolle nachweisbar sein. Nach Brunswik sind sie durch Behandlung mit 1proz. wässeriger Osmiumsäure ein der Kälte oder mit konzentriertem wässerigen Phenol (vor Einsetzen der das Bild störenden Quellung der Faserschicht) nachgewiesen worden. Sie sollen niemals in verschiedenen Größenstadien, sondern nur mit verschiedener Deutlichkeit bei differentem Entfettungsgrade zu beobachten sein. Brunswik spricht diese Hohlräume als nicht ganz verhornte Zellumina der Faserzellen an. Nach seiner Ansicht wird diese Auffassung dadurch gestützt, daß man bei Isolierung der einzelnen Zellen eines porenführenden Wollhaares mit konzentrierter Schwefelsäure neben zahlreichen homogen erscheinenden Zellen auch porenführende antrifft. Er hält jedoch die Möglichkeit, daß die Poren teilweise auch Interzellularräume sind, wie sie Waldeyer beschreibt, offen. Brunswik hat nachgewiesen, daß erst durch die Fettextraktion die Poren sichtbar werden. Mit kaltem Äther gelingt es selbst nach 5 Wochen bei täglichem Wechsel des Lösungsmittels nicht, die Poren sichtbar zu machen. Auch der umgekehrte Weg, die Injektion der bereits erzeugten Löcher mit flüssigem rohen Wollfett im Vakuum blieb erfolglos.

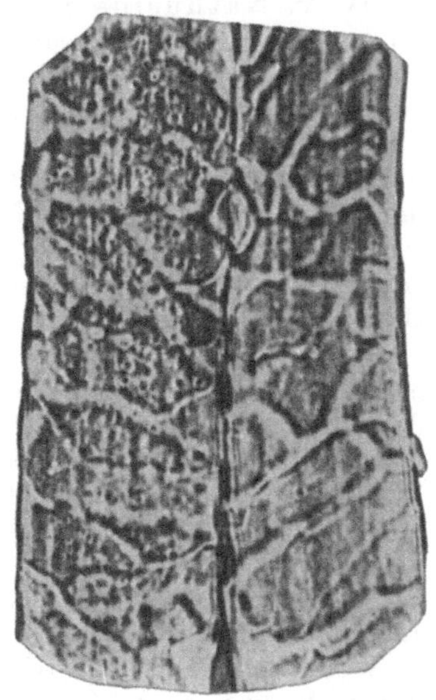

Abb. 52. Links mit Äther vollständig entfettetes Haar, rechts dasselbe Haar mit 1,5% Fett.

Aus diesen Untersuchungen scheint doch hervorzugehen, daß diese Hohlräume in größerer Zahl erst durch die erhöhte Temperatur entstehen bzw. sichtbar werden. Die von Brunswik an den Rindenzellen festgestellten Gebilde sind entweder verhornte Zellkerne, oder, was wahrscheinlicher ist, handelt es sich nach Spöttels Auffassung um kleine Interzellularräume verschiedener Größe, die innerhalb des Haares verschiedenartige Verteilung aufweisen können bzw. um kleine Lufteinschlüsse innerhalb der Zellen. Diese Interzellularräume

[1]) Mark, H.: Beiträge zur Kenntnis der Wolle und ihrer Bearbeitung. Einzeldarstellungen aus dem Kaiser-Wilhelm-Institut für Faserstoffchemie. Berlin 1925.

sind zuerst von Kölliker[1]) festgestellt worden, später haben sie Gurlt[2]) und Waldeyer[3]) beschrieben.

In intakten Haarenden findet Kölliker teils runde, teils längliche, ganz kleine Objekte, die in der Hornschicht liegen und eine schwächere Brechung als diese zeigen. Kölliker erklärt sie als winzig kleine mit Luft gefüllte Hohlräume und hat 0,4 bis 0,8 μ für die runden, bis 1 μ für die länglichen ermittelt. W. v. Nathusius[4]) beobachtet sie in gedehnten Haaren.

Bei dem gedehnten Haar ist die Schärfe und Bestimmtheit ihres Umrisses noch schärfer geworden. Es sind meist reihenweis gestellte, scharfe Körper geworden, zum Teil sind auch größere, luftgefüllte Hohlräume vorhanden, wie sie in dem gezerrten Haarende vielfach und auch in längerer zusammenhängender Strecke vorkommen. Die größeren Hohlräume und Spalten sind durch Zusammentreten kleinerer Gebilde des intakten Haares entstanden.

W. v. Nathusius glaubt, feststellen zu können, daß die durch Zerrung größer gewordenen, zusammengeflossenen Haareinschlüsse in den feineren Haaren größer und in größerer Zahl vorhanden sind als in den gröberen. Diese Unterschiede treten auch schon bei nichtgedehnten Haaren zutage.

W. v. Nathusius hat Markzellenreste mit kalter wässeriger Methylengrünlösung gefärbt, während die Hornsubstanz ungefärbt blieb. Durch Kochen der Haare in dieser Lösung färben sie sich ziemlich stark, und es treten die Einschlüsse gefärbt scharf und deutlich hervor bei gedehnten und ungedehnten Haaren, wie bei zerrissenen. Zugleich sind sie als schwächer lichtbrechende Objekte deutlich zu erkennen.

W. v. Nathusius nimmt als wahrscheinlich an, daß die Körperchen innerhalb der Rindenzellen liegen. Hierfür spricht nach seiner Ansicht die häufigere Anordnung der ersteren in längeren Reihen und das Verschmelzen der Reihen in längliche Gebilde. Die beiderseitigen Dimensionen sprechen nicht dagegen. Den Durchmesser der Fibrillen hat er bei Southdownwolle mit 1,7 bis 1,3 μ, das größte Körperchen mit 1 μ festgestellt.

Nach Spöttels Feststellungen handelt es sich bei diesen luftführenden Körperchen teils um Einschlüsse der Rindenzellen, teils liegen sie zwischen denselben.

Wenn ihre Form unregelmäßiger ist und sie in dichten Gruppen zusammenstehen, können sie leicht mit Resten von Markzellen verwechselt werden. Für die Einschlüsse ist jedoch charakteristisch: die gleichmäßigere Verteilung in der Hornschicht, wenn sie auch in den mittleren Schichten zahlreicher sind. Dieses häufigere Vorkommen dieser Hohlräume findet sich aber immer nur an einzelnen Stellen des Haares. Die Form ist zum Teil unregelmäßig oder eiförmig, lang gestreckt oder ganz schmal. Schmal und langgestreckt sind sie, wenn sie einzeln in den Haaren zu finden sind, was normalerweise bei allen Haaren der Fall ist.

Wenn diese Hohlräume in größerer Anzahl vorkommen, sind sie als Krankheitsbildung des Haares zu betrachten und können wohl die Widerstandsfähigkeit sowie die sonstigen physikalischen Eigenschaften herabsetzen. Im all-

[1]) Kölliker, A.: Handbuch der Gewebelehre Bd. 1.

[2]) Gurlt: Vergleichende Untersuchungen über die Haut des Menschen und der Haussäugetiere, besonders in bezug auf die Absonderungsorgane des Hauttalges und des Schweißes. Berlin 1835 u. 1844. — Handbuch der vergleichenden Anatomie der Haussäugetiere. Berlin 1873.

[3]) Waldeyer, W.: Untersuchungen über die Histogenese der Horngebilde, insbesondere der Haare und Federn. Beitr. z. Anat. u. Embr. Bonn 1882.

[4]) Nathusius, W. v.: Über Strukturverhältnisse von Wollhaaren mit Anknüpfung an die Kohlschmidsche Erörterung der Breslauer Probeschur und die letztere selbst. Berlin 1893.

gemeinen können die Angaben bestätigt werden, daß sich diese Hohlräume bei feinen Wollen häufiger finden als bei groben. Gleichzeitig soll die Erkennung dieser Struktur ein sicheres Kennzeichen für eine hochgradige, wenn nicht totale Entfettung des Haares sein. — (Brunswik.)

In weißen Menschenhaaren hat v. Nathusius Einschlüsse am häufigsten gefunden. In Tierhaaren sind sie seltener, am häufigsten in den verhornten Kolben des ausgefallenen bzw. nicht mehr wachsenden Haares gefunden worden, in größeren Mengen aber in den Spitzen des Leicester-Wollhaares.

3. Die Marksubstanz.

a) Die Untersuchungsmethode.

Da der Markstrang luftführend ist und in der mikroskopischen Durchsicht im ganzen Haar als dunkler undurchsichtiger Streif erscheint, so kann man bei stärkerer Ausbildung desselben, die Struktur der Markzellen nicht erkennen und nur zum Teil die verschiedenen Stadien der Eindringung der Einbettungsmedien feststellen, vor allem wenn die Haare längere Zeit in den Medien verweilt haben. Handelt es sich nur um Markreste, so lassen diese häufiger schon ohne besondere Behandlung ihre Struktur erkennen.

Zum eingehenden Studium des Markstranges ist die Herstellung von Haarlängs- und Querschnitten und ferner die Isolierung der Markzellen erforderlich.

Die Isolierung der Markzellen gelingt, wie schon W. v. Nathusius[1]) angegeben hat, am besten mit Kalilauge. Lodemann[2]) und Duerst[3]) sowie Lorétan[4]) verwenden 5proz. Kalilauge und lassen darin die Haare 2 bis 3 Stunden bei einer Temperatur von 52° bzw. kochen die Haare kurze Zeit auf. Die Rindensubstanz geht in Kalilauge fast völlig in Lösung, und es bleibt der Markstrang zurück, der beim Eindecken in Markscheiben zerfällt, die in ihrer Form dem Markquerschnitt entsprechen. Die sich übereinander lagernden Zellen trennen sich, während die nebeneinander gelegenen häufiger noch zusammenhaften.

b) Die Entwicklung der Marksubstanz.

Die Entstehung der Marksubstanz bildet eine alte historische Streitfrage (vgl. auch das Kapitel über die Haarpapille). Während Roessner und Steinlin die Marksubstanz als eine Wucherung der Papillen auffaßten, hat zuerst Kölliker durch Studien am Kopfhaar des Menschen auch für die Markzellensubstanz epidermoidalen Ursprung angenommen. W. v. Nathusius hat dann durch Untersuchungen von Schafwollen und anderen Haustierhaaren die Köllikersche Auffassung der Herkunft von Mark- und Hornsubstanz aus einem gemeinsamen Keimlager mit dem Hinweis bekämpft, daß die Marksubstanz ein Leimbildner ist, was nie von epidermoidalen Geweben nachgewiesen werden kann. Den Markstrang hält v. Nathusius für eine Wucherung der bindegewebigen Papille in das Haar hinein. Er besteht aus den Residuen eines abgestorbenen

---

[1]) Nathusius, W. v.: Das Wollhaar des Schafes in histologischer und technischer Beziehung mit vergleichender Berücksichtigung anderer Haare und der Haut. Berlin 1866. — Mitteilung über die bei ferneren Untersuchungen des Haares der Schafe und anderer Haustiere erlangten Resultate. Z. d. landw. Central-Vereins der Provinz Sachsen Jg. 32, S. 1.

[2]) Lodemann, G.: Das Pferdehaar. Untersuchungen über Struktur und Pigment des Pferdehaares, sowie das Pferdehaar als Rassenmerkmal. Z. f. Tierzüchtg. u. Züchtungsbiologie Bd. 9. Berlin 1927.

[3]) Duerst, U.: Neue objektive wissenschaftliche Methoden zur praktischen Vervollkommnung der Leistungszucht beim Rinde. Dtsch. landw. Tierzucht 1928, Nr. 30.

[4]) Lorétan: Das Eringer Rind. Diss. med. vet. Bern 1925.

Gewebes und die Scheidewände sind restierende Zellmembranen. Neuerdings hält man alle drei Gewebselemente des Haares wieder für epidermoidal, wenn auch die Herkunft der Markzellen keineswegs als gesichert angesehen werden kann und Duerst hat jetzt sogar die Anschauungen von W. v. Nathusius bestätigt.

Duerst sieht im Mark nicht ein reines Wachstumsprodukt der Epidermis, sondern eine Mischung von Oberhaut und Lederhautabkömmlingen, also Horn (Keratin) und Bindegewebe (Kollagen) gemeinsam. Er fand in Hautschnitten verschiedener Rinderrassen, die er mit färbetechnischen Methoden auf Bindegewebe nach Mallory und Bielschowski und elastische Fasern prüfte, vielfach längs- und quergeschnittene Haare, deren Mark sich streckenweise, oft in ziemlich regelmäßiger Gliederung, oft ganz ungeregelt sich als Bindegewebe färbte. Ferner entrindete Duerst nach dem von Lorétan beschriebenen Verfahren ein größeres Quantum von albinotischem Kuhhaar und stellte nach langem Auswässern durch mehrstündige Kochung eine Art dünnen Hautleimes her, der beim Zusammenkleben von zwei 2 cm breiten Papierstreifen auf 3 cm^2 Oberfläche gestattete, 940 g in Gewichten anzuhängen, bevor die Trennung der so mit Rinderhaarmark geleimten Streifen erfolgte. Auch bei dem Kochen von Stachelschweinmark bildete sich eine gelbliche Flüssigkeit, während Hornscheiden-Parallelkochungen klar blieben. Zu der filtrierten Abkochung äußerte sich Prof. Tschirch in Bern dahin, daß zu einer genauen Elementaranalyse das Quantum zu gering sei, jedoch mit Sicherheit festzustellen ist, „daß sowohl nach dem Ausfalle aller vorgenommenen Reaktionen wie der ganz ungewöhnlichen Klebfähigkeit der eingedampften Flüssigkeit anzunehmen ist, daß sie ein Glutin, also einen Leim enthalte“. Damit ist jedenfalls ohne Zweifel die Angabe W. v. Nathusius' bestätigt und wahrscheinlich gemacht, daß Bindegewebe im Marke vorkommt.

Nach Lodemann entstehen die Markzellen durch methodische Teilung von Zylinderzellen an der Spitze des Papillenkegels. Wie weit auch noch an den Seiten der Papillenspitze Markzellen gebildet werden, läßt sich nicht erkennen, da die Matrixzellen hier noch keine Differenzierung zeigen. Schon dicht über der ersten Zellage der eigentlichen Matrix sieht man die großen runden Kerne der Markzellen, während die Zellstruktur noch nicht deutlich ist. Nur wenig weiter oberhalb hat die Marksubstanz schon das Aussehen, welches sie im wesentlichen beibehält, nur haben die Zellen noch große kugelförmige Kerne, während die Zellen schon in der Längsrichtung der Haarachse eine Abplattung zeigen.

Während im unteren Teile der Haarwurzel, wo die Mächtigkeit des Haarstranges meist zunimmt, die Kerne deutlich und gut färbbar sind, schrumpfen sie gegen die Mündung des Haarbalges zu immer mehr und sind kaum nachzuweisen. Die hier nicht mehr plasmatischen und eingetrockneten Zellen schrumpfen gleichfalls, treten miteinander in Verbindung und nehmen Luft in ihr Inneres auf. Nach Waldeyer soll sich die Luft nur zwischen den vertrockneten Markzellen vorfinden.

Mit Pikrinsäure Eosin gefärbte Präparate lassen nach Lodemann schon ziemlich tief in der Haarwurzel die scharfe Scheidung zwischen Rinden- und Marksubstanz erkennen.

Für die Beantwortung der Frage, nach der Ursache der Markbildung fehlen noch speziell darauf gerichtete experimentelle Untersuchungen. Da im großen und ganzen dickes Haar häufiger Mark führt als feines, so kann man mit Lodemann vermuten, daß im Innern solcher dicken Haare andere Druck- und Spannungsverhältnisse auf die Zellen der Matrix als Reiz einwirken als bei feinen Haaren, so daß man also mechanische Reize für die Entstehung des Marks verantwortlich machen müßte. Vielleicht spielen auch Ernährungsverhältnisse der Haarwurzeln und die durch sie bedingte Wachstumsintensität der Haarsubstanz eine gewisse Rolle. Ferner sind wohl auch von Bedeutung in der Erbmasse festgelegte Anlagen, die die spezielle Ausgestaltung des Markstranges bewirken.

Die Ansicht der ältesten Autoren, daß das Mark für die Ernährung der Haare Bedeutung habe, insofern, als es dem Haar die Nahrungssäfte zuführe, kann heute nicht mehr aufrechterhalten werden.

c) Die Ausbildung der Markzellen.

Das Haarmark stellt einen in der Achse des Haares gelegenen, scharf begrenzten Zellenstrang dar. Nur vereinzelt ist beobachtet worden, daß das Mark nicht zentral liegt. Wird dasselbe nur aus einer Reihe übereinander liegender Zellen gebildet, so spricht man von einzelligem, wird es von mehreren neben- und übereinander liegenden Zellen gebildet, von mehrzelligem Mark.

Vereinzelt kommt auch eine Vielheit von Marksträngen vor, die zuerst von Naunyn für die starken Schwanzborsten des Elefanten, von W. v. Nathusius[1] für die Behanghaare gewisser Pferderassen, von Spöttel vereinzelt bei Schwanzquastenhaaren schwarzbunter Rinder festgestellt wurden.

Nach Zorn[2] verhält sich der Durchmesser des Markes zu dem des Haares wie 1 : 3 bis 5. Am dicksten ist das Mark in kurzen dicken Haaren, wie z. B. in Stichelhaaren von Mufflon und Somali, wo die Rindensubstanz sehr stark zurücktritt.

Von den Rindenzellen unterscheiden sich die Markzellen durch ihre Größe, Beschaffenheit, Gestalt, ihre Stellung und chemische Beschaffenheit.

Für die Markzellen ist charakteristisch, daß sie nicht verhornen und in der Regel deutlicher ihre Zellnatur erhalten als die Rindenzellen. Ihre längsten Durchmesser stehen häufig rechtwinklig zur Längsachse der Haare. Die Markzellen hängen mit starken Brücken zusammen. Sie sind nach der Peripherie zu kleiner und mit stärkeren Zwischenwänden versehen. Die Zwischenwände sind im trockenen Zylinder undurchsichtig weißlich, während die luftführenden Zellen selbst mehr silberig erscheinen.

Die Größe der Markzellen variiert außerordentlich. Es wird 0,007 bis 0,01 mm als Durchmesser angegeben. Auch die verschiedene Gestalt und Anordnung derselben ist für verschiedene Haare und Rassen infolge der verschiedenartigen Struktur charakteristisch.

Die Markzellen sind rechteckige oder viereckige, polygonale, unregelmäßige, selten mehr rundliche oder spindelförmige Zellen mit einem rundlichen, in vielen Fällen deutlich sichtbaren Fleck, der offenbar ein Kernfragment darstellt und durch Natronlauge etwas aufzuquellen scheint. v. Nathusius gibt schon an, daß zuweilen mehrere Zellen zu unregelmäßigen Hohlräumen vereinigt sind, und ferner sollen nach ihm ganz vereinzelt auch mehrere hintereinander gelagerte Zellen zu einem homogenen Markzylinder verschmelzen.

Die Markzellen zeigen rauhe Konturen, die bedingt werden durch Riffelfortsätze und Interzellularbrücken, mit welchen die einzelnen Markzellen unter sich und mit der Rinde verbunden sind (Kölliker[3]), Waldeyer[4])).

[1]) Nathusius, W. v.: Das Wollhaar des Schafes in histologischer und technischer Beziehung mit vergleichender Berücksichtigung anderer Haare und der Haut. Berlin 1866. — Mitteilung über die bei ferneren Untersuchungen des Haares der Schafe und anderer Haustiere erlangten Resultate. Z. d. landw. Central-Vereins der Provinz Sachsen Jg. 32, S. 1.

[2]) Zorn, W.: Haut und Haar als Rassen- und Leistungsmerkmal in der landwirtschaftlichen Tierzucht. 48. Flugschrift der deutschen Gesellschaft für Züchtungskunde. 1919.

[3]) Kölliker, A.: Handbuch der Gewebelehre Bd. 1.

[4]) Waldeyer, W.: Untersuchungen über die Histogenese der Horngebilde, insbesondere der Haare und Federn. Beitr. Anat. u. Embr. Bonn 1882.

Bei Färbung mit Methylenblau färbt sich an den isolierten Markzellen nicht die ganze Zelle, sondern ein sie scheinbar überziehendes Netzsystem. Vielleicht sind diese stark gefärbten Linien nach Lodemann die Stellen, an welchen die Zellen mit den benachbarten zusammenhaften. In diesem Falle sind sie mit den von früheren Autoren beobachteten Riffelfortsätzen identisch.

Die Luft kann im Mark nach Waldeyer intra- und interzellulär auftreten, und zwar im letzteren Fall in einem System feiner Kanälchen, welches durch die Riffelzellen gebildet wird und beim noch nicht verhornten Haar mit einer später austrockenden Flüssigkeit angefüllt ist.

d) Die Beziehungen der Markzellenstruktur zu der optischen Färbung der Haare.

Bei gefärbten Haaren ist der Markkanal, wenn auch vorhanden, so doch schwer zu erkennen. Bei weißen Haaren erscheint er im auffallenden Licht als trüber, milchigweißer Streifen. In der Durchsicht erscheint der Markkanal gräulich, zuweilen mit einem Stich ins Rötlichgelbe. Dieses verursacht die Luft, die zwischen den Wänden der Markzellen lagert. Bei Einbettung in irgendeiner Flüssigkeit, z. B. Glyzerin oder Kanadabalsam, wird allmählich die Luft durch das flüssige Medium verdrängt, so daß dann die weiße Färbung nicht mehr vorhanden ist.

Die ganzen Wandungen der Markzellen sind mit Porenkänalen durchsetzt, die Luft führen. Von ihrer Anwesenheit kann man sich überzeugen, wenn man das allmähliche Eindringen von Kanadabalsam in die Markzellen beobachtet. Dann kann man am Rande derselben diese Kanälchen wahrnehmen. Die Zellen erscheinen dann als Igel- oder Stachelzellen. Auf diesen luftführenden Kanälchen dringt das Medium vor und bedingt auf diese Weise die anscheinend zackige Oberflächenstruktur.

Beobachtet man, wie die ausgetretene Luft das Mark des getrockneten Haares wieder füllt, so glaubt man zu ersehen, daß alle Hohlräume einer und derselben Zelle miteinander kommunizieren. Diese Poren der Markzellen sind verschieden groß, so daß sie bald fein, bald grobkörnig erscheinen. Es kommen auch Markzellen vor, denen diese Struktur zu fehlen scheint, so daß die Markzellen dann mehr silberig und nicht weiß erscheinen.

Schon seit längerem ist bekannt, daß die Marksubstanz durch einfachen Druck auf das Haar durchsichtig wird, ebenso wie auch durch Einlegen in Glyzerin oder Wasser die Durchsichtigkeit eintritt.

Die Entfernung der Luft wird noch beschleunigt durch das Aufquellen der Hornsubstanz. Dieses Aufquellen befördert das schnelle Entweichen der Luft.

Bei der milchweißen Haarfärbung haben wir es nach Spöttel mit einer optischen Färbung zu tun, und zwar mit einer Farbe trüber Medien. Das trübe Medium wird durch die Durchsetzung dieser Markzellen mit luftführenden Kanälchen gebildet. Es sind also zwei Medien mit verschiedenen Brechungsexponenten (Luft- und Markzellensubstanz) kombiniert, und zwar sind diese Kanälchen in ihrer Dicke gleich oder etwas geringer als die mittlere Wellenlänge des weißen Lichtes. An einem solchen kleinen Teilchen findet nun nach Lord Rayleigh eine diffuse Reflexion des Lichtes statt, und zwar so, daß die bläulichen Strahlen in geringem Maße gegenüber den weißen bevorzugt werden. Wir erhalten also ein bläulich-weißes, d. h. milchweißes Licht bei der Aufsicht; im durchgehenden Licht werden rötlich-gelbe Strahlen bevorzugt.

Die verschiedenen Eindringungsstadien kann man mit Kanadabalsam bzw. Glyzeringelatine fixieren.

Nach dem Kochen des Haares mit Alkalien kann man die Markzellen bald reihenweise, bald isoliert herausquetschen. In den Markzellenwandungen erkennt man dann die Öffnungen der Porenkanälchen.

Auf Haarquerschnitten erkennt man, daß im auffallenden Licht nur die Markzellen milchweißes Licht reflektieren, während die Rindensubstanz fast dunkel erscheint. Dementsprechend tritt eine milchweiße Färbung der Rohwolle nur dann zutage, wenn ein größerer Gehalt von markhaltigen Haaren vorhanden ist.

Auch eine gänzlich markfreie Wolle erscheint, wenn sie gewaschen ist, milchweiß. Auch hier haben wir es nach Spöttel mit einem trüben Medium zu tun. In der Rindensubstanz finden wir kleine Luftinseln, die in gleicher Richtung wie die lufthaltigen Röhrchen der Markzellen wirken. Bei den nicht entfetteten Haaren sind die kleinen Hohlräume vorwiegend mit Fett angefüllt. Erst nach der Herauslösung des Fettes dringt Luft ein, und es erfolgt die Wrkung als trübes Medium, so daß also erst nach dem Waschen die milchweiße Färbung sich einstellt.

e) Die Unterschiede der Markzellenausbildung von der Basis, Mitte und Spitze der Haare.

Gegen die Spitze der markhaltigen Haare wird das Mark stets schmaler, um schließlich mit einer oft unterbrochenen einzelnen Zellenreihe zu enden. Längere Zeit vor dem Haarausfall wird jedenfalls kein Mark mehr gebildet. Auch hier läuft der mehrreihige Markkanal allmählich in eine unterbrochene Zellenreihe aus. Die Wurzel und ein kleiner Teil des Schaftes der Barthaare sind marklos (Abb. 53).

Nach Waldeyer[1]) und Friedenthal[2]) ist der Markstrang in der Mitte der stark markhaltigen Haare allgemein stärker und verschmälert sich nach der Spitze und der Basis der Haare.

v. Höhnel[3]) gibt an, daß bei der Ziege die Haardicke der Grannenhaare an der Wurzel 80 bis 90 μ beträgt, während der Markstrang 50 μ ausmacht. Weiter nach oben wird letzterer stärker und die Rindenschicht dünner. Kurz vor der Spitze hat das Haar mit 130 μ die größte Stärke, während die Rindensubstanz nur 80 μ mißt. Die Barthaare sind 10 bis 15 cm über dem Grunde marklos; von dort beginnt ein mächtiger Markzylinder, welcher gewöhnlich bis zur abgebrochenen Spitze reicht.

Abb. 53. Kurzes Unterhaar von einer Kuh mit Shorthornkreuzung (in Glyzerin) (nach W. v. Nathusius).

Von Kronacher[4]) wird für Melehaare angegeben, daß sich der Markstrang dicht unter der Spitze bzw. im oberen

[1]) Waldeyer, W.: Untersuchungen über die Histogenese der Horngebilde, insbesondere der Haare und Federn. Beitr. Anat. u. Embr. Bonn 1882. — Atlas des menschlichen und des tierischen Haares. 1884.

[2]) Friedenthal, Tieratlas. Jena 1911.

[3]) Höhnel, von: Mikroskopie der technisch verwendeten Faserstoffe. Berlin-Leipzig 1911.

[4]) Kronacher, C.: Neues über Haar und Wolle. Z. Tierzüchtg Bd. 1. 1924.

Drittel vorwiegend findet. Öfter erstreckt er sich auch in größeren und kleineren Inseln bis ins mittlere Drittel. Nur in wenigen Fällen ließ er sich im unteren Drittel feststellen. Bei dem Leicester fand Kronacher den Markstrang vorzugsweise in der oberen Hälfte oder im oberen Drittel.

Von Becker[1]) wird für das Cotswoldhaar angegeben, daß sich die Markzellen teils nur im unteren Viertel, teils im oberen Viertel, teils in beiden, teils unregelmäßig über das ganze Haar verteilt, vorfinden.

Nach den Untersuchungen von Spöttel scheinen in den Haaren von solchen Rassen, die zu einer geringen Ausbildung des Markstranges neigen, die Markzellen in der Spitze und z. T. in der Mitte der Haare am häufigsten vorzukommen, während in stark markhaltigen Haaren die Ausbildung in der Mitte des Schaftes am beträchtlichsten ist.

f) Die Abhängigkeit der Markzellenausbildung von der Körperstelle.

Verschiedentlich werden Unterschiede in der Ausbildung des Markstranges in den Haaren verschiedener Körperstellen angegeben. Nach Mann[2]) hat das Flankenhaar von rheinisch-belgischen Kaltblutpferden einen größeren Markkanal im Vergleich zum Haardurchmesser als das Haar vom Blatt und von der Keule. Auch nach Harms[3]) steht bezüglich der relativen Dicke des Markstranges das Flankenhaar von hannöverschen Warmblutpferden an erster Stelle. Hals- und Keulenhaare, welche sich untereinander in dem Verhältnis von Mark zur Rinde ziemlich gleichen, weisen viel geringere Dimensionen des Markstranges auf als das Flankenhaar.

Beim Schaf wird von Kronacher[4]) angegeben, daß speziell beim Mele in den Haaren der Keule häufiger und in stärkerer Ausbildung Markreste vorhanden sind als in den Haaren der Schulter und in der Flanke. Auch die Untersuchungen nach Spöttel an Merino, Mele-, englischen und Landschafwollen haben bestätigt, daß wohl allgemein beim Schaf die Haare der Keule zu einer erhöhten Produktion von Marksubstanz neigen als die der Flanke und der Schulter. Häufig treten markführende Haare auf der Schulter noch stärker zurück als auf der Flanke. Wahrscheinlich steht die erhöhte Markzellenproduktion der Keulenhaare im Zusammenhang mit der Dickenzunahme, die allgemein die Keulenhaare im Vergleich zu Schulter- und Flankenhaaren auszeichnen.

Das Haar im Gesicht und an den Extremitäten der Merinos wird von einigen älteren Autoren als markhaltig angesehen. Nach W. v. Nathusius[5]) ist jedoch das Haar der Extremitäten markfrei. Nach unseren Feststellungen kann das Haar der erwähnten Körperstellen teils markfrei, teils markhaltig sein und zeigt wenigstens zum Teil noch gewisse Anklänge an das Stichelhaar der Wildschafe.

g) Die Abhängigkeit der Markzellenausbildung vom Alter des Tieres.

Bei zunehmendem Alter tritt nicht nur eine Verfeinerung des Haares ein, sondern es erfolgt auch eine Reduktion des Markstranges. Diese ist von Mann

[1]) Becker: Beitrag zur Kenntnis des Wollhaares des Eiderstädter Cotswoldschafes Inaug.-Diss. Hannover 1922.

[2]) Mann: Untersuchungen an Haaren von rheinisch-belgischen Kaltblutpferden. Inaug.-Diss. Halle 1925.

[3]) Harms: Untersuchungen an Haaren von hannöverschen Warmblutpferden. Inaug.-Diss. Halle 1925.

[4]) Kronacher, C.: Neues über Haar und Wolle. Z. Tierzüchtg Bd. 1. 1924.

[5]) Nathusius, W. v.: Das Wollhaar des Schafes in histologischer und technischer Beziehung mit vergleichender Berücksichtigung anderer Haare und der Haut. Berlin 1866. — Mitteilung über die bei ferneren Untersuchungen des Haares der Schafe und anderer Haustier erlangten Resultate. Z. d. landw. Central-Vereins der Provinz Sachsen Jg. 32, S. 1.

und Harms für Pferde und von Spöttel für Schafe festgestellt worden. Speziell bei Schafen kann man beobachten, daß in der Lamm- und Jährlingswolle häufig größere Reste von Markzellen oder mehr oder weniger ausgeprägt ein vollständiger Markstrang vorhanden ist, während in der Wolle der erwachsenen Tiere sich nur noch Spuren oder Reste nachweisen lassen. Fast an sämtlichen Körperstellen beginnt nach Lingk[1]) bei den Saanenziegen der Markkanal näher an der Haarwurzel als bei den Harzerziegen, und mit zunehmendem Alter rückt der basale Anfang des Markstranges bei beiden Rassen immer weiter von der Wurzel weg und nach der Mitte zu. Mit zunehmendem Alter wird in den Haaren sämtlicher Körperstellen die Rindensubstanz, wohl infolge des physiologischen Verhornungsprozesses, stärker und der Markstrang kleiner.

In den Haaren ganz junger Tiere ist also das Mark im allgemeinen reichlicher vorhanden, die Rindensubstanz ist dünner.

Die Bildung des Markes unterliegt gewissen Phasen. Im Anfang des Wachstums des Haares ist sie am stärksten vorhanden und nimmt mehr oder weniger rasch gegen das Ende desselben ab.

h) Die Abhängigkeit der Markzellenausbildung von dem Geschlecht des Tieres.

Nach Harms, Mann und Lodemann[2]) haben die Stuten der verschiedensten Pferderassen einen relativ stärkeren Markstrang in den Haaren der verschiedensten Körperstellen als die Hengste. Nach Mann und Harms ist die Querschnittsform beim Hengste abgerundeter als bei der Stute. Der Wallach steht bezüglich der Markstrangausbildung etwa in der Mitte zwischen Hengst und Stute. Nach Mann tritt in der Jugend der Geschlechtscharakter im Haar weniger und meist erst bei der Geschlechtsreife hervor.

Die Bullenhaare haben einen kleineren Markstrang als die Kuhhaare, das von Gareis[3]), Büter[4]) und Bilek[5]) für die verschiedensten Höhen- und Niederungsrassen festgestellt worden ist.

Bei der Saanenziegenrasse haben die Haare der Böcke einen kleineren Markstrang als die der Ziegen. Das gleiche gilt für die Harzer Ziegenrasse für Stirn und Bauchhaare; an den übrigen Körperstellen wurden keine Unterschiede gefunden oder der Markstrang war bei den Böcken größer. Letzteres gilt nach den Untersuchungen von Spöttel wohl auch für die Schafe.

i) Die Abhängigkeit der Markzellenausbildung von Art und Rasse.

Nach Waldeyer treten am Markstrang die deutlichsten Spezies-Unterschiede auf.

Das Haar der Nager zeigt eine charakteristische Anordnung der Markzellen. Beim Hasen und Kaninchen stehen in den feinen Flaumhaaren die scharfbegrenzten, viereckigen Zellräume mit parallelen Wänden in einer perlschnurartigen Reihe. In den stärkeren Haaren sind es mehrere Reihen, oft bis zu 5 oder 6, die nebeneinander liegen (Abb. 54, 55).

---

[1]) Lingk: Das Ziegenhaar als Rassemerkmal. Inaug.-Diss. Hannover 1922.

[2]) Lodemann, G.: Das Pferdehaar. Untersuchungen über Struktur und Pigment des Pferdehaares, sowie das Pferdehaar als Rassenmerkmal. Z. Tierzüchtg Bd. 9. Berlin 1927.

[3]) Gareis: Das Rinderhaar als Rassemerkmal. Inaug.-Diss. Hannover 1922.

[4]) Büter: Das Rinderhaar als Rassemerkmal. Inaug.-Diss. Hannover 1922.

[5]) Bilek: Vergleichende Untersuchungen über die Beschaffenheit der Haare verschiedener Rinderrassen. Dtsch. tierärztl. Wschr. 1919. — Bethke, Fr.: Das Haarkleid des Rindes. Diss. Leipzig-Dresden 1927.

Waldeyer[1]) hat die verschiedenen Tierhaare nach dem Bau des Markkanals folgendermaßen unterschieden:

I. Mark mit intrazellulärem Luftgehalt:
a) kleinzellige Form,
b) großzellige Form.

II. Mark mit interzellulärem Luftgehalt:
1. feinkörniges Mark,
2. grobkörniges Mark,
3. maschiges, netzförmiges Mark:
a) regelmäßig netzförmiges,
b) unregelmäßig netzförmiges,
c) feinmaschiges Mark,
d) grobmaschiges Mark.
4. Wechselspaltiges Mark:
a) Leitersprossenform (regelmäßiges Mark),
b) Perlschnurform (regelmäßiges Mark),
c) Knollenform (unregelmäßiges Mark).

Bei beiden Abteilungen I. und II.:
5. Schmale Markzylinder (weniger als die Hälfte der Haarbreite).
6. Mittlere Markzylinder (die Hälfte der Haarbreite).
7. Breiter Markzylinder (über die Hälfte der Markbreite).
8. Einfacher Markzylinder.
9. Doppelter Markzylinder.
10. Gleichmäßiger Markzylinder.
11. Ungleichmäßiger Markzylinder.
12. Stetiger Markzylinder.
13. Unterbrochener Markzylinder.
14. Gerader Markzylinder.
15. Gewundener Markzylinder.
16. Pigmentierter Markzylinder.
17. Pigmentloser Markzylinder.
18. Einzeiliges Mark.
19. Mehrzeiliges Mark.

Hausman[2]) unterscheidet folgende Typen: a) Markkanal fehlt, b) Markkanal diskontinuierlich, c) Zwischenstadium, d) kontinuierlicher Markkanal, e) Markreste (Abb. 56).

W. v. Nathusius[3]) macht Angaben über die Unterscheidung von Pferden und Eseln auf Grund der Ausbildung des Markstranges. Bei den weißen Hedschas-Eseln fand er als Charakteristikum gegenüber anderen Eseln und Pferden eine von der Rinde in das Mark vorspringende Leiste, während er im übrigen aber in der Marksubstanz der Deckhaare bei den Equiden keine Differenzen antraf.

Von verschiedenen Autoren wird die Ausbildung des Markstranges auch als Rassemerkmal angesprochen. Derartige Untersuchungen liegen vor allem für die Borsten der Schweine vor.

---

[1]) Waldeyer, W.: Untersuchungen über die Histogenese der Horngebilde, insbesondere der Haare und Federn. Beitr. Anat. u. Embr. Bonn 1882. — Atlas des menschlichen und des tierischen Haares. 1884.

[2]) Hausman, L. A.: Further studies of relationships of the structural characters of mammation hair. The American Naturalist Bd. 58, Nr. 659. 1924. — A Micrological Investigation of the Hair Structure of the Monotremata. Amer. J. Anat. 1920, S. 27.

[3]) Nathusius, W. v.: Über Haarformen und -farben von Equiden als Kriterien der Vererbung, namentlich bei Bastarden. Landw. Jb. 1897.

Nach Gurlt[1]) ist der Markstrang im ganzen Verlauf der Borsten vollständig und erstreckt sich bis zur Spitze. Erdl[2]) fand in den Flaumhaaren des Wildschweines kein Mark, während er in den Borsten einen Markstrang nachweisen konnte. W. v. Nathusius[3]) beschreibt in den Borsten einen unregelmäßig gestalteten, sich bis zur Spitze erstreckenden Markkanal von bedeutender Ausdehnung. Harms[4]) spricht von einem Achsenteil des Schweinehaares, aber nicht von einem Markstrang. Nach Waldeyer sind selbst die stärksten Schweineborsten meist ohne Mark.

Nach Litterscheid und Lambardt[5]) beträgt die Markschicht $^4/_5$ der gesamten Haardicke. Nach Kränzle[6]) ist der Markstrangquerschnitt sternförmig.

Nach Stoß[7]) und Flatten[8]) nimmt der Markkanal etwa ⅓ der Borstenbreite ein. Der Markzylinder schwankt nach Flatten beim polnischen

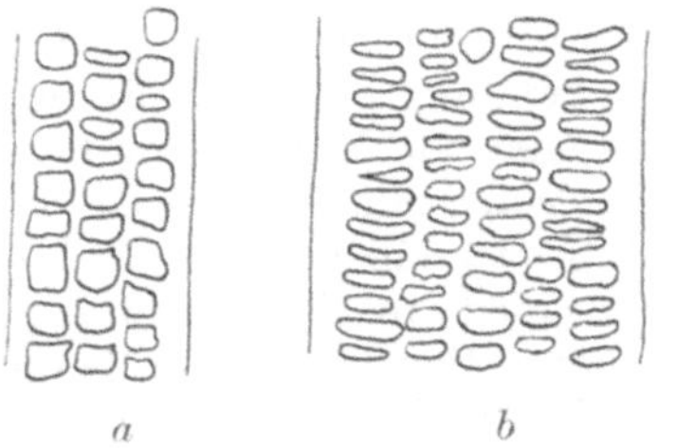

Abb. 54. Grannenhaar vom zahmen Kaninchen (nach Litterscheid und Abeler). *a* oberhalb der Haarwurzel, *b* Grannenanfang.

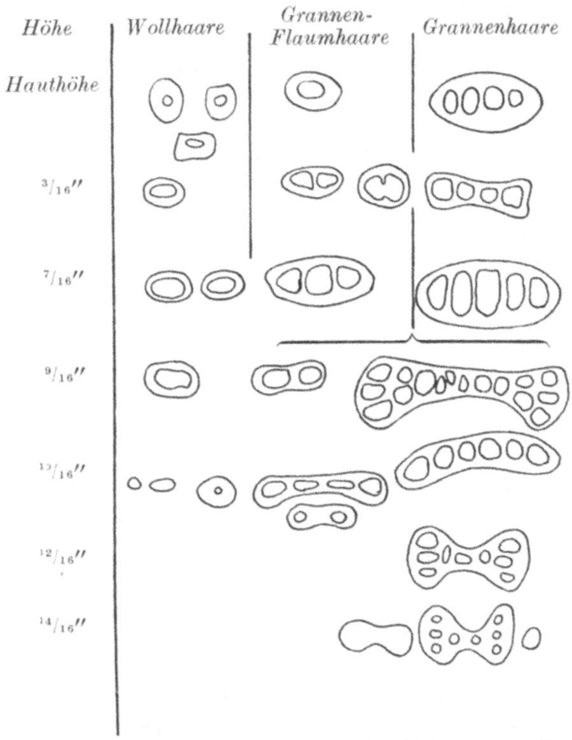

Abb. 55. A-Typ beim belgischen Riesenkaninchen (nach Salaman aus Tänzer).

Landschwein zwischen 0,026 und 0,102 mm, beim Bakonyerschwein zwischen 0,017 und 0,119 mm. Zur Unterscheidung der Rassen beim Schwein verwendet

[1]) Gurlt: Vergleichende Untersuchungen über die Haut des Menschen und der Haussäugetiere, besonders in bezug auf die Absonderungsorgane des Hauttalges und des Schweißes. Berlin 1835 u. 1844. — Handbuch der vergleichenden Anatomie der Haussäugetiere. Berlin 1873.

[2]) Erdl: Vergleichende Darstellung des inneren Baues der Haare. Abh. der Math. Physik. Kl. der kgl. bayr. Akademie der Wissenschaften Bd. 3. 1843.

[3]) Nathusius, W. v.: Das Wollhaar des Schafes in histologischer und technischer Beziehung mit vergleichender Berücksichtigung anderer Haare und der Haut. Berlin 1866. — Mitteilung über die bei ferneren Untersuchungen des Haares der Schafe und anderer Haustiere erlangten Resultate. Z. d. landw. Central-Vereins der Provinz Sachsen Jg. 32, S. 1.

[4]) Harms: Die histologischen Verhältnisse der Schweinehaare. Jahresber. der Kgl. Tierärztl. Hochschule Hannover S. 44. 1869.

[5]) Litterscheid, F. und H. Lambardt: Die Erkennung der Haare unserer Haussäugetiere und einiger Wildarten. Hamm 1921. — Lambardt, H.: Ein Beitrag zur Erkennung der Haare unserer Haussäugetiere und verschiedener Wildarten. Diss. Unna 1921.

[6]) Kränzle: Untersuchungen über die Haut des Schweines. Inaug.-Diss. München 1922.

[7]) Stoß: Äußere Bedeckung in Ellenberger: Vgl. Anatomie der Haustiere Bd. 1, S. 168. Berlin 1905/06.

[8]) Flatten, W.: Untersuchungen über die Haut des Schweins. Inaug.-Diss. Berlin 1894.

Teodoreanu[1]) die Länge und Form des Markstranges und sein Verhältnis zur Rindensubstanz. Je edler die Rasse ist, desto geringer ist auch die Menge des Markstranges, eine Feststellung, die nach seiner Ansicht auch für Schafrassen zutrifft. Die dunklen Borsten besitzen bei allen Rassen nur wenig Mark. Die Mittelzahlen der Querschnitte von Mark- und Rindensubstanz stehen bei hellen Borsten in einem Verhältnis von 2,3 zu 3,7 und bei den dunklen von 1,0 zu 3,3.

Beim veredelten Landschwein ist ein stärkerer Markstrang vorhanden als beim Edelschwein. Für das unveredelte hannöversch-braunschweigische Landschwein ist charakteristisch ein starker Markstrang mit Verzweigungen. Auch in den Borsten des bayerischen Landschweines ist ein gut entwickelter Markstrang vorhanden. Beim chinesischen Maskenschwein ist das Mark stärker ausgebildet als beim Berkshire.

Für Pferde glaubt Lodemann[2]) an einigen Körperstellen in der Markstärke Unterschiede verschiedener Rassen bzw. Rassengruppen zu erkennen. So zeigt der Widerrist nach ihm einen Unterschied in der Markstärke zwischen Kaltblut, Halbblut und Vollblut. Bei ersterem ist das Verhältnis von mittlerer Haardicke und mittlerem Markdurchmesser 1 : 0,32, beim Oldenburger 1 : 0,36, beim Araber 1 : 0,39 und beim englischen Vollblut 1 : 0,44. Auch Harms[3]) kommt auf Grund von Untersuchungen von Haaren von hannöverschen Warmblutpferden zu der Ansicht, daß gegenüber den Kaltblutpferden (Untersuchungen von Mann[4])) ein Unterschied in der Ausbildung des Markstranges besteht. Demnach hätten die edleren Pferde einen größeren Markstrang als die schweren, wenn auch die Unterschiede nicht an allen Körperstellen in gleichem Maße zum Ausdruck kommen und vor allem in den Haaren der Rippe am wenigsten deutlich sind.

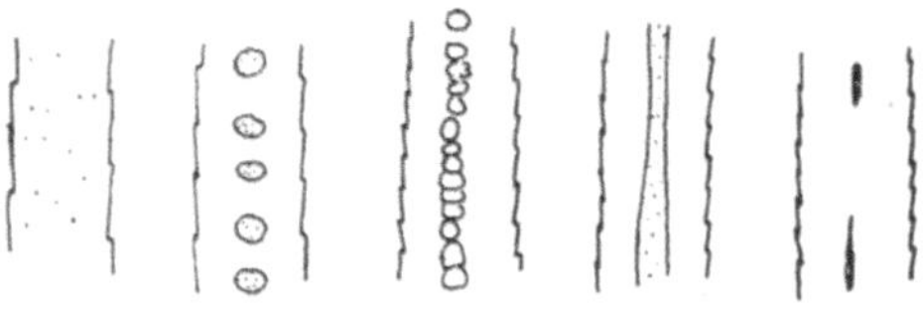

Abb. 56. Ausbildung des Markkanals nach Hausman. *a* fehlender Markkanal, *b* diskontinuierlicher Markkanal, *c* Zwischenstadium, *d* kontinuierlicher Markkanal, *e* Markreste.

Nach Gareis[5]) kommt in dem Verhältnis der Stärke des Gesamthaares zu der Stärke des Markstranges beim Rind gleichfalls ein Rassenunterschied zutage, und zwar hat das Haar von Widerrist und Rippe beim Harzrind den kleinsten (1 : 3 Mark zu Gesamthaar) und das Murnau-Werdenfelser-Rind (1 : 1,4). Algäuer und Franken stehen zwischen den erwähnten Rassen.

An Widerrist und Rippe ist das Verhältnis der Stärke des Markstrangse zu der Größe des Gesamthaardurchmessers bei dem badischen Fleckvieh nach Büter[6]) größer als bei dem oberbayrischen Fleckvieh, während an allen anderen Körperstellen das umgekehrte Verhältnis vorliegt. Das Pinzgauer Rind hat an allen Körperstellen im Vergleich zu dem erwähnten Fleckvieh den kleinsten Markstrang (am Widerrist 1 : 2,63), den größten Markstrang hat das oberbadische Fleckvieh (1 : 1,73).

[1]) Teodoreanu: Die Schweineborsten als Rassemerkmal. Inaug.-Diss. Hannover 1922.
[2]) Lodemann, G.: Das Pferdehaar. Untersuchungen über Struktur und Pigment des Pferdehaares, sowie das Pferdehaar als Rassenmerkmal. Z. Tierzüchtg Bd. 9. Berlin 1927.
[3]) Harms: Untersuchungen an Haaren von hannöverschen Warmblutpferden. Inaug.-Diss. Halle 1925.
[4]) Mann: Untersuchungen an Haaren von rheinisch-belgischen Kaltblutpferden. Inaug.-Diss. Halle 1925.
[5]) Gareis: Das Rinderhaar als Rassemerkmal. Inaug.-Diss. Hannover 1922.
[6]) Büter: Das Rinderhaar als Rassemerkmal. Inaug.-Diss. Hannover 1922.

Auch für Ziegen glaubt Lingk[1]) Rassenunterschiede in der Ausbildung des Markstranges erkennen zu können. Nach ihm besitzen die Tiere der Harzer Ziegenrasse mit Ausnahme der Bart- und Euterhaare, die nie oder nur selten einen Markstrang aufweisen, an sämtlichen Körperstellen einen kleineren Markstrang als die Saanenziegen. Das Verhältnis des Längendurchmessers des Markstranges zum Längsdurchmesser des gesamten Haares ist bei den Ziegen der Saanenziegenrasse 1 : 1,5 bis 2,8 und bei den Böcken 1 : 1,7 bis 3,03. Für die Harzer Ziegenrasse sind die entsprechenden Werte 1 : 1,9 bis 3,6 bzw. 1 : 1,53 bis 3,38.

Ferner beginnt nach Lingk der Markstrang bei den Saanenziegen näher an der Wurzel als bei den Harzer Ziegen.

Das Mufflonhaar besteht mit Ausnahme einer dünn ausgezogenen Spitze und dem kurzen markfreien Halse über der Wurzel fast ausschließlich aus einem nur mit einer ganz dünnen Rindenschicht umgebenen Markstrang. Auch das grobe Haar der Bezoarziege hat nach W. v. Nathusius einen ganz ähnlichen Bau.

Aber auch Hausschafe besitzen noch nach W. v. Nathusius diese, wie es scheint allen Schaf-, Ziegen-, Hirsch- und Antilopen-Arten gemeinsame Haarform[2]). W. v. Nathusuis stellt sie z. B. für das Guineaschaf fest. Nach unseren Untersuchungen hat auch das Stichelhaar des Somalischafes den gleichen Bau. Bei allen diesen Schafen sind die feinen Flaumhaare gänzlich markfrei, oder sie haben nur noch ganz kleine Markreste.

Bei Southdown-Merino-Lämmern hat W. v. Nathusius festgestellt, daß das markhaltige, stark abgeplattete Überhaar des Lammes nicht ausfällt, denn der größte Teil der Spitze der einige Monate alten Lammwollen zeigt unterhalb seiner markfreien Spitze einen mehr oder weniger starken Markkanal. Der untere Teil der Haare ist dagegen gänzlich markfrei (Schulterprobe). In den Proben vom Kreuz sind noch Spuren von Marksubstanz vorhanden. Die Wolle vom erwachsenen Southdown ist dagegen vollständig markfrei.

Auch beim Merino ist das Verhalten ein ähnliches. Das markhaltige Überhaar geht zum Teil direkt in das markfreie Haar ohne Haarwechsel über. Das gleiche haben wir auch bei Merinofleischschafen feststellen können.

Bei den mischwolligen Schafrassen ist der Gehalt der Wolle an markhaltigen Haaren und die Ausbildung des Markes sehr variabel. So findet man z. B. nach Spöttel unter den Wollen der Fettschwanzschafe bei den Karamanwollen einen hohen Prozentsatz von Haaren, die einen sehr stark ausgeprägten Markstrang aufweisen, beim Dagliczschaf treten diese stärker zurück und beim Karakul sind meist nur geringe Prozente von Haaren mit Markresten vorhanden. Derartige Unterschiede finden wir auch bei deutschen mischwolligen Rassen u. a. auch bei den beiden Zuchtformen der Heidschnucke. Allgemein ist jedoch hervorzuheben, daß die Variabilität der Markzellenausbildung innerhalb derselben Rasse sehr groß ist und überall individuelle Schwankungen vorkommen. Von den englischen Wollen gibt Barker[3]) an, daß das Mark häufiger in der Mountain Long Wool und Mountain Short Wool als in der nicht Mountain Wool vorkommt. Von den englischen Langwollen liegen insbesondere noch Angaben über die Leicester- und Cotswoldwolle vor.

[1]) Lingk: Das Ziegenhaar als Rassemerkmal. Inaug.-Diss. Hannover 1922.

[2]) Giebel: Unterschied der Reh- und Ziegenhaare. Zeitschr. f. d. ges. Naturwissenschaft Bd. 9, S. 43. Berlin 1879.

[3]) Barker, A. F.: Wool Analysis of a Flock of Highland Blackface Sheep. J. Text. Indust. Bd. 13. 1922.

Nach Vornekahl[1]) zeigt die Marksubstanz im Leicesterhaar eine maschige körnige Struktur, ihre Dicke variiert sehr stark, oft schon innerhalb des einzelnen Haares. Diese sowohl strichförmig wie auch vereinzelt punktförmig gestalteten Markreste lassen sich in der Mehrzahl der Haare im Abschnitt Spitze bis Mitte nachweisen. Im Bereich der Spitze liegen die Markreste zum Teil geschlossen beieinander. Einen wirklich durchgehenden Markstrang scheint das Haar des Leicester nicht zu besitzen.

Nach unseren Untersuchungen variiert auch beim Leicester die Markausbildung sehr stark. Teils kommen Wollen vor, die ebensowenig Markreste enthalten wie Merinowollen, und diese herrschen anscheinend vor, teils sind insbesondere in Lammwollen stärkere Markreste vorhanden.

Nach Becker sind auch im Cotswoldhaar inselförmige markhaltige Stellen vorhanden. Bald sind die Markinseln nur punktförmig, bald strich- oder kettenförmig aneinander gereiht. Auch die Querdurchmesser der Markinseln, selbst an demselben Haar, sind sehr schwankend. Diese Angaben decken sich mit denen von W. v. Nathusius. Nach Siemens[2]) finden sich markhaltige Haare bei dem ostfriesischen Milchschaf nur zu äußerst geringern Pozentsätzen und nur auf der Flanke (0,3 bis 2,3%) und hauptsächlich auf der Keule (0,3 bis 5%). Bei 16,28% der untersuchten Tiere, aber nur bei 0,08% der untersuchten Haare hat er Mark gefunden, was die Angaben von Schleitzer und W. Elbe bestätigt. Nur selten war der Markstrang nicht unterbrochen und meistens waren nur strichförmige Fragmente vorhanden. Eine Beziehung zwischen dem Alter der Tiere und dem Auftreten von Markzellen konnte Siemens nicht feststellen.

Im Vergleich zu dem Haar der meisten Mischwollen ist in den Schlichtwollen der Gehalt an markhaltigen Haaren und die Stärke der Ausbildung der Markzellen geringer. In den deutschen Schlichtwollen hat die Rhönschafwolle die stärkste Markausbildung und das Württemberger Schaf im Zuchtziel 1 die geringste und stimmt mit dem Merino überein. Von den englischen Schlichtwollen sind die entsprechenden Extreme die Wollen des Suffolk und Southown.

Das gänzliche Fehlen des Markes in den feinsten Wollhaaren, speziell im Merinohaar, ist zuerst von Rohde[3]) hervorgehoben und von allen älteren Autoren übernommen worden. Während auch Körte und Heyne das Fehlen des Markstranges als charakteristisch für das Merinohaar ansehen, hält Henle nur die feinen Wollhaare für markfrei, während die gröberen oft größere Strecken von Markstrangresten enthalten können. In neuerer Zeit vertreten diesen Standpunkt auch Lehmann, Sticker und Völtz, der angibt, daß er unterhalb von 40 bis 45 μ niemals Markhaltigkeit beobachtet habe.

Die im Tierzuchtinstitut Halle ausgeführten Untersuchungen haben gezeigt, daß auch in Merinohaaren nicht nur Markstrangreste, sondern zuweilen auch auf größere Strecken zu verfolgende typische Markstränge vorkommen, allerdings zu sehr geringen Prozentsätzen. So gibt für die letzteren Dippe in Merinowollen der Querfurter Zucht 0,016% und für die ersteren 0,039% sämtlicher nntersuchten Haare an.

[1]) Vornekahl: Beiträge zur Kenntnis der Wolle des Leicesterschafes. Inaug.-Diss. Hannover 1922. — Becker: Beitrag zur Kenntnis des Wollhaares des Eiderstädter Cotswoldschafes. Inaug.-Diss. Hannover 1922.

[2]) Siemens, M.: Untersuchungen über die Wolle und die Körperproportionen des ostfriesischen Milchschafes. Diss. Halle 1927.

[3]) Rhode, O.: Die Schafzucht. Berlin 1897. — Beiträge zur Kenntnis des Wollhaares. Eldenaer Archiv 1856 u. 1857. — Der anatomische Bau des Wollhaares. Annalen d. Landw. in den Kgl. Preuß. Staaten Bd. 47, S. 37.

Völtz[1]) hat selbst in den feinsten deutschen Tuchwollen, die aus der Mitte des vorigen Jahrhunderts stammen, Spöttel in Elektoral- und Negretti-, Dippe in Negretti- und Scupin in schlesischen Tuchwollen in sehr feinen Wollhaaren wiederholt einzelne Markzellen und Markzellenreste angetroffen. Im allgemeinen finden sich Markzellenreste in den feinen Merinowollen weniger häufig als in den gröberen.

In einer Merinofleischschafherde hat Kronacher[2]) in 8,8% der Tiere einen Markstrang gefunden, und zwar bei $^1/_9$% der untersuchten Haare, teils in Blatt-, teils in Schulter- und Keulenhaaren in punkt- bis strichförmiger Größe. Auch hier findet er den Markstrang im oberen Drittel des Haares und zum Teil in das mittlere Drittel hinüberreichend. Nach den im Tierzuchtinstitut in Halle durchgeführten Untersuchungen wurden in den weitaus meisten Fällen, selbst an der Basis der Haare, häufiger Markreste gefunden.

Bei den Meles ist das Mark nach Kronacher erheblich häufiger als bei den Merinos, aber nur in 0,118% der Haare vorhanden; nach Form und Lage im oberen Drittel des Haares soll es auch dem Markstrang des Leicesters ähneln. Diese Angaben konnten von uns[3]) nicht bestätigt werden, da ein Unterschied zwischen Mele- und gröberen Merinofleischschafwollen nicht vorliegt.

Die Frage, ob das unterschiedliche Vorkommen von Mark als Rassemerkmal oder nur als individuelle Eigenschaft angesprochen werden kann, außer der Arteigenschaft, kann wohl dahin beantwortet werden, daß der Markzellengehalt als Rassemerkmal nicht wahrscheinlich ist. Wenn auch wenigstens, was die Häufigkeit des Auftretens des Markes anbetrifft, gewisse Unterschiede vorhanden sind, so ist doch andererseits festzustellen, daß die verschiedensten nicht verwandten Rassen darin übereinstimmen können. Wenn auch zur Kennzeichnung der Wolle einer Rasse die Angabe über die Ausbildung des Markes hinzugehört, so ist doch zu berücksichtigen, daß ein typischer Rassenunterschied nicht vorliegt, und daß weitgehende individuelle Schwankungen vorkommen. Mit Barker[4]) muß man ferner in Betracht ziehen, daß die Variabilität des Marks nicht allein durch genetische Faktoren, sondern im gewissen Maße auch durch das Milieu bedingt sein kann.

Nicht nur als Rassemerkmal hat man den Markstrang benutzt, sondern ihn auch zur Kennzeichnung der Konstitution herangezogen. Die Mächtigkeit und die Gestalt des Markzylinders ist nach Zorn ein Kriterium für den feinen oder grobzelligen Körperbau.

k) Die Beziehung der Markzellen zu der Haarfeinheit.

Wir haben schon erwähnt, daß in den groben Stichelhaaren der Markkanal am mächtigsten ausgebildet ist, dann folgen die groben Haare der mischwolligen und am anderen Ende der Reihe stehen die feinen Merinohaare. Im großen und ganzen kann man auch in ein und derselben Wolle in den gröbsten Haaren häufiger als in den feinsten Markzellen finden.

---

[1]) Völtz, W. und W. Kirsch: Ein Beitrag zur Kenntnis von Merinotuchwollen zur Zeit des goldenen Vlieses (1839). Z. Tierzüchtg. Bd. 8. 1927.

[2]) Kronacher, C. und W. Schäper: Spaltend oder intermediär? Beitrag zum Entscheid über die Vererbungsform des Charakters „Wollefeinheit". Z. Tierzüchtg. Bd. 6. 1926. — Bemerkungen zur Untersuchung von Melewollen. Z. Tierzüchtg. Bd. 3. 1925.

[3]) Spöttel, W. und E. Tänzer: Über die Eigenschaften und die Vererbung der Wolle der Leicester-Merinokreuzungen. Dtschl. Landw. Tierzucht. 1922. — Spöttel, W.: Bemerkungen zur Untersuchung von Melewollen. Jahrbuch für wissenschaftl. und prakt. Tierzucht Jg. 17, S. 81—107. Hannover 1925.

[4]) Barker, A. F.: Wool Analysis of a Flock of Highland Blackface Sheep. J. Text. Indust. Bd. 13. 1922.

So haben z. B. Untersuchungen Kronachers an Melewollen ergeben, daß in den feinen Sortimenten die Markzellen weniger häufig als in den gröberen sind und auch Siemens hat bei ostfriesischen Wollen festgestellt, daß die Markhaltigkeit mit zunehmender Haardicke steigt. Von 31,2 μ an finden sich in zunehmender Zahl in allen Unterklassen markhaltige Haare. Die gleiche Ansicht wird auch von Meiß für Rhönschafwollen, von Pank u. a. für Merinowollen angegeben.

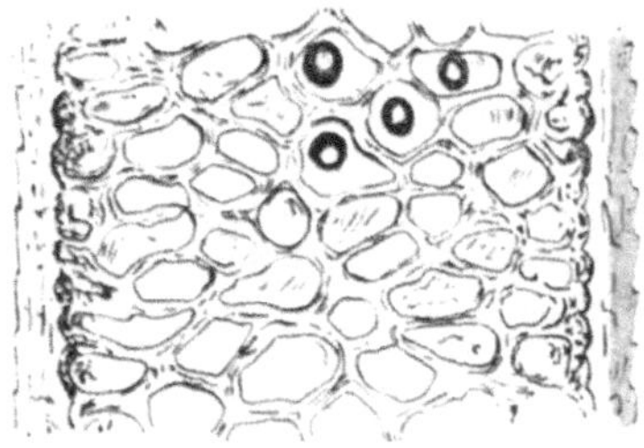

Abb. 57. 40 mm langes loses Oberhaar (Stichelhaar) des Fettschwanzschafes. Es ist stark abgeplattet und gewellt. Mit schwacher Natronlauge behandelt und in Glyzerin beobachtet. In einigen Hohlräumen der Markröhre sind Luftblasen geblieben. Vergr. 234,5 fach. (nach W. v. Nathusius).

Diese Korrelation ist jedoch keineswegs ohne Ausnahme, denn es gibt immer auch grobe Haare, die markfrei und feine, die markhaltig sind. Nach Dippe[1]) besteht überhaupt keine Abhängigkeit des Markzellengehaltes von dem Haardurchmesser, denn auch bei den feinsten Haaren hat er Markzellen festgestellt; es waren sogar alle markhaltigen Haare bis auf zwei feiner als 40 μ.

l) Die Beziehung zwischen Markstrang und Pigmentierung.

Auch zwischen der Pigmentierung und der Ausbildung des Markstranges glauben verschiedene Autoren Beziehungen feststellen zu können. So gibt Lingk an, daß vollständig schwarze Haare der Ziegen stets den kleinsten Markstrang aufweisen. Werden die Haare in ihrem Verlauf braun, so wird der Markstrang bedeutend größer. Bei braunen Haaren ist der Markstrang immer stärker ausgebildet als bei schwarzen. Das gleiche scheint für die Heidschnuckenwolle zu gelten.

Auch bei Pferden glauben Harms und Mann derartige Beziehungen zwischen Formgestaltung sowie Ausgestaltung des Markstranges zur Pigmentierung feststellen zu können und nach Büter haben die weißen Rinderhaare gleichfalls einen größeren Markstrang als die farbigen.

m) Die Beziehung des Markstranges zu Form- und physikalischen Eigenschaften des Haares.

Die Dickenverhältnisse des Markes zur Rinde sind sehr wechselnd. Je stärker das Mark entwickelt ist (Abb. 57), um so brüchiger ist das Haar (Somalihaar). Dagegen sind Haare mit dicker Rindenschicht und spärlichem bzw. fehlendem Mark sehr widerstandsfähig.

Die stark markhaltigen Haare sind allgemein auch verhältnismäßig spröde, weniger biegsam als die markfreien Haare, und zwar um so mehr, je dicker der Markstrang ist.

Abb. 58. Wollhaar vom Merinofleischschaf (nach Pank) mit durchgehendem Markkanal (stellenweise mit Luft gefüllt).

Abb. 59. Längenansicht eines Lincoln-Haares mit durchbrochenem Markkanal (nach Bohm).

[1]) Dippe, F.: Wollstudien in der Merinofleischschaf-Stammherde Querfurt mit besonderer Berücksichtigung der Feinheit und Ausgeglichenheit. Inaug.-Diss. Halle 1924.

Wenn nur Reste von Markzellen (Abb. 58, 59) vorhanden sind, hat dies keinen merkbaren Einfluß auf die technischen Eigenschaften des Wollhaares und es kann andererseits ein Haar marklos sein, ohne die Eigenschaften der Wolle zu haben.

Zwischen der äußeren Formgestaltung und dem Fehlen oder der Art des vorhandenen Markkanales glaubt man gewisse Zusammenhänge feststellen zu können. Haare mit relativ starkem Markstrang sind straff und gerade, solche mit weniger starkem meist schön gewellt und markfreie Haare sind meist gekräuselt, können aber auch gewellt oder gar schlicht sein, so daß man wohl kaum den oben angegebenen Zusammenhang aufrecht erhalten kann.

Auf dem Haarquerschnitt bildet das Mark eine rundlich-ovale, bohnen- oder mehr oder weniger abgeplattete Form (Abb. 62 bis 64).

B. Die Morphologie der Haare.

1. Der Querschnitt der Haare.

a) Die Methode der Querschnittsherstellung.

Bezüglich der Herstellung von Querschnitten von Haaren ist zunächst festzustellen, daß diese infolge harter und spröder Materialbeschaffenheit gewisse Schwierigkeiten bietet. Zur Einbettung haben von seiten der verschiedenen Autoren die verschiedensten Medien Verwendung gefunden, wie Harz, Kanadabalsam, Baumwachs, Paraffin, Guttapercha, Zelluloid, Atlasschuhkitt usw. Wir haben bei Paraffineinbettung fast regelmäßig, mindestens bei mittelfeinen, groben und gröbsten Haaren sehr gute Resultate erhalten. Die

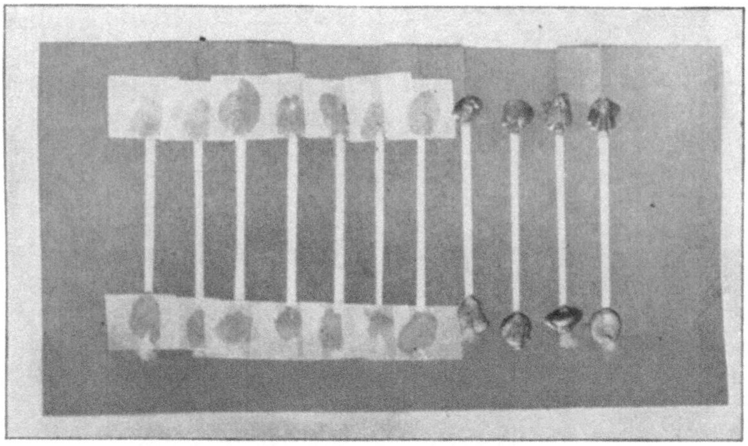

Abb. 60a. Die gespannten Wollhaarbüschelchen, teilweise mit Ölpapierfleckchen bedeckt (nach Kronacher, Saxinger und Schäper).

entfetteten Haare werden, parallel zu Bündelchen vereinigt, in geschmolzenes Paraffin gelegt, das sofort stark abgekühlt wird und erstarrt. Zweckmäßig ist es, Paraffin von sehr hohem Schmelzpunkt zu verwenden. Sehr gute Resultate werden auch mit den Methoden von Herbst und Witt[1] erzielt. Die

[1]) Herbst, W. und M. Witt: Neuere Methoden der Wollhaarmessung. Z. Tierzüchtg. Bd. 2. 1925.

von Kronacher[1]) verbesserte Methode der vorerwähnten Autoren sei im folgenden wiedergegeben (Abb. 60a—e).

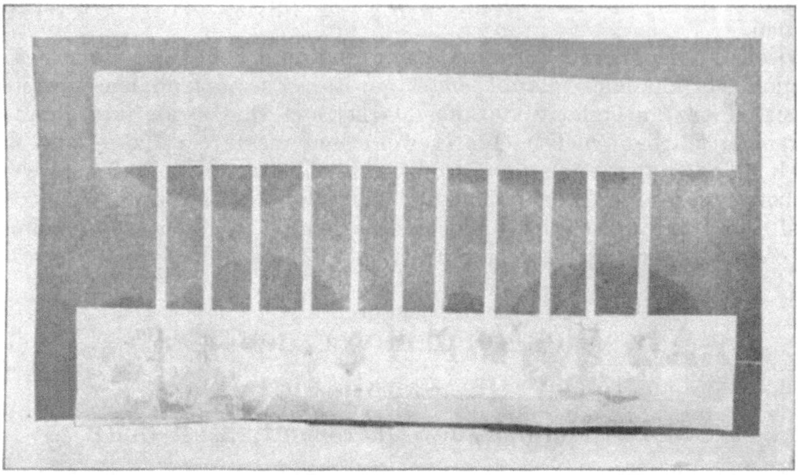

Abb. 60b. Über alle mit Ölpapierfleckchen bedeckten Haltepunkte sind breite, vorstoßende Ölpapierstreifen mit Pelikanol aufgeklebt (nach Kronacher, Saxinger und Schäper).

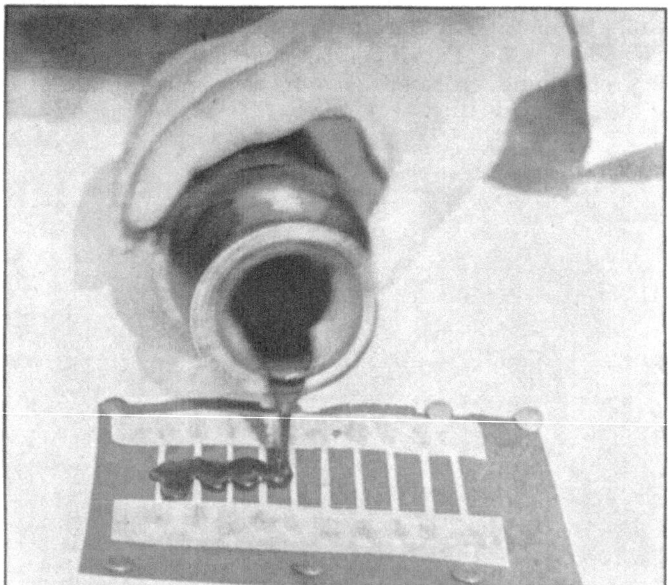

Abb. 60c. Begießen der aufgespannten Haarbüschelchen mit Hannoverscher Wollhaareinbettungsmasse [nach Kronacher, Saxinger und Schäper).

Aus den Strähnchen werden nach Entfettung mit Äther schonend 25 bis 100, bei feinen Haaren auch bis 300 entnommen. Dann werden Streifen von schwar-

[1]) Kronacher, Saxinger und Schäper: Die Wollefeinheitsbestimmung am Querschnitt im Projektionsbild. Z. Tierzüchtg Bd. 4, H. 3. — Roberts, J. A. F.: A Method of Preparings Sections of Mammalian Hair. J. Roy. Micro. Soc. 1923.

zem Tonpapier zur Aufnahme der einzelnen Haarbündel zugerichtet. Ein Streifen von 8 cm Breite und 11 bis 12 cm Länge wird an einer Breitseite in Abständen von je ca. 1,5 cm mit ebenso langen Einschnitten versehen. Je ein Haarbüschel wird nun mit seinem spitzen Ende in einen Einschnitt geklemmt und mit einem Tropfen heißen Wachskolophonium (1 Teil Wachs, 2 Teile Kolophonium) befestigt. Nach dem Glätten der Haarprobe, die so vorgenommen wird, daß die noch freien Haarenden abwechselnd zwischen Daumen und Zeigefinger der rechten und linken Hand hindurchgezogen werden, bis möglichst völlige Entkräuselung und Streckung eingetreten ist, wird das untere Ende des Haarbüschels in der gleichen Weise festgeklebt wie das obere. Bei der nötigen Entkräuselung und Anspannung muß darauf geachtet werden, daß die feinen Haare, die viel leichter zerrissen werden können, geschont werden. Andererseits ist eine völlige Streckung des Haares unbedingt notwendig. Es ist ferner darauf zu achten, daß die Haare parallelen Verlauf haben und daß das Haarbüschel flach ausgespannt zur Einbettung kommt.

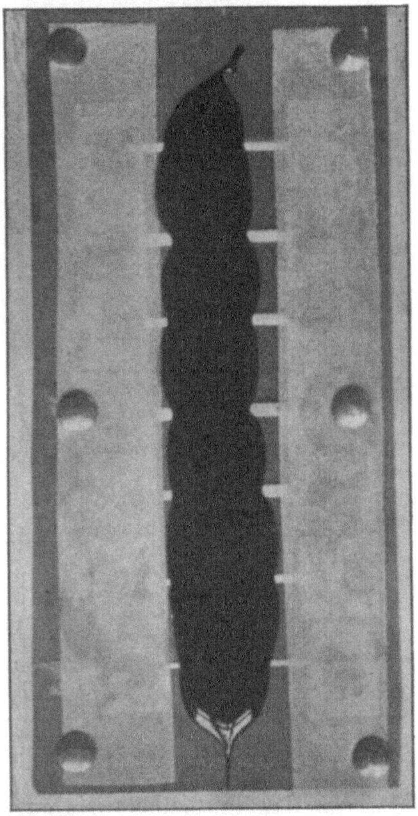

Abb. 60d. Fertiges Präparat (nach Kronacher, Saxinger und Schäper).

Als Einbettungsmaterial wird eine Azetonlösung von Zelluloid benutzt, die über die Haarsträhnchen gegossen wird und allmählich die zwischen den Haaren befindlichen Luftmassen verdrängt. Zuvor wird noch auf die einzelnen über die Wachs-Kolophoniumtröpfchen geklebten Ölpapierfleckchen ein breiter, mindestens ½ cm über die Haftstellen vorstoßender Ölpapierstreifen mit einer Klebmasse (Pelikanol) in ganz dünner Schicht aufgeklebt. Ein mehrmaliges Begießen derselben Stelle ist wegen eventueller Blasenbildung zu vermeiden.

Wenn das Einbettungsmedium ungefärbt verwendet wird, so sind die Helligkeits- und Lichtbrechungsunterschiede zwischen Einbettungsmedium und unpigmentierten Haaren gering, so daß die deutliche Erkennung des Haarrandes und einwandfreie Bestimmung des Haardurchmessers vielfach unmöglich ist. Es wird Zelluloid verwendet, das mit kolloidalem Graphit getrübt ist (Graphokoll E. de Haen, Chemische Fabrik in Seelze bei Hannover). Es wird auf diese Art und Weise ein stärkerer Kontrast zwischen dem schwarzen Einbettungsmedium und dem transparenten Haarzylinder erreicht; die Haarränder sind deutlich und scharf. Als gefärbtes Einbettungsmedium kann auch Verwendung finden: 35 g Zelluloid, 170 g Azeton, 4 g Ölschwarz 0 der Höchster Farbwerke.

Die bespannten Tonpapierstreifen werden vor dem Einbetten auf eine ebene, wagerechte Platte mit Fließpapier gelegt, mit Reißzwecken befestigt und in dieser Lage getrocknet. Aus den eingerichteten Haarpräparaten werden Streifchen mit den einzelnen Haarsträhnen herausgeschnitten. Möglichst geringe Streifenbreite ist notwendig, um ein Einrollen der Schnitte zu vermeiden. Breiter als

½ cm sollen die Strähnchenstreifen nicht sein. Diese Streifen werden zwischen zwei Klötzchen im Mikrotom senkrecht eingespannt und geschnitten. Die Schnitte werden in Glyzerin eingelegt.

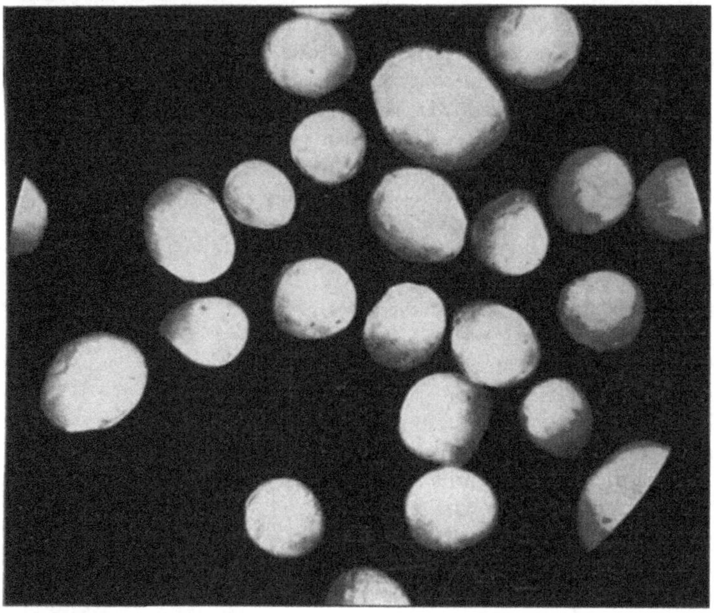

Abb. 60e. A-Wolle in gefärbtem (Hannoverschen) Einbettungsmittel (500 × linear) (nach Kronacher, Saxinger und Schäper).

b) Die Abhängigkeit der Querschnittsform von der Größe des Querschnittes.

Bezüglich der Form des Haarquerschnittes beim Schaf finden wir folgende Angaben:

Die Ansicht der älteren Autoren geht dahin, daß vor allem für die Merinowolle kreisförmige Haarquerschnitte charakteristisch seien (Körte, Rohde, Jonath[1]), Wagner[2]), Löbner[3]) u. a.). Auch Reissner[4]) gibt noch an, daß die von ihm untersuchten Haare des Hausschafes sämtlich zylindrisch wären. Nach Browne[5]) hat das grobe Haar zylindrischen oder ovalen, die Wolle dagegen exzentrisch elliptischen Querschnitt. Jeppe[6]) ist der Ansicht, daß Wollhaarquerschnitte rundlich, oval, dreieckig, flach und platt sind. Demgegenüber meint Rohde[7]), daß die Wollhaare gewöhnlich kreisförmige Querschnitte haben, nur selten findet er bei feinen Wollhaaren eine viereckige oder ovale

---

1) Jonath: Das Schaf. Übersetzt von Duttenhofer. Stuttgart 1845.

2) Wagner, J. Ph.: Beiträge zur Kenntnis und Behandlung der Wolle und Schafe. Berlin 1820.

3) Löbner, C. Heinrich: Studien und Forschungen über Wolle und Gespinstfasern.

4) Reissner, F.: Beiträge zur Kenntnis der Haare des Menschen und der Säugetiere. 1854.

5) Browne, P. A.: Trichologia mammalium or a treatise in the organization, propecties and uses of hair and wool; together with an essay upon the raising and treeding of shepp. Philadelphia 1850.

6) Jeppe, C. F. W.: Terminologie der Schafzucht und Wollkunde. Rostock 1847.

7) Rhode, O.: Die Schafzucht. Berlin 1897. — Beiträge zur Kenntnis des Wollhaares.

Form. An anderer Stelle spricht er davon, daß die gröberen Haare unregelmäßige Formen aufweisen, die sich der ovalen oder Kreisform nähern, je mehr der Durchmesser an Größe abnimmt. Eine ganz regelmäßige Querschnittsform läßt sich nach ihm bei keiner Wolle feststellen.

Eingehende Untersuchungen über den Haarquerschnitt haben H. und W. v. Nathusius[1]) angestellt. Nach ersterem ist die Unregelmäßigkeit des Querschnitts bei verschiedenen Haaren desselben Schafes und den Haaren verschiedener Schafe sehr verschieden. Am regelmäßigsten sind die Querschnitte bei feinen Merinohaaren ausgebildet. Im allgemeinen sind die Haare keine bandförmigen Körper, auch nicht von regelmäßiger Gestaltung, sondern vielfach abgeplattet elliptisch oder ganz unregelmäßig ausgebildet (Abb. 61).

Abb. 61. Haarquerschnitte von ganz „edler" sächsischer Wolle (nach W. v. Nathusius).

Nach W. v. Nathusius ist der Querschnitt des Haares mit den seltensten Ausnahmen, die sich als Abnormitäten kennzeichnen, meist oval. Von einem kreisförmigen Querschnitt, wie ihn ältere Autoren angeben, kann man jedoch niemals sprechen. In seltenen Fällen ist er ein regelmäßiges Oval, meist in verschiedenster Weise kantig und abgeplattet.

Im allgemeinen kommt Bohm zu ähnlicher Ansicht wie W. v. Nathusius. Von einer normalen Kreisform kann auch bei den Wollhaarquerschnitten nicht die Rede sein, und es finden sich immer mehr oder weniger Abplattungen. Am geringsten sind diese bei markfreiem Haar. Je feiner die Wolle ist, um so geringere Abweichungen von der Kreisform sind vorhanden oder der Querschnitt nähert sich der ovalen oder rhombischen Form. Die Unregelmäßigkeit der Querschnittsform soll vor allem bei markhaltigen Haaren, wie z. B. bei groben markhaltigen Heidschnuckenhaaren, besonders groß sein. Ähnlich äußert sich auch Lehmann[2]), der insbesondere von feinen Flaumhaaren an-

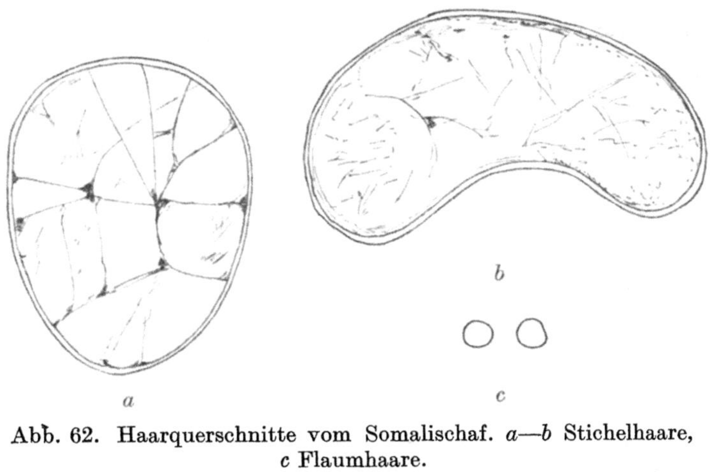

Abb. 62. Haarquerschnitte vom Somalischaf. *a*—*b* Stichelhaare, *c* Flaumhaare.

---

[1]) Nathusius, H. v.: Vorträge über Schafzucht Bd. 2. Berlin 1880. — Nathusius, W. v.: Das Wollhaar des Schafes in histologischer und technischer Beziehung mit vergleichender Berücksichtigung anderer Haare und der Haut. Berlin 1866. — Mitteilung über die bei ferneren Untersuchungen des Haares der Schafe und anderer Haustiere erlangten Resultate. Z. d. landw. Central-Vereins der Provinz Sachsen Jg. 32, S. 1.

[2]) Lehmann, C.: Gesammelte Schriften Bd. 2. Berlin 1920. — Bedeutung und Hauptgrundlinien der Wollkunde. Berlin 1920.

gibt, daß sie noch am ehesten kreisförmig sind, während im übrigen die gröberen Haare mehr oder weniger unregelmäßige Querschnittsformen aufweisen. Die Querschnittsflächen der Wollhaare zeigen nach Herbst zwar eine verschiedenartige, mehr oder weniger unregelmäßige Gestalt, doch stellen sie hinsichtlich ihrer aus den extremsten, senkrecht zueinander stehenden Durchmessern zu errechnenden Inhalte im allgemeinen Näherungsformen an Kreise oder Ellipsen mit verschiedenen Achsenverhältnissen dar.

Nach unseren Feststellungen[1]) sind die Unterschiede der Querschnittsform von groben und feinen Haaren bei den stichelhaarigen und mischwolligen Schafen am bedeutendsten. Während die groben Stichelhaare ovalen bis bohnenförmigen Querschnitt zeigen (Abb. 62), der nur bei Haarwechsel stärker abgerundet wird, ist derjenige der feinen Wollhaare mehr rundlich. Ähnliche Unterschiede finden sich auch bei den groben und feinen Haaren der Heidschnucken (Abb. 63) und des Zackelschafes, während die Haare mittlerer Feinheit alle Übergänge bezüglich der Querschnittsform zeigen (Abb. 64). Beim Bentheimer, pommerschen Landschaf und Karakul verwischen sich schon die Unterschiede in der Querschnittsform der groben und feinen Haare, und noch mehr ist dieses bei dem Rhön-, dem Leine- und Wilstermarsch-Schaf der Fall. Die Haare von dem Skudde-, Geest-, Budjadinger-, Oxford-, Shropshire-, Hampshire-, Württemberger Schaf und Merino haben rundlichen bis ovalen, gelegentlich unregelmäßigen und eckigen Querschnitt.

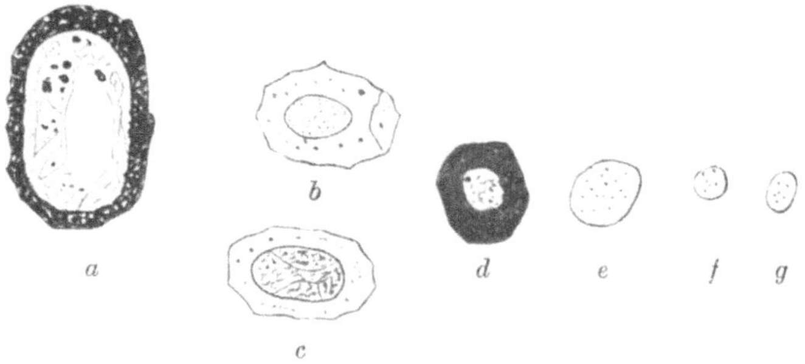

Abb. 63. Haarquerschnitte der grauen Heidschnucke. *a—d* Grannenhaare mit Mark (*a* und *d* pigmentiert), *e—g* Flaumhaare.

Abb. 64. Haarquerschnitte vom Lincolnschaf.

Die Abplattung der Haare von Merinojährlingswolle variiert nach Dimitriadis[2]) zwischen 0 und 37,5%, hauptsächlich um die Werte 7,5 und 12,5%. Innerhalb der Grenzen der Haarstärke der Merinos ist eine Beziehung der Abplattung zu der Dicke nicht nachweisbar.

Nach Kühler[3]) ist der Querschnitt des Einzelhaares beim Karakulschaf in seiner Gesamtlänge sehr verschieden, besonders wenn man ihn als Ellipse betrachtet, weniger dagegen, wenn diese in den flächengleichen Kreis umgerechnet ist. Die gröberen Haare weisen Abplattungen von oft mehr als 30% des größeren Ellipsendurchmessers auf.

Tänzer[4]) ermittelt durch Schnittserienverfolgung beim Karakul (senkrecht

[1]) Sp. u. T. (S. 1, Anm. 3).

[2]) Dimitriadis, J.: Die physikalischen Eigenschaften der Merinojährlingswolle aus der Stammschäferei Friedeburg a. d. Saale. Diss. Halle 1926.

[3]) Kühler, H.: Untersuchungen über die physikalischen Eigenschaften der Wolle von Karakulschafen. Diss. Halle 1924.

[4]) T. (S. 8, Anm. 4).

zur Haarrichtung), daß im Gegensatz zu der als verhältnismäßig gleichmäßig errechneten Haardicke die Abplattungskoeffizienten nicht ganz unbeträchtlich schwanken, jedoch ohne ausgesprochene Regelmäßigkeit (ausgenommen die Abrundung des Haares nach der Papille zu). Die Drehungen des Haares sind im allgemeinen ganz unerheblich, wenn man sich auf den Standpunkt stellt, daß der gegebenenfalls in der Achsenrichtung veränderte Durchmesser tatsächlich der Ausdruck der Drehbewegung ist. Bei der großen Variabilität der Haargestalt erscheint es dem genannten Verfasser als durchaus möglich, daß regellose Dickenabänderungen in den verschiedenen Querdimensionen des Haares auftreten, die die Verlagerung der Durchmesserachse scheinbar als Drehbewegung erkennen assen.

c) Die Unterschiede der Querschnittsform im Verlauf des Einzelhaares und der Haare verschiedener Körperstellen.

Ein und dasselbe Haar kann verschiedene Querschnittsformen in verschiedener Höhe aufweisen, so daß wir an demselben Haar teils rundliche, teils ovale und teils unregelmäßig gestaltete Querschnittsformen antreffen können, wie dieses zum Teil schon H. und W. v. Nathusius[1]) dargelegt haben. Vielleicht stehen diese Änderungen in der Querschnittsform im Zusammenhang mit der Änderung der Dicke der Haare. Im allgemeinen ist festzustellen, daß die Haarquerschnitte sich mehr einer runden Form nähern, je weiter der Schnitt nach der Haarwurzel zu liegt. Bei Schafhaaren scheint auch nach der Spitze zu eine Abrundung stattzufinden.

Nach Rast[2]) hat die Spitze der Pferdehaare fast kreisförmigen Querschnitt. Mit dem Beginn der Markeinlagerung setzt die Abplattung ein und nach der Wurzel zu wird der Querschnitt wieder rundlich. Diese Angaben über die verschiedenen Querschnittsformen in verschiedener Höhe der Pferdehaare werden z. B. von Harms, Mann und Lodemann u. a. bestätigt.

Die Unterschiede, die in der Querschnittsgestaltung der Haare bei Pferden, Rindern, Ziegen und Schafen erwähnt werden und die darin bestehen sollen, daß z. B. die Haare der Keule weniger gerundete Formen aufweisen sollen als die der Schulter, sind wohl auf Unterschiede in der Größe des Querschnitts zurückzuführen.

Die Beziehung der Querschnittsform zu der Färbung der Haare.

Eine Beziehung der Querschnittsform der Haare zu der Färbung glaubt Harms insofern festgestellt zu haben, als die Haare von Schimmeln eine rundere Form zeigen als die anders gefärbter Pferde.

Die Haare der weißen Ziegen ergeben nach Lingk an den meisten Körperstellen unterhalb der Spitze in Querschnitten beiderseits eingeschnürte zweiflügelige Formen, was für die weißen Ziegen charakteristisch sein soll. Bei bunten

---

[1]) Nathusius, W. v.: Das Wollhaar des Schafes in histologischer und technischer Beziehung mit vergleichender Berücksichtigung anderer Haare und der Haut. Berlin 1866. — Mitteilung über die bei ferneren Untersuchungen des Haares der Schafe und anderer Haustiere erlangten Resultate. Z. d. landw. Central-Vereins der Provinz Sachsen Jg. 32, S. 1. — Nathusius, H. v.: Bemerkungen über die Gestalt und die Dimensionen des Wollhaares der Schafe und die Methoden sie zu bestimmen; nebst einem Nachtrag über Wollgewicht. Halle 1864.

[2]) Rast: Studien über das Haarkleid, den Haarwechsel und die Haarwirbel des Pferdes. Arb. dtsch. Ges. Züchtgskde. 1911, Heft 11.

Ziegen kommt diese Querschnittsform nur ganz vereinzelt vor und hier nur bei älteren Tieren.

Bei Schafen liegen Untersuchungen in dieser Richtung noch nicht vor, doch scheinen in der Wolle der grauen Heidschnucke die unpigmentierten bzw. wenig pigmentierten Haare rundere Querschnitte aufzuweisen.

d) Die Abhängigkeit der Querschnittsform von dem Geschlecht.

Nach Waldeyer[1]) treten in der Querschnittsform des Menschenhaares Geschlechtsunterschiede zutage und von Stuten und Rindern wird angegeben, daß sie mehr abgerundete Haarquerschnitte haben als die männlichen Tiere. Auch bei Ziegen und Schafen soll das Bockhaar mehr eckige Querschnittsformen aufweisen als das Haar der weiblichen Tiere. Insofern derartige Unterschiede tatsächlich bestehen, sind sie wohl nicht als Geschlechtsunterschiede zu deuten, sondern darauf zurückzuführen, daß das Haar der männlichen Tiere gröber als das der weiblichen ist.

e) Die Querschnittform der Haare als Art- und Rassemerkmal.

Das dem periodischen Wechsel unterliegende Körper- und Deckhaar hält W. v. Nathusius als morphologisches Kriterium bei Art- und Rasseuntersuchungen für bedeutsamer als das Haar des Behanges der Mähne und des Schwanzes, und zwar liegt das Charakteristikum in der Spitze der Haare, deren verschiedene Schlankheit und Abplattung ihm bei Haaren verschiedener Eselrassen auffiel und die angeblich Pferd und Esel unterscheiden.

Nach Waldeyer kommen sowohl Geschlechtsunterschiede wie vor allem Rassenunterschiede in der Kräuselung und der Form des Querschnittes der Haare zum Ausdruck, wie er für die verschiedenen Menschenrassen zu zeigen versuchte.

Auch nach Zorn[2]) ist der Haarquerschnitt Rasseeigenschaft. Die Querschnittsformen von Haaren, die nicht gewechselt werden, sind nach ihm einfacher als bei anderen Haaren, und zwar rundlich oder oval. Es scheinen bei diesen die individuellen Eigenschaften gegenüber den Rasseeigenschaften in den Vordergrund zu treten.

Die Querschnitte der Schweineborsten sind nach Harms[3]) rundlich, elliptisch und unregelmäßig viereckig, mitunter auch dreieckig und eiförmig. Nach Teodoreanu[4]) eignen sich zur Feststellung der Rassenunterschiede der Querschnittsformen der Schweineborsten am besten die Schnitte durch die Basis ½ cm von der Wurzelspitze entfernt, und zwar von Rücken und Bauch und erst in zweiter Linie von der Rippe. Die Querschnittsform ist bei unveredelten Rassen mehr abgeplattet als bei veredelten. Beim Berkshire und Edelschwein haben die Querschnittsformen der Borsten an den verschiedenen Körperstellen ein ziemlich gleichmäßiges und gleichartiges Aussehen. Die Rückenborsten haben beim veredelten Landschwein eine abgeplattete Form, beim Edelschwein sind sie länglich bohnenförmig oder oval. Auch beim bayrischen

[1]) Waldeyer, W.: Untersuchungen über die Histogenese der Horngebilde, insbesondere der Haare und Federn. Beitr. Anat. u. Embr. Bonn 1882. — Atlas des menschlichen und des tierischen Haares. 1884.

[2]) Zorn, W.: Haut und Haar als Rassen- und Leistungsmerkmal in der landwirtschaftlichen Tierzucht. 48. Flugschrift der deutschen Gesellschaft für Züchtungskunde. 1919.

[3]) Harms: Die histologischen Verhältnisse der Schweinehaare. Jahresber. der Kgl. Tierärztl. Hochschule Hannover S. 44. 1869.

[4]) Teodoreanu: Die Schweineborsten als Rassemerkmal. Inaug.-Diss. Hannover 1922.

roten Landschwein sind die Querschnitte länglich bohnenförmig. Charakteristisch für das Mangaliczaschwein ist nach Teodoreanu die dreieckige Form des Borstenquerschnitts. Beim Berkshire sind die Querschnitte bohnenförmig, während beim chinesischen Maskenschwein der Querschnitt an der Spitze der Borsten stark abgeplattet und an der Basis etwas rundlich ist. Nach Harms ist das Haar des Warmbluts feiner als das des Kaltbluts und hat eine mehr rundliche Querschnittsform. Im übrigen kam er zu gleichen Ergebnissen wie Mann, nur glaubt er im Unterschied zu diesem einige Blutlinien in den Haarformen verfolgen zu können. Nach Lodemann scheint die Querschnittsform kein sicheres Rassemerkmal bei Pferden zu sein. Er gibt jedoch wie die übrigen Autoren an, daß die Kaltblüter das am stärksten abgeplattete Haar haben. Araber und Oldenburger unterscheiden sich aber nicht wesentlich, während das englische Vollblut kreisrunde Haarquerschnittsformen hat. Rast lehnt die Querschnittsform als Rassemerkmal bei Pferden gänzlich ab und auch Rostafinsky[1]) findet bei zwei Rinderrassen keine Unterschiede in der Querschnittsausbildung der Haare an gleicher Körperstelle.

Bezüglich der Querschnittsform der Haare verschiedener Schafrassen wird von den älteren Autoren fast allgemein angegeben, daß sich die Merinohaare durch kreisrunde Querschnitte auszeichnen. Nach W. v. Nathusius zeigen längere, stärkere Haare mannigfach variierende elliptisch-kantige Querschnittsformen, wie sie vor allem bei den Querschnitten von Landschafhaaren festgestellt werden können, während die kürzeren feineren Haare mehr rundliche oder abgerundete Formen haben. Selbst bei der feinen Merinowolle findet man nach ihm nur rundliche, aber keine kreisförmigen Querschnitte neben ovalen und kantig abgeplatteten. Southdownwolle hat noch regelmäßigere Querschnittsgestalt als die edelste Merinowolle, und auch Leicesterwolle weist verhältnismäßig regelmäßige und abgerundete Querschnittsformen auf, was von Vornekahl bestätigt wird. Becker bezeichnet den Querschnitt von Cotswoldhaaren als unregelmäßig rund, bald mehr rund oval, bald stellten sie auch unregelmäßige Drei- und Vierecke mit stark abgerundeten Ecken dar, die sich aber immer mehr der Kreisform näherten.

Zusammenfassend ist festzustellen, daß bezüglich der Querschnittsform der Haare bei Schafen von einem Rassenmerkmal nicht gesprochen werden kann, sondern daß allein eine Abhängigkeit der Querschnittsform von der Größe des Querschnittes besteht. Bei den mischwolligen Schafen haben wir neben den rundlichen Querschnitten der sehr feinen Haare meist ovale und unregelmäßig gestaltete der groben nebst den verschiedensten Übergängen. Bei den gröberen Schlichtwollen herrschen die ovalen und unregelmäßigen und bei den feineren und den Merinowollen die abgerundeten vor.

f) Die Messung der Haarquerschnittsfläche.

Zur physiologischen Analyse des Einzelhaares ist eine möglichst genaue Querschnittsbestimmung unerläßlich. Bei guten Mikrotomschnitten genügt vollkommen die Messung der verschiedenen Durchmesser mit Hilfe eines Okularmikrometers. Es läßt sich die Größe eines Querschnitts nach der für den Inhalt einer Ellipse geltenden Formel $J = a \cdot b \cdot \frac{\pi}{4}$ aus den beiden Achsenwerten errechnen. Das sich ergebende Resultat stellt einen Flächenwert dar; da man sich jedoch in der Wollmessung (vgl. später) daran gewöhnt hat, mit linearen Maßen

[1]) Rostafinsky: Über den Einfluß der Rasse auf die Behaarung des Rindes. Extrait du Bulletin de l'Academie des sciences de Cracovie. 1906.

zu arbeiten, so hält es Herbst[1]) für angebracht, die Querschnittsfläche durch Längenwerte auszudrücken, die zu der Größe der Flächen in irgendeinem festen, wenn auch nicht proportionalen Abhängigkeitsverhältnis stehen. Nur bei zu dicken Querschnitten ist die Ablehnung der Durchmessermessung, wie sie Rona (aus Mark[2])) gibt, berechtigt.

Die Messung der Haarquerschnitte wird nach Herbst und Witt so ausgeführt, daß die Schnitte mittels eines Mikro-Projektionsapparates auf eine horizontale Tischplatte projiziert werden. Kronacher verwendet einen Edingerschen Zeichenapparat von Leitz (Abb. 65), an dem ein Kreuztisch und eine Feineinstellvorrichtung angebracht sind, um jede Veränderung und Verschiebung vom Platz aus ausführen zu können. Die Messung erfolgt bei 500facher linearer Vergrößerung, so daß 1 Mikron in der Natur 500 Mikra in der Projektion groß erscheint. Entweder wird nun der größte und der darauf senkrecht stehende Durchmesser der einzelnen Haare gemessen und dann aus dem Produkt beider die Quadratwurzel gezogen, oder ihr Durchmesser wird auf Grund des Vergleichs mit Vollkreisen bestimmt. Beide Verfahren haben, wie Kronacher[3]) gezeigt hat, die gleiche Sicherheit.

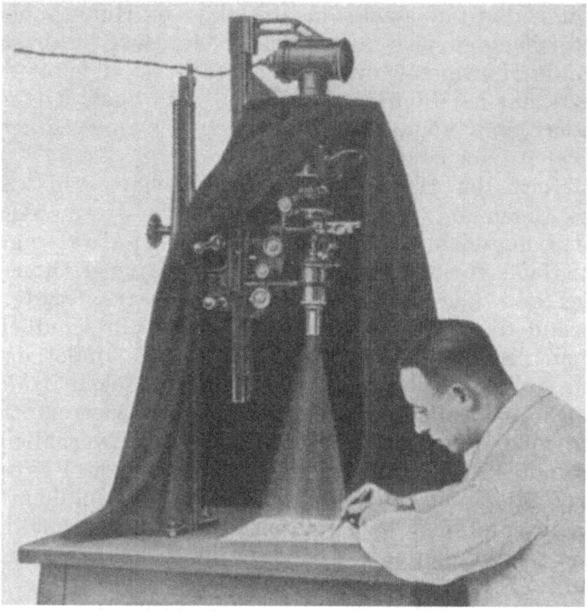

Abb. 65. Zeichentisch nach Edinger (nach Kronacher, Saxinger und Schäper).

Die Kreise, die man zum Vergleich benutzt, unterscheiden sich in einer Differenz von 2 Mikra (Abb. 66). Jeder Kreis erhält die ungerade Zahl eingezeichnet, welche die Klassenmitte darstellt. Der Mikrakreis *9* umfaßt also den Raum von 8 bis 10 Mikra mit der Klassenmitte 9 und der Mikrakreis *15* umfaßt den Raum 14 bis 16 Mikra mit der Klassenmitte 15 Mikra. Diese Einteilung hat den Vorteil, daß sie die ganze Wertskala der Wollfeinheits-Verbreitung aufs feinste abgestuft enthält.

Diese Kreisflächen werden folgendermaßen erhalten: Bei bestimmter Optik und konstanter Entfernung des Objektivs von der Tischfläche wird die Einteilung des Objektivmikrometers auf einem auf dem Tisch liegenden Bogen aus weißem Zeichenkarton projiziert und das Maß für 100 Mikra abgegriffen. An Hand dieses Maßes wird dann nebeneinander eine Anzahl von Kreisen auf den Karton gezeichnet, deren Durchmesser den Mikragrenzwerten der einzelnen Feinheitsgrade entsprechen. Die Feinheitsgrade werden in diese Kreise eingetragen.

---

[1]) Herbst, W. und M. Witt: Neuere Methoden der Wollhaarmessung. Z. Tierzüchtg Bd. 2. 1925.

[2]) Mark, H.: Beiträge zur Kenntnis der Wolle und ihrer Bearbeitung. Einzeldarstellungen aus dem Kaiser-Wilhelm-Institut für Faserstoffchemie. Berlin 1925.

[3]) Kronacher, C.: Neues über Haar und Wolle. Z. Tierzüchtg Bd. 1. 1924.

Die Messung erfolgt dann durch einfachen Vergleich. Alle Haare, die bezüglich der Größe der Querschnittsfläche zwischen zwei benachbarten Kreisen liegen, gehören einem Feinheitsgrade an. Ovale Querschnitte werden mit dem seiner Größe am nächsten kommenden Kreise so weit als möglich zur Deckung gebracht und der Inhalt des überstehenden Kreisabschnittes mit dem überstehenden Teil der Querschnittsfläche des Haares verglichen. Ist der Kreisabschnitt größer, so gehört das betreffende Wollhaar in den niedrigeren, anderenfalls in den höheren Feinheitsgrad (Herbst und Witt).

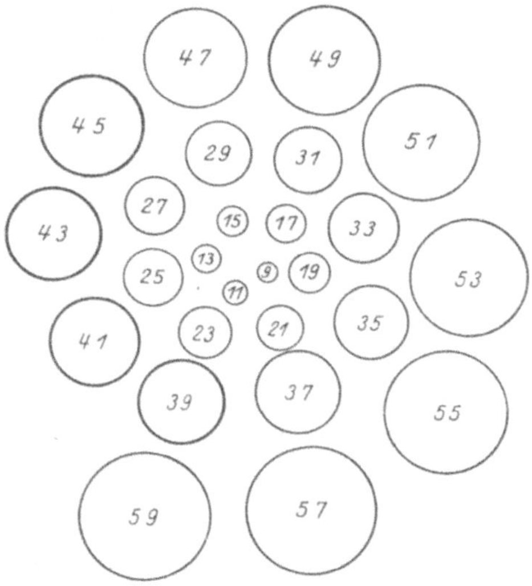

Abb. 66. 2 μ Kreistafel in halber Größe zum Gebrauch bei 500facher linearer Vergrößerung (nach Kronacher, Saxinger und Schäper).

A. Herzog[1]) verfährt in der Weise, daß er tadellos erhaltene Einzelfaserquerschnitte mit einem Zeichenapparat in starker mikroskopischer Vergrößerung (1500) zeichnet und die ihnen zukommenden Flächen mit einem Planimeter oder durch Auswägen der mit der Schere ausgeschnittenen Zeichnungen ermittelt. Wegen der Umständlichkeit dieser Arbeit, der erforderlichen größeren Zahl von Einzelversuchen zwecks Erlangung brauchbarer Durchschnittswerte und der erforderlichen, kostspieligen apparativen Erfordernisse ist dieses Verfahren aber verbesserungsbedürftig gewesen.

Das Deniermeter von A. Herzog (Abb. 67) weist in diesen Beziehungen erhebliche Vorzüge auf und gestattet eine direkte Bestimmung der Querschnittsfläche bzw. der Feinheit der Einzelfasern auf mikroskopischem Wege. Dieses „Deniermeter" besteht aus einem in Zehnteldeniers geteilten Netzmikrometer, das in einem gewöhnlichen Meßokular untergebracht werden kann. Wählt man z. B. den Linienabstand $= 2{,}704\,\mu$, so beträgt die von jedem kleinen Quadrat begrenzte Fläche $= 7{,}31\,\mu^2$ oder $^1/_{10}$ Denier ($7{,}31 \times 0{,}01368 = 0{,}1$). Um nun die zu prüfende Faser auf ihre Denierzahl zu prüfen, braucht man nur Querschnitte herzustellen, in Kanadabalsam einzubetten und alsdann mikroskopisch mit dem Deniermeter auszumessen, d. h. die von jedem einzelnen Querschnitt gedeckten kleinen Quadrate auszuzählen und den gefundenen Mittelwert durch 10 zu dividieren. Die Auszählung wird noch dadurch erleichtert, daß jede fünfte Linie des Netzmikrometers etwas kräftiger gehalten bzw. doppelt ausgeführt ist. Für genauere Bestimmungen werden etwa 20 Querschnitte genau ausgezählt und der Mittelwert sowie der Gleichmäßigkeitsgrad berechnet. Werden z. B. von dem Faserquerschnitt im Mittel 82 Quadrate bedeckt, die einer Feinheit von je $^1/_{10}$ Denier entsprechen, so beträgt die Feinheit der Faser 8,2 Deniers.

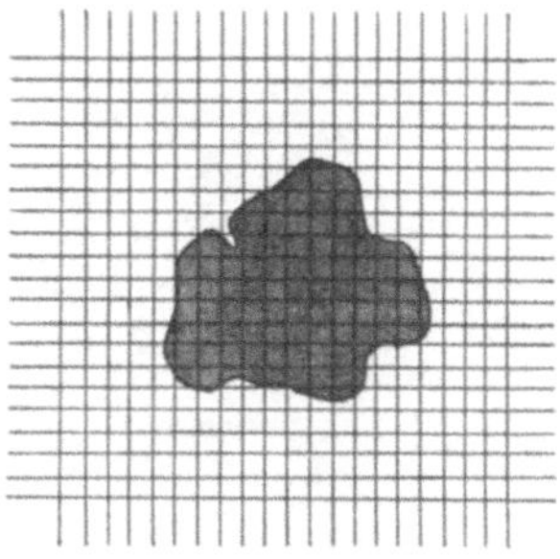

Abb. 67. Deniermeter oder Netzmikrometer nach A. Herzog.

[1]) Herzog, A.: Über ein neues Verfahren zur Prüfung der Querschnittsverhältnisse von Textilfasern. Textile Forschung. 1921.

Die mit Hilfe des Deniermeters erhaltenen Werte stimmen nach A. Herzog mit denjenigen durch sorgfältiges Abweifen und Wägen erhaltenen sehr gut überein. Mit Hilfe dieser Vorrichtung können nicht nur die Querschnittsflächen von einzelnen Fasern, sondern auch von Fäden bestimmt werden. In diesem Falle muß allerdings die Zahl der im Faden nebeneinander liegenden Einzelfasern bekannt sein oder besonders mikroskopisch bestimmt werden.

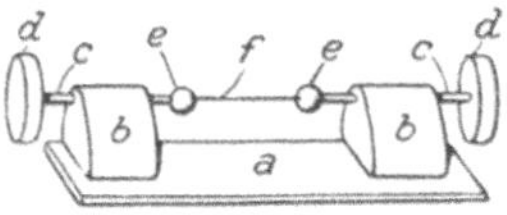

Abb. 68. Von v. Nathusius konstruierter Apparat zur Quermessung des Wollhaares in verschiedenen Winkeln (½ nat. Größe) (nach Bohm). *a* Objektträger, *b* Wachspostamentchen, *cc* Nadeln, welche sich in denselben drehen, *dd* Handhaben aus plattgedrückten Siegellackstückchen, die den Grad der Umdrehung angeben, *ee* Wachskugeln, mit denen das Haar an den Knöpfchen der Nadeln befestigt ist, *f* das ausgespannte Haar.

Dieses Netzmikrometer, das von der Firma E. Leitz in Wetzlar hergestellt wird, eignet sich ferner für andere quantitativ-mikroskopische Messungen und Zählungen, insbesondere auch als Ersatz für die teuren Zeichenapparate. Handelt es sich z. B. um die Zeichnung eines Faserquerschnittes in starker Vergrößerung, so läßt sich die Zeichnung auf kariertem Papier sehr rasch und verhältnismäßig genau ausführen.

Im folgenden sollen die Verfahren geschildert werden, die bei der Bestimmung der verschiedenen Haardurchmesser nicht von dem Haarquerschnitt, wie er mit Hilfe des Mikrotoms gewonnen wird, ausgehen.

Hardy[1]) mißt mit einem Mikrometer, das eine Interpolation von 0,001 cm gestattet, die scheinbar dünnste Stelle des eingespannten Haares in einer Richtung des Raumes. Hierbei kann Hardy den elliptischen Querschnitt nicht berücksichtigen, während seine Ansicht, daß für die Berechnung der physiologischen Größe, wie z. B. der Reißfestigkeit, nur der jeweils kleinste Querschnitt des beanspruchten Haarabschnittes zu bestimmen, als statthaft anzusehen ist. Daß die Meßgenauigkeit von Einzelmessungen bei einer in Frage kommenden Strecke von etwa 12 bis 40 mm zu klein ist, betont Rona. Selbst Hardy führt aus, daß eine genaue Querschnittsbestimmung des Wolleinzelhaares nur durch Messung von verschiedenen Seiten bzw. in verschiedenen Lagen ermöglicht werden könnte.

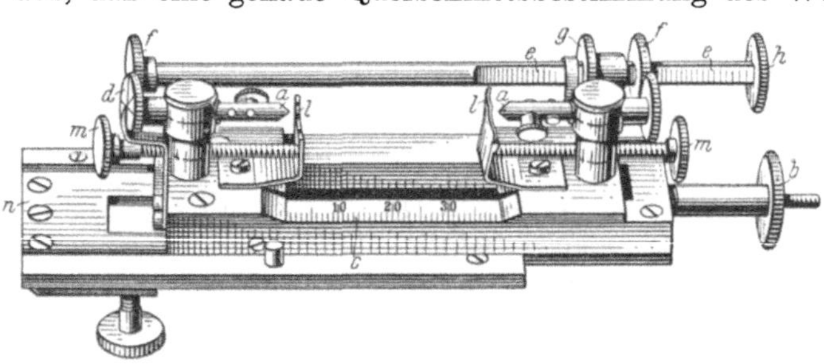

Abb. 69. Bohmscher Wollmesser.

Schon v. Nathusius hat die Notwendigkeit der Beobachtung des Haares in verschiedenen Richtungen empfunden. Den von letzterem konstruierten Apparat (Abb. 68) hat Bohm[2]) verbessert (Abb. 69). Das ganze Instrument kann mit seiner Unterlageplatte auf den Tisch des Mikroskops angeschraubt werden. Das in Universalklemmen *a a* befestigte Haar wird entkräuselt und auf seine wahre Länge (vgl. später) gestreckt, und zwar mit Hilfe der Schraube *b*, die auf einem Schlittengerüst die

[1]) Hardy: Influence of humidity upon the strength and the elasticity of wool fibre. Journ. of agric. Research Bd. 14, S. 287. 1915. — Further studies on the influence of humidity upon the strength and elasticity of the wool fibre. Journ. of agric. Research Bd. 19, S. 55. 1920.

[2]) Bohm, J.: Die Schafzucht nach ihrem jetzigen rationellen Standpunkt. Erster Teil: Die Wollkunde. Berlin 1873.

die rechte Klemme *a* tragende Säule nach Bedarf nach links oder rechts transportiert. Die wahre Länge kann an dem angebrachten cm-Maßstab abgelesen werden. Die federnden Stützen *l l* dienen zur Aufnahme eines Objektträgers; sie werden durch die Stellschrauben *m m* so reguliert, daß das in Glyzerin unter dem Deckglas liegende Haar sich in seiner ganzen Länge unmittelbar über dem Objektträger hinzieht, ohne ihm eigentlich aufzuliegen. Das eingespannte und entkräuselte Haar kann dann mit Hilfe des in den Achsenlagern *g f* drehbaren Gestänges *e* durch die Schrauben *h f* in toto gedreht werden. Die Beobachtung der Querachsen des Haares erfolgt dann unter dem Mikroskop mittels Okularmikrometer.

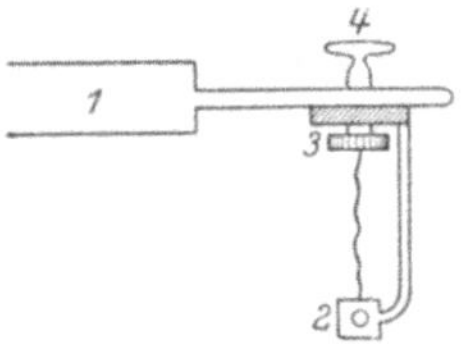

Abb. 70. Hilfsapparat zur Querschnittsmessung (nach Mark).
1 Träger, *2* Klammerschraube für das untere Ende des Haares, *3* Klammerschraube für das obere Ende des Haares, *4* Achse mit Schraubkopf, mit Hilfe deren der ganze unterhalb des Trägers gelegene Teil gedreht werden kann, so daß das Haar von allen Seiten gemessen wird.

Mark und Rona[1]) geben folgende „relativ einfache und nicht allzu zeitraubende Methode mit Hilfe eines kleinen Spezialapparates“ an (Abb. 70).

Die Anordnung ist folgende: Die mikroskopische Messung erfolgt mittels Okularmikrometer bei mittlerer Vergrößerung, 400- bis 600facher. Das Stativ ist horizontal gerichtet bei abgeschraubtem Objekttisch, das Wollhaar ist durch ein kleines Spanngewicht von 0,1 g eben entkräuselt, lotrecht hängend unter Vermeidung jeder Torsion zumindestens um 180 Grad durch eine für die mikroskopische Bildebene zentrierte Vorrichtung um seine eigene Achse drehbar.

Ist das Stativ des Hilfsapparates mit einer mikrometrischen Hebe- und Senkvorrichtung versehen, so läßt sich nach Zentrierung auf die Bildebene des Mikroskops die dünnste Stelle des zu messenden Haarabschnittes zuerst feststellen. An dieser wird das Haar in den Lagen von 0 Grad, 30 Grad, 45 Grad, 60 Grad, 90 Grad, 120 Grad, 135 Grad, 150 Grad und 180 Grad bestimmt und hieraus der größte und kleinste Durchmesser der Ellipse entnommen.

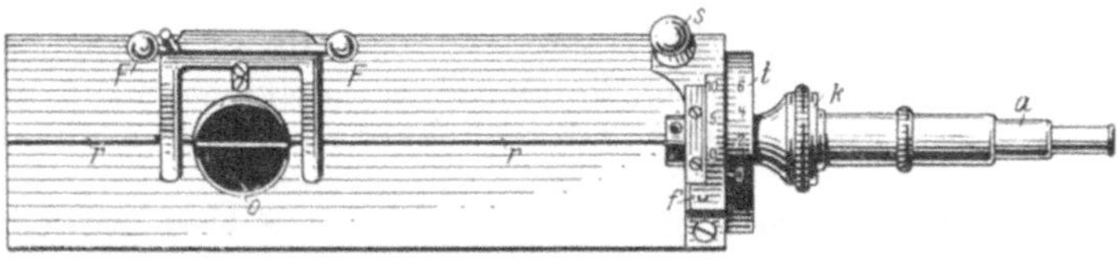

Abb. 71. Kapillarrotator, Nr. 198 (3/5 natürl. Größe).
a Kapillarträger, *F'F* Doppelklammer, *s* Schraube, *o* Kammer, *k* Knopf für die Rotationswelle, *t* Skala; in Grad geteilte Trommel, *r* Rinne für die Kapillare.

Nach Rona stehen die größte und kleinste Achse zumeist senkrecht aufeinander. Wo dieses nicht der Fall ist, muß bei der Querschnittsberechnung interpoliert werden.

Die Bestimmung der verschiedenen Durchmesser eines Haares geschieht bei Schmid[2]) mit Hilfe des Zeißschen Kapillarrotators (Abb. 71). Dieser Apparat ermöglicht es, kleine, durchscheinende Objekte, welche zur Beobachtung im durchfallenden Licht in einer Kapillare eingeschlossen sind, während der Beobachtung um eine horizontale Achse zu drehen. Der Apparat ist so eingerichtet,

[1]) Mark, H.: Beiträge zur Kenntnis der Wolle und ihrer Bearbeitung. Einzeldarstellungen aus dem Kaiser-Wilhelm-Institut für Faserstoffchemie. Berlin 1925.
[2]) Schmid, J.: Das Verhalten der Haare im polarisierten Licht. Diss. Jena 1926.

daß die Glaskapillaren in einer mit Zedernholzöl gefüllten Kammer gedreht werden können, damit die Brechungen und Reflexionen an der Kapillarwand nicht störend wirken und so die Bildgüte beeinträchtigen. Die nach oben gekehrte Kapillarwand vertritt die Stelle eines Deckglases.

Das Arbeiten mit dem Kapillarrotator geschieht nach Schmid folgendermaßen: 1. Ausschrauben des Kapillarträgers *a* aus der Wellenhöhlung und Aufklappen der Doppelklammer *F*. 2. Einführung der Kapillare in den Kapillarträger vom Rohrauszug her. 3. Lösen der Schraube, welche die Rotationswelle nach unten hält. 4. Einführung der Kapillaren in die Bohrung der Welle. 5. Vorsichtiges Anziehen des Gewindes an dieser Welle, bis die Kapillare den Drehungen der Welle folgt. 6. Senken der Doppelkammer zur Befestigung der Kapillare, damit sie sich, ohne zu schlagen, drehen läßt. 7. Befestigung des Apparates mit den Objektklammern des Mikroskoptisches auf diesem. 8. Anfüllen der Kammer mit Zedernholzöl. 9. Einstellung des Objektes. 10. Beobachtung am besten mit einem Immersionssystem von möglichst großem Objektivabstand oder mit Deckgläschen und den gewöhnlichen Objektiven.

Wie oben schon angedeutet, ist das Haar fast immer mehr oder weniger abgeplattet. Der Abplattungskoeffizient x gibt die Differenz des größten (a) und des dazu senkrecht stehenden kleinsten Durchmessers (b) eines Haares derselben Stelle in Prozenten des größten Durchmessers (a) an, entsprechend der Formel $\frac{(a-b)\cdot 100}{a}$. Nach Herbst wechselt der Grad der Abplattung im Verlaufe desselben Haares sowie die Größe der Querschnittsfläche (wirkliche Untreue).

2. Die Ausgeglichenheit des Einzelhaares.

a) Die wahre Dickentreue und Untreue des Haares.

α) Unregelmäßige Gestaltung der Haare.

Mit Bezug auf die Gestalt der Haare hat man die Begriffe der Treue und Untreue aufgestellt, die man auch durch Gleichmäßigkeit und Ungleichmäßigkeit bzw. Ausgeglichenheit und Unausgeglichenheit des Einzelhaares ersetzt. Man versteht unter einem treuen Haar ein solches, das gleich große Querschnittflächen im ganzen Schaft von der Basis bis zur Spitze zeigt, während ein untreues Haar ungleiche Verdikkungen und Verdünnungen aufweist. Bohm fordert von einem treuen Haar nicht nur gleich große, sondern auch gleich geformte Querschnittsflächen und ferner, daß die Textur des Haares von der Basis bis zur Spitze die gleiche Beschaffenheit habe. Die Gleichheit des Querschnittes und die Größe desselben bei einem treuen Haar wird jedoch nur von wenigen älteren Autoren als absolut angesehen, während die übrigen unter Gleichheit verstehen, daß die Unterschiede sich in engen Grenzen halten und daß im übrigen keine Lockerung des Gefüges und keine Zellabschilferungen vorhanden sind.

Abb. 72. Somali-Stichelhaar (natürl. Größe).

Der Schaft des ungeschnittenen Haares ist immer untreu und endigt mit einer Spitze. Diese ist sehr verschiedenartig gestaltet. Zum Teil verjüngt sich das Haar allmählich, und in dieser Verschmälerung ist noch Marksubstanz vorhanden. Es läuft dann in eine lang ausgezogene markfreie Spitze aus, wie wir es z. B. bei Stichelhaaren vom Somali (Abb. 72) oder Mufflon finden, oder aber der Spitzenteil ist nur kurz und kaum abgesetzt, die Spitze selbst zum Teil abgerundet.

Einige ältere Autoren sind der Meinung, daß insbesondere das Merinohaar ganz regelmäßig gebaut sei. Weckherlin[1]) macht jedoch schon die Einschränkung, daß das Wollhaar selten und nur beim höchsten Adel von der Basis bis zur Spitze den gleichen Durchmesser zeigt, während bei unedlen oder groben Wollen dieser Unterschied oft beträchtlich ist. Schmalz[2]) ist der Ansicht, daß bei gedehntbogigen Wollen die Untreue häufiger vorkommt als bei hochbogigen. Nach Th. Wagner[3]) hat das Haar einer feinen, gut gehaltenen Wolle eine fast durchgängig gleichförmige Gestalt, während dasjenige aus einer Kreuzungswolle fast schon in halber Höhe eine beträchtliche Dickenzunahme zeigt.

Heute stimmen die Ansichten der Autoren darin überein, daß der Durchmesser desselben Haares in verschiedener Höhe sehr verschieden sein kann. v. Nathusius, Bohm, Lehmann usw. geben an, daß eine gewisse Ungleichheit im Querschnitt und in der Größe desselben bei allen Wollen zu finden ist.

Bei mikroskopischen Untersuchungen von Wollen findet man oft Haare, die Anschwellungen oder Verdünnungen zeigen (Abb. 73). Die Anschwellungen, die teils mehr rundlich, teils langgezogen sein können, sind offenbar durch fehlerhafte Lagerung der faserigen Zellenbündel in der Rindensubstanz entstanden. An solchen Stellen, wo entweder eine Auftreibung oder Verjüngung des Haares vorliegt, kann das Haar mürbe und weniger haltbar sein, wenn eine Lockerung der Textur vorliegt. Diese dickenuntreuen Haare sind als Folge von Ernährungsstörungen, Trächtigkeit, Krankheit usw. anzusprechen (siehe auch Mansfeld[4]) und Matsuura[5])). Einen gewissen Prozentsatz von untreuen Haaren findet man in jeder Wolle. Bei einem größeren Prozentsatz muß natürlich die Verarbeitung der Wolle leiden, denn schon bei einer geringen mechanischen Beanspruchung der Haare werden sie reißen. Im extremen Falle ist eine abgesetzte Wolle nur als Abfallwolle zu bewerten.

Abb. 73. Längenansicht eines kranken Merino - Wollhaares mit Auftreibungen in der Textur und teilweise geringerer als normaler Stärke, wie sich solches bei der abgesetzten Wolle findet (nach Bohm).

Mit Kronacher wird man selten auch nur auf kurze Strecke ein Haar finden, das unbedingt treu ist. Fast alle Haare weisen an einer oder mehreren Stellen teils im allmählichen Übergang, teils unvermittelt Verdickungen und Verdünnungen auf, die keineswegs zu den anormalen oder pathologischen Veränderungen gerechnet werden können. Bei den meisten gesunden Wollhaaren findet man Verdickungen an den verschiedensten Stellen des Haares, die zum Teil nicht innerhalb der Grenzen eines Sor-

[1]) Weckherlin, A. v.: Die landwirtschaftliche Tierproduktion. Stuttgart und Tübingen 1851.

[2]) Schmalz, Fr.: Anleitung zur Zucht und Wartung edler und veredelter Schafe. Königsberg 1833.

[3]) Wagner, J. Ph.: Beiträge zur Kenntnis und Behandlung der Wolle und Schafe. Berlin 1820.

[4]) Mansfeld, R.: Untersuchungen über die Treue des Wollhaares beim württembergischen veredelten Landschaf mit Beiträgen zur Technik der Messungen der Wollfeinheit. Z. Tierzüchtg Bd. 4, H. 1 u. 2.

[5]) Matsuura, U.: Die Dickenschwankungen des Kopfhaares des gesunden und kranken Menschen. Arch. f. Dermat. Bd. 62. 1902.

timentes liegen. Kronacher[1]) glaubt nun feststellen zu können, daß bei bestimmten Rassen bzw. Zuchtformen Einschnürungen, Knoten und Verdickungen häufiger als in anderen vorkommen. So gibt er an, daß an Melehaaren diese Unregelmäßigkeiten zu wesentlich höheren Prozentsätzen vorhanden sind als an Haaren von Merinofleischschafen. Nach Spöttels Untersuchungen kann diese Untreue keineswegs als charakteristisch für Melehaare angesehen werden, da er sie zum Teil selbst in großem Umfange an den Haaren von Merinofleischschafen, englischen und Landschafen gefunden hat, so daß hierin wohl Unterschiede der Individuen, der Fütterung und Haltung zum Ausdruck kommen.

β) Dickenunterschiede der Basis, Mitte und Spitze des Haares.

Ursprünglich verstand man unter einem untreuen Haar nicht ein solches, das die erwähnten unregelmäßigen Verdickungen und Verdünnungen aufweist, sondern das spindelförmig ist, während ein treues sich durch Zylinderform auszeichnet. Insbesondere hat nach W. v. Nathusius[2]) das grobe sog. „Ziegenhaar bald unter der Spitze eine starke Verdickung, die auch mehr abgeplattet ist und mehr Mark enthält, während es nach unten dünner, runder und mehr oder weniger markfrei wird". Allgemein findet W. v. Nathusius bei groben Landschafwollen, daß die Dimension und Beschaffenheit der Haare in verschiedener Höhe derselben ungleich ist, während bei den Merinowollen diese Unterschiede nicht bestehen sollen.

Rast[3]) stellte fest, daß die Mähnen- und Schwanzhaare im Unterschied zu den spindelförmigen Deckhaaren die Form eines spitzen Kegels aufweisen, der an der Wurzel den größten Querschnitt hat und Goette[4]), Waldeyer[5]) und Friedenthal[6]) haben allgemein festgestellt, daß die groben Grannenhaare spindelförmig sind.

Fast allgemein wird nun angegeben, daß besonders die Spitze des geschnittenen Haares untreu ist, daß sie eine größere Dicke aufweist als die Basis und die Mitte des Haares. De Jotemps, Thaer[7]) u. a. heben hervor, daß vollkommene Gleichheit an der Basis und Spitze des Haares sich niemals findet und daß mit Ausnahme der Haare der Lammwollen, die eine Naturspitze haben, die Spitzen der Haare immer dicker sind als ihre Basis. Nach Duttenhofer[8]) kann die Spitze bis zu fünfmal dicker sein als die Mitte und nach Beyer oft zweimal so stark wie das untere Ende. Bei längeren, gröberen Wollen sollen, wie Wagner[9]) erwähnt, die

[1]) Kronacher, C.: Neues über Haar und Wolle. Z. Tierzüchtg Bd. 1. 1924.

[2]) Nathusius, W. v.: Das Wollhaar des Schafes in histologischer und technischer Beziehung mit vergleichender Berücksichtigung anderer Haare und der Haut. Berlin 1866. — Mitteilung über die bei ferneren Untersuchungen des Haares der Schafe und anderer Haustiere erlangten Resultate. Z. d. landw. Central-Vereins der Provinz Sachsen Jg. 32, S. 1.

[3]) Rast: Studien über das Haarkleid, den Haarwechsel und die Haarwirbel des Pferdes. Arb. dtsch. Ges. Züchtgskde 1911, H. 11.

[4]) Goette: Zur Morphologie der Haare. Arch. mikrokosk. Anat. Bd. 4, S. 273. 1868.

[5]) Waldeyer, W.: Untersuchungen über die Histogenese der Horngebilde, insbesondere der Haare und Federn. Beitr. Anat. u. Embr. Bonn 1882. — Atlas des menschlichen und des tierischen Haares. 1884.

[6]) Friedenthal, H.: Beiträge zur Naturgeschichte des Menschen. Jena 1908. — Zur Physiologie der menschlichen Behaarung. Sitzber. Ges. naturforsch. Freunde 1907. — Tieratlas. Jena 1921.

[7]) Thaer, A.: Handbuch der feinwolligen Schafzucht. Berlin 1811.

[8]) Duttenhofer, F. M.: Das Schaf, seine Zucht, Behandlung, Lebensverhältnisse und Krankheiten, nebst Beschreibung und Beurteilung der Wolle von Yonatt. 2. engl. Aufl., übersetzt von F. M. Duttenhofer. Stuttgart 1845.

[9]) Wagner, J. Ph.: Beiträge zur Kenntnis und Behandlung der Wolle und Schafe. Berlin 1820.

Unterschiede der Spitze und Basis so groß sein, daß man die getrennten Teile für Haare verschiedener Rassen ansehen kann.

Vornekahl stellte fest, daß die Leicesterhaare im oberen Fünftel am stärksten sind, während sie nach der Basis zu meist feiner werden, was er auf Ernäherungsstörungen zurückführt.

v. Nathusius weist darauf hin, daß man Merinowollen mehrere Jahre hat wachsen lassen, ohne dabei eine wesentliche Abnahme des Durchmessers zu bemerken. Dagegen hat Podoba[1]) bei russischer Merinowolle ermittelt, daß sie in der Mitte am dicksten und an der Basis am dünnsten ist.

Aus den Untersuchungen von Mansfeld[2]) an württemberger Wollen hat sich ergeben, daß bei den Böcken das Haar über seine ganze Länge nahezu gleich dick ist, während sich bei den Mutterschafen gegen die Basis hin eine nicht unwesentliche Verfeinerung zeigt. Die Erklärung hierfür liegt in der Fütterung. Die Fütterung der Zuchtböcke ist während des ganzen Jahres von einer Schur zur anderen eine gleichmäßig gute. Bei den Schafen ist sie dagegen eine weit ungleichmäßigere. Während der Weidezeit ist die Ernährung ziemlich gleichmäßig. Daß nach der Mitte zu das Haar immer dünner wird, läßt sich wohl nur auf zunehmende Trächtigkeit zurückführen. Ebensogut kann die Aufnahme eines an Stoffgehalt wie an Güte geringeren Futters während der vorgeschrittenen Trächtigkeit die Dickenabnahme verursachen. Diese mangelnde Ernährung wirkt stärker als die Trächtigkeit.

Die äußeren Haarenden im Vlies sind am längsten und intensivsten allen möglichen schädigenden Einflüssen ausgesetzt. Dort lagert sich zuerst Staub und Schmutz ab, wird die Wolle durch Regen usw. naß, durch direkte Sonnenstrahlen heiß und trocken, wird das das Haar schützende Fett fortgeschmolzen und fortgewaschen. Dort machen sich auch zuerst Fäulnisprozesse geltend, die das Haar angreifen. Hierdurch werden die Oberhautzellen des Haares gelockert, splittern ab, ebenso mehr oder weniger das Gefüge der Rindenzellen. Diese „Spitzenuntreue" kann sich nach Lehmann[3]) von 1 bis 2 mm bis mehrere Zentimeter hinab fortsetzen und wird dann selbstverständlich die Wolle in höchstem Maße entwerten. Besonders haben leicht darunter die feinen Wollen zu leiden, und es muß daher die Aufgabe des Schäfers sein, die Schafe vor häufigem Naßwerden und zu starkem Einstauben des Vlieses zu bewahren: ein wichtiges Kapitel der sog. Pflege der Wolle auf dem Schaf.

Gröbere, besonders wesentlich aus Grannenhaaren bestehende Wollen leiden durch Regen weniger, mehr durch das Einstauben und die bakteriellen Zersetzungsprozesse, die in den Staubschichten entstehen.

Nach Wagner[4]) ist die Untreue je nach der Verschiedenheit des Haares verschieden. Grobe, lange Wollen sollen sich oft bis zur Hälfte und darüber verdicken, und auch bei feinen Wollhaaren hat er nach der Spitze zu einen Übergang in grobe, starre Haare feststellen können. Er gibt ferner an, daß gewisse Merinowollen an der Spitze und Basis kaum oder nur einen geringen Unterschied erkennen lassen.

Nach Spöttels Feststellungen treten die größten Unterschiede der Haar-

[1]) Podoba, J. G.: Feinheit der Merinowolle; eine mikroskopische Untersuchung, herausgegeben von der K. freien ökonomischen Gesellschaft in Cherson 1881.

[2]) Mansfeld, R.: Untersuchungen über die Treue des Wollhaares beim württembergischen veredelten Landschaf mit Beiträgen zur Technik der Messungen der Wollfeinheit. Z. Tierzüchtg Bd. 4, H. 1 u. 2.

[3]) Lehmann, C.: Gesammelte Schriften Bd. 2. Berlin 1920. — Bedeutung und Hauptgrundlinien der Wollkunde. Berlin 1920.

[4]) Wagner, J. Ph.: Beiträge zur Kenntnis und Behandlung der Wolle und Schafe. Berlin 1820.

Feinheitsuntersuchungen verschiedener Wollen an der Basis, Mitte und Spitze der einzelnen Haare (von Spöttel[1]).

Bezeichnung der Wolle	Stelle, an welcher das Haar gemessen ist	Mittelwert der Feinheit
Merinowolle Supersuper-elekta-Feinheit	Basis	17,66
„	Mitte	17,66
„	Spitze	17,11
„	Basis	14,95
„	Mitte	15,54
„	Spitze	16,18
Merinowolle Superelekta-Feinheit	Basis	14,57
„	Mitte	16,32
„	Spitze	16,68
„	Basis	14,35
„	Mitte	16,75
„	Spitze	16,87
Merinowolle Elekta-Feinheit	Basis	16,32
„	Mitte	16,94
„	Spitze	16,75
Merinowolle Elekta II-Feinheit	Basis	16,68
„	Mitte	19,18
„	Spitze	17,95
Merinowolle Prima I-Feinheit	Basis	19,54
„	Mitte	19,61
Merinowolle Prima I-Feinheit	Spitze	19,58
„	Basis	17,26
„	Mitte	17,83
„	Spitze	17,41
„	Basis	18,55
„	Mitte	19,93
„	Spitze	19,65
„	Basis	18,85
„	Mitte	19,0
„	Spitze	18,81
Merinowolle Prima II-Feinheit	Basis	20,90
„	Mitte	22,18
„	Spitze	22,25
Merinowolle Sekunda-Feinheit	Basis	20,76
„	Mitte	20,49
„	Spitze	21,07
Merinowolle Tertia-Feinheit	Basis	22,28
„	Mitte	22,04
„	Spitze	23,79
Merinowolle Quarta-Feinheit	Basis	23,02
„	Mitte	25,94
„	Spitze	23,64
Merinowolle 2 A-Feinheit	Basis	20,35
„	Mitte	19,37
„	Spitze	23,27
Merinowolle 3 A-Feinheit	Basis	18,21
„	Mitte	18,64
„	Spitze	18,31
Württemberger Schaf	Basis	26,02
„	Mitte	26,95
„	Spitze	26,59
Dishley-Merinowolle	Basis	24,89
„	Mitte	25,27
„	Spitze	24,29
„	Basis	24,98
„	Mitte	24,79
„	Spitze	25,99
Leine-Wolle	Basis	24,46
„	Mitte	24,58
„	Spitze	26,18
„	Basis	29,5
„	Mitte	30,7
„	Spitze	31,2
„	Basis	27,8
„	Mitte	28,2
„	Spitze	27,9
„	Basis	24,2
„	Mitte	27,8
„	Spitze	25,9

durchmesser in verschiedener Höhe des Haares bzw. der Wollprobe bei feinen Merinowollen in etwas stärkerem Maße hervor als bei etwas gröberen Wollen (siehe Tabelle), vor allem dann, wenn man den Unterschied prozentual zu der durchschnittlichen Feinheit berechnet. Die Wollproben und Einzelhaare sind dicht an der Basis, in der Mitte und wenige Millimeter unterhalb der Spitze untersucht. Eine durchgehende Vergröberung der Spitze hat Spöttel weder bei

[1]) Spöttel, W.: Über Variabilität, korrelative Beziehungen und Vererbung der Haarfeinheit bei Schafen. Bibliotheca Genetica Bd. 7. Leipzig 1925.

mittelfeinen, noch feinen Wollen feststellen können. Im allgemeinen zeigt die Mitte des Haares einen größeren Durchmesser als die Spitze. Häufig ist die Basis im Vergleich zu Mitte und Spitze der feinste Teil des Haares, häufig wird auch eine Übereinstimmung der Feinheit aller drei Teile festgestellt. Eine Verdünnung des Haares nach der Spitze zu ist mit Ausnahme bei Lammwollen niemals beobachtet worden. Aus den Untersuchungen geht hervor, daß man die Feststellung, die für manche Wollproben wohl Gültigkeit hat, daß das Haar nach der Spitze zu eine Vergröberung aufweist, nicht verallgemeinern darf, daß im Gegenteil der mittlere Teil häufig eine größere Dicke zeigt als die Spitze. Letzteres ist insbesondere auch durch Untersuchungen von Scupin[1]) an feinsten Elektoralwollen nachgewiesen worden.

An groben langen Grannenhaaren können die Beobachtungen von Friedenthal und Waldeyer über ihre spindelförmige Gestalt bestätigt werden.

γ) Die Ursachen der Dickenuntreue.

Was die Ursachen der Dickenunterschiede der Haare in verschiedener Höhe derselben anbetrifft, so sind hierüber die verschiedensten Ansichten geäußert worden. In der Spitzenuntreue sehen viele Autoren eine Einwirkung von Atmosphärilien, die vor allem dann in Erscheinung treten soll, wenn der Fettschweiß der Wolle nicht in genügender Menge vorhanden und der Wollstapel offen ist. Nach Wagner wirken besonders Temperatur und Feuchtigkeit in Richtung der Vergröberung. Aus der Atmosphäre und den Hautausdünstungen soll die Wolle die Feuchtigkeit aufsaugen, die dann eine Quellung des Haares bedingt. Lehmann[2]) sieht in wechselnder Nässe und starker Sonnenbestrahlung die Hauptursachen der Vergröberung. Duttenhofer[3]) und Erdt[4]) vermuten eine Einwirkung der Sonnenwärme nach der Schur.

Beyer[5]) und Alsen sind der Ansicht, daß Nässe und Hitze nicht allein die Verschiedenheit der Dicke der Einzelhaare bewirken, sondern daß diese in der Rasse begründet sei.

Wagner, De Jotemps[6]) u. a. führen die Unterschiede auf das allmähliche Wachstum der Haare zurück, und zwar soll das Dickerwerden der Haare nach der Schur durch den Anreiz bedingt werden, der durch die Schur auf die Tätigkeit der Haut ausgeübt wird.

Mentzel[7]) sieht die Ursachen der Spitzenuntreue in der Einwirkung von Atmosphärilien, während er die allgemeine Dickenuntreue auf mangelhafte Ernährung bzw. Krankheit zurückführt. Im gleichen Sinne äußern sich auch H. v. Nathusius sowie Bohm.

Allgemein ist wohl mit Spöttel festzustellen, daß die Spitzenuntreue der

---

[1]) Scupin, R.: Die Edelwollschafherde Seppau. Inaug.-Diss. Halle 1924.

[2]) Lehmann, C.: Gesammelte Schriften Bd. 2. Berlin 1920. — Bedeutung und Hauptgrundlinien der Wollkunde. Berlin 1920.

[3]) Duttenhofer, F. M.: Das Schaf, seine Zucht, Behandlung, Lebensverhältnisse und Krankheiten, nebst Beschreibung und Beurteilung der Wolle von Yonatt. 2. engl. Aufl., übersetzt von F. M. Duttenhofer. Stuttgart 1845.

[4]) Erdt: Die Natur und der physiologische Zusammenhang der Verschiedenheiten der Haut, des Fettes, der Wolle und des Fleisches der Schafe, ihren Qualitäten und Quantitäten nach. Jahrbuch der Viehzucht, herausgegeben von Jahnke & Körte. Breslau 1867.

[5]) Beyer, M.: Schaf- und Wollbüchlein. Leipzig 1842.

[6]) Pérault de Jotemps, Fabry und Girod: Über Wolle und Schafzucht, bearbeitet von A. Thaer. Berlin 1825. — Neueste Ansichten über Wolle und Schafzucht von Vicomte Pérault de Jotemps, Fabry, F. Girod; übersetzt von C. C. André. Prag 1825.

[7]) Mentzel, E. O.: Schafzucht. Berlin 1892. — Handbuch der rationellen Schafzucht. Berlin 1859.

Haare auf Einwirkung der Atmosphärilien zurückzuführen ist[1]), daß die unregelmäßigen Verdickungen und Verjüngungen der Haare durch Schwankungen im physiologischen Zustand des Organismus (Ernährung, Krankheit, Trächtigkeit, Säugen) bedingt werden, und daß die kleineren Unregelmäßigkeiten, die aber noch in das Bereich des normalen zu rechnen sind, durch ähnliche, wenn auch schwächer wirkende Ursachen entstehen bzw. auch periodische Schwankungen in der Haarbildung, ähnlich denen bei der Federentwicklung, dafür verantwortlich zu machen sind.

Mit zunehmender Verfeinerung scheint nach Spöttel auch der Wachstumsrhythmus ein anderer zu werden, derart, daß die Spindelform des Haares sich mehr der Zylinderform nähert, was im engsten Zusammenhang mit dem Übergang des periodischen Haarwechsels in einen kontinuierlichen steht.

b) Die scheinbare Untreue der Haare.

Der abgeplattete Querschnitt des Haares dreht sich nach v. Nathusius[2]) in einer unregelmäßigen Spirale um die Achse des Haares und ist an verschiedenen Stellen ganz verschieden. Diese spiralige Drehung, der sog. Drall des Haares, ist nach ihm derart, daß meist auf 0,5 mm schon eine volle Drehung erfolgt. Bei einem Querschnitt von 0,125 mm Dicke hat dieser Haarabschnitt schon eine Vierteldrehung ausgeführt.

Bei einem gesunden Haar glaubt Bohm in den Verdickungen und Verdünnungen an einzelnen Stellen meist nur scheinbare Abweichungen vom normalen Bau des Haares, nur eine scheinbare Untreue desselben zu finden. Nach der Entkräuselung sollen diese scheinbaren Auftreibungen und Verdünnungen sich allmählich ausgleichen und das Haar gleich starke Formen annehmen.

Die wechselnden Verdickungen und Verdünnungen, die ein Haar zeigt, sollen also nach dem erwähnten Autor daher rühren, daß es bald den stärksten, bald den schwächsten Durchmesser seines ovalen oder abgeplatteten Querschnittes darbietet. Sie sollen also bedingt werden durch die spiralige Drehung des Haares und nicht nur durch eine Ab- und Zunahme seines durchschnittlichen Durchmessers. Bei Cotswold-Haaren sollen die Drehungen nach v. Nathusius weiter entfernt als bei den Merinohaaren liegen.

Nach den Feststellungen von Spöttel kann die Torsion des Haares zwar eine Verschmälerung vortäuschen, jedoch bleiben auch bei einem entkräuselten Haar in den meisten Fällen deutlich ausgeprägte Verdickungen und Verjüngungen bestehen[3]).

3. Die Formen der Haare.

Die Haare zeigen bei verschiedenen Tierarten und Rassen, ebenso wie auch an den verschiedenen Körperstellen desselben Tieres eine außerordentliche

[1]) Derartige Veränderung der Wollspitzen hat auch für die Verarbeitung und Färbung Bedeutung. Siehe W. v. Bergen: Die Wollspitzen und ihr Verhalten in der Färberei. Melliands Textilberichte 1923, Nr. 1.

[2]) Nathusius, H. v.: Bemerkungen über die Gestalt und die Dimensionen des Wollhaares der Schafe und die Methoden, sie zu bestimmen; nebst einem Nachtrag über Wollgewicht. Halle 1864.

[3]) Die Beobachtungen Tänzers lassen erkennen, daß das Haar im Follikel — auf serienweisen Hautparallelschnitten, wo durch Lagebeziehungen eine Feststellung vergleichsweise möglich ist — sich nur unerheblich dreht, wenn man sich auf den Standpunkt stellt, daß der gegebenenfalls in der Achsenrichtung veränderte Durchmesser tatsächlich der Ausdruck der Drehbewegung ist. Bei der großen Variabilität der Haargestalt erscheint es dem genannten Verfasser als durchaus möglich, daß regellose Dickenabänderungen in den verschiedenen Querdimensionen des Haares auftreten, die die Verlagerung der Durchmesserachse scheinbar als Drehbewegung erkennen lassen.

Mannigfaltigkeit der Formenentwicklung. Man hat den Versuch gemacht, die Haare nach bestimmten Gesichtspunkten zu ordnen und bestimmte Typen aufzustellen[1]). Eine derartige Einteilung hat man

a) auf Grund ihrer Wachstumsverhältnisse,
b) auf Grund der Lage und Anordnung der Haare,
c) auf Grund ihrer Markzellenstruktur,
d) nach histologischen Gesichtspunkten und ihrer Länge und
e) nach gleichen Gesichtspunkten und Berücksichtigung ihrer Wachstumsverhältnisse vorgenommen.

a) Hinsichtlich ihrer Wachstumsverhältnisse ist zu unterscheiden zwischen

α) Dauerhaaren und
β) Wechselhaaren.

Bei Wechselhaaren tritt mit der Verlangsamung der Markbildung das Wachstum der Hornsubstanz mehr hervor. Wenn die Papille reduziert worden ist, hört auch die Bildung der Hornsubstanz auf, und es tritt eine Verhornung auch im unteren Teile der Haarwurzel ein (Abb. 31).

Bei den Dauerhaaren, z. B. den Schweif- und Grannenhaaren, bleibt die Papille dauernd bestehen, auch wenn keine Markzellen mehr gebildet werden. Das Haar wächst jahrelang unter Bildung neuer Hornzellen fort, so lange die Papille lebt.

b) Nach Anordnung und Lage auf der Haut kann man unterscheiden:

α) Deckhaare,
β) Unter- oder Flaumhaare,
γ) Tasthaare,
δ) Haare an besonderen Körperstellen.

α) Die Deckhaare sind schlichte, meist kurze, straffe, mehr oder weniger grobe Haare, die den Körper vorwiegend in bestimmten Richtungen überkleiden (Haarstrich) und nur an einzelnen Stellen (Stirn, Vorderbrust, Flanke) gegeneinander gerichtet sind und so Haarwirbel bilden. Sie bestimmen die Färbung der Tiere. Ihre Wurzeln reichen in die mittlere Tiefe der Cutis, meist bis an die Grenze der Fettschicht und liegen schräg parallel in der Haut (vgl. oben).

β) Die Unterhaare oder Flaumhaare liegen unter den Deckhaaren und sind entweder fein, weich und kürzer als die vorigen oder von ähnlicher Beschaffenheit, aber feiner als diese. In dem ersteren Falle sind sie markfrei, mehr oder weniger fein und gekräuselt, meist ziemlich kurz, bisweilen 10 cm erreichend. Mit ihren Wurzeln reichen sie nicht tief in das Corium hinein (vgl. oben.)

Die Flaumhaare bilden das Körperhaar junger Pferde und Rinder vor dem ersten Haarwechsel untermischt mit Grannenhaar, die Körperhaare einzelner Schweinerassen, der Ziegen und einer Anzahl von Schafrassen (nach v. Nathusius).

Bei gewissen Tieren findet sich das Flaumhaar nur in der kälteren Jahreszeit als Unterhaar, so bei Rind, Schaf und Schwein. Bei periodischem Haarwechsel verschwindet es wohl auch ganz, wie beim Büffel, Renntier usw. Bei vielen Tieren bleibt es im Gemisch mit Grannenhaar bestehen. Das reine Flaumhaar des Schafes zeigt im Vergleich zu anderen Wollträgern die stärkste Vliesbildung.

γ) Die meist langen, verhältnismäßig dicken und vielfach starren Tast- oder Spürhaare[2]) reichen mit ihren Wurzeln tief in das Unterhautbindegewebe hinein. Sie finden sich an den Rändern der Augenlider, der Nüstern und Lippen,

[1]) Auf die vom entwicklungsgeschichtlichen Standpunkt zu machende Unterscheidung von Leithaar und Gruppenhaar soll hier nicht noch einmal eingegangen werden.

[2]) Gegenbaur, C.: Untersuchungen über die Tasthaare einiger Säugetiere. Z. Zool. Bd. 3. 1851.

sowie am Kinn und stehen mit nervösen Endapparaten in Verbindung. Sie sind meist markhaltig und decken sich auf der Haut gegenseitig.

δ) Zu den Haaren an besonderen Körpertellen rechnet man die Schwanz- und Mähnenhaare, Barthaare usw. Es handelt sich meist um lange, starke Haare.

c) Legt man der Einteilung der Haare das Vorhandensein oder Fehlen des Markzellenraumes zugrunde, so kommt man zu folgender Gruppierung:

α) Haare mit Markzellen bis in den Follikel,

β) Haare mit Markzellen und einem markfreien Hals über der Wurzel. Es handelt sich hier immer um Haare, die im Begriffe sind, abgestoßen zu werden,

γ) Haare, bei denen die obere Hälfte oder die Spitze noch Markzellen enthält, die im übrigen aber markfrei sind,

δ) Haare, die einen häufig unterbrochenen Markzellenraum oder nur noch Reste desselben aufweisen,

ε) Haare, die markfrei sind.

d) Die gebräuchlichste Einteilung der Haare bezieht sich auf Bau, Beschaffenheit und Länge derselben[1]). Man unterscheidet:

α) Kurz-, Stichel- oder Borstenhaare,

β) Grannen- oder Langhaare,

γ) Wollhaare (Abb. 74).

Abb. 74. Leporidenhaare, schematisiert nach Wucherer. *a* Flaumtyp, *b* Grannen-, Flaumtyp, *c* Grannentyp' *d* Leithaartyp.

α) Die Stichelhaare haben zwar verschiedene Länge, sie sind jedoch immer nur so lang, daß man sie im Verhältnis zu anderen Haararten kurz nennen kann. Sie erreichen selten die Länge von 6 bis 7 cm. Bei den Schafen sind sie sehr kurz und selten über 3 cm lang. Es sind straffe, meist ungewellte und stärkere Haare, für die ein stark ausgeprägter Markzellenraum, der die Hauptmasse des Haares ausmacht, charakteristisch ist.

Die Stichelhaare stellen das Haarkleid des ganzen Körpers bei den meisten Tieren dar, so beim Pferd, Rind, Hirsch, Reh und bei sämtlichen Fleischfressern. Bei Tieren, deren Rumpf mit anderen Haararten bedeckt ist, findet man sie meist als Bekleidung der Haut des Gesichtes und der Beine, so z. B. bei den meisten Schafrassen.

Infolge ihrer Kürze und Strukturverhältnisse kommen die Stichelhaare für Gespinstzwecke nicht in Frage; sie finden zur Herstellung von Bierfilzen Verwendung.

Für den Züchter hat das Stichelhaar insofern Bedeutung, als sein Auftreten und seine Beschaffenheit Schlüsse auf die Konstitution der Tiere zuläßt.

β) Die Grannenhaare zeichnen sich durch ihre Länge aus und sind bald markhaltig, bald enthalten sie nur noch Reste von Markzellen, bald sind sie markfrei. Häufig überwiegt die erstere Art. Wir finden die Grannenhaare beim Pferd als Mähnen- und Schweifhaare, beim Rind als Schweifquastenhaare und bei den Schweinen als Borsten. Bei anderen Tieren dagegen bilden sie die Bekleidung des ganzen Körpers, insbesondere bei einzelnen Schafrassen. Sie eignen sich vorzüglich zu Strickwollen, die feineren auch zu glänzenden Geweben der Kammwollindustrie, die gröberen finden zur Herstellung von Treibriemen Verwendung.

γ) Das Wollhaar ist ein feines, mehr oder weniger gekräuseltes, markfreies Haar, das nur vereinzelt noch Markreste aufweisen kann. Es bildet meist das

[1]) Siehe Kölliker, Bohm, Zorn u. a.

Unterhaar oder ist mehr oder weniger gemischt mit dem Grannenhaar die Bekleidung unserer Schafrassen. Als alleinige Bekleidung findet man es nur bei gewissen Kulturrassen, z. B. Merino und Southdown. Wo es mit dem Grannenhaar auftritt, ist es immer kürzer als dieses.

Wie wir bei der Einteilung der Haare nach dem Gehalt an Markzellen gesehen haben, können wir verschiedene Gruppen unterscheiden, die jedoch kontinuierlich ineinander übergehen. Derartige Übergänge können auch bei dieser letzteren Einteilung in Stichel-, Grannen- und Wollhaare festgestellt werden. Es bestehen Übergänge von den Stichel- zu den Grannenhaaren und wiederum von den Grannen- zu den Wollhaaren. So kann es nicht verwundern, daß eine gewisse Unsicherheit bei der Bezeichnung der Haare besteht.

e) Auf Grund von Untersuchungen über die Entwicklung des Heidschnuckenvlieses glaubt Wiswesser[1]), daß die Grannen- und Flaumhaare noch eine weitergehende Sonderung in Haartypen erfahren können.

Wiswesser teilt die Gruppen der Grannen- und Flaumhaare je in 4 Untergruppen, die er Typen nennt. Diese sollen sich voneinander in ihrem morphologischen und physiologischen Verhalten unterscheiden.

Grannenhaare Typ I sind am Vlies ganz junger Heidschnucken die längsten und stärksten Haare des ganzen Vlieses, die sich durch eine äußerst straffe, in einem meist halbkreisförmigen Bogen verlaufende Spitze auszeichnen. Die einzelnen Haare dieses Typs legen sich beim neugeborenen Lamm an ihrer Spitze zu einer Locke zusammen. Bei 6 bis 8 Wochen alten Tieren wird die Locke von den anderen Haartypen, besonders vom Grannenhaar Typ II durchstoßen und in ihrem Zusammenhange gelockert, so daß man die Haare des Typ I als einzelstehende Komponenten des Vlieses antrifft. Ein breiter Markraum durchzieht das Haar bis fast zur Spitze. Bei ausgewachsenen Tieren kommen diese Grannenhaare nicht mehr vor, mit 18 bis 20 Wochen werden sie abgestoßen.

Das Grannenhaar Typ II ist wesentlich kürzer, feiner und läuft in eine ziemlich langausgezogene, flaumartige, markfreie Spitze aus. Das Haar zeigt stark gewellten Verlauf und am Grunde desselben einen, wenn auch nicht so breiten Markkanal, der sich gegen die Spitze zu verjüngt. Wenn der Typ I mit ungefähr 20 Wochen sein Längenwachstum abschließt, so behalten die des Typ II das Wachstum bei und bilden die längsten Haare des Vlieses.

Das Grannenhaar Typ III stellt eine Verkleinerungsform des Typ II dar. In seinem Längenwachstum steht der Typ III gegenüber dem Typ II zurück und ist auch in einem Alter von 18 bis 20 Wochen noch kürzer als jener. Bei einmal geschorenen Tieren läßt sich der Typ nicht mehr deutlich herauskennen, allerdings sind bei ausgewachsenen Schnucken unter den Grannenhaaren Feinheitsunterschiede und zum Teil auch bedeutende Längenunterschiede, aber eines der Hauptunterscheidungsmerkmale, die Spitze, fehlt.

Das Grannenhaar Typ IV läßt sich in den ersten Lebenswochen noch nicht feststellen. Es sind kurze, nadelförmig gestaltete, straffe Haare, die anscheinend mit dem Stichelhaar identisch sind. Sie stehen zusammenhanglos zwischen den übrigen Elementen des Vlieses. Ihre Länge beträgt 1,5 bis 5 cm. Auch im späteren Alter werden diese Haare noch neu gebildet. Der das ganze Haar bis fast in die Spitze durchziehende Markkanal nimmt nahezu die ganze Breite des Haares ein.

Der Typ V der Flaumhaare ist von allen Flaumhaartypen der gröbste und längste und hat immer die größte Wachstumsintensität. Im allgemeinen verläuft er in leicht gewellter Linie bis an sein oberes Ende. Sein Feinheitsgrad schwankt bei den einzelnen Tieren und in den verschiedenen Altersstufen. Die Markzellen fehlen.

[1]) Wiswesser, L.: Aufbau und Entwicklung des Heidschnuckenvlieses. Diss. Hohenheim 1923.

Der Typ VI der Flaumhaare ist wesentlich kürzer und feiner als Typ V. Nach seiner Wachstumsintensität folgt er dem Typ V.

Der Typ VII der Flaumhaare ist dem vorigen ähnlich, nur etwas kürzer und feiner innerhalb derselben Probe.

Der Typ VIII der Flaumhaare ist von allen der kürzeste und feinste. Bei einigen Tieren konnte er schon in den ersten Tagen festgestellt werden, bei anderen erst später, einige zeigen ihn gar nicht. Sein Feinheitsgrad schwankt zwischen 10 und 15 μ. Von allen Flaumhaartypen zeigt er die geringste Wachstumsintensität.

Nach Wiswesser unterscheiden sich also die einzelnen Flaumhaartypen lediglich durch die Feinheit und Länge.

Jedem einzelnen Typ kommt eine bestimmte Wachstumsintensität zu. Trägt man in einem Koordinatensystem auf der Abszisse die in einer Probe gefundenen Haarlängen der Flaumhaare in mm, die Zahl der auf einen bestimmten

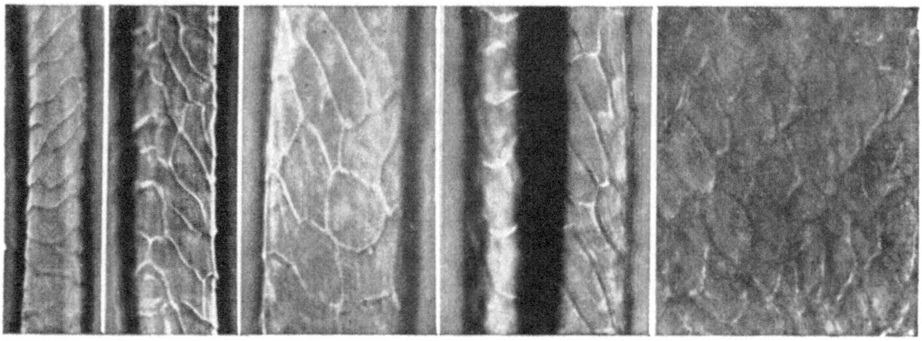

Abb. 75. Haare vom Borderleicester (nach Blyth).

längen Intervall entfallenden Haare auf der Ordinate ab, so werden durch die entstehenden Kurven die Grenzen bzw. die Unterschiede in den Haarlängen der einzelnen Flaumhaartypen veranschaulicht.

Enneker[1]) unterscheidet beim Pferd steifes Grannenhaar, feines Grannenhaar und Flaum- oder Wollhaare. Gröttrup unterscheidet 3 Haararten bei Ziegen, nämlich Leithaare, Grannenhaare und Wollhaare.

Nach Blyth[2]) und Barker[3]) (Abb. 75) kommen in der Wolle der englischen Schafrassen 2 Haupttypen vor; Typ I ist verhältnismäßig länger und dicker und zeigt charakteristische retikuläre Oberhautschuppenzeichnung. Typ II ist kürzer und feiner und besitzt eine koronale Oberhautschuppenzeichnung. Nach Barker kommt Typ II in allen englischen Rassen zu verschiedenen Prozentsätzen vor, Typ I nur in der Lustre und Mountainlongwoolgruppe. Daneben finden sich Kemp[4])

[1]) Enneker: Vergleichende mikroskopische Untersuchungen der Haare von Pferd, Rind Hund und Katze. Inaug.-Diss. Hannover 1919.

[2]) Blyth, J. S. S.: Micrological Analysis of Two Fleeces from Blackface Shepp. Ann. Appl. Biol. Bd. 10. 1923. — Studies on the fleece fibres of british breeds of sheep. Z. Tierzüchtg Bd. 7. 1926.

[3]) Barker, A. F.: Wool Analysis of a Flock of Highland Blackface Sheep. J. Text.-Indust. Bd. 13. 1922.

[4]) Unter Kemp versteht Bliss[5]) eine Mißbildung des Wollhaares, bei der die Schuppen an der Oberfläche des Haares verschwinden und dieses ein elfenbeinernes Ansehen annimmt. Nach Duerden finden sich derartige Mißbildungen auch in südafrikanischen Merinowollen[6]).

[5]) Bliss, H. J. W.: Kemp. Journ. Soc. Dyers Col. 1926, S. 292.

[6]) Duerden, J. und M. Ritchie: Kemp Fibres in the Merinosheep. S. Afric. Jour. Sci. 1923, S. 20.

(Grannenhaare) und sehr feine kurze Haare, die in Struktur den feinsten Haaren von Typ II ähnlich sind. Nach Barker stellt Kemp den gröbsten Haartyp dar, der kürzer als die beiden Haupttypen ist und periodisch ausfällt. Diese Haare findet man mit der Haarwurzel vereinzelt im Vlies.

Wir verwerfen die Unterscheidung verschiedener Flaumhaar- und Grannenhaartypen, wie sie z. B. auch Adametz[1]) und Möller[2]) bei mischwolligen Rassen annehmen. Nach unserer Ansicht ist kein Anlaß vorhanden, auf Grund der morphogenetischen Befunde eine derartige Spezialisierung der Haartypen vorzunehmen, die nur dem Entwicklungsrhythmus entspricht, wie er in den verschiedenen Haaranlagen begründet ist.

Die Mannigfaltigkeit der Haartypen, die wir bei verschiedenen Tierarten antreffen, ist vor allem bei den verschiedenen Schafrassen groß. Je nach Überwiegen der einen oder anderen Haarform wechselt auch der Habitus des Haarkleides, und ferner wird hierdurch die Güte und Brauchbarkeit der Haare zur technischen Verwendung bestimmt.

III. Die Wolle.

A. Begriffsbestimmung und Einteilung der Wollen.

1. Was versteht man unter Wolle?

Wir haben die Mannigfaltigkeit in der Haargestaltung kennen gelernt und müssen uns nun der Frage zuwenden, welche Eigenschaften die Haare aufweisen müssen, um sie als Wolle zu bezeichnen oder mit anderen Worten: „Was ist Wolle?“

Im weiteren Sinne des Wortes sind Wollen tierische Haare, die gewisse Eigenschaften aufweisen müssen, damit sie spinnfähig sind[3]). Es sind also Horngebilde, die sich zu Garn verspinnen lassen. Die Eigenschaften, auf denen die Spinnfähigkeit beruht, durch welche die Haare erst zur Wolle werden, sind eine gewisse Feinheit, Treue, Dehnbarkeit, Kräuselung und Krimpkraft, auf die später genauer eingegangen wird.

Unter Wolle im engeren Sinne versteht man die spinnfähigen Haare des Schafes. Neben diesen tierischen Wollen unterscheidet man bekanntlich noch pflanzliche Wollen, insbesondere die Baumwolle, die sich durch andersartige Struktur und chemische Zusammensetzung charakteristisch von den tierischen Wollen unterscheidet (Abb. 76). Im folgenden werden wir uns nur mit den tierischen Wollen beschäftigen.

Abb. 76. Baumwollhaar nach v. Höhnel.

An erster Stelle steht als Wollproduzent das Schaf. Außer diesem liefern noch andere Tiere Wollen von hervorragender Qualität, und zwar sind es meist außereuropäische Tierarten. Auf dem Weltmarkt für Wollen spielen sie z. T. mehr eine untergeordnete Rolle und haben dann vor allem lokale Bedeutung.

[1]) Adametz, L.: Zur Vererbung der Wolle-Charaktere. Dtsch. landw. Presse 1920. — Studien über die Mendelsche Vererbung der wichtigsten Rassenmerkmale der Karakulschafe bei Reinzucht und Kreuzung mit Rambouillets. Bibliotheca genetica Bd. 1. Leipzig 1917.

[2]) Möller, H.: Untersuchungen über die Vererbung der Haarstärke bei Fettsteiß-Landschafkreuzungen. Inaug.-Diss. Halle 1923.

[3]) Wir übernehmen hier die Begriffsbestimmung, wie sie in der Textilindustrie und im Handel üblich ist, ohne auf die Diskussion vornehmlich der älteren Autoren wie Nathusius, Bohm u. a. einzugehen.

2. Die Wolle der Ziegen.

Was zunächst die Wollen der Ziegen anbetrifft, so findet man im Handel: 1. die Mohairwolle, 2. die Kaschmirwolle, 3. das gewöhnliche Ziegenhaar und 4. das Geißbarthaar. Im europäischen Handel ist noch am häufigsten die Mohairwolle[1]), das Seidenhaar der Angoraziege, zu finden (Abb. 77 bis 78).

Abb. 77. Angoraziege; aus dem Haustiergarten Halle.

Nach Ed. Hahn stammt die erste Nachricht über die Angoraziege von dem Venezianer Barbaro, der diese Ziege bei Sert traf, und schon Bellonius weiß 1580, daß sie „gerupft" und ihre Wolle verarbeitet wird. Die Angoraziege verdankt ihren Namen der Provinz Angora (wo sie nach Thompson schon vor 2400 Jahren gezüchtet sein soll), bewohnt aber den größten Teil Kleinasiens und verbreitet sich von hier über ganz Mittelasien bis zur chinesischen Tartarei. 1864 ist sie mit gutem Erfolge nach dem Kaplande eingeführt worden; nach den Vereinigten Staaten von Nordamerika kamen die ersten Angoraziegen nach Thompson[2]) bereits 1894.

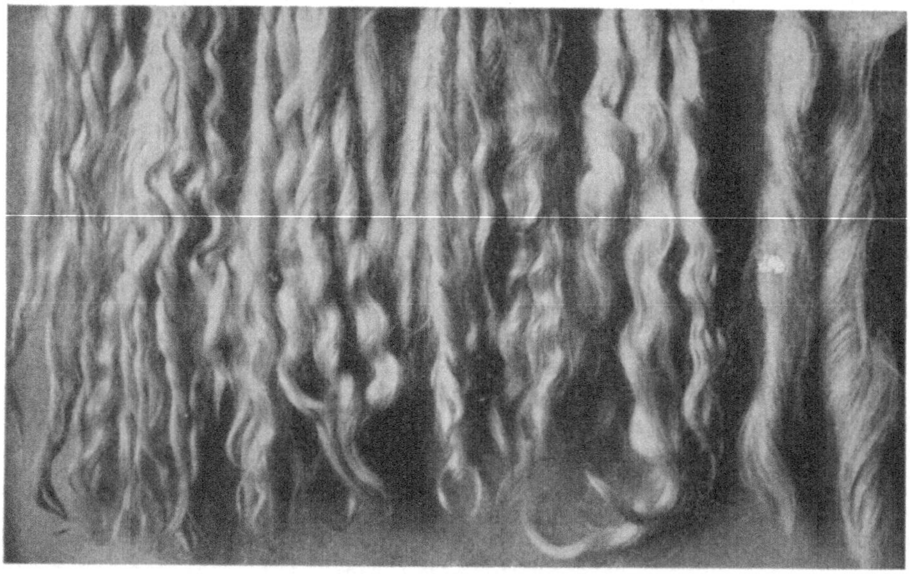

Abb. 78. Mohairproben (nach Thompson).

[1]) Angorawolle. Journ. d. ges. Textilindustrie. 1926.
[2]) Thompson, George Fayette: Die Angora-Ziege. Berlin 1902.

Bei der Angoraziege bildet das Wollhaar ein lockiges, langes Vlies mit einzelnen, groben Haaren[1]). Das Wollhaar wird am Hals, wo es am längstens ist, etwa 20 cm lang, am Körper etwa 16 cm. Die Wollhaare sind seidenweich, stark glänzend, fein gewellt. Die Grannenhaare sind steif. Die Feinheit des Vlieses ist in den ersten beiden Lebensjahren am größten, bis zum 4. Jahr noch halbwegs gut und wird dann immer geringer, so daß die Tiere im 7. Lebensjahre zur Wollerzeugung untauglich sind. Als mittlere Feinheit wird 42 μ angegeben[2]), bei jüngeren Tieren ist sie noch feiner, während die älteren sich nicht mehr von dem groben Haar der Landziege unterscheiden und Haare bis zu 100 und 150 μ aufweisen[3]). Charakteristisch ist, daß die Angorahaare, ebenso wie z. B. die seidenglänzenden Leicesterhaare, kein Mark oder nur Markreste enthalten (Abb. 79 bis 80). Nur die schlechtesten Qualitäten mit geringem Glanz haben deutliche Markzylinder. Die Haarspitze ist nach **Matthews** immer glatt und scharf, was als deutlicher Unterschied zur Wollfaser wesentlich zu ihrer Bestimmung beitragen soll. Nach unseren Feststellungen sind derartige Unterschiede gegenüber Ziegen- und Schafhaaren nicht festzustellen.

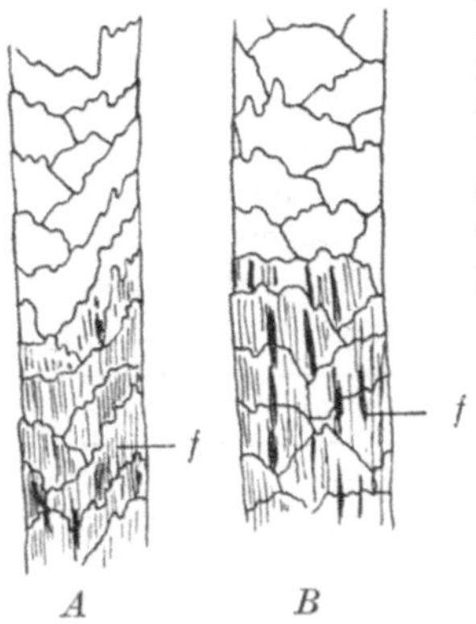

Abb. 79. Mohair- oder Angorawolle (nach v. Höhnel). *A* Prima-, *B* Sekundasorte, *f* Faserspalten.

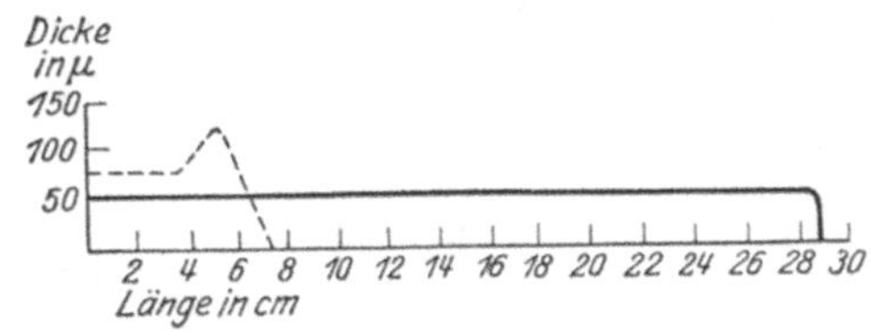

Abb. 80. Haardickendiagramm der Angoraziege (nach Wucherer). ——— Flaumtyp (marklos), - - - - - - Grannentyp (markhaltig).

Von der Schafwolle soll sich die Mohairwolle durch die Eigentümlichkeit unterscheiden, daß die Cuticulazellen fast die Breite der ganzen Haaroberfläche einnehmen und infolgedessen sind die Haare mit grobzackigen Querlinien dieser Zellen bedeckt[4]). Eine Zähnelung ist am Rande nicht festzustellen, so daß also die Oberhautzellen dicht anliegen. Meist ist die Mohairwolle weiß, zuweilen gelb, seltener grau oder schwarz. Die Angorawolle wird vielfach als Kämelhaar oder Kämelwolle bezeichnet, woraus aus Unkenntnis Kamelhaar entstanden ist, was zu unliebsamen Verwechslungen mit echtem Kamelhaar geführt hat. Aus den Mohairwollen wird ein Garn gewonnen, aus dem vor allem Plüsch verfertigt wird. Andererseits wird daraus der Kamelot gewebt und die Alpakastoffe, soweit letztere nicht von der Wolle der Alpaka stammen (Ganswindt[5]), Heermann). Die straffe, nicht verfilzbare Wolle läßt nach Matthews wenig Variation in der Verarbeitung zu.

Die Mohairwolle ist nach Matthews ein großer Handelsartikel geworden, der in jüngster Zeit vor allem auch in den Weststaaten von Nordamerika Bedeutung hat. Die amerikanische Mohairwolle wird um ein Drittel niedriger bewertet als

[1]) Brehms Tierleben. Leipzig und Wien 1916.

[2]) Nach Matthews 40 bis 50 μ.

[3]) Nach Thompson soll gutes Mohair durchschnittlich einen Durchmesser von $^1/_{500}$ Zoll haben.

[4]) Heermann: Mechanisch- und physikalisch-technische Textiluntersuchungen. Berlin 1928.

[5]) Ganswindt, A.: Wollwäscherei und Karbonisation. Leipzig 1905.

die türkische, da sie noch ca. 15% mehr Grannen enthält, die sich nur schlecht färben lassen. Ferner ist die türkische Mohairwolle mit 9 bis 12 Inches Stapellänge (Jahresschur) länger als die halbschürige amerikanische und auch aus diesem Grunde wertvoller. Die Mohairwolle aus Texas ist wertvoller als die viel rauhere kalifornische und die aus Oregon stammende. Letztere hat aber einen sehr langen Stapel und wird meist nur in Jahresschur gehandelt. Als Vliesgewicht werden 4 Pfund angegeben (Oregonvlies). In Texas erzielt man bei Halbjahresschur Vliesgewichte von 2¼ Pfund im Mittel.

Die türkischen Mohairwollen lassen sich bis zu 60 's spinnen, während die amerikanischen nicht über 40 's spinnbar sind. Ein Durchschnittsvlies hat nach Matthews 36 's Qualität im Nacken, 40 's auf den Schultern, 36 's in der Mitte und Seite und 32 's bis 28 's an den übrigen Körperteilen.

Die Qualität der Mohairwollen ist sehr verschiedenartig, da vor allem auch in früheren Zeiten infolge der großen Nachfrage nach Mohairwollen umfangreiche Kreuzungen mit kurdischen Ziegen durchgeführt worden sind. Detley gibt die Van-Mohairwolle aus dem Distrikt Van in Kleinasien als schmutzig und trocken an, sie soll sich aber gut reinigen lassen. Nach dem genannten Autor und nach Barker sind folgende türkische Mohairwollen handelsüblich:

	Fein	Mittel	Beybazar	Castambul
Länge (Inchs) . . .	6—7	6—8	7,5—9	8—10
Glanz	sehr hoch	ziemlich gut	ziemlich gut	Hochglanz
Feinheit	1/800	1/400	1/600	1/600
Griff	sehr weich	ziemlich weich	weich	sehr weich
Farbe	hell	gut	?	gut
Beschaffenheit . . .	gewellt	unbestimmbar	guter Stapel	gewellt
Reinheit	sehr rein	ziemlich rein	ziemlich rein	rein
Einheit	sehr einheitlich	mittel	gut	gut

Infolge der ähnlich beschaffenen klimatischen und Bodenverhältnisse hat sich die Angoraziege im Kapland gut akklimatisiert, und die Wolle ist von ähnlich guter Qualität wie das türkische Mohair. Man unterscheidet nach Matthews folgende Qualitäten unter den Mohairwollen des Kaplandes:

Als Kapkids bezeichnet man die sehr weiche hochglänzende Lammwolle von 6 bis 7 Inches Stapellänge.

Kapfirst ist der hochglänzende sehr weiche und helle Sommerwuchs von etwa 8 Inches Stapellänge.

Unter Kapwinter versteht man die ziemlich weiche, gut glänzende, aber kürzere Winterwolle (5 Inches) von guter Farbe.

Kapbasuto ist eine starke und rauhe Wolle.

Kapmixt sind Mischungen aus Sommer- und Winterwolle und solche aus späten Schuren.

Barker gibt folgende Zusammenstellung der Eigenschaften der Kapmohairwollen.

Typ	Kid.	First.	Winter	Second.	Mixt.
Länge	5—7	6—8	5	5	4—5
Feinheit	1/800	1/600	1/600	1/600	verschieden
Glanz	hoch	hoch	mittel	mittel	arm
Griff	sehr weich	weich	mittel	mittel	hart
Farbe und Beschaffenheit	gelblich geschmeidig	dunkler guter Stapel	dunkler guter Stapel	dunkelgrannig	drahtig
Reinheit	gut	ziemlich gut	ziemlich gut	schmutzig	schmutzig
Qualität	sehr gut	gut	gut	mäßig	mäßig

Die beste Schur und etwa die Hälfte der amerikanischen Mohairwolle kommt aus Texas, in die andere Hälfte teilen sich Oregon und Kalifornien, Neumexiko und einige Weststaaten (Matthews). Die australische Mohairwolle ist zwar der türkischen ebenbürtig, wird aber nur in geringen Mengen produziert, Matthews macht folgende Angaben über die australischen Qualitäten:

	Durchmesser	Inches
Mohair, fein weiß .	0,00102	1/976
„ mittel weiß	0,00133	1/754
„ mittel . . .	0,00160	1/626
„ geringer . .	0,00180	1/535

Als Mohairnoils werden die meist sehr geringwertigen Abfallkämmlinge bezeichnet. Die Mittelqualität der australischen Mohairwollen liegt bei 56 's.

Auch das Haarkleid der Kaschmirziege[1]) liefert eine sehr brauchbare und geschätzte Wolle. Von Tibet an reicht der Verbreitungskreis dieser Ziege über Buchara bis zum Lande der Kirgisen. In Bengalen ist sie häufig und findet sich auch in den Gebirgen Tibets. Lange Zeit war man im Zweifel, von welchem Tiere das Haar gewonnen wurde, das man zur Anfertigung der feinsten aller Wollgewebe benutzte. Bernier, ein französischer Arzt, der Tibet bereiste, erfuhr 1664, daß zwei Ziegen, eine wild lebend und eine gezähmt, solche Wolle lieferten. Ein armenischer Kaufmann berichtete später, daß man nur in Tibet Ziegen besitze, die so feine Wolle lieferten, wie die Weber in Kaschmir sie bedürften. Die Böcke liefern mehr, aber minder feine Wolle als die Ziegen. Das Vlies besteht aus außerordentlich feinen und weichen, kurzen Wollhaaren, die von bis 45 cm langen glatten, geraden, straffen und seidenähnlichen Grannenhaaren überdeckt wird. Die Grannenhaare werden mit 70 bis 80 μ[2]) angegeben und erreichen zum Teil eine noch größere Dicke, sie sind markhaltig und dem gewöhnlichen Ziegenhaar ähnlich. Die feinen markfreien Wollhaare messen im Durchschnitt 7 bis 26 μ, sind rundlich und grob gewellt, mit hohen halb- oder ganz zylindrischen Oberhautzellen bedeckt (Heermann, Ganswindt). Die Unterwollen haben nach Detley (zitiert nach Matthews) eine Stapellänge von 1¼ bis 3½, das Oberhaar von 3 bis 4 Inches. Als Durchschnittswert erscheint die letztere Angabe zu niedrig.

Die Färbung der Kaschmirziegen wechselt, gewöhnlich sind die Seiten des Kopfes, der Schwanz und die übrigen Teile des Leibes silberweiß oder schwach gelblich, jedoch kommen auch einfarbige Kaschmirziegen vor, und zwar rein weiße, senfgelbe oder gelbbraune sowie dunkelbraune und schwarze. Das Wollhaar ist bei licht gefärbten Tieren weiß oder weißgrau, bei dunkleren aschgrau.

Die feinen Wollhaare der Kaschmirziege sind außerordentlich geschätzt. Die Rohwolle, die durch Auskämmen und Ausrupfen gewonnen wird, enthält neben den Wollhaaren auch die Grannenhaare. Das aus der Mai- und Junischur gewonnene Gemenge wird gereinigt und das Grannenhaar zur Anfertigung gewöhnlicher Stoffe verwendet, wogegen das Wollhaar noch einmal der sorgfältigsten Prüfung und Ausscheidung unterliegt. Am gesuchtesten ist die reinweiße Wolle, die den Glanz und die Schönheit der Seide besitzt. Ein einzelnes Tier liefert etwa 0,3 bis 0,4 kg brauchbaren Wollflaum, aus dem vor allem Schals hergestellt werden. Allmählich ist in Kaschmir die berühmte Schalweberei stark zurückgegangen.

Da die Kaschmirwolle auch als Tibetwolle bezeichnet wird, versteht man heute unter Tibet einen weichen wollenen Stoff ohne glänzende Appretur, der in verschiedenen Färbungen speziell für die Tibet- oder Kaschmirschals Verwendung findet, und heute aus der Kaschmirwolle oder einer im Charakter der letzteren

[1]) Brehms Tierleben. Leipzig und Wien 1916. [2]) Nach Matthews 60 bis 90 μ.

sehr ähnlichen Wolle erzeugt wird (Heermann). Die Bezeichnung Tibetwolle hat zu Verwechslungen mit Thibet-(Thybet-)Wolle geführt, die eine Altwolle darstellt (vgl. später).

Auch die europäischen Ziegenrassen liefern Haarmaterial, das versponnen werden kann, aber nicht die Qualität der erwähnten Rassen erreicht.

Während die Kaschmirwolle zu 90er Garn versponnen wird, geht die gewöhnliche ostindische Ziegenwolle nicht über 26 's hinaus, steht also mit dem chinesischen Zopfhaar auf gleicher Stufe.

Die Färbung der Wolle ist weiß, grau, gelblichbraun, dunkelbraun bis schwarz. Das bis 100 und 150 μ starke Oberhaar hat stark ausgeprägte Markzylinder, so daß also die Rindenschicht ganz zurücktritt und das Haar geringe Widerstandsfähigkeit besitzt. Der Querschnitt ist stark abgeplattet, nach unten zu wird er rundlicher, und die Dimensionen der Markröhre vermindern sich, ja bei manchen hören sie ganz auf, wie es ja allgemein bei Haaren der Fall ist, die von der Haut abgestoßen werden. Dann ist das Haar fast rund. Unterhalb der Spitze ist es spiralig gewellt, späterhin vollkommen glatt (W. v. Nathusius[1]), Lingk[2]), Heermann[3])).

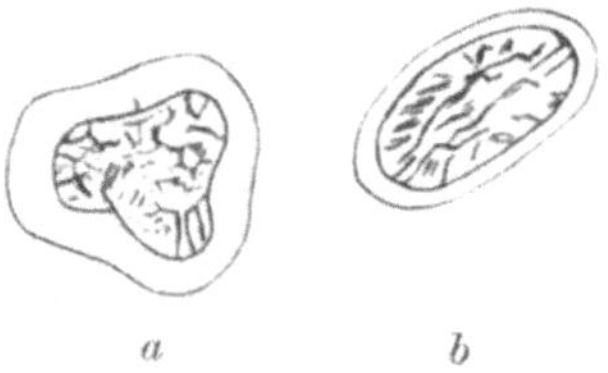

Abb. 81. Querschnitte durch die Mitte von Rückenhaaren. *a* Saanenziegenbock, 3jährig, *b* Saanenziege, 3jährig (nach Lingk schematisiert).

Die Cuticula der Ziegenhaare besteht nach Lingk aus dünnen, eng aneinander liegenden Zellen, die dachziegelförmig übereinandergreifen und deren freier Rand der Haarspitze zugekehrt scheint. Die Cuticula-Linien verlaufen meistens senkrecht zur Längsachse des Haares, selten etwas schräg und wellenförmig.

Nach Hanausch stimmen die grannigen Haare mit kurzen, parallelen Markzellen von Schafen und Ziegen überein. In Pottasche aufgewärmt quillt die Faser auf und die Markzellen werden deutlich. Bei der Wolle der Schafe werden dann die Zellen groß und rund, beim Ziegenhaar bleibt die Proportion zwischen Länge und Breite erhalten. Nach unseren Untersuchungen sind die erwähnten Unterschiede keineswegs genügend ausgeprägt.

Die Flaumhaare sind gekräuselt und völlig markfrei; sie haben einen ziemlich regelmäßigen Querschnitt. Ihre Feinheit beträgt etwa bis 15 μ (Abb. 81).

Nach Heermann werden weiße Ziegenflaumhaare und bräunlicher Ziegenflaum in Südrußland und Böhmen während der Zeit des Haarwechsels durch Ausraufen gewonnen.

Auch die Barthaare der Ziegen, die etwa bis 30 cm lang werden und eine Stärke von 100 und mehr μ erreichen, kommen in den Handel.

3. Die Wolle der Kamele und ihrer Verwandten.

Die afrikanischen und asiatischen Kamelarten, ebenso wie die südamerikanischen Verwandten der Gattung Lama werden zur Wollgewinnung herangezogen.

---

[1]) Nathusius, W. v.: Das Wollhaar des Schafes in histologischer und technischer Beziehung mit vergleichender Berücksichtigung anderer Haare und der Haut. Berlin 1866. — Mitteilung über die bei ferneren Untersuchungen des Haares der Schafe und anderer Haustiere erlangten Resultate. Z. d. landw. Central-Vereins der Provinz Sachsen Jg. 32, S. 1.

[2]) Lingk: Das Ziegenhaar als Rassemerkmal. Inaug.-Diss. Hannover 1922.

[3]) Heermann: Mechanisch- und physikalisch-technische Textiluntersuchungen. Berlin 1928.

Das Kamel (Camelus bactrianus L.) und das Dromedar (Camelus dromedarius L.) liefern die echte Kamelwolle oder das echte Kamelhaar [1]). Das Haar vom Dromedar ist weichwollig und auf dem Scheitel, dem Nacken, unter der Kehle, an den Schultern und auf dem Höcker auffallend verlängert. Bei dem zweihöckerigen Kamel ist die Behaarung weit reichlicher als beim Dromedar, die Färbung in der Regel dunkler, gewöhnlich braun bis dunkel, im Sommer rötlich. Die Kamelwolle besteht aus den Wollhaaren, die die feine Unterwolle darstellen und unter den Grannenhaaren liegen (Abb. 82). Sie fallen in jedem Jahre aus und sind fein, heller als die Grannenhaare, und zwar rötlich oder gelblichbraun. Die Wollhaare sind von hervorragender Feinheit, vollkommen markfrei, regelmäßig längsstreifig, mit langen zylindrischen Oberhautzellen, deren Rand mehr oder weniger gezähnelt ist. Die Grannenhaare sind dunkelbraun bis schwärzlich, 5 bis 9 cm und darüber, mit langer Spitze und stark ausgeprägten Markzylindern (W. v. Nathusius, Ganswindt, Heermann). Der bräunliche Farbstoff findet sich teils diffus, teils in Körnchen und Klumpen in den Haaren.

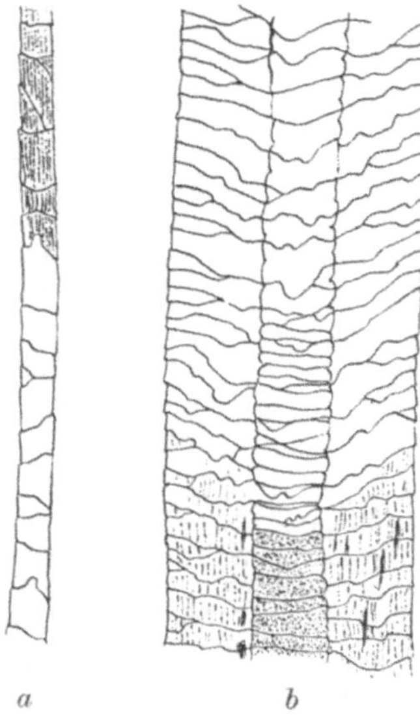

Abb. 82. Kamelhaar (nach v. Höhnel). *a* Wollhaar, *b* Grannenhaar.

Die Wollhaare messen 14 bis 28 μ und die Grannenhaare etwa 75 μ (Barker). Letztere haben nach Matthews grobe Oberhautzellen, die dem Haar sägeartige Beschaffenheit geben. Auch diese Unterschiede gegenüber dem feinen Haar haben wir nicht bestätigen können.

Die feinen Wollhaare sind weich und seidig, sie werden hauptsächlich zu Tuchen verarbeitet. Die langen, festen, steifen Grannenhaare, hauptsächlich von den unteren Partien des Tieres, müssen durch Auskämmen entfernt werden und liefern Decken und Filzzeug, ebenso auch Material für Schnür- und Bastwerk (Barker).

Man handelt nach Barker chinesisches, persisches und russisches Kamelhaar immer in erster, zweiter oder dritter Qualität. Die beste Qualität ist frei von Grannen. Allgemein benötigt aber das Kamelhaar Sorgfalt bei der Verarbeitung, da andernfalls zu viel Abfälle entstehen.

Kamelhaarnoils nennt man nach Matthews die kurzen Kämmlinge, die in zwei Handelssorten anzutreffen sind, nämlich den feinen, gewellten, rötlichen oder gelbbraunen mit einer Länge bis zu 4 Inches und den dunkleren Grannen und Stichelhaaren, die bis zu 2½ Inches lang sind.

In Südamerika stellen die amerikanischen Kamele, Vertreter der Gattung Lama (Auchenia) geschätzte Wollieferanten dar. Der Alpaka-, Vicuña- und Lamawolle kommt größere lokale, ersterer auch allgemeine Bedeutung zu. Von den südamerikanischen Wollen der Lamas kommt sie noch am meisten auf den europäischen Markt.

Der Paco oder die Alpaka (Lama pacos L.) hat ein ausnehmend weiches, geschmeidiges, lang abwachsendes Vlies, das an einigen Stellen, zumal an den Seiten des Rumpfes eine Länge von 10 bis 20 cm erreicht. Wie die Kamelwolle besteht die Alpakawolle aus feinen, markfreien kürzeren Wollhaaren von etwa

---

[1]) Neue Untersuchungen über Kamelhaarwolle. Wollarchiv 1921, Nr. 23.

8 bis 12 cm Länge und 15 bis 20 μ durchschnittlicher Dicke und weniger zahlreichen dunkleren, groben, markhaltigen, lang abgewachsenen Grannenhaaren. Nach Barker liefert die normale Alpakaschur Stapel von 9 Inches in 2- oder 3jähriger Schur höchstens bis zu 30 Inches. Die große Länge der Wolle ist weniger erwünscht, weil das Verarbeiten ungleicher Wolle schwierig ist und die langen Haare meist schwächer sein sollen (Abb. 83). Die Oberhautzellen der Wollhaare sind schmal und breit, am Rande des Haares ist mehr oder weniger deutlich ausgeprägt eine Zähnelung vorhanden (Heermann). Sehr selten sind Markzellen oder Markreste ausgebildet. Die Oberhautzellen der braunen Haare erscheinen kaum gezähnt, während die weißen Fasern sehr deutliche Zähnelung erkennen lassen sollen. Auch das Mark soll in den weißen Haaren deutlich ausgeprägt sein. In den von uns vorliegenden Wollen können wir derartige Unterschiede nicht feststellen. Die Färbung der Alpakas ist meistens ganz weiß oder schwarz; es gibt aber auch buntscheckige und rotbraune. Die Tiere werden geschoren und die Indianer verfertigen aus der Alpakawolle und Lamawolle schon seit uralten Zeiten wollene Decken und Mäntel. Nach Acosta nennen die südamerikanischen Indianer die gröbere Wolle Hanaska, die feinere Kumbi. Aus dieser verfertigen sie mit großer Kunst Tischdecken und andere schätzbare Dinge, die sich durch ihre Dauerhaftigkeit und ihren schönen Glanz besonders auszeichnen. Die Inkas, die große Meister im Weben waren, färbten die groben und feinen Wollen in frischen, zarten Farben mit vielerlei Kräutern. Gegenwärtig versteht man dort nur noch warme Decken und Mäntel zu weben. Die Wolle wird jetzt vielfach nach Europa überführt und speziell in Bradford wird eine Eigenart der Spinnerei und Weberei dieser Wolle betrieben.

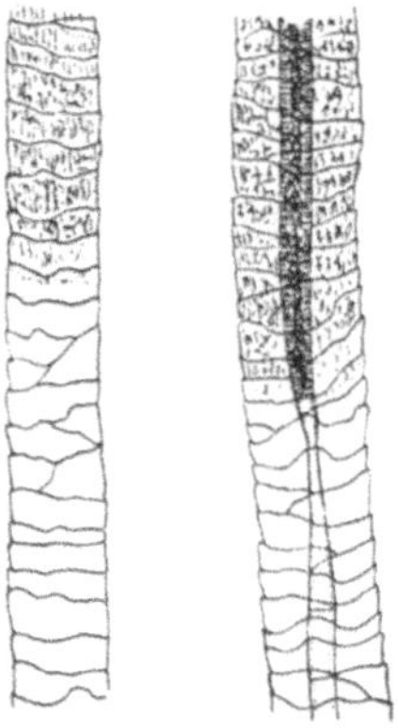

Abb. 83. Alpakawolle (nach v. Höhnel). *a* Wollhaar, *b* Grannenhaar.

Im Handel sind die Qualitäten gering, mittel und fein vorhanden. In England ist die Wolle unter dem Namen Arequipa bekannt, nach dem peruanischen Hafen Arequipa. In den feinen Qualitäten gleicht die Wolle der englischen Lüsterwolle oder dem Kapkidmohair. Die gröberen Sorten sind unregelmäßig in Glanz und Stapel.

Alpakawolle ist rauher als Vicuña- oder Kamelwolle. Doch trifft dieses für alle Wollen nicht zu.

Futterstoffe, Überzieher- und Kleiderbesätze werden aus Alpaka fabriziert.

Im folgenden geben wir eine Zusammenstellung über die Eigenschaften verschiedener Kamel- und Ziegenwollen, die Barker entnommen ist.

	Mohair	Alpaka	Kamelhaar	Kaschmir
Länge	9	12	5	3
Festigkeit	sehr stark	ziemlich stark	ziemlich stark	ziemlich stark
Glanz	sehr hoch	hoch	gut	gut
Farbe	weiß	gemischt	bräunlich	braun und weiß
Feinheit	1/700	1/800	1/800	1/12000
Griff	ziemlich weich	weich	weich	sehr weich
Stapel	straff	straff	gekräuselt	gekräuselt
Einheit	gut	gut	mäßig	mäßig
Verarbeitung	Kleider, billige Tuche, Futterstoffe	Tuche, Futter	Spezialtuche, Filze	Strumpfwaren, Sportkleider

Da eine besondere Art der Altwollen als Alpakkawolle bezeichnet wird und diese oft fälschlicherweise gleichfalls Alpaka geschrieben wird, sind Verwechselungen mit der echten Wolle von Lama pacos vorgekommen.

Nach Matthews ergab eine Kreuzung zwischen Alpaka und Lama ein Tier mit sehr feiner Wolle. Aus abgeleiteten Kreuzungen ist das „Suri" entstanden mit sehr feiner seidiger und gelockter Wolle und schöner, echter Eigenfarbe, die weiß, blaugrau, orange bis braun ist (Matthews).

Am gesuchtesten ist die Wolle des Vicuña oder Vicugna, die als echte Vigognewolle bezeichnet wird. Schon zu Acostas Zeiten schoren die Indianer auch die Vicuñas (Auchenia vicuña Desm.) und fertigten aus der Wolle Decken von hohem Wert, welche das Aussehen weißen Seidenstoffes hatten und sehr dauerhaft waren[1]). Die Kleider aus diesen Stoffen waren besonders für heiße Witterung geeignet. Noch gegenwärtig webt man die feinsten und dauerhaftesten Stoffe aus dieser Wolle und filzt haltbare weiche Hüte daraus. Die Wolle ist etwa 5 cm lang, stets mit Grannenhaaren untermischt, seidig weich, glänzend, gekräuselt und von außerordentlicher Feinheit.

Die Wollhaare haben von 10 bis 20, die Grannenhaare etwa 75 μ Durchmesser. Während die Wollhaare markfrei sind oder nur Reste von Markzellen erkennen lassen, haben die etwa 20 cm langen Grannenhaare einen gut entwickelten Markstrang (Matthews).

Die von Prideaux[2]) angegebenen Unterschiede in der histologischen Beschaffenheit der Vicuña-, Alpaka- und Kamelwolle können keineswegs dazu dienen, die drei Wollen scharf zu unterscheiden, da die Eigenschaften weitgehend transgredieren.

Der Scheitel, die oberen Seiten des Halses, der Rumpf und die Schenkel des Vicuña sind von eigentümlicher rötlicher Färbung. Die Unterseite des Halses und die inneren Seiten der Gliedmaßen sind heller ockerfarben, die 12 cm langen Brusthaare und die des Unterleibes sind weiß. Da das Tier nicht als Haustier gehalten werden kann, ist die Menge der Vigognewollen nur gering. Was unter diesem Namen nach Europa kommt, ist meist Akpakawolle. Das unter dem Namen Vigogne in den Handel kommende Produkt hat mit der echten Vigognewolle nichts zu tun, sondern ist ein Gespinst aus Wolle und Baumwolle.

Das Lama liefert eine geringwertige, lange, biegsame, nicht elastische Wolle. Die Färbung der Lamas ist weiß, schwarz, gescheckt, rotbraun und weißgefleckt, dunkelbraun, ockerfarbig, fuchsrot usw.

Nach Matthews schert man die Lamas alle zwei bis fünf Jahre, oft auch erst das tote Tier. Bei zweijähriger Schur liefert das Tier etwa 5 Pfund rauhe und schmutzige Wolle, welche fast ausschließlich von den Einheimischen verwertet wird.

Das Wollhaar ist etwa 25 bis 35 μ, das Grannenhaar ca. 150 μ stark. Nicht nur in den Grannen, sondern auch in den Wollhaaren sind gut entwickelte Markzellen vorhanden. Die Stapellänge beträgt etwa 10 bis 12 Inches. Hauptsächlich werden Säcke und Teppiche aus der Wolle verfertigt.

4. Die Wolle der Schafe.

a) Einteilung der Schafwollen nach ihrer Zusammensetzung.

Während Stichelhaare in einer Wolle nicht vorhanden sein dürfen, ist ihr Gehalt an Grannenhaaren sehr verschieden. Neben Wollen, in denen letztere vorherrschen, gibt es wieder andere, die nur aus Wollhaaren zusammengesetzt

[1]) Brehms Tierleben. Leipzig und Wien 1916.
[2]) Prideaux: J. soc. chem. Ind. 1900, S. 8.

sind, und dazwischen finden sich die verschiedensten Übergänge. Wir können also drei Arten von Wollen unterscheiden:

a) Wollen, die hauptsächlich aus Grannenhaaren bestehen,
b) Mischwollen, die neben Wollhaaren auch Grannenhaare enthalten,
c) Wollen, die nur aus Wollhaaren zusammengesetzt sind.

Als Grannenhaarwollen sind besonders die Wollen von Leicester- und Lincoln-Schafen anzuführen, die allerdings auch Übergänge zu Wollhaarwollen zeigen können (vgl. auch S. 399).

Mischwollen sind Landschafwollen wie z. B. die etwas harte, graue oder bräunliche Heidschnuckenwolle, die auch als Bremerwolle gehandelt wird. Auch die groben russischen Donskoiwollen sind Mischwollen. Unter Haarwollen versteht man speziell solche Mischwollen, die in ihrer äußeren Erscheinung mehr dem eigentlichen Haar ähnlich sind.

Die reinen Flaumhaarwollen sind die feinsten sowie geschmeidigsten und werden meist nur zu gewebten Zeugen verarbeitet, zum Teil auch zu feinen Filzen. Die reinen Grannenhaarwollen, wenn feiner und von hohem Glanz, liefern ebenfalls Gewebe, besonders Stoffe für Luxuswaren für Frauen. Sind sie gröber und weniger glänzend, so stellt man aus ihnen Strickgarne und gröbere Filze, Pferdedecken, Treibriemen usw. her (Lehmann).

Die Mischwollen werden teils ganz verarbeitet, teils durch Kämmen in Flaum- und Grannenhaare geschieden. Sie liefern besonders oft Strickgarne, aber dann auch gröbere Decken, Filze usw.

b) Die Einteilung der Wollen nach ihrer Herkunft[1]).

Nach den Schafrassen spricht man von Merino-, Heidschnucken-, Landschafwollen usw. Die Bezeichnung Cheviotwolle bezog sich zunächst auf die Wolle des englischen Cheviotschafes, das durch seine gute Wollqualität bekannt war. Allmählich ist jedoch diese Rasse durch Newleicester-Böcke weitgehend in Richtung der letzteren umgestaltet worden, so daß man heute im Handel allgemein die Wollen der Leicesterschafe darunter versteht.

Nach dem Lande, in dem die Wollen erzeugt werden, kommen in den Handel: deutsche Wollen, pommersche, schlesische Wollen, Kapwollen, argentinische Wollen, australische Wollen usw. In der Hauptsache werden Merinowollen damit gemeint, von denen insbesondere die kolonialen noch verschiedene Handelsmarken tragen.

Buenos Aires-Wollen oder „Riverplate" (Matthews) heißen die in Argentinien produzierten Wollen. Es sind sehr geschätzte, feine und weiche Wollen. Entstanden sind die argentinischen Wollschafe aus Negrettis und Rambouillets.

Die Uruguaywollen sind kräftiger, aber weniger weich. Sie kommen als Montevideo-Wollen in den Handel. Die vorgenannten beiden Wollen zusammen bezeichnet man auch als La Plata-Wollen.

Im Griff sind die südamerikanischen Wollen nach Matthews viel näher den vegetabilischen Fasern, sie sind 58 bis 64er Qualität und werden meist zu

---

[1]) Siehe die S. 390 u. ff. erwähnten Autoren und ferner A. Ganswindt: Wollwäscherei und Karbonisation. Leipzig 1905. — Heermann: Mechanisch- und physikalisch-technische Textiluntersuchungen. Berlin 1928. — Karmasch: Handbuch der mechanischen Technologie Bd. 3, 6. Aufl. 1905. — Über die Kenntnis der verschiedenen Schafwollsorten, ihre Beschaffenheit, Gewinnung, Eigenschaften, Erkennung, Prüfung, Taxierung, Qualifizierung und Klassifizierung, sowie ihre rationelle Sortierung, Verwertung und Verwendung. Dt. Woll. Gewerb. 1926, S. 1379. — Kriegsministerium: Schafhaltung und Wollkunde. Herausgegeben vom Kriegsamt, Kriegsrohstoffabteilung des Kriegsministeriums. 1918.

Strumpfwaren und leichten Kleiderstoffen verarbeitet. Der Stapel ist ziemlich lose, kurz, aber einheitlich. Sehr oft wird australische Wolle mit der südamerikanischen gemischt und vor allem nimmt ihre Verarbeitung zu Kammgarn nach Matthews immer mehr zu, da sie sehr gut füllen; bei den Veredlungsprozessen verlangen sie aber mehr Aufmerksamkeit als andere Wollen.

Unter den afrikanischen Wollen sind diejenigen aus Kapland, Natal, Transvaal und vom Orange-River bekannt. Natalwollen sind die im südafrikanischen Natal gewonnenen Merinowollen. Die südafrikanischen Kap- und Natalwollen sind zum überwiegenden Teil Streichgarnwollen.

Die Wollen sind von guter Mittelqualität, weich aber nach Matthews schlecht verfilzend. Nach ihm sind sie für Strumpf- und Strickwaren sehr geeignet und geschätzt. Nach Barker sind vor allem die Kap- und Natalwollen durch sehr gute Qualität bekannt, nur sind die Wollen ziemlich kurzstapelig, da sie zu oft und zum Teil auch unregelmäßig geschoren werden. Die Kapwolle wird zu 60 bis 70er Garn verarbeitet. Sie eignet sich nach Matthews nicht für Walkstoffe, wohl aber in hervorragendem Maße für die Teppichweberei und Posamenterie.

Die Wolle der östlichen Kapkolonie ist in der Qualität minderwertiger und die Wollen aus Nordwestafrika sind meistens Mischwollen, die nur zum Teil veredelt sind.

Australien deckt heute den Hauptbedarf an Wolle. Neu-Südwales, Viktoria, Queensland, Neuseeland und Tasmanien liefern eine erstklassige Wolle, die sich nicht nur durch Feinheit, sondern auch durch Länge und Geschmeidigkeit auszeichnet.

Australische Kammwollen heißen auch Port Philipp-Wollen, weil sie über Port Philipp nach London zur Auktion gelangen. Es handelt sich um langstapelige, etwas stärkere Wollen, die mehr zu Kammgarn verarbeitet werden. Sidney-Wollen dagegen sind kurzstapelige, feine Merinowollen, die in Sidney als Schweißwollen oder Rückenwäsche verfrachtet werden.

In Amerika hat die Schafzucht größeren Umfang angenommen, es wird eine Merinowolle von guter Mittelqualität erzeugt. In Texas und Arkansas werden Schafe mit ausgezeichneter Wolle gezüchtet, die den höchsten Preis erzielen.

Unter den russischen Wollen waren die südrussischen und polnischen Wollen begehrt, die von den verschiedensten Formen des Merino stammten. Die feinen russischen Wollen waren etwa den deutschen gleichwertig. Als Don-Wollen werden feine polnische Wollen von Merino-Charakter bezeichnet.

Unter den deutschen Wollen zeichneten sich vor allem die schlesischen und die sächsischen durch ihre Feinheit aus. Die süddeutschen Wollen sind gröber und länger abgewachsen.

Geschätzt ist die ungarische Merinowolle durch ihre Feinheit und Weichheit. Sie findet hauptsächlich als Streichgarn Verwendung.

Die böhmische Wolle ist weniger weich und lang und wird als Kammgarn verarbeitet. Die galizische Wolle ist eine minderwertige Landwolle.

Die portugiesische Wolle ist meist stark eingeschmutzt und schwerschweißig, weniger fein, aber wegen ihrer Widerstandskraft geschätzt.

Die spanischen Wollen sind gegenüber früheren Zeiten in der Qualität zurückgegangen. Ihre Feinheit und Ausgeglichenheit lassen zuweilen zu wünschen übrig.

Von den französischen Wollen entfällt ⅓ auf gewöhnliche Landwollen, unter denen sich aber auch bessere Qualitäten befinden, so aus der Champagne, Poitou, Bourg und aus der Gegend der Rhonemündung.

Als schottische Wollen kommen ganz grobe Wollen in den Handel, die vorwiegend aus Grannenhaar bestehen und zur Treibriemenfabrikation dienen.

In Asien, speziell in Persien, unterscheidet man nach Matthews folgende Wollen:

1. Khoiwolle, herrührend aus dem Nordwesten von Aserbaidschan (die Distrikte rund um Khoi und Maku).
2. Urumiahwolle aus den Gegenden des Urumiahsees und Ushnu.
3. Soujbulakwolle aus den gleichen Gegenden wie die Urumiah.
4. Sakizwolle aus dem südlichen Urumiah.
5. Salmaswolle aus dem westlichen Urumiah.
6. Karadagh- und Ardabilwollen aus dem nordöstlichen Aserbaidschan und aus den Distrikten zwischen Tabriz und der Kaspischen See.

Khoi-, Urumiah-, Soujbulak- und Sakizwollen sind gute Teppichwollen, von denen die erstere die beste ist; die letztere die schlechteste. Die beste Khoiwolle stammt aus Maku, ist lang im Stapel und hat Seidenglanz. Die Salmaswolle ist grob und kurz und meist roststichig. Sie und die unter 6. erwähnten Wollen eignen sich nicht zur Teppichweberei, sondern werden von der einheimischen Bevölkerung zu Tüchern und Decken verarbeitet.

Nach der Angabe des Direktors für Landwirtschaft in Bagdad, zitiert nach Matthews, unterscheidet man unter den mesopotamischen Wollen drei Qualitäten, Arabi, Awassi und Karradi. Die erste ist die edelste und konkurriert mit den besten Wollen Indiens und Ägyptens. Die braunen, schwarzgefärbten Wollen zeichnen sich durch Einheitlichkeit im Stapel und bessere Feinheit aus. Die besseren Qualitäten stammen von den Schafen der Araber des Irak, die schlechteren aus der Gegend von Mossul und Aleppo; letztere stehen in der Qualität zwischen der Arabi und der Karradi oder der kurdischen Wolle. Die Awassiwolle ist meist weiß, langstapelig und grob. Diese Wollen werden hauptsächlich zu Teppichen verarbeitet und zum Teil nach Amerika exportiert.

Aus der Wolle der Schafe Nordindiens werden Teppiche, Pferdedecken usw. verfertigt, die feineren zu Schals verarbeitet. Die ostindischen Schafe, die als Madras bezeichnet werden, liefern eine mangelhafte Qualität.

In China werden die verschiedensten Wollen produziert, es herrschen jedoch die groben Wollen allgemein vor.

Manchmal werden im Handel Merinowollen, Kluftwollen und Kreuzungswollen (Crossbred) unterschieden.

Für die Merinowollen ist ihre Feinheit charakteristisch, denn sie müssen mindestens A-Feinheit haben (vgl. später). In dieser Bezeichnung ist „Merino" ein Qualitätsbegriff geworden, denn mitunter fallen Wollen auch dann nicht unter den Begriff der Merinowollen, wenn sie von einem Merinoschaf stammen, aber dieser Anforderung bezüglich der Feinheit nicht genügen.

Am feinsten sind die Elektoral- und Eskurialwollen, diesen folgen Rambouillet- und Negrettiwollen.

Der Name Kluftwolle stammt aus der Zeit, als Kreuzungen von feinen Merinoschafen mit Landschafen in großem Umfange durchgeführt wurden. Die Vliese derartiger Kreuzungen klafften mehr oder weniger weit auseinander und neigten zur Bildung großer Stapel.

Auch unter Croßbred verstand man ursprünglich Merino-Kreuzungen, insbesondere in überseeischen Ländern. Es handelte sich hier vielfach um Kreuzungen mit englischen Schafen oder auch mit primitiveren Landschlägen. Die Bezeichnung Crossbred, die ursprünglich eine Züchterbezeichnung war, ist allmählich zu einer reinen Handelsbezeichnung geworden. Man nennt auch solche gröbere Wollen Crossbred, welche von Tieren stammen, die schon durch Generationen hindurch rein weiter gezüchtet wurden. Insbesondere versteht man unter Crossbredwollen im Handel lange, glanzreiche Wollen, die außer in England auch in Australien, Südamerika und Südafrika gezüchtet werden.

Nach dem Geschlecht und Alter der Tiere unterscheidet man: Lamm-, Jährlings-, Mutter-, Bock- und Hammelwollen.

Unter Lammwolle versteht man die Wolle, die im Frühjahr oder einige Monate später den Lämmern abgeschoren wird. Sie heißt Jährlingswolle, wenn sie erst mit 10 bis 12 Monaten geschoren wird. Sie führt diesen Namen dann noch, wenn eine frühere Schur wenige Monate nach der Geburt stattgefunden hat; in diesem Falle ist also Jährlingswolle zweite Schur.

Die Lammwolle zeichnet sich immer durch Zartheit und Weichheit sowie zum Teil durch eigentümlichen Glanz aus. Sie kann nach Lehmann für sich allein nicht gut verarbeitet werden, hat aber, mit anderen Wollen vermischt, einen sehr großen Wert für bestimmte Fabrikate. Namentlich können feine melierte Stoffe bester Qualität ohne sie gar nicht hergestellt werden. Bald wird die längere, bald die kürzere Lammwolle bevorzugt. Immer liegt ihr Preis über dem der Mutterwolle, was vor allem auch durch den höheren Reinwollertrag bedingt wird.

Das Lammvlies unmittelbar nach der Geburt kann, wie oben schon angedeutet, bei dem Merino sehr verschiedenartig sein; teils besteht es schon aus der soeben charakterisierten Wolle, teils enthält es außer feinen Haaren noch Überhaare, nämlich grobe, lange, starre Haare, deren Ausbildung sehr verschiedenartig ist. Nach einigen Wochen (Bohm, Wagner) oder 4 bis 5 Monaten (May) wird dieses Haar gewechselt. Andere Lämmer werden nach Bohm zwar noch mit diesem Überhaar geboren, darunter findet sich aber schon das feine gekräuselte Haar vielfach in Gestalt kleiner Löckchen, oder einzelne Körperteile können schon allein das gekräuselte Haar aufweisen. Wenn die Lämmer noch gar keine langen Haare verloren haben, zeigen sich die Löckchen schon am Hodensack und dann wachsen an den Stellen, die sich reiben, zwischen den langen Haaren, die mehr oder weniger mit gewellten Haaren in der Wolle des jungen Lammes vorhanden sind, nach Wagner kleine Löckchen, und zwar zuerst im vorderen Teil des Körpers und verbreiten sich dann nach dem hinteren Teile zu. Noch andere Lämmer, und zwar herrschen diese heute vor, zeigen schon bei der Geburt das normal entwickelte Wollkleid und keine Spur des Überhaares mehr.

Die Jährlingswolle hat gewöhnlich größere Feinheit und Zartheit, aber weniger Nerv und Haltbarkeit als die Wolle der älteren Tiere. Ist sie kräftig und gleichmäßig gewachsen, so kann sie nach Lehmann als Einschlag versponnen zur Herstellung der besten, sanftesten Tuche verwendet werden. Der Käufer besichtigt vor allem die Jährlingswollen, weil er aus ihr am leichtesten sieht, mit welcher Sorgfalt die betreffende Herde gezüchtet wird, und welche Qualität er dementsprechend zu erwarten hat.

Nach der Art ihrer Gewinnung unterscheidet man einmal Schurwollen, wenn die Wollen vom lebenden Tier geschoren werden, und ferner Sterblings-, Fell- oder Hautwollen, Gerber- und Abfallwollen. Sterblingswollen sind von der Haut verendeter Schafe abgeschorene Wollen, die nur geringen Wert haben, da durch Krankheit vielfach der Wuchs der Haare gestört worden ist und sich Wollfehler eingestellt haben. Haut- oder Fellwollen[1]) sind solche, die von den Fellen geschlachteter Tiere abgeschoren und meist, weil sie ungenügende Länge haben, minderwertig sind. Sind die Wollhaare nicht durch Abscheren, sondern mit Kalk oder Schwefelnatrium von der Haut entfernt worden, so werden sie

[1]) Über Wollsortieren und die Verwendung der Hautwollen. Text. Rec. 1924, H. 493, S.59.

als Gerberwollen bezeichnet, die schon zu den Abfallwollen gerechnet werden können. Die Hautwolle ist wertvoller als die Gerber-(Rauf-)Wolle. Letztere, wie auch Sterblingswolle, wird als Pelzwolle bezeichnet. Wenn diese Wollen behufs Entfernung vom Fell gekalkt wurden, sind sie stets an ihrer Brüchigkeit, an dem Mangel an Fett und an dem Luftreichtum zu erkennen.

Während alle soeben erwähnten Wollen, insbesondere aber die Schurwollen, als neue Wollen zu bezeichnen sind, da sie noch keinem Verarbeitungsprozeß unterlegen haben, versteht man unter Kunstwolle oder besser Altwolle bereits verarbeitet gewesene Wolle, die durch Reißen alter oder neuer Wollabfälle oder aus Lumpen erhalten wird.

Man unterscheidet folgende Qualitäten:

1. Shoddy ist Kunstwolle von größerer Länge (20 mm), die aus reinen Wollwirkwaren, alten Strümpfen und gewalktem Kammgarngewebe wiedergewonnen und für sich zu Shoddygarn versponnen wird (Heermann).

Mit Shoddy wird nach Matthews fälschlicherweise jede Kunstwolle bezeichnet, während man nach ihm nur die Wolle damit belegt, die aus ungewalkten oder sehr schwach gewalkten reinwollenen Artikeln gewonnen wird. Es handelt sich in diesem Falle um Kunstwolle von bester Qualität mit weichem Griff und ansehnlichem Stapel. Sie wird sogar in Amerika einer schlechten Rohwolle vorgezogen und mit frischer Wolle zu Tuchen von guter Qualität verarbeitet.

2. Thybet besteht aus aufgerissenen feinen neuen Tuchlappen, und zwar gutem Material.

Unter Tibetwolle versteht man nach Matthews in U.S.A. Kunstwolle, aus den geringwertigsten Lumpen hergestellt.

3. Mungo ist aus gewalkten Stoffen, vor allem Tuchresten, gewonnen und wird, da nur aus kurzfaserigem Material bestehend (5 bis 20 mm), unter Zusetzung von längeren Wollen oder Baumwolle versponnen.

Durch die starke mechanische Beanspruchung ist die Wolle schon geschwächt, und man erhält infolgedessen allein aus Mungo keinen brauchbaren Faden. Vor allem hat die Wolle einen großen Teil der Filz- und Walkfähigkeit verloren. Hochwertige Vlieswollen vertragen die Zumischung von Mungo in viel höherem Maße als die geringeren Wollen.

4. Alpakka (nicht Alpaka!) oder Extraktwolle wird aus Abfallgeweben verschiedenster Art, die aus Wolle und Baumwolle bestehen, durch Karbonisierung hergestellt. Das kurzfaserige Material ist vielfach beschädigt.

Beaumont unterscheidet zwei Hauptklassen der Kunstwolle, und zwar Kunstwolle aus getragenen Kleidern aller Art und aus Abfällen der Schneiderei, ferner Kunstwollen aus Abfällen der Tuchindustrie, wie Spinnerei- und Webereiabfälle. Matthews gibt folgende Qualitäten für U.S.A. an

Mungo aus alten gewalkten Tuchen,
Shoddy aus ungewalkten Stoffen und Tuchen,
Extrakt aus halbwollenen Artikeln.
Noils Abfallkämmlinge der Kammgarnfabrik.
Abfälle der Karden und Spinnmaschinen.
Webereiabfälle.
Flocken. Abfälle der Scherereien. Walke usw.

Als Flockwolle bezeichnet man Wollabfälle, die beim Spinnen, Weben, Kratzen, Bürsten und Scheren sich ergeben. Regenerier- oder Rogflocken sind kurzstaplige Wollflocken, die beim Karbonisieren, bzw. Regenerieren entstehen (Matthews).

Die Unterscheidung der Shoddywollen von Vlieswollen ist zwar nicht leicht, gelingt aber mit Hilfe des Mikroskopes[1]), und vor allem dann, wenn noch fremde Fasern darin anzutreffen sind. Um einen sicheren Schluß auf die Anwesenheit von Kunstwolle zu ermöglichen, ist die Menge der fremden Fasern quantitativ zu bestimmen, und zwar gilt die Kunstwolle für nachgewiesen, wenn der Gehalt an fremden Fasern größer als 1% ist (Matthews).

Nach Matthews ist auch die meist nicht einheitliche Farbe der Shoddywollen als ein Kennzeichen derselben anzuführen.

Vor allem ist die Faserdicke und Faserlänge bei den Naturwollen wesentlich einheitlicher als bei der Shoddywolle. Außerdem finden sich auch häufiger gebrochene und geborstene Haare in der Kunstwolle, und die Oberfläche ist rauher und unregelmäßiger. Allerdings ist zu erwähnen, daß ein ganz sicheres Kennzeichen auch die geringe Wollänge nicht darstellt, da es heute möglich ist, ganz kurze Naturwollen zu verarbeiten. Auch durch unrichtiges Walken der Wolle kann sie so deformiert werden, daß sie schwer von Shoddy zu unterscheiden ist. Vor allem durch starke Temperaturerhöhung können Veränderungen der Oberhautzellen eintreten, die es z. T. unmöglich machen, die Kunstwollen von den normalen Vlieswollen zu unterscheiden. Im allgemeinen ist allerdings festzustellen, daß die Oberhautzellen der Shoddywollen häufig deformiert sind, während wir diese anormale Beschaffenheit nur verhältnismäßig selten in frischem Zustande antreffen.

c) Einteilung der Wollen nach besonderen Eigenschaften bzw. ihrer Qualität.

Die geschorenen ungewaschenen Wollen sind das eigentliche Welthandelsprodukt, auf die sich alle statistischen Angaben über Produktion, Import und Export beziehen. Sie werden meistens zu Ballen von 300 bis 500 kg verpackt.

Auch Schmutz-, Schweiß- oder Greas-Wollen sind geschorene Wollen, die noch den gesamten Fettschweiß aufweisen. Haben diese besonders bösartigen Fettschweiß, so spricht man von Pechschweißwollen.

Rückenwäsche-Wollen oder Rückenwäsche oder auch Fleece-Wollen sind Wollen, bei denen durch Rückenwäsche mit Wasser auf dem lebenden Tier ein Teil des Schmutzes, des Fettes und der wasserlöslichen Bestandteile der Rohwolle entfernt sind.

Scoured-Wolle ist die Wolle, die die Fabrikwäsche durchgemacht hat, aber noch nicht rein ist.

Snowwhite-Wolle ist völlig rein gewaschene weiße Kapwolle.

Als Abfallwollen bezeichnet man Teile des ganzen Haarkleides der Schafe, die durch chemische oder physikalische Einwirkungen derartig minderwertig geworden sind, daß sie gegenüber den guten Teilen des Wollpelzes nur eine sehr geringe Bewertung erfahren. Zu diesen Abfallwollen gehören die Locken, die Leisten, die Brandspitzen, die Futterstücke und Moorwollen.

Wir verstehen unter Locken die Teile des Vlieses, die vollständig ihren Zusammenhang verloren haben, wo die einzelnen Stäpelchen bis in die Basis hinunter isoliert stehen und mit den Nachbarstäpelchen so gut wie gar keine Verbindung haben. In der Regel ist daher bei den Locken auch Schmutz und Staub bis herunter auf die Haut gedrungen. Natürlich hat das Wollhaar hierdurch gelitten und wird je nach dem Grade, in dem dies stattgefunden hat, nur zur Herstellung minderwertiger Waren verwendet.

[1]) Schlesinger, R.: Mikroskopische Untersuchungen der Gespinstfasern im rohen und gefärbten Zustande, nebst einem Versuche zur Erkennung der Shoddywolle. Zürich 1873. — Corty, H.: Die Kunstwolle unter dem Mikroskop. Leipz. Monatsschr. Textilind. Jg. 40. 1925.

Leisten sind die hauptsächlich in der Leistengegend vorkommenden Wollpartien, welche vollkommene Verfilzung zeigen und von Stichelhaaren durchsetzt sind. Die darin enthaltenen Wollhaare sind meist auch erheblich gröber und kürzer als in den besseren Partien des Vlieses, vor allem aber in ihren Form- und physikalischen Eigenschaften geschädigt. Sie verlangen auch eine ganz andere Verarbeitung als die Wolle in den normalen Teilen des Vlieses. Locken in größerer Menge sind für die feinen Schafe charakteristisch; Leisten dagegen besonders für gröbere, soweit sie zu den sogenannten Wollmassenträgern gehören; wird das Vlies schütter, so nimmt auch die Leistenbildung ab.

Bei ungenügender Einstreu werden leicht einige Körperstellen, wie vor allem der Bauch durch Kot, Urin und Dünger eingeschmutzt, deren Zersetzungsprodukte die Haarsubstanz angreifen und in ihrer Elastizität und Widerstandskraft schädigen. Vor allem das feinere Haar wird leicht angegriffen und eine derartige Wolle gering bewertet. Diese Brandspitzen haben gelbe bzw. rotbraune Färbung. Durch zweckmäßige Haltung kann also verhütet werden, daß die Wollen derjenigen Körperstellen, die leicht eingeschmutzt werden können, beschädigt und damit den Abfallwollen bzw. einem geringeren Sortiment zugeteilt werden.

Das gleiche trifft auch zu, wenn durch unzweckmäßige Art der Einfütterung Futterteile in das Vlies gelangen. Unter bestimmten Weideverhältnissen läßt es sich allerdings nicht vermeiden, daß pflanzliche Teile sich im Vlies festsetzen. Vom Sortierer werden die Futterstücke vom Vlies abgetrennt und die Wolle erfährt eine geringere Bewertung. Ein mechanisches Herauslesen dieser unerwünschten pflanzlichen Teile ist meist unmöglich; auch durch Waschen, Extrahieren und Spülen können sie nicht entfernt werden. Nur wenn sie in geringer Menge vorhanden sind, werden diese sogenannten Kletten auf mechanischem Wege mittels des Noppeisens, einer Art Pinzette, oder mit dem Klettenwolf entfernt. Bei Kammwollen werden sie auch durch das Kämmen ausgeschieden. Je klettenreicher eine Wolle ist, um so notwendiger ist die volle Entfernung und diese wird erreicht durch Karbonisation, d. h. die Zerstörung der pflanzlichen Teile auf chemischem Wege. Die Karbonisation wird mit Schwefelsäure durchgeführt und bewirkt eine derartige chemische Umwandlung der pflanzlichen Bestandteile, und zwar eine annähernde Verkohlung, daß sie sich auf mechanischem Wege leicht entfernen lassen. Es ist selbstverständlich, daß eine derartige Wolle, die karbonisiert werden muß, nicht nur infolge des Mehraufwandes von Zeit und Geld, sondern auch infolge Schädigung der Haare, die durch die Anwendung konzentrierter Säure eintritt, wesentlich geringer, als eine nicht verunreinigte Wolle bewertet werden muß.

Zur Hervorhebung bestimmter Eigenschaften oder zur Kennzeichnung der allgemeinen Qualität unterscheidet man noch folgende Wollarten.

Lüsterwollen oder Glanzwollen sind Wollen mit Seidenglanz, insbesondere die Wollen vom Leicester- und Lincolnschaf. Allgemein zeichnen sich die Wollen der englischen langwolligen Fleischschafrassen durch Seidenglanz aus.

Man spricht ferner von einer gesunden Wolle, wenn diese von gesunden, gut genährten und gut ausgereiften Tieren stammt; eine naturkranke, untreue Wolle stammt von einem kranken Schaf, und es handelt sich meist um eine abgesetzte Wolle, so daß ein aus dieser hergestelltes Gespinst ungleichmäßig ausfällt.

Unter einer edlen Wolle im Gegensatz zu einer gewöhnlichen oder gar gemeinen Wolle verstand man zunächst die besten, feinsten Tuchwollen, wenn sie in allen Eigenschaften des einzelnen Haares wie im Vlies fehlerfrei und von bester Qualität waren. Heute hat man den Begriff Adel auch auf gröbere Wollen, ja sogar auf Grannenhaarwollen übertragen und versteht unter Adel den Inbegriff aller der Eigenschaften, welche eine Wolle zu einer besonders guten für den Fabrikationszweck machen, für den sie bestimmt ist. Insonderheit denkt man dabei meist an den gleichmäßigen Aufbau des Vlieses, die gleichartige Beschaffenheit des inneren Stapels von der Basis bis zur Spitze, die vollkommene Fehlerfreiheit. Es ist bequem, in diesem Sinne auch heute noch von edlen Wollen zu sprechen und sie in Gegensatz zu den gewöhnlichen, schlechteren zu stellen, die, sei es durch Verzüchtung oder schlechte Pflege auf dem Schaf, mehr oder weniger gelitten haben.

d) Einteilung der Wollen nach dem Fabrikationszweck[1]).

Nach dem Fabrikationszweck unterscheidet man Tuchwollen, Stoffwollen und Kammwollen, eine Einteilung, die vor allem in früheren Jahren größere Bedeutung gehabt hat als heute, da die moderner eingerichteten Spinnereien, wie sie übrigens in England schon viel früher als bei uns existiert haben, imstande sind, fast aus jeder Wolle jede Art des Produktes herzustellen. Nur gewisse Spinnereien, die mit der neuzeitlichen Technik noch nicht fortgeschritten sind, legen auf die Unterscheidung mehr Wert als ihr zukommt.

Unter typischer Tuchwolle versteht man die feinere Wolle, welche besonders gut einen sogenannten rauhen Faden (Faden für den Schuß) zu spinnen gestattet, also aus kürzeren Haaren besteht; Stapeltiefe etwa 2 bis 4,5 cm. Ferner muß sie eine besonders gute und gleichmäßig gute Krimpkraft haben, also jedes Haar ausgeprägte und nicht zu niedrige Kräuselungsbögen besitzen; dann gibt nach Lehmann mäßigste Walkarbeit bereits ein dichtes schmiegsames Tuch. Der Charakter des Stapels muß also ein klarer sein.

Um an Schurgewicht zu gewinnen, züchtet man heute auch die Tuchwollschafe mit tieferer Wolle (bis 6 cm Stapeltiefe — natürliche Länge der Haare) und erkennt deren Vlies als Tuchwollvlies an.

Diese Tuchwollen sind vorzüglich geeignet zur Fabrikation von Wollhüten, feinen Filzen, feinen Tuchen und tuchartigen Stoffen.

Als typische Kammwollen werden heute alle längeren Wollen mit über 7 cm Stapeltiefe bezeichnet und tatsächlich auch fast ausnahmslos gekämmt. Die kurzen Kammwollen mit etwa 12 cm Stapeltiefe im Jahreswuchs bestehen nach Lehmann aus reinem Flaumhaar. Ihr Charakter ist am besten gedehnt- bis flachbogig. Dann bestehen sie zum größten Teil aus Haaren annähernd gleicher wahrer Länge und liefern demnach die höchste Ausbeute an Zug (manchmal über 90%). Selbstverständlich ist die Höhe der Ausbeute auch abhängig von der Haltbarkeit und Elastizität der Haare sowie vom guten Erhalt des Aufbaues des Vlieses, das nicht verfilzt oder verwirrt sein darf.

Die langen Kammwollen bis über 25 cm Stapeltiefe bestehen nur aus Grannenhaaren, bei denen neben der Haltbarkeit vorwiegend ein hoher Glanz geschätzt wird. Nur dann lassen sich die kostbarsten Stoffe aus ihnen herstellen. Am wenigsten Bedeutung hat der Glanz noch bei den ganz groben Grannenhaaren, die vorwiegend Strickwollen liefern; aber auch bei diesen wird er mit Recht hoch geschätzt.

[1]) Siehe die S. 390 u. ff. erwähnten Autoren und ferner A. Ganswindt: Wollwäscherei und Karbonisation. Leipzig 1905. — Heermann: Mechanisch- und physikalisch-technische Textiluntersuchungen. Berlin 1928. — Karmasch: Handbuch der mechanischen Technologie Bd. 3, 6. Aufl. 1905. — Über die Kenntnis der verschiedenen Schafwollsorten, ihre Beschaffenheit, Gewinnung, Eigenschaften, Erkennung, Prüfung, Taxierung, Qualifizierung und Klassifizierung, sowie ihre rationelle Sortierung, Verwertung und Verwendung. Dt. Woll. Gewerb. 1926, S. 1379. — Kriegsministerium: Schafhaltung und Wollkunde. Herausgegeben vom Kriegsamt, Kriegsrohstoffabteilung des Kriegsministeriums. 1918. — Lehmann, C.: Gesammelte Schriften Bd. 2. Berlin 1920. — Bedeutung und Hauptgrundlinien der Wollkunde. Berlin 1920.

Als Stoffwollen bezeichnet man schließlich Wollen von mindestens A bis AA-Feinheit (vgl. später), von nicht so großer Länge. Sie sind nicht so fein und gedrungen gewachsen wie die Tuchwollen, dafür kräftiger, andererseits nicht so lang und kräftig als die Kammwolle, dafür aber feiner und walkfähiger. Der Bedarf an derartigen Stoffwollen ist zwar auch heute noch vorhanden, jedoch ist es möglich, infolge der außerordentlichen Verschiedenartigkeit der Kammwollen, die für diese besondere Fabrikationsrichtung erforderlichen Wollen aus jenen auszulesen. Infolgedessen ist heute die Züchtung einer spezifischen Stoffwolle, d. h. einer Wolle, die sich sowohl für die Tuch-, wie für die Kammgarnfabrikation eignet, überflüssig und sollte aufgegeben werden. Die Benennung stammt aus einer Zeit, als die Kammaschinen noch nicht so leistungsfähig hergestellt werden konnten, um kürzeres Haarmaterial, ohne zu viel Kämmlinge zu machen, zu Kammzug verarbeiten zu können. Anpaarungen unserer kurzwolligen Tuchwollschafe mit 2,5 cm Stapeltiefe mit langwolligen französischen Merinos mit 7 bis 10 cm Stapeltiefe erzeugten dann Tiere, deren Stapeltiefe 6 bis 7 cm betrug und die zugleich die ausgeprägte Tuchwollkräuselung der Strähnchen zeigte. Da war für damalige Verhältnisse die Wolle lang genug, um überhaupt gekämmt werden zu können, aber auch kurz genug, um daraus befriedigende Walkwaren zu erzeugen. Man sagte daher, es ist eine Wolle „à deux mains“ —, einer zweifachen Bearbeitung fähig. Übrigens wurde diese Stoffwolle auch früher von der Industrie nicht immer sehr hoch geschätzt. Man beurteilte sie nach Lehmann manchmal als „verzüchtete“ Wollen, da das gröbere Haar der französischen Merinos, aber auch das feinere der hiesigen Elektorals sich zum Teil rein vererbte und daher die Feinheit der Haare in demselben Strähnchen große Differenzen aufwies.

Je nach der Länge und der Kräuselung unterscheidet man Streich- und Kammwollen. Streichwollen sind von 36 bis 250 mm Länge, bald gröber, bald feiner, und mehr oder weniger gekräuselt. Kammwollen sind glatte, lang gewachsene, 170 bis 550 mm lange, mehr oder weniger milde und zum Teil starkhaarige Wollen.

Die Bradforder Industrie unterscheidet zunächst Kammwollen, Streichwollen und Halbkammwollen. Kammwollen sind möglichst lange, gerade und glänzende Wollen, die durch Kämmen von den kürzeren Fasern und Verunreinigungen befreit sind. Die Streichwollen zur Tuchfabrikation sollen möglichst walkfähig sein, aber die Gleichmäßigkeit kann etwas zurücktreten. Bei den Halbkammwollen fällt das Kämmen fort, es sind Wollen für billige Teppichgarne.

Kämmlinge sind die kürzeren Wollhaare, die aus der Kammwolle durch Kämmen entfernt und anderweitig verarbeitet werden.

Krempel oder Putz heißt der beim Reinigen der Krempelmaschine, der Tambours, der Arbeiter- und Wenderwalzen sich ergebenden feinen Wollabfälle.

Je nach der Qualität der Garne werden die Wollen der verschiedenartigsten Herkunft und Qualität, teils für sich allein, teils mit anderen gemischt, verarbeitet. In der Bradforder Textilindustrie werden z. B. 10 verschiedenartige Hauptgruppen von Wollgarnen gebildet, zu denen ganz unterschiedliches Material verarbeitet wird. Aus der folgenden Zusammenstellung, die Heermann gegeben hat, ist dies ersichtlich. Man unterscheidet:

1. Feines Schußgarn aus besten australischen Qualitäten. Geringere Qualitäten um Garnnummer 64, bessere um 100.

2. Kaschmirschußgarn und andere einfache Schußgarne. Kaschmirgarn ist ein englisches Garn einer 60er Qualität. Man verwendet Merino- und sogenannte Botany-Qualitäten; das sind solche, die sich ähnlich wie Merino verspinnen lassen, über der 50er Qualität stehen, nicht englischer Herkunft und nicht als Crossbred anzusprechen sind.

3. Mantel-, Rockstoffe-, Ketten- und Schußgarne. Es sind gesunde, nicht zu harte, aber feste Wollen erforderlich. Das Kettengarn soll jedoch nicht zu viel Draht bekommen.

4. Für starke Mäntel-Schußgarne ist die Feinheit der Wolle nicht maßgebend. Es werden sogar verschiedene Qualitäten durcheinander gemischt, so daß man feinste längere Fasern neben gröberen und kürzeren findet.

5. Für Strick- und Wirkwarengarne werden Wollen verschiedenartiger Herkunft und Länge, meist kürzere australische Wollen verwendet. Die Länge hat weniger Bedeutung, wohl aber Weichheit und Füllkraft des Garnes.

6. Von einer Wolle, die für feines Crossbredgarn geeignet ist, das zu leichteren Mantel-, Anzug- und Hosenstoffen Verwendung findet, verlangt man möglichst gleichmäßige Faserlänge und geringeren Draht.

7. Für mindere Crossbred-, Ketten- und Schußgarne verwendet man Wollen von gut gezüchteten englischen Lincoln und von australischen Crossbreds, indem man mit letzterer Bezeichnung Wollen von rein gezüchteten Leicester und Lincoln aus Australien kennzeichnet. Stapel und Feinheit sind maßgebend.

8. Lüster und Halblüster. Heute erzeugt man Lüster und Halblüster aus verschiedenen Wollklassen. Viele Spinnereien nehmen nur Crossbredwollen, die nach Qualität und Stapel der Leicesterwolle verwandt sind.

9. Mohair- und Alpakagarne.

10. Teppichgarne.

B. Die Feinheit der Wolle[1]).

1. Der Begriff der Feinheit und ihre Bedeutung.

Der Begriff der Feinheit von Wollen und Haaren ist im Laufe der Jahrzehnte Schwankungen unterworfen gewesen. Während man unter einem feinen Haar in früheren Jahren nicht nur ein Haar verstand, welches sich durch geringen Querschnitt auszeichnete, verlangte man von diesem zugleich, daß es gute physikalische und sonstige Eigenschaften aufwies. Heute versteht man unter Feinheit im wissenschaftlichen Sinne die Größe der durch die Haarachse gelegten Querschnittsfläche, oder unter der Voraussetzung, daß das Haar annähernd kreisförmig ist, die Größe des Durchmessers des Haares. Die Feinheit ist also ein relativer Begriff; man kann von ihr nur im Vergleich mit anderen stärkeren Woll- oder Grannenhaaren sprechen. In diesem Sinne kann man die Merino-Tuchwolle als hochfeine, die Heidschnuckenwolle als grobe Wolle bezeichnen.

Schmidt hat den Versuch gemacht, die ineinander übergehenden, unscharf getrennten Bezeichnungen fein und grob zu präzisieren. Er bezeichnet als grob ein Wollhaar mit einem Durchmesser von mehr als $^1/_{25}$ mm $= 40\,\mu$. Zur Klarlegung und Umreißung der rein wissenschaftlichen Begriffe wäre diese Abgrenzung als ganz zweckmäßig anzusehen.

Was die Frage anbetrifft, ob die Feinheit der Wolle überhaupt noch, wie in früheren Zeiten, einen so ausschlaggebenden Preisfaktor darstellt, so ist folgendes zu sagen: schon 1859 schreibt Menzel, daß die Feinheit nicht mehr, wie vor 30 und 40 Jahren, den Wert der Wolle bestimme, und auch Rohde spricht damals von der sehr verminderten Nachfrage nach feiner Wolle und der geringen

[1]) Unter Ergänzungen folgen wir den Ausführungen von W. Spöttel: Über Variabilität, korrelative Beziehungen und Vererbung der Haarfeinheit bei Schafen. Bibliotheca Genetica Bd. 7. Leipzig 1925. — Über Sortiment und Feinheit. Z. Schafzucht Jg. 15, H. 6 u. 7. Hannover 1926. — Bemerkungen zur Untersuchung von Melewollen. Jahrbuch für wissenschaftliche u. praktische Tierzucht Jg. 17. 1925. — Über subjektive und objektive Wollbeurteilung. Tierzüchter 1923.

Rolle, die gegenüber früher der Feinheit der Wolle zukommt. Zu Beginn des 19. Jahrhunderts war das Interesse, das man der Feinheit der Wolle zuwendete, so groß, daß sich nicht nur Schafzüchter, sondern Händler und Fabrikanten mit der Konstruktion von Feinheitsmessern befaßten.

Dem hohen Aufschwung der Feinheitszüchtung folgte ein schneller, beständiger Rückgang. Infolge der viel geringer gewordenen Preisunterschiede in den verschiedenen Wollsorten verlor die Frage nach der Feinheit an Bedeutung. Ein Beweis dafür, daß sich die hohe Feinheit in der Wollzüchtung nicht mehr bezahlt machte, liegt in der Tatsache, daß die Herden mit hochedlen Wollschafen immer mehr zurückgingen, und heute Merinozuchten mit 3A-Wollen, die im allgemeinen die höchste Feinheit darstellen, in Deutschland nur noch in ganz geringer Zahl vorhanden sind.

In der Zeit, als die Wollindustrie noch nicht fähig war, nicht hochfeine Wollen zu eleganten und dauerhaften Stoffen zu verarbeiten, legte man auf die Feinheit ganz besonderen Wert und schätzte in der Züchtung wie im Handel nur die allerfeinsten Merinowollen.

Heute ist man von der einseitigen Bewertung hochfeiner Wollen abgekommen, die deutsche Industrie ist imstande, auch die feinen und mittelfeinen Wollen sehr gut zu verarbeiten und sie infolgedessen auch dementsprechend hoch zu bewerten, zum Teil sie höher zu bewerten als die allerfeinsten Merinowollen.

Ferner hat es sich gezeigt, daß infolge der starken Konkurrenz der Auslandswollen die Wollpreise dauernd sanken, so daß bei einseitiger Verfolgung des Zuchtzieles auf hochfeine Wolle die Schafzucht unrationell geworden war. Diese Unrentabilität war mit darauf zurückzuführen, daß die Schafe mit hochfeiner Wolle nur eine geringe Wollmenge ergeben, und daß sich bei ihnen vielfach Erkrankung und Entartungserscheinungen einstellen, so daß besonders bei der Aufzucht große Verluste eintreten. Für die Fleichversorgung kamen diese Tiere nur wenig in Frage, da das Fleisch derselben nur geringe Qualität aufwies und sich infolgedessen keiner Beliebtheit erfreute.

Man ging von der Zucht der hochfeinwolligen Eskurial-, Elektoralschafe, die nur ein geringes Schur- und Fleischgewicht zeigen und von der einseitigen Zucht der Faltennegrettis mit ungünstigster Fleischqualität zur Zucht der Kammwollschafe und Merinofleischschafe über, deren Wolle gröber, deren Schur- und Fleischgewicht im Vergleich zu den alten Edelwollschafen größer und deren Fleischqualität besser ist, die sich aber durch robustere Gesundheit und Widerstandsfähigkeit und vor allem aber durch Leichtfutterigkeit und Mastfähigkeit auszeichnen. Von der einseitigen Zucht auf Wolle wandte man sich der Zucht auf Wolle und Fleisch zu. Diese kombinierte Zuchtrichtung hat insbesondere in der heutigen Zeit die größte Bedeutung.

2. Die subjektive und objektive Wolluntersuchung.

a) Die Ausführung der subjektiven Wolluntersuchung[1]) und ihre Bewertung.

Je feiner die Wolle, desto größer ist der Wert, hieß es zur Zeit des goldenen Vlieses. Man suchte deshalb schon frühzeitig nach Mitteln, um objektiv den Durchmesser oder die Querschnittsfläche einzelner Wollhaare festzustellen.

[1]) Thaer: Woll-Convent in Leipzig. Mögliner Annalen d. Landw. Bd. 10, S. 479. — Mentzel, E. C.: Auszug aus den Protokollen des Leipziger Woll-Convents im Jahre 1823. Mögliner Annalen d. Landw. Bd. 12, S. 135. 1823. — Lenhard, W.: Die wichtigsten Gesichtspunkte bei der handelsüblichen Taxation der Schurwolle. Z. Schafzucht Jg. 8, H. 3, S. 63. — Michel, R.: Die Wollabschätzung bei der Kriegswollbedarf-Aktiengesellschaft. Kriegsrohstoffabtlg. d. Kgl. Preuß. Kriegsminist. 1918, S. 102.

Damit suchte man also, die Wollfeinheit nach bestimmten Maßverhältnissen auszudrücken. Während die objektive Feinheitsbestimmung unabhängig von der Person des Untersuchenden ist, ist die im Wollhandel und in der landwirtschaftlichen Praxis allgemein übliche subjektiv.

Das im Laufe der Jahre geschärfte Auge und in zweiter Linie das Gefühl sind für den Käufer die beiden wichtigsten Hilfsmittel bei der Einschätzung der Wolle, sowie auch bei der Beurteilung der Feinheit. Den Wollfachmann sollen angeblich Auge und Gefühl so sicher leiten, daß jeder solide Käufer, wie Thaer[1]) schon sagt, auf einen Wollposten beinahe dasselbe bietet, was der andere bot oder auf Befragen ihn gleichmäßig taxiert. Immerhin dürften insofern Unterschiede vorkommen als ein Händler, der eine Wolle bestimmter Qualität unbedingt braucht, auf diese mehr bieten wird, als ein anderer, dem der Einkauf weniger dringend ist. ,,Es hat sich in den Großhändler- und Verbraucherkreisen eine so sichere Taxierung der Feinheitsunterschiede nach Auge und Gefühl herausgebildet, daß nach Reuff[2]) die von einer Sachverständigenkommission als ausgesprochene Klassenmuster anerkannten Proben von jeder anderen ohne weiteres anerkannt werden ohne Zuhilfenahme irgendwelcher Geräte oder Berücksichtigung irgendwelcher Theorie über den Feinheitsunterschied" (Probst[3])). Tänzer[4]) hat jedoch auf die Unsicherheit der subjektiven Feinheitsbestimmung vom Standpunkte der Sinnesphysiologie und -psychologie hingewiesen.

Bei der Beurteilung der Wolle sind Gesichtssinn und Tastsinn beteiligt. Da mit Hilfe des Tastsinns die Objekte größer geschätzt werden als mittels des Gesichtssinnes, so kommt bei der Wollbeurteilung letzterem die größere Bedeutung zu. Die Wollbeurteilung nach den jetzt üblichen Kammwollsortimenten (vgl. später) stellt außergewöhnliche Anforderungen an die Sehschärfe, da die normale Grenze des Gesichtswinkels nach Aubert (35″) in 25 cm Sehabstand einem Haar von ca. 28 μ entsprechen würde. Unter Zugrundelegung eines Gesichtswinkels von einer Bogenminute als der normalen Unterscheidungsfähigkeit zweier Punkte oder Linien — wenn man das Haar als Inhalt zweier Begrenzungslinien auffaßt — würde man sogar zu noch höheren Werten (46,54 μ) kommen.

Dank der Irradiationswirkung wird immerhin das Haar, zumal im Fettschweiß noch eher erkannt werden können, als es seinen optischen Verhältnissen entsprechen würde. Dadurch kommt es vielleicht auch, daß die scheinbare Größe der Haare nicht unter einen gewissen Gesichtswinkel geht.

Durch die Irradiation der feinen Haare ist es vielleicht erklärlich, daß die subjektive Beurteilung gegenüber der objektiven viel gröber ausfällt. Wenn man den für kleine Größen konstanten Gesichtswinkel von 10″ als den relativ kleinsten Unterschied, der entsprechend den Ergebnissen der Augenoptik schon hohe Anforderungen an die Auflösungsfähigkeit stellt, den Betrachtungen zugrunde legt, so würde man zu einem Wert von 7,757 μ kommen, welcher beträchtlich

[1]) Thaer: Woll-Convent in Leipzig. Mögliner Annalen d. Landw. Bd. 10, S. 479. — Mentzel, E. C.: Auszug aus den Protokollen des Leipziger Woll-Convents im Jahre 1823. Mögliner Annalen d. Landw. Bd. 12, S. 135. 1823. — Lenhard, W.: Die wichtigsten Gesichtspunkte bei der handelsüblichen Taxation der Schurwolle. Z. Schafzucht Jg. 8, H. 3, S. 63. — Michel, R.: Die Wollabschätzung bei der Kriegswollbedarf-Aktiengesellschaft. Kriegsrohstoffabtlg. d. Kgl. Preuß. Kriegsminist. 1918, S. 102.

[2]) Reuff, E.: Fehler bei Schwarzschur der Wolle (Schweiß). Z. Schafzucht 1918. — Feinheitsklassen und Wollhöchstpreise. Dt. landw. Presse Jg. 46, Nr. 36, S. 260 und Kriegsrohstoffabtlg. d. Kgl. Preuß. Kriegsminist. S. 107.

[3]) Probst, Eugen: Die Feinheitsbestimmung des Wollhaares. Z. Tierzüchtg Bd. 6. 1926.

[4]) Tänzer, E.: Die subjektive Wollbeurteilung, kritisiert vom Standpunkt der psychophysiologischen Forschung. Archiv f. Naturgeschichte 91. Jahrg. 1925 Abt. A. 9. Heft Berlin 1927.

höher ist, als der in den feinen Sortimenten dem Auge zugemutete Größenunterschied (vgl. später).

Die Differenzierung der feineren Sortimente wird immerhin dadurch eine Erleichterung erfahren, daß wie erst die objektive Wolluntersuchung einwandfrei nachweisen konnte, den betreffenden Sortimenten Haare von einer mehr oder minder großen Variationsbreite angehören.

Im Wollhandel wird die Bestimmung in der Art häufig ausgeführt, daß die Woll- oder Kammzugprobe auseinandergezogen wird, so daß man das Auseinanderdrieseln der Haare beobachten kann. Vor allem, wenn man eine schwarze Samtunterlage verwendet, kann man am besten die gröbsten Haare erkennen, die für die Gesamtbewertung der Probe von größter Bedeutung sind.

Die Wollsachverständigen der Landwirtschaft stellen teils das Sortiment in ähnlicher Weise fest, teils begnügen sie sich, das Vließ auf dem lebenden Tiere vom Widerrist bis zur Schwanzwurzel und auf Blatt und Keule zu scheiteln, um direkt durch Begutachtung des Stapelinneren das Sortiment zu bestimmen[1]).

Die Sortimentsbestimmung der Wolle, wenn sie sich noch auf dem Schaf befindet, ist wesentlich schwieriger als wenn sie abgeschoren ist. Ein das Einzelhaar sichtbar machendes Zerfasern der Wolle ist dann nur an einem kleinen aus dem Vlies herausgezogenen Strähnchen möglich. Das Bild, das ein so kleines Flöckchen Wolle beim Zerfasern liefert, ist aber auch unvollkommen.

Die Bonitur am lebenden Tier hat insofern Schwierigkeiten, als hier ein allgemeines Übersichtsfeld wie am geschorenen Vlies nicht vorhanden ist. Man kann immer nur eine verhältnismäßig kleine Stelle betrachten und auch durch die Summe aller Beobachtungen wird man nie eine vollkommene Übersicht erlangen.

Die Ergebnisse der Bonitur auf dem lebenden Tier und einer geschorenen Wollprobe weichen häufig voneinander ab, was von der Wärme des Tierkörpers bedingt werden soll, wahrscheinlich aber liegt es daran, daß die Fettschweißkonsistenz durch die Wärme des Tierkörpers eine andere ist, als bei erkalteter Wolle. Auf diese Ursache ist wohl auch zurückzuführen, daß die Wolle auf dem Schaf häufig milder als in abgeschnittenem Zustand erscheint.

Ferner ist zu berücksichtigen, daß der Wassergehalt der Wolle auf dem lebenden Tier ein wesentlich höherer ist, als im abgeschorenen Vlies. Ob durch diese Unterschiede des Wassergehaltes die Feinheit der Wolle beeinflußt wird, sei dahingestellt, da in dieser Richtung exakte Untersuchungen noch nicht vorliegen. Wollsortierer, die gewohnt sind, nur in älteren Lagerbeständen von Wolle, also an abgekühlten und trockenen Vliesen zu arbeiten, überschätzen daher leicht die Kammwolle, wenn sie sich noch auf dem Tier befindet. Ebenso geht es natürlich leicht auch denen, die ihre Wollkenntnis zunächst an gelagerten Schurwollen zu erwerben trachten.

Da die Wolle nach der Fabrikwäsche ein sehr verschiedenartiges Aussehen haben kann, so bietet ihre Beurteilung für den, der nur Rohwollen bonitiert, gewisse Schwierigkeiten. Nur durch vergleichende Betrachtung eines schmutzigen Vlieses und der gewaschenen Wolle, wenn man die verschiedenen guten und schlechten Eigenschaften des ungewaschenen Vlieses kennt, kann man sich über das Aussehen der Wolle Rechenschaft geben. Die Oberfläche des Vlieses einer gewaschenen Wolle ist wesentlich entscheidender für die Qualität der Wolle als die Schnittfläche, die das Auge besticht und weniger sichere Anhaltspunkte für die Beurteilung bietet (Lehmann).

[1]) Telschow: Die Wollbeurteilung auf dem lebenden Tiere. Südd. landw. Tierzg. Nr. 51, S. 433.

Bei gewaschener Wolle ist vielfach die Sanftheit vermindert, teils bedingt durch das Fehlen von Fett, teils nach Heyne[1]) bedingt durch feinen Staub bei Verwendung kalkhaltigen Wassers oder durch anhängende Kalkseife. Dieses Anhaften von Staub und Kalkseife soll zuweilen durch die Struktur der Haare begünstigt werden.

Eine wichtige Veränderung der Wolle durch die Wäsche besteht in der Verringerung der Stapelhöhe, die durch Zusammenziehen und Ineinanderlaufen der Kräuselungsbogen hervorgerufen wird. Dieses Zusammenziehen äußert sich sehr verschieden stark. Je feiner, normalbogiger und gedrängter die Wolle gewachsen ist, desto mehr verringert sich die Stapelhöhe, so daß Wollen von bedeutender Stapelhöhe nach der Wäsche oft auffallend kurz erscheinen. „Findet die Zusammenziehung nicht in allen Stapeln gleichmäßig statt, so erscheint die Stapelung ungleichständig. Je regelmäßiger die Stapelung des gewaschenen Vlieses ist, um so vollendeter ist die Wolle in ihrer Veredelung. Diese Zusammenziehung gibt der gewaschenen Wolle auch einen stärkeren Zug und läßt die hochbogigen Wellungen und besonders den Zwirn schärfer hervortreten" (Lehmann).

Bei einer gewissen Beobachtungsgabe kann die Beurteilung der Wollen erlernt werden. Vor allem ist es ratsam, sich Musterproben zu besorgen und an Hand dieser die Bonituren vorzunehmen, um so allmählich den Blick zu schärfen. Für Unterrichtszwecke ist es angebracht, diese Proben zwischen zwei Glasplatten zu bringen und mit Kaliko zu umranden. Praktische Übung und dauerndes Vergleichen mit den Typenmustern kann zur Vervollkommnung führen. Die Feststellung der Sortimente am geschorenen Vlies ist im allgemeinen leichter als auf dem lebenden Tier.

Schandl[2]) benutzt zum Vergleich eines auseinandergegangenen Strähnchens feine Platindrähte, deren Stärke dem durchschnittlichen Feinheitsgrade der einzelnen Sortimente entspricht. Wolle und Platinstäbe werden in einen mit einem Handgriff versehenen kleinen Rahmen gespannt und mit einer Lupe vergrößert. Schandl hält diese kleine Apparatur allgemein für sehr geeignet zum Bonitieren der Wollen. Der Vorteil dieses Verfahrens liegt wohl darin, daß dem Auge eine exakte Vergleichsbasis gegeben wird.

Die rein subjektive Methode der Sortimentsbestimmung ist in hohem Maße von der Veranlagung des Betreffenden und von der Übung abhängig. In der Wollbeurteilung haben es zwar Vertreter der Schafzucht, des Wollhandels und der Textilindustrie zu einer hohen Fertigkeit gebracht. Daß jedoch auch diesen Sachverständigen Fehler unterlaufen und daß die Urteile verschiedener Sachverständiger über ein und dieselbe Wolle auseinandergehen können, ist wiederholt nachgewiesen. Unterschiede von einem halben Feinheitsgrad sind häufig festzustellen, es können jedoch auch wesentlich größere Abweichungen auftreten.

Für das Ergebnis der Beurteilung ist die persönliche Stimmung der die Bonitur ausführenden Person, die Konzentration und Einstellung auf die betreffende Wolle bestimmend. Auch das subjektive Empfinden wird nicht immer zu unterdrücken sein. Wenn jemand auf feine Wollen eingestellt ist, so wird er etwas gröbere Wollen noch gröber taxieren, als sie in Wirklichkeit sind. Der Wechsel der dem Boniteur vorgelegten Proben spielt auch eine Rolle. Wenn er nacheinander die verschiedenen Abstufungen der feinsten Wollen bonitiert hat, so wird sein Urteil bedeutend sicherer sein, als wenn er bunt durcheinander feine und grobe Wollen begutachtet. Auch für den geübtesten Boniteur ist immer eine bestimmte Einstellung auf die betreffenden Wollen erforderlich.

[1]) Heyne, J.: Die Schafzucht. Berlin 1921.

[2]) Gaggermeier, Gg. und W. Koch: Versuche mit dem Wollklassifikator von Prof. Dr. Schandl. Züchtungskunde 1926.

b) Die objektive Wolluntersuchung und ihre Bedeutung.

Die objektive Feinheitsbestimmung, die den Haardurchmesser exakt zu messen sucht, hat im Laufe der Geschichte die verschiedensten Instrumente benutzt.

Daubenton[1]), der, wie Probst ermittelt hat, als erster bezeichnet wird, hat in eingehender Weise die Frage der Wollfeinheitsmessung behandelt. Die Messung hat schon Daubenton mittels Mikroskop und eines Mikrometers vorgenommen und versucht, eine Abgrenzung einzelner Wollsorten vorzunehmen, hauptsächlich auf Grund der dicksten Haare. Im ganzen hat er 5 Sorten, und zwar superfein, fein, mittelfein, grob und supergrob unterschieden.

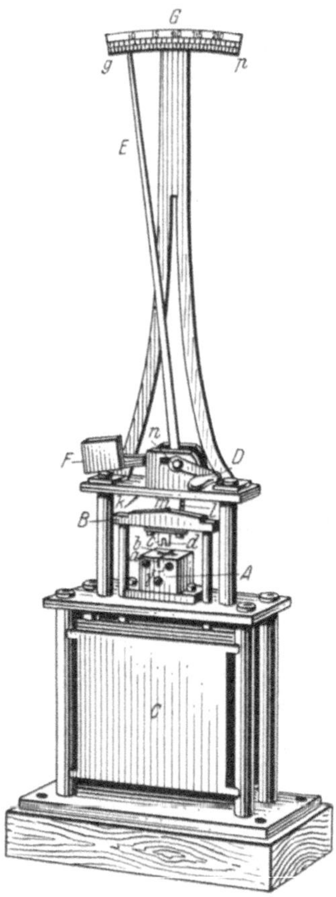

Abb. 84.
Koehlerscher Wollmesser (nach Bohm).

Der erste und vielleicht beste Wollmesser seiner Zeit wurde von Dollond[2]) 1811 konstruiert. Er beruht auf dem Prinzip, die Größe des Durchmessers des Gegenstandes dadurch zu bestimmen, daß von ihm durch ein zerschnittenes Zerstreuungsglas zwei gleiche Bildhälften entworfen werden, die man mit Hilfe des Mikroskops und der beim Nullpunkt sich deckenden Lage bis zu einer genauen Berührung verschiebt. Aus dem Maße der Verrückung läßt sich die Größe des Objektes bestimmen. Bei dem Dollondschen Eirometer wird das von der Zerstreuungslinse hervorgerufene Doppelbild des untergelegten Wollhaares mit einem nur gering vergrößernden Mikroskop betrachtet. Die Einteilungsskala läßt eine Verschiebung des Bildes bis zu $^1/_{10000}$ englischen Zolles $= 2{,}353968$ Mikra ablesen. Bei einiger Übung waren 100 Messungen in der Stunde auszuführen.

Köhler[3]) (Abb. 84) legte seinem Feinheitsmesser die Idee zugrunde, den Raum zu bestimmen, den eine festgelegte Zahl von Wollhaaren einnimmt. Er setzte für sein Instrument die Zahl von 100 Wollhaaren fest, die, in den Einschnitt des Apparates eingelegt, durch eine stets gleichbleibende Gewichtsbeschwerung, die als die günstigste festgestellt wurde, zusammengedrückt werden. Ein Zeiger gibt auf einer Skala die Möglichkeit, den Feinheitsgrad der gemessenen Wollsträhnchen in Vergleich zu setzen. Die Nachteile waren das mühselige Abzählen von 100 Wollhaaren und ferner die Unsicherheit, die durch stark gekräuselte harte bzw. weiche Haare eintreten konnten. Der Vorteil ist darin zu sehen, daß hier die bei einer Einzelmessung eines Wollhaares möglichen falschen Rückschlüsse auf die ganze Wollprobe weitgehend ausgeschaltet erscheinen.

Nach dem Prinzip der Fühlschraube ist „The Micrometer Caliper"[4]) gebaut, das heute in Amerika benutzt wird. Die Messungen differieren gegenüber der

---

[1]) Daubenton: Katechismus der Schafzucht zum Unterrichte für Schäfer und Schäferey-Herren. Bearbeitet von Chr. A. Wichmann. Leipzig und Dessau 1784.

[2]) Siehe Technologie von Karmarsch S. 1229. — Riecke: Über Wollmesser. Correspondenzblatt d. württ. landw. Vereins Bd. 13, S. 181. 1882.

[3]) Siehe Jeppe: Terminologie der Schafzucht. Rostock 1847 und J. Bohm: Die Schafzucht nach ihrem jetzigen rationellen Standpunkt. Erster Teil: Die Wollkunde. Berlin 1873.

[4]) Burns, H. und W. B. Köhler: The Micrometer Caliper as an Instrument for Measuring the Diameter of Wool Fibers. Lavamie 1925.

mikrometrischen Bestimmung um $^1/_{10000}$ Zoll, was wohl durch das leichte Pressen in den Fühlbacken des Instruments bedingt ist (Burns und W. B. Koehler) (Abb. 85).

Ein Teil der Wollfachleute äußert sich dahin, daß sie im Prinzip einen Wollfeinheitsmesser wohl für brauchbar ansehen, doch daran zweifeln müssen, daß ein dieser Aufgabe dienendes Instrument in entsprechender Weise je konstruiert werden wird. Vereinzelt sind Wollfeinheitsmesser in der Wollbranche und in der Wolle verarbeitenden Industrie eingeführt worden, haben jedoch zum Teil keinen Anklang gefunden. Einfache Fadenmesser werden vielfach in den Fabriken und im Tuchhandel benutzt, auch verwendet man Standardproben zum Vergleich.

„Wenn auch ein Feinheitsmesser zur Verwendung in der Praxis fast allgemein abgelehnt wird, so wird einem zweckmäßig konstruierten Apparat, in Sonderheit dem Mikroskop, ein Vorteil in der Lösung von Spezialaufgaben eingeräumt. Für Schlichtung von Streitfällen, zur Überwachung der Zuverlässigkeit der Arbeiten bei der Sortierung, zum Austrag von Meinungsverschiedenheiten beim Vergleich hochfeiner Wollen, für Lehrzwecke erscheint ein solcher geeignet" (Probst[1]). Zum Teil sind die Fabrikanten der Ansicht, daß ein Wollfeinheitsmesser vorteilhaft ist zur Bildung eines Urteiles darüber, ob die Wolle in ihrer gegebenen Feinheitszusammensetzung leichter oder schwieriger zu verspinnen ist und zur beständigen Berichtigung der Feinheitsabstufungen. Schon Petri[2]) meinte: Die Wollmesser sind „höchst nützliche Instrumente, um unter allen Umständen die Grenzen einer jeden Sorte genau zu finden, wodurch vermieden und verhindert wird, daß eine Wollhandlung eine Sorte nicht länger als Prima nennen kann, was bei anderer eigentlich Sekunda ist, wodurch also Verwirrung und Unsicherheit in den Begriffen und Geschäften in jeder soliden Handlung vorgebeugt wird."

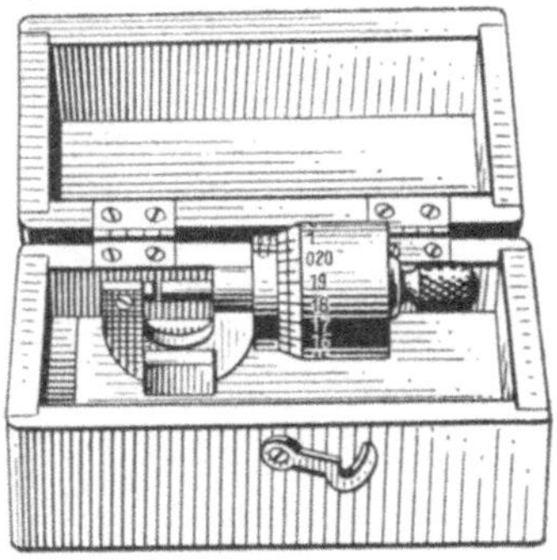

Abb. 85. „Micrometer Caliper" (nach Burns und Koehler).

Gegen die Verwendung mikroskopischer Untersuchungen in der breiten Praxis wird vor allem angeführt, daß die Messungen zu mühsam und zeitraubend sind, vor allem aber, daß sich die Sortimente der Wolle nicht nach der mikrometrischen Messung des Durchschnitts der Haare bestimmen lassen und andere Eigenschaften von gleich hoher Bedeutung sind, wie die Feinheit. Es ist jedoch festzustellen, daß auch in Kreisen der deutschen Textilindustrie allmählich Interesse für die objektive Wolluntersuchung aufkommt, nachdem in England schon seit längerer Zeit derartige Methoden herangezogen werden. Mit Recht sagt Barker, daß man aus der mikroskopischen Untersuchung und Feinheitsbestimmung Aufschluß darüber erhalten kann, wie sich die Wolle bei der Verarbeitung verhält.

„Für theoretische, wissenschaftliche Untersuchungen und zur Erfüllung besonderer Aufgaben erkennen Käufer wie Fabrikant der heute durchgeführten

[1]) Probst, Eugen: Die Feinheitsbestimmung des Wollhaares. Z. Tierzüchtg Bd. 6. 1926.

[2]) Petri: System, die Wollproduktion der Schafe nach dem verschiedenen Zustande ihrer Hautorganisation, ohne Vermehrung des Futters, in vielen Fällen mehr als zu verdoppeln. Ökon. Neuigk. u. Verhandl. Bd. 2, Nr. 55, S. 433. — Über Kammwolleerzeugung und Kammwollemaschinenspinnereien zur Beherzigung für die Herren Güterbesitzer und Kapitalisten der gesamten k. k. österreichischen Staaten. Ökon. Neuigk. u. Verhandl. Nr. 83, S. 657.

Methode der Feinheitsbestimmung ihren Wert zu, doch sprechen sie ihr — solange sie nicht ein schnelleres und sicheres Ergebnis ermöglicht — für die Verwendung in der weiten Praxis bei Einkauf und Verarbeitung, von wenigen Ausnahmen abgesehen, jede Bedeutung ab" (Probst).

Während der Wollkäufer es mit gegebener Ware zu tun hat, muß der Züchter sie erst schaffen; er kann auf ihre Güte einwirken, sie durch züchterische Maßnahmen verbessern. Das Problem ist: Wie weit kann ihm hier die objektive Feinheitsbestimmung helfend zur Seite stehen? „Obgleich der Wollmesser weder für den Gebrauch des Käufers noch des Verkäufers im allgemeinen praktisch anwendbar ist, so ist es doch auf keine Weise zu leugnen, daß er für den denkenden, nach dem Vollkommensten strebenden Produzenten von höchstem Interesse sei." Diese Ansicht Körtes aus dem Jahre 1831 findet gerade in der heutigen Zeit viel Anklang, wo allgemein das Bestreben dahingeht, die

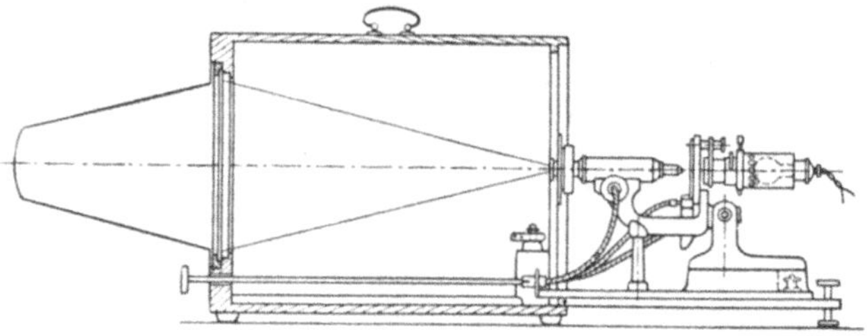

a

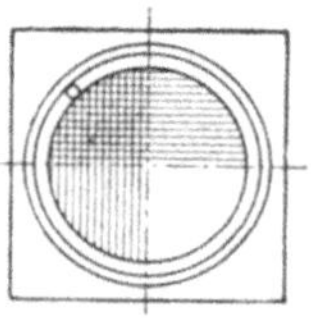

b

Abb. 86. *a* Aufriß des Döhnerschen Wollmeßapparates. *b* Meßrahmen.

Leistungen der Tiere mit Maß und Zahl festzuhalten und der mit Fehler behafteten subjektiven Schätzung eine einwandfreie, objektive Ermittlungsmethode gegenüberzustellen. Auch W. v. Nathusius hält schon eine objektive Charakterisierung des Wollcharakters in bestimmten Zahlen weit förderlicher für Züchtungszwecke als unbestimmte Redensarten bei den gewöhnlichen Bonitierungen.

Mit der objektiven Feinheitsermittlung soll vor allem die Unterlage geschaffen werden, um in der Zucht die Tiere auszumerzen, die sich hinsichtlich ihres Wollhaarcharakters nicht in das gesamte Feinheitsbild der Herde einfügen. Eine Feinheitsbestimmung auf objektivem Wege wird dann Bedeutung gewinnen, wenn sie in einer durchgezüchteten konsolidierten Stammherde durchgeführt wird. Ohne diese Voraussetzung genügt für den züchtenden Landwirt die einfache Feststellung der Feinheit mit dem unbewaffneten Auge. Die Beurteilung des Zuchtwertes der Stammböcke bezüglich der Wollfeinheit wird erst durch eine Untersuchung der Wollfeinheit auf eine sichere Basis gestellt. Gerade dem Bockmaterial kommt die größte Bedeutung zu.

Die Rassenbeschreibung gibt zur Wollmessung Veranlassung, um ein genaues Charakteristikum der Wollfeinheit zu geben, ferner die Möglichkeit, Wollen verschiedener Abstammung und Herkunft bezüglich Feinheit und Ausgeglichenheit zu vergleichen für vererbungstheoretische Fragen.

Mag schon manchem bei der Millionenzahl von Haaren des Vlieses das aus

Messungen von 100 oder mehr Haaren gezogene Durchschnittsergebnis als unsicher und anfechtbar erscheinen, so steht es außer Zweifel, daß es auf meßtechnischem Wege unmöglich ist, ein genaues Prozentverhältnis der auf dem Vlies wachsenden Feinheit anzugeben und durch Zahlen den Grad der Unausgeglichenheit so zum Ausdruck zu bringen, wie er sich bei der späteren Sortierung der Wolle darstellt (Probst).

Das Streben geht dahin, Methoden ausfindig zu machen, die in der Praxis Verwendung finden können, schnell und doch exakt arbeiten[1]). Für diese Zwecke soll das von Döhner[2]) angegebene Verfahren zur Sortimentsbestimmung dienen (Abb. 86).

Unter Zugrundelegung des Trichinoskops, wie es in der Trichinenschau Verwendung findet, hat Döhner in Verbindung mit der optischen Anstalt von Reichert in Wien ein Lanometer konstruiert. Dieses besteht aus einer Lichtquelle, einem Mikroskop mit liegendem Tubus und Feineinstellung, einem Kasten, durch den hindurch projiziert wird und der gleichzeitig zum Verpacken der einzelnen Teile dient, sowie einer Projektionsfläche mit Lichtschutzschirm. Ganze Strähnchen werden entfettet oder nicht entfettet in Zedernöl in einer flachen Küvette untersucht. Mit Hilfe dieses Apparates werden die Strähnchen auf einen Schirm projiziert, so daß man infolge der Vergrößerung Unregelmäßigkeiten der Struktur, Markhaltigkeit, Feinheit, Kräuselung und Ausgeglichenheit leichter als in der nicht vergrößerten Probe erkennen kann, und vor allem soll durch den Vergleich mit typischen Mustersortimenten die Zuteilung einer Wolle zu ganz bestimmten Sortimenten erleichtert werden. Wie die Untersuchungen von Spöttel[3]) gezeigt haben, werden zwar die Unterschiede der einzelnen Sortimente deutlicher sichtbar gemacht, jedoch bereitet die Einreihung gewisser Proben, die zwischen den Hauptsortimenten liegen, nach wie vor gewisse Schwierigkeiten und die Zuteilung zu einem Sortiment ist dem subjektiven Empfinden anheim gegeben. Ferner ist zu erwähnen, daß zur Feststellung von Sortimenten die von Döhner berücksichtigten Eigenschaften noch nicht genügen (Golf). Es fehlen vor allem die physikalischen Eigenschaften, Glanz usw., die gleichfalls für das Sortiment mit ausschlaggebend sind. Da die Ermittlung des Sortiments bei dem Döhnerschen Verfahren durch Vergleich der projizierten Haare mit den Standardproben erfolgt, so werden also auch hier nur die Feinheitsgrade und nicht die Sortimente bestimmt.

Durch Einsetzen einer stärkeren Vergrößerung und eines drehbaren Meßrahmens kann die Apparatur auch zum Messen der Haardicken benutzt werden, mit gleicher Exaktheit wie bei der gewöhnlichen mikroskopischen Projektionsmessung, aber mit etwas erhöhter Leistungsfähigkeit.

c) Die Ausführung der objektiven Feinheitsbestimmung von Wollen.

α) Die Probenahme.

Zunächst fragt es sich, an welchen Körperstellen der Schafe Proben zu nehmen sind, um über Feinheit und Ausgeglichenheit des ganzen Vlieses Klarheit zu erhalten (Abb. 87). Nach Kronacher ist es u. a. von Bedeutung,

---

[1]) Reichel: Über die für die Praxis brauchbarste Methode, den Feinheitsgrad von Wollhaaren zu bestimmen. Z. Schafzucht Jg. 13, H. 3, S. 54.

[2]) Döhner, H.: Eine neue Methode zur Feinheitsbestimmung der Haare und ihre praktische Auswirkung zur Sortimentsbestimmung von Schafherden, anwendbar auch auf die Bestimmung der Feinheit von Textilfasern. Diss. München 1925. — Henseler, H.: Ein neuer Apparat zur Bestimmung der Wollfeinheit. Z. Züchtungskunde Bd. 1, S. 411—412. 1926.

[3]) Spöttel, W.: Das Döhnersche Wollmeßverfahren. Melliands Textilberichte 1926.

daß nicht zu wenig Körperstellen untersucht werden, da man sonst zu einer irrtümlichen Ansicht kommen kann. Nach einer alten Vorschrift von Kühn und Wohltmann ist es zweckmäßig, 5 bis 7 Wollproben zu untersuchen, um über die Ausgeglichenheit und Feinheit im Vlies Auskunft zu erhalten. In früheren Jahren wurden bei Tuchwollschafen zur subjektiven Feststellung der Feinheit sogar 40 verschiedene Stellen des Körpers berücksichtigt. Da Schwanzwurzel und Keule diejenigen Teile des Schafes sind, die bei einer Umzüchtung den alten Typ am zähesten erhalten, muß man mindestens eine dieser Körperstellen zur Untersuchung unbedingt heranziehen, und zwar ist es wohl zweckmäßig, die Keule zu wählen, da diese Fläche noch größer ist als die Schwanzwurzel. Die Proben werden dann zwei Finger über dem Umdreher genommen. Da man im allgemeinen sagen kann, daß auf der Schulter die feinste Wolle wächst — allerdings gibt es auch hier Ausnahmen —, so wird von diesem Körperteil, und zwar von der Mitte desselben, in der Nähe der Schultergräte die Probe genommen. In gleicher Höhe zu dieser wird die dritte Probe auf der letzten wahren Rippe entnommen. Mit der Untersuchung der Proben der drei angegebenen Körperstellen wird man den Hauptteil des Vlieses festgelegt haben und ferner die extremsten Feinheiten wenigstens der Körperteile, die die größte Fläche einnehmen. Zwischen den von Schulter und Keule ermittelten Werten wird im allgemeinen die Feinheit des ganzen Vlieses liegen.

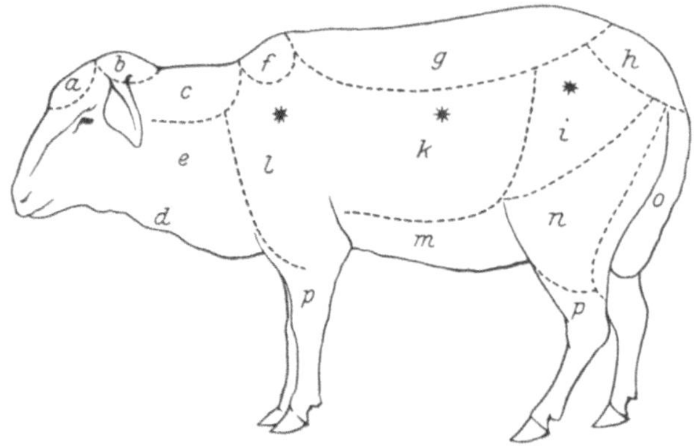

Abb. 87. Schaf.
a Vorder-, *b* Hinterkopf, *c* oberer, *d* unterer Hals, *e* Halsseiten, *f* Widerrist, *g* Rücken, *h* Schwanzwurzel, *i* Keule, *k* Seiten und Flanken, *l* Blatt, *m* Bauch, *n* Oberschenkel, *o* Wolfsbiß, *p* Unterfuß.
* Stellen der Probenahme für die Feinheitsuntersuchung.

Was nun die Art der Probenahme anbetrifft, so hat wohl das Auszupfen der Wollprobe gewisse Nachteile. Das Haar erleidet Zerrungen und Dehnungen, ehe es aus dem Haarboden herausgezogen werden kann. Da man jedoch den in der Haut stehenden Teil für die Beurteilung der Feinheit und Ausgeglichenheit der Wolle nicht braucht, so vermeidet man die erwähnten Mängel durch Abschneiden der Wollproben dicht über der Haut mit einer gebogenen Schere.

Ehe man zur Untersuchung übergeht, ist eine Entfettung notwendig, die meist wohl mit Äther ausgeführt wird. Da technisch reiner Schwefelkohlenstoff[1]) billiger ist, ist auch dieser zu verwenden. Auch Tetrachlorkohlenstoff und Azeton kann man benutzen, die den Vorteil haben, daß sie nicht feuergefährlich sind. Die erwähnten Fettextraktionsmittel haben, insbesondere wenn man die Wolle nur kurze Zeit mit ihnen behandelt, keinen Einfluß auf den Querschnitt des Haares. Die Entfettung wird derart vorgenommen, daß die zu untersuchende Stelle der Wollprobe mit dem Fettextraktionsmittel übergossen und dann vorsichtig mit einem Lappen betupft wird, ohne hierbei die Haare aus ihrem natürlichen Verbande zu bringen.

[1]) Elsner, M., v. Gronow: Beobachtungen des Wollhaares durch das Mikroskop und Entfettung der Wolle durch Schwefelkohlenstoff. Landw. Centralbl. f. Deutschland Jg. 12, Bd. 2. 1864.

Zur Vermeidung einer ungenauen Ausdrucksweise ist von vornherein scharf zu unterscheiden zwischen Sortiment, Feinheitsgrad und Feinheitsklasse. Auf den Begriff Hauptsortiment soll hier zunächst nicht eingegangen werden. Unter Sortiment ist zu verstehen die Klassifizierung nach Berücksichtigung sämtlicher Eigenschaften der Wolle. Unter Feinheitsgrad ist nach Golf[1]) die Klassifizierung nur auf Grund der Feinheit zu verstehen, und Feinheitsklassen sind die Abgrenzungen nach Mikraklassen, die in der Variantenreihe für die Haardicke eines Stapels vorgenommen sind.

β) Das Untersuchungsmedium.

Mit der speziellen Methode der Wolluntersuchung hängt auch die Frage nach dem Untersuchungsmedium zusammen. Als Einbettungsmittel finden Kanada-Balsam, Zedernöl, Rüböl, Wasser, Glyzerin und Luft Verwendung. Werden Haare in ihrer ganzen Länge an verschiedenen Stellen gemessen, so ist die Verwendung eines Einbettungsmittels, wie z. B. Glyzerin, hinderlich. Die einzelnen Einbettungsmittel haben nun verschiedene Nachteile und Vorteile.

Die Untersuchung in Wasser ist ohne weiteres hinfällig, da in diesem Medium durch Quellung des Haares eine Vergrößerung des Querschnittes erfolgt.

Will man ohne Entfettung auskommen, so muß man die Haare, wie schon v. Nathusius angibt, in Rüböl oder Zedernöl untersuchen. Letzteres, ebenso wie auch Kanadabalsam und Xylol, sind aus dem Grunde schlecht zu verwenden, weil ihr Lichtbrechungsexponent nur wenig von dem der Hornsubstanz entfernt ist, so daß eine zu starke Aufhellung des Objekts erfolgt, infolgedessen die Konturen des Haares undeutlich hervortreten.

Für die Untersuchung bleibt daher nur Glyzerin und Luft als Untersuchungsmedium übrig. Nach W. v. Nathusius ist Glyzerin am besten geeignet, da die lichtbrechende Kraft desselben der des Haares nahesteht. Wenn die Begründung ihre Richtigkeit hätte, würden die Konturen des Haares sich sehr schlecht erkennen lassen. Glyzerin ist vielmehr deshalb gut geeignet, weil sein Lichtbrechungsexponent geringer ist als der der Hornsubstanz. Wie v. Nathusius, so messen auch Lehmann, Völtz[2]), Güldenpfennig[3]) die Haare in Glyzerin.

Das handelsübliche Glyzerin zeigt entgegen den Angaben von Güldenpfennig u. a. nach gewisser Zeit noch Quellungserscheinungen, die aber, da sie erst frühestens nach einem oder nach einigen Tagen auftreten, praktisch für die Untersuchungen keine Bedeutung haben, es sei denn, daß man die Präparate aufheben will. Zur Anfertigung von Dauerpräparaten ist also Glyzerin nicht geeignet, da man bei Nachuntersuchungen infolge der Aufquellung der Haare zu falschen Resultaten kommen würde. Wegen der großen Wasseranziehungskraft des Glyzerins muß das Offenstehenlassen der Flasche möglichst vermieden werden. Das wasserfreie Glyzerin ist ungeeignet, da nach Kronacher[4]) Schrumpfungserscheinungen am Haar auftreten.

Bei einem Vergleich der Untersuchungsergebnisse in Glyzerin, Xylol und Kanadabalsam sind keine Unterschiede festzustellen. Die Untersuchung in Gly-

---

[1]) Golf: Beiträge zur Wollkunde und Schafbeurteilung. Dt. landw. Tierzucht Jg. 25, Nr. 11, S. 111.

[2]) Völtz: Über Schafzucht und Wollkunde. Z. Schafzucht Jg. 10, H. 7, S. 182 und Dt. landw. Tierzucht Jg. 25, S. 129. 1921. — Über die Eigenschaften und die Vererbung der Schafwolle bei Reinzucht und Kreuzung. Arbeiten der D. L. G. H. 315. — Zur Abwehr. Dt. landw. Tierzucht Jg. 27, S. 155.

[3]) Güldenpfennig, H.: Studien über die Beschaffenheit der Wolle von reinblütigen Schafen und Somalikreuzungen. Inaug.-Diss. Halle 1914.

[4]) Kronacher, C.: Neues über Haar und Wolle. Z. Tierzüchtg Bd. 1. 1924. — Ergänzende Untersuchungen zur Hannoverschen Wolluntersuchungsmethode. Ibidem.

zerin hat den Vorteil, daß das Haar etwas aufgehellt wird, die Ränder aber deutlich hervortreten, da der Brechungsexponent beider verschieden ist. Die Möglichkeit der Gefahr einer Querschnittsänderung durch den Druck des Deckgläschens, auf die Kronacher hinweist, besteht wohl nicht. Die Flüssigkeit verteilt den Druck derart, daß eine Beeinflussung des Querschnittes der Haare durch das aufgelegte Deckgläschen nicht erfolgen kann.

Terho[1]) deckt die Haare auf dem Objektträger mit konzentriertem Glyzerin ein, legt dann das Deckgläschen auf und drückt leicht an, so daß der Zwischenraum der Gläschen mit Glyzerin gefüllt wird. „Infolge des so hervorgerufenen Vakuums im Glyzerin wurde von dem Deckgläschen ein gewisser Druck auf die Wollhaare ausgeübt, durch den diese in die Fläche des Objektträgers gepreßt wurden, ohne doch ihre natürliche Drehung zu verlieren.“ Diese Ansicht, die schon früher von Holdefleiß[2]), Güldenpfennig und Wübbe[3]) vertreten wurde, ist aus dem Grunde nicht stichhaltig, weil dies Glyzerin dem Druck des Deckgläschens widersteht und die Haare in dem Medium schwimmen. Aber selbst dann, wenn der Druck auf die Haare einwirken würde, wird, wenn die Durchmesserunterschiede etwa 25% betragen, kaum eine Lageänderung eintreten und auch bei stärkerer Abplattung ist es fraglich, wie weit eine solche stattfindet.

Glyzerin hat, wie betont, den Vorteil, daß man in ihm die Ränder des Haares klar und deutlich erkennen kann; in Luft sind sie dagegen oft von einem schwarzen Mantel umgeben, so daß die Konturen verschwimmen und die Ränder nur unscharf eingestellt werden können. Da zwischen zwei Glasplatten ein Haar nur schlecht liegt, so wird dieser Umstand fernerhin zur Erschwerung der Beobachtung in Luft beitragen. Aus diesem Grunde wurde von den meisten Autoren die Untersuchung in Luft als unzweckmäßig aufgegeben. Die Untersuchungsergebnisse bei Kontrollen stimmten schlechter überein, wenn die Haare in Luft gemessen wurden, als bei Verwendung von Glyzerin als Untersuchungsmedium. Es ist dies darauf zurückzuführen, daß einzelne Haare sich in Luft ungenauer messen lassen als in Glyzerin.

γ) Über die zur Feinheitsmessung erforderliche Vergrößerung.

Zahlreiche Wollmesser wurden während der aufblühenden Wollproduktion konstruiert; nach der Blütezeit der Schafzucht wurden sie immer mehr entbehrlich, haben heute nur historisches Interesse, denn für exakte Wolluntersuchungen wird heute fast ausschließlich das Mikroskop benutzt, das zuverlässiger und brauchbarer arbeitet.

Je nach der Untersuchungsmethode sind die verschiedensten Vergrößerungen zum Messen von Haaren verwendet worden.

Güldenpfennig benutzt einen Mikrometerwert von 1,9 μ für feine Haare und einen Mikrometerwert von 6,25 μ für gröbere. Krais[4]) arbeitet mit 125-facher Vergrößerung, die es nach seiner Angabe noch gestattet, auf 2 μ genau zu schätzen (Mikrometerwert 8 μ). Vergrößert man stärker, so wird nach seiner Ansicht das Messen umständlicher. Nach ihm ist es zweckmäßiger, möglichst viele Messungen zu machen, die innerhalb + 5% genau zu sein versprechen, als die Genauigkeit höher zu treiben. Auch Kronacher arbeitet zunächst nur

[1]) Terho, T.: Zur Vererbung einiger Wollcharaktere beim Meleschaf. Z. indukt. Abstammungslehre Bd. 32. 1923.

[2]) Holdefleiß, P.: Objektive Beurteilung der Wollqualität. Dt. landw. Tierzucht 1921, H. 14, S. 139.

[3]) Wübbe: Die Erhöhung des Reinertrages der deutschen Merinozucht. Bericht aus dem physiol. Laboratorium d. landw. Inst. d. Univ. Halle H. 11. Dresden 1894.

[4]) Krais, P.: Vergleichende Untersuchung von Wollkammzügen. Textile Forschung Jg. 4, H. 1. 1922.

mit schwacher Vergrößerung (Mikrometerwert etwa 8 μ), während Völtz teils mit stärkeren, teils mit schwächeren Vergrößerungen untersucht hat.

Podoba[1]) benutzt einen Mikrometerwert von 2,76 μ und hat nur volle Teilstriche im Okularmikrometer abgelesen. Der Mikrometerwert von Scholz[2]) und Pieritz beträgt 1,6 μ. Wübbe benutzt eine noch stärkere Vergrößerung, und zwar etwa 500fache mit einem Mikrometerwert von 1,47 und Terho 800fache Vergrößerung. Auf die Bedeutung der Vergrößerung für die Feinheitsbestimmung von Wollen wird später eingegangen, zuvor soll angegeben werden, wie die mikroskopische Messung mit Hilfe des Okularmikrometers[3]) erfolgt.

Das zu messende Präparat stellt man unter dem Mikroskop scharf ein, dreht dann das Okular, in welchem sich das Okularmikrometer befindet, so, daß der Maßstab genau im rechten Winkel das zu messende Objekt schneidet und schiebt dann den Objektträger so weit nach vorn, daß das Haar mit einer Seite sich genau an einen Teilstrich des Okularmikrometers anlegt, und stellt die Zahl der von dem Haar eingenommenen Teilstriche fest.

Hiermit ist aber der Durchmesser des Haares noch nicht nach Mikra bestimmt. Während die Skala des Mikrometers nur durch die Linse des Okulars vergrößert wird, wird gleichzeitig das Objekt durch beide Linsensysteme des Objektivs und des Okulars vergrößert. Die beiden Vergrößerungen müssen nun aufeinander reduziert werden. Dies geschieht mit Hilfe des Objektivmikrometers, indem man berechnet, wieviel Teilstriche des Objektivmikrometers sich mit 50 Teilstrichen des Okularmikrometers decken. Dann berechnet man den Wert für einen Teilstrich des letzteren. Die erhaltene Zahl wird als Mikrometerwert bezeichnet. Dieser ist für ein bestimmtes Linsensystem und einen bestimmten Tubusabstand konstant. Je schwächer die Vergrößerung, um so größer ist der Mikrometerwert. Dieser muß nun mit der Zahl multipliziert werden, die man bei der Messung des Haares mit dem Okularmikrometer in Teilstrichen erhalten hat. Daraus ergibt sich dann die Dicke des Haares in Mikra.

Nimmt man die bisherige Einteilung der Feinheitsklassen zur Voraussetzung (vgl. später), so wäre es am zweckmäßigsten, mit einem Mikrometerwert von 2 μ zu arbeiten, da die feinen Klassen nur Spielräume von 2 μ aufweisen. Bei der Messung kann aber dieser Wert von 2 μ entweder dadurch erzielt werden, daß man bei starker Vergrößerung nur ganze Teilstriche abliest und ein Teilstrichabstand dann gleich 2 μ ist, oder man arbeitet mit schwacher Vergrößerung und schätzt noch Zehntel oder Fünftel, so daß dann dieses Zehntel oder Fünftel 2 μ entspricht. In dem ersten Falle beträgt also der Abstand zweier ganzer Teilstriche des Okularmikrometers 2 μ und im letzten Falle würde der gleiche Abstand 8 oder 10 oder noch mehr μ betragen, während aber ein Bruchteil den Wert von 2 μ ergibt, mit dem praktisch gearbeitet werden soll. Mißt man nur ganze Teilstrichabstände, so wird das Resultat der Messung in keiner Weise von der Person des Messenden beeinflußt werden. Nur selten wird ein Zweifel darüber bestehen, ob der nächsthöhere oder niedere Wert in Anrechnung zu bringen ist. Bei dem Ablesen von Bruchteilen eines Teilabstandes dagegen wird das Ergebnis immer abhängig sein von der persönlichen Veranlagung des Messenden.

---

[1]) Podoba, J. G.: Feinheit der Merinowolle; eine mikroskopische Untersuchung, herausgegeben von der K. freien ökonomischen Gesellschaft in Cherson 1881.

[2]) Scholz u. Pieritz. E: Vergleichende Untersuchungen über das Rendement. Z. f. Züchtungsk. Bd. 2. H. 10. S. 513—525. 1927.

[3]) Das Okularimikrometer ist eine runde Glasplatte vom Durchmesser des Okulars, das auf das Diaphragma des Okulars gelegt wird. Es hat eine Skaleneinteilung, und zwar ist ½ bzw. 1 cm in 50 bzw. 100 gleiche Teile geteilt, so daß der Abstand zweier Teilstriche $^1/_{10}$ mm entspricht. Zuweilen finden sich auch Mikrometer mit einer gröberen Einteilung, z. B. ist 1 cm in 50 Teile geteilt.

Es handelt sich hierbei nicht um ein Messen, d. h. Vergleichen mit bestimmten Maßen, sondern um ein Schätzen von Bruchteilen einer außerordentlich kleinen Größe. Daß hierbei jedoch Irrtümer leicht möglich sind, ist wohl selbstverständlich. Bei dem Arbeiten mit schwacher oder starker Vergrößerung soll immer als Endmaß ein Vielfaches von 2 μ erhalten werden. Bei dem Messen mit schwacher Vergrößerung wird es erreicht durch Schätzen, bei der starken Vergrößerung jedoch durch exakte Messung. Es ist also das Arbeiten mit starker Vergrößerung, da im Grunde genommen ja mit schwacher Vergrößerung derselbe Wert, nämlich annähernd 2 μ erzielt werden soll, als die exaktere Methode anzusehen. Für die Exaktheit der Messung ist es gleich, ob die starke Vergrößerung erzielt wird durch ein starkes Objektiv oder durch entsprechenden Abstand des projizierten Bildes, denn das Auflösungsvermögen des ersteren spielt für die Messung keine Rolle. Nur ist es notwendig, die bei der Projektion auftretenden Randverzerrungen durch ein entsprechendes Projektionsokular auszugleichen.

Am Tierzuchtinstitut in Halle (Saale) wird allgemein mit dem Mikrometerwert von 2,4 μ gearbeitet, und zwar geschieht dies aus praktischen Gründen. Wir haben eine Anzahl Mikroskope zur Verfügung, deren Vergrößerung zur Erzielung des Mikrometerwertes von 2 μ nicht ausreicht. Die üblichen stärkeren Objektive für Kursmikroskope sind ja im allgemeinen Leitz Achromat 7 und 7a und Zeiß D und E, die sämtlich einen etwas höheren Mikrometerwert ergeben. Unter Benutzung des Tubus ist es jedoch möglich, einen Mikrometerwert von 2,4 μ zu erhalten. Die gröbsten wie die feinsten Wollen sind mit dieser Vergrößerung untersucht worden. Zweckmäßig ist es, zur Erzielung des angegebenen Mikrometerwertes Okular Nr. 3 zu verwenden, da das Arbeiten mit diesem Okular obendrein noch den Vorteil hat, daß eine stärkere Flächenvergrößerung der Mikrometerskala erzielt wird.

δ) Die Anzahl der zu messenden Haare[1]).

Die alten Autoren, soweit sie mikroskopische Wolluntersuchungen ausgeführt haben, begnügten sich mit der Messung einer sehr geringen Anzahl; vielfach glaubten sie schon aus der Messung eines Haares die Feinheit der Wolle erkennen zu können. Auch W. v. Nathusius beschränkte sich auf die Messung weniger Haare (4 bis 10), wie dies heute noch von Völtz befürwortet wird. Letzterer mißt 4 bis 27, meist jedoch 10 Haare einer Wollprobe. Selbst wenn man die Zahl der untersuchten Haare wesentlich erhöht, bleibt diese im Vergleich zu der Haarzahl des ganzen Vlieses nur sehr gering, und diese Unsicherheit der Ergebnisse wird noch erhöht, wenn unausgeglichene Wollen vorliegen, so daß es nach Völtz praktisch wertlos ist, eine größere Anzahl von Haaren zu messen.

Nach Holdefleiß genügen für eine genaue Durchschnittsberechnung 15 bis 30 Haare. Die größere Anzahl bietet nach ihm größere Genauigkeit. Auch Lehmann begnügt sich mit 30 bis 40 Messungen, da diese angeblich zu praktisch konstanten Mittelzahlen führen. Güldenpfennig und Wübbe maßen 32, Podoba 18 Haare. Wessler, Scholz und Pieritz glaubten auch neuerdings noch, mit 30 zu messenden Haaren je Wollprobe auskommen zu können (bei einem Mikrometerwert von 1,6 μ).

Gegenüber diesen Autoren ist festzustellen, daß schon Jeppe die Bedeutung der Messung einer größeren Anzahl von Haaren einsah. Er befürwortete die Verwendung des Köhlerschen Wollmessers aus dem Grunde, weil mit diesem 100 Haare zugleich gemessen werden und durch die größere Zahl die größere Genauigkeit des Mittelwertes gewährleistet wird.

---

[1]) Die Literaturangaben sind dieselben wie in den Abschnitten β und γ.

Ein englisches Textilinstitut vertritt die Ansicht, daß man eine große Anzahl (etwa 500 Haare) messen muß, um eine gegebene Wollqualität zuverlässig festlegen zu können. Dem schließt sich auch Krais an. Innerhalb 10% genaue Durchschnittszahlen erhält man nach diesem schon aus 150 Messungen.

Um festzustellen, wieviel Messungen notwendig sind, hat Terho Proben in je zwei Präparaten je zweimal gemessen. Außer den Mittelwerten je zweier Kontrollmessungen wurden auch die Mittelwerte aller in derselben Probe gemessenen 100 Haare ermittelt. Ferner wurde der mittlere Fehler des letztgenannten Mittels berechnet und mit der halben Differenz zwischen den ursprünglichen Kontrollmessungen verglichen. Die Mittelwerte von je 50 Haaren lagen in 9 von 11 Fällen innerhalb des Spielraumes des zweifachen mittleren Fehlers. Nur in zwei Fällen haben die fraglichen Differenzen den Spielraum überschritten, wobei die größte Abweichung von dem aus 100 Haaren errechneten Wert 2,7 μ gewesen ist. Nach Terho hat auch in dem letzteren Falle eine erneute Messung eine Abweichung von 0,8 ergeben; in den meisten Fällen soll die Genauigkeit der Messung von 50 Haaren dieselbe wie bei der Messung von 100 Haaren sein.

Da die Variabilität der Wollen außerordentlich groß ist, folgt schon hieraus, daß für die exakte Festlegung der Feinheit nicht immer die gleiche Zahl von Messungen (z. B. 50) genügt. Infolgedessen geben wir die Überlegungen von Schulte wieder, die für die Frage, wieviel Haarmessungen auszuführen sind, von Bedeutung sind.

Bei der Beurteilung des Feinheitsgrades einer Wollprobe an Hand der durch die mikroskopischen Messungen erhaltenen Variationsreihe sind vor allem die in der Variationsreihe rechts vom Maximum liegenden Exponentenwerte — das sind die Zahlen der groben und gröbsten Haare — von ausschlaggebender Bedeutung. Je weiter nun diese Glieder vom Maximum entfernt liegen, um so niedriger ist ihr Frequenzwert und damit um so geringer die Wahrscheinlichkeit bei Aufstellung einer Variationsreihe, die Werte für diese Glieder im richtigen Verhältnis zu den Werten der übrigen Glieder oder gar sie überhaupt zu finden.

Da die Variationsreihen der Haardicke Ähnlichkeit mit Binomialreihen haben, geht Schulte[1]) von der Entwicklung des binomialen Ausdruckes $(a + b)^{12}$, $a = 1$ und $b = 1$ aus. Die Glieder dieser Reihe sind folgende:

$$1 + 12 + 66 + 220 + 495 + 792 + 924 + 792 + 495 + 220 + 66 + 12 + 1.$$

Die Summe der Exponenten ist 4096. Um das äußerste Glied, z. B. das dickste Haar einer Probe, dessen Frequenzzahl 1 ist, zu finden, besteht die Wahrscheinlichkeit $\frac{1}{4096}$. Mißt man 100 Haare, so steigert sich die Wahrscheinlichkeit auf ca. $^1/_{41}$. Praktisch grenzt die Wahrscheinlichkeit von $^1/_{41}$ immer noch sehr nahe an die Unmöglichkeit, das dieses Glied ausmachende Haar zu finden. Mißt man 200, 300 oder 400 Haare, so steigert sich die Wahrscheinlichkeit auf $^1/_{20}$, $^1/_{13}$ oder $^1/_{10}$, und damit gelangt man in den Bereich der praktischen Möglichkeit, das dickste Haar zu finden.

Bei den Variationsreihen der Haardicke ist erfahrungsgemäß der ansteigende Ast der Kurve meist steiler als der absteigende.

Das eben an Hand der Idealkurve Dargelegte ist daher für die experimentellen Variationsreihen noch von höherem Wert, da der absteigende Ast der experimentellen Kurve meistens wesentlich mehr Glieder mit niedrigen Frequenzzahlen hat als die entsprechende Gaußsche Binomialreihe. Die richtige Erkenntnis der Frequenzzahlen dieser Glieder ist aber ausschlaggebend für die Wollbeurteilung und somit indirekt für die Zahl der zu messenden Haare. Mit

[1]) Schulte, W.: Studien in der Fleischwollschaf-Stammherde Hoppenstedt a. Harz. Diss. Halle 1927.

anderen Worten: Hat man beim Messen — z. B. von 300 Haaren — einer Wollprobe eine Variationsreihe von 13 Gliedern gefunden, dann zeigt der Vergleich dieser Variationsreihe mit ihrem Idealbilde, der mathematischen Binomialreihe von $(a + b)^{12}$, daß, um die Wahrscheinlichkeit $1 = \frac{4096}{4096}$ für die extremsten Glieder und auch für das richtige Verhältnis der Frequenzzahlen sämtlicher Glieder zueinander zu erhalten, 4096 Haare gemessen werden müßten. Hat die Variationsreihe aber nur 6 Glieder, dann zeigt der Vergleich mit ihrem Idealbilde, der mathematischen Binomialreihe von $(a + b)^5$, daß nach 32 Messungen für die extremsten Glieder und auch für das richtige Verhältnis der Frequenzzahlen sämtlicher Glieder der Kurve zueinander, bereits die Wahrscheinlichkeit $1 = \frac{32}{32}$ erreicht ist.

Die Zahl der von einer Kurve gemessenen Haare, um mit der mathematischen Wahrscheinlichkeit 1 das richtige Verhältnis der Frequenzzahlen der Glieder einer Variationsreihe zueinander zu erhalten, hat sich daher nach der Gliederzahl bzw. der danach an Hand des Idealbildes zu findenden Exponentensumme der zu erwartenden Variationsreihe zu richten.

Die Beantwortung der Frage, welche Gliederzahl für die Variationsbreite der betreffenden Wollprobe zu erwarten ist, muß der Erfahrung entnommen werden.

	5	6	7	8	9	10	11	12	13	14	15	16	17	18	19
aa	1	19	32	31	13	1									
a		2	27	74	101	90	45	8	2						
aa + *a*	1	21	59	105	114	91	45	8	2						
ab			1	1	3	6	12	16	12	9	2				
b					1	7	7	17	4	4	1	1			
ab + *b*			1	1	4	13	19	33	16	13	3	1			
c					2	4	7	5	14	9	7	4	—	2	1
Herde:	1	21	60	106	120	108	71	46	32	22	10	5	—	2	1

Die vorstehende Tabelle gibt eine Übersicht über die Gliederzahl der beim Messen von 605 Wollproben von Fleischwollschafen gefundenen Variationsreihen, geordnet nach Feinheitsgraden. Dabei ist das später ausgeführte, in Halle übliche Meßverfahren angewandt.

Die erste wagerechte Reihe enthält die Gliederzahl, die erste senkrechte Reihe gibt die für die Proben an Hand der Variationskurven gefundenen Feinheitsgrade an[1]). Die Zahlen in den nächsten Reihen bedeuten, wieviele Variationsreihen von den Proben des links angegebenen Feinheitsgrades die in der ersten Reihe senkrecht darüberstehende Gliederzahl hatten. Die letzte wagerechte Reihe (Herde) zeigt die gleiche Verteilung für sämtliche 605 Proben, aber ohne Rücksicht auf den Feinheitsgrad an.

Aus dieser Tabelle ist folgendes zu lesen:

Die Variationsreihen der *aa*-Wollproben hatten 5 bis 10, meistens 7 und 8 Glieder. Die Summe der Exponentenwerte der zugehörigen Binomialreihen von $(a + b)^4$ bis $(a + b)^9$ sind: $16 + 32 + 64 + 128 + 256 + 512$.

Die Variationsreihen der *a*-Wollproben hatten 6 bis 13, meistens 8, 9 und 10 Glieder. Die Summe der Exponentenwerte der zugehörigen Binomialreihen von $(a + b)^5$ bis $(a + b)^{12}$ sind: $32 + 64 + 128 + 256 + 512 + 1024 + 2048 + 4096$.

Die Variationsreihen der *ab*-Wollproben hatten 7 bis 15, meistens 11, 12 und 13 Glieder. Die Summen der Exponentenwerte der zugehörigen Binomialreihen

[1]) Auf Grund eines Boniturschlüssels umgerechnet (vgl. später).

von $(a + b)^6$ bis $(a + b)^{14}$ sind: 64 + 128 + 256 + 512 + 1024 + 2048 + 4096 + 8192 + 16384.

Die Variationsreihen der *b*-Wollproben hatten 9 bis 16, meistens 10, 11 und 12 Glieder. Die Summe der Exponentenwerte der zugehörigen Binomialreihen von $(a + b)^7$ bis $(a + b)^{15}$ sind: 256 + 512 + 1024 + 2048 + 4096 + 8192 + 16384 + 32768.

Die Variationsreihen der *c*-Wollproben hatten 9 bis 19, meistens 12, 13 und 14 Glieder. Die Summen der Exponentenwerte der zugehörigen Binomialreihen von $(a + b)^8$ bis $(a + b)^{18}$ sind: 256 + 512 + 1024 + 2048 + 4096 + 8192 + 16384 + 32768 + 65536 + 131072 + 262144.

Die angegebenen Summen der Exponentenwerte der Binomialreihen von $(a + b)^4$ bis $(a + b)^{18}$ sollen unter Berücksichtigung des früher Gesagten für die entsprechenden Variationsreihen die Zahl der Messungen angeben, die nötig gewesen wären, um mit der Wahrscheinlichkeit eins die richtigen Frequenzzahlen der Glieder und das richtige Verhältnis derselben untereinander in den aufgestellten Variationsreihen zu finden.

Es hätten also für die Wollen des *aa*-Sortimentes 16 bis 512, meistens 64 und 128 Haare je Probe, für die Wollen des *a*-Sortimentes 32 bis 4196, meistens 128, 256 und 512 Haare je Probe gemessen werden müssen usw.

Unter der Berücksichtigung, daß die Verhältnisse für das *ab*-, *b*- und *c*-Sortiment infolge der geringen Anzahl der Proben nicht voll in Erscheinung treten, läßt sich nach dieser Zusammenstellung vor allem aus dem *aa*-, *a*- und, wenn auch mit geringerer Sicherheit, noch aus dem *ab*-Sortiment folgendes ableiten:

1. Je gröber das Feinheitssortiment einer Wolle ist, um so größer ist der Spielraum, innerhalb dessen sich die Gliederzahl der Variationsreihen, die man beim Messen erhält, bewegen kann; mit anderen Worten: Um so größer ist der Spielraum, innerhalb dessen sich die Zahl der nötigen Messungen bewegt, um die Wahrscheinlichkeit eins zu erreichen.

2. Je gröber eine Wolle ist, um so höher ist die Gliederzahl für die Variationsreihen, die man beim Messen am meisten erhält; mit anderen Worten: Um so höher ist die Zahl der am meisten nötigen Messungen, um die Wahrscheinlichkeit eins zu erreichen.

3. Die einzelnen Feinheitssortimente ergeben nur einen geringen Anhaltspunkt für die Zahl der nötigen Messungen, um die Wahrscheinlichkeit eins zu erreichen, da sich die Spielräume der Gliederzahlen der möglichen Variationsreihen weitgehend überdecken.

4. Zieht man die einzelnen Feinheitssortimente derart zu Gruppen zusammen, daß *aa* und *a* die Gruppe *a*, *ab* und *b* die Gruppe *b* und *c* für sich die Gruppe *c* ausmachen, dann ist die meistens nötige Zahl der Messungen für die Gruppe: $a = 64$ bis 512; $b = 512$ bis 4096; $c = 4096$ bis 8192, um die Wahrscheinlichkeit eins zu erreichen.

Diese Sortimentsgruppen erscheinen vor allem durch die am häufigsten bei ihnen vorkommenden Zahlen der Messungen für die Wahrscheinlichkeit eins geeignetere Anhaltspunkte für die Zahl der nötigen Messungen bei Wolluntersuchungen zu geben, als die einzelnen Feinheitssortimente selbst. Mißt man von den Wollen der Gruppe $aa + a$ 512 Haare je Probe, dann hat man in ca. 88% der Fälle die Wahrscheinlichkeit eins für das richtige Erkennen der Glieder und ihr Verhältnis zueinander erhalten. Ähnlich, wenn auch schon schwieriger, liegen die Verhältnisse für die Gruppe *b*, bei der für denselben Zweck bereits 4096 Haare nötig sind. Die Gruppe *c* würde 8192 Messungen je Probe für diesen Zweck verlangen.

Wir müssen uns aber, besonders für die gröberen Wollen, mit einer geringeren Anzahl von Messungen begnügen, als wünschenswert wäre. Die auf diese Weise entstehende Ungenauigkeit wird um so größer sein, je größer die Variationsbreite der betreffenden Wollprobe unter Beibehaltung des gleichen Klassenspielraumes von 2,4 μ ist (vgl. später). Denn selbst, um für alle Proben dieselbe mathematische Wahrscheinlichkeit für das richtige Erkennen der Frequenzzahlen in den Gliedern zu erreichen, würden für die gröbsten Wollen zu viel Messungen nötig werden. Im übrigen spielen für die gröberen Wollen einige noch gröbere Haare eine geringere Rolle als für die feinen.

Um die gefundenen Variationsreihen miteinander zu vergleichen, stellt man die anteilmäßige Verteilung der Frequenzzahlen für die einzelnen Glieder bei 100 Messungen fest. Um die Verteilung auf die Standardzahl 100 bequemer zu erhalten, ist es zweckmäßig, 100 Haare oder ein Vielfaches davon zu messen.

Berücksichtigen wir die zu Eingang unserer Erörterungen gemachten Feststellung, nach der eine Wahrscheinlichkeit von mindestens $^1/_{20}$ für das richtige Erkennen der am schwierigsten zu findenden Glieder einer Kurve nötig erschien, um praktisch brauchbare Ergebnisse zu erzielen, dann wären nach der früher gemachten Zusammenstellung der am häufigsten nötigen Messungen zur Erlangung der Wahrscheinlichkeit eins zweckmäßigerweise von der Gruppe *a* 100 bis 200, von der Gruppe *b* 200 bis 400, von der Gruppe *c* 400 und mehr Messungen auszuführen.

Damit würde sich, entgegen der Ansicht von Völtz, der zur Beurteilung einer Wollprobe nur 10 bis 32 Haare untersuchen zu brauchen glaubte, das Untersuchungsergebnis über die Zahl der von einer Wollprobe zu messenden Haare von neuem bestätigen, zu dem Spöttel an Hand des Mittelwertes gelangte, und folgendermaßen lautete:

„Höchstens für die feinsten und ausgeglichensten Merinowollen kann man bei Errechnung des Mittelwertes mit einer Zahl von etwa 40 auskommen, um bei Kontrolluntersuchungen nur Abweichungen im Mittelwert von etwa ein Mikron zu erhalten. Bei allen anderen Wollen ist für das exakte Endergebnis die Untersuchung einer bedeutend größeren Zahl von Haaren notwendig, und zwar für Durchschnittsberechnungen 50 bis 500 je nach Art der Wolle. Aus dem umfangreichen Untersuchungsmaterial des Tierzuchtinstitutes ist zu schließen, daß für Merinowollen im allgemeinen 100 bis 300, für Landschafwollen 200 bis 500 und für Mischwollen 200 bis 600 erforderlich sind.“

ε) Die spezielle mikroskopische Feinheitsuntersuchung. Die verschiedenen Meßmethoden.

Was nun die spezielle Methodik der objektiven Feinheitsuntersuchungen angeht, so sind, wie oben ausgeführt, zur Bestimmung des Haardurchmessers in früheren Jahren verschiedene Apparate konstruiert worden, die aber lediglich historisches Interesse haben. Heute herrscht nur noch eine Untersuchungsmethode, nämlich die mit Hilfe des Mikroskops, welche insbesondere W. v. Nathusius ausgebaut hat.

Unter Berücksichtigung der Untreue des Haares und der verschiedenen Querschnittsformen sind nun die verschiedensten Methoden zur Feinheitsbestimmung angegeben worden.

Auf den Bohmschen Apparat und den Kapillarrotator, mit deren Hilfe es möglich ist, das Haar in seinen verschiedenen Ausmaßen zu bestimmen, ist bereits oben hingewiesen.

Nach den Angaben eines britischen Textilinstitutes werden die Haare einzeln nebeneinander gelegt, mit Hilfe des Mikroskopes vergrößert und auf einen Schirm projiziert, so daß sie dann gemessen werden können[1]).

[1]) Roberts, J. A. F.: New method for the determination of the fineness of wool and of the fleege. Journal of the Textile Institute Bd. 18. 1927.

Terho benutzt ein Zeiß-Mikroskop mit Abbéschem Zeichenapparat zur Messung der Haare. Der Apparat wird so eingestellt, daß das Objekt in der Mitte des Sehfeldes in 800facher Vergrößerung an das Bild eines auf dem Tische liegenden Metermaßes projiziert wird. Beim Messen wird die Mitte der Proben nach dem Augenmaß unter das Mikroskop gebracht und dann von der Kante des Präparates ausgehend die Haare der Reihe nach gemessen. Die zu messenden Haare werden möglichst in der Mitte des Sehfeldes beobachtet.

Die übrigen Autoren nehmen die Untersuchungen in der Art vor, daß entweder kleine Haarstückchen aus einem bestimmten Teile der Haare nur an einer Stelle oder ganze Haare an verschiedenen Stellen mit Hilfe des Okular-Mikrometers gemessen werden.

Auf Grund der Untersuchungen über die Untreue und Querschnittsform der Haare sind die Ansichten über die zweckmäßigste Methode zur Feinheitsbestimmung einer Wolle geteilt. Auf die Vor- und Nachteile der Methoden soll im folgenden eingegangen werden[1]).

W. v. Nathusius hat eine Reihe von Methoden angegeben, in denen er sich mit der Messung einer geringeren Anzahl von Stellen am Einzelhaar begnügt.

Eine Methode besteht darin, daß ein ganzes Wollsträhnchen breit ausgespannt wird, so daß man die Einzelhaare sukzessiv an den einzelnen Stellen messen kann. Mit Recht wendet v. Nathusius ein, daß es einfach unmöglich ist, ein ganzes Wollsträhnchen so aufzuspannen, daß alle oder fast alle Haare meßbar sind.

Wenn man nach v. Nathusius die Einzelhaare isoliert und an verschiedenen Stellen auch immer nur von der gleichen Seite aus mißt, so wird die Bestimmung des mittleren Durchmessers der Wollhaare außerordentlich erschwert durch die spiralige Drehung des vielfach ovalen Haares und die dadurch bedingten Abweichungen sowie durch die beträchtlichen Unterschiede in der Dicke des Haares an verschiedenen Stellen. Vielfach bleibt man im Zweifel, ob eine Verdickung als Folge der spiraligen Drehung oder als krankhafter Auswuchs anzusehen ist. Wenn nach v. Nathusius 30 bis 40 Messungen dazu gehören, um den durchschnittlichen Durchmesser eines Haares zu finden, und 10 Haare das Minimum sind, um den Durchschnitt zu erhalten, so sind die Aussichten nach seiner Meinung für Verwendung des Verfahrens nur sehr gering.

Podoba überdeckt 15 Wollhaare an drei Stellen, und zwar Basis, Mitte und Spitze mit größeren Deckgläsern. Die Summe der Messungen an einer bestimmten Stelle der 15 Wollhaare, dividiert durch die Anzahl ergibt den durchschnittlichen Durchmesser des Strähnchens an der Basis, Mitte oder Spitze desselben. Die Gesamtsumme der 45 mikrometrischen Messungen geteilt durch 45 ergibt den durchschnittlichen Durchmesser des Strähnchens in seiner ganzen Länge.

Kronacher hat zunächst nur etwa 50 Haare gemessen, die er aus einem Strähnchen isoliert hat, an verschiedenen Stellen, nachdem er die Haare durch schwache Belastung wenigstens teilweise entkräuselt hat.

Neuerdings werden von jedem Schaf von Schulter, Seite und Keule je 125 bis 175 Haare im Querschnittprojektionsverfahren untersucht, das sind 500 Haare von jedem Individuum.

Auf Grund der Feststellungen, daß das Wollhaar mehr oder weniger abgeplattet ist, daß die Querschnittsform beim einzelnen Haar wechselt, und ferner, daß das Haar um seine Achse gedreht ist, schließt Herbst[1]), daß man mit der Messung an einer einzigen Stelle des Haares nicht auskommt. Er mißt

[1]) Herbst, W.: Die theoretischen Grundlagen der mikrometrischen Wollhaarmessungen und ihre praktische Bedeutung. Inaug.-Diss. Königsberg 1923. — In welcher Weise ist bei der mikroskopischen Messung von Wollhaaren zu verfahren. Dt. landw. Tierzucht 1923. — Herbst, W. und M. Witt: Neuere Methoden der Wollhaarmessung. Z. Tierzüchtg Bd. 2. 1925.

die Durchmesser eines Haares, und zwar in einer Seitenansicht an vielen Stellen und errechnet den Mittelwert. Wie er selbst nachgewiesen hat, ist auch bei der Messung an 10 verschiedenen Stellen der wahrscheinliche Fehler noch ziemlich beträchtlich.

Herbst gibt noch eine weitere Methode an, um den mittleren Durchmesser des Haares zu messen, und zwar beruht diese darin, den größten und kleinsten Durchmesser bei seitlicher Haaransicht zu messen und aus diesen beiden Werten das geometrische Mittel zu bilden. Anormale Stellen, wie Quetschungen usw., schließt er von der Messung aus.

Ein weiteres Meßverfahren von Herbst bezieht sich auf die Auswertung von Querschnittspräparaten. Der größte und der dazu senkrecht stehende, nach seiner Ansicht immer kleinste Durchmesser der Querschnittsfläche werden miteinander multipliziert und das erhaltene Produkt radiziert. Die beträchtliche Größe des wahrscheinlichen Fehlers führt er darauf zurück, daß der wechselnden Größe der Querschnittsflächen an verschiedenen Stellen des Haares nicht Rechnung getragen wird. Er will deshalb die Einzelbestimmung von Querschnitten in fünf verschiedenen Höhen vornehmen.

Güldenpfennig und Wübbe benutzen eine von Holdefleiß, Kühn und Wohltmann angegebene Methode, die eine Modifizierung einer alten v. Nathusiusschen Methode darstellt, auf die noch eingegangen wird. Die entfettete Wollprobe wird zweimal zusammengebogen und mit einer scharfen Schere werden kleine Stückchen herausgeschnitten, in Glyzerin verteilt und ohne Auswahl gemessen. Der Objektträger wird in bestimmter Richtung verschoben, um das Doppeltmessen von Haaren zu vermeiden.

Da nach Bohm nur das edle Wollhaar eine rundliche Form hat, im übrigen aber die verschiedensten Querschnittsformen vorkommen, genügt nach ihm eine einzelne Durchmesserfeststellung nicht, sondern das Haar muß um seine eigene Längsachse gedreht werden, um die verschiedenen Querschnittsachsen messen zu können.

Da auch H. v. Nathusius[1]) zeitweilig diese Schwierigkeiten einer exakten Durchmesserbestimmung bei Haaren für außerordentlich groß angesehen hat, hat er nach anderen Hilfsmitteln zur Feststellung derselben gesucht. Er glaubt in der verschiedenen Länge der Wollhaare eines Strähnchens ein derartiges Hilfsmittel gefunden zu haben. Aus einer entfetteten Probe werden etwa 12 Haare herausgezogen und mit Wachskügelchen nebeneinander in gestrecktem Zustand auf einem schwarz gefärbten Brettchen aufgeklebt und ihre Länge gemessen. v. Nathusius glaubt, daß bei einem vollständig gestreckten Haar auch die Dehnbarkeit so gut wie ganz erschöpft ist, so daß hierdurch keine Unsicherheit entsteht, wohl aber erschweren die Wachskügelchen die Messung. v. Nathusius will nun festgestellt haben, daß in derselben Probe immer die kürzesten Haare auch die dünnsten, die längsten auch die gröbsten sind[2]). Nach demselben Autor soll nun der mittlere Durchmesser desjenigen Haares einer Wollprobe, das die mittlere Länge der ganzen Probe hat, mit ziemlicher Genauigkeit auch dem mittleren Durchmesser sämtlicher Haare der Probe entsprechen. Wenn man den Durchschnitt aus den Dicken des kürzesten und des längsten Haares einer Probe nimmt und aus der Dicke desjenigen Haares, das der mittleren Länge entspricht, das Mittel zieht, so erhält man die mittlere Haardicke der ganzen Probe.

---

[1]) Nathusius, H. v.: Bemerkungen über die Gestalt und die Dimensionen des Wollhaares der Schafe und die Methoden sie zu bestimmen; nebst einem Nachtrag über Wollgewicht. Halle 1864.

[2]) Nach A. F. und A. F. B. Barker befindet sich die mittlere Länge fast genau in Übereinstimmung mit dem mittleren Durchmesser.

Während die bis jetzt erwähnten Methoden mit Ausnahme der letzteren darin bestehen, daß eine mehr oder weniger große Zahl von Haaren an mehreren Stellen gemessen werden bzw. in der Holdefleißschen Methode es dem Zufall überlassen wird, ob in dem Präparat mehr Haarstückchen aus der Mitte oder der Basis oder der Spitze gemessen werden, beschränken sich die folgenden auf die Messung an einer Stelle.

Schon Lehmann hat die beiden Methoden der Messung an verschiedenen bzw. an einer Stelle in ihrem Wert zur Ermittlung der Feinheit gleichgestellt.

Ein britisches Textilinstitut und Krais[1]) messen die Haare mit schwacher Vergrößerung an einer einzigen Stelle. Krais deckt ein Strähnchen von etwa 100 Haaren, ohne es zu spannen, aber nachdem die Einzelhaare etwas voneinander getrennt worden sind, auf dem Objektträger ein, und mißt jedes Haar, welches ins Gesichtsfeld des Mikroskops kommt, an einem mittleren Punkte zwischen einer dünnen und einer dicken Stelle.

Auch W. v. Nathusius[2]) hat ursprünglich seine Messungen nur auf eine Stelle des Haares beschränkt und benutzt folgende Methode: Die entfettete Probe wird quer durchschnitten, und nun über dem Objektträger mit der Schere eine große Menge kleiner Schnitte gemacht, die in Wasser mit 160facher Vergrößerung untersucht werden. Die Dimensionen von 10 Haaren werden ermittelt, und zwar Werte ausgewählt, die häufig vorkommen, von denen er dann den Mittelwert berechnet. Ungewöhnlich dicke und dünne Haare werden noch besonders notiert.

Der Übelstand dieser Methode besteht nach W. v. Nathusius darin, daß schon ein nur wenige Millimeter langes Schnittchen sehr verschiedene Durchmesser haben kann und man in Zweifel kommt, welchen Wert man wählen soll.

Um diesen Übelstand zu vermeiden, macht er die Schnittenden noch kleiner, und zwar etwa ⅓ mm. Die Haarstückchen werden auf dem Objektträger mit destilliertem Wasser eingedeckt und nach einer bestimmten Richtung fortschreitend gemessen.

Gegen diese Methode erhebt nun v. Nathusius den Einwand, daß vorwiegend der stärkste Durchmesser gemessen wird, die Resultate also durchgängig etwas zu hoch ausfallen. Diese Ansicht sieht er durch Kontrollmessungen bestätigt, die er nicht in Wasser, sondern in Glyzerin gemacht hat. In der konsistenten Masse des Glyzerins soll das Haarstückchen keine Pressung zwischen den Gläsern erleiden und bleibt mehr schwimmend, so daß die Haarenden dadurch vorwiegend den kleinen Durchmesser des ovalen Querschnitts zeigen sollen.

Führer[3]) nimmt zu seinen Wollmessungen 40 nebeneinander liegende Haare aus einem Strähnchen an der Schulterprobe und errechnet aus den an der Basis und in der Mitte entnommenen Durchmesserwerten das Mittel.

Stieger[4]) untersucht bei Heidschnuckenwolle nur das Basisende der Wollhaare, vor allem aus dem Grunde, weil die Spitze leicht durch Feuchtigkeit aufgequollen und verändert ist. Dem Einwand, daß man dann nur eine Messung jedes Haares bekomme, die Dickenschwankungen des einzelnen Haares (veranlaßt durch die im

[1]) Krais: Vergleichende Untersuchungen an Wollkammzügen. Textile Forschung Jg. 4, H. 1, S. 1. 1922.

[2]) Nathusius, W. v.: Das Wollhaar des Schafes in histologischer und technischer Beziehung mit vergleichender Berücksichtigung anderer Haare und der Haut. Berlin 1866. — Mitteilung über die bei ferneren Untersuchungen des Haares der Schafe und anderer Haustiere erlangten Resultate. Z. d. landw. Central-Vereins der Provinz Sachsen Jg. 32, S. 1.

[3]) Führer, L.: Studien zur Monographie des Steinschafes. Mitt. d. Lehrk. d. Hochschule f. Bodenkultur Bd. 1. Wien 1912.

[4]) Stieger, G.: Studien zur Monographie der Heidschnucke. Journal f. Landwirtsch. Jg. 36. 1888.

Organismus des Schafes liegenden Motive, Wachstumsmodalitäten oder durch äußere Einflüsse) also ganz übergehe, glaubt er entgegenhalten zu können, daß man ja mit jedem Scherenschnitte die verschiedenen Haare in Punkten verschiedener Verdickungsstadien treffe, nicht alle am maximalen, nicht alle an minimalen, sondern in eben solchem Wechsel, als wenn man wahllos mehrere Schnitte jedes Haares nimmt. Mengt man Schnittenden aus verschiedenen Höhen gleicher Haare zur Messung, so hege er im Gegenteil die Befürchtung, daß die größeren Dickendifferenzen verschiedener Haare nicht immer genügend kompensiert werden. An einem größeren Wollmaterial verschiedener Rassen prüfte nun Stieger diese Frage, indem er einmal von einem Strähnchen vielerlei Abschnitte nach Kühnschem Vorschlage entnahm, ein andermal von einem zweiten Strähnchen zuerst den basalen, dann den spitzennahen Abschnitt untersuchte. 40 Haarendchen wurden jeweils durchgemessen. Aus seinen gefundenen Zahlenwerten stellt Stieger folgendes Ergebnis fest:

1. „daß die basalen Abschnitte stets geringere, die spitzennäheren im allgemeinen größere Durchmesser ergeben, als die viererlei Abschnitte;

2. die Abweichungen bei gröberen, fettärmeren, längeren Wollen bedeutender, bei feineren, fettreicheren, kürzeren geringer sind."

„Deshalb", fügt er bei, „scheint es mir vorläufig berechtigt, zur Rassenvergleichung die basalen Messungen allein heranzuziehen, unbeschadet gelegentlicher Mitbenutzung höherer Abschnitte" (Probst).

Die Vor- und Nachteile der verschiedenen Methoden.

Wenn nun auf die Vor- und Nachteile der verschiedenen zur Wolluntersuchung benutzten Methoden eingegangen wird, so ist zunächst gegen die Methode des Einzelmessens der Haare der Nachteil hervorzuheben, daß die für die Untersuchung erforderlichen Haare aus der Probe herausgesucht werden müssen. Die Gefahr einer unbeabsichtigten Auslese ist hierbei jedoch groß, da sich naturgemäß die gröbsten Haare am meisten dem Auge aufdrängen, während die feinen übersehen werden oder durch den geringsten Lufthauch wegfliegen können. Das Aussuchen der zur Untersuchung benötigten Haare wird auch zu leicht von dem Empfinden des betreffenden Untersuchers beeinflußt werden können.

Noch größere Einwände ergeben sich gegen die Methode von Herbst, nur den größten und kleinsten Durchmesser zu ermitteln und geometrische Mittel daraus zu bilden. Herbst gibt an, daß durch die Kräuselung des Haares eine scheinbare Untreue desselben entsteht, und er müßte, wenn die Verwendung des größten und kleinsten Durchmessers des Haares den tatsächlichen mittleren Durchmesser ergeben würde, voraussetzen, daß jede Auftreibung und Verdünnung des Haares auf die Kräuselung zurückzuführen, also nur scheinbar ist. Es ist jedoch nachzuweisen, daß gerade die Stellen, an denen nach Herbst gemessen werden soll, nämlich die dickste und dünnste, in den meisten Fällen als anormal anzusprechen sind. Jedes Haar zeigt, wie oben ausgeführt, Auftreibungen und Verdünnungen, die keineswegs zur Bewertung der Haarfeinheit herangezogen werden können, sondern als normale Störungen des Haarwuchses anzusehen sind. Wenn Herbst wahllos den größten und den kleinsten Durchmesser für ein Haar zur Berechnung des Mittelwertes benutzt, so können also vollkommen anormale Ausbildungsverhältnisse herangezogen werden.

Die von Herbst benutzten größten und kleinsten Durchmesserwerte sind extreme Werte, zwischen denen der Mittelwert des gesamten Haares sich in ganz verschiedener Lage befindet. Er kann dem größten wie dem kleinsten Wert genähert sein, je nach der Stärke der anormalen Ausbildung.

Vergleichsmessungen von Mansfeld[1]) zeigen, daß die Herbstsche Methode (Bildung des geometrischen Mittels zweier Haarquerschnitte) bei feinen Wollen angewendet größere Mittelwerte ergibt als das Verfahren, kurze Haarendchen zu messen. Bei groben, unausgeglichenen Wollen liegen die Durchschnittswerte, wie sie bei der Messung kurzer Haarteile erhalten werden, höher als die nach der Herbstschen Methode gefundenen. Bei Wollen der Sortimente *ab/bc* sind die Differenzen nur sehr gering.

Die Streuung ist bei den nach der Herbstschen Methode ausgeführten Messungen bei allen Wollen geringer als bei der Messung kurzer Haarstücke.

Bei der Herbstschen Methode ergeben sich zwischen den Mittelwerten der einzelnen Messungsreihen durchschnittlich größere Differenzen als zwischen den Mittelwerten der Messungsreihen bei der Dickenbestimmung kurzer Haarendchen (Mansfeld).

Allgemein ist bei der Methode der zahlreichen Messungen an einem Haar die Schwierigkeit vorhanden, zu entscheiden, ob eine normale, durch pathologische oder sonstige physiologische Verhältnisse bedingte Veränderung der Haardicke vorliegt oder ob diese als normal anzusprechen ist. Der Mittelwert eines Haares kann von den anormalen hohen bzw. niederen Einzelwerten stark beeinflußt werden.

Aus den Vergleichsmessungen von Herbst geht hervor, daß der Mittelwert der gleiche bleibt bei einer genügenden Zahl von Messungen, ob man an einer Stelle oder an einer großen Zahl verschiedener Stellen das Haar gemessen hat. Herbst schließt selbst seine Betrachtungen mit der Feststellung: „Mit zunehmender Zahl der Messungen tritt hinsichtlich des Wertes für die mittlere Feinheit aller Haare eine gewisse Kompensation der Fehler ein, da die Einzelergebnisse nach den Gesetzen der Wahrscheinlichkeit einander entgegengesetzte (sich also aufhebende) Abweichungen von den richtigen Mittelwerten zeigen."

Wenn jedoch die Wolle sehr stark untreu ist, dann kann die Messung von zwei Stellen an der dicksten bzw. dünnsten zu wesentlich falschen Resultaten gegenüber einer Messung führen, an der Stelle, wo das Haar auf einer gewissen Strecke einen gleichen Durchmesser zeigt.

Gegen die Messungen an verschiedenen Stellen des Haares läßt sich noch der folgende Einwand erheben: Die Wolle ist während der verschiedenen physiologischen Zustände des Organismus gewachsen. Die verschiedensten Fütterungsperioden, Krankheitszustände, Trächtigkeit, Alter usw. hinterlassen sämtlich eine Einwirkung auf die Haarstrecke, die gerade während des betreffenden physiologischen Zustandes gebildet wurde. Berücksichtigt man alle die hierdurch bedingten Verdickungen und Verdünnungen des Haares bei der Durchschnittsberechnung des Wertes für ein Haar, so hat man in diesen weder einen charakteristischen Wert für die normale Haarfeinheit, denn dann müßte man ja voraussetzen, daß alle diese Einflüsse sich gegenseitig kompensierten, noch wird ein Wert erhalten, der den Ausdruck für den derzeitigen physiologischen Zustand des Organismus darstellt. Letzteres ist jedoch der Fall, wenn man die Wollprobe an einer bestimmten Stelle untersucht, dann kann man an ihrer Feinheit einen Ausdruck für den Zustand des Organismus sehen, der zur Zeit der Wollprobeentnahme bestand.

H. v. Nathusius[2]) hat die Messungen an einer Stelle des Haares deshalb auf-

---

[1]) Mansfeld, R.: Untersuchungen über die Treue des Wollhaares beim württembergischen veredelten Landschaf mit Beiträgen zur Technik der Messungen der Wollfeinheit. Z. Tierzüchtg Bd. 4, H. 1 u. 2.

[2]) Nathusius, H. v.: Bemerkungen über die Gestalt und die Dimensionen des Wollhaares der Schafe und die Methoden, sie zu bestimmen; nebst einem Nachtrag über Wollgewicht. Halle 1864.

gegeben, weil er durch Vergleichsmessung festgestellt hat, daß, anscheinend durch den Druck des Deckgläschens bedingt, die Haare bei einer Untersuchung in Wasser immer bei ihrem größten Durchmesser gemessen werden. v. Nathusius war damals noch nicht bekannt, daß Wasser infolge der Quellung der Hornsubstanz für Wolluntersuchungen ganz unbrauchbar ist, so daß allein hierauf die wesentlichen Unterschiede, die er bei seinen vergleichenden Messungen erhalten hat, zurückzuführen sind. Es ist selbstverständlich, daß die im Wasser untersuchten Haarstückchen immer die höheren Resultate gegenüber Messungen in wasserfreiem Glyzerin zeigen mußten.

Die Querschnittform der Haare beeinträchtigt, wie aus den obigen Ausführungen ersichtlich ist, das Messungsresultat bedeutend weniger bei feinem als bei grobem Haar. Bei den gröbsten Grannenhaaren finden wir eine viel stärkere Abflachung des Querschnitts als bei den feinen Wollhaaren. Deshalb können wir bei ersteren viel eher abweichende Resultate erhalten als bei letzteren, denn es ist nicht gesagt, daß man im Glyzerin immer den größten Durchmesser des Haares mißt. Diese Ungenauigkeit findet sich jedoch auch bei der Methode, die zwar ein Haar in verschiedener Höhe, aber immer von der gleichen Seite aus mißt; sie könnte nur unter Zuhilfenahme des Bohmschen Wollmessers ververmieden werden. Allerdings wird die Genauigkeit, die man auf diese Art und Weise erhält, vollkommen durch die Ungenauigkeit überdeckt, die sich durch eine viel zu geringe Zahl von Messungen einstellt. Es hat keine Bedeutung, die Genauigkeit in einer Richtung zu vergrößern, wenn sich in anderer Richtung eine mindestens ebenso große Ungenauigkeit damit verbindet.

Schon v. Nathusius war der Ansicht, daß es unmöglich ist, bei einer größeren Zahl von Querschnitten zu erreichen, daß die Querschnittfläche wirklich senkrecht zur Längsachse des Haares liegt. Um nur 10 bis 12 Haare messen zu können, muß man nach ihm 20 bis 30 Querschnittsbilder im Präparat haben. „Um aber 20 bis 30 Wollhaare parallel miteinander aufzuspannen, ist eine Sache, die viel leichter gesagt als getan ist.“ Auch bei der von Herbst angewandten Methode wird eine parallele Lage der Haare zur Unmöglichkeit. Nach Herbst werden die Haare zunächst an einem Ende mit einem Wachskügelchen auf Papier befestigt. Dicht an dieser Befestigungsstelle werden sie etwas zusammengedreht und mit einem zweiten Wachs- oder Siegellacktröpfchen so befestigt, daß sie in einer Breite von 1 bis 2 mm aus dem Siegellack heraustreten. Die freien Haarenden werden vollkommen glatt gespannt und die Zelluloidmasse zur Einbettung darüber gegossen, die dann mit Hilfe eines Mikrotoms geschnitten wird. Wie die Abbildungen von Herbst zeigen, sind die Schnitte außerordentlich dick und die Art der Einbettung läßt es als unmöglich erscheinen, daß die Haarenden senkrecht geschnitten werden, daß sie für eine Querschnittsberechnung in Betracht kommen können. Es läßt sich überhaupt nicht mit Sicherheit ermitteln, wann ein Haar, auch selbst wenn es entkräuselt ist, mit Sicherheit senkrecht geschnitten ist. Selbst wenn der Querschnitt rund ist, so kann dieser Befund trotzdem noch nicht als Zeichen für einen senkrechten Schnitt angesehen werden, da ein unter einem bestimmten Winkel erfolgter Querschnitt durch eine elliptische Röhre auch eine Kreisform ergibt. Allgemein ist bei der Angabe der Querschnittsform die größte Vorsicht geboten

Auch gegen die von Kronacher verbesserte Herbstsche Methode der Herstellung und Auswertung von Haarquerschnitten in größerem Umfange zur Feststellung der Haarfeinheit sind speziell, wenn es sich um feinere Wollen handelt, dieselben Bedenken zu äußern.

Wenn Herbst den größten Durchmesser des Querschnittes und den auf diesem senkrecht stehenden benutzt und angibt, daß letzterer der kleinste sei, so ist diese

Ansicht nur dann zutreffend, wenn der Querschnitt regelmäßig elliptisch ist. Schon aus den Abbildungen von Herbst geht jedoch hervor, daß dieses nicht immer der Fall ist.

Gegen die Methode von v. Nathusius, die Haarlängen zur Feinheitsbestimmung zu verwenden, läßt sich einwenden, daß es unmöglich ist, ein Haar mit freier Hand so vollständig zu strecken, „daß auch seine Dehnbarkeit so gut wie erschöpft ist“. Diese Länge annähernd genau festzustellen, ist nur unter Zuhilfenahme besonderer Apparate (Dynamometer vgl. später) möglich, sonst wird man immer Haare vergleichen, die die verschiedensten Dehnungszustände aufweisen. Obendrein wird die spiralig verlaufende Kräuselung erschwerend bei Längenbestimmungen wirken.

Aus den oben erwähnten Gründen ist es erforderlich, die Haarmessung an einer bestimmten Stelle auszuführen, und zwar an den von der Basis abgeschnittenen Haarstückchen, dort, wo sie auf eine größere Strecke hin eine gleichartige Ausbildung des Durchmessers zeigen. Wir stimmen in dieser methodischen Frage mit den Anschauungen eines britischen Textilforschungsinstitutes überein. Weiter ist es erforderlich, eine größere Anzahl von Haaren zu untersuchen. Durch die Messung einer großen Zahl von Haaren werden gewisse Fehler kompensiert, die teilweise wenigstens durch ungleichartige Ausbildung der Querschnitte desselben Haares bedingt werden, und es werden Mittelwerte erhalten, die bei Kontrolluntersuchungen der gleichen Anzahl von Haaren Unterschiede zeigen, die geringer als 0,5 μ sind.

Was nun die nähere Untersuchungsmethode anbetrifft, so sind die Grundzüge derselben von uns[1]) kurz dargelegt worden. Aus der Basis des Wollstapels, und zwar aus verschiedenen Strähnchen werden kleine, etwa 1 mm messende Stückchen herausgeschnitten, und hierbei darauf geachtet, daß nicht durch irgendwelche Umstände bedingt die feineren Haare sich infolge ihrer Zusammenschnirrung zusammengezogen haben. Die kleinen Haarenden werden dann in Glyzerin mit einem dünnen Glasstäbchen gleichmäßig auf dem Objektträger verteilt, und zwar auf der Fläche eines Deckgläschens von der Größe 24 $\times$ 32 mm. Auf die gleichmäßige Verteilung und Mischung der Haarstückchen verschiedener Strähnchen ist insbesondere Wert zu legen, da durch Zusammenballung der Einzelhaare die Untersuchung erschwert wird bzw. zu falschen Resultaten führt. Es empfiehlt sich die Verwendung von größeren Deckgläschen, weil man bei kleinen eine größere Anzahl von Reihen durchmessen muß, ehe man 100 oder 200 Haare gemessen hat, so daß dann die Gefahr des Doppeltmessens größer ist als bei Benutzung von größeren Deckgläschen. Bei Verwendung letzterer genügt für 200 Haare die Messung in 3 bzw. 4 Reihen. Die Messungen werden dann in der Art durchgeführt, daß oben links auf dem Präparat begonnen wird, nach rechts hinüber und weiter unten auf dem Deckglas zurückgegangen wird. Es muß jedes Haar, welches in das Gesichtsfeld kommt, ohne Auswahl gemessen werden, und zwar an der Stelle, die auf eine größere Strecke hin keine Änderung des Querschnittes zeigt.

Die Ergebnisse der Messungen werden ohne besondere Anordnung in der Reihenfolge, wie sie ermittelt werden, nebeneinander aufgeschrieben. Wertvoll ist, wie dies auch Krais u. a. festgestellt haben, wenn eine Hilfskraft die Resultate aufschreibt, so daß man dann das Auge nicht immer wieder umzustellen hat, einmal auf das mikroskopische Bild und dann auf das Schreibpapier. Außer-

---

[1]) Tänzer, E. und W. Spöttel: Das Zackelschaf, unter Berücksichtigung der Zuchten des landw. Institutes der Universität Halle. Z. indukt. Abstammgslehre Bd. 28. 1922.

dem ist es, wie auch Pank[1]) angibt, deshalb zweckmäßig, weil sich die Werte dem Gedächtnis weniger einprägen und der Untersuchende weniger beurteilen kann, welche Werte in der Mehrzahl oder Minderzahl gemessen wurden. Man kann feststellen, daß sich der Beobachter zum Teil dahin beeinflussen läßt, Werte, die in größerer Menge vorhanden sind, zu übergehen, und solche, die in geringerer Zahl vorkommen, zur Messung herauszusuchen.

G. Krauter[2]) mißt die Wollfeinheit durch die Feinheitsnummer an Kammzügen. Er findet starke Abhängigkeit der Faserfeinheit von der Faserlänge und schlägt vor, zur Prüfung von Rohwolle und Kammzügen nicht Mittelwerte zu bestimmen, sondern die Feinheit als Funktion der Faserlänge aufzuzeichnen und die Feinheit nach den Kurvenbildern zu beurteilen.

Die Messung der Haare in Projektion.

Die mikroskopische Wollmessung wurde als wenig einfach, ermüdend, das Auge anstrengend und wenig schnell arbeitend hingestellt. Deshalb suchte man nach anderen Verfahren bzw. Ergänzungen. Man glaubte diese Ergänzung in der Projektion der Haare gefunden zu haben. Krais[3]) berichtete allerdings schon 1922, daß in England ein optischer Apparat verwendet wird, der es ermöglicht, die Wollfasern auf einen Schirm zu projizieren, wodurch sie stark vergrößert werden und bequem, ohne Anstrengung der Augen, gemessen werden können. Kronacher, Saxinger und Schäper[4]) haben 1924 „Beobachtungen bei der Messung von Wollhaaren an Horizontalprojektionen mittels des Leitzschen Mikroprojektionsapparates" mitgeteilt (vgl. S. 118). Herbst und Witt[5]) haben die bisher im Göttinger Institut durchgeführte mikroskopische Ausmessung der Haarquerschnitte durch eine Mikroprojektionsmethode ersetzt, die ein „dauerndes und zugleich schnelleres Messen ohne Gefährdung der Augen gestattet".

Im Tierzuchtinstitut der Universität Leipzig wird die Projektionsmessung folgendermaßen ausgeführt (Naumann[6])): Es wird ein Leitz-Mikroskop in der für das Mikroskopieren üblichen Weise aufgestellt. Als Lichtquelle dient die elektrische Bogenlampe des gewöhnlichen Projektionsapparates. Mit Hilfe einer Sammellinse werden die von der Lampe ausgehenden Strahlen konvergent auf den am Stativ des Mikroskopes angebrachten Spiegel geworfen, der sie dann in das Mikroskop wirft. Um das im Mikroskop erzeugte Bild in eine horizontale Projektionsebene zu bringen, wird ein Zeichenapparat an dem Mikroskop angebracht, der an Stelle des Abbéschen Würfelchens mit einem Umkehrprisma versehen ist, dessen reflektierende Fläche senkrecht zur Fläche des Zeichenspiegels steht. Der Zeichenspiegel ist um 45 Grad geneigt. Als Projektions-

[1]) Pank, W.: Wollstudien in der Mutterherde der Merino-Fleischschaf-Stammschäferei Belleben auf Grund mikroskopischer Untersuchungen und Messungen. Inaug.-Diss. Halle 1923.

[2]) Krauter, G.: Über die Wollfeinheitsmessung. Textile Forsch. Bd. 11, S. 1. 1929. Das. manche Angaben über die ältere Literatur.

[3]) Krais: Vergleichende Untersuchungen an Wollkammzügen. Textile Forschung Jg. 4, H. 1, S. 1. 1922. — Rouffin, J.: Bestimmung der Feinheit der Wolle im Kammzugband. Ind. Text. 1926, S. 481, 235.

[4]) Kronacher, C., Saxinger, G. und Schäper: Die Wollefeinheitsbestimmung am Querschnitt im Projektionsbild. Z. Tierzüchtg Bd. 4. 1925. — Ogrizek, A.: Die Wolle des Solčava-(Sulzbach-)Schafes, ein Beitrag zur objektiven Beurteilung der Wollqualität. Berlin 1926.

[5]) Herbst, W. und M. Witt: Neuere Methoden der Wollhaarmessung. Z. Tierzüchtg Bd. 2. 1925.

[6]) Naumann, K.: Die Bestimmung des Feinheitsgrades von Wollhaaren durch Messungen an ihren Projektionsbildern. Z. Tierzüchtg Bd. 3. 1925.

ebene dient der mit glattem weißen Papier bespannte Tisch, auf dem die Apparatur aufgestellt ist.

Wir verwenden ein Mikroskop mit liegendem Tubus. Dabei kommt das Abbésche Würfelchen in Wegfall, dann kann jedoch die Einbettung der Haare nicht in Glyzerin, sondern in Glyzeringelatine erfolgen, um eine Bewegung derselben im Untersuchungsmedium zu verhindern.

Die Messung an den Haarprojektionen wird bei einer ca. 120fachen linearen Vergrößerung vorgenommen. Durch die nach Austritt aus dem Okular stark divergierenden Lichtstrahlen wird das durch die schwache Vergrößerung erzeugte Bild in der Projektionsebene in einem so großen Ausmaße wiedergegeben, daß man an ihm hinreichend genaue Messungen vornehmen kann. Auf den Objekttisch des Mikroskopes wird ein Objektmikrometer mit 0,01 mm Teilung gelegt und projiziert. Nach der Projektion dieses Mikrometers wird ein Maßstab derart angefertigt, daß man auf einen Streifen weißen Zeichenkarton die Projektion der Teilstriche einzeichnet und die Abstände zwischen je zwei Teilstrichen in 10 gleiche Teile teilt. Man erhält auf diese Weise eine Skala ähnlich der Einteilung des Okularmikrometers. Die Messung kann zweckmäßig auch mit einem Meßzirkel ausgeführt werden, an dem eine Skala mit den entsprechenden Mikrometerwerten angebracht ist. Zweckmäßig ist es ferner, einen Teil strichabstand gleich einem Mikron zu machen.

Die Zahl der in der Zeiteinheit bei beiden Verfahren zu erzielenden Ergebnisse hängt in beträchtlicher Weise sowohl von der Fertigkeit des einzelnen als auch von der Gewissenhaftigkeit ab, mit der die Arbeit ausgeführt wird. Die Erfahrung hat gezeigt, daß bei der mikrometrischen Untersuchung 30 bis 50 Minuten für 100 Messungen benötigt werden, bei der Projektionsmessung dagegen nur 20 Minuten. Bei beiden Verfahren wird die Leistung erheblich gesteigert, wenn noch eine zweite Person zur Registrierung der Messungen zur Verfügung steht. Im letzteren Falle beansprucht die Arbeit von 100 Projektionsmessungen eine Zeitspanne von 10 Minuten. Die Schnelligkeit der Projektionsmessung ist also wesentlich größer als die der mikroskopischen.

Im großen und ganzen wird das Projektionsverfahren der mikroskopischen vorgezogen, da dasselbe ein weniger anstrengendes, für die Augen weniger schädliches Arbeiten gestattet und infolge des geringeren Zeitaufwandes bei entsprechender Genauigkeit eine erhöhte Leistung ermöglicht.

Heydenreich[1]) hat darauf hingewiesen, daß bei der Mikroprojektion infolge der Divergenz der Lichtstrahlen eine Verzerrung nach der Peripherie des Lichtkegels eintritt; auf Spöttels Veranlassung wurde dann durch ein zweckentsprechend konstruiertes Projektionsokular von Leitz die Verzerrung korrigiert. Heydenreich führt dann noch die angeblich hohen Kosten an, die bei der Mikroprojektion fortlaufend entstehen.

Für Wolluntersuchungen, bei denen es nicht auf die genauen Durchmesserwerte der einzelnen Haare, sondern lediglich auf ihren Feinheitsgrad ankommt, läßt die Projektionsmethode weitere bedeutende Vereinfachungen der Arbeitsweise zu. Das Ausmessen der Querschnitte kommt in Wegfall; an Stelle dessen wird der Feinheitsgrad der Wollhaare durch einfachen Vergleich ihrer Querschnittsbilder mit entsprechenden Kreisflächen bestimmt (wie schon oben ausgeführt S. 118).

[1]) Heydenreich, M.: Studien über die Zucht des Merinofleischschafes in der Stammschäferei Wülperode a. H. unter besonderer Berücksichtigung der Leistungen. Inaug.-Diss. Halle. Braunschweig 1926.

3. Sortiment und Feinheit.

a) Sortierung und Sortimentsbezeichnungen.

Vor der Wäsche und Weiterverarbeitung der Wolle erfolgt eine Sortierung, d. h. ein Auslesen der verschiedenen Wollqualitäten, die als Sortimente bezeichnet werden. Man unterscheidet in einer Wollpartie bzw. in einem Vlies Hauptsortimente, Nebensortimente und Abfallsortimente. Nicht nur für die letzteren, sondern auch für die übrigen Sortimente hatte man in der Zeit, als die Merinotuchwollzucht in Deutschland in höchster Blüte stand, die mannigfaltigsten Bezeichnungen[1]), aber auch in den übrigen Ländern, insbesondere in England, hat die Bezeichnung der Sortierungsqualitäten gewechselt.

Je nach dem Fabrikationszweck unterschied man früher verschiedene Arten von Sortimenten, und zwar je nachdem, ob es sich um Tuch- oder Kammwolle handelte. Die Sortimente für Tuchwolle hießen

Super super elekta
super elekta
elekta
prima
tertia
quarta.

Als die Zucht auf hochfeine Wollen immer extremere Formen annahm, erfolgte mehr und mehr eine Aufteilung dieser Grundsortimente und man unterschied:

Sortimente	μ
Superelekta plus plus	12,5 —15,0
superelekta plus	15,0 —16,5
superelekta	16,5 —17,75
Elekta I	17,75—19,0
II	19,0 —20,3
Hohe Prima	20,3 —22,25
Prima	22,5 —24
Geringe Prima	24 —25,4
Hohe Sekunda	25,4 —26,66
Sekunda	26,66—29,0
Geringe Sekunda	29,0 —31,75
Tertia	31,75—37,0
Quarta	37,0 —

Heute wird im Handel, in der Industrie und in der Landwirtschaft für Tuch- und Kammwolle nur noch die Sortimentsbezeichnung gebraucht, die zunächst für die Kammwollen aufgestellt wurde, und zwar:

AAAA	C
AAA	D
AA	E
A	EE oder
B	F

Dann unterscheidet man zwischen AA und D noch Zwischensortimente wie A—AA, AB usw. In der Landwirtschaft ist es sogar üblich, durch Unter- oder Überstreichen eines der beiden Buchstaben des Zwischensortimentes noch eine Verstärkung oder Abschwächung des betreffenden Charakters zu bezeichnen.

Als Abfallwollen werden meist nur Leisten, Locken und Brand heraussortiert, vielfach auch nur Locken und zum Teil noch melierte Wollen (pigmentierte Stellen im weißen Vlies), Zeichen (Wollen mit künstlichen Farbmarkierungen) u. a. m.

In Spanien, dem Heimatlande der Merinos, werden die Wollen nicht nach englischen oder deutschen Sortimenten sortiert, vielmehr mit den folgenden Bezeichnungen: Extra, Ia (Primera), IIa (Secunda), IIIa oder Wolle von der Schwanzwurzel und Keule (Tercera oder Garras). Je nach der Provenienz kann die Ia-Qualität nach unserer bisherigen Bezeichnung AAA-, AA-, A-, B- oder C-Wolle sein (Tänzer).

[1]) Thaer: Verhandlungen über Wolle zur Bestimmung der technischen Ausdrücke für ihren Wert und ihre Qualitäten. Möglins Annalen d. Landw. Bd. 5, S. 580.

In Belgien unterscheidet man Supra Vliese, Kurante Vliese, Suprastücke, Supra Bäuche, geringe Stücke und Bäuche, Supra Scoured Vliese, Kurant Scoured Streichgarnwollen, Scoured kleine Genres zum Karbonisieren, Kurante Lammwolle und geringe Lammwolle.

In Südafrika berücksichtigt man folgende Vliesqualitäten:

H „Hoggets“ (bei der ersten Schur); es handelt sich um Achtmonatsschafe, d. h. Schafe, die keine kürzere Wolle haben als 2½ Zoll.

S. C. „Super Combing“ (ESC und SSC); erstklassige, gesunde unbeladene Vliese von 2¾ Zoll oder weniger Länge.

Abb. 88. 848 Typen der „Table of Limits“ in dem Technilogical Museum in Sydney, New South Wales (nach Journal of Textile Institute).

C „1st Combing“ (Kammwolle); unbeladene gesunde Vliese von guter Qualität nicht unter 2¾ Zoll.

CC „2nd Combing“; schwerere, weniger dichte Vliese, nicht unter 1¾ Zoll.

CCC „3rd Combing“; schwere, kurze mißfarbige Vliese; bei ungenügender Menge sollen diese Vliese zu den Bäuchen kommen.

LL „1st Lambs“; die längsten, leichtesten Lammwollen, nicht unter 1¼ Zoll Länge.

L „Lambs“; alle kürzeren Lammwollen (sehr minderwertige Lammwollen sollten zu den Locken kommen).

CBP „Combing, Bellies and Pieces“; die massigsten, reinsten, unbeladensten Seiten und Bäuche, nicht unter 1¾ Zoll.

BP „Bellies and Pieces“; kürzere und beladene Bäuche und Rücken.

LOX „Locks“; Locken und beschmutzte Wollen, ausschließlich Klunkern.

BKS „Backs“; wenn die Rücken zu erdig, weich oder schaumig sind, sollten sie besonders geballt werden.

TDR „Tender Wool“; entweder sollen weiche Wollen gesondert genommen werden oder zu den Rücken kommen.

BUR „Seedy and Burry Wools"; schlecht gepflegte und hohle Wollen, sollten separat getan werden.

XM „Coarse Merino"; alle Wollen unter 60er Garnnummer.

RAM „Rams"; entweder ist Bockwolle gesondert zu ballen oder man tut sie in die entsprechende Vliesqualität.

DEAD „Dead Wool"; von toten Tieren.

In Kanada unterscheidet man Fine medium staple, medium staple, medium clothing, low medium staple, low staple und coarse sample.

In Australien hat das „Commonwealth of Australia Central Wool Committee" 1922 zum Zwecke der Standardisierung der Wolle 848 Typen in der „Table of Limits" zusammengestellt, die im Technilogical Museum in Sydney, New South Wales, gesammelt sind (Abb. 88[1])).

In England werden die verschiedenen Wollen folgendermaßen nach Barker[2]) sortiert:

Merino[3]).

Shirlings.
Brown pieces and kempy.
60 's }
70 's } Bulk sort.
80 's and occasionally higher.

Lincoln.

Tar-bits.
Low shorts.
Shirlings (bits with dung attached).
Kempy, grey, and brown pieces.
28 's } (If necessary also
Britch } one termed „tail")
32 's.
36 's Bulk sort.
40 's.
40 's short.

Persian.

Shirlings.
Britch.
36 's white.
40 's white.
36 's brown. Bulk sort.
40 's brown.

Southdowns.

Shirlings.
Grey, kempy, and brown pieces.
Britch.
40 's.
44 's.
46 's.
50 's.
56 's. Bulk sort.

Blackfaced Scotch.

Tar bits and shirlings.
White britch.
Grey britch.
32 's grey. Bulk sort.
40 's white.

Als Qualitäten werden in Bradford unterschieden:

Bradford Qualitätsnummer Inches	Mittlerer Durchmesser in engl. Zoll (nach Barker)	Bradford Qualitätsnummer Inches	Mittlerer Durchmesser in engl. Zoll (nach Barker)
28	1/314	56	1/953
32	1/389	58	1/1007
36	1/470	60	1/1064
40	1/595	64	1/1180
44	1/648	68	1/1299
46	1/696	70	1/1361
48	1/744	80	1/1686
50	1/795	90	1/2034
52	1/846	100	1/2408
54	1/899		

Barker hat die englischen (Bradford) Qualitätsnummern mit den amerikanischen verglichen und gibt folgende Zusammenstellung:

[1]) Henseler, H.: Die Wolle vom Schaf bis zum Schiff in Australien. Dtsch. Gesellsch. f. Züchtungskunde Bd. 3, H. 7. Göttingen 1928.

[2]) Barker, A. F.: British Wools. Journal of the R. Agricultural Soc. of England Bd. 85. 1924.

[3]) Rose, P. D.: Merino-Wool Classing. Journ. of the Department of Agriculture. Pretoria 1926.

British (Bradford) Inches	U. S. Domestic	U. S. Territory	U. S. Pulled	Canadian	South American	Counts Spun to (Worsted) Inches
70—80	—	—	—	—	Merino	70 upwards
70	—	—	—	—	,,	64
64—70	Full Blood XX	Fine Delaine	AA	—	,,	60
64	$^3/_4$ Blood (X)	Fine Medium	AA	—	,,	56
60	$^1/_2$ Blood	$^1/_2$ Blood	A Fine	Fine	Prima	48
56	$^3/_8$ Blood	$^3/_8$ Blood	B	Fine Medium	1	46
50	$^1/_4$ Blood	$^1/_4$ Blood	B Medium	Medium	2	36
46—48	Low $^1/_4$ Blood	Low $^1/_4$ Blood	CLowMedium	Low Medium	3	32
44	Sommon	Common	C Coarse	Coarse	4	30
40	Common	Common	C Lüstre	Lüstre	5	16
36	Bread	Bread	C Lüstre	Lüstre	6	16
48—32	Bread	Bread	—	—	—	12
12						

b) Sortiment und Garnlänge.

Die Qualität einer Wolle steht in Beziehung zu der Garnlänge, zu welcher ein gegebenes Gewicht von Wolle versponnen werden kann. Die Leedswollspinner gebrauchen nach Barker als Gewichtsbasis the Wartern of 6 lb. (¼ des alten 24 Pfund-Steins) und nehmen als Spinnbasis 1,536 Yards.

Wenn 6 ausgez. werden zu 1,536 Yards ist das Garn 1 's,
,, 6 ,, ,, ,, 2 · 1,536 ,, ,, ,, ,, 2 's
,, 6 ,, ,, ,, 3 · 1,536 ,, ,, ,, ,, 3 's. usw.

Aber die Leedswollspinner haben niemals die Garnnummer verbunden mit der Qualitätsnummer.

Andererseits gebrauchen die Bradfordkammgarnspinner als Gewichtsbasis 1 Pfund und nehmen als Spinnbasis 560 Yards.

Wenn 1 ausgez. wird zu 560 Yards so ist es 1 's,
,, 1 ,, ,, ,, 2 · 560 ,, ,, ,, ,, 2 's,
,, 1 ,, ,, ,, 3 · 560 ,, ,, ,, ,, 3 's usw.

Eine 48er Qualität wird also so genannt, weil ausgesponnen werden $48 \cdot 560 = 26880$ Yards aus einem Pfund gewaschener Wolle.

Die Sortimente der Kammwollen werden in Deutschland in der Industrie und im Handel mit folgenden Buchstaben und Nummern gekennzeichnet:

AAAA Nr. 112, AAA Nr. 96, AA Nr. 86, A—AA Nr. 78, A Nr. 72, AB Nr. 64, B Nr. 56, B—C Nr. 48, C Nr. 40, D^1 Nr. 32, D^2 Nr. 24, E^1 Nr. 18, E^2 Nr. 12.

Die angegebenen Nummern beruhen auf der Spinnfähigkeit der Wolle und bedeuten die metrischen Garnnummern, die aus den betreffenden Sortimenten erreicht werden. Kammgarn Nr. 72 bedeutet, daß aus sortierter A-Feinheit von 1000 g Kammzug 72000 m Kammgarn hergestellt werden können.

c) Unterschiede in der Qualitätsangabe.

Über die Beziehung der Spinnqualität zu der Sortierungsqualität gibt Barker an, daß die erstere wenigstens 10% unter der letzteren liege und daß es nicht leicht sei, in der Sortierung die Standardqualitäten aufrecht zu erhalten.

Der deutsche Wollhandel hat sich dem englischen angepaßt und dementsprechend auch die englischen Qualitätsbezeichnungen übernommen.

Zum Teil scheinen in Deutschland die Prinzipien, nach denen Schafzüchter, Wollhändler und Textilfachleute bonitieren, nicht durchweg die gleichen zu sein (vgl. auch oben). Aus den Untersuchungen einer Anzahl typischer Sortimentsproben einiger Kämmereien und Wollhandlungen hat sich ergeben, daß die Textilindustrie teilweise schärfer als der Wollhandel bonitiert, und die landwirtschaftlichen Sachverständigen nehmen in ihrem Urteil zum Teil eine gewisse Mittelstellung ein. In folgender Tabelle sind einige Untersuchungsergebnisse typischer Sortimentsproben einer Wollhandlungsfirma und einer Wäscherei gegenübergestellt (Spöttel):

Sortiment	9,6	12,0	14,4	16,8	19,2	21,6	24,0	26,4	28,8	31,2	33,6
I. A A A	—	2	10	20	33	18	9	3	2	1	1
II. A A A	1	4	24	37	20	7	4	1	1	1	—
I. A A . .	—	4	9	23	28	19	10	5	2	—	—
II. A A . .	—	1	8	23	29	24	9	2	3	1	—
I. A . . .	—	1	6	11	20	27	18	10	4	3	—
II. A . . .	—	3	8	16	29	21	13	6	3	1	—
I. B . . .	—	—	2	8	12	17	15	13	13	7	5
II. B . . .	—	—	4	14	24	31	13	6	4	3	1
II. C 2 . .	—	—	1	2	4	7	10	10	11	11	9
I. C 2 . .	—	—	—	1	1	5	7	8	8	9	16

Untersuchungsergebnisse typischer Sortimentsproben: I. bonitiert

Aus dieser Zusammenstellung ergibt sich, daß die Wollwäscherei fast durchgehend schärfer bonitiert hat als die Wollhandelsfirma.

Der Wollhandel läßt einige gröbere Haare eher unbeachtet als die Wollindustrie und teilt infolgedessen eine derartige Wolle einem höheren Sortiment zu. Zum Teil ist jedoch Übereinstimmung in dem Urteil von Schafzuchtsachverständigen und Vertretern des Wollhandels festzustellen, wie es sich z. B. bei einer Besprechung und gemeinsamen Bonitierung einiger Wollen von seiten landwirtschaftlicher Sachverständiger und Vertretern des Wollhandels herausgestellt hat. Derartige gemeinsame Besprechungen und Bonituren können wesentlich dazu beitragen, Unterlagen für eine gleichartige Bonitur im Wollhandel und in der landwirtschaftlichen Praxis zu schaffen, was sicherlich für beide von wesentlicher Bedeutung ist.

Ein Gegensatz ist auch unter Umständen zwischen der Bonitur der Fleischwollschafzüchter und Merinozüchter vorhanden. Die Unterschiede der Bonitur können hier bis zu einem Sortiment betragen. Dem AA-Sortiment der Fleischwollschafzüchter entspricht kaum das A-Sortiment der Merinozüchter. Vielleicht um anzudeuten, daß ein prinzipieller Unterschied zwischen der Wolle von Merinos und Fleischwollschafen besteht, haben zum Teil die Sachverständigen der Merinozucht eine Verschärfung ihrer Bonitur vorgenommen. Seit ca. 1½ Jahren bonitieren manche Merinozüchter wieder schärfer als vor dieser Zeit.

Demgegenüber weist Barker[1]) darauf hin, daß die Qualitäten der Klassifizierung der englischen Schafzuchtstation und der Yorkshire-Wollsortierer bemerkenswert konstant sind.

d) Die Bedeutung der einzelnen Eigenschaften für die Sortimentsbildung.

Grundsätzlich maßgebend für die Höhe und Güte eines Sortiments ist, daß man aus ihm einen möglichst feinen und doch genügend haltbaren Faden spinnen kann. Je feiner und dünner der Faden werden kann, desto kostbarer ist die Wolle.

[1]) Barker: A. F.: Wool Analysis of a Flock of Highland Blackface Sheep. J. Text. Indust. Bd. 13, 1922.

Daß auch für die Qualität der englischen und amerikanischen Wollen die Wollfeinheit ausschlaggebend ist, wird u. a. von Barker[1]), Wilkinson[2]) u. Sloan[3]) angegeben. Der Wollklassierer, der die Vliese auf den Klassifizierungstisch der Schafstationen einteilt, und der Wollsortierer, der die einzelnen Vliese in 3 bis 7 Qualitäten teilt, nehmen nach Barker mit wenigen Ausnahmen die Haardicke als Grundlage. Zuweilen wird auch die Länge mit herangezogen. So kann z. B. ein 60 's Qualität sortiert werden als lang 60 's und kurz 60 's.

36,0	38,4	40,8	43,2	45,6	48,0	50,4	52,8	55,2	57,6	60,0	62,4	64,8
1	—	—	—	—	—	—	—	—	—	—	—	—
—	—	—	—	—	—	—	—	—	—	—	—	—
—	—	—	—	—	—	—	—	—	—	—	—	—
—	—	—	—	—	—	—	—	—	—	—	—	—
—	—	—	—	—	—	—	—	—	—	—	—	—
—	—	—	—	—	—	—	—	—	—	—	—	—
3	1	1	1	1	1	—	—	—	—	—	—	—
—	—	—	—	—	—	—	—	—	—	—	—	—
8	6	5	5	4	2	2	—	1	—	1	—	1
15	7	6	5	4	4	2	1	—	—	—	1	—

von einer Wollhandelsfirma, II. bonitiert von einer Wollwäscherei.

Die Länge bedeutet hier jedoch eine weitere Klassifizierung innerhalb derselben Qualität. Das australische Wollstandardwerk lehrt gleichfalls, daß die Feinheit der maßgebendste Faktor für die Aufstellung der Sortimente ist, und daß daneben vor allem der Länge Bedeutung zukommt.

In erster Linie ist daher die Feinheit des Fadens bestimmend. Gerade so, wie man aus feinerem Eisendraht ein feineres Drahtseil winden kann als aus dickerem, so gestattet auch ein feineres Wollhaar die Herstellung eines feineren Fadens.

Letzterer bewirkt nicht nur ein besseres Aussehen des Gewebes, sondern macht es auch angenehmer zum Tragen (Lehmann[4])). Es ist schmiegsamer, legt sich den Körperflächen besser an und folgt leichter den Bewegungen der Glieder. Es ist auch, auf die Flächeneinheit bezogen, haltbarer, selbst gleiche spezifische Tragkraft der Wollhaare vorausgesetzt (vgl. später). Jeder Stoß, jede Reibung läßt das schmiegsamere Tuch dem Angriff mehr ausweichen, gibt nach, so daß deren Kraft die Wollsubstanz selbst weniger leicht zerstörend angreifen kann.

Im großen ganzen bedarf der Kammwollspinner zur Herstellung seiner feinsten Garne keiner so hohen Feinheit des Wollhaares, wie es der Streichgarnspinner zur Herstellung gewisser gewalkter Stoffe verwenden muß.

Die Spinnfähigkeit einer Wolle wird nun nicht allein von der Feinheit eines Haares bedingt, sondern auch von verschiedenen anderen Eigenschaften. Aus diesem Grunde ist die Feinheit der Wolle nicht allein maßgebend für die Höhe des Sortimentes.

Ehe man zu einem Urteil über das Sortiment gelangt, müssen nach Lehmann und Völtz[5]) eine ganze Anzahl von Faktoren in Betracht gezogen werden, und zwar:

[1]) Barker, A. F.: Wool Analysis of a Flock of Highland Blackface Sheep. J. Text. Indust. Bd. 13, 1922.

[2]) Wilkinson: The Journal of Textile Science. 1927.

[3]) The Corriedale Breed and its Manufactoring Passibilities. The Journal of Textile Science 1928.

[4]) Lehmann, C.: Gesammelte Schriften Bd. 2. Berlin 1920. — Bedeutung und Hauptgrundlinien der Wollkunde. Berlin 1920.

[5]) Lehmann, C.: Gesammelte Schriften Bd. 2. Berlin 1920. — Bedeutung und Hauptgrundlinien der Wollkunde. Berlin 1920. — Völtz, W.: Über die Eigenschaften und die Vererbung der Schafwolle bei Reinzucht und Kreuzung mit besonderer Berücksichtigung der Merinos. Berlin 1922.

1. die Art der Wolle, 2. Feinheit, 3. Milde, 4. Elastizität, 5. Glanz, 6. Charakter der Kräuselung, 7. Binder, 8. Stapelung, 9. Charakter des Stapels, 10. Treue, 11. Haltung, 12. Fettschweiß, 13. Farbe, 14. Schnitt und 15. Adel.

Alle Eigenschaften, welche die Verarbeitung der Wolle erleichtern, wie Treue des Haares, Haltbarkeit, Nerv, Dehnbarkeit, tunlichst gleiche Länge und Ausgeglichenheit bedingen eine Wertvermehrung der Wolle.

W. v. Nathusius[1]) war der Ansicht, daß für die Höhe des Sortiments die durchschnittliche Feinheit einer Wolle viel weniger maßgebend ist als andere Eigenschaften. Dafür, daß die Größe des Haardurchmessers für die Sortimente nicht allein bestimmend ist, führt er einige Beispiele aus seinen Messungen an. Eine Wolle, die als hochedle feine Tuchwolle (elekta) angesprochen wurde, hatte eine durchschnittliche Feinheit von 22,1 μ, war also dem Primasortiment zuzuteilen. Eine andere Probe wurde als Sekunda bonitiert, da sie grob und hart war, während ihre mittlere Feinheit dem Primasortiment entsprach (22, 1).

Schon Thaer[2]) erwähnt, daß eine Wolle, die nach ihrer Feinheit als 1. Qualität anzusehen ist, als 2. Qualität gewertet wird, wenn Sanftheit, Geschmeidigkeit und Elastizität fehlen, die für jene unbedingt erforderlich sind. Andererseits kann nach ihm eine Wolle der 2. Qualität in die erste Klasse versetzt werden, wenn die physikalischen Eigenschaften besonders hervorragend sind. Im allgemeinen trifft diese Auffassung auch heutigentags noch zu. Trotz erheblicher Haarfeinheit kann die Wolle einem niedrigeren Sortiment zugeteilt werden, ihre Bewertung also eine geringere sein. Der Spinner kann keinen Faden herstellen, wenn die Wolle an großer Härte und Barschheit leidet, wenn ein bösartiger Fettschweiß zur Anwendung angreifender Waschmittel zwingt, die das Haar schädigen, oder wenn durch schlechte Haltung Veränderungen der Haare stattgefunden haben. Die Zuteilung zu einem Sortiment richtet sich nach allen Eigenschaften der Wolle. Die Milde und Geschmeidigkeit, dann auch die anderen physikalischen und Formeigenschaften spielen eine solch wichtige Rolle, daß der Faktor Feinheit überkompensiert werden kann. Dasselbe kann, wie Lehmann angibt, auch durch zu sehr verminderte Kräuselung eintreten, die den Fabrikanten zwingt, den Faden schärfer zu drehen.

Nach Lehmann kommt es am ersten bei Tuchwollen vor, daß eine gröbere Wolle im Sortiment erhöht wird, wo eine besonders feine Kräuselung der Strähnchen auch besonders feine und reichliche Wellung der Einzelhaare erschließen läßt. Nach ihm ist diese natürliche Formung die haltbarste und „läßt die Haare sich untereinander gewissermaßen vergarnen und dadurch den Faden haltbarer machen". Völtz dagegen bestreitet, daß z. B. eine Wolle, die nach ihrer Feinheit als B-Wolle anzusprechen ist, einem höheren Sortiment zugeteilt werden kann, während dieses, wie erwähnt, von Lehmann und Bohm sowie von verschiedenen Sachverständigen der Industrie und des Handels als möglich angegeben wird.

Die Zusammensetzung einer Wolle hat nun für ihre Bewertung Bedeutung. Im allgemeinen wird eine Wolle, in welcher einige gröbere Haare vorhanden sind, immer einem gröberen Sortiment zugeteilt, wie schon Lehmann angegeben hat. Wenn in einer gröberen Wolle feine Haare enthalten sind, so vertrat man z. T. früher den Standpunkt, daß diese die Wolle verbessern. Jedoch schon Brehmer und Trinius[3]) meinten, daß eine derartige Wolle immer nach dem Wert bezahlt

[1]) Nathusius, W. v.: Das Wollhaar des Schafes in histologischer und technischer Beziehung mit vergleichender Berücksichtigung anderer Haare und der Haut. Berlin 1866. — Mitteilung über die bei ferneren Untersuchungen des Haares der Schafe und anderer Haustiere erlangten Resultate. Z. d. landw. Central-Vereins der Provinz Sachsen Jg. 32, S. 1.

[2]) Thaer, A.: Handbuch der feinwolligen Schafzucht. Berlin 1811.

[3]) Siehe Verhandlungen des Wollkonventes.

wird, den ihr die Masse der gröberen Haare geben. Eine gröbere Wolle, die gleichartig ist, läßt sich für Kammgarn nach Köhler besser gebrauchen als wenn noch feinere Haare darin enthalten sind. Eine derartige Wolle wird auch heute wie in früherer Zeit höher bewertet werden.

Daß einzelne grobe Haare den Wert einer feinen Wolle herabsetzen, ist aus dem Fabrikationsprozeß der Garne verständlich. Nach Döhner können einzelne grobe Haare im späteren Garn Schäden anrichten, und zwar springen sie beim Auseinanderziehen des Haarverbandes aus, während die feinen sich aneinanderlegen und den Verband aufrecht erhalten. Im Faden werden auf diese Weise dünne Stellen entstehen, an denen das Material leicht reißen kann.

e) Die Bestimmung des Feinheitsgrades.

α) Die Bedeutung des Mittelwertes der Haardicke.

Wir haben gesehen, daß für die Sortimente die Feinheit die größte Bedeutung hat, daß daneben auch der Länge und den physikalischen Eigenschaften, die für die Spinnfähigkeit von Wert sind, Wichtigkeit zukommt. Wenn wir nun versuchen, die mikroskopischen Ergebnisse der Wollmessung auszuwerten, so muß man sich darüber klar sein, daß man hiermit noch nicht vollkommen das Sortiment erhält, sondern mit Golf nur den Feinheitsgrad.

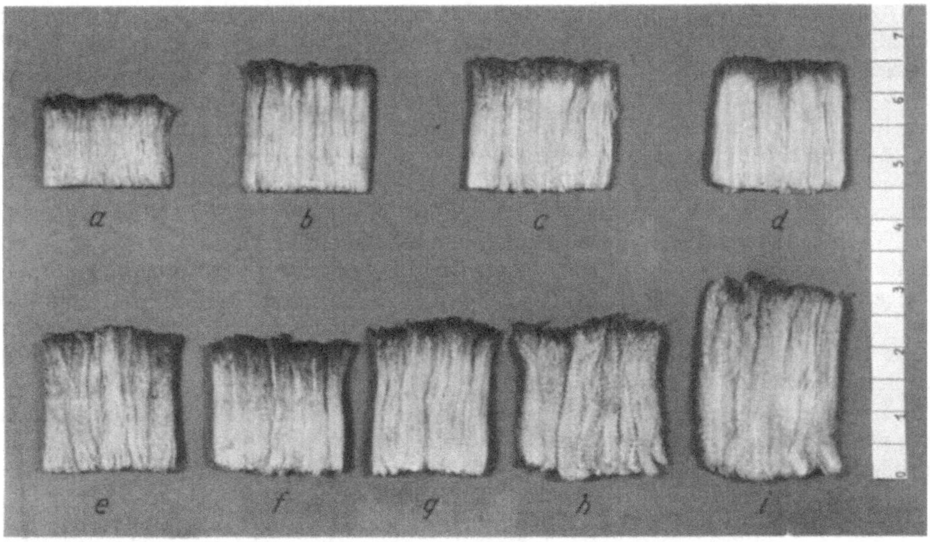

Abb. 89. Tuchwollsortimente.
a Super super Elekta, *b* Super Elekta, *c* Elekta I, *d* Elekta II, *e* Prima I, *f* Prima II, *g* Sekunda, *h* Tertia, *i* Quarta (rechts der Maßstab in cm).

Die meisten Autoren berechnen aus den ermittelten Haardicken das arithmethische Mittel durch Summierung der Einzelzahlen und Teilung durch die Anzahl derselben. Diese Mittelwertberechnung erfolgt sowohl für die feinsten wie auch für die gröbsten Wollen, und selbst für die Mischwollen gibt Völtz Mittelzahlen an.

Für die Umrechnung der erzielten Mikrawerte in den Feinheitswert haben Völtz und Lehmann folgende Skalen angegeben (Abb. 89):

1. Tuchwollsortimente:

	Bogenzahl des Strähnchens auf 25 mm Länge	Mittlere Feinheit des Haares in μ
Super super Elekta	31 und mehr	12—16
Super Elekta.	28—30	16—17,5
Elekta I.	26—28	17,5—19
Elekta II	24—26	19—20,5
Prima I	22—24	20,5—22
Prima II.	20—22	22—25,5
Sekunda	17—20	25,5—30
Tertia	13—17	31—37
Quarta	unter 13	über 37

2. Kammwollsortimente:

a a a a a	18 u. weniger μ	*b* I	26—28 μ
a a a a	18—20 μ	*b* II	28—30 μ
a a a	20—22 μ	*c*	30—37 μ
a a	22—24 μ	*d*	37—45 μ
a I	24—25 μ	*e*	45—60 μ
a II	25—26 μ	*f*	über 60 μ

Diese Werte sind wohl zunächst als Durchschnittsfeinheitswerte für Feststellung der betreffenden Feinheitsgrade benutzt worden, d. h. wenn der Durchschnittswert sämtlicher gemessener Haare einer Wollprobe z. B. 20,5 μ beträgt, so ist der Feinheitsgrad *aaa*.

Die erste Tabelle ist wohl noch zu einer Zeit entstanden, als die feinen Wollen im Mittelpunkt des Interesses standen, und ferner basiert sie auf der Durchschnittsberechnung aus nur verhältnismäßig wenigen Messungen, denn die älteren Autoren sowie auch Völtz und Lehmann haben immer nur 10, 25, teilweise auch nur 4 und zuweilen bis zu 35 Haare gemessen. Errechnet man jedoch das Mittel aus einer größeren Zahl, z. B. 100 oder 200 Haare, so kommt man zu wesentlichen Abweichungen. Dann kann z. B. der Mittelwert für eine *a*-Wolle bedeutend unter den angegebenen Grenzen von 24 bis 26 Mikra liegen.

Nach Lehmann hat jedes Sortiment eine charakteristische mittlere Feinheit, wenn andere Eigenschaften nicht für die Bewertung ausschlaggebend sind. An anderer Stelle gibt er jedoch zu, daß es nicht ohne praktische Bedeutung ist, ob diese Mittelzahlen aus weit auseinander liegenden Extremen oder aus sehr wenig differierenden Messungen abgeleitet werden. Je geringer die Unterschiede sind, um so besser ist die Qualität der Wolle.

Im folgenden wird eine Zusammenstellung der verschiedensten Angaben über die mittlere Haardicke aus älterer und neuerer Zeit gegeben, um vor allem die großen Unterschiede, die für die einzelnen Sortimente bestehen, darzulegen.

Tuchwollsortimente.

	Nach Weckherlin[1])	Nach Jeppe[2])	Nach Heyne[3])	Nach E. Müller
1. Superelekta	12,6 μ	16,5 —17,8 μ	16,4—17,8 μ	15—17 μ
2. „	15,2 μ			
1. Elekta . .	15,2 —17,7 μ	19,0 —20,3 μ	18,7—20,1 μ	17—20 μ
2. „ . . .	17,7 —20,3 μ			
1. Prima. . .	20,3 —22,8 μ	20,9 —21,5 μ	20,2—22,3 μ	20—23 μ
2. „ . . .	22,8 —25,3 μ	22,15—24,7 μ	22,5—24,4 μ	
Sekunda . . .	25,3 —27,85 μ	25,3 —26,6 μ	24,9—26,4 μ	23—27 μ
Tertia	27,85—30,4 μ	26,6 —34,2 μ	26,5—32,8 μ	27—33 μ
Quarta . . .	30,4 —35,4 μ	32,9 —40,5 μ	33,9—40,8 μ	33—40 μ

[1]) Weckherlin, A. v.: Die landwirtschaftliche Tierproduktion. Stuttgart und Tübingen 1851.

[2]) Jeppe: Terminologie der Schafzucht. Rostock 1847.

[3]) Heyne, J.: Die Schafzucht. Berlin 1921.

Ferner seien noch die Kammwollsortimente nach Marschik[1]) angegeben:

a a a	18	Mikra
a a	20,5	„
a	23	„
b	25,5	„
c_1	28	„
c_2	30,5	„
c_3	33	„
d_1	35,5	„
d_2	38	„
d_3	40,5	„

Allgemein wird also von den verschiedenen Autoren angenommen, daß für ein bestimmtes Sortiment eine mittlere Feinheit charakteristisch ist.

Diese Anschauung vertritt auch zum Teil Barker[2]), dessen Zusammenstellung der englischen Qualitätsnummern und ihrer mittleren Durchschnittswerte der Haardicken wir auf Seite 180 gegeben haben, und vor allem Wilkinson, der folgende Formel aufgestellt hat, um den Durchmesser d mit der Qualitätsnummer q zu verbinden.

$$d = \frac{1}{1{,}52 \cdot q^{1{,}68}}.$$

Wenn eine Wolle als 48er Qualität klassifiziert wird, wird der durchschnittliche Durchmesser sein

$$\frac{1}{1{,}52 \cdot 48^{1{,}68}} = \frac{1}{744}.$$

Umgekehrt, wenn eine Wolle im Durchschnitt einen Durchmesser von $\frac{1}{700}$ aufweist, dann ist

$$\mathrm{Log} \cdot q = \frac{-1}{1 \cdot 6} (\log\ 1{,}52 + \log\ d).$$

Wenn $d = \frac{1}{744}$ ist, ergibt sich 48er Qualität.

In der Tabelle S. 180 sind nach Barker die Qualitätsnummern ihren entsprechenden mittleren Durchmessern gegenübergestellt.

Daß die Mittelzahlen für Mischwollen überhaupt unbrauchbar sind, geht schon aus folgenden Mittelwertsberechnungen hervor: Für eine unausgeglichene Merinowolle sind als Mittelwerte von je 100 Messungen 26,4; 27,02; 24,76 μ ermittelt, während für eine Heidschnuckenprobe die entsprechenden Werte zwischen 22,44 und 26,76 schwanken. Demnach wäre eine Heidschnuckenwolle feiner bzw. ebenso fein als eine Merinowolle. Diese Übereinstimmung des Mittelwertes einer Heidschnucken- und Merinowolle ist darauf zurückzuführen, daß bei ersterer ein sehr hoher Prozentsatz feiner Haare neben sehr groben zu finden ist, deren Verrechnung zum Mittelwert ein derartig niedriges Ergebnis zeitigt. Schon aus dieser Gegenüberstellung ergibt sich die große Bedeutung der Wollzusammensetzung gegenüber dem Mittelwert. Für Mischwollen ist die Errechnung des Mittelwertes vollkommen wertlos, und auch für gröbere Wollen ist sie vielfach nicht brauchbar. Wenn man Mittelzahlen bei Mischwollen verwenden wollte, müßte man schon, wie es Güldenpfennig[3]) tut, eine Trennung von Woll- und Grannenhaaren vornehmen, die sich jedoch praktisch gar nicht durchführen

[1]) Marschik: Physikalisch-technische Untersuchungen von Gespinsten und Geweben.

[2]) Barker, A. F.: British Wools. Journal of the R. Agricultural Soc. of England Bd. 85. 1924.

[3]) Güldenpfennig, H.: Studien über die Beschaffenheit der Wolle von reinblütigen Schafen und Somalikreuzungen Inaug.-Diss. Halle 1914.

läßt, da kein prinzipieller Unterschied zwischen beiden Haararten besteht und sie in der Feinheit kontiniuerlich ineinander übergehen. Gewisse Bedenken gegen die allgemeine Verwendung von Mittelzahlen äußert auch Lehmann; es ist nach seiner Ansicht nicht ohne Bedeutung, ob das Mittel aus weit auseinander liegenden oder nur wenig differierenden Messungen erhalten wird[1]).

Diese Methode der Umrechnung auf Grund der Mittelwerte läßt sich nicht allgemein verwerten. Nicht die mittlere Feinheit, sondern die Zusammensetzung der Wolle ist für die Bewertung ausschlaggebend und von ihr hängt die Spinnfähigkeit derselben ab. Die verschiedenartige Verteilung wird aber keineswegs durch den Mittelwert dargelegt. Bei gleichem Mittelwert kann die Verteilung eine ganz verschiedenartige sein. In dem einen Falle haben wir bei graphischer Darstellung eine niedrige Kurve über breiter Basis oder eine zweigipflige Kurve, in dem anderen Falle eine schmale Basis und eine hohe und steil ansteigende Kurve. In dem letzteren Falle haben wir eine ausgeglichene Wolle, in dem anderen eine unausgeglichene, die die verschiedensten Feinheiten aufweist. Es ist verständlich, daß auch die erstere eine bessere Spinnfähigkeit hat als letztere, wie dies Krais[2]) für Kammzüge nachgewiesen hat. Bei der Mittelwertberechnung werden aber beide Wollen gleichgesetzt.

β) Häufigkeitskurve und Variantenreihe der Haardicke.

Wir haben nun, um die Unsicherheit, die Mittelwerte und Variationsbreite bieten, zu vermeiden, entweder die Werte der Haardickenmessungen graphisch in Haardikkenkurven dargestellt (Abb. 90) oder sie in Prozenten der Feinheitssortimente angegeben. Die Haardickenkurven werden in der Weise konstruiert, daß man die für eine bestimmte Teilstrichzahl (umgerechnet in μ) ermittelte Anzahl von Haaren in ein Gradnetz einträgt, und zwar erfolgt auf der Abszisse die Eintragung der Haarfeinheit in Teilstrichabständen bzw. umgerechnet in Mikrawerten, in unserem Falle also in Abständen von 2,4 μ, und auf der Ordinate erfolgt die Abtragung der für eine bestimmte Feinheit festgestellten Zahl von Haaren. Die Verbindungslinie der so erhaltenen Endpunkte ergibt die Haardickenkurve. Für die

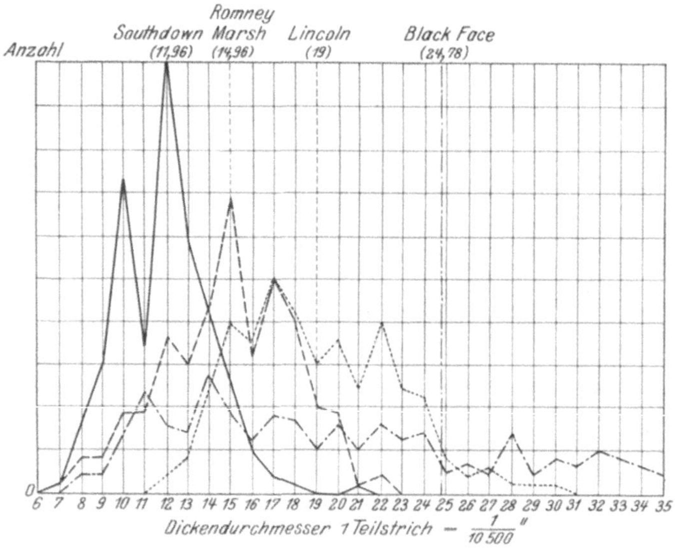

Abb. 90. Dickenkurven von typischen Wollen englischer Schafe. (In Klammern mittlerer Durchmesser!) (Journ. Text. Inst. Bd. 15, S. 497. 1924).

[1]) Rosenzweig führt dazu aus: „Der durch die gleichen Extreme hervorgerufene Fehler wirkt im Gewebe um so störender, je gleichmäßiger eine Anzahl von Fäden der mittleren Nummern das Gewebebild allgemein gestaltet, so wie ein Spiegel jedes Fleckchen stärker hervortreten läßt als eine rauhe Fläche.“

[2]) Krais, P.: Vergleichende Untersuchung von Wollkammzügen. Textile Forschung Jg. 4. H. 1. 1922.

Eintragung der Kurven verwenden wir zwei verschiedene Vordrucke, und zwar sind in dem einen Werte von 2,4 bis 45,6 μ und in dem anderen von 2,4 bis 74,4 μ eingetragen, während als Zahl der gemessenen Haare bis zu 51 bzw. 31 vorgemerkt sind.

In der Haardickenkurve, wie auch in der Angabe der prozentischen Zusammensetzung nach Feinheitssortimenten kommt vor allem die Verteilung der einzelnen Haardicken zum Ausdruck. Diese Verteilung ist von bedeutend größerer Wichtigkeit als der Mittelwert, worauf auch verschiedentlich von englischer Seite hingewiesen wird, so z. B. von Barker.

In der graphischen Darstellung der Messungsergebnisse haben wir das beste Verfahren, um die Richtigkeit der Untersuchungsergebnisse zu prüfen. Die

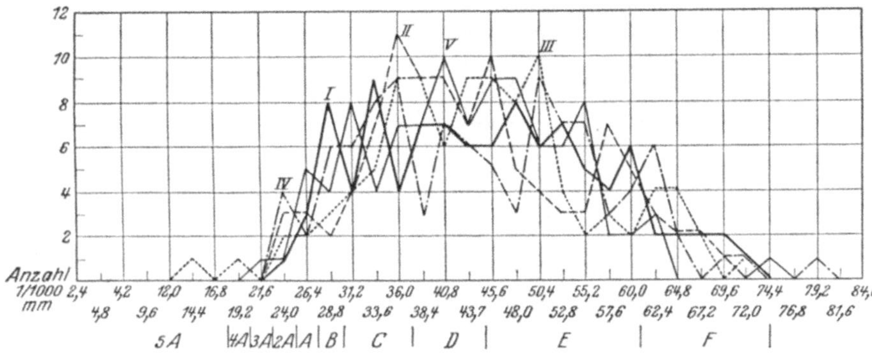

Abb. 91a. 5 mal 100 Messungen einer groben Suffolkwolle.

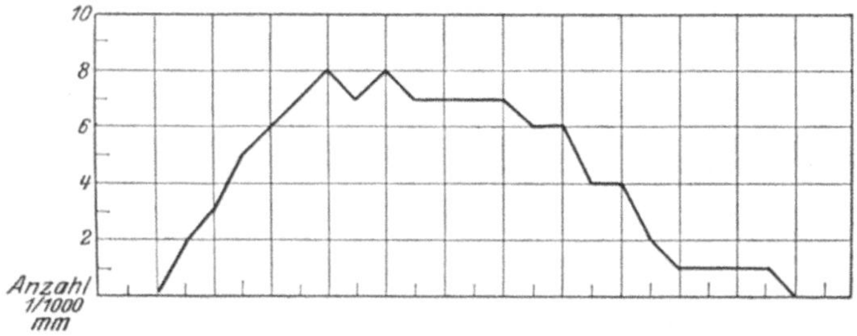

Abb. 91b. Mittelkurve aus 500 Messungen einer groben Suffolkwolle (nach Spöttel).

Übereinstimmung des Kurvenverlaufs von 100, 200 und mehr Messungen ist ein Prüfstein für die ermittelte, den tatsächlichen Feinheitsverhältnissen der Haare entsprechende Zusammensetzung der betreffenden Wollprobe, natürlich unter der Voraussetzung, daß die Anfertigung des Präparates und die Messung selbst einwandfrei erfolgt ist. Für die Merinowolle kommt die Übereinstimmung vor allem in der Lage und Höhe des Maximums der Kurve zum Ausdruck, für die groben Wollen im ganzen Verlauf der Kurve, und zwar insofern, als hier bei einer ungenügenden Zahl von Messungen dieser ein außerordentlich unruhiger ist, die Kurven zahlreiche Gipfel und Täler aufweisen, wie dies aus Abb. 91, 92 zu ersehen ist. Erst wenn man die Zahl der Messungen auf 300 bis 500 bzw. 1000 erhöht hat und dann für die entsprechenden Mittelwerte aus diesen 300 bis 500 Messungen die Kurve für die einzelnen Mikrawerte zeichnet, erfolgt ein Ausgleich dieser Unregelmäßigkeiten, die Kurve hat dann einen gleichmäßigen Verlauf.

Vielfach wird das Ergebnis der Messung — namentlich in den Fällen, wo je Probe die Zahl der untersuchten Haare zu gering ist — unter Zusammenfassung der je Tier untersuchten Proben und unter Errechnung der Mittelwerte je Tier ein Kollektivvariationspolygon (Abb. 93) der Herde aufgestellt. Doch gibt dieses bei der Unzulänglichkeit der Grundlagen ein unzureichendes Bild.

Was die Gestalt der Haardickenkurven anbetrifft, so ist die gefundene

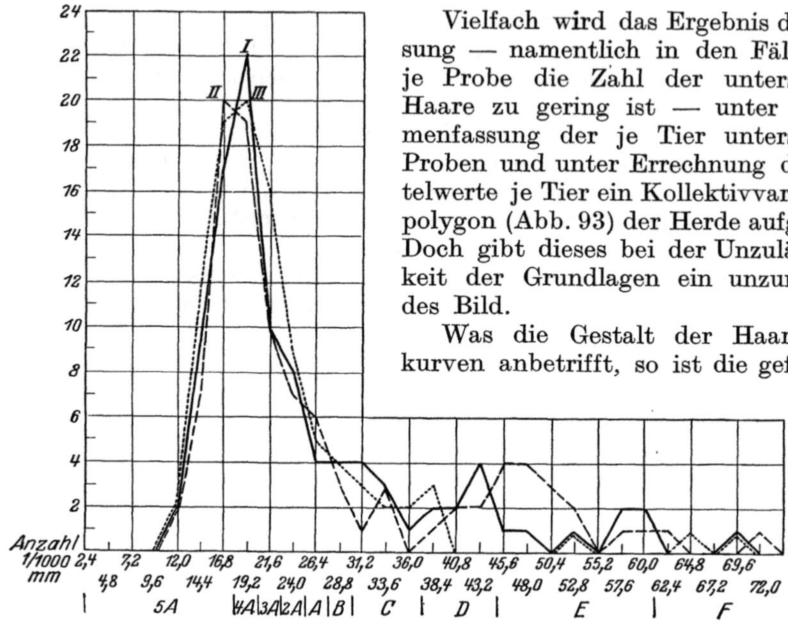

Abb. 92a.

Variantenverteilung eine solche, daß sie nicht direkt mit der idealen Verteilung verglichen werden kann. Wir finden schiefe Verteilung der Varianten oder die Variationskurven sind am Gipfel mehr erhöht oder flacher, als mit der Vorstellung einer bloß annähernd idealen Verteilung vereinbar ist. Im extremen Fall, wie z. B. bei den stichelhaarigen Schafen oder teilweise auch schon bei den mischwolligen, finden sich mehrgipflige Kurven.

Der häufigste Fall ist die Schiefheit der Wollkurve, d. h. die Asymmetrie in der Variantenverteilung. Häufig findet man, daß der errechnete Mittelwert aus den 100 Messungen gar nicht einmal in der Klasse der Mikrazahlen liegt, die am stärksten vertreten ist. Ferner sind die Varianten auf der einen Seite des Mittel-

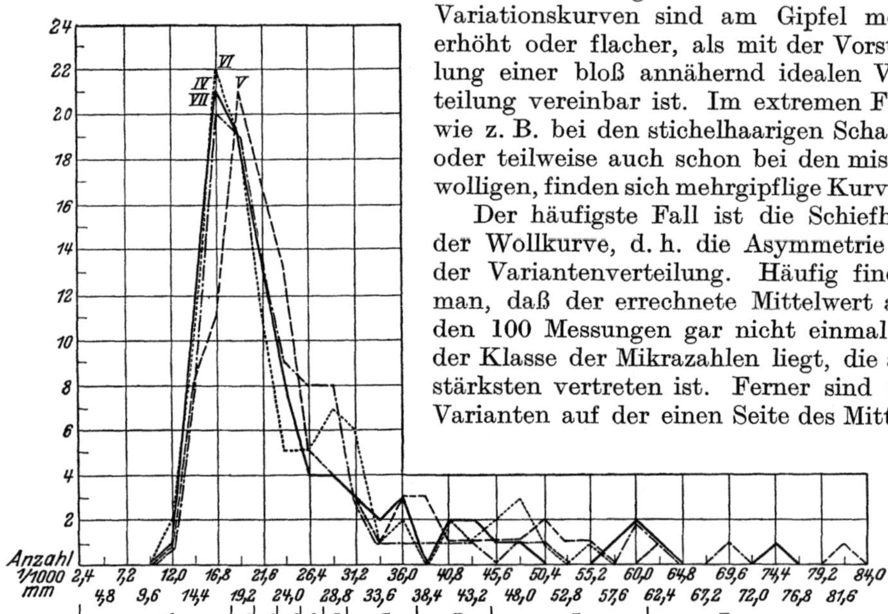

Abb. 92b.

wertes vielmehr zerstreut als auf der anderen. Die höheren Werte sind fast allgemein weiter auseinander gezogen als die niederen. Wir finden speziell bei

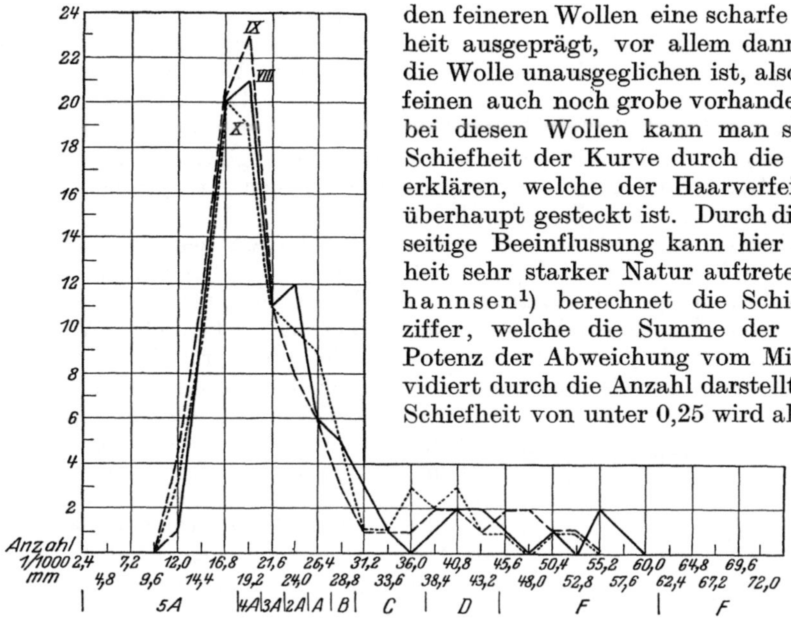

Abb. 92c.

Abb. 92a—c. 10 mal 100 Haardickenmessungen einer Heidschnuckenwolle (I—X).

den feineren Wollen eine scharfe Schiefheit ausgeprägt, vor allem dann, wenn die Wolle unausgeglichen ist, also neben feinen auch noch grobe vorhanden sind; bei diesen Wollen kann man sich die Schiefheit der Kurve durch die Grenze erklären, welche der Haarverfeinerung überhaupt gesteckt ist. Durch diese einseitige Beeinflussung kann hier Schiefheit sehr starker Natur auftreten. Johannsen[1]) berechnet die Schiefheitsziffer, welche die Summe der dritten Potenz der Abweichung vom Mittel dividiert durch die Anzahl darstellt. Eine Schiefheit von unter 0,25 wird als klein, von über 0,50 als bedeutend angesehen. Für feine Wollen wurden Schiefheitsziffern von über 3,0 ermittelt.

Die Variationskurven, die man für die Haarfeinheit erhält, können aber noch in verschiedener anderer Weise von der idealen Binomialkurve abweichen. Sie können nämlich einmal viel steiler oder höher als die ideale, oder auch zuweilen am Gipfel abgeflacht sein. In dem ersteren Falle werden die Kurven als hochgipfelig oder nach Johannsen besser als exzessiv bezeichnet. Das charakteristische Merkmal dieser Kurven besteht darin, daß die Variantenzahl zu groß in der Mitte und auch zu groß an den Flügeln der Variantenreihe sein kann. Für den Vergleich verschiedener Variantenreihen sowie für die Charakteristik einer gegebenen Verteilung der Kurve muß man nach Jo-

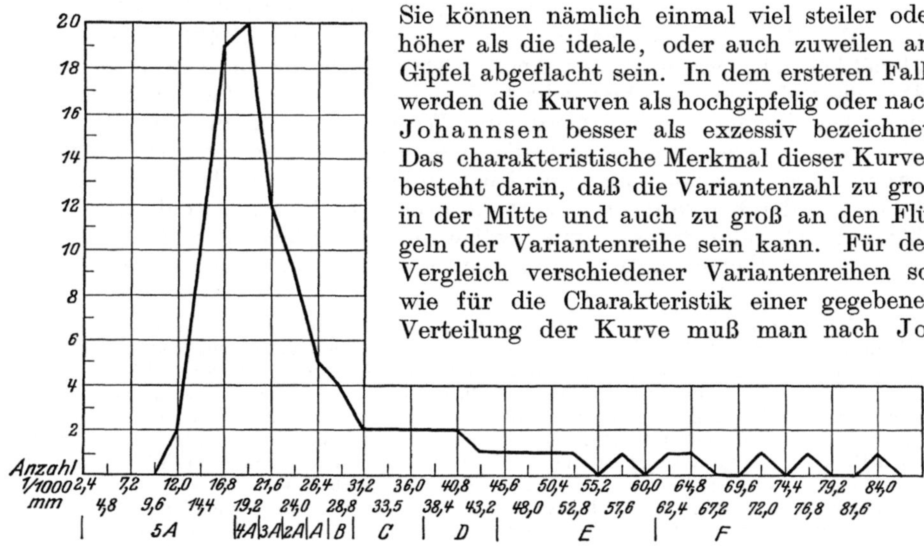

Abb. 92d. Mittelkurve aus 1000 Haardickenmessungen einer Heidschnuckenwolle (nach Spöttel).

[1]) Johannsen, W.: Elemente der exakten Erblichkeitslehre. Jena 1926. — Kronacher, C.: Biometrik. Anhang zur allgemeinen Tierzucht, zweite Abteilung. 3. Aufl. Berlin 1924.

hannsen als zahlenmäßige Präzision des Grades der Hochgipfligkeit zum Ausgangspunkt das Mittel der vierten Potenz der Abweichungen ermitteln. Nach Johannsen werden als schwach exzessiv solche Variationsreihen bezeichnet, deren Exzeß weniger als 4,0 beträgt. Bei der Untersuchung verschiedener Wollen ergeben sich jedoch Werte, die über 10,0 betragen. Bei den Haardickenkurven finden sich alle Übergänge von hochgipfligen Kurven zu weniger hochgipfligen, annähernd normalen, zu schließlich mehrgipfligen Kurven der Mischwollen und stichelhaarigen Schafe [1]).

Bei der Untersuchung von Mischwollen ergeben sich, wie schon erwähnt, häufig zwei- oder mehrgipflige Variationskurven, die Grenzen der Einzelkurven sind jedoch nicht festzustellen [2]) [3]). Bei derartigen Kurven hat der Mittelwert der ganzen Variationsreihe gar keine Bedeutung als typischer Wert. Auch die Mittelwerte der Einzelkurven lassen sich nicht genau präzisieren, da die Kurvenbezirke nicht scharf abzugrenzen sind. Bei diesen Kurven hat es nach Johannsen Bedeutung, die Fußpunkte der Gipfel, als der höchsten Stelle der Kurve, als typischen Ausdruck der Variation zu verwenden. Auch bei deutlich schiefer Verteilung hat der Fußpunkt des Gipfels als typischer Wert Bedeutung. Hier kann evtl. noch die Berechnung der theoretischen Gipfel nach Pearson durchgeführt werden.

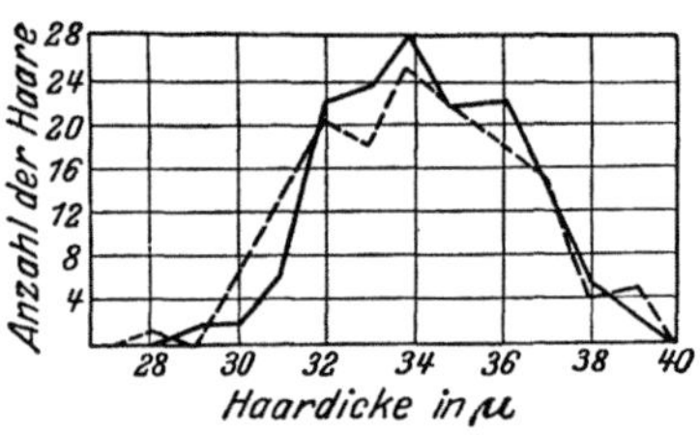

Abb. 93. Graphische Darstellung der mittleren Wollfeinheit bei 150 Hampshiredown-Schafen (nach Wessler).
——— arithmetisches Mittel (m_1),
- - - - - Zentralwert c.

Auf Grund der Haardickenkurve erhält man nun sowohl ein Bild von der Feinheit als auch der Ausgeglichenheit der Wollen. Zwei Wollen, deren mittlere Feinheit gleich ist, können eine ganz verschiedenartige Verteilung der Werte aufweisen. In dem einen Fall steigt die Kurve steil an und fällt ebenso steil wieder ab, während die Basis sehr schmal ist. In dem anderen Falle fällt die Kurve ganz allmählich ab, während der Anstieg steiler ist wie bei der ersten Kurve. Die Basis dagegen ist hier sehr breit. In dem ersten Falle liegt das Maximum bei einem bedeutend niedrigeren Wert als im letzten Falle. Man ersieht also hieraus ohne weiteres, daß die erste Wolle ausgeglichen ist, während die zweite dagegen als stark unausgeglichen zu bezeichnen ist. Die Ausgeglichenheit kommt in der Kurve insofern zum Ausdruck, als je schmaler die Basis und je höher der Gipfel derselben, um so größer die Ausgeglichenheit ist. Je breiter die Basis und je flacher die Kurve, um so unausgeglichener ist die Wolle.

---

1) Dippe errichtet auf der Variationsbreite das Mittellot als Symmetrieachse und unterscheidet, je nachdem das Maximum einer Kurve auf der Symmetrieachse oder links oder rechts davon liegt achsengipflige, links- oder rechtsgipflige Kurven. Für den Verlauf einer Kurve ist nun ferner noch die Verteilung der Werte links und rechts vom Maximum von großer Bedeutung, da dadurch Auf- und Abstieg bestimmt wird. Ist die Verteilung dieser sogenannten Nebenwerte links und rechts vom Maximum die gleiche, so erhält man nach Pank eine symmetrische Kurve. Überwiegen die Werte links vom Maximum über die rechts davon, so bezeichnet man die betreffende Kurve als linksasymmetrisch und liegen die Verhältnisse umgekehrt als rechtsasymmetrisch. Dippe unterscheidet noch stumpfe und gleichgipflige Kurven, welche zwei Gipfel mit gleicher Ordinate haben; im ersteren Falle liegen die Gipfel nebeneinander, in letzterem Falle nicht.

2) Möller, H.: Untersuchungen über die Vererbung der Haarstärke bei Fettsteiß-Landschafkreuzungen. Diss. Halle.

3) Jahn, K.: Untersuchungen über die Haarbeschaffenheit bei dem Karakulschaf. Halle 1923. — Tänzer, E.: Haut und Haar beim Karakul im rassenanalytischen Vergleich. Kühn-Archiv. Halle 1928.

Für die Feinheit der Wolle ist ausschlaggebend die Lage der Kurve über der Abszisse und der Verlauf derselben. Bei den gröberen Wollen, die nicht als Mischwollen anzusprechen sind, finden wir meist eine allmählich ansteigende und in gleicher Weise abfallende Kurve, oder eine steil ansteigende und allmählich abfallende, schließlich in Einzelwerte auslaufende Kurve (vgl. auch die Wollen verschiedener Schafrassen).

Durch Vergleich der Wollkurven ein und derselben Körperstelle verschiedener Tiere einer Herde erhält man einen Überblick über die Feinheit und Ausgeglichenheit im Strähnchen. Über die Ausgeglichenheit der Wollen im ganzen Vlies wie über das Hauptsortiment desselben gibt uns der Vergleich der Untersuchungen von Blatt, Flanke und Keule Aufschluß. Die Wolle ist im Vlies um so ausgeglichener, je mehr die Haardickenkurven einander ähnlich sind bzw. sich decken. In den meisen Fällen findet sich auf der Keule eine etwas gröbere Wolle. Die Basis der Wollkurve ist dann vielfach verbreitert und das Maximum um 2,4 oder mehr μ nach dem gröberen Ende zu verschoben. Zuweilen ist die Variationsgrenze die gleiche und nur das Maximum der Kurve liegt bei einem höheren Wert.

Diese Häufigkeitskurven haben für den Verarbeiter insofern einen großen Wert, als sie anzeigen, wie die Faser auf die verschiedenen verarbeitenden Prozesse antworten wird, und auch der Schafzüchter kann auf Grund der Kurven die entsprechenden Paarungen vornehmen (Spöttel, Tänzer). Von englischer Seite ist wiederholt auf die Bedeutung dieser Häufigkeitskurven hingewiesen worden (Barker, Duerden, Bosman[1]).)

γ) Der Umrechnungsschlüssel.

Aus den Ergebnissen der zahlreichen in Halle ausgeführten Wolluntersuchungen im Vergleich zu den von Wollsachverständigen der Landwirtschaft ausgeführten Bonituren läßt sich feststellen, daß ein bestimmter Durchschnittswert für ein bestimmtes Feinheitssortiment nicht angegeben werden kann. Das Charakteristische dafür, daß eine Wolle bezüglich ihrer Feinheit z. B. einem A-Sortiment zugeteilt wird, ist nicht darin zu suchen, daß der Durchschnittswert für alle Messungen zwischen 24 und 26 Mikra liegt, auch nicht in dem Überwiegen eines dieser beiden Werte, also der Bildung des Maximums bei der graphischen Darstellung der Haardicken innerhalb der angegebenen Grenzen, sondern in einem gewissen Prozentgehalt feiner Haare und in dem Fehlen höherer Prozentsätze gröberer Haare. Dieser Ansicht schon näher kommt die Meinung von W. v. Nathusius, daß es richtiger wäre, die Sortimente danach zu charakterisieren, welche Haardicken als äußerstes Maximum in ihnen vorkommen dürfen.

Zur Abgrenzung gewisser Feinheitsklassen ist jedoch die S. 187 angegebene Skala geeignet. Da wir mit einem Mikrometerwert von 2,4 arbeiten, ist sie jedoch etwas geändert worden, so daß wir die folgende Abgrenzung der Feinheitsskalen vornehmen: $aaaaa = 16{,}8\,\mu$ und weniger; $aaaa = 19{,}2\,\mu$; $aaa = 21{,}6\,\mu$; $aa = 24{,}0\,\mu$; $a = 26{,}4\,\mu$; $b = 28{,}8\,\mu$; $c = 31{,}2\,\mu$ und 33,6 und $36{,}0\,\mu$; $d = 38{,}4\,\mu$ und $40{,}8\,\mu$ und $43{,}2\,\mu$; $e = 45{,}6$ und 48,0 und 50,4 und 52,8 und 55,2 und 57,6 und $60{,}0\,\mu$; $f = 62{,}4\,\mu$ und mehr.

Mit den angegebenen Werten werden nur Feinheitsklassen, nicht Feinheitsgrade abgegrenzt. Es ist zweckmäßig, die Feinheitsklassen und die Feinheitsgrade mit kleinen lateinischen Buchstaben und die Sortimente mit großen lateinischen Buchstaben zu bezeichnen (Golf).

---

[1]) Duerden, J. E. und V. Bosman: A Biometrical Analysis of Merino Wools. Pretoria 1926.

Auch nach Döhner[1]) ist die Haardickenkurve die beste Darstellung der Messungsergebnisse. Er zeichnet aber Haardickenkurven für die Feinheitsklassen allerdings, wie angegeben wird, um den Vergleich der Untersuchungsergebnisse mit zwei ein wenig verschiedenen Mikrawerten zu ermöglichen. Im allgemeinen ist es nicht ratsam, Haardickenkurven auf Grund der Feinheitsklassen *aaaaa—f* zu zeichnen, da man an Hand dieser Kurven ein falsches Bild der Wollzusammensetzung erhalten kann, denn die einzelnen Feinheitsklassen werden hier durch ganz verschiedene Anzahl von Mikraklassen repräsentiert.

Zwecks Zeitersparnis kann man in den meisten Fällen auf die Haardickenkurven verzichten und mit den Variantenreihen arbeiten oder die Variantenreihen nach Feinheitsklassen zusammenziehen. Um die Resultate der Messung in eine zusammengedrängtere Form zu bringen, hat Döhner dieselben in folgender Form zusammengeschrieben. Sämtliche vorhandene Feinheitsklassen werden in ihrem Buchstabenausdruck aufgeschrieben und erhalten als Indizes den jeweils auf sie entfallenden prozentualen Gehalt an Haaren. Das oder die Sortimente, welche den größten zahlenmäßigen Anteil haben, werden unterstrichen. So gibt er z. B. an: $5\,a^{10}$, $4\,a^{7}$, $\mathbf{3a^{40}}$, $2\,a^{8}$, a^{25}, b^{3}, c^{7}. Es ist dies eine zweckmäßige Darstellungsmethode, die wir schon seit Jahren in unseren Protokollbüchern verwenden.

Es fragt sich nun, wie aus den Variantenreihen der Haardicken in Mikra bzw. aus den Prozentzahlen der Feinheitsklassen die Feinheitsgrade zu berechnen sind. Seit einer Reihe von Jahren sind Untersuchungen in Halle in dieser Richtung im Gange. Da — wie erwähnt — der Mittelwert nicht als brauchbar anzusehen ist, muß ein anderer Weg gefunden werden.

Die Wolle wird von dem Handel bzw. der Industrie gekauft und verwertet, so dürfte es wohl zweckmäßig sein, gewisse Bonituren derselben als Vergleichsbasis zu verwenden. Aus diesem Grunde haben wir ca. 5000 Wollproben durch Sortierer bzw. Sachverständige des Wollhandels begutachten lassen und die Ergebnisse mit den mikroskopischen Befunden verglichen.

Man darf wohl sagen, daß die vorhandenen gröbsten Haare mehr bestimmend für die Höhe des Wollsortimentes sind, als die mittleren Feinheiten des ganzen Haarmateriales. Schon auf dem Leipziger Wollkonvent lautete das Urteil der Wollhändler dahin, daß ein Bestand von 25% feiner Haare den Wert der Wolle nicht erhöhe, wohl aber vermindern gröbere Haare denselben wesentlich. Im Durchschnittsfeinheitsergebnis der Wolle kommen diese Verhältnisse nicht zum Ausdruck.

Da im Wollhandel und in der Textilindustrie für die Feinheit einer Wolle auch heute noch hauptsächlich die vorhandenen gröberen Haare maßgebend sind — denn davon hängt ab, was für ein Faden gesponnen werden kann — so muß bei dem Umrechnungsschlüssel der mikroskopischen Untersuchungsergebnisse vor allem auf diese Wert gelegt werden (Spöttel[2])). Mit stärkerem Gehalt an gröberen Haaren muß auch der Feinheitsgrad geringer werden.

Bei den ersten Versuchen, einen Umrechnungsschlüssel aufzustellen, wurde neben der zahlenmäßigen Begrenzung der groben Haare auch noch der prozentische Gehalt bestimmter Feinheitsklassen berücksichtigt. Von diesem Standpunkt sind wir — wenigstens für die A- und gröberen Wollen — abgekommen, und es fragt sich, inwieweit dieses Verfahren für die Abgrenzung der feineren Sortimente von Bedeutung ist.

---

[1]) Döhner, H: Eine neue Methode zur Feinheitsbestimmung der Haare und ihre praktische Auswirkung zur Sortimentsbestimmung von Schafherden, anwendbar auch auf die Bestimmung der Feinheit von Textilfasern. Diss. München 1925.

[2]) Spöttel, W.: Über Varabilität, korrelative Beziehungen und Vererbung der Haarfeinheit bei Schafen. Bibliotheca Genetica Bd. 7. Leipzig 1925.

Als zweckmäßiger Umrechnungsschlüssel, der wenigstens für die AA- bis B-Wollen gute Übereinstimmung ergeben hat, ist folgender anzugeben, den G. Elbe[1]) aufgestellt hat und der hier mit kleinen Änderungen (Spöttel) wiedergegeben sei:

In einer AA-Wolle dürfen 5% Haare 26,4 μ und gröber sein, davon dürfen 2% Haare 38,4 bis 60 μ messen.

In einer A-Wolle dürfen 10% Haare 31,2 μ und gröber sein, davon dürfen 4% Haare 33,6 bis 60 μ messen.

In einer AB-Wolle dürfen 10% Haare 33,6 μ und gröber sein, davon keins über 60 μ.

In einer B-Wolle dürfen bis 25% Haare 33,6 μ und gröber sein, aber nur 2% 40,8 μ und darüber.

In einer C-Wolle dürfen bis 10% Haare über 45,6 μ, aber nur 2% über 60 μ.

Es fragt sich nun, inwieweit diese Ergebnisse der Umrechnung der mikroskopischen Feststellung mit den Bonituren des Handels übereinstimmen. Wenn man die Abweichungen von A und A bis AB noch nicht als Differenz auffaßt dann ergibt sich nach den Untersuchungen von G. Elbe in 76% aller Bonituren Übereinstimmung. Weit über die Hälfte der restierenden 24% stellen Proben dar, die vom Handel als A bezeichnet sind, dagegen bei der mikroskopischen Untersuchung die Feinheitsklasse AA ergaben. Dieses ist wohl darauf zurückzuführen, daß alle Wollen, die irgendeinen Wollfehler haben, auch bei großer Wollfeinheit vom Wollhandel nur dem A-Sortiment zugeteilt werden. Dem AA- und AAA-Sortiment können nur Wollen zugewiesen werden, die in jeder Hinsicht als einwandfrei sich erweisen.

Aus unseren bisherigen Untersuchungen ist zu schließen, daß man durch Festlegung derartiger Prozentzahlen zu einer exakteren Abgrenzung der Feinheitsgrade gelangen kann, als auf Grund des Mittelwertes.

f) Die Bestimmung des Hauptsortiments im Vlies.

Bei der Sortierung eines Vlieses wird dasjenige Sortiment, welches den größten Anteil ausmacht, als Hauptsortiment bezeichnet und die übrigen als Nebensortimente. Wenn man nun auf Grund der mikroskopischen Untersuchung von Schulter-, Flanken- und Keulenproben zu einem Urteil über das Hauptsortiment vom Vlies gelangen will, so muß man berücksichtigen, daß wieder nur eine Eigenschaft, nämlich die Feinheit Berücksichtigung findet, und es zweckmäßig erscheint, hier von dem Hauptfeinheitssortiment zu sprechen im Unterschied zum Hauptsortiment, das der Sortierer auf Grund der Berücksichtigung sämtlicher Eigenschaften abgetrennt hat.

Kronacher[2]) benutzt zur Feststellung des Hauptfeinheitssortimentes die prozentischen Durchschnittsfeinheitsgrade, die er durch Addition der Untersuchungsergebnisse von Blatt, Flanke und Keule gewinnt. Er nimmt ein Sortiment, das mit 50% im Vlies vertreten ist, als Hauptsortiment an. Sortimente, die über 33% vertreten sind, werden als Nebensortimente angesehen und die übrigen nicht genannt. Es kommen bei ihm Urteile vor, wie ABC, die wenig besagen. Obendrein werden die festgesetzten Klassengrenzen nicht immer innegehalten.

Auf alle Nachteile und Schwächen dieser Berechnungsweise hat Spöttel in den „Bemerkungen zu den Untersuchungen von Melewollen" hingewiesen.

[1]) Elbe, G.: Studien in der Merinostammschäferei Nebra unter besonderer Berücksichtigung der Wolle und der Körperproportionen. Diss. Halle 1925.

[2]) Kronacher, C.: Neues über Haar und Wolle. Z. Tierzüchtg. Bd. 1. 1924.

Eine Berechnung des Hauptfeinheitssortimentes durch Addition sämtlicher Untersuchungsergebnisse für Blatt, Flanke und Keule, wie es Kronacher vorschlägt, lehnt auch Döhner ab, da sie das wirkliche Bild der Haarstärkenverhältnisse auf dem Tier in keiner Weise richtig wiedergibt.

Für die Festlegung des Hauptfeinheitssortiments im Vlies sind folgende Überlegungen von Bedeutung. Dem Sprachgebrauch nach muß man unter Hauptsortiment dasjenige Sortiment verstehen, das am Tier die größte Fläche einnimmt. Demnach könnte man auf Grund der Untersuchungsergebnisse von Blatt, Flanke und Keule das Hauptsortiment folgendermaßen festlegen: stimmt die Blattprobe annähernd mit der Flankenprobe überein, dann bestimmen diese beiden Proben das Hauptfeinheitssortiment, sind dagegen für Flanke und Keule annähernd gleiche Urteile gefunden, so ist es durch diese beiden Proben festgelegt. Weichen alle drei Proben wesentlich voneinander ab, so wird die Flanke das Hauptfeinheitssortiment bestimmen, da diese gegenüber Blatt und Keule die größte Fläche am Tier ausmacht.

Döhner beschäftigt sich mit der Frage, wie das Hauptsortiment einer Herde zu berechnen sei und stellt dabei folgende Überlegungen an: errechnet man die prozentuale Verteilung der Haardicken auf die verschiedenen Feinheitsklassen innerhalb einer Probe, so erhält man wenigstens annähernd ein Bild von den Verhältnissen, wie sie in einer Herde wirklich bestehen. Döhner geht von der Erwägung aus, „daß, wenn alle einzelnen Proben zusammen vermischt würden und dann daraus eine Gesamtprobe genommen würde, diese bis zu einem gewissen Grade das Hauptsortiment der Herde in sich tragen würde." Bei großer Ausgeglichenheit der Herde mit Bezug auf die Wolle wird nach Döhner eine derartige Berechnung des Hauptsortimentes ziemlich genau den wirklichen Stand der Verhältnisse wiedergeben können. Bei zunehmender Unausgeglichenheit wird die Entnahme einer Probe, die den wirklichen Verhältnissen entspricht, natürlich technisch sehr schwer möglich sein oder sogar unmöglich werden. In letzterem Falle kann man eben dann nur Klassen aufstellen, in die jeweils die Tiere eingereiht werden, welche einigermaßen ausgeglichen sind. Von diesen Klassen ließe sich dann aber zwanglos auch ein Hauptsortiment errechnen. Döhner berechnet also für jede einzelne Körperstelle eine durchschnittliche Feinheit, erhält also eine Gesamt-Schulterprobe, Gesamt-Seitenprobe und Gesamt-Keulenprobe, welche drei zusammen dann ein Bild für das Hauptsortiment der Herde darstellen.

Daß die Berechnung des Hauptfeinheitssortimentes der Herde in der von Döhner angegebenen Art gewisse Gefahren und Schwierigkeiten in sich birgt, hat dieser ja selbst angegeben. Für die Bestimmung dieses Hauptfeinheitssortimentes hält Spöttel die Gesichtspunkte für maßgebend, die oben für das Hauptsortiment des Vlieses dargelegt sind. Beim Hauptsortiment der Herde kann es sich nicht um den Vergleich der Durchschnittsfeinheitsgrade von Blatt, Flanke und Keule der Gesamtherde handeln, denn diese könnten aus sehr verschiedenen Werten sich berechnen, sondern um das Hauptfeinheitssortiment, das in der Herde am häufigsten vertreten ist. Es ist infolgedessen zweckmäßig, die Hauptfeinheitssortimente der einzelnen Vliese in der oben angegebenen Weise zu ermitteln und in prozentualen Anteilen zur Gesamtherde anzugeben. Das Hauptfeinheitssortiment, das am häufigsten ver-

Jahrgang	*aa* %	*a* %	*ab* %	*b* %
1918	—	66	15	19
1919	2	65	22	11
1920	—	60	28	12
1921	—	75	17	8
1922	—	67	21	12

treten ist, wird als Hauptfeinheitssortiment der Herde zu bezeichnen sein. Außerdem würde es sich empfehlen, die Berechnungen für die einzelnen Jahrgänge durchzuführen, da ja bei diesen wesentliche Unterschiede zutage treten können. Unter Berücksichtigung dieser Gesichtspunkte hat z. B. Heidenreich für die Wülperoder Herde ermittelt (s. Tabelle S. 196).

Eine derartige Berechnung ist wesentlich übersichtlicher und gibt über die tatsächlichen Verhältnisse in der Herde zugleich bessere Auskunft.

4. Die Faktoren, die die Feinheit der Haare bedingen.

a) Begriffsbestimmung.

Als Faktoren, die Bedeutung für die Dicke der Haare speziell beim Schaf haben, kommen in Betracht: 1. innere, durch die ererbten Anlagen begründete, und 2. äußere, nämlich die Umwelt im weitesten Sinne.

Unter den inneren Faktoren versteht man einmal, die Art- und Rassenmerkmale, ferner gewisse innere physiologische, wie Geschlecht und Alter. Mit Umwelt bezeichnet man die Gesamtheit der Faktoren, die von außen auf den Organismus einwirken, als Ernährung, Boden, Klima und Haltung.

b) Die inneren Faktoren.

α) Die Abhängigkeit der Haarfeinheit von der Art und der Rasse.

Unterschiede in der Feinheit der Behaarung glaubt W. v. Nathusius[1]) als Artunterschiede bei Equiden, so z. B. zur Unterscheidung des Quagga, das gröberes Haar hat, von den Zebras, die feinere Behaarung aufweisen, heranziehen zu können. W. v. Nathusius sieht in der Haarfeinheit ein Rassemerkmal, wenigstens benutzt er sie zur Unterscheidung von Rassegruppen bei Pferden. Er stellt einen Unterschied in bezug auf Feinheit des Körperhaares zwischen Vollblut und Kaltblut fest, derart, daß das Kaltblut das gröbere Haar hat. Diese Angaben werden von Harms[2]) und Mann[3]) insofern bestätigt, als das hannöversche Halbblut einen geringeren Haarquerschnitt als das rheinisch-belgische Kaltblut aufweist.

Chludsinski meint in extremster Weise, daß man auf Grund der Haarfeinheit die verschiedenen Pferderassen unterscheiden könne und behauptet sogar, daß durch mikroskopische Untersuchungen der Haarfeinheit nachzuweisen sei, ob ein Pferd Blut der arabischen oder der englischen Rasse in sich habe. Diese Ansicht ist jedoch keineswegs zutreffend und wurde vor allem von Rast[4]) bekämpft.

Nach Lodemann[5]) kann die Feinheit des Stichelhaares der Pferde überhaupt nicht als Rassemerkmal Verwendung finden; allenfalls kann für diese Zwecke das Haar der Vorderfußwurzel herangezogen werden. Die Haardicke

[1]) Nathusius, W. v.: Das Wollhaar des Schafes in histologischer und technischer Beziehung mit vergleichender Berücksichtigung anderer Haare und der Haut. Berlin 1866. — Mitteilung über die bei ferneren Untersuchungen des Haares der Schafe und anderer Haustiere erlangten Resultate. Z. d. landw. Central-Vereins der Provinz Sachsen Jg. 32, S. 1.

[2]) Harms: Untersuchungen an Haaren von hannöverschen Warmblutpferden. Inaug.-Diss. Halle 1925.

[3]) Mann: Untersuchungen an Haaren von rheinisch-belgischen Kaltblutpferden. Inaug.-Diss. Halle 1925.

[4]) Rast: Studien über das Haarkleid, den Haarwechsel und die Haarwirbel des Pferdes. Arb. dtsch. Ges. Züchtgskde 1911, H. 11.

[5]) Lodemann, G.: Das Pferdehaar. Untersuchungen über Struktur und Pigment des Pferdehaares, sowie das Pferdehaar als Rassenmerkmal. Z. Tierzüchtg Bd. 9. Berlin 1927.

schwankt bei den einzelnen Rassen ziemlich stark, und die individuellen Unterschiede sind groß. Er gibt jedoch zu, daß zwischen Kaltblut und Vollblut ein Unterschied in der oben angegebenen Art vorhanden ist, der an allen Körperstellen zutage tritt.

Chludsinski versuchte bei Pferden die Feinheit des Haares mit dem Kulturzustand der Rasse in Beziehung zu bringen und meint, daß dieser Zusammenhang stark verschleiert würde durch den Einfluß des Klimas und durch die Abhängigkeit der Feinheit des Deckhaares von dem Wuchs der Tiere. Er nimmt an, daß, je zierlicher ein Tier ist, desto feiner auch sein Haar sein müsse unter Berücksichtigung der Rasse, zu der das Tier gehört. Ein derartiger Zusammenhang von Körpergröße und Haarfeinheit konnte von Rast, Mann u. a. nicht bestätigt werden.

Wenn wir nun die Bedeutung der Haarfeinheit als Rassemerkmal bei Schafen betrachten, so ist folgendes festzustellen. Aus den umfangreichen Wolluntersuchungen, die im Tierzuchtinstitut Halle gemacht worden sind, ist zu schließen, daß sich bezüglich der Haarfeinheit eine kontinuierliche Reihe aufstellen läßt, die von den mischwolligen zu den schlichtwolligen und feinwolligen Schafen führt. Schon bei den mischwolligen kann man nicht mehr von einem scharfen Gegensatz zwischen Grannen- und Flaumhaar wie bei den stichelhaarigen sprechen, da alle Übergänge vorhanden sind, und bei den schlichtwolligen Schafen tritt eine immer vollkommenere Verwischung der Unterschiede ein. Siehe die Wollkurven im Kapitel H.

Aus den vergleichenden Wolluntersuchungen, die sich auf ein großes Material beziehen und insbesondere, wenn man die feinste und gröbste Wolle der betreffenden Rassen zum Vergleich heranzieht, ist ersichtlich, daß bezüglich der Wollzusammensetzung ein ausgeprägter Rassenunterschied höchstens in gewissen Grenzfällen vorhanden ist, und auch hier findet man dann ein Transgredieren mit benachbarten Rassen, so daß man im übrigen nur gewisse Rassengruppen zusammenfassen kann.

Den ausgesprochenen hochgipfligen Verlauf der Variationskurve finden wir nicht nur beim Merino, sondern auch beim Württemberger und Hampshire, ebenso wie beim Dishley (Abb. 168) und Mele (jetzt Fleischwollschaf). Allerdings sind die extremsten Fälle der Hochgipfligkeit ebenso wie auch die extreme Lage der Kurve bei außerordentlich niederen Mikrawerten nur für gewisse Merinowollen charakteristisch, andere dagegen zeigen in ihrer Feinheitszusammensetzung Übereinstimmung mit der anderer Rassen, vor allem auch dann, wenn man die Keulenwolle zum Vergleich heranzieht. In der Feinheitszusammensetzung einer gröberen Merinowolle, einer feineren englischen oder deutschen Schlichtwolle kann kein Unterschied gefunden werden, da sowohl in dem Kurvenverlauf wie auch in der Lage der Kurve zu der Abszissenachse weitgehende Übereinstimmung vorhanden ist. Der flache Kurvenverlauf und das Maximum bei hohen Mikrawerten ist sowohl bei Rhönschafen wie Württemberger veredelten Landschafen und Suffolks gefunden. Die Kurven zeigen weitgehende Annäherung aneinander. Die Kurven der englischen Fleischschafe wie Oxfordshire und Hampshire zeigen einerseits Annäherung bzw. Übereinstimmung mit denen von Merinos mit mittelfeiner bzw. gröberer Wolle und andererseits Übereinstimmung mit deutschen Schlichtwollen der Rhön- und Leineschafe, von denen die gröberen ihrerseits bezüglich ihrer Feinheitszusammensetzung gewissen feineren Mischwollen nahestehen. In beiden sind die Flügelwerte der Variantenreihe, die bei hohen Mikrawerten liegen, in Überzahl vorhanden, allerdings tritt dieses bei anderen Mischwollen in weit höherem Maße zutage und ferner liegt das Maximum der Haardickenkurve der

Mischwollen vorwiegend bei niederen, das der Landschafwollen bei höheren Mikrazahlen. (Spöttel[1])).

Die genotypische Bedingtheit der Feinheit der Haare und Wolle kommt auch durch die Vererbung in den einzelnen Blutlinien zum Ausdruck. So hat Thiemann[2]) in der Merinofleischschafherde Strohwalde beispielsweise bei einem Vergleich der untersuchten Familien bezüglich der Wollfeinheit gefunden, daß der Bock 376 die bei weitem feinste Wolle vererbt hat, dem gegenüber die Wolle der 529 Töchter die geringste Feinheit zeigt.

Nach Harms kann man bei Pferden in den seltensten Fällen von einer charakteristischen Einwirkung der Blutlinien auf die Haarausbildung sprechen, wenngleich er gewisse Verschiedenheiten der Durchmesserwerte für verschiedene Linien des hannöverschen Warmbluts ermitteln konnte. Mann konnte weder die Form noch die Durchmessermaße des Haarquerschnittes zur Unterscheidung von Blutlinien beim rheinisch-belgischen Kaltblutpferde heranziehen.

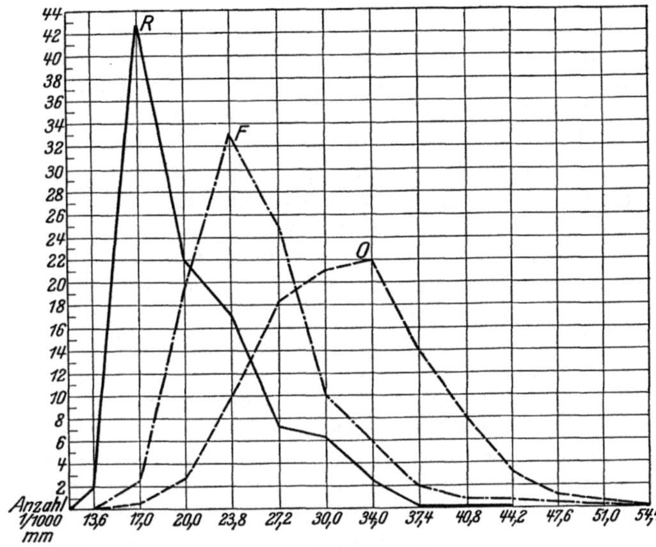

Abb. 94. Haardickenkurven vom Rambouillet (R), Oxford (O) und F_1 -Bastard (F), nach Davenport und Ritzman.

Bei Kreuzungen tritt die Abhängigkeit der Wollfeinheit von inneren Faktoren ebenfalls hervor. Es sei nur ein Beispiel von Davenport und Ritzman angeführt (Abb. 94): bei der Kreuzung Rambouillet × englischen Down ist in F_1 die Wolle intermediär und variabel (als Ausdruck der Heterozygotie, speziell der Hampshires). Eine konstante Vererbung ist auf Grund der weiteren Paarungen nicht festzustellen. Die genannten Verfasser nehmen multiple Faktoren und keine einfache Dominanz an.

β) Die Abhängigkeit der Haarfeinheit von dem Geschlecht.

Allgemein wird von den Haussäugetieren angegeben, daß das männliche Tier ein kräftigeres stärkeres Haar hat als das weibliche. Auch die Wollen der Schafböcke sind gegenüber den Hammel-, Mutter- und Lammwollen gröber. Die Bockwolle ist in der Regel von vorzüglicher Qualität, da man nur die besseren Tiere als Böcke benutzt.

Die Feinheit der Hammelwollen erreicht zuweilen diejenige der Mutterwollen.

γ) Die Abhängigkeit der Haarfeinheit von dem Alter der Tiere.

Was nun die Abhängigkeit der Haarausbildung vom Alter anbelangt, so sind zunächst die Unterschiede zwischen Fohlen- und Kälberhaar gegenüber

[1]) Spöttel, W.: Über Variabilität, korrelative Beziehungen und Vererbung der Haarfeinheit bei Schafen. Bibliotheca Genetica Bd. 7. Leipzig 1925.

[2]) Thiemann: Studien in der Merinofleischschafherde Strohwalde. Diss. Halle 1925.

dem gröberen Haar der erwachsenen Tiere zu erwähnen. Insbesondere haben Harms und Mann festgestellt, daß bei Pferden im Laufe der Entwicklung eine Haarvergröberung stattfindet, während im höheren Alter das Haar wieder feiner wird.

Bei den Schafen ist die Tatsache allgemein bekannt, daß Lammwollen feiner und weicher als die der erwachsenen Tiere sind. Nach May[1]) sollen die Wollhaare erst im dritten Jahr ihren größten Durchmesser erreichen und im hohen Alter tritt dann wieder eine Verfeinerung ein (W. v. Nathusius).

Daß im Laufe des individuellen Lebens bei den Schafen eine Änderung der Wollfeinheit erfolgt, die nicht auf physiologische Störungen durch Krankheit oder mangelnde Ernährung zurückzuführen, sondern als normale Umbildung anzusehen ist, die von dem allmählich sich einstellenden Stoffwechsel bedingt wird, geht aus den Untersuchungen von Kleine-Stricker[2]) und Spöttel[3]) an Negretti-, Electoral- und anderen Tuchwollen hervor. Aus dem Zahlenmaterial ergibt sich, daß meist mit dem zweiten Jahre eine deutliche Vergröberung eintritt.

Der Grad der Vergröberung ist jedoch bei verschiedenen Tieren verschieden und zuweilen hat auch die zweijährige Wolle die gleiche Feinheit wie die des einjährigen Tieres. Die Vergröberung tritt im letzteren Falle dann erst im dritten Jahre zutage. Sie geht bei verschiedenen Tieren nicht in dem gleichen Umfange vor sich und kann auch im vierten Lebensjahre noch mehr oder weniger festzustellen sein. Im allgemeinen hat sich ergeben, daß die Wolle im vierten Lebensjahre meist am gröbsten ist, vielfach trifft dies schon für die Wolle des dreijährigen und zuweilen für die des fünfjährigen Tieres zu.

Bedeutende individuelle Unterschiede ergeben sich gleichfalls für die Einwirkung des höheren Alters auf die Wollfeinheit. Zum Teil ist im Alter von 10 Jahren kaum eine Verfeinerung der Wolle festzustellen.

Bei anderen Individuen dagegen kann man im Alter von 9 Jahren eine wesentlich feinere Wolle feststellen, als das Tier im Alter von 4 Jahren gezeigt hat.

Die Wolle des neunjährigen Tieres ist unter Umständen sogar fast noch feiner als die des einjährigen. Die Verfeinerung der Wolle kann jedoch auch schon zu einem früheren Zeitpunkte einsetzen und zwar mit dem 6., und sogar schon mit dem 5. Jahre.

Es ergibt sich, daß die Wollen von Merinotuchwollschafen in sehr verschiedenartigem Grade und zu ganz verschiedenen Zeiten von gewissen Faktoren physiologischer Art beeinflußt werden, die von dem Alter des betreffenden Individuums bedingt werden.

Ob die Einwirkung des Alters bei unseren heutigen Merinofleischschafen auf die Feinheit der Wolle in der gleichen Weise wie bei den Tuchwollschafen erfolgt, mag dahingestellt bleiben, da Untersuchungen hierüber an den Wollen der gleichen Tiere noch nicht vorliegen.

Die verschiedene Wollbeschaffenheit der Bocklämmer der Merinofleischschafherde Beerendorf gegenüber den Zibbenlämmern, welch erstere einesteils eine bedeutend gröbere, andererseits eine feinere Wolle als die ungefähr gleichaltrigen weiblichen Tiere aufweisen, scheint mit den rascheren physiologischen Abläufen im männlichen Organismus im Zusammenhang zu stehen. Im Falle des feineren Wollcharakters scheinen die Bocklämmer bereits den einige Zeit nach der Geburt

---

[1]) May, G.: Das Schaf. Breslau 1868. — Die Wolle und Rassen des Schafes. Breslau 1868.

[2]) Kleine-Stricker, H.: Untersuchungen über die im Haustiergarten zu Halle gehaltenen Negrettischafe. Diss. Halle 1923.

[3]) Spöttel, W.: Der Einfluß des Alters und der Trächtigkeit auf die Feinheit der Wolle. Z. Schafzucht Jg. 16. 1925.

eintretenden Haarwechsel (?) bzw. die physiologische Umstellung des Vliescharakters vollzogen zu haben. Beim Vorhandensein eines gröberen Wollhaares aber hat man es, wie die Zuteilungsbücher ergeben, mit den zuerst geborenen Tieren zu tun, bei denen wahrscheinlich die infolge der Pubertät einsetzende spätere Vergröberung der Bockwolle bereits in Erscheinung getreten ist (Bautzmann[1]).

Allgemein haben die Untersuchungen verschiedener Merinofleischschafherden ergeben, daß die Jährlingswollen gröber sind als die der erwachsenen Tiere (Heise[2]), Bautzmann, G. Elbe, Gantzer[3]), Bötel[4]), Paalzow[5])). Schon im Laufe des zweiten Lebensjahres nimmt die Feinheit zu und in schwächerer Form vollzieht sich diese Entwicklung auch noch bei den Muttertieren (Bötel). Auch bei Fleischwollschafen hat sich eine ähnliche Umgestaltung der Wollfeinheit ergeben (Sellentin[6])).

Heyne hat die Wolle von 14 Jährlingszibben und 20 Mutterschafen des Würchwitzer Hampshiredownschafes in Vergleich gesetzt. Seine Resultate seien in folgender Tabelle wiedergegeben:

	a und feiner %	*b* und *c* %	*d* und gröber %	Mittl. Haareinheit μ
Jährlinge	8,03	47,62	44,35	36,08
Muttertiere. . . .	11,56	51,44	37,21	35,16

Die Jährlinge haben danach wie die Muttertiere den höchsten Anteil (47,62%) Haare an dem dem Zuchtziele entsprechenden Wollcharakter $b + c$, zeigen jedoch einen geringeren Anteil Haare vom Charakter *a* und feiner und haben trotzdem nur eine um 0,92 μ gröbere Haarfeinheit als die Muttertiere. Bei letzteren ergeben sich keine zahlenmäßig ausdrückbaren Feinheits- und Ausgeglichenheitsmerkmale zwischen den einzelnen Altersklassen. — (Siehe auch Meyer[7])).

Über den Einfluß des Alters auf die Wollfeinheit von Landschafen geben die Untersuchungen an Frankenschafwollen von Gehrke[8]) gewissen Aufschluß.

Aus seiner Zusammenstellung ergibt sich, daß mindestens bis zum 5. Lebensjahre des Individuums eine allmähliche Vergröberung stattgefunden hat. Im 7. und vor allem im 8. Jahre ist dann wieder eine wesentliche Verfeinerung festzustellen. Die gröbste Wolle hat das Tier im 5. oder 6. Lebensjahre gezeigt.

Wenn auch häufig Fälle festgestellt werden können, die bis zum 5. Lebensjahre eine deutliche Vergröberung zeigen, so ist doch der Zeitpunkt, bei dem diese ihr Ende erreicht, bei verschiedenen Tieren nicht immer der gleiche.

Daß das Frankenschaf schon in einem jüngeren Alter die gröbste Wolle aufweisen kann, zeigt folgendes Beispiel von Gehrke.

[1]) Bautzmann, E.: Studien in der Merinofleischstammschäferei Beerendorf unter besonderer Berücksichtigung der Wolle. Inaug.-Diss. Halle 1924.

[2]) Heise, W.: Studien über die Zucht des Merinofleischschafes in der Stammschäferei Dröschkau. Diss. Halle 1923.

[3]) Gantzer, F.: Studien in der Merinofleischschafstammherde Brietzke. Diss. Halle 1926.

[4]) Bötel, G.: Studien in der Merinofleischschafstammschäferei Wetzleben unter besonderer Berücksichtigung der Wolle und der Körperproportionen. Diss. Halle 1926.

[5]) Paalzow, J.: Studien über die Zucht des Merinofleischschafes in der Stammschäferei Vitzenburg. Diss. Halle 1927.

[6]) Sellentin, R.: Untersuchungen in der Stammschäferei Blumenhagen. Diss. Berlin 1927.

[7]) Meyer: Untersuchungen in der Hampshiredownschafstammherde Hilwarthshausen. Diss. Halle 1924.

[8]) Gehrke, E.: Untersuchungen über die Schwankungen in der Wollzusammensetzung bei misch- und schlichtwolligen Rassen. Diss. Halle 1925.

Als Lamm zeigt das Tier Nr. 77/84 eine wesentlich feinere Wolle als der Jährling und bei dem zweijährigen Tier hat die Schulterwolle gegenüber der Jährlingswolle nur eine geringe Abnahme der Sortimente 2*a* und feiner zu verzeichnen. Im 6. Lebensjahre des Tieres hat die Schulterwolle fast die gleiche Feinheit wie im 4. Jahre, während im 5., wahrscheinlich durch das Saugen bedingt, eine Verfeinerung ermittelt wurde.

Zusammenfassend ist festzustellen, daß im allgemeinen das Frankenschaf in einem höheren Alter seinen gröbsten Wollcharakter erreicht als das Merino, daß aber auch hier Abweichungen nach oben und unten vorkommen.

Nach Siemens[1]) läßt sich beim ostfriesischen Milchschaf ein Feinerwerden der Wollen feststellen, so daß die älteren Jahrgänge eine größere Wollfeinheit besitzen als die jüngeren.

Interessant sind die Untersuchungsergebnisse von Wollen der französischen Fleischschafzucht des Charmoiseschafes. Dieses Schaf verdankt seinen Namen dem Dorfe la Charmoise im Departement Loire et Cher im Zentrum Frankreichs und ist unter Zuhilfenahme von englischem Blut aus der Kreuzung von vier französischen Rassen entstanden. In den 30er Jahren des vorigen Jahrhunderts sind Schafe aus der Gegend von Berry und Sologne einerseits und solche aus Tourraine und Beauce andererseits gekreuzt. Die Kreuzungsprodukte wurden gepaart und auf das so entstandene Produkt New-Kentböcke gesetzt. Die Charmoiseschafe sind also aus einer vielfachen Kreuzung hervorgegangen.

Auf Grund der Untersuchungen von Gehrke hat sich herausgestellt, daß die Änderung der Haarcharakters im Laufe des Alters bei diesem Fleischschaf sehr verschiedenartig erfolgen kann. Häufiger hat er festgestellt, daß die Vergröberung bis zum 7. Jahre anhält.

Der Gehalt der Schulterwolle an den Sortimenten *b* und feiner ist von 25⅔% bei dem dreijährigen Tier auf 10% bei dem 7jährigen zurückgegangen und bei letzterem tritt vor allem eine außerordentliche Zunahme an *e*-Haaren zutage. In dem folgenden Jahre ist dieser Prozentsatz auf 17 zurückgegangen und gleichzeitig ist der Gehalt an *b*-Haaren und feiner wieder etwas gestiegen. Im 8. Lebensjahre ist also wieder eine geringe Verfeinerung festzustellen.

Unter Umständen erfolgt die Verfeinerung schon in einem sehr frühen Zeitpunkte, und zwar kann schon im 4. Jahre eine Verfeinerung festzustellen sein, die dann im 5. Lebensjahre ganz wesentliche Fortschritte macht. Der Prozentgehalt an *b*-Sortiment und feiner wird selbst von der Wolle des 10jährigen Tieres nur wenig übertroffen.

Während unter Umständen noch im 7. Lebensjahre eine Vergröberung eingetreten war (Charmoiseschaf Nr. 1105/01), kann diese schon im 4. Jahre ihr Ende erreichen.

Den geringsten Gehalt an *b*-Haar und feiner zeigt die Wolle des 4jährigen Tieres, im 5. Jahre ist eine wesentliche Verfeinerung und im 6. wieder eine Vergröberung eingetreten. Dieses Schwanken in der Wollfeinheit, das hier vom 4. bis 6. Jahre festzustellen ist, tritt bei dem Charmoiseschaf sehr häufig auf.

Vergröberung und Verfeinerung wechseln hier in den einzelnen Jahren, ohne daß man imstande ist, Trächtigkeit, Krankheit oder äußere Faktoren dafür verantwortlich zu machen. Diese unregelmäßigen Schwankungen in der Zusammensetzung der Wolle, die zum Teil sehr beträchtlich sind, werden bei dem Charmoiseschaf sehr häufig beobachtet.

---

[1]) Siemens, M.: Untersuchungen über die Wolle und die Körperproportionen des ostfriesischen Milchschafes. Diss. Halle 1927.

Hüssein[1]) hat an der türkischen Herde in Halkali (veredeltes Landschaf) eine mit dem 2. Jahre einsetzende Verfeinerung beobachtet.

Beim Rhönschaf hat Meiß eine einheitliche Verfeinerung mit zunehmendem Alter nicht feststellen können.

Gehrke hat weiter den Einfluß des Alters auf die Zusammensetzung der Wolle bei mischwolligen Schafen untersucht und dabei folgendes festgestellt. Bei der graphischen Darstellung der Haardicken eines Fettsteißschafes ergibt sich eine typische zwei- oder mehrgipfelige Kurve. Das Hauptmaximum der Kurve liegt immer bei ganz niederen Mikrawerten wie 14,4; 16,8. In dem 5*a*- und 4*a*-Sortiment vereinigen sich fast immer über 50% der gesamten Haarmenge. Die gröbsten Haare messen meist mehr als 100 Mikra.

Verfolgt man die Zusammensetzung der Wolle während der verschiedenen Lebensjahre, so zeigt sich, daß die Lammwolle am feinsten ist. Mit dem zweiten Jahre nimmt die Wolle an Stärke zu und in der Regel hat mit dem 3. Jahre das Wollhaar den größten Durchmesser erreicht. Zuweilen erstreckt sich die Vergröberung bis in das 4. oder 5. Jahr. Mit Ende des 6. oder 7. Jahres setzt dann langsam eine Verfeinerung ein, die lediglich auf das Alter zurückzuführen ist. Von ihr werden im allgemeinen sämtliche Sortimente betroffen, mit Ausnahme des feinsten, das sich entsprechend vermehrt.

Die Verfeinerung im höheren Alter ist nicht immer an das 6. oder 7. Jahr gebunden, sondern kann auch erst später eintreten. Ein Schaf zeigte z. B. noch im 8. Lebensjahre die gleiche Wollfeinheit wie im 5. Jahre. Ungefähr mit dem 10. Jahre macht sich auffallenderweise zum Teil eine Vergröberung bemerkbar, die von Gehrke darauf zurückgeführt wird, daß infolge des hohen Alters die feinsten Haare verlorengegangen sind. Da diese Vergröberung jedoch auch verschiedentlich in einem früheren Alter beobachtet wird, später dann wieder eine Verfeinerung eintritt, liegt die Wahrscheinlichkeit nahe, daß es sich hier nicht um eine Alterswirkung handelt, sondern daß die Unterschiede auf die zeitlich im Jahre verschiedene Probenahme zurückzuführen sind. Die Winterwolle enthält einen größeren Prozentsatz Flaumhaare als die Sommerwolle.

Wiswesser[2]) hat Beobachtungen über die Entwicklung des Haarkleides der Heidschnucke angestellt; nach seiner Ansicht setzt sich das Haarkleid des jungen Heidschnuckenlammes aus verschiedenen Haararten zusammen, derart, daß im jüngsten Stadium die Grannenhaare des längsten Typs zunächst ins Auge fallen (vgl. oben). Bis zu etwa der fünften Lebenswoche behält die junge Heidschnucke diesen Vliescharakter. Infolge der verschiedenen Wachstumsintensitäten der einzelnen Haartypen treten dann Änderungen ein. Allmählich haben sich kleine Locken gebildet, später vereinigen sich die Haare miteinander und deuten dadurch eine gute Stapelung des Vlieses an. Die längsten Grannenhaare fallen dann allmählich aus.

Im Gegensatz zu anderen Schafrassen, bei denen in den ersten Lebenswochen, -monaten und -jahren die Tendenz zur Vergröberung besteht (vielleicht mit Ausnahme der Heidschnucke), führt beim Karakulschaf die Entwicklung in den ersten und zweiten Lebensmonat durch Zunahme der feinen Sortimente bei gleichzeitiger Verringerung der gröberen Sortimente, allerdings seltener unter Verringerung der Variationsbreite zu einer Verfeinerung der Wolle (Tänzer[3])). Etwa mit

[1]) Hüssein, K.: Studien über Wolle und Körperproportionen in der Schäferei der Landwirtschaftlichen Hochschule zu Halkali bei Konstantinopel nebst Bemerkungen über die Schafrassen der Türkei. Diss. Halle 1927.

[2]) Wiswesser, L.: Aufbau und Entwicklung des Heidschnuckenvlieses. Diss. Hohenheim 1923.

[3]) Tänzer, E.: Haut und Haar beim Karakul im rassenanalytischen Vergleich. Kühn-Archiv. Halle 1928.

5 Monaten scheint die Erwachsenenkurve zum Durchbruch gelangt zu sein; es setzt dann eine leichte Vergröberung ein, wie sie sonst bei anderen Rassen sofort nach der Geburt beginnt. Die Altersverfeinerung tritt erst spät ein (Abb. 95).

Allgemein ist bei allen Schafrassen festzustellen, daß Hand in Hand mit der zunehmenden Verfeinerung im Laufe des Alters eine Herabminderung des Schurertrages einhergeht (vgl. auch später). Einige Körperstellen neigen von Natur aus schon zu einer Loswolligkeit, wie z. B. der Bauch. Vor allem bei den Landrassen tritt häufig im Laufe des Alters gerade am Bauch ein völliges Kahlwerden ein und dann wiederum besonders bei den Rassen, die an sich schon zu einer mangelhaften Bewachsenheit des Bauches neigen. An Stelle der Wolle wächst wohl auch ein ganz dünnes Stichelhaar nach. Derartige Veränderungen kann man auch an anderen Körperstellen feststellen, wie z. B. am Hinterkopf. Auch beim Merino tritt nach v. Nathusius eine Änderung des Haarcharakters insofern auf, als im Laufe des Alters an den mit Wolle besetzten Extremitäten eine Zunahme an Stichelhaar erfolgt.

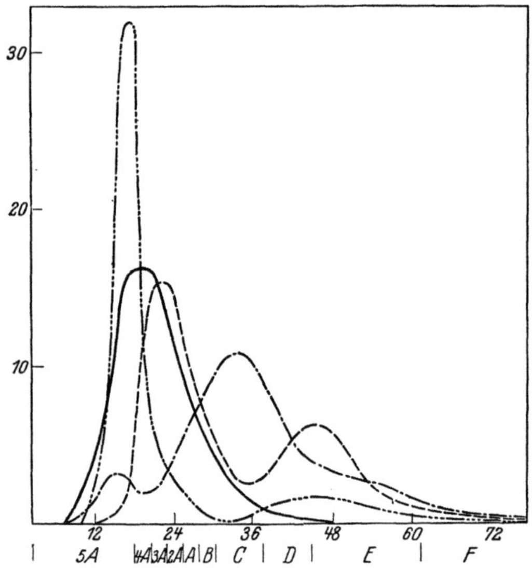

Abb. 95. Entwicklung der Haardickenzusammensetzung beim Karakul (schematisiert) (nach Tänzer).

——— Breitschwanz. —·— bei der Geburt. ----- ½ jährig. —···— Erwachsen. (Winterkurve; Altersverfeinerung.)

Als wirksame Ursache bei den erwähnten Veränderungen in der Behaarung im Laufe des Alters ist die Ernährung anzusprechen. Der Organismus ist nicht mehr imstande, die Ernährung der Haut in normaler Weise durchzuführen, und es tritt infolgedessen ein Schwächerwerden der Haare und ein partieller Haarausfall ein. Ferner kann dieser Reiz vielleicht genügen, um latente Anlagen wieder zu mobilisieren, so daß, wie oben erwähnt, an Stelle der Wolle Stichelhaare zum Vorschein kommen. Neben der Ernährung werden wohl noch gewisse Reizstoffe eine Rolle spielen, die teils als Absonderungsprodukte gewisser Drüsen, teils als Stoffwechselendprodukte entstehen, die im Laufe des individuellen Lebens ihre Beschaffenheit ändern oder überhaupt erst ihre Entstehung nehmen und eine umgestaltende bzw. vergiftende Einwirkung auf den Haarkeim ausüben.

δ) Die Abhängigkeit der Haarfeinheit von der Körperstelle.

Zwischen der Beschaffenheit der Haut und der Feinheit des Haares bestehen gewisse Beziehungen (vgl. oben), wenn man auch den von Jotemps aufgestellten Satz, daß nur auf einer dünnen, feinen Haut eine feine Wolle wachsen könne, nicht streng verallgemeinern darf.

Auf die Unterschiede der Haut auf den verschiedenen Körperstellen sind letzten Endes vielleicht auch Unterschiede in der Feinheit des Wollhaares zurückzuführen. Man findet im allgemeinen auf Seite und Bauch das feinste Haar, während Hinterteil und Halsfalten[1]) das gröbere Haar zeigen (Heyne[2]). Nach den bisherigen Untersuchungen gilt bezüglich Ausgeglichenheit und Feinheit die Reihenfolge: Blatt — Flanke — Keule. Ein Beispiel möge zur Erläuterung dienen:

Merinofleischschaf 741/1916-Querfurt (nach Dippe)

μ . . .	12,0	14,4	16,8	19,2	21,6	24,0	26,4	28,8	31,2	33,6	36,0
Blatt . .	3%	28%	40%	22%	5%	1%	—	1%	—	—	—
Flanke .	—	3%	14%	26%	30%	16%	8%	2%	1%	—	—
Keule .	—	1%	9%	18%	22%	18%	14%	7%	3%	3%	1%

Daß die Abnahme der Feinheitsgrade von Blatt, Flanke, nach der Keule auch in einer ganzen Herde (Württemberger Schaf) zum Ausdruck kommt, soll folgendes Beispiel von Mayer belegen:

Prozentanteil an Feinheitsgrad	*a*	*a b*	*b*	*c*
Blatt	44,9	28,57	23,46	3,87
Flanke	31,63	29,59	30,61	8,17
Keule.z. . . .	5,1	11,22	42,85	40,81

Jedoch kann diese Reihenfolge durch die unter Umständen auftretende Verfeinerung der Flankenpartie und in den seltensten Fällen auch der Keulenpartie eine Abänderung erfahren (Pank[3])). Häufiger stimmen Blatt und Flanke, seltener Flanke und Keule bei den untersuchten Merinos überein (Bötel).

Bautzmann hat bei seinen Untersuchungen der Beerendorfer Merinofleischschafherde festgestellt, daß die Wolle am Blatt in vielen Fällen eine geringere Ausgeglichenheit als die Flankenwolle zeigt, besonders in schlechter ausgeglichenen Jahrgängen und Blutlinien. Die Keulenwolle ist — in Übereinstimmung mit den bisherigen Beobachtungen — auch von Bautzmann am unausgeglichensten gefunden worden, insofern bei dieser die prozentuale Verteilung der Sortimente infolge eines höheren Gehaltes an gröberen Haaren am unregelmäßigsten ist.

Die Wolle am Wolfsbiß und der Schwanzwurzel ist noch gröber als an der Keule. Man hat allgemein die Erfahrung gemacht, daß es schwierig in der Zucht ist, die Feinheit auf der hinteren Partie des Schafes in Übereinstimmung mit der des Blattes und Rückens zu bringen. Der Rücken selbst nimmt in der Feinheit der Wolle teils eine Mittelstellung zwischen Blatt und Keule ein, teils findet sich auf dem vorderen Teil desselben und auf dem Widerrist eine feinere Wolle. Bauch und Hals stimmen in ihrer Wollfeinheit zuweilen überein, zuweilen kann der Bauch eine gröbere bzw. feinere Wolle tragen. Fast allgemein ist die Halswolle gröber als die Flanken- und Blattwolle.

Die Reihenfolge, in welcher die Wollfeinheit verschiedener Körperstellen abnimmt, ist bei verschiedenen Rassen, Zuchten und Individuen nicht gleich. Im allgemeinen kann man wohl sagen, daß eine Vergröberung nach dem Hinterende des Körpers eintritt, ferner nach den Extremitäten und zum Teil wohl auch nach dem Bauch zu und im geringeren Umfange in Richtung nach dem Kopf.

[1]) Scupin zufolge ist die Wolle auf den groben Halsfalten der Böcke der Edelwollschafherde im Gegensatz zur makroskopischen Bonitur nur wenig gröber als auf den anderen Körperteilen.

[2]) Heyne, J.: Die Schafzucht. Berlin 1921.

[3]) Pank, W.: Wollstudien in der Mutterherde der Merinofleischschaf-Stammschäferei Belleben auf Grund mikroskopischer Untersuchungen und Messungen. Inaug.-Diss. Halle 1923.

Nach Hultz[1]) sind die Schulterproben der von ihm untersuchten Rambouilletschafe (die Feinheitsbestimmung erfolgt mit dem Mechanists Caliper (vgl. S. 156), die 100 Haarmessung wird durch Mittelwertberechnung ausgedrückt) feiner als die Bauchproben, letztere wieder feiner als die Schenkelproben.

Nach J. Heyne zeigt die Kopfwolle der von ihm untersuchten Hampshiredownschafe entsprechend den in der Literatur zusammengestellten Erfahrungen die höchste Feinheit. Das bezieht sich aber nur auf reinblütiges Material, denn bei Kreuzungsprodukten findet sich gerade am Kopf der Wollcharakter der eingekreuzten Rasse, wie z. B. bei Dishley-Merino-Einkreuzungen in Merinofleischschafherden. Die Bauchwolle kommt hinsichtlich der Feinheit der Kopfwolle am nächsten. Auch Heyne stellt von der Schulter nach der Keule eine Vergröberung fest.

Die Rückenwolle ist nach dem genannten Verfasser die zweitgröbste Körperstelle.

Das aus 8 Körperstellen berechnete Mittel der Haardicke ist nach Heyne bei allen Tieren nur um $^1/_{10}$ oder noch weniger μ geringer als das aus 3 Körperstellen berechnete und die mittlere Haarfeinheit aller 5 untersuchten Tiere ist um knapp 1 μ feiner; dieser Unterschied ist so gering, daß 3 Körperstellen (Blatt, Flanke, Keule) genügen. Rinck hat bei der Merinoherde in Lohmen im Gegensatz zu den meisten anderen Untersuchern keine Regelmäßigkeit der Feinheitsbeziehung zu der Körperstelle finden können.

c) Die äußeren Faktoren.

α) Der Einfluß der Ernährung auf die Haarfeinheit.

Von den äußeren Faktoren hat vor allem die Ernährung großen Einfluß auf die Feinheit und Beschaffenheit des Haarkleides.

Während man bei gut genährten, gesunden Tieren ein geschmeidiges, weiches, glänzendes und gut eingefettetes Wollhaar vorfindet, ist die Wolle bei schlecht genährten Tieren trocken, spröde und glanzlos. Bei mangelhafter Ernährung kann die Haut nicht mehr die für das normale Wachstum der Haare notwendigen Stoffmengen liefern; es tritt infolgedessen eine Verfeinerung der Haare auf.

Sinkt die Hauternährung (vgl. auch S. 9) noch weiter, so können nicht mehr sämtliche Haare ernährt werden. Ein Teil der Haare stirbt daher ab und wird ausgestoßen. Wir beobachten infolgedessen einen partiellen Haarwechsel, aber auch die wenigen fortexistierenden Haare bleiben dünn.

Gleichzeitig mit der gestörten Ernährung des Haares tritt auch eine verminderte Tätigkeit der Talgdrüsen auf; das Sekret wird geringer als zur vollständigen Einhüllung des Haares nötig ist. Der Schutz gegen atmosphärische Einflüsse wird deshalb geringer und das Haar ist diesen mehr ausgesetzt, es kann infolgedessen leichter verwittern.

Wirken die Störungen sehr lange Zeit hindurch und in gesteigertem Maße, so werden zuletzt immer mehr Haare, endlich auch die letzten absterben und sich ablösen, das ganze Vlies fällt dann fetzenweise von den Schafen ab, man nennt das, die Wolle wächst ab. Der Wert solcher, infolge Krankheit oder geringer Ernährung dünn gewordener Wolle, die man auch „hungerfein" nennt, ist naturgemäß geringer[2]).

---

[1]) Hultz, F. S.: Studien über die Wollen von Rambouilletschafen. Nr. 154. Wyoming 1927.

[2]) Thaer, A.: Handbuch der feinwolligen Schafzucht. Berlin 1811. — Jeppe, C. F. W.: Terminologie der Schafzucht und Wollkunde. Rostock 1847. — Körte, A.: Das deutsche Merinoschaf. Breslau 1862. — Das Wollschaf, seine Wollzüchtung, Ernährung und Wartung. Breslau 1880. — Rohde, O.: Die Schafzucht. Berlin 1897. — Beiträge

Bei der Schafhaltung ist die Berücksichtigung dieser physiologischen Momente bei der Haarbildung sehr wesentlich. In früherer Zeit ging man sogar in gewissen Gegenden, wo die Bezahlung höchster Feinheit der Wolle das Hauptstreben war, von dem Grundsatz aus, man müsse die Schafe auf einem mäßigen Hungerzustand halten, um feine Wolle zu erzielen. Doch geht dieses Streben gewöhnlich auf Kosten der Festigkeit und Dicke der einzelnen Haare ebensowohl wie auf Kosten des Schurgewichtes und der Konstitution der Tiere. Feine Wollen sind oft die Wirkung ungünstiger Lebensbedingungen und kümmerlicher Ernährung.

Mit dem Eintritt normaler Tätigkeit des Organismus bei gesunder oder normaler Ernährung wird auch die Haarbildung wieder normal. Das Haar wird wieder seine ursprüngliche Stärke und feste Textur annehmen. Die Haare, die die ungünstigen physiologischen Verhältnisse überdauerten, bekommen wieder den alten Querschnitt und den dichten Bau. An Stelle der abgestorbenen und ausgestoßenen Haare bilden sich neue junge Haare, und allmählich nimmt das Vlies wieder seine ursprüngliche Form an, und der dichte Haarstand auf der Haut wird wieder erreicht.

Abb. 96. Abgesetzte Merinowolle.

Die Zeit der Krankheitsstörungen in der Haarbildung deutet sich am Vlies durch den sogenannten „Absatz" oder „Knick" der Wolle (Abb. 96) in Gestalt eines Querstriches an, der in größerer oder geringerer, aber stets durch das ganze Vlies in gleicher Breite hinzieht. In diesem sind die Haare dann dünner, man sagt, „hier hat die Wolle abgesetzt". Die abgestorbenen Haare bleiben mit den nicht abgestorbenen vereinigt, doch wird die Wolle für den Fabrikanten von geringem Werte sein; aber auch der Teil des Vlieses unterhalb des Knicks ist geringwertig, weil der größte Teil aus Haaren mit Naturspitze besteht. Es sind in der Wolle ungleichmäßig ausgebildete Haare vorhanden.

Danach ist auch vom züchterischen Standpunkte der Ausgeglichenheit des einzelnen Haares, der Dickentreue, die größte Aufmerksamkeit zuzuwenden, weil sie ein Anzeichen der ungestörten physiologischen Tätigkeit des Organismus ist.

zur Kenntnis des Wollhaares. Oldener Archiv 1856 u. 1857. — Der anatomische Bau des Wollhaares. Ann. d. Landw. in d. Kgl. Preuß. Staaten Bd. 47, S. 37. — Bohm, J.: Die Schafzucht nach ihrem jetzigen rationellen Standpunkt. Erster Teil: Die Wollkunde. Berlin 1873.

Die Wirkung der Unterernährung auf das Haar kann nach Ansicht mancher Forscher nicht allein aus dem Mangel an Nährstoffen erklärt werden, sondern man nimmt an, daß in dem Stoffwechsel dieser Tiere schädliche Reizstoffe entstehen, die gewissermaßen die Haare vergiften. Diese Ansicht wird aus den Tatsachen gefolgert, daß ein Abwachsen der Wolle auch bei Krankheit erfolgt, ehe am Körper irgendwelche Zeichen von Unterernährung zu bemerken sind, ebenso nach dem Gebärakt oder in der ersten Zeit des Säugens der Lämmer oder bei plötzlichem Futterwechsel. Diese Schädigungen treten auch nicht bei allen Tieren gleichmäßig auf. Einige Tiere sind immer empfindlicher als andere. Eine plötzlich eintretende Hungerperiode wirkt auf die Haarbeschaffenheit viel schärfer als die langsame Gewöhnung an das Hungerstadium. Bei manchen Rassen wird durch plötzliches Hungernlassen für einige Tage im Frühjahr das Abstoßen der Haare infolge des natürlichen Haarwechsels unterstützt, so daß dann das ganze Vlies durch Abraufen gewonnen werden kann, eine Art der Wollgewinnung, wie sie früher allgemein üblich war.

Was nun die Einwirkung einer das normale Maß übersteigenden Ernährung anbetrifft, so liegen eine Reihe von Versuchen vor, die folgendes ergeben haben. Haubner[1]) hält keine Beförderung des Wachstums der Haare durch gesteigerte Ernährung für möglich und das Wachstum allein abhängig von der „Vegetationskraft", d. h. der inneren Anlage des Tieres.

Körte[2]) meint, daß durch die gesteigerte Ernährung eine größere Wollmenge erzeugt wird, daß aber die „Steigerung sich nach und nach vermindere, so daß es einen Punkt gebe, über welchen hinaus eine Vermehrung nicht mehr stattfinde". Auch Dedovic hält eine Zunahme der reinen Wollsubstanz für möglich, die bei stärkster Fütterung 15% der normalen nicht übersteige.

Henneberg[3]) ist der Ansicht, daß durch Mastfutter, namentlich in der letzten Zeit des Schurjahres, nicht nennenswert mehr Wolle als bei normaler Ernährung erzeugt werde.

Nach Proskauer Versuchen[4]) verhält sich das Wollhaarwachstum bei magerer Winterfütterung, bei reicher Heufütterung, bei guter, reicher Weide, bei Mastfütterung mit wenig konzentriertem Nahrstoffverhältnis und bei konzentrierter Mastfütterung wie 1 : 1,26 : 1,38 : 1,56 : 1,79. Bei zunehmender Futterkonzentration stieg also das Wollwachstum, allerdings verhalten sich die verschiedenen Rassen nicht gleich.

Auf Grund eingehender Versuche äußert sich Rohde[5]) dahin, daß eine das normale Maß übersteigende Ernährung erhöhend auf das Schurgewicht einwirkt, und zwar bewirkt sie nicht nur eine erhöhte Fettschweißproduktion, sondern auch eine vermehrte Bildung von reinem Wollhaar. Bohm[6]) weist darauf hin, daß die Organisation der verschiedenen Rassen verschieden ist, und dementsprechend wieder auch die Wirkung bei erhöhter Ernährung eine verschiedene sei.

Die Ansichten von Rohde und Bohm dürften auch heute noch zu Recht bestehen, nur sind die Ansichten darüber geteilt, ob allein die Haarlänge oder, was wahrscheinlich ist, auch die Haardicke beeinflußt wird und ob eine Vermehrung der Haardichte durch Bildung neuer Haare eintritt.

[1]) Haubner: Gesundheitspflege d. landw. Haussäugetiere.
[2]) Körte, A.: Das deutsche Merinoschaf T. 2. Breslau 1862.
[3]) Henneberg: J. Landw. Jg. 1864, 1866.
[4]) Gohren: Die Naturgesetze der Fütterung S. 503, 504. Leipzig 1872.
[5]) Rohde: Beiträge zur Kenntnis des Wollhaares. Berlin 1857.
[6]) Bohm, J.: Die Schafzucht nach ihrem jetzigen rationellen Standpunkt. Erster Teil: Die Wollkunde. Berlin 1873. — Stohmann: Fütterungsversuche mit Frankenhammeln. Ann. Landw. i. d. Kgl. Preuß. Staaten Bd. 48, S. 202.

Während Thaer, Elsner, Pabst und Duttenhofer eine Vergröberung und ein Längerwerden bei mastiger Fütterung annehmen, soll nach Rohde nur ein längeres Abwachsen bei gleichbleibender Dicke erfolgen. Nach May soll erst nach einigen Generationen die Dickenzunahme nachweisbar sein.

Die Rassen, die an sich schon zu einer erhöhten Wollproduktion neigen, werden auf den Fütterungsreiz auch am stärksten reagieren.

Nicht nur die Quantität, sondern auch die Qualität des Futters hat Einfluß auf die Beschaffenheit der Wolle. So wird angegeben, daß mit Heu und Stroh gefütterte Schafe eine flüssigere, leichtere Wolle haben als solche, die mit Wurzelgewächsen, Kartoffeln und Rüben gefüttert werden[1], [2], [3].

Bohm weist darauf hin, daß bei allen Fütterungsversuchen meist Mastfutter Verwendung gefunden hat, das hauptsächlich die Fettbildung befördert. Auf Grund der chemischen Zusammensetzung des Haares wirft er die Frage auf: „Müßte man deshalb nicht, will man die höchstmöglichste Beförderung des Wollwachstums feststellen, dazu auch Futtermittel wählen, welche dem Organismus gerade die zur Haarbildung erforderlichen Stoffe in erhöhtem Maße zuführen?“ Mit dieser Frage hat sich insbesondere Zuntz befaßt. Daß eine Beeinflussung des Haarwachstums und speziell der Haardicke durch spezifische Fütterung möglich ist, glaubt Zuntz[4]) aus seinen Fütterungsversuchen ableiten zu können.

Nun ist die Wolle ein Umwandlungsprodukt des Eiweißes der Nahrung, so daß von vornherein es wahrscheinlich schien, daß eine Steigerung des Stickstoffgehaltes des Futters eine merkliche Vermehrung in dem Wollertrage zur Folge hatte. Versuche zeigen, daß eine Beigabe von stickstoffreichem Leinsamen von 0,5 kg pro Tag eine erhebliche Steigerung in der Wollproduktion ergibt. Auf Grund dieser Tatsache wäre die Möglichkeit zu erwägen, ob eine Förderung der Wollbildung durch die Zugabe von Ammoniakverbindungen, wie etwa des billig herzustellenden Harnstoffes zu erzielen wäre. Um dem Schaf die spezifischen Bausteine zur Wollbildung zuzuführen, ist von Zuntz vorgeschlagen, die Hornsubstanz in aufgeschlossener Form zu verabreichen.

Dieses Horn-Hydrolysat ist unter dem Namen „Ovagsolan“[5]) in den Handel gekommen. Versuche haben nun ergeben, daß wohl im allgemeinen eine Zunahme an Wollsubstanz erzielt und die Haardicke und Haarlänge vergrößert wird. Einen Einfluß auf die Festigkeit und Kräuselung des Haares hat Waentig[6]) nicht ermittelt, eine Änderung im Stickstoff- und Schwefelgehalt der Wolle ist nicht

---

[1]) Raumer, F. v.: Versuch über den Einfluß verschiedener Fütterungen auf Wolle, Talg u. Gesundheit der Schafe und Beobachtungen und Erfahrungen über die Freßlust und Freßfähigkeit dieser Tiere. Möglins Ann. Landw. Bd. 6, S. 93.

[2]) Caspari, C.: Bemerkungen über die Abhandlung: Vergleichende Versuche über Schaffütterung in Beziehung auf Wollertrag; von einem praktischen Landwirte in Westfalen. Möglins Ann. Landw. Bd. 22. 1828.

[3]) Nachr. Landw. Österr.: Einfluß der Ernährung des Schafes auf die Qualität und das Wachstum der Wolle. Z. Schafzucht Jg. 10, H. 9, S. 266. 1921.

[4]) Zuntz, N.: Beeinflussung des Wollwuchses. Z. Schafzucht Jg. 9, H. 6, S. 127. 1920. — Zur Hebung des Wollertrages unserer Schafe. Dt. landw. Presse Jg. 46, Nr. 29, S. 199. 1919.

[5]) Lehmann: Fütterungsversuche mit Ovagsolan. Gutachten an den Minister für Ernährung u. Landwirtschaft (Auszug). Dt. landw. Tierzucht Jg. 25, Nr. 15, S. 157. 1921. — Helldorf, v.: Fütterungsversuch mit Ovagsolan. Z. Schafzucht Jg. 9, H. 13, S. 396. 1920. — Zaitschek, A. u. P. Kereszturi: Förderung des Wollertrages durch Fütterung. Budapest 1922.

[6]) Waenting: Über einen Fütterungsversuch an Wollschafen mit aufgeschlossenem Keratin. Textile Forsch. Jg. 3, H. 1, S. 18. — Über einen weiteren Fütterungsversuch an Wollschafen mit aufgeschlossenem Keratin. Textile Forsch. Jg. 4, H. 4, S. 137. 1922.

festzustellen. Zu ähnlichen Resultaten ist Golf[1]) bei einem größeren Fütterungsversuch bei Merinoschafen gekommen, doch ist die Wirkung nicht bei allen Versuchstieren aufgetreten; der letztgenannte Verfasser vermutet, daß manche der Tiere eine individuelle Unempfindlichkeit gegenüber der Reizwirkung des Ovagsolans zu besitzen scheinen. Ob es sich bei der Ovagsolanfütterung allein um eine spezifische Wirkung der aufgeschlossenen Hornsubstanz handelt oder ob diese nur appetitanregend gewirkt hat, mag dahingestellt bleiben. So viel hat sich jedenfalls herausgestellt, daß die Ovagsolanfütterung unrentabel ist. Der Zuwachs an Wolle ist viel zu teuer erzielt. Erhöhte Proteinfütterung führt zu dem gleichen Ziel.

In neuerer Zeit haben Gärtner und Knoblich[2]) den Einfluß verschiedenartiger Ernährung insbesondere der Proteinzufuhr auf die Wollproduktion untersucht. Die von ihnen benutzten verschiedenen Futtermischungen weisen gegenüber der Normalfütterung (Gruppe 2) als besondere Eigenart bei der Gruppe 1 einen 3½ mal so hohen Eiweißgehalt auf, bei einem Eiweißverhältnis von 1:5,55, dagegen in Gruppe 3 einen um die Hälfte niedrigeren Eiweißgehalt bei einem Eiweißverhältnis von 1:32.

Die geringe Eiweißzufuhr in Gruppe 3 ist ohne Einfluß auf das Schurgewicht geblieben, allerdings ist das Rendement, das durch sehr starke Fettschweißabsonderung bedingt wird, sehr niedrig. Die reine Wollmenge ist dagegen um 9,2% zurückgegangen. Dieses geringere Gewicht ist nicht durch eine Hemmung des Längenwachstums und nur zum geringen Teil durch eine Verfeinerung der Haare zu erklären.

Die Verstärkung der Eiweißzufuhr hat eine Erhöhung des Schurgewichtes um 15,5% und eine Erniedrigung des Rendements zur Folge. Letzteres beruht nicht auf einer Vermehrung der Fettschweißproduktion, sondern auf rein mechanischer Verschmutzung. Die Produktion an reiner Wollfaser ist um 9,9% erhöht. Dieser Zuwachs ist aus dem gesteigerten Längenwachstum (19,95%) sowie aus dem erhöhten Dickenwachstum (12,78%) zu erklären.

Der Übergang von der normalen zur überreichen Ernährung prägt sich als Absatz oder Knick im Vliese ebenso aus wie der Übergang von der normalen zur Unterernährung. Das kann man vor allem häufig in den Vliesen von Ausstellungstieren sehen. Diese Schafe werden meistens präpariert und durch besondere Fütterung auf die Ausstellung vorbereitet. Dieser Übergang zu einer besonders starken Fütterung geschieht jedoch häufig nicht allmählich, so daß sich dann ein scharfer Absatz im Vlies bildet.

β) Der Einfluß der Geschlechtstätigkeit auf die Haarfeinheit.

Der Einfluß, den das Geschlechtsleben auf das Haar hat, kann wohl auch auf die Ernährung zurückgeführt werden, da hier die Ernährungs- und Reservestoffe für die Geschlechtstätigkeit und für den Embryo verbraucht werden. Ferner können auch hier vielleicht Reizstoffe ihre Wirkung ausüben. Bei Böcken, die zu stark zur Zucht benutzt worden sind, wird das Haar dünner, glanzloser und trockener. Zuweilen ist im ganzen Vlies ein Absatz oder Knick festzustellen. Nach der Deckzeit wird das Haar wieder normal ausgebildet.

Nicht nur beim Bock, sondern auch bei den Mutterschafen leidet die Güte der Wolle durch die Zuchtbenutzung. Man kann wohl sagen, daß durch anhaltendes Säugen die Wolle der Mutterschafe mehr leidet als die der Böcke durch zu

[1]) Golf, A.: Ein Fütterungsversuch mit Ovagsolan. Z. Schafzucht Jg. 11, H. 7, S. 165. 1922.

[2]) Gärtner, R. und P. Knoblich: Über den Einfluß verstärkter Eiweißfütterung auf das Wachstum der Wolle. Z. Schafzucht Jg. 15, H. 22. 1926.

starke Zuchtbenutzung. Durch Säugen kann der normale Stapelbau gestört werden, die Wolle verfilzt, verliert an Kraft, wird schlaff und unelastisch. Sehr häufig wird abgesetzte Wolle gebildet oder diese löst sich am Bauch und den Flanken mehr oder weniger ab. Vor allem bei den Rassen, die zu schwachem Besatz des Bauches neigen, erfolgt nach der Geburt des ersten Lammes häufig ein Ablösen der Bauchwolle.

Während der Trächtigkeit erfährt bei Rindern das Nachwachsen der Haare eine Verzögerung und die Haardicke wird reduziert. Bei Schafen erfolgt eine geringere Ausbildung von Fettschweiß, so daß die Wolle weißer und trockener wird. Es tritt also eine Beeinflussung der physiologischen Tätigkeit der Haut hervor.

Was nun speziell die Einwirkung des Säugens auf die Feinheit der Wolle anbetrifft, so hat Kleine-Stricker hierüber Untersuchungen an Negretti-Schafen angestellt. Die Tiere hatten 1 bis 3 Monate vor der Entnahme der Wollprobe gelammt, die während der Säugeperiode gewachsene Wolle zeigt nach ihrer Zusammensetzung eine bedeutende Zunahme der Feinheit und Ausgeglichenheit, wie aus folgender Tabelle hervorgeht:

Nummer des Tieres	Jahr	Gelammt	Prozentgehalt nach den Sortimenten						
			5 *a*	4 *a*	3 *a*	2 *a*	*a*	*b*	*c*
280/84	1890	—	38	32	20	7	2	—	1
„	1891	9. 4. 91	63	33	3	1	—	—	—
129/85	1888	—	25	32	25	9	6	2	1
„	1890	7. 4. 90	53	27	16	4	1	—	—
„	1891	3. 4. 91	53	29	9	6	2	—	—
„	1894	—	19	39	29	8	3	2	—
„	1895	13. 2. 95	58	30	9	2	1	—	—
129/90	1894	—	35	42	17	6	—	—	—
„	1895	6. 2. 95	59	28	12	1	—	—	—
„	1896	—	42	36	14	7	1	—	—

Es ergibt sich also die Bedeutung des Säugens und der Trächtigkeit für die Feinheit der Wolle. Die Einwirkung der Trächtigkeit einige Monate vor der Geburt ist nicht besonders groß. Die Geburt selbst, wie die Zeit unmittelbar vorher, vor allem aber die Säugezeit haben starken Einfluß auf den Feinheitscharakter der Wolle. Die Dauer der Einwirkung nach der Geburt ist einerseits von der Dauer der Säugezeit, andererseits von der Konstitution der Tiere abhängig. Bei einigen Tieren, die am Anfang des Sommers gelammt hatten, hat Gehrke festgestellt, daß im Herbst der Einfluß des Säugens noch nachzuweisen ist. Es ist wohl naheliegend, daß besonders bei Zwillingslämmern eine starke Verfeinerung der Wolle der Mutterschafe erfolgt. Der Grad der Verfeinerung ist bei verschiedenen Tieren nicht der gleiche.

Wilsdorf[1]) führt die Herabminderung der Wollfeinheit beim Shropshire der im Winter geschorenen Wolle auf die Säugezeit der Tiere zurück. Die mittlere Wollfeinheit der Muttertiere beträgt für die Keule im Sommer 28,41 μ, im Winter 32,18 μ, für die Seite im Sommer 26,69 μ, im Winter 31,05 μ, für die Schulter im Sommer 25,96 μ, im Winter 30,97 μ.

Auch beim Merinofleischschaf hat Nordmeyer[2]) eine größere Feinheit im Dezember und März gegenüber der im Juni geschorenen Wolle festgestellt.

[1]) Wilsdorf, O. H.: Das Shropshire, seine Entstehungsgeschichte, seine Verbreitung und seine Leistungen unter besonderer Berücksichtigung der Shropshirestammschäferei Denkwitz. Leipzig 1927.

[2]) Nordmeyer, H.: Untersuchungen über Entwicklung und Beschaffenheit der Wolle in der Merinofleischschafherde Dubran. Diss. Berlin 1927.

Die Gründe sucht der Verfasser in der Trächtigkeit und Säugezeit, in der Hauptsache aber in unzureichender Ernährung im Winter.

Der Einfluß der Krankheiten auf die Wolle.

Starke Veränderungen von Haut und Haar erfolgen durch Krankheit. Schon aus der rauhen glanzlosen Beschaffenheit der Haare kann vielfach auf eine Erkrankung der Tiere geschlossen werden. Nicht selten sind die Veränderungen auf physiologische Änderungen des Stoffwechsels und damit verbundenen Ernährungsstörungen zurückzuführen, die dann einen ähnlichen Verlauf zeigen wie bei mangelnder Ernährung. So findet man bei erkrankten Schafen eine Lockerung der Textur der Haare, Bildung eines Absatzes, partiellen und schließlich totalen Haarausfall. Auf die Wirkung der einzelnen Krankheiten auf die Wollbeschaffenheit soll hier nicht eingegangen werden.

γ) Der Einfluß der Haltung auf die Haarfeinheit.

Neben der Ernährung kommen von äußeren Faktoren für die Ausgestaltung von Haut und Haar noch Haltung[1]) und Klima in Betracht. Bei der Haltung spielen Pflege, Aufstallung, Einfluß des Bodens usw. eine gewisse Rolle, ohne daß man jedoch die Einwirkung der einzelnen Faktoren auf Haut und Haar bis jetzt näher analysieren kann.

Die Einflüsse der infolge des Weltkrieges bedingten schlechten Haltung und ungenügenden Ernährung kommen in einer unausgeglichenen Wolle der Kriegsjahrgänge zum Ausdruck; die ungleichmäßige Ausbildung des Wollfeldes der Lämmer hat sich im späteren Alter auch nach Einsetzen besserer Haltungs- und Ernährungsbedingungen erhalten (Bautzmann).

Bei dem Einfluß des Bodens sind zu berücksichtigen Oberflächengestaltung, physikalische und chemische Beschaffenheit, Temperatur und Feuchtigkeit, die ihrerseits die Vegetation weitgehend beeinflussen, so daß indirekt diese Faktoren auch auf die Ernährung der Tiere einwirken können. Auf dem Wege über den Stoffwechsel kann hier eine Einwirkung auf Haut und Haar erfolgen. Auf Sand und vor allem Kalkboden wird die Wolle rauher und fester (Haumann[2]), Bakewell, Janke), während der Schurertrag herabgemindert wird im Vergleich zu Schafen, die auf Tonboden gehalten werden, deren Wolle sich durch Weichheit und Sanftheit auszeichnet.

Leichter Boden wirkt im großen und ganzen in Richtung einer leichteren, feineren Wolle (May[3]), Thaer.) Vor allem läßt sich die edelste Merinowolle nur auf milderen Feldern erzielen. Manche Felder begünstigen auch die Entstehung des Glanzes, den man als Lüsterglanz bezeichnet, ohne daß man eine Erklärung hierfür hat. Auf schweren Böden wird eine weiche, tiefe, schwere Wolle erzeugt, die unter Umständen auch in das ordinäre gehen kann. Auf feuchten, schweren Niederungsböden wächst immer eine gröbere Wolle. Auf grandigem Boden wird die Wolle leicht gemein im Typ und der Schmelz fehlt meistens. (Körte[4])).

---

[1]) Elsner, J. G.: Einfluß der Fütterung und insbesondere der Weidetriften auf die Menge und Güte der Wolle der Schafe. Ökon. Neuigk. u. Verhandl. Bd. 1, Nr. 28. 1848. — Einfluß der Ernährung des Schafes auf die Qualität und das Wachstum der Wolle aus Nachr. Landw. Österr. Z. Schafzucht 1921.

[2]) Haumann: Die Schafzucht in ihrem ganzen Umfange. Weimar 1839.

[3]) May, G.: Das Schaf. Breslau 1868. — Die Wolle und Rassen des Schafes. Breslau 1861.

[4]) Körte, A.: Das deutsche Merinoschaf. Breslau 1862. — Das Wollschaf, seine Wollzüchtung, Ernährung und Wartung. Breslau 1880.

Ob für die angegebenen Veränderungen der Wolle allein die Bodenverhältnisse verantwortlich sind, mag dahingestellt sein. Auf dem Wege über den Stoffwechsel ist vielleicht eine indirekte Beeinflussung der Haut- und Haarbeschaffenheit durch die Mineralstoffe des Bodens möglich, die mit dem Trinkwasser oder dem Futter aufgenommen werden. Exakte Versuche liegen noch nicht vor.

Auf die Haarfeinheit und die Haarmenge hat die Haltung Einfluß. So verlieren die Vliese an Gewicht und es tritt eine Verfeinerung ein, wenn die Schafe im Winter sehr lange Zeit im Stalle gehalten werden.

δ) Der Einfluß des Klimas auf die Haarfeinheit.

Ebenso wie bezüglich der Einwirkung des Bodens und Weideganges auf Haut und Haar liegen exakte Untersuchungen auch über die Einwirkung des Klimas nicht vor, vielmehr ist man auf Beobachtungen aus der Praxis angewiesen. Unter Klima muß man eine ganze Anzahl verschiedener Faktoren verstehen, wie Temperatur, Feuchtigkeit, Höhenlage usw., deren Einzelwirkung schwer festzustellen ist. Auf die Beschaffenheit der Wolle haben Wassergehalt, Salzgehalt und Durchschnittstemperatur der Luft einen wesentlichen Einfluß. Es handelt sich hierbei namentlich um rein physikalisch-chemische Einwirkung auf das Haar. Besonders verursacht das Wasser, unterstützt durch Wärme, ein Aufquellen des Haares, also eine Änderung des Querschnittes desselben. Ferner kann es sich um eine indirekte Wirkung auf dem Wege des Stoffwechsels handeln.

Über die Einwirkung des Klimas auf die Haarbeschaffenheit von Schafen liegen die widersprechendsten Ansichten vor. Allgemein ist das Haar nach Pusch[1]) feiner im warmen Klima, dagegen länger, dichter und glanzloser im feuchten, gemäßigten, namentlich im Seeklima. Hier wird das Haar speziell bei feinwolligen Merinos gröber und flachbogiger.

Nach Duttenhofer und Hunter bewirkt Wärme eine Dickenzunahme der Haare; nach Hunter auch eine Entartung und einen schütteren Haarstand. Der Einfluß der Wärme soll sich erst nach 1 bis 2 Generationen zeigen. Andere Autoren meinen dagegen, daß durch Wärme eine Verfeinerung und Lockerung des Vlieses eintrete.

Nach Duttenhofer soll durch Kälte bei normaler Ernährung das Haar gröber werden bei gleichen mechanischen Eigenschaften. Wirken Kälte und Hunger gleichzeitig, so soll das Wollhaar nicht nur dünner werden, sondern auch an Festigkeit verlieren. Blacklock, Elsner, Janke, Lasteyrie u. a. geben an, daß in kalten rauhen Gegenden das Merinohaar gröber wird. Feuchte Täler und Niederungen produzieren immer eine gröbere, längere und schlichtere Wolle, Hochebenen, sofern sie nicht feucht sind, dagegen eine feinere und Gebirgsgegenden eine rauhe und grobe Wolle (Clauß[2])). Nach Abildgaard und Viborg ist die Wirkung sehr hoher und niederer Temperaturen gleich ungünstig; im warmen milden Klima ist die Wolle fein und mild.

Aus den bisherigen Beobachtungen über die Einwirkung des Klimas auf das Haar scheint so viel hervorzugehen, daß die Extreme ungünstig wirken. Rauhes Klima befördert den Wuchs einer gröberen Wolle; alle Schafe in unwirtlichen Gegenden haben von Natur aus ein grobes mischwolliges Vlies. Hohe Temperatur wirkt insofern nicht günstig, als unter dieser sich häufig Loswolligkeit einstellt;

[1]) Pusch-Hansen: Allgemeine Tierzucht. Stuttgart 1921.
[2]) Clauß: Die Kultur der Schafe. Meißen 1836.

inwieweit auch eine Änderung der Feinheit erfolgt, sei dahingestellt; zum Teil wird angegeben, daß eine Verfeinerung eintritt. Seeklima, feuchtes Klima allgemein, wirkt vergröbernd auf die Wolle und selbst feinwollige Tiere, die in diese Gebiete versetzt worden sind, haben durch Einwirkung des Klimas eine gröbere Behaarung erhalten, so hat man z. B. die Wolle Mecklenburger Merinos niemals zu der hohen Feinheit trotz aller züchterischen Bestrebungen bringen können wie in Schlesien.

Der Aufenthalt im Freien in der rauheren Jahreszeit fördert die Wollbildung, was vor allem bei unseren Landschafen deutlich zu erkennen ist, jedoch soll eine Vergröberung nicht eintreten. Zu einem gewissen Teile spielen bei diesen Einwirkungen verschiedenartiger Haltung auch Unterschiede in der Ernährung mit.

Durch die Jahreszeit ist bei den mischwolligen Schafen ein Unterschied in der Wollzusammensetzung festzustellen. Die Winterwolle ist immer reicher an Flaumhaar als die Sommerwolle (Abb. 97).

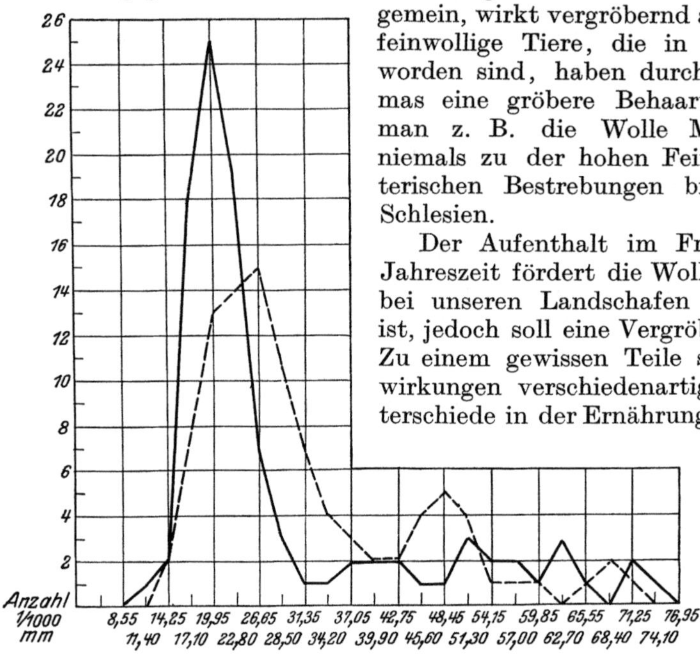

Abb. 97. Karakulbock 264/14.
——— Winterschur 1919. — — — Sommerschur 1919 (nach Middeldorf).

5. Korrelative Beziehungen der Haarfeinheit.

Auf die korrelativen Beziehungen zwischen Wollfeinheit und andere Eigenschaften hat Spöttel[1]) hingewiesen. Man versteht unter Korrelationen den Zusammenhang der Merkmale in der Art, daß sie gegenseitig gebunden sind und daß eine Abänderung des einen parallel zu denen der anderen gehen.

Mit der Höhe des Schurgewichtes steht bei den Merinos die Feinheit in Beziehung, insofern als gröbere Wollbeschaffenheit den Schurertrag bei dem Merino steigert. Die errechneten Korrelationen waren echte nach den Untersuchungen von Bautzmann und G. Elbe, übertrafen jedoch den 3fachen mittleren Fehler nicht nach den Feststellungen von Gantzer und Bötel.

Nach Bautzmann scheint nicht immer eine Wechselbeziehung zwischen Ausgeglichenheit der Wolle und Lebensgewichtsleistung zu bestehen, wenn man auch vielfach bei höheren Körpergewichten mit einer Zunahme der Unausgeglichenheit der Wolle rechnen kann. Dagegen stehen Ausgeglichenheit und Schurgewichtsleistung in keinem bestimmten Abhängigkeitsverhältnis; beide Eigenschaften verhalten sich nach Bautzmann unabhängig.

Nach Ansichten der meisten Autoren[2]) geht mit zunehmender Verfeinerung der Wolle eine ungünstige Ausbildung des Skelettbaues, eine Abnahme der

---

[1]) Spöttel, W.: Über Variabilität, korrelative Beziehungen und Vererbung der Haarfeinheit bei Schafen. Bibliotheca Genetica Bd. 7. Leipzig 1925.

[2]) Nur Schlange und Völtz sind der Ansicht, daß auch bei hochfeiner Wolle (AA und feiner) sich Tiere von Übermittelgröße und guter Mastfähigkeit erzielen lassen.

Mastfähigkeit und eine Verringerung der Körpergröße einher. Nach Baur und Kronacher[1]) stehen Vergröberung der Wolle, Vertiefung und Lockerung des Stapels im Zusammenhang mit Breite und Tiefe der Rumpfform, sowie korrekter Beinstellung, was sie auf einen diese Eigenschaft gemeinsam beeinflussenden Erbfaktor oder auf starke Faktorenkoppelung zurückführen[2]). Auch Plate[3]) ist der Ansicht, daß der Organismus des Schafes zu beiden Leistungen, feine Wolle und gute Fleischform, nicht fähig ist, eine Anschauung, die schon H. v. Nathusius vertreten hat. Aus der Geschichte der Entstehung der sächsischen Elektoralschafe haben wir auf eine korrelative Beziehung zwischen Wollfeinheit und Körperentwicklung geschlossen, in der Richtung, daß unter den deutschen Umweltverhältnissen keine Vereinigung höchster Wollfeinheit mit großen und guten Körperformen, ebenso mit hohem Schurgewicht möglich sei.

Wenn man das Körpergewicht als Ausdruck der Körpergröße ansieht und bis zu einem gewissen Grade ist man dazu berechtigt, wenn die zu vergleichenden Tiere denselben normalen Futterzustand aufweisen, so ergibt sich aus einer Zusammenstellung von E. und D. Thilo[4]), daß die Unterschiede im Körpergewicht bei Merinofleisch- und Meleschafen zwischen Tieren der Wollfeinheit *a* — *b c* ganz wesentliche sind: die Tiere mit hohen Lebendgewichten haben grobe, die mit niedrigen Gewichten feine Wolle.

Klar und eindeutig haben sich die Beziehungen zwischen Wollfeinheit und Körpergewicht bei den Untersuchungen von Heise und Bautzmann an Merinofleischschafen, von Meyer an Hampshiredownschafen und von Scupin an feinen schlesischen Elektoralschafen ergeben. Nach den ersteren beiden sind die Blutlinien der Dröschkauer und Beerendorfer Merinofleischschafherden, die ein hohes Lebendgewicht zeigen, durch grobe Wolle gekennzeichnet, während Linien mit niedrigem Lebendgewicht die höchste Wollfeinheit zeigen. Eine Vereinigung von Wollfeinheit und Lebendgewicht auf mittlerer Basis ist bei gewissen Blutlinien festgestellt. Zu den gleichen Ergebnissen kommt Meyer bei Untersuchung der Artmannschen Hampshiredownschafherde. Auch Scupin kann bei den schlesischen Elektoralschafen der Seppauer Herde Hand in Hand mit zunehmender Erhöhung des Lebendgwichtes eine Herabminderung der Feinheit feststellen. Während G. Elbe und Gantzer positive Korrelationen zwischen Haardicke und Lebendgewicht ermittelten, konnte Bötel eine derartige Beziehung nicht feststellen.

Aus einer Zusammenstellung, in welcher Spöttel die Untersuchungsergebnisse von Negrettiwollen, die Kleine-Stricker erhalten hat und die Körpergewichte der betreffenden Tiere verwertet hat, ist eine derartig präzise Beziehung zwischen Feinheit und Körpergewicht, wie sie E. und D. Thilo bei Merinofleischschafen und Mele erhalten haben, nicht zu ersehen. Teils sind zwar die schwersten Tiere auch zugleich diejenigen, welche die gröbsten Wollen zeigen, teils ist jedoch das Gegenteil der Fall. So steht z. B. das Mutterschaf 129/95, welches die feinste Wolle hat, bezüglich des Körpergewichtes an 4. Stelle und unter den Böcken hat 374/87 mit dem höchsten Körpergewicht zugleich auch die größte Wollfeinheit. Bei diesen Ergebnissen können natürlich auch die ungleiche Zahl der Jahre, während welcher das Gewicht der Tiere festgestellt wor-

---

[1]) Baur, F. u. C. Kronacher: Gibt es konstant vererbende Rassenbastarde in der Schafzucht? Dt. landw. Presse 1919.

[2]) Allerdings gibt Kronacher in späteren Arbeiten an, daß sich eine Beziehung zwischen Körpergewicht und Wollfeinheit nicht nachweisen lasse.

[3]) Plate, L.: Vererbungslehre. Leipzig 1913.

[4]) Thilo, E. u. D.: Dt. landw. Tierzucht 1921.

den ist, und außerdem gewisse physiologische Zustände störend gewirkt haben. So ist vor allem das hohe Alter einiger der Tiere zu berücksichtigen, das eine Verfeinerung der Wolle (vgl. oben) bedingt hat. Ferner ist darauf hinzuweisen, daß es sich hier bezüglich der Wollfeinheit nur um Abstufungen des feinsten *a*-Sortimentes gehandelt hat und daß das Körpergewicht sehr stark auf äußere Einwirkungen reagiert.

Die Abhängigkeit der Ausbildung mehrerer physiologischer und morphologischer Merkmale voneinander tritt um so typischer in Erscheinung, je einseitiger die Zucht auf eine Leistung, z. B. Haarfeinheit, getrieben worden ist. Die einseitige Steigerung einer physiologischen oder morphologischen Eigenschaft ist vielfach mit einer anormalen Umgestaltung anderer Eigenschaften verbunden, so daß man schließlich von Überbildung spricht.

Unter den Schafrassen können wir 2 Extreme feststellen, die einseitige Leistungssteigerung erfahren haben, und zwar die Merinos und die englischen Fleischschafe. Bei den ersteren ist entweder die Feinheit der Wolle oder der Wollbesatz, bei den letzteren Frühreife und Mastfähigkeit in gewissen Zuchten bis zum äußersten gesteigert worden. Mit der gesteigerten Frühreife und Mastfähigkeit ist die Wolle etwas gröber und länger geworden; sie steht undicht auf der Haut (vgl. oben), der Bauch ist mangelhafter besetzt. Bei den Merinos ist eine einseitige Steigerung der Wollfeinheit erfolgt, die ihrerseits zu einer Überbildung geführt hat. In dem sächsischen Elektoralschaf ist das überzüchtete Feinwollschaf, und in dem Faltennegretti die überzüchtete Rasse auf Wollmenge zu sehen. Die Überbildung der Elektoralschafe und Negrettischafe äußert sich nach Spöttel in anormaler Beschaffenheit der Haut, Bewachsenheit des Körpers, Umbildung der Skelettproportionen und physiologischen Störungen. Bei Elektoral- und Negrettischafen, die noch nicht in hohem Maße überzüchtet sind, ist ein Muffkopf charakteristisch, der durch eine gewisse Reduktion des Gesichtsteiles und der entsprechend plumpen Ausgestaltung des Schädels gekennzeichnet wird. Die Hornbildung ist mehr oder weniger reduziert. Das Skelett zeichnet sich im allgemeinen durch zierlichen Knochenbau aus. Die Rippen sind schwach, der Rücken tritt scharf hervor, das Becken ist schmal und die Beine stehen vorn und hinten eng, oder haben sonst inkorrekte Stellung. Im Verhältnis zu ihrer schwachen Körperentwicklung sind die Elektoralschafe schwer zu ernähren. Auch in ihrem Verhalten und in ihren psychischen Eigenschaften zeigen sie wesentliche Unterschiede gegenüber anderen Schafrassen: sie sind auffallend schüchtern, ihre Augen haben nach Thaer ein besonderes Aussehen, so daß man sie eine Kretin- oder Kakerlakenrasse unter den Schafen nennen könne.

Die Degeneration führte zu einer starken Unfruchtbarkeit und Empfindlichkeit gegenüber äußeren Einflüssen. Schließlich trat die Traberkrankheit unter diesen hochfeinen Elektoralschafen in derartigem Umfange auf, daß die jährlich hinzukommenden Lämmer nicht mehr den Abgang decken konnten.

Die in einer späteren Epoche der Merinozucht beobachtete einseitige Berücksichtigung der Wollmenge durch Vergrößerung des Wollfeldes in Falten führte zu einer Umgestaltung der Wolle insofern, als auf den groben Hautfalten die Haare undicht standen und stark in Richtung der Stichelhaare vergröbert wurden. Derartige grobe Haare wurden dann auch häufig im ganzen Vlies angetroffen. Zugleich wurde auch der Fettschweiß immer schwerer löslich und die Menge desselben nahm zu, so daß schließlich die Vliese vollständig mit Fettschweiß überladen waren. Der Organismus war nur auf die Produktion von Fettschweiß und Wollsubstanz eingestellt und unfähig, die Futterstoffe durch Fleisch- und Fettansatz zu verwerten.

Auch bei diesen Negrettis traten weitgehende Umgestaltungen im Skelett zutage. Diese Tiere wurden immer kleiner und ihre Körperproportionen mangelhaft. Auch hier fanden sich fehlerhafte Beinstellung, schmale Brust- und Keulenbildung und plumpe kurze Köpfe.

Vergleicht man nun mit Spöttel die Umgestaltungen, die mit der einseitigen Leistung bei den erwähnten, auf Fett- und Fleischproduktion gezüchteten englischen Schafen und den Merinos einhergehen, bei welch letzteren entweder, wie beim Elektoral, die Wollfeinheit zur größten Höhe gebracht oder wie beim Negretti, die Wollmenge einseitig gesteigert ist, so sind einerseits gewisse ähnliche Begleiterscheinungen, andererseits aber Umbildungserscheinungen, die in entgegengesetzter Richtung liegen, festzustellen. Beiden gemeinsam ist die atrophische Ausbildung der Geschlechtscharaktere und die Rückbildung bzw. anormale Ausbildung der Hoden und Ovarien, die sich in einem hohen Prozentsatz güstbleibender Schafe und in Kryptorchismus äußert, ferner die geringe Lebensfähigkeit der Lämmer, die Hinfälligkeit und Anfälligkeit der Erwachsenen gegen Witterung und Krankheit, das geringe Schurgewicht, welches besonders beim Elektoral am stärksten reduziert ist, die geistige Verblödung und Stumpfheit der Tiere, die sich in einer Bewegungsträgheit äußert. Jedoch tritt das Kretinhafte besonders beim Negretti, die Überempfindlichkeit des Nervensystems beim Elektoral zutage.

Die wesentlichsten Unterschiede bestehen darin, daß bei dem Merino ein ausgesprochener Zwergwuchs vorhanden ist, daß die Skelettausbildung beider Rassengruppen in 2 ganz verschiedenen Richtungen erfolgt ist, daß beim Merino trotz kräftigster Ernährung immer ein gewisser Zustand der Abmagerung erhalten bleibt und selbst bei Mastfutter keine Fleisch- und Fettproduktion im Organismus erfolgt, wohl aber eine hohe Fettschweißproduktion, während bei den englischen Schafen eine vollkommene Verfettung der Muskeln und inneren Organe eintreten kann. Ferner fehlen bei den überzüchteten englischen Fleischschafen die Erscheinungen, die man beim Elektoral und Negretti als Traberkrankheit bezeichnet.

Aus dem Vergleich der Eigenschaften hochgezüchteter Fleischschaf- und Wollschafrassen mit den Erscheinungen bei Exstirpation innersekretorischer Organe vermutet Spöttel, daß die Ursachen der einseitigen Leistungssteigerung und der damit verbundenen Folgeerscheinungen, die in den verschiedensten Umgestaltungen beruhen, in einer Funktionsatrophie der innersekretorischen Drüsen zu suchen sind.

Die Ergebnisse der Wirkung der Exstirpation der Epithelkörperchen sind beim Schaf aus dem Grunde nicht eindeutig, weil sehr häufig größere und kleinere akzessorische Drüsen der Trachea entlang vorkommen. Aus diesem Grunde wird eine ausgesprochene Tetanie bei Schafen nicht beobachtet. Nach Horsley und v. Eiselsberg treten nach Schilddrüsenentfernung bei ausgewachsenen Schafen teils keine Folgezustände auf, teils mageren die Tiere ab, ohne sonstige Störungen zu zeigen. Spezielle Untersuchungen der Wolle dieser Tiere liegen nicht vor. Im Laufe der Zeit tritt eine deutliche Zunahme ihrer Stupidität ein. Erst als die Tiere frischgeschoren in einen kalten Stall kamen, trat Kachexie ein.

Anders sind die Ergebnisse, die v. Eiselsberg[1]), Horsley[2]), Biedl[3]) u. a. erhielten, wenn bei Lämmern von etwa 10 Tagen die Schilddrüse entfernt wird. Schon nach kurzer Zeit stellt sich eine deutliche Wachstumsstörung bei den

[1]) Eiselsberg, v.: Wachstumsstörungen bei Tieren nach frühzeitiger Schilddrüsenexstirpation. Arch. klin. Chir. 1895, S. 49.

[2]) Horsley, V.: Die Funktion der Schilddrüse. Festschrift Virchow 1891. — Remarks on the thyroid gland. Rep. dep. path. univ. coll. London 1894.

[3]) Biedl, A.: Innere Sekretion. Wien-Berlin 1913.

operierten Tieren ein und nach 6 Wochen ist das Gewicht zweier Tiere zusammen geringer als das eines Kontrolltieres; obgleich ihre Freßlust groß ist, nehmen sie im Körpergewicht nur wenig zu.

Die Wachstumsstörungen kommen am deutlichsten am Knochensystem zum Ausdruck, vor allem zeigen die langen Röhrenknochen ein Zurückbleiben der Entwicklung und eine sehr späte Verknöcherung der Epiphysen. Die Röhrenknochen bleiben kurz, plump und dick. Auch das Längenwachstum des Kopfes ist zurückgeblieben. Der Schädel ist klein, der Vorderkopf gegenüber dem Hinterkopf reduziert, so daß eine Muffkopfbildung festzustellen ist. Die Hörner sind mehr oder weniger rudimentär ausgebildet. Der Unterkiefer hat infantilen Typ.

Bei jungen Lämmern, denen die Schilddrüse entfernt ist, hat der Hinterleib eine trommelartige Auftreibung. Das Fettgewebe ist atrophisch, ohne Spur einer myxödematösen Schwellung im subcutanen Gewebe. Die Muskulatur ist zurückgebildet. Das Vlies ist nur schwach entwickelt und der Schwanz schwach bewollt. Der Funktionsausfall der Epithelkörperchen und der Schilddrüse hat in sämtlichen Versuchen eine Verfeinerung des Haares und zugleich eine Reduktion des Schurgewichts bedingt. Die fehlenden Hormone der erwähnten Drüsen verursachen Verfeinerung, Zurückbleiben im Längenwachstum und dementsprechend Reduktion des Schurgewichtes, bedingen also eine Reduktion in der Produktion von Hornsubstanz.

Was die Funktion des Hirnanhangs betrifft, so sind Feststellungen darüber bei Schafen nicht bekannt (Spöttel).

Auf die Erscheinungen, die nach Exstirpation des Thymus eintreten und hauptsächlich in gewissen Störungen des Wachstums, der Skelettausbildung und in Änderungen des nervösen Apparates bestehen, wie auch auf die Folgeerscheinungen bei Exstirpation der Nebennieren soll nicht eingegangen werden, da ihnen für die folgende Diskussion keine Bedeutung zukommt.

Am besten bekannt sind die Wirkungen der Hormone der Keimdrüsen auf die Ausbildung der sekundären Geschlechtsmerkmale und sonstiger morphologischer und physiologischer Eigenschaften, da die in der landwirtschaftlichen Praxis häufig ausgeführte Kastration ein reiches Beobachtungsmaterial darbietet.

Die Unterschiede der Wollfeinheit an einzelnen Körperstellen treten bei den Böcken mehr hervor als dies bei den Mutterschafen der Fall ist. Bei Kastration wird die Wolle feiner und ausgeglichener.

Die Exstirpation der Glandulae parathyreoideae und die gesteigerte Zucht auf hochfeine Wolle haben nach Spöttel weitgehende Übereinstimmung in den Folgeerscheinungen: bedeutende Wachstumshemmung und ausgesprochenen Zwergwuchs, weitgehende Umgestaltung des Körperbaues, Hinauszögerung der Verknöcherung, Reduktion der Muskelmassen, trophische Störungen, die sich im Ausfall eines Teiles der Haare und Verfeinerung derselben äußern. Auch die anämischen Erscheinungen sind in beiden Fällen zu beobachten. Was die nervösen Störungen bei Epithelkörperchenentfernung anbetrifft, so finden diese eine Parallele in der Erscheinung der Traberkrankheit, die als ausgesprochene Tetanie gedeutet werden kann. Man findet in beiden Fällen Übererregbarkeit des Nervensystems, Muskelzuckungen, Bewegungsstörungen, gesteigerte Herztätigkeit, Erhöhung der Temperatur usw.

Auch was die Ausfallserscheinungen bei Schilddrüsenentfernung anbetrifft, findet man beim Merino ähnliche Erscheinungen: Wachstumsstörung und Umgestaltung des Knochensystems sowie eine spätere Verknöcherung der Epiphysenfugen.

Mit den Erscheinungen bei Ausfall der Hypophysenfunktion (der pars intermedia) bringt Spöttel Eigenschaften englischer Fleischschafe im Vergleich. In beiden Fällen erfolgt eine starke Fettablagerung in der Haut und in den Geweben; der Stoffwechsel ist herabgesetzt, die Haut ist dünn und undicht bewachsen.

Die Ausfallserscheinungen nach Exstirpation der Zirbeldrüse können gleichfalls mit gewissen Eigenschaften der englischen Fleischschafrassen verglichen werden: wir haben in beiden Fällen eine außerordentliche Frühreife, sehr frühzeitige Entwicklung der primären und sekundären Geschlechtsmerkmale und frühzeitige Verknöcherung der Epiphysenfugen.

Was die Ausfallserscheinungen bei Kastration anbetrifft, so finden sich ganz ähnliche bei gewissen Fleischschafrassen, wie vor allem auch bei den hochedlen Merinos: bei einzelnen Tieren wie auch in bestimmten Zuchtrichtungen fallen analog wie beim kastrierten Tier die Unterschiede der Böcke und Mutterschafe mehr oder weniger weg, was sowohl im Skelettbau wie auch im psychischen Verhalten zum Ausdruck kommt. Die Wolle erreicht im Strähnchen wie im ganzen Vlies eine ähnliche Ausgeglichenheit wie bei den Mutterschafen.

In den vorstehenden Ausführungen ist dargelegt, daß die innersekretorischen Drüsen in weitem Umfange die morphologischen, physiologischen und psychologischen Eigenschaften maßgebend beeinflussen, und gezeigt, daß in den Ausfallserscheinungen bei Exstirpation derselben eine teilweise bis in das einzelne gehende Übereinstimmung mit den Feststellungen vorliegt, die an den erwähnten in einseitiger Leistungszucht gesteigerten Kulturrassen der Schafe gemacht sind. Es liegt daher die Folgerung nahe, daß die Ursache der einseitigen Leistungssteigerung und der damit verbundenen Folgeerscheinungen, die in den verschiedensten Umgestaltungen beruhen, in einer Funktionsinsuffizienz der erwähnten Drüsen zu suchen sind. Allerdings ist es nach Spöttel fraglich, ob infolge des weitgehendsten Ineinandergreifen der Funktionen der innersekretorischen Drüsen, für bestimmte Eigenschaften nur eine Drüse verantwortlich zu machen ist und wahrscheinlicher, daß mehrere beteiligt sind.

Für die Rassenmerkmale der Negretti wie Faltenbildung, Haarfeinheit, Muffkopfbildung spielen nach Spöttel wohl vorwiegend Verminderung bzw. Veränderung der Schilddrüsenfunktion eine Rolle, mit der vielleicht Störungen der Epithelkörperchenfunktion einhergehen können. Bei den auf Fett- und Fleischproduktion gezüchteten Rassen schließt der genannte Verfasser auf eine Funktionsatrophie der Pars intermedia der Hypophyse, worauf die Frühreife dieser Rassen — durch frühzeitigen Ausfall der Funktion der Zirbeldrüse — zurückgeführt wird. Die Spätreife der Merinos wird vielleicht teils durch das längere Bestehenbleiben der Epiphysenfunktion bedingt, ist teils jedoch als direkte Folge der Veränderungen der Schilddrüse und Epithelkörperchen anzusehen.

Wenn man die höchste Wollfeinheit mit großen Figuren und guter Mastfähigkeit vereinigen wollte, könnte man, wie uns zu folgern jetzt möglich ist, dieses nur durch eine Beeinträchtigung der Funktionen mehrerer innersekretorischer Drüsen erzielen, die jedoch beide für sich schon eine Herabminderung der Fruchtbarkeit und vor allem der Lebensfähigkeit bedingen würden. Ein derartiges Tier könnte demnach überhaupt nicht als lebensfähig angesprochen werden.

Was erreichbar ist, und was in der praktischen Züchtung erzielt worden ist, liegt in einer mittleren Ausbildung der erwähnten Eigenschaften, die bedingt sind durch eine gewisse Beeinträchtigung der Funktionen der innersekretorischen Drüsen, so daß die für die praktische Züchtung störenden Begleiterscheinungen des Funktionsausfalls nur in geringem Maße in Erscheinung treten. Jeder Übergang zu einem Extrem führt zu einer weitgehenden Schädigung der Lebensfähigkeit, Fruchtbarkeit und zur Umbildung gewisser Eigenschaften. Diese Erfahrung der praktischen Züchtung hat dazu geführt, daß man von dem einseitig entwickelten Typ abgekommen ist und sich mit einer schwächeren Ausbildung gewisser Merkmale begnügt.

C. Die Ausgeglichenheit der Wolle.

1. Der Begriff der Ausgeglichenheit.

Verschiedentlich ist in den vorstehenden Ausführungen schon das Problem der Ausgeglichenheit gestreift. Es sollen die hier in Frage kommenden Punkte genauer behandelt werden. Man hat zu unterscheiden: die Ausgeglichenheit in einem kleinen Verbande auf einer Körperstelle und die Ausgeglichenheit der Wolle beim Vergleich verschiedener Körperstellen.

Bei Beurteilung eines Vlieses müssen, wie schon öfters betont, sämtliche Eigenschaften berücksichtigt werden, also nicht nur die Feinheit, sondern auch alle übrigen wertbestimmenden Eigenschaften, wie Länge, Geschmeidigkeit, Elastizität, Widerstandskraft, Glanz usw. Demnach muß sich auch der Begriff der Ausgeglichenheit im weitesten Sinne auf alle diese Eigenschaften beziehen. Im engeren Sinne bezieht man die Ausgeglichenheit nur auf die Feinheit und versteht unter einem ausgeglichenen Stapel einen solchen, der in der Feinheit der Einzelhaare nur geringe Unterschiede zeigt. Bei einem ausgeglichenen Vlies stimmt die Wollfeinheit der einzelnen Körperstellen überein.

2. Die Ausgeglichenheit der Wolle im Stapel.

Die Ausgeglichenheit im Stapel hat nun insofern praktische Bedeutung, als es nach Lehmann vorkommen kann, daß — wenn alle Eigenschaften gleich sind — eine Wolle mit etwas geringerer mittlerer Feinheit, aber ohne große Unterschiede der einzelnen Haardicken höher bewertet wird als eine feinere, die sehr feine, aber auch gröbere Haare enthält. Der Grund hierfür ist darin zu suchen, daß die unausgeglichenen Wollen sich schlechter verspinnen lassen als die ausgeglichenen, was z. B. auch Krais hat nachweisen können.

Betrachten wir nun die Ausgeglichenheit im Stapel unter alleiniger Berücksichtigung der Feinheit, so ist zunächst festzustellen, daß sich eine Beurteilung dieser Ausgeglichenheit rein makroskopisch ziemlich schwierig gestaltet. Ein gutes Urteil über die Ausgeglichenheit kann jedoch auf Grund der mikroskopischen Untersuchungsergebnisse gewährleistet werden.

In früheren Zeiten nahm man an, daß zum mindesten die Stapel einer ausgeglichenen sehr feinen Wolle aus Haaren derselben Feinheit bestehen. Wie die exakten Wolluntersuchungen allgemein gezeigt haben, sind auch in den feinsten Wollen Haare verschiedener Feinheit zu finden, so z. B. auch in den feinsten, ausgeglichensten super-super elekta-Wollen der 60er Jahre.

Auf Grund der Variationsreihen der Haardicke bzw. der Variationskurven erhält man ein wesentlich besseres Urteil über die Ausgeglichenheit im Stapel als durch die Variationsbreite. In den beiden folgenden Variantenreihen sind die Untersuchungsergebnisse zweier A-Wollen wiedergegeben, und zwar ist diese Beurteilung übereinstimmend auf Grund makroskopischer wie mikroskopischer Untersuchungen erfolgt.

	12,0	14,4	16,8	19,2	21,6	24,0	26,4	28,8	31,2	33,6	36,0	Mikra
1. A	1	8	16	19	23	13	9	5	4	1	1	
2. A	—	—	3	15	24	33	20	5	—	—	—	

Auf Grund der Verteilung der Varianten ist ohne weiteres zu erkennen, daß die Wolle 1 unausgeglichen, die Wolle 2 sehr gut ausgeglichen ist. In dem ersten Falle sind sehr zahlreiche Variantenklassen vertreten ohne starke Zusammendrängung der Varianten in einzelnen, in dem zweiten Falle dagegen sind die Variantenklassen in geringerer Zahl vorhanden und die Varianten sind in größerer Zahl in den einzelnen Klassen angehäuft. Hier handelt es sich um zwei extreme Beispiele. Sind die Unterschiede weniger groß, so ist die Entscheidung über die Ausgeglichenheit im Stapel schwerer zu fällen. Infolgedessen ist es erforderlich, eine Methode zu finden, um die Ausgeglichenheit exakt umgrenzen zu können. Holdefleiß ist der erste gewesen, der versuchte, Methoden der modernen Variationsstatistik[1]) der Auswertung von Wollmessungen dienstbar zu machen.

Um den aus den Ergebnissen der Dickenmessung ermittelten Mittelwert zu ergänzen und ein Maß für die Ausgeglichenheit zu haben, stellt Podoba[2]) den größten und kleinsten Durchmesser fest. Die daraus entstehende Ungenauigkeit soll dadurch ausgeglichen werden, daß man immer die gleiche Anzahl von Haaren mißt. Auch Holdefleiß[3]), Güldenpfennig[4]), Wübbe[5]) und Völtz[6]) geben die größten und kleinsten gemessenen Werte an und sehen hierin bzw. in der Differenz ein Maß für die Ausgeglichenheit und ein Charakteristikum für die Feinheit. Völtz berechnet die Differenz des gröbsten und feinsten Haares in Prozenten des gröbsten. Gegen die Verwendung der Variationsbreite als Maß sind jedoch Bedenken zu erheben. Sie ist ein außerordentlich unzuverlässiges Maß, denn sie hängt sehr stark von der Zahl der untersuchten Haare ab. Je größer diese ist, um so weiter wird die Variationsbreite hinausgeschoben. Es muß ein außerordentlich großes Material vorliegen, um sie nur mit einigermaßen Sicherheit festzustellen. Rein theoretisch betrachtet ist sie nach Johannsen[7]) überhaupt nicht scharf begrenzt.

---

[1]) Als ein Maß der absoluten Variabilität wurde von Galton das Quartil eingeführt. Wenn man die Variabilität verschiedener Eigenschaften vergleichen will, so wird das Verhältnis Quartil zum Mittelwert benutzt, das ein relativer Wert, eine unbenannte Zahl ist. Nur eine Voraussetzung hat das Quartil, nämlich die, daß die Werte gleichmäßig um den Mittelwert gelagert sind, so daß bei graphischer Darstellung eine gleichartige Galtonsche Kurve entsteht. Die Haardickenkurven zeigen jedoch nur teilweise eine Annäherung an eine derartig normale Kurve. Entweder sind sie hochgipfelig oder schief, so daß schon aus diesem Grunde nicht mit dem Quartil gearbeitet werden kann. Gegen das Quartil ist ferner einzuwenden, daß es schon deshalb kein vollgültiges Variationsmaß ist, weil es nicht von sämtlichen Varianten bestimmt wird.

Aus dieser letzten Erwägung heraus ist die Standardabweichung als Maß der Variation bedeutend besser geeignet. Sie wird ausgedrückt durch die Summe der Quadrate der Abweichungen vom Mittel und wurde von Holdefleiß für Wolluntersuchungen vorgeschlagen. Jedoch auch hierfür ist Voraussetzung, daß die Zahlenverteilung der Binomialformel wenigstens annäherungsweise folgt. Als Variationsmaß zum Vergleich verschiedener Variantenreihen läßt sie sich jedoch nur dann verwenden, wenn die Mittelwerte annäherend gleich sind; zum Vergleich verschiedener feiner Wollen ist sie demnach nicht geeignet.

[2]) Podoba, J. G.: Feinheit der Merinowolle; eine mikroskopische Untersuchung, herausgegeben v. d. K. freien ökonomischen Ges. in Cherson 1881.

[3]) Holdefleiß, P.: Objektive Beurteilung der Wollqualität. Dt. landw. Tierzucht 1921, H. 14, S. 139.

[4]) Güldenpfennig, H.: Studien über die Beschaffenheit der Wolle von reinblütigen Schafen und Somalikreuzungen. Inaug.-Diss. Halle 1914.

[5]) Wübbe: Die Erhöhung des Reinertrages der deutschen Merinozucht. Ber. physiol. Laborat. landw. Inst. H. 11. Halle 1894.

[6]) Völtz, W.: Über Schafzucht und Wollkunde. Z. Schafzucht 1921. — Über die Eigenschaften und die Vererbung der Schafwolle bei Reinzucht und Kreuzung mit besonderer Berücksichtigung der Merinos. Arb. d. D. L. G. 315. Berlin 1922.

[7]) Johannsen, W.: Elemente der exakten Erblichkeitslehre. Jena 1913.

Ferner ist gegen diese Art der Berechnung einzuwenden, daß grobe und feine Wollen in der Bewertung der Ausgeglichenheit gleichgesetzt werden. Die Variabilität der Haardicke ist jedoch bei feinen und groben Wollen wesentlich verschieden, so daß dementsprechend auch die Anforderungen an eine ausgeglichene Wolle verschieden sein müssen. Bei einer groben Wolle sind allgemein die Varianten über eine wesentlich größere Zahl von Variantenklassen verteilt, als bei einer feinen Wolle, und dem ist bei der Bewertung der Ausgeglichenheit Rechnung zu tragen.

In der folgenden Tabelle geben wir eine Zusammenstellung der Untersuchungsergebnisse einer *aa*-, *a*- und *ab*-Wolle, die sämtlich auf Grund makroskopischen und mikroskopischen Urteils als ausgeglichen zu bezeichnen sind:

	14,4	16,8	19,2	21,6	24,0	26,4	28,8	31,2	33,6	36,0 μ
aa	4	17	43	33	3	—	—	—	—	—
a	1	12	28	33	20	3	3	—	—	—
ab	—	1	8	15	26	20	14	10	5	1

Diese verschiedenartige Variantenverteilung bei einer groben und feinen Wolle muß, wie erwähnt, bei der Beurteilung der Ausgeglichenheit an Hand von Haardickenmessung Berücksichtigung finden.

Für die objektive Festlegung der Ausgeglichenheit der Wolle ist[1]) der Variationskoeffizient von Bedeutung, denn in diesem kommt die Variantenverteilung unter Berücksichtigung des Mittelwertes zum Ausdruck. Er wird berechnet als Standardabweichung in Prozenten des Mittelwertes. Je ausgeglichener eine Wolle ist, um so stärker ist die Zusammendrängung der Varianten, um so geringer ist der Variationskoeffizient. Da jedoch die Anforderungen bezüglich der Ausgeglichenheit, die man an eine feine und grobe, ausgeglichene Wolle stellt, nicht die gleichen sind, so ist es zweckmäßig, außer dem Variationskoeffizienten nochmals den Mittelwert zu berücksichtigen. Zur Abgrenzung der Klassen: ausgeglichen, mäßig ausgeglichen und unausgeglichen ist von G. Elbe[2]) folgendes Schema aufgestellt:

Werturteil	Mittelwert: bis 15,6 μ	15,7—18,0 μ	18,1—21,6 μ	über 21,7 μ
1	V unter 17	V unter 16	V unter 15	V unter 14
2	V 17,1—21,9	V 16,1—20,9	V 15,1—19,9	V 14,1—18,9
3	V über 22	V über 21	V über 20	V über 19

Die Handhabung des Umrechnungsschlüssels möge an einem Beispiel erläutert werden. Für eine Merinowolle sei der Mittelwert $M = 18{,}1$ und V (Variationskoeffizient) $= 14{,}6$. Die Klassengrenzen für den betr. Mittelwert sind in der obersten wagerechten Spalte des Schemas angegeben. $M = 18{,}1$ gehört in die Rubrik 18,1 bis 21,6 und V ist im vorliegenden Falle kleiner als 15. Das dazugehörige Werturteil ist auf gleicher Zeile in der ersten senkrechten Spalte eingetragen und lautet 1, d. h. der Stapel ist ausgeglichen. (2 = mittelgut ausgeglichen, 3 = unausgeglichen.)

Wenn zur Feststellung der Ausgeglichenheit im Stapel nur V benutzt wird, so kommt es vor, daß gröbere Wollen oft einen niedrigeren Variationskoeffizienten aufweisen als feine Wollen, die mindestens als gleich gut ausgeglichen anzusprechen

---

[1]) Spöttel, W.: Über Variabilität, korrelative Beziehungen und Vererbung der Haarfeinheit bei Schafen. Bibliotheca Genetica Bd. 7. Leipzig 1925.

[2]) Elbe, G.: Studien in der Merinostammschäferei Nebra unter besonderer Berücksichtigung der Wolle und der Körperproportionen. Diss. Halle 1925.

sind. Deshalb wird der Variationskoeffizient in seiner Wirkung etwas abgeschwächt durch die nochmalige Hinzuziehung der Mittelwerte.

Der oben angegebene Schlüssel zur Bestimmung der Ausgeglichenheit im Stapel ist vorwiegend an Wollen von *a*-, *ab*- und *b*-Feinheit geprüft worden; feinere und vor allem gröbere Wollen konnten erst in geringerem Umfange untersucht werden, so daß insbesondere für gröbere Wollen zur Beseitigung von Härten wahrscheinlich noch Änderungen vorzunehmen sind. Hier kommt es vorwiegend darauf an, darzulegen, auf welchem Wege man zu einer exakten Festlegung der Ausgeglichenheit gelangen kann.

Daß die Stapelausgeglichenheit bei den einzelnen Körpertellen verschieden sein kann, läßt die Feststellung von Siemens[1]) (beim ostfriesischen Milchschaf) erkennen, wonach die Keule unausgeglichener ist als Blatt und Flanke. Dem genannten Verfasser zufolge nimmt die Ausgeglichenheit im Stapel an allen Körperstellen mit dem Alter zu.

Allgemein kann man sagen, daß die Keulenwolle unausgeglichener als die Schulter- und Flankenwolle ist. Dies gilt sowohl für die Merinos wie die Landschafe. Nur sehr selten trifft es nicht zu. Meist zeigt die Schulterwolle die beste Ausgeglichenheit, zuweilen wird sie von der Flanke übertroffen, wie es an den Merinoschafen der Beerendorfer Zucht Bautzmann häufig festgestellt hat.

Die Ausgeglichenheit hat für den Fabrikanten insofern Bedeutung, als sich die ausgeglichenen Wollen besser verspinnen lassen als die unausgeglichenen.

3. Die Ausgeglichenheit im Vlies.

a) Die Bedeutung der Ausgeglichenheit im Vlies und in der Herde.

Was nun die Ausgeglichenheit im Vlies anbetrifft, so ist diese praktisch noch wertvoller und geht mit der Ausgeglichenheit im Stapel, die nach Wübbe noch schwerer zu erreichen ist, keineswegs Hand in Hand.

Für den Züchter wie für den Fabrikanten hat die Ausgeglichenheit der Wolle die größte Bedeutung. Je größer die Ausgeglichenheit des Vlieses ist, desto höheren Wert hat es im züchterischen Sinne wie auch als Marktware. Bei einem unausgeglichenen Vlies hat der Sortierer wesentlich mehr Arbeit zu leisten, die einzelnen Sortimente zu trennen als bei einem ausgeglichenen. Dieser höheren Arbeitsleistung entsprechend wird also der Fabrikant eine derartige Wolle geringer bewerten.

Dies gilt nicht nur für die Bewertung des einzelnen Vlieses, sondern auch für die ganzen Wollpartien, wie sie zur Versteigerung gelangen.

Deshalb muß es das Ziel der Züchtung sein, nicht nur das einzelne Vlies in sich ausgeglichen zu machen, sondern auch möglichste Ausgeglichenheit in der ganzen Herde zu erreichen. Nur dann wird eine gute Verwertung der Wolle beim Verkauf möglich sein. Die Industrie braucht für ihre Zwecke stets größere Wollmengen gleichartiger Beschaffenheit. Muß sie aus einer Schur eine größere Zahl von Vliesen abstoßen, weil sie für irgendein Gespinst zu grob oder auch zu fein sind, so ist dies stets mit Umständen und Unkosten verknüpft, vor allem weiß der Industrielle dann nie genau, ob er durch den Ankauf seinen Bedarf an dem gewünschten Sortiment gerade genügend eindeckt oder nicht. Dem wird und muß er dadurch Rechnung tragen, daß er durch Bewilligung eines niedrigen Preises sich selbst auf alle Fälle vor Verlusten schützt. Es klingt vielleicht paradox, aber kommt doch der Wahrheit sehr nahe, daß einige wenige Schafe mit besonders

[1]) Siemens, M.: Untersuchungen über die Wolle und die Körperproportionen des ostfriesischen Milchschafes. Diss. Halle 1927.

feiner und kostbarer Wolle Schädlinge in einer sonst nur gröbere Wolle tragenden Herde sein können (Lehmann). Ein Fabrikant, der feinere Wolle wünscht, kann die ganze Schur nicht brauchen, und ein anderer, der ein gröberes Gespinst anfertigen will, kann die feinen Vliese nicht nach ihrer Güte oder überhaupt nicht verwerten. Er muß sehen, wie er sie sonstwie los wird.

Bei großer Einheitlichkeit tritt für den Fabrikanten eine wesentliche Ersparnis an Zeit und Arbeit zutage. Die Unterbewertung der deutschen Wollen im Vergleich zum Welthandelspreis ist wohl zu einem guten Teil darauf zurückzuführen, daß sie in verhältnismäßig kleinen Posten zu den Auktionen gelangen und meist die von der Industrie geforderte Gleichartigkeit vermissen lassen. Noch heute hört man zuweilen von Landwirten die Äußerung: „Wolle ist Wolle“, und sie werfen eine A-Wolle mit einer C-Wolle zusammen. Daß derartige Posten Wolle gering bewertet werden müssen, ist vom Standpunkte des Fabrikanten ohne weiteres verständlich, denn die ausländischen Wollen, insbesondere die Australwollen kommen in großen gleichartigen Partien auf den Markt. Allerdings ist hierbei zu berücksichtigen, daß schon vor dem Verkauf die Teile des Vlieses, die ungünstige Eigenschaften haben, insbesondere aber gröber sind, wie z. B. die Keulen von dem wertvollen Teil abgetrennt und gesondert verkauft werden. Es kommen dann Vlieswollen, d. h. die besten Teile der Vliese, hauptsächlich Rücken und obere Flanke, sowie die geringerwertigen Stücke und Bäuche in den Handel.

b) Die Qualitätsunterschiede der Wollen auf dem Körper bei verschiedenen Rassen.

Es ist die Aufgabe der Züchtung und Haltung der Schafe, die Unterschiede in der Wolle auf ein möglichst geringes Maß herabzudrücken[1]), und dies gelingt auch mehr oder weniger weit selbst bei den Schafen mit edelster und feinster Wolle. Bei grobwolligen Schafen werden die Unterschiede so gering, daß vielfach der Sortierer nur gezwungen ist, einige kleine Teile des Vlieses, die durch Dünger und Urin gewissermaßen zum Anfaulen gebracht wurden, als Abfallwolle herauszunehmen oder sich mit Abtrennung von nur zwei Sortimenten zu begnügen.

Zur Untersuchung der Ausgeglichenheit im Vlies werden zuerst Schulterpartie und Seiten des Tieres betastet und das Vlies gescheitelt. Hierbei erkennt man die beste Qualität der Wolle, die das Tier zu erzeugen vermag.

Die Wolle ist am Kopf anfangend, über Hals, Widerrist, Rücken, Kruppe bis zum Schwanz zu scheiteln. Je weniger Veränderungen der Feinheit und des Aufbaues der Stapel man in diesem langen Scheitel findet, je später hinten die Wolle gröber wird, desto gefestigter sind die Anlagen des Tieres, ein Vlies von großer Ausgeglichenheit zu erzeugen. Auch bei den feinsten Tuchwollschafen hat es Tiere gegeben, bei denen das gleich feine Sortiment vom Hals bis fast zur Schwanzwurzel vorhanden war.

Hat das Tier Neigung, weniger edle, milde und feine Wolle zu erzeugen, so erkennt man dies zuerst dort, wo die Haut am dicksten ist, über dem Kreuz, der Lende, an den unteren Seiten der Keulen.

Schlaffheit der Wolle, geringe Kraft zeigt sich zuerst am Vorarm, allerdings auch immer in der Wolle des Bauches. Allein dort wird die Erkennung dadurch erschwert, daß die Bauchwolle meist durch Urin usw. geschädigt, und es nicht

[1]) Daß das möglich ist, lassen die Ausführungen Heynes erkennen, dem zufolge durch Zuchtmaßnahmen eine größere Ausgeglichenheit der Hampshire-Jährlinge erzielt ist.

leicht ist, zu entscheiden, ob die Schlaffheit von der Naturanlage des Tieres oder von der nachträglichen Schädigung herrührt. Die Anlage, gesträngte, einstielige Wolle (vgl. S. 369) mit zu wenig Bindehaaren zu bilden, ist auch zuerst am Vorarm, ferner über dem Widerrist zu erkennen.

Bodensätzigkeit und Filz (vgl. S. 367) zeigen sich in der Regel zuerst über dem Kreuz, unter der Hüfte, dem oberen Teil der Keule bis zur Bauchfalte.

Abnorme Haarbildungen bemerkt man in der Regel zuerst am Wolfsbiß und an den hinteren Rändern der Keulen. Sogenannte Hundehaare finden sich zuerst an der Bauchfalte und dem Vorderkopf. Starre Spitzen treten zuerst vor der Brust und am Koder auf. Für die verschiedenartige Beschaffenheit der Wolle auf verschiedenen Körperstellen und damit für die Zuteilung zu verschiedenen Sortimenten sind verschiedene Ursachen verantwortlich zu machen (vgl. auch oben). Äußere und innere Faktoren wirken zusammen und bedingen den Wert der Wolle. Von äußeren Faktoren sind Haltung und Art der Einfütterung von wesentlicher Bedeutung.

Die verschiedenartige Beschaffenheit bzw. Menge des Fettschweißes auf verschiedenen Körperstellen kann gleichfalls die Aussortierung des Vlieses beeinflussen. Zeichnet sich z. B. die Rückenpartie durch Fettschweißarmut aus, so können die Atmosphärilien eindringen und Veränderungen der Haarstruktur bewirken, so daß eine derartige mürbe Wolle als geringwertig aussortiert wird.

Die größten Unterschiede in der Qualität der Wolle sind bei feinwolligen Schafen mit größter Bewachsenheit zu finden. Bei diesen können wir nach Lehmann[1]) 7 verschieden wertvolle Abschnitte unterscheiden, die allerdings ihre verschiedene Wollqualität nicht immer den gleichen Ursachen verdanken. An den verschiedenen Körperstellen ist die Wolle mehr oder weniger leicht mechanischen Verletzungen durch Druck und Reibung ausgesetzt. Die Haut ist an ihren einzelnen Abschnitten verschieden beweglich, dichter über Skeletteilen oder mehr über weichen Fleischmassen gelagert, zum Teil den Körperformen entsprechend stärker umgebogen. Diese Beweglichkeit, Umbiegung, der Druck der Knochen usw. geben nach Lehmann leicht zu Störungen des Haarwachstums Veranlassung. Nach letzterem wächst die beste Wolle auf der Schulter und den sich daran anschließenden Körperseiten bis zu den Keulen hin, während ein zweites Sortiment schon leicht an der Schulter, an den unteren Seiten des Halses entsteht. Nach Lehmann ist dieses zurückzuführen teils auf die Faltenbildung und Erschütterung durch die Bewegung des Halses, teils auf die zu große Feinheit der Haut, teils auf Druck beim Lagern des Schafes. Ein drittes Sortiment bildet sich leicht über dem Kreuz, der Lende, dem Widerrist, teils nach Lehmann infolge der Dicke der Haut, teils durch Reibung der Haut über den Dornfortsätzen. Ein viertes Sortiment ist nach Lehmann vorhanden über den Hüften und dem Oberschenkel der Dicke der Haut wegen und ferner, weil „die Haut über den Hüften vielfach verschoben, erschüttert wird bzw. auf dem Oberschenkel beim Lagern oder Hinlegen des Schafes starken Druckwirkungen ausgesetzt wird“. Ein fünftes Sortiment, das oft beinahe zu den Abfallwollen zu rechnen ist, wächst am oberen Halsrande, der Schwanzwurzel, dem Vorarm, Unterschenkel und Koder. Nach Lehmann verschlechtern Bewegung und mechanische Störungen die Wolle am oberen Halsrand und Koder, „bei letzterem auch dicke Haut und Halsfalten; an der Schwanzwurzel ist es vorwiegend dicke Haut, am Unterschenkel ebenfalls, verbunden mit mechanischen Störungen und am Unterarm ist es mehr zu dünne

[1]) Lehmann, C.: Gesammelte Schriften Bd. 2. Berlin 1920. — Bedeutung und Hauptgrundlinien der Wollkunde. Berlin 1920.

Haut, welche verbunden mit äußeren Störungen das Wollwachstum schädigen." Ein sechstes Sortiment findet sich vorwiegend am Kopf, der Kehle, dem unteren Bauch und der Bugspitze und wird als Abfallwolle gewertet. Nach Lehmann wird die geringe Bewertung durch mechanische Einwirkungen und Schmutz bedingt und auch zu dicke bzw. zu dünne Haut kann ein normales Wachstum verhindern. Als siebentes Sortiment, und zwar als minderwertige Abfallwolle ist evtl. auf den Schienbeinen bzw. am Wolfsbiß in der Nähe von After und Scheide wachsende Wolle zu rechnen.

Die von Lehmann angegebene Reihenfolge der Körperstellen, nach welcher eine Verschlechterung der Qualität der Wolle eintritt, kann natürlich nur als ein Schema angegeben werden. So meint z. B. Gärtner, daß die Wollqualität der verschiedenen Körperstellen in folgender Reihe abnimmt: Schultern und Flanken, Hals, Widerrist, Rücken, Kreuz, Hüfte, Oberschenkel, Unterarm, Unterschenkel, Bauch, Kopf, Kehle, Schienbein, Wolfsbiß. Je nach Rasse, Zucht und Individuum und beeinflußt durch Haltung und Pflege variiert die Wollqualität auf den einzelnen Körperstellen.

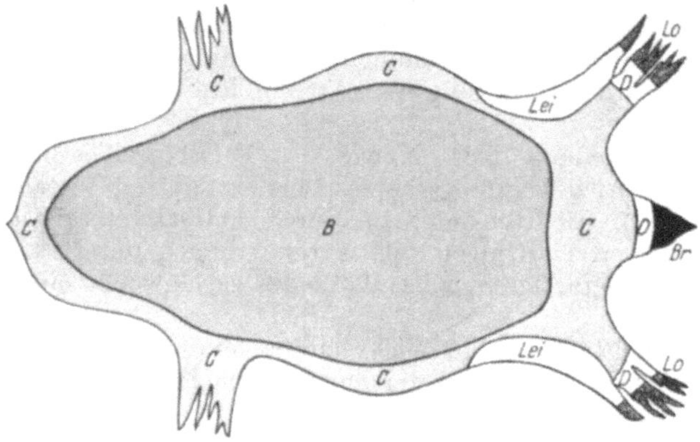

Abb. 98a.

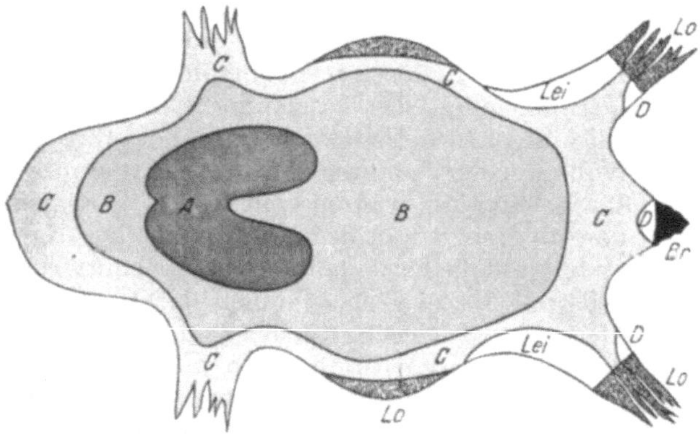

Abb. 98b.

Abb. 98a u. b. Vliesbilder von der Probeschur 1901 in Halle (nach Lehmann).

a Gutes *B*-Vlies, gut gehalten, Milde nur mittel, Kräuselung etwas besser zu wünschen, im Charakter gut ausgeglichen. b Wie a, nur nicht genügend gleichartig im Charakter. *Lei* = Leisten, *Lo* = Locken, *Br* = Brand.

Einige ältere Autoren haben bis zu 13 Klassen am Körper unterschieden, was vielleicht bei der damaligen Zucht auf höchste Wollfeinheit und Ausgeglichenheit eine gewisse Bedeutung gehabt haben mag. Bei der Sortierung begnügt man sich heute mit einer geringen Zahl von Sortimenten. Durch planmäßige Zucht und Haltung gelingt es, die Zahl der Sortimente am Tier herabzudrücken, so daß wir dann die gewünschte Ausgeglichenheit vor uns haben.

Große Wollstücke, die sonst infolge von Verunreinigung als Abfallwolle angesprochen werden, können bei guter Haltung den wertvollen Sortimenten zugeteilt werden. Die durch äußere mechanische und chemische Ursachen hervorgerufenen Qualitätsverschlechterungen der Wolle können durch sorgfältige Haltung der Schafe und bessere Pflege der Wolle auf dem Schafe wesentlich oder ganz vermieden werden.

Für den Züchter sind wichtiger die Unterschiede der Haarbeschaffenheit, insbesondere der Haarfeinheit, die durch die verschiedene Anlage, durch wechselnde Hautdicke und die physiologischen Verhältnisse des ganzen Organismus bedingt werden. Inwieweit die Unterlagerung von Muskulatur bzw. Knochen von Bedeutung ist, mag dahingestellt sein; den inneren physiologischen Zusammenhängen kommt wohl sicherlich größere Bedeutung zu (vgl. auch oben). So wird nach Kastration der männlichen Tiere die Wolle nicht nur feiner, sondern auch ausgeglichener.

Die Gleichartigkeit des ganzen Vlieses (Abb. 98) finden wir normalerweise bei den Mischwollschafen und manchen grobwolligen Schlichtwollschafen, bei denen der Sortierer nur durch Urin verunreinigte Stücke oder stark eingegeschmutzte Locken abtrennt. Je feiner die Wolle ist, um so ausschlaggebendere Bedeutung hat die Ausgeglichenheit des Vlieses und um so schwieriger ist sie zu erreichen.

Die Ausgeglichenheit des ganzen Vlieses kann bei Feinwollschafen nicht vollkommen sein, denn die Feinheit und Beschaffenheit der Haare hängt von der Organisation der Haut ab, die sie hervorbringt; und diese ist wieder von der Organisation und dem physiologischen Zustand einer bestimmten Körperstelle bzw. des ganzen Organismus bedingt. Da derartige Unterschiede verschiedener Körperstellen vorhanden sind, wäre es eine der Natur widersprechende Forderung, die Ausgeglichenheit bis zum Extrem steigern zu wollen. Eine übertriebene Ausgeglichenheit wird immer eine Schwächung bzw. Degeneration des gesamten Organismus zur Folge haben. Diese Erfahrung hat man insbesondere in der Wollschafzucht machen müssen, wo das Bestreben herrschte, ein möglichst feines und ausgeglichenes Haar auf allen Körperstellen, auch auf dem Kopf und den Beinen zu erzielen.

Es liegt im Interesse des Züchters, nach möglichster Ausgeglichenheit zu streben, soweit es sich mit der normalen Organisation des Organismus vereinigen läßt. Die Anforderungen, die man an die Ausgeglichenheit eines Bock- und Mutterschafvlieses stellt, sind nicht die gleichen. Als sekundäres Geschlechtsmerkmal ist normalerweise bei den Böcken ein kräftigeres und weniger ausgeglichenes Haar vorhanden als bei den Mutterschafen. Würde man also an das Vlies des Bockes die gleichen Anforderungen stellen wie an das Vlies der Mutter, so könnte dieses nur auf Kosten der Konstitution und des männlichen Charakters des Bockes erzielt werden. Bei den Mutterschafen muß dagegen die Ausgeglichenheit erreicht werden und sie stellen ja auch das Hauptkontingent an Wolle der gesamten Herde.

Speziell in der Kammwollzucht ist das erstrebenswerte Ziel eine Wolle des gleichen Sortiments in möglichst großer Ausdehnung auf dem Körper, das umrandet wird von einem Kranz eines niederen Sortimentes und möglichst wenig Abfallwolle.

Im allgemeinen ist die Ausgeglichenheit bei unseren deutschen Tuchwollen besser als bei den Kammwollen. Von den ausländischen Wollen stehen bezüglich der Ausgeglichenheit die Australwollen, und zwar die Sidney-Wollen, obenan.

In den folgenden Tabellen geben wir eine Übersicht über die Ausgeglichenheit der Wollen verschiedener Rassen auf Grund der Untersuchungen von Barker[1]) und Sloan an englischen und derjenigen von Lehmann[2]), Völtz,

[1]) Barker, A. F.: Wool Analysis of a Flock of Highland Blackface Sheep. J. Text. Indust. Bd. 13. 1922.

[2]) Lehmann, C.: Die Probeschur in Halle S. 1901. Arb. landw. Ges. H. 75. Die Probeschur in Hannover 1903. Arb. dt. landw. Ges. H. 95. — Die Probeschur in Danzig 1904. Arb. dt. landw. Ges. H. 113. — Die Probeschur in Berlin 1906. Arb. dt. landw. Ges. H. 155.

Golf, v. Falck[1]), W. Elbe[2]), Hirsemenzel[3]), Mayer[4]), Schleitzer[5]) u. a. an deutschen Rassen. Die erste Tabelle ist der Arbeit von A. F. Barker, „British Wools" entnommen.

Gewichtsprozente der britischen Pedigreewollen, die bei der Sortierung der Vliese erhalten werden:

	Niedriger %	28's %	32's %	36's %	36's Shorts %	40's %	40's Shorts %	46's %	46's Shorts %	50's %	50's Shorts %	56's %
Gebirgswollen:												
Blackface	30	50	20									
Herdwick		60	40									
Welsh		10	10	46	—	34						
Lonk			19	36	—	45						
Swadale Dales . . .		60	30	10	—							
Welsh, Black			8½	25	—	33⅓	—	33⅓				
Glanzwollen:												
Lincoln			15	40	—	45						
Devon Longwool. . .		10	42½	37½	10	—						
South Devon			15	40	—	45						
Leicester				10	—	40	5	45				
Dartmoor 1		7½	45	22½	—	20	5					
„ 2				60	—	40						
Cotswold			15	45	—	40						
Wensleydale		—	—	—	—							
Border Leicester . .			5	10	—	10	—	45				
Halbglanzwollen:												
Cheviot		10	12½	30	—	22½	—	25				
Exmoor Horn				7½	—	40	—	36	—	22½		
Romney Marshor Kent			7½	7	—	44	—	34	7½			
Leicester Half Bred .			—	—	—	—	—	—				
Kerry Hill				40	—	33⅓	—	26⅓				
Downwollen:												
Dorset Down								5	—	30	—	65
Dorset Horn								16	—	42	—	42
Oxford Down								7½	—	50	2½	40
Suffolk								5	—	45	—	50
Hampshire(LambsSkin)								—	—	7½	—	92½
Reyland				10		30	—	30	—	25	5	—
Shropshire								7½	—	47½	5	40
Southdown								19	—	45	—	36

Die folgenden Tabellen sind Heyne entnommen und geben ein Bild von der Zusammensetzung der in den Handel kommenden Wollpartien verschiedener Provenienz. Sie lassen erkennen, daß die nichtdeutschen Merinowollen in wesentlich einheitlicheren Posten zum Verkauf kommen als die deutschen.

---

[1]) Falck, H. v. u. A. Golf: Die Probeschur in Nürnberg 1922. Arb. dt. landw. Ges. H. 328.

[2]) Elbe, W.: Untersuchungen an den auf der Dt. Landw. Ges.-Schau in Hamburg geschorenen Landschafvliesen. Inaug.-Diss. Halle 1925.

[3]) Hirsemenzel, C.: Die Probeschur der Landschafe in Nürnberg im Jahre 1922. Inaug.-Diss. Halle 1925.

[4]) Mayer, G.: Untersuchungen an den Wollen der auf der Dt. Landw. Ges.-Schau in Stuttgart 1925 ausgestellten Württemberger Landschafe. Inaug.-Diss. Halle 1927.

[5]) Schleitzer, E.: Untersuchungen an den Wollen der auf der Dt. Landw. Ges.-Schau in Stuttgart 1925 ausgestellten Landschafe. Inaug.-Diss. Halle 1926.

955 Ballen Deutsche Schweißwolle:

A . . .	= 46,76%
A-Futter	= 1,63%
B . . .	= 39,67%
B-Futter	= 2,71%
C . . .	= 7,84%
D . . .	= 0,27%
E . . .	= —%
Locken .	= 0,40%
Braune .	= 0,12%
Brand .	= 0,60%
Summa:	100,—%

Die Sortierung bei einer Deutschen Schweißwolle ergab:

An A-Wolle	3,—%
„ B I-Wolle . . .	46,40%
„ B II-Wolle . . .	29,90%
„ B III-Wolle . .	2,80%
„ B gelbe Wolle .	8,10%
„ C-Wolle	0,90%
„ D-Wolle	7,30%
„ Futterstückwolle	1,—%
„ Lockenwolle . .	0,60%
Summa:	100,—%

2860 Ballen Deutsche Schweißwolle lieferten folgendes Sortierergebnis:

AA . .	= 10,73%
A-Kette.	= 15,03%
A-Schuß	= 44,72%
A-Futter	= 3,02%
B . . .	= 22,40%
C . . .	= 2,58%
D . . .	= 0,22%
E . . .	= 0,01%
Locken .	= 0,58%
Braune .	= 0,15%
Brand .	= 0,56%
Summa:	100,—%

107 Ballen Austral-Schweißwolle ergaben:

AAA . .	= 95,56%
B . . .	= 4,39%
C . . .	= 0,03%
Brand .	= 0,02%
Summa:	100,—%

172 Ballen Austral-Schweißwolle:

A . . .	= 98,58%
B . . .	= 1,19%
C . .	= 0,14%
Brand .	= 0,09%
Summa:	100,—%

52 Ballen La Plata-Schweißwolle Merino:

AAA . .	= 85,29%
B . . .	= 13,97%
C . . .	= 0,35%
D . . .	= 0,05%
E . . .	= — %
Braune .	= 0,01%
Brand .	= 0,33%
Summa:	100,—%

110 Ballen La Plata-Merino-Schweißwolle:

A . . .	= 94,91%
C . . .	= 3,88%
D . . .	= 0,40%
E . . .	= 0,06%
Braune .	= 0,33%
Brand .	= 0,42%
Summa:	100,—%

175 Ballen Kap-Schweißwolle:

A . . .	= 98,72%
B . . .	= 1,—%
C . . .	= 0,22%
D . . .	= 0,01%
E . . .	= 0,01%
Braune .	= 0,01%
Brand .	= 0,03%
Summa:	100,—%

133 Ballen Kap-Schweißwolle:

A . . .	= 99,75%
C . . .	= 0,20%
D . . .	= —%
Brand .	= 0,05%
Summa:	100,—%

In der folgenden Tabelle geben wir einen Überblick über die Ausgeglichenheit der Vliese deutscher Schafrassen. Die angegebenen Prozentzahlen der Sortimente sind Mittelwerte, die auf Grund der Sortierung der Wollen anläßlich der auf den Ausstellungen der Deutschen Landwirtschaftsgesellschaft stattfindenden Probeschuren errechnet worden sind.

Schur	Wollen folgender Rassen oder Zuchtrichtungen	2 A %	A %
Halle 1901	Kammwollschafe (AA und feine A Wolle)		46,9
Hannover 1903	Kammwolle, mit bes. Berücks. von Wolle (fein) . . .		40,4
„ „	Kammwolle, gleichz. Berücks. v. Wolle u. Fleisch (fein.)	0,8	48,0
Berlin 1906	Kammwolle, mit bes. Berücksichtigung von Wolle . . .		51,5
„ „	Kammwolle, gleichz. Berücks. v. Wolle u. Fleisch (A und feiner)	0,6	54,1
Nürnberg 1922	Kammwolle, gleichz. Berücks. v. Wolle u. Fleisch (A und feiner)	21,5	42,8
Halle 1901	Kammwollschafe (A und feine B Wolle)		13,7
Hannover 1903	Kammwolle, gleichz. Berücks. von Wolle und Fleisch (mittelfein)		41,8
Danzig 1904	Kammwolle, Wolle und Fleisch	0,4	45,1
Berlin 1906	Kammwolle, gleichz. Berücks. v. Wolle u. Fleisch (A u. gröber)		49,0
Nürnberg 1922	Kammwolle, auf Wolle u. Fleisch gezüchtet (A—B) .	12,0	39,3
Hamburg 1924	Merinokammwollschafe	7,0	56,9
Halle 1901	Kammwollschafe (B und C Wolle)		10,3
Hannover 1903	Kammwolle, unter vorzugsweiser Berücks. der Fleischerzeugung	0,7	33,1
Berlin 1906	Kammwolle, unter vorzugsweiser Berücks. der Fleischerzeugung		32,4
Nürnberg 1922	Fleischwollschafe (Dishley und Merinos X weißk. english)	1,8	26,4
Hamburg 1924	Fleischwollschafe		36,0
Nürnberg 1922 (Hirsemenzel)	Württemberger Landschafe		13,4
	Frankenschafe		11,9
	Rhönschafe		
Stuttgart 1925 (Schleitzer)	Rhönschafe		
	Leineschafe		
	Ostfriesische Milchschafe		
	Pommersche Landschafe		

c) Die Ermittlung der Vliesausgeglichenheit auf Grund mikrometrischer Untersuchungen.

Infolge der großen Bedeutung der Vliesausgeglichenheit findet sie in allen Bonitierungstabellen Aufnahme und weitgehendste Berücksichtigung in der Zucht. Auch bei mikroskopischen Untersuchungen ist verschiedentlich versucht worden, Methoden auszuarbeiten, die einen Maßstab für die Ausgeglichenheit im Vlies abgeben können, allerdings wieder unter alleiniger Berücksichtigung der Feinheit.

Für die mikroskopische Untersuchung dienen im allgemeinen drei Proben, und zwar von Blatt, Flanke und Keule. Auf Grund dieser Ergebnisse will man sich ein Bild von der Ausgeglichenheit im Vlies machen. Zur Errechnung sind die Mittelwerte und Klassenunterschiede zwischen der besten und geringsten Ausgeglichenheit im Stapel herangezogen worden und es ist von G. Elbe[1]) folgendes Schema aufgestellt worden:

Ausgeglichenheit im Vlies	Differenz der Ausgeglichenheit im Strähnchen		
	0	1	2
	Differenz der Mittelwerte		
a	unter 1,9 μ	unter 1,2 μ	—
b	2,0—2,6 μ	1,3—2,6 μ	unter 1,6 μ
c	über 2,6 μ	über 2,6 μ	unter 1,6 μ

[1]) Elbe, G.: Studien in der Merinostammschäferei Nebra unter besonderer Berücksichtigung der Wolle und der Körperproportionen. Diss. Halle 1925.

AB %	B %	BC %	C %	C_1 %	C_2 %	CD %	D %	D_1 %	D_2 %	E %	E_2 %	Abfallwollen %
	35,2		13,7				0,2					4,0
	46,5		9,7									3,4
	36,8		10,3				0,3					3,8
	37,1		6,8									4,6
	34,5		6,5									4,3
	27,8		0,4									7,5
	48,8		31,7				1,1					4,7
	41,8		12,3				0,1					4,0
	40,0		9,7									4,8
	37,4		8,8									4,8
	38,2		1,6									8,9
0,6	25,1		1,4									9,0
	45,6		37,4				2,5					4,2
	44,3		17,0				0,3					4,6
	50,4		13,0				0,1					4,1
	57,6		11,8				0,7					1,7
							u. Brand					
	54,3		9,1				0,6					s D.
2,2	44,6	0,9	11,8	6,0	0,9		1,3					18,9
	29,8		3,6	21,2	9,0		5,0	1,1				18,4
					11,9			35,8	32,5	4,9		14,9
			24,3			14,2	21,3		26,0	9,0	0,7	4,5
			22,2			20,0	42,3		3,2	2,3	3,5	6,5
			82,5				7,4	8,5	1,0			0,6
					85,0					1,0	10,5	3,5

Die erste senkrechte Spalte enthält die Werturteile für die Ausgeglichenheit im Vlies, und zwar a = ausgeglichen, b = mittelgut ausgeglichen, c = nicht ausgeglichen. In der oberen horizontalen Zeile sind die Klassenunterschiede 0, bzw. 1, bzw. 2 zwischen der besten und geringsten Stapelausgeglichenheit verzeichnet. Die Stapelausgeglichenheit ist in 3 Werturteilen abgegrenzt worden. Zeigt ein Vlies folgende Ausgeglichenheit Blatt 1, Flanke 2 und Keule 3, so hat das Blatt die beste und die Keule die geringste Stapelausgeglichenheit. Der Unterschied beträgt hier 2 Wertklassen. Der Klassenunterschied ist gleich Null, wenn allen drei Körperstellen ein gleiches Werturteil für die Ausgeglichenheit zukommt. In drei wagerechten Zeilen folgen unter diesen erwähnten Klassenunterschieden die Differenzen zwischen höchstem und niedrigstem Mittelwert der Haardicke der drei Körperstellen. Die letzte Rubrik bei der a-Ausgeglichenheit ist offen gelassen, denn ein Vlies, dessen einzelne Wollstapel teils mit sehr gut ausgeglichen, teils mit unausgeglichen gewertet wird, kann nicht als sehr gut ausgeglichen im Vlies bezeichnet werden. Zur Erläuterung diene folgendes Beispiel:

Blatt	Mittelwert 18,9 μ	Stapelausgeglichenheit 2
Flanke	„ 19,4 μ	„ 2
Keule	„ 20,5 μ	„ 2

Die Differenz zwischen dem größten Mittelwert 20,5 μ und dem geringsten 18,9 μ ist 1,6. Der Klassenunterschied zwischen bester und geringster Stapelausgeglichenheit ist 0; es ist also in der Spalte unter 0 in der obersten wagerechten

Reihe der zu 1,6 μ gehörige Wert aufzusuchen. Da nun 1,6 unter 1,9 μ liegt, kommt dem Vlies eine Ausgeglichenheit *a* zu.

Für die objektive Feststellung will Weiler[1]) allein den Variationskoeffizienten heranziehen und lehnt die Einschränkungen, die von Elbe[2]) angegeben werden, ab. Nach Weiler[1]) ist für die einzelnen Körperstellen charakteristisch, daß die Variationskoeffizienten ihrer Wollproben zu denen anderer Stellen in einer mehr oder weniger durchschnittlichen Beziehung stehen. Weiler[1]) wirft die Frage auf, ob zwischen der Feinheit und Stapelausgeglichenheit eine Wechselbeziehung besteht. Für die Beziehung des durchschnittlichen Mittelwertes zu dem durchschnittlichen Variationskoeffizienten eines Vlieses wurden für 2 Merinofleischschafherden folgende Korrelationskoeffizienten errechnet:

Schafe der Nebra-Herde $r = +0{,}105 \pm 0{,}062$,
„ „ Dröschkauer Herde $r = +0{,}093 \pm 0{,}068$.

Es handelt sich also um schwach positive Korrelationen. Allerdings übertrifft der Korrelationswert bei weitem nicht den des dreifachen mittleren Fehlers. Praktisch muß man also annehmen, daß eine Abhängigkeit zwischen Feinheit und Ausgeglichenheit kaum besteht.

Auch für die Berechnungsweise der Ausgeglichenheit im Vlies gilt dasselbe, was oben über die des Stapels gesagt ist. Ob für grobe Wollen die in dem Umrechnungsschlüssel angegebenen Grenzen der Ausgeglichenheit zutreffend sind, muß durch Untersuchung eines umfangreichen Materials festgestellt werden. Es handelt sich hier um den Versuch, auf Grund der Haardickenmessung die Ausgeglichenheit exakt festzulegen.

Zu diesem Ziel kann man auch auf folgendem Wege gelangen, der als der einfachere anzusehen ist. Man geht von dem Feinheitsgrad der untersuchten Schulter-, Flanken- und Keulenprobe aus. Stimmt der Feinheitsgrad der Wollen dieser 3 Körperstellen überein, so handelt es sich um ein gut ausgeglichenes Vlies, haben nur 2 Körpertellen denselben Wollfeinheitsgrad, so ist die Ausgeglichenheit mittelmäßig, und differieren alle 3 Körperstellen, so liegt Unausgeglichenheit vor. Zu dieser Betrachtungsweise ist man schon aus dem Grunde berechtigt, weil die Wolle der angegebenen 3 Körperstellen einschließlich des Rückens den größten und wertvollsten Teil des Vlieses umfaßt.

D. Die Längserstreckung der Wolle.

1. Die Länge der Einzelhaare und der Wolle.

Die Länge der Wolle spielt eine nicht unwichtige Rolle für die Einteilung der Wollen in Streich- und Kammwollen[3]). Zu ersteren gehören alle entschieden gekräuselten Wollen, deren Haar im ausgestreckten Zustand unter 10 cm mißt. Die Kräuselung (vgl. später) kann normal, schmal, hoch oder weit sein. Kammwollen nennt man die schlichten, langabgewachsenen, glatten oder nur schwach gekräuselten Haare, deren Länge 15 bis 55 cm beträgt (Dtsches. Wollengewerbe 1926, S. 1379).

Für die Verarbeitung spielt die Länge der Wolle eine sehr bedeutsame Rolle, da sie (in Verbindung mit der Dicke) die Güte und den Wert des Fabrikats

[1]) Weiler, A.: Untersuchungen über die Ausgeglichenheit von Wollen. Z. Tierzüchtg Bd. 9. Berlin 1927.

[2]) Elbe, G.: Studien in der Merinostammschäferei Nebra unter besonderer Berücksichtigung der Wolle und der Körperproportionen. Diss. Halle 1925.

[3]) Bohm, J.: Die Schafzucht nach ihrem jetzigen rationellen Standpunkt. Erster Teil: Die Wollkunde Bd, 1. S. 294. Berlin 1873.

bestimmt und einen maßgebenden Einfluß auf die Garnnummer hat; für manche Fabrikationszweige können nur lange Wollen verarbeitet werden, während andere Herstellungsprozesse nur mittellange und kurze Wollen benötigen[1]).

Für den Spinnereiprozeß hat eigentlich nur die wahre Länge (vgl. unten) Bedeutung; unter sonst gleichen Verhältnissen wird man eine möglichst große wahre Länge des Wollhaares wünschen, wenn es sich darum handelt, einen sogenannten glatten Faden (ohne hervorstehende Haarenden) zu erzeugen. Die Haltbarkeit eines Fadens ist nicht so sehr von der Feinheit der Einzelhaare bestimmt, vielmehr wird diese um so größer, wenn in ihm per Querschnitt wenig Haarenden enthalten sind und sie nicht erst durch festes Verdrehen der Haare erzeugt werden muß. Die Feinheitsnummer der Garne berücksichtigt auch niemals die Feinheit der Faser, man versteht vielmehr unter Garnnummer das Verhältnis von Garnlänge zum Garngewicht, $N = \frac{l}{g}$.

Man hat zu unterscheiden zwischen der Länge des Einzelhaares und der Länge im Vlies, der Stapeltiefe. Die Länge der Haare ist bereits von Kölliker als Einteilungsprinzip benutzt (vgl. oben). Man unterscheidet (unter Hinzuziehung der Dicke) das kurze straffe Stichelhaar, das längere Grannenhaar und das Unter- oder Flaumhaar (Wollhaar). Bei der Länge ist die Wachstumsdauer zu berücksichtigen. Diese hängt bei den Kulturschafen, bei denen, wie oben ausgeführt, ein sehr langsamer, kontinuierlicher Haarwechsel anzunehmen ist, begreiflicherweise mit der Schur[2]) zusammen. Die Folge davon ist, daß die Wolle die man längere Zeit auf dem Schaf läßt, ohne sie zu scheren, eine beträchtliche Länge erreichen kann.

Als Norm dienen Haare von einjährigem Wachstum. Bei der Bewertung einer Wolle spielt die Länge im Vlies eine ausschlaggebende Rolle . Die Tiefe oder Höhe des Stapels ist nach Bohm[3]) das Maß, welches der Stapel, wenn er schon von der Haut getrennt ist, sei es in ungewaschenem oder auch in gewaschenem Zustande, von seinem Schnittende bis zu seiner Oberfläche mißt[4]).

Die Länge der Wolle ist in gewissem Sinne rassenspezifisch. Während die Kammwollschafe in Jahresschur eine Stapeltiefe von ca. 12 cm haben, wächst das Vlies der Tuchwollschafe ca. 5 cm hoch (vgl. auch S. 149). Man unterscheidet danach auch kurz- und tiefgestapelte Wollen, unter Berücksichtigung gleicher Wachtumsdauer. Für viele primitive Rassen ist ein lang abgewachsenes Vlies charakteristisch. Bei den englischen Rassen hat man langwollige (Abb. 99) und kurzwollige Rassen unterschieden.

In einjährigem Wuchs erreicht das Grannenhaar bei den englischen, langwolligen Rassen die Länge von 30 cm und darüber, die längste Wolle hat nach Bohm eine Länge von 46 cm. Auch bei vielen primitiven Rassen (Zackel [vgl. Abb. 149c], Zigaya, Heidschnucke) erreicht das Grannenhaar bis zu 40 cm Länge.

Die Wolle eines Elektoralschafes, die man 10 Jahre wachsen ließ, wurde

---

[1]) In der australischen Bonitur gilt die Haarlänge als das wichtigste Kennzeichen zur Unterscheidung der Wollsorten.

[2]) Man unterscheidet die Jahresschur, die Halbschur (etwa aller 6 Monate) und die Achtmonatschur (mit 3 Schuren in 2 Jahren).

[3]) Bohm, J.: Die Schafzucht nach ihrem jetzigen rationellen Standpunkt. Erster Teil: Die Wollkunde Bd. 1, S. 294. Berlin 1873.

[4]) Die wichtigste Meßmethode nach Bohm ist, wenn man die geschnittene Probe unter eine etwas schwere Glasplatte legt. Das Messen der Stapeltiefe auf dem lebenden Tiere ist nach dem genannten Autor nicht zu empfehlen, da das Maß dort immer größer als es in Wirklichkeit ist, ausfallen wird. Man drückt den Maßstab schon unwillkürlich etwas in die Haut hinein, streckt den Stapel auch wohl etwas beim Messen. In der Praxis von Südafrika wird die Wolle über dem Daumen gemessen (Rose, P. D.: Merino-Wool Classing. J. Dep. of Agricult. Pretoria 1926).

25 cm lang. In der Hallenser Sammlung befindet sich eine Wolle eines Elektoralschafes, die in 11 Jahren 32 bis 33 cm lang wurde. Will man die Haare zweier Schafe bezüglich ihrer Länge untereinander vergleichen, so darf dies nur unter Berücksichtigung gleicher Wachstumsdauer geschehen.

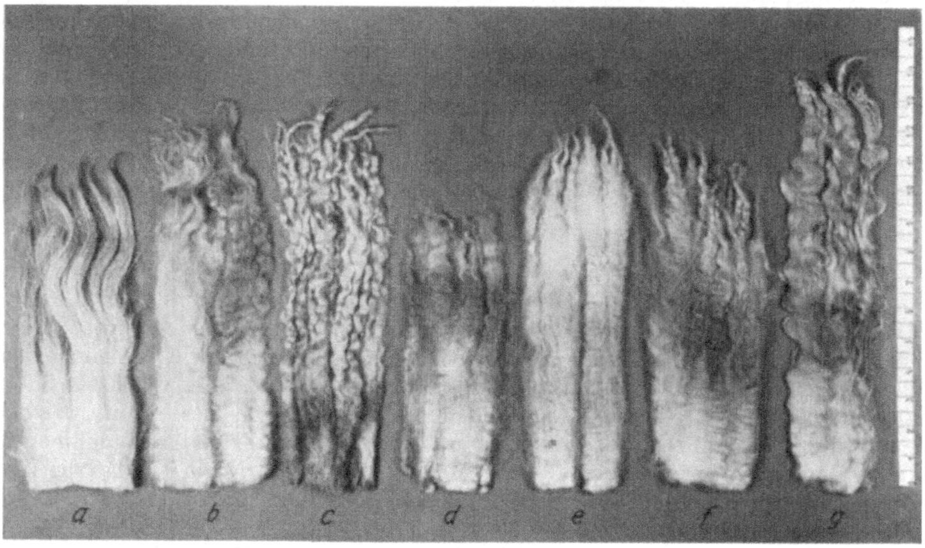

Abb. 99. Englische Langwollen in Jahresschur von *a* Blackfaced, *b* Lincoln, *c* Wensleydale, *d* Border Leicester, *e* Roscommon (Irland), *f* und *g* Cotswold. Rechts der Maßstab in cm.

Die folgende Tabelle ist dem deutschen Wollengewerbe 1926, S. 1379 entnommen.

Wollsorten	Länge in mm	Wollsorten	Länge in mm
Leicesterwolle	330	Französische ordinäre Wolle . .	105
Wolle vom bayr. Landschaf . .	320	Graue Donskoiwolle.	100
Zackelwolle.	315	Zungel Southdownwolle	80
Weiße Haidwolle	260	Triester Wolle	80
Bergamaskerwolle.	180	Australische Southdownwolle. .	70
Schwäbische Gebirgswolle . . .	150	Russische Merinos	65
Southdownwolle	150	Türkische Wolle	60
Kapländische Wolle.	140	Holländische Wolle	60
Dänische Wolle.	135	Rambouilletwolle	60
Nordamerikanische Wolle . . .	130	Kalifornische Wolle	55
Ostindische Wolle.	130	Merinowolle (Kap)	50
Deutsche Schafwolle	130	Elektawolle	50
Cotswoldwolle	120	Super-Electa (schlesisch). . . .	50
Oberbayrische Gebirgswolle . .	120	Negrettiwolle.	50
Weiße russische Donskoiwolle .	120	Tasmanien Merinos	40
		Chinesische Wolle.	45

Die Tabelle dürfte nicht in allen Beziehungen zutreffend und umfassend genug sein.

Nach J. Heyne[1]) zeigt beim Hampshireschaf (Halbschur) die Variationsbreite der Stapeltiefe mit Abnahme des Alters eine Zunahme. Die mittlere Stapeltiefe

[1]) Heyne, J.: Der Blutaufbau und die Leistungsfähigkeit der deutschen schwarzköpfigen Fleischschafherde (Typ Hampshire) in Würchwitz. Leipzig 1927.

beträgt dem genannten Autor zufolge bei den Jährlingszibben 5,4 cm, bei den Bocklämmern 4,4 cm, bei den Zibbenlämmern 3,6 cm.

Beim Shropshire stellt Wilsdorf[1]) eine größere Stapeltiefe bei den Jährlingen gegenüber den Erwachsenen fest (Halbschur). Das Mittel der Jährlingsmütter (5,85 cm) liegt um ca. 1 cm höher als für die Muttertiere, dafür ist aber die Variabilität größer. Die Stapeltiefe dürfte der der Muttertiere entsprechen. Wilsdorf[1]) hat seine Untersuchungen auch auf die Winter- und Sommerschur ausgedehnt. Das Ergebnis bei 183 Tieren ist das folgende:

Stapeltiefe	2	2,5	3	3,5	4	4,5	5	5,5	6	6,5 cm
Schur Dez. . .	3	2	16	16	52	35	38	12	9	
Schur Juni . .		6	24	21	44	31	30	15	11	1

Wenn sich auch die Reihe für die Schur im Juni etwas nach rechts verschoben hat, so zeigt das errechnete Mittel, daß ein ins Gewicht fallender Unterschied nicht besteht: Dezember 4,330 cm, Juni 4,325 cm. Der Unterschied ist als unerheblich anzusehen, da sich infolge der verklebten Stapelenden Unterschiede nur sehr schwer unter ½ cm ermessen lassen (vgl. dazu die Ausführungen Schadows[2]).

Nach Zwanzig[3]) wird beim Merinofleischschaf die Stapeltiefe, bezogen auf 1 kg Schurertrag im Alter kleiner; es wird dies auf die Verfeinerung der Wolle zurückgeführt, eine feinere Wolle ist stärker gekräuselt, infolgedessen nimmt die Stapeltiefe ab. Beziehungen zwischen Lebendgewicht, Schurgewicht und Stapeltiefe in dem Sinne, daß mit steigendem Lebendgewicht das Schurgewicht zunimmt bzw. die Wolle länger abwächst, finden für das untersuchte Material nach Zwanzig beim Vergleich der mittleren Zahlen keinen präzisen Ausdruck. Beim Merinofleischschaf der Hundisburger Herde beträgt die mittlere Stapeltiefe 5,75 cm bei Vollschur.

Der „Stapel" im technischen Sinne wird nach anderen Verfahren bestimmt.

Unter „Stapel" versteht man dabei „die mittlere Länge des längsten Fasermaterials." (Heermann[4]). Spricht man von einer Stapellänge von 20 mm, so bedeutet das, daß die durchschnittliche Länge der längsten Fasern 20 mm beträgt, nicht aber, daß jede Faser die Länge von 20 mm hat. Frenzel[5]) gibt für die „Handelsstapellänge" folgende Begriffsbestimmungen: 1. Die Stapellänge des Handels ist diejenige Faserlänge, welche ungefähr von 10% aller Fasern überschritten, von 90% unterschritten wird. 2. Mit Beziehung auf die Häufigkeit der Faserlänge ist die Handelsstapellänge diejenige den Mittelwert überschreitende Faserlänge, welche in einer Menge vertreten ist, die halb so groß ist wie die der am häufigsten vorkommenden Faserlänge.

---

[1]) Wilsdorf, O. H.: Das Shropshire, seine Entstehungsgeschichte, seine Verbreitung und seine Leistungen unter besonderer Berücksichtigung der Shropshire-Stammschäferei Denkwitz. Leipzig 1927.

[2]) Schadow, G.: Wachstumsmessungen an Haaren von Merinos und Karakuls. Diss. Halle 1926.

[3]) Zwanzig, F.: Die Merinofleischschafstammschäferei Hundisburg und ihre Leistungen. Leipzig 1927.

[4]) Heermann, P.: Mechanisch- und physikalisch-technische Textiluntersuchungen S. 125. Berlin 1923.

[5]) Frenzel, W.: Stapellänge, mittlere Faserlänge und Stapeldiagramm. Leipz. Monatsschr. Textilind. 1922. Nr. 1—4.

Die größte Bedeutung hat die Stapelbestimmung bei der Baumwolle gewonnen (Handmeßverfahren von Kuhn[1]), Kämmverfahren von Johannsen[2]), Müllersches Faserbartverfahren[3]), Auszählverfahren).

Da der Fabrikant alle Haare verarbeiten muß, spielt für ihn das Mengen- und Zahlenverhältnis der Haarlängen im Rohstoff eine große Rolle, das durch das Stapeldiagramm seinen Ausdruck findet. Das Stapeldiagramm gibt nach Mark[4]) die Zahl der Haare von bestimmter Länge als Funktion dieser Länge an und hat die Form einer Gaußschen Fehlerkurve. Die Bestimmung der Haarlänge eines Stapels kann im Einzelmeßverfahren erfolgen; die Wiedergabe erfolgt graphisch (Tänzer und Spöttel[5])); die Längen werden auf der Abszisse, die Zahl der Haare auf der Ordinate abgetragen.

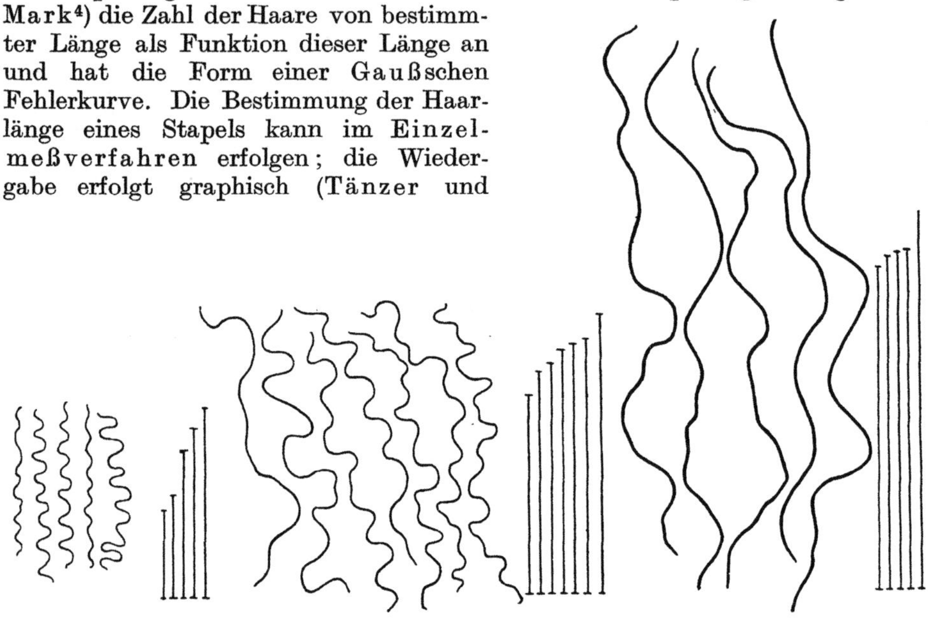

a *b* *c*

Abb. 100. Wollhaare aus je einem Strähnchen (nach Lehmann), die geraden Striche rechts neben den Haaren geben das Verhältnis ihrer wahren Längen an.
a edle Merinokammwolle (Stapellänge 8 mm). *b* Wolle vom Southdownbock (Stapellänge 12,75 mm: nicht entfettet). *c* Wolle vom Leicester-Jährlingsbock (25 mm Stapellänge: entfettet).

Bei der Längenbestimmung des einzelnen Schafhaares hat man die Kräuselung zu berücksichtigen. Die natürliche Länge gibt die Tiefe oder Höhe des gekräuselten Haares an. Schon Bohm[6]) macht auf die Unsicherheit dieses Wertes aufmerksam. Denn das Haar kräuselt sich, verfolgt dabei aber nicht die direkte Richtung der Spirale. Eine Übertragung der Stapelhöhe oder -tiefe auf das Einzelhaar ist nicht möglich. Bei der Definition der Länge des Einzelhaares bietet daher die Ermittlung der wahren oder wirklichen Länge die einzig sichere Grundlage. Die Bestimmung hat in gestrecktem Zustand zu erfolgen.

---

[1]) Kuhn, F. W.: Stapel. Melliands Textilber. 1920.
[2]) Johannsen, W.: Leipz. Monatsschr. Textilind. 1924, Nr. 6 u. 7.
[3]) Müller, E.: Leipz. Monatsschr. Textilind. 1908, S. 171.
[4]) Mark, H.: Beiträge zur Kenntnis der Wolle und ihrer Bearbeitung S. 24. Berlin 1925.
[5]) Tänzer, E. u. W. Spöttel: Das Zackelschaf, unter Berücksichtigung der Zuchten d. landw. Instit. d. Univ. Halle. Z. indukt. Abstammgslehre Bd. 28, S. 173. 1922.
[6]) Bohm, J.: Die Schafzucht nach ihrem jetzigen rationellen Standpunkt. Erster Teil: Die Wollkunde. Berlin 1873.

Der Unterschied zwischen der Höhe und Länge eines Wollhaares ist von der Kräuselung abhängig, er ist bei der flachbogigen Kräuselungsform geringer als beispielsweise bei den normalen und hochbogigen Wollen (Abb. 100).

W. v. Nathusius[1]) seien einige Beispiele entnommen:

	Höhe cm	Länge cm	Höhe : Länge
Leicester Wolle	23,0	31,0	100:135
Flachbogige Hampshirewolle	8,5	12,0	100:141
Kammwolle	5,5	8,5	100:155
Tuchwolle	4,0	6,5	100:162
Hochbogige Tuchwolle	2,8	5,0	100:178

Nach Volkmann[2]) kann das Verhältnis der natülichen zur wahren Länge sich wie 1 : 1,2 bis 1,8 verhalten, nach Viardot (aus Dechambre) von 1 : 1,30 bis 1,90. Dechambre[3]) gibt für 2 Dishley-Merinos als relative Länge 1,75 und 1,85 und für 2 Rambouillets 1,61 und 1,66 an.

An anderer Stelle wird angegeben, daß die Länge des ausgestreckten Haares je nach dem Grade der Kräuselung das 1,20 bis 1,97fache der Länge des gekräuselten Zustandes beträgt.

Wie beim Einzelhaar hat man auch beim Stapel von der Höhe die Länge zu unterscheiden, die die Länge des ausgestreckten Stapels angibt und von der Kräuselung abhängt. Den durch Ausziehen des Stapels festgestellten Unterschied zwischen Höhe und Länge bezeichnet man als den Zug des Stapels (Abb. 101). Ein Stapel mit starkem Zug heißt gedrängter Stapel oder gedrängter Wuchs, ein Stapel mit schwachem Zuge dagegen gedehnter Stapel, gedehnter Wuchs. Ersterer ist für Krempelwolle, letzterer für Kammwolle am wertvollsten.

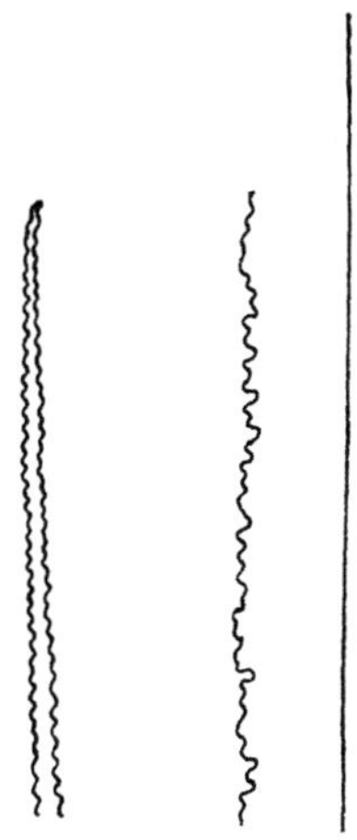

Abb. 101. Stapel- und Haarlänge. Nat. Größe (nach Bohm schematisiert.)

a Strähnchen ungewaschen. *b* einzelnes Haar gekräuselt. *c* dasselbe Haar gestreckt.

Die Längenbestimmung des Einzelhaares kann bei sehr kurzen Haaren vermittels eines mit Okularmikrometer ausgestatteten Mikroskops ermittelt werden. Längere Haare werden durch Auflegen auf eine leicht schräge Glasplatte mit darunter befindlichem Maßstab ausgemessen[4]), bei welch letzterem eine Millimetereinteilung vorgesehen ist. Die Haarenden werden entweder mit Pinzetten gerade gestreckt (Schadow) oder aber das eine Ende wird an dem Oberrande der schräg stehenden Meßplatte angeklebt, während das andere Haarende mit einem geringen Streckgewicht zur Entfernung der Kräuselungsbögen belastet wird (Kühler[5])).

Pieritz'[6]) Längenmessungen beim Hampshire (Zahl der gemessenen Haare ist nicht angegeben) haben folgende Resultate: bei den Jährlingen sind Werte

[1]) Nathusius, W. v.: Die Wellung des Wollhaares. Dt. landw. Presse 1880. S. 236.

[2]) Volkmann, K.: Wechselbeziehungen zwischen Rendement, Wollfeinheit und Wolllänge bei Merinofleischschafen. Diss. Breslau 1927.

[3]) Dechambre, M. P.: Examen des laines en vue de la détermination de leurs qualités zootechniques et industrielles. Paris 1926—27.

[4]) Stohmann mißt die Haarlänge mittels Zirkel.

[5]) Kühler, H.: Untersuchungen über die physikalischen Eigenschaften der Wolle von Karakulschafen. Inaug.-Diss. Halle 1924.

[6]) Pieritz, E.: Vergleichende Untersuchungen über das Rendement. Züchtungskde. Bd. 2, H. 10. 1927.

von 44,2 bis 100,46 mm erhalten, wobei die Böcke die höchsten Zahlen aufzuweisen haben. Der Mittelwert beträgt 69,1 mm. Die Mutterwolle schwankt zwischen 37,13 und 81,53 mm (in Halbjahrschur); der Mittelwert ist hier viel geringer (58,9 mm). Als Gesamtdurchschnitt ist 63,4 mm errechnet.

Scholz[1]) begnügt sich mit 15 Haaren je Probe[2]); das arithmetische Mittel dieser Messungen wird „als die durchschnittliche Wollänge der betreffenden Probe angesehen". Das Mittel aus allen 3 Proben, also 45 Haaren, ergibt die Wollänge eines Tieres."

Bei Vererbungsstudien in einer Kreuzungsherde Merinofleischschaf mit Württemberger Landschaf gibt Scholz an, daß die F_1 Tiere im Durchschnitt 66,04 mm lange (Halbschur) Wolle haben. Aus der Tabelle ergibt sich die Zunahme der Wollänge aus der Verschiebung der Grenzen zugunsten höherer Wollängenwerte:

Wollänge	Minimum mm	Durchschnitt mm	Maximum mm
Merinoschafe	32,20	49,50	64,10
Württemberger Böcke . .		77,00	
F_1-Generation	46,28	66,04	84,60

Wie die Feinheit, so soll nach dem genannten Autor auch die Wollänge durch mehrere gleichsinnig wirkende Erbfaktoren bedingt sein. Die Erbfaktoren für Wollfeinheit und Wollänge sind „irgendwie keimplasmatisch" verbunden (Scholz), etwa derart, daß eine bestimmte Anzahl der die Länge bedingenden Gene nur dann ihre Wirksamkeit zu entfalten vermag, wenn gleichzeitig gröbere Wollen auftreten.

Bei dem Einzelmeßverfahren darf naturgemäß keinerlei Auslese getrieben werden. Von jeder Probe werden 100 Haare zur Feststellung ihrer Länge gemessen (Tänzer und Spöttel, Kühler, Schadow), da diese Zahl als Mindestmaß zur Erzielung des Durchschnittes einer Haarprobe anzusehen ist.

Schon W. v. Nathusius[3]) gibt an, daß in den edelsten und anscheinend ausgeglichensten Merinowollen die Länge der einzelnen Haare wesentlich verschieden ist. Nach ihm ist das Verhältnis der Längen der kürzeren zu den längeren Haaren ungefähr wie 2:3, häufig fast wie 1:2. Zwischen den Extremen finden sich aber ganz unmerkliche Übergänge.

Kühler[4]) kommt auf Grund seiner Untersuchung beim Karakulschaf, die als eine der ersteren ein übersichtliches Bild über die Längenzusammensetzung auf Grund des Einzelmeßverfahrens einer Wolle gibt, zu dem Ergebnis, daß das Vlies der von ihm untersuchten 10 fünfjährigen Karakulmuttern aus einem Gemisch von weißen und braunen Haaren mit den verschiedensten Abstufungen zwischen den beiden Farben besteht. Die Stapellängen liegen — $6^2/_3$ Monat nach der letzten Schur — zwischen 6,5 und 10,5 cm, die Längen der gestreckten Haare zwischen 3 und 17 cm. Der Verlauf der Längenkurve ist folgendermaßen zu kennzeichnen: ein anfangs langsamer, nachher steiler werdender Anstieg bis zum Maximum bei 6 bis 9 cm und ein steiler Abfall, der zum Schluß bei 18 cm, flach

[1]) Scholz, W.: Vererbungsstudien in einer Kreuzungsherde: Merinofleischschafe und Württemberger. Diss. Breslau 1927.

[2]) Um bei Vererbungsstudien zu praktisch verwertbarem Material zu gelangen, ist nicht bloß eine genügend große Anzahl von Individuen, sondern auch eine genügend große Anzahl von Haaren zur Untersuchung erforderlich. Hier gilt ceteris paribus das, was oben für Wollfeinheit gesagt ist.

[3]) Nathusius, W. v.: Die Wellung des Wollhaares. Dt. landw. Presse 1880, S. 236.

[4]) Kühler, H.: Untersuchungen über die physikalischen Eigenschaften der Wolle von Karakulschafen. Inaug.-Diss. Halle 1924.

auslaufend, endet. Länge und Haarfarbe stehen nach Kühler nicht miteinander in Beziehung.

Die mittlere Haarlänge in einem Stapel ($\bar{l}$) erhält man, wenn man die Gesamtlänge (Länge aller Haare, wenn man sie sich in einer Geraden aneinandergelegt denkt: $\Sigma\, l$) durch die Zahl aller Haare (N) dividiert; $\bar{l} = \frac{\Sigma\, l}{N}$. Die Zahl Z der freien Haarenden in einem Stapel ist dann gleich $\frac{\Sigma\, l}{\bar{l}} + 1$.

Die Textilindustrie sucht die mittlere Faserlänge im Stapeldiagramm auszudrücken.

Für die Bestimmung des Stapeldiagramms der Rohwolle kommt noch am ehesten der Müllersche[1]) Stapelmesser (Abb. 102) in Frage, der die rasche Feinheitsnummerbestimmung „von Faserbüscheln, Vorgespinsten und gegebenenfalls auch von Gespinsten“ bezweckt. „Er ermöglicht, sowohl die mittlere Faserlänge in einem Gespinstquerschnitt und in irgendwelchem Faserbüschel unter Mitbenutzung einer chemischen Wage zu bestimmen, als auch das Stapeldiagramm selbst ohne eine solche zu ermitteln, indem man einen ausgekämmten Faserbart in gleichen Teilabständen mit der Vorrichtung abtastet. Letzteres Verfahren kann auch zur Bestimmung der Gleichmäßigkeit von Vor- und Feingespinsten benutzt werden“[2]).

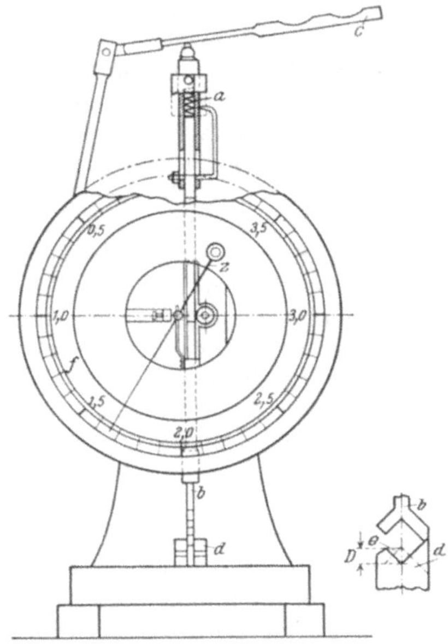

Abb. 102. Der neue Müllersche Stapelmesser (nach Matthes).

Die Müllersche Faserbartmethode beruht auf folgender Erwägung: Wenn man ein Gespinst auskämmt, so muß die Länge bzw. das Gewicht des ausgekämmten Bartes im Zusammenhang stehen mit der Faserlänge des Gespinstes selbst. Man bestimmt die metrische Feinheitsnummer des zu untersuchenden Gespinstes, klemmt ein Stück länger als die größte Faserlänge an einem Ende in eine Zange ein, kämmt sorgfältig rein aus, schneidet den Bart mit einem Rasiermesser glatt ab und bestimmt das Gewicht eines solchen Bartes. Die mittlere Faserlänge im Querschnitt in mm ist dann gleich zweimal dem Gewicht des Bartes in mg mal der metrischen Feinheitsnummer des Garnes.

2. Das Wachstum der Wolle.

Engverknüpft mit der Längenfeststellung ist, wie schon gestreift, das Problem des Wachstums der Wolle. Bohm hat die Fragen aufgeworfen: wächst das Haar gleichmäßig oder ist das Wachstum des Haares zu gewissen Zeiten intensiver, rascher als zu anderen? Nach W. v. Nathusius[3]) ist der Stapelbau eines Merino-

[1]) Müller, E.: Ein neuer Stapelmesser. Leipz. Monatsschr. Textilind. Jg. 38. 1923.

[2]) Zur Erleichterung des Stapelziehens hat Matthes einen besonderen „Stapelziehapparat“ konstruiert. (Matthes, M.: Über Versuche mit dem E. Müllerschen Stapelmesser. Leipz. Monatsschr. Textilind. 1926, H. 7; 1927, H. 5.

[3]) Nathusius, W. v.: Das Wollhaar des Schafes in histologischer und technischer Beziehung mit vergleichender Berücksichtigung anderer Haare und der Haut. Berlin 1866. — Mitteilung über die bei ferneren Untersuchungen des Haares der Schafe und anderer Haustiere erlangten Resultate. Z. d. landw. Central-Vereins der Provinz Sachsen Jg. 32, S. 1.

bockes, dessen Wolle am Blatt in 5- bis 6jährigem Wuchs 180 mm Stapellänge erreicht hatte, ganz regelmäßig.

Bohm[1]) weist darauf hin, daß bei Lämmern das Wachstum der Wolle im ganzen sich rascher vollzieht, da die Wolle der Lämmer im Jahreswuchs länger wird als die der Mütter.

Dem genannten Verfasser zufolge soll die Wolle in der ersten Zeit nach der Schur rascher wachsen als später. Bei Merinos aus Pleß in Oberschlesien, deren Wolle in 10jährigem Wuchs die Länge eines preußischen Fußes erreichte, betrug der Wollwuchs im 1. Jahr 2½ Zoll, im 2. Jahr 2 Zoll und jährlich immer weniger, so daß er in den letzten Jahren kaum noch jährlich ½ Zoll betrug. Ähnliche Resultate bezüglich einer Wachstumsverminderung stellt Rohde bei einem Merinohammel in 3jährigem Wollwuchse fest.

Nach Rohde[2]) erreicht in Jahresschur die Wolle in den ersten 6 bis 7 Monaten nach der Schur fast ⅔ ihrer Länge, während sie in den letzten 5 bis 6 Monaten nur noch ⅓ ihrer Länge nachwächst.

Stohmann[3]) stellt auf Grund seiner Untersuchungen fest, daß bei Schafen, welche Mitte August geschoren werden, während der ersten 151 Tage nach der Schur das Längenwachstum der Wolle je Tag mindestens doppelt so groß ist als das tägliche Längenwachstum während der darauf folgenden 112 Tage.

Heyne[4]) ist der Ansicht, daß die Wolle bis zum 4. Monat nach der Schur verhältnismäßig schnell wächst. Ein normales Wachstum hält nach ihm bis etwa zum 10. Monat an. Dann tritt ein vermindertes Wachstum oder auch ein Stillstand ein.

Gärtner[5]), dem zufolge unter Voraussetzung eines normalen Beharrungsfutters die Ernährung kaum einen Einfluß auf das Haarwachstum ausübt, behauptet, daß ein Nachlassen der Wachstumschnelligkeit nach einer Zeit von 4 Monaten eintritt, bis schließlich nach dem 10. Monat ein Stillstand erfolgt.

Nach Zorn soll die Wolle in den ersten 6½ bis 7 Monaten nach der Schur bereits ⅔ der Jahreslänge erreicht haben

Nordmeyer[6]) stellt auf Grund seiner Längenmesungen (des Stapels) in der Merinofleischschafherde Dubrau fest, daß in den ersten 6 Monaten nach der Schur (am 15. Juni 1925) das Längenwachstum ziemlich gleichmäßig verläuft. Der durchschnittliche Zuwachs beträgt nach ihm bei natürlicher Länge 6,2 mm je Monat, bei wahrer Länge 7,8 mm. In der zweiten Wachstumsperiode (vom 15. Dezember 1925 bis 15. Juni 1926) ist ein Nachlassen des Längenwachstums festzustellen (Zuwachs der natürlichen Länge 5,5 mm, der wahren Länge 6,5 mm je Monat); als Gründe führt Nordmeyer an, daß die Milchabsonderung und knappe Fütterung während der Lammzeit auf das Wollwachstum verringernd einwirkt. Bei der Zwölfmonatschur erreicht die Wolle eine natürliche Länge von 7,4 cm, und zwar beträgt der monatliche Zuwachs im Durchschnitt 5,8 mm. Ein starker Zuwachs findet in den Monaten September, Oktober, November statt, in denen die Schafe auf den abgeernteten Getreide-, Kartoffel- und Rübenschlägen reichliche Nahrung finden.

Der von dem genannten Verfasser gezogene Schluß, daß die Wolle bis zum 12. Monat gleichmäßig ohne Unterbrechung wächst, erscheint angesichts der

[1]) Bohm, J.: Die Schafzucht nach ihrem jetzigen rationellen Standpunkt. Erster Teil: Die Wollkunde. Berlin 1873.

[2]) Rohde, O.: Beiträge zur Kenntnis des Wollhaares. Berlin 1857.

[3]) Stohmann, F.: Biologische Studien. Braunschweig 1873.

[4]) Heyne, J.: Großes Handbuch der Schafzucht auf neuzeitlicher Grundlage. Leipzig 1916.

[5]) Gärtner, R.: Schafzucht. Stuttgart 1924.

[6]) Nordmeyer, H.: Untersuchungen über Entwicklung und Beschaffenheit der Wolle in der Merinofleischschafherde Dubrau. Diss. Berlin 1927.

angeführten Tatsachen nicht ohne weiteres stichhaltig; auch die Methodik, die sich auf die Feststellung der natürlichen und wahren Länge im Stapel beschränkt, dürfte nicht ausreichend sein.

Nordmeyers Untersuchungen lassen eine Beeinflussung der Haarlänge durch die Ernährung erkennen, stehen also in dieser Beziehung im Gegensatz zu den zu besprechenden Ergebnissen Schadows[1]).

Schadow hat vierzehntägig Längenmessungen am Blatt, Flanke und Keule auf Grund des Einzelmeßverfahrens an Karakulschafen und Merinos im Verlaufe einer 5monatigen Wachstumsperiode zwischen zwei Schuren (1. V bis 1. X. 1925) durchgeführt. Bei den Karakuls ergibt die Bestimmung der Stapelhöhe keine sicheren Werte.

Nach Schadow nimmt beim Karakul im Verlaufe der Beobachtungszeit die Variationsbreite der Haarlänge im allgemeinen fortlaufend zu; dabei verteilen sich die Varianten auf immer höhere Klassen[2]) (vgl. die Tabelle auf S. 243). Eingipfligkeit der Variationsreihen ist nach der gleichmäßigen Verkürzung bei der Schur so lange vorherrschend, bis durch fortschreitendes Wachstum der Längenunterschied zwischen Ober- und Unterhaar anfängt, sich bemerkbar zu machen, und zwar spätestens nach sechswöchiger Wachstumsdauer; jedoch schon nach vierwöchiger herrscht die Zweigipfligkeit vor[3]). Die ersten wie die zweiten Gipfel der Längenvariationsreihe verschieben sich im Verlaufe der Beobachtungszeit im allgemeinen in immer höhere Klassen, wobei jedoch, wenigstens für die ersten 5 bzw. 3. Probenahmen eine Regelmäßigkeit in der Beziehung zueinander nicht zu erkennen ist. Die Wachstumsschnelligkeit des Oberhaares ist größer als die des Unterhaares. Die Wachstumsschnelligkeit des 2. Maximums läßt gegenüber der des 1. Maximums die Tendenz erkennen, bis zum Eintritt eines erkennbaren Wachstumsrhythmus zuzunehmen, was die häufig fortlaufend sich vergrößernden Zwischenräume zwischen erstem und zweitem Gipfel deutlich beweisen. Von der 7. bzw. 4. Probenahme ab tritt häufig ein Wachstumsrhythmus auf, derart, daß die ersten wie auch die zweiten Gipfel jeder folgenden Reihe um zwei Klassen höher zu liegen kommen als die Gipfel der jedesmal vorangehenden Reihe, und daß der Zwischenraum zwischen erstem und zweitem Gipfel mit einer bestimmten Klassenanzahl der gleiche bleibt.

Ein Unterschied im Wachstum der Haare zwischen Böcken und Muttern kann Schadow beim Karakul nicht feststellen. Einflüsse des Klimas, des Futters und des Futterwechsels sind nicht ermittelt worden.

Bei den Längenmessungen bei Merinos ergibt die Stapelmessung wegen der groben Methode kein sicheres Bild von dem Haarwachstum. Bei den Lämmern stört bei der Ermittlung der Stapelhöhe außerdem noch die Lockenbildung. Die Werte der Stapelhöhe bleiben in ihrer Größe um so mehr hinter den Mittelwerten zurück, je weiter das Wachstum und die Bildung von Kräuselungsbögen fortschreitet.

In folgendem soll eine Tabelle (nach Schadow) eine Übersicht über die beim Merino zum Ausdruck kommenden Längenwachstumsverhältnisse geben.

Aus der Tabelle wird ersichtlich, daß die Variationsreihen fast kontinuierlich breiter werden, und zwar derart, daß sich die Varianten der einzelnen Probenahmen auf verschiedene Klassen, und zwar immer Klassen höheren Wertes verteilen. Im Gegensatz zu der anfangs hohen Ausgeglichenheit bezüglich der

[1]) Schadow, G.: Wachstumsmessungen an Haaren von Merinos und Karakuls. Diss. Halle 1926.

[2]) Der Klassenspielraum beträgt 5 mm.

[3]) Die Zweigipfligkeit schließt die Berechnung des Mittelwertes und damit der mittleren Haarlänge im Stapel aus.

Karakul

Datum	1–5	–10	–15	–20	–25	–30	–35	–40	–45	–50	–55	–60	–65
	mm												
15. Mai	16	10	22	**39**	17	5	1						
1. Juni		2	18	23	**43**	12	2						
15. Juni		2	4	11	**13**	9	18	**24**	18	1			
1. Juli.			1	3	**17**	10	11	11	13	**15**	10	8	1
15. Juli.			1	4	9	**15**	13	5	10	4	**24**	10	3
1. August . . .			1	1	6	3	2	5	6	9	**19**	17	**21**
15. August . . .							3	3	5	4	**20**	7	3
1. September. .							2	3	3	4	6	9	**20**
15. September. .									2	3	3	5	7
1. Oktober . . .								1	1	1	4	3	3

Merino

Datum	1–5	–10	–15	–20	–25	–30	–35	–40	–45	–50
	mm									
15. Mai	3	22	**65**	10						
1. Juni. . . .	3	4	14	**61**	18					
15. Juni. . . .	2	2	6	32	**53**	5				
1. Juli	2	3	3	3	17	**62**	10			
15. Juli	1	—	3	3	4	19	**65**	5		
1. August . .		2	2	3	7	13	31	**42**		
15. August . .				1	1	3	18	29	**43**	5
1. September .				2	2	5	7	13	18	**45**
5. September .					1	2	5	6	13	18
1. Oktober . .					1	1	1	4	5	12

Länge wird die Wolle im Laufe des späteren Wachstums unausgeglichener[1]) und mit zunehmender Unausgeglichenheit verlangsamt sich (nach 4 Monaten) das Wachstum aller Varianten jeder Reihe. Das Maximum aller Varianten jeder Reihe, das durch den prozentualen Anteil der Gipfelklasse ausgedrückt wird, wächst von Probe zu Probe mit großer Regelmäßigkeit um eine Klasse (1 bis 5 mm). Beeinflussungen durch Fütterung oder Klima hat Schadow[2]) innerhalb der Beobachtungszeit nicht feststellen können.

Das Wachstum der Lammwolle ist nach Schadow schneller als das der Wolle älterer Tiere.

Ein Unterschied im Längenwachstum der verschiedenen untersuchten Körperstellen (Blatt, Flanke, Keule) ist nicht ersichtlich. Beim Karakulschaf und Merino findet nach Schadow vom 3. Monat ab kein Nachwachsen neuer Haare (wenigstens in ausschlaggebender Menge) mehr statt. Als rassenbedingt muß das ungefähr doppelt so schnelle Haarwachstum der Karakuls im Vergleich zum Merino angesehen werden. Die Breite der Variationsreihen ist bei den Merinos geringer als bei den Karakuls, gleichfalls als Rassenunterschied.

Burns[3]) Untersuchungen über das monatliche Längenwachstum der Wollhaare (von September bis April) ergeben kein gleichartiges Haarwachstum bei den einzelnen Tieren und in den einzelnen Jahreszeiten. Die größten Wachstumszu-

[1]) Was auch in der Vergrößerung des mittleren Fehlers zum Ausdruck kommt.

[2]) Schadow, G.: Wachstumsmessungen an Haaren von Merinos und Karakuls. Diss. Halle 1926.

[3]) Burns, R. H.: Wool Analysis. Americ. Sheep Breeder Bd. 46, H. 9 u. 11. 1926.

♀ 234/18.

–70	–75	–80	–85	–90	–95	–100	–105	–110	–115	–120	–125	–130	–135	–140	–145
mm															
2															
9	1														
6	11	14	**19**	3	2										
8	2	4	8	10	**14**	5	1	1							
9	**19**	9	4	3	4	7	**10**	7	3	3	2				
5	6	7	**18**	8	4	4	3	5	**14**	5	2	2	1	2	1

Nr. 54. Flanke.

–55	–60	–65	–70	–75	Mittelwert	Mittelwertsunterschied	Mittlerer Fehler
mm							
					12,10	5,25	± 0,3192
					17,35	3,00	± 0,4281
					20,35	5,45	± 0,4552
					25,80	4,75	± 0,6013
					30,55	1,85	± 0,5634
					32,40	6,70	± 0,6902
					39,10	3,95	± 0,5319
8					43,05	5,70	± 0,7826
44	9	2			48,75	5,60	± 0,7661
21	**40**	11	2	2	54,35		± 0,8119

nahmen sind bei den Lincolns festgestellt, die übrigen Rassen folgen in nachstehender Ordnung: Corridales, Oxfordshires, Hampshires, Rambouillets.

Bei Lincolnschafen ist folgendes Wachstum der Wollhaare in Zoll festgestellt:

Nr.	Geschlecht	Alter in Jahren	Sept.	Okt.	Nov.	Dez.	Jan.	Febr.	März	Jahreswachstum
1	Schaf	5	0,8	0,6	0,6	0,6	0,5	0,4	0,5	7,2
2	Schaf	4	0,7	0,6	0,6	0,5	0,4	0,5	0,5	6,1
3	Schaf	6	0,6	0,5	0,5	0,6	0,6	0,5	0,4	6,2
4	Schaf	3	0,8	0,7	0,6	0,6	0,5	0,6	0,6	6,5
5	Bock	2	0,7	0,7	0,6	0,6	0,7	0,7	0,6	7,2
	Durchschnitt		0,72	0,62	0,58	0,58	0,54	0,54	0,52	

Die Frage der ein- oder mehrmaligen Schur.

Das Wollwachstum spielt für die Frage eine große Rolle, ob eine einmalige oder mehrmalige Schur im Jahr zu empfehlen ist. Natürlich spielen bei der Entscheidung für ein- oder zweimalige Schur während eines Jahres noch wirtschaftliche Verhältnisse mit, so die Rücksicht auf den jeweiligen Wollpreis, dann die Frage, ob die Kosten der Schur im Verhältnis stehen zu dem Preise der Wolle.

Michaelian, der Hauptsachverständige für Schafzucht im Landwirtschaftsdepartement der südafrikanischen Regierung (Wollarchiv 1921) hat zu der angeschnittenen Frage folgende Aufstellung gemacht: Bei zweifacher Schur bringen 1000 Schafe mit einem Durchschnittshalbjahresertrag von 4 lb pro Schaf und einem Verkaufspreis von 7 d per lb pro Schur $1000 \times 4 \times 7 = 28000$ d

= 116 Pfd. Sterl. 13 s 4 d, im ganzen Jahre also 233 Pfd. Sterl. 6 s 8 d. Zieht man die Kosten für zweimaliges Scheren à 1 d pro Schaf ab (= 2000 d = 8 Pfd. Sterl. 6s 8d), so ergibt sich ein Jahresgewinn von 225 Pfd. Sterl.

Bei einmaliger Schur im Jahr erbringen 1000 Schafe (pro Kopf 8 lb Wolle) 1000 × 8 × 7 = 56000 d = 233 Pfd. Sterl. 6 s 8 d, das ergibt abzüglich einmaliger Schurkosten von 1000 d = 4 Pfd. Sterl. 3 s 4 d 229 Pfd. Sterl. 3 s 4 d. Hierzu kommt noch die Mehreinnahmen von 2 d per lb, die bei einschüriger Wolle der Länge des Stapels wegen bezahlt wird = 1000 × 8 × 2 = 16000 d = 66 Pfd. Sterl. 13 s 4 d; das ergibt einen Jahresertrag von 295 Pfd. Sterl. 16 s 8 d. Der Züchtergewinn bei einmaliger Schur beträgt in diesem Falle bei 1000 Schafen 70 Pfd. Sterl. 16 s 8 d. Auch in Deutschland findet eine längere Wolle bessere Verwendungsmöglichkeiten[1]). Aus den Ausführungen von Ebbinghaus[2]) ist ersichtlich, daß beim deutschen schwarzköpfigen Fleischschaf von einer großen Wirtschaftlichkeit der zweimaligen Schur nicht die Rede sein kann; im Gegenteil zeigt eine Berechnung der Wollerlöse in den beiden Abteilungen (Vollschur und Halbschur) unter Zugrundelegung der Wollpreise der Dezemberversteigerung in Berlin von 120 M. für halbschürige und 155 M. für vollschürige Wolle in C-Feinheit, daß wir bei dieser Schurart ein schlechtes Geschäft machen. Bei Einsetzung der Preise ist für 1 Schaf an Wollerlös erzielt:

Abteilung I (zweimalige Schur) 8,— M.
Abteilung II (Vollschur) . . . 11,20 M.

In Deutschland findet das Scheren entweder zweimal in einem Jahre oder dreimal in zwei Jahren oder nur einmal in einem Jahr statt, und zwar fast allgemein im Schweiß (Schmutz). Erstere Art wird nach John hauptsächlich in Mastgegenden, d. h. Gegenden mit Zuckerrübenbau, wie z. B. in der Provinz Sachsen und vereinzelt in Pommern und in der Altmark, angewendet. Hier werden die Wollen auf den Tieren 6 bis 8 Monate belassen und nur im Schmutzzustande geschoren. Die zweite Art ist die in Deutschland übliche und findet, je nach den Verhältnissen der einzelnen Wirtschaften, vom Dezember bis Juni statt. Die Wolle ist volljährig oder, wie der Fachausdruck hierfür lautet, ausgewachsen. In Süddeutschland und auch vereinzelt in den übrigen Gegenden des Reiches werden Rückenwäschen hergestellt, d. h. die Tiere werden vor dem Scheren einer mehr oder weniger gründlichen Wäsche mit kaltem Wasser unterzogen, die Rückenwäsche verschwindet jedoch immer mehr. Die Vorarbeiten für die Rückenwäsche sind wesentlich schwieriger und es bedarf der ganzen Aufmerksamkeit der damit betrauten Leute, um das Unansehnlichwerden der Wolle durch Staub oder durch Schmutz zu vermeiden.

Auf die Einzelheiten der Schur soll hier nicht eingegangen werden, doch haben sich Eick, Hünersdorf[3]), Berndt[4]) sehr günstig über die Maschinenschur geäußert, weil sie von den eigenen landwirtschaftlichen Arbeitern zu der gewünschten Zeit ausgeführt werden kann (vgl. auch den Abschnitt über die Behandlung der Wolle während und nach der Schur S. 385)[5]).

[1]) Gegen das zu häufige Scheren hat sich ein Flugblatt der Deutschen Wollgesellschaft m. b. H. gewandt, worin ausgeführt wird, daß die besonderen Eigenschaften der deutschen Wolle, die diese vor den Auslandswollen auszeichnet, Kraft und Elastizität nur dann voll zur Auswirkung kommen könnten, wenn die Wolle ausgewachsen, d. h. 11 bis 12 Monate nachgewachsen ist.

[2]) Ebbinghaus: Ist die zweimalige Schur der Schafe unter allen Umständen wirtschaftlich? Dt. Schäfereizg Jg. 16, Nr. 34. 1925.

[3]) Hünersdorf, G. A.: Über brauchbare Hilfsmittel praktischer Tierzüchtung an Hand der Merinofleischschafstammherde Friedeburg a. Saale. Inaug.-Diss. Halle 1925. — Maschinelle Schafschur. Dt. Schäfereizg Jg. 16, Nr. 23. 1924.

[4]) Berndt, E.: Z. Schafzucht 1925, H. 11.

[5]) Zwanzig: Die Schur. Z. Schafzucht 1927, H. 18.

3. Die Faktoren, die die Länge der Wolle beeinflussen.

a) Die inneren Faktoren.

Wie die Feinheit der Wolle, so ist auch die Länge derselben von einer ganzen Reihe innerer und äußerer Faktoren abhängig.

Daß die Länge bis zum gewissen Grad art- und rassenbedingt ist, ist schon oben ausgeführt. Auch vom Geschlecht wird, wie bekannt, das Längenwachstum beeinflußt, da die Böcke, bei gleicher Wachstumsdauer, eine längere Wolle aufweisen als die Mutterschafe. Schadow hat allerdings bei den von ihm untersuchten mischwolligen Schafen keine Geschlechtsabhängigkeit feststellen können.

Nach den Untersuchungen von Schadow, Heyne und Wilsdorf sind auch Altersabhängigkeiten anzunehmen (vgl. oben). Nach Heyne zeigt die Variationsbreite der Stapeltiefe der einzelnen Jahrgänge des Alters eine Zu-

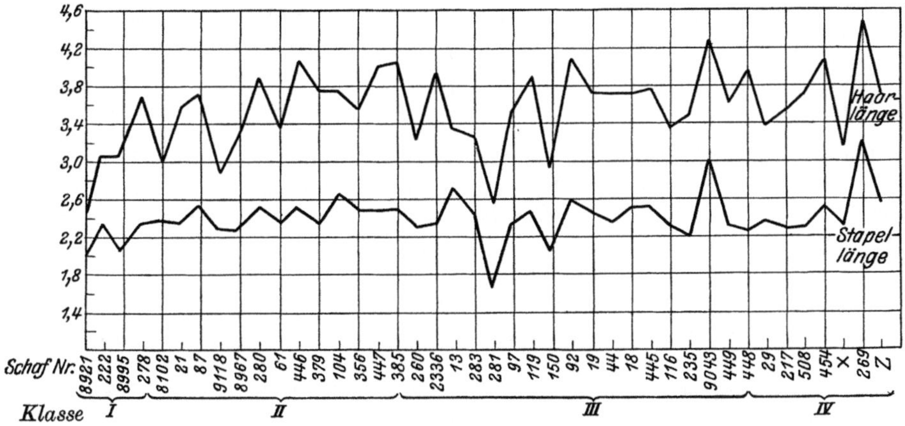

Abb. 103. Haar- und Stapellänge (nach Hultz).

nahme, was besagt, daß jüngere Mutterschafe keine so ausgeglichene Wolleigenschaften aufweisen wie ältere, wobei aber wiederum nicht vergessen werden soll, daß die stattgehabte Selektion diese Tatsache verschleiert. Auch beim Rhönschaf scheint nach Meiss[1]) das Längenwachstum der Wolle in der Jugend intensiver als im Alter zu sein.

Daß die Wollänge auch von der Körperstelle abhängig ist, lassen die Ausführungen von Hultz[2]) erkennen: danach variiert die Stapellänge der Schulterproben (auf 12 Monatswachstum berechnet) der von ihm untersuchten Rambouilletschafe von 1,9 bis 3,6 Zoll, die der Bauchproben von 1,3 bis 3,0 Zoll und die der Schenkelproben von 1,6 bis 3,1 Zoll. Nach Sturm[3]) ist die wahre Länge der Haare am Widerrist größer als an der Schulter.

Ebenso wie die Stapellänge, so zeigt nach Hultz auch die Einzelhaarlänge Beziehungen zu der Wertbeurteilung der Schafe: je höher das Schaf bewertet wird, desto kürzer ist das Haar wie der Stapel, wie aus folgender Tabelle ersichtlich sein soll (vgl. auch Abb. 103).

[1]) Meiss, W.: Untersuchungen an Rhönschafen. II. Diss. Halle 1927.
[2]) Hultz, F. S.: Studien über die Wollen von Rambouilletschafen Nr. 154. Wyoming 1927.
[3]) Sturm, R.: Der Wollfehler Zwirn, seine Formen und seine Ursachen. Diss. Hohenheim 1925.

Vliesklasse	Zahl der Tiere	Mittlere Stapellänge in Zoll	Mittlere Haarlänge in Zoll	Mittlere Haarfeinheit in $^1/_{10000}$ Zoll
I	4	2,16	3,30	6,07
II	13	2,39	3,61	6,11
III	18	2,36	3,53	6,57
IV	7	2,49	3,66	6,72

Nach Volkmann sind bei den Merinofleichschafwollen die Beziehungen zwischen Wollfeinheit und Wollänge keine ausgesprochenen, jedenfalls nicht derart, „daß man sagen könnte, innerhalb einer einzelnen Herde entsprechen geringe graduelle Unterschiede in der Feinheit jeweils bestimmten Längen".

Nach A. F. und A. F. B. Barker[1]) ist dagegen die mittlere Länge der Wolle fast genau in Übereinstimmung mit dem mittleren Durchmesser: es entsprechen kurzer Stapel und feiner Durchmesser, mittlerer Stapel und mittlerer Durchmesser, langer Stapel und dicker Durchmesser. Nebenstehende Tabelle sei hier wiedergegeben.

Material	Stapellänge in Zoll		Mittel
	Maximum	Minimum	
80′ Merino[2]) .	3,25	2,75	2,95
56′ Southdown	4,5	3,75	4,025
36′ Lincoln . .	9,5	7,0	8,2

Volkmann zufolge stehen bezüglich des Rendements Wollfeinheit und Wollänge in einem ergänzenden Verhältnis zueinander, doch ist die Wollfeinheit von größerer Wichtigkeit für das Rendement als die Wollänge. Beziehungen zwischen den genannten Eigenschaften nimmt auch Pieritz an (vgl. später).

b) Die äußeren Faktoren.

Daß durch verstärkte Fütterung ein verstärktes Längenwachstum des Wollhaares erzielt werden kann, geht schon aus den Versuchen von Rohde hervor. Knoblich[3]) stellt auf Grund seiner Versuche fest, daß die Eiweißerhöhung auf das Längenwachstum der Wolle günstig einwirkt, so daß der Mehrertrag an reiner Wollfaser dadurch erklärt werden kann. Bei einer Versuchsgruppe hat die Eiweißverminderung nicht das Längenwachstum hemmen können. Jedenfalls erweist es sich als Unmöglichkeit, das Sinken des Wollertrages aus einer entsprechenden Veränderung der Wollänge zu erklären, vielmehr ist es auf eine Verfeinerung der Wollfaser zurückzuführen.

Über den Einfluß von Klima, Haltung und Fütterung liegen zur Zeit nur sich widersprechende Angaben vor (Nordmeyer-Schadow); es erhellt daraus die zwingende Notwendigkeit, dem Längenwachstum mehr wie früher Aufmerksamkeit zu widmen. Die Erfahrung lehrt, daß in den Subtropen feine Tuchwolle länger abwächst als in Deutschland (bei gleicher Wachstumsdauer[4])).

[1]) Barker, A. F. u. A. F. B. Barker: Wools and Wool-fibre Testing. J. Text. Inst. Bd. 15. 1924. — Barker, A. F.: Genetics and Wool Production. J. Text. Inst. Bd. 15. 1924. — Barker, S. G. u. H. R. Hirst: J. Text. Inst. 1926, S. 483—509. — Barker, A. F.: Wollanalyse einer Herde von schwarzköpfigen Hochlandschafen. J. Text. Inst. Nr. 2, S. 40—45, 1922. — Race and environment as affecting the typ of sheep and the wool supplies of the world. J. Text. Inst. 1927.

[2]) Die Ziffer bezieht sich auf die Garnnummer.

[3]) Knoblich, P.: Der Einfluß verstärkter Eiweißfütterung auf das Wachstum der Wolle. Diss. Breslau 1926.

[4]) Nach den Ausführungen von A. F. Barker ist zu vermuten, daß das Anwachsen des Vliesgewichtes, der Faserlänge und des Faserdurchmessers der australischen Merinos nicht allein eine Folge der Selektion, sondern auch der Einkreuzung von englischen Lincolns und Leicesters gewesen ist.

Daß unter sonst gleichen Verhältnissen eine längere Wolle einen höheren Schurertrag bedingt, braucht hier nicht besonders betont zu werden, doch sind hier in der Natur des Tieres gewisse Grenzen gesetzt (vgl. den Abschnitt über korrelative Beziehungen der Wollfeinheit); das kommt auch in der Klassifizierung von Hultz[1]) (vgl. oben) zum Ausdruck; denn mit dem Längerwerden der Wolle stellt sich auch eine Vergröberung ein, die wertvermindernd wirkt.

4. Der Verlauf der Einzelhaare und der Wolle.

a) Die verschiedenen Formen der Kräuselung.

Die Länge des Wollhaares hängt zusammen mit seiner Kräuselung, wie oben ausgeführt. Im Anschluß an die Ausführungen über die Haarlänge sollen solche über die Kräuselung folgen.

Bezüglich des Verlaufes der Haare können wir mit W. v. Nathusius, Bohm, Lehmann u. a. unterscheiden:

1. ganz schlichte oder glatte Haare ohne jede Wellung,
2. gewellte Haare,
3. die Spiralwindungen sind zwar regelmäßig, aber wechseln dauernd ihre Richtung (Merinowolle),
4. gelockte Haare, d. h. das Haar rollt sich in ein und derselben Spiralwindung zur Locke zusammen oder zieht sich in regelmäßige Spirallocken aus. Die Locken können mit ihrer großen Achse der Haut parallel gehen (Karakul) oder mehr oder weniger senkrecht von der Haut abstehen (Heidschnucken- und Zackellamm (vgl. Abb. 153)).

Im großen und ganzen hängt der Verlauf des Haares von seinen Bauverhältnissen und physikalischen Eigenschaften ab, besonders wird auch das Fehlen oder Vorhandensein des Markkanales eine nicht unwesentliche Rolle spielen. Die typische Kräuselung finden wir nur bei markfreien Haaren.

Wir haben bei den verschiedenen Schafrassen als Haarformen kennen gelernt: Stichelhaar, Grannenhaar und Wollhaar, die sich durch Form, Länge und Bau charakteristisch unterscheiden (vgl. S. 128). Als ein weiteres Merkmal dieser Haarformen ist meist der schlichte Charakter bzw. die Wellung oder Kräuselung festzustellen.

Man bezeichnet ein Haar als gewellt, wenn die Wellenbögen in derselben Ebene liegen, dagegen als gekräuselt, wenn die Bögen mehr oder weniger von dieser Lagerung abweichen und in verschiedenen Ebenen liegen.

Ein rein ausgebildetes welliges Haar findet man nur selten, fast immer kann man feststellen, daß die Bögen von ihrer regelmäßigen Lagerung in einer Ebene abweichen, so daß man also immer Übergänge zum gekräuselten Haartyp wahrnehmen kann. Selbst die groben Grannenhaare der Heidschnucken weisen derartige Übergänge auf.

Bei der Kräuselung ist zu berücksichtigen: 1. die Zahl der Bogen im Verhältnis zur wirklichen Haarlänge und 2. die Stärke der Kräuselung oder die Länge der Radien der Einzelbogen, also das Verhältnis der wahren Haarlänge zur Stapelung.

Bei der Bestimmung der verschiedenen Typen, die uns bei Kräuselung und Wellung entgegentreten, sind zu berücksichtigen:

1. die Form des eigentlichen Bogens, 2. seine Höhe und 3. seine Spannung.

Die Einteilung der Kräuselungs- und Wellungsformen bezieht sich nun auf das Verhältnis der Spannung zur Höhe der Bögen. Man bezeichnet (Abb. 104)

[1]) Hultz, F. S.: Studien über die Wollen von Rambouilletschafen Nr. 154. Wyoming 1927.

I. als flachbogig solche Wellungsformen, bei welchen die Spannung größer als die Höhe ist. Hierbei ist wieder zu unterscheiden:

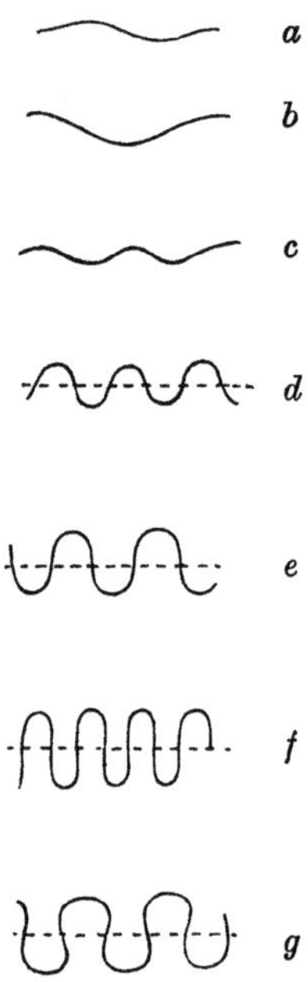

Abb. 104. Kräuselungsformen (nach Bohm). *a* schlicht; *b* gedehntbogig; *c* flachbogig; *d* normalbogig; *e* gedrängtbogig; *f* hochbogig; *g* überbogig oder gemascht.

a) die schlichte Wellung, bei der die Höhe im Vergleich zur Spannung fast verschwindet,

b) die gedehnte Wellung, bei der das Verhältnis der Höhe zur Spannung größer ist und deshalb etwas deutlicher sichtbar wird. Zu dieser Gruppe gehören die Wollen der meisten Landschafe, die deshalb auch vielfach als schlichtwollige Schafe bezeichnet werden,

c) flachbogig im engeren Sinne, wenn die Wellung schon deutlich hervortritt, wo aber das Verhältnis zwischen Spannung und Höhe noch 1:1 ist.

II. Zur zweiten Gruppe gehören die Haarformen, bei denen die Spannung der Wellenbögen gleich der Höhe ist, und zwar bezeichnet man

a) als normalbogig im engeren Sinne ein Haar, wenn die Spannung ebenso groß ist wie die Höhe, so daß sich die Bogenform einem Halbkreis nähert. Wir finden solche bei den edlen feineren Wollen, vor allem den Merinos.

b) Drängen sich die Wellungen schon etwas zusammen, so bezeichnen wir das Haar als gedrängt bogig. Diese Form stellt den Übergang zur nächsten Gruppe dar.

III. Bei dieser Gruppe ist die Spannung kleiner als die Höhe.

a) Ist die Höhe wesentlich größer als die Spannung, so bezeichnet man die Wellung als hochbogig.

b) Als überbogig oder gemascht bezeichnet man die Wellung, wenn die Haare hochbogig sind und die Bogen sich der Kreisform nähern.

Die Wellung und Kräuselung findet sich bereits bei den Urformen unserer domestizierten Rassen. So besitzt z. B. das Mufflon ein stark gekräuseltes Unterhaar, dessen Bogen fast die Form eines Halbkreises aufweisen. Sogar das Stichelhaar ist gekräuselt und mit Ausnahme der Spitze, die einfach gewellt ist, in einer sehr flachen Spirale gedreht (Abb. 72).

b) Die Kräuselung im Vlies.

Für die bestimmte regelmäßige Kräuselungsform im Vlies ist mit entscheidend, daß die einzelnen Haare im Strähnchen, den kleinsten Haareinheiten verbunden sind, und daß auch die Strähnchen untereinander in engen Beziehungen stehen (vgl. später). Die fertige Kräuselung entsteht als Wirkung in dem Einzelhaar und der benachbarten Haare.

Duerden[1]) gibt folgende Erklärung der Kräuselung:

Bis zur Geburt befindet sich das Lamm in der Amnionflüssigkeit; nach der Geburt können die Haare frei den vom Follikel aufgeprägten Strukturen, unbeeinflußt durch mechanische Einflüsse, folgen. Das Lammkleid besteht dann aus kurzen Spiralbüscheln, die dadurch zustande kommen, daß sich die nebeneinander liegenden, in der Gestalt übereinstimmenden Haare übereinander legen und so ein Büschel bilden. Diese stellen den Grundstock der späteren Locken oder Stapel dar. Wenn, wie bei der Angoraziege, die nachwachsende Wolle

[1]) Duerden: Studies of sheep and wool. Science Bull. Nr. 59. Pretoria 1927.

nicht dicht ist, bleibt die ursprüngliche Spiralform erhalten: es kommt zur Spiralringelung. Wird das Vlies dagegen dichter, so pressen sich die Locken und Haare gegeneinander und haben kaum Platz, sich spiralig zu entwickeln. Beim Heraustreten aus dem Follikel, wo die Haare noch plastisch sind, flachen sie sich durch gegenseitigen Druck ab und im Extrem entsteht die Kräuselung.

Früher war man allgemein der Ansicht, daß das Merinohaar die Eigenschaft der Kräuselung in viel höherem Grade habe als alle anderen Wollhaare der anderen Schafrassen und wolltragenden Tiere. Was nun das Verhältnis der Kräuselung der Strähnchen zu der des Einzelhaares anbetrifft, so ist es zweckmäßig, den Haarverlauf in einem nicht entfetteten und einem entfetteten Strähnchen zu vergleichen. Im letzteren Falle sehen wir, daß die äußeren Wollhaare, denen nach Entfernung des zusammenkittenden Fettschweißes schon der Übergang in ihre natürliche Form gestattet ist, eine gewisse abweichende Form gegenüber der Kräuselung des Strähnchens aufweisen. Wenn das Strähnchen normalbogig war, so finden wir bei den Einzelhaaren keineswegs nur normalbogige Strähnchen, sondern auch flach-, hoch- und überbogige (Abb. 105). Je nach der Länge der zu einem Strähnchen vereinigten Haare herrscht die eine oder andere Kräuselungsform. Je geringer die Wachstumsintensität des Einzelhaares, desto flachbogiger ist die Kräuselung desselben im Strähnchen. Darin stimmen aber alle Haare des Strähnchens überein, daß der Wendepunkt, wo der nach rechts gerichtete Kräuselungsbogen in den nach links gerichteten übergeht, bei allen Haaren der gleiche ist.

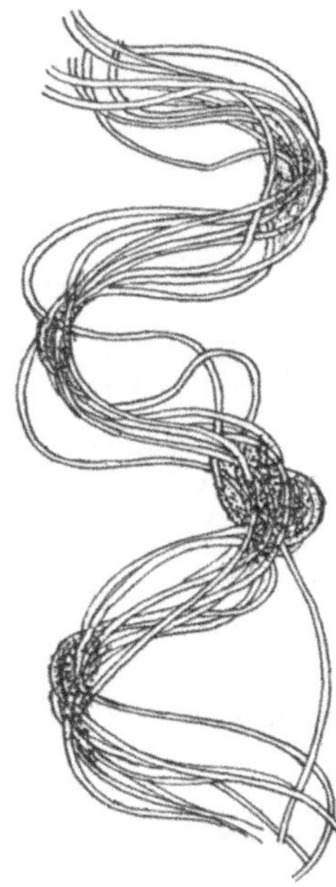

Abb. 105. Strähnchen vom Rambouillet.

An den Stellen, wo sich die Haare kreuzen, sind sie mit einer Fettmasse zusammengeklebt, auch an den Bogen sind einzelne Haare durch einen Fettüberzug verbunden. Die Haare ein und desselben Strähnchens haben alle charakteristisch verschiedene Kräuselungsformen. Es besteht also ein Unterschied in der Wellung und Kräuselung der Einzelhaare und des Strähnchens. In den Strähnchen dagegen tritt bei Gleichmäßigkeit der Haare desselben nur eine Wellungsform auf. Wie bei den einzelnen Haaren unterscheiden wir flachbogige, normalbogige, hoch- und überbogige Strähnchen.

In gewissem Umfange ist die Kräuselung rassenspezifisch, so findet man schlichte und gedehnte Wellung vorwiegend bei den Landschafen, normalbogige Kräuselung bei den Merinowollen. Das läßt auch folgende dem Journal of Textile Institute 1924 entnommene Tabelle S. 250 erkennen:

Auf Grund der Untersuchungen von v. Nathusius[1]) und Lehmann[2]) über die Kräuselung und die Ergebnisse der Hautuntersuchungen von Spöttel und Tänzer[3]) kann man wohl über die Entstehung der Kräuselung im Strähnchen

---

[1]) Nathusius, W. v.: Das Wollhaar des Schafs in histologischer und technischer Beziehung mit vergleichender Berücksichtigung anderer Haare und der Haut. Berlin 1866.

[2]) Heymons, R., Lehmann, C., Völtz, W. u. Freyer: Fragen der Schafzucht II. Arb. dt. landw. Ges. 1920. H. 306.

[3]) Spöttel, W. u. E. Tänzer: Rassenanalytische Untersuchungen usw. Arch. f. Naturgeschichte Jg. 89. 1923.

Zuchten	Wahre Länge in Zoll	Natürliche Länge in Zoll	Mittlere Zahl der Kräuselungsbögen pro 1 Zoll
Mountainbreeds			
Blackface	—	—	—
Herdwick	59	42	—
Welsh (white)	49	37	4,6
Lonk	55	38	3,65
Swaledale Dales	62	42	—
Exmoor Horn	49	45	6,95
Welsh (black)	44	36	5,45
Lustre Breeds			
Lincoln	49	47	2,30
Devon Longwool	58	48	1,77
Southdown	—	—	3,55
Leicester	68	46	2,05
Dartmoor	60	40	1,75
Cotswold	68	45	2,27
Wensleydale	—	—	2,42
Border Leicester	56	45	3,30
Demi-Lustre Breeds			
Cheviot	49	41	5,80
Romney Marsh or Kent	57	47	4,65
Half-Bred Leicester	60	46	4,80
Kerry Hill	51	46	4,20
Down Breeds			
Dorset Down	58	45	6,00
Dorset Horn	54	36	5,80
Oxford Down	57	50	6,40
Suffolk Down	53	45	7,10
Hampshire	—	—	7,60
Ryeland	48	41	5,75
Shropshire	50	40	6,10
Southdown	44	38	9,60

folgendes angeben (vgl. auch S. 66): Zunächst werden den im Strähnchen vereinigten Einzelhaaren durch die Bildung der Haarfollikel gewisse feine Kräuselungsbögen erteilt, die man als primäre Kräuselung bezeichnen kann, dann folgen die Faltungen und Verbiegungen im Strähnchen, die als sekundäre Kräuselungsbögen zu bezeichnen sind. Ferner sind eine Reihe von Ursachen anzugeben, die auf die völlig verhornten Haare ihre Wirkung ausüben.

Sehr wichtig ist die Menge und Art des Fettschweißes für die Formung der Bögen. Zäher Fettschweiß läßt durch seinen Widerstand das länger wachsende Haar schneller umbiegen, erzeugt also einen etwas kürzeren Bogen. Ist die Fettschweißsekretion so gering und seine Art so wenig klebend, daß überhaupt ein fester Zusammenhalt aller Strähnchenhaare nicht eintritt, dann entstehen große Unregelmäßigkeiten in der Kräuselung des Strähnchens, meistens derart, daß die Bildung kurzer Bögen ganz verhindert wird und mehr oder weniger undeutliche, lange, flache Wellungen erzeugt werden. Wollte man nach diesen die Feinheit der Haare bestimmen, so würde man die Wolle viel zu grob schätzen.

Dann ist auf die Zahl der Kräuselungsbögen auch die Größe der Wachstumsdifferenz der einzelnen Strähnchenhaare von Einfluß. Müssen die längeren Haare sehr weit ausbiegen, so werden die Bögen leicht kleiner, d. h. es entstehen mehr auf einen Zoll Strähnchenlänge. Diesen Kräften steht der elastische Widerstand der Haare entgegen. Dauernder Druck, die Feuchtigkeit des Körpers bewirken, daß eben die Elastizität, aber nur in wechselndem Grade, überwunden wird und nach den Gesetzen der Überdrehung eine gewisse Formung zurückbleibt. Das Haar befindet sich demnach im Strähnchen in dauernder Spannung und muß daher, isoliert, wie oben bemerkt, eine mannigfach verkrümmte und verbogene Gestalt annehmen. Man kann hiernach deutlich bei den feineren Haaren der stark gekräuselten Tuchwolle Bögen erster, zweiter, selbst dritter Ordnung unterscheiden, wobei Gruppen der kleinsten Bögen einen zweiten und mehrere dieser Bögen einen dritten bilden.

c) Die technische Bedeutung der Kräuselungsformen.

Allgemein ist festzustellen, daß die Ausbildung von Bögen erster, zweiter und dritter Ordnung für die Tuchfabrikation erhebliche Vorteile hat. Die Haare müssen sich dann im sog. rauhen Faden von selbst innig verschlingen und leichter einen dichten Filz bilden lassen. Für die Kammgarnindustrie, die einen sog. glatten Faden braucht, sind nur die kleinsten Bögen erster Ordnuug von Vorteil. Sie bewirken ein festeres Haften der parallel gelagerten Fäden aneinander im Faden, auch bei schwächerem sog. „Draht“, d. h. schwächerem Zusammendrehen. Die größeren Verbiegungen erschweren das Parallellagern der Haare durch das Kämmen, es entsteht mehr Kämmling bzw. Abfall. Sie sind daher weniger günstig (Lehmann).

Der Kammgarnspinner wünscht und muß einen glatten Faden haben. Je hochbogiger die Kräuselung, desto intensiver ist die Krimpkraft, je flacher, desto geringer. Letzteres ist also für den Kammgarnspinner wichtig. Früher konnte der Kammgarnspinner selbst Wollen mit normalbogiger Kräuselung nicht verarbeiten; heute werden auch diese verarbeitet.

Die flach- und gedehntbogigen Wollen hatten früher, als nur die Tuchweberei die einzige Richtung des Wollgewerbes war, wenig Wert, da sie zur Herstellung gewalkter Stoffe wenig geeignet waren. Jetzt werden sie aber für gewisse Fabrikate gesucht und gut bezahlt, allzu starke Markierung (vgl. S. 369) wird nicht gern gesehen.

Die normalbogigen Strähnchen erhielten ihren Namen zu einer Zeit, als die Wollindustrie noch nicht so weit fortgeschritten war, daß sie andersartige Wollen verarbeiten konnte. Diese Bezeichnung sollte also ausdrücken, daß Wolle dieser Wellung die beste für die Tuchweberei sei.

Die gedrängtbogige Wolle wird in ihrer Verarbeitbarkeit nicht hinter der normalen zurückstehen.

Anders verhält es sich mit den hoch- und überbogigen Wollen. Da diese Wollen bei der Streckung außerordentliche Längenzunahmen aufweisen, können sie nur für die Tuchweberei in Betracht kommen, wenn sie zerrissen werden. Für die Verarbeitung zu anderen Stoffen eignen sie sich noch weniger, insbesondere sind die überbogigen Wollen nur von sehr geringem Wert, da sie sich sehr schwer verspinnen lassen.

d) Die Wellentreue.

Ebenso wie die Dickentreue von gewissen physiologischen Umständen abhängt, so daß unter gleichbleibenden physiologischen Verhältnissen stets ein gleich dickes Haar gebildet wird, so wird auch bei ungestörter Funktion des Organismus die Wellung des Strähnchens eine gleichförmige sein. Wir sprechen in einem solchen Falle, wenn von der Basis bis zur Spitze die Wellen gleich sind, von der Wellentreue des Strähnchens.

Wellenuntreu ist ein Strähnchen dann, wenn die Kräuselungsbögen in einem mehr oder weniger großen Teile des Strähnchens ungleichförmig ausgebildet sind.

Körte[1]) hält die Untreue in den Wellungen für wichtiger als die Untreue in der Feinheit, denn sie sei ein Zeichen nicht nur verschiedener Feinheit, sondern auch verschiedenartiger Struktur des Wollhaares. Er unterscheidet (vgl. Abb. 106) a) unterbrochen wellentreu, wenn die ungleichen Wellungen in der Mitte des Haares liegen, b) oben wellenuntreu, wenn sie an der Spitze, c) unten wellentreu, wenn sie am Schnittende desselben, d) gezerrt (crepue), wenn sie durch die ganze Länge des Haares verteilt liegen.

Treten irgendwelche Wachstums- oder Ernährungsstörungen auf, so kommen diese auch in den Wellungen der Strähnchen zum Ausdruck. Deshalb läßt die Wellenuntreue immer einen Schluß auf irgendwelche schädigenden Störungen des Haarwachstums zu.

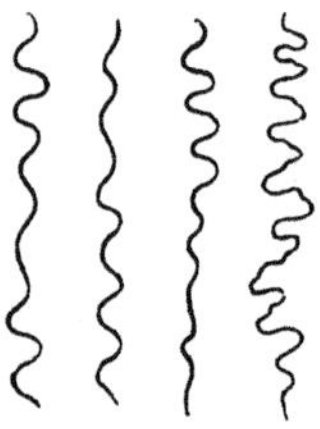

a *b* *c* *d*

Abb. 106. Wellentreue (aus Bohm). *a* Unterbrochen Wellentreu. *b* Oben Wellenuntreu. *c* Unten Wellenuntreu. *d* gezerrt (crepue).

e) Die Beziehungen der Kräuselung zu der Feinheit.

Schon frühzeitig hat man die Beobachtung gemacht, daß je feiner die Wollhaare sind, desto größer die Zahl der Bögen im Strähnchen ist. Besonders richten sich auch heute noch die Wollsortierer nach der Länge der Kräuselungsbögen im Strähnchen.

Zu dem Zwecke hat man auch besondere Kräuselungsmesser konstruiert. Block[2]) und Schierau haben die Idee Wagners, der nach Thaer das Verdienst hat, sich in seinem Buche über Wolle zuerst über die Verbindung zwischen Feinheit und Kräuselung klar ausgesprochen hat, praktisch verwertet und eine Klassifizierung der Wolle mit Hilfe eines Glasstabes versucht, dessen Grundeinteilung die Zahl der Kräuselungen auf ein bestimmtes Längenmaß, und zwar einem preußischen Zoll zugrunde gelegt war.

Block hat folgende Skala aufgestellt:

36—31	Biegungen	höchste Feinheit	
30—28	„	hohe Elekta	1. Klasse
27—25	„	Elekta Nr. 2	2. „
24—22	„	Prima Nr. 1	3. „
21—19	„	Prima Nr. 2	4. „
18—16	„	Sekunda	5. „
15—13	„	Tertia	6. „
12—10	„	Quarta	7. „

Weckherlin[3]), W. v. Nathusius[4]) und Jeppe[5]) machen folgende Angaben.

[1]) Körte, A.: Das deutsche Merinoschaf. Seine Wolle, Züchtung, Ernährung und Pflege. Breslau 1862.

[2]) Block: Schreiben an den Prof. Körte zu Möglin, über die Schierausche Wirtschaft und Wollefeinheitsstufen. Möglins Ann. Landw. 1820. S. Suppl. S. 424.

[3]) Weckherlin, A. v.: Die landwirtschaftliche Tierproduktion. Stuttgart und Tübingen 1851.

[4]) Nathusius, W. v.: Das Wollhaar des Schafes in histologischer und technischer Beziehung mit vergleichender Berücksichtigung anderer Haare und der Haut. Berlin 1866. — Mitteilung über die bei ferneren Untersuchungen des Haares der Schafe und anderer Haustiere erlangten Resultate. Z. d. landw. Central-Vereins d. Provinz Sachsen Jg. 32, S. 1.

[5]) Jeppe, C. F. W.: Terminologie der Schafzucht und Wollkunde. Rostock 1847.

Sortiment	Nach Weckherlin und W. v. Nathusius Bogenzahl auf 1 rh. Zoll	Umgerechnet auf 1 cm	Nach Jeppe Bogenzahl auf 1 rh. Zoll	Nach W. v. Nathusius Millimeter pro Bogen
1. Superelektaplus	bis 36	bis 14		0,72
1. Superelekta . .	28—30	11—12		0,93—0,87
2. Superelekta . .	28	11		0,93
Superelekta . . .			30—34	1,0 —0,93
1. Elekta	26—28	10—11		
2. Elekta	24—26	9—10		
Elekta			25—30	1,08—1,0
1. Prima	22—24	8—9	20—25	1,14—1,08
2. Prima	20—22	7—8	18—20	1,30—1,14
Sekunda	16—20	6—7	16—18	1,62—1,30
Tertia	13—16	5—6	14—16	2,00—1,63
Quarta	10—13	4—5	12—14	2,60—2,00

Späterhin wurden den Feinheitssortimenten Supersuperelekta-Quarta folgende Zahlen der Kräuselungsbögen pro Zentimeter der Haarlänge entsprechend zugrunde gelegt (Lehmann).

			mm pro Bogen
Super super elekta	über 12	Kräuselungsbögen	weniger als 0,87
Super elekta	11—12	,,	0,93—0,87
Elekta I.	10—11	,,	1,0 —0,93
Elekta II.	9—10	,,	1,08—1,0
Prima I.	8— 9	,,	1,14—1,08
Prima II.	7— 8	,,	1,3 —1,14
Sekunda	6— 7	,,	1,63—1,3
Tertia	5— 6	,,	2,0 —1,63
Quarta	4— 5	,,	2,6 —2,0

Zur Erleichterung der Messung der Anzahl der Bogen hat Block[1]) kleine Maße von Messing, ½ preußischen Zoll breit, anfertigen lassen. Entsprechend der von ihm ermittelten möglichen Zahl von Kräuselungen für das genannte Maß sind es 27 solcher Kämme, die durch Einpassen ihrer Zähne in die Biegung der jeweiligen Wollprobe als Feinheitsmaßstab dienen und ein eigenes Abzählen derselben ersparen.

Pabst[2]) ließ einen Kräuselungsmesser konstruieren, der ein fünfseitiges Blech darstellt. An jeder der einzelnen langen Seiten befinden sich zehn Dickenzahlen von 30 bis 12 sinkend, den Hauptsortimenten der Feinheit entsprechend. Eine drehbar angebrachte Lupe erleichtert die Feststellung der Kräuselungsbogenzahl (nach Bohm).

In Anlehnung an Blocks Prinzip konstruierte Hartmann[3]) einen Kräuselungsmesser (Abb. 107). Es handelt sich um eine Platte aus Messing mit neun Seiten, auf denen je ein 2 cm langes feines Plättchen angeschraubt ist, das mit Zähnchen entsprechend der dem Sortiment zukommenden Kräuselungszahl versehen ist.

Den sog. Fadenzähler hielt Bohm[4]) (Abb. 108) für Kräuselungsmessungen besonders geeignet und ließ einen nach seinen Angaben umgeänderten für das

[1]) Block: Schreiben an den Prof. Körte zu Möglin, über die Schierausche Wirtshaft und Wollefeinheitsstufen. Möglins Ann. Landw. 1820. S. Suppl. S. 424.

[2]) Pabst: (nach Bohm)

[3]) Hartmann, S.: Über den anatomischen Bau der Haut und des Haares. Ann. d. Landwirtschaft. Berlin 1868.

[4]) Bohm, J.: Die Schafzucht nach ihrem jetzigen rationellen Standpunkt. Erster Teil: Die Wollkunde. Berlin 1873.

Zählen der Bogen noch zweckmäßiger erscheinenden Fadenzähler konstruieren.

Die einfachste Methode, die Zahl der Kräuselungsbogen festzustellen, ermöglicht die Lupe in Verbindung mit einem ausgeschnittenen Quadrat von 1 cm Seitenlänge. Man bestimmt dann, wieviel Kräuselungsbogen auf 1 cm entfallen und kann dann nach der angeführten Tabelle den Feinheitsgrad angeben.

Nach Hultz[1]) findet sich die größere Zahl von Kräuselungsbogen je Längeneinheit bei den höher bewerteten, die geringere Zahl von Kräuselungsbogen bei den geringer bewerteten Vliesen. Hultz findet einen Korrelationskoeffizienten zwischen Kräuselung und Feinheit von $-0{,}321 \pm 0{,}081$, während dieser von Davenport und Ritzman[2]) mit $-0{,}216 \pm 0{,}094$ angegeben wird. Jedoch schon Block, Wagner, Thaer und Pabst haben erwähnt, das dieser Zusammenhang zwischen Feinheit und Kräuselung nur mit einer gewissen Einschränkung vorhanden ist. Nach ihrer Ansicht ist das Wollhaar nicht leicht gröber als die Zahl der Kräuselungsbogen anzeigt, wohl aber kann es feiner sein. „Die Bogenzahl zeigt wenigstens“, wie Wagner meint, „den Mindestfeinheitsgrad mit sehr naher Gewißheit an, daß, Jährlingswollen abgerechnet, noch nicht der 8. Fall eine Ausnahme macht“.

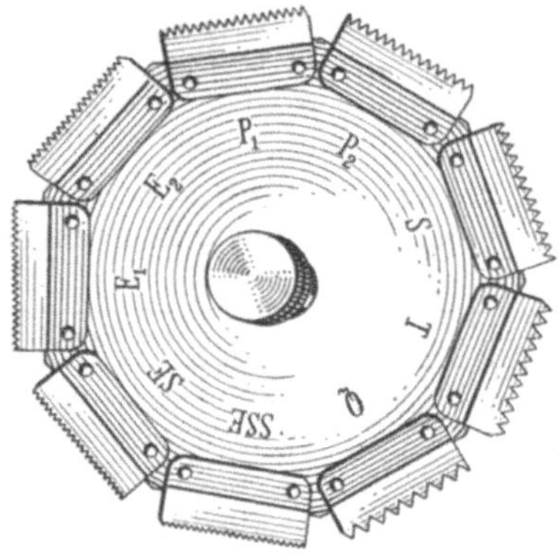

Abb. 107. Kräuselungsmesser nach Hartmann (aus J. Heyne).

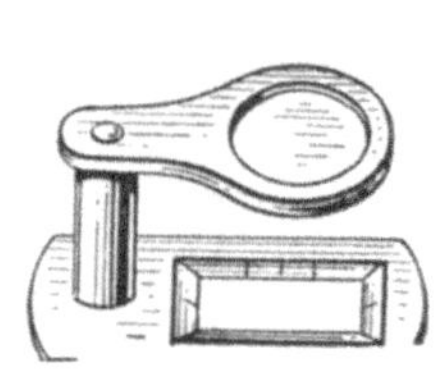

Abb. 108. Kräuselungsmesser nach Bohm.

Zu der gleichen Ansicht sind neuerdings Bailey und Engledow[3]) sowie Völtz[4]) und die Hallenser Dissertationen gekommen. In solchen Fällen, wo die grobe Kräuselung an sich das doch immerhin subjektive Urteil des Sachverständigen ungünstig beeinflußt, ist es nicht leicht, das Richtige zu treffen (Völtz); solche Wollen werden im allgemeinen zu ungünstig beurteilt werden, weil sich die Sachverständigen nicht selten durch die grobe Kräuselung der Wollhaare täuschen lassen. „Die Schwierigkeit der Beurteilung des Sortiments solcher Wollen läßt die Ausführung der objektiven mikrometrischen Wollhaarmessung in zweifelhaften Fällen besonders notwendig erscheinen.“

Die folgende Tabelle (Meuderscheid[5])) zeigt, daß bei den Merinokammwollschafen (von Rocklum) keine absolute Beziehung zwischen Feinheit und Kräuselung besteht.

Stärkere Abweichungen von der Regel weisen die hoch- und überbogigen sowie die flachbogigen Wollen auf. Bei den ersteren ist vielfach das Sortiment zu fein und bei letzteren zu grob. Da insbesondere die Kammwollen vielfach flachbogig sind und auch diese flachbogige Kräuselung nur wenig hervortritt, so macht die Bestimmung der Feinheit bei diesen größere Schwierigkeiten als

[1]) Hultz, F. S.: Studien über die Wollen von Rambouilletschafen Nr. 154. Wyoming 1927.

[2]) Davenport, C. B. u. E. G. Ritzman,: Some Wool Characters and their Inheritance. Durham 1926.

[3]) Bailey, P. G. u. F. L. Engledow: „Quality“ in Wool. J. agricult. Sci. Bd. 7, S. 349. Cambridge 1914.

[4]) Völtz, W.: Beziehungen zwischen der Feinheit der Wollhaare und dem Durchmesser ihrer Kräuselungsbögen. Z. Schafzucht Jg. 10, H. 13, S. 389. 1921.

[5]) Meuderscheid, O.: Studien in der Merinofleischschafherde Roklum unter besonderer Berücksichtigung der Wolle. Diss. Halle 1925.

Sortiment	Anzahl der Kräuselungsbögen pro cm							Zahl der untersuchten Proben
	schlicht	4	5	6	7	8	9	
5a	—	—	2	3	4	5	1	15
4a	1	1	16	36	55	17	1	127
3a	3	2	24	84	49	11	1	174
2a	5	11	45	47	9			117
a	1	6	19	5				31
b	—	4	1					5
Summa	10	24	107	175	117	33	3	

bei den Tuchwollen. Es kann z. B. vorkommen, daß ein Sortiment von 18,7 Mikra durchschnittlicher Haarbreite, das also der Elektafeinheit zuzurechnen wäre, bzw. *a a a* nur eine Kräuselung von 5 Bogen pro cm aufweist, die nur einer Tertia-Feinheit entsprechen würde.

Auch durch zähen Fettschweiß kann die Beurteilung der Kräuselung beeinträchtigt werden. Ist solcher vorhanden, so wechseln die Kräuselungsperioden schneller als gewöhnlich aufeinander. Umgekehrt erscheinen zu trockene Wollen zu grob. Sind im Strähnchen einzelne sehr starke Haare, so ziehen diese die feineren in ihre Biegung hinein, die Wolle erscheint gröber. Auch die Starrheit hat denselben Einfluß und veranlaßt die Haare zu längeren Bogen, während schlaffe Haare kürzere Bogen bilden. Allen diesen Momenten ist bei der Schätzung der Feinheit der Haare auf Grund ihrer Kräuselung Rechnung zu tragen.

Nicht nur zur Feinheit, sondern auch zu Alter und Geschlecht zeigt die Kräuselung gewisse Beziehungen. Nach Kleine-Stricker[1]) findet sich bei den von ihm untersuchten Negretti-Schafen die größte Anzahl (11 bis 12) Kräuselungsbögen pro cm bei einem weiblichen Tier, doch ist sonst bezüglich der Geschlechter ein Unterschied in der Anzahl der Kräuselungsbogen nicht festzustellen. Nach dem Alter der Tiere besteht ein Unterschied insofern, als die Anzahl der Kräuselungsbögen der einjährigen Tiere geringer ist als die derselben Tiere in späteren Jahren.

Daß beim Merino auch eine Änderung der Form ihrer Kräuselung erfolgt, geht aus Untersuchungen von Spöttel hervor.

Wenn in den ersten Jahren die Kräuselung normalbogig ist, kann sie späterhin hochbogig oder überbogig werden. Diese Kräuselungsformen sind auch im höheren Alter noch vorhanden. Hand in Hand mit der Änderung des Kräuselungscharakters geht die Zunahme der Zahl der Bogen pro cm. Natürlich kommen beim Merino auch häufig Wollen vor, die mit zunehmendem Alter keine Änderung ihrer Kräuselung zeigen; andererseits kann auch, wenigstens im ganz jugendlichen Alter, die Entwicklung in umgekehrter Richtung erfolgen, daß aus einer überbogigen Zwirnwolle allmählich eine normalbogige wird.

Meiss[2]) hat beim Rhönschaf keinen Einfluß des Alters auf die Zahl der Kräuselungsbögen feststellen können.

Was die Beziehung der Kräuselung zur Körperstelle anbelangt, so ist nach Maurer[3]) die Wollkräuselung beim Merinofleischschaf an der Flanke am feinsten, an der Keule ist sie gröber als am Blatt. Nach Thiemann[4]) (Merinofleischschaf)

---

[1]) Kleine-Stricker, H.: Untersuchungen über die im Haustiergarten zu Halle gehaltenen Negrettischafe. Inaug.-Diss. Halle 1923.

[2]) Meiss, W.: Untersuchungen von Rhönschafen. II. Diss. Halle 1927.

[3]) Maurer, E.: Studien in der Merinofleischstammschäferei Schöndorf. Diss. Halle 1926.

[4]) Thiemann, W.: Studien in der Merinofleischschaf-Stammzucht Strohwalde. Inaug.-Diss. Halle 1925.

sind die meisten Kräuselungsbögen je Zentimeter gewöhnlich an der Flanke zu finden, so daß auch hier die Beziehung zwischen Kräuselung und Feinheit keine Bestätigung findet. Meiss findet den größten Teil der für Rhönschafe normalen und typischen Wollen am Blatt; die Zahl der Tiere mit verwaschener und schlecht feststellbarer Kräuselung ist in der Keulengegend am größten. Die Flanke nimmt eine Mittelstellung ein. Daß die Kräuselung bis zum gewissen Grade art- und rassebedingt ist, ist schon oben bemerkt.

Eine Beeinflussung der Kräuselung durch äußere Faktoren erscheint schon aus dem Umstande heraus wahrscheinlich, daß in feuchtem Seeklima auch stark gekräuselte Wolle der feinwolligen Merinos einen flachbogigen Charakter annimmt.

E. Die physikalischen Eigenschaften der Wolle.

1. Die mechanischen Eigenschaften.

a) Die Festigkeit.

Die Erkenntnis, daß neben der Feinheit der Wolle den mechanischen Eigenschaften derselben eine hohe, wenn nicht ausschlaggebende Rolle für die technische Verarbeitung zukommt, dürfte so alt sein, wie nur Wolle zu Geweben verarbeitet wird.

Unter Festigkeit eines Materials versteht man den Widerstand, der sich der Trennung der einzelnen Teile des Versuchskörpers entgegensetzt. Je nach der Art dieses Trennungsvorgangs unterscheidet man u. a. Zug- oder Zerreißfestigkeit, Druck- oder Quetschfestigkeit, Biege-, Falz- oder Knitterungsfestigkeit, Drehungs- oder Torsionsfestigkeit, Zerplatz- oder Berstfestigkeit, Haftfestigkeit, Einreißfestigkeit, Knickfestigkeit, Schubfestigkeit usw. (Heermann).

Von den genannten Eigenschaften sind vorerst nur sehr wenige einer eingehenden Analyse unterzogen. Die in der Praxis übliche primitive Methode der Prüfung der Wolle auf Dehnbarkeit, Widerstandskraft und Elastizität mit der Hand, indem man ein Wollsträhnchen zwischen Daumen und Zeigefinger jeder Hand ausdehnt und mit einem Finger wie eine Saite anschlägt („Metall der Wolle") durch ein objektiv zuverlässiges Verfahren zu ersetzen, wurde bereits ziemlich zeitig angestrebt.

Wenn Körte[1]) 1862, der aus der Dehnung eines Wollhaares von 25 Linien wirklicher Länge um 2 Linien bis zum „Abspringen" die Dehnung mit 8% angibt, fortfährt: „Indes gibt man selten den Grad der Dehnbarkeit an und die zur Messung derselben bestimmten Instrumente haben wenig Eingang gefunden," so ist daraus ersichtlich, daß man damals schon sich um exakte Methoden bemüht hat. W. v. Nathusius[2]) stellt 1866 die Dehnbarkeit, die nach ihm vertrauenswürdigste Bestimmung auf Haltbarkeit, derart fest, daß das zu prüfende Haar mit einigen Siegellacktröpfchen an seinen Enden auf zwei einzelnen Brettstückchen befestigt wird und er durch allmähliches Auseinanderrücken derselben bis zum Zerreißen, den Grenzen der Dehnbarkeit, die erreichte Länge

[1]) Körte, A.: Das deutsche Merinoschaf. Breslau 1862. — Das Wollschaf, seine Wollzüchtung, Ernährung und Wartung. Breslau 1880.

[2]) Nathusius, W. v.: Das Wollhaar des Schafes in histologischer und technischer Beziehung mit vergleichender Berücksichtigung anderer Haare und der Haut. Berlin 1866. — Mitteilung über die bei ferneren Untersuchungen des Haares der Schafe und anderer Haustiere erlangten Resultate. Z. d. landw. Central-Vereins d. Provinz Sachsen Jg. 32, S. 1.

aus der Entfernung der Brettstückchen mittels eines untergelegten Maßstabes bestimmt.

Bohm[1]) bestimmt die Trag- oder Widerstandskraft des Haares mit einer kleinen Wagschale, die dem an einer Klemme herabhängenden Haare an seinem frei herunter hängenden Ende mittels beklebter Papierblättchen angeheftet wird (Abb. 109). Die Wagschale wird nun bis zum Reißen des Haares belastet (von Wübbe[2]) mit zufließendem Quarzsand). Das gefundene Gewicht drückt „die Kraft aus, welche nötig war, um die Widerstandskraft des Haares zu überwinden". Der Apparat ist mit Hilfe eines Metermaßstabes auch zur Bestimmung der Dehnbarkeit zu verwenden.

Im Laufe der Zeit wurden die Festigkeitsmesser oder Dynamometer fortgesetzt verbessert und mit Schaulinienzeichnern verbunden, um den Dehnungsverlauf graphisch festzuhalten. Von den gestellten Anforderungen ist die konstante und stoßfreie Belastungsgeschwindigkeit am wichtigsten. Deshalb sind alle Dynamometer mit Handbetrieb zu verwerfen[3]). Man muß Hemmerling darin recht geben, daß es für den praktischen Gebrauch nicht genügt, die Bruchfestigkeit durch eine einmalige Belastung festgestellt zu haben; viel wichtiger ist

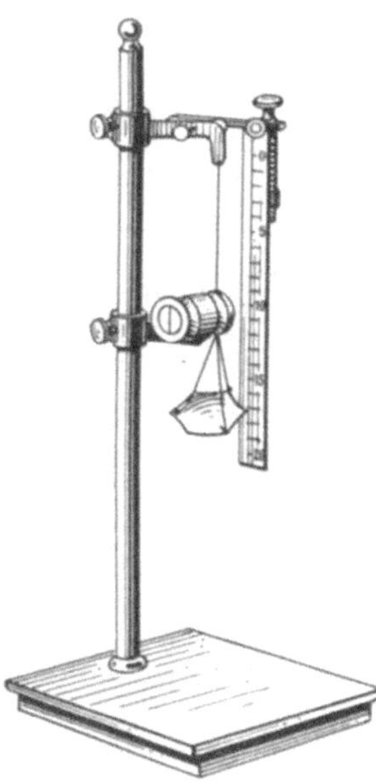

Abb. 109. Bohmscher Dehnbarkeits- und Tragkraftsmesser.

Abb. 110. Fasernzerreißapparat mit auswechselbaren Meßfedern und Diagrammapparat von Amsler-Schaffhausen.

[1]) Bohm, J.: Die Schafzucht nach ihrem jetzigen rationellen Standpunkt. Erster Teil: Die Wollkunde. Berlin 1873.

[2]) Wübbe: Die Erhöhung des Reinertrages der deutschen Merinoschafzucht. Ber. a. d. phys. Labor. u. Versuchsanst. d. landw. Inst. Halle. Dresden 1894.

[3]) Dezsö kritisiert auch Festigkeitsprüfer mit Wasserdruckantrieb und Elektromotorantrieb (letzteren vom theoretischen Standpunkt; denn es existiere kein Festigkeitsprüfer, bei dem die konstante Bewegung des Antriebs der Maschine ohne weiteres auch auf das Versuchsobjekt überginge, ein Mangel, der jedoch praktisch zu vernachlässigen ist). — Über den Festigkeitsprüfer und die Textiluntersuchungsmethode Rejto. Melliands Textilber. 1924, Nr. 3.

die Angabe, wie oft ein Haar eine Wechselbelastung aushalten kann, die gewöhnlich weit unter der Bruchbelastung liegt. Deshalb muß als Forderung an die Apparate auch die Entlastungsfähigkeit gestellt werden.

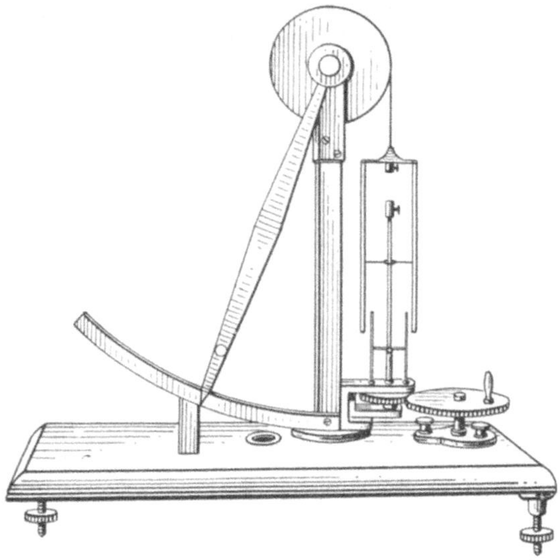

Abb. 111. Haardynamometer nach Mc Murtrie.

Auch die Haarbefestigung wurde dabei zu vereinfachen gesucht; man verwendet dabei Klammern oder bringt verschiedene Aufklebeverfahren in Anwendung; bei dem Güldenpfennig-Polikeitschen Apparat[1]) erfolgte die Haarbefestigung durch Umschlingen von Spindeln.

Nach Dezsö sind die textiltechnischen Festigkeitsprüfer in drei Ausführungsformen bekannt: 1. Apparate mit Hebelbelastung, 2. mit Laufgewicht, 3. mit einer Spiral- oder Blattfeder. Außerdem hat man die Haarprüfung noch durch einige Apparate mit abweichender Belastung auszuführen versucht.

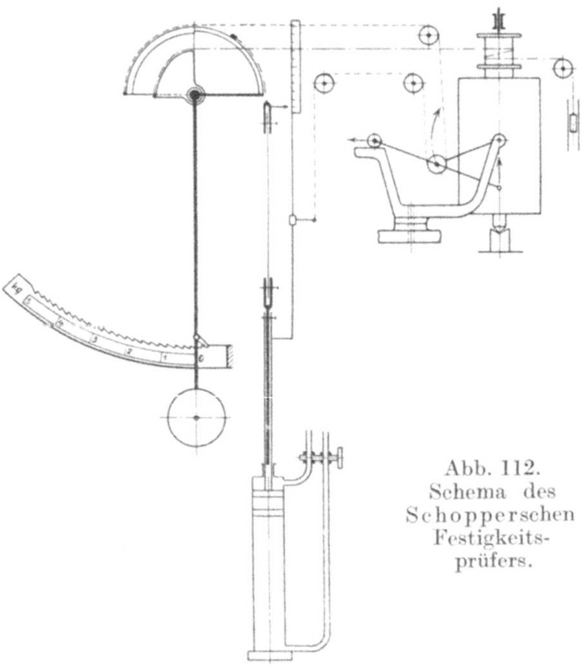

Abb. 112. Schema des Schopperschen Festigkeitsprüfers.

Spiralfedern als Meßorgan benutzt der von Amsler-Schaffhausen gebaute Fasernzerreißapparat mit auswechselbaren Meßfedern und Diagrammapparat (Abb. 110). Die Verlängerung der Feder ist proportional der Zugkraft. Die Betätigung des Apparates erfolgt per Hand durch eine Stange, die in einer Führung nach unten gezogen werden kann, senkrecht unter der Spiralfeder, durch Übertragung durch das mittels Siegellack oder mit Wachs an Metallplättchen befestigte Haar. Die Registrierung erfolgt auf einer Schreibtrommel, die durch eine Schnur proportional zum Weg der unteren Stange, an der gezogen wird, gedreht wird.

Nach Heermann[2]) sind Federkraftmesser „weniger zuverlässig als Gewichtskraftmesser und müssen häufiger auf die Richtigkeit ihrer Anzeige nachgeprüft werden".

---

[1]) Güldenpfennig, H.: Studien über die Beschaffenheit der Wolle von reinblütigen Schafen und Somalikreuzungen. Diss. Halle 1914.

[2]) Heermann, P.: Mechanisch- und physikalisch-technische Textiluntersuchungen. Berlin 1923.

Die Apparate mit Hebelbelastung sind die weitaus häufigsten. Hier sei des historischen Interesses wegen der 1886 von Mc Murtrie[1]) konstruierte Apparat (Abb. 111) genannt, der für die damalige Zeit ausgezeichnet gewesen ist. Der von Schopper, Leipzig, vertriebene Festigkeitsprüfer[2]) (Abb. 112) gestattet die Aufzeichnung des Belastungs-, Dehnungs- und Zerreißdiagramms, wobei die Dehnungen in natürlicher Größe wiedergegeben werden[3]) (durch Rollenübertragung).

Der von Polanyi konstruierte Dehnungsapparat (Abb. 113)[4]), der im Prinzip auf der Durchbiegung einer horizontal gelagerten, mit ihren beiden Enden auf Schneiden ruhenden Stahlfeder beruht, auf welche durch Vermittlung des an ihr mit Hilfe eines Bügels und einer Klemmvorrichtung befestigten Haares eine Zugkraft ausgeübt wird, ermöglicht durch Einschluß der beiden die Faserenden aufnehmenden Fassungen in einem Glaszylinder die Untersuchung der Faser bei verschiedenem Trockengehalt der Atmosphäre oder in Flüssigkeit[5]).

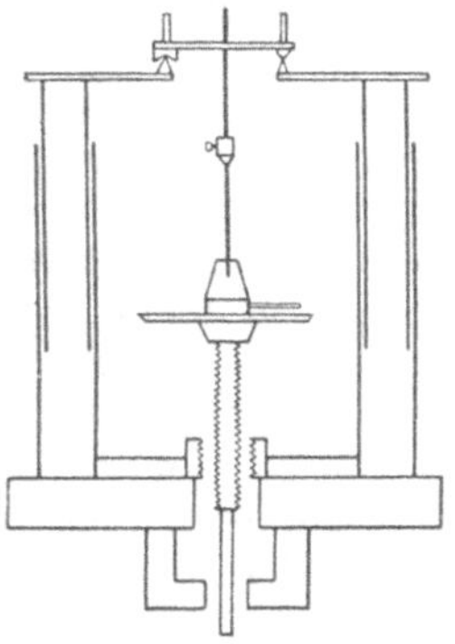

Abb. 113. Dynamometer von Polanyi.

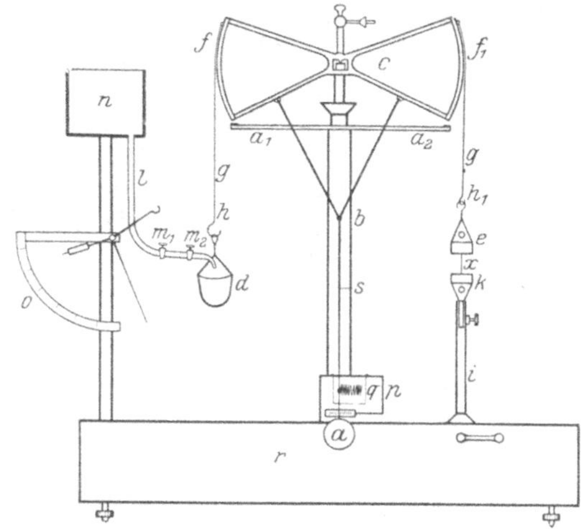

Abb. 114. Festigkeitsprüfer Deforden nach Krais. a, a_1, a_2 Arretierung, b Tragsäule, c Wagebalken, d Gefäß, e Klemme zur Befestigung des oberen Haarendes, f, f_1 Kreissegmente, g, g_1 Lamellen mit den Haken h und h_1, i Torsionssäule, k Klemme zur Befestigung des unteren Haarendes, l Bürette mit Doppelhaken m und m_1, n Wasservorratsgefäß, o Hilfswage zur Bestimmung des Belastungsgewichtes, p Aufhängevorrichtung für das Zeichenblatt q, welche auf und ab bewegt wird (automatisch durch ein Uhrwerk in dem Kasten), s Zeichenzunge, x das Haar.

Krais[6]) ermittelt mit dem von ihm nach dem System der Hebelwaage konstruierten Apparat „Deforden" (Abb. 114) graphisch den Dehnungsverlauf des Wollhaares; er stellt fest, daß die Dehnung nicht gleichmäßig mit gleichmäßiger zunehmender Belastung fortschreitet; sie geht vielmehr zuerst sehr langsam vorwärts, dann kommt eine Periode, wo sie sehr rasch wächst und wo die Faser

[1]) Mc Murtrie, W.: Report on an Examination of Wools and other Animal Fibres. Washington 1886.

[2]) Auf eine detaillierte Beschreibung der Apparate muß hier verzichtet werden.

[3]) Hemmerling macht auf die dabei möglichen Fehler aufmerksam.

[4]) Polanyi, M.: Ein Dehnungsapparat für Fäden und Drähte. Z. techn. Phys. Bd. 6. 1925. — Karger, J. u. E. Schmid: Über die Dehnung von Einzelfasern und -haaren. Z. techn. Phys. Jg. 6, Nr. 4. 1925. — Polanyi, M.: Über Strukturänderungen in Metallen durch Kaltbearbeitung. Z. techn. Phys. Bd. 17, H. 1. Berlin 1923. — Über die Natur des Zerreißvorganges. Z. techn. Phys. Bd. 7, H. 4/5. Berlin 1921.

[5]) Dem Polanyischen Apparat fehlt die Möglichkeit automatischer Registrierung.

[6]) Krais, P.: Ein Apparat zur Bestimmung der Zerreißfestigkeit einzelner Fasern. Textile Forsch. 1920. — Die Bestimmung der Dehnung von Einzelfasern. Textile Forsch. 1922.

sich auch weiterdehnt, wenn man die Belastung nicht vergrößert; endlich kommt die 3. Periode, wo die Dehnung wieder erheblich langsamer fortschreitet bis zum Bruch der Faser[1]) (Abb. 115).

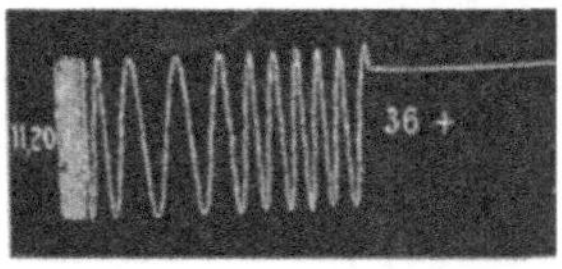

Abb. 115. Haardehnungskurve eines Haares vom Merinofleischschaf (Untersuchung von Dimitriadis) aufgenommen mit dem Kraisschen „Deforden“.

Tragkraft absolut	11,20	g
relativ	25,795	kg
Dehnung	51,25	%
Haardicke	23,98	μ

Nun zeigen nicht alle Haare gleichmäßig den skizzierten Verlauf; bei spröden Haaren erfolgt der Bruch unmittelbar nach Überschreitung der Elastizitätsgrenze, bei plastischen Haaren dagegen erst in der Enddehnung.

Durch die Möglichkeit einer diskontinuierlichen Belastung, wie sie beispielsweise durch das Tänzer-Polikeit registrierende Faserdynamometer[2]) (Abb. 116) gegeben ist, wird die Ermittlung der Grenzbeanspruchung, die eben eine merkliche Veränderung zurückläßt (die Grenzveränderung), erleichtert (Abb. 117).

Bei der Betätigung der Dynamometer hat man, wie Alt[3]) ausführt, zwischen Belastungs- und Dehnungsgeschwindigkeit zu unterscheiden. Der genannte Verfasser hat die Notwendigkeit, für die Ermittlung der Zerreißfestigkeit die Belastungsgeschwindigkeit in Rechnung zu setzen, betont. Karger und Schmid[4]) können einen merklichen Einfluß der Dehnungsgeschwindigkeit auf den Dehnungsvorgang nicht feststellen[5]). Tänzer ist auf Grund seiner Beobachtungen zu dem Resultat gekommen, daß in den Endergebnissen der Tragfestigkeit und

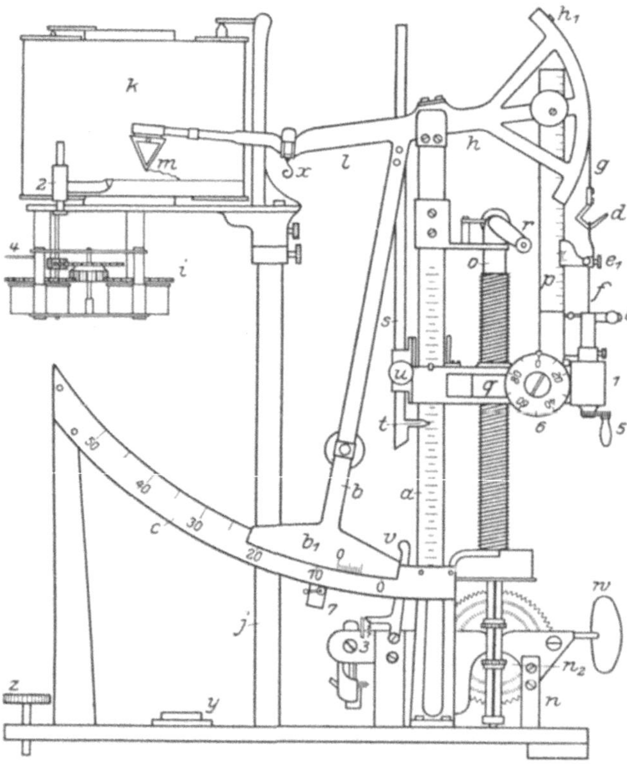

Abb. 116. Tänzer-Polikeitsches Dynamometer (n. Tänzer).

[1]) Die von Krais angenommene Beschränkung dieses typischen Dehnungsverlaufes auf das Haar hat sich nicht voll aufrecht erhalten lassen. Die Belastungsgeschwindigkeit ist auszudrücken durch den Tangens des Winkels $v' = \frac{P}{t}$.

[2]) Tänzer, E.: Die Prüfung des Tänzer-Polikeitschen registrierenden Faserdynamometers. Melliands Textilber. 1927.

[3]) Alt, H.: Der Einfluß der Zerreißgeschwindigkeit bei der Prüfung von Textilstoffen. Textile Forsch. Jg. 1, H. 2. 1919.

[4]) Karger, J. u. E. Schmid: Über die Dehnung von Einzelfasern und -haaren. Z. techn. Phys. Jg. 6, Nr. 4. 1925.

[5]) Bei Stoffen hat sich nach Miklósi die Bruchdehnung innerhalb der Versuchsgrenzen als unabhängig von der Dehnungsgeschwindigkeit erwiesen. — Miklósi, C.: Einfluß der Dehnungsgeschwindigkeit bei Zerreißversuchen von Schafwollstoffen.

Dehnung keine bestimmte Abhängigkeit von der Belastungsgeschwindigkeit[1]) besteht, da die Resultate bei den einzelnen Haaren zu sehr schwanken. Bei langsamer Belastung kommt die Mitteldehnung stärker zum Ausdruck.

Andere Untersucher sind zu dem Resultat gekommen, daß bei größerer Belastungsgeschwindigkeit allgemein höhere Festigkeitswerte erzielt wurden. Nach Mark ist bei derselben Belastung die Dehnung viel weiter fortgeschritten als bei rascher Beanspruchung. Zu ähnlichen Resultaten gelangt auch Speakman (Abb. 118). Durch den andauernden Spannungszustand wird das molekulare Gefüge umgeändert und gelockert. Je mehr Zeit für diese Auflockerung vorhanden ist, desto leichter gleiten die Fasern aneinander entlang, wobei sich die Reibungsziffer verkleinert (Hemmerling).

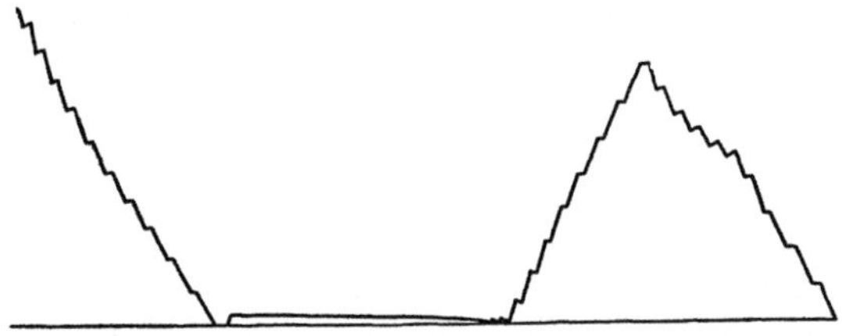

Abb. 117. Diskontinuierliche Be- und Entlastung, aufgenommen mit dem Tänzer-Polikeitschen Dynamometer. Karakulhaar 72,0 μ dick. Bruchlast 42,7 g. Länge 5 cm. Dehnung 43,6% (nach Tänzer).

Die größte Rolle für die Wolle spielt Tragkraft und Dehnung. Unter Tragkraft eines Wollhaares versteht man die Kraft, mit der es dem Zerreißen Widerstand leistet. Im Prinzip erfolgt die Feststellung der Tragkraft derart, daß das Haar an einem Ende fixiert wird und am anderen so lange belastet wird, bis der Bruch erfolgt. Die absolute Festigkeit wird in Gramm, die relative reduziert auf einen Quadratmillimeter (Kohlschmidt)[2]) Querschnitt angegeben. Wübbe errechnet die Tragkraft des Haares am Rißende, reduziert auf einen Querschnitt von 1 mm Durchmesser (Elektoralwolle 13,11 bis 23,94 μ: 19,723 kg; La Plata II. Qualität 15,39 bis 25,08 μ: 9,666 kg).

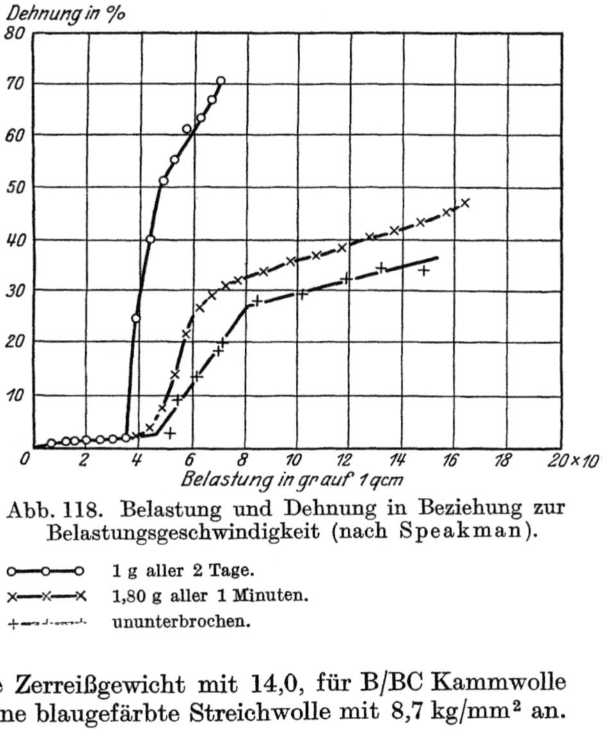

Abb. 118. Belastung und Dehnung in Beziehung zur Belastungsgeschwindigkeit (nach Speakman).

Nach Frühauf[3]) beträgt beim Merinofleischschaf die mittlere relative Zerreißfestigkeit 11,355 kg mit Schwankungen von 2,727 bis 25,933 kg, Mark gibt für Tuchwolle (Steiger, Leutewitz) das mittlere Zerreißgewicht mit 14,0, für B/BC Kammwolle (Wüschoff) mit 15,8 und für eine blaugefärbte Streichwolle mit 8,7 kg/mm² an.

[1]) Die Unterschiede sind jedoch verhältnismäßig sehr gering.

[2]) Kohlschmidt: Die deutsche und überseeische Wolle im Konkurrenzkampfe. Landw. Jb. Bd. 18. 1889.

[3]) Frühauf, E.: Studien in der Merinofleischschaf-Stammschäferei Knauthain. Diss. Leipzig.

Kühler[1]) ermittelt bei der Karakulwolle als Extreme 7,680 kg und 61,849 kg, Dimitriadis[2]) bei Merinojährlingswolle 8 und 40 kg; bei letzterer liegt das Gros der Werte der Basisuntersuchung zwischen 20 und 24 kg.

Die spezifische Festigkeit des Wollhaares wird durch die Reißlänge angegeben, diese gibt nach Ganswindt[3]) diejenige Länge an, welche der zu prüfende Körper haben muß, um ohne jedwede Belastung, lediglich durch sein eigenes Gewicht, von selbst zu zerreißen. Es wird durch diesen Wert ein Ausdruck der Kohäsion gegeben. Die Reißlänge in Kilometer ist nach Hemmerling gleich Bruchlast in kg $\times$ metrischer Nummer.

Die Angaben bezüglich Reißlänge weichen sehr erheblich untereinander ab. Ganswindt gibt diese mit 8,3 bis 10 km, Heermann mit 8 bis 9 km an, Krais dagegen mit 20,4 bis 22,5 km. Die Unterschiede sind vermutlich auf Unterschiede in der Methodik zurückzuführen.

Kronacher und Schäper[4]) sind der Ansicht, „daß auf Grund der bestehenden, sehr starken positiven Korrelation zwischen Dicke der Wollhaare und ihrem Trag- (Reiß-) Gewicht aus dem Kurvenbild unter Zuhilfenahme der Reißgewichtszahl und der Dehnungsprozentzahl mit recht weitgehender Sicherheit der Dickencharakter, d. h. die Sortimentszugehörigkeit, gesunder[5]) Wollhaare bestimmt werden kann. So weitgehend, daß diese mechanische Wollfeinheitsprüfung bei entsprechender Handhabung sogar als Vergleichs- und Kontrollmethode der mikroskopischen Feinheitsmessung zu dienen vermag". Kronacher und Schäper kommen zu folgendem Generalmittelwert unter Berücksichtigung der Feinheit in Beziehung zu Tragkraft und Dehnung (bei einer Untersuchungslänge von 1 cm). Im Vergleich dazu seien die von Tänzer ermittelten Werte gebracht (vgl. auch Tänzer[6])) (Tab. S. 263)-

Tänzer betont demgegenüber: „Die von Kronacher aufgestellten Korrelationen zwischen Haardicke und Tragkraft sind wegen der fluktuieren-

---

[1]) Kühler, H.: Untersuchungen über die physikalischen Eigenschaften der Wolle von Karakulschafen. Diss. Halle 1924.

[2]) Dimitriadis, J. N.: Die physikalischen Eigenschaften der Merinojährlingswolle aus der Stammschäferei Friedeburg a. d. Saale. Diss. Halle 1926.

[3]) Ganswindt, A.: Die Wolle und ihre Verarbeitung. Wien und Leipzig 1919.

[4]) Kronacher u. Schäper: Untersuchungen der qualitativen Beschaffenheit verschiedener Abschnitte desselben Wollhaares mittels des Defordenapparates. Z. Tierzüchtg Bd. 3. 1925.

[5]) Die von Kronacher und Schäper getroffene Beschränkung auf nicht zu früh gerissene Wollhaare läßt die Ergebnisse als ausgewählt erscheinen; eine derartige Auswahl ist bei der Verwendung der Wollhaare in der Textilindustrie nicht angängig. Die von Mark am meisten zu Versuchszwecken benutzte Kammwolle (Nauensand) zeigt in rohem, ungewaschenem Zustand 5 bis 10% aller Haare Schadstellen. Nach Kronacher müßten also mindestens 5 bis 10% von der Untersuchung ausgeschlossen werden. — Ogrizek, A.: Feinheit, Tragkraft und Dehnbarkeit des Wollhaares in der F_1-Generation. Z. Tierzüchtg Bd. 8. 1927. — Ein Beitrag zur Kenntnis der Beziehungen zwischen den physikalischen Eigenschaften der Wolle. Z. Tierzüchtg Bd. 7. 1926. — Ogrizek scheidet sogar 21,17% zu früh gerissener Haare aus, betont aber, daß die Scheidung nicht leicht ganz objektiv und einwandfrei durchzuführen sei; auch dann ist nur bei 50% eine typische Übereinstimmung des Kurvenbildes mit dem betreffenden Sortiment festzustellen. Die Notwendigkeit einer noch schärferen Selektion, wie sie Ogrizek für erforderlich hält, um eine völlige Übereinstimmung zwischen Sortiment und Kurvenbild zu erzielen, charakterisiert das ganze Verfahren als praktisch unbrauchbar.

Daß keineswegs immer ein befriedigendes morphologisches Bild eine gute physikalische Eigenschaft zu bedingen braucht, hat Abderhalden für das Meerschweinchenhaar behauptet. — Abderhalden, E.: Beitrag zur Kenntnis der Folge der Schilddrüsenexstirpation. Pflügers Arch. Bd. 208. 1925.

[6]) Tänzer, E.: Weitere Untersuchungen über die physikalischen Eigenschaften der Wolle. (Sammelref.) Z. Tierzüchtg Bd. 7. 1926.

den Grenzen auch im Vergleich zu anderen Ergebnissen nur annähernd verwendbar“[1]).

Dicken-klasse Sortiment	Tragkraft in g		Dehnung in %	
	nach Kronacher und Schäper	nach Tänzer	nach Kronacher und Schäper	nach Tänzer[2])
5 A	3,98— 5,74	1,5— 6,1	33,35—46,15	9,2—51,0
4 A	5,70— 6,98	2,0— 8,8	40,05—49,25	5,3—56,0
3 A	7,19— 8,55	2,3— 8,2	40,35—50,85	4,6—45,0
2 A	7,70— 9,54	2,5—13,4	35,65—46,45	13,6—47,0
A	9,36—11,76	3,0—22,3	37,20—47,80	8,0—56,0
B	13,26—16,86	3,0—20,7	30,55—50,95	1,9—38,4
C	16,47—22,79	3,4—33,7	45,62—51,92	7,3—79,0
D	29,30—38,66	8,7—36,0	40,37—68,27	10,0—79,0
E	39,20—48,40	11,5—50,6	40,15—58,35	14,6—74,0
F	51,25—63,25	12,7—57,6	34,65—59,65	41,0—65,0

b) Die Dehnbarkeit.

Bevor das Haar reißt, dehnt es sich. Die Dehnbarkeit wird absolut in Zentimetern, relativ in Prozenten der ursprünglichen Länge angegeben. Die Zahl, die die Ausgiebigkeit der Dehnung in Prozenten der wahren Länge ausdrückt, stellt den Ausdehnungskoeffizienten dar.

Heyne[3]) gibt die Dehnbarkeit der feineren Merinowollen mit 11,1 bis 15,2%, der Kammwollen von 16,5 bis 23,0%, englischer Wolle mit 20,3%, englischer längerer Wolle mit 20,4%, Zackelwolle mit 31,2% an. Doch dürfte sich eine Nachprüfung auf umfangreicherer Basis als notwendig erweisen.

Während nach Tänzer die feinen Haare sich in verhältnismäßig kurzer Zeit dehnen, und zwar bei geringer Zuglast (im einzelnen sehr verschieden), setzen die gröberen Haare der Dehnung einen erheblicheren Widerstand entgegen, sowohl was die Kraftbeanspruchung als auch die Zeitdauer anbetrifft. Man wird die gröberen Haare als im physikalischen Sinne elastischer zu bezeichnen haben.

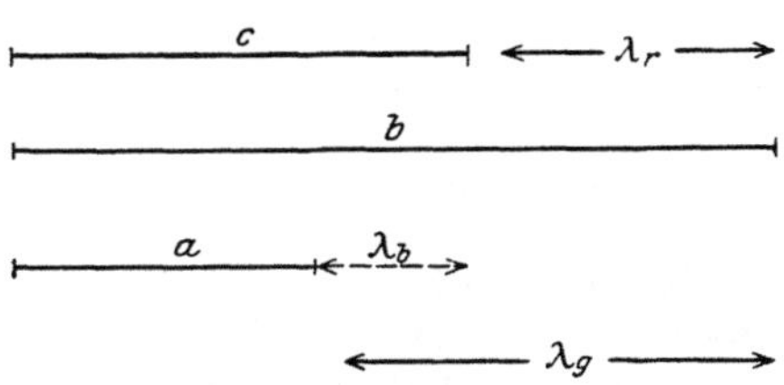

Abb. 119. Das ursprüngliche Wollhaar ist als a gezeichnet, das gedehnte als b. Nach Wegnahme des Zwanges an den Enden erhält man c.

Es sind λ_g = Gesamtdehnung. λ_b = bleibende Dehnung. λ_r = reversible Dehnung (nach Mark).

Nach Speakman[4]) ist in gesättigter Luft von 16° die Dehnbarkeit der Haare annähernd konstant (im Mittel 69,8 ± 0,17%). Die verschiedenen Werte für Bruchdehnung in der Literatur sind nach ihm zweifellos bedingt durch die Vernachlässigung des Zeit- und Feuchtigkeitsfaktors. Die bisherigen Erfahrungen, die unter gleichbleibenden äußeren Versuchsbedingungen gewonnen sind, lassen jedoch eine solche Konstanz der Bruchdehnung als nicht allgemeingültig erscheinen.

Nach Mark[5]) hat man sich den Dehnungsvorgang wie folgt vorzustellen:

[1]) Schon McMurtrie hat keine völlige Korrelation zwischen Tragkraft und Haarquerschnitt, sowie zwischen Dehnung und Tragkraft oder Haarfeinheit feststellen können.

[2]) Die gegenüber Kronacher und Schäper niedrigeren Minima Tänzers erklären sich aus der Tatsache, daß letzterer keinerlei Auslese der Haare getroffen hat.

[3]) Heyne, J.: Großes Handbuch der Schafzucht auf neuzeitlicher Grundlage, 2. Aufl. Leipzig 1923.

[4]) Speakman, J. B.: The extensibility of the wool fibre. J. Text. Inst. Bd. 15. 1924.

[5]) Mark, H.: Beiträge zur Kenntnis der Wolle und ihrer Bearbeitung. Berlin 1925.

Wird ein an beiden Enden eingespanntes, entkräuseltes Haar von der Länge a und dem Querschnitt q (Abb. 119) um einen bestimmten Betrag verlängert, so entsteht in dem Haar eine Spannung σ, unter deren Einfluß, wenn sie eine gewisse Größe überschritten hat, seine einzelnen Teilchen aneinander zu gleiten beginnen; dabei entlastet sich das Haar und gelangt in einen neuen Gleichgewichtszustand, der durch die Werte b und q_1 charakterisiert ist. Von dem Anfangszustand unterscheidet er sich dadurch, daß in dem Haar eine gewisse Spannung σ_e bestehen geblieben ist. Sie gibt ein Maß für das Bestreben des Haares gegen den ihm aufgedrängten Zwangszustand. Befreit man nun das Haar von seinen Einspannvorrichtungen, so wird es sich unter dem Einfluß der Restspannung wieder verkürzen; in seiner neuen Endlage ist es durch die Größen c, q_2 charakterisiert; dann ist $b - c = \lambda_r$ derjenige Teil der Gesamtdehnung λ_g, welcher wieder zurückgegangen ist und durch welchen im Verein mit der Querschnittsveränderung $q - q_2$ der Unterschied des Haares vor und nach dem ganzen Versuch zum Ausdruck kommt. Nach Mark ist die Größe λ_r nach dem Hookeschen[1]) Gesetz der Spannung proportional; dieses Maß ist daher für Bestimmung der sonst schwer meßbaren Größe σ_e verwendbar.

Bei einer erneuten Beanspruchung des Haares ergibt sich, „daß diejenige Kraft, welche das Haar bei dem zweiten Dehnungsversuch auf seine Einspannvorrichtungen ausübt, kleiner ist als beim Ausgangshaar, daß also das Haar durch die einmalige Dehnung „ermüdet" ist (Mark). Eine Verfestigung des Haares durch Reckung ist praktisch undurchführbar. Tänzer stellt im allgemeinen fest, daß, je stärker das Haar bei seiner ersten Beanspruchung gedehnt war, desto geringer die Dehnung bei der nächsten Beanspruchung ist; die zum Eintritt des Fließens des vorgedehnten Haares erforderliche Belastung ist im allgemeinen größer als beim ungedehnten Haar. Es scheint, daß die feineren Haare nach Vorbeanspruchung immer noch mehr elastische Dehnung zeigen als die stärkeren Haare.

Die Fähigkeit des Zusammenziehens besteht nur für eine bestimmte Belastungsgrenze (Proportionalitätsgrenze, Sphäre der elastischen Dehnung). Wird diese überschritten, so tritt der Körper in die Sphäre der bleibenden Dehnung; es bleibt nach Entlastung eine dauernde Längenänderung. Bei weiterer Belastung erfolgt ein Strecken und schließlich der Bruch.

Nach Speakman[2]) ist die Wolle, wenn ein bestimmter Punkt der Dehnung überschritten ist, ständig dehnbarer schon bei niederer Dehnbarkeit. Dieses Verhalten wird darauf zurückgeführt, daß das Wollhaar aus dreierlei Stoffen besteht: 1. aus der elastischen Zellwand, 2. aus einer Fasermasse, von ersterer umschlossen, 3. aus einer gelatinösen Masse, welche die Zwischenräume der Fasermasse ausfüllt und nicht im physikalischen Gleichgewicht mit ihr ist; nach Überschreitung des oben erwähnten Punktes ändert sich das gegenseitige Verhältnis dieser Substanzen, es tritt eine Strukturänderung und infolgedessen eine Änderung der Dehnungverhältnisse ein. Die viskose Masse erklärt dem genannten Verfasser zufolge das verschiedenartige Verhalten der Wollsorten bei Reißversuchen bei verschiedenen Temperaturen. Schon Krais[3]) hat den Dehnungsbetrag während der Mitteldehnung dadurch erklärt, daß „das Kolloid fließt".

Die Dehnung beruht auf der Fähigkeit der Moleküle, sich im Haar innerhalb gewisser Grenzen gegeneinander zu verschieben, ohne jedoch aus dem Bereich

[1]) Der genannte Verfasser betont, daß die Gültigkeit des Hookeschen Gesetzes hier nur angenähert zutrifft. Nach jedem Prozeß muß so lange gewartet werden, bis sich ein Gleichgewichtszustand eingestellt hat.

[2]) Journ. Text.-Ind. 1926.

[3]) Krais, P.: Die Bestimmung der Dehnung von Einzelfasern. Textile Forsch. 1922.

ihrer gegenseitigen Anziehung zu gelangen. Während nach Krais der prozentuale Anteil der Anfangsdehnung an der Gesamtdehnung 16,3%, nach Kühler[1]) 8 bis 20% beträgt, ist er von Dimitriadis[2]) innerhalb der Grenzen 5,0 bis 10,0% (am häufigsten 7,5 bis 17,5%) festgestellt. Von der Gesamtbelastung nimmt dem letztgenannten Autor zufolge die Anfangsdehnung 45 bis 65% für sich in Anspruch (nach Krais 76%, nach Dörner[3])-Kronacher 70,6%). Eine so scharfe Begrenzung der Anfangsdehnung erscheint aber angesichts des allmählichen Übergangs der einzelnen Dehnungsphasen als nicht angängig.

Mark[4]) gibt für 3 Wollarten (Steiger Merino, Nauensand und Punta Arena) die bleibenden Dehnungen als Bruchteile der Gesamtdehnungen (die Gesamtdehnung beträgt 10%) an: 0,50; 0,42; 0,36 und den Wert reversible Dehnung (η) 2; 1,7; 1,5. Je größer dieses Verhältnis, um so mehr ist das Haar plastisch gedehnt worden und hat an Reißfestigkeit verloren.

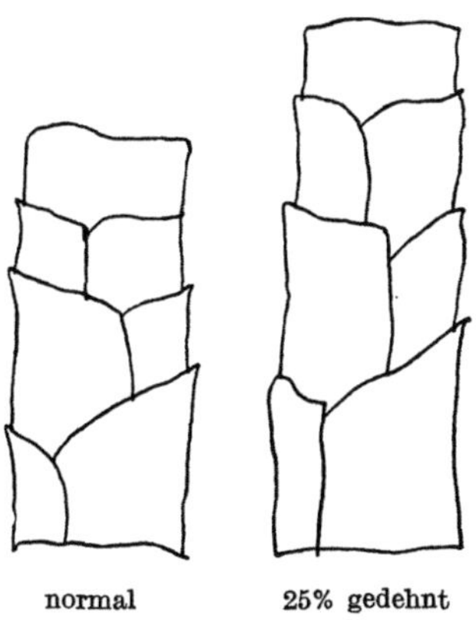

Abb. 120. Mikroskopisches Bild eines ungedehnten und eines gedehnten Wollhaares (nach Mark).

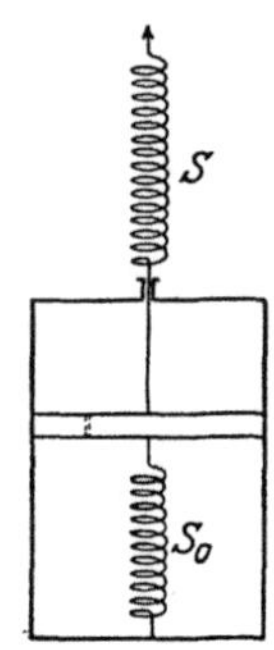

Abb. 121. Dynamisches Haarmodell (nach Shorter).

Der genannte Verfasser hat auch die ersten Versuche über das Verhalten des Haares bei dauernder Belastung[5]) ausgeführt; dabei findet eine Verlängerung des Haares und eine Querschnittsabnahme statt (Abb. 120).

Tänzer hat zum erstenmal das Verhalten des Haares bei der Entlastung beobachtet. Die Entlastungskurve läßt keine dreiteilige Gliederung erkennen, wie die Belastung (vgl. oben); vergleicht man die Kurve der kontinuierlichen langsamen Entlastung mit der Normalkurve undehnbaren Materials bei Entlastung, (Abb. 117) so ergibt sich eine Verzögerung, die durch die auf der Kontraktion beruhenden Entlastung bedingt ist (bei den feineren Haaren in stärkerem Maße).

Speakman[6]) hat in Übereinstimmung mit Shorters[7]) Beobachtungen gefunden, daß ein Cotswoldhaar, welches auf 40% der Originallänge gedehnt ist, nach dreiwöchentlicher Erholung genau auf die Originallänge zurückkehrt; in Wasser vollzieht sich diese Wiedererreichung der ursprünglichen Länge sehr rasch. Damit ist nicht, wie schon oben ausgeführt, eine vollkommene Reproduktion der Originaleigenschaften verknüpft.

[1]) Kühler, H.: Untersuchungen über die physikalischen Eigenschaften der Wolle von Karakulschafen. Diss. Halle 1924.

[2]) Dimitriadis, J. N.: Die physikalischen Eigenschaften der Merinojährlingswolle aus der Stammschäferei Friedeburg a. d. Saale. Diss. Halle 1926.

[3]) Dörner, H.: Dehnung und Tragkraft gesunder Wollhaare verschiedener Stärke. Diss. Gießen 1922.

[4]) Mark, H.: Beiträge zur Kenntnis der Wolle und ihre Bearbeitung. Berlin 1925.

[5]) In der Praxis spielt häufig eine Beanspruchung dauernden Zuges statt (im Wolf, auf der Spinnmaschine, dem Webstuhl).

[6]) Speakman, J. B.: Die Ausdehnung des Wollhaares unter konstanter Belastung. J. Text. Inst. 1926, S. 472—481.

[7]) Shorter, S. A.: An Investigation of the Nature of the Elasticity of fibres. J. Text. Inst. Bd. 15. 1924. — Shorter, S. A. u. W. J. Hall: J. Text. Inst. Nr. 6. 1924; Textile Forsch. 1925, H. 1, S. 33.

Shorter[1]) hat versucht, ein dynamisches Modell von dem inneren Bau des Haares zu konstruieren (Abb. 121). Dieses besteht aus einer Spiralfeder S, die an einem Kolben befestigt ist, der in einem Zylinder mit viskoser Flüssigkeit angefüllt ist. Der Kolben ist von einem kleinen Kapillarkanal durchbohrt und mit dem Boden des Zylinders verbunden durch eine zweite Feder S_0. Im wesentlichen besteht der Mechanismus aus 2 vollkommen elastischen Körpern, die in Reihen verbunden sind, von denen eine ganz frei ist, sich unter der Wirkung einer äußeren Kraft zu dehnen oder kontrahieren; die andere dagegen ist in ihrer Bewegung behindert durch einen Widerstand eines rein viskosen Materials. Die Analogie zwischen Modell und Haar beruht auf dem Vorhandensein eines freien elastischen Elementes, eines behinderten elastischen Elementes und eines viskosen Elementes.

Speakman[2]) knüpft an die Zusammensetzung des Haares aus fibrillären Rindenzellen (v. Nathusius) an, welche in der Mehrzahl längs der Faser parallel angeordnet sind und versucht eine Hypothese der Gelstruktur. Die mikroskopische Beobachtung zeigt, daß beim Strecken der Wollhaare die zusammensetzenden Zellen sich nicht relativ zueinander bewegen. Das Verhalten des Haares als Ganzes ist daher das Verhalten einer einzelnen Zelle. Das setzt das Bestehen einer elastischen Zellwand voraus, die eine fibrilläre Struktur einschließt, deren Zwischenräume mit einem zähen Medium gefüllt sind. Bei geringem Zug wird die Ausdehnung durch die elastischen Konstanten der Zellwand und Fibrillen bestimmt. Eine Verschiebung der Fibrillen gegeneinander tritt nicht ein. Die Dehnung wird anfangs durch die Reibung behindert. Bei einem gewissen kritischen Zug wird die Fibrillenanordnung zerstört, begleitet von plötzlicher Ausdehnung. Diese beginnt durch Rotation der Fibrillen. Das Maß der Dehnung ist bestimmt durch die Viskosität des Mediums und die elastischen Konstanten des Zellfeinbaues.

Bei einer bestimmten kritischen Streckung, deren genaues Maß von den Belastungsbedingungen abhängt, sind alle Fibrillen in eine Linie gezogen und infolgedessen verzögert sich nun die Dehnung, welche sich auf die direkte Dehnung der Fibrillen beschränkt. Die dauernde Änderung der ausgestreckten Fasern scheint nicht durch Bruch der Fibrillen bedingt zu sein. Die unzerstörten Fibrillen und Zellwände ziehen den Zellinhalt bei Entlastung zurück, bis die Originalgestalt, d. h. vollständige Wiederherstellung erreicht ist, so jedoch, daß einmal gedehnte Haare dehnbarer bei niedrigerer Dehnung bleiben (infolge inzwischen erfolgter Zerstörung einzelner Fibrillen).

Schnelle Belastung beseitigt die Fibrillenplastizität, unter solchen Bedingungen zerreißen mehr und mehr Fibrillen mit fortschreitender Dehnung, bis das Haar als Ganzes reißt.

c) Die Elastizität.

Als Ausdruck der Elastizitätsverhältnisse des Haares benutzt man auch den Elastizitätsmodul (E). Seiner Definition entsprechend stellt dieser die Konstante dar, welche die elastische Verlängerung ($\Delta\, l$) in Bruchteilen der Ausgangslänge (l) mit der auf die Flächeneinheit des Ausgangsquerschnittes q wirkenden Spannung, entsprechend der Gleichung $\frac{\Delta\, l}{l} = \frac{1}{E} \cdot \frac{P}{q}$, worin

---

[1]) Shorter, S. A.: The Properties of Colloids in Relation to Industrial Processes. J. Soc. Dyersand Colourists Bd. 36, S. 229. 1920.

[2]) Speakman, J. B.: The intracellular structure of the wool fibre. J. Text. Inst. 1927.

P die Belastung darstellt. Der Elastizitätsmodul wird meist in kg/mm² angegeben[1]).

Die Bestimmung erfolgt in der Weise, daß man das zu untersuchende Haar erst nur so weit belastet, daß es eben ausgestreckt ist, die Länge mißt und eine bestimmte Mehrbelastung hinzufügt und die dadurch entstandene Verlängerung gleichfalls feststellt. Die Genauigkeit wird durch mehrere Belastungen erhöht (Abb. 122).

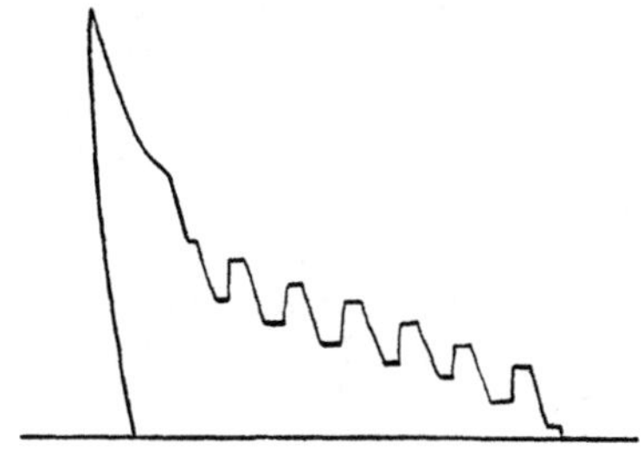

Abb. 122. Leineschafhaar: 40,8 μ. Einspannlänge 5 cm (nach Tänzer).

		Ausdehnung
1 g = 0,05 cm	4 g = 0,10 cm	0,05 cm
2 g = 0,07 cm	5 g = 0,11 cm	0,04 cm
3 g = 0,10 cm	6 g = 0,13 cm	0,03 cm
4 g = 0,12 cm	7 g = 0,15 cm	0,03 cm
5 g = 0,12 cm	8 g = 0,16 cm	0,04 cm
6 g = 0,14 cm	9 g = 0,18 cm	0,04 cm
7 g = 0,16 cm	10 g = 0,18 cm	0,02 cm

Bruchbelastung 21,8 g. Bruchdehnung 42%. $E = 325{,}5$ kg/mm². (Aufgenommen mit dem Tänzer-Polikeitschen Dynamometer.)

Für verschieden große Beanspruchung gleicher Art ist der Elastizitätsmodul, solange sich Beanspruchung und Veränderung proportional sind, konstant; deshalb ist die Bestimmung des Elastizitätsmoduls nur in der Anfangsdehnung möglich.

Nach Güldenpfennig[2]) schwankt der Elastizitätsmodul nicht unerheblich: von 44,56 beim Somalischaf-Wollhaar bis 1080,5 beim Rhönwollhaar; nach Karger und Schmid beträgt er bei Wolle 470 kg/mm²; auch Tänzers Untersuchungen lassen die außerordentliche Variabilität des Elastizitätsmoduls erkennen; eine irgendwie gerichtete Korrelation läßt sich nirgends erkennen. Die von letzterem gefundenen Grenzwerte sind 112,2 kg/mm² und 935,9 kg/mm²[3]).

Der Elastizitätsmodul ist gleich dem reziproken Wert des Elastizitätskoeffizienten.

Noch fehlen bei der Wolle Ermittlungen der Elastizitätszahl, die das Verhältnis von Querkontraktion und Längsdilatation ausdrückt.

Die Zähigkeit des Haares wird angegeben durch die Arbeit, die zum Zerreißen erforderlich ist, durch die sog. Zerreiß- oder Zerreißungsarbeit. Sie hängt von Dehnung und Belastung ab. Unter Arbeit wird das Produkt aus Kraft und Weg in Richtung der Kraft verstanden. Die Zerreißarbeit wird durch die Fläche des Zerreißdiagramms wiedergegeben, indem man die verschiedenen Belastungen auf einer Senkrechten, die dazugehörigen Dehnungen auf einer Wagerechten verhältnisgleich abträgt (Heermann) (Abb. 123). Zwei Fäden können gleiche Bruchfestigkeit und gleiche Dehnung haben, aber ungleichen Aufwand an Zerreißarbeit erfordern. Der Faden mit der größeren inneren Arbeitsfähigkeit wird als der zähere, der wertvollere sein. Heermann hat die Zähigkeit gleichgesetzt der Zerreißarbeit dividiert durch das Produkt von Festigkeit und Dehnung.

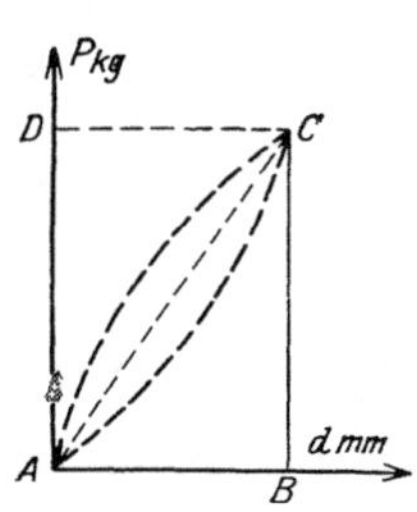

Abb. 123. Dreieck $ABCA$ veranschaulicht die Zerreißbarkeit (nach Heermann).

---

1) Mc Murtrie hatte den Elastizitätsmodul nach der Formel $E = \frac{R}{P}$ berechnet, wobei R den mittleren Dehnungswiderstand der Faser in Pfund auf den Quadratzoll, P die prozentuale Dehnung, „expressed in decimal form“ angibt.

2) Güldenpfennig, H.: Studien über die Beschaffenheit der Wolle von reinblütigen Schafen und Somalikreuzungen. Diss. Halle 1914.

3) Die vergleichsweise außerordentlich niedrigen Werte des Elastizitätsmoduls bei Wilsdorf erklären sich offensichtlich aus der Methodik. Für verschieden große Beanspruchung gleicher Art ist der Elastizitätsmodul konstant, solange sich Beanspruchung und Veränderung

d) Die histologischen Veränderungen am Haar durch Zerreißung und Dehnung.

Bei den Reißversuchen werden ebensooft glatte Querdurchrisse wie unregelmäßige Rißflächen mit Aufsplitterung der Faserzellenschicht beobachtet (Mark, Tänzer (Abb. 124)). Deshalb muß mit Mark „der diagnostische Wert der aufgesplitterten Rißflächen für die mikroskopischen Feststellungen von Shoddy bezweifelt werden" (vgl. auch Tänzer[1])).

Wenn die Wolle schon der mechanischen Reibung und Sonnenbestrahlung ausgesetzt gewesen ist, so können sehr leicht rein physikalische Verletzungen der angegebenen Art eintreten, ohne daß eine chemische Schädigung vorhergegangen ist. Das Aufsplittern ist abhängig von den physikalischen und chemischen Eigenschaften der Hornsubstanz. Bei untreuen Haaren, die eine Aufbauchung der Rindensubstanz zeigen, an dieser Stelle aber ein lockeres Gefüge haben, zeigt sich das Aufsplittern, ohne daß irgendeine chemische Schädigung

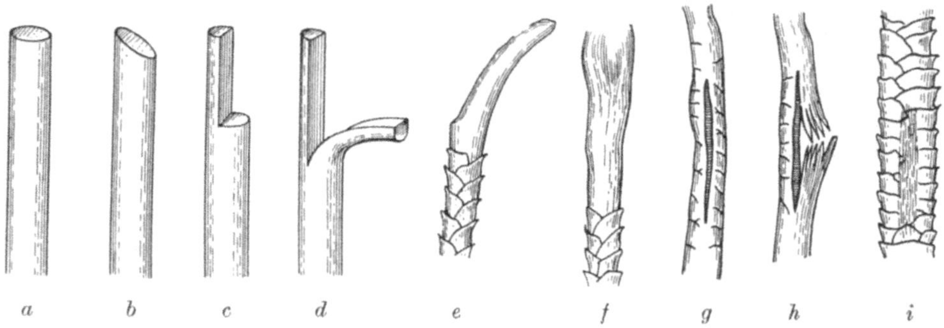

Abb. 124. Faserenden gesunder Wolle. *a* gerades Schnittende; *b* schiefes Schnittende; *c* ganzes Rißende; *d* gespaltenes oder geschlissenes Rißende (nach Marschik). Beschädigte und zerstörte Wollfasern. *e* Faser mit zerstörter Oberhaut und zusammenhängenden Spindelzellen; *f* zerstörte Faser mit pinselförmig ausgefranstem Ende; *g* gespaltene Faser; *h* gespaltene und teilweise zersplissene Faser; *i* Wollfaser mit teilweise zerstörter Oberhaut (Stock), die Spindelzellen treten durch deutliche Längsstreifung hervor (nach Marschik).

vorausgegangen ist. Die physikalischen Eigenschaften und insbesondere auch die Textur des Haares spielt eine große Rolle bezüglich der Gestaltung des Rißrandes.

Die Reißenden ergeben, daß die bei der Destruktion eintretende Trennung des Zusammenhanges nicht den Grenzen der Rindenzellen folgt. Der Riß geht quer durch die Rindenzellen hindurch. Am Rißende zeigen sich Längsspalten, die aber nicht in direkte Beziehung zu den Grenzen der Hornzellen gebracht werden können. Im Unterschiede zu den Rindenzellen erleiden die äußersten Schichten auch bei starker Dehnung keine nachweisbare Destruktion.

Mark stellt fest, daß die „Schuppenzellen" (Cuticula) nie zerreißen, sondern der Riß immer an Kittungen erfolgt. Der Ansicht Marks, daß die Schuppen für die Reißfestigkeit bedeutungslos sind, tritt Tänzer bei. Nach letzterem kann

proportional sind; deshalb ist die Bestimmung des Elastizitätsmoduls nur in der Anfangsdehnung möglich. Da die Untersuchungen Wilsdorfs mit dem Kraisschen Apparat ausgeführt sind, mit welchem bekanntlich keine Unterbrechungen der Belastung und Entlastungen möglich sind, sind die Berechnungen des Elastizitätsmoduls unter Benutzung von Enddehnung und Endbelastung ausgeführt, was nicht zulässig ist. Die absoluten Werte der Dehnung und Belastung zeigen eine sehr kräftige Wolle (im Gegensatz zu dem vergleichsweise niedrigen Elastizitätsmodul).

[1]) Tänzer, E.: Kunstwolle und künstliche Wolle. Dt. Schäfereizg Jg. 19, Nr. 2. 1927.

unter Umständen die Rindenschicht aus der Cuticula vollkommen herausgerissen werden, so daß das Rindenstück auf der einen Seite frei erscheint, während an der anderen Rißseite die Cuticula als hohler Schlauch zurückbleibt. Zuweilen sieht man, daß nur an einigen Haarstellen die Oberhautzellen fehlen oder daß die Ränder derselben abstehen, auch eine Aufrauhung der Oberfläche ist zuweilen zu erkennen. In dieser feinen Streifung sehen Heermann und Marschik[1]) eine chemische Verletzung. Pinagel führt sie auf eine mechanische Beschädigung durch die hochfeinen spitzen Kardendisteln, die die Schuppen der Oberhaut angreifen, und zerstören sollen, zurück. Mit Recht hält Marschik dieses für eine Unmöglichkeit, denn nach seiner Beobachtung müßten in solchen Fällen die Spitzen der Kardendisteln $2\,\mu$ betragen, wenn z. B. bei Haaren von $40\,\mu$ derartige etwa $2\,\mu$ breite Beschädigungen auftreten.

Das Fehlen der Oberhautzellen oder eine Verletzung derselben kann unter Umständen auch bei Schurwollen festgestellt werden, dann nämlich, wenn es sich um spitzenmürbe Wollen handelt, die nur geringen Fettschweißgehalt aufweisen und infolgedessen leicht verwittern.

Durch chemische Behandlung und einen mechanischen Quetschdruck bedingt sollen nach Marschik Zerstörungsbilder entstehen, indem die zerstörte Oberhaut nicht mehr imstande ist, den Zusammenhang der Spindelzellen gegen diesen Druck zu schützen, was eine Klüftung der Faser in der Mitte zur Folge hat. Bei dem Zerreißen in der Reißmaschine spleißt sich das Haar nach einer Richtung zu auf oder reißt vollständig durch oder das Haar knickt in der beschädigten Stelle um.

Auf mechanischem Wege kann ein Auflösen gesunder Fasern in die Spindelzellen nach Heermann nur erhalten werden, wenn man die Wolle mit Quarzsand reibt, „was praktisch beim Schleifen der Gewebe für einen bestimmten Zweck geschieht, wodurch die grobfaserige Wolle sich wie ein feinwolliges Gewebe, unter Umständen wie feines Leder anfühlt".

In den Wollhaaren finden sich in verschiedener Häufigkeit lokale mechanische Beschädigungen in Gestalt kleiner Hohlräume. Marschik erörtert ihre Entstehungsweise bei der fabrikmäßigen Verarbeitung der Wolle. Rona (aus Mark), und vorher schon v. Nathusius, haben nachgewiesen, daß bereits in der natürlich gewachsenen Wolle in individuell schwankenden Prozentsätzen derartige Beschädigungen vorkommen (vgl. S. 262). Natürlich können auch während des Fabrikationsvorganges in erhöhtem Maße derartige Hohlräume entstehen.

Heermann führt zur Erkennung von Altwolle unregelmäßige Haare, plötzliche Verengerung und Erweiterung an. Diese Angabe von Heermann kann nicht als zutreffend bezeichnet werden, da derartige Erweiterungen und Verengerungen auch bei Schurwollen häufig, selbst in höheren Prozentsätzen, vorkommen und von inneren physiologischen Verhältnissen des tierischen Organismus abhängen. Ein gewisser Prozentsatz derartig untreuer Haare ist in jeder Wolle vorhanden (vgl. oben).

Da aus den Angaben ersichtlich ist, daß die Entscheidung, ob Kunstwolle vorliegt, auf Grund der mikroskopischen Untersuchung auf Schwierigkeiten stößt, empfiehlt Heermann noch die Haarzusammenhänge, die Art der Herstellung, Veredelung, Färbung usw. mit zu berücksichtigen.

Mit der Bezeichnung Altwolle verbindet sich eine Qualitätsbezeichnung; die Herkunft läßt sich nicht immer erkennen. Eine Wolle, die durch Karbonisation gelitten hat oder die auf dem Tier eine schlechte Haltung erfahren hat und zu geringen Fettschweiß aufweist, so daß sie mürbe geworden ist, steht mit einer minderwertigen Altwolle auf gleicher Stufe.

[1]) Marschik, Chr.: Die Morphologie der Schafwolle. Melliands Textilber. 1920.

e) Die Drehfestigkeit.

Krais hat als erster auch die Drehfestigkeit des Einzelhaares untersucht (und zwar mit dem Deforden-Apparat). Mark, demzufolge die Torsion der Dehnung gegenüber in der Praxis eine untergeordnete Rolle spielt, führt Drehversuche so aus, daß ein an der einen Seite festgeklemmtes vertikales Wollhaar an seinem anderen Ende mit einem kleinen Gewicht von einfacher geometrischer Form belastet wird, welches ein Spiegelchen trägt (Abb. 125). Lenkt man dieses System, dessen Trägheitsmoment im wesentlichen durch die Form und Größe des angehängten Gewichtes bestimmt ist, aus seiner Ruhelage ab und gibt es dann frei, so kehrt es auf dem Wege einer gedämpften Schwingung in diese Ruhelage zurück. Da die Bewegungen des Systems im Gegensatz zu den Vorgängen bei der Dehnung verhältnismäßig rasch verlaufende Schwingungen sind, ist es erforderlich, den Einfluß der Luftreibung durch Arbeiten im Hochvakuum auszuschalten. Die Ablenkung des Systems erfolgt mit Hilfe eines kleinen Magneten.

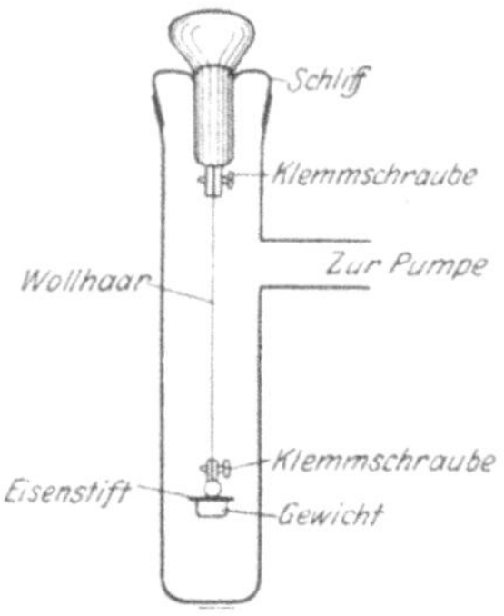

Abb. 125. Torsionsapparat für Wollhaare nach Rona (aus Mark).

Von Krais, Deppe[1]) und Tänzer sind die ersten eingehenden Untersuchungen über die Torsionsfestigkeit an Wollhaaren ausgeführt. Deppe behauptet, daß die Drehfestigkeit mit wachsendem Haardurchmesser abnimmt und bringt damit die Erfahrung in Parallele, daß Stoffe, besonders handgewebte, die aus gröberen Wollen verfertigt sind, wohl sehr reißfest sind, aber an den Umknickungsstellen, wo die Dreh-(Knick-)festigkeit beansprucht wird, leicht schadhaft werden[2]). Tänzer bestätigt im großen und ganzen die Resultate Deppes, betont aber, daß die Grenzen schwankender sind, als sie die Feststellungen des letzteren auf Grund seiner Mittelwerte erkennen lassen.

Nach Mark[3]) spielt die Zeit beim Torsionsvorgang eine wesentliche Rolle. Nach Tänzer ist die Zahl der bis zum Bruch eines Haares erforderlichen Umdrehungen von der Länge des untersuchten Haarstückes abhängig. Bei der großen Variabilität glaubt der genannte Verfasser sich noch nicht zu dem Schluß berechtigt, daß Haarlänge und Torsionszahl in demselben Verhältnis wachsen; die vielfach geringere Zahl der den Bruch herbeiführenden Umdrehungen erklärt sich vielleicht wie bei Tragkraft und Dehnung aus der Beeinflussung durch die physikalisch schwächste Stelle des langen Haarstückes.

Nach Tänzer[4]) scheinen sich bei Torsion die Spannungskräfte beim feinen und groben Haar verschieden auszuwirken (wie dies sich schon beim Verhalten nach Vorbelastung zeigte). Während sich beim groben Haar bei Torsion das Haar verkürzt und dabei belastet, behält das feine Haar seine ursprüngliche Einspannlänge. Man kann annehmen, daß die Verkürzung des Haares als Folge der Torsion bei den feinen Haaren durch die stärkere Dehnung ausgeglichen wird.

Tänzer untersucht auch die Frage, ob durch die Torsion die Dehnbarkeit und Festigkeit des Haares eingebüßt hat. Die daraufhin angestellten Experimente lassen eine Schädigung in den Endwerten der genannten mechanischen

---

[1]) Deppe, E.: Reiß- und Knickfestigkeit gesunder Wollhaare. Z. Tierzüchtg Bd. 7. 1926.

[2]) Die Identifizierung Deppes von Dreh- und Knickfestigkeit dürfte unzulässig sein.

[3]) Mark, H.: Beiträge zur Kenntnis der Wolle und ihrer Bearbeitung. Berlin 1925.

[4]) Tänzer, E.: Die Prüfung des Tänzer-Polikeitschen registrierenden Faserdynamometers. Melliands Textilber. 1927.

Eigenschaften nicht erkennen, solange nicht die zum Bruch erforderliche Umdrehungszahl angenähert erreicht ist. Ist das Haar noch wenig gedreht, zeigt die Dehnungskurve noch mehr oder weniger deutlich die Gliederung in Anfangs-, Mittel- und Enddehnung. Von einer bei den einzelnen Haaren variierenden Torsionszahl ab zeigt die Kurve das Bild vorgereckter Haare (vgl. oben).

Wie bei der Dehnung das Überschreiten der Elastizitätsgrenze den ganzen Dehnungsverlauf beeinflußt, so erfährt auch bei der Torsion das Haar durch Überschreiten der „Elastizität des Haares in bezug auf Torsion" (Mark) dauernde Veränderungen. Unterhalb der Torsionselastizitätsgrenze wird nach Mark die Gleichgewichtslage nach Ablauf der Torsion wieder erreicht, oberhalb derselben stellt sich jedoch eine neue Ruhelage des „nunmehr plastisch tordierten Haares" ein. Die Feststellung der Torsionselastizitätsgrenze ist auch für den Fabrikationsprozeß von Bedeutung. Die von Tänzer angestellten Vorversuche scheinen dafür zu sprechen, daß mit zunehmender Umdrehungszahl ein immer geringerer Prozentsatz umkehrbar ist. So sind z. B. bei einem Wilstermarschschafhaar (45,6 μ dick) bei 5 Umdrehungen 80%, bei 10 Umdrehungen 70%, bei 20 Umdrehungen 50%, bei 40 Umdrehungen nur noch 35, bei 60 Umdrehungen 26,7% umkehrbar.

Nach v. Kapff[1]) ist die Reißkraft nicht gleichbedeutend mit Tragfähigkeit und Lebensdauer der Ware, beim Gebrauch eines Kleidungsstückes spielt die Reißkraft eine weit geringere Rolle als das Abscheuern, das viel weniger abhängig ist von der Kraft der Einzelfaser als von deren Elastizität bzw. Sprödigkeit und Beugungszahl, d. h. der Zahl der Hin- und Herbewegungen der Wollfaser bis zum Bruch (der „Biegungsfähigkeit"). Eine weiche, elastische, unversehrte Wollfaser wird den beim Abscheuern wirksamen Kräften weit länger widerstehen als eine spröde Faser, selbst wenn diese eine größere Reißkraft hätte

f) Die Schmiegsamkeit der Wolle.

Die Schmiegsamkeit der Wolle wird in der Praxis dadurch festzustellen gesucht, indem man einen Wollbausch mit der Hand zusammendrückt (Griff der Wolle) und dabei fühlt, welchen Widerstand die Wolle dem Zusammendrücken entgegensetzt und welche Gegenkraft andererseits die Wolle beim langsamen Öffnen der Hand äußert (Mark). Thaer hat hier von Elastizität des Volumens gesprochen. Aus der Art des Widerstandes der Wolle bei dem Zusammendrücken und der Gegenkraft beim Öffnen der Hand sucht man sich über die „Fülligkeit", die Wollmenge, den Stapelbau und die Weichheit zu informieren.

M. und J. Eggert[2]) haben für die exakte Bestimmung der Schmiegsamkeit oder Fülligkeit der Wolle ein Verfahren ausgearbeitet, das auf der Kompression eines Wollbausches im Vakuum beruht (Abb. 126). In dem gläsernen Außenraum *a*, der durch Planschliff *b* luftdicht abgeschlossen werden kann, ist eine Kapillare *c* eingeschmolzen, über deren Ende eine hohlkugelförmige Membran *d* aus dünnem Gummi gezogen wird. *a* kann durch den Dreiwegehahn *e* einerseits mit einer Wasserstrahlpumpe, andererseits aber auch mit der Außenluft durch Hahn *f* in Verbindung gebracht werden. Der Membranraum kann über Hahn *g* ebenfalls an die Wasserstrahlpumpe angeschlossen werden, wodurch ein gleichzeitiges Evakuieren von Außenraum und Ballon ermöglicht wird. An den Manometern *h* und *i* können die jeweiligen Drucke in jenen beiden Räumen gemessen werden. Evakuiert man Außen- und Innenraum bis zu einem bestimmten Druck und schließt die Hähne *k* und *g*, so kann durch Öffnen der Hähne *e* und *f* der Druck

[1]) Kapff, S. v.: Über den Einfluß chemischer und physikalischer Einwirkungen auf die Wolle und die Prüfung der Tuche auf ihre Tragfähigkeit. Melliands Textilber. 1923, H. 4/5; 1927, H. 5.

[2]) Mark, H.: Beiträge zur Kenntnis der Wolle und ihrer Bearbeitung. Berlin 1925.

im Außenraum gesteigert werden, wodurch der Gummiballon *d* allseitig komprimiert wird.

Zur Messung der Gegendrucke der Materialien bei allseitiger Kompression wird die zu untersuchende Probe vorsichtig in das Bällchen hineingestopft und darauf einige Stunden sich selbst überlassen, um etwaige Druckdifferenzen, durch Stopfen verursacht, sich ausgleichen zu lassen. Dann werden Innen- und Außenraum gleichzeitig evakuiert, die Hähne *e* und *g* geschlossen und endlich durch Steigerung des Außendrucks eine Kompression des Bällchens herbeigeführt. Während der Kompression zeigen die Manometer *h* und *i* die jeweiligen Gasdrucke p_a und p_i im Außen- und Innenraum an, die zu einem Diagramm vereinigt, den Kurventypus ergeben. Die Größe $\pi = p_a - p_i$ ist als der Bauschdruck des Materials bei bestimmten Dichten desselben anzusehen. Er wächst mit steigender Dichte des Bausches, d. h. mit Abnahme seines Volumens. Der latente Druck des natürlichen unkomprimierten Bausches wird als seine Weichheit, die Art der Funktion $\pi\,\varphi$, wobei $\varphi = \frac{\beta}{\beta_e}$ ist, β das anfängliche Bauschvolumen, als die Geschmeidigkeit angenommen.

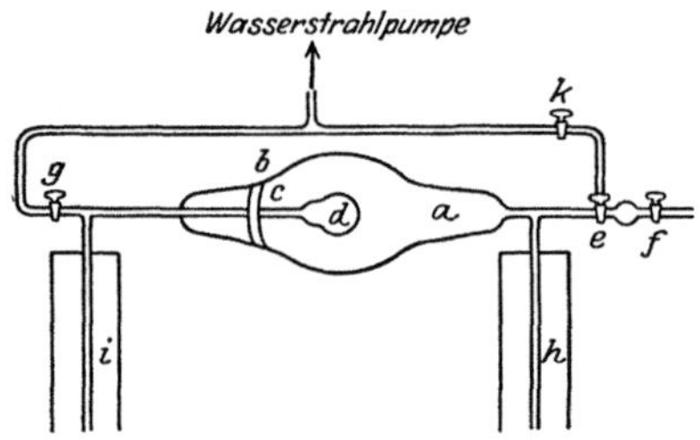

Abb. 126. Apparat zur Messung der Bauschelastizität nach M. und J. Eggert (aus Mark).

Aus den Untersuchungsergebnissen sei entnommen, daß beispielsweise roher und gefetteter Hanf einerseits und Buenos-Aires- und westaustralische Wolle andererseits sich in der Geschmeidigkeit nicht unterscheiden. Buenos-Aires-Wolle ist aber weicher als westaustralische Wolle und durch die Fettbehandlung wird Hanf deutlich weicher. Zu den härtesten der untersuchten Wollen zählt die von Mele Hausfelde, ihr folgt die von Wüschhoff (chemische Wäsche), Nauensand (chemische Wäsche), darauf Wüschhoff (chemische und Seifenwäsche). Westaustralische und Buenos-Aires-Wolle sind außerordentlich weich und leiten zu den pflanzlichen Faserarten über, die alle ungleich weicher sind als die tierischen.

Der Versuch von Krais[1]), die Schmiegsamkeit ganzer Kammzüge (gleiche Längen werden bei gleicher Längszugbelastung einer gleichen Zugbelastung in der Querrichtung ausgesetzt) zu untersuchen, soll hier nur erwähnt werden[2]).

g) Die Elastizität der Zusammenschnirrung.

Weiterhin wäre eine Eigenschaft zu erwähnen, die als Elastizität der Zusammenschnirrung, Krimp- oder Krümpkraft bezeichnet wird. Wird ein fein gekräuseltes Haar so stark gedreht, daß es reißt, so nehmen die beiden getrennten Stücke nicht die vor der Dehnung innegehabte gekräuselte Form wieder an, sondern rollen sich an den durchgerissenen Enden in dichten Knäueln zusammen. Sie schnirren förmlich zusammen. Bei den Haaren, denen diese Eigenschaft in höherem Grade eigen ist, bedarf es nicht einmal der Gewalt des Dehnens bis zum Zerreißen, schon bei mäßig gestrecktem Haar, wobei noch nicht einmal die Kräuselungsbögen vollständig gerade gestreckt zu sein brauchen, tritt das Zusammenschnirren ein, wenn man das Haar durchschneidet.

---

[1]) Krais, P.: Vergleichende Untersuchungen von Wollkammzügen. Textile Forsch. 1922.
[2]) Sehr hohe Luftfeuchtigkeit vermindert nach Krais die Schmiegsamkeit des Kammzuges.

Man findet diese Eigenschaft bei Haaren, die markfrei sind, und die vor allem auch eine gute Kräuselung aufweisen. Je stärker die Kräuselung, desto größer ist im allgemeinen auch die Krimpkraft. Ein Beweis dafür, daß die Krimpkraft an die Kräuselung gebunden ist, gibt folgender Versuch: Ein feuchtes Haar wird in gestrecktem Zustand getrocknet, so daß seine Kräuselungen nach dem Trocknen verschwunden sind. Die Erscheinung der Krimpkraft zeigt sich jetzt nicht mehr. Erst wenn das nochmals eingeweichte Haar seine Kräuselung wieder erhalten hat, stellt sich auch die Krimpkraft wieder ein.

Nach Lehmann müßten vor dem Zerreißen die inneren Seiten der Kräuselungsbögen eine stärkere Überdehnung erfahren als die äußeren. Infolgedessen entstehen innerhalb des Haares die kompliziertesten Spannungen, welche zu einer solchen Aufrollung führen müssen. Je kräftiger dieses Zusammenschnirren erfolgt, je dichter der Knäuel (gleiche Kräuselung vorausgesetzt), desto größer die Elastizität und desto besser ist die Wolle für die Walke geeignet.

Man wird sich die Krimpkraft folgendermaßen zu erklären haben: Entkräuselt man ein Haar, so treten in diesem Biegungskräfte auf, die durch die Kräuselung bedingt sind, und zwar werden z. B. die Stellen, die früher den konkaven Bogen bildeten, Zugspannung aufweisen. Hören diese Biegungskräfte auf, ohne daß ein Zerreißen eingetreten ist, so werden die Kräuselungsbögen wieder hergestellt. In dem Falle, wo die Zerreißung eintritt, bewirkt die Spannkraft der Stelle des betreffenden Kräuselungsbogens, die an der Zerreißungsstelle liegt, ein derartiges kräftiges Zurückschnellen, daß die Elastizitätsgrenze bedeutend überschritten wird. Infolgedessen wird nicht die ursprüngliche Form wieder hergestellt, sondern es tritt eine spiralige unregelmäßige Deformation der Bruchstücke ein.

h) Die Form- und Biegungselastizität.

Als Formelastizität versteht man nach Mark die Tatsache, daß ein Haar, auch wenn man es nach der Entkräuselung eine Zeitlang in gestrecktem Zustand behalten hat, wieder genau in seine ursprüngliche Kurvenform zurückkehrt. Die Angabe der Zeit (in Minuten), während der ein Wollhaar entkräuselt sein muß, um den gestreckten Zustand gerade nicht mehr aufzugeben, benutzt Mark zur Bestimmung der Formelastizität (15 bis 50 Minuten).

Bisher sind ausschließlich die mechanischen Leistungen des Wollhaares in dessen Längserstreckung untersucht. Die Biegungselastizität[1]), d. h. die Veränderung der Beanspruchbarkeit in seitlicher Richtung, senkrecht zur Längsachse einer beliebigen Faser zu bestimmen, ist von Krais[2]) erstmalig versucht[3]). Dabei werden einzelne Fasern oder sehr feine Garne der verschiedenen Textilien auf einen Rahmen aus steifem Papier in etwa 3 bis 5 cm Länge freiliegend aufgeklebt; dann werden diese durch einen dünnen Silberdraht unter Belastung scharf geknickt, ohne daß eine schneidende oder brechende Wirkung auf die Fasern ausgeübt wird. Nach etwa 24 Stunden wird die Belastung aufgehoben, die Fasern werden so abgeschnitten, daß sie noch an dem einen Schenkel an-

---

[1]) Nach Marschik ist Biegsamkeit der Widerstand gegen die Ablenkung aus der geraden Lage.

[2]) Krais, P.: Das Knittern und Faltigwerden der Textilien. Textile Forsch. 1919.

[3]) In der schafzüchterischen Praxis wird die Geschmeidigkeit des Haares auf die Art und Weise bestimmt, daß man ein ca. 2 cm langes Haarende mit dem Finger fest in die Höhe hält und durch leichtes Anblasen zum Umlegen bringt. Die Stärke der für die Biegung notwendigen Kraft und die Vollkommenheit des Wiederaufrichtens des Haares nach Beendigung des Blasens läßt den Schluß auf die Geschmeidigkeit zu.

Heyne gibt als die Methode der Praxis, die Geschmeidigkeit einer Wolle zu prüfen, folgendes Verfahren an: beim lebenden Tier wird der Stapel nach irgendeiner Seite gedrückt; dieser muß dann langsam in seine alte Stellung zurückkehren.

geklebt bleiben, vom anderen aber abgetrennt werden. Läßt man die Fasern und Fäden im Zimmer, so behalten sie ihre Stellung ganz unverändert; bringt man sie dagegen in eine feuchte Kammer, so tritt unter lebhaften Bewegungen eine Veränderung derart ein, daß die Knicke sich bei Wolle wieder vollkommen ausstrecken (Abb. 127). Die hier gewonnenen Resultate dekken sich mit den Erfahrungen über das Aushängen der Falten bei den bekannten Textilien.

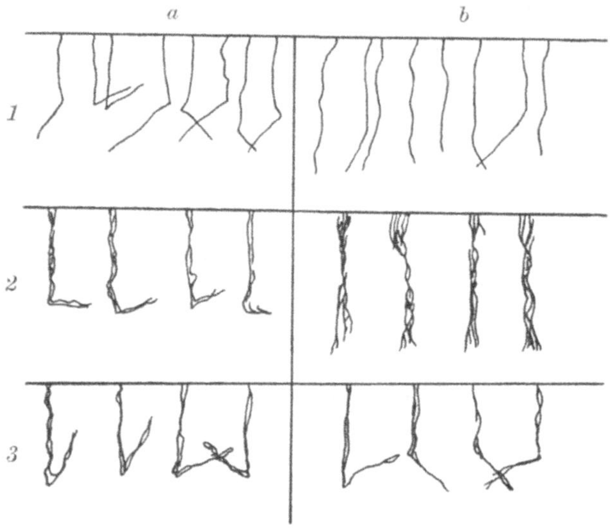

Abb. 127. Elastizitätsversuche von Krais: *a* nach Knickung, *b* in einer feuchten Kammer. *1* Kammwolle, *2* Wollgarn Super Lustre $^1/_{30}$, *3* Ägyptische Baumwolle $^2/_{120}$.

Die Biegungselastizität des menschlichen Haares sucht Basler[1]) durch das Biegungsgewicht zu bestimmen; er versteht darunter dasjenige Gewicht, welches ein 5 mm langes Haar um 1 mm biegen würde, wenn die Elastizitätsgesetze bis zu diesem Grade der Beanspruchung Geltung hätten. $B = \frac{p}{h}$ kg, wobei B das Biegungsgewicht, p die Kraft und h die Höhe bedeuten, um welche die vom Reiter belastete Stelle des Haares sich senkt.

Auf die Versuche des genannten Verfassers, die Wurzelfestigkeit[2]) von Tierhaaren zu bestimmen, sei hier wenigstens noch hingewiesen, obwohl sie sich nicht auf das Schaf erstrecken.

i) Die Faktoren, die die Tragfestigkeit und Dehnbarkeit beeinflussen.

Über die Abhängigkeit der Tragfestigkeit und Dehnbarkeit[3]) von inneren und äußeren Faktoren sind unsere Kenntnisse zum Teil noch sehr lückenhaft und bedürfen unter Umständen der Nachprüfung.

Zwischen Geschlecht und Tragkraft oder Elastizität besteht nach Mc Murtrie keine absolute Korrelation, während nach d'Alfonso[4]) die Werte bezüglich Widerstandsfähigkeit und Elastizität bei den Rambouillelböcken sowohl nach der negativen wie nach der positiven Seite die der Schafe überschreiten. Frühauf zufolge soll die Bockwolle der von ihm untersuchten Merinofleischschafe eine größere relative Zerreißfestigkeit haben als die Wolle der Muttern[5]).

[1]) Basler, A.: Die mechanischen Eigenschaften der menschlichen Kopfhaare. Pflügers Arch. Bd. 208, H. 5/6. 1925. — Tänzer, E.: Die mechanischen Eigenschaften des menschlichen Kopfhaares. Pflügers Arch. 1926.

[2]) Basler, A.: Über die Wurzelfestigkeit der menschlichen Haare. Pflügers Arch. Bd. 212, H. 1. 1925.

[3]) Vorläufig muß eine Beschränkung auf die genannten mechanischen Eigenschaften stattfinden, weil über die übrigen keine genügenden Unterlagen vorliegen.

[4]) Alfonso, d': Determinazioni exquite sui caratteri delle lane di voini Rambouillets e gentili di Puglia. Napoli 1920.

[5]) Die relative Zerreißfestigkeit bei der Bockwolle wird mit 12,123 bis 15,583 kg angegeben (Maximum 25,933 kg).

Bezüglich der Abhängigkeit der genannten Eigenschaften vom Alter scheint deren Maximum nach Mc Murtrie mit 2 Jahren erreicht zu sein.

Nach Macha nimmt beim Karakulhaar die durchschnittliche spezifische Tragkraft anfangs zu bis zum Maximum, das zwischen dem 2. und 4. Jahre liegt (13,4 kg/mm²). Die Elastizität des Wollhaares steigt langsam und erreicht im zweiten Jahre 11,6%. Mit fortschreitendem Alter nimmt die Elastizität ab[1]).

Die Beziehungen zwischen den mechanischen Eigenschaften und der Feinheit sind oben schon erwähnt. Während aber in der absoluten Tragkraft sich die gröberen Haare als leistungsfähiger erweisen, finden Kohlschmidt, Wübbe, Kühler und Dimitriadis übereinstimmend, daß die relative Belastung bei den feineren Haaren durchschnittlich höher ist als bei den gröberen.

In der Abnahme der Tragfähigkeit mit zunehmendem Merinoblut kommt die Beziehung von Feinheit und Tragfähigkeit zum Ausdruck. Versuche von Alkan ergeben bei einer gemeinen französischen Landwolle, grob und hart, eine Tragfähigkeit von 38⅓ g und bei gemeiner deutscher Landwolle eine solche von 33⅓ g. Die 1. Kreuzung mit Merino verringert die Tragfestigkeit auf 20⅔, die 2. auf 13 g, die 3. auf 10½ g, die 4. auf 5⅔ g und die 5. Kreuzung auf 5⅓ g. Dabei stellt Alkan die Tragfestigkeit einer sehr feinen Wolle von einem Merinobock mit 3⅓ g fest.

Untersuchungen von Mc Murtrie, die sich auf die Abhängigkeit von Tragkraft und Dehnbarkeit von der Körperstelle erstrecken, ergeben, daß die tragfähigste Wolle auf der Hüfte zu finden ist. Danach variiert die Tragkraft zwischen Schulter und Flanke. Die Dehnbarkeit soll von der Schulter zur Hüfte zunehmen. Die Wolle von der Spitze der Falten soll tragfähiger, aber weniger elastisch sein als die von den Zwischenräumen zwischen den Falten oder als die von glatter Haut[2]).

Nach Mc Murtrie zeigt sich die Neigung zu größerer mechanischer Leistungsfähigkeit bei dem losen Vlies gegenüber dem dichten, wenn auch die Unterschiede gering sind.

Nach Kronacher bestehen bei Leicester- und Mele-Haaren keine kennzeichnenden, an das Vorhandensein oder Fehlen des Markstranges gebundenen, regelmäßig nachzuweisenden Unterschiede. Auch Kühler kann keine Unterschiede beim Karakulhaar feststellen, warnt allerdings vor Verallgemeinerung.

Bezüglich der Abhängigkeit der mechanischen Eigenschaften von der Farbe ist aus den bisherigen Untersuchungen keine Korrelation anzunehmen.

Zwischen schwarzen und weißen Haaren beim Shropshire ergeben sich nach Wilsdorf bezüglich Dehnbarkeit und Tragfestigkeit keine Unterschiede, ebensowenig wie bei der Feinheit. Bei den weißen Haaren schwankt der Elastizitätsmodul zwischen 30,49 kg/mm² und 111,17 kg/mm², bei den schwarzen zwischen 37,09 kg/mm² und 101,91 kg/mm²[3]). Auch Kühler kann keine Unterschiede in der Tragfestigkeit weißer und gefärbter Karakulhaare feststellen.

Über die mechanischen Eigenschaften in der Längserstreckung des Haares sind noch keine Übereinstimmungen erzielt. Kronacher und Schäper finden keine wesentlichen Abweichungen der Tragkraft in der Längserstreckung des Haares, bei der Dehnbarkeit ist im allgemeinen das oberste Drittel des Haares weniger leistungsfähig als die beiden anderen Drittel. Dimitriadis findet an der Basis der von ihm untersuchten Merinowollhaare eine geringere Tragfähigkeit (parallel der geringeren Haarfeinheit), bei der Dehnung findet der genannte

[1]) Die von Kühler ermittelten Werte beim Karakulhaar liegen weit über denen von Macha.

[2]) Eine Überprüfung der Mc Murtrieschen Angaben scheint geboten.

[3]) Vgl. dazu die Bemerkung auf S. 267, Fußnote 3.

Autor keine Unterschiede zwischen Spitze und Basis. Den Kühlerschen Untersuchungen an Karakulwolle ist zu entnehmen, daß die Tragkraft selbst innerhalb des gleichen Haares ziemlich verschieden ist, doch scheinen die Ergebnisse dafür zu sprechen, daß die Haarbasis in dieser Beziehung mechanisch leistungsfähiger ist.

Daß zur Beurteilung der mechanischen Qualitäten eine gleiche Versuchslänge des zu prüfenden Einzelhaares erforderlich ist, ist bereits von d'Alfonso betont worden. Die ersten Versuche, die Abhängigkeit der physikalischen Qualitäten von der geprüften Länge zu ermitteln, stammen bereits von McMurtrie. Er ist jedoch, angesichts der Schwierigkeit, die erforderliche Untersuchungslänge zu gewinnen, zu keinem bestimmten Resultat gekommen. Er hält die Länge von 2 bis 3 cm für die geeignetste.

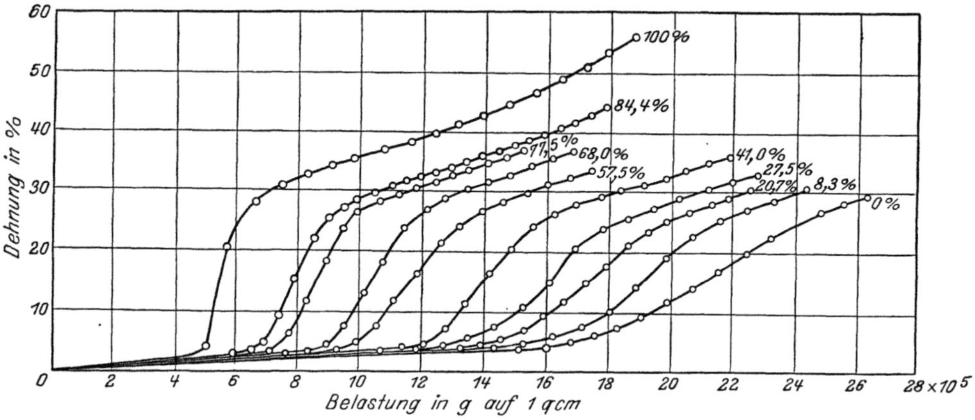

Abb. 128. Beziehung zwischen Dehnbarkeit, Tragkraft und Luftfeuchtigkeit (nach Speakman).

Nach Tänzer ist die Tragfestigkeit von der Einspannlänge (innerhalb der untersuchten Grenzen) nicht abhängig, wohl aber die Dehnung. Die Kraftwirkung bedingt bei der kürzeren Einspannlänge eine größere, aber gleichmäßigere Streckung der Teile und eine gleichmäßigere Verteilung der Spannung als bei der größeren Belastungsstrecke. Bei letzterer ist vielleicht aus dem Dehnungsverlauf zu schließen, daß die Dehnung sich vorwiegend auf die physikalisch schwächsten Punkte mit geringster Elastizität beschränkt.

Die Feststellung Hemmerlings beim Garn, daß kürzere Strecken mehr Größtwerte, längere jedoch mehr Kleinstwerte an Festigkeit ergeben, ist also nicht ohne weiteres auf das Einzelhaar übertragbar, ebensowenig wie ohne weiteres die Übertragung der bei der Belastung eines Zentimeters gewonnenen Resultate auf das ganze Haar erlaubt ist. Amsler hat als Untersuchungslänge 2 cm, Krais 1 cm festgelegt, während Déchambre Haarstrecken von 5 cm untersucht. (Examen des laines en vue de la détermination de leurs qualités zootechniques et industrielles. Paris 1927.)

Über die Wirkung der Feuchtigkeit auf die Tragkraft und Dehnbarkeit haben Willkomm[1]), Barker, Barwick[2]) und Pickles, Hardy (nach Heer-

[1]) Willkomm: Beiträge zur Frage der Luftbefeuchtung in Spinnereien und Webereien. Leipz. Monatsschr. Textilind. 1909.

[2]) Barwick: The influence of humidity on the count of Yarn and the Strength of Cloth. J. Soc. Dy. a. Col. 1913.

mann), Karger und Schmid sowie Speakman übereinstimmend festgestellt, daß mit wachsender Feuchtigkeit die Bruchdehnung wächst, die Reißfestigkeit dagegen abnimmt (Abb. 128). Nach Karger und Schmid nimmt die Dehnbarkeit mit steigender Feuchtigkeit bis zu 90 bis 95% ununterbrochen zu, die Festigkeit ist dagegen am größten bei 35% relativer Feuchtigkeit.

Zur normalen Beurteilung von Textilwaren führt das staatliche Materialprüfungsamt in Berlin-Dahlem sämtliche Festigkeitsversuche bei 65% Luftfeuchtigkeit und bei Zimmertemperatur von 18 bis 20° C aus. Es empfiehlt sich, diese Normen allgemein anzunehmen, zumal sie auch vom Bureau of Standards in Washington übernommen sind[1]).

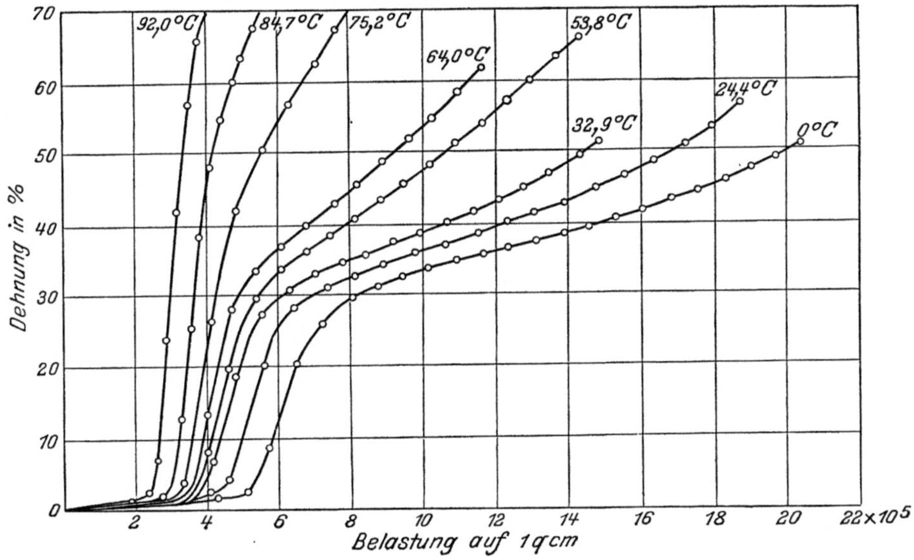

Abb. 129. Beziehung zwischen Dehnbarkeit, Tragkraft und Temperatur (nach Speakman).

Auf Grund der Versuche von Speakman — die an in Wasser verschiedener Temperaturen eingetauchten Haaren vorgenommen sind — zeigen sich Beziehungen zwischen Tragkraft, Dehnbarkeit und Temperatur (vgl. Abb. 129). Danach wächst die Plastizität der Wollhaare mit steigender Temperatur; dabei nimmt die Tragkraft im allgemeinen fortlaufend ab.

Nach Joseph[2]) lassen sich Beziehungen zwischen Fütterung und Haltung auf der einen und zwischen Zugfestigkeit und Elastizität auf der anderen Seite nicht nachweisen. Die untersuchten Wollproben von Rambouilletschafen zeigen nur geringe, innerhalb der Fehlergrenzen liegende Unterschiede in Dehnbarkeit, Zugfestigkeit, Elastizität und Durchmesser der Wollhaare trotz der nicht unerheblichen Unterschiede in der Fütterung, wohl aber im Vliesgewicht.

Atmosphärische Einflüsse können große Veränderungen der physikalischen Eigenschaften der Wolle verursachen. Übereinstimmend wird angegeben, daß die Faserschädigung hauptsächlich durch die kurzwelligen, und zwar in erster Linie durch die ultravioletten Lichtstrahlen als primäre Ursache hervor-

[1]) Marschik schlägt dagegen vor, die unter anderen Feuchtigkeitsverhältnissen gefundenen Resultate auf den „normalen" Feuchtigkeitsgehalt umzurechnen.

[2]) Joseph, W. E.: Effect of feeding and management of sheep on the tensile strength and elasticity of wool. Washington 1926.

gerufen wird und nicht etwa die Wirkung von anwesendem Sauerstoff oder Ozon ist, daß Feuchtigkeit hierbei eine in Richtung des Zerfalls fördernde Rolle spielt.

Nach Bewetterung von 8 Monaten stellt Kertesz[1]) bei einem rohweißen Wollstoff einen Festigkeitsrückgang von 35% fest als Folgeerscheinung des eingetretenen, durch die Biuretreaktion und das Auftreten einer sauren Reaktion nachweisbaren Zerfalls der Wollsubstanz. Die gleichen Zerstörungen wie beim Exponieren an der Luft sind von Kertesz bei einem nur wenige Tage dauernden Bestrahlen der Wollstoffe mit einer Quecksilberdampflampe erzielt.

Nach Heermann und Sommer[2]) erfolgt die Festigkeitsabnahme nicht direkt proportional der Zeit, sondern verringert sich mit wachsender Belichtungsdauer. Dieses Verhalten wird damit erklärt, daß die U-Strahlen sehr leicht absorbiert werden, und daß daher schon in den äußeren, bereits zerstörten Schichten des Haares nur ein geringer Teil von ihnen zum Angriff auf unversehrte Teile übrigbleibt, bis schließlich im Innern des Haares, von einer bestimmten Grenzschicht an, die Durchlässigkeit für U-Strahlen überhaupt aufhört. Dabei spielt natürlich die Haardicke eine Rolle.

Als Maßstab des Lichtempfindlichkeitsgrades schlagen Heermann und Sommer vor, die Zeit anzugeben, die erforderlich ist, um einen Festigkeitsverlust herbeizuführen, welcher die Wolle zur Weiterverwendung praktisch unbrauchbar macht (etwa die Hälfte der Ursprungsfestigkeit).

Während v. Bergen nachzuweisen sucht, daß der von Kertesz beobachtete zerstörende Einfluß des Sonnenlichtes auf die Wolle schon am Vlies des Schafes auftritt und sich durch chemische Veränderung der Wollspitzen bemerkbar macht, die sich u. a. auch durch deren andersartiges färberisches Verhalten äußert, bezweifelt Waentig[3]), ob es sich bei den Kerteszschen Versuchen um eine rein photochemische Reaktion handelt[4]).

Wie schon angedeutet, bilden sich aus der durch die Belichtung zerstörten Wolle Abbauprodukte[5]), die in Lösung gehen und sich über die Oberfläche des Stoffes verteilen. Bei wachsender Belichtungszeit kann eine immer zunehmende saure Reaktion festgestellt werden, die anscheinend von der Oxydation des durch Abbau freigewordenen Schwefels zu Schwefelsäure herrührt.

Nach Sommer erkennt man beim Mikroskopieren, daß nur die vom Licht direkt getroffenen Stellen des Wollhaares geschädigt sind.

Wenn man nach v. Bergen auf belichtete Wolle — sei es auf Spitzen, die uns die Natur liefert, oder am Belichtungsbrett belichtete Wolle — verdünnte Natronlauge $\frac{\text{(Normal)}}{10}$ einwirken läßt, so quellen die Haare sofort stark auf, fangen an sich zu krümmen. Die dunklen Haare sind unbelichtet und bleiben daher unbeeinflußt. Die stark gekrümmten Haare zeigen auf der Krümmungsseite einen

[1]) Kertesz, Leipz. Monatsschr. Textilind. 1924. — Über die Wirkung atmosphärischer Einflüsse auf Wolle und Tuche. Textile Forsch. 1919. — Melliands Textilber. 1923 u. 1926. — Chem.-Zg 1926.

[2]) Heermann, P.: Der Wollschwund durch atmosphärische Einflüsse. Chem.-Zg Bd. 48, S. 337. — Heermann u. Sommer: Leipz. Monatsschr. Textilind. 1925.

[3]) Waentig, G.: Einfluß des Lichtes auf Festigkeit und Dehnbarkeit von Textilfasern. Textile Forsch. 1921.

[4]) Über die Wirkungsweise der ultravioletten Strahlen auf das Haar sind die Meinungen noch geteilt (vgl. z. B. Heermann und Sommer auf der einen und Krais und Biltz auf der anderen Seite). Dabei stellt die Quecksilberdampflampe keinen vollwertigen Ersatz für das Sonnenlicht dar. (Textile Forsch. S. 19 bis 22.)

Nach v. Kapff hätten die atmosphärischen Einflüsse praktisch gar keine Zeit, sich bei dem Verschleiß von Tuchen bemerkbar zu machen, eine Ansicht, der aber angesichts der anderweitig gemachten Erfahrungen nicht zugestimmt werden kann.

[5]) Über die Wirkung der atmosphärischen Einflüsse auf Wolle und Tuche. Spinner und Weber 1926, Nr. 81, S. 14.

dunklen Strich. Bei der Alkalizugabe quillt die der Sonnenwirkung direkt ausgesetzt gewesene Seite sofort, die Auflagseite aber nur langsam oder gar nicht. Die dadurch auftretenden Spannungsunterschiede im einzelnen Haar führen zum Ringeln der Faser. Sind die Haare vollständig von den wirksamen Strahlen durchdrungen, so quellen sie in ihrer ganzen Breite auf und ringeln sich nicht mehr.

In der Faserschicht gibt es klaffende Spalten, die Epidermis löst sich augenblicklich ganz oder teilweise (Abb. 130).

Färbungen können die Wolle bis zu einem gewissen Grade vor dem Lichteinfluß schützen.

Nach in Bradford ausgeführten Untersuchungen an 2 Garnen gleicher Qualität (Garnnummer 64) von Südaustralien („Hope Para" Marke) und von Central

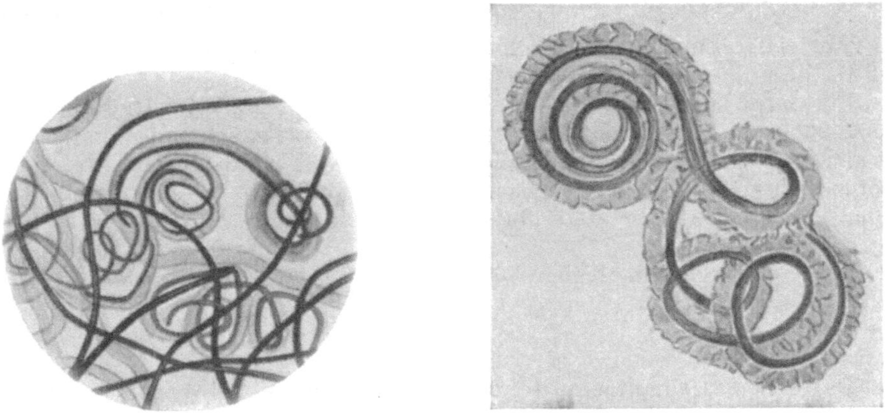

a b

Abb. 130. Erklärung im Text (nach v. Bergen).

Queensland (Malvern Hills), denen zufolge das Garn von Central Queensland einen Stoff von überlegenerem Griff und Aussehen als das gleich verarbeitete von Südaustralien gibt, sind Beziehungen zwischen Wollqualität und Milieu zu vermuten.

Festigkeit und Dehnbarkeit des Haares erfahren durch mechanische und chemische Beeinflussungen eine Beeinträchtigung, auch die Einwirkung höherer Hitzegrade kann weitgehende Schädigungen hervorrufen.

Krais[1]), der die Abnahme der Festigkeit und Bruchdehnung der Einzelfasern beim Altern der Wolle untersucht, kommt zu dem Resultat, daß die Wolle bei sachgemäßer Schonung gut 300 Jahre alt werden könne, ohne wesentlich an Festigkeit einzubüßen; diese nimmt dem genannten Autor zufolge langsamer ab als die Elastizität.

Die günstigsten elastischen Eigenschaften findet Mark[2]) bei einem Fettgehalt von 2 bis 4%; Wolle, die weniger als 1% enthält, ist schon sehr stark geschädigt. Sehr fette Wollen sind, dem gleichen Autor zufolge, auch den physikalischen Eigenschaften noch unterlegen.

[1]) Krais, P.: Ein Apparat zur Bestimmung der Zerreißfestigkeit einzelner Fasern. Textile Forsch. 1920. — Die Bestimmung der Dehnung von Einzelfasern. Textile Forsch. 1922.

[2]) Mark, H.: Beiträge zur Kenntnis der Wolle und ihrer Bearbeitung. Berlin 1925.

k) Die Verwertung der bei dem Einzelhaar gewonnenen Ergebnisse.

Die Frage der Verwertung der beim Einzelhaar gewonnenen Ergebnisse für die Beurteilung der Wolle spielt bei der Untersuchung der mechanischen Eigenschaften eine große Rolle.

Infolge der Häufigkeit lokaler Störungen sowohl beim Einzelhaar wie in der Wollprobe sucht Mark für die Beurteilung der Wolle dadurch einen Anhaltspunkt zu gewinnen, daß er bei einem Stapel den höchsten überhaupt erhältlichen Wert als den richtigen und alle anderen als durch zufällige Schädigungen herabgesetzt auffaßt. Durch Vergleich des Mittels aus allen Werten mit dem Höchstwert erhält er ein Maß für die mittlere Schädigung des Stapels durch zufällige äußere Einflüsse.

Die Gleichmäßigkeit oder den Gleichmäßigkeitsgrad bringt Heermann durch die Formel $\frac{\text{Untermittel}}{\text{Gesamtmittel}} \times 100$ zum Ausdruck, wobei er als Untermittel das Mittel der dünnen, schwachen oder „weichen" Stellen, die unter dem Gesamtmittel liegen, versteht.

Für Garne bringt Marschik[1]) als Gleichmäßigkeitsgrade folgende in Vorschlag: über 90% als sehr gleichmäßig, von 85 bis 90% als gleichmäßig, unter 85% als ungleichmäßig. Da man bei diesem Rechnungsvorgang das Obermittel gar nicht berücksichtigt, so erhält man nach Hemmerling[2]) ein falsches Urteil über die Ungleichmäßigkeit. Er stellt folgende Formeln auf:

$$\text{Ungleichmäßigkeit} = \frac{\text{Qualitätsmittel} - \text{Untermittel}}{\text{Qualitätsmittel}} \text{ oder}$$
$$= \frac{\text{Obermittel} - \text{Qualitätsmittel}}{\text{Qualitätsmittel}}.$$

Dabei ist das Qualitätsmittel das arithmetische Mittel aus Ober- und Untermittel.

Die Beurteilung einer Wollprobe bezüglich Dehnbarkeit und Tragkraft ist nur möglich auf Grund einer großen Zahl von Einzeluntersuchungen (mindestens 100)[3]), wobei entsprechend der Haardickenmessung alle Haare ohne Auswahl zu messen sind. Die Ergebnisse sind graphisch wiederzugeben[4]). Die Erfahrung muß die bezüglich der in Frage stehenden Eigenschaften erforderlichen Werte festlegen, ob eine Wollprobe als sehr tragfähig oder dehnbar resp. als wenig tragfähig oder dehnbar zu bezeichnen ist.

Das Gesamtergebnis der Untersuchungen von Dimitriadis[5]) an 10 Merinojährlingen ergibt folgendes Bild: Die Tragkraft der untersuchten Haare an der Basis schwankt zwischen 2 und 24 g; da aber die Klassen 18 bis 24 g nur in 2‰ vorkommen, kann man die Variationsbreite auf 2 bis 16 g verkürzen. In 57,9% der Fälle findet sich eine Tragfähigkeit von 6 bis 8 g; 87,5% der Haare sind von 4 bis 10 g belastungsfähig. Innerhalb der Variationsbreite der Dehnungsprozente

---

[1]) Marschik, Chr.: Die Morphologie der Schafwolle. Melliands Textilber. 1920.

[2]) Hemmerling: Melliands Textilber. 1923. S. 5.

[3]) Nach Hemmerling muß, je größer die Abweichungen der verschiedenen Festigkeitszahlen voneinander sind, die Zahl der auszuführenden Versuche um so größer sein.

[4]) Nach Rosenzweig kann die Gleichförmigkeit von Gespinsten nach der „Methode der kleinsten Quadrate" aus den Gewichten von 200 Strähnchen von 10 bis 20 m Länge zuverlässig berechnet werden; dabei sind die Titer (Garnnummern) als Ordinaten, die arithmetische Reihe als Abszisse eingetragen. Das Verfahren von Rosenzweig würde dem genannten graphischen Verfahren entsprechen. (Zur Gleichmäßigkeitsprüfung von Gespinsten. Melliands Textilber. 1927.)

[5]) Dimitriadis, J. N.: Die physikalischen Eigenschaften der Merinojährlingswolle aus der Stammschäferei Friedeburg a. d. Saale. Diss. Halle 1926.

zwischen 5 bis 65% stellen die Klassen 35 bis 44% die Hauptmasse dar (mit 56,6% der Fälle).

Bei Zugrundelegung der relativen Belastung stellt Dimitriadis 54,1% in den Grenzen zwischen 18 und 26 kg fest; 15% weisen die zwei beiderseits anschließenden Nachbarklassen auf, so daß bei einer Zusammennahme der Klassen 16 bis 28 kg 84,2% der Fälle innerhalb dieser Klassen fallen. Die Durchschnittskurve zeigt dem genannten Verfasser zufolge folgendes Bild: Aufsteigen bei 8 kg, Maximum bei 20 bis 24 kg mit etwa 30%, dann Abstieg bei 36 bis 40 kg.

Es wird noch weitergehender Untersuchungen bedürfen zur Klärung der Frage: wie ermöglichen die Einzeluntersuchungen der mechanischen Eigenschaften des Haares eine Beurteilung der Leistungsfähigkeit des daraus hergestellten Fabrikates.

l) Die Bedeutung der mechanischen Eigenschaften für die Verarbeitung der Wollen.

Bei der Verarbeitung der Wollen wirken die verschiedenen oben genannten mechanischen Eigenschaften zusammen. Nach v. Kapff ist die Lebensdauer von Wollwaren im Grunde von der Eigenschaft des einzelnen Wollhaares abhängig. Vor allem ist es dem genannten Verfasser zufolge die Biegungsfähigkeit, d. h. das Vermögen, möglichst viele Hin- und Herbiegungen auszuhalten, ohne zu brechen, welche die Tragfähigkeit der Fertigware bestimmt. Daß zur Tragfähigkeit eines Tuches eine gewisse Länge des Haares erforderlich ist, betont der genannte Verfasser; denn auf einer je größeren Länge die Faser in dem Garn bzw. Tuch eingebunden ist, desto schwerer wird sie durch Reiben, Scheuern oder Bürsten aus dem Tuch herausgezogen werden können. Das Fehlen dieser Eigenschaften bei Kunstwolle, die ja im allgemeinen viel kürzer ist als die Schurwolle und durch die vorangegangene chemische und physikalische Bearbeitung und Beeinflussung schwächer und spröder wird, ist der Grund, weshalb Stoffe aus Kunstwolle sich viel schlechter tragen als solche aus Schurwolle.

Festigkeit und Dehnung sind bei gegebener Qualität vom Wasser- und Fettgehalt der Haare abhängig, außerdem aber auch von der Vorgeschichte, so von der chemischen Einwirkung durch die Wäsche, das Karbonisieren, Färben, Bleichen usw. Die Beanspruchung der Wolle sollte nur im Bereich der reversiblen Dehnung erfolgen, nie sich in das Gebiet der bleibenden Dehnung erstrecken. Es kommt also darauf an, als Ausgangsmaterial ein Haar mit möglichst großer reversibler Dehnung zu besitzen. Man gelangt dazu, indem man ihm den optimalen Feuchtigkeitsfettgehalt verleiht.

Das physikalische Verhalten der Wollhaare gibt Fingerzeige für die beste Verarbeitungsmethode; beim scharfen Trocknen wird die Wolle nach und nach hart, beim Erhitzen in Gegenwart von Feuchtigkeit dagegen elastisch und zum Verfilzen geeignet. In Spinnereien genügt eine Temperatur von 20 bis 26° C bei 60 bis 70% relativer Feuchtigkeit, für Kammgarnspinnereien hat man bei einer mittleren Temperatur von 20 bis 21° C eine mittlere Feuchtigkeit von 75% gut geeignet. Die Weberei erfordert einen viel größeren Feuchtigkeitsgrad, der meist nur mit Rücksicht auf die Gesundheit der Arbeiter seine Grenze findet.

Durch verschiedene chemische Behandlung oder Färbung ist versucht worden, die mechanischen Qualitäten des Wollhaares zu erhöhen.

Durch Veränderungen des Reibungskoeffizienten der Oberfläche des Haares, des Dralles und der Verzuges hat man sowohl bei der Vorbereitung des Haares zum Spinnen (Waschen, Schmälzen) wie beim Spinnprozeß selbst eine Veränderung der Garneigenschaften in der Hand.

Nach v. Kapff macht sich eine mehr oder minder große Schädigung der Wolle zunächst und deutlich in der Spinnerei bemerkbar, indem eine geschädigte Wolle beim Ausspinnen auf dem Selbstspinner sich nicht zu der feinen Nummer verspinnen läßt wie eine weniger geschädigte; ferner werden dabei mehr Fadenbrüche beobachtet. Je stärker, elastischer, dehnbarer und biegungsfähiger die Einzelfasern sind, diese also die Eigenschaften haben, die eine gute Tragfähigkeit bedingen, desto mehr werden sie dem Zerreißen beim Krempeln widerstehen und desto mehr längere Einzelfasern werden in den Vorgarnen enthalten sein.

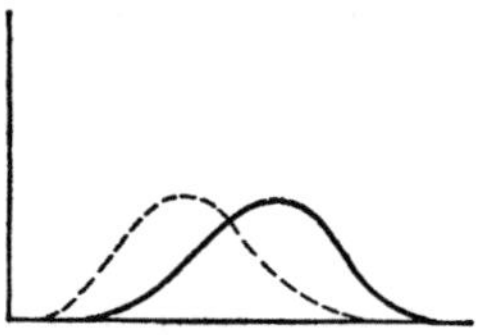

Abb. 131. Stapeldiagramm
—— vor / - - - nach } der Bearbeitung
(nach Mark).

Beim darauffolgenden Ausspinnen wird man dann, bei gleicher durchschnittlicher Feinheit eine um so höhere Nummer spinnen können, je mehr lange, unzerrissene Wollfasern in dem Vorgarn enthalten sind. Je mehr kurze Fasern in den Vorgarnen enthalten sind, und je brüchiger die Wolle ist, um so mehr Fadenbrüche werden sich beim Spinnen ergeben. Auch das „Rendement", d. h. das Gewichtsverhältnis von der in die Krempeln gegebenen Wolle zum fertigen Garn gibt Aufschluß, indem von einer angegriffenen Wolle mehr kurze Fasern und Staub aus der Krempel herausfallen oder in den Ausputz gehen als bei einer guten Wolle.

Die Schädigung der Wolle bei einem Fabrikationsschritt kommt nach Mark auch in dem Diagramm der Stapellänge zum Ausdruck; infolge Zerreißens hat sich das Maximum des Diagramms nach links verschoben. Die häufigste Länge in dem untersuchten Stapel ist jetzt kleiner geworden, wie dies Abb. 131 darstellt.

Dem letztgenannten Verfasser zufolge sind die mechanischen Schädigungen des Wollhaares durch Überdehnung wohl in den meisten Fällen geringer als diejenige Einbuße, welche das Haar durch die chemischen Bearbeitungen im Betrieb erleidet; praktisch erscheint es unmöglich, mechanische und chemische Einflüsse beim Fabrikationsprozeß zu trennen.

2. Der Glanz der Wolle.

Das Haar ist mit einem mehr oder weniger starken Überzuge von Fettschweiß versehen und ist infolge dieses dünnen, spiegelnden Überzuges mehr oder weniger glänzend. Wenn man von dem Glanz der Wolle spricht, meint man jedoch nicht diesen Fettglanz, sondern denjenigen Glanz, den die Wolle im fabrikgewaschenen Zustande zeigt.

Jedem Haar kommt ein gewisser Glanz zu. Dieser ist jedoch nicht im Einzelhaar, sondern in einer größeren Probe festzustellen. Betrachten wir zunächst den Glanz, der in einer fabrikmäßig gewaschenen Wollprobe vorhanden ist. Dieser variiert je nach Herkunft, Zucht und Klima. Man unterscheidet verschiedene Arten von Glanz: Silber- oder Edelglanz, Seiden-, Glas- und Porzellanglanz.

Der höhere oder geringere Glanz der Wolle ist bei der Fabrikation gewisser Stoffe von Bedeutung, denn er bedingt mit die Lebhaftigkeit und Schönheit der Farben. Als wertvoll wird infolgedessen die Wolle mit Silber- bzw. Seidenglanz angesprochen.

Unter Ergänzung der Angaben von Lehmann[1]) hängt der Glanz ab:

[1]) Lehmann, C.: Gesammelte Schriften Bd. 2. Berlin 1920. — Bedeutung und Hauptgrundlinien der Wollkunde. Berlin 1920. — Bohm, J.: Die Schafzucht nach ihrem jetzigen rationellen Standpunkt. Erster Teil: Die Wollkunde. Berlin 1873.

1. von der Stellung der Oberfläche zum Beschauer,
2. von der Beschaffenheit der Oberfläche,
3. von der Beschaffenheit der darunter gelegenen Schichten und
4. von der Einfallsrichtung des Lichtes.

Der Glanz wird dadurch hervorgebracht, daß von einer glatten Oberfläche direkt gespiegeltes Licht das Auge trifft. Dieses geschieht jedoch nur bei einer bestimmten Stellung der Oberfläche zum Auge. Je ebener die Oberfläche ist, desto größer ist ihr Glanz, da dann eine sehr vollkommene Totalreflexion des Lichtes eintritt. Rauhe Flächen dagegen zeigen keinen Glanz, da hier nur eine schwache Totalreflexion, dafür aber eine starke Zerstreuung des Lichtes stattfindet. Es erfolgt nicht nur eine Reflexion des Lichtes der Oberfläche, sondern ein Teil desselben dringt in diese und die darunter gelegenen Schichten ein und kann hier vielfach gebrochen werden. Je stärker die mannigfache Brechung und Zerstreuung des Lichtes innerhalb des Körpers ist, um so stärker kann auch der Glanz desselben beeinträchtigt werden.

Bei feinen, stark gekräuselten Tuchwollen sieht man lauter Blinkpunkte über die ganze Wolle zerstreut (Silberglanz). Die Verteilung des Glanzes auf bestimmte Punkte kommt dadurch zustande, daß das Haar gekräuselt ist. Infolgedessen wird keine ebene Fläche gebildet, sondern die Haare und Strähnchen liegen in verschiedenen Ebenen. Nur ein gewisser Teil des Haares wird gerade in der Ebene liegen, in welcher ein Maximum der Spiegelung stattfindet.

Durch Spannen desselben Haares steigert sich der Glanz, d. h. wir finden jetzt nicht mehr den Glanz auf einzelne Punkte verteilt, sondern er erstreckt sich über das ganze Haar, da jetzt die Kräuselungsbögen entfernt sind und das Haar in eine gerade Ebene gebracht ist. Denselben Glanz finden wir normalerweise bei Haaren, die wenig oder gar nicht gewellt oder gekräuselt sind. Bei diesen Haaren ist mithin eine bedeutend größere reflektierende Fläche vorhanden als bei den eben erwähnten gekräuselten. Es wird also auch der subjektive Eindruck des Glanzes bei ihnen größer sein. Man bezeichnet ihn als Seidenglanz.

Seidenglanz, wie auch Silberglanz, sind auf die Beschaffenheit der Oberhaut und Rindenschicht zurückzuführen. Bei beiden stellen die Oberhautzellen dünne glatte Flächen dar, die das Licht in ziemlich vollkommener Weise reflektieren; nur ein geringer Teil dringt ein und wird schon an der Oberfläche der Rindensubstanz teils reflektiert, teils zerstreut werden.

Auch von der Lagerung der Oberhautzellen muß die Art des Glanzes abhängig sein. Der höhere Glanz wird dann vorhanden sein, wenn die Oberhautzellen nur mit ihren Rändern aneinander stoßen, dann liegen sie mehr in einer Ebene und stellen eine spiegelnde Fläche dar. Wenn sich dagegen die Oberhautzellen dachziegelförmig decken, liegt jedes Oberhautschüppchen in einer anderen Ebene und der Glanz wird infolgedessen weniger intensiv sein.

Der Silberglanz ist besonders ausgeprägt bei den feinsten und stark gekräuselten besten Tuchwollen, da diese Edelwollen das Ziel der früheren Schafzucht war, ist ihm auch der Name Edelglanz gegeben worden.

Der Seidenglanz findet sich dagegen bei den langstapeligen und flachbogigen Wollen, die für die Kammgarnspinnerei in Betracht kommen. Die seidenglänzenden Wollen, insbesondere die englischen, bezeichnet man als Glanzwollen. Sie eignen sich in hervorragender Weise zur Herstellung der Lüsterstoffe. Als besonders geschätzt sind namentlich die Lincoln- und Leicesterwollen anzugeben[1]).

[1]) Im allgemeinen färben sich die Haare mit Seidenglanz weniger leicht als die mit Silberglanz; infolgedessen werden unter Umständen Teile der Vliese, wie z. B. die Kehlpartie, heraussortiert, wenn sie sich gegenüber dem übrigen Vlies durch Seidenglanz hervorheben.

Guter Silber- und Seidenglanz deuten darauf hin, daß die Oberhautzellen unbeschädigt und nicht matt sind, und daß die Rindensubstanz eine feste Beschaffenheit hat. Sie sind also als ein Anzeichen für die guten Eigenschaften der Wolle anzusehen.

Abweichungen von diesen Glanzarten sprechen immer für eine Minderwertigkeit der Wolle, die nicht allein darauf beruht, daß die aus der Wolle hergestellten Stoffe keinen Glanz aufweisen, sondern hauptsächlich darin begründet ist, daß die physikalischen Eigenschaften der Wolle ungünstig verändert sind. Diese Veränderungen können in doppelter Weise vor sich gegangen sein: Einmal können die Oberhautzellen ihre Glätte verloren haben, und diese rauhe Fläche stellt dann eine ungünstige Reflexionsfläche dar. Solche Wollen werden matt genannt. Matte Wollen sind stets mehr oder weniger durch Atmosphärilien, bzw. Fäulnisprozesse geschädigt und in ihrer Haltbarkeit beeinträchtigt. Haben sich gar schon viele Oberhautschuppen gelöst, Rindenzellen zerfasert, so ist jeder Glanz verschwunden.

Andererseits kann der Aufbau der Rindensubstanz in der Art ein anderer sein, daß das Licht nicht gleich dicht unter der Oberhaut diffus reflektiert wird, sondern tiefer eindringt und im Innern reflektiert, zerstreut und absorbiert wird. Das Auge bemerkt dann einen ähnlichen Glanz wie beim Betrachten einer dicken Glasplatte, man spricht infolgedessen hier von einem Glasglanz. Der Glasglanz deutet auf ein mehr starres Haar und infolgedessen kann nicht gleich ein weicher und doch ein haltbarer Faden daraus gesponnen werden. Außerdem nehmen glasige Haare sehr viel schwerer Farbe an, so daß es für die Herstellung gefärbter Waren geringwertig ist. Der Fabrikant nennt diese glasigen Haare mit dem Sammelnamen rauhe Haare, Grießhaare oder Schillhaare. Der Züchter unterscheidet die glasigen markfreien Glanz- oder Hosenhaare und die markhaltigen glasigen Ziegen- oder Hundehaare[1]).

Bei stark markhaltigen Haaren ist eine typische Glanzbildung kaum zu erkennen, vielmehr erscheint das ganze Haar milchweiß und erhält damit ein porzellanähnliches Aussehen.

Diese verschiedenen Arten von Glanz, die auf verschiedenen Struktureigentümlichkeiten der Hornsubstanz beruhen, können, wie schon angedeutet, nur an gewaschener Wolle wahrgenommen werden. Bei ungewaschener Wolle sind die Verhältnisse schwieriger zu erkennen. Infolge des Vorhandenseins von Fettschweiß kann ein Glanz vorgetäuscht werden, der nicht auf die Struktur-

---

[1]) Den Glanzhaaren begegnen wir in größerer oder geringerer Menge an einzelnen Körperstellen am Merinovlies, und zwar am Kopfe, soweit dieser mit Wollhaaren besetzt ist, am Halse, an der Schwanzwurzel und an dem unteren Teil des Schenkels. Bei Tieren mit dicker, schwammiger Haut sind sie häufiger zu finden als bei solchen mit feiner, fester Haut, namentlich auf den groben Hautfalten (Negretti), und zwar mehr bei den Böcken als bei Mutterschafen und Hammeln sind sie anzutreffen.

Während bei diesen Tieren die Wollen normal ausgebildet und gut gekräuselt sind, zeigen die Glanzhaare nur wenig Wellung. Die harten, spröden Glanzhaare haben eine sehr glatte Oberfläche und eine sehr wenig erkennbare Oberhautzellenstruktur.

Bei einer reinen Rasse wird das stärkere Auftreten dieser Glanzhaare als ein Zeichen nicht sorgfältiger Zucht angesehen, besonders findet man sie dann, wenn auf Masse um jeden Preis ohne Berücksichtigung der Qualität gezüchtet wird.

Bei den Glanz- oder Hosenhaaren handelt es sich um lebend fortwachsende Haare. Die Ziegen- oder Hundehaare sind markhaltige, schlichte Haare von wesentlich geringerer Feinheit als die Wollhaare eines solchen Vlieses. Sie finden sich mitunter selbst in den feinwolligsten Vliesen an denselben Stellen, wo sich auf Grund irgendwelcher Verletzungen Narbengewebe gebildet haben. Diese Hautverletzungen kommen am häufigsten während der Schafschur und unter Umständen auch durch den Biß der Schäferhunde vor. Wenn diese Hundehaare häufig auftreten, setzen sie den Wert des Vlieses herab. Es muß deshalb bei der Schur sorgsam darauf geachtet werden, daß nicht eingeschnitten wird.

eigentümlichkeiten zurückzuführen ist. Ist der Fettschweiß in dünner Lage um das Haar herum vorhanden, so wird eine glatte Oberfläche geschaffen, an welcher eine gute Reflexion des Lichtes stattfinden kann.

Bei der noch warmen Wolle auf dem lebenden Tier tritt der Fettschweiß viel stärker in Erscheinung als bei der kalten Wolle, so daß im letzteren Falle die Wolle geradezu matt erscheint. Diese Unterschiede sind darauf zurückzuführen, daß auf dem lebenden Tier durch die Körpertemperatur der Fettschweiß geschmolzen ist und als leicht flüssige Schicht das Haar überzieht, während in der kalten Wolle der Fettschweiß erstarrt ist und deshalb nicht mehr die gut spiegelnde Fläche darbietet.

Eine objektive Glanzbestimmung, wie sie beispielsweise bei der Herstellung der Seide Eingang gefunden hat — man verwendet hier Glanzmeßvorrichtungen von Pickering, Ingersoll, Kieser, Ostwald, Douglas und Görz — muß auch bei den fabrikgewaschenen Wollen eingeführt werden; sie ist naturgemäß schwieriger als bei den Fertigfabrikaten, da sie von Richtung und Kräuselung der Haare abhängt[1]). Denham und Lonsdale[2]) haben die Licht- und Glanzverhältnisse der textilen Fasern identifiziert mit den Strahlungsverhältnissen bei Reflexion an Metalldrähten (Abb. 132).

Die Glanzzahl γ berechnet Klughardt nach der Formel $\gamma = \frac{H_1 - H}{H_0}$, wobei H_1 die gemessene Helligkeit des Prüflings in der Drehstellung, H die Helligkeit einer ideal diffus reflektierenden Fläche in Drehstellung wie die des Prüflings, H_0 die Grundhelligkeit selbst ist. Zur Untersuchung benützt Klughardt[3]) das Stufenphotometer von Pulfrich. Richtunggebend für die Glanzmessungen bei Wolle dürften die Naumannschen[4]) Glanzmessungen an Geweben sein; denn es handelt sich hier wie dort um Untersuchungen an Stoffen, die beim Drehen in ihrer Ebene eine Änderung des Glanzes zeigen.

3. Das optische Verhalten der Wolle im polarisierten und ultravioletten Licht.

Das optische Verhalten der Wollhaare im polarisierten Licht zur Beurteilung der Qualitäten der Wolle heranzuziehen, hat erstmalig Behrens versucht. „Die Untersuchung von Wolle im polarisierten Licht scheint berufen, die Kenntnis über die innere Struktur des Haares zu erweitern und eine sichere Basis für die textile Verwendbarkeit desselben zu verschaffen" (Tänzer[5])). Wie für die übrigen tierischen Haare, so ist auch für die Schafwolle die Doppelbrechung von allen Untersuchern nachgewiesen. Das Haar muß als positiv einachsig in bezug auf seine Längsachse bezeichnet werden, da bei eingeschalteter Gipsplatte unter $+ 45^0$ steigende Farben zwischen gekreuzten Nicols erscheinen[6]). Das Haar

---

[1]) Centmaier: Der Grönersche Glanzmesser in der Seidenindustrie. Seide 1926. — Zart: Die Messung von Glanz und Deckkraft bei Kunstseide. Melliands Textilber. 1923, Nr. 4.

[2]) Denham, W. S., u. Th. Lonsdale: The reflection of light from lustrous materials. Brit.-silk research Association 1924.

[3]) Klughardt, A.: Über die Bestimmung des Glanzes mit dem Stufenphotometer. Melliands Textilber. 1927, H. 7. — Über die Bestimmung des Glanzes mit dem Stufenphotometer. Z. techn. Phys. Jg. 8. 1927.

[4]) Naumann, H.: Glanzmessung an Geweben. Z. techn. Phys. Jg. 8. 1927.

[5]) Tänzer, E.: Untersuchungen von Wolle im polarisierten Licht. Züchtungskde. Jg. 2. 1927.

[6]) n_γ der Indexellipse liegt in der Haarlängserstreckung, n_α senkrecht dazu.

löscht in Orthogonalstellung fast vollständig aus, während es unter $\pm 45^0$ lebhafte Interferenzfarben gibt, die vom Rande her nach der Mitte des Haares zu (entsprechend der Dickenzunahme) in längsparallelen Streifen durch 2 bis 3 Ordnungen hindurch ansteigen können (Tafel I).

Bei den markhaltigen Haaren kann man, wenn die Luft aus dem Markkanal durch Kanadabalsam verdrängt ist, ein Sinken der Interferenzfarben in der Mitte des Haares gegenüber den anstoßenden Teilen feststellen, da die geringe Masse der Markzellen optisch gegenüber der Rinde kaum ins Gewicht fällt, das Mark im ganzen also wie ein leerer Raum wirkt.

Nach Behrens[1]) hat die Wolle schwache Polarisation, von Weißlichgrau bis gelb gehend. Gewöhnlich erscheint sie weiß oder gelblichweiß, auf lange Strecken gleichmäßig gefärbt. Auf Grund seiner Feststellungen kann Behrens nur dünnere Haare untersucht haben. Nach A. Herzog[2]) tritt bei der Schafwolle das Übergangs-

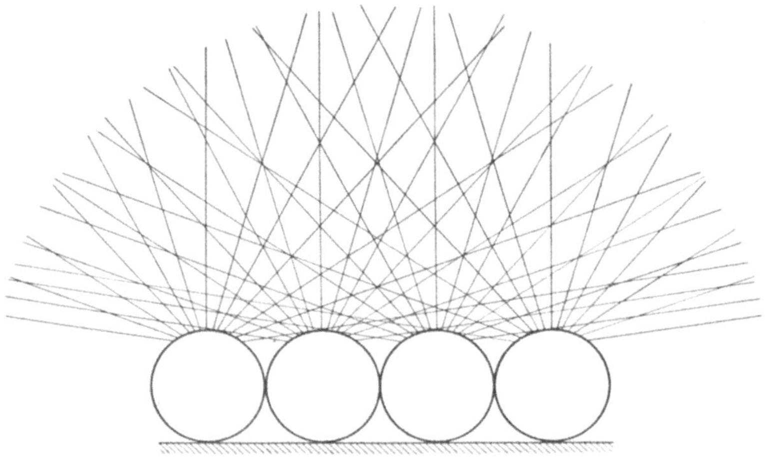

Abb. 132. Reflexion von Metalldrähten (nach Denham und Lonsdale).

rot I erst bei einer optischen Dicke von 69 bis 79 μ auf. Tänzer erwägt die Möglichkeit, die Interferenzfarben zur Dicken- und Querschnittsbeurteilung heranzuziehen. Die dünneren Haare (— 30 μ) der Sortimente 5 A—B zeigen nach letzterem zwischen gekreuzten Nicols Grau I., Graublau I. Ordnung, und zwar mit größerer Dicke ansteigend. Bei den stärkeren Haaren (—52,6 μ) tritt schon bei Betrachtung zwischen gekreuzten Nicols ein deutlicher Unterschied zwischen der weißen (I. Ordnung) Randzone und dem gelben (I. O.) oder orange (I. O.) gefärbten Zentrum als Ausdruck des Gangunterschiedes innerhalb des runden Haares in die Erscheinung. Die noch dickeren markfreien Haare zeigen vom Rande her nach dem Zentrum folgende Inteferenzfarbenstreifen: Weiß I, Gelb I, Orange I, Rot I und evtl. noch Indigo II (Tafel Ib). Die spezifische Doppelbrechung, als deren Maß die Differenz der Hauptlichtbrechungsexponenten gilt — die Bestimmung derselben erfolgt bekanntlich durch die Immersions- oder Umhüllungsmethode — ist nach Herzog nur gering: 0,007 bis 0,009, während sie Schmid im Durchschnitt mit 0,0111 angibt.

[1]) Behrens, A.: Anleitung zur mikrochemischen Analyse der wichtigsten organischen Verbindungen, H. 2. 1895.

[2]) Herzog, A.: Zur Kenntnis der Lichtbrechung einiger tierischer Wollen und Haare. Chem.-Zg. 1916, Nr. 73/74.

Nach A. Herzog ist die mittlere Lichtbrechung der tierischen Wollen und Haare absolut genommen beträchtlich (1,549 bis 1,553), nach Schmid[1]) 1,542 bei paralleler und 1,553 bei senkrechter Stellung der Polarisationsebene des Nicols zur Haarlängenachse. Bei bekannter Dicke und Stärke der Doppelbrechung kann nach Schmid der Gangunterschied, bei bekannter Stärke der Doppelbrechung und bekanntem Gangunterschied die Dicke[2]) und bei bekanntem Gangunterschied und Dicke die Stärke der Doppelbrechung abgelesen werden.

Nach Tänzer scheinen rassenspezifische Unterschiede nicht zu bestehen; dies würde den Erfahrungen Herzogs entsprechen, demzufolge die tierischen Wollen und Haare hinsichtlich ihres Lichtbrechungsvermögens nur unwesentliche Unterschiede zeigen, was mit Rücksicht auf ihre nahezu gleiche chemische Zusammensetzung und mikroskopische Struktur wohl erklärlich ist.

Die Angaben von v. Bergen[3]), wonach die Lamm- und Stapelspitzen nicht mehr doppelbrechend wären, bestätigt Tänzer nicht.

Die Untersuchungen von R. Herzog[4]) und W. Jancke[5]) an Menschen- und Schweinehaar mittels Röntgenstrahlen bestätigen, daß in den fibrillären biologischen Strukturen Symmetrien vorliegen, die aber geringer sind als die der Bausteine in einem Kristall.

Aus den allerdings spärlichen (3) Versuchen v. Ebners[6]) am menschlichen Haar und den Versuchen Schmids am Wollhaar des Schafes ist zu ersehen, daß durch Zug die Doppelbrechung der Haare verstärkt wird. Diese Erscheinung sucht Tänzer so zu erklären, daß infolge Zug eine Verdichtung in der Haartextur erfolgt, da nach anderen Beobachtungen (Mark) beim Zug eine Querschnittsabnahme, also ein Dünnerwerden erfolgt, welchem ein Fallen der Farbe entsprechen müßte. Während nach Behrens die Erscheinung des Dichroismus bei Wolle nicht in Frage kommt, geben nach Schmid künstlich mit Silbernitrat oder Goldchlorid gefärbte Haare deutlichen Dichroismus. Als Unterscheidungsmittel der Haare kommt diese Art der Untersuchung nach letzterem nicht in Betracht.

Bei Prüfung von Textilwaren mit ultraviolettem Licht haben sich nach Hirst[7]) charakteristische Farben ergeben; gewöhnliche, normal gereinigte Wolle gibt danach eine violette Fluoreszenz, Wolle, welche mit Alkoholextraktion gereinigt ist, gibt eine weiße Farbe; das extrahierte Fett leuchtet nicht. Bestrahlung und Sonnenlicht zerstört die Fluoreszenz der Wolle. Die blaue Fluoreszenz der Wolle scheint auch für wenige Aminogruppen charakteristisch zu sein, die bei dem Abbau des Keratins erhalten werden.

Zystin zeigt keine bestimmte Fluoreszenz; Leuzin, Asparagin, Tyrosin, Alanin und Glykokoll fluoreszieren ähnlich wie die Wolle. Wolle, die in kaustischem

---

[1]) Schmid, J.: Das Verhalten der Haare im polarisierten Licht. Diss. Jena 1926.

[2]) Nach der Formel $d = \frac{\gamma \lambda_0}{n_\gamma - n_\alpha}$, wobei d die Dicke des Haares, $\gamma\lambda_0$ den Gangunterschied und $n_\gamma - n_\alpha$ die Stärke der Doppelbrechung bedeuten.

[3]) Bergen, W. v.: Die Wollspitzen und ihr Verhalten in der Färberei. Melliands Textilber. 1923, Nr. 1.

[4]) Herzog, R. O.: Über den Feinbau der Faserstoffe. Naturwiss. Jg. 12.

[5]) Herzog, R. O. u. W. Janke: Verwendung von Röntgenstrahlen zur Untersuchung metamikroskopischer biologischer Strukturen. Festschrift d. Kaiser-Wilhelm-Ges. zur Förderung der Wissenschaften 1921.

[6]) Ebner, V. v.: Untersuchungen über die Ursachen der Anisotropie organisierter Substanzen 1882.

[7]) Hirst, H. R.: Ultra-Violett Radiation as an aid to Textile Analysis. J. Text. Inst. 1927. — Nopitsch, M.: Die Anwendung der ultravioletten Strahlen in der textilchemischen Untersuchungspraxis. Melliands Textilber. 1928, Nr. 2.

Soda gelöst ist, gibt eine Lösung, welche stark fluoresziert, und zwar ähnlich wie Wolle selbst. Wenn die gelöste Wolle durch Säure gefällt ist, ist die amorphe Fällung auch fluoreszierend.

4. Das spezifische Gewicht der Wolle.

Unter dem spezifischen Gewicht oder dem wirklichen spezifischen Gewicht einer Substanz oder eines Körpers versteht man das Grammgewicht eines Kubikzentimeters dieses Materials. Das wirkliche spezifische Gewicht ist unabhängig von Form und Verarbeitung und wird ermittelt, 1. indem man das Gewicht eines bestimmten Volumens mittels der Waage feststellt und durch das Volumen dividiert (g/ccm), 2. indem man zunächst das Gewicht eines unbekannten Volumens vermittels der Waage feststellt und alsdann das Volumen durch Verdrängung bestimmt. Das Volumen von Flüssigkeiten und die Verdrängung einer Flüssigkeit durch eine homogene Masse wird nach dem Immersionsverfahren mit Hilfe des Pyknometers bestimmt (Heermann).

Das spezifische Gewicht der Wolle wird am besten mit Hilfe der Auftriebsmethode bestimmt (Müller[1]). Man ermittelte das Gewicht des Glasgefäßes in Luft, Wasser und Öl, ferner das Gewicht der zu untersuchenden Substanz in Luft und Öl.

Gewicht der Wolle in Luft $= a$.
Gefäß leer in Luft $= b$.
„ „ „ Wasser $t = 23{,}7 = c$.
„ „ „ Öl $t = 23{,}7 = d$.
„ mit Wolle in Öl $= e$.

Hieraus erhält man den Auftrieb in Öl: $d + a - e$.

Das spezifische Gewicht des Öles verglichen mit Wasser von gleicher Temperatur ist $\frac{b-d}{b-c}$. Oder verglichen mit Wasser von $4^0 = \frac{b-d}{b-c} \cdot 0{,}99745$.

Das Volumen in Kubikzentimeter ist daher $= \dfrac{d+a-e}{\frac{b-d}{b-c} \cdot 0{,}99745}$.

Das spezifische Gewicht von Kammzug ist mit 1,314 bestimmt.

Durch Bestimmung in Öl hat W. v. Nathusius das spezifische Gewicht der bei 15° R. gelagerten Wolle mit 1,318 bis 1,320 ermittelt. Nach seinen Untersuchungen scheint das spezifische Gewicht der feinen Wollen ein wenig geringer zu sein als das der groben Wollen, sofern sie markfrei sind.

Nach Stöckhardt ergeben Gewichtsbestimmungen von Merinowolle ein spezifisches Gewicht von 1,295, von Southdown-Frankenwolle von 1,271, von Southdown-Merinowolle von 1,257. Ob diese Ermittlungen an nur lufttrockener Wolle oder an absolut trockener gemacht wurden, ist nicht festzustellen.

5. Die Hygroskopizität der Wolle[2].

Die Wolle hat in hohem Maße die Eigenschaft Wasser anzuziehen, und zwar bis zu 50% ihres eigenen Gewichts. Wird Wolle längere Zeit bei 100° getrocknet, so wird sie rauh und hart, sie büßt ihre günstigen physikalischen Eigenschaften ein. An der Luft nimmt sie wieder Feuchtigkeit auf und erlangt die verlorenen Eigenschaften wieder. Selbst in trockner Luft aufbewahrte Wolle enthält immer noch 7 bis 10%. Die letzten Wasserspuren lassen sich nur bei hohem Druck und Temperaturen von 108 bis 110° entfernen.

[1]) Müller, E.: Über den Wassergehalt der Faserstoffe in seiner Abhängigkeit von dem Feuchtigkeitsgehalt der Atmosphäre. Textile Forsch. Jg. 2. 1920.

[2]) Eingehende Angaben über die Hygroskopizität der Haare findet man auch in H. Bongards, Feuchtigkeitsmessung. München u. Berlin 1926.

Von großer Bedeutung für die Hygroskopizität ist der Fettschweiß. Ein gut eingefettetes Haar ist viel weniger quellbar als z. B. gewaschene Wolle[1]). Eine fettschweißhaltige Schmutzwolle enthält bei uns etwa 12 bis 16% Wasser, gut gewaschene Wollen nehmen unter gleichen Umständen ca. 3 bis 5% mehr Wasser auf. Durch feuchte Lagerung kann also eine nicht unerhebliche Gewichtszunahme hervorgerufen werden. Von solchen Wollen sagt man: „Sie haben angezogen."

Der Wassergehalt der Wolle[2]) ist für den Handel wie für die Textilindustrie von Wichtigkeit. Bei der Beurteilung der Wollqualität spielt der Wassergehalt insofern eine Rolle, als physiologische Eigenschaften von ihm mit abhängen. Für den Handel hat der Wassergehalt insofern Bedeutung, als beim Ankauf einer bestimmten Wollmenge mit übernormalem Feuchtigkeitsgehalt der Käufer beim Ankauf einen Verlust tragen müßte, wenn, durch die Witterungsverhältnisse bedingt, die Wolle den normalen Feuchtigkeitsgehalt annimmt und das überschießende Wasser verdampft. Im Verkehr zwischen Erzeugern und Abnehmern hat man sich auf einen bstimmten zulässigen und gesetzlich festgelegten Wassergehalt geeinigt, der dem mittleren Wassergehalt entsprechen dürfte. Auf der Pariser Wollkonferenz hat man folgende Normen für die Feuchtigkeitsprozente festgelegt: rückengewaschene Wolle 17%, fabrikgewaschene Wolle 18%, Kammzüge in Öl 18,25%, Kammzüge ohne Öl 18,25%, Garne in Öl und ohne Öl 18,25%, Kämmlinge Schlumberger 16%, Karb. und gewaschene Kämmlinge 17%, Lister und Noble Kämmlinge 14%, Shoddy 17%.

Man unterscheidet den Feuchtigkeitsgehalt und den Feuchtigkeitszuschlag (die „Reprise", engl. „regain"). Unter dem Feuchtigkeitsgehalt versteht man den Feuchtigkeitsgehalt in 100 Teilen Wolle, gleichgültig, ob sie gewaschen oder ungewaschen ist. Der Feuchtigkeitszuschlag bezieht sich dagegen auf 100 Teile der getrockneten Wolle. Er beträgt für Streichgarn und Kunstwollgarn, für Wollplöcke in gewaschenem Zustande, Kämmlinge = 17%, für alle anderen Wollengarne einschl. Mohair, Genappe, Alpaka, Kammgarn und Kammzug 18¼%.

Wie erwähnt, hat der Wassergehalt der Wolle insofern Bedeutung, als er merklich wesentliche Eigenschaften beeinflußt.

Die Wolle nimmt Wasser aus der Atmosphäre auf bzw. paßt sich den Feuchtigkeitsverhältnissen an. Die Zeit, in der die Anpassung erfolgt, ist sehr verschiedenartig. Zum Teil ist die Anpassung schon nach 2 bis 3 Stunden erfolgt, zum Teil sind 24 Stunden oder mehrere Tage nötig, wenn es sich um besonders trockene oder feuchte Wollen handelt.

Nach Shorter und Hall[3]) steht die Hygroskopizität in keiner Beziehung zu der Qualität der Wolle, so unterscheidet sich Wolle von der Garnnummer 80 nicht bemerkbar von einer 40er Qualität[4]); wohl aber spielt die Verwendungsform (Gewebe, Garn oder Rohmaterial) eine Rolle. Der durchschnittliche Feuchtigkeitsbetrag auf die Dauer eines Jahres im Zimmer ist mit 16,0% für trockene „tops" oder Garne, mit 15,5% für gereinigte Wollen, mit 15% für Kämmlinge und mit 15,0 bis 17,0% für Gewebe ermittelt (Shorter und Hall).

[1]) Nach Shorter und Hall übt das Öl praktisch keine Wirkung aus auf die Feuchtigkeitsabsorptionskraft der Wolle, es bedingt aber eine Verminderung der Hygroskopizität bloß durch Belastung des Materials mit einer nicht hygroskopischen Substanz.

[2]) Gewöhnlich in Prozenten des Trockengehaltes angegeben.

[3]) Shorter, S. A. and W. J. Hall: The hygroscopic capacity of wool in different forms and its dependence on atmospheric humidity and other factors. J. Text. Inst. Bd. 15. 1924.

[4]) Nach Clark absorbieren dicke Fasern Wasser viel rascher als dünnere Fasern, da ihre innere Struktur viel größere Poren zeigt als bei dünneren Haaren; sie geben es aber auch in trockner Luft rascher ab. Bei langem Aussetzen nehmen die dünnen Haare schließlich mehr Wasser auf als dicke Fasern. (Clark, C. O.: Conditioning. J. Text. Inst. 1924. H. 15.)

Nach Rohde hatte entfettete, wasserfreie Landwolle 49,30%, in gleicher Weise behandelte Kammwolle nur 21,66% Wassergehalt.

Die Schmutzwollen differieren am meisten mit Bezug auf ihre Feuchtigkeitsabsorption, bedingt durch die verschiedene Zusammensetzung des Wollschweißes (Schmutz und Sand).

Die Aufsaugefähigkeit der Wolle ändert sich mit der relativen Feuchtigkeit der Luft und ist nach Schloesing abhängig von der Temperatur, und zwar muß zur Erreichung einer bestimmten Feuchtigkeit der Wolle bei steigender Temperatur die relative Luftfeuchtigkeit gesteigert werden.

Im Freien ausgelegte Proben zeigen die höchste Hygroskopizität im Winter und die niedrigste im Sommer, während die Proben im Zimmer sich gerade entgegengesetzt verhalten (Shorter und Hall). Der Grund ist der, daß im Winter im Freien die natürliche Feuchtigkeit größer und die Temperatur niedriger ist als im Sommer. Im Zimmer ist im Winter die Feuchtigkeit sehr viel geringer als im Freien, dank der großen Temperaturschwankungen. Nach Scheurer ist die Höchstaufnahme von Wolle für Feuchtigkeit in wassergesättigter Luft oder in reinem Dampf von der Temperatur unabhängig. Der Feuchtigkeitsgehalt beträgt dem genannten Verfasser zufolge 33,3 bis 35,3%.

Trägt man nach Müller[1]) die Zeiten als Abszissen auf und den Feuchtigkeitsgehalt als Ordinaten, so ergibt sich, daß die Wollen, wie alle Fasersustanzen, das Wasser nicht so rasch aufnehmen oder abgeben wie die Luft. Aus diesem Grunde weichen auch, wenn man die relativen Feuchtigkeitsgehalte der Luft als Abszissen und den Wassergehalt der Wolle als Ordinate nimmt, die Resultate vom Durchschnittswert nach oben und unten ab. Bei zunehmender relativer Luftfeuchtigkeit ist eine Abweichung nach unten, bei abnehmender Luftfeuchtigkeit dagegen nach oben vorhanden. Aus der Größe der Abweichung s vom Mittelwert läßt sich auf die Schnelligkeit des Nachfolgens der verschiedenen Fasersubstanzen schließen.

Diese Abweichung hat nach Müller ausgedrückt in Prozenten des absoluten Trockenmateriales die Größe von 0,21 bei Kammzug, von 0,50 bei gewaschener Wolle und 0,54 bei ungewaschener Wolle. Die vom Fett eingehüllten Haare der ungewaschenen Wolle folgen am langsamsten, der Kammzug am schnellsten. Was den allgemeinen Verlauf der Veränderung des Wassergehaltes bei zunehmender relativer Luftfeuchtigkeit φ betrifft, so wird w mit φ von 0 ausgehen und dann aber mit φ wachsen. Das Zunehmen erfolgt am Anfang sehr rasch, hierauf proportional φ und endlich wieder stärker. Der Wendepunkt fällt innerhalb der am häufigsten vorkommenden Feuchtigkeitsgrade, so daß man nach Müller die Kurve sehr genau durch eine Gerade ersetzen kann. Müller stellt für den prozentualen Wassergehalt w der Substanz die Formel $w = a + b \cdot \varphi$ auf. a und b sind Konstanten. Der Koeffizient b ist hierbei die Tangente eines Neigungswinkels der Geraden und würde ein Maß für die hygroskopische Kraft des betreffenden Materiales abgeben. Müller hat die Konstanten bei 19,67° ermittelt und a mit 8,387 für Kammzug und gewaschene Wolle (ungewaschene Wolle zeigt infolge der fremden Bestandteile abweichende Verhältnisse), b mit 0,0880 für Kammzug und gewaschene Wolle, mit 0,222 für ungewaschene Wolle festgestellt. Die Temperatur hat einen Haupteinfluß auf die Koeffizienten a und b. Der Einfluß bei Luft und Wolle ist gerade entgegengesetzt, bei erhöhter Temperatur wächst der absolute Feuchtigkeitsgehalt der Luft sehr rasch, während die hygroskopische Kraft der Fasern sich vermindert. Geht man von der Annahme aus, daß Luft von 100° alle Feuchtigkeit aus dem Material aufsaugt, so müßte man nach Müller der oben angegebenen Formel $w = a + b \cdot \varphi$ noch ein Glied hinzufügen, welches für $t = 97{,}67$ Eins, für $t = 100^0$ Null gibt und innerhalb der Beobachtungsgrenzen sich mit hinreichender Genauigkeit anschließt. Als solcher Faktor wurde ermittelt $c \cdot \sqrt{100 - t}$, worin sich die Konstante c bestimmt zwischen $\frac{1}{\sqrt{100 - 19{,}67}} = 0{,}3339$ für $t = 19{,}67$, muß $c\sqrt[4]{100 - t} = 1$ sein. Die ursprüngliche Formel für w geht in folgende über:

$$w = (a + b \cdot \varphi)\sqrt[4]{100 - t} \cdot c; \qquad w = (ac + bc\,\varphi)\sqrt[4]{100 - t}; \qquad w = (\alpha + \beta\varphi)\sqrt[4]{100 - t}.$$

α gibt Müller für Kammzug und gewaschene Wolle mit 2,800, β mit 0,02938 und β für ungewaschene Wolle mit 0,07413 an.

[1]) Scheurer, A.: Vergleichende Studie über die hygroskopischen Eigenschaften einiger Textilfasern. Bull. Soc. ind. Mulhouse 87. — Müller, E.: Über den Wassergehalt der Faserstoffe in seiner Abhängigkeit von dem Feuchtigkeitsgehalt der Atmosphäre. Textile Forsch. Jg. 2. 1920.

Es bedeutet also φ = relative Luftfeuchtigkeit in Prozenten, t = Lufttemperatur, w = Wassergehalt der Wolle, ausgedrückt in Prozenten, bezogen auf das absolute Trockenmaterial.

Wollte man nach Müller den Wassergehalt beziehen auf die lufttrockene Substanz, so ergibt sich $w_1 = \frac{100 \cdot w}{100 + w}$, während $w = \frac{100 - w_1}{100 \cdot w_1}$ ist.

R. O. Herzog gibt die Formel

$$f = a + \frac{1}{b} \cdot \operatorname{tg} \frac{p}{100 - p}$$

an, in der f die Faserfeuchtigkeit, p die relative Luftfeuchtigkeit und a und b Konstante bedeuten. Prüft man die Gleichung an den neueren sorgfältigen Messungen von G. Obermiller[1]), in nicht zu großer Nähe absoluter Trockenheit, so findet man gute Übereinstimmung, wenn man $a = 13{,}5$ und $b = 0{,}1$ setzt, wie die folgende Tabelle zeigt:

Relative Luftfeuchtigkeit bei 20°:	35	55	75	92	97
Faserfeuchtigkeit gef. in %:	10,8	14,4	17,4	24,7	28,9
„ ber. „ „:	10,8	14,4	18,3	24,1	28,6

Für die Abhängkeit der prozentualen Bruchdehnung D von der Wasseraufnahme w durch die Fasermenge φ gibt R. O. Herzog[2]) die Formel

$$D = k \cdot \left(1 + \frac{W}{\varphi}\right)^2,$$

in der k eine Konstante (bei 20° C = 27) bedeutet. Auch diese Beziehung ist in zu großer Nähe der Trockenheit nicht verwendbar.

Die Eigenschaft der Hygroskopizität hat die Wolle gemein mit den Kolloiden, zu denen die Wolle ja gehört. Wolle schwillt nach Clark nur in beschränktem Umfange in kaltem und heißem Wasser. Daher nimmt der genannte Verfasser an, daß Wolle eine Art von sehr starrer Struktur hat, die das Vermögen des Schwellens begrenzt. Nach Clark sollen die hygroskopischen Eigenschaften der Wolle eine Funktion der Aminogruppen der Wollstubstanz sein.

Die Wolle hat im hohen Grade das Vermögen Wasser aufzusaugen und dabei zu quellen. Die Quellung der Wolle geschieht hauptsächlich in der Breitenausdehnung. In heißem Wasser tritt die Quellung stärker hervor als in kaltem und beträgt dann bis ein Drittel der ursprünglichen Dicke.

Sturm[3]) hat Quellungsversuche mit Wollhaaren gemacht und festgestellt, daß nach 10 Minuten im Durchschnitt 11,2%, nach 2½ Stunden 13,5% und nach 12 Stunden 15,8% erreicht sind, und selbst nach dieser Zeit ist bei einigen Haaren das volle Maß der Quellung noch nicht erreicht. Die einzelnen Haare zeigen in dem Quellungsvermögen nicht unwesentliche Unterschiede.

v. Nathusius und Hirst haben festgestellt, daß Wollhaare, welche nicht gespannt sind, keine Längenveränderung zeigen, wenn sie wassergesättigt sind, daß sie aber beim Übergang von der Trockenheit bis zur Sättigung ein Anschwellen von 36% zeigen.

Als erster hat Trouton thermodynamische Erwägungen auf das Phänomen der Wasserabsorption durch Textilwaren herangezogen. Nach Shorter[4]) ist die Absorption von Wasser durch Textilien von einer beträchtlichen Wärmeentwicklung begleitet

Die Anziehung von Wolle für ihren letzten Rest von Wasser ist sehr groß, angedeutet durch den hohen Betrag von Wärmeabsorption, welche für trockene Wolle gefunden ist (Hedges[5])).

---

[1]) Obermiller, J.: Die Abhängigkeit des Feuchtigkeitsgehaltes der Textilfasern von der herrschenden Luftfeuchtigkeit. Melliands Textilber. Bd. 7, 71. 1926.

[2]) Herzog, R. O.: Leipz. Monatsschr. f. Text.-Ind. Bd. 42. 1927.

[3]) Sturm, R.: Der Wollfehler Zwirn, seine Formen u. seine Ursachen. Diss. Hohenheim 1925.

[4]) Shorter, S. A.: The Thermodynamics of Water absorption by Textile Materials. J. Text. Inst. Bd. 15. 1924.

[5]) Barker, S. G. u. J. J. Hedges: Notes on the determination of the dry weight of wool. J. Text. Inst. Bd. 17. 1926.

Der Wassergehalt der Vliese ist abhängig von Rasse, Zucht, Haltung und Fütterung.

In den Schmutzwollen verschiedener Rassen scheint der Wassergehalt derart verschieden zu sein, daß die schwerschweißigen Wollen mehr Wasser enthalten als die leichtschweißigen, was aus den Durchschnittszahlen der folgenden Tabelle hervorgeht:

	Wassergehalt %	Reine Wolle %	Rendement %
Negretti	13,5	18	31,5
Austral. Merino	15	40	53
Rambouillet	11,5	27	38,5
Southdown	10	25	35
Oxfordshire	11	43	54
Posensche Landschafe . .	12	80	92

Für deutsche Landschafe hat Schleitzer[1]) wesentlich niedrigere Werte für den Wassergehalt ermittelt, und zwar 6,97% für Heidschnucken, 8,61% für Pommern, 7,82% für Rhönschafe, 9,35 für ostfriesische Milchschafe, 8,59% für Wilstermarsch, 6,93% für Leineschafe. Allerdings sind die Wollen nicht direkt vom Tier weg untersucht worden.

Daß auch Unterschiede im Wassergehalt der Vliese verschiedener Zuchten der gleichen Rasse vorhanden sind, geht aus den Untersuchungen von Mager an Württemberger Schafen hervor. Der mittlere Wassergehalt im Herdenmittel bewegt sich von 10,23 bis 12,95%, wobei die Herde von M. Gaißmaier den niedrigsten und die Herde von Bronnackerhof und Dr. Mattes mit je 12,95% den höchsten Gehalt an Wasser aufweist[2]).

Die Unterschiede im Feuchtigkeitsgehalt der einzelnen Vliese innerhalb der gleichen Zucht sind in erster Linie auf die Eigenart des Tieres, d. h. seine größere oder geringere Neigung zum Schwitzen, und auf den Aufbau des Vlieses zurückzuführen; daneben spielt auch die Art und Menge der verschiedenen Verunreinigungen des Vlieses eine Rolle. Ebenso wird auch der Feuchtigkeitsgehalt der verschiedenen Teile des gleichen Vlieses durch die Beschaffenheit der Haut an der betreffenden Körperstelle, die Länge und Geschlossenheit des Vlieses und auch durch den Grad und die Art der Verunreinigungen bedingt. Daß die Verunreinigungen gegenüber den erstgenannten Einflüssen zurücktreten, geht aus der Ausgleichung des Wassergehaltes im geschorenen Vliese bei der Lagerung hervor, doch bestehen auch hier noch recht bedeutende Unterschiede, bis zu 4,5% innerhalb des gleichen Vlieses (v. Falck, Mager, Schleitzer).

Auch im einzelnen Vlies ist der Wassergehalt der Wollen verschiedener Körperstellen nicht der gleiche. So hat z. B. Mager bei Württemberger Schafen als extreme Werte 7 und 17,5% ermittelt. Am Rücken findet sich im allgemeinen der geringste Wassergehalt, während nach Mager Flanke und Bauch den größten haben.

Betrachtet man in der Gesamtheit aller Herden die verschiedenen Altersstufen, so sieht man, daß die älteren Tiere im Mittel etwas weniger Gehalt an Wasser haben als die jüngeren, (Mager[3])), wenn auch der Unterschied hier und da nicht sehr groß ist. Die Böcke haben allgemein etwas mehr Wasser als die Muttern. Die größte Schwankung nach oben und unten findet sich im einzelnen bei der Halsprobe.

---

[1]) Schleitzer, E.: Untersuchungen an den Wollen der auf der D. L. G. Schau in Stuttgart 1925 ausgestellten Landschafe. Inaug.-Diss. Halle 1926.

[2]) Mager wie auch Schleitzer haben bei 100° im Thermostat getrocknet.

[3]) Mager, G.: Untersuchungen an den Wollen der auf der D. L. G. Schau in Stuttgart 1925 ausgestellten Württemberger Landschafe. Inaug.-Diss. Halle 1927.

Die von Schleitzer beobachtete Eigentümlichkeit, daß die Blattprobe meist den geringsten Wassergehalt aufweist, ist bei vorliegendem Material im ganzen wie auch im einzelnen nicht bestätigt worden.

Im Zusammenhang mit den Untersuchungen von Mager über den Wassergehalt der Rohwolle sind Feststellungen darüber gemacht worden, ob Unterschiede in der Wasseraufnahme gewaschener Württemberger Wollen verschiedener Herkunft bestehen. Ganz allgemein fallen die niedrigen und wenig schwankenden Werte auf. Zwischen den einzelnen Herden macht sich kein deutlicher Unterschied in der Wasseraufnahme der reinen Wollsubstanz bemerkbar. Es können also die Ergebnisse von E. Schleitzer, der ein verschiedenes hygroskopisches Verhalten der reinen Wolle von mehreren Rassen feststellt, für ein und dieselbe Rasse nicht bestätigt werden. Auch besteht keine Andeutung dafür, daß typische Unterschiede bei den verschiedenen Körperstellen vorhanden sind. Es ergeben sich zwar hin und wieder bei Keule, Rücken, Hals und Bauch größere Abweichungen im Wassergehalt nach oben und unten; soweit dies nicht zufällige Abweichungen anderer Art sind, gibt Mager folgende Erklärung: Die Wasseraufnahme ist naturgemäß in gewisser Weise von der Beschaffenheit der Wollsubstanz abhängig. Ist eine der Wollproben von den obengenannten Körperstellen durch irgendwelche Einflüsse äußerer Natur, sei es durch mangelnde Einfettung, die Einwirkung der Atmosphärilien oder chemische Zersetzung durch schlechte Beschaffenheit des Schweißes, in der chemischen Struktur der Wollfaser angegriffen, so wird naturgemäß auch die Fähigkeit, Wasser hygroskopisch zu binden, verändert werden. Ein Einfluß von Alter und Geschlecht auf die Wasserbewegung in der reinen Wolle läßt sich ebensowenig nachweisen, wenn man nicht Unterschiede in der 2. Dezimale heranzieht, die hier schon innerhalb der Fehlergrenze liegen. So kann man z. B. aus einer Tabelle dort, wo der Einfluß der Wollfeinheit auf die Menge des Wassers festgestellt wird, eher zum gegenteiligen Schluß kommen. Im Gegensatz zu Schleitzer besteht nach Mager keine Beziehung zwischen Gehalt einer Wolle an feinen Haaren und Wasser. Es sei in diesem Zusammenhange darauf hingewiesen, daß hier nicht die Oberfläche an sich maßgebend ist für den Hauptteil der möglichen Wasseraufnahme, sondern die chemische Beschaffenheit der Wollfaser, ihre Quellfähigkeit und das Bestreben, Wasser in chemisch gebundener Form festzuhalten. Jedoch läßt sich bei der Wollfaser kein so strenger Unterschied zwischen chemisch gebundenem oder an der Oberfläche absorbiertem Wasser machen, daß man aus dem verschiedenen Wassergehalt Schlüsse auf die Wollfeinheit ziehen könnte. Die Menge des Wassers, welche durch Oberflächenanziehung absorbiert wird, kann gemäß dem Gesetz der Wasseraufnahme bei festen Körpern nur geringe Werte betragen, die bei Wollen von a—c-Feinheit innerhalb der Fehlergrenze liegen dürften.

Bei der Verarbeitung von Wolle muß deren Hygroskopizität Rechnung getragen werden, da ein gewisser Feuchtigkeitsgehalt der Wolle zur Erhaltung der wertvollen Eigenschaften erforderlich ist. Nach G. Herzog[1]) sind die Grenzen für die Verarbeitung in der Kammgarnspinnerei 80 bis 85% relative Luftfeuchtigkeit. Zu niedriger Feuchtigkeitsgehalt der Luft macht sich durch die auftretende Reibungselektrizität störend bemerkbar. Nach Lambrecht genügt in Spinnereien eine Temperatur von 20 bis 26° C bei 60 bis 70% relativer Luftfeuchtigkeit; speziell bei Kammgarnspinnereien hat man bei einer mittleren Temperatur von 20 bis 21° C eine mittlere Feuchtigkeit von 75% gut geeignet gefunden. Die Weberei erfordert einen viel größeren Feuchtigkeitsgrad, der meist nur mit

[1]) Herzog, G.: Über die Bedeutung der Luftfeuchtigkeit der Textilindustrie und über ihre Messung. Textilber. 1922, Nr. 23.

Rücksicht auf die Gesundheit der Arbeiter seine Grenze findet. Es ist hier gebräuchlich bei 17° C 90% relative Luftfeuchtigkeit, bei 20° 85%, bei 22° 75%, bei 23° 70%, bei 24° 65%, bei 26° 60%, bei 27° 55%, bei 29° 50%, bei 30° 45%, bei 31° 40% relative Luftfeuchtigkeit. Die Ermittlung der in der zu untersuchenden Wollprobe enthaltenen Feuchtigkeitsmenge heißt **Konditionieren**. Zur Kontrolle und Feststellung des „legalen Handelsgewichts" dienen die Konditionieranstalten, die das vorgelegte Material auf den Wassergehalt prüfen und das legale Handelsgewicht feststellen und amtlich beglaubigen.

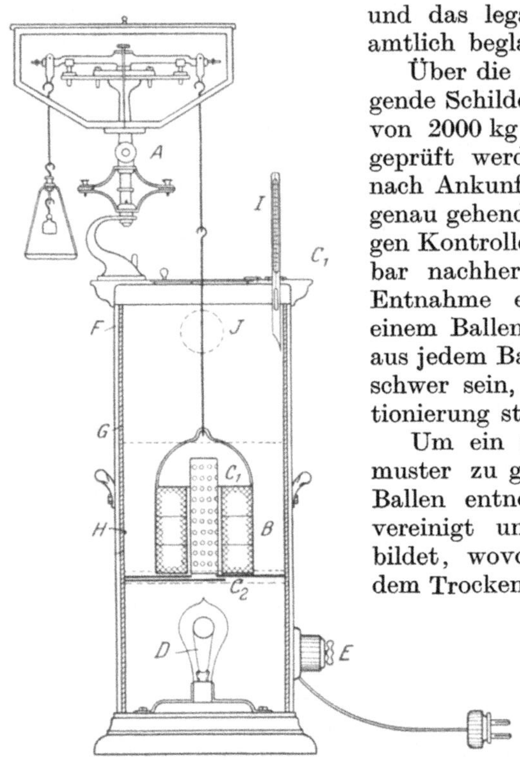

Abb. 133. Konditionierapparat der Reichsanstalt für Wollbeurteilung in Budapest. *A* Wage, *B* Korb für die Wolle, C_1C_2 Wärmeverteiler, *D* Wärmequelle, *E* Elektrischer Schalter, *F* Holzumhüllung, *G* Asbestmantel, *H* Metallzylinder, *I* Thermometer, *J* Wassserdampfableiter.

Über die Ausführung gibt Ganswindt[1]) folgende Schilderung: „Nehmen wir an: eine Partie von 2000 kg soll auf ihren Feuchtigkeitsgehalt geprüft werden, so müssen die Ballen sofort nach Ankunft in der Anstalt auf einer möglichst genau gehenden Waage (welche einer regelmäßigen Kontrolle unterliegt) gewogen und unmittelbar nachher an verschiedenen Stellen behufs Entnahme einer Probe geöffnet werden. Bei einem Ballengewicht von 120 bis 150 kg soll das aus jedem Ballen entnommene Muster 1 bis 1½ kg schwer sein, und von je 400 kg hat eine Konditionierung stattzufinden.

Um ein möglichst konformes Durchschnittsmuster zu gewinnen, werden die den einzelnen Ballen entnommenen Proben zu einem Muster vereinigt und hiervon drei Lose à 500 g gebildet, wovon vorab zwei der Reihe nach in dem Trockenapparat einem warmen Luftzug von 105 bis 110° C ausgesetzt werden. Die dem Wollhaar innewohnende Feuchtigkeit verliert sich und man kann nach einiger Zeit die absolute Trockenheit konstatieren. Stimmt dann der Verlust bei beiden Proben überein oder beträgt der Unterschied kaum ½%, so ist der Versuch beendigt; erreicht derselbe aber ½% oder ist er höher, so wird die dritte Probe getrocknet und dann der mittlere Verlust in Prozenten berechnet. Demnach findet bei einem Los von 2000 kg eine 10- bis 15malige Probe statt, deren Durchschnittsverlust in Prozenten ausgedrückt, die Basis für die Berechnung der Partie bilden soll. Besteht das Los aus 13 Ballen und ist jedem Ballen eine Probe von 1½ kg entnommen, so haben wir 19½ kg Muster, wovon angenommen werden kann, daß diese die Partie genau vertreten.

Hiervon gelangen 15 Proben à 500 g = 7500 g zur Konditionierung, welche beispielsweise ein absolutes Trockengewicht von 6300 g ergeben sollen. Dies entspricht einem mittleren Verlust von 1200 g = 16%.

Demnach hätten 100 Teile Wolle 16% Feuchtigkeit, folglich nur 84% absolut trockene Wolle enthalten.

---

[1]) Ganswindt, A.: Die Wolle und ihre Verarbeitung. Wien und Leipzig 1919.

Da nun der zulässige Feuchtigkeitsgehalt für Wolle 17% beträgt, so werden obige 84% Wolle 14,28% anziehen dürfen und das normale Gewicht 98,28 betragen, wonach eine Differenz von 1,72% entsteht.

Statt 2000 kg dürfen also nur berechnet werden

$$200 - \frac{2000 \cdot 1{,}72}{100} = 1965{,}60\ \text{kg.}\text{“}$$

Nach Heermann wird der Feuchtigkeitszuschlag y in Prozenten der absolut trockenen Ware bei der Einwaage a und dem Trockengewicht b

$$y = \frac{(a-b)\,100}{b} = \frac{100\,a}{b} - 100.$$

Der Feuchtigkeitsgehalt x in Prozenten der lufttrockenen (oder feuchten) Ware beträgt bei der Einwaage a und dem Trockengewicht b

$$x = \frac{(a-b)\,100}{a} = 100 - \frac{100\,b}{a}.$$

Der gesuchte Feuchtigkeitszuschlag z bei dem bekannten Feuchtigkeitsgehalt von c beträgt:

$$z = \frac{100\,c}{100-c}\,\%.$$

Der gesuchte Feuchtigkeitsgehalt w bei dem bekannten Feuchtigkeitszuschlag von d beträgt:

$$w = \frac{100\,d}{100+d}\,\%.$$

Zur Bestimmung des Trockengehaltes bzw. des Handelsgewichtes dienen Konditionierapparate oder Trockengehaltsprüfer (Abb. 133); entweder wird die Wolle durch vorerwärmte Luft getrocknet oder die Luft wird in dem Apparat selbst vermittels Gas, Benzin, Wasserdampf, Elektrizität erhitzt. Die Apparate sind mit einer feinen Präzisionswage versehen; während der eine Wagebalken die Schale mit den Gewichten trägt, hängt am anderen ein Behälter mit der Probe im Trockenraum eingeschlossen. Die Wage ist zunächst im Gleichgewicht, aber während des Trocknens sinkt die Schale mit den Gewichten und erreicht nach etwa 15 Minuten ihren tiefsten Stand. Die Trocknung ist beendet und der Gewichtsverlust an Wasser und somit das Trockengewicht der Probe festgestellt.

6. Die Formbarkeit der Wolle.

Auf der Hygroskopizität und Quellbarkeit beruht nun die Formbarkeit der Haare, was E. Justin-Müller erkannt hat. Wird das in Wasser erweichte und aufgequollene Haar mechanischen Einwirkungen unterworfen, so verändert es seine ursprüngliche Form und nimmt die ihm durch die mechanische Einwirkung aufgedrungene an. Trocknet das Haar unter Andauern dieses mechanischen Zwanges, so behält es diese Form auch bei, wenn die mechanischen Kräfte nicht mehr wirken.

Wickelt man z. B. Haare, die in heißem Wasser aufgeweicht sind, um einen Glasstab, befestigt sie daran, und läßt sie trocknen, so behalten sie die spiralige Form bei. Bringt man später solches künstlich spiralige Haar wieder in Wasser von erhöhter Temperatur, so nimmt es wieder seine natürliche gekräuselte Form an. Auf dieser Eigenschaft beruht das Brennen der Haare zu Locken.

Auch ein von Natur stark gekräuseltes Haar wird, wenn es gut aufgeweicht, dann gespannt und getrocknet ist, eine vollkommen gerade und ungekräuselte Form annehmen. Wird dieses gerade Haar wieder der Einwirkung von Wasser und Wärme ausgesetzt, so wird die Wellung und Kräuselung wieder hergestellt.

Wenn Ganswindt meint, daß trockene Wärme unter gleichzeitigem Druck oder Spannung dieselben Resultate gibt und z. B. das Brennen der Haare anführt, so ist doch darauf hinzuweisen, daß das Ausschlaggebende die Änderung des Wassergehaltes ist.

Die Formbarkeit der Hornsubstanz verwertet man allgemein bei der Herstellung von Hornlöffeln, -kämmen, -messern usw. Auch Bierfilze werden unter Anwendung feuchter Wärme und Druck aus Pferdehaaren auf Grund der Formbarkeit des Haares hergestellt, ferner auch Einlegesohlen, Wollhüte usw.

Wird der Druck durch Kneten unter Anwendung von feuchter Wärme und schwachen Alkalien wie z. B. Seifenlösung erzeugt, so quillt die Wolle auf und geht wohl hauptsächlich unter der Einwirkung des Alkalis nach Ganswindt in den sogenannten Gel-Zustand über, sie weicht auf, gelatiniert und geht an der Oberfläche in den Zustand zwischen Gelöst- und Ungelöstsein über. Die Wollhaare vermögen in diesem Stadium an ihrer Peripherie zu verkleben und bleiben auch nach dem Erkalten und Trocknen fest verklebt, so daß sie ohne Zerstörung in ihrer Struktur nicht auseinander gerissen werden können. Auf diesem Verkleben der Wollhaare beruht die Filzbarkeit, die zur Herstellung von Tuchen notwendig ist.

Während die Formbarkeit der tierischen Hornsubstanz allgemein zukommt, ist die Fähigkeit zu verfilzen vorwiegend eine Eigenschaft der Wollhaare, wenn sie auch den gröberen Haaren keineswegs fehlt. Je feiner gekräuselt eine Wolle ist, desto feiner und wertvoller ist auch der Filz.

Filzbarkeit und Formbarkeit stimmen also nicht überein. Man kann die Wolle zwischen Platten formen, ohne sie zu verfilzen und man kann sie, wie in der Tuchfabrikation, filzen, ohne zu formen oder man kann sie formen und filzen, wie z. B. in der Hutfabrikation.

7. Die Färbung der Wolle[1]).

Während für die Stammformen unserer Hausschafe die Wildfarbe charakteristisch ist, worunter man zonenartige Verteilung der Färbung über das Einzelhaar in seiner Längserstreckung versteht, sind die Wollhaare der meisten domestizierten Schafe weiß, gräulich oder schwach gelblich, es kommen jedoch auch naturfarbige Tiere, rotbraune und schwarze vor. Schulz unterscheidet beim Schaf den Albinoidismus (Pigmentlosigkeit von Haar und Haut, aber Pigmentierung der Augen und sichtbaren Schleimhäute), partiellen Albinismus (Schekkung oder Mosaikfärbung) und Pigmentierung.

Da die farbigen Wollen nur zu naturfarbigen Fabrikaten verarbeitet werden können, sind die weißen Wollen für die Verarbeitung zu farbigen Produkten am wertvollsten. Während bei den einen Rassn das ganze Vlies gefärbt ist, ist bei den anderen die Färbung auf das Stichelhaar der Beine und des Kopfes beschränkt.

---

[1]) Auf die Färbung der Haut soll hier nicht näher eingegangen werden. Sowohl die bewollte Haut, wie speziell Nase, Zunge, Maulschleimhaut, Klauen und Hörner können pigmentiert sein. Sticker fand bei schwarzer Haut auch die Haare schwarz oder braun gefärbt.

Bei dem stichelhaarigen **Somalischaf** (Abb. 134) ist Kopf und Oberhals schwarz, der übrige Körper dagegen schwarz. Es kommen aber gelegentlich auch ganz schwarze oder schwarzgescheckte Tiere vor.

Die alten deutschen **Landschafrassen** sind verschiedenfarbig gewesen, wenn vielleicht auch die Mehrzahl wohl immer weiß war.

Bei den mitteldeutschen Landschafen sind schwarze, braune und gescheckte Schafe seltener als bei den Landschafen an der Nordseeküste; bei den ostfriesischen Milchschafen und Landschafen der Oldenburger Marsch sind schwarze Lämmer häufiger. Beim Rhönschaf[1]) (Abb. 135) ist der Kopf schwarz oder braun, während Beine und Körper weiße Haare bzw. Wolle tragen. Für das Bentheimer Landschaf (Abb. 136) ist die dunkelschokoladenbraune Plattenzeichnung im Gesicht charakteristisch.

Bei den englischen Downschafen (Abb. 137) sind Kopf und Beine schokoladenbraun oder schwarz gefärbt[2]), während das Wollhaar überwiegend oder ganz weiß ist. Durch Einkreuzung der englischen Fleischschafrassen ist die reinweiße Farbe vielfach durch dunkle Färbung oder Sprenkelung verdrängt worden (Herter und Wilsdorf[3])). Einmischungen von schwarzen Haaren setzen den Wert der Wolle herab; wünschenswert ist deshalb eine scharfe Abgrenzung zwischen den weißen und pigmentierten Zonen.

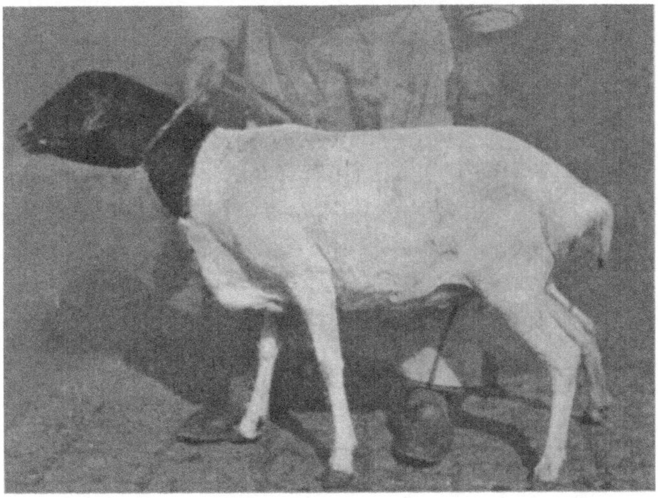

Abb. 134. Somalischaf. (Tierzuchtinstitut Halle.)

Bei den schwarzgesichtigen Downschafen ist die Frage, ob diese einzelgefärbten Wollhaare durch züchterische Maßnahme vermindert werden können, von größter Bedeutung. Dry hat bei Suffolks festgestellt, daß die Möglichkeit rein weißer Zuchten besteht, bei dem Herdwickschaf nach Barker ohne Aussicht auf Erfolg.

---

[1]) v. Falk nimmt die Weißfärbung als ursprünglich an; er bezeichnet den Schwarzkopf als ein Ergebnis züchterischer Liebhaberei, vielleicht auf Grund guter Eigenschaften zufällig so gezeichneter Böcke und daher besonders starker Zuchtbenutzung derselben. Demgegenüber ist auf die Färbung der Wildschafe hinzuweisen, so daß wohl allgemein die Pigmentierung als das primäre anzusehen ist. Nach Meiss ist eine einwandfreie Angabe, ob das Rhönschaf von schwarz- oder weißköpfigen Schafen stammen, nicht zu erbringen. Letzterer Verfasser stellt fest, daß beim Rhönschaf eine Lokalisierung des Pigments auf den Kopf bisher noch nicht erreicht ist, warnt aber vor einem übertriebenen Farbformalismus.

[2]) Nach Young (zitiert nach Nichols) sollen die älteren Typen des Southdown-Schafes geflecktgesichtig gewesen sein.

[3]) Herter, M., u. G. Wilsdorf: Die Bedeutung des Schafes für die Fleischerzeugung 1918.

Barker[1]) gibt von englischen Wollen folgende Prozentsätze an schwarzen bzw. dunklen Haaren an:

Blackface . . .	14	Lincoln	0*	Cheviot	2	Dorset Down .	0
Herdwick . . .	30	Devon Longwool	0	Exmoor Horn .	0	Dorset Horn .	0*
Welsh	0	South Devon .	—	Romney Marsh		Oxford Down .	10
Lonk	12	Leicester . . .	0	or Kent . . .	0*	Suffolk Down .	8
Swadale Dales .	18	Dartmoor . . .	1	Half Bred		Hampshire . .	7
Welsh (Black) .	96	Cotswold . . .	0	Leicester . .	1	Reyeland . . .	—
		Wensleydale . .	10	Kerry Hill . . .	0	Shropshire . .	3
		Border Leicester	0			Southdown . .	0

Die durch * gekennzeichneten Rassen werden als sehr rein von schwarzen Haaren angegeben.

Nach Dry entsteht die silbergraue Färbung der Wensleydale-Schafe durch eine Mischung von schwarzen und weißen Haaren, wobei letztere zahlenmäßig überwiegen. Nach Nichols[2]) wachsen beim Suffolk-Schaf an Stellen, wo die Haut verletzt worden ist (durch Biß oder Draht u. a.) pigmentierte Haare.

Abb. 135. Rhönschafbock.

Bei manchen Rassen erfolgt eine Umfärbung während des individuellen Lebens (graue Heidschnucken, Oxfordshires u. a.); besonders charakteristisch ist diese bei dem Karakulschaf von einem Tiefschwarz beim Lamm zu einem mehr oder minder hellen Grau des erwachsenen Tieres. Nach Lenz wird durch die Einwirkung der mütterlichen Hormone viel Pigment gebildet, nach der Geburt erfolgt ein Abblassen nach Aufhören der Zufuhr der mütterlichen Hormone. Keith und Stockard haben (nach Lenz[3])) auf Zusammenhänge zwischen inkretorischen Organen und Pigmentierung hingewiesen; in erster Linie haben sie dabei an die Nebennieren gedacht und den dunklen Rassen eine besonders starke Nebennierentätigkeit zugeschrieben. Die zur Zeit noch ausstehenden Untersuchungen über die Nebennieren beim Schaf müssen die erforderliche Klärung bringen. Man kann mit Nichols die verschiedene Temperatur an der Haut vor und nach der Geburt heranziehen.

Tänzer untersucht die Vorgänge der Umfärbung beim Karakul (Abb. 138) etwas eingehender[4]). Mit zunehmendem Alter des Lammes nimmt die Zahl der

[1]) Barker, S. G. u. H. R. Hirst: Colour problems in the woollen and worsted industries. J. Text. Inst. Bd. 17. 1926.

[2]) Nichols, J. E.: On the occurence of dark fibres in the Suffolk fleece wik particular reference to the with coat of the lamb. J. Text. Inst. 1927.

[3]) Lenz, F.: Muß das Nachdunkeln der Haare als Dominanzwechsel aufgefaßt werden? Arch. Rassenbiol. Bd. 16. 1925.

[4]) Adametz hat darauf hingewiesen, daß die beschriebene Umfärbung nur dort vor sich geht, wo eigentliche Wolle vorkommt.

weißen Haare zu (zunächst nur einige Gruppenhaare) und immer dickere, weiße Haare, schließlich auch weiße Leithaare, treten auf. Auch verlieren die schwarzen Haare etwas ihr Pigment und dieses erscheint dünner im Haar verteilt; der Farbton wird bräunlich. Die Umfärbung vollzieht sich vom Stapelgrunde aus nach der Stapelspitze, so daß die Spitze noch schwarz aussieht, während die Basis schon leicht grau oder heller erscheint. Die Frage, ob es sich hier auch um ein Nachwachsen von weißen Haaren oder nur um eine Umfärbung handelt, hat der genannte Verfasser nicht restlos beantworten können. Offensichtlich sind beide Methoden wirksam.

Abb. 136. Bentheimer Landschafbock.

Das Hellwerden des Karakullammvlieses vollzieht sich nach Tänzer individuell sehr verschieden; im zweiten Jahr ist im allgemeinen die Umfärbung durchgeführt, so daß die Tiere grau erscheinen.

Nach Nichols erfolgt die Farbänderung der dunkelbraun bis gefleckt gefärbt geborenen Suffolklämmer durch Ausfallen der dunklen „Kempy"-Haare und durch Wachsen der Wollhaare. Die Schulter hellt früher auf, während die Unterseite und der untere Schenkel ihre dunkle Färbung am längsten behalten. Der genannte Verfasser hat die Beziehungen der Farbänderung des Vlieses zu der des Gesichts wie des Stirnschopfs untersucht. Während die Gesichtsfarbe dunkler wird, wird Körper- und Stirnschopffarbe lichter. Vom züchterischen Standpunkt ist die Existenz von möglichen Assoziationen zwischen Farbkondition des jungen, wachsenden Lammes und dem Betrag der schließlich im Vlies verbleibenden dunklen Haare interessant.

Abb. 137. Oxfordshire-Downschaf.

Man hat nun verschiedentlich Beziehungen feststellen können zwischen der Färbung der Wolle und anderen Eigenschaften derselben.

Aus der Erwägung heraus, daß Adametz[1]) bei den grauen Schiraslämmern eine weniger edle Locke findet als bei den schwarzen Karakullämmern, wäre an eine Korrelation zwischen Farbe und Lockencharakter zu denken. Ob eine Beziehung zwischen Lockenqualität und weißer Fleckenzeichnung auf dem Kopfe und am Schwanzende besteht, ist nach Tänzer[2]) nicht zu entscheiden; in Buchara will man die besten Felle bei derartig gezeichneten Lämmern gefunden haben.

a

b

Abb. 138 a u. b. *a* Karakullamm (2 Tage alt). *b* Karakulbock.

Bei gescheckten Fellchen besteht nach Adametz ein Unterschied nicht in der scheinbar gröberen Haarbeschaffenheit der weißen Locke, sondern in der größeren Haarlänge. Der größere Längenunterschied ruft eine veränderte Art der Krümmung bei weißen Locken hervor und erklärt deren schlechten Schluß. Es müssen also den pigmentfreien Wollhaaren der Karakulrasse gewisse lockenbildende Eigenschaften fehlen.

Nach Führer scheinen Beziehungen zwischen Haardicke und pigmentierten Haaren zu bestehen: bei Steinschafen und Hampshire - Steinschafkreuzungen weist die graue Wolle die größte Haardicke auf, und zwar erreichen hier die schwarzen Grannenhaare die größte Dicke.

Bessel kann dagegen an dem von ihm untersuchten gescheckten Kamerunschaf keine Beziehung zwischen Haardicke und Haar- und Hautfarbe feststellen; die schwarzen Haare zeigen aber eine durchschnittlich größere Länge; man vergleiche dazu folgende Tabelle:

[1]) Adametz, L.: Studien über die Mendelsche Vererbung der wichtigsten Rassenmerkmale der Karakulschafe bei Reinzucht und Kreuzung mit Rambouillets. Bibliotheca Genetica 1917.

[2]) Tänzer, E.: Haut und Haar beim Karakul im rassenanalytischen Vergleich. Kühn-Arch. Bd. 18. 1928.

Klassenmittel in mm	12,5	14,5	16,5	18,5	20,5	22,5	24,5	26,5	28,5	30,5	32,5	34,5	36,5	38,5
Schwarze Haare	—	—	2	1	19	37	83	97	76	47	19	12	4	3
Weiße Haare	13	15	18	19	41	34	54	**110**	69	15	6	4	—	2

Mittelwert für schwarze Haare $= 26{,}90 \pm 0{,}18$, $\sigma = \pm 3{,}59$, $\mathfrak{v} = 13{,}4$
„ „ weiße „ $= 24{,}27 \pm 0{,}24$, $\sigma = \pm 4{,}84$, $\mathfrak{v} = 19{,}8$

Nach Scupin[1]) ist — auf Grund seiner Untersuchungen an 2 Elektoralschafen mit quergebänderter Wolle — kein erkennbarer Haardickenunterschied zwischen den pigmenthaltigen und den pigmentfreien Stellen in den Haaren nachweisbar.

Nach Meiss bestehen Beziehungen zwischen Pigmentierung außerhalb des Vlieses zum Vorkommen von schwarzen Flecken (Wolle) und schwarzen Einzelhaaren (Grannen- und Stichelhaare) im Vliese[2]); und zwar treten die vereinzelten schwarzen Stichelhaare und Grannenhaare in den 3 ersten Lebensjahren ziemlich stark auf, um im höheren Lebensalter zurückzugehen bis auf geringfügige prozentuale Anteile.

Je schwärzer das Gesicht des Blackface ist, um so größer ist nach Barker die Neigung der Farbe auf den Nacken und in das Vlies überzugehen.

Herter und Wilsdorf weisen auf Beziehungen zwischen Woll- bzw. Haar- und Fleischfarbe hin: der Anteil englischen Blutes, der in der Farbe der Köpfe und Beine zum Ausdruck kommt, läßt eine bessere Ausschlachtung und bessere Fleischfaser erhoffen.

Eine Beziehung zwischen Qualität und Farbe besteht nach Ganswindt nicht allgemein, wenn es auch in manchen Fällen zutreffen mag, daß braune und schwarze Wollen minderwertig sind. Nach Kühler[3]) ist bei der Karakulwolle kein Unterschied in den mechanischen Eigenschaften zwischen braunen und weißen Haaren zu erkennen.

Die Färbung der Wolle ist entweder auf die Einlagerung von Pigmenten zurückzuführen oder auf bestimmte Strukturen, so daß man den Pigmentfarben die optischen Strukturfarben gegenüberstellen muß. Zu den ersteren gehören die schwarzen, grauen, braunen, rotbraunen, gelbroten und gelblichen Farbtöne, zu den letzteren die weißen und blaugrauen. Der graue Farbton kommt dadurch zustande, daß entweder schwarze bzw. dunkelbraune Pigmentkörner in geringer Anzahl vorhanden sind, oder daß stärker pigmentierten Haaren hellere bzw. weiße untermischt sind. Nähere Untersuchungen über die verschiedenen Pigmente der Schafe liegen nicht vor, nur hat Gortner in schwarzer Schafwolle ein in Säure lösliches schwarzes Melanoprotein festgestellt, dessen Kennzeichnung als solches jedoch von anderer Seite bezweifelt wird.

Nach Bohm findet man die Pigmente entweder in Körnchen bzw. Klümpchen oder diffus (gelb und rot) eingelagert.

Von verschiedenen Autoren ist festgestellt worden, daß die Pigmente in der Rindensubstanz eingelagert sind, während das Oberhäutchen teils als unpigmentiert (Kölliker), teils nicht immer farblos angegeben wird (Nathusius).

Bei dunklen und besonders bei schwarzen Haaren findet Lodemann in den Epithelzellen nach ihrer Ablösung oft reichlich Pigmentkörner. Mit Recht fragt er sich, ob die Körner der Cuticula nur anhaften oder eingelagert sind. In den Epidermiszellen eines schwarzen Sinushaares des Pferdes glaubt er jedoch

[1]) Scupin, R.: Die Edelwollschafherde Seppau (Geschichte, Wolle, Körperbau und Korrelationen zwischen beiden). Diss. Halle 1924.

[2]) Auf Grund mikrometrischer Auszählung beträgt die Anzahl schwarzer Haare im Rhönhaarvlies nach Meiss 0,004%.

[3]) Kühler, H.: Untersuchungen über die physikalischen Eigenschaften der Wolle von Karakulschafen. Diss. Halle 1924.

einwandfrei festgestellt zu haben, daß die Pigmentkörner, die der durch die Oberhaut bedingten Richtung folgten, in den Zellen liegen. In einigen Fällen sind sie um den Zellkern herumgelagert.

Nach W. v. Nathusius ist das Mark selbst bei sehr dunklen Haaren im allgemeinen ungefärbt und für die Gesamtfärbung kommt nur das Pigment der Rindensubstanz in Betracht, in welcher die Pigmentkörner um die Achsen der Rindenzellen gruppiert liegen.

Mit zunehmender Pigmentierung tritt im allgemeinen auch Pigmentierung im Mark auf, das aber nur bei intensivster Haarfärbung stärker mit Pigmenten angefüllt ist. Dementsprechend sind die Markzellen schwer zu erkennen.

Die Anordnung der Pigmente im Haar hängt nach Spöttel von der Form des Haarquerschnittes und des Markes ab. Bei ovalen Querschnitten haben die stärker gewölbten Teile auch die stärkere Pigmentierung. In der Anordnung der Pigmentkörner zeigt sich eine Parallele zu den Liesegangschen Niederschlagszentren in Kolloiden.

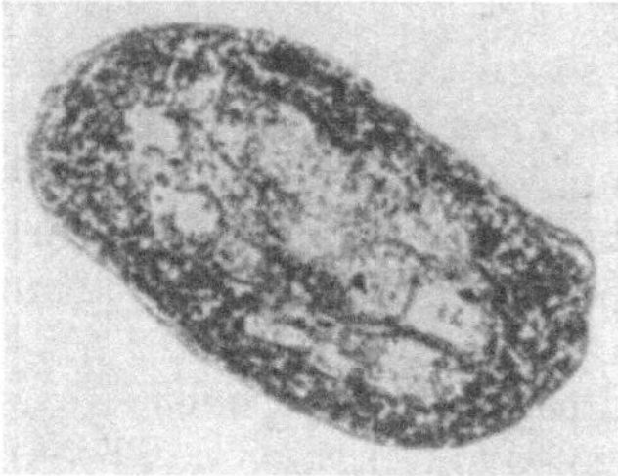

Abb. 139. Stark pigmentiertes „Kemp"-Haar; Querschnittvergrößerung 330 (nach Blyth).

Nach Lodemann[1]) liegt das Pigment in Körnchen- oder Klumpenform bereits in dem der Papille abgewandten Ende der Matrixzellen vor, und die großen Kerne der Rindenzellen tragen fast immer in der der Papille abgekehrten Seite Kappen von Pigmentkörnern. Mit der Streckung der Kerne erhalten auch die Kappen eine zugespitzte Form. „Durch die weitere Abplattung der Kerne und der ganzen Rindenzellen gelangen nun die sämtlichen Pigmentkörner innerhalb der einzelnen Zellen nahezu in eine Ebene. Daraus ist auch das streifenförmige Auftreten der Pigmentkörner in der Längsrichtung des Haares zu erklären. An der isolierten flachliegenden Rindenzelle ist die Anordnung der Pigmentkörner nicht, wie von Nathusius glaubte, an die Achse der Fibrillen gebunden, sondern ziemlich unregelmäßig auf die ganze Zelle verteilt."

Nach Blyth sind pigmentierte Haare in allen Zuchten englischer Schafe (bis auf eine) entweder ganz oder nur an der Spitze pigmentiert. In dem einen Ausnahmefall (Kerry Hill) zeigen die Haare alternierend pigmentierte und unpigmentierte Zonen. Bei den Down-Zuchten sollen nach Blyth die Stichelhaare (Kemp) leichter zur Pigmentierung neigen als andere Haartypen; in ihnen liegt das Pigment in Gestalt von spindelförmigen Ballen hauptsächlich in der Rinde, während das Pigment im Mark in kreisförmigen Ballen sich hauptsächlich auf den Septen verteilt (Abb. 139). Da z. B. beim Lamm in demselben Haar das Pigment regional verteilt sein kann, brauchen nicht verschiedene Follikelformen für pigmentierte und pigmentfreie Haare angenommen zu werden.

Auf die Entstehung der weißen Strukturfarbe nach Spöttel ist schon oben bei der Darlegung des histologischen Baues der Haare eingegangen worden.

Die gewaschene Wolle hat nicht immer einen rein weißen Farbton, sondern man erkennt bei gewaschenen Wollen verschiedener Provenienz gewisse Unterschiede. Australwollen sind im allgemeinen rein weiß, Montevideowollen haben dagegen einen Stich ins gelbliche und sind elfenbeinfarbig und manche Buenos Aireswollen sind schmutzig elfenbeinfarbig. Worauf diese Unterschiede zurückzuführen sind und worauf sie beruhen, ist noch nicht festgestellt.

[1]) Lodemann, G.: Das Pferdehaar. Untersuchungen über Struktur und Pigment des Pferdehaares, sowie das Pferdehaar als Rassenmerkmal. Z. Tierzüchtg Bd. 9. Berlin 1927.

F. Die Chemie der Wolle[1]).

1. Der Verhornungsprozeß in der Haut.

a) Die Untersuchungsmethode.

Da das Haar aus der Oberhaut seine Entstehung nimmt und da ferner in der Haut ein ähnlicher Verhornungsprozeß vor sich geht, wie in dem Haar selbst, so soll zunächst auf gewisse Umgestaltungen chemischer Natur eingegangen werden, die sich in der Haut nachweisen lassen.

Bezüglich der Untersuchungsmethodik ist zunächst folgendes zu sagen:

Die ungefärbte Untersuchung des Zupfpräparates ergab vor der Erfindung des Mikrotoms die meisten Befunde. Aus dem Vergleich der histologischen Erkenntnisse, die uns von den älteren Untersuchern, wie Simon, Leydig usw. dargeboten werden, mit denen der letzten 50 Jahre sieht man, daß diese Methode nur gelegentlich Aufklärung zu geben vermag. Die Untersuchung ungefärbter Haut mit dem Polarisationsmikroskop hilft etwas weiter, aber zeigt im ganzen nur Einlagerungen im Gewebe, nicht seine Art und bestimmtere Morphologie. Für den elementaren Aufbau der Gewebe ist wohl aus der röntgenspektroskopischen Methode etwas zu erwarten.

Die meisten Befunde haben bisher die Färbung der Schnitte von frischer und verschiedentlich gebeizter Haut gegeben. Die Färbung zeigt uns die verschiedenen Gewebsbestandteile, Kerne, Zellkörpereinschlüsse und Ausscheidungen. Sie gibt uns eine große Zahl von spezifischen Reaktionen, durch welche wir bestimmte Gewebsbestandteile isoliert unter Farblosbleiben der übrigen darstellen. Für die verschiedensten Substanzen ist wiederholt angezweifelt worden, daß die Farbenreaktion ein sicherer Beweis für ihre Erkennung anzusehen sei. Jedenfalls gelingt es durch die Farbenreaktion, bestimmte Stoffe hervorzuheben, wodurch ihr lokalisiertes Vorhandensein bewiesen ist und ihre weitere chemische Feststellung eingeleitet werden kann.

Neben diesen morphologisch klarliegenden Bestandteilen gelingt es auf mikrochemischem Wege, sonst in unsichtbarer Form vorhandene chemische Stoffe auszufällen oder dunkler zu machen, wodurch auch ihre Lagerung erkannt wird.

Soweit es gelingt, bestimmte Stoffe in größerer Menge zu isolieren und im Haar selbst, führen makrochemische Untersuchungen zum Ziele.

b) Der Verhornungsprozeß.

Über den Verhornungsprozeß und das Horn der Haare und Haut selbst haben wir durch Untersuchungen von Unna und seiner Schüler einen gewissen Einblick gewonnen, wenn man auch weit davon entfernt ist, den Vorgang der Verhornung und die Natur des Hornes klar zu erkennen.

Lange Zeit und speziell auf Grund der Untersuchungen Unnas[2]) glaubte man ein Parallelgehen von Verhornung und Keratohyalinbildung feststellen zu können.

[1]) Die Chemie der Proteine, spez. der Skleroproteine, soll im I. Bande dieses Handbuches dargestellt werden.

[2]) Unna, P.: Biochemie der Haut. Jena 1913. — Unna, P. u. L. Golodetz: Die Biochemie der Haut in Oppenheimers Handbuch der Biochemie des Menschen und der Tiere. Ergänzungsbd. 1913, S. 375—376. — Neue Studien über die Hornsubstanz. Mh. Dermat. Bd. 44, S. 398ff. 1907; Bd. 47, S. 459ff. 1908. — Zur Chemie der Haut. I. Der mikrochem. Nachweis des Cholesterins in der menschlichen Haut. Mh. Dermat. Bd. 47, S. 179 bis 184 u. 242—253. 1908. — Unna, P. G.: Die Bedeutung der Hornschicht. Med. Klin. 1920, Nr. 50. — Entwicklungsgeschichte und Anatomie der Haut. In Ziemßens Handb. d. speziellen Path. u. Ther. 1883. — Beiträge zur Histologie und Entwicklungsgeschichte der Haut und ihrer Anhangsorgane. Arch. mikrosk. Anat. Bd. 12. 1876.

In der obersten Lage, der sogenannten Stachelzellenschicht, treten Keratohyalinkörner auf, während Eleidinkörner in höheren Zellagen sich finden. Mit diesem Auftreten beginnt nach Unna die Umwandlung der Epidermiszellen in die Hornschicht. In normal verhornender Oberhaut ist die Keratohyalinschicht immer zu finden, nur bei anormaler Verhornung, wenn die Hornzellen kernhaltig bleiben und keine Plattenschuppen bilden, fehlt sie. In den verhornenden Schichten des Haares wird sie nach Unna durch Zellagen mit chemisch anders wirkenden Körnern (Trithohyalin) vertreten.

Die Zahl und Größe der Körnchen ist je nach der Hautpartie verschieden. Diese Keratohyalinschicht, Stratum granulosum, ist nach den Untersuchungen Zanders[1]) in ihrer Stärke abhängig von der Ausbildung der Cutispapillen oder der Größe der interpapillaren Retezapfen. Wo die Papillen gering ausgebildet sind, ist die Keratohyalinlage einschichtig oder lückenhaft. Im allgemeinen ist nach Unna die Hornschicht um so stärker, je dicker die Keratohyalinschicht ist. Letztere folgt der Peripherie der Retezapfen, ist aber weniger gewellt und reicht nirgends tief in die langen Retezapfen hinein. Schweißdrüsen und Haarbälge führen das Keratohyalin aber tief hinab.

Über die Entstehung des Keratohyalins besteht keine Klarheit. Das Auftreten des Keratohyalins in einer Strecke von den darunter liegenden und noch scharf von der nächst oberen Schicht geschiedenen und anders gestalteten Lage deutet nach Pinkus[2]) auf eine Änderung der hier vorhandenen kolloiden Zustände hin. Man nimmt heute eine Umformung und Umlagerung von Bestandteilen der Stachelzellen an, so daß sich die Keratohyalinkörner aus bestimmten Bestandteilen der Stachelzellen durch Lösung oder Zusammenballung herausbilden. Die Ansicht, daß sich die Körner aus den Epithelfasern bilden, wird von Pinkus deshalb zurückgewiesen, weil auch in den Keratohyalinzellen neben den Körnern noch die Epithelfasern nachweisbar sind, wie Rabl festgestellt hat. Die herrschenden Ansichten gehen dahin, daß die Körner im Plasma der Zelle selbst entstehen oder aus dem Kern hervorgehen. So beschreibt Kreibich[3]) den Austritt von Nukleolen und Keratohyalinkörnern aus dem Kern in das Protoplasma. Manchmal ist allerdings mehr Keratohyalin vorhanden, als der Größe des Kernes entspricht. Nach Kromayer, Weidenreich[4]), Apolant[5]) ist wahrscheinlich gemacht worden, daß das Keratohyalin ein Zerfallsprodukt der Interfilarmassen ist. Nach der heutigen Auffassung steht die Keratohyalinbildung in einem umgekehrten Verhältnis zur Verhornung, da die Interfilarmasse um so spärlicher ist, je zahlreicher die Fibrillen des Zelleibes sind. Exzessive Keratohyalinbildung kann ohne gleichzeitige Verhornungserscheinung auftreten, so wie exzessive Keratinbildung ohne nachweisbare Keratohyalinkörner, wie z. B. die Rindensubstanz der Haare.

Besonders deutlich ist die Keratohyalinschicht unter der dicken Hornschicht in Handtellern und Fußsohlen. An diesen Stellen können auch die komplizierten Umwandlungen, die zwischen der Keratohyalinschicht und der ausgebildeten Hornschicht liegen, am deutlichsten erkannt werden. Das zwischen den beiden vorhandene Stratum lucidum läßt sich nach Unna durch Behandlung mit Osmiumsäure in drei Schichten trennen: Stratum infrabasale, das ungefärbt ist,

---

[1]) Zander, R.: Untersuchungen über den Verhornungsprozeß, den Bau der menschlichen Epidermis. Arch. Anat. u. Physiol., Anat. Abtlg. 1888, S. 51.

[2]) Pinkus, F. (herausgegeben v. Jadassohn): Handbuch der Haut- und Geschlechtskrankheiten I/1. Anat. d. Haut S. 103. Berlin 1927.

[3]) Kreibich, C.: Keratohyalin. Arch. f. Dermat. Bd. 121, S. 313. 1916.

[4]) Weidenreich, F.: Über Bau und Verhornung der menschlichen Oberhaut. Arch. mikrosk. Anat. Bd. 56. 1900.

[5]) Apolant: Studien über den Verhornungsprozeß. Arch. Anat. u. Physiol. Bd. 57.

Stratum basale, schwarz gefärbt, und Stratum superbasale, im unteren Teile farblos, weiter oben dunkel. Die infrabasale Hornschicht färbt sich nach Unna wie Glykogen mit Bests Karmin, Jod, Paul Mayers Glykogenfärbung. Mit den Fettfarben Sudan und Scharlachrot färbt sie sich nicht, im Unterschied zu der nächsten Lage, der basalen Hornschicht. Unna nimmt an, daß in der letzteren Ölsäure die Schwarzfärbung bedingt, da diese Osmiumschwärzung nur gesättigter Ölsäure und gewissen Derivaten derselben sowie Mischung anderer Substanzen mit Ölsäure zukomme. Unna sieht in der Umgestaltung der drei Schichten Keratohyalinschicht, Stratum infrabasale, osmiumgeschwärzte Basalschicht des Stratum lucidum den Übergang von Eiweiß in Kohlehydrat und von Kohlehydrat in Fett. Die Umwandlung entspreche der Glykogenbildung aus dem Eiweiß, der Keratohyalin- und der Ölsäurebildung aus dem Glykogen der infrabasalen Hornschicht.

Die höheren Hornlagen enthalten weiterhin andere Fettbestandteile. Nur die Umgebung der Schweißdrüsen zeigt durch die ganze obere Hornschicht hindurch einen solchen Glykogen- und Ölsäuregehalt.

Die tieferen Hornschichten enthalten außer Glykogen und Ölsäure noch andere Bestandteile.

Nur bei besonderer Behandlung kann man die Einzelheiten im Stratum lucidum erkennen. Bei gewöhnlicher Behandlung verschwinden Fett- und Eiweißstoffe leicht daraus. Als isolierbarer Eiweißkörper ist das Eleidin zu erwähnen.

Pinkus charakterisiert das Eleidin folgendermaßen: „Das Eleidin ist eine Eiweißsubstanz (Ciliano), es löst sich in Wasser, Alkali, Säure, Salzen der Schwermetalle, erhält sich, wie Eiweiß ausgefällt, in Alkohol, Formalin, Pikrinsäure, Chromsäure, Phosphor-, Wolframsäure, durch Erhitzen auf 75°. In fettlösenden Mitteln löst es sich nicht. Mit Osmiumsäure wird es nicht geschwärzt. Am besten stellt es sich mit Pikrinsäurefixierung und sauren Farbstoffen, am besten Nigrosinfärbung, dar."

Kromayer faßt es als Zerfallsprodukt, Mertsching[1]) und Ernst[2]) als Chromatin, das ausgetreten ist, auf, Rosenstadt[3]) und Weidenreich nehmen an, daß es primär sowohl im Kern als im Protoplasma auftreten kann. Rabl meint, daß die Muttersubstanz des Eleidin im Kern zu suchen ist, sich jedoch nur selten an Ort und Stelle abscheide, sondern für gewöhnlich als unfärbbare Substanz in den Zellkörper übertrete, um erst dort Körnchengestalt anzunehmen.

Wie Unna kommt Martinotti[4]) auf Grund des Eleidingehaltes zu einer Dreiteilung des Stratum lucidum. Die übereinander gelagerten Schichten sind 1. die untere Präeleidin- oder Eleidinogenlage, 2. die mittlere eigentliche Eleidinlage und 3. die obere Posteleidin- oder Präkeratin-Keratinogenlage, die Martinotti durch Anilinfarben voneinandeer trennt.

Die weitere Veränderung der Eleidinkörner besteht darin, daß sie weicher werden, bis sie sich in Tropfen von der Konsistenz eines Fettöles umwandeln, die zusammenfließen und gewöhnlich den Zellkörper vollkommen erfüllen, der dadurch einen starken Glanz erhält (Rabl). Mit der Änderung des Aggregat-

---

[1]) Mertsching: Histologische Studien über Keratohyalin und Pigment. Virchows Arch. Bd. 116.

[2]) Ernst, P.: Die Keratingranula. Zbl. Path. Bd. 47. 1896. — Studien über die normale Verhornung mit Hilfe der Gramschen Methode. Arch. mikrosk. Anat. Bd. 47. 1896.

[3]) Rosenstadt: Über Verhornung. Verh. Ges. dtsch. Naturforsch. 2. Teil, 2. Hälfte. Karlsbad 1902.

[4]) Martinotti, L.: Über einige Fragen der mikroskopischen Anatomie der Haut. Untersuchungen über die Anomalien und Veränderungen des Verhornungsprozesses bei den wichtigsten Krankheitszuständen der menschlichen Haut. Giorn. ital. della malattie veneree e della pelle. Bd. 61, anno 55, S. 595 u. 746. 1920. Ref. Arch. f. Dermat. Bd. 137, S. 381/82.

zustandes hat das Eleidin auch chemische Veränderungen erfahren, denn es hat unter anderem seine Färbbarkeit für Hämatoxylin größten Teiles eingebüßt. Möglicherweise steht nach Rabl das Eleidin zu jenem Inhaltsstoff der Hornzellen in genetischer Verbindung, der sich unter gewissen Bedingungen mit Osmiumsäure schwärzt.

Während diese Vorgänge im Inneren der verhornenden Epithelzellen sich abspielen, entsteht an einer Peripherie ein Häutchen, das allmählich einen immer höheren Grad von Widerstandsfähigkeit gegen chemische Reagenzien erlangend schließlich zu echter Hornsubstanz wird. Es löst sich weder in Säuren noch in Alkalien, noch in Pepsin oder Trypsin.

Das periphere Häutchen der verhornenden Epithelzellen ist nach Unna, Behn, Rabe usw. nicht als eine cuticuläre Abscheidung des Zellprotoplasmas aufzufassen, sondern stellt nur die umgewandelte peripherste Partie desselben dar, so daß die Struktur seiner Oberfläche jener der weichen Zellen nahekommt.

In den oberen Hornschichten der Haut unterscheidet Unna drei Zellarten, die sich in ihrem chemischen Verhalten unterscheiden. 1. Hohlzellen, die nur aus einer Keratinhülle bestehen und in denen sich kein Inhalt nachweisen läßt. 2. Zellen, deren Inhalt in Verdauungsflüssigkeit löslich ist. 3. Zellen, die nach der Verdauung verdaulicher Stoffe sich in 1 proz. NaOH-Lösung von ihrem Inhalt befreien lassen. Die verdaulichen Stoffe, die die Xanthoprotein-Reaktion geben und sich leicht in Salpetersäure lösen, bezeichnet Unna als Hornalbumosen. In der menschlichen Haut finden sich letztere in den Zellen um die Schweißdrüsen herum und auf den Wellenbergen der Handteller- und Fußsohlen-Papillenleisten. In geringerer Menge sind sie im Zentrum der Zellen der Wellentäler der Hornschicht dieser Hautstellen enthalten.

Der alkalilösliche Inhalt, der von Unna als Keratin B bezeichnet wird, ist in den Zellen der Wellentäler vorhanden und färbt sich mit rauchender Salpetersäure unter allmählicher Lösung gelb.

Das Zellnetzwerk, das nach vollkommener Verdauung mit Alkalibehandlung aus den Hornzellen übrigbleibt, ist das Keratin A Unnas. Es ist also in Pepsinsalzsäure und rauchender Salpetersäure unlöslich und zeigt auch keine Xanthoproteinreaktion. Anscheinend fehlt ihm der gesamte aromatische Komplex.

Die menschliche Haut enthält nach Unna 13% Keratin A, 10% Keratin B und 77% Albumosen.

2. Die Chemie der Haare.

a) Die Charakteristik des Keratins der Haare.

Was nun das Haar anbetrifft, so ist dieses in chemischer Beziehung identisch mit der Substanz der Hornhaut, Nägel, Klauen und Hufe. Nach Unna und Golodetz bestehen die Oberhautzellen der Haare aus Keratin A und die Rindenzellen aus dem in rauchender Salpetersäure sich gelb färbenden, aber in ihr und in Pepsinsalzsäure unlöslichen Keratin C[1]).

Der Nachweis des Keratins gründet sich darauf, daß die Millonsche und besonders die Schwefelblei-Reaktion sehr stark ausfallen und daß die Substanz in Säuren und Alkalien unlöslich und gegen Pepsine und Trypsine resistent ist. Infolge dieser Eigenschaften sind auch die organischen Grundsubstanzen der Eischale des Huhns, des Ameisenigels und Krokodiles als Keratin C anzusehen, allerdings ist auch das Keratin C kein einheitlicher Körper.

---

[1]) Barritt, J.: Die Literatur über Keratin, dem wesentlichen Bestandteil der Wollsubstanz. J. Text. Inst. 1926. Bd. 3. (Melliands Textilber. 1927.)

Ursprünglich wurde zwar das Keratin für eine einheitliche chemische Verbindung gehalten, indessen ist man in neuerer Zeit zu der Auffassung gelangt, daß es sich um einen Komplex mehrerer nahe verwandter Stoffe der Eiweißgruppe handelt, die sich von der Gelatine und anderen Vertretern aus der Gruppe scharf unterscheiden[1]).

In folgender Tabelle gibt Brunswik (Mark l. c.) eine Übersicht über Mikro-Eiweißreaktionen der Wolle:

Eiweißmikroreaktionen der Wolle.

Reaktion	Ergebnis	Lokalisation	Damit am Wollkeratin nachgewiesen
Biuret-Reaktion	Positiv	Diffus im Haar	Allgemeine Eiweißnatur
Raspailsche Probe (Zucker konz. H_2SO_4)	Positiv	Diffus im Haar	Allgemeine Eiweißnatur
Xanthoprotein-Reaktion	Positiv	—	Aromatische Komplexe, also Tyrosin und Tryptophan, nicht aber Phenylalanin
Millonsche Probe (wirkt schon in der Kälte ein, worauf zuerst Unna aufmerksam machte)	Positiv in der Faserschicht, negativ in der Schuppenschicht	—	Tyrosin in Keratin C, kein Tyrosin anscheinend in Keratin A
Reaktion von Voisenet-Kretz	Positiv	Diffus	Tryptophan
Diazoreaktion nach Pauly	a) Intakte Wolle: negativ	—	Tyrosin nur in der Faserschicht
	b) 5 Min. mit 2,5% KOH behandelt: positiv	—	Keratin C nicht in der Schuppenschicht
Diazoreaktion nach vorangegangener Nitrierung	Negativ	—	(Histidin fehlt in nachweisbaren Mengen)
Schwefelbleireaktion (alkol. Bleiazetat)	Positiv	—	Cystin bzw. Cysterin

In Modifizierung der Paulyschen Diazoreaktion[2]) durch vorangehende vorsichtige Nitrierung der zu prüfenden Eiweißkörper erhält Brunswik eine qualitativ eindeutige Nachweismöglichkeit von Histidin in Eiweißverbindungen, die makro- und mikrochemisch zur Bestimmung von Tyrosin und Histidin anwendbar ist. Auf Grund dieser Methode kann er feststellen, daß im Keratin höchstens Spuren von Histidin vorhanden sind, während er in Schafwolle 2,9% und in Hornspänen 4,6% Tyrosin nachweisen kann. Außer Tyrosin lassen sich, wie aus obiger Tabelle ersichtlich, im Haarkeratin an Aminosäuren noch Tryptophan und Cystin nachweisen.

Beim Abbau der Keratine durch Oxydationsmittel wird man wesentlich Schwefelsäure, Salpetersäure, Kohlensäure, Oxalsäure, Bernsteinsäure, Aldehydammoniak und Aminosäure erhalten.

Entsprechend der Zugehörigkeit zur Eiweißgruppe lassen sich im Keratin nachweisen: Kohlenstoff, Wasserstoff und Sauerstoff, auch Stickstoff und Schwefel.

[1]) Mullin, Ch. E.: Die chemischen Reaktionen des Keratins. Amer. Dyest. Rep. 1926, S. 633. Nach Ref. Melliands Textilber.

[2]) Pauly, H.: Über die Konstitution des Histidins. Z. physiol. Chem. Bd. 42, S. 508. 1904.

Folgende Analysen sind Ganswindt entnommen:

	Mulder	Hummel	Witt u. Matthews	Hoffmann	Scherer	Schulze u. Märker
Kohlenstoff	50,65	49,25	50	50,687	50,65	49,58—50,46
Wasserstoff	6,36	6,57	7	7,012	7,02	7,19—7,37
Sauerstoff	20,85	23,66	22—26	21,900	22,31	21,91—24,0
Stickstoff	17,14	15,86	15—17	17,870	17,71	15,54—15,73
Schwefel	5,0	3,66	2—4	2,441	2,21	3,43—3,69

Wie die folgende Tabelle nach Bowman zeigt, ergeben die Elementaranalysen verschiedener Wollen ziemlich erhebliche Unterschiede.

	Lincolnwolle %	Irische Wolle %	Northumberlandwolle %	Southdownwolle %
Kohlenstoff . . .	52,0	49,8	50,8	51,3
Wasserstoff. . . .	6,9	7,2	7,2	6,0
Stickstoff	18,1	19,1	21,3	17,8
Sauerstoff	20,3	19,9	21,3	20,8
Schwefel	2,5	3,0	2,3	3,8
Verluste	0,2	1,0	—	—

Wenn auch gewisse Unterschiede in den Analysen zutage treten, so geht doch wohl folgendes daraus hervor:

Fast genau zur Hälfte des Gewichts besteht die Hornsubstanz aus Kohlenstoff. Der Wasserstoffgehalt beträgt nahezu konstant 6 bis 7 %, der Sauerstoffgehalt schwankt zwischen 21 und 24 %, der Stickstoffgehalt zwischen 15 bis 21 % und der Schwefelgehalt zwischen 2 und 5 %.

Nach Gorup-Besanez[1]) ist folgender Schwefelgehalt in verschiedenen Wollen festgestellt worden:

Heidschnuckenwolle . .	3—3,4 %
Englische Wolle . . .	2—2,5 %
Weiße Alpakawolle . .	2,6—3,1 %
Vicuñawolle	1,3—1,9 %
Streichwolle	2,4—2,7 %
Kammwolle	1,6—1,8 %

Nach Sammartino enthalten Frauenhaare 5,34, Federkiele nur 2,59 % Schwefel.

Bei der Hydrolyse der Wolle mit Barytwasser findet sich der Schwefel dann in folgenden Verbindungen: Cystin, Cystein, Thiomilchsäure, Thioglykollsäure, Äthylsulfit, Äthylmerkaptan, Schwefelwasserstoff und einige andere.

Nach Chevreul kann durch Kalkwasserbehandlung der Schwefelgehalt einer Wolle auf 0,46 % reduziert werden, ohne daß die Faser zerstört wird.

Auch beim Kochen mit Soda oder mit Lauge, wobei man dafür sorgt, daß die Faser nicht zerstört wird, kann nach Matthews bis zu 85 % des Gesamtschwefels extrahiert werden. Da man eine derartig weitgehende Reduktion des Schwefels vornehmen kann, ohne die Faserstruktur zu ändern, vertreten einige Autoren die Meinung, daß der Schwefel nur einen sehr geringen Anteil an der Faserbildung haben könne.

Nach Reikow besitzt ungebleichte Wolle die Fähigkeit, größere Mengen Phosphorsäure zu absorbieren und schließt daraus, daß wohl der größere Teil

[1]) Gorup-Besanez: Lehrbuch der phys. Chemie. 1862, S. 503.

des Schwefels in sehr lockerer Bindung in der Wolle festgehalten oder gar nur adsorbiert ist. Die außerordentlich großen Schwankungen im Schwefelgehalt werden ferner für die Unterstützung dieser Annahme herangezogen.

Es gelingt nicht, die Gesamtmenge des Schwefels zu erhalten, ohne die Hornsubstanz zu zerstören.

Witt nimmt an, daß der in der Wolle vorhandene Schwefel nicht dem Keratinmolekül angehört, sondern einer dem Keratin beigemischten Substanz.

Für den wechselnden Schwefelgehalt der Wollen gibt Brunswik[1]) eine neue Erklärung, und zwar soll sich der Schwefel, der als Schwefelblume zuweilen zur Bekämpfung mancher Krankheiten und Behandlung des Schafpelzes dient, unter der Wirkung der Eiweißkörper zu Schwefelwasserstoff umsetzen, welcher sich mit den vorhandenen Basen aus Harnzersetzungen zu Sulfiden bindet. „Diese werden ebenso wie die schwefelhaltigen Eiweißabbauprodukte nach einer Schädigung der Keratinsubstanz sehr stark von der Wolle adsorbiert, so daß ein Teil selbst nach der Wäsche auf der Faser zurückbleibt und bei der Bestimmung des Schwefelgehaltes der Wolle mit zu den erwähnten Schwankungen Anlaß gibt.“ Demgegenüber ist darauf hinzuweisen, daß diese Behandlung doch selten in der Praxis erfolgt und daß die Schwankungen im Schwefelgehalt auch in Haaren festzustellen sind, die nicht von Schafen stammen. Vielleicht haben Rasse, Alter und vor allem die Fütterung wesentlichen Einfluß. Vor allem ist gegen die Ansicht von Brunswik anzuführen, daß auch in anderen Keratinen ähnliche große Schwankungen im Schwefelgehalt festzustellen sind. Sogar in verschiedenen Teilen desselben Keratingebildes, z. B. der Gänsefeder, hat Sammartino[2]) wesentliche Unterschiede ermittelt, und zwar 2,59% im Kiel, 3,16% in den Fasern und 3,68% in den Daunenfedern.

Es ist also auffällig, daß die Keratine einen weitaus höheren Schwefelgehalt haben als etwa Serumalbumin oder Serumglobulin. Dieser große Schwefelgehalt der Keratine hat Drechsel zu der Annahme veranlaßt, daß die Verhornung darauf beruht, daß in den Eiweißkörpern Schwefel an Stelle des Sauerstoffes tritt. Seitdem man aber weiß, daß der Schwefel in den Keratinen sowie in den meisten Eiweißkörpern lediglich in Form der schwefelhaltigen Aminosäure, dem Cystin, enthalten ist und nur einzelne Eiweißkörper auch noch in anderer Form gebundenen Schwefel enthalten, so kann man mit Sammartino sagen, daß die Keratinisation vorerst darauf beruhen muß, daß der schwefelhaltige Cystinanteil der Eiweißkörper erhöht wird oder, was noch viel wahrscheinlicher ist, daß der Abbau von anderen Aminosäuregruppen erfolgt und der Cystingehalt des nur anscheinend durch Abbau entstehenden Eiweißkörpers dadurch erhöht erscheint. Es ist aber sehr merkwürdig, daß die Keratine verschiedener Provenienz sehr verschiedene Mengen von Schwefel und daher auch von Cystin enthalten, Schwefelmengen, die Unterschiede von 100% unter den verschiedenen Arten von Keratinen ausmachen, so daß die Cystinmenge in den verschiedenen Keratinen bis doppelt so groß sein kann.

Auf Grund der oben angegebenen Unterschiede im Schwefelgehalt bei Keratinen verschiedener Herkunft und auch verschiedenen Teilen desselben Keratingebildes neigt Sammartino der Ansicht zu, daß die Keratine verschiedenartige, der Quantität nach abgebaute Eiweißkörper darstellen, die ja nach der Größe des abgebauten Stückes nun reicher oder ärmer an Cystin sind, und deren Cystingehalt aus der höchsten Schwefelzahl errechnet über 20%, also rund $^1/_5$

---

[1]) Brunswik, H.: Über den eindeutigen makro- und mikrotechnischen Nachweis des Histidins am Eiweißkomplex. Hoppe-Seylers Z. Bd. 127. 1923.

[2]) Sammartino, Ubaldo (Rom): Zur Kenntnis der Keratinisation.

des Eiweißkörpers ausmacht und aus der niedrigsten Zahl errechnet fast 10% beträgt. (Diese Zahlen sind errechnet aus der Arbeit von P. Mohr[1])).

Bei der direkten Darstellung des Cystins aus verschiedenen Hornsubstanzen hat Buchtala[2]) folgende Werte erhalten:

I. Menschenhaare 1	14,03%	Cystin
„ 2	12,98%	„
„ 3	14,53%	„
II. Menschennägel	5,15%	„
III. Roßhaare	7,98%	„
IV. Pferdehufe	3,20%	„
V. Rinderhaare	7,27%	„
VI. Rinderklauen	5,37%	„
VII. Schweineborsten	7,22%	„
VIII. Schweineklauen	2,17%	„

Die Menschenhaare gehören also zu den cystinreichsten Gebilden.

S. G. Hedin[3]) fand 2,25% Arginin in Keratin, also viel mehr als im Blutserum und im Hühnereiweiß und ungefähr soviel wie im Leim.

Diese Anschauung, daß die Keratinisation auf dem Abbau eines Teiles des Eiweißmoleküls beruht, erläutert Sammartino an dem Beispiele der einen Aminosäure (Cystin), läßt sich jedoch nach seiner Ansicht ebensogut am Tyrosin erweisen. Es entsteht nun die Frage, welche Aminosäuren aus dem Molekularverbande der Eiweißkörper ganz oder teilweise bei der Verhornung ausscheiden.

Bei der Hydrolyse des Keratins wurden gefunden: Leucin, Tyrosin, Glutaminsäure, Asparaginsäure, Lysin, Arginin und Cystin. Dann fanden E. Fischer[4]) und seine Schüler Glykokoll, Alanin, Valin, Prolin, Serin und Phenylalanin. In den Fischerschen Versuchen betrug der Gehalt von getrocknetem Horn:

Glykokoll	0,34%
Alanin	1,20%
Aminoisovaleriansäure	5,70%
Leucin	18,30%
Pyrrolidinkarbonsäure	3,60%
Serin	0,68%
Phenylalanin	3,00%
Asparaginsäure	2,50%
Glutaminsäure	3,00%
Pyrrolidonkarbonsäure	1,70%

Diese Zahlen geben nach Fischers Ansicht nicht das richtige Bild, da sie weit hinter dem richtigen Wert zurückbleiben, insbesondere bei der Glutaminsäure; denn Horbaczewski fand im Horn 15% Glutaminsäure. Nach den bisherigen Untersuchungen scheint das Keratin der Hauptsache nach aus Leucin, Glutaminsäure, Cystin und Tyrosin zu bestehen.

Nach Cohnheim ist die Zusammensetzung des hydrolysierten Keratins nach Bestandteilen mit bekannter Konstitution folgende:

Leucin	14%
Glutaminsäure	12%
Asparaginsäure	unbestimmt
Cystin	13,92%
Tyrosin	3,00%
Ammoniak	ziemlich große Menge

[1]) Mohr, P.: Z. physiol. Chem. Bd. 20, S. 403, 406. 1895. — Barritt, J. u. A. T. King: Der Schwefelgehalt der Wolle und seine Verschiedenheit je nach dem Wolltyp. J. Text. Inst. 1926, T. 386. — Trotman, S. R., Trotman, E. R. u. R. W. Sutton: Untersuchung über die Natur der Eiweißstoffe der Wolle. J. Soc. Chem. Ind. T. 45, S. 20 nach Chem. Zbl. 1926.

[2]) Buchtala, H.: Z. physiol. Chem. Bd. 85, S. 246. 1913; Bd. 52, S. 474. 1907.

[3]) Hedin, S. G.: Z. physiol. Chem. Bd. 21, S. 55.

[4]) Fischer, E.: Z. physiol. Chem. Bd. 36, S. 477. 1902.

Abderhalden und Gideon Wells[1]) finden:

Keratin aus Pferdehaaren:

Glykokoll	4,7%
Alanin	1,5%
Aminovaleriansäure	0,9%
Leucin	7,1%
Prolin	3,4%
Glutaminsäure	3,7%
Asparaginsäure	0,3%
Tyrosin	3,2%
Serin	0,6%

Abderhalden und Le Count[2]) haben nach der Fischerschen Methode das Keratin aus Gänsefedern untersucht, ebenso aus Pferdehaaren. Auch sie finden nur wenig Glykokoll und nur sehr geringe Mengen von Phenylalanin.

Keratin aus Gänsefedern:

Glykokoll	2,6%
Alanin	1,8%
Aminovaleriansäure	0,5%
Leucin	8,0%
Prolin	3,5%
Glutaminsäure	2,3%
Asparaginsäure	1,1%
Tyrosin	3,6%
Serin	0,4%

Zwischen den beiden Keratinen bestehen aber sehr wesentliche Differenzen in der Menge einzelner Aminosäuren, z. B. des Glykokolls und der Asparaginsäure.

Abderhalden und Voitinovici[3]) finden bei der Hydrolyse des Keratins aus Schafwolle folgende Zusammensetzung:

	Keratin aus Schafwolle:	Horn vom Hammel:
Glykokoll	0,58%	0,45%
Alanin	4,40%	1,16%
Aminovaleriansäure	2,80%	4,50%
Leucin	11,50%	15,30%
Prolin	4,40%	3,70%
Glutaminsäure	12,90%	17,20%
Asparaginsäure	2,30%	2,50%
Tyrosin	2,90%	3,60%
Serin	0,10%	1,10%
Phenylalanin	—	1,90%
Cystin	—	7,50%
Arginin	—	2,70%
Lysin	—	0,20%

In Wirklichkeit beträgt nach Abderhalden und Voitinovici der Glutaminsäuregehalt 16 bis 18%. Sie finden bei Untersuchungen von Horn verschiedenen Alters, daß der Glutaminsäuregehalt schwankt. Jüngere Tiere haben z. B. Horn mit einem Gehalt von 15,6% Glutaminsäure, ältere mit 18½% und 17,2% dieser Aminosäure.

Über den Glutaminsäuregehalt liegen nach Sammartino weitere Untersuchungen von Abderhalden und Dénes Fuchs[4]) vor, wobei sich herausstellt, daß die Keratinsubstanzen mit dem Alter an Glutaminsäure etwas abnehmen.

1) Abderhalden, E. u. H. Gideon Wells: Z. physiol. Chem. Bd. 46, S. 31. 1905.
2) Abderhalden, E. u. E. R. Le Count: Z. physiol. Chem. Bd. 46, S. 40. 1905.
3) Abderhalden, E. u. A. Voitinovici: Z. physiol. Chem. Bd. 52, S. 348. 1907.
4) Abderhalden, E. u. Dénes Fuchs: Z. physiol. Chem. Bd. 57, S. 339. 1906.

So enthalten Klauen vom Rinde im ersten Jahre 18%, im vierten Jahre 16,8%, Horn vom Rinde im ersten Jahre 13,84%, im vierten Jahre 12,99%, die Pferdehufe im unteren Teil 18,16, im oberen Teil 18,22% Glutaminsäure.

Bei der Hydrolyse weißer Menschenhaare findet Buchtala nach der Fischerschen Methode folgende Werte:

Glykokoll	9,12%	Asparaginsäure	—
Alanin	6,88%	Glutaminsäure	8,00%
Valin	—	Tyrosin	3,30%
Leucin	12,12%	Cystin	11,55%
Prolin	—	Arginin	—
Serin	—	Lysin	—
Phenylalanin	0,62%		

Die Menschenhaare sind also reicher an Cystin, Glykokoll und Alanin als andere Keratine. Sehr ähnlich sind die Spaltungsprodukte der Schafwolle, doch enthalten nach Sammertino Menschenhaare 16mal so viel Glykokoll. Nach Sammertino sind die unter dem Sammelnamen Keratine zusammengefaßten Eiweißkörper, wie oben schon nach Unna erwähnt ist, gegenüber anderen dadurch gekennzeichnet, daß sie durch Fermente, Alkalien und Säuren schwer angreifbar sind, zeichnen sich aber ferner durch einen höheren Cystin- und Tyrosingehalt aus. Keratine verschiedenen Ursprungs haben einen sehr verschiedenen Gehalt an Cystin, Tyrosin, Tryptophan und Glutaminsäure. Diese Aminosäuren sind gegenüber den Albuminen und Globulinen in den Keratinen sehr stark angereichert, während die fetten Monaminosäuren in ihrer Menge zurückgedrängt sind.

Nach Sammertino findet bei dem Übergang eines löslichen Eiweißkörpers entweder der Albumin- oder Globulingruppe in das unlösliche Keratin ein Abbau statt in der Weise, „daß die fetten Monaminosäuren aus dem Molekulargefüge des Eiweißes immer mehr herausgelöst werden, insbesondere diejenigen, welche der Hauptsache nach die Bestandteile des Leimes sind, daß dadurch nun die Menge der aromatischen Aminosäuren, und zwar des Tyrosins und des Tryptophans, ferner des Cystins, der Glutaminsäure und des Arginins sich im Molekül scheinbar anreichern, in Wirklichkeit aber sich nur den Verhältniszahlen durch den Austritt der fetten Monaminsäuren verschieben."

Dem gegenüber ging die alte Hypothese von Unna dahin, daß bei der Umformung die keratine Umwandlung der Zellmembran im wesentlichen auf der Aufnahme von Schwefel und Phenolschwefelsäure aus den Körpersäften beruhe.

Wird die Wolle mit Barytwasser hydrolytisch gespalten, das Barium mit Kohlensäure entfernt, und die Lösung angesäuert, so erhält man ein Gemenge von Aminosäuren, die man als Lanuginsäure bezeichnet hat. Über das Bleisalz gereinigt, will Champion[1]) eine einheitliche Lanuginsäure isoliert haben. Knecht und Appelyard[2]) stellen nach Matthews die Versuche in Zweifel, weil sie bei der Lanuginsäure immer noch Schwefel nachgewiesen haben. Knecht (zitiert nach Matthews) beschreibt die Säure folgendermaßen: Die Säure ist löslich in Wasser, wenig löslich in Alkohol, unlöslich in Äther. Die wässerige Lösung resorbiert große Mengen basischer und saurer Farben. Tannin und Kaliumbichromat fällen die Säure aus. Bei Gegenwart von Natriumazetat erzeugen auch Aluminium, Zinn, Kupfer, Eisen, Silber und Platinsalze Niederschläge. Die Lanuginsäure hat alle Eigenschaften der Proteine. Die wässerige Lösung koaguliert auch bei höherer Temperatur nicht, sie zeigt ferner die Millonsche Reaktion. Die Elementaranalyse ergibt nach Knecht folgende Werte:

[1]) Champion: Compt. Rend. Bd. 72, S. 330.
[2]) Appelyard: J. Soc. Dyers a. Col. 1889, S. 71.

Kohlenstoff	41,61%
Wasserstoff	7,31%
Stickstoff	10,26%
Schwefel	3,35%
Sauerstoff	31,44%

Infolge der oben angegebenen Zusammensetzung verbrennt Wolle in der Flamme. Außerhalb derselben erlöscht sie jedoch oder brennt nur langsam weiter im Gegensatz zu pflanzlichen Fasern, die rasch auch außerhalb der Flamme verbrennen. Die bei der Verbrennung entweichenden Dämpfe haben bei der Wolle den unangenehmen eigentümlichen Geruch von verbranntem Horn, während bei pflanzlichen Faserstoffen mehr ein brenzlicher Geruch auftritt. Die Verbrennungsdämpfe der Wolle reagieren alkalisch, die der pflanzlichen Fasern sauer. Das Verbrennungsprodukt der Wolle ist eine zusammengesinterte, kieselige Masse, das der pflanzlichen Fasern eine leicht zerfallende weiche, meist durch Kohlenstoff schwarz gefärbte Asche.

Als Aschenbestandteile von Wolle werden 1 bis 3,03% angegeben, und zwar finden sich darin Kali, Natron, Kalk, Tonerde, Eisenoxyd, Kieselsäure, Schwefelsäure, Kohlensäure und Spuren von Phosphorsäure und Chlor.

Die Wolle hinterläßt beim Verbrennen nach Matthews ca. 1% ihres Gewichtes Asche, welche größtenteils wasserlöslich ist und sehr viel Kali enthält. Bowmann gibt folgende Analyse der Asche einer Lincolnwolle an.

Kaliumoxyd	31,1%
Natriumoxyd	8,2%
Kalziumoxyd	16,9%
Aluminium- und Eisenoxyd	12,3%
Kieselsäure	5,8%
Schwefelsäureanhydrit	20,5%
Kohlensäure	4,2%
Phosphorsäure	Spuren
Chlor	Spuren[1])

Als Begleiter der mineralischen Anteile ist z. T. auch Arsen nachgewiesen worden, dabei fragte es sich jedoch, ob dieses nicht den Waschmitteln entstammt, womit die Tiere und Wollen behandelt sind.

In kaltem Wasser, Alkohol und Äther sind die Keratinsubstanzen ganz unlöslich. In heißem Wasser wird langsam Ammoniak und Schwefelwasserstoff abgeschieden, und es gehen in kochendem Wasser dann noch geringe Bestandteile, die sich wie Peptone verhalten, in Lösung.

Gardner und Kastner haben die Menge ermittelt, die bei der Einwirkung von kochendem Wasser nach längerer Zeit in Lösung geht. Sie beträgt ca. 1,65% des Wollgewichtes und wird von Gardner als Wollgelatine bezeichnet, die auch beim Chromieren der Wollfaser in der Färberei eine große Rolle spielen soll. Hertz und Barraclough[2]) haben festgestellt, daß die Wollgelatine aus mindestens 3 Substanzen besteht und die Tannin und Biuretreaktion der gewöhnlichen Gelatinen aufweist. Diese drei Substanzen unterscheiden sie auf Grund des chemischen Verhaltens der Wollgelatine gegenüber Nachtblau und Bariumhydroxyd.

Gelmo und Suida[3]) (zitiert nach Matthews) bringen das Inlösunggehen der Wolle bei Behandlung mit kochendem Wasser in Zusammenhang mit der Hydrolyse in kochenden Säuren.

---

[1]) Hirst, H. R. u. A. T. King: Die Bestimmung der Schwefelsäure in der Wolle. J. Text. Inst. 1926, T. 101.

[2]) Barraclough: J. Soc. Dyers a. Col. 1909, S. 274.

[3]) Gelmo u. Suida: Färber-Z. 1905, S. 295.

Bei der Behandlung der Wolle mit Dampf wird diese rasch abgebaut und verliert sehr schnell an Festigkeit. Scheurer[1]) gibt an, daß schon nach dreiviertelstündiger Dampfbehandlung 18%, nach 6stündiger 23% und nach 60 Stunden 75% der ursprünglichen Festigkeit verloren gehen.

Woodmansey[2]) hat gezeigt, daß die Festigkeitsverluste nach dem Dämpfen der Wolle durch das Trocknen teilweise wieder eingeholt werden.

Trockene Hitze unter 130% ist weniger schädlich als feuchte Wärme. Für trockene Überhitzung gibt Woodmansey folgende Festigkeitseinbuße an:

Unbehandelte Wolle	145 Pfd.	Festigkeit
auf 150° erhitzt	141 „	„
auf 200° erhitzt	135 „	„

Demgegenüber hatte er bei einer Wolle, die normalerweise eine Festigkeit von 145 Pfund aufwies, wenn sie eine Stunde gedämpft wurde, sofort nach dem Trocknen 83,6 und nach drei Tagen lufttrocken 128,3 Pfund ergeben.

Bei Heißdampfbehandlung der Wolle nimmt die Affinität derselben für Farbstoffe zu, und bei Einwirkung von heißem Wasser bei gleichzeitiger mechanischer Beanspruchung verfilzt sie. Dieser Filzprozeß wird durch Kalkwasser oder verdünnte Säuren im Vergleich zu destilliertem Wasser ganz wesentlich beschleunigt[3]).

Eine Lösung in Wasser erfolgt erst bei Anwendung von Hitze (130°) und hohem Druck. Beim Erhitzen unter Druck auf 200° tritt völlige Lösung ein.

Gegen trockene Wärme ist die Wolle insofern ziemlich empfindlich, als schon bei 100° unter Umständen eine Bräunung und teilweise Zersetzung der Wolle beginnt, denn es entweichen teilweise Ammoniakdämpfe. Temperaturen über 100 bis 110° müssen also beim Trocknen der Wolle vermieden werden.

Bei der Wollhydrolyse haben neutrale Seifen keine beschleunigende Wirkung, während Alkalien und Alkalikarbonate proportional ihrer Konzentration stark lösend auf Wolle einwirken[4]). Erhöhte Temperatur wirkt gleichfalls beschleunigend. Kaliumbichromat für sich allein oder zusammen mit Oxalsäure bewirkt geringe Löslichkeit, während Bichromate im Beisein von Milch-, Schwefel-, Ameisen- oder Weinsäure die Hydrolyse wenig fördern. Diese von Gelmo und Suida[5]) gemachten Angaben sind auf Grund der Biuretreaktion zur Bestimmung des Grades der Hydrolyse erfolgt.

Mit Phenol haben R. O. Herzog und E. Krahn[6]) die Wolle aufgeschlossen.

b) Das Verhalten der Wolle gegenüber Säuren, Basen und anderen Reagenzien.

In chemischer Beziehung verhält sich die Wolle einer Base gegenüber als Säure und einer Säure gegenüber als Base, zeigt also amphoteren Charakter[7]).

---

[1]) Scheurer: Färber-Zg. 1893, S. 290.

[2]) Woodmansey: J. Soc. Dyers a. Col. 1918, S. 228.

[3]) Emley, W. E.: Die Wirkung der Hitze auf Wolle. Text. World Bd. 71, S. 27/28. 1927. — Einfluß der Temperatur auf die Wolle. Spinner Weber 1927, Nr. 15, S. 8.

[4]) Ageno-Vallasud, E. u. G. Bornati: Alkalische Hydrolyse von Haaren. J. Soc. Dyers a. Col. 1926, Nr. 6.

[5]) Gelmo u. Suida: Ber. akad. Wissensch. Wien 1905.

[6]) Herzog u. Krahn: Z. physiol. Chem. Bd. 134, S. 292. 1924.

[7]) Bruckhaus, W.: Chemisches Verhalten der Wollfaser. Dt. Färber-Zg 1920, Nr. 20, S. 368. — Speakman, J. B.: Der Gel-Zustand des Wollhaares. J. Text. Inst. 1926, S. 457—471. — Das Verhalten von Wolle als amphoteres Kolloid: Ein Beitrag zur Theorie des Färbens. Chem. Zbl. Bd. 1, Nr. 6, S. 904. 1925. — Paddon, W. W.: Die Konstitution der Wolle, die Färbung der Aminogruppe. J. Soc. Chem. Ind. Bd. 41, S. 411A. 1922. — Hirst, H. R. u. A. T. King: Die Bestimmung von Alkali in Wolle. Text. Inst. 1926, S. 94. — Münch: Bestimmung von Alkali und Säure in Wolle und deren praktische Bedeutung.

Dieses charakteristische Verhalten der Wolle spielt bei der Wollwäscherei und Färberei eine große Rolle.

Der basische Charakter der Wolle zeigt sich z. B. darin, daß verdünnte Säure, deren Konzentration 7% nicht übersteigt, beim Kochen von der Wolle aufgenommen und mit großer Zähigkeit festgehalten wird, während ohne Temperaturerhöhung keine Einwirkung eintritt.

Die Ursache des basischen Charakters bilden nach Matthews die Aminogruppen, die auch die Bausteine sind, welche die Affinität zu sauren Farbstoffen hervorbringen, sowie die Aufnahme von Säuren im allgemeinen bedingen.

Auf den sauren Charakter der Wolle weist die Tatsache hin, daß sie Alkalien, Metalloxyde und basische Salze aufnimmt. Ferner ist auch zu erwähnen, daß mit Alkalien, hartem Wasser oder Metalloxyden behandelte Wolle andere Eigenschaften aufweist als unbehandelte, und daß auch im sauren Färbebade, je nach der Herkunft der Wolle, ganz verschiedene Säurezusätze erforderlich sind, um die gleichen Färbungen zu erzielen. Die Azidität der Wolle ergab, daß durch 1 g Wolle 57,0 mg Kalilauge neutralisiert würden (Matthews). In diesem Falle handelt es sich also um die Neutralisation der Säure, doch können noch bedeutend größere Mengen Alkali absorbiert werden. Durch die Neutralisationsmethode kann nach Matthews die Basizität der Wolle nicht bestimmt werden, denn die Wolle absorbiert zwar eine große Menge Säure, doch wird diese nicht neutralisiert.

Behandelt man Wolle mit konzentrierten Lösungen von Natronlauge, so werden nach Matthews bis zu 50% des Wollgewichtes an Natronhydrat aufgenommen. Dieses Alkali kann allein durch Waschen nicht vollkommen entfernt, sondern muß z. T. mit Säuren aus der Faser beseitigt werden. Die mit Natronlauge behandelte Wolle zeigt eine geringere Affinität für Farbstoffe, so daß also wohl gewisse saure Bestandteile der Wolle neutralisiert sein müssen.

Nach Suida[1]) erleidet die Wolle bei der Hydrolyse Änderungen in ihrem amphoteren Charakter, und zwar nehmen zu Beginn der Hydrolyse die sauren Eigenschaften der Wolle rasch zu, um gegen Ende der Reaktion von der Neubildung basischer Gruppen wieder eingeholt zu werden.

Vignon[2]) hat die Wärmetönungen gemessen, die entstehen, wenn 100 g Wolle mit Säure, Alkali und dergleichen versetzt werden.

Reagens	freigewordene Kalorien
Kaliumhydrat (Normallösung)	24,50
Natriumhydrat „	24,30
Salzsäure „	20,05
Schwefelsäure „	20,90

K. H. Meyer u. H. Fikentscher[3]) haben gezeigt, daß sich die Wolle Säuren und Säurefarbstoffen gegenüber wie eine Base verhält, die Salze nach dem Schema bildet:

$$\text{Base} + \text{Säure} \rightleftarrows \text{Salz} + H_2O.$$

Etwa 1200 g Wolle binden ein Äquivalent Säure.

Ein Drittel der basischen Gruppen in der Wolle sind primäre Amine. Die Salze sind hydrolytisch gespalten.

Dt. Woll. Gewerb. 1926, S. 2013. — Hayes, F. A.: Das chemische und physikalische Verhalten der Wollfaser. Dyer Cal. Printer 1926, K. T. S. 17. (Mell. Textilber.) Nr. 2, S. 40. — Kapff, S. v.: Über den Einfluß chemischer und physikalischer Einwirkungen auf die Wolle und die Prüfung der Tuche auf ihre Tragfähigkeit. Melliands Textilber. 1923, Nr. 4/5.

[1]) Gelmo u. Suida: Ber. d. Akad. d. Wissensch. Wien 1905. — Suida: Z. f. angew. Chem. 1909. S. 2131.

[2]) Vignon: Compt. Rend. 1890, Nr. 17.

[3]) Meyer, K. H. u. H. Fikentscher: Melliands Textilber. 1926, S. 605.

Verdünnte Säuren können unter Umständen sogar eine günstige Wirkung auf die Wolle ausüben. Ristenpart und Petzold haben nachgewiesen, daß die Schwefelsäure in Konzentrationen, wie sie normalerweise im Färbebade Verwendung finden, die Festigkeit der Wolle erhöht. Diese Wirkung reicht bis zur Konzentration von 9% Schwefelsäure vom Wollgewicht.

Das Erhitzen auf 120° bewirkt bei den im Färbebade günstigsten Konzentrationen keine Schädigung, vielmehr findet hierbei sogar noch eine weitere Festigung statt. Besondere Versuche zeigen, daß auch beim Lagern nach ½ Jahre die Schwefelsäure keinen nachteiligen Einfluß ausübt und die Reißfestigkeit nicht herabmindert. Nach Brauckmeyer (aus Mark) wird durch Anwesenheit geringer Säuremengen der Angriff der Eiweißstoffe sogar etwas zurückgedrängt. Im kochenden Wasserbade ist die Schädigung am geringsten bei Anwesenheit von schwachen Säuren, z. B. Essigsäure.

Wenn Wolle mit verdünnten Säuren behandelt wird, so wird die Säure sofort absorbiert und energisch festgehalten. Wie Matthews angibt, ist es z. B. unmöglich, aus mit verdünnter Schwefelsäure behandelter Wolle durch langes Auskochen und Auswaschen die Säure wieder vollständig zu entfernen. Zugleich beobachtet man nach Matthews, daß mit Säure vorbehandelte Wolle mit sauren Farbstoffen im neutralen Bad angefärbt wird, wie unbehandelte Wolle im angesäuerten. Während diese Angaben von Fort und Lloyd[1]) bestätigt werden, meint Harrison[2]), daß alle absorbierte Säure durch genügend langes Waschen entfernt werden kann, da keine chemische Veränderung der Wolle stattfände.

Auch die organischen Säuren Oxal-, Ameisen-, Wein-, Milchsäure u. a. werden absorbiert; nur die Gallussäure wird in sehr geringem Grade aufgenommen. Behandelt man Wolle mit Gallussäure oder Tannin im kochenden Bade und fixiert mit Zinn oder dergleichen, so wird das Aufnahmevermögen für basische Farben verstärkt, für saure herabgesetzt (Becke und Beil[3])).

Mills und Takamine geben folgende Mengen der absorbierten Säure an:

Angewandte Säure	Die Lösung verliert	Die Wolle hat absorbiert
2,5	0,38	2,12
5	2,17	2,83
10	6,37	3,63
20	15,87	4,13
40	35,18	4,82

„Durch Behandlung der Wolle mit warmen verdünnten Säuren gewinnt diese vor allem eine bedeutend größere Affinität zu sauren Farbstoffen, während basische Farbstoffe weniger gut aufziehen. Alkoholische Schwefelsäure zeigt diese Erscheinung in noch verstärktem Maße.“ (Matthews.) Nach Gillet, Gelmo und Suida gewinnt die gesäuerte Wolle durch nachträgliche Behandlung mit verdünnter Sodalösung bzw. Ammonkarbonat ihre früheren färberischen Eigenschaften zurück.

In dem Wasser, das zur Auskochung einer mit Schwefelsäure behandelten Wolle gedient hat, läßt sich Ammonsulfat nachweisen, so daß man doch die Meinung vertreten muß, daß durch die Säurebehandlung chemische Veränderungen in der Wolle eingetreten sind. Allerdings ist zu erwähnen, daß es bei der Verwendung von Salzsäure viel besser gelingt, die Säure vollständig durch

[1]) Fort u. Lloyd: J. Soc. Dyers a. Col. 1914, S. 5.
[2]) Harrison: J. Soc. Dyers a. Col. 1917, S. 57.
[3]) Becke u. Beil: Z. Farb. Ind. 1906, S. 62. — Becke: Färber-Zg 1912, S. 15 u. 66.

Kochen aus der Faser wiederzugewinnen. Auffallend gering ist die Schädigung der Wolle, wenn sie chromiert ist. Es ist geradezu eine Schutzwirkung durch die Chromierung eingetreten. Rein mechanisch kann einmal durch die an der Faser adsorbierte Chromverbindung den Reagentien der Weg durch die geschmeidigen Kittstellen zu den Oberhautzellen versperrt werden; vielleicht tritt das Chrom auch selbst mit einem Teil der freiliegenden Wollsubstanz in Verbindung (v. Brunswik).

Rechberg beobachtet eine Schutzwirkung des Chromoxydes auch gegen die Einflüsse der Atmosphäre.

In konzentrierten Säuren quillt die Wolle zunächst meist auf, zerfällt vielfach in ihre Zellbestandteile und löst sich dann mehr oder weniger vollständig auf.

Was die Unterschiede in der Wirkungsweise der verschiedenen Säuren anbetrifft, so ist folgendes festzustellen:

In konzentrierter Schwefelsäure wird die Wolle bei kürzerer Einwirkungsdauer kaum verändert, nur verschwindet die Affinität zu sauren Farben; bei längerer Einwirkung zerfällt sie in ihre einzelnen Bestandteile, wird gelatinös, färbt sich dunkel und löst sich schließlich. Schwefelsäure bei Gegenwart von Wasser bleicht die Wolle, wasserfreie dagegen nicht.

Die Chromsäure hat in ihrer Wirkung Ähnlichkeit mit der der Schwefelsäure, und beim Beizen mit Bichromat dürfte zunächst eine Absorption der Chromsäure an Wolle stattfinden (Matthews).

Die Salpetersäure ergibt bei ihrer Einwirkung auf Wolle ein wesentlich anderes Bild. Bei mäßiger Konzentration und gewöhnlicher Temperatur bewirkt sie eine Gelbfärbung als Xanthoproteinreaktion, wie sie typisch ist für aromatische Radikale in Eiweißkörpern. Auch durch Salpetersäure erfolgt Schwellung, dann Zerfall in die einzelnen Bestandteile und schließlich Lösung. Hat die Säure ein geringeres spezifisches Gewicht als 1,02, so tritt keine Verfärbung auf, und es kann daher nach Matthews bei der Aufarbeitung von Kunstwolle Salpetersäure dieser Konzentration Verwendung finden.

Bei andauernder Behandlung der Wolle mit kochenden verdünnten Säuren und vor allem unter Druck wird die Wolle vollständig abgebaut, besonders wenn Salpetersäure Verwendung findet (Matthews). Nach den Untersuchungen von Georgievics[1]) und Pollak, von Fort und Lloyd[2]) werden Salpetersäure und ferner Salzsäure, etwas weniger Schwefelsäure und am wenigsten Essigsäure absorbiert und ferner die Mineralsäure wesentlich stärker als die Fettsäure[3]).

Konzentrierte Salzsäure bewirkt in der Kälte Blau- bis Violettfärbung[4]).

Konzentrierte Essigsäure wirkt allmählich ein; es erfolgt eine Aufquellung und langsame Lösung der Wolle.

Wie Richard[5]) gezeigt hat, wird durch salpetrige Säure die Wolle diazotiert. Prud'homme[6]) spricht die Reaktion mit salpetriger Säure als Nitros-

[1]) Georgievics, G. v.: Lehrbuch der Chem. Technologie der Gespinstfasern. 2. Teil, 3. Aufl.

[2]) Fort u. Lloyd: J. Soc. Dyers a. Col. 1914, S. 5.

[3]) Recke, M.: Der schädigende Einfluß starker Säuren auf Wollwaren. Textilber. 1921, Nr. 9—11. — Krais, P. u. H. Gensel: Ein Beitrag zum Studium des Einflusses von Soda und von Schwefelsäure auf Wolle. Textile Forsch. 1926, S. 1. — Seel, E. u. A. Sander: Über die Veränderungen von Gespinstfasern mit Alkalien und Säuren und deren Folgen für die Textilindustrie. Z. angew. Chem. Jg. 29, Bd. 1, S. 261/5. 1916. — Ristenpart, E. u. K. Petzold: Wolle und Schwefelsäure. Leipz. Monatsschr. Textilind. 1926, S. 242.

[4]) Waentig, P.: Über die Färbung der Wolle und Seide mit starken Säuren. Textile Forsch. 1919, S. 59.

[5]) Richard: J. Soc. Dyers a. Col. 1888, S. 841.

[6]) Prud'homme: Färber-Zg 1891, S. 346.

aminbildung an und erklärt diese Annahme mit dem Verhalten der Wolle gegenüber Formaldehyd und schwefliger Säure. Während Flick der gleichen Meinung ist, lehnt Emil Fischer[1]) die Ansicht, daß die Wolle diazotiert werden kann, gänzlich ab, und Grand Mougin sowie Burry halten eine Entscheidung darüber nicht für möglich.

Wird Wolle im Dunkeln mit einer 6proz. Natriumnitratlösung behandelt, so tritt eine schwache Gelbfärbung auf, die bei Lichtzutritt wieder verschwindet, jedoch beim Kochen mit Wasser wieder zutage tritt und dann nur durch Sodalösung entfernt werden kann (Matthews). Durch Säuren bleibt die Gelbfärbung dauernd bestehen. Die mit salpetriger Säure behandelte Wolle zeigt eine größere Affinität zu basischen und eine geringere zu sauren Farbstoffen[2]). Sie ist ferner im Griff viel rauher und nach Matthews nicht mehr hygroskopisch. Die Säurezahl einer derartigen Wolle ist nach Matthews von 88 auf 169 gestiegen, während die Jodzahl von 18,4 auf 4,7 fällt, was als eine Bestätigung der Schwächung der Amino- oder Iminogruppen angesehen wird.

Was die Einwirkung von Chlordioxyd-Essigsäure[3]) anbetrifft, so ist nach Brunswik zunächst ein leichtes Aufquellen und ein Deutlicherwerden der inneren Faserstruktur zu beobachten. Nach 24stündiger Behandlung im Dunklen gibt die gelbstichige Wolle von allen oben angeführten Reaktionen nur noch die Biuretreaktion. Die aromatischen Aminosäuren und Cystin sind nicht mehr nachzuweisen. Nach Brunswik zeigt derartige Wolle in ihrem Verhalten Ähnlichkeit mit chlorierter Wolle.

In einer halb gesättigten kochenden Chromsäurelösung löst sich Wolle nach ½ Minute.

Die Wirkung der Ätzalkalien ist im allgemeinen noch energischer als die der Säuren und äußert sich vor allem darin, daß der Schwefel aus dem Keratinmolekül entfernt wird.

Wolle wird ebenso wie Seide in siedend heißer, verdünnter, 3proz. Kali- oder Natronlauge vollständig aufgelöst. Versetzt man diese Auflösung mit einer alkalischen Bleisalzlösung (Natriumplumbat, Bleizucker gelöst in Natronlauge), so entsteht infolge des Schwefelgehaltes der Wolle eine braune bis schwarze Färbung. Diese Reaktion tritt bei Seide nicht ein und kann somit zur Unterscheidung der Wolle gegenüber der Seide dienen.

Von den Alkalien wirkt Ammoniak in der Kälte gar nicht, bei längerem Kochen nur wenig ein. Kalilauge und Natronlauge bewirken bei Anwendung von Wärme eine durchgreifende Veränderung der Wollfaser. Starke Ätzlaugen lösen jede Hornsubstanz beim Kochen zu einer gelbgefärbten Flüssigkeit

Konzentrierte Ätzalkalien greifen bei 0° die Wolle nur wenig an. Auch in Gegenwart von Glyzerin wirken Ätzalkalien nach Buntrock und Kertesz nicht zerstörend, sondern bewirken eine erhöhte Aufnahmefähigkeit für Farbstoffe, während durch konzentrierte Schwefelsäure bei 0° die Aufnahmefähigkeit für Farbstoffe vermindert wird.

Nach einer Behandlung der Wolle mit Lauge von 39 bis 48 Bé wird sie stark seidenglänzend und in der Farbe aufgehellt, während die Zugfestigkeit um 25 bis 30%[4]) herabgesetzt wird.

---

[1]) Fischer: Färber-Zg 1901, S. 238; Z. Farb. Ind. 1903, S. 18; Ref. Gen. Mat. Col. 1902, S. 67.

[2]) Bull. Soz. Int. Mülh. 1899, S. 221.

[3]) Schmidt, E.: Ber. dtsch. Chem. Ges. Bd. 2, S. 1531. 1922. — Schumacher, P.: Biol. Zbl. 1922.

[4]) Matthews: J. Soz. Chem. 1902, S. 685; s. a. Buntrock, zit. bei Matthews: Die Textilfasern.

Nach Buntrock[1]) tritt bei einer Behandlung der Wolle mit einer Lauge von 20° Bé eine maximale Zerstörung ein, während bei zunehmender Laugenkonzentration die Schädigung wieder nachläßt und bei 42° Bé sogar eine Faserstärkung hervorruft, die noch bei 50° Bé vorhanden ist.

Beim Behandeln der Wolle mit kochender, schwacher Natronlauge oder Barytwasser geht sie nach Knecht in Lanuginsäure über; bei mehrtägigem Kochen wird sie zerstört. Aus der alkalischen Lösung fällen Säuren unter Schwefelwasserstoffentwicklung einen flockigen Niederschlag. Mit Ätzkali benetzte Wolle läßt sich auf das Doppelte ihrer ursprünglichen Länge strecken. Ätzkali wirkt im allgemeinen nicht so heftig wie Ätznatron.

Bei Behandlung der Wolle mit Lauge wird ein Teil absorbiert und kann auch wieder weggewaschen werden, wobei ein großer Teil des Schwefels entfernt wird. Die mit Lauge behandelte Wolle hat eine größere Affinität zu Farbstoffen als unbehandelte Wolle. Nach Matthews bewirkt die Laugenbehandlung der Wolle keine Schrumpfung.

Alkali-Karbonate (Pottasche- und Sodalösungen) wirken nur bei stärkerer Konzentration und bei Anwendung von Wärme auf die Wollen ein, bei weitem aber nicht so energisch wie Ätzalkalien. Sie vermindern aber die Geschmeidigkeit und geben der Wolle einen Stich ins gelbliche. Die Anwendung eines solchen Waschmittels zur Entfernung schwer löslichen Fettschweißes vermindert also immer den Wert der Wolle.

Übermäßig langes Kochen mit Alkalikarbonaten kann eine erhebliche Schädigung der Wolle bewirken, die auf dem Abbau der Keratinsubstanz beruht und schon durch Spuren von Alkali, die aus dem Glase stammen können, verursacht wird.

Aus den Versuchen von Brauckmeyer über die Schädigung durch verschiedene konzentrierte Sodalösungen geht hervor, daß die Schädigung bei Verwendung einer 1proz. Sodalösung ein gewisses Maximum erreicht, wie aus dem Ausfall der Diazoreaktion geschlossen wurde. Auffallend ist, daß bei 10proz. Sodalösung die Schädigung etwas geschwächt ist. Durch eine Konzentrationssteigerung von 0,1 auf 1% wird eine größere Schädigung bewirkt, als sie bei einer Temperaturerhöhung des Bades von 50 auf 70° erzeugt wird.

Bourton und Barralet[2]) haben den Einfluß von Natriumsuperoxyd auf Wolle in Gegenwart von Soda untersucht und festgestellt, daß die Wolle im Sodabad ohne Zusatz von Natriumsuperoxyd in wenigen Minuten braun gefärbt wird, während sie mit diesem Zusatz ihre ursprüngliche Farbe behält, Nach Auswaschen und Behandlung mit verdünnter Schwefelsäure hellt die mit Soda behandelte Wolle in der Farbe auf und entwickelt Schwefelwasserstoff, während dieses bei der vorbehandelten Wolle nicht der Fall war.

Nach Bethmann verliert die Wolle durch Alkalibehandlung ihre reduzierenden Eigenschaften, während durch alkoholisches Alkali Gelbfärbung eintritt und eine Zunahme der Affinität zu Salzfarben im neutralen Bade entsteht.

Als sehr milde Alkalien, die kaum eine Einwirkung auf Wolle erkennen lassen, sind Borax und Natriumphosphat zu erwähnen. Das Kaliumkarbonat soll ferner eine geringere Schädigung bewirken als das Natriumkarbonat.

Kohlensaures Ammoniak und Seifenlösung, wenn diese kein freies Alkali enthalten, wirken kaum auf die Wolle ein, sowie aber schon Bruchteile von Prozenten freien Alkalis vorhanden sind, tritt eine Schädigung ein[3]).

---

[1]) Matthews: J. Soz. Chem. 1902, S. 685; s. a. Buntrock, zit. bei Matthews: Die Textilfasern.

[2]) Bourton u. Barralet: Dyer u. Calico Printer 1899, zit. nach Matthews.

[3]) Farrar, H. E. u. P. E. King: Über die Wirkung von Ammoniak auf Wolle. J. Text. Inst. 1926, S. 588.

Die Erdalkalien wirken weniger heftig auf die Wolle ein als die Alkalien, können aber auch die vollständige Zersetzung bewirken. Durch Kalkmilch wird der Schwefel der Wolle entzogen, sie wird brüchig, glanzlos und verliert ihre Filzbarkeit. Durch Bariumhydroxyd wird die Wolle zu den Lanuginsäuren gespalten.

Kalkwasser wirkt weniger energisch als Alkalien, entzieht aber der Wolle einen Teil des Schwefels. Je nach Dauer der Einwirkung wird die Wolle hart und brüchig. Nach Chevreul, Guignet und David[1]) hat eine Wolle auch nach Behandlung in einem Kalkbad bei Luftabschluß größere Affinität für alle Farbstoffe als eine unbehandelte Wolle.

Durch die Behandlung der Wolle mit einer 4proz. Formaldehydlösung wird nach Kann die Empfindlichkeit gegen Alkalien selbst bei erhöhter Temperatur (Karin) und die Farbstoffaffinität bedeutend herabgesetzt. Mit Formaldehyd behandelte Wolle gibt diesen erst durch Erhitzen mit Salzsäure wieder ab. Es ist also anzunehmen, daß das Aldehyd an die Wolle chemisch gebunden ist. Mit Formaldehyd behandelte Wolle läßt sich auch in Gegenwart größerer Mengen Natriumsulfides mit sauren Farbstoffen anfärben.

Auf die Wolle haben Reduktionsmittel wie schweflige Säure[2]), Natriumbisulfit[3]), Zinnchlorür, Natriumhydrosulfit, Titansulfat keinen oder nur geringen Einfluß auf die Wolle, während sie auf die Farbpigmente bleichend einwirken. Elsässer[4]) stellt durch kochende konzentrierte Bisulfitlösung eine Veränderung der Wolle fest, die an den Merzerisiereffekt erinnert. Im Bade selbst nimmt die Wolle eine gummiähnliche Struktur an und schrumpft. Die gestreckte, ausgewaschene Wolle soll erhöhten Glanz und Festigkeit zeigen.

Die Wolle ist auch ziemlich empfindlich gegen Oxydationsmittel. In mäßiger Konzentration bewirkt Wasserstoffsuperoxyd kaum eine Schädigung der Wolle, bleicht dagegen die Pigmente.

Ohne Schädigung der Wolle tritt Bleichwirkung der Pigmente gleichfalls durch Behandlung der Wolle mit Natriumpermanganatlösung ein, wenn die Konzentration 2 bis 3% und die Temperatur 120° nicht übersteigt. Der entstehende Braunstein bildet auf der Wolle einen braunen Niederschlag, der mit Natriumbisulfit oder Oxalsäure entfernt werden kann, so daß dann eine sehr weiße Wolle entsteht, deren Milde und Glanz aber etwas geschädigt sind.

Nach den Untersuchungen von Kertez wird die Wolle, vor allem die ungefärbt ist, durch den Luftsauerstoff zerstört. Durch bestimmte Vorbehandlung kann eine Schutzwirkung gegen den Sauerstoff der Luft erzielt werden.

Das Ozon setzt die Festigkeit der Wolle herab[5]), verändert aber weder Elastizität noch Glanz. (Kertez[6])). Durch ultraviolettes Licht tritt eine starke Schädigung der Wolle ein. Daß die Zerstörung bei Belichtung und beim Tragen der Wolle eine Oxydation ist, ergibt sich nach Matthews aus der zunehmenden Azidität der Wolle[7]).

---

[1]) David: Compt. Rend. Woll. Bd. 128, S. 686.

[2]) Raynes, J. L.: Das Bleichen von Wolle mit schwefliger Säure. J. Text. Ind. 1926, S. 379. Melliands Textilber.

[3]) Pulowka: Die hornlösende Wirkung der Alkali- und Erdalkalisulfide. Z. angew. Chem. 1924. Nr. 41, S. 813.

[4]) Elsässer: D.R.P. 233210, zit. nach Matthews.

[5]) Trotman, S. R. u. D. A. Langsdale: Die Wirkung ozonisierter Luft auf Wolle und auf mit Chlor behandelte Wolle. J. Soc. Chem. Ind. Bd. 42, S. 13. 1923.

[6]) Kertez: Färber-Zg. Bd. 30, S. 137. D.R.P. 286340 (zit. nach Matthews).

[7]) Herrmann: Der Wollschwund durch atmosphärische Einflüsse. Chem.-Zg 1924, S. 337/338. — North: Humidity of the Atmosphere in Regard to Textile. J. Text. Inst. Bd. 9, S. 159. 1918. — Bergen, W. v.: Einfluß des Sonnenlichtes auf Wolle. Dt. Wollen-

Die Reaktion mit Naphthochinonsulfosäure, in der Fort und Lloyd ein Reagens auf freie Aminogruppen fanden, tritt bei der dem Licht ausgesetzten Wolle nicht mehr so stark hervor. Die erwähnten Autoren haben daraus gefolgert, daß bei lichtbeschädigter Wolle vor allem die freien Aminogruppen dezimiert werden. Wenn auch durch die Lichteinwirkung äußerlich noch keine Veränderungen wahrzunehmen zu sein brauchen, so ist eine derartige Wolle doch empfindlicher gegenüber chemischen Reagentien und kann in ihren mechanischen Eigenschaften geschädigt sein. Ferner ist diese Wolle schwieriger gleichmäßig anzufärben, als es bei einer normalen Wolle der Fall ist.

Bei Zusatz von Chlorwasser tritt die weiter unten zu besprechende Allwördensche Reaktion ein. Es erfolgt eine fortschreitende Durchchlorierung der Rindensubstanz, als deren Maß nach Brunswik (aus Mark) das schrittweise gegen das Haarinnere sich verschiebende Aufhören der Millonschen Reaktion herangezogen werden kann [1]). Die chlorierte Wolle, das Chlorkeratin, verquillt sehr leicht in Ammoniak, Phenol und Chloralhydrat; in konzentrierter H_2SO_4 ist Chlorkeratin leicht und restlos löslich und durch Wasser ausfällbar. Witt [2]) gibt an, daß die mit Chlor behandelte Wolle in Ammoniak löslich ist, unter Entwicklung von Stickstoff, was Grandmougin [3]) verneint.

Durch Chlorbehandlung wird die Wolle seidenglänzend, aber hart im Griff; die Filzfähigkeit und die Krimpfähigkeit verschwinden und die Aufnahmefähigkeit für Farbstoffe wächst bedeutend. Das Chloren der Wolle wurde technisch zur Herstellung von Seidenwolle verwendet. Infolge der leichten Angreifbarkeit durch Chlor darf das Bleichen der Wolle nicht durch dieses erfolgen.

Bei zu langer Einwirkung von Chlor auf Wolle tritt Gelbfärbung ein, die, ebenso wie die mangelhafte Geschmeidigkeit, nicht wieder beseitigt werden kann. Für das Chloren der Wolle spielt vor allem die Konzentration der Chlorlösung eine wichtige Rolle, während die Zeit der Einwirkung von geringerer Bedeutung ist.

Nach Trotman [4]) (zitiert nach Matthews) zeigt nur die gechlorte Wolle gegenüber ungechlorter eine auffallende Schädigung, wenn das Chloren nicht sorgfältig durchgeführt wird, so daß dann eine Zerstörung der Wolle ein-

---

Gewerb. 1926, S. 705—708. — Der Einfluß ultravioletter Strahlen auf die Festigkeitseigenschaften von Faserstoffen. Spinner Weber 1926, Nr. 103, S. 1 u. 3. — Die Lichtwirkung auf Textilfasern. Leipz. Monatsschr. Textilind. 1922, Nr. 7. — Heermann, P. u. H. Sommer: Der Einfluß der ultravioletten Strahlen auf die Festigkeitseigenschaften von Faserstoffen. Leipz. Monatsschr. Textilind. Jg. 40. 1925. — Hirst, H. R.: Ultra-Violet Radiation as an aid to Textile Analysis. J. Text. Inst. 1927. — Kapff, S. v.: Über die Wirkung der atmosphärischen Einflüsse auf Wolle und Tuche. Melliands Textilber. 1927, H. 5. — Rosenzweig, A.: Der Einfluß der ultravioletten Strahlen auf die Festigkeitseigenschaften der Faserstoffe. Leipz. Monatsschr. Textilind. Jg. 40. 1925. — Über die Wirkung der atmosphärischen Einflüsse auf Wolle und Tuche. Spinner Weber 1926. Nr. 81 (nach Ref. Melliands Textilber.). — Sommer, H.: Die Schädigung der Faserstoffe durch Licht und Wetter. Z. ges. Textilind. Nr. 28, 29. Leipzig 1927. — Krais, P. u. K. Biltz: Über die Wirkung des Sonnenlichts auf ungefärbte und gefärbte Wollfasern. Leipz. Monatsschr. Textilind. Jg. 40. 1925. — Sommer, H.: Die Wirkung atmosphärischer Einflüsse auf Faserstoffe. Leipz. Monatsschr. Textilind. H. 1—4. Leipzig 1927. — Trotman, S. R. u. R. W. Sutton: Die Zerstörung von Wolle unter dem Einfluß der Atmosphäre. J. Soc. Dyers Col. Bd. 41, S. 121; Textile Forsch. 1925, S. 77.

[1]) Trotman, S. R. u. C. R. Wyche: Der Aminostickstoff von Wolle in Beziehung zur Chlorierung. Chem. Zbl. Bd. 2, Nr. 23, S. 2619. 1924. — Friedel, R.: Das Chlorieren der Wolle. Z. ges. Textilind. 1923, Nr. 52, S. 432. — Trotman, S. R. u. E. R. Trotman: Weitere Versuche über die Chlorierung von Wolle. Übersetzt von Krais: Leipz. Monatsschr. Textilind. 1927. — Lussiez, L.: Studien über die Vorgänge beim Chlorieren der Wolle. Rev. gen. Temt. Blanch. Impr. Blanch. Appret 1926, S. 1299 (Melliands Textilber.).

[2]) Witt: Gespinstfasern S. 9. [3]) Grandmougin: Z. Farb. Ind. 1906, S. 399.

[4]) Trotman, E. R. u. S. R. Trotman: Chem-Zg 1926, Nr. 53, S. 112.

trat. Auch die Affinität zu Farbstoffen soll nur durch zu starkes Chloren erhöht werden, während durch normales Chloren keine Änderung derselben eintritt. Nach Trotman[1]) soll Chlor Wolle stärker angreifen als unterchlorige Säure.

Nach Matthews[2]) unterwirft man bei der Herstellung der Perserteppiche die Wolle häufig dem Chloren, um ihr den gewünschten satten Glanz zu verleihen und die Gewebe künstlich zu altern, was aber keineswegs ihrer Haltbarkeit zuträglich ist.

Nach Matthews sind die neutralen Metallsalze[3]) ohne größeren Einfluß auf die Wolle und werden auch nicht absorbiert[4]). Auch die neutralen Alkali- und Erdalkalisalze bleiben wirkungslos. Bei Kochtemperatur beobachtet man nach Matthews eine geringe Salzaufnahme, die anscheinend nur eine Einlagerung in die Tiefen der Faser darstellt.

Gegen verschiedene Salze kann Wolle als Reduktionsmittel wirken, so wird z. B. Kaliumnitrat zu Kaliumnitrit reduziert.

Nach Bland und Fort[5]) scheinen gewisse Neutralsalze, wie z. B. Glaubersalz, die nicht hydrolysieren auf Wolle lösend einzuwirken.

Alle sauren Salze, wie Alaun, Eisensulfat und Kaliumbichromat werden von der Wolle stark absorbiert. Nach Gelmo und Suida[6]) soll Alaun auch noch eine hydrolysierende Wirkung ausüben.

Für die Färberei ist das Verhalten der Wolle zu den Lösungen gewisser Metallsalze von großer Wichtigkeit. Salze gewisser Schwermetalle (Kupfer, Eisen, Zinn) werden durch Wolle zum Teil zerlegt. Hierbei scheint die Wolle als Säure aufzutreten, indem sie im kochenden Bade sich des betreffenden Metallhydroxydes bemächtigt. Auf diesen chemischen Vorgängen beruht das Beizen, die Vorbereitung für die Färbung der Wolle[7]).

Die Adsorptionsfähigkeit der Wollfaser gegen Kupfersalze wird durch Säurebehandlung aufgehoben, und zwar schon durch äußerst schwache Säurebehandlung. Eine Beziehung zur Stärke der Einwirkung ist nicht erkennbar.

„Wird Wolle in einer Bichromatlösung gekocht, so wird das Chrom als Chromichromat absorbiert, d. h. als chromsaures Chrom. Die Reduktion des Bichromats zu Chromhydroxyd wird durch die Wolle besorgt. Die Gegenwart von Säuren und speziell von organischen Säuren fördert den Prozeß. Leicht oxydierbare Säuren, wie Weinsäure, Ameisensäure u. a. übernehmen an Stelle der Wolle die Reduktion. Man hat des weiteren die interessante Beobachtung gemacht, daß die Wolle sauresweinsaures Kali absorbiert und im Bad neutrales Kaliumtartrat erzeugt; d. h. es wird die Säure absorbiert und das Kalium in Lösung geschickt. Das nämliche Phänomen tritt ein bei Ammoniumsulfat, wo wiederum die Schwefelsäure resorbiert und Ammoniak in Lösung geschickt wird."

Beim Chrom wird 3% Bichromat berechnet, auf das Wollgewicht müssen folgende Säuremengen angesetzt werden:

Weinsäure	2,5%
Milchsäure	3,0%
Oxalsäure	2,0%
Ameisensäure	1,5%
Schwefelsäure	1,5%

[1]) Trotman: J. Soc. Chem. Int. 1922, S. 219.

[2]) Matthews, M.: Die Taxtilfasern. Berlin 1928.

[3]) Siehe Schwalbe: Färbetheorien, S. 58 u. 158.

[4]) Schellens: Arch. Farm. 1905, S. 617.

[5]) Bland u. Fort: J. Soc. Dyers a. Col. Bd. 26, S. 855.

[6]) Gelmo u. Suida: Monatsschr. f. Chem. Bd. 26, S. 855.

[7]) Meyer, K. H. u. H. Fikentscher: Vorgänge beim Färben der Wolle. Melliands Textilber. 1926. — Haller, R.: Das Verhalten von Baumwolle und Wolle zu substantiellen Farbstoffen. Kolloid-Z. 1921, Nr. 2, S. 95—100.

Nach Matthews ergibt die Weinsäure bzw. das saure weinsaure Kali die blumigsten Färbungen, die Milchsäure besonders echte Töne. „Die Chromsude unterscheiden sich auch in der Farbe; die mit Bichromatschwefelsäure erhaltenen sind die gelbstichigsten. Bei Anwendung von mehr Schwefelsäure wird der Ton grüner und zugleich wird mehr Chrom aufgenommen. Nach Ulrich[1]) ist es die stärkere Hydrolyse der Wolle, hervorgerufen durch die stärkere Säure. Hydrolysierte Wolle reduziert das Bichromat erst zur Chromistufe, was bei Anwendung von Wein- und Milchsäure von den letzteren übernommen wird. Die Ameisensäure ist gegenüber der Oxydationswirkung des Bichromates sehr resistent auch bei Kochtemperatur, so daß die Wolle den größten Teil der Reduktionsarbeit zu leisten hat, wenn mit Ameisensäure chromiert wird. Die Ameisensäure ist also mehr zur Förderung der Hydrolyse der Wolle als zur selbsttätigen Reduktion bestimmt." (Matthews.)

Durch das Beizen mit Metallsalzen — Metalluid — wird die Wolle meistens nicht verfärbt. Eisen-, Kupfer-, Chrom-, Selensalze färben als Beize nach Matthews schwach braun, grau, grün oder braunrot und Tellurbisulfit braunschwarz, Ammonmolybdat in Gegenwart von Salzsäure und Sulfit schwach blau[2]).

Bei der Auflösung von Wolle in Phenol wird Schwefelwasserstoff abgespalten.

c) Das chemische Verhalten der Markzellen.

Während die gemachten Angaben sich auf das Verhalten der die Hauptmasse des Haares ausmachenden Rindensubstanz bezogen, ist hervorzuheben, daß die Marksubstanz in chemischer Beziehung anders strukturiert ist.

Hierauf deuten schon die oben erwähnten Untersuchungsergebnisse von W. v. Nathusius und Duerst, die Leimsubstanzen, Glutine darin nachwiesen. Ferner ist darauf hinzusweien, daß Alkalien eine wesentlich geringere Einwirkung haben. Nach W. v. Nathusius besteht die Marksubstanz aus einer homogenen Keratinsubstanz, in welche Zellen oder deren Derivate von bindegewebiger Abkunft eingelagert sind.

Nähere Untersuchungen liegen aber in dieser Richtung nicht vor, nur ist noch zu erwähnen, daß sich nach Waldeyer u. a. Keratohyalin nachweisen läßt, das durch Pikrokarmin und Hämatoxylin färbbar, in Wasser, Alkohol, Äther und ätherischen Ölen unlöslich, in Säuren und Alkalien aber löslich ist.

Neuerdings wird die Anwesenheit von Keratohyalin bestritten.

Lodemann findet über der Papille auftretend, später weniger deutlich zu erkennende korpuskuläre Elemente, welche scheinbar namentlich an den Scheidewänden der Markzellen liegen. Diese zeigen jedoch nicht das färberische Verhalten von Keratohyalin. Der Befund deckt sich vielmehr mit der Angabe Brancas, welcher Trichohyalin in den Markzellen fand. Bezüglich der Größe und Anordnung dieser Körnchen sind aber Unterschiede gegenüber Branca festzustellen. Mit diesem findet aber Lodemann vor allem die Körnchen in der Huxleyschen Zone.

3. Der Nachweis von Wollschäden.

a) Die Wollschädigungen und ihr allgemeiner Nachweis.

Die Chemie der Wolle und das vorstehend geschilderte Verhalten der Wolle gegen Reagentien ist von Wichtigkeit für die Verarbeitung der Wolle in der Wäscherei, Karbonisation, Bleicherei und Färberei.

[1]) Ulrich: Z. physik. Chem. 1908, S. 25.

[2]) Elöd, E.: Physikalisch-chemische Beiträge zur Theorie der mineralischen Beizung tierischer Farbstoffe. Kolloidchem. Beih. Bd. 19, Nr. 7—9, S. 298.

Bei allen Prozessen, denen man die Wollen unterwirft, beim Waschen, Färben, Karbonisieren sucht man möglichst die Wollen an sich so wenig wie möglich zu verändern, um nicht die wertvollen mechanischen Eigenschaften zu beeinträchtigen.

Was die Schädigung der Wolle anbetrifft[1]), so können diese außerordentlich mannigfaltig sein, und es ist schwer, zwischen verschiedenen Schädigungsgraden entsprechende Grenzen zu ziehen, die eine objektive Bewertung derselben ermöglichen. Mit vollkommener Sicherheit lassen sich hier eigentlich nur die Extreme kennzeichnen. Eine bestimmte Untersuchungsmethode kann meist nur einen bestimmten Kreis und nicht zahlreiche der vorkommenden Schädigungen erfassen.

Bezüglich der Art der Schädigungen kann man unterscheiden:

1. Mechanische Beschädigungen, die sich in der Veränderung der Haarhistologie nachweisen lassen.

2. Chemische Beschädigungen, die sich in der Veränderung der Haarhistologie nachweisen lassen.

3. Chemische Beschädigungen, die eine Veränderung der chemisch-physiologischen Eigenschaften bewirken, sich aber in der Haarhistologie nicht nachweisen lassen.

Von Bedeutung ist es, die Faserschädigungen durch indirekte Verfahren zu messen, doch ist unsere Kenntnis über das Haar und die Hornsubstanz, ihre Zwischenabbauprodukte und ihr verschiedenartiges Verhalten noch nicht ausreichend erforscht, als daß die direkten Verfahren entdeckt werden könnten. Deshalb ist die Beurteilung der Faserbeschädigung durch physikalische Bestimmung ihrer Festigkeits- und Dehnbarkeitseigenschaften noch maßgebend. Ob die indirekten Verfahren überhaupt einen vollwertigen Ersatz für die Festigkeits- und Dehnbarkeitsprüfung abgeben werden, dürfte fraglich erscheinen. Wenn man auf chemischem Wege Wollschädigungen nachweisen will, so setzt das voraus, daß zwischen der mechanischen oder chemischen Beeinträchtigung des Wollhaares und den physiologischen Eigenschaften, die für die Verarbeitung, ebenso wie gewisse chemische, die für die Färberei von Bedeutung sind, ein gewisser Zusammenhang besteht, der bisher jedoch kaum nachgewiesen ist, so daß man in dieser Richtung den Methoden doch nur eine eingeschränkte Bedeutung zubilligen kann.

b) Die Allwördensche oder Elastikum-Reaktion.

Nach einigen Autoren ist die Allwördensche oder Elastikum-Reaktion zum Nachweis von Haarbeschädigungen geeignet.

Die nach von Allwörden[2]) genannte Reaktion wird mit Chlorwasser erzielt, dessen Gehalt an Chlor in weiten Grenzen schwanken kann. Man bringt einen Wassertropfen, in welchem das zu untersuchende, mit Alkohol oder Äther gereinigte Haar mit Hilfe eines Glasstabes benetzt wurde, auf einen Objektträger und fügt dann einen Tropfen gesättigtes, frisches Chlorwasser hinzu und untersucht nach Bedeckung mit einem Deckgläschen bei ca. 200facher Vergrößerung. Auch mit gesättigtem Bromwasser erfolgt die Reaktion; sie wird hier schärfer, da die Haare durch das Brom gelb gefärbt werden. Die Reaktion geht etwas langsamer vor sich als mit Chlorwasser und ist nach 15 Minuten beendet. Nach

[1]) Sieber, W.: Prüfung auf Wollfaserschädigung. Mitt. dtsch. Textil-Verbandes Nr. 5, S. 63. Reichenberg 1927.

[2]) Allwörden, K. v.: Lehnes Färbereizg 1912, S. 45. — Allwördensche Reaktion. TextileForsch. Jg. 1, H. 2. 1919. — Z. angew. Chem. Bd. 29, S. 77. 1916. — Studien über Einwirkung von Chlor auf Schafwolle. Diss. Berlin 1913.

Krais versagt jedoch das Bromwasser in einigen Fällen, wo Chlor noch wirkt. Nach diesem Autor hat jedoch Bromwasser die Vorteile, daß es besser haltbar, leichter herstellbar ist, und daß man an der Farbe erkennen kann, ob es noch wirksam ist.

Am Rande der mit Chlor- bzw. Bromwasser behandelten Haare entstehen nach von Allwörden Bläschen und kugelige Auswüchse. Setzt man nach scharfer Einstellung des Haares unter dem Mikroskop Chlorwasser hinzu, so soll man das Aufbrechen der Schuppenzellen und das Hervortreten von halbrunden Quellungen beobachten können. Auch Krais[1]), Naumann[2]) u. a. stellen bei Chlorbehandlung halbrunde Quellungen am Rande der Haare fest, die auch als Perlen und Bläschen bezeichnet werden. Es sind nach Krais sehr feinwandige, von einer viskosen Flüssigkeit gebildete, manchmal schwer sichtbare Bläschen, die durch mechanische Einwirkung oder durch Nachbehandlung mit verdünnten Alkalilösungen leicht zerstört werden. Bringt man nach ihm die Bläschen durch mechanische Einwirkung zum Ineinanderfließen, so ,,ist dann die Haarfläche von einem schlauchartigen Gebilde überzogen", und wenn man die Bläschen zerstört, so ,,sieht man die Fläche des Haares von unregelmäßigen Membranfetzen bedeckt". Nach Krais sind diese Quellungen nicht immer so regelmäßig und schön wie beim Wollhaar ausgebildet und ,,an Stelle der charakteristischen wie die Perlen einer Perlschnur angeordneten Gebilde treten öfters unregelmäßige Gebilde auf".

Übereinstimmend wird von den verschiedenen Autoren festgestellt, daß die Reaktion an verschiedenen Teilen desselben Haares ungleichmäßig eintritt. An der Haarspitze und etwas weiter nach unten zu ist keine Reaktion festgestellt; am besten tritt diese in der Haarmitte ein und bleibt in gleicher Ausbildung bis nach der Basis zu oder kann auch in dieser Richtung wieder abnehmen. Nach Naumann kann das Ausbleiben der Reaktion an der Spitze des Haares durch das häufige Fehlen der Schuppenzellen an dieser Stelle nur teilweise erklärt werden, da die reaktionslose Zone meistens weiter nach unten reicht, als der schuppenlose Teil des Haares. Nach Krais und Waentig[3]) ist die verschiedene Reaktion der einzelnen Teile des Haares auf mechanische und chemische Einwirkung am Tier, insbesondere auf Einwirkung von Hautsekreten und Atmosphärilien sowie auf mechanische Abschilferung der Oberhaut des Haares zurückzuführen.

Auch innerhalb derselben Probe haben Krais, Waentig und Herbig[4]) eine verschiedenartige Reaktion gefunden. In seiner ersten Veröffentlichung über die Reaktion gibt Krais an, daß von einer Sicherheit derselben nicht die Rede sein kann, da sie aus unbekannten Gründen einmal eintritt oder ausbleibt. Auch späterhin hat er durch ausführliche Versuche nachweisen können, daß ein gleichmäßiges Verhalten sämtlicher Haare einer Probe gegenüber Chlor nicht zu finden ist, da einzelne immer die Reaktion weniger stark oder auch gar nicht zeigen. Es kommen in einer Wollprobe, deren Haare eine gute Reaktion zeigen, auch solche vor, an denen nur einige ,,Perlen" ausgebildet sind, zuweilen kann auch die Reaktion ganz ausbleiben.

Die Reaktion ist unabhängig von der Art der Reinigung der Wolle unter der Voraussetzung, daß durch das Waschmittel keinerlei Schädigung eingetreten ist.

---

[1]) Krais: Z. angew. Chem. Bd. 30, S. 85.

[2]) Naumann: Z. angew. Chem. Bd. 30, S. 135, 297, 305. 1917.

[3]) Krais, P. u. P. Waentig: Z. angew. Chem. Bd. 29, S. 77. 1916.

[4]) Krais, P. u. P. Waentig: Z. angew. Chem. Bd. 33, S. 65. 1920. — Über die Ursache der sogenannten Allwördenschen Reaktion. Textile Forsch. Bd. 22, S. 1—4. 1919. — Waentig: Melliands Textilber. 1923, S. 586. — Herbig, W.: Z. angew. Chem. Bd. 32, S. 120. 1919.

Krais stellt in der Reaktion gegen Chlor eine Eigenschaft der verschiedensten von ihm untersuchten Säugetierhaare fest, die den Federn infolge ihrer abweichenden morphologischen Struktur fehlt. In dem Reaktionsvermögen gegen Chlor beobachtet er deutliche Unterschiede zwischen Grannen- und Wollhaaren, die ersteren zeigen die Reaktion weniger deutlich, zuweilen überhaupt nicht. Nach ihm scheint die Widerstandsfähigkeit der Grannenhaare größer als bei den Wollhaaren zu sein. Die Reaktion tritt meist erst bei längerer Einwirkung oder wiederholter Behandlung mit Chlorwasser ein. Markhaltige Haare sollen die Reaktion sehr schön zeigen.

Von Allwörden erklärt die Bildung der „Perlen" zu beiden Seiten des Haares bei Chlorbehandlung durch die Entstehung eines Reaktionsproduktes, eines Stoffes, den er als Elastikum bezeichnet und chemisch als Kohlehydrat zu analysieren versucht, mit Chlor. Nach ihm handelt es sich vielleicht um ein Oxydationsprodukt des Elastikums, welches unter Volumenvergrößerung hinter den Oberhautschuppen hervortritt. Jedenfalls sieht er in der Reaktion eine Sichtbarmachung des Elastikums. Die Schuppenzellen sollen gegen Chlor ziemlich unempfindlich sein, während Elastikum und Faserzellen damit sofort in Reaktion treten und die erwähnten Erscheinungen zustande bringen. Von Allwörden ist der Ansicht, daß Schuppen und Faserzellen verschiedenartige chemische Zusammensetzung haben, und zwar sollen die ersteren einen höheren molekulären Eiweißkörper darstellen. Infolge der geringeren Widerstandsfähigkeit der Faserzellen gegen Säuren im Vergleich zu der der Oberhautzellen bedürfen jene eines Schutzes, den sie durch das Elastikum erhalten. Sobald dieses durch chemische Einwirkung entfernt wird, können die Rindenzellen leicht zerstört werden und die charakteristische Bläschenbildung unterbleibt. Wenn nur wenige Bläschen gebildet werden und nur die losgelösten Schuppen sichtbar sind, ist der Elastikumgehalt nach seiner Ansicht ein geringerer, und wenn überhaupt keine gebildet werden, fehlt er gänzlich.

Nach Krais ergibt das mikroskopische Bild mit Wahrscheinlichkeit, daß der fragliche Körper entweder in der Fibrillenschicht selbst oder in einem den Fibrillen anhaftendem Bindemittel zu suchen ist. Nach ihm lehrt der Augenschein, daß die zur Bläschenbildung führende Substanz zwischen dem Schuppenepithel hervorquillt. Die Bläschen sollen aus einer zähflüssigen Substanz bestehen und von einer feinen Membran überzogen sein. Bei starker Einwirkung des Chlorwassers wird nach Krais und Waentig auch das Schuppenepithel selbst angegriffen, was sich schon in dem Durchsichtigwerden der Schuppenschicht offenbart. Die Oberhautzellen sollen teilweise oder ganz gelöst oder in eine zähflüssige Masse verwandelt werden. Nach denselben Autoren läßt sich jedoch leicht zeigen, daß die aufquellbare Substanz zwischen den Schuppen und unter Überwindung des durch diese hervorgerufenen Widerstandes hervorquillt.

Krais und Waentig erklären die Bläschenbildung in der Weise, daß sich durch die Chlorwirkung ein lösliches, plasmatisches Reaktionsprodukt bildet. „Der osmotische Druck dieses gelösten Stoffes veranlaßt dann das Eindringen von Flüssigkeiten, durch die von dem festen Körper gebildete Membran, wodurch dann unter dem Widerstande des Schuppenepithels die charakteristische Bläschenbildung erfolgt. Wird nun durch einen Zusatz gelöster Stoffe zu dem Chlorwasser die Druckdifferenz zwischen der Außenflüssigkeit und der Flüssigkeit innerhalb der Membran ausgeglichen oder verringert, so kann die Bläschenbildung nicht zustande kommen." Als Stütze hierfür wird auch angeführt, daß durch nachträgliches Zuführen von Salzlösung ein Schrumpfen der Bläschen eintritt, während sie durch destilliertes Wasser wieder neu gebildet werden.

Allwörden, Krais und Waentig stimmen in ihren Anschauungen darin überein, daß die Bläschen aus einer quellenden unorganisierten unter dem Epithel befindlichen Substanz bestehen, die zwischen den Epithelzellen hervordringt und sich auf der Oberfläche zu Bläschen formt. Die Blasenbildungen entsprechend der Oberflächenstruktur der Haare, erklärt Krais damit, daß die Ränder der Oberhautzellen der gequollenen Substanz als Ansatzflächen dienen. Dieser Anschauung schließen sich auch Mark und v. Brunswik an.

Nach Einwirkung von Chlorwasser auf feinere Merinohaare hat Spöttel zunächst bei stärkerer Vergrößerung die Struktur der ausgestülpten „Bläschen"

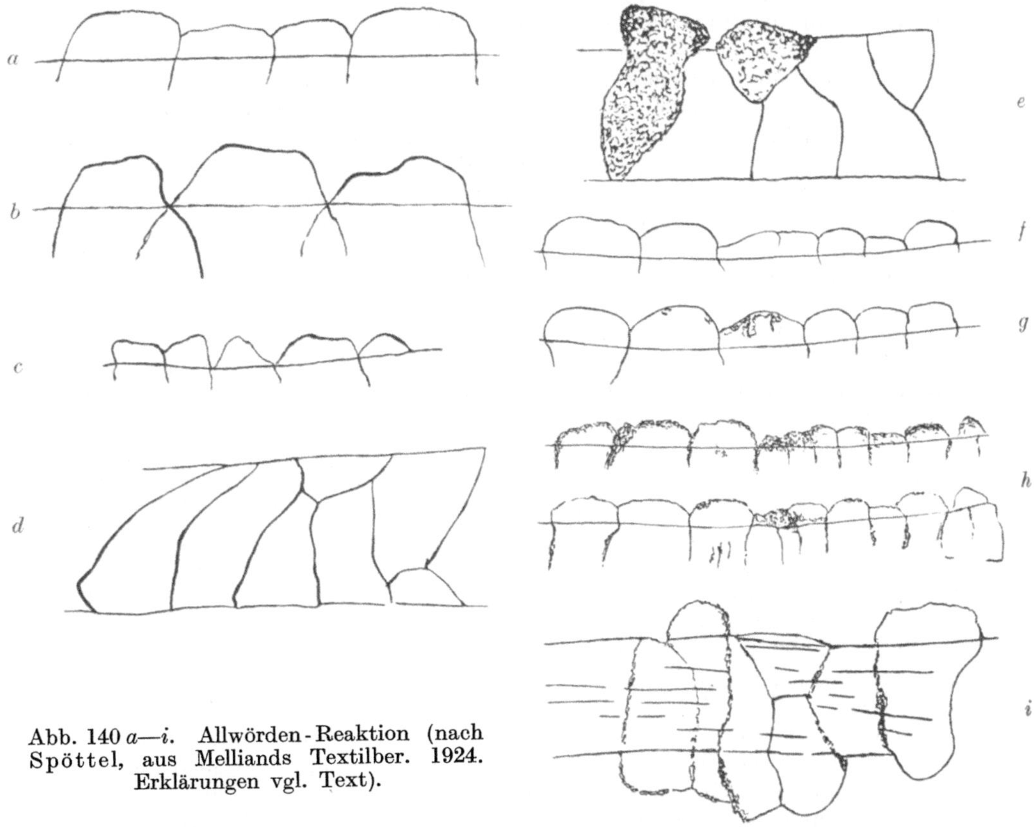

Abb. 140 *a*—*i*. Allwörden-Reaktion (nach Spöttel, aus Melliands Textilber. 1924. Erklärungen vgl. Text).

untersucht. Die regelmäßige halbkugelige Form derselben, die von einigen Autoren hervorgehoben wird, kann danach keineswegs bestätigt werden. Die regelmäßigsten Formen finden wir noch in Abb. 140 *a* und *g*, jedoch sind auch hier schon teilweise eckige Ausbildungen zu erkennen. Noch deutlicher tritt diese unregelmäßige und eckige Gestaltung in den unter *b* bis *c* wiedergegebenen hervor. Was die Struktur der ausgestülpten Bläschen anbetrifft, so haben Krais und Spöttel feststellen können, daß die runde Ausbildung der Bläschen allgemein bei allen mit Chlorwasser behandelten Haaren zu ermitteln ist, vor allem auch dann, wenn das Medium längere Zeit eingewirkt hat.

Außerdem ist zu erwähnen, daß die Art der Schattenverteilung auf diesen Bläschen nicht mit der übereinstimmt, die man bei Bläschenbildung viskoser Flüssigkeiten oder gasförmiger Medien in einer Flüssigkeit von verschiedenen Brechungsexponenten feststellen kann. Die beiden erwähnten Tatsachen sprechen dafür, daß es sich um ganz verschiedenartige Oberflächengestaltung handelt, und lassen es fraglich erscheinen, ob hier eine Ausstülpung von Blasen einer zähen Flüssigkeit vorliegt. Nach den eingehenden Untersuchungen von Spöttel ergibt sich folgender Verlauf der Bläschenbildung:

Als erstes Stadium der Einwirkung des Chlorwassers stellt sich vielfach ein schärferes Hervortreten der Ränder der Oberhautzellen ein. Dieses Hervortreten kann entweder durch eine Eintiefung und Spaltenbildung zwischen den einzelnen Oberhautzellen gedeutet werden oder aber durch eine Abhebung von ihrer Unterlage (Abb. 140*d*). In einem weiteren Stadium erkennt man, daß es sich um eine beginnende Ablösung der Oberhautzellen handelt, eine Schuppe ist hier noch mit ihrem basalen Teile fest mit dem Haar verbunden, während ihr oberer Teil sich losgelöst hat und aus dem Rande des Haares hervortritt Ein Hervorbrechen von Bläschen zwischen den Zellen ist nicht festzustellen, sondern es handelt sich hier um eine beginnende Ablösung der Oberhautzellen, mit der Hand in Hand eine Art Quellung und Auflösung einhergeht (Abb. 140*e*). Aus Abb. 140*h*, *i* ist ersichtlich, daß dieser Zerfallsprozeß nicht an allen Oberhautzellen zu gleicher Zeit erfolgt, sondern daß einige Zellen weiter fortgeschritten sein können, wie hier aus der grießigen und unregelmäßigen Oberfläche sowie dem etwas zackigen Rande hervorgeht (Abb. 140*h*, *i*).

In Abb. 140*f* bis *i* sind nun verschiedene Stadien der sogenannten Perlenbildung wiedergegeben. Man erkennt, daß einmal die Perlen vielfach eine eckige Ausbildung zeigen, und daß aber h gegenüber g ein etwas weiter fortgeschrittenes Stadium der Ausbildung darstellt, da hier noch eine weitere Vergrößerung stattgefunden hat. In i sind die „Perlen“ schon ein wenig kleiner geworden, und vor allem erkennt man, daß ihre Ränder allmählich ausgezackt werden und ihren glatten und geraden Verlauf verlieren. Auch die Oberfläche der „Perlen“ erhält allmählich eine grießige Beschaffenheit. Läßt man das Chlorwasser noch längere Zeit einwirken, dann tritt ein gänzlicher Zerfall der Perlen ein. Die Hervorragungen nehmen eine unregelmäßige Beschaffenheit an und lassen an ihrer Oberfläche und dem Außenrand typischen Verfall und Lösungserscheinungen erkennen. Hand in Hand mit diesem Zerfall geht ein deutliches Sichtbarwerden einer Längsstreifung der Rindenschicht. Verfolgt man also die einzelnen Stadien der Allwördenschen Reaktion, so erkennt man, daß nicht zwischen den Oberhautzellen Bläschen hervortreten, sondern daß die Oberhautzellen selbst diese Bläschen darstellen. Bei genauer Untersuchung einzelner Perlen ist ferner festzustellen, daß es sich nicht um ausgesprochene Bläschen handelt, sondern um verschiedenartig gekrümmte Teile von Oberhautzellen, die bei längerer Einwirkung des Chlorwassers allmählich wie die Gummihaut eines Luftballons gedehnt werden, dann zerfallen und aufgelöst werden.

Ist der Auflösungsprozeß der Bläschen beendet, so sind auch die Oberhautzellen verschwunden; die Bläschenbildung ist stets an die Oberhaut geknüpft. Die Reaktion unterbleibt in allen den Fällen, wo durch irgendwelche Ursachen die Oberhaut der Haare abgeschilfert oder abgelöst ist.

Die Beobachtungen von Krais und Waentig, daß durch nachträgliches Zuführen von Salzlösungen eine Schrumpfung des Bläschens eintritt, während sie durch destilliertes Wasser wieder gebildet werden, läßt sich dahin deuten, daß in dem ersteren Falle die Quellung und Ausdehnung der Zellen sistiert wird und infolge der aufgeweichten Beschaffenheit der Zellen findet ein Insichzusammenfallen statt, während in dem zweiten Falle die Quellung durch reines, destilliertes Wasser gefördert wird. Die Annahme eines Stoffes, der in der Fibrillenschicht oder in dem den Fibrillen anhaftenden Bindemittel zu suchen ist, kann also zur Erklärung der Erscheinung nicht als erforderlich angesehen werden. Bis zu einem gewissen Grade finden die Erscheinungen ihre Parallele in den Quellungs- und Abhebungsprozessen, den die Oberhautzellen bei Behandlung mit Natronlauge durchmachen.

Die Allwördensche Reaktion tritt am charakteristischsten an feinen Wollhaaren auf. Durch die besondere Lage und durch die Gestaltungsverhältnisse der Oberhautzellen bei den feinen Haaren werden die eigenartigen Ablösungserscheinungen, die in der Allwördenschen Reaktion zu Tage treten, bedingt.

Neben der Gestaltung und chemischen Beschaffenheit der Oberhaut spielt wohl auch die Art der Befestigung und Verkittung mit den Rindenzellen und benachbarten Zellen eine Rolle. Die verschiedenartige Reaktion der einzelnen Teile desselben Haares und grober Grannenhaare im Vergleich zu feinen Flaumhaaren können wahrscheinlich auf derartige Unterschiede zurückgeführt werden.

Allgemein wird angegeben, daß selbst Bruchteile von Prozenten freien Alkalis, die in dem Waschwasser enthalten sind, das „Elastikum" schnell in Lösung bringen, so daß dann die Reaktion mit Chlor unterbleibt. Erhöhung der Temperatur trägt nach Naumann und Krais bei Alkalibehandlung außerdem zum Verschwinden der Reaktion bei. Während gröbere Wollen bei einer Sodawäsche bei 40° noch keine Abnahme der Reaktion zeigen, ist dieses bei feinen und Lammwollen der Fall (Naumann). Nach Krais genügen bei Siedetemperatur schon Spuren von Alkali, die sich von dem Kochgefäß loslösen, um die Ausbildung der Perlen zu verhindern, wie überhaupt Alkalilösungen die Perlen leicht zerstören. Nach Naumann steigt die Wirkung der Lauge auf die Reaktion viel stärker bei zunehmender Temperatur als bei Erhöhung der Konzentration.

Nach Krais und Waentig ist die Reaktion so gut wie verschwunden, wenn die Wolle eine halbe Stunde mit Bikarbonat gekocht wird, trockene Wärme bis zu 140° beeinträchtigt die Reaktion nicht. Krais und Waentig geben ferner an, daß starke Salzlösung, Farbstoff- und Säurelösungen ein Schrumpfen der Bläschen herbeiführen, die bei erneuter Entfernung der Lösung beim Durchspülen mit destilliertem Wasser wieder aufquellen. Ein einstündiges Kochen mit 5proz. Schwefelsäure schädigt die Reaktion nicht, obgleich wesentliche Veränderungen des Haares eintreten. Selbst nach stundenlangem Kochen mit 1proz. Schwefelsäure verschwindet die Reaktion nicht. Auch Naumann hat die geringe Empfindlichkeit der Reaktion gegenüber den Säuren festgestellt. Während der Substanzverlust erheblich sein kann, wird die Chlorreaktion nicht unterbunden.

Engeler[1]) ist der Meinung, daß die Allwördensche Reaktion nicht nur ausbleibt nach Alkali, Licht- und Dampfeinwirkung, sondern auch nach anderen chemischen und mechanischen Einwirkungen, die eine Schädigung der Oberhautzellen bewirken.

Daß es sich wohl kaum um eine chemische Reaktion des Elastikum handeln kann, geht aus folgendem Versuch hervor:

Kocht man eine Wolle, welche normalerweise mit Chlor eine deutliche Reaktion zeigt, mit destilliertem Wasser in einem Porzellan- oder Glasgefäß, so verschwindet die Reaktion in der gleichen Weise, als wenn sie mit verdünnter Sodalösung oder Kalilauge gekocht wird. Man könnte dieses Ausbleiben der Reaktion darauf zurückführen, daß geringe Mengen Alkali gelöst worden sind, die dann die Schädigung herbeiführen. Man kann jedoch zeigen, daß sich bei einer derartigen Wolle die Reaktion wieder vollständig einstellt, wenn sie sorgfältig getrocknet und dann mit Chlor behandelt wird. Hieraus ist ersichtlich, daß das Ausbleiben der Reaktion bei diesem Versuch keineswegs auf einen chemischen

[1]) Engeler, A.: Diss. Techn. Hochsch. Zürich 1925.

Vorgang zurückzuführen ist, sondern darauf, daß die Haare durch die Behandlung mit kochendem Wasser eine Quellung und Aufweichung erlitten haben, und diese Änderungen genügen, um die Entstehung der „Bläschen“ bei Chlorbehandlung zu verhindern. Auch aus diesem Versuch ergibt sich eine Bestätigung für die dargelegte Ansicht, daß es sich bei der Allwördenschen Reaktion um die Ausdehnung, wohl auch Quellung und Abhebung der Oberhaut handelt. Ist vor Ausführung der Reaktion schon eine Aufquellung des Haares erfolgt, so unterbleibt die charakteristische Aufquellung durch die Chlorbehandlung.

Von Allwörden vermutet, daß der mit dem Chlorwasser reagierende Stoff, den er Elastikum nennt, und dem wahrscheinlich das Wollhaar einen Teil seiner wertvollen Eigenschaften verdanke, ein Kohlehydrat oder ein diesem nahestehender Körper sei. Die eingehenden chemischen Untersuchungen von Krais und Waentig haben zu keiner Feststellung von Kohlehydraten geführt, und es sind nur Abbauprodukte des Eiweißes mit Sicherheit festgestellt worden. Das einzige Anzeichen für Kohlehydrat war der positive Ausfall der Mollschen Probe. Jedoch ist diese Reaktion auch bei sorgfältig gereinigten Eiweißkörpern positiv und wird schon durch außerordentlich geringe Spuren von Furfurol liefernden Stoffen veranlaßt. Nach Krais und Waentig beweist der Versuch, daß schon bei kurzer Behandlung mit Chlor ein Abbau der Eiweißkörper stattgefunden hat. Nach ihrer Ansicht beweist er jedoch noch nichts Endgültiges gegen das Vorhandensein eines Kohlehydrates, da diese Substanz vielleicht durch die Chlorbehandlung derart verändert ist, daß man sie nicht mehr nachweisen kann.

Nach Krais und Waentig geht aus den bisherigen Versuchen hervor, daß die alkalische und Säurebehandlung der Wolle in sehr verschiedener Weise auf diese wirken, und zwar einmal durch Absättigung basischer und saurer Gruppen im Keratin-Eiweiß; wahrscheinlich wird bei der alkalischen Behandlung das Elastikum entfernt. Die spezifische Alkali-Empfindlichkeit spricht nicht für seine Kohlehydratnatur, vielmehr könnte man nach ihnen an Schwefelverbindungen denken, die durch alkalische Mittel leicht spaltbar sind. Krais und Waentig stellen fest, daß durch Alkalien ganz bedeutend mehr Schwefel aus dem Haar heraus gelöst wird als durch Säuren, und im letzteren Falle bleibt die Reaktion mit Chlor erhalten.

Aus den angeführten chemischen Untersuchungen läßt sich das Vorhandensein des Elastikums nicht folgern. Die mikroskopischen Untersuchungen von Spöttel haben vielmehr gezeigt, daß die Reaktion mit Chlor in einer allmählichen Aufquellung, Erweichung und allmählichen Ablösung der Oberhautzellen besteht, ohne daß die Entstehung von Blasen eines fremden Stoffes hierbei beobachtet werden kann.

Kronacher stimmt mit der Spöttelschen Anschauung darin überein, daß die Membranen der Blasen von den Oberhautzellen gebildet werden und daß der Inhalt aus einer stark quellenden Substanz besteht. Kronacher[1]) hält jedoch an der Annahme des Elastikums fest und führt die Reaktion auf diese Substanz zurück. Er gibt jedoch zu, daß die Epithelmembran durch die Chlorbehandlung plastisch deformierbar wird. Da die Schuppenmembranen an ihren Ansatzstellen mit der Rinde fest verbunden bleiben und vielleicht auch die Verklebungslagen der Schüppchen auch bei Chlorbehandlung relativ unnachgiebig sind, so werden die Oberhautzellen nur in ihren mittleren Teilen blasenartig hochgehoben.

Ein auch nur einigermaßen sicheres Kennzeichen für eine Schädigung der Wolle kann in dem Ausbleiben der Reaktion nicht ersehen werden.

[1]) Kronacher, C. u. G. Saxinger: Die Allwördensche Reaktion. Z. Tierzüchtg Bd. 4, 1925; Bd. 5, 1926.

c) Der Nachweis von Wollschäden durch Methylenblaufärbung.

Nach Kronacher und Lodemann[1]) besteht ein starker Zusammenhang zwischen Wollschädigung und Aufnahme gewisser Farbstoffe, besonders von Methylenblau. Die Behandlungsdauer darf nicht weniger als 5 und nicht länger als 30 Minuten währen. Sie stellen zunächst fest, daß stets der gelblich gefärbte Spitzenteil der gereinigten Wollsträhnchen sich mit einer tiefblauen Lösung von Methylenblau (1 g auf 1 Liter Wasser) nach 15 Minuten stärker färbt als das basale Ende (Tafel II, Abb. 1b). Die Färbung soll durch die Schädigung der Wolle bedingt werden. Die weiß bleibenden Haare sind unverändert geblieben. Der blaue Farbstoff wird nur dann in hohem Grade aufgenommen, wenn die Struktur des Haares durch irgendwelche chemischen oder mechanischen Einflüsse verändert worden ist. Der Vergleich der gefärbten Haare kann entweder makroskopisch oder bei schwacher Vergrößerung mit Hilfe des Mikroskops erfolgen.

Kronacher und Lodemann haben Wollproben künstlich geschädigt und die Farbstoffaufnahme und Elastikum-Reaktion einander gegenübergestellt. Auch bei niedriger Konzentration ist die Schädigung der Wolle durch Alkali groß, daß tiefdunkle Färbung eintritt, während Säure eine wesentlich geringere Schädigung bewirkt. Auch durch Chlorwasser leicht gelblich-rot und mürbe gemachte Wolle ergibt tief blau-violette Färbung (Tafel II, Abb. 1d).

Bei leichter mechanischer Schädigung der Oberfläche zeigen sich nach der Färbung einige stärker gefärbte Stellen am Haar und die Ränder der Cuticulaschuppen treten deutlicher hervor, was auch bei leichten chemischen Schädigungen der Fall ist.

Allgemein glauben Lodemann und Kronacher festgestellt zu haben, daß eine gleichmäßige, wenn auch nicht so tiefe Färbung des Haares auf eine stärkere Schädigung schließen läßt, als eine leichte Färbung, hervorgerufen durch das farbige Hervortreten der Cuticulaschuppenränder.

d) Der Nachweis von Wollschäden mit Hilfe der Diazoreaktion.

Nach Brunswik[2]) (aus Mark) ist in der Diazoreaktion nach Pauly eine mikrochemische Qualitätsprüfung der Wolle gefunden, die individuell bei mikroskopischer Kontrolle an jedem Einzelhaar durchzuführen ist und deren Reaktionsergebnis eindeutig im Zusammenhang stehen soll mit der mechanischen Schädigung des Haares.

Das Reagens ist stets in frischem Zustande, und zwar nach Pauly folgendermaßen herzustellen: 2 g Sulfanilsäure aufgeschwemmt in 3 cm^3 Wasser und 2 cm^3 konzentrierte Salzsäure werden vorsichtig portionsweise versetzt mit einer Lösung von 1 g $NaNO_2$ in 2 cm^3 H_2O. Die entstehende Diazobenzolsulfosäure wird unter wenigem Waschen im Filter gesammelt.

Bringt man mit Äther entfettete intakte Wolle in die von Pauly angegebene Diazobenzolsulfosäure in 10% warmer Soda gelöst, so bleiben nach ½ Stunde die Wollhaare völlig ungefärbt. Nur die Endschnittflächen der Haare sind in einer schmalen ringförmigen Diffusionszone tief rot gefärbt. Wie Pauly und Binz[3]) annehmen, ist Tyrosin die einzige Quelle der Azofarbenreaktion im Haar. Da die Oberhautzellen des Haares keine Xanthoprotein-, keine Millonsche- und

[1]) Kronacher, C. u. G. Lodemann: Der Nachweis von Wollschädigungen mittels Färbemethode. Ein Beitrag zur Methodik der Feststellung von Wollschädigungen. Z. Tierzüchtg Bd. 3, 1926; Bd. 6, 1926; Bd. 8, 1927.

[2]) Brunswik, v.: Die chem. Eigenschaften u. die Mikrochemie des Wollhaares aus Mark: Beiträge zur Kenntnis der Wolle u. ihrer Bearbeitung. Berlin 1925.

[3]) Pauly, H. u. A. Binz: Über Seide und Wolle als Farbstoffbildner. Z. f. Farben- u. Textilind. Jg. 3, S. 373/74. 1904.

keine Diazoreaktion im Unterschied zu der Rindenschicht zeigen, sind sie also sicher tyrosinfrei. Ist die Oberhautzellenschicht intakt, so kann die Säure in 10% Soda gelöst im Unterschied zu dem kräftig wirkenden Millonschen Reagens nicht zu der Faserschicht, die sofort reagieren würde, vordringen, und die Reaktion unterbleibt.

Wenn die Kittung der Oberhautzellen irgendwie geringfügig mechanisch oder chemisch gelockert oder gelöst ist, tritt die Reaktion ganz lokal im Wollhaar auf. Alkalibehandlung bzw. schwere Säureschädigungen bewirken sofortiges Rotwerden der betreffenden Wollhaare. Nach Brunswik hat die Reaktion gegenüber der Allwördenschen folgende Vorzüge: größere Empfindlichkeit, leichtere Beurteilung durch Auftreten einer abgestuften Färbung (orange bis tief blaurot), die auch eine gewisse quantitative Schätzung erlaubt. Selbst gewisse Fettreste stören die Reaktion nicht, die sehr wohl Alkali, wie grobe Säuren und lokale mechanische Schäden anzeigt, wenn sie im übrigen auch etwas zeitraubend ist.

Um die Ergebnisse der Wolluntersuchung bezüglich der Haarschädigung zahlenmäßig angeben zu können, werden 5 Typen unterschieden:

1. Intakte Einzelhaare, die nur rote Ringzonen an den Enden aufweisen.
2. Nahezu intakte Haare, die an einem der beiden Enden ein rotgelbes bis rotes Stück in der Ausdehnung von höchstens 15 eigenen Haarbreiten erkennen lassen.
3. Intakte Einzelhaare, die in ihrer Länge ein oder mehrere lokale mechanische Beschädigungen besitzen.
4. Haare, welche zu einem Viertel bis zur Hälfte ihrer Länge schwer geschädigt erscheinen.
5. Vollkommen geschädigte, einschließlich tief rote Haare.

Für die Gesamtbewertung einer Wolle sind sowohl die Schädigungen mechanischer Art der Gruppen 1, 2, 4 und 5 als die Schädigungen mechanischer Art der Gruppe 3 zu bewerten. Für den Nachweis z. B. von mechanischen Schädigungen durch verschiedene Waschmittel, durch Karbonisieren usw. kommen nur die zuerst erwähnten Gruppen in Frage.

Zu diesem Nachweis mechanischer und chemischer Schädigungen ist folgendes zu sagen. Da nur vergleichende Untersuchungen der normalen Wollen verschiedener Rassen und Altersstufen nicht bekannt sind, so liegt die Möglichkeit vor, daß infolge verschieden hohen Tyrosingehaltes der Haare die Reaktion verschieden ausfällt, und daß bei hohem Tyrosingehalt eine schnelle Durchfärbung des ganzen Haares eintreten kann, ohne daß eine vorherige Schädigung eingetreten ist. Auch die Art der Oberhautzellenanordnung könnte von Einfluß auf die Reaktion sein in der Art, daß bei einer Aneinanderlagerung der Zellen infolge Auftretens der Färbung eine Schädigung vorgetäuscht wird. Systematisch angelegte Versuche müssen Klarheit hierüber bringen.

Blume[1]) hat nun versucht, die Diazoreaktion so auszubauen, daß nicht einzelne Haare, sondern ganze Stapel untersucht werden. Blume hat „die Konzentrationsänderung der Diazobenzolsulfosäure nach der Gleichung:

$$R \cdot N_2Cl + HOH = R \cdot OH + HCl + N_2$$

im speziellen Fall

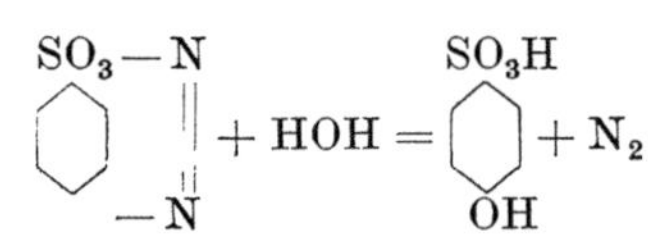

benutzt und den entwickelten Stickstoff auf volumetrischem Wege bestimmt. 2 bis 3 g Wolle werden in einem Erlenmeyerkolben von 500 cm³ Inhalt mit einer

[1]) Blume: Die chemische Bestimmung der Wollschädigungen im Stapel. Aus Mark.

0,3 bis 0,5proz. Diazolösung gut durchgeschüttelt, 12 Stunden stehen gelassen und dann der N_2-Gehalt in einem Anteil bestimmt. Hierzu wurde folgende Methode benutzt: „In einen Schlußkolben von 300 cm³ Inhalt führt ein Zuleitungsrohr für luftfreies CO_2 (aus einem Kippschen Apparat), das fast bis an den Boden des Kolbens reicht. Von dort aus kann dann der entbundene Stickstoff und die Kohlensäure durch die Flüssigkeit treten, um durch mechanisches Aufrühren der Lösung Spuren von Luft mitzureißen. Ist alle Luft entfernt, wird also das eintretende Gas vollständig von der Kalilauge im Eudiometer absorbiert, so erhitzt man in einem Bade (110°) bis zum Sieden der Flüssigkeit. Nach kurzer Zeit ist die Verbindung zersetzt.

Hierauf leitet man noch einen schwachen CO_2-Strom durch die Flüssigkeit, um die letzten Reste des Stickstoffes in das Azotometer zu treiben. Die nachstehenden Versuche zeigen die Anwendbarkeit des geschilderten Verfahrens. Je 3 g ein und derselben Wolle wurden durch chemische Eingriffe geschädigt und immer in 60 cm³ der Diazolösung untersucht. Die gefundenen Volumina Stickstoff sind auf Normalverhältnisse ($p = 760$ mm, $t = 0^0$ C) reduziert. Die Tabellen geben die Art der hervorgerufenen Schädigung, die gefundenen Volumina Stickstoff und die Stickstoffmengen in Gramm an."

Art der Schädigung	V in cm³	N_2 in g	
Australische Kammwolle unbehandelt (Schweiß)	11,9	0,0148	
Dieselbe Wolle ½ Stunde gekocht	10,4	0,0130	
Dieselbe Wolle 1 Stunde gekocht	10,2	0,01273	
1 Stunde mit einer 0,1proz. Sodalösung bei 50° behandelt	11,3	0,01412	
Desgl. bei 75°	9,0	0,01122	
Desgl. bei 100°	6,8	0,00853	Gewichtsverlust der Wolle 0,33 g
1 Stunde mit einer 0,25proz. Sodalösung bei 50° behandelt	10,4	0,0130	
Desgl. bei 75°	8,2	0,01026	
Desgl. bei 100°	6,4	0,00711	Gewichtsverlust der Wolle 0,950 g.
Wolle 1 Stunde mit einer 0,1proz. Sodalösung bei 50° behandelt	7,1	0,0088	Bei diesen 3 Versuchen war die angewandte Wollmenge 2 g. Es wurden stets 40 cm³ der Lösung untersucht. Die ursprüngliche Diazolösung ist 0,3%.
Desgl. bei 75°	6,8	0,00853	
Desgl. bei 100°	6,0	0,0075	

Blume bemerkt noch: „Es muß festgestellt werden, ob bei der Behandlung der Wolle mit der Diazolösung eine Adsorption der Lösung an der Wollfaser stattfindet. Der sichere Nachweis einer Adsorption wäre so durchführbar, daß man eine völlig ungeschädigte Wolle untersucht. Da dies nicht mit Sicherheit möglich ist, müßte man sich so helfen, daß zunächst die Konzentration der Diazolösung mit einer unbehandelten Wolle festgestellt, darauf die Wolle von der anhaftenden Diazolösung durch Absaugen befreit und mit Wasser gut ausgewaschen wurde. Die abgesaugte Lösung nebst Wasser wurde nun ihrerseits auf den Gehalt an Diazoverbindung untersucht. Es zeigte sich, daß in beiden Fällen der Gehalt der Diazolösung der gleiche geblieben war.

Aus der gleichbleibenden Konzentration der Diazolösung läßt sich sicher schließen, daß eine Adsorption kaum stattgefunden hat, da sonst eine Differenz der beiden Konzentrationen aufgetreten wäre.

Ein weiterer wichtiger Einwand ist folgender: Beim Scheren der Schafe entstehen freie Enden der Wolle mit freigelegter tyrosinhaltiger Substanz, die eine bestimmte Menge der Diazoverbindung verbraucht. Dies hat zur Folge, daß auch ungeschädigte Wolle einen gewissen Ausschlag gibt und beschränkt die Beurteilung auf relative Schädigungen in bezug auf den Zustand des Ausgangsmateriales.

Beachtet man dies bei den Messungen, so erlangt man mit Hilfe der gasvolumetrischen Diazoprobe verläßliche Angaben über die chemische Schädigung der Wollhaare während der einzelnen Fabrikationsschritte."

e) Der Nachweis von Wollschäden mit Hilfe der Biuretreaktion.

Becke[1]) hat versucht, den quantitativen Ausfall der Biuretreaktion zur Bestimmung der Schädigungen der Wolle zu benutzen. Er geht von dem Gesichtspunkt aus, daß die Menge der bei irgendeiner chemischen Behandlung in Lösung gehenden Eiweißabbauprodukte ein Maßstab für die Schädigung der Wolle ist. Becke benutzt zur quantitativen Festlegung der jeweiligen Wollschädigung eine kolorimetrische Methode, indem er die erhaltene Biuretfärbung mit einer Skala vergleicht, die er durch Einwirkung von Natronlauge und Kupfersulfat auf verschiedene Mengen in Natronlauge gelöster Wollsubstanz herstellt. Hierin liegt nach Brauckmeyer (Mark, l. c.) eine gewisse Schwäche, denn die Färbungen der Skala sind gleichmäßig durch sämtliche Bausteine der Wolle erzeugt worden. Bei Behandlung mit Alkali oder Säuren geht die Wolle nicht gleichmäßig in Lösung, sondern zuerst leidet die Kittsubstanz der Oberhautzellen. Die nun zu vergleichende Lösung weicht häufig derart im Farbton von der Skala ab, daß eine exakte Bestimmung nicht möglich und nur eine schätzungsweise Angabe angängig ist. Die Genauigkeit dieser Methode gegenüber der Diazoreaktion ist wesentlich geringer.

f) Der Nachweis von Wollschäden mit Hilfe der Zinnsalzreaktion.

Die Zinnsalzreaktion von Becke[2]), die im gewissen Sinne die Ergänzung zu der vorigen darstellt, soll zum Nachweis von Wollschäden durch Alkali dienen. Sie ermöglicht nach den Feststellungen im Institut für Faserstoffchemie „im allgemeinen nur sehr grobe Schädigungen der Wolle zu erkennen, ohne daß diese zahlenmäßig angegeben werden können, und obendrein sind die Ergebnisse sehr schwankend. Durch die Zerstörung des Cystinmoleküls durch Alkali wird sulfitartig gebundener Schwefel gebildet, der durch das Zinnsalz als schwarzbraunes Zinnsulfid nachweisbar wird. Der Gehalt der Wolle an locker gebundenem Schwefel ist aber sehr schwankend und dementsprechend muß auch die Zinnsalzreaktion bei den verschiedenen Wollen verschieden sein". Der sulfidartig gebundene Schwefel scheint insbesondere von der inneren Rindenschicht und der Kittsubstanz nach Brauckmeyer adsorbiert zu werden, denn die Hauptmenge der Färbung zeigt sich nicht auf der Oberhaut-Zellenoberfläche, sondern gerade an den Rändern derselben.

g) Der Nachweis von Wollschäden durch Bichromat bzw. Phosphorwolframsäure.

Nach Krahn (Mark, l. c.) hat durch Säureeinwirkung geschädigte Wolle gegenüber Sodalösung eine erhöhte Löslichkeit. Es hat während der Säureeinwirkung Hydrolyse stattgefunden, die zumindest eine Oberflächenschicht des Wollhaares sodalöslich gemacht hat. Die Menge des in Soda löslich gewordenen Teiles ist abhängig von der Konzentration, der Säureeinwirkungsdauer und der Temperatur.

---

[1]) Becke, M.: Färber-Zg. 1912, S. 46, 66; 1919, S. 101, 116 u. 128.

[2]) Becke, M.: Über zwei analytische Behelfe zur Kontrolle der Wollbearbeitung. Färber-Zg. Jg. 23, S. 45—48 u. 66—71. 1912.

Krahn glaubt mit Hilfe von Bichromat- und Wolframsäure quantitative Maße für Säureschädigungen gefunden zu haben. Bei der Oxydation von Sodaauszügen und säurebehandelter und unbehandelter Wolle mit Chromsäure ist der Unterschied der verbrauchten Bichromatmengen ein Maß für die Stärke der Säureeinwirkung. Die Mengen der mit Phosphorwolframsäure aus den Sodaauszügen erhaltenen Fällung geben den Maßstab für die Stärke der Säureschädigung ab.

Die Bichromatprobe wird nach Krahn folgendermaßen durchgeführt: „5 g entfettete Wolle werden 2 Stunden in 100 cm³ 0,5proz. Sodalösung bei Zimmertemperatur eingelegt, nach dieser Zeit wird die Wolle herausgenommen, ausgepreßt und die Lösung filtriert.

25 cm³ eines solchen Sodaauszuges werden mit 25 cm³ $^1/_{10}$-n-Bichromatlösung und 30 cm³ konzentrierter Schwefelsäure versetzt und in einen 200 cm³ fassenden Rundkolben aus Jenaer Glas, der mittels Glasschliff mit einem Rückflußkühler verbunden ist, 20 Minuten in schwachem Sieden erhalten. Der Kolbeninhalt wird sofort quantitativ in einem 500 cm³ fassenden Erlenmeyerkolben aus Jenaer Glas übergeführt und in Eiswasser auf 0° abgekühlt. Zum Nachspülen werden etwa 30 cm³ Wasser gebraucht. Die Menge des bei der Oxydation verbrauchten Kaliumbichromats wird nun durch Titration mit Natriumthiosulfat bestimmt. Der Kolbeninhalt wird mit 10 cm³ 10proz. Kaliumjodidlösung versetzt, durchgeschüttelt und dann mit 150 cm³ Wasser verdünnt. Darauf wird 1 cm³ Stärkelösung zugesetzt und mit $^1/_{10}$-n-$Na_2S_2O_3$ titriert, bis die während der Titration auftretende grüne Farbe der Lösung in blau umschlägt.

Die als Indikator benutzte Stärkelösung stellt man sich durch Auflösung von 1 g ‚löslicher Stärke‘ in 200 cm³ kochendem Wasser und Filtrieren her.“

Die Phosphorwolframsäuremethode wird nach Brauckmeyer (Mark, l. c.) in nachstehender Weise durchgeführt:

„5 cm³ Sodaauszug, wie bei der Bichromatprobe erhalten, werden in ein dazu bestimmtes Gläschen der Handzentrifuge gegeben und mit 1 cm³ Phosphorwolframsäurelösung versetzt (9 g kristallisierte Phosphorwolframsäure, 10 g konzentrierte Schwefelsäure, 81 g Wasser); in ein zweites Gläschen gelangen 5 cm³ einer Lösung von Witte-Pepton in Wasser, die genau 1 g im Liter enthält, der nun ebenfalls 1 cm³ obiger Phosphorwolframsäurelösung hinzugefügt werden. Beide Gläschen werden, mit dem Daumen verschlossen, einmal kräftig durchgeschüttelt und dann so lange zentrifugiert, bis der Niederschlag in der Peptonlösung den Teilstrich 0,300 cm³ erreicht. Der Teilstrich, bis zu dem dann der im Sodaauszug entstandene Niederschlag reicht, wird abgelesen.

Die Prüfungen sind im ganzen je dreimal (Mittelwert) anzustellen, und zwar erstens an der zu untersuchenden geschädigten Wolle, zweitens an derselben Wollsorte vor der in Frage stehenden schädigenden Behandlung.

Besonders die Prüfung durch Phosphorwolframsäurefällung dürfte sich infolge ihrer einfachen, raschen Ausführbarkeit und wegen ihrer Exaktheit in manchen Fällen gut eignen.“

4. Der Fettschweiß und das Rendement der Wolle.

a) Begriffsbestimmung.

Ein regelmäßiger Bestandteil der Rohwolle ist der Fettschweiß, dessen Ausbildung von Rasse, Zucht, Individuum, Haltung und Fütterung abhängig ist. Man versteht unter Fettschweiß im weiteren Sinne die Abscheidungen der Schweiß- und Talgdrüsen, untermischt mit den abgestoßenen Hornschüppchen der Oberhaut und den bei der Haarbildung zerfallenden Zellschichten. Außerdem ist der Fettschweiß an der Oberfläche des Vlieses durch Schmutz, Erde, pflanzliche Fremdkörper usw. mehr oder weniger verunreinigt. Unter Fettschweiß im engeren Sinne versteht man nur die Abscheidungen der Schweiß- und Talgdrüsen. Seine chemische Zusammensetzung ist eine außerordentlich verschiedene. Man hat im Fettschweiß zu unterscheiden zwischen den in Wasser löslichen Bestandteilen und solchen die in Wasser unlöslich, wohl aber in Schwefelkohlenstoff löslich sind, sowie die in Wasser und Fettextraktionsmitteln unlöslichen. Das Wollfett ist wesentlich für die Eigenschaften des Haares.

In der Textilindustrie spricht man weniger von Fettschweiß als von Wollschweiß und faßt den Begriff teils in oben gegebener weiterer oder engerer Fassung, teils versteht man unter Wollschweiß nur die durch die Hautausdünstung gebildeten wässerigen und wasserlöslichen Produkte im Unterschied zum Wollfett und den zufälligen mechanischen Verunreinigungen. Wegen der Verschiedenheit ihrer Eigenschaften und Bildungsweise glaubt man zu dieser Unterscheidung berechtigt zu sein, gegen die sich aber anführen läßt, daß man bis jetzt über die genaue Wirkungsweise der einzelnen Bestandteile noch nicht genau unterrichtet ist und daß diese nicht nur ein Gemisch darstellen, sondern mannigfache Verbindungen eingehen. Aus diesem Grunde behalten wir die allgemeine Bezeichnung „Fettschweiß" bei, unter Berücksichtigung seiner verschiedenen Bestandteile. Die wasserlöslichen Bestandteile wurden von Löwenthal[1]) als Wollschweißsalze, die durch Schwefelkohlenstoff löslichen Bestandteile als Wollschweißfett bezeichnet.

b) Die wasserlöslichen Bestandteile des Fettschweißes.

Es ist zu vermuten, daß wohl die in Wasser löslichen Bestandteile größtenteils Abscheidungen der Schweißdrüsen, also Exkrete, sind, die für den Stoffwechsel keine Bedeutung mehr haben.

Von den verschiedensten Autoren ist festgestellt worden, daß der wässerige Auszug des Fettschweißes große Mengen Kalisalze, vor allem kohlensaures Kali enthält. 1000 Gewichtsteile Rohwolle, mit Wasser extrahiert, dann vorsichtig eingedampft, hinterlassen einen Trockenrückstand von 14 bis 18%. Dieser Trockenrückstand besteht aus 7 bis 9 % Kaliumkarbonat, neben 0,5 bis 0,6% Kaliumsulfat bzw. -chlorid. Nach Matthews findet man in der Rohwolle ca. 10% Kaliumkarbonat.

Märcker und Schultze[2]) sind der Ansicht, daß der Fettschweiß in der Regel kohlensaures Kali enthält und daß die Kaliseifen die Einwirkungsprodukte des kohlensauren Kalis auf das Wollfett sind. Demgegenüber hält Ganswindt[3]) das kohlensaure Kali für keinen integrierenden Bestandteil des Fettschweißes und meint, daß sein Vorkommen im erhitzten Eindampfungsrückstand sekundär ist. Durch das Erhitzen des Eindampfungsrückstandes solle sich durch den Zerfall kohlenstoffreicherer organischer Säuren das kohlensaure Kalium erst sekundär bilden.

Nach neueren Untersuchungen bestehen die in Wasser löslichen Bestandteile hauptsächlich aus Kaliumsalzen fast sämtlicher Fettsäuren von der Ameisensäure beginnend, vornehmlich der Öl- und Stearinsäure, nebst kleinen Mengen von Kalzium-, Magnesium- und Eisensalzen.

Nach Ost enthält die Rohwolle 50% und mehr Schweiß- und Schmutzstoffe, welche bei der Wäsche entfernt werden, von denen 20% Kalisalze sind: KCl,

[1]) Löwenthal: Handbuch der Färberei der Gespinstfasern. Berlin 1895.
[2]) Märcker u. Schultze: J. prakt. Chem. 1869, S. 204; Bd. 108, S. 193.
[3]) Ganswindt, A.: Wollwäscherei. Leipzig 1905.

K_2SO_4, Kalisalze von Fettsäuren, vermutlich durch Verseifung von Fetten gebildet. Feine Wollen enthalten mehr Kali als geringe. In Frankreich sind seit 1859 die Waschwässer auf Pottasche verarbeitet. Heute findet dies in allen größeren Wäschereien gleichzeitig mit der Gewinnung von Wollfett statt. Fuchs ermittelt an Kalisalzen: 2,5% K_2SO_4, 44,5% K_2CO_3 und 3% KCl.

In Döhren (Hannover) liefern 5000 kg Schmutzwolle täglich 152 kg Pottasche von der durchschnittlichen Zusammensetzung[1]):

K_2CO_3	K_2CL	K_2SO_4	Na_2CO_3	unlösl.	organ.
78,5	5,7	2,8	4,6	5,0	3,0 %.

Nach einer Analyse Tissandiers, welche v. Gohren mitteilt, enthalten die aus dem Schweiße der Schafwollen gewonnenen Rohpottaschen in einer Fabrik von Verviers:

	1.	2.	3.
Wasser	2,83	1,20	1,05
Unlösliches	11,98	5,28	11,19
Chlorkalium	5,88	6,12	7,04
Kalisulfat	2,48	3,03	3,33
Kalikarbonat	71,52	79,01	72,25
Natronkarbonat	4,96	5,15	5,14
Verlust	0,35	0,21	—

Maumené und Rogelet geben folgende anorganische Anteile des Wollschweißes an.

Kaliumkarbonat	86,78%
Kaliumsulfat	6,18%
Kaliumchlorid	2,83%
Kieselsäure, Phoshpor, Kalk, Eisen	4,21%

Nach Märcker und Schultze hatte der veraschte Wollschweiß folgende Zusammensetzung.

	1.	2.
Kaliumoxyd	58,94 %	63,45 %
Natriumoxyd	2,76 %	Spuren
Kalziumoxyd	2,44 %	2,19 %
Magnesiumoxyd	1,07 %	0,85 %
Eisenoxyd	Spuren	Spuren
Chlor	4,25 %	3,83 %
SO_3	3,13 %	3,20 %
P_2O_5	0,73 %	0,70 %
SiO_2	1,39 %	1,07 %
CO_2	25,79 %	25,34 %

Nach Wübbe[2]) sind in destilliertem Wasser von 20 °C in Prozent der wasserfreien Rohwolle folgende Mengen an löslichen Mineralien gefunden:

	Kali	Natron	Kalk	Chlor	sonst. Aschenbestandteile	Summa
Negrettiwolle	4,27	1,18	0,63	0,31	3,36	9,75
Sidney-Kammwolle	6,21	1,10	—	0,61	2,46	10,38

Bestimmungen von P_2O_5, S, Si und Mg sind nicht angestellt, weil sich davon nur Spuren finden. Den gegenüber anderen Analysen höheren Gehalt an Alkalien

[1]) Stinn: Die Gespinstfasern, S. 143.

[2]) Wübbe: Die Erhöhung des Reinertrages der deutschen Merinozucht. Ber. a. d. physiol. Laboratorium d. landw. Inst. d. Univ. Halle H. 11. Dresden 1894.

in der Sidneykammwolle führt Wübbe auf die Ernährung mit salzreicheren Gräsern zurück, wie das besonders für Australien zutrifft.

Auch Cloëz ist der Meinung, daß der Natrongehalt des Fettschweißes abhängig ist von dem Natrongehalt des Futters der Schafe. In den Salzen von Schafen an der Meeresküste sind auf 100 Kali 13,1 Natron, von Schafen weiter im Lande 3,3 Natron, im Inneren 3,6 Natron, und dementsprechend sollen auch die Unterschiede im Natrongehalt des Fettschweißes sein.

Der Gehalt an wasserlöslichen Bestandteilen nimmt unter den Nebenbestandteilen der Schmutzwolle den größten Prozentsatz ein.

Die hier und da erwähnten Angaben von der schweren Löslichkeit der kalk- und phosphorsauren Salze in Wasser bedingen, daß die Erfassung der wasserlöslichen Bestandteile mit gewissen Fehlern der Methode behaftet ist.

Bei Württemberger Schafen hat Mager[1]) den Anteil mit 16,78 % im Durchschnitt festgestellt. Betrachtet man im einzelnen Magers Ergebnisse, so ergibt sich, daß sehr große Unterschiede im Wollschweißgehalt auftreten. Die prozentualen Werte schwanken von 4 bis 32% wasserlösliche Teile, bezogen auf Schmutzwolle. Gegenüber dem Fettgehalt ist hier noch ein größeres Variieren zu beobachten. Im Gesamtmittel ergibt sich ein Schweißgehalt, der mit rund 6% über dem mittleren Fettgehalt liegt. Danach besteht also ein Sechstel der Schmutzwolle allein aus diesen Bestandteilen.

Wie sich aus den anatomisch-histologischen Verhältnissen vermuten läßt, sind bezüglich der einzelnen Körperstellen wesentliche Verschiedenheiten zu beobachten. Ganz allgemein ergibt sich bei den Untersuchungen Magers, daß am Rücken der wenigste Schweiß zu finden ist, während an der Flanke der höchste Gehalt vorkommt. Ordnet man die Körperstellen nach steigenden Mengen an Wollschweiß, so erhält man folgende Reihenfolge:

Rücken	Keule	Hals	Bauch	Blatt	Flanke
12,10	15,60	16,48	18,59	18,70	19,30 %.

Hier fällt besonders auf, daß die Rückenprobe deutlich unter dem Mittel der übrigen Körperstellen liegt. Man findet auch bei anderen Landschafen bestätigt, daß am Rücken der wenigste Schweiß zu finden ist (W. Elbe[2]), Schleitzer). Der höchste Gehalt kommt nach Mager bei Württembergern in 7 von 11 Herden bei Flanke, dreimal bei Bauch und einmal bei Blatt vor.

Die Variationsbreite im Schweißgehalt aller von Mager untersuchten Württemberger Schafe erstreckt sich am Blatt von 9 bis 30, Flanke von 9 bis 32, Kopf von 8 bis 24, Rücken von 4 bis 20, Hals von 7 bis 26 und Bauch von 9 bis 28%. Die Schwankung ist also am größten bei der Flanke, in absteigender Reihe folgen Blatt, Bauch, Hals, Kopf und Rücken.

Beim einzelnen Tier sind die Differenzen im Schweißgehalt zwischen den verschiedenen Körperstellen meist nicht so groß. Sie betragen im Minimum 3%, im Maximum 15%. Daraus geht hervor, daß eine völlige Übereinstimmung des Schweißgehaltes an allen Körperstellen bei keinem Tier zu finden ist. Die von Spöttel und Tänzer am Bauch beobachtete stärkere und zahlreichere Entwicklung der Schweißdrüsen wird in gewisser Weise dadurch bestätigt, daß sich an dieser Stelle neben Flanke der meiste Wollschweiß vorfindet. Es besteht aber auch die Möglichkeit, daß durch äußere Einflüsse, besonders durch das Wasser des Regens, diese leichtlöslichen Bestandteile mehr nach dem Bauch

[1]) Mager, G.: Untersuchungen an den Wollen der auf der D. L. G.-Schau in Stuttgart 1925 ausgestellten Württemberger Landschafe. Inaug.-Diss. Halle 1927.

[2]) Elbe, W.: Untersuchungen an den auf der D. L. G.-Schau in Hamburg geschorenen Landschafvliesen. Inaug.-Diss. Halle 1925.

zu gespült werden. Es würde dies gut übereinstimmen mit dem geringen Schweißgehalt am Rücken, der ja dem Regen die größte Fläche bietet und ein Ablaufen nach den Flanken und dem Bauch begünstigt.

Das Gesamtmittel im Schweißgehalt Württemberger Schafe verschiedener Altersklassen ist nach Mager folgendes:

Böcke		Muttern	
älter	jünger als 1½ Jahr	älter	jünger als 1½ Jahr
15,62	17,22	16,54	17,64

Betrachtet man nun, von welchem Einfluß Alter und Geschlecht auf die Höhe der wasserlöslichen Bestandteile ist, so wird aus der Tabelle ersichtlich, daß die älteren Tiere im Durchschnitt weniger Wollschweiß aufweisen als die jüngeren. Im Mittel haben die Muttertiere einen etwas höheren Schweißgehalt als die Böcke. Die individuellen Unterschiede sind aber meist so groß, daß demgegenüber der Einfluß von Alter und Geschlecht zurücktritt.

Schleitzer[1]) kann bei anderen Landschafen in dieser Richtung keine Beziehungen feststellen. Dies liegt wohl hauptsächlich an der zu geringen Zahl der Tiere, die bei ihm von jeder Rasse nur 6 bis 12 beträgt.

Beim Karakul beläuft sich nach Bobbert[2]) im Durchschnitt der Gehalt der wasserlöslichen Bestandteile auf 43,23%. Die Wolle der jüngeren Tiere hat mit ihrem höheren Gehalt an Schmutz auch mehr wasserlösliche Bestandteile. Der Prozentsatz der Wasserlöslichkeit ist am Bauch am höchsten, es folgen Blatt, Keule, Flanke, Hals und Rücken.

Die individuellen Unterschiede im Schweißgehalt sind außerordentlich groß, und die Unterschiede, die Fütterung, Haltung, Klima usw. bewirken, sind bis jetzt noch nicht aufgeklärt.

c) Die in Schwefelkohlenstoff löslichen Bestandteile.

α) Die Arten des Fettschweißes.

Die in Wasser unlöslichen, aber in Schwefelkohlenstoff löslichen Bestandteile sind das Wollfett, das vielleicht in der Hauptsache ein Abscheidungsprodukt der Talgdrüsen ist.

Die Löslichkeit des Gesamtschweißes in Wasser oder schwachen Alkalien ist je nach Schafrasse und Zucht verschieden. In der Praxis wird die Qualität des Fettschweißes nach der Farbe und mittels des Gefühles beurteilt, die wahre Natur des Fettschweißes kann jedoch besser aus der Farbe ersehen werden (Tafel II, Abb. 2). Man unterscheidet hier je nach der Löslichkeit gutartigen und bösartigen Fettschweiß und macht bei letzterem noch verschiedene Unterschiede, die aber durch mannigfache Übergänge miteinander verbunden sind[3]).

Ist ein gutartiger, leicht löslicher Fettschweiß vorhanden, so wird er sich beim Waschen schon in Wasser von geringerer Temperatur lösen. Dieser Fettschweiß enthält viel Ölsäuren und meistens auch viel Seifen, so daß er ohne angreifende Waschmittel zu entfernen ist, der Wert der Wolle also nicht durch das Waschen vermindert wird. Die Wolle wird eine schöne weiße Farbe annehmen und normalerweise den milden Charakter zeigen. Bei einem gutartigen, leicht

[1]) Schleitzer, E.: Untersuchungen an den Wollen der auf der D. L. G.-Schau in Stuttgart 1925 ausgestellten Landschafe. Inaug.-Diss. Halle 1926.

[2]) Bobbert, W.: Rendementsbestimmung an Karakulschafen des Tierzuchtinstituts der Universität Halle-Wittenberg. Inaug.-Diss. Halle 1925.

[3]) Bohm, J.: Die Schafzucht nach ihrem jetzigen rationellen Standpunkt. Erster Teil: Die Wollkunde. Berlin 1873.

löslichen Fettschweiß läßt sich ein Strähnchen leicht zwischen zwei Fingern wie ein geölter Faden hindurch ziehen. Ein Ankleben findet nicht statt, und der Finger wird leicht eingefettet. Die Farbe dieses Fettschweißes ist ein helleres Gelb, kann aber auch selten in bräunliche und rostbraune Töne übergehen. Solche Wollen werden leicht in ihrem Gehalt an Fettschweiß überschätzt. Meist findet sich dieser Rostschweiß sogar bei schweißarmen Wollen. Den gutartigen Charakter desselben erkennt man immer daran, daß sich die Wolle nicht klebrig, sondern nur fettig anfühlt. Der braune Fettschweiß, der in der Regel in einzelnen rostbraunen Flecken abgelagert ist, ist insofern nicht günstig, als die Wollen oft nach dem Waschen einen gelblichen Schein annehmen, vielfach sind sie auch mürbe und unelastisch.

Der leicht lösliche Fettschweiß ist häufiger in zu geringer Menge vorhanden, als daß er in zu großer Menge auftritt. Ist er in zu geringer Menge vorhanden, dann gewährt er der Wolle einen unzureichenden Schutz gegen die Einflüsse der Atmosphärilien und des Lichtes. Die Wolle erhält ein helleres, trockenes Aussehen, sie wird mürbe und unelastisch hart, verwittert besonders an den Spitzen und verliert für die Verarbeitung an Güte. Namentlich bei den Landrassen, denen sich dann die englischen langwolligen Kulturrassen anschließen, finden wir dieses. Auch die überseeischen Merinowollen leiden zum Teil an einem zu geringen Fettschweißgehalt, so daß sie unter Umständen weniger haltbar sind. Man verwendet sie deshalb bei uns häufig zu dem sogenannten Schußgarn, demjenigen Faden, der beim Weben querüber eingeschossen wird, während zur Kette, dem vor Beginn des Webens in der Länge aufgespannten Fäden, mehr kontinentale Wollen verwendet werden. Ob für diese Unterschiede in den mechanischen Eigenschaften allein die Fettschweißquantität maßgebend ist, sei dahingestellt. Ist der leichtlösliche Fettschweiß in zu großer Menge vorhanden, so tritt er in etwas erhöhter Konsistenz auf und wird buttergleich, aber immer läßt er sich noch leicht und vollständig entfernen.

Was den bösartigen Fettschweiß anbetrifft, so enthält er je nach dem Grade seiner Bösartigkeit eine größere oder geringere Menge von Stoffen, die bei Anwendung von Wasser und gewöhnlicher Temperatur sich nur teilweise oder gar nicht lösen und selbst bei Anwendung von künstlichen Waschmitteln schwer zu entfernen sind. Tiere, die einen derartigen schwerlöslichen Fettschweiß haben, zeichnen sich vor allem durch Schwerfutterigkeit aus.

Unter schwerlöslichem Fettschweiß im engeren Sinne versteht man einen gelblichen, meist jedoch orangefarbigen Fettschweiß, der, wenn man ein Strähnchen durch zwei Finger hindurch zieht, dieselben nicht oder nur wenig einfettet und ein deutliches Ankleben verursacht. Meist tritt dieser schwerlösliche Fettschweiß in größerer Menge auf. Es wird dann nicht nur die Wäsche erschwert, und höhere Temperaturen und mehr Waschmittel müssen angewandt werden, sondern auch die Milde des Haares leidet. Das Haar wird oft rauh, barsch und hart nach der Wäsche. Die Farbe dieses Fettschweißes ist orangegelb, seine Verteilung ist meist diffus, mitunter ist schon Klümpchenbildung vorhanden.

Der harzige Fettschweiß stellt eine Verstärkung des vorigen dar. Die Bösartigkeit tritt noch stärker hervor. Der Name gibt schon die Eigenschaft an, zäh wie Harz zu kleben. Die einzelnen Strähnchen kann man nur mit Gewalt voneinander trennen. Er überzieht sie manchmal so stark, daß man kaum die Kräuselungsbögen erkennen kann. Häufiger lagert er sich auch in größeren Klumpen ab. Die Farbe des harzigen Fettschweißes ist orange bis rotgelb, er läßt sich noch schwerer entfernen als der zuvor erwähnte. Bei der Wollwäsche müssen höhere Temperaturen und angreifende Waschmittel zur Verwendung kommen, so daß leicht eine Schädigung und Verfilzung der Haare eintreten kann.

Der wachsartige ist der bösartigste Fettschweiß, er schillert durch alle Farben von rein weiß bis ins grünliche. Beim Berühren merkt man nichts Klebriges und Fettiges, sondern eine gewisse Härte, und man hat das Gefühl, ein Stück Wachs anzufassen. In chemischer Beziehung zeichnet sich der wachsartige Fettschweiß durch Mangel an Ölsäure und Überwiegen der festen Fettsäuren, wie Stearin- und Palmitinsäure, aus. Er läßt sich nur bei Anwendung stark angreifender Waschmittel entfernen. Die Schädigung durch vermehrte Arbeit und ungünstige Veränderung des Haares ist bei dieser Fettschweißart besonders groß.

Diese schwerlöslichste Form des bösartigen Fettschweißes fand sich früher bei schwerfutterigen Merinos und kommt heute bei Tuchwollschafen wohl kaum noch vor. Durch planmäßige Auswahl hat man, soweit dies möglich war, in Richtung auf eine Leichtschweißigkeit auch in diesen Herden gearbeitet.

Welche Unterschiede in dem Verhältnis der leicht zu den schwerlöslichen Fettbestandteilen des Fettschweißes vorhanden sind, geht aus den Untersuchungen von Chevreul[1]) und Maumené hervor. Ersterer gibt für Merinowollen 32,71% lösliches und 8,57% unlösliches, letzterer 17,05% lösliches und 7,92% unlösliches an. Nach Maumené und Ragelet sind die entsprechenden Werte bei einer Merinowolle aus Soissons 20,42:7,44 oder wie 2,75:1 und bei einer Merinowolle aus der Champagne 17,77:8,40 oder wie 2,11:1.

β) Die chemische Zusammensetzung der in Schwefelkohlenstoff löslichen Bestandteile.

Was die chemische Zusammensetzung anbetrifft, so sind von älteren Autoren Salze folgender Säuren angeblich im Fettbestandteil des Fettschweißes festgestellt worden: Ameisensäure, Essigsäure, Isovalerian- und Buttersäure, Propionsäure, Valerian-Ameisensäure, Capronsäure, Önanthsäure, Caprinsäure, Cerotinsäure, Ölsäure, Palmitin-Stearinsäure usw., sowie einige Salze anorganischer Säuren, wie solche der Phosphor-, Schwefel-, Salz-, Kiesel- und Kohlensäure. Auch Stickstoff ist in Form von Ammonsalzen und organischen Verbindungen vorhanden.

Das Wollfett ist nun nach heutiger Anschauung kein Fett im eigentlichen Sinne, sondern ein Gemenge aus freiem Cholesterin mit verschiedenen Fettsäureestern des Cholesterins und Isocholesterins, Cerylalkohol u. a., mehr oder weniger untermengt mit freien Fettsäuren.

Nach den neueren Untersuchungen, an denen vor allem Darmstädter und Lifschütz, Herbig und v. Cochenhausen u. a. m.[2]) beteiligt sind, kann man im Fett der Wolle Wollfettwachs- und Weichfettbestandteile unterscheiden, deren Zusammensetzung wesentlich verschieden ist. Bei der Verseifung des Wollfettwachses erhält man nach Darmstädter und Lifschütz hochschmelzbare Fettsäuren.

---

[1]) Chevreul: Compt. rendu Bd. 47, S. 130.

[2]) Lifschütz: Biochem. Z. Bd. 54, S. 219ff, 1913; Chem. Ber. Bd. 47, S. 1543ff. 1914; Z. physiol. Chem. Bd. 110, S. 35. 1920. — Darmstädter, L. u. J. Lifschütz: Beiträge zur Kenntnis der Zusammensetzung des Wollfetts. Ber. dtsch. chem. Ges. Jg. 29, II. Mitt., Bd. 1, S. 618. 1896; Bd. 2, III. Mitt., S. 1474. — Schulze, E.: Über einige Bestandteile des Wollfettes. Ber. dtsch. chem. Ges. Jg. 31, Bd. 1, S. 1200. 1898. — Lifschütz: Beiträge zur Kenntnis des Wollfettes. Z. physiol. Chem. Bd. 110, 7. Mitt. Berlin u. Leipzig 1920. — Darmstädter, L. u. J. Lifschütz: Beiträge zur Kenntnis der Zusammensetzung des Wollfettes. Ber. dtsch. chem. Ges. Jg. 28, Bd. 3, S. 3133. Berlin 1895. — Beiträge zur Kenntnis der Zusammensetzung des Wollfettes. Ber. dtsch. chem. Ges. Jg. 31, Bd. 1, V. Mitt., S. 97. 1898 u. VI. (vorläufige Mitt.), S. 1122. — Herbig u. v. Cochenhausen: Dingler Bd. 292, S. 42, 66, 91, 112. — Ulzer u. Seidel: Z. angew. Chem. Bd. 96, S. 349. — Henriques: Z. angew. Chem. Bd. 96, S. 223, 423. — Fahrian: Z. angew. Chem. Bd. 98, S. 271.

Lanocerinsäure — ihr Kalisalz ist eine in Alkohol unlösliche Seife — deren Hauptbestandteile die in kaltem Alkohol unlöslichen Teile der Seifengruppen ausmachen.

In dem in kaltem Alkohol löslichen Teil der Seifenmasse ist eine neue Säure Lanopalminsäure, ferner Myristinsäure, Carnaubasäure, Capronsäure und eine ölige Säure festgestellt worden. Alle drei Säuren sind hauptsächlich an Magnesium gebunden.

Nach Darmstädter und Lifschütz beträgt die Ausbeute an Carnaubasäure und Myristinsäure in australischen Wollen 10 bis 12%.

In der völlig neutralen und fast aschefreien Alkoholmasse des Wollfettwachses sind mehrere alkoholartige Körper enthalten, dazu gehört auch der Carnabylalkohol, der in hohem Maße die Fähigkeit hat, Wasser anzuziehen. Der völlig neutrale Körper bildet eine durchscheinende talgähnliche Masse.

Ferner sind Cerylalkohol und vor allem Cholesterin festgestellt worden.

Das Cholesterin ist ein zyklischer ungesättigter einwertiger sekundärer Alkohol. Es kommt zum Teil als Ester nicht nur im Wollfett vor, sondern findet sich fast in allen Zellen, insbesondere aber in der weißen Hirnmasse.

Das Cholesterin wird folgendermaßen nachgewiesen[1]):

1. Nach Salkowski wird Cholesterin in Chloroform gelöst unter Hinzufügung der gleichen Menge konzentrierter Schwefelsäure und umgeschüttelt, so färbt sich das oben absetzende Chloroform bei Anwesenheit von Cholesterin rubinrot, während die Schwefelsäure selbst gelb gefärbt ist und grünlich fluoresziert.

2. Nach Liebermann-Burchard: Fügt man zu einer Lösung von Cholesterin in Chloroform tropfenweise Essigsäureanhydrid und konzentrierte Schwefelsäure, so färbt sich die Flüssigkeit erst rosenrot, dann violett, blau und schließlich dunkelgrün, allerdings erhält man diese Farbenreaktionen auch mit Stearinen, sogar mit Harzsäuren und Terpenalkoholen.

3. Nach Brunswik[2]) wird das freie Cholesterin mikrochemisch leicht und in empfindlicher Weise nachgewiesen: bei Verwendung einer 1proz. Lösung von Digitonin in 85proz. Alkohol bildet freies Cholesterin nach Windaus[3]) mit Digitonin eine unlösliche kristallisierte Additionsverbindung, die in Form zierlicher Nadeln und Nadelbüschel auf dem Objektträger kristallisiert.

Das nach Abscheidung des Wachses erhaltene, bei gewöhnlicher Temperatur dickflüssige Weichfett, welches die charakteristische Hauptgruppe des Wollfetts bildet, macht in australischer Wolle 85 bis 90% aus.

Im Gegensatz zum Wollfettwachs, wo der Säurebestandteil über 65% beträgt, ist dieser Bestandteil im Weichfett in viel geringerer Quantität vertreten. Er beträgt nach Darmstädter und Lifschütz nur 40 bis 45% des Weichfetts. Während für das Wollfettwachs die Lanocerinsäure (Schmelzpunkt 104°) und Lanopalminsäure (Schmp. 88°) charakteristisch sind, und die Säuremasse überwiegend aus hochschmelzenden (von 72 bis 104°) Säuren besteht und nur wenige Prozente flüssiger Säuren aufweist, enthält das Weichfett nur kleinere Mengen der mehr oder minder hochschmelzbaren Fettsäuren des Lanocerins. Der allergrößte Teil der Fettsäuren besteht aus einer zwischen 15 und 20° C schmelzenden, also bei gewöhnlicher Zimmertemperatur, flüssigen Fettsäure, die man für Ölsäure gehalten hat. Wenn man jedoch ihr Jodadditionsvermögen in Erwägung zieht,

[1]) Abderhalden, E.: Physiologisches Praktikum. Berlin 1912.

[2]) Brunswik, H.: Der mikrochem. Nachweis der Phytosterine u. von Cholesterin als Digitonin Steride. Z. Mikrosk. Bd. 20. 1923.

[3]) Windaus, A.: Über die Entgiftung der Saponine durch Cholesterin. Ber. dtsch. chem. Ges. Bd. 42, S. 238. 1909.

so muß es nach Darmstädter und Lifschütz auffallen, daß schon die Jodzahlen, die am Gesamtfett von verschiedenen Autoren beobachtet wurden, viel zu gering sind, um in der großen Menge im Wollfett enthaltenen „öligen Säure" eine eigentliche Oleinsäure, also die ungesättigte Fettsäure, zu erblicken. So findet Lewkowitsch[1]) am Lanolin folgende Jodadditionen:

Gesamtjodzahl des Fettes . . . . . . 17,1—17,6 Teile
Jodzahl der Alkohole desselben Fettes 26,4 Teile Jod

für je 100 Teile dieser Substanzen. Die Alkohole betragen 51,8% vom Lanolin. Bezieht man die Jodzahl der Alkohole auf das Gesamtlanolin, so reduziert sich die Jodzahl der darin enthaltenen Alkohole auf 13,7. Wird diese Zahl der Alkohole von der Jodzahl des Gesamtlanolins abgezogen, so erhält man als Restjodzahl für die Lanolinfettsäuren des Gesamtfettes nur 3,4 bis 3,9. Nun enthält das Lanolin nach den Ermittlungen von Darmstädter und Lifschütz 40 bis 45% der in Rede stehenden „öligen Säure", da aber die Jodzahl der eigentlichen Oleinsäure 90 beträgt, so müßte, wenn hier eine solche Fettsäure vorliegt, die Jodzahl der Lanolinfettsäuren mindestens 36 betragen, also das 10fache von der von Lewkowitsch gefundenen Zahl. Aus den Angaben dieses Autors ist zwar — nach Abzug der Jodzahl der Alkohole — für den sauren Teil eine viel zu geringe Jodzahl vorhanden, um die „ölige Säure" als eine ungesättigte Oleinsäure anzusprechen.

Diese geringen Jodzahlen der „öligen Säure" können nach Darmstädter und Lifschütz aber auch nicht als die von einer eigentlichen Oleinsäure herrührenden betrachtet werden, wonach die erstere Säure etwa 10% von der letzteren enthalten würde. „Hiergegen spricht schon deutlich genug der Befund, daß sie die Oleinreaktion mit Chromschwefelsäure nicht gibt. Demnach können diese Jodzahlen nur von einer Beimengung einer Säure herrühren, die keine eigentliche Fettsäure ist. Denn die anderen eigentlichen Wachs- und Fettsäuren des Wollfettes sind — soweit sie bis jetzt bekannt geworden sind — durchweg gesättigte Körper.

Es kann daher kaum einem Zweifel unterliegen, daß die geringe Jodzahl von 14%, die die bisher isolierte ‚ölige Säure' noch zeigt, höchstwahrscheinlich von einer Oxydationssäure des Cholesterins oder (dem Absorptionsspektrum nach) des Isocholesterins, jedenfalls aber von keiner eigentlichen Fettsäure herrühren dürfte." Diese Feststellungen werden von Brunswik auf dem Wege der Fettfärbung bestätigt.

Der Nachweis der neutralen Fette wird durch Sudanglyzerin (0,1 g Sudan III, 10 g 96proz. Alkohol, 10 g Glyzerin) geführt. Das Fett speichert in kurzer Zeit den Farbstoff stark und erscheint auch im Mikroskop orangerot.

Osmiumsäure (1%), die als spezifisches Reagens für Ölsäure und andere ungesättigte Fettsäuren angesehen wird, schwärzt das Wollfett nicht. Ölsäure ist auch mikrochemisch nicht nachzuweisen. Das Wollfett wird durch längere Einwirkung der Osmiumsäure unter dem Deckglas emulgiert und tritt unter Bildung eigentümlicher blasiger Formen zutage (Brunswik[2])).

Außer dieser bereits bei den Säuren des Wollfettwachses erwähnten öligen Säure erhält man auch im Weichfett wie beim Wachs erhebliche Mengen Myristin- und Carnauba-Säure.

Sehr charakteristisch für das Weichfett ist sein bedeutender Gehalt an dem sogenannten Isocholesterin, das unter den Wollfettwachs-Alkoholen gänzlich fehlt. Dagegen scheint das leicht zu isolierende Cholesterin, das Darmstädter

[1]) Lewkowitsch: Chem. Ztg. Repert. Bd. 96, S. 66.
[2]) Mark, H.: Beiträge zur Kenntnis der Wolle und ihre Bearbeitung. Berlin 1925.

und Lifschütz aus den Wollwachs-Alkoholen in erheblichen Mengen isolieren können, im Weichfett gänzlich zu fehlen.

Der der Menge nach bedeutend kleinere, unlösliche Teil enthält unter anderem die Alkohole des Wollfettwachses, wie Cerylalkohol und Carnaubylalkohol.

Da man unter den Säurebestandteilen des Wollfettwachses außer der Lanocerinsäure sonst keine in Benzol schwer lösliche Säure mit den obigen Eigenschaften angetroffen hat, und unter den Säuren des Weichfettes überhaupt keine solche auftritt, so scheint nach Lifschütz die Cerotinsäure — wenigstens in den untersuchten australischen Wollen — ein nur sehr untergeordneter Bestandteil zu sein. Die bisherige allgemeine Annahme, daß die Cerotinsäure einen wesentlichen Teil des Wollfettes ausmache, wird also von neueren Untersuchern nicht bestätigt. Lifschütz meint, daß früher insofern ein Irrtum vorgelegen hat, als Lanocerinsäure noch nicht bekannt, bzw. die Carnabausäure aus dem Wollfett noch nicht isoliert waren, die beide der Cerotinsäure ähnlich sind. Dasselbe gilt auch für die Anwesenheit der Stearin- resp. Palmitinsäure, die Darmstädter und Lifschütz weder im Wollfettwachs noch im Weichfett bis jetzt angetroffen haben.

Die Zusammensetzung des fetten Bestandteiles des Fettschweißes ist außerordentlich variabel. Das geht schon aus der Bestimmung des Cholesterin- und Isocholesteringehaltes hervor.

Differenzen in der Zusammensetzung zeigen z. B. die von E. Schulzes[1]) Mitarbeitern und ihm selbst untersuchten 4 Wollfette, die sie sich durch Extraktion mit Äther aus Rohwolle selbst dargestellt haben. Wollfett C enthält neben Cholesterin so wenig Isocholesterin, daß die weingeistige Lösung der Wollfettalkohole direkt eine Kristallisation von Cholesterin liefert; erst die Mutterlauge gibt etwas Isocholesterin. Bei drei Sorten liefert der in Weingeist leicht lösliche Teil des Fettes bei der Verseifung viel Cholesterin, bei der vierten fast nichts. Das Mengenverhältnis des bei der Verseifung erhaltenen alkoholischen Teiles zu den Säuren zeigt starke Schwankungen. Auch werden Schwankungen in der Elementarzusammensetzung des Fettes konstatiert. Solche Verschiedenheiten, welche nicht nur das Mengenverhältnis, sondern auch die Qualität der Wollfettbestandteile betreffen, sind zum Teil schon auf Grund der verschiedenen Beschaffenheit und Farbe des Fettschweißes zu vermuten. Je nach Klima, Ernährung und Rasse kommen die verschiedensten Säuren und Alkohole im Wollfett vor.

Je nach dem verschiedenen Gehalt und der Art der vorhandenen Fette und Fettsäuren ist der Aggregatzustand des Fettschweißes bei gewöhnlicher Temperatur und der Schmelzpunkt desselben sehr verschieden. Der Schmelzpunkt schwankt zwischen 19,0 und 52,5°.

Krocker hat den Schmelzpunkt des rein dargestellten Wollfettes bei 35° festgestellt; in Tharandt angestellte Versuche haben bei Merinos 39°, bei Southdown 40,5° und bei Southdown Merino 52,5° ergeben. Von Nathusius[2]) fand den Schmelzpunkt bei einem sehr edlen kurzwolligen Merinobock bei 44° und bei einem Oxfordbock bei 19°. Nach Chevreul liegt der Schmelzpunkt der sogenannten öligen „Elaierine" bei 19°, der der talgigen „Stearine" bei 7,5°. Der Fettschweiß kann also leichtflüssig oder hart sein; je leichtflüssiger er ist, desto leichter läßt er sich entfernen.

---

[1]) Schulze, E.: Über die Zusammensetzung des Wollfettes. J. prakt. Chem. N. F. Bd. 7, S. 162.

[2]) Nathusius, W. v.: Das Wollhaar des Schafes in histologischer und technischer Beziehung mit vergleichender Berücksichtigung anderer Haare und der Haut. Berlin 1866. — Mitteilung über die bei ferneren Untersuchungen des Haares der Schafe und anderer Haustiere erlangten Resultate. Z. d. landw. Central-Vereins d. Provinz Sachsen Jg. 32, S. 1.

Auf Grund dieser Zusammensetzung läßt sich das Wollfett nur schwierig und unvollkommen verseifen und liefert dabei auch kein Glyzerin. Mit warmen Seifenlösungen läßt es sich emulgieren, so daß es auf diese Weise aus der Rohwolle entfernt werden kann, wie es z. B. in der Leviathan-Wollwäscherei geschieht.

Das Wollfett wird am vollständigsten durch Behandeln der Wolle mit flüchtigen Lösungsmitteln, wie Benzin, Benzol, Äther, Schwefelkohlenstoff entfernt. Diese Entfettungsmittel haben oder hatten technische Verwendung zur Wollfettextraktion gefunden, doch verdienen die nicht feuergefährlichen Extraktionsmittel, wie Tetrachlorkohlenstoff, Dichloraethylen den Vorzug. Die Wirkungsweise dieser Lösungsmittel besteht nach Ganswindt darin, daß sie alle Fette quantitativ lösen, während die wasserlöslichen Bestandteile des Schweißes, wie z. B. die Kalisalze und die wasserunlöslichen erdigen und organischen Bestandteile in der Wolle verbleiben und durch Wasser völlig frei von Wollfett dann entfernt werden können. In dieser Trennung der Bestandteile sieht Ganswindt[1]) den wesentlichen Vorteil, da die beiden Lösungen unabhängig voneinander, und zwar die eine auf Wollfette, die andere auf Pottasche und Leuchtgas oder auf Fettsäuren zur Seifenfabrikation und auf Kalisalze für Düngezwecke verarbeitet werden können.

Das Wollfett ist in Wasser unlöslich, dagegen leicht löslich in Äther und in Schwefelkohlenstoff. Durch Eindampfen des Extraktionsmittels gewinnt man das rohe Wollfett als bräunliche, unangenehm riechende, schmierige Masse.

Grassow hat in dem rohen Wollfett die Verseifungszahl mit 111, die Säurezahl mit 2,8, die Jodzahl mit 18,5, das spezifische Gewicht mit 0,965 bestimmt.

Das Rohwollfett ist schon den alten Griechen und Römern bekannt gewesen. Plinius beschreibt es als eine schmierige Masse; sie hat als Heil- und Schönheitsmittel bis ins 18. Jahrhundert hinein Verwendung gefunden. Auch als Wagenschmiere und Entfettungsmittel in der Wollspinnerei hat man es unzweckmäßigerweise benutzt. Erst durch die Untersuchungen Liebreichs wurde der therapeutische Wert des Wollfettes festgestellt; denn er konnte nachweisen, daß es ganz ungewöhnlich leicht und vollkommen von der menschlichen Haut resorbiert wird und sich infolgedessen als Salbengrundlage ausgezeichnet eignet. Diese Erkenntnis führte zur rationellen Weiterverarbeitung des rohen Wollfettes auf das Liebreichsche Lanolin, d. h. die eigentliche Cholesterinverbindung wurde von den Begleitsubstanzen wie fremden und riechenden Verbindungen und bis zu 30% Fettsäuren getrennt, das rohe Wollfett mußte also gereinigt werden. Zur Durchführung dieser Reinigung sind verschiedene Verfahren angegeben.

Das wasserfreie Lanolin bildet eine honiggelbe, fettige, salbenartige Masse mit einem Schmelzpunkt von 38 bis 40°, die sich in Äther und Chloroform leicht, in absolutem Alkohol und selbst in heißem nur teilweise löst. Auch in Wasser ist Lanolin unlöslich, nimmt aber das mehrfache Gewicht an Wasser auf, ohne die salbenartige Beschaffenheit zu verlieren. Das Handelslanolin weist einen Wassergehalt von 25% auf, ist gelblichweiß, von firnisartiger dicker Salbenkonsistenz und zeigt die gleichen Eigenschaften wie das wasserfreie. Das reine, wasserfreie Wollfett findet für kosmetische Zwecke Verwendung (Lanolincreme, Lanolinseife) und zum Teil auch in der Textilindustrie zum Wasserdichtmachen von Geweben.

Das wasserfreie Lanolin verbrennt mit leuchtender, stark rußender Flamme und hinterläßt eine kaum wahrnehmbare und nicht alkalisch reagierende Asche (nicht mehr als 0,5%).

---

[1]) Ganswindt, A.: Wollwäscherei und Karbonisation. Leipzig 1905.

Die reinen Wollfette werden durch wässerige Kalilauge nicht verseift; durch anhaltendes Kochen mit alkoholischer Kalilösung wird eine allmähliche teilweise Verseifung bewirkt.

Von verschiedenen Autoren wird betont, daß der Fettschweiß auf dem Tier nicht etwas unveränderliches ist, sondern durch äußere Einflüsse Umgestaltungen erleidet. Die durch Oxydation der Fette entstandenen Fettsäuren neigen dazu, durch Aufnahme von Sauerstoff einzudicken oder festzuwerden. Die frischen Sekrete auf dem Tier veranlassen daher oft eine zu günstige Beurteilung. Sie fühlen sich ölig an und gehen erst allmählich in ihre klebende und harte Beschaffenheit über. Zur Erkennung der wahren Natur des Fettschweißes leitet die Farbe vielfach besser als das Gefühl.

Die Sauerstoffaufnahme und die Verharzung der Fettsäuren soll nach Ganswindt noch begünstigt werden durch Fermente, die vom Körper abgeschieden sind. Diese haben andererseits die Aufgabe, eine Oxydation, d. h. eine Überführung der Fettsäuren in gasförmige Verbrennungsprodukte oder eine Verseifung der Fettsäuren herbeizuführen oder zu beschleunigen.

Eingehendere Untersuchungen über die Veränderlichkeit des Wollfettes hat Lifschütz[1]) angestellt.

Die Träger dieser Empfindlichkeit des Wollfettes gegenüber äußeren Einflüssen sind vorzugsweise seine ungesättigten Alkohole (Cholesterinstoffe), sowie seine sich leicht spaltenden Ester der niederen Fettsäuren (Capron-, Valerian- und ähnlicher Säuren), neben dem weiteren Abbau seiner sogenannten „öligen Säure".

In einem soeben geschorenen Vlies sind die Wollhaare an der Schnittfläche hell, fast weiß; sie fühlen sich zwar fettig, aber nicht klebrig an. Dagegen sind sie an den Spitzen dunkel- bis schwarzbraun, von hartem Griff, fühlen sich pechartig klebrig an und sind meist fest zusammenhängend (Abb. 143). Diese Unterschiede sind mehr oder minder scharf festzustellen, und zwar hängt es von der Lage der Haare, wie sie der Einwirkung von Licht, Luft und Feuchtigkeit zugänglich sind, ab. Im Laufe der Zeit müssen also starke Veränderungen des Wollschweißfettes erfolgen.

Lifschütz hat nun an der Basis und der Spitze verschiedener Wollen folgende Unterschiede in der Zusammensetzung des Fettschweißes ermitteln können:

	1. Südamerikanische Kreuzungswolle		2. Merinowolle Montevideo		3. Australische Merinowolle	
	Wurzeln	Spitzen	Wurzeln	Spitzen	Wurzeln	Spitzen
Fettgehalt der Wolle in %	9,20	4,30	22,60	19,50	24,27	14,21
Säurezahl des Extraktfettes	15,68	25,70	2,24	14,56	fast neutral	17,92
Säurezahl nach seiner Aussäuerung	28,00	50,40	11,76	27,44	7,28	28,00
Freies Cholesterin des Fettes	Spuren	—	Spuren	Spuren	Große Menge	Spuren
Freies Isocholesterin . . .	Große Menge	—	Große Menge	Spuren	Große Menge	Spuren
Freies Oxycholesterin . .	—	Große Menge	—	Große Menge	Spuren	Große Menge

[1]) Lifschütz: Beiträge zur Kenntnis des Wollfettes. VIII. Mitt. Veränderlichkeit des Wollfettes.

Aus dieser Zusammenstellung ergibt sich nach Lifschütz der fortschreitende Abbau des Wollfettes während des Wachstums der Wollhaare; der Fettgehalt nimmt von der Basis nach den Haarspitzen zu ab. — Diese Fettabnahme hat nach Lifschütz „ihren Grund zunächst in einer vorangehenden starken Verseifung des Fettes innerhalb der Faser, was sich umgekehrt durch eine entsprechende Zunahme an freien Fettsäuren und Seifen in den Wollspitzen scharf dokumentiert. Die Ester des Fettes sind als solche zwar chemisch sehr schwer angreifbar; ist es aber in seine Komponenten (Fettsäuren und Alkohole) gespalten, so ist seinem weiteren Abbau — selbst unter den milden biologischen Bedingungen — Tor und Tür geöffnet. Mit der Freilegung der Esterkomponenten geht daher gleichzeitig eine starke Oxydation — namentlich der freien Cholesterinstoffe bis zu den Cholesterinsäuren — vor sich, die sich durch den hohen Gehalt an freiem Oxycholesterin in den Spitzenfetten aller drei Wollproben kundgibt, das in ihren Wurzelfetten noch gar nicht vorhanden war. An den Faserspitzen werden naturgemäß die Kaliseifen und Salze durch Regen oder künstliche Wäsche des Tieres von der äußersten Oberfläche des Vlieses weggespült, was schließlich der hohen Differenz zwischen dem Fettgehalt der Wollwurzeln und dem der Spitzen zugrunde liegt."

Wie stark diese fortschreitende Oxydation sein muß, geht nach Lifschütz daraus hervor, daß selbst das sehr widerstandsfähige und beständige Isocholesterin, das in den Wurzeln aller drei Wollproben in bedeutenden Mengen enthalten war, aus den Wollspitzen völlig verschwunden bzw. nur noch spurenweise vorhanden ist.

Das Wollfett verändert sich also beim Lagern, und zwar einerseits durch Hydrolyse seiner Ester und andererseits durch Oxydation der freien bzw. der freigelegten Alkohole. „Dies läßt sich am besten beobachten an dem nach dem L. Darmstädterschen Verfahren aus heißer amylalkoholischer Wollfettlösung abgeschiedenen Wollwachs. Kristallisiert man nämlich dieses Wachs wiederholt aus Amylalkohol um, bis es frisch weder auf freies Cholesterin, noch auf freies Oxycholesterin reagiert, so reagiert es nach einigem Lagern — namentlich an der Oberfläche des Präparates — wieder scharf auf beide Cholesterinalkohole. Dies ist aber nur durch eine freie Spaltung der Ester dieser Alkohole möglich."

γ) Der Fettschweiß am Haar und im Stapel.

Im Vlies bilden die löslichen und unlöslichen Bestandteile des Fettschweißes eine Art Emulsion, die teils die Haare firnißartig überzieht, teils zu Klümpchen und Krusten zusammengeballt wird. Das ganze Haar ist mit Fettschweiß imprägniert, und zwar können die wasserlöslichen Bestandteile ohne weiteres eindringen und ein Teil des Wollfettes wird durch die Körpertemperatur der Tiere geschmolzen und kann dann gleichfalls vom Haar aufgenommen werden.

Der Fettschweiß, vor allem die in Äther löslichen Bestandteile, haben die Bedeutung, daß sie die Haut wie die Haare geschmeidig erhalten und diese vor allem gegen die Witterungseinflüsse schützen. Wollen, die nur geringe Fettschweißmengen aufweisen, sind häufig brüchig und verwittern leicht, wenn sie ungünstigen Witterungsverhältnissen ausgesetzt sind.

Das Wollfett spielt im Haar eine doppelte Rolle: es bildet eine äußere Deckschicht und im Inneren einen organischen Bestandteil des Haares. Die Deckschicht besteht aus den leichtflüssigen Produkten; ihre Entfernung hat geringen Einfluß auf die Dehnbarkeit, dagegen eine erhebliche Wirkung auf die mit den Oberflächeneigenschaften zusammenhängenden Vorgänge, also auf das Abreiben, Aneinanderhaften, vor allem auf das Verspinnen. Der Fettgehalt der inneren Haarsubstanz beeinflußt dagegen Dehnbarkeit und Festigkeit.

Der Fettschweiß bildet eine schmierige Masse, die die Haare verklebt und die Aufnahme unlöslicher Bestandteile, wie Erde, Staub usw., ermöglicht.

Spült man rohe Wolle flüchtig mit Äther, so ist die Fettschicht nahezu völlig gelöst, nur kleine Reste der Fettklumpen haften der sonst reinen Haaroberfläche an. Derartige Rückstände von Fett findet man nach Brunswik nicht selten bei fabrikmäßig gewaschener Wolle, und es muß dies als ein Zeichen ungleichmäßiger Behandlung des Materials angesehen werden.

Wolle, die nur noch 4% Fett aufweist, zeigt oberflächlich höchstens in den Grenzlinien der Schuppenzellen noch Spuren von Fett; bei 1% fehlt auch dieses.

Nach Brunswik[1]) soll bei der Bildung der Hornzellen in der Haarwurzel Fett der Haarsubstanz eingelagert werden und das ganze Haar gleichmäßig imprägnieren. Bei diesem am schwersten herauslösbaren Fettanteil von etwa 3% handelt es sich nicht um Fettbestandteile, die schon während der Bildung der Hornzellen entstehen, sondern infolge der Körpertemperatur wird ein Teil des Fettes flüssig und dringt infolgedessen in das Haar ein, während es oberhalb der Verhornungszellen in den Einmündungsstellen der Schweiß- und Talgdrüsen an das Haar gelagert wird.

δ) Die Wollfettmenge und ihre Abhängigkeit von biologischen Momenten.

Die Menge des Wollfettes im Wollschweiß unterliegt großen Schwankungen. So gibt es fettarme Wollen, während andere, z. B. die australischen Wollen, derartig fettreich sein können, daß man das Wollfett durch Drücken der Haare mit den Fingern herauspressen kann. Im allgemeinen sind die feineren Wollen nicht nur reicher an Fettschweiß, sondern auch reicher an Wollfett. Nach Kohlschmidt[2]) sind Kolonialwollen im Durchschnitt ärmer an Wollfett und weißer als deutsche Wollen. Auf die Mengen des Wollfettes sind die Nahrung, das Klima und auch die verschiedenen Jahreszeiten von Einfluß. Sommerwuchs ist etwa um die Hälfte reicher daran als Winterwuchs.

Die Höhe des Fettgehaltes der Wolle ist individuell nach Alter, Geschlecht, Rasse, Zucht und Herde sehr verschieden. Was die Abhängigkeit des Fettgehaltes von der Rasse anbetrifft, so haben die Untersuchungen von Elbe, Schleitzer und Mager folgende Werte bei Landschafwollen, im Vergleich zu Wollen der Württemberger Schafe und Merinofleischschafen, ergeben:

	Heidschnucke	Karakul	Pommer	Rhön	Ostfries. Milchschaf	Wilstermarsch	Leine	Württemberger	Merino
Fettgehalt nach Elbe[3]) . . .	7,45	2,35	3,11	5,06	8,30	8,5	—	13,73	14,33
„ „ Schleitzer[4])	9,33	—	4,12	5,33	6,25	6,75	6,42	—	—
„ „ Mager[5]) . .	—	—	—	—	—	—	—	10,96	—

Demnach haben die Landschafwollen einen geringeren Gehalt an Bestandteilen, die in Fettextraktionsmitteln löslich sind, als die Merinofleischschafe. Bei den Merinos sind allgemein die größten Werte und auch die größten Unterschiede zu finden.

[1]) Brunswik, H.: Der mikrochem. Nachweis der Phytosterine u. von Cholesterin als Digitonin Steride. Z. Mikrosk. Bd. 20. 1923.

[2]) Kohlschmidt: Deutsche und überseeische Wolle. Landw. Post. 1890.

[3]) Elbe, W.: Untersuchungen an den auf der D. L. G.-Schau in Hamburg geschorenen Landschafvliesen. Inaug.-Diss. Halle 1925.

[4]) Schleitzer, E.: Untersuchungen an den Wollen der auf der D. L. G.-Schau in Stuttgart 1925 ausgestellten Landschafe. Inaug.-Diss. Halle 1926.

[5]) Mager, G.: Untersuchungen an den Wollen der auf der D. L. G.-Schau in Stuttgart 1925 ausgestellten Württemberger Landschafe. Inaug.-Diss. Halle 1927.

Nach von Maumené und Rogelet gemeinschaftlich angestellten Versuchen beträgt der Fettgehalt:

Bei Wollen aus der Beauce 14,56%
„ „ „ Australien 14,72%
„ „ „ der Champagne 17,77%
„ „ „ Rußland 18,10%
„ „ „ Soisson 20,42%

Welche bedeutenden Unterschiede im Fettgehalt je nach Art des vorhandenen Fettschweißes bestehen, insbesondere zwischen Kamm- und schweißigen Tuchwollen, geht aus Untersuchungen von Hartmann[1]) hervor:

Art der Wolle	Fette %	Reine Wollsubstanz %
Normale schweißige Kammwolle	12,87	40,66
Schweißige Tuchwolle	26,01	35,12
Schwer schweißige Tuchwolle	61,13	21,13

Die feinen kurzen Tuchwollen haben demnach einen höheren Gehalt an Fetten als die gröberen langen Kammwollen.

Mager hat nun Untersuchungen über die Unterschiede im Fettgehalt der Wollen verschiedener Körperstellen angestellt und bei Württemberger Schafen gefunden, daß im Mittel von 96 Tieren der Gehalt an Fett variiert beim Blatt von 3 bis 19, bei der Flanke von 4 bis 26, Keule 4 bis 22, Rücken 8 bis 26, Hals 5 bis 20 und Bauch von 6 bis 22%. Insgesamt ergibt sich eine Schwankung, die über das achtfache vom niedrigsten bis zum höchsten Gehalt hinausgeht. Im Gesamtdurchschnitt beträgt der Fettgehalt 10,87%. Naturgemäß sind diese Unterschiede beim einzelnen Tier nicht so groß; in einem Fall ist bei demselben Tier zwischen Maximum am Rücken und Minimum am Blatt eine Differenz von 19% ermittelt. Eine völlige Gleichheit an den einzelnen Körperstellen ist bei keinem Tier gefunden worden. Es ist also anzunehmen, daß tatsächlich ein verschieden hoher Fettgehalt je nach Körperstelle auftritt und eine normale, typische Erscheinung des Wollschafvlieses ist. Die Rückenprobe hat den höchsten, die Blattprobe den niedrigsten Fettgehalt. In aufsteigender Reihe geordnet, folgt:

Mittel von 96 Tieren: 8,24% Bl.[2]), 8,83% H., 10,20% K., 10,52% Fl., 12,40% B., 15,41% Rücken.

Bei 96 Tieren ist die Rückenprobe in 85 aller Fälle am höchsten, die Blattprobe dagegen in 71 Fällen am niedrigsten. Man sieht daher dieses Beobachtung auch im einzelnen mit sehr geringer Ausnahme bestätigt.

Bezüglich der Abhängigkeit von der Körperstelle hat W. Elbe bei den von ihm untersuchten verschiedenrassigen Landschafen der D. L. G.-Schau Hamburg 1924 ermittelt, daß die Rückenprobe den größten Fettgehalt besitzt, daß Blatt- und Keulenprobe stets unter dem Durchschnitt liegen.

Mittelwerte im Fettgehalt, geordnet nach Altersklassen:

Ausstell.-Kl.	Bl. %	Fl. %	K. %	R. %	H. %	B. %	Anzahl der Tiere
Männl. Tiere älter als 1½ Jahr	9,23	12,88	11,81	21,00	11,35	14,29	17
„ „ jünger „ 1½ „	8,41	10,11	9,47	15,41	8,52	12,00	17
Weibl. „ älter „ 1½ „	7,54	9,67	10,61	14,03	8,29	11,86	31
„ „ jünger „ 1½ „	8,30	10,30	9,42	13,84	8,33	12,12	31
Gesamtmittel	8,24	10,52	10,20	15,57	8,83	12,40	—

[1]) Hartmann: Inaug.-Diss. Göttingen 1868.
[2]) Bl. = Blatt; H. = Hals; K. = Keule; Fl. = Flanke; B. = Bauch; R. = Rücken.

Ordnet man die Ergebnisse nach Alter und Geschlecht, so ergibt sich nach Mager aus vorstehender Tabelle, daß bei Blatt, Flanke, Hals und Bauch die älteren Muttern im Mittel den geringsten Fettgehalt aufweisen; den höchsten Fettgehalt ergeben an allen Körperstellen die älteren Böcke, es folgen absteigend die jüngeren Böcke und jüngeren Muttern. Besonders auffallend ist bei den älteren Böcken der hohe Fettgehalt am Rücken mit im Mittel 21% gegenüber 14 bis 15% der anderen Klassen.

d) Die in Wasser und in Schwefelkohlenstoff unlöslichen Bestandteile.

Die in Wasser und Schwefelkohlenstoff unlöslichen Bestandteile sind die mechanischen Verunreinigungen: Erde, Staub, Stroh, Kletten und ähnliche Fremdkörper, durch die die Rohwolle ihr schmutziges Aussehen erhält.

Die Färbung des Vlieses und seiner Teile hängt von der Art und Menge des vorhandenen Fettschweißes und den Verunreinigungen ab, die sich darin finden. Bei erhöhtem Fettschweißgehalt und meist auch bei ungünstigem Charakter desselben ist die äußere Färbung beim Merino ein dunkles Braun, bei normalem Gehalt ein Grau, oder je nach der Beschaffenheit des Grundes, auf dem die Schafe gehen, verschieden. So gibt es schwarze, blaue, rote, grünliche Wollen, deren Färbung von den eingelagerten mineralischen Stoffen bedingt wird (Tafel II, Abb. 3). Außer den erwähnten Bestandteilen findet man auch mehr oder weniger pflanzliche, insbesondere Unkrautsamen, an denen bis zu einem gewissen Grade die Provenienz einer Wolle nachgewiesen werden kann.

Mit dem Fettschweiß verklebt sind ferner abgeschilferte Epidermis- und sonstige Zellen. Diese sind nach den Untersuchungen von W. v. Nathusius in einer schwerschweißigen schlesischen Tuchwolle zu einem wesentlich höheren Prozentsatz vorhanden als in einer Oxfordshiredownwolle. In der ersteren hat er 8 bis 10%, in der letzteren kaum nachweisbare Mengen feststellen können.

Der Schmutzgehalt zeigt von allen Nebenbestandteilen die größten Schwankungen, so wurde von Mager bei Württemberger Schafen im Mittel 16,56%, schwankend von 5 bis 39%, festgestellt. Den höchsten Grad der Einschmutzung hat die Bauchwolle und den niedrigsten die Blatt- bzw. Rückenwolle. Die Böcke ergeben höhere Schmutzprozente als die Muttern, was vielleicht mit dem höheren Gehalt an Fettbestandteilen im Zusammenhang steht. Auch die jüngeren Tiere lassen eine stärkere Tendenz zur Einschmutzung erkennen.

Schleitzer stellt fest, daß die Wollen der Schafe, die, wie die Marschschafe, dem Straßenstaub am wenigsten ausgesetzt sind, den niedrigsten Schmutzanteil haben. Es beträgt nach ihm der Schmutzgehalt, auf reine Wolle bezogen, bei den pommerschen Landschafen 10,9%, den Wilstermarschschafen 16,0%, den ostfriesischen Milchschafen 22,4%, den Heidschnucken 23,0%, den Leineschafen 36,4% und den Rhönschafen 46,4%. Jedoch ist die Einschmutzung auch bei den einzelnen Körperstellen verschieden. Bei allen Rassen ist die Bauchwolle am meisten, bei den Rhönschafen, Wilstermarschschafen, pommerschen Landschafen und Heidschnucken die Wolle der Keule, bei den Leineschafen die der Keule und des Halses, bei den ostfriesischen Milchschafen die des Blattes am wenigsten eingeschmutzt.

An umfangreicherem Material, und zwar an Württemberger Schafen, hat Mager auch Untersuchungen über den Schmutzgehalt der Wollen angestellt. Allgemein ergibt sich, daß die Variationsbreite des Schmutzgehaltes größer ist als die der anderen Nebenbestandteile der Rohwolle. Von 5 bis 39% wechselt der Gehalt an Schmutz, wenn man die niedrigsten und höchsten Werte herausgreift. Im Gesamtmittel erhält man 16,58% Schmutz. Dies entspricht etwa der Menge der wasserlöslichen Teile.

Gesamtmittel	Bl.	Fl.	K.	R.	H.	B.
% Schmutzgehalt . . .	14,91	15,25	15,52	15,22	16,00	20,34

An den einzelnen Körperstellen läßt das Gesamtmittel keine so großen Unterschiede erkennen. Nur die Bauchprobe zeigt im Mittel einen erheblich höheren Schmutzgehalt. Ordnet man die verschiedenen Proben nach steigendem Prozentgehalt, so folgt auf Blatt und Rücken, Flanke, Keule, Hals und schließlich mit höchstem mittlerem Schmutzgehalt der Bauch. Bei den einzelnen Ausstellungsklassen ergeben sich folgende Werte:

Böcke älter als 1½ Jahr	Böcke jünger als 1½ Jahr	Muttern älter als 1½ Jahr	Muttern jünger als 1½ Jahr
17,24	17,93	15,42	15,47%

Der Einfluß von Alter und Geschlecht macht sich im Gesamtmittel nur in der Weise bemerkbar, daß die Böcke mehr Schmutz aufweisen als die Muttern. In geringem Maße scheinen die jüngeren Tiere eher zu etwas stärkerer Einschmutzung zu neigen. An den einzelnen Körperstellen wird dies, wie die folgende Tabelle zeigt, zum Teil etwas deutlicher bestätigt, nur machen bei Flanke, Rücken und Bauch die älteren Muttern eine Ausnahme. Sie haben an diesen Stellen mehr Schmutz als die jüngeren Muttern.

Mittlerer Schmutzgehalt der Vliese verschiedener Altersklassen:

Klasse	Bl. %	Fl. %	K. %	R. %	H. %	B. %
Böcke älter als 1½ Jahr . . .	16,0	16,17	16,25	14,76	18,81	20,58
„ jünger „ 1½ „ . . .	17,31	16,50	18,31	16,75	19,68	20,73
Muttern älter „ 1½ „ . . .	12,64	15,16	14,38	15,38	12,25	21,60
„ jünger „ 1½ „ . . .	13,78	14,27	14,87	14,57	15,66	18,90

e) Die korrelativen Beziehungen der Fettschweißbestandteile[1]).

Was nun die Beziehungen der einzelnen Fettschweißbestandteile zueinander anbetrifft, so hat v. Falck[2]) zunächst Untersuchungen über die Abhängigkeit des Wassergehaltes angestellt.

Das reine Wollhaar weist nach ihm „unter gleichen Lagerungsverhältnissen nur geringe Schwankungen des Feuchtigkeitsgehaltes auf, der sehr verschiedene Feuchtigkeitsgehalt der unter gleichen Bedingungen lagernden Schmutzwolle wird durch die Art und Menge der Verunreinigungen bedingt, und zwar wirkt ein hoher Gehalt an Sand, Staub und ätherlöslichen Stoffen erniedrigend, ein hoher Gehalt an wasserlöslichen Stoffen erhöhend auf den Feuchtigkeitsgehalt der Schmutzwolle. Bei den letztgenannten Verunreinigungen sind größere Unterschiede vorhanden, je nach dem gegenseitigen Verhältnis der wasserlöslichen Bestandteile."

Eingehende Untersuchungen über die Beziehungen der einzelnen Bestandteile des Vlieses auf Grund von Korrelationsberechnungen sind im Tierzuchtinstitut in Halle von Elbe, Schleitzer und insbesondere von Mager angestellt worden.

[1]) Volkmann, K.: Wechselbeziehungen zwischen Rendement, Wollfeinheit und Wolllänge bei Merinofleischschafen.' Diss. Breslau 1927. — Falck, H. v.: Untersuchungen über ein für die Praxis brauchbares Verfahren zur Bestimmung des Ertrages an reinem Wollhaar. Z. Tierzüchtg Bd. 5. 1926. — Arb. d. D. L. G. 1926, H. 336. — Gärtner: Z. Schafzucht Jg. 13, H. 10. 1924. — Dt. Schäferei-Zg. Jg. 17, Nr. 3. 1925. — Schafzucht 1924. 7. Kapitel. Die Wollkunde.

[2]) Falck, H. v.: Untersuchungen über ein für die Praxis brauchbares Verfahren zur Bestimmung des Ertrages an reinem Wollhaar. Z. Tierzüchtg Bd. 5. 1926. — Arb. d. D. L. G. 1926, H. 336.

Zwischen Wassergehalt und wasserlöslichen Bestandteilen besteht eine positive korrelative Beziehung derart, daß mit der Zunahme des Wollschweißes auch eine Zunahme an Wasser erfolgt. Wahrscheinlich ist der hohe Gehalt an Kalisalzen in den wasserlöslichen Bestandteilen dafür verantwortlich zu machen. Zwischen Wasser- und Schmutzgehalt besteht zahlenmäßig eine negative Korrelation, d. h. wohl, daß der Schmutzgehalt vor allem durch die unlöslichen Mineralbestandteile, wie Erde und Staub, erniedrigend auf den Wassergehalt einwirkt.

Zwischen Fett- und Wassergehalt läßt sich nach Mager kein Zusammenhang feststellen. Es ist nur eine gewisse negative Tendenz vorhanden, daß durch höheren Gehalt an Fett eher der Wassergehalt gedrückt wird.

Nach älteren Autoren nimmt Wolle, die ein schwer flüssiges Fett besitzt, das die einzelnen Wollhaare durch einen festen Überzug gegen äußere Einflüsse schützt, am wenigsten Feuchtigkeit auf, während gröbere Wolle eine größere Neigung zur Aufnahme der Feuchtigkeit hat.

Wollfeinheit und Fettgehalt weisen keinen wechselseitigen Zusammenhang auf, während sich zwischen Fettgehalt und Schurgewicht einerseits und Lebendgewicht andererseits zahlenmäßig positive Korrelationen ergeben, die aber in der Fehlergrenze liegen.

Kronacher meint dagegen, daß die feinere Wolle im allgemeinen mit dem höheren Fettgehalt und der geringeren Stapeltiefe verbunden ist. Der gleichen Ansicht ist auch Pieritz und auch Macalik[1]) fand bei der Untersuchung slowakischer Schafe, daß Feinheit und Fettgehalt der Wolle korrelativ miteinander verbunden sind.

Für das Verhältnis Schmutzgehalt zu wasserlöslichen Bestandteilen sind nur bei Flanke und Rücken echte negative Beziehungen nachweisbar.

Auch zwischen Schmutz und Wollfeinheit scheint ein gewisser Zusammenhang zu bestehen, darauf deutet die echte positive Korrelation im Blatt. Zwischen Wollfeinheit und wasserlöslichen Bestandteilen läßt sich kein Zusammenhang nachweisen.

Ein jeder Unterschied in der Gleichmäßigkeit der Haare im Vlies zeigt sich schon in der Fettschweißbeschaffenheit insofern, als dort, wo die Wollhaare etwas schwächer sind, der Fettschweiß nicht die Farbe und Qualität hat, wie an den Stellen, wo die Wolle kräftig und normal ist. An den schwächeren Stellen tritt auch vielfach die Kräuselung zurück.

f) Das Rendement der Wolle.

α) Höhe und Abhängigkeit des Rendement.

Das Gewicht der Schweißwollen, also der Wollen in ungewaschenem Zustande, bezeichnet man als Vliesgewicht, während man unter Schurgewicht häufig das Gewicht der Wollen nach der Rückenwäsche versteht. Ist der Fettschweiß in der Fabrikwäsche vollkommen entfernt worden, so spricht man von dem Wollgewicht. Man versteht also hierunter das Gewicht der reinen Wolle plus dem normalen Wassergehalt derselben (vgl. oben). Das Vlies- und Schurgewicht ist abhängig von der Menge des Fettschweißes. Man bezeichnet sie deshalb als die scheinbaren Gewichte der Wolle.

Nach dem scheinbaren Gewicht unter Berücksichtigung der Eigenschaften und Qualität der Wolle findet die Bewertung durch den Händler statt. Das wahre Gewicht gibt die für die Fabrikation nutzbare Quantität der Wollmasse an. Für

[1]) Macalik: Z. Tierzüchtg Bd. 3.

den Käufer ist neben der allgemeinen Beschaffenheit der Wolle das Verhältnis des scheinbaren zu dem wirklichen Gewicht einer der wichtigsten Punkte der Wertbestimmung. Die Wolle nach ihrer Ausbeute an Wolle abschätzen, heißt, das Rendement einer Wolle bestimmen. Der Fabrikant legt auf die Höhe dieses Rendements besonderen Wert.

Zur genauen Feststellung des Rendements muß man das natürliche und das wahre Gewicht der Wollmenge ermitteln. Bei dem Ankauf von Wolle wird es geschätzt.

Die Taxe des Rendements einer Wollpartie ist als außerordentlich schwierig anzusehen. Langjährige Übung ohne Unterbrechung mit steter Belehrung, am besten durch das bald darauf gefundene Waschergebnis, gehören dazu, um eine genügende Fertigkeit zu erlangen. Dabei ist die Taxe bei einer größeren Wollpartie noch am leichtesten; sie wird ferner durch die Erfahrung erleichtert, die dem berufsmäßigen Taxator über Wollen bestimmter Provenienz zur Verfügung steht. Sollte derselbe Taxator das Rendement bestimmen, wenn ihm die Wolle immer nur in kleinen, etwa faustgroßen Mengen gezeigt würde, wenn ihm die Herkunft der Wolle unbekannt wäre, so würde der Taxator großen Irrtümern verfallen (Lehmann[1])).

Heyne[2]) gibt das Rendement verschiedener deutscher und ausländischer Merinowollen folgendermaßen an:

Deutsche Schweißwolle	31 bis 39%	Rendement
Deutsche Rückenwäsche	55 „ 65%	„
Pommersche Schweißwolle	24 „ 34%	„
Thüringische Schweißwolle	28 „ 34%	„
Posensche Schweißwolle	32 „ 39%	„
Australische Schweißwolle	40 „ 45%	„
Australische Rückenwäsche	75 „ 82%	„
Buenos Aires-Wolle	38 „ 44%	„
Montevideo-Wolle	38 „ 44%	„
Kapwolle, Rückenwäsche	78 „ 88%	„
Kapwolle, Schweißwolle	35 „ 58%	„
Englische Wolle	40 „ 45%	„
Kreuzungswolle	39 „ 53	„

Bei den deutschen Merinowollen erwartet man durchschnittlich ein Rendement von 32%, bei den australischen etwas über 40%. Bei Ausstellungstieren kann auch das Rendement deutscher Wollen bis über 45% hinausgehen.

Die Reinwoll-Bestimmungen, die im Tierzucht-Institut in Halle (Saale) ausgeführt worden sind, lassen erkennen, daß der Gehalt an reiner Wolle (einschließlich Wasser) großen Schwankungen unterworfen ist. Es wurde z. B. folgender Gehalt an reiner Wolle ermittelt:

Eskurial	21 bis 41%	Leine	44 bis 48%
Elektoral	26 „ 46%	Marsch	45 „ 75%
Franz. Merino	38 „ 57%	Heidschnucke	40 „ 68%
Südwales	32 „ 60%	Zackel	40 „ 72%
Oxfordshire	44 „ 67%	Karakul	40 „ 71%
Rhön	40 „ 68%		

Die Ausbeute an reiner Wollsubstanz ist also um so geringer, je feiner die Wolle ist. Als innerhalb der Grenze des normalen liegend kann man annehmen, daß feine Tuchwollen bis ca. 4 cm Stapeltiefe 14 bis 35% reines Haar und 25 bis 40% Fettschweiß, stärkere bis 7,5 cm Stapeltiefe und darüber zeigende Kammwollen 30 bis 40% reines Haar und 20 bis 25% Fettschweiß haben. Langabgewach-

[1]) Lehmann: Arb. d. D. L. G. 1920, H. 306.
[2]) Heyne: Die Schafzucht, 2. Aufl. 1924.

sene Grannenhaarwollen enthalten 60 bis 70% reines Haar und 12 bis 15% Fettschweiß. Der zu 100% nach diesen Angaben fehlende Teil besteht aus Schmutz und Wasser.

Liegt der Fettschweißgehalt erheblich unterhalb der angegebenen Menge, so spricht man von trockenen Wollen. Diese können leicht durch Einfluß der Atmosphärilien verwittern. Größere Fettschweißmengen sind als Nachteil anzusehen, da sie den Gehalt an reiner Wollsubstanz herabsetzen und sich schwer entfernen lassen.

Beim Vergleich verschiedener Rassen ergibt sich wie erwähnt, daß das Rendement in korrelativer Beziehung zur Wollfeinheit steht, derart, daß mit zunehmender Vergröberung auch das Rendement sich erhöht. Das Rendement nimmt gleichfalls mit zunehmender Wolldichte und Wollänge zu (Gärtner[1], Pieritz[2])). Der Einfluß der Längeneinheit für jedes Prozent Rendement bei Halbjahrsschur ist anscheinend etwas höher als bei Vollschur.

Diese korrelativen Beziehungen sind jedoch weniger fest. Demnach ist also die Wollfeinheit von größerer Wichtigkeit für die Höhe des Rendements als die Wollänge (Gärtner und Volckmann[3])).

Im folgenden sei noch der Einfluß der Nebenbestandteile auf das Rendement besprochen, wie er auf Grund der Untersuchungen Magers festgestellt ist. In folgender Tabelle ist bei Württemberger Schafen die größte Beeinflussung des Rendements angegeben:

Herde	Anz. d. Tiere	Fett	Wasserlösl. Teile	Schmutz
J. Käßmeyer . . .	6	—	2	4
A. Gaißmeyer . .	12	½	6	5½
M. Käßmeyer . .	4	—	—	4
Goede u. Mayer .	6	—	4	2
Hohenheim . . .	12	—	5½	6½
H. Horsch	5	1	1	3
Langbein.	6	—	3	3
v. Rechberg . . .	12	—	6½	5½
A. Weiler	12	1	3	8
Bronnackerhof . .	9	—	7	2
Dr. Mattes . . .	12	—	12	—
Zusammen:	96	2½	50	43½

Es ist jedesmal der Bestandteil, der absolut in größter Menge vorhanden ist, beim einzelnen Tier zugrunde gelegt, in der Annahme, daß davon die Höhe des Rendements am stärksten beeinflußt wird. Insgesamt zeigt sich bei 96 Tieren, daß in 50 Fällen die wasserlöslichen Teile bestimmend sind, danach folgt mit 43½ der Schmutz und mit 2½ der Fälle der Fettgehalt. Man mag daraus entnehmen, wie wichtig gerade die objektive Feststellung des Schweiß- und Schmutzgehaltes sein kann und welche Anteile an unerwünschten Stoffen das Rendement am meisten beeinflußt.

Im Merinovlies glaubt Lehmann feststellen zu können, daß die geringeren Sortimente auch das niedere Rendement ergeben[4]).

[1]) Gärtner: Z. Schafzucht Jg. 13, H. 10. 1924. — Dt. Schäferei-Zg Jg. 17, Nr. 3. 1925. — Schafzucht 1924, 7. Kapitel: Die Wollkunde.

[2]) Pieritz, E.: Vergleichende Untersuchungen über das Rendement. Züchtungskde. 1927.

[3]) Volkmann, K.: Wechselbeziehungen zwischen Rendement, Wollfeinheit und Wollänge bei Merinofleischschafen. Diss. Breslau 1927.

[4]) Mit gröberen Sortimenten hat Hultz ein geringeres Rendement bei den von ihm untersuchten Rambouilletschafen festgestellt.

Das höchste Rendement erreicht angeblich im Durchschnitt die Keule, es folgen im geringen Abstand Hals, Rücken und Blatt, während die Bauchprobe allgemein das niedrigste Rendement hat.

Die Untersuchungen von Mager haben jedoch gezeigt, daß die Verhältnisse keineswegs klar liegen. Von den von ihm untersuchten 96 veredelten Landschafen weisen je 28 das höchste Rendement an dem Rücken und Hals auf, während nur bei 24 Tieren die Keulenprobe, 12 das Blatt, 3 die Flanke und sogar bei einem Tier die Bauchprobe die erste Stelle im Rendement einnehmen. Es läßt sich also in bezug auf die Höhe des Rendements kein einheitliches Verhalten der Körperstellen feststellen. Dasselbe können Schleitzer und W. Elbe auch an anderem Landschafmaterial nachweisen. Es ergibt sich als die Stelle mit dem niedrigsten Rendement auch nicht ausnahmslos der Bauch, da sogar bei einem Tier gerade die Bauchprobe das höchste Rendement erzielte. Von 96 Tieren weisen allerdings 73 bei Bauch das niedrigste Rendement auf. In 16 Fällen ist aber die Flanke, viermal das Blatt, zweimal die Keule und einmal der Rücken niedriger als der Bauch.

Die anderen Körperstellen fügen sich organisch dazwischen ein. Nur ergibt sich bei der Flanke eine gewisse Tendenz zu niedrigerem Rendement, wie es ja bei dem Übergang zum Bauch von vornherein anzunehmen ist.

Was nun den Einfluß von Alter und Geschlecht auf die Höhe des Rendements anbetrifft, so hat Mager das Gesamtmittel des Rendement der verschiedenen Altersklassen bei Württemberger Schafen zu folgenden Werten ermittelt:

Klasse	Bl. %	Fl. %	K. %	R. %	H. %	B. %	im Mittel %
Böcke älter als 1½ Jahr . . .	53,94	48,41	55,0	50,47	51,31	42,64	50,4
„ jünger „ 1½ „ . . .	51,65	49,45	52,71	51,65	51,94	43,87	50,4
Muttern älter „ 1½ „ . . .	57,58	52,0	57,48	56,77	60,09	41,96	54,41
„ jünger „ 1½ „ . . .	52,29	49,0	55,77	55,16	54,26	43,71	51,32

Nur für die Muttern ist ein deutliches Hervortreten im Rendement zu erkennen. Altersunterschiede treten nicht besonders hervor. Bei den Böcken liegen mehr wechselnde Verhältnisse vor. Der Einfluß des Geschlechtes äußert sich im einzelnen in der Weise, daß insgesamt in 12 von 21 Fällen die Muttern im Rendement höher stehen als die Böcke. Betrachtet man auch hier die älteren Böcke für sich, so trifft dies in höherem Maße mit 8 von 11 Fällen für die älteren Muttern zu. In der Klasse der jüngeren Tiere neigen eher die Böcke mit 6 von 10 Tieren zu höherem Rendement. Daraus kann man vielleicht schließen, daß die Individualität bei den Böcken sich in stärkerer Weise bemerkbar macht als bei den Muttertieren.

Beim Karakulschaf hat Bobbert[1]) eine Zunahme des Rendements vom ersten bis zum sechsten Lebensjahre festgestellt; dafür verantwortlich ist der geringere Fettschweißgehalt der Wolle der älteren Tiere, der hauptsächlich indirekt durch Festhalten des Schmutzes wirkt.

Im allgemeinen rechnet man damit, daß die Böcke ein höheres Rendement als die Mutterschafe und die Jährlinge ein höheres als die erwachsenen Tiere und ein niedrigeres als die Lämmer haben. Exakte vergleichende Versuche an verschiedenen Rassen und in größerem Umfange sind bis jetzt noch nicht durchgeführt.

[1]) Bobbert, W.: Rendementsbestimmung an Karakulschafen des Tierzuchtsinstituts der Universität Halle-Wittenberg. Inaug.-Diss. Halle 1925.

Das höhere Vliesgewicht hat zwar häufig auch das höhere Rendement, aber der entgegengesetzte Fall ist nicht weniger zahlreich. Dagegen besteht eine enge Beziehung zwischen Rendement und Körpergewicht derart, daß die schwereren Tiere das höhere Rendement aufweisen (Gärtner, Pieritz). Diese Beziehung findet darin ihre physiologische Erklärung, daß der Stoffwechsel der verschieden schweren Tiere verschieden eingestellt ist. Die schweren Tiere produzieren vorwiegend Muskulatur und wenig Fettschweiß, die kleinen Tiere sind schlechte Futterverwerter und neigen zu erhöhter Hautsekretion.

β) Die objektive Methode der Rendementsbestimmung[1]).

In der Versuchsstation der landwirtschaftlichen Hochschule in Kalifornien[2]) wird die Laboratoriumsbestimmung des Rendements folgendermaßen durchgeführt. Nach der Feststellung des Vliesgewichtes (auf Gramm genau) wird das Vlies durch einen Vlieszerteiler geschickt und es werden dann 3 Proben von zusammen 100 oder 200 g aus der gut durchgemischten Masse entnommen. 7 Gallonen Wasser und ca. 60 g kalzinierte Soda werden in jede der 3 Waschtonnen zugefügt und auf 125° F erhitzt.

Für das Bad soll, wie in den Handelswäschereien, neutrale Seife verwendet werden. Von letzterer werden ca. 2 Pfund in einem Eimer mit einem Fassungsvermögen von 3 Gallonen in 2 Gallonen Wasser aufgelöst. Wegen der Feuchtigkeitsschwankungen der Seife ist eine genaue Gewichtsangabe nicht möglich.

Die 100 Gramm-Wollprobe wird in dem Bade mit der Holzschaufel sanft umgerührt. Nach 2 bis 4 Minuten wird die Wolle durchgewringt; danach kommt die Wolle erneut in einen Waschbottich. Nach dreimaliger Wiederholung wird die Wolle in reines Wasser von ca. 85° F überführt; nach dem Ausspülen kommt sie zur Trocknung.

In dem Trockenofen sollte die Temperatur nicht 160° F überschreiten.

Nachdem die Proben wieder lufttrocken geworden sind, kommen sie in den Konditionierofen, und zwar etwa 1 Stunde bei 220° F. Dann wird der mittlere Ertrag der 3 Proben errechnet. Eine Abweichung von mehr als 1,5% erfordert eine Nachuntersuchung.

In den sich anschließenden Ausführungen sind Ergebnisse der Prüfungen des Verfassers wiedergegeben, die den Einfluß verschiedener, bei der Wollwäsche wirksamer Momente dartun.

Die Konzentration (von 20 bis 200 g Soda auf je 7 Gallonen Wasser) ergibt im ermittelten Rendement keine Unterschiede, wohl aber werden die Proben mit steigender Konzentration harscher. Bezüglich des Einflusses der Temperatur ergibt sich mit steigender Temperatur des Waschwassers (von 110 bis 150° F) ein Sinken des ermittelten Rendements, gleichzeitig wird aber auch die Wolle hart und trocken. Im allgemeinen empfiehlt sich eine Temperatur des Waschbades von ca. 125° F; nur schwer beladene Wollen benötigen eine auf 135 bis 140° F erhöhte Waschwassertemperatur.

Ein weiterer Versuch läßt erkennen, daß bei der Verwendung einer sacht gebrauchten Holzschaufel zum Bewegen der Wolle in der Waschflüssigkeit eine größere Reinigung der Wolle erzielt wird als bei dem Aufrühren des Wassers durch Ein- und Austauchen eines Siebes.

Die Behandlung der Wolle mit der Wringmaschine hat sich, wie Vergleichsuntersuchungen zeigen, als viel günstiger für eine gründliche Reinigung er-

[1]) P. Z.: Zur Frage der Rendementsermittlung ungewaschener und halbgewaschener Wollen. Wollarchiv 1922, Nr. 37.

[2]) Wilson, J. F.: A method of determining the clean weights of individual fleeches of wool. Bullentin 447. University of California, Berkeley 1928.

wiesen; mit dem Wasser werden auch die Fremdbestandteile, die der Wolle noch anhaften, durch das Wringen gründlich entfernt. Auch ist die Wolle nach dem Wringen viel weißer und lockerer als in den Fällen, wo man das Wasser nur abtropfen ließ.

In weiteren Versuchen, deren Resultate wie in den eben beschriebenen zahlenmäßig angeführt sind, will Wilson nachweisen, daß ein häufiges Wechseln der Waschbäder nicht erforderlich ist, da das Sediment sich rasch an den Boden der Waschgefäße setzt.

Schließlich führt Wilson aus, daß mit zunehmender Größe der Versuchsproben (variiert von 100 bis 1000 g) der prozentuale Waschverlust immer geringer wird, und zwar aus dem Grunde, weil es immer weniger exakt möglich ist, mit zunehmender Größe der Probe den Schmutz und die Fremdpartikel zu entfernen. Außerdem werden auch die Schwankungen mit zunehmender Größe der Proben erheblicher.

Proben bis 200 g geben ein gutes Durchschnittsrendement und sind auch im Laboratorium leichter zu handhaben als größere Proben.

Untersuchungen über das Rendement von Wollen werden im Institut für Tierzucht der landwirtschaftlichen Hochschule in Berlin durch Waschen der ganzen, vorher sortierten und genau gewogenen Vliese in einer kleinen Wollwaschanstalt vorgenommen mit anschließender Konditionierung der gewaschenen Wolle im Konditionierapparat. Unter möglichster Beobachtung der in den Wollwäschereien üblichen Verfahren wird der tatsächliche Ertrag der gewaschenen Wollen ermittelt.

Da derartige Untersuchungen im großen Stile sich schlecht durchführen lassen, hat man nach einem Verfahren gesucht, das für die breite Praxis brauchbar ist. Zu dem Zwecke untersucht man kleinere Proben jedes Vlieses.

Bei der Schätzung des Rendements einzelner Vliese unterlaufen auch Sachverständigen recht bedeutende Fehler, im Gegensatz zur Schätzung größerer Wollpartien.

„Aus einer Umfrage des Unterausschusses für Wolluntersuchungen der D. L.-G. vom Jahre 1924 geht hervor, daß es in den meisten Tierzuchtinstituten üblich ist, die Ausbeute an reinem Wollhaar durch Waschung kleiner Wollproben von 2 bis 3 bis 5 g in 5proz. Sodalösung von 45 bis 55° C bzw. in Wasser von 20° C und hierauf in 5proz. Sodalösung von 50 bis 55° C mit nachfolgender Spülung in destilliertem Wasser und Trocknung im Trockenschrank zu bestimmen. In der Sodalösung wird die Wolle 40 bis 60 Minuten behandelt. Dieses Verfahren soll die Feststellung des Rendements des Vlieses an der Körperstelle, von welcher die Probe entnommen wurde, gestatten."

Da der Feuchtigkeitsgehalt der Wolle beständigen Schwankungen unterworfen ist, wird in Leipzig der Gehalt der Schmutzwolle an Trockenmasse vor der Wäsche ermittelt; als Grundlage für die Berechnung des Rendements gilt eine Schmutzwolle mit 17% Feuchtigkeit auf 100 Teile Trockenmasse. Soll das Rendement der Wollproben im Augenblick der Schur ermittelt werden, so erfolgt die Probenahme unmittelbar vor der Schur, worauf die Proben in genau abgewogenen Wägegläschen luftdicht verschlossen werden. Die Wägung der gefüllten Gläschen wird im Laboratorium vorgenommen[1]).

Gegen dieses Verfahren der Rendementsbestimmung macht Kronacher[2]) geltend, daß durch die hohe Konzentration der Sodalösung eine Schädigung

---

[1]) Berndt: Z. Schafzucht Jg. 14, H. 1, 2, 3, 5 u. 8. 1925. — Golf: Z. Schafzucht Jg. 11, H. 7. 1922.

[2]) Krais u. Kronacher: Z. Tierzüchtg Bd. 1. 1924; Bd. 3. 1926; Bd. 4. 1927. — Kronacher, Saxinger u. Schäper: Z. Tierzüchtg Bd. 4. — Kronacher u. Schäper: Z. Tierzüchtg Bd. 4.

des Gefüges des Wollhaares erfolgt, und daß weiter eine ungenügende Entfettung der Wolle stattfindet, indem der Fettrückstand über 1% beträgt, gegenüber 0,2 bis 0,4%, höchstens 0,6% in der Praxis der Wollwäscherei.

Das nach Kronacher empfohlene Waschverfahren ahmt im großen und ganzen, unter Verwendung von Seife als Waschmittel, den Arbeitsgang der Wollwäsche im Großbetriebe nach. Zwecks Feststellung des Rendements eines ganzen Vlieses wird von der Schulter-, Seiten- und Keulenprobe auf der analytischen Wage möglichst genau je 1 g abgewogen. Um möglichst zutreffend den Durchschnitt der gesamten Vliesverunreinigungen zu erfassen, werden einzelne Strähnchen aus möglichst vielen Stapelteilen gewählt. Um die beim Auseinandernehmen der einzelnen Strähnchen aus der Wolle ausfallenden Verunreinigungen nicht zu verlieren, wird die Probe auf weißes Papier oder eine Glasplatte gelegt. Die Hälfte der ausfallenden Teilchen wird als zum abgelösten Strähnchen gehörig betrachtet und mit abgewogen, während die andere Hälfte ausgeschieden wird. Die Wäsche der Wolle zerfällt in eine Vorwäsche in destilliertem Wasser von 40° C mit anschließender Trocknung der Wolle bei 98° C und Entfernung der Futterteile, sowie die Entfettung der Wolle im Seifenbade bei 42 bis 45° C, und zwar wird in zwei Bädern je ½ Stunde gewaschen. Hierauf wird in destilliertem Wasser bei 40° C mehrfach nachgespült und bei 90° C getrocknet. Dieses Verfahren gewährleistet eine weitgehende Reinigung und Entfettung der Wolle, welche den Ergebnissen der Wäschereien voll entspricht, unter völliger Wahrung der physikalischen Beschaffenheit des Wollhaares.

Kronacher weist darauf hin, daß die zu untersuchenden Wollproben bezüglich ihrer Verunreinigung durch Schmutz und Futter und in allen sonst das Rendement beeinflußenden Faktoren mit der gesamten Zusammensetzung der Probe, aus welcher sie entnommen wird, möglichst genau übereinstimmen soll. Je geringer die Zahl der zu nehmenden Proben ist, je geringer das Gewicht jeder Probe, um so stärker ist die Gefahr von Fehlergebnissen.

Kronacher untersucht von jedem Vlies je eine Schulter-, Seiten- und Keulenprobe von 1 g Gewicht, wobei der Mittelwert der Waschergebnisse mit dem tatsächlichen Rendement des betreffenden Vlieses verglichen wird.

Unter Zugrundelegung des gleichen Feuchtigkeitsgehalts von 17% auf 100 Teile reine Wollsubstanz sind beträchtliche Differenzen gegenüber dem durch Waschen der Vliese gefundenen Rendements ermittelt, was wohl darauf zurückzuführen ist, daß Schulter-, Seiten- und Keulenproben die reinsten Wollpartien des ganzen Vlieses darstellen, während die stärker verschmutzten Partien nicht mit untersucht worden sind. Deshalb dürfte dieses Verfahren praktisch nicht brauchbar sein.

v. Falck nimmt 10 g Proben von 4 verschiedenen Stellen, und zwar:

1. von der Schulter in der Mitte des Blattes auf der Schultermitte,
2. von der Mitte der Seite auf der letzten wahren Rippe,
3. von der Mitte der Keule zwei Finger breit über dem Umdreher,
4. von der Mitte des Rückens auf dem letzten Rückenwirbel.

Er sagt: „Die Rückenprobe habe ich hinzugezogen, da hier nach meinen Beobachtungen die Wolle in der Regel einen geringeren Feuchtigkeits- und Fettschweißgehalt als das übrige Vlies aufweist. Je größer die Verunreinigung der Vliese mit Kot infolge ungünstiger Streuverhältnisse ist, um so größer ist daher auch der Einfluß dieses Vliesteiles auf das Gesamtrendement.“

Es ist wichtig, daß bei der Probenahme der Schnitt genau so tief und glatt in allen Teilen der Probe geführt wird, wie es bei der Schur des Vlieses der Fall ist. Infolge des beständig wechselnden Wassergehaltes der Schmutzwolle können vergleichbare Zahlen nur dann gewonnen werden, wenn die Bestimmung des Vliesgewichtes und Wollprobengewichtes gleichzeitig unter gleichen Verhältnissen erfolgt (v. Falck). Die Probenahme erfolgt deshalb vor der Schur. Eine Änderung des Wassergehalts der Wolle bis zur Wägung ist unbedingt zu vermeiden. Entweder werden Gläschen mit eingeschliffenen Glasstopfen benutzt oder es erfolgt die Wägung der Proben sofort nach Entnahme im Stalle (v. Falck).

Die kleinen Einzelproben werden in ein- bis zweimal gewechseltem enthärtetem Leitungswasser bei 45 bis 50° von den wasserunlöslichen Verunreinigungen befreit, wobei die Proben kräftig mit Glasstäben bewegt und beim Wasserwechsel mit der Hand gut ausgedrückt werden. Hierauf folgt die Entfettung in zwei 0,2proz. Seifenbädern bei gleicher Temperatur und unter gleicher Behandlung, worauf in destilliertem Wasser von 40° nachgespült wird, bis das Wasser keine Trübung aufweist. Die Behandlung in jedem Bade dauert etwa 15 Minuten. Die reingewaschenen, gut ausgedrückten Proben werden im Trockenschrank bei etwa 100 bis 105° vorgetrocknet, von feinen Futterteilchen durch Auslesen und Schütteln befreit und schließlich im Konditionierapparat bei 105 bis 110° bis zur Gewichtskonstanz getrocknet (v. Falck).

„Durch Teilung des mit 117 vervielfältigten Gewichts der so ermittelten Trockenmasse durch das Gewicht der Probe bei der Probenahme wurde das Rendement jeder einzelnen Probe ermittelt. Für jedes Vlies wurde weiter das mittlere Rendement von 3 Proben (Schulter, Seite und Keule) und von allen 4 Proben berechnet. Diese Mittelzahlen wurden mit dem tatsächlichen Rendement der Hauptsortimente verglichen, um festzustellen, wie weit die Ergebnisse der Proben mit der Wirklichkeit übereinstimmen.“ (v. Falck.)

v. Falck kommt zu dem Schluß, daß zu der Bestimmung des Rendements gut gepflegter, also wenig eingeschmutzter Vliese die Untersuchung je einer Schulter-, Seiten- und Keulenprobe von etwa 10 g genügt, während bei sehr stark mit Kot verunreinigten Vliesen, bei denen die Rückenteile wesentlich reiner sind, außerdem noch eine Wollprobe vom Rücken zu untersuchen ist.

Soll nicht nur der Ertrag an gewaschenen Hauptsortimenten, sondern der gesamte Ertrag eines Vlieses an gewaschener Wolle berechnet werden, so ist es erforderlich, das Rendement der gesondert gewogenen Locken zu ermitteln. Eine zuverlässige Probenahme ist hier kaum möglich, bei dem verhältnismäßig geringen Gewicht des Lockenanteiles mit niederem Rendement erscheint v. Falck eine Schätzung eines Rendements zuverlässiger, und zwar sollen Gruppen mit 20, 25, 30 und 35% für die meisten Verhältnisse ausreichen.

Pinagel bestimmt das Rendement auf folgende Weise. Eine entsprechende Durchschnittsprobe der Wolle wird, sofern sie erdige Bestandteile enthält, nachdem sie gewogen ist, in lauwarmem Wasser von 28° möglichst rein gewaschen, dann getrocknet und in einem großen Extraktionsapparat mit Di- oder Trichloräthylen entfettet. Dann wird sie in reinem Wasser ausgespült und im Konditionierapparat bei 105 bis 110° getrocknet.

Man berechnet dann das Rendement auf folgende Weise: ursprüngliches Gewicht der Durchschnittsprobe = 500,100 g, Gewicht nach dem Entfetten, Waschen und Trocknen = 305,700 g. Verlust = 194,4 g = 38,87%. Der Gehalt an reiner Wollsubstanz beträgt 61,13%. Hierzu ist der normale Feuchtigkeitsgehalt von 17% hinzu zu zählen. 61,13 + 10,39 = 71,52% Rendement.

Auf Grund der Untersuchungen im Tierzuchtinstitut Halle hat sich ergeben, daß eine Übertragung der an einzelnen Wollproben gewonnenen Ergebnisse auf das ganze Vlies nur bei einer größeren Zahl systematisch über den ganzen Körper verteilter Proben zulässig ist. Drei bis vier Proben werden nicht immer genügen, auch die Mittelbildung aus sechs Proben ergibt oft noch große Abweichungen vom Durchschnitt des Vlieses. Um objektive, brauchbare Unterlagen zu erhalten, ist zu empfehlen, 10 g große Durchschnittsproben aus dem ganzen Vlies zu untersuchen. Die Probenahme erfolgt analog den Vorschriften, wie sie Mitscherlich[1]) für die Ziehung einer Durchschnittsbodenprobe gibt. Dabei wird aus den Resultaten der Einzelproben geschlossen, daß in der Zusammensetzung des Vlieses ähnliche Verschiedenheiten auftreten, wie sie beim Boden zutreffen. Nur eine größere Zahl systematisch verteilter Einzelproben kann den Fehler auf ein Mindestmaß herabsetzen. Um auch eine bestimmte Zahl anzugeben und jederzeit einen Vergleich zu ermöglichen, erscheint die in der Bodenkunde verwendete Einheitszahl von 50 Teilproben hier gut brauchbar zu sein. Die Größe der Durchschnittsproben ergibt sich einmal aus der Zahl der Einzelproben; diese wiederum müssen so genommen werden, daß bei der Probeziehung keine Veränderung in der Zusammensetzung eintritt. Es werden daher vorsichtig einzelne Stäpelchen aus dem Vlies herausgelöst, was sich ohne Schwierigkeiten durchführen läßt. Da die Größe der Stäpelchen im einzelnen Vlies keine so großen Unterschiede aufweist, ist es möglich, jede der 50 Teilproben etwa gleich groß zu machen, was für exakte Ergebnisse Vorbedingung ist. Stellt man nach diesen Gesichtspunkten die Durchschnittsprobe zusammen, so ergibt sich im Mittel etwa ein Gewicht von 10 g an Schmutzwolle. Diese Probe ist einmal groß genug, um die Fehler der Methode auf ein so geringes Maß zu bringen, daß sie praktisch vernachlässigt werden können. Zum anderen lassen sich diese Proben gerade noch im gewöhnlichen Soxhletapparat verarbeiten.

Auf Grund der Prüfung der Methode, wie sie im Tierzuchtinstitut Halle durchgeführt ist, werden die Untersuchungen der Bestandteile der Schmutzwolle in folgender Weise angestellt.

Auf der analytischen Wage wird das Rohgewicht dieser Proben auf 3 Dezimalen genau bestimmt. Hierauf kommen die Proben in den Trockenschrank, um sie von Wasser zu befreien. Im Trockenschrank verbleiben die Proben 3 Stunden, die nötig sind, um bei 98 °C eine gewisse Konstanz in der Entfernung des Wassergehaltes zu bekommen. Die Trocknung bei höheren Temperaturgraden erübrigt sich, weil es hier nur darauf ankommt, den Wassergehalt soweit zu entfernen, daß bei der Extraktion mit wasserfreiem Äther keine wasserlöslichen Bestandteile mehr mit ausgezogen werden. Es ist daher aus praktischen Gründen die Trocknung bei 98 °C beibehalten. Die Ergebnisse sind als Relativzahlen auch für andere Verhältnisse gut brauchbar. Unter besonderen Vorsichtsmaßregeln erfolgt nun die Wägung der getrockneten Wolle aus dem Trockenschrank. Des öfteren sorgfältig tarierte Wiegegläschen mit eingeschliffenem Deckel werden im Trockenschrank selbst mit den Proben gefüllt und sofort zur Abkühlung in den Exsikkator gebracht. Bei ungefähr Zimmertemperatur wird dann auf der Wage innerhalb der 3-Minuten-Grenze der Verlust an Wasser festgestellt. Bis zur Beschickung des Extraktionsapparates müssen die Proben wieder in den Trockenschrank kommen, um jede neue Wasseraufnahme zu vermeiden. Die Extraktion mit wasserfreiem Äther vom spez. Gewicht 0,72 erfolgt nach dem bekannten Prinzip von Soxhlet. Es werden Kormauthsche Apparate benutzt. Die Wolle wird direkt aus dem Trockenschrank in Fließpapier eingehüllt, um gröbere Schmutzbestandteile zurückzuhalten und sofort in Aluminiumextraktionshülsen dem Apparat übergeben. Die Dauer der Extraktion beträgt rund 8 Stunden, um auch die letzten Reste von schwerlöslichem Fett und Wachs

---

[1]) Mitscherlich, E. A.: Über allgemeine Naturgesetze. Schr. Königsberg, Gelehrten-Ges. 1924.

quantitativ zu entfernen. Diese Zeit ist reichlich genug bemessen, längeres Extrahieren bleibt ohne Wirkung. Der gelöste Ätherextrakt wird in Glaskolben gesammelt und zwecks Reinigung nochmals über chemisch reine Faltenfilter gegeben. Der verbleibende Äther wird abdestilliert. Die Kolben mit dem Ätherextrakt werden dann eine Stunde im Trockenschrank getrocknet, um das außen anhaftende Wasser vom Wasserbad und etwa noch verbliebene Spuren von Äther zu entfernen. Nach Abkühlen im Exsikkator werden die Kolben gewogen und die Menge an Ätherextrakt dadurch bestimmt.

Die extrahierten Wollproben werden nun in destilliertem Wasser solange mit Pinzette und Glasstab bearbeitet, bis nach öfterem Erneuern des Wassers dieses klar abläuft. Man darf annehmen, daß dieses äußerliche Merkmal einen genügend sicheren Anhaltspunkt dafür bietet, daß sich alle wasserlöslichen Bestandteile gelöst haben. An und für sich ist ja die Tendenz dieser Salze, sich sehr leicht und sehr schnell im Wasser zu lösen, vor allem, da diese nur äußerlich dem Haar anhaften und durch den restlos entfernten Ätherextrakt nicht mehr umhüllt und eingebettet werden und dadurch etwa mit dem Lösungsmittel nicht in Berührung kommen können. Wübbe[1]) und v. Falck nehmen trotzdem an, daß noch ein gewisser Prozentsatz von schwerlöslichen und besonders Kalksalzen zurückbleibt. Der erstere verwendet daher noch angesäuertes Wasser, um den Rest zu lösen. v. Falck empfiehlt, warmes Waschwasser von 40 bis 50° C zu nehmen. Die von Wübbe quantitativ bestimmten Mengen schwerlöslicher Salze sind aber so klein, daß sie praktisch vernachlässigt werden können. Jedoch sind genauere vergleichende Untersuchungen darüber sicher sehr angebracht.

Die Nachprüfung über die Waschdauer ergibt, daß sich innerhalb der Fehlergrenzen keine wasserlöslichen Bestandteile mehr vorfinden, wenn man länger und öfter wäscht, als oben angegeben. Auch bei der zuletzt verwendeten höheren Temperatur des Waschwassers von 45° C ergibt sich gegen 20° C kein Unterschied. Nur vollzieht sich der gesamte Reinigungsprozeß schneller und leichter in wärmerem Wasser. Es wird vorteilhaft so verfahren, daß die Proben in kaltes dest. Wasser gelegt, langsam in ca. ½ Stunde auf 45° C erwärmt und anschließend sofort gewaschen werden.

Das Waschwasser wird quantitativ gesammelt und in einem 300-cm³-Kolben bis zur Marke aufgefüllt. Da die Proben verhältnismäßig rein sind, genügen 300 cm³ an Waschwasser. 50 cm³ davon werden über chemisch reine Faltenfilter gegeben und in tarierten Porzellanschalen eingedampft. Diese Rückstände werden bis zur Konstanz im Trockenschrank ca. 2 Stunden getrocknet, wie üblich im Exsikkator bis zum Abkühlen stehen gelassen und auch hier innerhalb der 3-Minuten-Grenze gewogen.

Die vom Waschen noch feuchte Wolle wird zuerst auf-, dann im Trockenschrank nochmals getrocknet und anschließend mit der Hand sorgfältig auseinandergezupft, um den Schmutz zu entfernen. Ein Auslesen mit der Pinzette ist zu zeitraubend und läßt sich auch nicht so genau durchführen, wie das Auseinanderziehen und Abstreifen der einzelnen Haare. Die jetzt nur noch aus reinem Wollhaar zuzüglich von wieder aufgenommenem Wasser bestehende Probe wird zum letzten Male 2 Stunden im Trockenschrank getrocknet, bzw. besser in dem Konditionierapparat, um das absolut trockene, reine Wollgewicht festzustellen. Addiert man sämtliche quantitativen Bestimmungen, wie Wasser, Ätherextrakt, wasserlösliche Bestandteile und reine Wollsubstanz und subtrahiert

[1]) Wübbe: Die Erhöhung des Reinertrages der deutschen Merinozucht. Ber. a. d. physiol. Laboratorium d. landw. Inst. d. Univ. d. Halle H. 11. Dresden 1894.

sie von dem anfangs festgestellten Rohgewicht, so ergibt sich als Differenz der Schmutzgehalt. Es sei aber gleich hier betont, daß alle Fehler der Methode dadurch zusammen mit dem Schmutzgehalt erscheinen.

Zur Berechnung des Rendements wird die allgemein übliche Umrechnung der reinen Wolle mit einem Normalwassergehalt, wie oben angegeben, vorgenommen.

g) Die Faktoren, die den Fettschweiß beeinflussen.

Die größere oder geringere Fettschweißmenge, ebenso die Art derselben werden hauptsächlich durch eine erbliche Anlage der Schafe bedingt. Durch richtige Zuchtwahl ist der Züchter imstande, einen mäßigen Grad von Fettschweiß und gutartigen Schweiß zu züchten, der sich durch die Wäsche leicht entfernen läßt. Im allgemeinen ist festzustellen, daß mit der größeren Feinheit der Wolle auch eine stärkere Produktion von Fettschweiß verbunden ist. Haltung und Fütterung haben jedoch auf diese erblich bedingte Fettschweißquantität und -qualität einen bemerkenswerten Einfluß[1]).

Bei feinwolligen Tieren, die einen hohen Gehalt an Fettschweiß haben, tritt ein Verlust an diesem durch Oxydation stärker hervor, wenn die Tiere im Freien oder in luftigen Ställen, als wenn sie in schlecht ventilierten, warmen Räumen gehalten werden. Versuche haben ergeben, daß die im Sommer während des Aufenthaltes der Tiere auf der Weide produzierte Wolle erheblich weniger Fettschweiß enthält, als die während des Winters bei Stallhaltung gewachsene.

Von den Nährstoffen bedingt wohl vor allem reichliche Protein-Fütterung eine erhöhte Fettschweißproduktion (Lupinen). Allerdings ist die Empfindlichkeit der einzelnen Tiere für diesen Fütterungsreiz verschieden, und zwar ist sie größer bei Tieren, die an sich schon zu einer erhöhten Produktion dieser Exkrete neigen. Man spricht in solchen Fällen von mastigen Wollen, beladenen und überladenen Wollen. Diese werden vielfach durch die reichlich sich bildenden Zersetzungsprodukte in ihren physikalischen Eigenschaften geschädigt und hierdurch minderwertig.

Knoblich kann allerdings bei erhöhter Eiweißzufuhr eine Erhöhung des Schmutzwollgewichtes (+ 15,5%) feststellen; es handelt sich auf Grund seiner Untersuchungen nicht um vermehrte Fettschweißproduktion, sondern um Verschmutzung. Bei geringer Eiweißzufuhr wird die Fettschweißproduktion nach Knoblich[2]) nicht gehemmt.

Die außerordentlich großen Schwankungen innerhalb der einzelnen von Knoblich untersuchten Gruppen lassen es sehr wahrscheinlich erscheinen, daß in dem vorliegenden Falle bei einer Merinofleischschafherde die individuelle Veranlagung stärker ist als der Einfluß der Fütterung.

Stohmann[3]) stellt Beziehungen zwischen der abgesonderten Fettschweißmenge und dem Haarwachstum fest, insofern als in der ersten Zeit des Wollwachstums bei den Schafen relativ weniger Fettschweiß, dafür um so mehr Haarsubstanz sich bildet.

Bei dem Merino finden wir bezüglich Qualität und Quantität des Fettschweißes die variabelsten Verhältnisse. Im allgemeinen neigen die Merinowollen mehr

---

[1]) Pridorogin: Der Einfluß der Fütterung der Schafe auf ihr Schweißfett. Bote f. Landwirtschaft 1905 (russisch). Ref. Jb. f. Tierzucht 1906.

[2]) Knoblich, P.: Der Einfluß verstärkter Eiweißfütterung auf das Wachstum der Wolle. Inaug.-Diss. Breslau 1926.

[3]) Stohmann, F.: Biolog. Studien. Braunschweig 1873.

zu einer erhöhten Fettschweißerzeugung und auch zu einer Schwerlöslichkeit des Fettschweißes.

Als das notwendige Übel hat man den Fettschweiß bezeichnet und sucht ihn auf das kleinste, unbedingt erforderliche Maß zu beschränken. Nach ungefähren Feststellungen kann man mit Lehmann das richtige Verhältnis des Wollgewichtes zum Gewicht des Fettschweißes bei feinsten Tuchwollen etwa wie 1:1 annehmen; es wird also dem Gewicht nach ebensoviel Wolle wie Fettschweiß erzeugt. Bei feinen Kammwollen dürfte nach Lehmann das beste Verhältnis wie 1½ bis 2:1 sein. Je länger und stärker die Kammwolle ist, mit desto weniger Fettschweiß kann sie sich in der Qualität halten und sich demnach das Verhältnis genannter Gewichte auf 5:1 und darüber erweitern. Die ganz langen Kammwollen, aus Grannenhaaren allein oder so gut wie allein bestehend, vereinigen in den Vliesen nicht die Bedingungen, daß selbst nach häufigem Naßwerden Fäulnisprozesse und damit Zerstörungen der Haarsubstanz in irgend erheblichem Grade Platz greifen[1]). Nur muß diese Wolle vor Einstauben geschützt werden. Der Schmutz hält die Feuchtigkeit länger zurück, ist eine Bakterienbrutstätte, und dadurch kann allerdings eine Schädigung der Haare hervorgerufen werden, mindestens der Glanz leiden.

In derselben Zucht ist die Natur des Fettschweißes bei den einzelnen Individuen nicht die gleiche. Allgemein sind in den Wollen die Mischungsverhältnisse der Einzelbestandteile des Fettschweißes sehr verschiedenartig, seine Zusammensetzung und Menge ist sehr variabel. Diese Unterschiede haben nun auch für die die Wolle verarbeitenden Industrien und für den Züchter Bedeutung.

Wenn die Fette der Ölsäuren überwiegen und der Gehalt an Seifen groß ist, so wäscht sich eine solche Wolle sehr leicht. Die Wollwäscherei braucht in den Bädern keine höheren Temperaturen, hat nicht nötig, viele Waschmittel zuzusetzen, die Arbeit ist gering, dem Wollhaar bleiben alle seine guten physikalischen Eigenschaften erhalten. Wenn dagegen ein schwerlöslicher Fettschweiß vorhanden ist, der vorwiegend aus hochatomigen Wollwachsarten besteht, während Seifen nur wenig vorhanden sind, so können die Zersetzungsprodukte ungünstig auf die Wolle einwirken, ferner macht die Reinigung der Wolle der Wäscherei viele Umstände, weil dann hohe Temperatur der Waschwässer und Zusätze zur Anwendung kommen müssen. Dabei liegt die Gefahr vor, daß die Haltbarkeit und die natürliche Form des Haares geschädigt werden.

Für den Züchter ist es von erheblicher Bedeutung, nur Tiere zu züchten, in deren Fettschweiß nur in Wasser lösliche oder emulgierbare Bestandteile vorhanden sind, da dann auch eine höhere Bewertung erfolgt.

Der Züchter hat ferner noch folgendes zu bedenken: Die Produktion einer großen Fettschweißmenge nimmt Nahrungsmittel in Anspruch, die dadurch der Ernährung des Tieres entzogen werden. Diejenigen Tiere sind in der Herde am leichtfutterigsten, die einen leicht löslichen Fettschweiß von geringer Menge aufweisen. Infolgedessen muß der Züchter dahin arbeiten, den Fettschweiß auf ein gewisses Minimum herabzusetzen. Sind Qualität und Quantität des Fettschweißes ungünstig, so werden, wie erwähnt, Futtermittel vergeudet, und die Arbeit bei der Wollwäsche wird erschwert, ja macht sogar zum Teil die Herstellung einer gut gewaschenen Wolle unmöglich.

---

[1]) Über den Verfall der Wolle durch Mikroorganismen, vor allem verursacht durch Bacillus mesentericus und Bacillus subtilis, berichtet u. a. Burgess.

G. Das Vlies.

1. Der Reichtum des Vlieses.

Von einem Vlies in engerem Sinne spricht man dann, wenn das Haarkleid des betreffenden Tieres nach der Schur ein zusammenhängendes Ganzes bildet und nicht in die Einzelbestandteile zerfällt. Diese Vliesbildung findet man vor allem beim Schaf, und zwar bei den Rassen hauptsächlich, die nur das reine Wollhaar tragen und in geringerem Maße auch bei den mischwolligen Rassen und denjenigen, deren Wolle vorherrschend aus Grannenhaaren besteht. Das stichelhaarige Haarkleid einzelner Schafrassen und aller anderen Tiere kann nicht als Vlies bezeichnet werden, da ein Zusammenhalt nach der Schur auf Grund der geringen Ausbildung des Fettschweißes und der Bindehaare nicht mehr vorhanden ist.

Im weiteren Sinne bezeichnet man auch das noch auf dem Tier vorhandene Haarkleid als Vlies, sofern es die oben angegebenen Bedingungen erfüllt.

Das Vlies hat einen um so höheren Wert, je größer die Zahl der Einzelhaare in demselben ist. Der Reichtum des Vlieses an Haaren wird bedingt

1. durch die Größe des Wollfeldes und
2. durch den Stand der Haare auf der Haut.

Die Größe des Wollfeldes ist wiederum abhängig

1. von der Größe des Schafes,
2. von dem Hautreichtum und
3. von der Bewachsenheit einzelner Körperteile.

Was die Größe des Hautreichtums anbetrifft, so finden wir als Extreme z. B. die Landschafe und das Negretti-Schaf. Bei den ersteren liegt die Haut dem Körper des Schafes straff und glatt ohne Faltenbildung an, während sie beim Negretti in starken, wulstähnlichen Falten auf dem ganzen Körper zusammengeschoben ist und infolgedessen ein Mehrfaches der Körperoberfläche darstellt. Allgemein ist festzustellen, daß die stark faltenreichen Tiere sich durch Schwerfuttrigkeit auszeichnen und zu einer erhöhten Fettschweißproduktion neigen.

Der Hauptreichtum geht wohl parallel mit der Bewachsenheit der Körperteile, denn wir finden bei den Rassen und Zuchten, deren Körper eine straffanliegende Haut bedeckt, in der Regel, daß Kopf und Beine, zum Teil auch der Bauch, nicht Grannen- oder Wollhaare, sondern kurze, straffe Stichelhaare tragen. Der Bauch kann zuweilen auch mehr oder weniger kahl sein. Bei den mit großem Hautreichtum ausgestatteten Rassen und Zuchten ist dagegen meist der ganze Kopf bis auf die Nasenspitze, sowie die Beine bis zu den Klauen, ebenso auch die Bauchpartie mit Wollhaaren besetzt. Dementsprechend ist bei diesen Rassen das Wollfeld ein größeres.

Der Reichtum des Vlieses wird nun nicht allein durch die Größe des Wollfeldes, sondern vor allem durch den Stand der Haare auf der Haut bedingt. In der heutigen Zeit ist man in der Merinozucht von der einseitigen Vergrößerung des Wollfeldes, wie sie früher in der Negrettizucht vorlag, abgekommen und hat planmäßig durch züchterische Maßnahmen den dichten Stand der Haare auf der Haut vergrößert. Auf den Stand der Haare auf der Haut sind wir schon in dem Kapitel über die Haut (S. 47) näher eingegangen. Hier sei nur erwähnt, daß, je größer die Zahl der Gruppenhaare, je dichter zusammengedrängt die letzteren stehen und je geringer die Hautnähte, die die einzelnen Gruppen voneinander trennen, sind, um so dichter der Stand der Haare auf der Haut ist.

Für die Feststellung des Standes der Haare auf der Haut kommt entweder die Auszählung der Haare direkt auf der Haut für eine Flächeneinheit in Betracht oder die Auszählung im Hautschnitt, der parallel zur Hautoberfläche führt ist. In letzterem Fall ist jedoch zu berücksichtigen, daß bei der Konservierung die Gewebe sich zusammenziehen können. Von Menzel ist in früherer Zeit auch ein Wolldichtigkeitsmesser konstruiert worden, dem jedoch nur historische Bedeutung zukommt.

In welchem Zusammenhang Schurertrag und Stapeltiefe in Verbindung mit der Haardichte stehen, hat J. Heyne näher untersucht. Zu diesem Zwecke ist es erforderlich, die Schurerträge auf eine Flächeneinheit zu berechnen und gleichfalls die Stapeltiefe auf eine Einheit zu bringen. Heyne verwendet den Schurertrag auf 100 kg Lebendgewicht und 1 cm Stapeltiefe. Bringt man Lebendgewicht und Stapeltiefe in dieser Weise in Anrechnung, so wird den natürlichen Wollproduktionsverhältnissen Rechnung getragen und gleichzeitig ein zahlenmäßiger Wert für die Haardichte geschaffen. Der Schurertrag auf 100 kg Lebendgewicht läßt nur einen sehr bedingten Vergleich der Wollproduktion zu.

Heyne gibt für die Jährlingszibben, Bocklämmer und Zibbenlämmer der Hampshireherde in Würchwitz für Schurertrag, Stapeltiefe und Haardichte folgende Werte:

	Absoluter Schurertrag kg	Relativer Schurertrag kg	Stapeltiefe kg	Dichtigkeit kg
Jährlingszibben	2,263	3,054	5,4	0,565
Bocklämmer.	1,083	2,802	4,4	0,637
Zibbenlämmer	1,076	2,948	3,6	0,817

Demnach ist das absolute Schurgewicht und die Stapeltiefe bei den Zibbenlämmern am geringsten, den Jährlingszibben am größten. Im relativen Schurertrag übertreffen die Zibbenlämmer die Bocklämmer, erreichen jedoch nicht die Jährlingszibben. In der Haardichte stehen die Zibbenlämmer an der Spitze, und die Jährlingszibben haben den niedrigsten Wert.

2. Die Bestandteile des Stapels[1]).

Für die Bildung des Vlieses ist die Anordnung der Haare in der Haut von großer Bedeutung.

Die zu Gruppen vereinigten Haare, zusammen mit den Haaren benachbarter Gruppen, bleiben auch nach ihrem Austritt aus der Haut mehr oder minder

[1]) Bohm, J.: Die Schafzucht nach ihrem jetzigen rationellen Standpunkt. Erster Teil: Die Wollkunde. Berlin 1873. — Nathusius, W. v.: Das Wollhaar des Schafes in histologischer und technischer Beziehung mit vergleichender Berücksichtigung anderer Haare und der Haut. Berlin 1866. — Mitteilung über die bei ferneren Untersuchungen des Haares der Schafe und anderer Haustiere erlangten Resultate. Z. d. landw. Central-Vereins d. Provinz Sachsen Jg. 32, S. 1. — Thaer, A.: Handb. der feinwolligen Schafzucht. Berlin 1811. — Petri: System, die Wollproduktion der Schafe nach dem verschiedenen Zustande ihrer Hautorganisation, ohne Vermehrung des Futters, in vielen Fällen mehr als zu verdoppeln. Ökon. Neuigk. u. Verhandl. Bd. 2, Nr. 55, S. 433. — Über Kammwolleerzeugung und Kammwollemaschinenspinnereien zur Beherzigung für die Herren Güterbesitzer und Kapitalisten der gesamten k. k. österr. Staaten. Ökon. Neuigk. u. Verhandl. Nr. 83, S. 567. — Heyne, J.: Die Schafzucht. Berlin 1921.

innig vereint. Sie bilden das Strähnchen, das aus einer größeren oder geringeren Anzahl von Haaren bestehen kann.

Die Fähigkeit der Wollhaare, sich innig aneinander zu schmiegen und Strähnchen zu bilden, ist von dem nach der Hautoberfläche zu mehr oder weniger konvergenten Verlauf der Haarfollikel (vgl. S. 28) und von ihrer Kräuselung abhängig. Je feiner diese ist, desto besser legen sich die Haare zur Strähnchenbildung aneinander, desto geringer ist der Durchmesser der Strähnchen. Auf die Strähnchenbildung hat auch die Form der Kräuselungsbögen Einfluß, denn man findet die am regelmäßigsten gebildeten Strähnchen bei normaler Kräuselungsform. Bei Überbogigkeit ist meist eine starke Strähnchenbildung vorhanden, die Haare stehen aber dünn und die Strähnchen sind haarärmer. Bei der schlichten Kräuselungsform, wenn die Konvergenz der Haarfollikel nach der Oberfläche zu gering ist, haben die einzelnen Wollhaare nicht die hinreichende Verbindung und streben nach der Spitze zu auseinander. Die Vereinigung zu Strähnchen wird durch den Fettschweiß sehr erleichtert.

Die Strähnchen vereinigen sich, mehr oder weniger innig verbunden, zu etwas größeren Wolleinheiten, den Stäpelchen, die sich ihrerseits wieder zu Stapeln zusammenschließen.

Die Ausbildung des Stapels, des Stäpelchens und des Strähnchens ist nun sehr variabel. Bei den mischwolligen Landschafen finden wir zwar noch Stapel, aber Stäpelchen und Strähnchen fehlen. Bei schlichtwolligen Landschafen, gröberen Merinos und Fleischwollschafen tritt die Strähnchenbildung zum Teil sehr stark zurück und wir finden nur noch Stäpelchen im Stapel. Auch bei dem sogenannten Kreppwuchs (vgl. später) fehlen die Strähnchen und Stäpelchen fast gänzlich. Andererseits ist bei dem Zwirn der Stapel in einzelne Strähnchen aufgelöst.

Die Strähnchen werden zusammengehalten durch Haare, welche außerhalb der Strähnchen stehen. Es sind dieses die „Bindehaare oder Binder“. Diese entspringen meist aus den Hautnähten, die die einzelnen Haargruppen teilen, und verlaufen mehr oder weniger schräg nach oben.

Bei der Formung der Stäpelchen spielen die nicht in einer Flaumhaargruppe, sondern vereinzelt auf den breiteren Hautbrücken eingepflanzten Haare eine wichtige Rolle. Wenn die Binder über die Hautoberfläche fortwachsen, geraten sie mit einigen Flaumhaargruppen in Berührung bzw. vermögen sie mehr oder weniger an den Rändern zu durchwachsen, bis sie mehr oder weniger bald von diesen Gruppen mit nach oben geführt werden. Sie verbinden also dann auch im abgeschorenen Vlies die Strähnchen miteinander und haben daher auch ihre Bezeichnung erhalten. Je nach der Zahl ihres Auftretens und ihrer Beschaffenheit ist dann diese Verbindung mehr oder weniger fest und innig.

Die Binder stellen nächst dem Fettschweiß die Verbindung der Strähnchen und Stapel her, so daß der abgeschorene Wollpelz nicht auseinander fällt, sondern ein zusammenhängendes Ganzes, ein Vlies, bildet. Beim Auseinanderziehen des abgeschorenen Vlieses macht daher dieses den Eindruck eines sehr grobknotigen Netzes. Die Knoten bilden dabei die Stäpelchen, die Fäden des Netzes dagegen die Bindehaare.

Bei den gröberen Vliesen sind eigentliche Binder nur in sehr geringer Zahl vorhanden, deshalb zerfällt beim Scheren das Vlies in seine einzelnen Bestandteile. Das Grannenhaar ist hier so stark, wächst länger ab, so daß es sich unmöglich mit der Gruppe der Flaumhaare vereinigen kann. Es wächst einfach durch diese hindurch und verhindert um so mehr eine Strähnchenbildung mit gleichförmigen Kräuselungsbögen, als in der Regel solche Wollen auch viel zu arm an fest bindendem Fettschweiß sind. Außerdem wird eine gleichmäßige Strähnchenbildung während des ganzen Wachstumes der Wolle dadurch gestört, daß das Grannenhaar durch alle Bewegungen des Tieres erschüttert wird und auch dadurch einen regelmäßigen Aufbau der Strähnchen stört.

Neben Bindehaaren findet man noch Schleierhärchen. Es sind dieses Haare, die zwar den Strähnchengruppen zugehören, aber sich nicht der Strähnchenbildung anschließen, sondern zwischen den Strähnchen verlaufen und wie diese ziemlich senkrecht zur Oberfläche ziehen.

Die Ausbildung der Binder und Schleierhärchen ist eine außerordentlich verschiedenartige. Die Bindehaare können so spärlich vorhanden sein, daß die Strähnchen kaum einen Zusammenhalt untereinander aufweisen und infolgedessen ziemlich isoliert stehen. Oder aber die Schleierhärchen sind so zahlreich entwickelt, daß die Strähnchen kaum noch zu erkennen sind. Man nennt solche Stapel verschleiert.

Sind die Binder und Schleierhärchen normal ausgebildet, so läßt sich das Vlies ziemlich leicht teilen. Bei einer guten Wolle mit normalem Fettschweiß vermag die Hand ziemlich leicht die Wolle bis zur Haut des Tieres zu scheiteln. Man nennt das Vlies leichtteilig. Die Wolle hat gute Beschaffenheit und ein ausgerissener Stapel läßt sich leicht zu einem feinen Haarschleier seitlich auseinanderziehen. Es ist dies für die Verarbeitung von Wichtigkeit, da hierbei immer eine Vereinzelung der Haare notwendig ist. Von solcher Wolle sagt man dann: „sie hat einen guten Fluß“. Sind die Hautbrücken zwischen den Stapeln breiter, der Wollstand lichter, und treten die Binder noch mehr zurück, so ist die Verbindung eine sehr lockere. Man nennt das Vlies lose, freiteilig. Ein loses Streichen über dasselbe öffnet es bereits. Es kann soweit gehen, daß selbst die Strähnchen durch keine Bindehärchen verbunden werden. Das Vlies fällt daher beim Abscheren in die einzelnen Strähnchen auseinander. Die Freiteiligkeit oder Freiständigkeit findet sich bei losem Stande der Wolle auf der Haut und deutet auf Überbildung.

Ist wenigstens noch eine gewisse Verbindung vorhanden, so nennt man es luftig oder flüchtig gewachsen. Treten die Binder dagegen in Überzahl auf, und verlaufen sie außerdem durch mehrere Strähnchengruppen, so wird das Vlies schwerteilig oder schwerflüssig genannt. Ein Scheiteln ist nur dann möglich, wenn die Bindehaare zerrissen werden oder mit großer Kraft nach unten gezogen werden. Sind die Bindehaare sehr stark parallel zur Haut ausgebildet, so gelangt man beim Scheiteln des Vlieses nicht auf die bloße Haut. Das Vlies heißt dann bodig, mit Grundhaar behaftet. Das geschorene Vlies ist nicht auseinander zu ziehen. Fettschweiß und mechanische Einwirkung können hierbei noch eine gewisse Rolle spielen.

Das Extrem ist eine dermaßen gedrängte Ausbildung der Bindehaare, daß diese ein bis an die Stapelspitze reichendes Gewirr bilden. Man spricht dann von Filz. Die Wolle hat dann nur den Wert von Abfallwollen, weil sich eine derartige Wolle sehr schlecht verarbeiten läßt.

Zuweilen kommt es vor, daß Haare von der Haut abgestoßen werden und, wie oben erwähnt, als tote Haare bezeichnet werden. Durch Erschütterung können diese an die Oberfläche befördert werden und wie ein weißlicher, dünner Schleier über den äußeren Stapelenden liegen. Man nennt ein solches Vlies dann übersponnen und spricht von Überwuchs. Auch hierin liegt eine Qualitätsverminderung der Wolle, die den Sortierer veranlassen kann, diese Wollpartien in ein niedrigeres Sortiment zu werfen.

3. Der Stapel[1]).

a) Begriffsbestimmung des äußeren und inneren Stapels.

Beim Stapel hat man zu unterscheiden den inneren Charakter und äußeren Bau (Stapelung) desselben.

Der äußere Stapel wird durch die äußere Fläche des Vlieses, die Wolle noch auf dem Schaf befindlich gedacht, gebildet. Der innere Stapel wird durch die Seiten der einzelnen Stapel dargestellt, wie sie sich beim Scheiteln des Vlieses dem Blick darbieten, und den Schnitt bilden die abgeschnittenen Stapelenden beim abgeschorenen Vlies.

Zur Zeit des goldenen Vlieses und auch späterhin noch gebrauchte man eine große Anzahl von Fachausdrücken zur Bezeichnung des inneren und äußeren Stapels. Schon v. Nathusius hat sich wiederholt gegen diesen Ballast ausgesprochen, der immer wieder übernommen werde, ohne daß diesem Wust von Bezeichnungen irgendwelche praktische Bedeutung zukomme. Auch in der heutigen Zeit noch sind diese Bezeichnungen übernommen worden. Gegen die Übernahme der alten Bezeichnungen spricht die Tatsache, daß sie praktisch gar nicht mehr Verwendung finden, zumal aus dem Grunde, weil heute nicht mehr die Tuchwollen im Vordergrunde des Interesses stehen, sondern die Kammwollen. Schon aus diesem Grunde sollte man von den Bezeichnungen, die für die Untersuchungen von Tuchwollen vielleicht einmal Bedeutung gehabt haben, abgehen und die Kammwollen zur Grundlage nehmen. Für Tuchwollen sollten dann vielleicht noch gewisse Zusätze gemacht werden. Mit dieser Ausmerzung alter, für die Tuchwollen aufgestellter Begriffe würde dann eine Einstellung auf die heutigen wirklichen Verhältnisse erzielt werden. Wir bringen infolgedessen nur die Bezeichnungen, die für die Beurteilung von Kammwollen Bedeutung haben und die auch bei der Beurteilung von Merinofleischschafherden praktisch Verwendung finden.

b) Der innere Charakter des Stapels.

α) Einteilung.

Beim inneren Stapel unterscheidet man die konische oder spitze Form, die keulen- oder trichterartige und die zylindrische Form.

Bei der konischen Form stehen die Grundflächen im Stapel mehr oder weniger eng aneinander. Je höher hinauf man geht, wird diese Verbindung lockerer und es bilden sich Zwischenräume zwischen den einzelnen Stapeln. Die innere Form ist verschieden, je nachdem sich die einzelnen Stapel allmählich nach der Spitze verjüngen. Bei einer solchen Stapelform kann man vermuten, daß entweder die einzelnen Wollhaare dickenuntreu sind und nach der Spitze zu feiner werden oder infolge der größeren Feinheit sich in höheren Kräuselungsformen inniger aneinander schmiegen (Abb. 145 *d* bis *c*).

Ferner liegt die Möglichkeit vor, daß in dem unteren Stapelteile sich mehr Wollhaare befinden als in dem oberen. Dieses hat seinen Grund darin, daß nicht alle Haare gleich lang gewachsen sind oder sich neue junge Haare später entwickelt haben und infolgedessen noch nicht die Stapelspitze erreicht haben. Eine weitere Möglichkeit ist die, daß die Haare auf der Haut undicht stehen und sich nach der Spitze zu enger zusammenschließen.

[1]) Thaer: Die Wolle im Stapel und Vliese betrachtet. Möglins Ann. Landw. Bd. 18, S. 303. — Bohm, J.: Die Schafzucht nach ihrem jetzigen rationellen Standpunkt. Erster Teil: Die Wollkunde. Berlin 1873. — Nathusius, W. v.: Das Wollhaar des Schafes in histologischer und technischer Beziehung mit vergleichender Berücksichtigung anderer Haare und der Haut. Berlin 1866. — Mitteilung über die bei ferneren Untersuchungen des Haares der Schafe und anderer Haustiere erlangten Resultate. Z. d. landw. Central-Vereins d. Provinz Sachsen Jg. 32, S. 1.

Der keulen- oder trichterförmige Stapel verbreitert sich nach oben, so daß das obere Stapelende immer dicht und reichwolliger erscheint als das untere. Deshalb nennt man solche keulenförmige Stapel auch hohl. Diese Form kommt dadurch zustande, daß die Wollhaare sich entweder nach der Spitze zu mehr verdicken oder an dem oberen Ende sich nicht so innig vereinigen wie an der Basis, so daß also die Haare buschig stehen. Diese Erscheinung wird sich dann einstellen, wenn gleich nach der Schur die Fettschweißbildung unter der Norm bleibt und die Haare sich infolgedessen nicht zu Strähnchen vereinigen. Eine dritte Möglichkeit zur Bildung dieses Stapels ist die, daß ein partieller Haarwechsel eingetreten ist, daß die abgestorbenen Haare aber nicht an dem Stapelende mit den nicht abgestorbenen Haaren verbunden blieben. So stehen in dem oberen Stapelende tatsächlich mehr Haare als an der Basis desselben.

Die zylindrische Stapelform wird man als die normale ansehen können. Bei ihr wachsen die Haare gleichmäßig in die Höhe, so daß sie an der Basis und an der Spitze des Stapels den gleichen Abstand haben.

β) Stapelformen bei normalbogiger Kräuselung.

a) der gewässerte Stapel (Abb. 141 *b*) setzt sich immer aus zylindrischen Strähnchen zusammen. Die Wellungen erscheinen regelmäßig und zart ausgebildet. Die Vereinigung der Strähnchen zum Stapel ist normal. Es laufen gerade nur soviel Haare aus einem Strähnchen ins andere, als zur Herstellung der Verbindung notwendig sind. Das Kräuselungsbild ist durch die über- und nebeneinandergelegten vielen Strähnchen, Schleierhaare und Binder etwas verschwommen, ,,verwässert". Der gewässerte Stapel ist immer kleinmassenteilig (vgl. S. 379), der Fettschweiß ist normal nach Qualität und Quantität und leichtlöslich, er überzieht das Haar gleichmäßig. Der gewässerte Stapel ist eine sehr gute Stapelform bei normaler oder flachbogiger Kräuselung und verbindet sich mit höchstem Adel und guter Feinheit.

b) Auch beim klaren Stapel (Abb. 141 *a*) sind zylindrische Strähnchen und Stäpelchen vorhanden. Er ist dadurch gekennzeichnet, daß die Wellungen vollständig und deutlich hervortreten. Zum Teil findet sich schon die hochbogige Form der Wellung. Der Zusammenhang der einzelnen Strähnchen zum Stapel ist hier zum Teil nicht mehr ganz normal. Deshalb treten die Wellungen der einzelnen Strähnchen klar hervor. Er ist noch klein gebaut und sehr wertvoll, außerdem verbunden mit dichtem Haarstand auf der Haut.

γ) Stapelformen bei hoch- oder überbogiger Kräuselung.

Der markierte und stark markierte Stapeltyp (Abb. 141 *c*) findet sich meist bei hochbogigen Wollen, und die Wellungen treten dann zu scharf hervor; der Haarstand ist etwas dünner. Die Strähnchen treten in konischer Form auf, Ungleichheit und Untreue finden sich schon nicht allzu selten. Der Fettschweiß kann übernormal und mehr oder weniger schwerlöslich sein. Die Elastizität der Biegung ist hier oft gering, die Haare sind daher weniger milde. Alle diese Eigenschaften setzen den Wert der Wolle etwas herab.

Schon bei dem markierten und stark markierten Stapel ist der Zusammenhang der Strähnchen kein sehr inniger. Als ausgesprochener Fehler tritt uns dies bei dem einstieligen Stapelbau (Abb. 141 *e*) entgegen. Einstielig heißt ein Stapel, wenn der Zusammenhalt der Stapel und Strähnchen durch Binder derartig mangelhaft ist, daß das Vlies beim Scheren auseinander fällt und keine innige Verbindung hergestellt ist. Das starke Hervortreten einer überbogigen Kräuselung geht vielfach parallel mit dem Abnehmen der Zahl der Binder. Ein derartiger Stapeltyp findet sich vielfach bei undichtem Haarstand.

Einstieligkeit in höchster Form ist also eine anormale Stapelausbildung und kann als eine Überbildung angesehen werden. In noch viel höherem Grade ist dieses bei dem Zwirn der Fall. Dieser deutet immer auf Konstitutionsschwäche

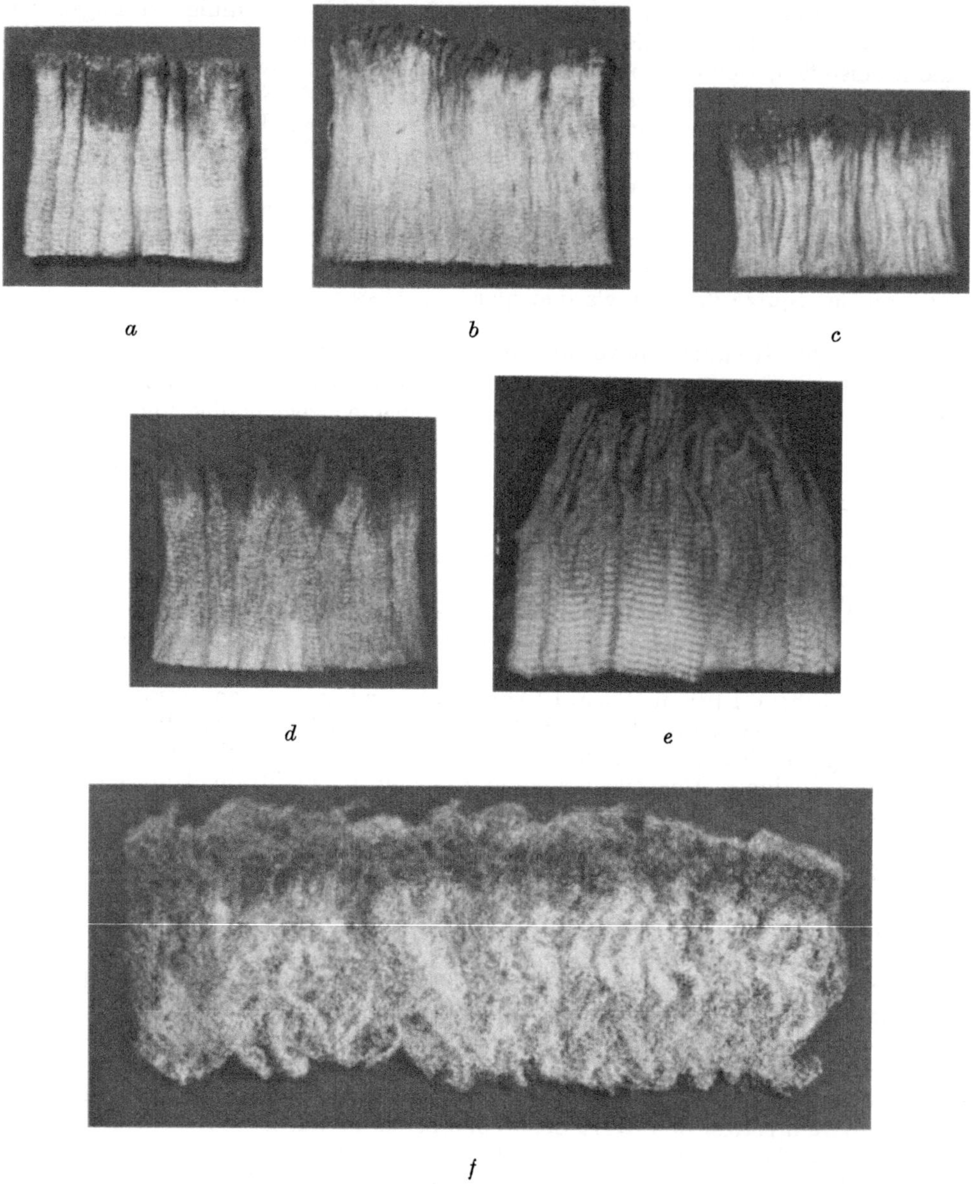

Abb. 141 a bis f. Innerer Stapelbau. *a* zylindrisch, klar; *b* zylindrisch, gewässert; *c* markiert; *d* spitz; *e* stielig; *f* zwirnig.

und Überbildung und schließt sich an den einstieligen Charakter insofern an, als auch hier kein inniger Zusammenhalt der Strähnchen mehr vorhanden ist. Die einzelnen Strähnchen sind hoch- und überbogig.

Den Übergang zum Zwirn, die **Stieligkeit**, wie auch den Fehler selbst, finden wir zuerst auf dem Widerrist. Der Zwirn tritt ferner mit Vorliebe zutage am Oberarm, schließlich an der Falte, die sich vom Ellenbogen zum Schulter-

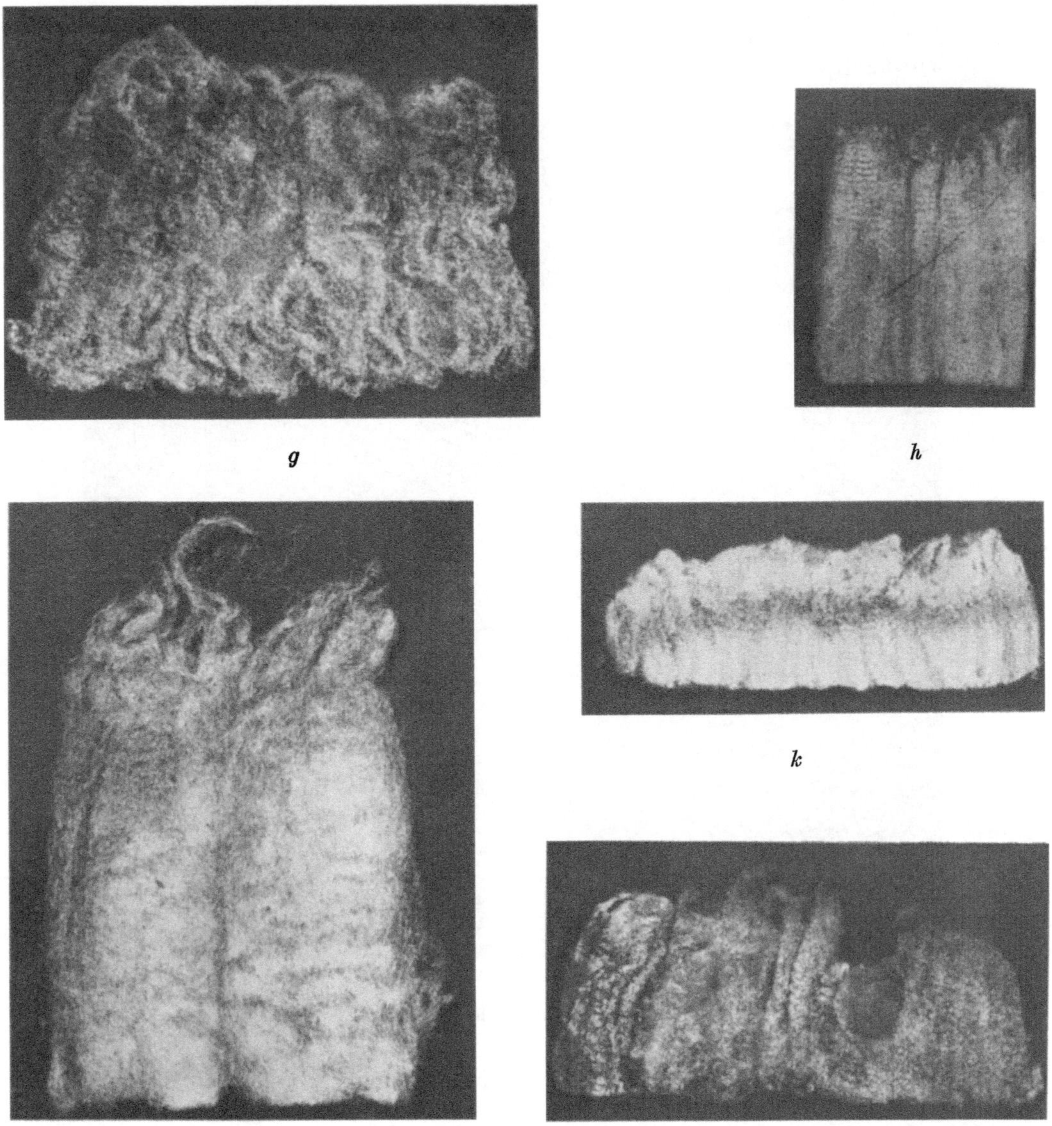

Abb. 141 g bis l. Innerer Stapelbau. *g* Zwirn; *h* flachbogige Merinowolle; *i* wergig-flachbogige Rhönschafwolle; *k* moosig; *l* Brand.

gelenk hinzieht, sowie am Bauch und an der Brust. Er verbreitet sich von diesen Stellen aus vielfach über den ganzen Rücken, über die Schulter und vom Bauch aus über die Flanken. Zuweilen kommt der Zwirn auch an anderen Körperpartien vor, während die soeben angegebenen diesen Wollfehler nicht aufweisen. Die Art, wie der Zwirn an den einzelnen Körperstellen in die Erscheinung tritt, ist außerordentlich mannigfaltig. v. Nathusius unterscheidet zwei, Sturm[1]), der neuerdings die Zwirnbildung eingehend untersucht hat, drei verschiedene Arten des Zwirnes.

Der Zwirn (Abb. 142 *b*) auf dem Widerrist, der nach der alten Wollkunde als knöteriger Zwirn zu bezeichnen ist, stellt nicht etwa nur ein Gewirr hoch-

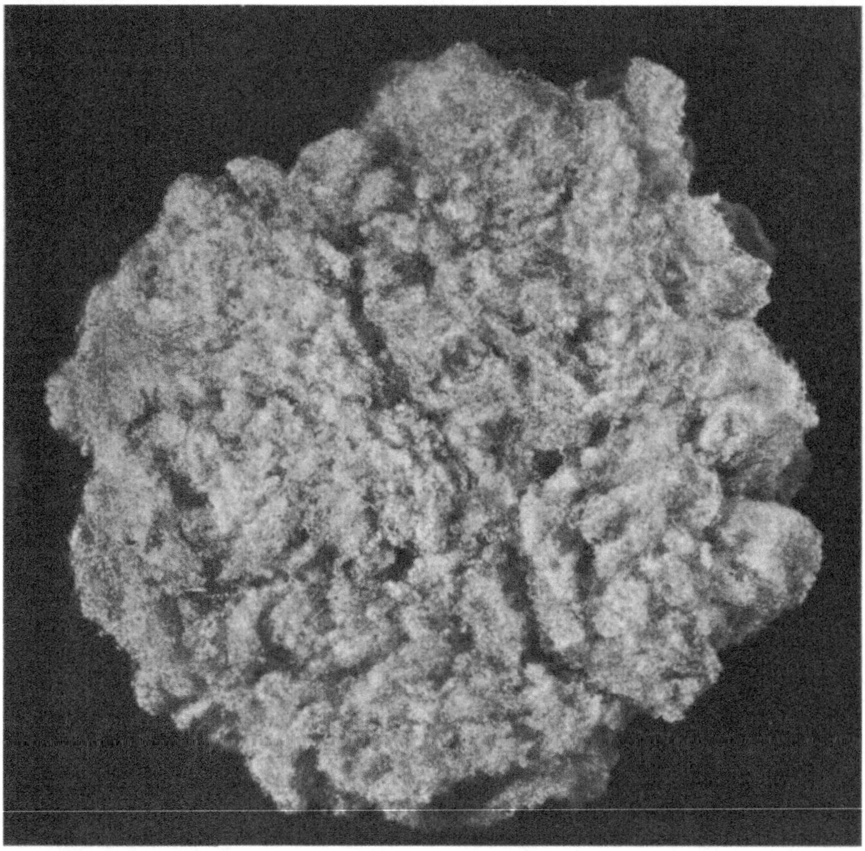

Abb. 142a. Zwirn. *a* Zwirn vom Bauche, Schnittfläche.

bogiger Strähnchen dar, sondern die zum Zwirnzöpfchen vereinigten Strähnchen weisen noch Windungen und Bogen auf, die mit den ursprünglich vorhandenen Kräuselungsbögen nicht identisch sind. Diese letzteren bilden zu 2 bis 4 je einen Bogen dieser Windung. Die Spitze des Strähnchens ist meist zu einer deutlichen Spirale ausgebildet. Das ganze Zöpfchen ist gewissermaßen in sich zusammengezogen.

Die einzelnen, nur im unteren Teile erkennbaren Strähnchen sind hier scharf

[1]) Herre: Altes u. neues vom Wollfehler Zwirn. Z. Schafzucht 1924. — Zum letzten Male Zwirn. Z. Schafzucht Jg. 14, H. 2, S. 26. 1925. — Sturm: Der Wollfehler Zwirn, seine Formen und Ursachen. Inaug.-Diss. Hohenheim 1925.

ausgeprägt. Nach oben zu verschmelzen und verkleben die Fäden zu größeren Einheiten. Jedes Strähnchen nimmt seinen eigenen Weg, und nach oben zu vereinigen sie sich zu einem Zöpfchen, an dessen Spitze die Haare eine Spirale bilden. Für diesen knöterigen und Pfropfenzieherzwirn ist charakteristisch, daß die den Haaren innewohnende Krimpkraft ausgelöst ist.

Am Bauch, an den Seiten und am Oberarm zeichnet sich der Zwirn in seiner zweiten Art durch eine gewisse Regelmäßigkeit insofern aus, als die scharf konturierten Strähnchen ziemlich regelmäßig überbogig gekräuselt sind. Erst an der Spitze zeigt sich eine gewisse Verwirrung, indem die einzelnen Strähnchen

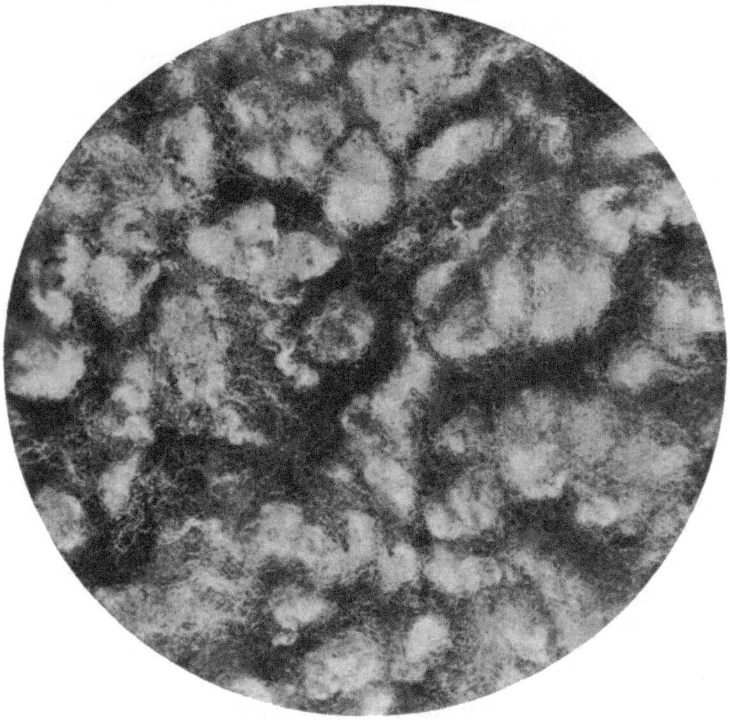

Abb. 142b. Zwirn. *b* zwirniger Stapelbau vom Widerrist, äußerer Stapel.

festere Umrisse annehmen und sich untereinander mehr oder weniger umschlingen und umfassen.

Nach Sturm findet sich eine dritte Form des Zwirns vielfach am Oberarm und an der Schulter. Die einzelnen Stäpelchen oder Zöpfchen hängen an diesen Zwirnstellen schlaff herab und klaffen bei jeder Bewegung auseinander. Die Zöpfchen sind bis tief hinein verschmutzt. Der nicht verschmutzte Teil desselben ist hochbogig ausgestreckt, während die verschmutzte Stapelspitze unregelmäßig gebogene und gewundene Strähnchen zeigt.

Die Zwirnwollen, die sich am Widerrist finden, sind fettschweißarm, so daß v. Nathusius den fehlenden Fettschweiß mit als Ursache des Zwirnes annimmt. Der Fettschweiß überzieht an dieser Stelle die Haare nahe der Haut, im mittleren Teile des Stapels verklebt er körnig die Haare und ist im oberen Teile des Strähnchens ausgewaschen. Das Fehlen des Fettschweißes begünstigt zwar eine Störung des Stapelbaues, aber als Ursache der Zwirnbildung kann er nicht angesehen werden.

Die Angabe, daß Zwirn nur eine spärliche oder gar keine Fettbeimengung besitzt, kann Gärtner nicht bestätigen, vielmehr entspricht im Durchschnitt das Rendement und der mit Äther ausgezogene Anteil der Zwirnwollen fast genau dem der normalen Wollen. Gärtner[1]) gibt jedoch zu, daß vielleicht in einzelnen Fällen der Fettschweißmangel die Neigung zur Zwirnbildung fördert und bestärkt.

Bei der Zwirnwolle des Bauches und der Flanken scheint gerade die erhöhte Fettschweißmenge die Ausbildung einzelner Zwirnsträhnchen zu begünstigen. Die verklebten Strähnchen haben kaum einen Zusammenhang untereinander und verlaufen anscheinend wirr durcheinander.

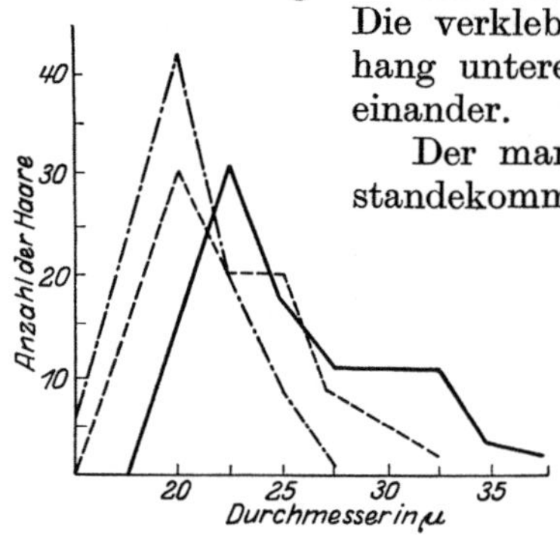

Abb. 143. Feinheitsbeziehungen (nach Sturm).
——— normale Kräuselung;
- - - - - zwirnig;
— · — vollständiger Zwirn.

Der mangelhafte Stapelschluß spielt ferner für das Zustandekommen der ausgesprochenen Form des Zwirnes eine große Rolle, er stellt aber nicht die Ursache dieser fehlerhaften Bildung überhaupt dar.

Die Voraussetzung für die Zwirnbildung ist nach Sturm auch in offenen Vliesen ein außergewöhnliches Maß von Krimpkraft aller Haare des Strähnchens.

Die Betätigung der Krimpkraft, die eben nur in offenen Vliesen in vollem Maße möglich ist, darf jedoch nicht allein als Charakteristikum des Fehlers angesehen werden.

Zwirnwollen zeigen, wie Sturm nachgewiesen hat, allgemein eine Verminderung des Haardurchmessers (Abb. 143). Bei allen Rassen haben die Haare der gezwirnten Strähnchen eine wesentlich größere Feinheit als die Haare benachbarter Körperstellen von normaler Ausbildung.

Diese Behauptung, die auch von älteren Autoren vertreten wird, daß Zwirnausbildung immer mit einer übertriebenen Wollfeinheit einhergehe, sucht Gärtner auf Grund einiger Untersuchungen zu entkräften. Bezüglich der Tragfähigkeit sind seine Ergebnisse nicht eindeutig, denn bei einigen Zwirnwollen konnte er eine Herabminderung der Tragkraft feststellen, während sie bei anderen nicht in Erscheinung trat.

Die Dichte des Haarstandes erscheint bei Zwirnwolle vermindert, was nach Sturm nicht durch die Abnahme der Zahl der Haare bedingt wird, sondern durch die Abnahme der Querschnittsgröße der Einzelhaare.

Nach Sturm soll unter dem Einfluß schlechter Ernährung aus einer Wolle, die Neigung zur Zwirnbildung hat, Zwirnwolle entstehen, „indem das bis dahin normale, wenn auch scharf ausgeprägte und hochbogige Stäpelchen sich in einzelne Strähnchen, die Zwirnfäden, auflöst. Diese Auflösung scheint eine Folge der Verfeinerung der Haare, nicht aber eine Folge der Verminderung der Anzahl derselben zu sein.“

Die Zwirnhaare vom Widerrist, die den Atmosphärilien dauernd ohne Schutz ausgesetzt sind und infolgedessen häufig die Oberhautzellen verloren haben, während die Rindenzellen teilweise verletzt sind, haben wegen der Brüchigkeit und Mürbheit geringen Wert, der obendrein noch herabgesetzt wird durch die schon ausgelöste Krimpkraft und die damit verbundene Verwirrung im Stapelbau.

[1]) Gärtner: Neues von dem alten Wollfehler des Zwirnens. Z. Schafzucht 1924, H. 16 u. 22.

Vor allem sind die verschiedenen Formen von Zwirnwollen dadurch für die Industrie ungünstig, weil sie gegenüber den übrigen Teilen desselben Vlieses eine größere Feinheit haben, so daß entweder ein neues Sortiment zu machen ist, oder aber, wenn die Wollen in dem Hauptsortiment verbleiben, ein Faden von ungleicher Feinheit hergestellt wird. Außerdem ist die Zwirnwolle mürbe, was wohl hauptsächlich auf die Zersetzungsprodukte des Fettschweißes zurückzuführen ist, sie wird zu den Abfallwollen gerechnet. Bei extremer Ausbildung des Zwirnes im ganzen Vlies ist auch das Schurgewicht gering.

Nach der Ansicht von Herre wird der Zwirn von Handel und Industrie verschieden beurteilt. Teils wird Zwirnwolle nicht beanstandet, teils wird sie gering bewertet, weil sie charakterlos ist, und ihre mechanischen Eigenschaften schlecht sind.

Im größten Umfange zeigt sich die Zwirnbildung bei den sächsischen Elektoralschafen infolge der einseitigen Zucht auf höchste Feinheit und Verwendung wollarmer konstitutionsschwacher Tiere. Der Fehler tritt mit Vorliebe auf in Verbindung mit all den Anzeichen der Überbildung der Körperformen und der Haut.

Während die alten Autoren und in neuerer Zeit Lehmann, Völtz, Ebbinghaus, Schwägler, Herre usw. die Meinung vertreten, daß Zwirn auf Konstitutionsschwäche zurückzuführen ist, hat Gärtner die Anschauung, daß weder das Schurgewicht noch das Körpergewicht durch das Auftreten des Zwirns eine nennenswerte Beeinträchtigung erfährt. Die von ihm angeführten Fälle führt er als Beweis dafür an, daß die Konstitution der Tiere nicht geschwächt ist, da sonst die von ihm angegebenen Höchstleistungen bezüglich Wollertrag und Lebendgewicht nicht möglich seien.

Da Gärtner den Zwirn bei Tieren fand, die gute Figuren und eine normale Konstitution zeigten, so meint er, daß der Zwirn in den meisten Fällen eine mittelbare Folge der Zucht auf gute Fleischformen und einem hierdurch bedingten lockeren Stapel ist. „Das Zwirnen dürfte letzthin darauf beruhen, daß einmal die normale Dichte von hoch- bzw. überbogigen Vliesen gelockert ist, und daß andererseits und im Zusammenhang hiermit die Bindehaare und Schleierhärchen nicht mehr in genügender Zahl auftreten, um die einzelnen Stäpelchen des Vlieses zu verbinden, zumal die Überbogigkeit an sich es den Bindehaaren sehr erschwert, ihre normale Funktion auszuüben."

Der Ansicht von Gärtner widerspricht insbesondere Herre, der meint, daß Gärtner nur Tiere mit mehr oder weniger normal vorkommendem Zwirn vor sich gehabt hat, bei denen sich der Zwirn an den seitlichen Bauchwänden, an den unteren Partien der Brust, an Schulter, Oberarm und Unterschenkel findet. Nach seiner Erfahrung sind die sogenannten Zwirnpudel, d. h. Tiere, bei denen das ganze Vlies stark zwirnig ist, als minderwertig anzusprechen.

Nach Herres Ansicht sind Tiere, deren Körper nicht die normale Dichte des Vlieses aufbringt und Binde- sowie Schleierhärchen nicht in genügender Zahl bildet, unbedingt schwach in ihrer Konstitution zu bezeichnen. Allgemein soll Zwirnwolle auf dem Widerrist, die Verunreinigung des Vlieses durch Einfuttern und durch Einschmutzen begünstigen. Unter Einfluß der Witterung und schlechter Haltung wird solche Wolle leicht brüchig und mürbe.

Nach Gärtner war der Zwirn zu allen Zeiten, selbst in den erstklassigsten Herden und bei fast allen Schafrassen vorhanden, selbst bei Schafen mit sehr guten Leistungen.

Der Zwirn scheint in den wollreichen Negrettiherden seltener gewesen zu sein, ist dagegen den hochfeinen Merino-Elektoralzuchten eigentümlich gewesen. Bei der vielfachen Verwendung des Merinoblutes zur Verbesserung der Landschläge ist es deshalb nicht erstaunlich, daß der Fehler des Zwirns heute bei den meisten Schafrassen zu finden ist. Allerdings ist er auch bei solchen Rassen anzutreffen, die bestimmt nicht von Merinoblut beeinflußt worden sind, wie z. B. den ostfriesischen Milchschafen und englischen Langwollschafen. Im allgemeinen kann man sagen, daß dieser Wollfehler den feinwolligen Rassen eigentümlicher ist und bei den anderen noch viel mehr als Zeichen von Konstitutionsschwäche anzusehen ist.

Nach unseren Beobachtungen muß man für die Entstehung des Zwirns verschiedene Ursachen annehmen. Sicher spielt wohl die Konstitutionsschwäche in Reinzuchtherden eine Rolle. Diese braucht sich keineswegs an dem ganzen Tier zu äußern und braucht auch nicht unbedingt die Leistungen des Tieres herabzusetzen. Sie offenbart sich in diesem Fall nur in einem Organ, nämlich der Haut, von der ja allgemein feststeht, daß sie sehr leicht auf äußere und innerphysiologische Einwirkungen reagiert. Bei extremer Zwirnbildung muß man allerdings annehmen, daß eine gewisse Schädigung der Gesamtkonstitution eingetreten ist.

Die zweite Entstehungsmöglichkeit des Zwirns ist in der Kreuzung extremer Schafrassen zu sehen. Nicht nur bei der Kreuzung von englischen langwolligen Rassen mit Merinos, sondern auch mit deutschen Rassen und bei Mufflonkreuzungen mit den verschiedensten Schafrassen sind stark zwirnige Vliese entstanden. Der Zwirn ist hier wohl darauf zurückzuführen, daß zunächst eine gewisse Disharmonie in der Hautphysiologie dieser Rassen besteht. Schließlich ist auch möglich, daß der Zwirn durch äußere Einflüsse entsteht bzw. seine Entstehung begünstigt wird. Insbesondere wird der Zwirn an der Brust und am Bauch zum Teil als bedingt durch die Haltung angesehen. Unter Umständen kann auch wohl unzweckmäßige Fütterung zur Zwirnbildung führen.

Bei dem Übergang zu diesem Wollcharakter spricht man von der Neigung zur Zwirnbildung.

δ) Stapelformen bei flachbogiger Kräuselung.

Wir hatten gesehen, daß nach der einen Seite hin die Ausbildung der Bogen immer schärfer zutage tritt und immer mehr hoch- und überbogig wird und können nun ferner feststellen, daß nach der anderen Seite zu die Ausbildung der Bogen immer flacher erfolgen kann und daß die Strähnchen allmählich zu Schleierhärchen aufgelöst werden können.

Je nach dem Grade der Flachbogigkeit spricht man von flachbogigem oder schlichtem Charakter. Bei dem schlichten Stapel sind die Wellungen kaum zu erkennen. Als flachbogig ist der innere Stapel der Mauchamps-Wollen zu bezeichnen, dann finden wir ihn vielfach bei Tieren, die aus Kreuzungen von Merinos mit Landschafen oder Merinos mit englischen Schafen hervorgegangen sind. Bei den Merinofleischschafen ist er häufig anzutreffen. Die Vereinigung zu Strähnchen ist vielfach schon wenig deutlich. Die einzelnen Haare desselben Strähnchens sind nicht sehr verschieden lang. Dieser Wollcharakter ist nicht für Tuchwollen, wohl aber für Kammwollen gut geeignet, da nach Lehmann die mehr gleichartige Länge der Einzelhaare eine bessere Ausbeute an Kammzug gewährleistet und auch die parallele Lagerung der Haare im Kammzug leichter von statten geht.

Hiernach scheint es, daß der schlichte Charakter der beste für Kammwollen wäre. Das trifft aber insofern nur begrenzt zu, als er am häufigsten bei groben Wollen vorkommt. Handelt es sich um Erzeugung von feiner Kammwolle aus Flaumhaar, wird man daher meist dem gedehntbogigen, schließlich auch flachbogigen Charakter den Vorzug geben. Diese Charaktere sind für Tuchwollen weniger vorteilhaft, da die Filzbildung in der Walke etwas erschwert wird, um so besser aber für Kammwollen.

Wenn die Wollhaare beim Heraustreten aus der Haut sich nicht innig zu einem Strähnchen vereinigen, wenn also die Strähnchenbildung gegenüber den Schleierhärchen zurücktritt, spricht man von einem verschleierten Stapel. Wenn die Strähnchenbildung noch stärker zurückgetreten ist und die Schleierhärchen ganz die Überhand bekommen haben, so daß der innere Bau des Stapels einem Florgewebe gleicht, spricht man von Krepp. Bei einer verschleierten Wolle sind zwar die einzelnen Wellungen noch zu erkennen, wenn sie auch verschwommen sind, bei dem Krepp dagegen treten die gemeinsamen Wellungen im Stapel nicht mehr hervor; einzelne Strähnchen sind dann überhaupt nicht mehr oder nur schwer zu erkennen. Er kommt bei sehr feinen und schweißarmen Wollen vor und deutet dann auf nicht sehr robuste Konstitution der Tiere. Nicht selten ist das Wollhaar auch weniger haltbar, ähnlich wie bei hungerfeinen Wollen.

Bei gröberen Wollen mit sehr wenig Fettschweiß ist der Kreppcharakter eigentlich der normale, da man bei diesen recht oft beim Scheiteln des Vlieses keine erkennbare Strähnchenbildung bemerkt. Man gebraucht jedoch dann den Ausdruck „Krepp" fast nie; er ist eben bei der Beurteilung feiner Tuchwollen entstanden und wird daher bei dieser angewandt und von den anderen Charakteren unterschieden.

Beachtenswert ist auch der Stand der Stapel auf der Haut. Bei kurzen Wollen von normaler und guter Beschaffenheit ist er genau senkrecht auf der Haut. Hiervon kommen Abweichungen vor, einmal rein mechanisch durch Druck, z. B. an den Seiten der Keulen, auf welche der Körper des Schafes beim Liegen drückt — sog. „gedrückter Stapel". Er ist stets ein ungünstiges Zeichen, das auf undichten Stand bzw. Schlaffheit der Wolle, zu geringe Elastizität hindeutet. Ferner bewirkt manchmal die einfache Schwerkraft der Wolle, daß sich an den Seiten des Tieres die Stapelenden nach unten neigen und schließlich diese gegen die Hautoberfläche schräge Stellung zur bleibenden wird, der sog. „hängende Stapel". Sind die Wollen aber kurz, so deutet der hängende Stapel stets auf undichten Stand und Schlaffheit der Wolle hin. Bei langen Wollen ist die Zugkraft nach unten so stark, daß ein gewisses „Hängen" des Stapels unvermeidlich wird und nicht mehr als Fehler angesehen werden kann. Sind solche Wollen sehr schön kräftig und elastisch, so „hängt" der Stapel übrigens meist nur, wenn eben das Tier aufrecht steht. An dem auf den Sortiertisch gelagerten Tiere oder gar am abgeschorenen Vlies ist von diesem Hängen des Stapels nicht mehr viel zu erkennen.

Endlich ist noch eine der wichtigsten Eigenschaften des inneren Stapels sein sog. Charakter. Wir verstehen darunter das Bild, welches sein ganzer Aufbau aus Strähnchen und Stäpelchen gewährt. Besonders ist es die Kräuselung der Strähnchen sowie ihre Verbindung untereinander, die den Charakter bestimmen.

c) Der äußere Stapel oder die Stapelung.

α) Einteilung und Bedeutung.

Weniger bedeutsam und sicher für die Beurteilung der Wolle als der innere Stapel ist der äußere Stapel. Immerhin bietet er auch eine Reihe wichtiger Merkmale.

Man unterscheidet geschlossene und offene Stapel, je nachdem die Stapelspitzen dichter aneinander gelagert sind oder auseinander klaffen. Ist letzteres in sehr hohem Maße der Fall, so heißt der Stapel flattrig.

Der geschlossene Stapel gibt den besten Schutz gegen den Einfluß der Atmosphärilien und gegen Vermengungen mit Verunreinigungen wie Schmutz, Futter usw. Bei geschlossener Stapeldecke kann die Luft nicht so tief in das Innere des Stapels dringen. Infolgedessen wird die Oxydation des Fettschweißes und dessen Verranzen verhindert. Der Fettschweiß bleibt immer flüssig. Vor allem wird durch ihn ein tieferes Eindringen von Schmutz und in gewissem Grade von Feuchtigkeit in die Wolle verhindert, beides Agentien, die durch Zersetzungsprodukte das Wollhaar zu schädigen und Spitzenuntreue hervorzurufen vermögen. Je feiner die Wolle, desto weniger ist ein geschlossener Stapel zu entbehren.

Ein solcher geschlossener Stapel ist nur möglich, wenn die Wolle genügend dicht steht, deutet also auf Wollreichtum hin. Selbstverständlich ist aber bei der Forderung eines geschlossenen Stapels die Tiefe desselben, also die Länge der Haare zu berücksichtigen. Bei lang abwachsender Wolle ist schließlich die Gesamtoberfläche der Stapelenden so viel größer als die Oberfläche der Haut, daß irgendein dichter Zusammenschluß der Stapelenden eine Unmöglichkeit wird. Häufig haben wir es dann auch mit gröberen Wollen zu tun, denen ein Schutz gegen die Einwirkung der Atmosphärilien nicht so notwendig ist.

Aus den erwähnten Gründen hat ein geschlossener Stapel auch für den Fabrikanten einen gewissen Wert, allerdings legt meist der Fabrikant auf einen geschlossenen Stapel weniger hohen Wert als der Züchter, der aus ihm vor allem den dichten Stand der Haare auf der Haut ersieht. Für das Schaf selbst bedeutet der geschlossene Stapel einen Wärmeschutz, der das Herantreten der kalten Luft verhindert. Unter Umständen kann jedoch auch ein geschlossener Stapel nachteilig für die Gesundheit des Tieres sein, wenn nämlich der Fettschweiß an der Oberfläche zu einem kompakten Ganzen verhärtet und infolgedessen den Gasaustausch gänzlich unterbindet.

Der offene Stapel dagegen ermöglicht das Eindringen von Regen, Staub und anderen Verunreinigungen bis tief hinein. Auch liefert er in geringerem Maße eine isolierende Hülle, die den Körper gegen zu rasche Wärmeabnahme schützt. Die meisten Naturrassen haben diesen offenen Stapel noch, doch werden seine ungünstigen Momente durch das lange Grannenhaar ausgeglichen, welches sich über die eigentlichen Wollhaare legt und so ein schützendes Dach herstellt.

Aus dem äußeren Stapel kann man auch wieder Rückschlüsse auf die Feinheit und die Qualität der Wolle machen. Bei kurzen Wollen deutet der mehr oder weniger offene Stapel auf wenig dichten Stand der Haare auf der Haut und damit auf geringes Vliesgewicht. Außerdem kann, wie schon angedeutet, besonders bei feineren Wollen durch die Möglichkeit des leichteren und tieferen Eindringens der Atmosphärilien und von Schmutz der Wert der Wolle herabgesetzt werden.

Von einer gewissen Bedeutung ist die Farbe des äußeren Stapels. Ist die Fettschweißmenge gering, aber auch dann, wenn die Schafe mehrfach Regen getroffen hat, drieseln die Stapelenden auf, und ihre Färbung wird heller, mehr grau. Ist letzteres vorwiegend der Fall und der Stapel offen, so ist der Schmutz in die Wolle tiefer eingewaschen, was leicht durch einen einfachen Griff in die Wolle zu erkennen ist. Die Aufmerksamkeit ist dann besonders darauf zu lenken, ob Spitzenuntreue vorhanden ist. Für Merinokammwollschafe ist die hellere Färbung charakteristisch und deutet hier auf leichtlöslichen Fettschweiß von normaler oder geringer Menge hin. Ein dunkleres bis schwarzes Braun zeigt viel und schwerlöslichen Fettschweiß an.

Betrachtet man das Vlies von außen, so erkennt man, daß jeder Stapel durch eine mehr oder weniger deutliche Furche von dem benachbarten Stapel abgegrenzt ist, was sich auf der Haut als Hautnähte bemerkbar macht (vgl.

S. 37). Die um jeden Stapel verlaufende Furche an der Oberfläche des Vlieses nennt man Wollnaht. Je schmäler diese ist, um so dichter ist der Haarstand, je breiter sie ist, um so dünner. Nach der Größe der Areale, die von den Hautnähten umschlossen werden, spricht man von einem kleinen oder großen Stapel. Im allgemeinen kann man sagen, daß der klein gebaute Stapel auf eine feinere Wolle schließen läßt als der groß gebaute.

Besteht der Stapel aus zylindrischen Strähnchen, so wird er immer die Form des geschlossenen Stapels haben. Er stellt dann den vollkommenen Typ dar. Ist er dagegen aus konischen oder sogar spitzen Strähnchen aufgebaut, so stellt er ein fehlerhaftes Material dar und leitet dann zum offenen, flattrigen Stapel über.

β) Die Formen des geschlossenen Stapels.

Bei dem geschlossenen Stapel unterscheidet man folgende Formen:

Der kleine Stapel.

a) Rapskornstapel (in gewaschenem Zustand Blumenkohlstapel) (Abb. 144*b*, *c*). Haben die Spitzen der einzelnen Strähnchen die Gestalt fester

Abb. 144a bis h. Äußerer Stapelbau (nach Bohm). *a* Nadel-Stapel; *b* Rapskorn-Stapel; *c* Blumenkohl-Stapel; *d* abgerundeter Stapel; *e* Quader-Stapel; *f* Brett-Stapel; *g* Spießiger Stapel; *h* Pechspitzen.

Stecknadelköpfe oder sind sie zu kleinen, abgegrenzten Kuppen verklebt, die in schwacher Wölbung hervorragen, so spricht man vom Blumenkohlstapel. Bei feinen weißen, mittelfeinen Merinowollen von guter Qualität und gutem Wuchs findet man diese Stapelformen.

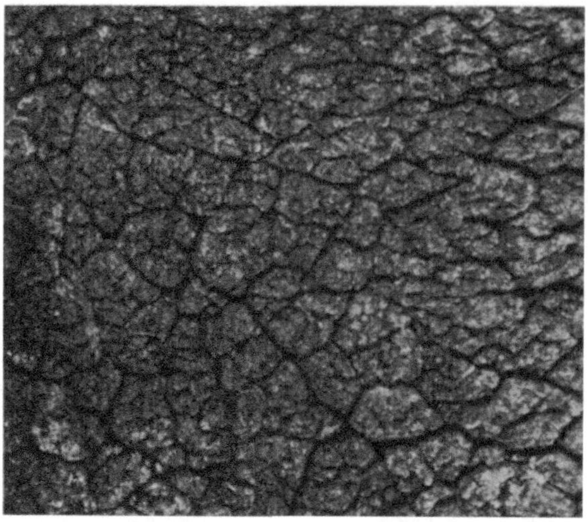

a

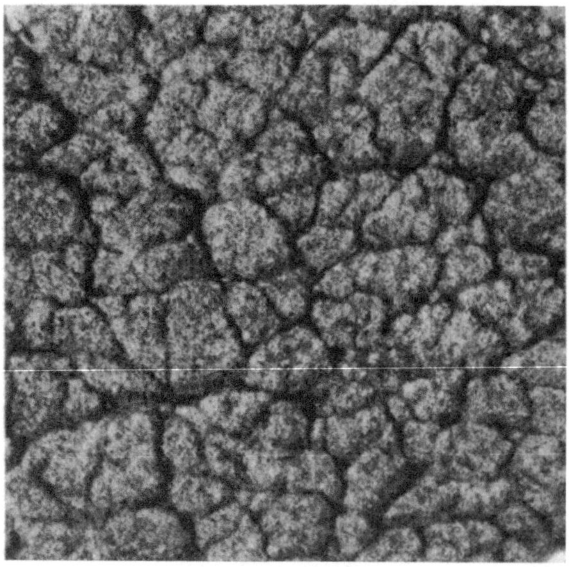

b

Abb. 145a und b. Äußerer Stapelbau. *a* Kleinmassenteiliger, geschlossener Stapel; Merinotuchwollschaf; *b* abgestumpfter, kleinmassenteiliger Stapel; Merinofleischschaf.

b) Betaut oder gerauht (Abb. 145*c*) nennt man einen Stapel dann, wenn immer nur sehr wenig Haare zu einer feinen Spitze zusammengeklebt sind. Er findet sich bei feinen, relativ schweißarmen Wollen mit vielen Schleierhärchen und häufig bei Tieren, die für Ausstellungszwecke bestimmt sind und infolgedessen zur Schonung der Wolle mit einer Decke geschützt waren. Infolge des verhinderten Zutrittes der Luft kann keine vollständige Verranzung des Fettschweißes in der Stapeloberfläche vor sich gehen.

c) Wie die bisher erwähnten Stapelformen besteht auch der abgestumpfte Stapel (Abb. 145*b*), der bedeutend flachere Stapelenden hat und ein etwas größeres Stapelareal umfaßt, aus zylindrischen Strähnchen und weist auf einen dichen Haarstand hin.

d) Bilden die Stapelenden keine glatte Fläche, sondern sind sie an der Spitze entwirrt und in die einzelnen Haare aufgelöst, so spricht man vom moosigen (Abb. 145*d*) Stapel. Oft ist er das Resultat schlechter Haltung bei sonst geschlossenem Stapel. Bei längeren und stärkeren Merinowollen, ebenso bei gepferchten Schafen finden wir ihn fast immer. Verdankt der aufgelöste Stapel äußeren Faktoren seine Ausbildung und haben diese den Fettschweiß weitgehend ausgewaschen, so ist die Wolle häufig mürbe und herabgesetzt.

Der große Stapel.

Die Furchen, welche die einzelnen Stapel unter sich abgrenzen, bilden große Felder und nehmen Areal bis zu etwa 8 cm² ein. Die günstigste Form ist der

a) platte Stapel, der sich bei gröberen, dicht gestapelten, lang abgewachsenen Wollen findet und häufig noch aus zylindrischen Stäpelchen besteht; bei Merinowollen deutet der platte Stapel auf unedleren Charakter.

b) Bei dem Brett- oder Panzerstapel (Abb. 144*f*) ist das Vlies mit Fettschweiß schwerlöslicher oder harziger Natur so überladen, daß die ganze Stapeloberfläche zu einer zähen Kruste verkittet ist; infolgedessen ist eine Trennung der einzelnen Stapel nur mit Gewalt möglich. Diese Stapelbildung, wie sie früher bei schwerschweißigen Negrettis häufiger zu finden war, ist ungünstig für den Fabrikanten infolge des schwerlöslichen Fettschweißes sowie der die physikalischen Eigenschaften des Haares schädigenden Zersetzungsprodukte desselben, und für den Züchter, weil die Wolle hohl, also undicht steht, die Tiere schwerfutterig sind und infolge des geschlossenen Fettschweißpanzers eine ungünstige Einwirkung auf die Gesundheit der Tiere stattfindet.

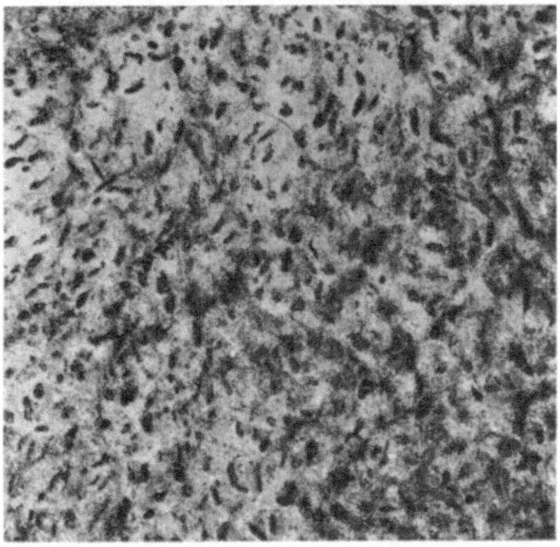

c

d

Abb. 145c und d. Äußerer Stapelbau. *c* betauter oder gerauhter Stapel; Merinofleischschaf; *d* moosiger Stapel; Merinofleischschaf.

γ) Die Formen des offenen Stapels.

Der kleine Stapel.

Wir haben hier meist die konische oder spitze Form der Strähnchen und können zuweilen auf Dicken- und Wellenuntreue in der oberen Hälfte des Stapels rechnen, so daß infolgedessen der Wert der Wolle geringer sein wird. Bei den etwas gröberen Merino- und gewissen Landschaf- und Fleischschafwollen ist diese Stapelausbildung als die normale anzusehen.

a) Der kurz gespitzte Stapel. Die Strähnchen, die ihn aufbauen, spitzen sich nach dem Gipfel zu, so daß der Stapel also von außen betrachtet schon etwas offen ist. Nach der ungünstigen Seite hin steigert sich diese Form bei dem spießigen Stapel (Abb. 144*g*, 145*e*). Dünner Stand auf der Haut, starke Neigung zu Zwirn, hochbogige, ja überbogige Kräuselung und Wellenuntreue finden sich häufig bei feinen Merinowollen, wenn ein spießiger Stapel vorliegt. Die einzelnen Strähnchen winden sich tief aus dem Stapel zu langen korkzieherartig gedrehten und verklebten Spitzen in die Höhe. Solche Wollen sind geringwertig. Klebt außerdem noch ein schwerlöslicher zäher Fett. schweiß die langen Spieße zusammen, so bezeichnet man einen solchen Stapel als pechspießig (Abb. 144*h*, 145*f*).

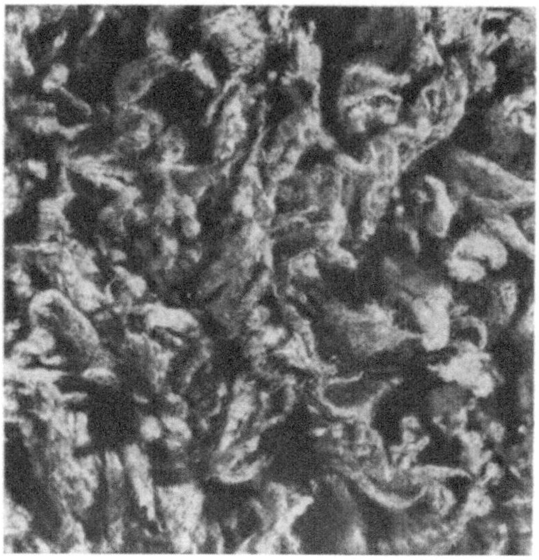

e

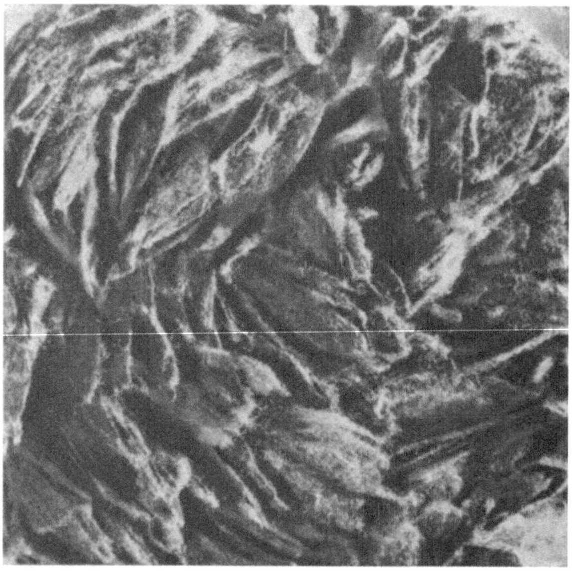

f

Abb. 145e und f. Äußerer Stapelbau. *e* spießiger Stapel; Merinofleischschaf; *f* Pechspitzen; Merinofleischschaf.

Wachsen die Wollen länger ab, so entsteht der spießige Stapel oft durch Auswaschen des schützenden Fettschweißes und Hervortreten der längeren Haare an der Spitze; bei etwas gröberen Wollen wachsen die gröbsten Haare ohne stärkere Kräuselungsbögen durch den Stapel hindurch und bilden dann die spießigen Enden desselben, wie man es fast allgemein bei der Keulenwolle von Merinofleischschafen feststellen kann. Bei noch gröberen Wollen, insbesondere bei Wollen mit etwas oder mehr Grannenhaar, ist der spießige Stapel das Normale.

Der große Stapel.

2. Bei dem offenen großmassenteiligen Stapel spricht man von einem flachsigen Stapel. Eine Strähnchen- und Stäpelchenbildung ist nur noch in geringem Maße vorhanden oder fehlt auch ganz. Die Kräuselung ist flachbogig oder schlicht. Der Fett-

schweiß ist immer gutartig und in ganz geringer Menge vorhanden. Nicht selten verbinden sich die Haare am Stapelende zu Spitzen. Es ist die Stapelform, die bei Landschafen am häufigsten vorkommt. Der Handel bezeichnet derartige Wollen auch als „wild".

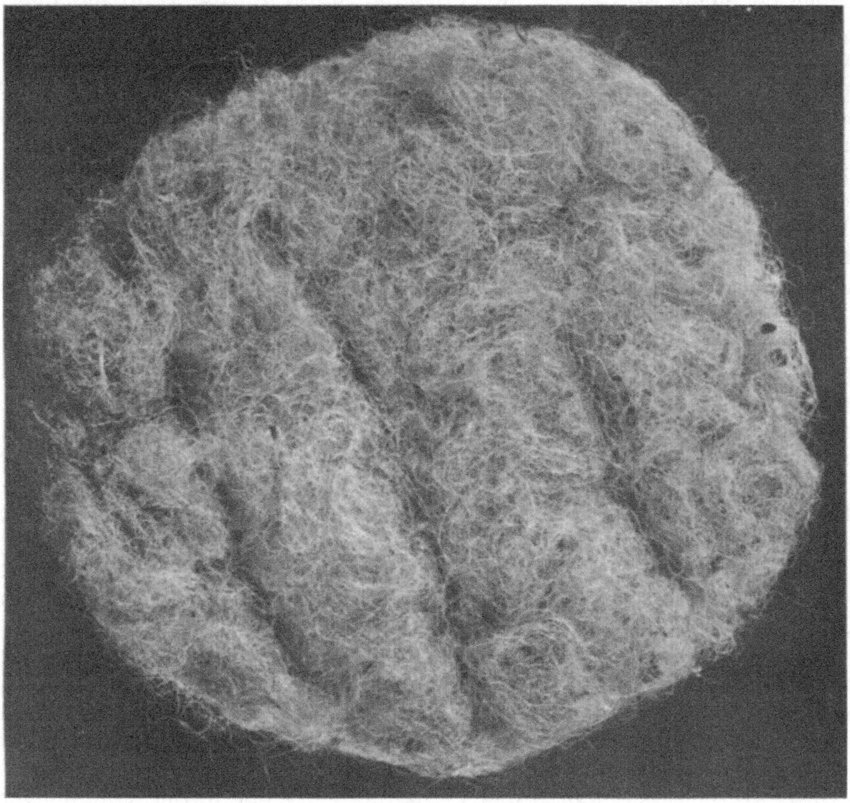

g

Abb. 145g. Äußerer Stapelbau. *g* großmassenteiliger, geschlossener Stapel; Rhönschaf.

4. Der Schnitt und der Griff der Wolle[1]).

Ebenso wie der innere und äußere Stapel für die Beurteilung der Wolle Bedeutung hat, ebenso liefert bei dem abgeschorenen Vlies der Schnitt Handhaben zu seiner Beurteilung.

Unter Schnitt versteht der Fabrikant die untere Seite des Vlieses, nachdem es, sei es in gewaschenem oder ungewaschenem Zustande vom Körper getrennt, abgeschoren ist. In dem Schnitt beurteilt er den ganzen unteren Quer-

---

[1]) Bohm, J.: Die Schafzucht nach ihrem jetzigen rationellen Standpunkt. Erster Teil: Die Wollkunde. Berlin 1873. — Nathusius, W. v.: Das Wollhaar des Schafes in histologischer und technischer Beziehung mit vergleichender Berücksichtigung anderer Haare und der Haut. Berlin 1866. — Mitteilung über die bei ferneren Untersuchungen des Haares der Schafe und anderer Haustiere erlangten Resultate. Z. d. landw. Central-Vereins der Provinz Sachsen Jg. 32, S. 1. — Lehmann, C.: Gesammelte Schriften Bd. 2. Berlin 1920. — Bedeutung und Hauptgrundlinien der Wollkunde. Berlin 1920.

durchschnitt der Stapelung und kann am richtigsten das Verhältnis der die Stapel vereinigenden Binder erkennen.

Bei den kurzen bis mittellangen Wollen bester Qualität haben wir den schönen, edlen Schnitt, bei dem das untere Ende des Stapels förmlich aufquillt. Man nennt ihn deshalb auch quellend oder teigig. Dieses Aufquellen ist nur möglich bei einem Stapel, der einen dichten Stand auf der Haut hat und dessen Haare große Krimpkraft besitzen. Bei dem quellenden Schnitt zeichnen sich die einzelnen Stapel als gleich große schwache Hervorwölbung ab. Diese entstehen dadurch, daß beim Abschneiden die in gewisser Spannung im Stapel gehaltenen Haare an dessem Rande frei werden und durch das Scheren und ihrer Spannkraft folgend etwas zusammen schnirren. Sie verkürzen sich also, während in der Mitte des Stapels durch den gegenseitigen Zusammenhalt eine solche Verkürzung nicht möglich ist.

Der edle Schnitt ist ein Zeichen dafür, daß das Vlies aus gleichmäßig treuen, edleren feinen Haaren in dichtem Stande auf der Haut aufgebaut ist. Die Binder sind in der gerade nötigen Menge vorhanden. Wären die Binder in der Überzahl, so würde der Stapel niemals einen quellenden Schnitt haben können, da diese die einzelnen Wollhaare in ihrer Bewegungsfreiheit zu sehr beschränken. Bei dem edlen quellenden Schnitt soll man bei jedem einzelnen Stapel die Färbung und Beschaffenheit eines frisch durchgebrochenen Apfels haben.

Bei schütterem Stande oder schlaffen Wollen ist die Schnittfläche eben, ein solcher Schnitt wird voll genannt. Die Verbindung der einzelnen Stapel ist hier eine nicht so innige wie bei der vorigen Form. Man findet einen solchen Schnitt bei weniger hochwertigen Wollen, namentlich gröberen und hohlen Wollen.

Bodig wird der Schnitt genannt, wenn eine in der Überzahl vorhandene Menge Binder verhindert, daß das abgeschorene Vlies sich netzartig ausspannen läßt.

Bei ungleicher Stapelbildung durch kleine, aber harte Falten der Haut bekommt der Schnitt ein verschiedenes Aussehen. Kleine und große Wollflöckchen liegen nebeneinander, ferner sind die Maschen von ungleicher Größe. Ein solcher Schnitt wird körnig oder grützig genannt. Er deutet auf Unausgeglichenheit und Mangel an Elastizität der Haare.

Unter Griff versteht man das Verhalten der Wolle in der Volumenveränderung. Bei der Besichtigung einer Wolle greift der Fabrikant mit der vollen Hand ein Quantum heraus und preßt es durch festes Schließen der Hand zusammen. Vermindert sich hierbei das Volumen der Wolle nicht sehr stark, so heißt der Griff voll und ist ein Beweis dafür, daß eine reichliche Menge Wollhaare in einem vollen, dichten Stapel gleichmäßig und gleichartig aufgewachsen sind. Nimmt die Wolle, nachdem die Hand geöffnet ist, ihr früheres Volumen schnell wieder an, so spricht man von quellendem Griff. Er ist ein Zeichen der Geschmeidigkeit und für den Fabrikanten deshalb von Wert, weil ein Fabrikat aus solcher Wolle von bester Qualität ist. Vermindert sich das Volumen einer Wolle beim Zusammendrücken bedeutend, so ist der Griff hohl oder leer, ein Zeichen dafür, daß die Wolle undicht und unregelmäßig gewachsen ist. Infolge der verschiedenartigen Fehler läßt sie sich schwerer verarbeiten.

Die Art und Weise, ob quellend oder hohl, und besonders die Art, wie sie sich bei der Verarbeitung zeigt, nennt der Fabrikant die Natur der Wolle. Er versteht zusammenfassend darunter die Geeignetheit der Wolle für die Verarbeitung. Er spricht von einer guten Natur, wenn die Wolle für eine bestimmte Fabrikationsrichtung wohl geeignet ist, wenig Schwierigkeiten bereitet und ein tadelloses Fabrikat liefert; von einer schlechten Natur spricht er dann, wenn die Wolle bei der Verarbeitung nicht den Erwartungen entspricht, die man zunächst hegte. Als bösartig bezeichnet er die Natur, wenn die Wolle bei der Verarbeitung erhebliche Schwierigkeiten macht.

Die Art, in der eine Wolle in Erscheinung tritt, den Inbegriff aller Eigenschaften, soweit sie in der Organisation des Tieres begründet liegen, nennt der

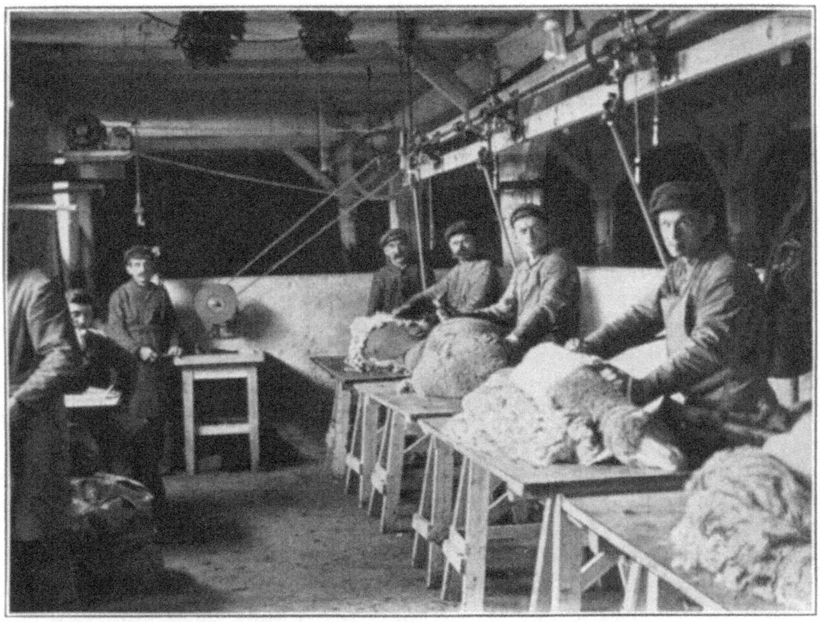

Abb. 146. Merinoschafschur in Friedeburg a. S. (Oberamtmann Meyer).

Züchter den Charakter der Wolle, so daß also eine Wolle von gutem Charakter eine schlechte Natur haben kann.

Der Geruch der Wolle wird bei ihrer Beurteilung berücksichtigt, je aromatischer er ist, desto mehr Nerv und Kraft besitzt die Wolle. Auch Bockwollen zeichnen sich gegenüber den Mutterwollen durch einen charakteristischen Geruch aus.

5. Das Vlies während und nach der Schur[1]).

Früher war es allgemein üblich, bei den Landschafen zur Zeit des periodischen Haarwechsels die Wolle zu raufen, heute werden die Schafe, je nach den Wirtschaftsverhältnissen, entweder zweimal im Jahre oder dreimal in zwei oder nur einmal in einem Jahre geschoren. Letztere Art ist die gebräuchlichste. Das

[1]) Clauß: Nähere Mitteilung über diejenigen Schafe, von welchen man die Wolle alljährlich zweimal schert oder abnimmt. Ökonom. Neuigk. u. Verhandl. Bd. 2, Nr. 59. 1833. — Petri: Das zweimalige Scheren der Schafe in einem Sommer. Ökonom. Neuigk. u. Verhandl. Bd. 1, Nr. 5, S. 36. — Zöppritz, G.: Über das zweimalige Scheren langwolliger Schafe und dessen Einfluß auf die Woll- und Fleischproduktion. Z. d. landw. Central-Vereins d. Provinz Sachsen Jg. 23, S. 141. 1866. — P. Z.: Zweischur oder Einschur? Wollarch. 1921, Nr. 26. — Ebbinghaus: Ist zweimalige Schur der Schafe unter allen Umständen wirtschaftlich? Dt. landw. Tierzucht Jg. 29, S. 149; Z. Schafzucht Jg. 14, H. 4, S. 73. — Hünersdorf, G. A.: Über brauchbare Hilfsmittel praktischer Tierzüchtung an Hand der Merinofleischschafstammherde Friedeburg. Diss. Halle 1925. — Eick:

Alter dieser Wolle beträgt dann 12 Monate. Die Wolle ist volljährig oder man sagt, sie ist ausgewachsen. Wenn eine Wolle von 12 Monaten Wuchs nur eine Länge aufweist, die für diese Wachstumzeit nicht als normal anzusehen ist, so spricht man von einer 9- oder 10-Monatswolle, um damit die geringe Länge derselben anzudeuten.

Der Wert der Vollschur ist infolge einer besseren Verwendungsmöglichkeit bedeutend höher als der der Halbschur. Die langen, kräftigen, aber elastischen Wollen sind vor allem für die Kette gesucht.

Bei der Schur ist dafür Sorge zu tragen, daß die Wolle dicht, unmittelbar über der Haut gleichmäßig abgeschoren und das Schneiden von Staffeln und dadurch bedingtes Nachschneiden vermieden wird. Das Schurgewicht wird sonst beinträchtigt und die nachgeschnittenen kurzen Wollteile sind nicht nur wertlos, sondern beeinträchtigen auch die Gesamtgüte der Wolle.

Ferner ist zu beachten, daß das Vlies in allen seinen Teilen den Zusammenhang bewahrt. Zerrissene Vliese lassen sich schwerer sortieren und machen mehr Arbeit als gut zusammenhängende. Der Käufer kann dann den Verdacht haben, daß die Wolle nicht dicht auf dem Körper gestanden hat oder mit Fehlern behaftet ist. Beim Scheren muß außerdem darauf geachtet werden, daß die Tiere nicht mit Urin oder Kot beschmutzt werden.

Nach dem Scheren ist tunlich jedes Vlies auf einem Tisch durch Schütteln von den in der Wolle befindlichen fremden Bestandteilen zu reinigen, Futterstücke, Locken und Kladdern werden abgerissen.

Über das Zusammenlegen der Vliese gibt Heyne folgende Anweisung: „Man legt es nach innen zusammen, packt, wenn einzelne abgerissene Stücke vorhanden sind, diese so auf das Vlies, daß sie mit dem Schnittende auf den Stapelgipfel zu liegen kommen, schlägt zuerst die beiden Bauchseiten ein, doch so, daß kein Rand über den anderen zu liegen kommt, verfährt ebenso mit dem Kopf- und dem Schwanzende und klappt das Ganze noch einmal in der Mitte zusammen, rollt die so entstandene Wulst von beiden Enden her gleichmäßig zusammen und bindet das auf diese Weise würfelartig geformte Vlies kreuzweise mit einem Bindfaden. In manchen Gegenden legt man zwei bis drei Vliese aufeinander.“ Die Vliese werden nach dem Aufbewahrungsort gebracht und möglichst auf Latten nebeneinander gelegt, um der Luft freien Zutritt zu lassen, damit die tierische Wärme und die Feuchtigkeit abziehen kann.

Es wird oft der Fehler begangen, die abgeschorenen Vliese zu schnell in Säcke zu packen. Das Wollhaar enthält dann noch genügend Wasser, um die Existenz von Kleinlebewesen (Bakterien) zu ermöglichen.

Wird die Wolle in feuchten Räumen aufbewahrt oder gleich nach der Schur fest in Säcke verpackt, so tritt auch Verschimmelung ein. Man hat festgestellt, daß Spuren von Säuren die Verschimmelung verhindern, während Alkali diese begünstigen. Nach Kálmán[1]) sind es verschiedene Spaltpilze, die die Wolle befallen. Während man an ungefärbter Ware den Pilz z. T nicht wahrnehmen kann, treten die befallenen Stellen nach der Färbung

---

Die Schafschur mit Schermaschinen durch landwirtschaftliche Arbeiter. Z. Schafzucht 1914. — Berndt: Maschinelle Schafschur. Z. Schafzucht 1925. — Eick: Die Schafschur mit Schermaschine durch landwirtschaftliche Arbeiter. Z. Schafzucht 1921. — Assel: Schwarzschur oder Rückenwäsche. Z. Schafzucht 1915. — Kirschbaum: Populärer Unterricht in der Schafzucht, sowie auch in der Kenntnis und Behandlung der Wolle. 2. Aufl. Stuttgart 1862. — Wagner, J. P.: Beiträge zur Kenntnis und Behandlung der Wolle und Schafe. Berlin 1821. — Bühler, H.: Was muß der Landwirt von seiner Wolle wissen und was muß er beim Verkauf berücksichtigen? Z. Schafzucht 1920, H. 13; Dt. landw. Tierzucht 1920, Nr. 38.

[1]) Kálmán: Färber-Zg. 1902, S. 245, 341, 377; ferner 1892, S. 290.

als helle Flecken hervor[1]). Diese selbst, sowie die von ihnen gebildeten Oxydasen erzeugen Wärme, die sich in den großen Packen anhäuft und damit in Verbindung mit gleichzeitig gebildeten empyromatischen Stoffen zu Temperaturerhöhungen führen kann, die bis zur Verkohlung, ja bis zur Entzündung der Wolle gehen. Ist letzteres glücklicherweise nur ein seltenes Vorkommen, so sind geringere Erwärmungen um so häufiger, die je nach Grad und Dauer die oben erwähnten physikalischen Eigenschaften verschlechtern oder doch die Wolle gelb bzw. dunkel färben. Auch letzteres vermindert ihren Wert. Die Wolle ist daher nach der Schur längere Zeit locker und luftig zu lagern, damit sie möglichst trocken wird, ehe sie in größere feste Packung kommt.

Zuweilen ist es üblich, die Vliese wahllos durcheinander zu werfen, jeden Abfall, Schmutz usw. darin zu lassen und sorgfältig zu verhindern, daß keine Luft an die Wolle gelangt, um befürchtete Wasserverluste zu vermeiden. Diese Maßnahmen gehen immer auf Kosten des Verkäufers, denn der Käufer derartiger Wollpartien ist immer mißtrauisch und wird lieber den Wert der Wolle unter- als überschätzen. Eine Auslüftung der Wolle ist unbedingt erforderlich, um sie zum Lagern geeignet zu machen und ein baldiges Gelb- und Brüchigwerden zu vermeiden. Durch zu langes Lagern leidet die Haltbarkeit und das Ansehen, vor allem deutscher Wollen, beträchtlich.

Die Wollen der verschiedenen Geschlechter und Altersklassen, ebenso die der extremsten Feinheit, sind getrennt zu halten Die Abrisse sind ebenfalls besonders aufzubewahren und als Stücke, Kladdern und Futterstücke zu bezeichnen.

Der Käufer kann auf diese Weise einen genauen Überblick über die Zusammensetzung des Loses erhalten und den gesamten Wert genau berechnen. Ist die Wolle weniger übersichtlich sortiert, so wird er leicht unter dem wahren Wert der Wolle bei seinem Gebot bleiben, nur um nicht Gefahr zu laufen, eine falsche Taxe abzugeben.

Über das Verpacken der Wolle schreibt Heyne: „Das Verpacken der Schweißwolle geschieht in Säcken, die eine Größe von 75 bis 125 cm aufweisen, für Rückenwäsche von 125 bis 250 cm. Gestopft wird mit der Hand an den Nahtseiten nicht zu lose und nicht zu fest. Ein Eintreten mit den Füßen ist bei Schweißwollen auf jeden Fall zu vermeiden, weil bei ungenügender Abkühlung durch zu festes Stopfen leicht eine Erhitzung der Wolle eintritt. Dagegen kann das Eintreten bei Rückenwäsche ohne Bedenken vorgenommen werden. Der Sack ist bis oben zu füllen und dann zu vernähen, nicht zu binden. An jedem Ballen ist mittels einer Papierfahne durch den betreffenden Anfangsbuchstaben der Inhalt zu verzeichnen, also M = Mutter, Z = Zeitvieh, H = Hammel, J = Jährling usw. Ist eine Verladung der Ballen nicht gleich möglich, so muß darauf gehalten werden, daß nur zwei bis drei übereinander in einem luftigen Raum zu legen sind.“

Bevor die Wollen gewaschen werden und zur Verarbeitung gelangen, müssen sie sortiert werden, was von besonders dafür ausgebildeten Sortierern und Sortiererinnen vorgenommen wird, die auf Grund des Augenscheins und des Gefühls der Finger die einzelnen Sorten trennen und heraussortieren[2]).

[1]) Auch nach Burgess entstehen durch Bakterienwirkung in der Wolle Flecken, die sich schwer vermeiden lassen. In schweren Fällen erfolgt eine Auflösung des Haares, beginnend mit der Entfernung der Epithelschuppen und gefolgt von der Isolierung der Rindenzellen. — Burgess, R.: Studies on the Bacteriology and Mycology of wool. J. Text. Inst. Bd. 15, 1924.

[2]) Reuff: Das Sortieren, Waschen, Koditionieren und Kämmen der Wolle. Schafhaltung und Wollkunde. Kriegsrohstoffabtlg. d. Kgl. Pr. Kriegsministeriums S. 120. — Turner H.: Öffnen und Sortieren. Text. Manufact. 1920, Nr. 546, S. 164—165. (Text. Forschung).

Was die Art der Sortierung anbetrifft, so richtet sich diese nach den Anforderungen des betreffenden Betriebes. Dieser braucht bestimmte Mengen der verschiedenen Sortimente, und dementsprechend ist der Auftrag, die Wollen

a

b

Abb. 147a und b. Bilder aus der Schafzucht Australiens (nach Henseler). *a* Sortieren der Wolle auf dem rollenden Tisch. *b* Blick in einen Sortierraum.

nach diesen oder jenen Sortimenten zu sortieren. Döhner spricht geradezu von einem Rezept, das der Betriebsleiter herausgibt, nach welchem die Wollen zu sortieren sind. Für bestimmte Spezialitäten muß die Sortierung und Ausgeglichenheit ganz hervorragend sein, um besonders edle Stoffe herstellen zu können.

Für die industrielle Verarbeitung der Wollen zu Garnen und Tuchen ist es erforderlich, Wollpartien von gleichmäßiger Feinheit zu haben. Die einzelnen Sorten einer Sortierpartie werden mit Elekta Prima, Sekunda, Tertia, Quarta, Quinta bezeichnet. Hiermit ist keine bestimmte Feinheit ausgedrückt, sondern es ist dabei das Verhältnis der Qualität der einzelnen Sorten zueinander in der Partie angegeben. Die bei der Wolle sich befindlichen abfallenden Teile werden als selbständige Untersorten, meist alle Feinheiten der Partie enthaltend, für sich festgestellt.

Vor allem die Randpartien des Vlieses, die Wolle der Schwanzwurzel, der Keule und des Bauches werden zunächst bei der Sortierung abgetrennt, da sie

c

Abb. 147c. Bilder aus der Schafzucht Australiens (nach Henseler).
c Wollpresse in Tätigkeit.

meist geringwertiger sind, besonders aber werden die Leisten, Locken und der Brand als Abfallwollen ausgeschieden, ebenso wie die Futterstücke, melierte Stücke und Zeichen. Hierunter versteht man Wollpartien, die zur Markierung der Schafe mit schwer zu entfernenden Farben versehen sind, während unter melierten weißen Wollen diejenigen verstanden werden, die dunkel pigmentierte Haare enthalten, wie sie z. B. in den weißen Vliesen der schwarzköpfigen englischen Fleischschafe vorkommen.

Was den Gang der Sortierung anbetrifft, so geht er in der Weise vor sich, daß, wenn es sich um zusammenhängende Vliese handelt, das Vlies auf einen Sortiertisch gelegt wird (Abb. 147*a*), der aus einem engen Lattenrost besteht, zwischen dem die kleinen Schmutzteile durchfallen. Um den Tisch herum sind Körbe gestellt, in die die einzelnen Sorten gelegt werden. Zunächst wird das Vlies aufgerollt, die feinsten Teile in die Obersorte gelegt und die gröbsten in die hierfür vorgesehenen Körbe (Abb. 147*b*), und dann wird die Durchsortierung des verbleibenden Materiales vorgenommen. Es geschieht dieses je nach der Ausgeglichenheit der Wolle in größeren Vliesstücken oder dadurch, daß einzelne kleine Stücke in die zugehörige Sorte kommen. Die in den Körben befindlichen Wollen werden von einem Obersortierer zu dem Zweck nachsortiert, daß die feinen Sorten möglichst frei von Untersorten bleiben, und daß zu den Untersorten feinere Partien oder Wollstücke nicht eingelegt werden. Die gefüllten Wollkörbe mit den fertig sortierten Wollen werden gewogen, um einmal festzustellen, wieviel die Sortierer Material sortiert haben, und besonders um zu überprüfen, wieviel Wolle von jeder Sorte aus dieser Partie sortiert worden ist. Durch Bodenluken wird der Inhalt der Körbe in die für die bestimmte Wollsorte vorgesehene Kammer geleitet, so daß im Sortiersaal immer Ordnung herrscht. Das Ausleeren der Körbe wird durch einen Überwachungsbeamten kontrolliert.

Die Sortierung einzelner Vliese wird durch die Verpackung (Abb. 147*c*) vielfach erschwert. Statt daß die Sortierer beim geordneten, ausgebreiteten Vlies mit schnellem Überblick die einzelnen Sortimente abgrenzen und abreißen können, ist es dann notwendig, die Wolle in kleinen Stücken in die Hand zu nehmen und zu begutachten. Das Sortieren kostet dann die dreifache Zeit.

Bei einer äußeren Betrachtung des gesamten Vlieses findet der Boniteur an der Oberfläche des Stapels gewisse Anhaltspunkte zur Bewertung der Wolle. Je nach der Feinheit und Beschaffenheit der letzteren ist die Stapelausbildung eine sehr verschiedenartige. Z. B. haben die groben Wollen nach Bohm, Lehmann und anderen flache oder lange Stapelenden und weisen großmassenteilige Stapel auf, während bei den feinen Wollen die Stapelenden in feine und feinste Spitzen auslaufen (Blumenkohlstapel).

Aus der Art der Einschmutzung kann man gewisse Rückschlüsse auf die Herkunft der Wolle ziehen.

Außer der Feinheit werden bei der Sortierung die Gleichartigkeit des Haarwuchses, die Kräuselung, Länge, Farbe und die physikalischen Eigenschaften berücksichtigt. Die Feinheit prüft man häufig in der Art, daß man die Stapel langsam auseinanderzieht, so daß man dann vor allem die gröbsten und auch die kürzesten Haare erkennen kann. Durch Spannen der Wolle zwischen zwei Fingern und Anschlagen derselben prüft man den Klang, der über die mechanischen Eigenschaften und, wie Döhner meint, auch über die Feinheit Auskunft gibt. Durch Zerreißen eines kleinen Stapels prüft man die Widerstandskraft. Aus dem Schnitt und dem Griff der Wolle erhält man vor allem Anhaltspunkte über die Qualität, über Feinheit, Ausgeglichenheit und physikalische Eigenschaften der Wolle.

H. Die Wollen der verschiedenen Schafrassen[1]).

1. Die Mischwollen.

Zu den Mischwollen sind zunächst alle Wollen der asiatischen und afrikanischen Fettschwanz- und Fettsteißschafrassen zu rechnen[2]).

Unter den Fettschwanzschafen unterscheidet man eine Reihe Rassen, die in der Qualität der Wollen wesentliche Unterschiede zeigen.

Die Farbe der Wolle des ägyptischen Fettschwanzschafes ist entweder weiß oder rötlichgelb in allen Farbtönen bis zum Schwarz übergehend. Die Wolle ist lang und grob. Infolge der zahlreichen Grannenhaare erscheint sie zottig abgewachsen. Das in Algier und Marokko heimische algerische

[1]) Bohm, J.: Die Schafzucht nach ihrem jetzigen rationellen Standpunkt. Erster Teil: Die Wollkunde. Berlin 1873.

[2]) Sokolowsky, A.: Fettschwanz- und Fettsteißschafe. Dtsch. landw. Presse 1915.

Fettschwanzschaf hat eine nur mäßig lange, grobe, aber schon etwas gekräuselte Wolle, deren Farbe vom schmutzigen Weiß durch alle Nuancen brauner Färbung bis zum tiefsten Schwarz wechselt. Das Karamanschaf, das charakteristische Fettschwanzschaf der hochgelegenen Provinzen Anatoliens, hat eine meist sehr grobe, z. T. harte Mischwolle von E—EE-Feinheit, die aber ein ausgezeichnetes Material für die Teppichweberei darstellt. Die weiße Farbe herrscht vor, doch kommen auch rötliche und blaugraue Wollen vor. Der jährliche Wollertrag beträgt nach Abidin 1 bis 2 kg.

Abb. 148. Karakul-Importbock 263; Tierzucht-Institut Halle.

Um D- bzw. DE-Wollen handelt es sich bei den Wollen der zu den Fettschwanzschafen zählenden Dagliz- und Zandirschafe Kleinasiens[1]) (Karaman × Dagliz). Sie stammen aus Canja, Merna und Antana. Der Mischwollcharakter ist zwar noch vorhanden, aber die Haare sind nicht mehr so grob wie bei dem Karamanschaf und die Wolle ist weicher. Der Schurertrag ist 1,5 bis 2,5 kg Schmutzwolle.

Von den anatolischen[2]) Wollen sind von bester Qualität diejenigen aus Smyrna, Eskischehir und Klahissar, die in der Länge gleichmäßiger sind als die übrigen, da ihr Charakter als Mischwolle stärker zurücktritt, außerdem sind sie weicher. Sie erreichen jedoch höchstens das C_2-Sortiment.

Das in den früheren Emiraten Buchara und Chiwa beheimatete Fettschwanzschaf oder Karakulschaf[3]) (Abb. 148) hat im erwachsenen Zustande vorwiegend eine weißgraue bis schwarzgraue Wolle, deren Färbung durch eine Mischung schwarzer und weißer, heller oder dunkler pigmentierter Haare entsteht (Abb. 149*d*). Je nachdem die eine oder die andere Farbe vorherrscht, erscheint das Grau heller oder dunkler. Die lang herabhängende Mischwolle, Sortiment EE der Karakuls, ist etwas feiner als die der Heidschnucken, vor allem aber wesentlich sanfter und elastischer, was vielleicht damit zusammenhängt, daß auch die groben Haare markfrei sind oder nur Reste von Markzellen aufweisen. Die markfreie Unterwolle ist weich (vgl. Tänzer).

---

[1]) Hüssein, Kadri: Studien über Wolle und Körperproportionen in der Schäferei der landw. Hochschule in Halkali bei Konstantinopel nebst Bemerkungen über die Schafrassen der Türkei. Diss. Halle 1927.

[2]) Spöttel, W.: Über anatolische Wollen. Z. Schafzucht 1928.

[3]) Jahn, K.: Untersuchungen über die Haarbeschaffenheit beim Karakulschaf. Inaug. Diss. Halle 1923. — Golf, A.: Die Zucht des Karakulschafes. Sonderabdruck aus dem „Tropenpflanzer" 1913, Nr. 11. — Frölich, G.: Die Zucht des Karakulschafes am Tierzucht-Institut der Universität Halle. Tierzüchter 1920. — Adametz, L.: Zur Vererbung der Wollcharaktere. Dtsch. landw. Presse 1920. — Die Variationstypen der Karakulrasse. Beginn der Bildung von Schlägen beim bocharischen Fettschwanzschafe. Mitt. landw. Lehrkanzel der k. k. Hochschule für Bodenkultur in Wien Bd. 1. 1912.

Der jährliche Schurertrag (aus Doppelschur) beträgt bei Böcken 3,8 kg, bei Jährlingsböcken 3 kg, bei weiblichen Jährlingen 2 kg bei einem Rendement von 60 bis 80%. Die mechanischen Eigenschaften sind nach Kühler sehr günstig zu beurteilen.

Bei dem persischen Fettschwanzschaf ist das Grannenhaar wesentlich steifer und weniger mild, es soll in noch größerer Anzahl vorhanden sein.

Die Mischwolle der Fettsteißschafe (Abb. 150) ist zum Teil nicht ganz so lang wie die Fettschwanzwolle, häufig auch etwas feiner und zeichnet sich meist durch eine gewisse Weichheit aus. Die Grannenhaare sind teils markfrei, teils enthalten sie nur Reste von Markzellen (Möller). Die Färbung ist zum größten

a *b* *c* *d* *e*

Abb. 149 a bis e. Stapel verschiedener Rassen. *a* Ostfriesisches Milchschaf; *b* Romney-Marsch; *c* Niederungszackel (mit Äther entfettet); *d* Karakul; *e* Fettsteiß. (Rechts Zentimetermaßstab.)

Teil weiß, häufig schwarz oder braun, selten gescheckt, noch seltener silbergrau. Die Wolle kann nur zu groben Gespinsten verarbeitet werden. Die der jüngeren Tiere wird infolge ihrer größeren Feinheit und Weichheit wesentlich höher geschätzt.

Das kirgisische Fettsteißschaf, dessen Heimat das von Kirgisen bewohnte Steppenland Asiens ist, trägt eine grobe, zottige Mischwolle, die nicht sonderlich weich ist, und in der das grobe Haar vorherrscht. Die Farbe ist in der Regel gelblichweiß, doch kommen auch dunkelfarbige und weiße vor.

Die Wolle des kalmückischen Fettsteißschafes unterscheidet sich nur in der durchgehenden schwarzen Färbung der Wolle.

Auch die zu der Rassengruppe der kurzschwänzigen Mischwollschafe gehörige graue Heidschnucke (vgl. auch Hagen[1]) (in den Heidegegenden Hannovers und Oldenburgs) hat eine zottige, grobe Mischwolle (vgl. Abb. 151). Die Wolle (Sortiment E—EE) erreicht bei 12 Monaten Wuchs eine Länge

[1]) Hagen, H.: Die graue, gehörnte Heidschnucke, ihre Eigenschaften und ihr Wert. Hannover 1926.

von 25 cm und darüber; sie soll leicht und gleichmäßig gewellt sein und sich auf dem Rücken scheiteln. Unter den Grannenhaaren herrschen die markhaltigen vor, die aber auch Übergänge zu markfreien zeigen. Die Färbung der Wolle ist grau, schwarz oder braun. Das kurze, häufig verfilzte Unterhaar ist völlig markfrei und hat meistens einen helleren Ton als das Oberhaar. Je jünger die Tiere sind, um so dunkler ist das Haar[1]).

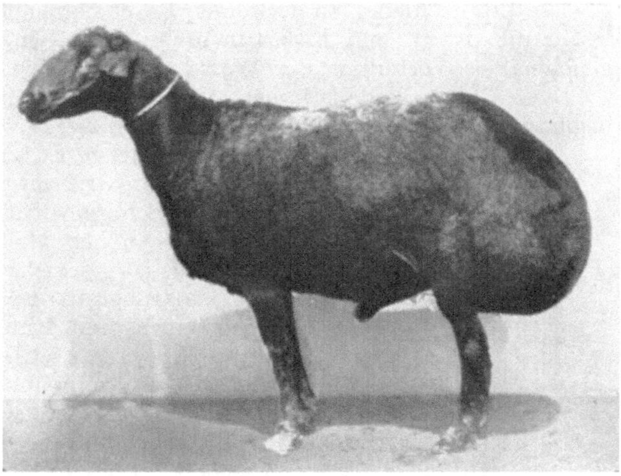

Abb. 150. Fettsteißhammel. (Aus dem Tierzuchtinstitut Halle.)

Die Haardickenkurven der Mischwollen haben einen charakteristischen Verlauf, der von dem der Kurven anderer Wollen wesentlich abweicht. Als Beispiel mag die Heidschnuckenwolle dienen. Der Hauptunterschied besteht darin, daß neben dem Hauptmaximum ein kleines Maximum vorhanden ist, und der absteigende Kurvenast einen unregelmäßigen, zackigen Verlauf nimmt. In der Kurve der feineren Heidschnuckenwolle ist bei 26,4 bis 28,8 μ eine Trennung der beiden Kurvenbezirke vorhanden, und auch die Kurve der gröberen Probe läßt bei 33,6 μ ein Kurvental erkennen (Abb. 152). Bei den verschiedensten Heidschnuckenwollen ist jedoch die Ausbildung und Lage der Kurventäler verschieden. Zuweilen kann man Kurven feststellen, die schon vom Maximum an schräg in Richtung zur Basis einen unregelmäßig zackigen Verlauf nehmen, und bei anderen wiederum können die Kurventäler vollkommen in Wegfall kommen.

Abb. 151. Graue, gehörnte Heidschnucke ♂ 3 Jahre alt. Gutspächter F. Gehrke, Timmerloh b. Bispingen, Kr. Solltau (Hannover). Phot. W. Greve, Berlin. D. L. G.-Ausstellung Dortmund 1927.

Das Schurgewicht der grauen Heidschnucken beträgt bei Böcken 1,5 kg Rückenwäsche, bei Schafen 1,0 kg Rückenwäsche.

---

[1]) Stieger, G.: Studien zur Monographie der Heidschnucke. Inaug.-Diss. Leipzig 1888. — Zollikofer, E.: Die Heidschnucke. Z. Schafzucht 1920.

Die weiße hornlose Heidschnucke[1]) (Verbreitungsgebiet wie bei der grauen Heidschnucke) hat ein feineres Haar; die ganz groben markhaltigen Grannenhaare der grauen Heidschnucken sind hier nicht vorhanden.

Wie aus den Kurven ersichtlich ist, zeigen auch die Wollen der Heidschnucken gewisse Unterschiede. In der feinen Probe herrscht die 5 A-Klasse, und es fehlen in ihr die A-, B- und F-Sortimente, während in der groben Wolle mehr eine gleichmäßige Verteilung der Werte vorhanden ist.

Diese Unterschiede kommen auch in den Maxima der Kurven zum Ausdruck, insofern, als das Hauptmaximum bei 16,8 bzw. 21,6 μ liegt, die Variationsgrenzen 12,0 bis 52,8 bzw. 12,0 bis 122,4 μ betragen. Im übrigen von 31,2 bis 67,2 μ (Spöttel).

Das Schurgewicht der weißen Heidschnucke ist etwas höher als das der grauen, etwa 2 kg. Die Wolle ist ganz einheitlich von E—EE-Sortiment.

Das früher in der Ebene Norddeutschlands bis nach Polen und Rußland hinein weit verbreitete gemeine, rauhwollige, pommersche Landschaf[2]) trägt eine rauhe, grobe, reichlich mit Grannenhaar durchsetzte Mischwolle in welcher auch das Wollhaar noch grob und hart ist. Die Farbe ist vorwiegend graublau, schmutzig weiß oder braun. Speziell die graublauen Wollen werden zu naturfarbenen Gespinsten für den eigenen Haushalt

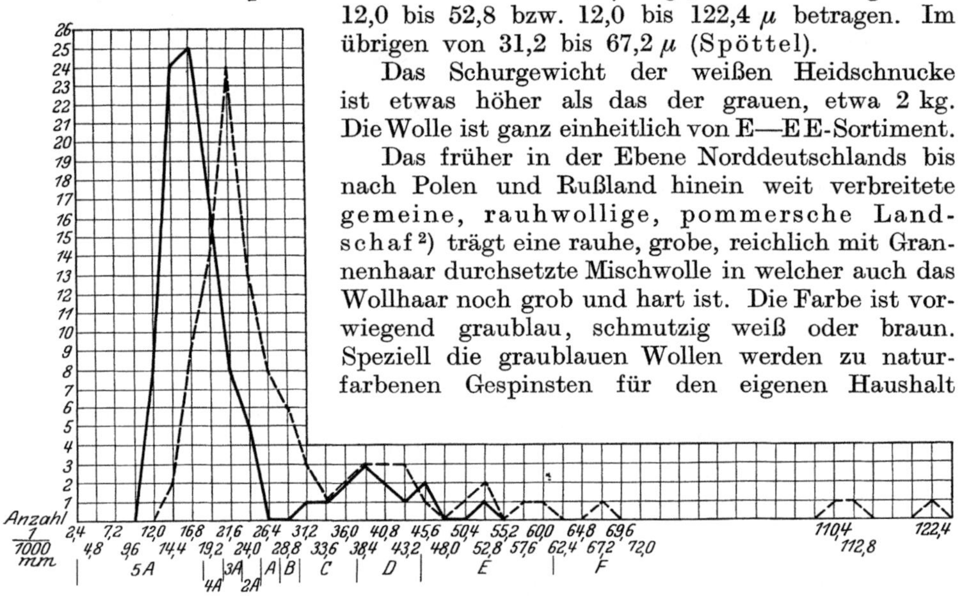

Abb. 152. Haardickenkurve von Heidschnucken (nach Spöttel) [Blatt].
——— feine } Heidschnuckenwolle.
- - - - - - grobe }

benutzt und sollen sich durch gute Haltbarkeit auszeichnen. Das Vlies ist zum Teil schon mehr geschlossen und die Unterschiede der Länge der verschiedenen Haare sind weniger groß. Die Länge der Wolle bei Jahresschur erreicht 10 bis 15 cm, die der Grannenhaare bis 22 cm; das Schurgewicht der etwa 60 bis 70 kg schweren Schafe beträgt ca. 2,5 bis 5 kg bei einem Rendement von 50 bis 70%. Das Sortiment schwankt zwischen C und E.

Das früher in Böhmen, Österreich und Bayern weit verbreitete Zaupelschaf trägt eine ziemlich grobe, aber verhältnismäßig weiche Mischwolle, die aus langen, glänzenden Grannenhaaren und reichlicher Unterwolle von größerer Feinheit besteht. Die Farbe ist ein schmutziges Weiß, mitunter auch Braun oder Schwarz. Im Jahreswuchs erreichen die groben Haare 20 bis 24 cm, und der Schurertrag beträgt höchstens 1,5 kg Rückenwäsche, das Sortiment ist E—EE.

[1]) Reichert: Die Zucht der weißen hornlosen Heidschnucke im Reg.-Bez. Stade. Z. Schafzucht 1921.

[2]) Thilo, H. L.: Das mecklenburgisch-pommersche Landschaf. Dtsch. landw. Presse 1916. — Kantelberg: Das rauhwollige pommersche Landschaf. Z. Schafzucht 1920.

In die gleiche Gruppe der Mischwollschafe gehören die verschiedenen, aber in der Wollqualität unterschiedlichen ursprünglichen Schafrassen und -schläge der Schweiz und das in der Lombardei bis nach der Schweiz hinein heimische Bergamaskerschaf, das eine Mischwolle trägt, in welcher das Grannenhaar eine Länge von ca. 22 cm, das reichlich vorhandene Wollhaar eine solche von ca. 12 cm erreicht. Die Grannenhaare wie auch die Wollhaare sind verhältnismäßig grob. Die Wolle wächst schlicht in die Höhe und nur dort, wo das Wollhaar aufhört, drehen sich die Spitzen der Grannenhaare leicht zusammen. Zum Teil treten die Grannenhaare zurück. Die Farbe der Wolle ist weiß mit einem Schimmer ins Gelbliche oder rötlich Gelbe. Die letztere Färbung rührt von dem bei dieser mischwolligen Rasse in starkem Grade vorhandenen, leicht löslichen Fettschweiß her. Als Schurertrag wird 5 kg angegeben.

Abb. 153. Zackel ♀ 194/06 und Zackellamm 194/12, aus dem Tierzuchtinstitut Halle (nach Tänzer und Spöttel).

Zu den Mischwolle tragenden Schafen mit bewolltem Schwanz gehören die früher auf dem Balkan weit verbreiteten, in verschiedenen Typen auftretenden Zackelschafe, die in ihrer ursprünglichen Form nur vereinzelt noch vorhanden sind, im übrigen weitgehende Veränderungen auch im Wollcharakter erfahren haben (vgl. Tänzer und Spöttel[1])). Ursprünglich war die Wolle sehr grob, mit sehr vielen z. T. steifen Grannenhaaren durchsetzt (Abb. 149*c*), die ca. 25 cm lang wurden, während die feinere Unterwolle ca. 10 bis 12 cm erreichte. Die Wolle ist langzottig, matt glänzend und leicht gewellt bis ganz schlicht, von gelblichweißer bzw. grauer Farbe. Von dem ungarischen Zackelschaf[2]) wird die Länge des Wollhaares mit etwa 23 cm und die des Unterhaares mit 10 bis 14 cm angegeben. Die Farbe der Wolle ist weiß oder grau (Abb. 153).

Da man heute in Österreich und Ungarn allgemein unter Zackelschafen Landschafe versteht, die aus dem primitiven Typ durch Einkreuzung von Merinos oder englischen Fleischschafrassen verändert sind, sind heute in der Qualität der Zackelwolle ganz wesentliche Unterschiede vorhanden, so daß als Sortimente B—EE zu finden sind. Die feineren stehen den schlichten Wollen

[1]) Tänzer, E. und W. Spöttel: Das Zackelschaf unter bes. Berücksichtigung der Zuchten des landw. Instituts der Univ. Halle. Z. indukt. Abstammgslehre 1922, H. 2/3.

[2]) Rodiczky, E. v.: Das ungarische Flachlandzackelschaf. Wien. landw. Zg. 1913. — Das Kuprešer Zackelschaf. Wien. landw. Zg. 1913. — Das Zackelschaf in Vlasie Planina. Wien. landw. Zg. 1912. — Pirochi, A.: Die Schafe Bosniens und der Herzegowina. Dtsch. landw. Tierzucht 1907. — Cecalov, A. und N. Odaisky: Cercetări asupra Lânii de Tigae. Bukarest 1927. — Rodiczky, E. v.: Z. Schafzucht 1913.

schon nahe, und die Tiere haben zum Teil schon geschlossene einheitliche Vliese und wenig Grannenhaare (Abb. 154).

Das Schurgewicht schwankt entsprechend der Herkunft und Einkreuzung. Beim ungarischen Zackel beträgt es beim Bock 1,6 bis 7 kg, beim Mutterschaf 1,5 bis 3 kg, beim verbesserten Horodenkaer Zackel beim Bock 5,6 kg und beim Mutterschaf 3,2 kg.

Den ungarischen Zackelschafen stehen die Zurkanschafe im südöstlichen Europa nahe. Die schwarzen Grannenhaare der Mischwolle dieser Schafe sind grob und erreichen etwa 20 cm Länge. Die Wolle ist etwas gewellt, während die Spitzen zusammengedreht sind. Die 8 bis 9 cm langen, schon stärker gewellten Wollhaare sind teils weiß, teils hellbraun, wodurch das Vlies von der Schnittseite aus mehr oder weniger grau oder dunkelbraun erscheint. Der Durchschnittswollertrag stellt sich auf 2,5 kg.

Die thrazischen Wollen stammen von den Cigayaschafen und ihre Qualität hängt vorwiegend davon ab, ob es sich um primitive Landschafe handelt, die grobe Wolle haben, oder um veredelte Schafe mit feiner. Vor allem spielt für die Wollqualität eine Rolle, ob Merinos eingekreuzt sind oder nicht. Jede Ortschaft zeigt fast ihren besonderen Wollcharakter der Schafe. Die rumelischen Wollen sind besonders begehrt; je weiter die Ortschaften nach Stambul zu liegen, desto gröber ist die Wolle. Bei den besten Cigayawollen handelt es sich um B- bis C-Wollen, die eine etwas stärkere Kräuselung und gleichmäßigere Länge haben und dementsprechend schon zu den Schlichtwollen gehören. Die weißen Wollen herrschen zwar vor, jedoch finden sich auch bräunliche, rotbraune, schwarze und graue.

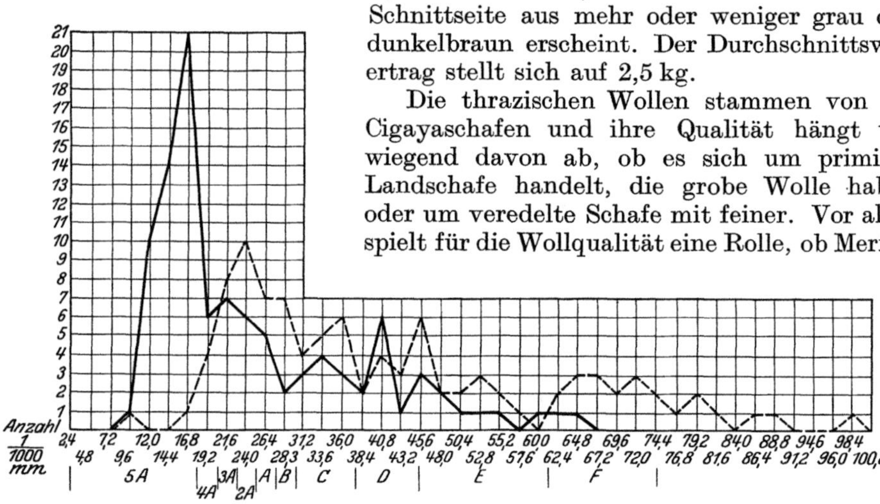

Abb. 154. Haardickenkurve von Zackelschafen (nach Tänzer und Spöttel). [Blatt.] ——— Ungarisches Zackel; - - - - - Niederungszackel.

2. Die englischen Gebirgswollen[1].

Auch unter den englischen Landschafen finden wir eine Reihe von Mischwollschafen, die die Unterlage zur Zucht der lang- und kurzwolligen, Grannenhaar bzw. reines Wollhaar tragenden Schafe gebildet haben, allerdings ist ihre Wollzusammensetzung sehr variabel, und zum Teil stellen sie schon den Übergang zu den Grannenhaarwollen bzw. Schlichtwollen dar. Die von den englischen Autoren unter der Bezeichnung Gebirgswollen zusammengefaßten

[1]) Barker, A. F.: Wool Analysis of a Flock of Highland Blackface Sheep. J. Text. Indust. Bd. 13. 1922.

Wollen, die den Glanz-, Halbglanz- und Downwollen gegenübergestellt werden, sind die folgenden, deren Feinheitsangaben wir Barker entnehmen.

	Haardurchmesser in engl. Zoll		
	Mittel	Minimum	Maximum
Blackface	$^1/_{469}$	$^1/_{1312}$	$^1/_{147}$
Herdwick	$^1/_{525}$	$^1/_{1500}$	$^1/_{198}$
Welsh (weiß)	$^1/_{592}$	$^1/_{1050}$	$^1/_{300}$
Lonk	$^1/_{620}$	$^1/_{1166}$	$^1/_{328}$
Swaledale Dales	$^1/_{675}$	$^1/_{1500}$	$^1/_{250}$
Welsh (schwarz)	$^1/_{749}$	$^1/_{1750}$	$^1/_{283}$

Auf Grund der Mittelwerte stimmen die Wollen mit Ausnahme der Blackface- und Herdwickwolle mit denjenigen der englischen Glanzwollen überein, obgleich die maximalen Grenzwerte der Haardicke bei allen mit Ausnahme der Lonkwolle größer, die Grannenhaare also gröber sind. Mittelwerte sind durch die zahlenmäßig häufigen feinen Flaumhaare beeinflußt. Auch hieraus ergibt sich wieder die oben dargelegte Unzweckmäßigkeit, Mittelwerte bei derartigen Wollen anzuführen.

Barker gibt folgende Zusammenstellung der Haarlängen und Zahl der Kräuselungsbogen bei den angegebenen Rassen:

	Mittel	Haarlänge Minimum	Maximum	Zahl der Kräuselungsbögen
Blackface	11,22	8,0	13,5	—
Swaledale Dales	7,70	5,0	12,0	—
Herdwick	7,62	4,5	12,0	—
Lonk	6,72	4,5	9,0	3,65
Welsh (schwarz)	4,02	2,5	5,5	5,45
Welsh (weiß)	3,67	2,75	4,75	4,6

In der Haarlänge, der Wollzusammensetzung und ihrem Charakter stimmen die Blackface, Herdwick und Swaledale Dales am besten mit typischen Mischwollen überein, während die Welshwollen schon mehr zu den Schlichtwollen, insbesondere den Downwollen, hinneigen, vor allem auf Grund ihrer geringen Länge und besseren Wellung. Unter den Gebirgswollen wird die Herdwickwolle als die typischste von Barker angegeben. Nach seiner Ansicht ist sie auf Grund ihrer Verschiedenfarbigkeit und ihrer Zusammensetzung aus groben Grannenhaaren und feinen Flaumhaaren bzw. ihres wenig scharf umschriebenen Haarcharakters die beste Wolle für grobe Halbtuche. In den feineren Qualitäten ist sie sehr weich, in den gröberen rauher. Die Blackface-, Swaledale- und Lonkwollen sind zwar nach Barker besser als die Herdwickwolle, aber gewöhnlich für die Herstellung grober Halbtuche schlechter geeignet. Im folgenden bringen wir noch Angaben von Bohm über einige der erwähnten Wollen, die aber zum Teil im Widerspruch mit den dargelegten englischen Ansichten stehen.

Das Norfolkschaf trug zunächst eine ziemlich feine, kurze Mischwolle, in welcher das Grannenhaar überwog, die nach dem Hinterteil zu länger und gröber wurde. Der Wollertrag war gering. Durch planmäßige Züchtung wurde auch die Wolle verbessert, so daß sich nicht mehr so viel grobes Grannenhaar darin fand und allgemein eine größere Feinheit erreicht wurde, so daß die Wolle zur Herstellung von Tuchen geschätzt wurde.

Das Herdwickschaf der Grafschaft Cumberland trägt ein dichtes Vlies von ziemlich kurzer, gewellter und etwas verfilzter Wolle, die weder fein noch weich und oft mit einzelnen steifen Haaren untermischt ist. Das Schurgewicht beträgt 1 bis 1¼ kg.

Die Wolle des Bergschafes von Wales ist eine sehr verworrene und verfilzte Mischwolle, deren Grannenhaar sehr grob ist und an einigen Körperstellen vorherrscht. Der Jahresschurertrag beträgt etwa 1 kg. Die Farbe der Wolle ist in der Regel schwarzgrau oder braun; zuweilen kommen weißgelbe Tiere vor.

Die Wolle des sanftwolligen Schafes von Wales ist eine sanfte, weiche Mischwolle mit wenig Grannenhaar, so daß es im Unterschiede zu der rauhen Wolle des Bergschafes die Bezeichnung sanftwollig verdient. Die Farbe der Wolle ist weiß, doch kommen auch braune oder schwarze vor. Der Schurertrag ist mit 1,0 bis 1,5 kg gering.

Die Wolle des schwarzköpfigen englischen Bergschafes (Blackface) ist eine mäßig lange, sehr harte und rauhe Mischwolle, die in der Regel weiße oder gelblichweiße Farbe hat.

Ganz ähnlich ist die Wolle der Hebridenschafe, die weiß, grau, schwarz oder braun ist (Bohm).

Die Wollen der Schafe der genannten englischen Inseln kommen unter der Bezeichnung grey scotch in den Handel und finden zur Treibriemenfabrikation vorzügliche Verwendung.

3. Die englischen Glanzwollen.

In den Mischwollen herrscht der Anzahl nach das feine Wollhaar bei weitem vor. Wir finden nun einerseits Wollen, in denen das feine Wollhaar zurücktritt und die feinen Grannenhaare vorherrschen, und andererseits Wollen, in denen das Grannenhaar nur vereinzelt auftritt oder ganz fehlt. Wenn das Grannenhaar in der Wolle vorherrscht, so ist es markfrei und unterscheidet sich von den Wollhaaren nur durch etwas größere Länge, gewisse Schlichtheit oder Wellung und hohen Glanz. Zu der ersteren Kategorie der Grannenhaarwollen gehören vor allem die Wollen der englischen langwolligen Fleischschafe[1]).

Zu diesen Wollen, die als Glanzwollen infolge ihres hervorragenden Seidenglanzes bezeichnet werden, gehören nach Barker, Sloan u. a. diejenigen folgender Schafrassen: Lincoln, Devon Longwool, South Devon, Leicester, Dartmoor, Cotswold, Wensleydale und Borderleicester. Auf Grund der an der University of Leeds ausgeführten Untersuchungen über Länge und Feinheit der Wollen läßt sich den Aufstellungen von Barker folgendes entnehmen:

Die angegebenen Rassen sind nach der durchschnittlichen Feinheit der Wolle geordnet, derart, daß das Borderleister das feinste ($^1/_{717}$ engl. Zoll) und das Lincoln das gröbste ($^1/_{552}$ engl. Zoll) Haar hat. In der mittleren Feinheit stimmen Dartmoor, Cotswold und Wensleydale ziemlich überein ($^1/_{642}$—$^1/_{647}$ engl. Zoll). Infolge des großen Unterschiedes der feinsten und gröbsten Haare im Stapel stehen die Wollen des Wensleydale ($^1/_{1312}$—$^1/_{388}$), Devon Longwool ($^1/_{1500}$—$^1/_{420}$) und Leicester ($^1/_{1500}$—$^1/_{328}$ engl. Zoll) den Mischwollen am nächsten; bei dem Lincoln und dem Southdevon sind sie am geringsten.

Das kürzeste Haar haben nach den engl. Feststellungen Borderleicester (Mittel 7,8; Minimum 5,0; Maximum 9,5 engl. Zoll), Lincoln (Mittel 8,05; Minimum 6,5; Maximum 10,0 engl. Zoll) und Devon Longwool (Mittel 9,10; Minimum 5,5; Maximum 11,0 engl. Zoll). Die größten Längenunterschiede der Haare im Stapel findet man bei dem Wensleydale (12,7 : 6,5 engl. Zoll) und dem Leicester, die geringsten bei dem Lincoln und Borderleicester. Die Wollen der Dartmoor und Cotswold (Abb. 99g) stimmen in mittlerer Feinheit und Länge ziemlich überein, nur ist die Ausgeglichenheit im Stapel bezüglich dieser Eigenschaften bei letzteren etwas besser und zeichnen sich ferner

[1]) Vgl. u. a. K. Bitzer, L. Hoffmann und British Breeds of Live Stock, herausgegeben vom Ministry of Agriculture and Fisheries. 1925. Nach letzterem werden die englischen Rassen in Langwollschafe, Downschafe und Bergschafe eingeteilt.

durch wesentlich stärkere Wellung aus. Die Wollen sind verhältnismäßig fein, seidenglänzend weiß; in ihnen herrscht das feine Grannenhaar vor. Bei Jahresschur erreicht das Grannenhaar des Cotswold eine Länge von etwa 20 cm, die Wollhaare eine solche von 15 cm. Barker macht über Feinheit, Länge und Wellung folgende Angaben:

	Durchmesser			Länge			Zahl d. Wellenbög.
	Mittel	Min.	Max.	Mittel	Min.	Max.	pro engl. Zoll
Dartmoor	1/642	1/1166	1/388	11,15	9,0	14,5	1,75
Cotswold........	1/646	1/1166	1/456	10,75	8,0	14,0	2,27

Da Leicester und Lincoln vielfach zu Kreuzungen, besonders mit Merinos benutzt worden sind, verdienen sie noch besonderer Erwähnung.

Die Wolle des ursprünglichen Leicesterschafes war grob, 25 bis 35 cm lang. Das Schurgewicht betrug 4 bis 7 kg. Durch planmäßige Auswahl wurde aus dem primitiven Schlag ein extremes Fleischschaf herangezüchtet (Abb. 155). Der Wollertrag ist wesentlich zurückgegangen. Die Wolle ist etwas edler, feiner und kürzer geworden. Vor allem gilt dieses von der Wolle des Borderleister. Aber auch letztere ist noch zu den Langwollen zu rechnen. Sie zeichnet sich durch Seidenglanz und Wellung aus.

Abb. 155. Leicesterbock (photogr. Aufnahme ist überlassen von Schäfereidirektor H. L. Thilo).

Sie besteht meist aus markfreien Haaren, zuweilen finden sich Reste von Markzellen, unterbrochene, seltener auch durchgehende Markkanäle. Die Feinheit der Wolle schwankt zwischen B und D, selten E; die C- und D-Sortimente herrschen vor. Über Feinheit, Länge und Kräuselung gibt Barker folgende Werte in englischen Zoll.

	Durchmesser			Länge			Zahl d. Bögen
	Mittel	Maximum	Minimum	Mittel	Maximum	Minimum	pro engl. Zoll
Leicester.....	1/614	1/1500	1/328	12,02	6,0	15,0	2,05
Borderleicester ..	1/712	1/1166	1/500	7,85	5,0	9,5	3,3

Die aus englischen Stammzuchten importierten und im Halleschen Haustiergarten von Kühn und S. v. Nathusius gezüchteten Leicester und Borderleicester hatten eine wesentlich feinere Wolle, wie folgende Untersuchungen zeigen:

Rasse	AAAAA	AAAA	AAA	AA	A	A und feiner	B	C	D	E	EE
Borderleicester	12	10	12	18	21	73	14	12	1	—	—
Leicester 204/78 ...	16	28	31	19	4	98	2	—	—	—	—
—	30	16	24	17	6	93	4	3	—	—	—
394	8	7	11	9	24	59	17	19	5	—	—
393	4	3	7	8	7	29	11	36	19	5	—
232	1	—	2	4	10	17	11	32	31	9	—

Das Lincolnschaf war nach Bohm ursprünglich auf Wolle gezüchtet. Die Wolle war leicht gewellt (Abb. 99b) und in ihr traten die Grannenhaare, insbesondere die gröberen, stark zurück. Alle Haare waren markfrei und zeichneten sich durch einen hervorragenden Seidenglanz aus, wie ihn keine andere Wolle in derartiger Ausbildung hatte. Infolgedessen waren diese Wollen besonders zur Herstellung der Lüstrestoffe und fast zu keiner anderen Verarbeitungsart geeignet, da ihnen jede Krimpkraft fehlte. Um die Mastfähigkeit zu erhöhen und die Körperproportionen zu verbessern, wurde New-Leicester-Blut eingeführt, so daß hiermit auch die Umgestaltung des Wollcharakters verbunden war. Die Wolle wurde kürzer, verlor etwas von dem dichten Stande, so daß die Schurgewichte zurückgingen. Die Wolle ist heute noch grob und neigt nach Barker dazu, zu grob zu werden. Die mittlere Haardicke wird von ihm mit $^1/_{552}$, die Grenzwerte mit $^1/_{875}$ und $^1/_{350}$ engl. Zoll angegeben. Die Länge beträgt im Mittel 8,05, in den Grenzwerten 6,5 bzw. 10,0 engl. Zoll und die Zahl der Wellenbögen 2,30. Das Schurgewicht erreicht heute bei Böcken 10,6 kg und mehr; im Durchschnitt dürfte es 6,8 kg betragen. Lincolnböcke haben ausgezeichnete Verwendung zu Kreuzungen mit Merinos und anderen Schafen gefunden, und zwar in großem Umfang in Australien und Südamerika (siehe Corriedale S. 411), ähnlich wie die Leicester in kleinerem Umfange in Deutschland. (Siehe Mele, bzw. Fleischwollschaf S. 412.)

Von den englischen Glanzwollen verdient vor allem noch die Wolle des Wensleydaleschafes Erwähnung, da sie nicht nur den stärksten Glanz, sondern auch eine geschätzte Musterung und Wellung aufweist. Die Wollen sind weiß, schwarz oder silbergrau; die letzteren überwiegen bei weitem. Nach Barker mißt der Haardurchmesser im Mittel $^1/_{647}$ (in den Grenzwerten $^1/_{1312}$ und $^1/_{388}$), die Haarlänge im Mittel 12,7 (in den Grenzwerten 6,5 und 16,0) engl. Zoll. Die Zahl der Bögen pro engl. Zoll beträgt 2,27, ähnlich wie bei dem Lincoln und wird hierin nur von dem Borderleicester (3,3) und South Devon (3,55) übertroffen.

Auch bei den Tscherkessenschafen besteht ein ähnlicher Wollcharakter wie bei den zuletzt erwähnten englischen Glanzwollen. Die Wolle besteht nach Bohm aus weißen, markfreien, nur etwa mittelfeinen, langen, namentlich an den Seiten lang herabhängenden, seidenartigen, nur sanft gewellten Grannenhaaren mit nur geringen Beimengungen von Wollhaaren. Vor allem ist die Wolle vom Kaukasus besonders geschätzt.

4. Die englischen Halbglanzwollen.

Den englischen Glanzwollen schließen sich die Halbglanzwollen an, die auch bezüglich Feinheit, Ausgeglichenheit im Stapel und Länge zu den schlichten Downwellen überleiten. Nach ihrer durchschnittlichen Feinheit kann man mit Barker folgende Reihe aufstellen:

Rasse	Mittlere Feinheit in Zoll	Variationsgrenzen
Cheviot	$^1/_{681}$	$^1/_{1500}$—$^1/_{276}$
Exmoor Horn	$^1/_{692}$	$^1/_{1312}$—$^1/_{420}$
Romney Marsh	$^1/_{701}$	$^1/_{1500}$—$^1/_{477}$
Half Bred Leicester	$^1/_{703}$	$^1/_{1312}$—$^1/_{388}$
Kerry Hill	$^1/_{714}$	$^1/_{1312}$—$^1/_{437}$

Die Variabilität der Haardicke ist bei dem Cheviot und Romney Marsh am größten.

Auf Grund der mittleren Länge haben wir folgende Reihenfolge:

Rasse	Länge Mittel	Länge Variationsgrenzen
Romney Marsh	6,30	4,5 —8,0
Half Bred Leicester	6,10	4,75—7,25
Cheviot	4,70	2,75—6,5
Kerry Hill	3,82	2,5 —5,0
Exmoor Horn	3,81	2,0 —5,0

Die geringste Bogenzahl pro engl. Zoll hat auf Grund der Zusammenstellung von Barker die Wolle des Kerry Hill (4,2); Romney Marsh und Half Bred Leicester stimmen ziemlich überein (4,65 bzw. 4,80), und Cheviot- bzw. Exmoor Horn-Wollen sind am meisten gekräuselt (5,8 bzw. 6,95).

Im allgemeinen züchtet man die Schafe mit Halbglanzwolle in Richtung auf den Wollcharakter der Downschafe, solange sich eine gute Stapellänge aufrecht erhalten läßt. Infolge der Mittelstellung, die die Wollen einnehmen, kann man sich den Anforderungen des Marktes insofern anpassen, als man bei erhöhter Nachfrage nach Glanzwollen mehr in Richtung auf diese züchtet.

Als das typischste Schaf mit Halbglanzwolle wird das Romney-Marsh- oder Kentschaf angesehen. Dieses Schaf, das außer in Südengland in Neuseeland und Argentinien gezüchtet wird, trägt eine lange, lincolnartige Wolle. Das Vlies gewicht der Mutterschafe beträgt 6 kg.

Die Wolle des Cheviotschafes (Heimat Südschottland und Northumberland) war ursprünglich mäßig lang abgewachsen, wenig gekräuselt, erfreute sich großer Beliebtheit und wurde für tuchartige Gewebe verarbeitet. Das Schurgewicht war mit 3 bis 4,5 kg hoch. Durch die Einkreuzung von englischen langwolligen Fleischschafen, als besonders New-Leicester und Borderleicester wird die Wolle wesentlich länger und gröber, so daß sie nur noch als Kammwolle verarbeitet werden kann. Allmählich hat sie nach Bohm z. T. immer mehr den Charakter der Leicesterwolle angenommen und heute versteht man eben allgemein unter Cheviotwolle Leicester- und Lincolnwolle.

Nach Barker zeichnet sich die Cheviotwolle allerdings auch heute noch durch ihre sehr starke Kräuselung aus. Die Wolle kann zwar ausgeglichen sein, eignet sich aber nicht mehr für die Herstellung der weltberühmten Tuche. In der mittleren Feinheit steht sie zwischen Leicester und Borderleicester, aber es kommen zum Teil sogar noch gröbere Haare als in jenen Wollen vor. In der Länge erreicht sie nach Barker kaum die Hälfte des Mittels der Haarlängen jener Rassen. Das Schurgewicht beträgt nach Heyne 4,5 bis 5 kg.

5. Die deutschen Marschschafwollen.

Den englischen Glanzwollen, zum Teil auch den Halbglanzwollen, schließen sich von den Wollen der deutschen Rassen am besten diejenigen der Marschschafe an. Die zu den ungehörnten kurzschwänzigen Schafen gehörigen Marschschafe der Nordseeküste, die in erster Linie Fleischschafe sind, tragen eine lange, meist gewellte und je nach den Schlägen bald etwas feinere, bald gröbere Wolle, die den Charakter der Grannenhaarwolle bzw. der schlichten Wollen bzw. der feineren Mischwollen hat. Die feineren Wollen geben ein wertvolles Material für die Kammgarnspinnerei und gehören dem C—D-Sortiment an, die gröberen dem D—EE-Sortiment. Die gröberen dienen zur Herstellung gröberer Strickwaren, zu Anfertigung wollener Decken, Teppiche und auch Kleidungsstücke der einheimischen Bevölkerung.

Bei den Elbmarsch- und Wilstermarschschafen[1]), die aus den ursprünglichen alten schwarzen oder weißen Marschschafen Norddeutschlands teils durch Selektion, teils durch Einkreuzung von frühreifen englischen Fleischschafrassen entstanden sind, ist die Wolle kräftig, lang abgewachsen, flachgekräuselt, mit hohem Rendement, deren Sortimente bei den ersteren hauptsächlich C und auch D ist, bei den letzteren etwas gröber, und zwar CD—D. Das Schurgewicht der 85 bis 100 kg schweren Mutterschafe beträgt 5 bis 6 kg mit einem Rendement von 65 bis 70% (vgl. auch Meiner[2]).

Abb. 156. Deutsches weißköpfiges Fleischschaf. Bock, $1^1/_4$ Jahr alt. Oldenburgische Schafzüchtervereinigung, Rodenkirchen (Oldenburg). Phot. W. Greve, Berlin. D.L.G.-Ausstellung Dortmund 1927.

Die Marschschafe, vor allem aber das Eiderstedter und Butjadinger Marschschaf[3]), sind weitgehend durch englische Rassen umgestaltet worden, so daß ihr Wollcharakter, speziell bei dem letzteren, demjenigen der Cotswolds sehr nahe steht (Abb. 156).

Das Haarkleid des holländischen Marschschafes ist schlicht, seidenglänzend, von verhältnismäßig großer Sanftheit (vgl. auch Kroon).

Als Prototyp dieser Gruppe wird das ostfriesische Milchschaf[4]) angesehen, das an der Nordseeküste bis nach Holland verbreitet ist (Abb. 157). Die Länge

Abb. 157. Ostfriesisches Milchschaf, Bock, 2 Jahre alt. Ostfriesischer Milchschafzüchterverein, Norden (Hannover). Phot. W. Greve, Berlin. D.L.G.-Ausstellung Dortmund 1927.

[1]) Panse, W.: Wilstermarschschafe. Z. Schafzucht 1919.

[2]) Meiner, H.: Das deutsche weißköpfige Fleischschaf in Oldenburg. Leipzig 1927.

[3]) Freyer: Zuchtziel des schweren, frühreifen Butjadinger Marschschafes. Dtsch. Schäfereizg 1920. — Tautzen: Über die Ziele in der Zucht des Butjadinger Marschschafes. Z. Schafzucht 1921. — Meiner, H.: Das Deutsche weißköpfige Fleischschaf in Oldenburg. Diss. Leipzig 1927.

[4]) Zürn: Das ostfriesische Milchschaf. Leipzig 1921.

der flach gekräuselten Wolle beträgt etwa 15 bis 20 cm, ihre Farbe ist weiß, doch kommen in Gebrauchsherden auch schwarze Wollen vor. Der Stapel ist meist gleichmäßig abgewachsen. Das C-Sortiment herrscht zwar vor, doch kommen häufig auch gröbere Vliese im D- und selten auch im E-Charakter vor. Das Rendement erreicht nicht selten 80% (vgl. Siemens, Poppinger).

Das Schurgewicht der ca. 90 bis 100 kg schweren Tiere beträgt durchschnittlich 3 bis 5 kg, bei älteren Böcken bis zu 6,5 kg.

Die Tragkraft der Wolle des ostfriesischen Milchschafes wird mit 20 bis 21,9 g, die Dehnbarkeit mit 45% angegeben (Groß[1]) und Ellerbroek).

6. Die englischen Downwollen.

Von den Grannenhaaren ebenso wie auch von den Mischwollen aus gibt es die verschiedenartigsten Übergänge im Wollcharakter zu den das reine Wollhaar tragenden Schafen. Bei diesen muß man unterscheiden zwischen solchen mit schlichter und mit gekräuselter Wolle. Bei der ersteren Form ist das Wollhaar schlicht, höchstens mehr oder weniger gewellt, während in der zweiten Gruppe das Wollhaar gekräuselt ist.

Am besten und klarsten ausgeprägt ist der Schlichtwollcharakter bei den englischen kurzwolligen Downschafen. Bei diesen hat man nach Barker versucht, den Wollcharakter der Bergschafe mit dem Feinwollcharakter der Merinos zu kombinieren. Nach den englischen Autoren (Barker, Wilson u. a.), ebenso nach Bohm, Holdefleiß ist der Merinoeinfluß augenscheinlich, allerdings bei den verschiedenen Rassen ungleich und soll besonders bei dem Southdown zutage treten. Innerhalb der Rassen ist aber nach Barker der Wollcharakter erblich fixiert.

Auf Grund der an der University of Leeds ausgeführten Untersuchungen gibt Barker über die Wollfeinheit der Downschafe folgende Zusammenstellung:

Rasse	Feinheit in engl. Zoll		
	Mittel	Minimum	Maximum
Dorset Down	1/651	1/1166	1/338
Dorset Horn	1/658	1/1166	1/262
Oxford Down	1/700	1/1166	1/437
Suffolk Down	1/723	1/1500	1/456
Hampshire	1/737	1/1312	1/420
Reyland	1/741	1/1500	1/350
Shropshire	1/817	1/1312	1/500
Southdown	1/879	1/1500	1/500

Nach der mittleren Feinheit haben also die Dorsetschafe die gröbste und das Shropshire und noch mehr das Southdown die feinste Wolle. Auf Grund der Grenzwerte ist zu schließen, daß wohl die Wolle vom Reyland und Suffolk am wenigsten im Stapel ausgeglichen ist. Auf Grund der von Barker gegebenen Werte für die Haarlängen kommt man zu folgender Aufstellung:

Rasse	Haarlänge			Zahl d. Kräuselgs.-bög. pro engl. Zoll
	Mittel	Minimum	Maximum	
Reyland	4,40	3,0	6,0	5,75
Oxford Down	4,03	3,0	6,0	6,4
Suffolk Down	3,95	3,0	5,0	7,1
Hampshire	3,70	2,0	5,0	7,6
Southdown	3,67	2,5	4,5	9,6
Dorset Horn	3,17	2,0	4,5	5,8
Dorset Down	2,90	2,0	3,75	6,0
Shropshire	2,5	1,75	3,25	6,1

[1]) Groß, H.: Das ostfriesische Milchschaf, seine Zucht und Haltung. Norden 1919.

Das Haar von Reyland, Oxford und Suffolk ist also am längsten, von Shropshire am kürzesten. Die stärkste Kräuselung hat bei weitem das Southdown, dann folgen Hampshire und Suffolk und die geringste hat Dorset Horn und Reyland.

Das Dorsetschaf (Heimat Südengland) trägt von den englischen Downschafen die gröbste, aber sehr kurze Wolle. Sie wird hauptsächlich zu groben Tuchen verarbeitet. Das Schurgewicht beträgt nach Bohm 2,5 bis 5 kg. Auch dieses Schaf ist in seiner Wollqualität wesentlich durch englische Fleischschafrassen verändert worden.

Das Reyland- und Herefordschaf, das heute mit den verschiedenartigsten Fleischschafrassen und auch mit Merinos verkreuzt ist, trug ursprünglich eine feine, etwas gekräuselte Wolle, die nach Bohm für die feinste Englands galt, aber nicht die Feinheit der Merinowollen erreichte und im übrigen wenig Walkbarkeit besaß. Das Schurgewicht war sehr gering. Auch heute noch zeichnet sich das Schaf durch verhältnismäßig gute Wollfeinheit, verbunden mit ziemlicher Haarlänge aus.

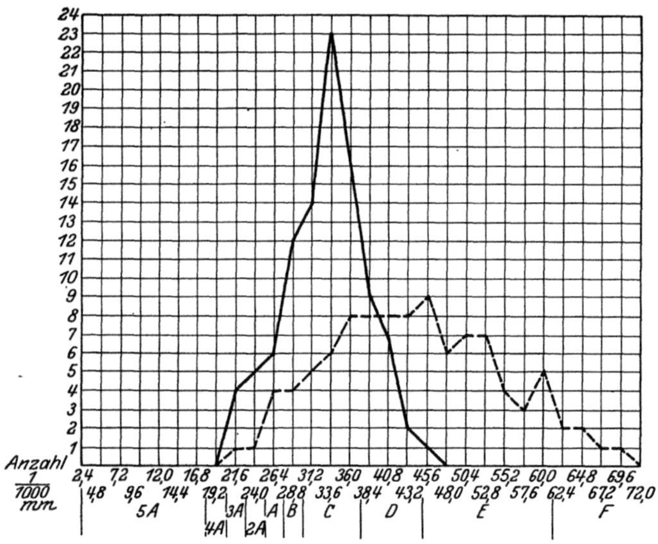

Abb. 158. Haardickenkurve vom Oxfordshiredownschaf (nach Spöttel) [Blatt].
——— fein; - - - - - grob.

Die größte Bedeutung hat das Southdown (Süden der Grafschaft Sussex), das hauptsächlich zur Herauszüchtung der übrigen Rassen Verwendung gefunden hat. Die Wolle des Southdownschafes ist feiner als die aller anderen Rassen Englands. Durch die Umzüchtung zu einem frühreifen, mastfähigen Fleischschaf soll sie länger und gröber geworden sein. Das Schurgewicht betrug nach Bohm 2,5 bis 3,5 kg (gewaschen?).

Von den englischen schlichtwolligen Downschafen hat das Oxfordshireschaf, das größte der Downschafe, entschieden neben dem Reyland die längste Wolle, insbesondere dann, wenn die Eigenschaften des Cotswold mehr zur Geltung kommen, was sich unter anderem auch in der Wellung und dem seidenähnlichen Glanz äußert. Ebbinghaus[1]) gibt als Durchschnittsgewichte der Vliese westfälischer schwarzköpfiger Fleischschafe 1928 in den verschiedenen Herden Werte von 3,0 bis 3,7 kg für Winter- und 2,0 bis 4,3 kg für Sommerschur an. Im allgemeinen herrscht das C-Sortiment vor, es finden sich jedoch auch gröbere Wollen. In den deutschen Zuchten des Oxfordshire bzw. des deutschen schwarzköpfigen Fleischschafes wird auf die gute Wollqualität im C-Charakter jetzt mehr Wert gelegt als früher.

[1]) Ebbinghaus: Die Leistungsprüfungen in den Zuchten des Herdbuchvereins für das deutsche schwarzköpfige Fleischschaf in der Provinz Westfalen im Jahre 1928. Abhandlungen des Herdbuchvereins für das deutsche schwarzköpfige Fleischschaf in der Provinz Westfalen 1 bis 5.

Die Untersuchungsergebnisse extremer Wollfeinheit des in Deutschland gezüchteten Oxfordschafes sollen im folgenden gegenübergestellt werden (Abb. 158). In der feinsten und gröbsten Schulterprobe dieser Rasse fehlt das 5 A- sowie 4 A-Sortiment. Der Unterschied beider Wollen beruht vorwiegend in dem hohen Gehalt an C-Haar in der feinsten und an D- und E-Haar in der gröbsten Wolle.

Die Unterschiede kommen in den Haardickenkurven zum Ausdruck. Diejenige für die feine Wolle steigt und fällt mäßig steil und erreicht mit 23 % Haaren bei 33,6 μ das Maximum, bei einer Variationsbreite von 21,6 bis 45,6 μ. Die Haardickenkurve der gröbsten Wolle verläuft dagegen außerordentlich flach (Maximum mit 9 % Haaren bei 45,8 μ) und zeigt bis auf einige Unregelmäßigkeiten des Abstieges gleichen Verlauf der an- und absteigenden Kurvenäste über einer Variationsbasis von 21,6 bis 69,6 μ (Spöttel).

Abb. 159. Hampshire, ♂, 2 Jahre alt. Züchter: Gräfl. v. Keyserlingksche Güterverwaltung Cammerau. Phot. W. Greve, Berlin. D. L. G.-Ausstellung Dortmund 1927.

Das Hampshire (Abb. 159) trägt eine sanft gewellte, schlichte, milde Wolle von etwas größerer Stapeltiefe als das Shropshire, aber geringerer als das Oxford. Zugleich ist diese Rasse auch die reichwolligste. Das Schurgewicht beträgt in den deutschen Zuchten etwa 0,9 bis 3,8 kg, im Mittel etwa 1,3 bis 2 kg bei Halbschur. Heyne[1]) macht über Stapeltiefe halbschuriger Wollen der Würchwitzer Hampshireschafe folgende Angaben:

Jahrgang	Anzahl der Individuen	2,0—2,5	2,5—3,0	3,0—3,5	3,5—4,0	4,0—4,5	4,5—5,0	5,0—5,5	5,5—6,0	6,0—6,5	6,5—7,0	7,0—7,5	Mittlere Stapeltiefe	Variationsbreite: Anzahl der Klassen	Variationsbreite: cm
1915	5	—	1	—	2	2	—	—	—	—	—	—	4,0	4	1,5
1916	20	—	—	8	7	2	—	2	1	—	—	—	4,1	6	2,5
1917	12	—	—	—	1	2	6	2	1	—	—	—	5,0	5	2,0
1918	38	—	—	1	5	8	8	7	6	1	2	—	5,1	8	3,5
1919	43	—	—	—	15	7	13	6	1	1	—	—	4,7	6	3,0
1920	66	—	—	—	1	4	24	18	12	5	2	—	5,4	7	3,5
1921	83	—	4	5	12	19	16	24	1	1	—	1	4,8	10	4,5
	267	—	5	14	43	44	67	59	22	8	4	1	4,9	10	4,5

Die englischen Autoren geben demgegenüber größere Stapeltiefen an. Im allgemeinen herrscht das B bis C-Sortiment vor. In der Hampshire-Herde von Würch-

[1]) Heyne, J.: Der Blutaufbau und die Leistungsfähigkeit der deutschen schwarzköpfigen Fleischschafherde (Typ Hampshire) in Würchwitz. Diss. Leipzig 1927.

witz beträgt die mittlere Haarfeinheit der Muttertiere 35,16 Mikra. 51,44% aller Tiere hatten b- + c-Charakter, 37,21% d- und gröberen und 11,56% hatten feineren Charakter. Der ganze Wollcharakter zeigt Ähnlichkeit mit dem des Southdown [vgl. auch H. Meyer[1]), Heidenreich[2]) und J. Heyne], nur ist er nach den englischen Angaben etwas gröber.

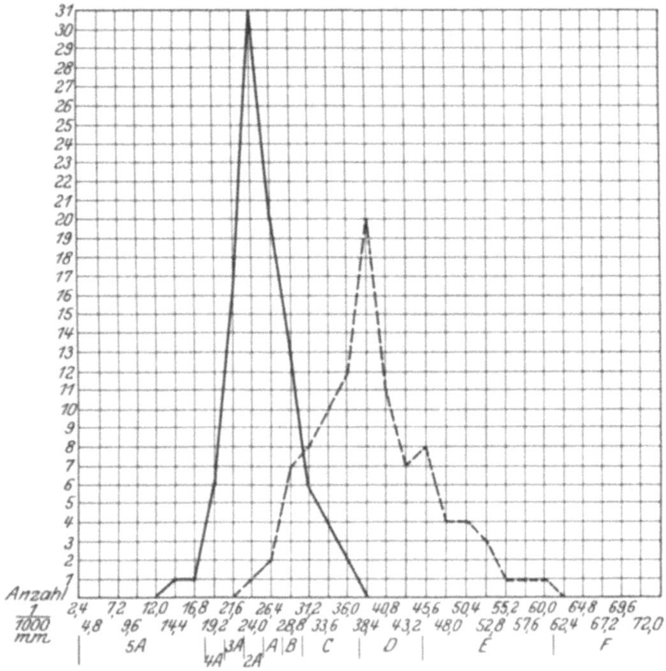

Abb. 160. Haardickenkurve vom Hampshiredownschaf (nach Spöttel) [Blatt].
——— fein; - - - - grob.

Auf Grund der Untersuchungen der aus deutschen Zuchten stammenden Wollen ist festzustellen, daß auch bei dem Hampshiredownschaf in der Zusammensetzung der feinsten und gröbsten Schulterwolle nach Feinheitsklassen ganz wesentliche Unterschiede vorhanden sind (Abb. 160). Während in der feinsten Probe zu 75% die Klassen A und feiner vorhanden sind, D, E und F fehlen, finden sich in der gröbsten Schulterwolle nur 3% der A-Klasse und feiner, aber 38% D- und 32% E-Haare (Spöttel).

Die Haardickenkurve der feinsten Probe ist hochgipfelig, das Maximum liegt mit 31% Haaren bei 24,0 μ über einer Variationsbreite von 14,4 bis 36 μ. Der ab-

Abb. 161. Suffolkschaf, 1½ Jahre alt. Züchter: F. Hobohm, Domäne Scharnebeck (Kr. Lüneburg). Phot. W. Greve, Berlin. D.L.G.-Ausstellung Dortmund 1927.

[1]) Meyer, H.: Studien über die Hampshiredown-Stammschäferei von Hilwartshausen unter besonderer Berücksichtigung der Wollfeinheit. Inaug.-Diss. Halle 1924.

[2]) Heidenreich, C.: Die Entwicklung und der Aufbau einer schlesischen Hampshiredown - Stammherde. Inaug.-Diss. Gießen 1927.

steigende Kurvenast verläuft erst in einiger Höhe über der Basis flacher als der ansteigende, so daß hierdurch eine gewisse Schiefheit der Kurve entsteht. Diese Schiefheit findet sich in stärkerem Maße in der Haardickenkurve der gröberen Wolle, die sich durch einen niederen Gipfel (20 Haare bei 38,4 μ) und bedeutend größere Variationsbreite (24,0 bis 60,0 μ) auszeichnet.

Bei dem Shropshire, der kleinsten englischen Down-Schafrasse, beträgt nach Feststellungen an deutschen Zuchten die Stapeltiefe 2 bis 6,5 cm, im Mittel etwa 4,3 cm. Wilsdorf[1]) macht folgende Angaben über die Stapeltiefe:

Stapeltiefe	2	2,5	3	3,5	4	4,5	5	5,5	6	6,5 cm
Schur Dezember . . .	3	2	16	16	52	35	38	12	9	— cm
Schur Juni	—	6	24	21	44	31	30	15	11	1 cm

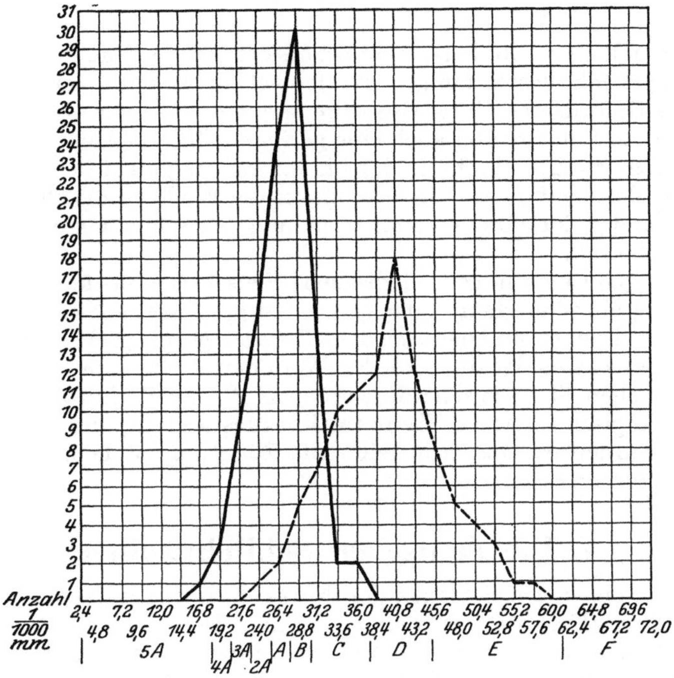

Abb. 162. Haardickenkurve vom Suffolkschaf (nach Spöttel) [Blatt]. —— fein; - - - - grob.

Die englischen Angaben gehen auch hier wieder etwas darüber hinaus. In dem Kräuselungscharakter stimmt die Wolle des Shropshire mit dem Oxford überein, in der Feinheit nähert sie sich am meisten der Southownwolle (Barker), ist aber etwas weniger milde als diese und kürzer als alle anderen englischen Wollen.

Wilsdorf hat in der Shropshirestammschäferei Denkwitz folgende mittlere Haarfeinheit der Mutterschafe ermittelt.

	Keule		Seite		Schulter	
	Sommer μ	Winter μ	Sommer μ	Winter μ	Sommer μ	Winter μ
Minimum	21,47	28,52	18,88	25,48	18,71	25,30
Maximum	33,23	39,11	29,79	35,27	33,37	35,10

[1]) Wilsdorf, O.: Das Shropshire, seine Entstehungsgeschichte, seine Verbreitung und seine Leistungen unter besonderer Berücksichtigung der Shropshire-Stammschäferei Denkwitz. Diss. Leipzig 1927.

Wilsdorf hat ein Durchschnittsrendement von 51,90% festgestellt und macht über das Schurgewicht folgende Angaben:

	500—700 g	800—1000 g	1100—1300 g	1400—1600 g	1700—1900 g	2000—2200 g	2300—2500 g
Dez.-Schur	—	3	6	23	34	53	35
Juni-Schur	3	28	67	50	21	8	5

	2600—2800 g	2900—3100 g	3200—3400 g	3500—3700 g	3800—4000 g	4100—4300 g
Dez.-Schur	19	5	1	2	0	2
Juni-Schur	1	—	—	—	—	—

Die Suffolks[1]) (Abb. 161), charakterisiert durch ihren wollfreien Kopf, haben häufig, nach Feststellungen an deutschem Material, eine noch gröbere Wolle als die Oxfordshire, C- bis D-Sortimente herrschen vor. Sie ist auch länger abgewachsen und hat häufig auch eine geringere Milde (Abb. 162). Das Schurgewicht beträgt im Durchschnitt 2,3 bis 3,5 kg, steigt bei den Böcken bis auf 6,4 kg. Nach den englischen Angaben nimmt die Wolle bezüglich mittlerer Feinheit, Länge und Kräuselung eine Mittelstellung zwischen Oxford-, Down- und Hampshirewolle ein.

Bei allen schwarzköpfigen englischen Fleischschafen können mehr oder weniger häufig einzelne Haare oder ganze Gruppen von schwarzen Haaren das ganze Vlies durchsetzen und dadurch dem Tiere ein gesprenkeltes Aussehen geben. Durch diese schwarzen Haare wird der Wert der Wolle zum Teil herabgesetzt. In einer deutschen Shropshireherde wurden z. B. von Wilsdorf bei 10,9% der Tiere makroskopisch schwarze Haare im Vlies festgestellt, bei der Messung von 100 Haaren wurden ca. 4% ermittelt. Die Züchtung ist bemüht, solche Tiere mit der Zeit auszumerzen.

7. Die deutschen Schlichtwollen.

Bei den verschiedenen Schlägen des deutschen schlichtwolligen Schafes bildet das Vlies wie bei den englischen Downschafen schon eine geschlossene Decke, während die Wolle eine Stapeltiefe von etwa 12 bis 18 cm erreicht. Die Wollen sind elastisch und von großer Widerstandskraft; sie sind zur Herstellung glatter Zeuge, zum Teil auch schon infolge stärkerer Krimpkraft für gröbere gewalkte Fabrikate geeignet.

Der Prototyp des alten schlichtwolligen deutschen Schafes ist das Rhönschaf[2]), das in seinem Wollcharakter sich den Mischwolligen aufs engste anschließt und den Übergang darstellt. Es kommen beim Rhönschaf noch Wollen vor, die von einer Mischwolle nicht zu unterscheiden sind. Ferner finden sich hauptsächlich auf Keule und Schwanzwurzel zuweilen Stichelhaare, so besonders bei Lämmern und Jährlingen, und bräunliche Flecke oder bräunliche Haare im Vlies, die den Wert desselben herabsetzen. Meist herrscht eine flachbogige bis schlichte Kräuselungsform vor, zuweilen finden sich vornehmlich am Blatt normal bis gedehntbogige Formen. Die Wolle ist mäßig rauh, aber von guter

[1]) Das Suffolkschaf. Z. Schafzucht 1914.

[2]) Assel: Betrachtungen zum heutigen Stand der Rhönschafzucht. — Bamberger Füchse. Z. Schafzucht 1912. — Nos: Das hessische Landschaf. Z. Schafzucht 1921. — Meiß, W.: Untersuchungen an Rhönschafen II. Inaug.-Diss. Halle 1927. — Linnenkohl, K.: Untersuchungen an Rhönschafen I. Inaug.-Diss. Halle 1927.

Elastizität und Widerstandsfähigkeit. Es herrscht im allgemeinen das Sortiment D vor, während C angestrebt wird. Die Länge der Wolle beträgt etwa 8 bis 11 cm.

Meiß gibt folgende Zusammenstellung der Stapellängen vom Blatt:

Jahrgang	8	9	10	11	12	13	14	15	Mittelwert
1920	1	3	1	1	2	—	—	—	9,86
1921	—	4	7	3	1	1	1	—	10,35
1922	1	4	6	3	3	1	1	—	10,47
1923	3	3	2	3	6	5	1	—	11,00
1924	2	4	6	7	12	7	—	2	11,16
Insgesamt:	7	18	22	17	24	14	3	2	10,57

Das Schurgewicht beträgt 1,5 bis 3,5 kg.

Charakteristisch für die Haardickenkurven der Rhönwolle (Abb. 163) ist, daß sie meist mäßig steil ansteigen und mehr oder weniger in gleicher Weise abfallen, um dann allmählich in Einzelwerte auszulaufen.

Das schlichtwollige Leineschaf[1]) trägt eine milde, elastische Wolle von etwas größerer Feinheit, die sich auf Grund ihrer günstigen physikalischen Eigenschaften einer gewissen Beliebtheit erfreut. Im allgemeinen herrscht das C-Sortiment und die flachbogige Kräuselung vor. Als Schurgewicht der etwa 50 bis 60 kg wiegenden Muttern werden 3,5 bis 4 kg angegeben. Auch hier finden wir nicht unerhebliche Differenzen in der Wollzusammensetzung (Abb. 164).

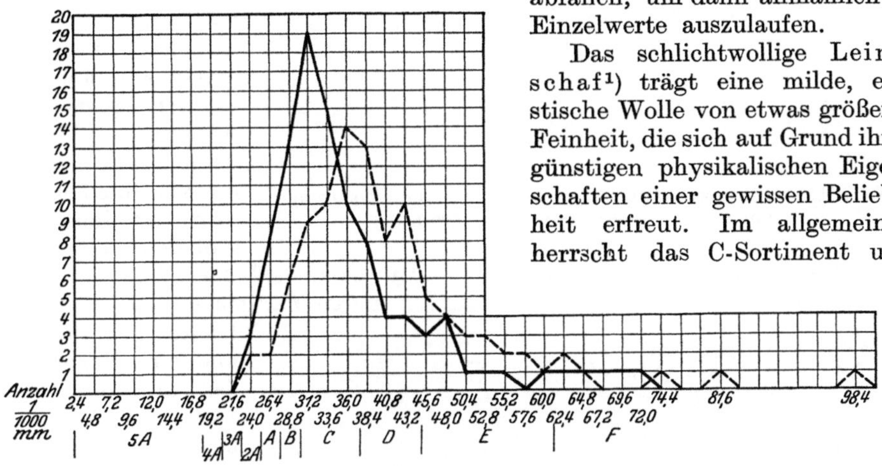

Abb. 163. Haardickenkurve vom Rhönschaf. ——— fein; - - - - - grob.

Das Württemberger Schaf[2]) (Abb. 165), das seine Entstehung der Kreuzung deutscher schlicht- und mischwolliger Landschafe mit Merinos und vereinzelt auch mit englischen Fleischschafen verdankt, zeigt in seinem Wollcharakter wesentliche Unterschiede. Teils haben wir eine mehr oder weniger vollständige Übereinstimmung in Feinheit, Kräuselung und physikalischen Eigenschaften mit dem Merino (Zuchtrichtung I, Sortiment A—AB), teils finden wir starke Anklänge an rauhe, grobe und veredelte Landschafwollen (Zuchtrichtung II, Sortiment B—BC), teils die verschiedensten Übergänge. Im allgemeinen aber wird in der Wolle der mittlere Typ angestrebt, der zwar noch das kräftige Natürliche des Landschafcharakters aufweist, jedoch eine höhere

[1]) Will: Das Leineschaf. Z. Schafzucht 1920. — Adenstedt, Fr.: Leineschafe der Stammherde Ellerode. Dtsch. Landw. Presse 1908.

[2]) Kreh, P.: Die Zucht des württembergischen veredelten Landschafes zu Hohenheim. Z. Schafzucht 1919. — Hämerling, B.: Die Vliese der auf der D. L. G.-Ausstellung in Breslau vom 31. Mai bis 6. Juni 1926 ausgestellten württembergischen veredelten Landschafen im Rahmen der gesamten Zucht. Inaug.-Diss. Halle 1928.

Feinheit, Kräuselung und andere günstige Eigenschaften durch das Merino aufweist.

Der feine Typ zeichnet sich durch hohe Prozentsätze am 3 A-Haar und feiner, der grobe dagegen durch den hohen Prozentgehalt an C-, D- und E-Haaren aus. Während im ersten Fall die vier gröbsten Feinheitsklassen fehlen, sind im zweiten Fall die beiden feinsten nicht vertreten. Bei dem mittleren Typ sind die höchsten Prozentsätze an C- und B-Haar festgestellt, das 5 A- und E- und F-Sortiment fehlt.

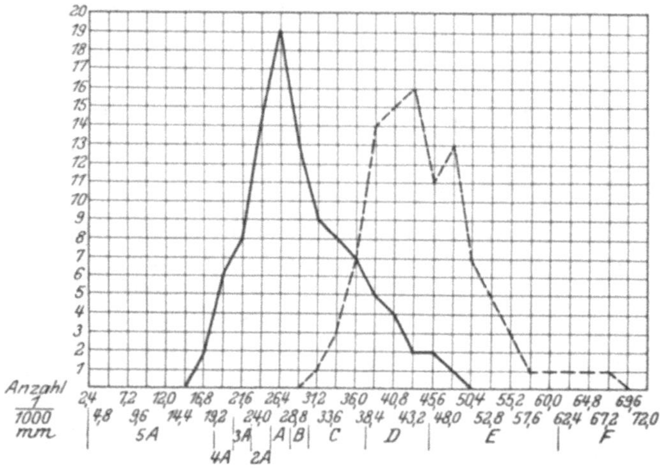

Abb. 164. Haardickenkurve vom Leineschaf [Blatt], (nach Spöttel). ——— fein; - - - - grob.

Diese verschiedenartige Feinheit kommt in den Kurven zum Ausdruck (Abb. 166), deren Lage und Verlauf verschiedenartig ist. Von der feinsten zur gröbsten Wolle verlagert sich das Maximum der Kurve von 21,6 μ nach 31,2 bzw. 36,0 μ. Hand in Hand geht ein Niedrigerwerden der Kurven, deren Maxima mit 33, 29 und 16% Haaren gebildet werden und eine Verbreiterung der Variationsbreite von 14,4 bis 28,8, von 21,6 bis 43,2 und von 21,6 bis 55,2 μ. Die Kurven der feinsten und gröbsten Wolle sind schiefgipflig insofern, als die links bzw. rechts der Symmetrieachse gelegenen Werte in größerer Zahl vorhanden sind als auf der anderen Seite. Die Kurve der feinen Wolle ist im übrigen hochgipflig. Sie zeigt vollkommene Übereinstimmung mit der Kurve einer feinen Merinowolle, sowohl was Verlauf als Lage derselben anbetrifft, während die Haardickenkurve der groben Württemberger Wolle mit einer Landschafwolle Übereinstimmung zeigt. Diese Extreme, die nicht nur beim Vergleich der Tiere verschiedener Herden, sondern auch in ein und derselben Herde festgestellt werden können, sind durch die verschiedensten

Abb. 165. Württembergisches Schaf. Züchter A. Gaissmaier, Ehingen a. d. Donau. Phot. W. Greve, Berlin. D. G. L.-Ausstellung Dortmund 1927.

Übergänge miteinander verbunden, so daß zum Teil Kurven gefunden werden, deren Gipfel zwar bei einem niederen Mikrawert liegt, deren absteigender Ast jedoch noch weit nach hohen Mikrawerten hinüberreicht, so daß also diese extremen Flügelwerte der Variationsreihe in größerer Anzahl vorhanden sind, als die der entsprechenden Gegenseite (vgl. auch Hämerling).

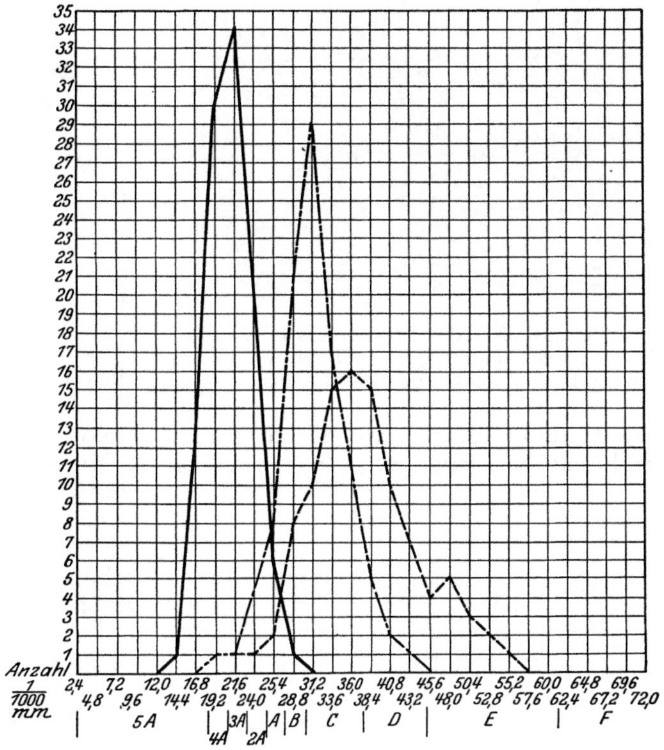

Abb. 166. Haardickenkurven von 3 Württemberger Schafen [Blatt], (nach Spöttel).

Während die groben Wollen der Württemberger mit den schlichten Wollen anderer Rassen übereinstimmen, gehören die feinsten schon zu den gekräuselten Wollen, deren charakteristische Vertreter wir in dem Merino haben.

8. Die Wolle der Corriedale- und Fleischwollschafe[1]).

Die Corriedale- und Fleischwollschafe sind aus Merinokreuzungen entstanden, und zwar hat man versucht, gewisse Eigenschaften englischer glanzwolliger Fleischschafe mit Eigenschaften der Merinos zu kombinieren bzw. Mittelformen zu erhalten. Diese Tendenzen treten auch in dem Wollcharakter zutage.

Die Corriedaleschafe Australiens sind aus der Kreuzung Lincoln × Merino

[1]) The Corriedale Breed and its Manufacturing Possibilities. The Journ. of Textile Science Febr. 1928.

entstanden. Nach **Barker** und **Sloan** sind Annäherungen an die Ausgangsformen zum Teil auch heute noch vorhanden neben den zahlenmäßig bei weitem überwiegenden Mittelformen. Dementsprechend kann man 4 Qualitäten der Corriedalewolle unterscheiden:

1. Coarse-Coarse,
2. Fine-Coarse,
3. Coarse-Fine,
4. Fine-Fine.

Die Feinheitsmessungen ergaben nach **Sloan**:

	Minim.	Maxim.	Mittel
1.	1/1312	1/656	1/875
2.	1/1500	1/750	1/956
3.	1/1500	1/750	1/998
4.	1/1750	1/875	1/1131

Abb. 167. 1 Los Fleischwollschafe, $1^1/_2$ Jahre alt. Züchter C. **Flügge**, Blumenhagen (Uckermark). Phot. W. Greve, Berlin. D. L. G.-Ausstellung Breslau 1926.

Auf Grund der Haardickenkurven meint **Sloan**, daß diejenige von 4. mit der Merinowollkurve, von 1. mit der Lincolnkurve ziemlich übereinstimmen, während die Kurve von 3. nur etwas der der Merino- und diejenige von 2. nur etwas der Lincolnkurve genähert ist.

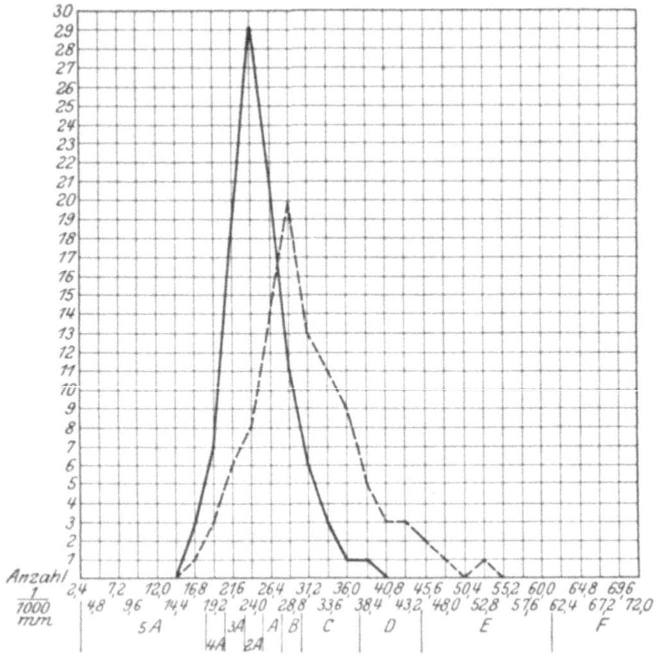

Abb. 168. Haardickenkurve vom Dishleymerino [Blatt], (nach **Spöttel**). ——— fein; - - - - grob.

Wie die Corriedaleschafe aus Lincoln × Merinokreuzungen, so sind die Dishleymerino- und die Meleschafe vorwiegend aus Leicester × Merinokreuzungen hervorgegangen. Sie werden heute unter dem Namen Fleischwollschafe zusammengefaßt. Die Meleschafe sind zuerst von dem Schäfereidirektor **Hans Ludwig Thilo**[1]) in Neuenkirchen aus Merinos der alten Kammwollrichtung unter Zuhilfenahme von Leicesterböcken mit einem C-Haar herausgezüchtet worden. Die F_1-Produkte zeigten B-C-Feinheit, nur bei einzelnen Tieren gab es Abweichungen über diese Grenzen hinaus. Heute schließen sich die Fleischwollschafe in ihren Eigenschaften und auch in der Haarbeschaffenheit voll

[1]) **Thilo**, H. L.: Die Zucht des Meleschafes in Neuenkirchen. 1922.

und ganz den Merinofleischschafen an. Tiere mit BC- oder C-Haar treten ganz zurück.

Die Haardicken extremer Wollen sind in Abb. 168 graphisch dargestellt.

9. Die Merinowollen.

Die Wollen der sächsischen und schlesischen Elektoralschafe zeichneten sich durch überaus starke Kräuselung und hervorragende Wollfeinheit aus, die je erreicht worden ist. Die Wolle war früher sehr weich und von geringer Widerstandsfähigkeit. Die Stapeltiefe betrug 1,2 bis 2,8 cm, so daß das Schurgewicht dieser kleinen Tiere außerordentlich gering war und zum Teil sogar 1 kg nicht erreichte. Vielfach herrschte der offene, flatterige Stapel vor.

Abb. 169. Merinotuchwollschaf, Bock. Züchter S. Graf v. Brünneck, Gr.-Bellschwitz b. Rosenberg (Westpreußen). Phot. W. Greve, Berlin. D. L. G.-Ausstellung Dortmund 1927.

Die faltenreichen Negrettis waren vor allem auf Massenproduktion an Wolle gezüchtet. Die Wolle war länger, dichter und nicht ganz so fein wie die der Elektorals, immerhin herrschte noch Elekta- und Prima-Sortiment (vgl. S. 186) vor. Die Wollänge betrug 2 bis 4 cm. Die Wolle war sehr stark mit einem zähen, schwer löslichen Fettschweiß inkrustiert, durch dessen Zersetzungsprodukte die physikalischen Eigenschaften litten.

Die Elektoral-Negrettis nahmen in ihren Wolleigenschaften eine gewisse Mittelstellung ein.

Die Zucht der Tuchwollmerinos ist heute in Deutschland sehr stark zurückgedrängt worden, und in den wenigen noch vorhandenen Herden sucht man eine volle Tuchwolle von AAA-Sortiment auf einem möglichst mittelschweren Körper zu züchten (Abb. 169). Auch die Zucht der Stoffwollmerinos, deren Wolle eine gewisse Mittelstellung zwischen Tuch- und Kammwollen einnimmt (S. 149), hat nur noch geringe Bedeutung (Abb. 170).

Die meist aus Kreuzungen mit Landschafen entstandenen Merino-Kammwollschafe[1]), und zwar die Rambouillets einerseits und die deutschen Kamm-

---

[1]) Die Merinorassen werden auf Grund der Aufstellung der Deutschen Landwirtschaftsgesellschaft eingeteilt in Gruppe 1 Merinotuchwollschafe, Wollzuchtziel AAA und darüber, Gruppe 2 Merinostoffwollschafe, Wollzuchtziel A/AA und AA, Gruppe 3 Merinokammwollschafe, Wollzuchtziel A, Gruppe 4 Merinokammwollschafe, Wollzuchtziel A/B. Die Fleischwollschafe (früher Dishley-Merino und Mele) werden in Gruppe 1, Hauptsortiment A/B im Mitteltyp und Gruppe 2, Hauptsortiment B/C im Mitteltyp eingeteilt.

Für die Merinokammwollschafe, Hauptsortiment A wird für Böcke (Feinheit a—b) ein Schurertrag von 7,0 bis 9,0 kg (über 37% Rendement), für Muttern (Feinheit a) ein Schurertrag von 4,5 bis 6,5 kg (über 35% Rendement) gefordert.

wollschafe andererseits hatten zunächst etwas kräftigeren Wuchs, ihre Eigenschaften bedingten ihre Verarbeitung zu Kammwollgarn. Die Stapeltiefe war größer und betrug etwa 6 bis 9 cm. Ursprünglich fanden sich bei den deutschen Kammwollschafwollen Elekta- und Prima-Qualitäten, später herrschten A und B vor. Das Schurgewicht stellte sich auf 3 bis 5 kg.

Abb. 170. Merinostoffwollschaf, Bock, 4 Jahre alt. Züchter A. Steiger, Leutewitz (Sachsen). Phot. W. Greve, Berlin. D. L. G.-Ausstellung Dortmund 1927.

Die französischen und deutschen Merino-Fleischschafe (Abb. 171) sind aus den alten Tuch- und Kammwollmerinos unter einer gewissen vorsichtigen Einkreuzung von englischen langwolligen Fleischschafen entstanden. Ebenso wie die Wolle der Kammwollschafe ist die der Merinofleischschafe flachbogiger, von kräftigem Charakter, im allgemeinen mit guter Widerstandskraft und Dehnbarkeit. Die Länge beträgt etwa 8 bis 12 cm (vgl. u. a. Kühn-Archiv Bd. 13, 1926).

Abb. 171. Merinofleischschafbock 69/23 Querfurt. Züchter: Weidlich, Querfurt. Aufgenommen: D. L. G.-Ausstellung 1926. (Aufnahme überlassen vom Verband provinzialsächsischer Schafzüchter.)

Die ausländischen Merinowollen waren wesentlich länger abgewachsen als die deutschen und hatten vor allem ein bedeutend höheres Rendement, so daß also eine größere Ausbeute an reiner Wollsubstanz erzielt wurde. Allerdings ist die Krimpkraft geringer als bei den früheren deutschen kurz gestapelten Wollen.

Die Haardickenkurve der feinsten Merinowolle (Abb. 172) ist ausgesprochen hochgipfelig, zum Teil gar nicht, zum Teil nur schwach asymmetrisch, die der gröberen Wolle dagegen verläuft weniger steil und ist ausgesprochen schief dadurch, daß bei höheren Mikrazahlen eine größere Anzahl von Varianten zu finden ist.

Aus den umfangreichen Wolluntersuchungen, die im Tierzuchtinstitut Halle, insbesondere von Spöttel und Tänzer gemacht worden sind, ist zu schließen, daß sich bezüglich der Haarfeinheit eine kontinuierliche Reihe feststellen läßt, die von den mischwolligen zu den schlichtwolligen und feinwolligen Schafen führt. Schon bei den mischwolligen kann man nicht mehr von einem scharfen Gegensatz zwischen Grannen- und Flaumhaar wie bei den stichelhaarigen sprechen, da alle Übergänge vorhanden sind, und bei den schlichtwolligen Schafen tritt eine immer vollkommenere Verwischung der Unterschiede ein.

Aus den vergleichenden Wolluntersuchungen, die sich auf ein großes Material beziehen und insbesondere, wenn man die feinste und gröbste Wolle der betreffenden Rassen zum Vergleich heranzieht, ist ersichtlich, daß bezüglich der Wollzusammensetzung ein ausgeprägter Rassenunterschied höchstens in gewissen Grenzfällen vorhanden ist, und auch hier findet man dann ein Transgredieren mit benachbarten Rassen, so daß man im übrigen nur gewisse Rassengruppen zusammenfassen kann.

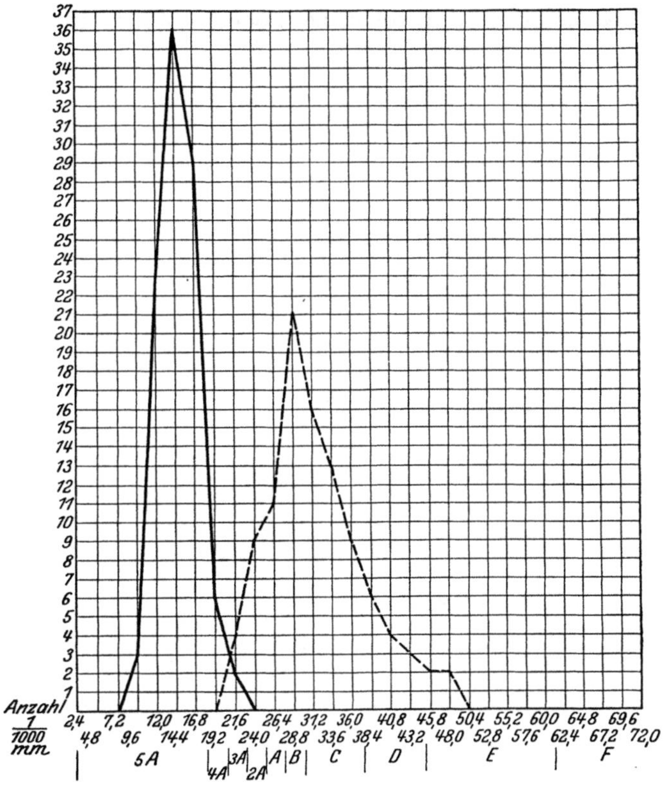

Abb. 172. Haardickenkurve vom Merinofleischschaf [Blatt], (nach Spöttel). ——— fein; - - - - grob.

Den ausgesprochenen hochgipfligen Verlauf der Variationskurve finden wir nicht nur beim Merino, sondern auch beim Württemberger und Hampshire, ebenso wie beim Dishley (Abb. 166,160) und Mele (jetzt Fleischwollschaf). Allerdings sind die extremsten Fälle der Hochgipfligkeit ebenso wie auch die extreme Lage der Kurve bei außerordentlich niederen Mikrawerten nur für gewisse Merinowollen charakteristisch, andere dagegen zeigen in ihrer Feinheitszusammensetzung Übereinstimmung mit der anderer Rassen, vor allem auch dann, wenn man die Keulenwolle zum Vergleich heranzieht. In der Feinheitszusammensetzung einer gröberen Merinowolle, einer feineren englischen oder deutschen Schlichtwolle kann kein Unterschied gefunden werden, da sowohl in dem Kurvenverlauf wie auch in der Lage der Kurve zu der Abszissenachse weitgehende Übereinstimmung vorhanden ist. Der flache Kurvenverlauf und das Maximum bei hohen Mikrawerten ist sowohl bei Rhönschafen wie Württemberger veredelten Landschafen und Suffolks gefunden. Die Kurven zeigen weitgehende Annäherung aneinander. Die Kurven der englischen Fleischschafe wie Oxfordshire und Hampshire zeigen einerseits Annäherung bzw. Übereinstimmung mit denen von Merinos mit mittelfeiner bzw. gröberer Wolle und andererseits Übereinstimmung mit deutschen Schlichtwollen der Rhön- und Leineschafe, von denen die gröberen ihrerseits bezüglich ihrer Feinheitszusammensetzung gewissen feineren Mischwollen nahestehen. In beiden sind die Flügelwerte der Variantenreihe, die bei hohen Mikrawerten liegen, in Überzahl vorhanden; allerdings tritt dieses bei anderen Mischwollen in weit höherem Maße zutage, und ferner liegt das Maximum der Haardickenkurve der Mischwollen vorwiegend bei niederen, das der Landschafwollen bei höheren Mikrazahlen.

Sachverzeichnis.

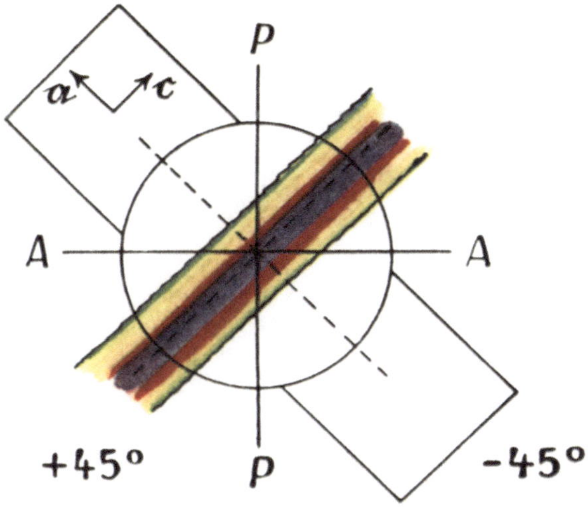

a

b

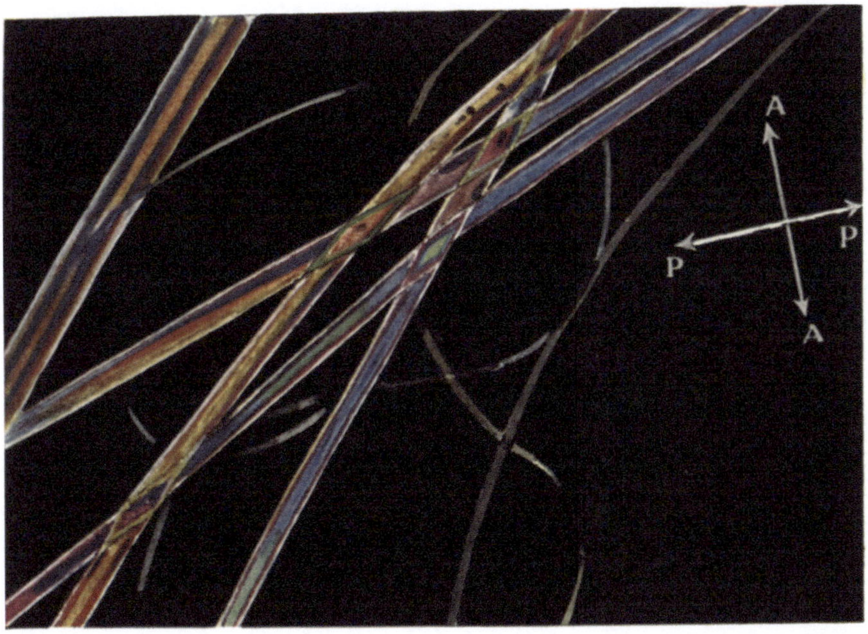

c

Haare im polarisierten Licht (nach Tänzer). *a* Ein 71,— μ dickes Haar vom Budjadinger Marschschaf in Diagonalstellung + 45 mit eingeschobenem Gipsplättchen Rot I unter Einzeichnung der Achsenverhältnisse. *b* Markloses Grannenhaar vom Höhenzackel 57,86 μ dick. 500fache Vergrößerung, bei gekreuzten Nikols. *c* Übersichtsbild einer Mischwolle (Höhenzackel) bei gekreuzten Nikols. 800fache Vergrößerung.

a *b* *c* *d* *e* *f*

1. Chemische Wollreaktionen. *a* bis *e*. Färbungen mit Mythylenblau. *a* Merino unbehandelt; *b* Hampshire unbehandelt (Spitzen stärker gefärbt); *c* konz. H_2SO_4, 5 Min.; *d* Chlorwasser, $^1/_2$ Std. *e* Xanthoproteinreaktion mit rauchender HNO_3, 5 Min. Einwirkung; *f* dasselbe, $^1/_2$stündige Einwirkung.

a *b* *c*

d *e* *f*

2. Fettschweiß. *a* zu wenig; *b* normal; *c* ätherentfettet; *d* überladen; *e* harzig, Pechspitzen; *f* grün.

a

b

c

3. Einschmutzung von Wollen. *a* südafrikanische Merinowolle; erdig und schmutzig; *b* südafrikanische Merinowolle, erdig; *c* deutsche Schweißwolle, Kreuzung, eingeschmutzt.

Zur Einführung.

Die „Technologie der Textilfasern" ist so angelegt, daß die ersten drei Bände die naturwissenschaftlichen und die gemeinsamen technologischen Grundlagen, die weiteren die einzelnen Fasern zum Gegenstande haben.

Der erste Band wird die naturwissenschaftlichen Grundlagen, vor allem Physik und Chemie der Textilfasern, behandeln.

Der zweite Band enthält die mechanische Technologie, das Spinnen, Weben, Wirken, Stricken, Klöppeln, Flechten, die Herstellung von Bändern, Posamenten, Samt, Teppichen, die Stickmaschinen. Hierbei sind beim „Spinnen" und „Weben" nur die wesentlichen Grundlagen übersichtlich dargestellt, während die Ausbildung der Maschinen und Verfahren für den Spezialisten in den späteren Bänden, bei den einzelnen Fasern, eingehend erörtert wird. Dagegen bringen die weiteren oben angeführten Kapitel ausführliche Beschreibungen, so daß nur bei wichtigen Sonderfällen in den späteren Bänden kurze Wiederholungen zu finden sein werden.

Der dritte Band gibt eine moderne Darstellung der Farbstoffe und ihrer Eigenschaften, während die Färberei und überhaupt die chemische Veredelung keine allgemeine zusammenfassende Darstellung erfahren, sondern bei jeder Faser speziell besprochen sind.

Mit dem vierten Bande beginnt die Darstellung der Einzelfasern. Dieser Baumwollband — und analog sind die den anderen Faserstoffen gewidmeten aufgebaut — enthält: Botanik, mechanische und chemische Veredelung, Wirtschaft und Handel.

Der fünfte Band behandelt Flachs, Hanf und Seilerfasern, Jute;
der sechste Seide;
der siebente Kunstseide;
der achte Wolle.

Ergänzungsbände sollen vorläufig ausgeschaltete Sondergebiete und vertiefte Darstellungen allgemeinerer Natur enthalten, sowie methodische und analytische Monographien aufnehmen.

Durch die gewählte Anordnung sollte insbesondere auch ermöglicht werden, daß, unter tunlichster Vermeidung von Wiederholungen in größerem Umfange, der Einzelband oder Teilband, wenn auch ein organisches Glied des Ganzen, doch auch ein abgeschlossenes Einzelwerk darstellt. Dieser Gesichtspunkt erscheint wesentlich; denn bei der Vielseitigkeit der Materie waren nicht nur die Interessen der Textiltechniker und -industriellen, sondern auch die des Maschinenbauers, Chemikers und Physikochemikers, des Botanikers und Zoologen, sowie des Wirtschaftlers zu berücksichtigen und sind in der eingehenden, in vielen Fällen wenigstens in diesem Ausmaße oder in deutscher Sprache erstmaligen Darstellung auch in weitem Umfange berücksichtigt worden.

Das eigenartige Zusammenströmen der Wissenschaften, ihre Vereinigung durch die Empirie in das gemeinsame Bett der Textilindustrie ist wohl als charakteristisch erkannt, aber bisher nicht zu einem großen systematischen, allgemeingültigen Lehrgebäude aufgebaut worden. In diese Richtung vorwärts zu führen, systematisch durch bewußte wissenschaftliche Analyse die Empirie zu verdrängen, ist das letzte Ziel des umfangreichen Werkes, das nur durch die mühselige Arbeit und bereitwillige Einordnung der Mitarbeiter und durch die verständnis- und opfervolle Unterstützung des Verlages ermöglicht wurde.

Es sei gestattet, an dieser Stelle den wärmsten Dank an alle Firmen und anderen privaten und öffentlichen Stellen auszusprechen, die die Herstellung des Werkes durch Überlassung, oft durch Anfertigung neuer Zeichnungen und Bilder, durch besondere Mitteilungen und in sonstiger Weise unterstützt haben!

Der Herausgeber.

Verlag von Julius Springer / Berlin

Handbuch der Spinnerei

Von

Ing. Josef Bergmann †

o. ö. Professor an der Technischen Hochschule in Brünn

Nach dem Tode des Verfassers ergänzt und herausgegeben von

Dr.-Ing. e. h. A. Lüdicke

Geh. Hofrat, o. Professor emer., Braunschweig

Mit 1097 Textabbildungen. VII, 962 Seiten. 1927. Gebunden RM 84.—

Inhaltsübersicht:

Die mechanische Technologie der Faserstoffe. Die mechanische Technologie der Spinnerei: Allgemeine Grundgesetze über das Spinnen. — Das Handspinnen. Die Handspindel. Die Spinnräder. — Das Maschinenspinnen. Die Feinspinnmaschinen. Periodisch spinnende Maschinen. Kontinuierlich spinnende Maschinen. — Die Eigenschaften der Gespinste. — Garnnumerierung. — Die Handelsformen der Garne und Zwirne. Die verschiedenen Spinnereizweige: Die Spinnereizweige für das Verspinnen der pflanzlichen Faserstoffe. Die Baumwollspinnerei. Die Baumwolle. Die Flachsspinnerei. Der Flachs oder Lein. Das Verspinnen des Flachses. Die Hanfspinnerei. Der Hanf. Die Jutespinnerei. Die Jute. Das Verspinnen der Nesselfasern. — Die Spinnerei für das Verspinnen der tierischen Rohstoffe. Die tierischen Wollen und Haare. Das Verspinnen der Schafwollen. Die Kunstwollgarnspinnerei. Das Verspinnen der Kammwolle. Die Seide. — Die Kunstseide. — Die Asbestspinnerei. — Die Papiergarnspinnerei.

Spinnerei, Weberei, Wirkerei. (Technologie der Textilfasern, Bd. II.)

Teil 1: **Die Spinnerei.** Von Geh. Hofrat Prof. Dr.-Ing. e. h. A. Lüdicke. Mit 440 Textabbildungen. VI, 268 Seiten. 1927. Gebunden RM 28.—

Teil 2: **Die Weberei.** Von Geh. Hofrat Prof. Dr.-Ing. e. h. A. Lüdicke. **Die Maschinen zur Band- und Posamentenweberei.** Von Prof. K. Fiedler. **Die Bindungslehre.** Von Johann Gorke. Mit 854 Abbildungen im Text und auf 30 Tafeln. VII, 319 Seiten. 1927. Gebunden RM 36.—

Teil 3: **Wirkerei und Strickerei, Netzen und Filetstrickerei.** Von Fachschulrat Carl Aberle. **Maschinenflechten und Maschinenklöppeln.** Von Walter Krumme. **Flecht- und Klöppelmaschinen.** Von Geh. Regierungsrat Dipl.-Ing. Prof. H. Glafey. **Samt, Plüsch, künstliche Pelze.** Von Geh. Regierungsrat Dipl.-Ing. Prof. H. Glafey. **Die Herstellung der Teppiche.** Von H. Sautter. **Stickmaschinen.** Von Regierungsrat Dipl.-Ing. R. Glafey. Mit 824 Textabbildungen. VIII, 615 Seiten. 1927. Gebunden RM 57.—

Als Sonderausgabe aus Teil 3 erschien:

Wirkerei und Strickerei, Netzen und Filetstrickerei. Von Fachschulrat **Carl Aberle**, Reutlingen. Mit 439 Abbildungen. V, 312 Seiten. 1927. Gebunden RM 29.—

Technik und Praxis der Kammgarnspinnerei. Ein Lehrbuch, Hilfs- und Nachschlagewerk. Von Direktor **Oskar Meyer**, Spinnerei-Ingenieur zu Gera-Reuß, und **Josef Zehetner**, Spinnerei-Ingenieur, Betriebsleiter in Teichwolframsdorf bei Werdau i. Sa. Mit 235 Abbildungen im Text und auf einer Tafel sowie 64 Tabellen. XI, 420 Seiten. 1923. Gebunden RM 20.—

Die Textilfasern. Ihre physikalischen, chemischen und mikroskopischen Eigenschaften. Von **J. Merritt Matthews**, Philadelphia. Nach der vierten amerikanischen Auflage ins Deutsche übertragen von Dr. **Walter Anderau**, Basel. Mit einer Einführung von Prof. Dr. Hans Eduard Fierz-David, Zürich. Mit 387 Textabbildungen. XII, 847 Seiten. 1928. Gebunden RM 56.—

Hanf und Hartfasern. Die Hanfpflanze. Von Prof. Dr. O. Heuser. Die Hanfweltwirtschaft. Von Direktor Dr. P. Koenig. Mechanische Technologie des Hanfes. Von Oberingenieur O. Wagner. Chemische Technologie des Hanfes. Von Dr. H. v. Frank. Landwirtschaft und Weltwirtschaft der Hartfasern und anderer Fasern. Von Direktor Dr. P. Koenig. Verarbeitung der ausländischen Fasern zu Seilerwaren. Von Hermann Oertel und Dr.-Ing. Fr. Oertel. („Technologie der Textilfasern", Bd. V/2.) Mit 105 Textabbildungen. VII, 266 Seiten. 1927. Gebunden RM 24.—

Die Unterscheidung der Flachs- und Hanffaser. Von Prof. Dr. **Alois Herzog**, Dresden. Mit 106 Abbildungen im Text und auf einer farbigen Tafel. VII, 109 Seiten. 1926. RM 12.—; gebunden RM 13.20

Der Flachs als Faser- und Ölpflanze. Unter Mitarbeit von G. Bredemann, K. Opitz, J. J. Rjaboff und E. Schilling herausgegeben von Prof. Dr. **Fr. Tobler**. Mit 71 Abbildungen im Text. VI, 273 Seiten. 1928. Gebunden RM 19.50

Ein ausführlicher Prospekt steht auf Wunsch zur Verfügung.

Die Kunstseide und andere seidenglänzende Fasern. Von Dr. techn. **Franz Reinthaler**, a. o. Professor an der Hochschule für Welthandel, Wien. Mit 102 Abbildungen im Text. V, 165 Seiten. 1926. Gebunden RM 14.40

Kunstseide. Zur Kolloidchemie der Kunstseide. Von Prof. Dr. R. O. Herzog. Die Nitrokunstseide. Von Oberreg.-Rat Prof. Dr. A. v. Vajdaffy. Über Kupferoxyd-Ammoniak-Zellulose. Von Prof. Dr. W. Traube. Kupferseide. Von Dr. H. Hoffmann. Die Viskosekunstseide. Von Dr. R. Gaebel. Über Azetatseide. Von Dr. A. Eichengrün. Die Färberei der Kunstseide. Von Dr. A. Oppé. Mechanische Technologie der Kunstseideverarbeitung. Von Prof. Dipl.-Ing. E. A. Anke. Wirtschaftliches. Von Dr. Fritz Loewy. („Technologie der Textilfasern", Bd. VII.) Mit 203 Textabbildungen. VIII, 354 Seiten. 1927. Gebunden RM 33.—

Chemische Technologie der Baumwolle. Von Prof. Dr. R. Haller

Mechanische Hilfsmittel zur Veredelung der Baumwolltextilien. Von Geh. Regierungsrat Prof. Dipl.-Ing. Prof. **H. Glafey**. („Technologie der Textilfasern", Bd. IV/3.) Mit 266 Textabbildungen. XIV, 711 Seiten. 1928. Gebunden RM 67.50

Mechanisch- und physikalisch-technische Textiluntersuchungen. Von Prof. Dr. **Paul Heermann**, früher Abteilungsvorsteher der Textilabteilung am Staatl. Materialprüfungsamt in Berlin-Dahlem. Zweite, vollständig umgearbeitete Auflage. Mit 175 Abbildungen im Text. VIII, 270 Seiten. 1923. Gebunden RM 12.—

GPSR Compliance

The European Union's (EU) General Product Safety Regulation (GPSR) is a set of rules that requires consumer products to be safe and our obligations to ensure this.

If you have any concerns about our products, you can contact us on ProductSafety@springernature.com

In case Publisher is established outside the EU, the EU authorized representative is:

Springer Nature Customer Service Center GmbH
Europaplatz 3
69115 Heidelberg, Germany

Batch number: 10684222

Printed by Printforce, the Netherlands